Análise Multivariada de Dados

A532　Análise multivariada de dados / Joseph F. Hair Jr ... [et al.] ;
　　　tradução Adonai Schlup Sant'Anna. – 6. ed. – Porto Alegre :
　　　Bookman, 2009.
　　　688 p. : il. ; 28 cm.

　　　Contém: Capítulo sobre Análise de correlação canônica
　　disponível em: www.bookman.com.br
　　　ISBN 978-85-7780-402-3

　　　1. Estatística aplicada. 2. Análise multivariada de dados.
　　I. Hair Jr. Joseph F.

CDU 519.1/.258

Catalogação na publicação: Renata de Souza Borges CRB-10/Prov-021/08

Joseph F. Hair, Jr.
Kennesaw State University

William C. Black
Louisiana State University

Barry J. Babin
University of Southern Mississippi

Rolph E. Anderson
Drexel University

Ronald L. Tatham
Burke, Inc.

ANÁLISE MULTIVARIADA DE DADOS

6ª EDIÇÃO

Tradução:
Adonai Schlup Sant'Anna

Consultoria, supervisão e revisão técnica desta edição:
Maria Aparecida Gouvêa
Doutora em Administração, FEA/USP
Mestra em Estatística, IME/USP
Professora livre-docente do Departamento de Administração da FEA/USP

2009

Obra originalmente publicada sob o título *Multivariate Data Analysis, 6th Edition*
ISBN 0-13-032929-0

Authorized translation from the English language edition, entitled MULTIVARIATE DATA ANALYSIS, 6th Edition by HAIR, JOSEPH F.; BLACK,BILL; BABIN, BARRY; ANDERSON, ROLPH E.; TATHAM, RONALD L., published Pearson Education,Inc., publishing as Prentice Hall, Copyright (c) 2006. All rights reserved. No part of this book may be reproduced or transmitted in any form or by any means, electronic or mechanical, including photocopying, recording or by any information storage retrieval system, without permission from Pearson Education,Inc.

Portuguese language edition published by Bookman Companhia Editora Ltda, a Division of Artmed Editora SA, Copyright (c) 2009

Tradução autorizada a partir do original em língua inglesa da obra intitulada MULTIVARIATE DATA ANALYSIS, 6ª Edição por HAIR,JOSEPH F.; BLACK,BILL; BABIN, BARRY; ANDERSON, ROLPH E.; TATHAM, RONALD L., publicado por Pearson Education, Inc., sob o selo de Prentice Hall, Copyright (c) 2006. Todos os direitos reservados. Este livro não poderá ser reproduzido nem em parte nem na íntegra, nem ter partes ou sua íntegra armazenado em qualquer meio, seja mecânico ou eletrônico, inclusive fotoreprografação, sem permissão da Pearson Education,Inc.

A edição em língua portuguesa desta obra é publicada por Bookman Companhia Editora Ltda., uma divisão da Artmed Editora SA, Copyright (c) 2009

Capa: *Rogério Grilho, arte sobre capa original*

Leitura final: *Théo Amon*

Supervisão editorial: *Denise Weber Nowaczyk*

Editoração eletrônica: *Techbooks*

Reservados todos os direitos de publicação, em língua portuguesa, à
ARTMED® EDITORA S.A.
(BOOKMAN® COMPANHIA EDITORA é uma divisão da ARTMED® EDITORA S. A.)
Av. Jerônimo de Ornelas, 670 – Santana
90040-340 – Porto Alegre – RS
Fone: (51) 3027-7000   Fax: (51) 3027-7070

É proibida a duplicação ou reprodução deste volume, no todo ou em parte, sob quaisquer formas ou por quaisquer meios (eletrônico, mecânico, gravação, fotocópia, distribuição na Web e outros), sem permissão expressa da Editora.

SÃO PAULO
Av. Angélica, 1.091 – Higienópolis
01227-100 – São Paulo – SP
Fone: (11) 3665-1100   Fax: (11) 3667-1333

SAC 0800 703-3444

IMPRESSO NO BRASIL
PRINTED IN BRAZIL

Sobre os Autores

Joseph F. Hair, Jr.
Dr. Hair é professor de marketing da Kennesaw State University. Ele anteriormente ocupou a Alvin C. Copeland Endowed Chair de marketing na Louisiana State University. Foi também membro da United States Steel Foundation na University of Florida, em Gainesville, onde obteve seu Ph.D. em marketing no ano de 1971. Publicou mais de 30 livros, incluindo *Marketing* (South-Western Publishing Company, 8.ª edição, 2006), *Marketing Essentials* (South-Western Publishing Company, 4.ª edição, 2005), *Essentials of Business Research Methods* (Wiley, 2.ª edição, no prelo 2006), *Marketing Research* (Irwin, 3.ª edição, 2006), *Professional Sales Management* (Thompson Learning, 3.ª edição, 1999), *Sales Management* (Random House, 1983) e *Effective Selling* (South-Western Publishing Company, 8.ª edição, 1991). Ele também publicou vários artigos em periódicos especializados como o *Journal of Marketing Research, Journal of Academy of Marketing Science, Journal of Business/Chicago, Journal of Advertising Research, Journal of Business Research, Journal of Personal Selling and Sales Management, Industrial Marketing Management, Journal of Experimental Education, Business Horizons, Journal of Retailing, Marketing Education Review, Journal of Marketing Education, Managerial Planning, Medical and Marketing Media, Drugs in Health Care, Multivariate Behavioral Research, Journal of Medical and Pharmaceutical Marketing* e outros. Em 2004, foi reconhecido pela Academy of Marketing Science com seu prêmio Outstanding Marketing Teaching Excellence. Atualmente ele é Presidente da Society for Marketing Advances e tem atuado como dirigente de diversas outras associações acadêmicas. Foi nomeado Distinguished Fellow da Society for Marketing Advances, da Academy of Marketing Science e da Southwestern Marketing Association.

William C. Black
Dr. Black é professor de parceria de negócios da Piccadilly, Inc. Business Administration no Departamento de Marketing da E. J. Ourso College of Business da Louisiana State University. Obteve seu MBA em 1976 e seu Ph.D. em 1980, ambos pela University of Texas, em Austin. Trabalhou na University of Arizona de 1980 a 1985, e tem trabalhado na LSU desde 1985. Publicou diversos artigos em periódicos especializados como *Journal of Marketing, Journal of Marketing Research, Journal of Consumer Research, Journal of Retailing, Growth and Change, Transportation Research, Journal of Real State Research, Journal of General Management, Leisure Sciences, Economic Geography* e outros, bem como vários capítulos de livros acadêmicos. Seus interesses de ensino são as áreas de estatística multivariada e a aplicação de tecnologia de informação, especialmente a evolução de princípios de marketing envolvidos no comércio eletrônico. É membro do corpo editorial do *Journal of Business Research*.

Barry J. Babin
Dr. Babin é professor BAC de Marketing na University of Southern Mississippi. Obteve seu Ph.D. em administração de negócios na Louisiana State University em 1991. Sua pesquisa aparece em *Journal of Retailing, Journal of the Academy of Marketing Science, Journal of Business Research, Journal of Marketing, Journal of Consumer Research, Psychological Reports, Psychology and Marketing* e vários outros periódicos especializados e de negócios. Ele se concentra em vários aspectos do ambiente de varejo e serviços e a forma como eles moldam o comportamento do cliente e do empregado. Ele faz freqüentes apresentações nacionais e internacionais sobre o significado do vinho e da história do mercado de vinho. Tem sido reconhecido por suas contribuições em ensino, serviços e pesquisa. Dentre esses prêmios, foi agraciado como Distinguished Fellow da Society for Marketing Advances. Atualmente é Editor de Marketing do *Journal of Business Research* e Presidente eleito da Academy of Marketing Science.

Rolph E. Anderson

Dr. Anderson é professor de administração de negócios da Royal H. Gibson Sr. e ex-chefe do Departamento de Marketing da Drexel University. Obteve seu Ph.D. na University of Florida, bem como seu MBA e bacharelado na Michigan State University. Suas áreas prioritárias de pesquisa e publicação são vendas pessoais e gerenciamento de vendas, gerenciamento de relações com clientes e lealdade da clientela. É autor ou co-autor de 18 livros, incluindo mais recentemente: *Personal Selling: Achieving Customer Satisfaction and Loyalty* (Houghton Mifflin, 2002) e *Professional Sales Management* (Thompson Learning, 3.a edição, 1999). Suas pesquisas têm sido amplamente publicadas nos principais periódicos de sua área, incluindo artigos no *Journal of Marketing Research*, *Journal of Marketing*, *Journal of Retailing*, *Journal of the Academy of Marketing Science*, *Journal of Experimental Education*, *Business Horizons*, *Journal of Global Marketing*, *Journal of Marketing Education*, *European Journal of Marketing*, *Psychology & Marketing*, *Journal of Business-to-Business Marketing*, *Marketing Education Review*, *Industrial Marketing Management*, *Journal of Business & Industrial Marketing*, *Journal of Personal Selling & Sales Management* e em diversos outros. Dr. Anderson foi escolhido duas vezes pelos alunos da Drexel's LeBow College of Business para receber o prêmio Faculty Appreciation, e atua como membro distinto no Center for Teaching Excellence. Em 1995, ganhou o prêmio nacional Excellence in Reviewing do editor do *Journal of Personal Selling & Sales Management*. Em 1998, recebeu o prêmio inaugural Excellence in Sales Scholarship do American Marketing Association Sales Special Interest Group. Pelo período de 2000-2001 conquistou o prêmio LeBow College of Business Research Achievement da Drexel University. Dr. Anderson tem atuado como funcionário em organizações profissionais, incluindo Presidente do Southeast Institute for Decision Sciences (IDS), membro do Conselho de Diretores da American Marketing Association (Philadelphia Chapter), e Secretário membro do Conselho de Diretores da Academy of Marketing Science. Integra o corpo editorial de cinco periódicos acadêmicos e no Faculty Advisory Board do Fisher Institute for Professional Selling.

Ronald L. Tatham

Dr. Tatham se aposentou como Presidente Executivo da Burke, Inc., em novembro de 2004. Durante sua carreira na Burke, ele liderou o crescimento e o desenvolvimento dos serviços de consultoria e análise pelos quais a Burke é conhecida. Ocupou as posições de presidente da Burke Marketing Research e da Burke, Inc., de 1986 a 1994, até assumir como Presidente Executivo. Antes de ingressar na Burke, o Dr. Tatham foi professor do curso de pós-graduação em negócios da Arizona State University. Também lecionou na University of Cincinnati e na Kent State University, e tem atuado como conferencista convidado da Thammasat University em Bangkok. Nos últimos 30 anos, tem sido o principal líder de seminários para o Burke Institute, além de seus outros papéis na Burke, Inc. Ele continua a desempenhar a função de principal líder de seminários. Proferiu mais de 500 seminários em grandes corporações internacionais. Obteve seu bacharelado na University of Texas, em Austin, seu MBA na Texas Tech, e seu Ph.D. na University of Alabama.

*Para minha amada esposa Dale, pelo apoio,
e para meu filho Joe III e sua esposa Kerrie*
—Joseph F. Hair, Jr., Kennesaw, GA

Para Deb e Steve, pelo amor e apoio
—William C. Black, Baton Rouge, LA

Para Laurie, Amie e James e minha mãe Bárbara
—Barry J. Babin, Hattiesburg, MS

Para Sallie, Rachel e Stuart, por seu constante amor e apoio
—Rolph E. Anderson, Philadelphia, PA

*Para minha esposa e meus filhos Matt e Elisa,
com gratidão pelo amor que vocês sempre me deram*
—Ronald L. Tatham, Cincinnati, OH

Prefácio

Quem imaginaria, na época em que a primeira edição de *Análise Multivariada de Dados* foi publicada há mais de 25 anos, que o uso de estatística multivariada seria tão atraente quanto é hoje em dia? Durante esse período, vimos grandes mudanças no ambiente de pesquisa tanto acadêmica quanto aplicada. Em primeiro lugar, a revolução do computador pessoal (PC) proporcionou poder de trabalho que era inimaginável até mesmo há poucos anos. Nesse trajeto, passamos dos cartões perfurados para o reconhecimento de voz, revolucionando a maneira como podemos interagir com o computador e usá-lo. Simultaneamente vimos tremendos avanços na disponibilidade e na facilidade de uso de programas estatísticos, variando de pacotes computacionais completamente integrados – como o SPSS e o SAS – a programas especializados em técnicas como redes neurais e análise conjunta. Hoje, o pesquisador pode encontrar praticamente qualquer técnica concebível em um formato PC e a um preço razoável.

No âmbito estatístico, temos presenciado um desenvolvimento contínuo de novas técnicas, como análise conjunta e modelagem de equações estruturais. Todos esses avanços, porém, têm sido acompanhados por uma necessidade crescente de maior capacidade analítica. A explosão de dados dos últimos anos tem pesado não somente sobre nossos recursos físicos para lidar e analisar toda a informação disponível, mas tem exigido também uma reavaliação de nossa abordagem à análise de dados. Finalmente, a combinação da complexidade dos tópicos abordados e o crescente papel da teoria no planejamento de pesquisa está requerendo técnicas mais rigorosas e sofisticadas para executar as análises confirmatórias necessárias.

Todos esses eventos têm contribuído para a aceitação das últimas cinco edições deste texto e para a demanda desta sexta edição. Ao promovermos esta revisão, tentamos contemplar pesquisadores tanto acadêmicos quanto aplicados, com uma apresentação fortemente fundamentada em técnicas estatísticas, mas focando planejamento, estimação e interpretação. Continuamente nos esforçamos para diminuir nossa dependência de notação e terminologia estatística, e, para tal, identificamos os conceitos fundamentais que afetam nosso uso dessas técnicas e os expressamos em termos simples: uma introdução orientada a aplicações em análise multivariada para aqueles que não são estatísticos. Nosso compromisso ainda é fornecer uma firme compreensão dos princípios estatísticos e gerenciais inerentes à análise multivariada, de modo a desenvolver uma "área de conforto" não somente para as questões estatísticas envolvidas, mas também para os aspectos práticos.

O QUE HÁ DE NOVO?

A mudança mais evidente na sexta edição é a nova base de dados – HBAT. A ênfase em medida melhorada, particularmente em construtos multiitem, nos levou a desenvolver a HBAT. Após substanciais testes, acreditamos que ela fornece uma ferramenta de ensino expandida com várias técnicas comparáveis às da base de dados HATCO. Outra mudança importante refere-se à inserção de "regras práticas" para a aplicação e interpretação das várias técnicas. Elas estão em destaque ao longo dos capítulos para facilitar seu uso. Estamos confiantes que essas orientações facilitarão o uso das técnicas. A terceira mudança importante no texto é uma expansão substancial na cobertura de modelagem de equações estruturais. Agora temos três capítulos sobre essa técnica cada vez mais importante. O Capítulo 10 apresenta uma visão geral de modelagem de equações estruturais, o Capítulo 11 se concentra na análise fatorial confirmatória e o Capítulo 12 aborda questões sobre o teste de modelos estruturais. Esses três capítulos fornecem uma abrangente introdução a essa técnica.

O QUE FOI AMPLIADO E ATUALIZADO

Todos os capítulos foram revisados para incorporar avanços tecnológicos, e diversos passaram por alterações significativas. O Capítulo 5, "Análise discriminante múltipla e regressão logística", fornece uma cobertura completa da análise de variáveis dependentes categóricas, incluindo a análise discriminante e a regressão logística. Uma discussão ampliada de regressão logística inclui um exemplo ilustrativo usando a base de dados HBAT. O Capítulo 7, "Análise conjunta", revisa aspectos do planejamento de pesquisa, concentrando-se no desenvolvimento dos estímulos conjuntos de maneira concisa e direta. Finalmente, os Capítulos 10 a 12, sobre modelagem de equações estruturais, foram atualizados e ampliados para refletirem as inúmeras mudanças na área nos últimos anos. Cada capítulo contém também diversos tópicos expandidos e análises de exemplos, como o teste de modelos fatoriais de ordem superior, modelos de grupos e variáveis moderadoras e mediadoras.

Um importante desenvolvimento foi a criação de um site (www.prenhall.com/hair) dedicado à análise multivariada, intitulado *Great Ideas in Teaching Multivariate Statistics*. Esse site (em inglês) atua como um centro de recursos para os interessados em análise multivariada, fornecendo links para recursos de cada técnica e um fórum para a identificação de novos tópicos ou métodos estatísticos. Desse modo, podemos fornecer mais prontamente um retorno a pesquisadores, em vez de eles terem que esperar por uma nova edição do livro. Também planejamos o site para que sirva como um ambiente para materiais de ensino em estatística multivariada – fornecendo exercícios, base de dados, e idéias de projetos.

Todas essas mudanças, bem como outras não mencionadas, ajudarão o leitor a compreender de forma mais completa os aspectos estatísticos e aplicados inerentes a essas técnicas.

AGRADECIMENTOS

Muitas pessoas contribuiram nesta edição. Primeiramente, gostaríamos de agradecer à nossa editora e à equipe que produziu um texto tão excelente. Agradecemos Katie Stevens, editora, por sua paciência e compreensão enquanto trabalhamos para finalizar a sexta edição; Elaine Lattanzi da BookMasters, Inc., e a editora de produção, Kelly Warsak, que nos ajudou a formatar o livro de uma maneira agradável. Diversos de nossos colegas e alunos de pós-graduação fizeram contribuição de valor aos conteúdos. Entre eles estão Arthur Money, da Henley Management College; Phillip Samouel, da Kingston University; Raul Abril, da Teredata Division da NCR; e os estudantes Sujay Dutta, Sandeep Bhowmick e Betsey Moritz, da Louisiana State University.

Gostaríamos de agradecer também a ajuda das seguintes pessoas nas edições anteriores do texto: Bruce Alford, da University of Evanville; David Andrus, da Kansas State University; David Booth, da Kent State University; Alvin C. Burns, da Louisiana State University; Alan J. Bush, da University of Memphis; Robert Bush, da University of Memphis; Rabikar Chatterjee, da University of Michigan; Kerri Curtis, da Golden Gate University; Chaim Ehrman, da University of Illinois at Chicago; Joel Evans, da Hofstra University; Thomas L. Gillpatrick, da Portland State University; Dipak Jain, da Northwestern University; John Lastovicka, da University of Kansas; Margaret Liebman, da La Salle University; Richard Netemeyer, da Louisiana State University; Scott Roach, da Northeast Louisiana University; Muzaffar Shaikh, do Florida Institute of Technology; Walter A. Smith, da Tulsa University; Ronald D. Taylor, da Mississippi State University; e Jerry L. Wall, da Northeast Louisiana University.

J. F. H.
W. C. B.
B. J. B.
R. E. A.
R. L. T.

Sumário Resumido

Capítulo 1   Introdução   21

SEÇÃO I   PREPARAÇÃO PARA UMA ANÁLISE MULTIVARIADA   47

Capítulo 2   Exame de seus Dados   49
Capítulo 3   Análise Fatorial   100

SEÇÃO II   TÉCNICAS DE DEPENDÊNCIA   147

Capítulo 4   Análise de Regressão Múltipla   149
Capítulo 5   Análise Discriminante Múltipla e Regressão Logística   221
Capítulo 6   Análise Multivariada de Variância   303
Capítulo 7   Análise Conjunta   356

SEÇÃO III   TÉCNICAS DE INTERDEPENDÊNCIA   425

Capítulo 8   Análise de Agrupamentos   427
Capítulo 9   Escalonamento Multidimensional e Análise de Correspondência   482

SEÇÃO IV   PARA ALÉM DAS TÉCNICAS BÁSICAS   537

Capítulo 10   Modelagem de Equações Estruturais: Uma Introdução   539
Capítulo 11   SEM: Análise Fatorial Confirmatória   587
Capítulo 12   SEM: Teste de um Modelo Estrutural   643

Índice   679

Sumário

Capítulo 1 Introdução 21

O que é análise multivariada? 23

Análise multivariada em termos estatísticos 23

Alguns conceitos básicos de análise multivariada 23
  A variável estatística 24
  Escalas de medida 24
  Erro de medida e medida multivariada 26
  Significância estatística versus poder estatístico 27

Uma classificação de técnicas multivariadas 28
  Técnicas de dependência 32
  Técnicas de interdependência 32

Tipos de técnicas multivariadas 32
  Análise de componentes principais e análise dos fatores comuns 33
  Regressão múltipla 33
  Análise discriminante múltipla e regressão logística 34
  Correlação canônica 34
  Análise multivariada de variância e covariância 35
  Análise conjunta 35
  Análise de agrupamentos 35
  Mapeamento perceptual 36
  Análise de correspondência 36
  Modelagem de equações estruturais e análise fatorial confirmatória 36

Diretrizes para análises multivariadas e interpretação 37
  Estabelecer significância prática, bem como significância estatística 37
  Reconhecer que o tamanho da amostra afeta todos os resultados 37
  Conhecer seus dados 38
  Esforçar-se por modelos parcimoniosos 38
  Examinar seus erros 38
  Validar seus resultados 38

Um tratamento estruturado para construir modelos multivariados 39
  Estágio 1: Definição do problema da pesquisa, dos objetivos e da técnica multivariada a ser usada 39
  Estágio 2: Desenvolvimento do plano de análise 39
  Estágio 3: Avaliação das suposições inerentes à técnica multivariada 40
  Estágio 4: Estimação do modelo multivariado e avaliação do ajuste geral do modelo 40
  Estágio 5: Interpretação da(s) variável(eis) estatística(s) 40
  Estágio 6: Validação do modelo multivariado 40
  Um fluxograma de decisão 40

Bases de dados 41
  Base de dados primária 41
  Outras bases de dados 43

Organização dos demais capítulos 43
  Seção I: Preparação para uma análise multivariada 43
  Seção II: Técnicas de dependência 43
  Seção III: Técnicas de interdependência 43
  Seção IV: Para além das técnicas básicas 44
  Resumo 44
  Questões 45
  Leituras sugeridas 45
  Referências 45

SEÇÃO I   PREPARAÇÃO PARA UMA ANÁLISE MULTIVARIADA 47

Capítulo 2   Exame de seus Dados 49

Introdução 52

Exame gráfico dos dados 52
  Perfil univariado: exame do formato da distribuição 53
  Perfil bivariado: exame da relação entre variáveis 53

Perfil bivariado: exame das diferenças de grupos 54
Perfis multivariados 56
Resumo 57

Dados perdidos 57
O impacto de dados perdidos 58
Um exemplo simples de uma análise de dados perdidos 58
Um processo de quatro etapas para identificar dados perdidos e aplicar ações corretivas 59
Uma ilustração de diagnóstico de dados perdidos com o processo de quatro etapas 67
Resumo 77

Observações atípicas 77
Detecção e procedimento com observações atípicas 78
Um exemplo ilustrativo de análise de observações atípicas 79

Teste das suposições da análise multivariada 80
Avaliação de variáveis individuais versus a variável estatística 82
Quatro suposições estatísticas importantes 82
Transformações de dados 87
Uma ilustração do teste das suposições inerentes à análise multivariada 88

Incorporação de dados não-métricos com variáveis dicotômicas 92
Resumo 97
Questões 98
Leituras sugeridas 98
Referências 98

Capítulo 3   Análise Fatorial   100
O que é análise fatorial? 102
Um exemplo hipotético de análise fatorial 103
Processo de decisão em análise fatorial 103
Estágio 1: Objetivos da análise fatorial 104
Estágio 2: Planejamento de uma análise fatorial 107
Estágio 3: Suposições na análise fatorial 109
Estágio 4: Determinação de fatores e avaliação do ajuste geral 110
Estágio 5: Interpretação dos fatores 116
Estágio 6: Validação da análise fatorial 123
Estágio 7: Usos adicionais dos resultados da análise fatorial 124

Um exemplo ilustrativo 128
Estágio 1: Objetivos da análise fatorial 128
Estágio 2: Planejamento de uma análise fatorial 128
Estágio 3: Suposições em análise fatorial 129
Análise fatorial de componentes: estágios 4 a 7 129
Análise de fatores comuns: estágios 4 e 5 138

Uma visão gerencial dos resultados 142
Resumo 142
Questões 145
Leituras sugeridas 145
Referências 145

SEÇÃO II   TÉCNICAS DE DEPENDÊNCIA   147

Capítulo 4   Análise de Regressão Múltipla   149
O que é análise de regressão múltipla? 154
Um exemplo de regressão simples e múltipla 154
Estabelecimento de um ponto de referência: previsão sem uma variável independente 155
Previsão usando uma única variável independente: regressão simples 156

Um processo de decisão para a análise de regressão múltipla 162
Estágio 1: objetivos da regressão múltipla 163
Problemas de pesquisa apropriados à regressão múltipla 163
Especificação de uma relação estatística 165
Seleção de variáveis dependente e independentes 165

Estágio 2: Planejamento de pesquisa de uma análise de regressão múltipla 167
Tamanho da amostra 167
Criação de variáveis adicionais 169
Previsores de efeitos fixos versus aleatórios 173

Estágio 3: suposições em análise de regressão múltipla 174
Avaliação de variáveis individuais versus a variável estatística 174
Métodos de diagnóstico 174
Linearidade do fenômeno 175
Variância constante do termo de erro 176
Independência dos termos de erro 176
Normalidade da distribuição dos termos de erro 176
Resumo 177

Estágio 4: Estimação do modelo de regressão e avaliação do ajuste geral do modelo 177
Seleção de uma técnica de estimação 177
Teste se a variável estatística de regressão satisfaz as suposições de regressão 181
Exame da significância estatística de nosso modelo 181
Identificação de observações influentes 185

Estágio 5: interpretação da variável estatística de regressão 188
Utilização dos coeficientes de regressão 188
Avaliação da multicolinearidade 190

Estágio 6: validação dos resultados 195
   Amostras adicionais ou particionadas 195
   Cálculo da estatística PRESS 196
   Comparação de modelos de regressão 196
   Previsão com o modelo 196

Ilustração de uma análise de regressão 196
   Estágio 1: Objetivos da regressão múltipla 196
   Estágio 2: Planejamento de pesquisa de uma análise de regressão múltipla 197
   Estágio 3: Suposições em análise de regressão múltipla 197
   Estágio 4: Estimação do modelo de regressão e avaliação do ajuste geral do modelo 197
   Estágio 5: Interpretação da variável estatística de regressão 212
   Estágio 6: Validação dos resultados 214
   Avaliação de modelos de regressão alternativos 214
   Uma visão gerencial dos resultados 217
   Resumo 218
   Questões 220
   Leituras sugeridas 220
   Referências 220

Capítulo 5   Análise Discriminante Múltipla e Regressão Logística 221

O que são análise discriminante e regressão logística? 224
   Análise discriminante 224
   Regressão logística 225

Analogia com regressão e MANOVA 226

Exemplo hipotético de análise discriminante 226
   Uma análise discriminante de dois grupos: compradores versus não-compradores 226
   Uma representação geométrica da função discriminante de dois grupos 228
   Um exemplo de análise discriminante de três grupos: intenções de troca 229

O processo de decisão para análise discriminante 233

Estágio 1: objetivos da análise discriminante 233

Estágio 2: projeto de pesquisa para análise discriminante 234
   Seleção de variáveis dependente e independentes 234
   Tamanho da amostra 235
   Divisão da amostra 236

Estágio 3: suposições da análise discriminante 236
   Impactos sobre estimação e classificação 237
   Impactos sobre interpretação 237

Estágio 4: estimação do modelo discriminante e avaliação do ajuste geral 238
   Seleção de um método de estimação 239
   Significância estatística 239
   Avaliação do ajuste geral do modelo 240
   Diagnóstico por casos 246
   Resumo 247

Estágio 5: interpretação dos resultados 247
   Pesos discriminantes 247
   Cargas discriminantes 248
   Valores F parciais 248
   Interpretação de duas ou mais funções 248
   Qual método interpretativo usar? 250

Estágio 6: validação dos resultados 250
   Procedimentos de validação 250
   Diferenças de perfis de grupos 251

Um exemplo ilustrativo de dois grupos 251
   Estágio 1: Objetivos da análise discriminante 251
   Estágio 2: Projeto de pesquisa para análise discriminante 252
   Estágio 3: Suposições da análise discriminante 252
   Estágio 4: Estimação do modelo discriminante e avaliação do ajuste geral 253
   Estágio 5: Interpretação dos resultados 262
   Estágio 6: Validação dos resultados 265
   Uma visão gerencial 265

Um exemplo ilustrativo de três grupos 265
   Estágio 1: Objetivos da análise discriminante 265
   Estágio 2: Projeto de pesquisa para análise discriminante 266
   Estágio 3: Suposições da análise discriminante 266
   Estágio 4: Estimação do modelo discriminante e avaliação do ajuste geral 266
   Estágio 5: Interpretação dos resultados da análise discriminante de três grupos 276
   Estágio 6: Validação dos resultados discriminantes 281
   Uma visão gerencial 282

Regressão logística: Regressão com uma variável dependente binária 283
   Representação da variável dependente binária 283
   Estimação do modelo de regressão logística 284
   Avaliação da qualidade de ajuste do modelo de estimação 287
   Teste da significância dos coeficientes 289
   Interpretação dos coeficientes 289
   Resumo 292

Um exemplo ilustrativo de regressão logística 292
   Estágios 1, 2 e 3: Objetivos da pesquisa, planejamento de pesquisa e suposições estatísticas 292
   Estágio 4: Estimação do modelo de regressão logística e avaliação do ajuste geral 292

Estágio 5: Interpretação dos resultados   298
Estágio 6: Validação dos resultados   298
Uma visão gerencial   299
Resumo   299
Questões   302
Leituras sugeridas   302
Referências   302

Capítulo 6   Análise Multivariada de Variância   303

MANOVA: extensão dos métodos univariados para avaliação de diferenças de grupos   306

Procedimentos univariados para avaliação de diferenças de grupos   306
Procedimentos multivariados para avaliação de diferenças de grupos   309

Uma ilustração hipotética de MANOVA   312

Planejamento de análise   312
Diferenças da análise discriminante   312
Formação da variável estatística e avaliação das diferenças   313

Um processo de decisão para MANOVA   314

Estágio 1: objetivos de MANOVA   314

Quando devemos usar MANOVA?   314
Tipos de questões multivariadas apropriadas a MANOVA   315
Seleção das medidas dependentes   316

Estágio 2: questões no projeto de pesquisa de MANOVA   316

Exigências no tamanho da amostra – geral e por grupo   316
Delineamentos fatoriais – dois ou mais tratamentos   317
Uso de covariáveis – ANCOVA e MANCOVA   319
Contrapartes MANOVA de outros delineamentos ANOVA   320
Um caso especial de MANOVA: medidas repetidas   320

Estágio 3: suposições de ANOVA e MANOVA   320

Independência   321
Igualdade de matrizes de variância-covariância   321
Normalidade   321
Linearidade e multicolinearidade entre as variáveis dependentes   322
Sensibilidade a observações atípicas   322

Estágio 4: estimação do modelo MANOVA e avaliação do ajuste geral   322

Estimação com o modelo linear geral   322
Critérios para teste de significância   324
Poder estatístico dos testes multivariados   324

Estágio 5: interpretação dos resultados MANOVA   327

Avaliação de covariáveis estatísticas   327
Avaliação dos efeitos sobre a variável estatística dependente   328
Identificação de diferenças entre grupos individuais   330
Avaliação da significância em variáveis dependentes individuais   332

Estágio 6: validação dos resultados   333

Resumo   333

Ilustração de uma análise MANOVA   334

Exemplo 1: diferença entre dois grupos independentes   335

Estágio 1: Objetivos da análise   335
Estágio 2: Projeto de pesquisa em MANOVA   336
Estágio 3: Suposições em MANOVA   336
Estágio 4: Estimação do modelo MANOVA e avaliação do ajuste geral   337
Estágio 5: Interpretação dos resultados   339

Exemplo 2: diferença entre *K* grupos independentes   340

Estágio 1: Objetivos de MANOVA   340
Estágio 2: Projeto de pesquisa em MANOVA   340
Estágio 3: Suposições em MANOVA   340
Estágio 4: Estimação do modelo MANOVA e avaliação do ajuste geral   341
Estágio 5: Interpretação dos resultados   342

Exemplo 3: um delineamento fatorial para MANOVA com duas variáveis independentes   344

Estágio 1: Objetivos de MANOVA   345
Estágio 2: Projeto de pesquisa em MANOVA   346
Estágio 3: Suposições em MANOVA   346
Estágio 4: Estimação do modelo MANOVA e avaliação do ajuste geral   348
Estágio 5: Interpretação dos resultados   350
Resumo   351

Uma visão gerencial dos resultados   351

Resumo   352
Questões   354
Leituras sugeridas   355
Referências   355

Capítulo 7   Análise Conjunta   356

O que é análise conjunta?   360

Um exemplo hipotético de análise conjunta   361

Especificação de utilidade, fatores, níveis e estímulos 361
Obtenção de preferências a partir dos respondentes 361
Estimação das utilidades parciais 362
Determinação de importância de atributo 363
Avaliação da precisão preditiva 364

Os usos gerenciais da análise conjunta 365

Comparação entre a análise conjunta e outros métodos multivariados 365
Técnicas de composição versus de decomposição 366
Especificação da variável estatística conjunta 366
Modelos separados para cada indivíduo 366
Flexibilidade em tipos de relações 366
Resumo 367

Planejamento de um experimento de análise conjunta 367

Estágio 1: os objetivos da análise conjunta 367
Definição da utilidade total do objeto 368
Especificação dos fatores determinantes 368

Estágio 2: o projeto de uma análise conjunta 370
Seleção de uma metodologia de análise conjunta 370
Planejamento de estímulos: seleção e definição de fatores e níveis 371
Especificação da forma do modelo básico 375
Obtenção de avaliações de preferência 377
Estimação do modelo conjunto 377
Identificação de interações 377
Coleta de dados 380

Estágio 3: suposições da análise conjunta 386

Estágio 4: estimação do modelo conjunto e avaliação do ajuste geral 386
Seleção de uma técnica de estimação 386
Utilidades parciais estimadas 389
Avaliação da qualidade de ajuste do modelo 389

Estágio 5: interpretação dos resultados 391
Exame das utilidades parciais estimadas 391
Avaliação da importância relativa de atributos 393

Estágio 6: validação dos resultados conjuntos 394

Aplicações gerenciais de análise conjunta 394
Segmentação 394
Análise de lucratividade 395
Simuladores conjuntos 395

Metodologias conjuntas alternativas 396
Análise conjunta adaptativa/auto-explicada: conjunta com um grande número de fatores 397
Análises conjuntas baseadas em escolhas: acréscimo de outro toque de realismo 398

Visão geral das três metodologias conjuntas 402

Uma ilustração de análise conjunta 402
Estágio 1: Objetivos da análise conjunta 402
Estágio 2: Projeto da análise conjunta 402
Estágio 3: Suposições na análise conjunta 405
Estágio 4: Estimação do modelo conjunto e avaliação do ajuste geral do modelo 405
Estágio 5: Interpretação dos resultados 410
Estágio 6: Validação dos resultados 414
Uma aplicação gerencial: uso de um simulador de escolha 414
Resumo 416
Questões 419
Leituras sugeridas 419
Referências 420

SEÇÃO III TÉCNICAS DE INTERDEPENDÊNCIA 425

Capítulo 8 Análise de Agrupamentos 427

O que é análise de agrupamentos? 430
Análise de agrupamentos como uma técnica multivariada 430
Desenvolvimento conceitual com análise de agrupamentos 430
Necessidade de apoio conceitual em análise de agrupamentos 431

Como funciona a análise de agrupamentos? 431
Um exemplo simples 431
Considerações objetivas versus subjetivas 436
Resumo 436

Processo de decisão em análise de agrupamentos 436
Estágio 1: Objetivos da análise de agrupamentos 436
Estágio 2: Projeto de pesquisa em análise de agrupamentos 439
Estágio 3: Suposições em análise de agrupamentos 446
Estágio 4: Determinação de agrupamentos e avaliação do ajuste geral 447
Estágio 5: Interpretação dos agrupamentos 457
Estágio 6: Validação e perfil dos agrupamentos 457

Resumo do processo de decisão 458

Um exemplo ilustrativo 458
Estágio 1: Objetivos da análise de agrupamentos 459
Estágio 2: Projeto de pesquisa na análise de agrupamentos 459
Estágio 3: Suposições na análise de agrupamentos 460
Emprego de métodos hierárquicos e não-hierárquicos 462

Passo 1: Análise hierárquica de agrupamentos (Estágio 4) 462
Passo 2: Análise não-hierárquica de agrupamentos (Estágios 4, 5 e 6) 471
Resumo 478
Questões 480
Leituras sugeridas 480
Referências 480

Capítulo 9   Escalonamento Multidimensional e Análise de Correspondência   482

O que é escalonamento multidimensional?   484
Comparação de objetos 484
Dimensões: a base para comparação 485

Uma visão simplificada sobre como funciona o MDS   486
Obtenção de julgamentos de similaridade 486
Criação de um mapa perceptual 486
Interpretação dos eixos 488

Comparação entre MDS e outras técnicas de interdependência   488
Indivíduo como a unidade de análise 488
Falta de uma variável estatística 488

Uma estrutura de decisão para mapeamento perceptual   488

Estágio 1: objetivos do MDS   488
Decisões-chave para estabelecer objetivos 490

Estágio 2: projeto de pesquisa do MDS   492
Seleção entre uma abordagem decomposicional (livre de atributos) ou composicional (baseada em atributos) 492
Objetos: seu número e seleção 493
Métodos não-métricos versus métricos 494
Coleta de dados de similaridade ou de preferência 495

Estágio 3: Suposições da análise de MDS   497

Estágio 4: Determinação da solução MDS e avaliação do ajuste geral   497
Determinação da posição de um objeto no mapa perceptual 497
Seleção da dimensionalidade do mapa perceptual 499
Incorporação de preferências ao MDS 500

Estágio 5: Interpretação dos resultados dos MDS   504
Identificação das dimensões 504

Estágio 6: Validação dos resultados do MDS   505
Questões da validação 505
Abordagens para validação 505

Visão geral do escalonamento multidimensional   506
Análise de correspondência   506
Características diferenciadas 507
Diferenças de outras técnicas multivariadas 507
Um exemplo simples de CA 507
Uma estrutura de decisão para análise de correspondência 511
Estágio 1: Objetivos da CA 511
Estágio 2: Projeto de pesquisa de CA 512
Estágio 3: Suposições em CA 512
Estágio 4: Determinação dos resultados da CA e avaliação do ajuste geral 512
Estágio 5: Interpretação dos resultados 513
Estágio 6: Validação dos resultados 514
Visão geral da análise de correspondência 514

Ilustração do MDS e da análise de correspondência   515
Estágio 1: Objetivos do mapeamento perceptual 515
Estágio 2: Projeto de pesquisa do estudo do mapeamento perceptual 516
Estágio 3: Suposições no mapeamento perceptual 518
Escalonamento multidimensional: Estágios 4 e 5 518
Análise de correspondência: Estágios 4 e 5 527
Estágio 6: Validação dos resultados 530
Uma visão gerencial dos resultados do MDS 532
Resumo 532
Questões 534
Leituras sugeridas 534
Referências 534

SEÇÃO IV   PARA ALÉM DAS TÉCNICAS BÁSICAS   537

Capítulo 10   Modelagem de Equações Estruturais: Uma Introdução   539

O que é modelagem de equações estruturais?   543
Estimação de múltiplas relações de dependência inter-relacionadas 543
Incorporação de variáveis latentes que não medimos diretamente 544
Definição de um modelo 545
Resumo 549

SEM e outras técnicas multivariadas   549
Similaridade com técnicas de dependência 549
Similaridade com técnicas de interdependência 549
Resumo 549

O papel da teoria em modelagem de equações estruturais   550
Especificação de relações 550
Estabelecimento de causalidade 550
Resumo 552

A história da SEM   552

Um exemplo simples de SEM   553
- *A questão de pesquisa   553*
- *Preparação do modelo de equações estruturais para análise de caminhos   553*
- *O básico da estimação e avaliação SEM   554*
- *Resumo   558*

Desenvolvimento de uma estratégia de modelagem   558
- *Estratégia de modelagem confirmatória   559*
- *Estratégia de modelos concorrentes   559*
- *Estratégia de desenvolvimento de modelos   559*

Seis estágios na modelagem de equações estruturais   560
- *Estágio 1: Definição de construtos individuais   560*
- *Estágio 2: Desenvolvimento e especificação do modelo de medida   561*
- *Estágio 3: Planejamento de um estudo para produzir resultados empíricos   562*
- *Estágio 4: Avaliação da validade do modelo de medida   567*
- *Estágio 5: Especificação do modelo estrutural   574*
- *Estágio 6: Avaliação da validade do modelo estrutural   575*
- *Resumo   577*
- *Questões   580*
- *Leituras sugeridas   580*

Apêndice 10A: Estimação de relações usando análise de caminhos   581
- *Identificação de caminhos   581*
- *Estimação da relação   581*

Apêndice 10B: Abreviações SEM   583

Apêndice 10: Detalhe sobre índices GOF selecionados   584
- *Índice de qualidade de ajuste (GFI)   584*
- *Raiz do erro quadrático médio de aproximação (RMSEA)   584*
- *Índice de ajuste comparativo (CFI)   584*
- *Índice de Tucker-Lewis (TLI)   584*
- *Proporção de parcimônia (PR)   584*

Referências   585

Capítulo 11   SEM: Análise Fatorial Confirmatória   587

O que é análise fatorial confirmatória?   589
- *CFA e análise fatorial exploratória   589*
- *Um exemplo simples de CFA e SEM   590*
- *CFA e validade de construto   591*

Estágios sem para testar validação da teoria de medida com CFA   593
- *Estágio 1: Definição de construtos individuais   593*
- *Estágio 2: Desenvolvimento do modelo de medida geral   594*
- *Estágio 3: Planejamento de um estudo para produzir resultados empíricos   601*
- *Estágio 4: Avaliação da validade do modelo de medida   604*

Ilustração da CFA   609
- *Estágio 1: Definição de construtos individuais   609*
- *Estágio 2: Desenvolvimento do modelo de medida geral   610*
- *Estágio 3: Planejamento de um estudo para produzir resultados empíricos   612*
- *Estágio 4: Avaliação da validade do modelo de medida   612*
- *Modificação do modelo de medida   618*
- *Resumo   620*

Tópicos avançados em CFA   620
- *Análise fatorial de ordem superior   620*
- *Grupos múltiplos em CFA   623*
- *Parcelamento de item em CFA e SEM   628*

Ilustrações de CFA avançada   629
- *Análises de grupos múltiplos   629*
- *Viés de medida   633*
- *Resumo   634*
- *Questões   635*
- *Leituras sugeridas   636*

Apêndice 11A: Questões de especificação em programas SEM   637
- *Problemas de especificação com LISREL   637*
- *Especificação com AMOS   638*
- *Resultados usando diferentes programas SEM   639*

Apêndice 11B: Variável medida e termos de intercepto no construto   640

Referências   641

Capítulo 12   SEM: Teste de um Modelo Estrutural   643

O que é um modelo estrutural?   644

Um exemplo simples de um modelo estrutural   644
- *Resumo   645*

Uma visão geral de teste de teoria com SEM   646

Estágios no teste de teoria estrutural   646
- *Abordagens de um passo versus dois passos   646*
- *Estágio 5: Especificação do modelo estrutural   647*

Estágio 6: Avaliação da validade do modelo estrutural 653

Ilustração de SEM 654

Estágio 5 de SEM: Especificação do modelo estrutural 655

Estágio 6: Avaliação da validade do modelo estrutural 656

Tópicos avançados 659

Tipos de relação 659
Análises multigrupo 665
Dados longitudinais 665
Mínimos quadrados parciais 668
Confusão de interpretação 669

Resumo 670

Questões 671

Leituras sugeridas 671

Apêndice 12A: As relações multivariadas em SEM 672

A principal equação estrutural 672
Uso de estimativas paramétricas para explicar construtos 672
Uso de construtos para explicar variáveis medidas 673

Apêndice 12B: Como fixar cargas fatoriais para um valorespecífico em LISREL 674

Apêndice 12C: Mudança de uma configuração CFA em LISREL para um teste de modelo estrutural 675

Apêndice 12D: Sintaxe do programa SEM do exemplo HBAT para LISREL 676

Referências 678

Índice 679

CAPÍTULO 1

Introdução

Objetivos de aprendizagem

Ao concluir este capítulo, você deverá ser capaz de:

- Explicar o que é análise multivariada e quando sua aplicação é adequada.
- Discutir a natureza das escalas de medida e sua relação com técnicas multivariadas.
- Compreender a natureza do erro de medida e seu impacto na análise multivariada.
- Determinar qual técnica multivariada é apropriada para um problema específico de pesquisa.
- Definir as técnicas específicas incluídas na análise multivariada.
- Discutir as orientações para a aplicação e interpretação da análise multivariada
- Compreender a abordagem em seis etapas para a construção de um modelo multivariado.

Apresentação do capítulo

O Capítulo 1 apresenta uma visão geral simplificada da análise multivariada. Enfatiza que os métodos de análise multivariada irão influenciar cada vez mais não apenas os aspectos analíticos de pesquisa, mas também o planejamento e a abordagem da coleta de dados para tomada de decisões e resolução de problemas. Apesar de as técnicas multivariadas terem muitas características em comum com suas contrapartes univariada e bivariada, várias diferenças importantes surgem na transição para uma análise multivariada. Para ilustrar essa transição, este capítulo apresenta uma classificação das técnicas multivariadas. Em seguida, fornece linhas gerais para a aplicação dessas técnicas, bem como uma abordagem estruturada para a formulação, estimação e interpretação dos resultados multivariados. O capítulo conclui com uma discussão das bases de dados utilizadas ao longo do livro para ilustrar a aplicação das técnicas.

Termos-chave

Antes de começar o capítulo, leia os termos-chave para compreender os conceitos e a terminologia empregados. Ao longo do capítulo, os termos-chave aparecem em **negrito**. Outros pontos que merecem destaque e as referências cruzadas nos termos-chave estão em *itálico*. Exemplos ilustrativos aparecem em quadros.

Alfa (a) Ver *Erro Tipo I*.

Análise multivariada nálise de múltiplas variáveis em um único relacionamento ou conjunto de relações.

Análise univariada de variância (ANOVA) écnica estatística para determinar, com base em uma medida dependente, se amostras são oriundas de populações com médias iguais.

Beta (b) Ver *Erro Tipo II*.

Bootstrapping Uma abordagem para validar um modelo multivariado extraindo-se um grande número de sub-amostras e estimando modelos para cada uma delas. Estimativas a partir de todas as sub-amostras são combinadas em seguida, fornecendo não apenas os "melhores" coeficientes estimados (por exemplo, médias de cada coeficiente estimado ao longo de todos os modelos das sub-amostras), mas também sua variabilidade esperada e, assim, sua probabilidade de diferenciar do zero; ou seja, os coeficientes estimados são estatisticamente diferentes de zero ou não? Essa abordagem não depende de suposições estatísticas sobre a população para avaliar significância estatística, mas, ao invés disso, faz sua avaliação baseada somente nos dados amostrais.

Confiabilidade Extensão em que uma variável ou um conjunto de variáveis é consistente com o que se pretende medir. Se medidas repetidas forem executadas, as medidas confiáveis serão consistentes em seus valores. É diferente de *validade*, por se referir não ao que deveria ser medido, mas ao modo como é medido.

Correlação parcial bivariada Correlação simples (duas variáveis) entre dois conjuntos de resíduos (variâncias não explicadas) que permanecem depois que a associação de outras variáveis independentes é removida.

Dados métricos Também chamados de *dados quantitativos*, *dados intervalares* ou *dados proporcionais*, essas medidas identificam ou descrevem indivíduos (ou objetos) não apenas pela posse de um atributo, mas também pela quantia ou grau em que o indivíduo pode ser caracterizado pelo atributo. Por exemplo, a idade ou o peso de alguém são dados métricos.

Dados não-métricos Também chamados de *dados qualitativos*, são atributos, características ou propriedades categóricas que identificam ou descrevem um indivíduo ou objeto. Diferem dos *dados métricos* no sentido de indicarem a presença de um atributo, mas não a quantia. Exemplos são ocupações (médico, advogado, professor) ou status do comprador (comprador, não-comprador). São também conhecidos como *dados nominais* ou *dados ordinais*.

Erro de especificação Omissão de uma variável-chave da análise, que causa um impacto sobre os efeitos estimados de variáveis incluídas.

Erro de medida Imprecisão na mensuração dos valores "verdadeiros" das variáveis devido à falibilidade do instrumento de medida (ou seja, escalas de respostas inapropriadas), erros na entrada de dados, ou enganos dos respondentes.

Erro Tipo I Probabilidade de rejeitar incorretamente a hipótese nula – na maioria dos casos, isso significa dizer que existe uma diferença ou correlação quando, na verdade, não é o caso. Também chamado de *alfa* (α). Níveis comuns são 5% ou 1%, chamados de níveis 0,05 ou 0,01, respectivamente.

Erro Tipo II Probabilidade de falhar incorretamente na rejeição da hipótese nula – em termos simples, a probabilidade de não encontrar uma correlação ou diferença na média quando ela existe. Também chamado de *beta* (β), está inversamente relacionado ao *erro Tipo I*. O valor 1 menos o erro Tipo II ($1-\beta$) é definido como *poder*.

Escalas múltiplas Método de combinação de diversas variáveis que medem o mesmo conceito em uma única variável como tentativa de aumentar a *confiabilidade* da medida por meio de *medida multivariada*. Na maioria dos exemplos, as variáveis separadas são somadas, e em seguida seu escore total ou médio é usado na análise.

Indicador Variável única utilizada em conjunção com uma ou mais variáveis diferentes para formar uma *medida composta*.

Medida composta Ver *Escala múltipla*.

Medida multivariada Uso de duas ou mais variáveis como *indicadores* de uma única *medida composta*. Por exemplo, um teste de personalidade pode fornecer as respostas a diversas questões individuais (indicadores), as quais são então combinadas para formar um escore único (*escala múltipla*), que representa o tipo de personalidade.

Multicolinearidade Extensão em que uma variável pode ser explicada pelas outras variáveis na análise. À medida que a multicolinearidade aumenta, fica mais complicada a interpretação da *variável estatística*, uma vez que se torna mais difícil verificar o efeito de qualquer variável, devido a suas inter-relações.

Poder Probabilidade de rejeitar corretamente a hipótese nula quando a mesma é falsa, ou seja, de encontrar corretamente um suposto relacionamento quando ele existe. Determinado como uma função (1) do nível de significância estatística dado pelo pesquisador para um *erro Tipo 1*(α), (2) do tamanho da amostra utilizada na análise, e (3) do *tamanho do efeito* examinado.

Significância prática Método de avaliar resultados da análise multivariada baseado em suas descobertas substanciais, em vez de sua significância estatística. Enquanto a significância estatística determina se o resultado pode ser atribuído ao acaso, a significância prática avalia se o resultado é útil (isto é, substancial o bastante para garantir ação) para atingir os objetivos da pesquisa.

Tamanho do efeito Estimativa do grau em que o fenômeno estudado (por exemplo, correlação ou diferença em médias) existe na população.

Técnica de dependência Classificação de técnicas estatísticas diferenciadas por terem uma variável ou um conjunto de variáveis identificado como a(s) *variável(eis) dependente(s)*, e a(s) variável(eis) remanescente(s) como *independente(s)*. O objetivo é a previsão da(s) variável(eis) dependente(s) pela(s) variável(eis) independente(s). Um exemplo é a análise de regressão.

Técnica de interdependência Classificação de técnicas estatísticas nas quais as variáveis não são divididas em *conjuntos dependentes* e *independentes*; ou seja, todas as variáveis são analisadas como um único conjunto (por exemplo, análise fatorial).

Tratamento Variável independente que o pesquisador manipula para ver o efeito (se houver) sobre a(s) variável(eis) dependente(s), como em um experimento (por exemplo, o teste do apelo de anúncios coloridos versus preto-e-branco).

Validade Extensão em que uma medida ou um conjunto de medidas representa corretamente o conceito do estudo – o grau em que se está livre de qualquer erro sistemático ou não-aleatório. A validade se refere a quão bem o conceito é definido pela(s) medida(s), enquanto *confiabilidade* se refere à consistência da(s) medida(s).

Variável dependente Efeito presumido, ou resposta, a uma mudança na(s) *variável(eis) independente (s)*.

Variável dicotômica Variável não-métrica transformada em uma variável métrica designando-se 1 ou 0 a um objeto, dependendo se este possui ou não uma característica particular.

Variável estatística Combinação linear de variáveis formada na técnica multivariada determinando-se pesos empíricos aplicados a um conjunto de variáveis especificado pelo pesquisador.

Variável independente Causa presumida de qualquer mudança na *variável dependente*.

O QUE É ANÁLISE MULTIVARIADA?

Hoje em dia negócios devem ser mais lucrativos, reagir mais rapidamente e oferecer produtos e serviços de maior qualidade, e ainda fazer tudo isso com menos pessoas e a um menor custo. Uma exigência essencial nesse processo é a criação e o gerenciamento de conhecimento eficaz. Não há falta de informação, mas escassez de conhecimento. Como disse Tom Peters em seu livro Thriving on Chaos, "Estamos nos afogando em informações e famintos por conhecimento" [7].

A informação disponível na tomada de decisões explodiu nos últimos anos e irá continuar assim no futuro, provavelmente até mais rapidamente. Até recentemente, muito dessa informação simplesmente desaparecia. Ou não era coletada, ou era descartada. Hoje, essa informação está sendo coletada e armazenada em bancos de dados e está disponível para ser feita a "garimpagem" para fins de melhoria na tomada de decisões. Parte dessa informação pode ser analisada e compreendida com estatística simples, mas uma grande porção demanda técnicas estatísticas multivariadas mais complexas para converter tais dados em conhecimento.

Diversos avanços tecnológicos nos ajudam a aplicar técnicas multivariadas. Entre os mais importantes estão os desenvolvimentos de hardware e software. A velocidade e o custo de equipamento computacional têm dobrado a cada 18 meses, enquanto os preços despencam. Pacotes computacionais amigáveis trouxeram a análise de dados para a era do aponte-e-clique, e podemos rapidamente analisar montanhas de dados complexos com relativa facilidade. De fato, a indústria, governos e centros de pesquisa ligados a universidades por todo o mundo estão fazendo amplo uso dessas técnicas.

Ao longo do texto, usamos o termo genérico pesquisador quando nos referimos a um analista de dados no âmbito das comunidades acadêmica ou profissional. Achamos inadequado fazer qualquer distinção entre essas duas áreas, pois a pesquisa em ambas se sustenta em bases tanto teóricas quanto quantitativas. A despeito dos objetivos da pesquisa e a ênfase em interpretação poderem variar, um pesquisador de qualquer área deve abordar todas as questões conceituais e empíricas levantadas nas discussões dos métodos estatísticos.

ANÁLISE MULTIVARIADA EM TERMOS ESTATÍSTICOS

Técnicas de análise multivariada são populares porque elas permitem que organizações criem conhecimento, melhorando assim suas tomadas de decisões. **Análise multivariada** se refere a todas as técnicas estatísticas que simultaneamente analisam múltiplas medidas sobre indivíduos ou objetos sob investigação. Assim, qualquer análise simultânea de mais do que duas variáveis pode ser considerada, a princípio, como multivariada.

Muitas técnicas multivariadas são extensões da análise univariada (análises de distribuições de uma única variável) e da análise bivariada (classificação cruzada, correlação, análise de variância, e regressão simples usadas para analisar duas variáveis). Por exemplo, regressão simples (com uma variável preditora) é estendida no caso multivariado para incluir diversas variáveis preditoras. Analogamente, a variável dependente única encontrada na análise de variância é estendida para incluir múltiplas variáveis dependentes em análise multivariada de variância. Algumas técnicas multivariadas (por exemplo, regressão múltipla ou análise multivariada de variância) fornecem um meio de executar em uma única análise aquilo que antes exigia múltiplas análises univariadas para ser realizado. Outras técnicas multivariadas, não obstante, são exclusivamente planejadas para lidar com aspectos multivariados, como a análise fatorial, que identifica a estrutura inerente a um conjunto de variáveis, ou a análise discriminante, que distingue entre grupos baseada em um conjunto de variáveis.

Às vezes ocorrem confusões sobre o que é análise multivariada porque o termo não é empregado consistentemente na literatura. Alguns pesquisadores usam multivariada simplesmente para se referirem ao exame de relações entre mais de duas variáveis. Outros utilizam o termo para problemas nos quais todas as múltiplas variáveis são assumidas como tendo uma distribuição normal multivariada. Porém, para ser considerada verdadeiramente multivariada, todas as variáveis devem ser aleatórias e inter-relacionadas de tal maneira que seus diferentes efeitos não podem ser significativamente interpretados em separado. Alguns autores estabelecem que o objetivo da análise multivariada é medir, explicar e prever o grau de relação entre variáveis estatísticas (combinações ponderadas de variáveis). Assim, o caráter multivariado reside nas múltiplas variáveis estatísticas (combinações múltiplas de variáveis), e não somente no número de variáveis ou observações. Para os propósitos deste livro, não insistimos em uma definição rígida para análise multivariada. No lugar disso, a análise multivariada incluirá tanto técnicas com muitas variáveis quanto técnicas verdadeiramente multivariadas, pois acreditamos que o conhecimento de técnicas com muitas variáveis é um primeiro passo essencial no entendimento da análise multivariada.

ALGUNS CONCEITOS BÁSICOS DE ANÁLISE MULTIVARIADA

Apesar de a análise multivariada ter suas raízes nas estatísticas univariada e bivariada, a extensão para o domínio multivariado introduz conceitos adicionais e questões que têm particular relevância. Esses conceitos variam da necessidade de uma compreensão conceitual do constructo da análise multivariada – a variável estatística – até pontos específicos que lidam com os tipos de escalas de medida empregadas e as questões estatísticas de testes de significância e níveis de confiança. Cada conceito tem um papel significativo na aplicação bem-sucedida de qualquer técnica multivariada.

A variável estatística

Como anteriormente mencionado, o constructo da análise multivariada é a **variável estatística**, uma combinação linear de variáveis com pesos empiricamente determinados. As variáveis são especificadas pelo pesquisador, sendo os pesos determinados pela técnica multivariada para atingir um objetivo específico. Uma variável estatística de n variáveis ponderadas (X_1 até X_n) pode ser enunciada matematicamente como:

$$\text{Valor da variável estatística} = w_1X_1 + w_2X_2 + w_3X_3 + \cdots + w_nX_n$$

onde X_n é a variável observada e w_n é o peso determinado pela técnica multivariada.

O resultado é um único valor que representa uma combinação do *conjunto inteiro* de variáveis que melhor atinge o objetivo da análise multivariada específica. Em regressão múltipla, a variável estatística é determinada de modo a maximizar a correlação entre as variáveis independentes múltiplas e a única variável dependente. Em análise discriminante, a variável estatística é formada de maneira a criar escores para cada observação que diferencie de forma máxima entre grupos de observações. Em análise fatorial, variáveis estatísticas são formadas para melhor representarem a estrutura subjacente ou padrões das variáveis conforme representadas por suas intercorrelações.

Em cada caso, a variável estatística captura o caráter multivariado da análise. Assim, em nossa discussão de cada técnica, a variável estatística é o ponto focal da análise em muitos aspectos. Devemos compreender não apenas seu impacto coletivo em satisfazer o objetivo da técnica, mas também a contribuição de cada variável separada para o efeito geral da variável estatística.

Escalas de medida

A análise de dados envolve a identificação e a medida de variação em um conjunto de variáveis, seja entre elas mesmas ou entre uma variável dependente e uma ou mais variáveis independentes. A palavra-chave aqui é *medida*, pois o pesquisador não pode identificar variação a menos que ela possa ser medida. A mensuração é importante para representar com precisão o conceito de interesse, e é instrumental na seleção do método multivariado apropriado para análise. Dados podem ser classificados em uma entre duas categorias – não-métricos (qualitativos) e métricos (quantitativos) – baseadas no tipo de atributos ou características que os dados representam. É importante observar que é responsabilidade do pesquisador definir o tipo de medida para cada variável. Para o computador, os valores são apenas números, mas, como perceberemos na próxima seção, definir dados como métricos ou não-métricos tem substancial impacto sobre o que os dados podem representar e como eles podem ser analisados.

Escalas de medida não-métrica

Medidas que descrevem diferenças em tipo ou natureza, indicando a presença ou ausência de uma característica ou propriedade, são chamadas de **dados não-métricos**. Essas propriedades são discretas no sentido de que, tendo uma característica particular, todas as demais características são excluídas; por exemplo, se uma pessoa é do sexo masculino, não pode ser do sexo feminino. Uma "quantia" de sexo não é viável, mas apenas o estado de ser do sexo masculino ou feminino. Medidas não-métricas podem ser feitas com uma escala nominal ou ordinal.

Escalas nominais. Uma escala nominal designa números para rotular ou identificar indivíduos ou objetos. Os números designados aos objetos não têm significado quantitativo além da indicação da presença ou ausência do atributo ou característica sob investigação. Portanto, escalas nominais, também conhecidas como escalas categóricas, só podem fornecer o número de ocorrências em cada classe ou categoria da variável sob estudo.

> Por exemplo, ao representar sexo (masculino ou feminino), o pesquisador pode designar números para cada categoria (por exemplo, 2 para mulheres e 1 para homens). Com esses valores, contudo, podemos apenas tabular o número de homens e de mulheres; carece de sentido o cálculo de valor médio de sexo.

Dados nominais representam somente categorias ou classes, e não implicam quantias de um atributo ou característica. Exemplos freqüentemente usados de dados nominalmente escalonados incluem diversos atributos demográficos (como sexo, religião, ocupação ou filiação partidária), muitas formas de comportamento (como comportamento de voto ou atividade de compra), ou qualquer outra ação que seja discreta (que acontece ou não).

Escalas ordinais. Escalas ordinais são o próximo nível "superior" de precisão em medida. No caso de escalas ordinais, variáveis podem ser ordenadas ou ranqueadas em relação à quantia do atributo possuída. Todo indivíduo ou objeto pode ser comparado com outro em termos de uma relação da forma "maior que" ou "menor que". Os números empregados em escalas ordinais, contudo, são realmente não-quantitativos porque eles indicam apenas posições relativas em uma série ordenada. Escalas ordinais não fornecem qualquer medida da quantia ou magnitude real em termos absolutos, mas apenas a ordem dos valores. O pesquisador conhece a ordem, mas não a quantia de diferença entre os valores.

Por exemplo, diferentes níveis de satisfação de um consumidor em relação a diversos novos produtos podem ser ilustrados primeiramente usando-se uma escala ordinal. A escala a seguir mostra a opinião de um respondente sobre três produtos.

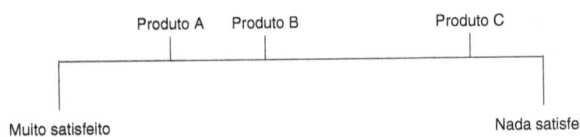

Quando medimos essa variável com uma escala ordinal, "ranqueamos a ordem" dos produtos baseados no nível de satisfação. Queremos uma medida que reflita que o respondente está mais satisfeito com o produto A do que com o produto B e mais satisfeito com o produto B do que com o produto C, baseados apenas em suas posições na escala. Poderíamos designar valores de "ordem de ranqueamento" (1 = mais satisfeito, 2 = o próximo mais satisfeito etc.) de 1 para o produto A (maior satisfação), 2 para o produto B, e 3 para o produto C.

Quando vistos como dados ordinais, sabemos que o produto A tem a maior satisfação, seguido pelo produto B e então pelo produto C. No entanto, não podemos fazer qualquer declaração quantitativa sobre as diferenças entre produtos (p. ex., não podemos responder se a diferença entre produtos A e B é maior do que a diferença entre os produtos B e C). Temos que usar uma escala intervalar (ver próxima seção) para avaliar qual é a magnitude de diferenças entre produtos.

Em muitos casos, um pesquisador pode achar atraente o uso de medidas ordinais, mas as implicações sobre os tipos de análises que podem ser executadas são substanciais. O analista não pode realizar nenhuma operação aritmética (somas, médias, multiplicações, divisões etc.), tornando assim todos os dados não-métricos bastante limitados em seu uso na estimação de coeficientes do modelo. Por esse motivo, muitas técnicas multivariadas são desenvolvidas apenas para lidar com dados não-métricos (p. ex., análise de correspondência) ou para empregar dados não-métricos como uma variável independente* (p. ex., análise discriminante com uma variável dependente não-métrica, ou análise multivariada de variância com variáveis independentes não-métricas). Logo, o analista deve identificar todos os dados não-métricos para garantir que eles sejam utilizados adequadamente nas técnicas multivariadas.

Escalas de medida métrica

Em contraste com dados não-métricos, **dados métricos** são utilizados quando indivíduos diferem em quantia ou grau em relação a um atributo em particular. Variáveis metricamente medidas refletem quantidade ou grau relativo e são apropriadas para atributos envolvendo quantia ou magnitude, como o nível de satisfação ou compromisso com um emprego. As duas escalas de medida métrica são as escalas intervalares e de razão.

Escalas intervalares. As escalas intervalares e escalas de razão (ambas métricas) fornecem o mais alto nível de precisão de medida, permitindo que quase todas as operações matemáticas sejam executadas. Essas duas escalas têm unidades constantes de medida, e, portanto, diferenças entre quaisquer dois pontos adjacentes em qualquer parte da escala são iguais.

No exemplo anterior de medida de satisfação, dados métricos poderiam ser obtidos medindo-se a distância de um extremo da escala até a posição de cada produto. Considere que o produto A estava a 2,5 unidades do extremo esquerdo, que o produto B estava a 6,0 unidades, e que o produto C estava a 12 unidades. Usando esses valores como medida de satisfação, poderíamos não apenas fazer as mesmas declarações que fizemos com os dados ordinais (p. ex., a ordem de ranqueamento dos produtos), mas poderíamos também perceber que a diferença entre os produtos A e B era muito menor (6,0 − 2,5 = 3,5) do que a diferença entre os produtos B e C (12,0 − 6,0 = 6,0).

A única diferença real entre escalas intervalares e escalas de razão é que as primeiras têm um ponto zero arbitrário, enquanto as escalas de razão incluem um ponto de zero absoluto. As escalas intervalares mais familiares são as escalas de temperatura Fahrenheit e Celsius. Cada uma tem um ponto zero arbitrário diferente, e nenhuma indica uma quantia nula ou ausência de temperatura, já que podemos registrar temperaturas abaixo do ponto zero em ambas. Logo, não é possível dizer que qualquer valor em uma escala intervalar é um múltiplo de algum outro ponto da escala.

Por exemplo, não se pode considerar que um dia de 80°F tem o dobro de temperatura de um dia de 40°F, pois sabemos que 80°F, em uma escala diferente, como Celsius, é 26,7°C. Do mesmo modo, 40°F em Celsius é 4,4°C. Apesar de 80°F ser de fato o dobro de 40°F, não podemos afirmar que o calor de 80°F é o dobro do calor de 40°F, já que, usando diferentes escalas, o calor não tem o dobro da intensidade, isto é, $4{,}4°C \times 2 \neq 26{,}7°C$.

Escalas de razão. As escalas de razão representam a mais elevada forma de precisão de medida, pois possuem as vantagens de todas as escalas inferiores somadas à existência de um ponto zero absoluto. Todas as operações matemáticas são possíveis com medidas de escala de razão. As balanças de banheiros ou outros aparelhos comuns para medir pesos são exemplos dessas escalas, pois têm um ponto zero abso-

---

* N. de R.T.: A frase certa seria "como uma variável dependente ou independente".

luto, e assim podemos falar em termos de múltiplos quando relacionamos um ponto da escala com outro; por exemplo, 100 libras é duas vezes o peso de 50 libras.

O impacto na escolha da escala de medida

Compreender os diferentes tipos de escalas de medida é importante por duas razões.

1. O pesquisador deve identificar a escala de medida de cada variável usada, de forma que dados não-métricos não sejam incorretamente usados como dados métricos e vice-versa (como em nosso exemplo anterior de representação de sexo como 1 para homem e 2 para mulher). Se o pesquisador incorretamente define essa medida como métrica, então ela pode ser empregada inadequadamente (p. ex., encontrar o valor médio de sexo).
2. A escala de medida é também crítica ao determinar quais técnicas multivariadas são as mais aplicáveis aos dados, com considerações feitas tanto para as variáveis independentes quanto para as dependentes. Na discussão sobre as técnicas e sua classificação em seções apresentadas mais adiante neste capítulo, as propriedades métricas e não-métricas de variáveis independentes e dependentes são os fatores determinantes na escolha da técnica apropriada.

Erro de medida e medida multivariada

O uso de variáveis múltiplas e a confiança em sua combinação (a variável estatística) em técnicas multivariadas também concentra a atenção em uma questão complementar – o erro de medida. **Erro de medida** é o grau em que os valores observados não são representativos dos valores "verdadeiros". Há muitas fontes para erros de medida, que variam desde os erros na entrada de dados devido à imprecisão da medida (p. ex., impor escalas com sete pontos para medida de atitude quando o pesquisador sabe que os respondentes podem responder precisamente apenas em escalas de três pontos) até a falta de habilidade dos respondentes em fornecerem informações precisas (p. ex., respostas como a renda familiar podem ser razoavelmente corretas, mas raramente exatas). Assim, todas as variáveis usadas em técnicas multivariadas devem ser consideradas como tendo um certo grau de erro de medida. O erro de medida acrescenta "ruído" às variáveis observadas ou medidas. Logo, o valor observado obtido representa tanto o nível "verdadeiro" quanto o "ruído". Quando usado para computar correlações ou médias, o efeito "verdadeiro" é parcialmente mascarado pelo erro de medida, causando um enfraquecimento nas correlações e menor precisão nas médias. O impacto específico de erro de medida e sua acomodação em relacionamentos de dependência é abordado mais detalhadamente no Capítulo 10.

Validade e confiabilidade

O objetivo do pesquisador de reduzir o erro de medida pode seguir diversos caminhos. Ao avaliar o grau de erro presente em qualquer medida, o pesquisador deve levar em conta duas importantes características de uma medida:

- Validade é o grau em que uma medida representa precisamente aquilo que se espera. Por exemplo, se queremos medir renda discricionária, não devemos perguntar a renda familiar total. A garantia da validade começa com uma compreensão direta do que deve ser medido e então realizar a medida tão "correta" e precisa quanto possível. No entanto, valores exatos não garantem validade. Em nosso exemplo de renda, o pesquisador poderia definir com grande exatidão o que é renda familiar, mas ainda ter uma medida "errada" (isto é, inválida) de renda discricionária, porque a pergunta "correta" não foi formulada.
- Se a validade está garantida, o pesquisador deve ainda considerar a confiabilidade das medidas. Confiabilidade é o grau em que a variável observada mede o valor "verdadeiro" e está "livre de erro"; assim, é o oposto de erro de medida. Se a mesma medida for feita repetidamente, por exemplo, medidas mais confiáveis mostrarão maior consistência do que medidas menos confiáveis. O pesquisador sempre deve avaliar as variáveis empregadas e, se medidas alternativas válidas estão disponíveis, escolher a variável com a maior confiabilidade.

Emprego de medida multivariada

Além de reduzir o erro de medida melhorando variáveis individuais, o pesquisador pode também escolher o desenvolvimento de **medidas multivariadas**, também conhecidas como **escalas múltiplas**, nas quais diversas variáveis são reunidas em uma **medida composta** para representar um conceito (p. ex., escalas de personalidade com múltiplos itens, ou escalas múltiplas de satisfação com um produto). O objetivo é evitar o uso de apenas uma variável para representar um conceito e, ao invés disso, usar várias variáveis como **indicadores**, todos representando diferentes facetas do conceito para se obter uma perspectiva mais "ampla". O uso de múltiplos indicadores permite ao pesquisador especificar mais precisamente as respostas desejadas. Não deposita total confiança em uma única resposta, mas na resposta "média" ou "típica" de um conjunto de respostas relacionadas.

> Por exemplo, ao medir satisfação, poder-se-ia perguntar simplesmente "Quão satisfeito você está?" e basear a análise nesta única resposta. Ou uma escala múltipla poderia ser desenvolvida combinando várias respostas de satisfação (p. ex., achar o escore médio entre três medidas – satisfação geral, a possibilidade de recomendação, e a probabilidade de novamente comprar). As diferentes medidas podem estar em diferentes formatos de resposta ou em diferentes áreas de interesse assumidas como abrangendo satisfação geral.

A premissa guia é que respostas múltiplas refletem a resposta "verdadeira" com maior precisão do que uma única resposta. Avaliação de confiabilidade e incorporação de escalas na análise são métodos que o pesquisador deve empregar. Para uma introdução mais detalhada a modelos de múltiplas medidas e construção de escalas, ver discussão suplementar no Capítulo 3 (Análise Fatorial) e no Capítulo 10 (Modelagem de Equações Estruturais) ou textos adicionais [8]. Além disso, compilações de escalas que podem fornecer ao pesquisador uma escala "pronta para usar" com confiabilidade demonstrada foram publicadas recentemente [1,4].

O impacto do erro de medida
O impacto de erro de medida e a confiabilidade ruim não podem ser diretamente percebidos, uma vez que estão embutidos nas variáveis observadas. Portanto, o pesquisador sempre deve trabalhar para aumentar a confiabilidade e a validade, que em contrapartida resultarão em uma descrição mais precisa das variáveis de interesse. Resultados pobres não são sempre por causa de erro de medida, mas a presença de erro de medida certamente distorce as relações observadas e torna as técnicas multivariadas menos poderosas. Reduzir erro de medida, apesar de demandar esforço, tempo e recursos adicionais, pode melhorar resultados fracos ou marginais, bem como fortalecer resultados demonstrados.

Significância estatística versus poder estatístico
Todas as técnicas multivariadas, exceto análise de agrupamentos e mapeamento perceptual, são baseadas na inferência estatística dos valores ou relações entre variáveis de uma população a partir de uma amostra aleatória extraída daquela população. Um censo da população inteira torna a inferência estatística desnecessária, pois qualquer diferença ou relação, não importa quão pequena, é "verdadeira" e existe. Entretanto, raramente, ou nunca, um censo é realizado. Logo, o pesquisador é obrigado a fazer inferências a partir de uma amostra.

Tipos de erro estatístico e poder estatístico
Interpretar inferências estatísticas requer que o pesquisador especifique os níveis de erro estatístico aceitáveis devido ao uso de uma amostra (conhecidos como erro amostral). A abordagem mais comum é especificar o nível do **erro Tipo I**, também conhecido como **alfa** (α). O erro Tipo I é a probabilidade de rejeitar a hipótese nula quando a mesma é verdadeira, ou, em termos simples, a chance de o teste exibir significância estatística quando na verdade esta não está presente – o caso de um "positivo falso". Ao especificar um nível alfa, o pesquisador estabelece os limites permitidos para erro, especificando a probabilidade de se concluir que a significância existe quando na realidade esta não ocorre.

Quando especifica o nível de erro Tipo I, o pesquisador também determina um erro associado, chamado de **erro Tipo II** ou **beta** (β). O erro Tipo II é a probabilidade de não rejeitar a hipótese nula quando na realidade esta é falsa. Uma probabilidade ainda mais interessante é $1 - \beta$, chamada de **poder** do teste de inferência estatística. Poder é a probabilidade de rejeitar corretamente a hipótese nula quando esta deve ser rejeitada. Logo, poder é a probabilidade de a significância estatística ser indicada se estiver presente. A relação das diferentes probabilidades de erro na situação hipotética de teste para a diferença em duas médias é mostrada aqui:

		Realidade	
		Sem diferença	Diferença
Decisão estatística	H_0: Sem diferença	$1 - \alpha$	β Erro Tipo II
	H_a: Diferença	α Erro Tipo I	$1 - \beta$ Poder

Apesar de a especificação de alfa estabelecer o nível de significância estatística aceitável, é o nível de poder que determina a probabilidade de "sucesso" em encontrar as diferenças se elas realmente existirem. Então por que não fixar ambos alfa e beta em níveis aceitáveis? Porque os erros Tipo I e Tipo II são inversamente relacionados, e, à medida que o erro Tipo I se torna mais restritivo (se aproxima de zero), a probabilidade de um erro Tipo II aumenta. Reduzir erros Tipo I, portanto, reduz o poder do teste estatístico. Assim, o pesquisador deve jogar com o equilíbrio entre o nível alfa e o poder resultante.

Impactos sobre poder estatístico
Mas por que níveis elevados de poder não podem ser alcançados sempre? O poder não é apenas uma função de (alfa α). É, na verdade, determinado por três fatores:

1. *Tamanho do efeito* – A probabilidade de atingir significância estatística é baseada não apenas em considerações estatísticas, mas também na verdadeira magnitude do efeito de interesse (p. ex., uma diferença de médias entre dois grupos ou a correlação entre variáveis) na população, denominado **tamanho do efeito**. Como era de se esperar, um efeito maior é mais facilmente encontrado do que um efeito menor, o que causa impacto no poder do teste estatístico. Para avaliar o poder de qualquer teste estatístico, o pesquisador deve primeiro compreender o efeito sendo examinado. Os tamanhos de efeito são definidos em termos padronizados para facilitar a comparação. As diferenças de média são dadas em termos de desvios-padrão, de modo que um tamanho de efeito de 0,5 indica que a diferença de média é metade de um desvio-padrão. Para correlações, o tamanho do efcito é baseado na real correlação entre as variáveis.
2. *Alfa* (α) – Como já foi discutido, quando alfa se torna mais restritivo, o poder diminui. Portanto, quando o pesquisador reduz a chance de incorretamente dizer que um efeito é significante quando não o é, a probabilidade de corretamente encontrar um efeito também diminui. Diretrizes convencionais sugerem níveis de alfa de 0,05 ou 0,01. Entretanto, o pesquisador deve considerar o impacto dessa decisão sobre o poder antes de selecionar o nível alfa. A relação dessas duas probabilidades é ilustrada em discussões posteriores.
3. *Tamanho da amostra* – Em qualquer nível alfa, tamanhos de amostras aumentados sempre produzem maior poder do teste estatístico. Um problema potencial então se trans-

forma em poder excessivo. Por "excessivo" entende-se que aumentar o tamanho amostral implica que efeitos cada vez menores serão percebidos como estatisticamente significantes, até que em amostras muito grandes quase todo efeito é significante. O pesquisador sempre deve estar ciente de que o tamanho da amostra poderá impactar o teste estatístico, tornando-o insensível (com amostras pequenas) ou exageradamente sensível (com amostras muito grandes).

As relações entre alfa, tamanho da amostra, tamanho do efeito e poder são muito complicadas, e muitas referências de orientação estão disponíveis. Cohen [5] examina o poder para a maioria dos testes de inferência estatística e apresenta uma orientação para níveis aceitáveis de poder, sugerindo que estudos devem ser planejados para atingir níveis alfa de pelo menos 0,05 com níveis de poder de 80%. Para atingir tais níveis de poder, os três fatores – alfa, tamanho da amostra e tamanho do efeito – devem ser considerados simultaneamente. Essas inter-relações podem ser ilustradas por dois exemplos simples.

> O primeiro exemplo envolve o teste para a diferença entre os escores médios de dois grupos. Considere que o tamanho do efeito deva variar entre pequeno (0,2) e moderado (0,5). O pesquisador agora deve determinar o nível alfa e o tamanho da amostra necessários de cada grupo. A Tabela 1-1 ilustra o impacto do tamanho da amostra e do nível alfa sobre o poder. Como se vê, o poder se torna aceitável com tamanhos de amostra de 100 ou mais em situações com um tamanho de efeito moderado nos dois níveis alfa. Todavia, quando o tamanho do efeito é pequeno, os testes estatísticos têm pouco poder, mesmo com níveis alfa expandidos ou amostras de 200 ou mais. Por exemplo, uma amostra de 200 em cada grupo, com um alfa de 0,05, ainda tem apenas 50% de chance de diferenças significantes serem encontradas se o tamanho do efeito for pequeno. Isso sugere que se o pesquisador espera que os efeitos sejam pequenos, ele deverá planejar o estudo com tamanhos de amostra muito maiores e/ou níveis alfa menos restritivos (p. ex., 0,10).
>
> No segundo exemplo, a Figura 1-1 apresenta graficamente o poder para níveis de significância 0,01, 0,05 e 0,10 para tamanhos de amostra de 30 a 300 por grupo, quando o tamanho do efeito (0,35) está entre pequeno e moderado. Diante de tais perspectivas, a especificação de um nível de significância de 0,01 requer uma amostra de 200 por grupo para atingir o nível desejado de 80% de poder. No entanto, se o nível alfa é relaxado, um poder de 80% é alcançado com amostras de 130 para um nível alfa de 0,05 e de 100 para um nível alfa de 0,10.

O uso do poder com técnicas multivariadas
Tais análises permitem tomadas de decisão melhor informadas sobre o planejamento de estudo e a interpretação dos resultados. Ao planejar uma pesquisa, o pesquisador deve estimar o tamanho esperado do efeito e então selecionar o tamanho da amostra e alfa para atingir o nível de poder desejado. Além de seus usos para planejamento, a análise de poder também é utilizada depois que a análise está completa para determinar o real poder alcançado, de modo que os resultados possam ser apropriadamente interpretados. Os resultados são devido a tamanhos de efeito, tamanhos das amostras ou níveis de significância? O pesquisador pode avaliar cada um desses fatores por seu impacto na significância ou não-significância dos resultados. O pesquisador de hoje pode consultar estudos publicados que detalham as especificações da determinação de poder [5] ou apelar para diversos programas de computador que auxiliam no planejamento de estudos com o propósito de atingir o poder desejado ou calcular o poder de resultados reais [2,3]. Orientações específicas para regressão múltipla e análise multivariada de variância – as aplicações mais comuns de análise de poder – são discutidas com mais detalhes nos Capítulos 4 e 6.

Uma vez abordadas as questões de estender técnicas multivariadas a partir de suas origens univariadas e bivariadas, apresentamos um esquema de classificação para auxiliar na seleção da técnica apropriada pela especificação dos objetivos da pesquisa (relação de independência ou dependência) e dos tipos de dados (métricos ou não-métricos). Em seguida, introduzimos brevemente cada método multivariado discutido no texto.

UMA CLASSIFICAÇÃO DE TÉCNICAS MULTIVARIADAS

Para auxiliá-lo a familiarizar-se com as técnicas multivariadas específicas, apresentamos uma classificação de mé-

---

REGRAS PRÁTICAS 1-1

Análise de poder estatístico

- Pesquisadores sempre devem planejar o estudo para conseguirem um nível de poder de 0,80 no nível de significância desejado.
- Níveis de significância mais estritos (p. ex., 0,01 no lugar de 0,05) requerem amostras maiores para atingir o nível de poder desejado.
- Reciprocamente, poder pode ser aumentado escolhendo-se um nível alfa menos estrito (p. ex., 0,10 no lugar de 0,05)
- Tamanhos do efeito menores sempre demandam tamanhos amostrais maiores para atingir o poder desejado.
- Qualquer aumento em poder é mais facilmente conseguido aumentando-se o tamanho da amostra.

TABELA 1-1 Níveis de poder para a comparação de duas médias: variações por tamanho de amostra, nível de significância e tamanho do efeito

	alfa (α) = 0,05		alfa (α) = 0,01	
	Tamanho do efeito (ES)		Tamanho do efeito (ES)	
Tamanho da amostra	Pequeno (0,2)	Moderado (0,5)	Pequeno (0,2)	Moderado (0,5)
20	0,095	0,338	0,025	0,144
40	0,143	0,598	0,045	0,349
60	0,192	0,775	0,067	0,549
80	0,242	0,882	0,092	0,709
100	0,290	0,940	0,120	0,823
150	0,411	0,990	0,201	0,959
200	0,516	0,998	0,284	0,992

Fonte: SOLO Power Analysis, BMDP Statistical Software, Inc. [2]

todos multivariados na Figura 1-2. Essa classificação é baseada em três julgamentos que o pesquisador deve fazer sobre o objetivo da pesquisa e a natureza dos dados:

1. As variáveis podem ser divididas em classificações independentes e dependentes com base em alguma teoria?
2. Se podem, quantas variáveis são tratadas como dependentes em uma única análise?
3. Como as variáveis, sejam dependentes ou independentes, são medidas?

A seleção da técnica multivariada adequada depende das respostas a essas três questões.

Quando se considera a aplicação de técnicas estatísticas multivariadas, a resposta à primeira questão – as variáveis podem ser divididas em classificações independentes e dependentes com base em alguma teoria? – indica se uma técnica de dependência ou interdependência deveria ser utilizada. Note que na Figura 1-2 as técnicas de dependência estão no lado esquerdo, e as de interdependência estão à direita. Uma técnica de dependência pode ser definida como uma na qual uma variável ou conjunto de variáveis é identificada como a variável dependente a ser prevista ou explicada por outras variáveis conhecidas como variáveis independentes. Um exemplo de técnica de dependência é a análise de regressão múltipla. Em contrapartida, uma técnica de interdependência é aquela em que nenhuma variável ou grupo de variáveis

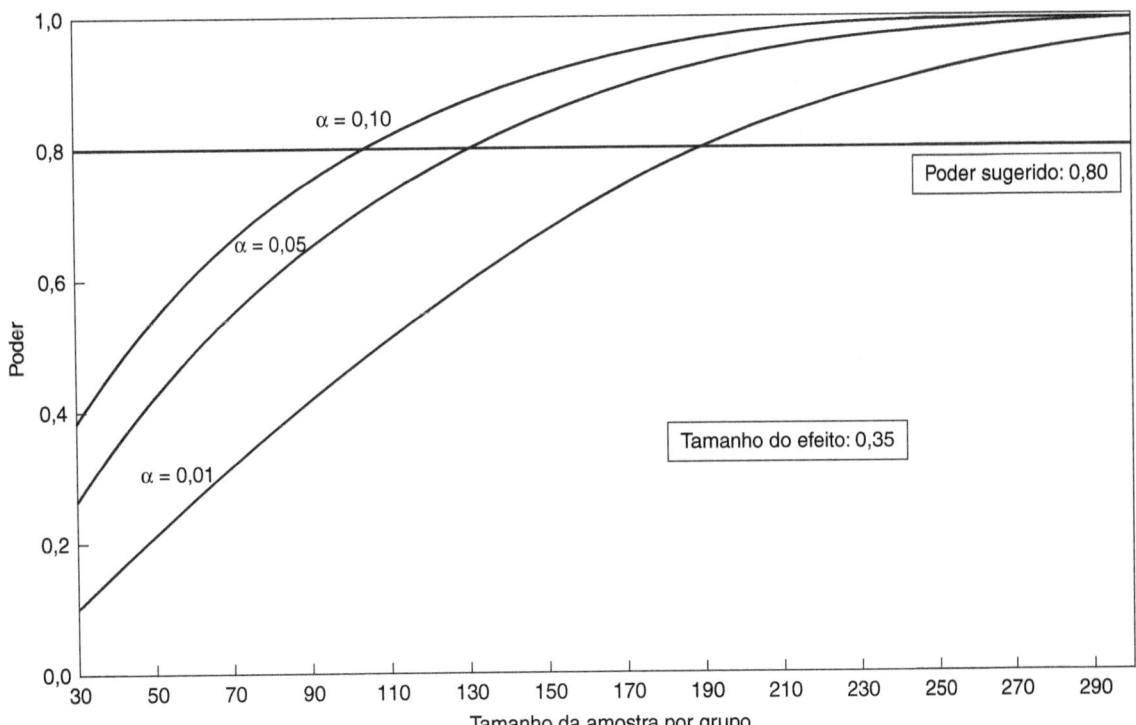

FIGURA 1-1 Impacto do tamanho da amostra sobre poder para vários níveis alfa (0,01, 0,05, 0,10) com tamanho de efeito de 0,35.

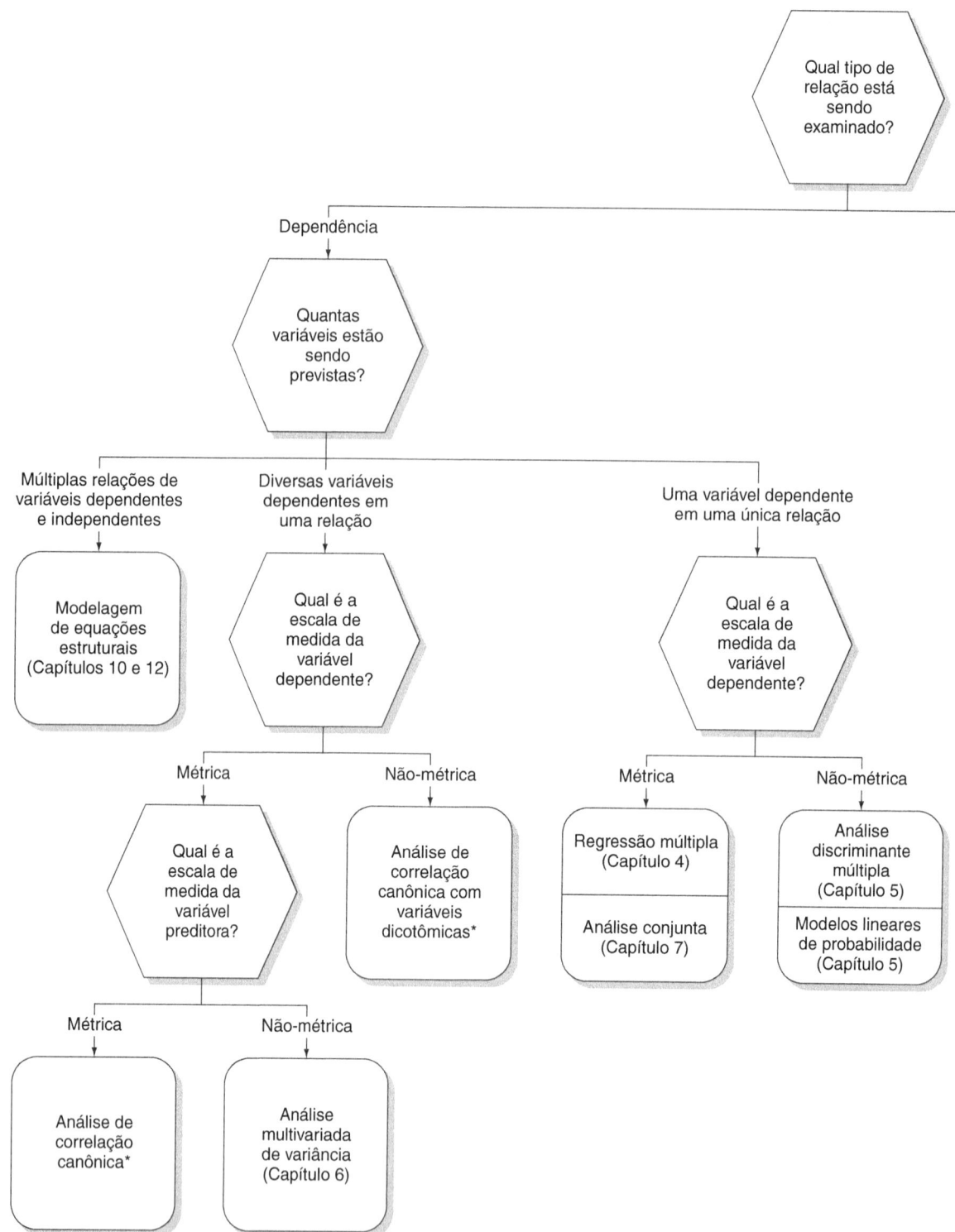

*O Capítulo que trata deste assunto está disponível no site www.bookman.com.br.

FIGURA 1-2 Seleção de uma técnica multivariada.

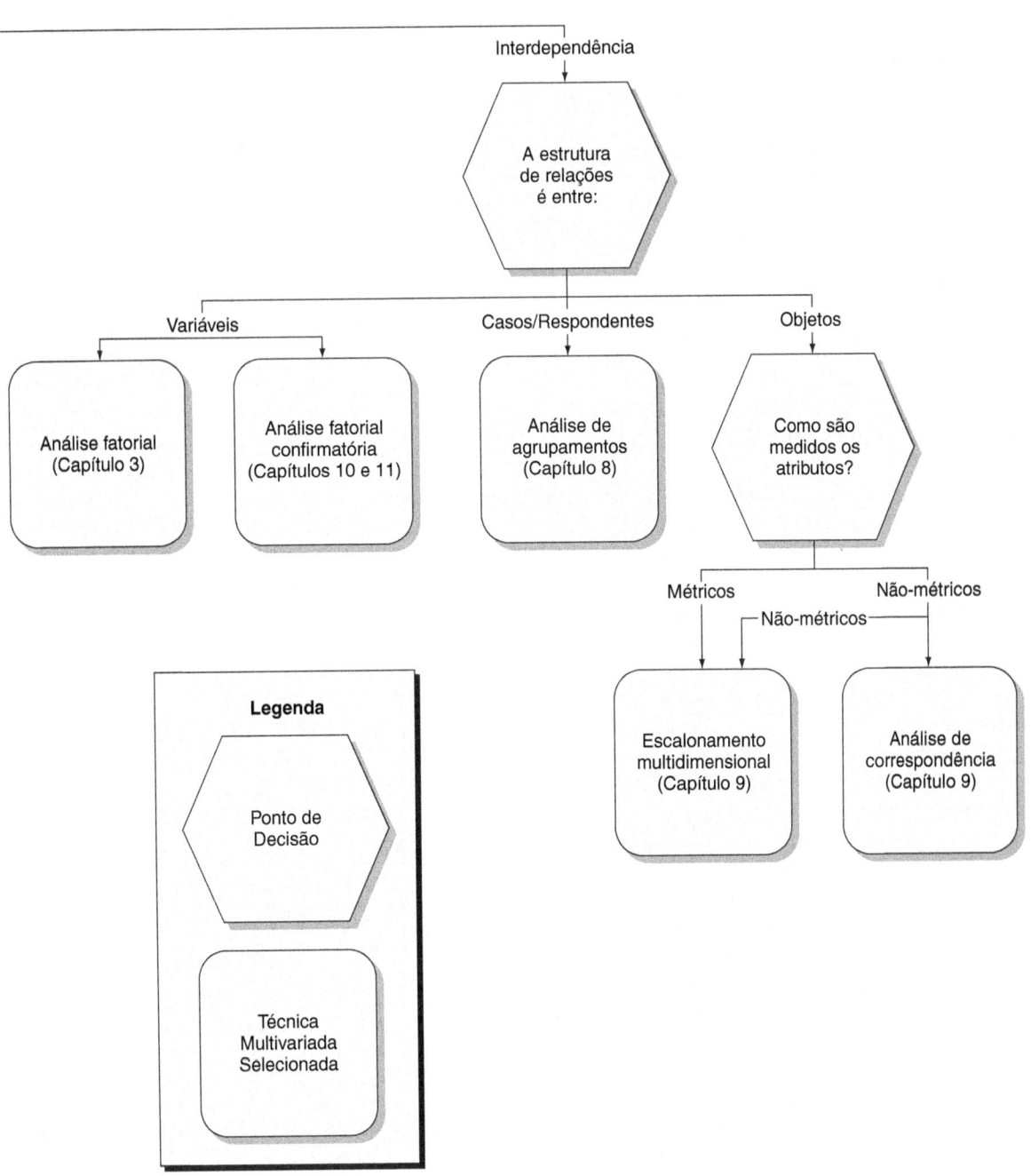

é definida como sendo independente ou dependente. Ao invés disso, o procedimento envolve a análise simultânea de todas as variáveis no conjunto. Análise fatorial é um exemplo de técnica de interdependência. Focalizemos primeiramente as técnicas de dependência e usemos a classificação na Figura 1-2 para selecionar o método multivariado apropriado.

Técnicas de dependência

As diferentes técnicas de dependência podem ser categorizadas por duas características: (1) o número de variáveis dependentes e (2) o tipo de escala de medida empregada pelas variáveis. Primeiro, no que se refere ao número de variáveis dependentes, técnicas de dependência podem ser classificadas como tendo uma única variável dependente, diversas variáveis dependentes, ou até mesmo diversas relações de dependência/independência. Segundo, técnicas de dependência podem ser posteriormente classificadas como aquelas com variáveis dependentes métricas (quantitativas/numéricas) ou não-métricas (qualitativas/ categóricas). Se a análise envolve uma única variável dependente que é métrica, a técnica apropriada é análise de regressão múltipla ou análise conjunta. Análise conjunta é um caso especial. Envolve um procedimento de dependência que pode tratar a variável dependente como métrica ou não-métrica, dependendo do tipo de dados coletados. Por outro lado, se a única variável dependente é não-métrica (categórica), então as técnicas adequadas são análise discriminante múltipla e modelos lineares de probabilidade.

Quando o problema de pesquisa envolve diversas variáveis dependentes, outras quatro técnicas de análise são apropriadas. Se as diversas variáveis dependentes são métricas, devemos olhar para as variáveis independentes. Se as mesmas são não-métricas, a técnica de análise multivariada de variância (MANOVA) deve ser escolhida. Se as variáveis independentes são métricas, correlação canônica é adequada. Se as diversas variáveis dependentes são não-métricas, então elas podem ser transformadas em uma codificação de **variáveis dicotômicas** e a análise canônica novamente pode ser utilizada.[1] Finalmente, se um conjunto de relações de variáveis dependentes/independentes é postulado, então a modelagem de equações estruturais é apropriada.

Existe uma relação muito grande entre os diversos procedimentos de dependência, os quais podem ser vistos como uma família de técnicas. A Tabela 1-2 define as várias técnicas de dependência multivariada em termos da natureza e número de variáveis dependentes e independentes. Como podemos perceber, a correlação canônica pode ser considerada como o modelo geral sobre o qual muitas outras técnicas multivariadas são baseadas, pois ela coloca o mínimo de restrições sobre o tipo e o número de variáveis em ambas as variáveis estatísticas, dependente e independente. À medida que restrições são colocadas sobre variáveis estatísticas, conclusões mais precisas podem ser alcançadas com base na escala específica de medidas de dados empregada. Logo, técnicas multivariadas variam do método generalizado de análise canônica à técnica especializada de modelagem de equações estruturais.

Técnicas de interdependência

Técnicas de interdependência são mostradas no lado direito da Figura 1-2. Os leitores deverão lembrar que com técnicas de interdependência as variáveis não podem ser classificadas como dependentes ou independentes. Em vez disso, todas as variáveis são analisadas simultaneamente em um esforço para encontrar uma estrutura subjacente a todo o conjunto de variáveis ou indivíduos. Se a estrutura de variáveis deve ser analisada, então a análise fatorial ou a análise fatorial confirmatória é a técnica recomendada. Se casos ou respondentes devem ser agrupados para representar estrutura, então a análise de agrupamentos é selecionada. Finalmente, se o interesse está na estrutura de objetos, as técnicas de mapeamento perceptual deveriam ser usadas. Como no caso das técnicas de dependência, as propriedades de medida das técnicas deveriam ser consideradas. No caso geral, análise fatorial e análise de agrupamentos são consideradas como técnicas de interdependência métricas. No entanto, dados não-métricos podem ser transformados em uma codificação dicotômica para o emprego com formas especiais de análise fatorial e análise de agrupamentos. Ambas as abordagens métrica e não-métrica para o mapeamento perceptual foram desenvolvidas. Se as interdependências de objetos medidos por dados não-métricos devem ser analisadas, a análise de correspondência também é adequada.

TIPOS DE TÉCNICAS MULTIVARIADAS

Análise multivariada é um conjunto de técnicas para análise de dados que está sempre em expansão e que engloba um vasto domínio de possíveis situações de pesquisa, como se evidencia pelo esquema de classificação recém discutido. As técnicas mais estabelecidas, bem como as emergentes, incluem as seguintes:

1. Análise de componentes principais e análise dos fatores comuns
2. Regressão múltipla e correlação múltipla
3. Análise discriminante múltipla e regressão logística
4. Análise de correlação canônica
5. Análise multivariada de variância e covariância

---

[1] Variáveis dicotômicas (ver Termos-chave) são discutidas mais detalhadamente adiante. Resumindo, a codificação de variável dicotômica é uma maneira de transformar dados não-métricos em dados métricos. Envolve a criação das chamadas variáveis dicotômicas, nas quais 1s e 0s são designados a indivíduos, dependendo de os mesmos possuírem ou não uma característica em questão. Por exemplo, se um indivíduo é do sexo masculino, designe a ele um 0, e se for do sexo feminino designe um 1, ou o contrário.

TABELA 1-2 A relação entre métodos de dependência multivariada

Correlação canônica

$$Y_1 + Y_2 + Y_3 + \cdots + Y_n = X_1 + X_2 + X_3 + \cdots + X_n$$
(métricas, não-métricas) — (métricas, não-métricas)

Análise multivariada de variância

$$Y_1 + Y_2 + Y_3 + \cdots + Y_n = X_1 + X_2 + X_3 + \cdots + X_n$$
(métricas) — (não-métricas)

Análise de variância

$$Y_1 = X_1 + X_2 + X_3 + \cdots + X_n$$
(métrica) — (não-métricas)

Análise discriminante múltipla

$$Y_1 = X_1 + X_2 + X_3 + \cdots + X_n$$
(não-métrica) — (métricas)

Análise de regressão múltipla

$$Y_1 = X_1 + X_2 + X_3 + \cdots + X_n$$
(métrica) — (métricas, não-métricas)

Análise conjunta

$$Y_1 = X_1 + X_2 + X_3 + \cdots + X_n$$
(não-métrica, métrica) — (não-métricas)

Modelagem de equações estruturais

$$\begin{aligned} Y_1 &= X_{11} + X_{12} + X_{13} + \cdots + X_{1n} \\ Y_2 & \; X_{21} + X_{22} + X_{23} + \cdots + X_{2n} \\ Y_m & \; X_{m1} + X_{m2} + X_{m3} + \cdots + X_{mn} \end{aligned}$$
(métrica) — (métricas, não-métricas)

6. Análise conjunta
7. Análise de agrupamentos
8. Mapeamento perceptual, também conhecido como escalonamento multidimensional.
9. Análise de correspondência
10. Modelagem de equações estruturais e análise fatorial confirmatória

Aqui introduzimos cada uma das técnicas multivariadas, definindo brevemente a técnica e o objetivo para sua aplicação.

Análise de componentes principais e análise dos fatores comuns

Análise fatorial, que inclui análise de componentes principais e análise dos fatores comuns, é uma abordagem estatística que pode ser usada para analisar inter-relações entre um grande número de variáveis e explicar essas variáveis em termos de suas dimensões inerentes comuns (fatores). O objetivo é encontrar um meio de condensar a informação contida em várias variáveis originais em um conjunto menor de variáveis estatísticas (fatores) com uma perda mínima de informação. Pelo fato de fornecer uma estimativa empírica da estrutura das variáveis consideradas, a análise fatorial se torna uma base objetiva para criar escalas múltiplas.

> Um pesquisador pode usar análise fatorial, por exemplo, para melhor entender as relações entre avaliações de clientes de uma lanchonete. Considere que você peça a clientes para avaliarem o local sobre as seguintes seis variáveis: sabor da comida, temperatura da comida, se a comida é fresca, tempo de espera, limpeza, e atendimento por parte de empregados. O analista gostaria de combinar essas seis variáveis em um número menor. Analisando as respostas, o analista pode descobrir que as variáveis sabor, temperatura e frescor se combinam para, juntas, formar um único fator de qualidade de comida, enquanto as variáveis tempo de espera, limpeza, e atendimento se combinam para compor outro fator, qualidade de serviço.

Regressão múltipla

Regressão múltipla é o método de análise apropriado quando o problema de pesquisa envolve uma única variável dependente métrica considerada como relacionada a duas ou mais variáveis independentes métricas. O objetivo da análise de regressão múltipla é prever as mudanças na variável dependente como resposta a mudanças nas variáveis independentes. Esse objetivo é alcançado, com freqüência, por meio da regra estatística dos mínimos quadrados.

> Sempre que o pesquisador estiver interessado em prever a quantia ou magnitude da variável dependente, a regressão múltipla será útil. Por exemplo, despesas mensais com jantares fora de casa (variável dependente) podem ser previstas a partir de informações referentes a renda familiar, tamanho da família e idade do chefe da família (variáveis independentes). Do mesmo modo, o pesquisador pode tentar prever as vendas de uma empresa a partir de informações sobre suas despesas em publicidade, o número de vendedores e o número de lojas que vendem seus produtos.

Análise discriminante múltipla e regressão logística

Análise discriminante múltipla (MDA – *multiple discriminant analysis*) é a técnica multivariada adequada quando a única variável dependente é dicotômica (p. ex., masculino-feminino) ou multicotômica (p. ex., alto-médio-baixo) e, portanto, não-métrica. Como na regressão múltipla, pressupõe-se que as variáveis independentes sejam métricas. A análise discriminante é aplicável em situações nas quais a amostra total pode ser dividida em grupos baseados em uma variável dependente não-métrica que caracteriza diversas classes conhecidas. Os objetivos primários da análise discriminante múltipla são entender diferenças de grupos e prever a probabilidade de que uma entidade (indivíduo ou objeto) pertencerá a uma classe ou grupo em particular com base em diversas variáveis independentes métricas.

> A análise discriminante poderia ser empregada para distinguir inovadores de não-inovadores de acordo com seus perfis demográficos e psicográficos. Outras aplicações incluem a distinção de usuários de peso daqueles que não o são, sexo masculino de sexo feminino, consumidores de marcas nacionais de consumidores de marcas importadas, e bons riscos de crédito de riscos ruins de crédito. Até mesmo o Internal Revenue Service dos EUA usa análise discriminante para comparar restituições de impostos federais selecionadas com uma restituição hipotética de contribuinte composta e normal (com diferentes níveis de renda) para identificar as restituições mais promissoras e áreas para auditoria.

Modelos de regressão logística, freqüentemente chamados de análise logit, são uma combinação de regressão múltipla e análise discriminante múltipla. Essa técnica é semelhante à análise de regressão múltipla no sentido de que uma ou mais variáveis independentes são usadas para prever uma única variável dependente. O que diferencia um modelo de regressão logística de uma regressão múltipla é que a variável dependente é não-métrica, como na análise discriminante. A escala não-métrica da variável dependente exige diferenças no método de estimação e suposições sobre o tipo de distribuição inerente, ainda que na maioria dos outros aspectos seja muito semelhante à regressão múltipla. Logo, uma vez que a variável dependente está corretamente especificada e a técnica adequada de estimação é empregada, os fatores básicos considerados na regressão múltipla são igualmente usados aqui. Modelos de regressão logística são diferenciados de análise discriminante principalmente no sentido de que eles acomodam todos os tipos de variáveis independentes (métricas e não-métricas) e não exigem a suposição de normalidade multivariada. Não obstante, em muitos casos, particularmente com mais de dois níveis da variável dependente, a análise discriminante é a técnica mais apropriada.

> Considere que consultores financeiros estavam tentando desenvolver um meio para selecionar empresas emergentes para investimentos de apoio. Para auxiliar nessa tarefa eles analisaram arquivos antigos e colocaram firmas em uma de duas classes: bem-sucedidas por mais de cinco anos e malsucedidas após cinco anos. Para cada firma eles também tinham uma abundância de dados financeiros e administrativos. Eles poderiam então usar um modelo de regressão logística para identificar aqueles dados financeiros e administrativos que melhor diferenciavam as empresas bem-sucedidas das malsucedidas, a fim de selecionar os melhores candidatos para investimento no futuro.

Correlação canônica

A análise de correlação canônica pode ser vista como uma extensão lógica da análise de regressão múltipla. Lembre que a análise de regressão múltipla envolve uma única variável dependente métrica e várias variáveis independentes métricas. Com a análise canônica, o objetivo é correlacionar simultaneamente diversas variáveis dependentes métricas e diversas variáveis independentes métricas. Enquanto a regressão múltipla envolve uma única variável dependente, a correlação canônica envolve múltiplas variáveis dependentes. O princípio subjacente é desenvolver uma combinação linear de cada conjunto de variáveis (independentes e dependentes) para maximizar a correlação entre os dois conjuntos. Em outras palavras, o procedimento envolve a obtenção de um conjunto de pesos para as variáveis dependentes e independentes que fornece a correlação simples máxima entre o conjunto de variáveis dependentes e o de variáveis independentes. Essa técnica não é discutida neste texto, mas um capítulo que fornece uma visão geral e aplicação da técnica está disponível no site www.bookman.com.br.

> Imagine que uma empresa conduz um estudo que coleta informação sobre qualidade de seu serviço baseado em respostas a 50 questões metricamente medidas. O estudo utiliza questões de pesquisas de qualidade de serviços publicadas e inclui informação padrão sobre percepções da qualidade de serviço de "companhias de classe mundial" bem como da companhia para a qual a pesquisa está sendo conduzida. Correlação canônica poderia ser usada para comparar as percepções das companhias de qualidade sobre as 50 questões com as percepções da empresa em questão. A pesquisa poderia então concluir se as percepções da empresa estão correlacionadas com aquelas das empresas de classe mundial. A técnica forneceria informação sobre a correlação geral de percepções, bem como a correlação entre cada uma das 50 questões.

Análise multivariada de variância e covariância

A análise multivariada de variância (MANOVA– *multivariate analysis of variance*) é uma técnica estatística que pode ser usada para explorar simultaneamente as relações entre diversas variáveis independentes categóricas (geralmente chamadas de **tratamentos**) e duas ou mais variáveis dependentes métricas. Como tal, representa uma extensão da **análise univariada de variância** (**ANOVA** – *univariate analysis of variance*). A análise multivariada de covariância (MANCOVA – *multivariate analysis of covariance*) pode ser usada em conjunção com MANOVA para remover (após o experimento) o efeito de quaisquer variáveis independentes métricas não controladas (conhecidas como covariáveis estatísticas) sobre as variáveis dependentes. O procedimento é análogo ao envolvido na **correlação parcial bivariada**, na qual o efeito de uma terceira variável é removido da correlação. MANOVA é útil quando o pesquisador planeja uma situação experimental (manipulação de várias variáveis não-métricas de tratamento) para testar hipóteses referentes à variância em respostas nos grupos sobre duas ou mais variáveis dependentes métricas.

> Imagine que uma empresa quer saber se um anúncio divertido seria mais eficiente com seus clientes do que um anúncio não engraçado. Ela poderia solicitar à sua agência de publicidade a criação de dois anúncios – um engraçado e outro não – e então exibir os dois comerciais para um grupo de clientes. Após assistirem ambos, os clientes seriam indagados para avaliarem a empresa e seus produtos em diversas dimensões, como moderna versus tradicional, ou alta qualidade versus baixa qualidade. MANOVA seria a técnica a ser usada com o objetivo de determinar a extensão de quaisquer diferenças estatísticas entre as percepções de clientes que viram o anúncio divertido versus aqueles que viram o que não é engraçado.

Análise conjunta

A análise conjunta é uma técnica emergente de dependência que tem trazido nova sofisticação para a avaliação de objetos, como novos produtos, serviços ou idéias. A aplicação mais direta é no desenvolvimento de novos produtos ou serviços, viabilizando a avaliação de produtos complexos e mantendo um contexto realista de decisão para o respondente. O pesquisador de mercado é capaz de avaliar a importância de atributos, bem como dos níveis de cada atributo, enquanto consumidores avaliam apenas uns poucos perfis do produto, os quais são combinações de níveis de produto.

> Considere que um dado produto tenha três atributos (preço, qualidade e cor), cada um com três níveis possíveis (p. ex., vermelho, amarelo e azul). Em vez de avaliar todas as 27 (3 × 3 × 3) combinações possíveis, um subconjunto (9 ou mais) pode ser avaliado por seu apelo perante consumidores, e o pesquisador sabe não apenas o quão importante cada atributo é, mas também a importância de cada nível (p. ex., a atratividade de vermelho versus amarelo versus azul). Além disso, quando as avaliações do consumidor são concluídas, os resultados da análise conjunta podem igualmente ser usados em simuladores de planejamento do produto, os quais mostram a aceitação do consumidor a qualquer número de formulações do produto e ajudam no planejamento do produto ótimo.

Análise de agrupamentos

A análise de agrupamentos é uma técnica analítica para desenvolver subgrupos significativos de indivíduos ou objetos. Especificamente, o objetivo é classificar uma amostra de entidades (indivíduos ou objetos) em um número menor de grupos mutuamente excludentes, com base nas similaridades entre as entidades. Na análise de agrupamentos, diferentemente da análise discriminante, os grupos não são pré-definidos. Ao invés disso, a técnica é usada para identificar os grupos.

A análise de agrupamentos geralmente envolve pelo menos três passos. O primeiro é a medida de alguma forma de similaridade ou associação entre as entidades para determinar quantos grupos realmente existem na amostra. O segundo passo é o real processo de agrupamento, onde entidades são particionadas em grupos (agrupamentos). O último passo é estabelecer o perfil das pessoas ou variáveis para determinar sua composição. Muitas vezes, isso é possível pela aplicação da análise discriminante aos grupos identificados pela técnica de agrupamento.

> Como exemplo de análise de agrupamentos, consideremos um dono de restaurante que queira saber se clientes são fiéis ao restaurante por diferentes razões. Dados poderiam ser coletados sobre percepções de preços, qualidade da comida e assim por diante. A análise de agrupamentos poderia ser usada para determinar se alguns subgrupos (agrupamentos) estão altamente motivados pelos baixos preços versus aqueles que estão menos motivados a virem ao restaurante por conta de preços.

Mapeamento perceptual

No mapeamento perceptual (também conhecido como escalonamento multidimensional), o objetivo é transformar julgamentos de consumidores sobre similaridade ou preferência (p. ex., preferência por lojas ou marcas) em distâncias representadas em um espaço multidimensional. Se os respondentes julgam os objetos A e B os mais semelhantes, comparados com todos os outros possíveis pares de objetos, técnicas de mapeamento perceptual colocarão os objetos A e B de tal forma que a distância entre eles no espaço multidimensional seja menor do que a distância entre quaisquer outros pares de objetos. Os mapas perceptuais resultantes exibem a posição relativa de todos os objetos, mas análises adicionais são necessárias para descrever ou avaliar quais atributos ditam a posição de cada objeto.

> Como exemplo de mapeamento perceptual, consideremos um proprietário de uma loja do McDonald's que queira saber se o maior competidor é o Habib's ou Pizza Hut. A uma amostra de clientes é dado um questionário no qual se pede para avaliar os pares de lanchonetes como mais semelhantes e menos semelhantes. Os resultados mostram que o McDonald's é mais parecido com o Habib's, e assim os proprietários sabem que o mais forte competidor é o Habib's, pois o mesmo é considerado como o mais semelhante. Análises posteriores podem identificar quais atributos influenciam percepções de semelhança ou diferença.

Análise de correspondência

A análise de correspondência é uma técnica de interdependência recentemente desenvolvida que facilita o mapeamento perceptual de objetos (p. ex., produtos, pessoas) em um conjunto de atributos não-métricos. Pesquisadores são constantemente defrontados com a necessidade de "quantificar os dados qualitativos" encontrados em variáveis nominais. A análise de correspondência difere das técnicas de interdependência discutidas anteriormente em sua habilidade para acomodar tanto dados não-métricos quanto relações não-lineares.

Em sua forma mais básica, a análise de correspondência emprega uma tabela de contingência, que é a tabulação cruzada de duas variáveis categóricas. Ela então transforma os dados não-métricos em um nível métrico e faz redução dimensional (análoga à análise fatorial) e mapeamento perceptual. A análise de correspondência fornece uma representação multivariada de interdependência para dados não-métricos que não é possível com outros métodos.

> Como exemplo, preferências de respondentes a marcas podem ser tabuladas no cruzamento com variáveis demográficas (p. ex., sexo, categorias de renda, ocupação), indicando quantas pessoas que preferem cada marca recaem em cada categoria das variáveis demográficas. Por meio de análise de correspondência, a associação ou "correspondência" de marcas e diferentes características daqueles que preferem cada marca é então mostrada em um mapa bi ou tridimensional de marcas e características dos respondentes. Marcas que são percebidas como semelhantes são colocadas próximas umas das outras. Do mesmo modo, as características mais eminentes de respondentes que preferem cada marca também são determinadas pela proximidade das categorias de variáveis demográficas às posições das marcas.

Modelagem de equações estruturais e análise fatorial confirmatória

Modelagem de equações estruturais (SEM), comumente chamada de LISREL (o nome de um dos programas de computador mais conhecidos), é uma técnica que permite separar relações para cada conjunto de variáveis dependentes. Em seu sentido mais simples, a modelagem de equações estruturais fornece a técnica de estimação apropriada e mais eficiente para uma série de equações de regressão múltipla separadas estimadas simultaneamente. É caracterizada por dois componentes básicos: (1) o modelo estrutural e (2) o modelo de medida. O *modelo estrutural* é o modelo de caminhos, que relaciona variáveis independentes com dependentes. Em tais situações, teoria, experiência prévia ou outras orientações permitem ao pesquisador distinguir quais variáveis independentes prevêem cada variável dependente. Os modelos discutidos anteriormente que acomodam múltiplas variáveis dependentes – análise multivariada de variância e correlação canônica – não se aplicam nessa situação, pois eles permitem apenas uma *única* relação entre variáveis dependentes e independentes.

O *modelo de medida* permite ao pesquisador usar diversas variáveis (**indicadores**) para uma única variável independente ou dependente. Por exemplo, a variável dependente poderia ser um conceito representado por uma escala múltipla, como auto-estima. Em uma análise fatorial confirmatória o pesquisador pode avaliar a contribuição de cada item da escala, bem como incorporar a maneira como a escala mede o conceito (confiabilidade). As escalas são então integradas na estimação das relações entre variáveis dependentes e independentes no modelo estrutural. Esse procedimento é semelhante a executar uma análise fatorial (discutida em uma seção anterior) dos itens da escala e usar os escores fatoriais na regressão.

> Um estudo promovido por consultores administrativos identificou diversos fatores que afetam a satisfação do trabalhador: apoio do supervisor, ambiente de trabalho e desempenho no emprego. Além dessa relação, eles perceberam uma relação à parte na qual apoio do supervisor e ambiente de trabalho eram preditores únicos de desempenho no emprego. Logo, eles tinham duas relações separadas, mas inter-relacionadas. Apoio do supervisor e o ambiente de trabalho não apenas afetavam diretamente a satisfação do trabalhador, mas tinham possíveis efeitos indiretos através da relação com desempenho no emprego, que era também um preditor de satisfação do trabalhador. Na tentativa de avaliar essas relações, os consultores também desenvolveram escalas de múltiplos itens para cada construto (apoio do supervisor, ambiente de trabalho, desempenho no emprego, e satisfação do trabalhador). SEM fornece um meio de não somente avaliar cada uma das relações simultaneamente no lugar de análises em separado, mas também de incorporar as escalas de múltiplos itens na análise para explicar o erro de medida associado com cada escala.

DIRETRIZES PARA ANÁLISES MULTIVARIADAS E INTERPRETAÇÃO

Como mostrado neste capítulo, o caráter diverso da análise multivariada conduz a uma poderosa capacidade analítica e preditiva. Esse poder é especialmente tentador quando o pesquisador está inseguro sobre o planejamento de análise mais apropriado e confia, no lugar disso, na técnica multivariada como um substituto para o desenvolvimento conceitual necessário. Mesmo quando corretamente aplicada, a eficácia na acomodação de múltiplas variáveis e relações cria substancial complexidade nos resultados e suas interpretações.

Diante dessa complexidade, advertimos o pesquisador para proceder apenas quando a necessária base conceitual para suportar a técnica selecionada foi desenvolvida. Já discutimos diversas questões particularmente aplicáveis à análise multivariada e, apesar de não haver uma "resposta" única, julgamos que a análise e a interpretação de qualquer problema multivariado podem ser auxiliadas seguindo-se uma série de diretrizes gerais. Apesar de não ser uma lista exaustiva de considerações, essas diretrizes representam mais uma "filosofia de análise multivariada" que nos tem sido útil. As seções seguintes discutem esses pontos sem obedecer a uma ordem particular, e com igual ênfase em todos.

Estabelecer significância prática, bem como significância estatística

A força da análise multivariada é sua habilidade aparentemente mágica de classificar um grande número de possíveis alternativas e encontrar aquelas que têm significância estatística. Entretanto, com esse poder vem também a cautela. Muitos pesquisadores ficam míopes ao se concentrarem somente na significância alcançada dos resultados sem compreender suas interpretações, sejam boas ou ruins. Ao invés disso, o pesquisador deve olhar não apenas a significância estatística dos resultados, mas também sua significância prática. A **significância prática** faz a pergunta "E daí?". Para qualquer aplicação administrativa, os resultados devem ter um efeito demonstrável que justifique uma ação. Em termos acadêmicos, a pesquisa está se concentrando não apenas em resultados estatisticamente significantes, mas também em suas implicações substantivas e teóricas, as quais são muitas vezes extraídas de sua significância prática.

> Por exemplo, uma análise de regressão é usada para prever intenções de recompra, medidas como a probabilidade entre 0 e 100 de que o cliente comprará novamente da firma. O estudo é conduzido e os resultados retornam significantes no nível de significância de 0,05. Os executivos se apressam em acatar os resultados e modificar a estratégia da firma de acordo com eles. No entanto, passa despercebido que, mesmo que a relação fosse significante, a habilidade de previsão era pobre – tão pobre que a estimativa de probabilidade de recompra poderia variar ± 20% no nível de significância de 0,05. A relação "estatisticamente significante" poderia, portanto, ter uma margem de erro de 40 pontos percentuais! Um cliente previsto como tendo 50% de chance de retornar poderia realmente ter probabilidades de 30 a 70%, representando níveis inaceitáveis para uma ação. Se pesquisadores e administradores tivessem sondado a significância prática ou administrativa dos resultados, teriam concluído que a relação ainda precisava de refinamento, caso devesse ser confiável a ponto de orientar qualquer estratégia.

Reconhecer que o tamanho da amostra afeta todos os resultados

A discussão sobre poder estatístico demonstrou o impacto profundo que o tamanho da amostra representa para atingir a significância estatística, tanto para pequenas amostras quanto grandes. Para amostras menores, a sofisticação e complexidade da técnica multivariada podem facilmente resultar em (1) baixíssimo poder estatístico para o teste identificar realisticamente resultados significantes, ou (2) um "ajuste" muito fácil dos dados, de modo que os resultados são artificialmente bons porque se ajustam muito bem na amostra, mas sem poder de generalização.

Um impacto semelhante também ocorre para amostras muito grandes, as quais, como anteriormente discutido, podem tornar os testes estatísticos muito sensíveis. Sempre que tamanhos de amostras excederem 400 respondentes, o pesquisador deverá examinar todos os resultados significantes para garantir que tenham significância prática devido ao poder estatístico aumentado pelo tamanho da amostra.

Tamanhos de amostra também afetam os resultados quando a análise envolve grupos de respondentes, como na análise discriminante ou em MANOVA. Tamanhos de amostra diferentes entre grupos influenciam os resultados e exigem interpretação e/ou análise adicionais. Logo, um pesquisador ou usuário de técnicas multivariadas sempre deve avaliar os resultados à luz da amostra usada na análise.

Conhecer seus dados

As técnicas multivariadas, por natureza, identificam relações complexas muito difíceis de serem representadas de maneira simples. Conseqüentemente, a tendência é aceitar os resultados sem o exame comum que se promove nas análises univariada e bivariada (p. ex., diagramas de dispersão de correlações e gráficos de caixas em comparações de médias). No entanto, tais atalhos podem ser um prelúdio para o desastre. A análise multivariada demanda um exame até mesmo mais rigoroso dos dados, pois a influência de observações atípicas, violações das suposições e dados perdidos podem aparecer em diversas variáveis com efeitos substanciais.

Um conjunto crescente de técnicas de diagnóstico permite a descoberta dessas relações multivariadas de maneiras muito semelhantes aos métodos univariados e bivariados. O pesquisador multivariado deve dispor de tempo para usar essas medidas diagnósticas para uma melhor compreensão dos dados e das relações básicas existentes. Com essa compreensão, o pesquisador se agarra não apenas ao "quadro geral", mas também sabe onde procurar por formulações alternativas do modelo original que podem ajudar no ajuste do modelo, como relações não-lineares e interativas.

Esforçar-se por modelos parcimoniosos

As técnicas multivariadas são planejadas para acomodar múltiplas variáveis na análise. Essa característica, contudo, não deveria substituir o desenvolvimento do modelo conceitual *antes* de as técnicas multivariadas serem aplicadas. Apesar de sempre ser mais importante evitar a omissão de uma variável preditora crítica, o que se chama de **erro de especificação**, o pesquisador também deve evitar a inserção indiscriminada de variáveis, esperando que a técnica multivariada "arrume" as variáveis relevantes, por duas razões fundamentais:

1. Variáveis irrelevantes geralmente aumentam a habilidade da técnica de ajustar os dados da amostra, mas ao preço de superajustar os dados e tornar os resultados menos generalizáveis à população. Tratamos dessa questão mais detalhadamente quando o conceito de graus de liberdade é discutido no Capítulo 4.
2. A despeito das variáveis irrelevantes tipicamente não viesarem as estimativas das variáveis relevantes, elas podem mascarar os verdadeiros efeitos por causa de um aumento da multicolinearidade. Multicolinearidade representa o grau em que qualquer efeito de variável pode ser previsto ou explicado pelas outras variáveis na análise. Quando a multicolinearidade aumenta, a habilidade de definir qualquer efeito de variável diminui. Incluir variáveis irrelevantes ou de significado marginal pode apenas aumentar o grau de multicolinearidade, o que torna a interpretação de todas as variáveis mais complicada.

Logo, incluir variáveis que não são conceitualmente relevantes pode conduzir a vários efeitos nocivos, mesmo se as variáveis adicionais não viesam diretamente os resultados do modelo.

Examinar seus erros

Mesmo com o alcance estatístico das técnicas multivariadas, raramente atingimos a melhor previsão na primeira análise. O pesquisador deve então encarar a questão "Para onde vamos a partir daqui?". A melhor resposta é examinar os erros na previsão, se eles são os resíduos da análise de regressão, os erros na classificação de observações na análise discriminante, ou observações atípicas na análise de agrupamentos. Em cada caso, o pesquisador deve usar os erros na previsão não como uma medida de falha ou algo que simplesmente deve ser eliminado, mas como um ponto de partida para diagnosticar a validade dos resultados obtidos e uma indicação das relações restantes sem explicação.

Validar seus resultados

A habilidade da análise multivariada para identificar inter-relações complexas também significa que podem ser encontrados resultados específicos apenas para a amostra e não-generalizáveis para a população. O pesquisador sempre deve garantir que haja observações suficientes por parâmetro estimado, para evitar "superajustamento" da amostra, como já discutido. Contudo, igualmente importantes são os esforços para validar os resultados por qualquer dentre os vários métodos, incluindo:

1. Separar a amostra, e usar uma subamostra para estimar o modelo e a segunda para estimar a precisão de previsão.
2. Juntar uma amostra em separado para garantir que os resultados são apropriados para outras amostras.

3. Empregar a técnica **bootstrapping** [6], a qual valida um modelo multivariado pela extração de um grande número de subamostras, estimando modelos para cada subamostra e então determinando os valores para as estimativas de parâmetros a partir do conjunto de modelos, calculando a média de cada coeficiente estimado ao longo de todos os modelos de sub-amostras. Essa abordagem também não se baseia em suposições estatísticas para avaliar se um parâmetro difere de zero (ou seja, são os coeficientes estimados estatisticamente diferentes de zero ou não?). Em vez disso, ela examina os valores reais a partir de repetidas amostras para fazer tal avaliação.

Sempre que uma técnica multivariada for empregada, o pesquisador deve se esforçar não apenas para estimar um modelo significante, mas para garantir que ele seja representativo da população como um todo. Lembre-se de que o objetivo não é determinar o melhor "ajuste" apenas para os dados da amostra, mas desenvolver um modelo que melhor descreva a população como um todo.

UM TRATAMENTO ESTRUTURADO PARA CONSTRUIR MODELOS MULTIVARIADOS

À medida que discutimos as numerosas técnicas multivariadas disponíveis ao pesquisador e a miríade de questões envolvidas em suas aplicações, fica aparente que a conclusão bem-sucedida de uma análise multivariada envolve mais do que somente a seleção do método correto. Questões que variam da definição do problema à diagnose crítica dos resultados devem ser abordadas. Para ajudar o pesquisador ou o usuário a aplicar métodos multivariados, um tratamento com seis passos para a análise multivariada é apresentado. A meta não é fornecer um conjunto rígido de procedimentos a serem seguidos, mas sim orientações que enfatizam uma maneira de construir modelos. Esse tratamento para a construção de modelos se concentra na análise em um plano de pesquisa bem-definido, começando com um modelo conceitual que detalhe as relações a serem examinadas. Uma vez definido em termos conceituais, as questões empíricas podem ser abordadas, incluindo a seleção da técnica multivariada específica e os problemas de implementação. Depois que foram obtidos resultados significantes, concentramo-nos em sua interpretação, com especial atenção à variável estatística. Finalmente, as medidas diagnósticas garantem que o modelo não é válido apenas para os dados da amostra, mas que é tão generalizável quanto possível. A discussão que se segue brevemente descreve cada passo desse tratamento.

Esse processo de seis passos para construir modelos fornece uma estrutura para desenvolver, interpretar e validar qualquer análise multivariada. Cada pesquisador deve desenvolver critérios para "sucesso" ou "falha" em cada estágio, mas as discussões de cada técnica fornecem orientações sempre que disponíveis. Neste ponto, a ênfase em um tratamento de construção de modelos, em vez de simplesmente apontar as especificidades de cada técnica, deveria fornecer uma base mais ampla para o desenvolvimento, estimação e interpretação de modelos, que irão melhorar a análise multivariada do profissional e do acadêmico.

Estágio 1: Definição do problema da pesquisa, dos objetivos e da técnica multivariada a ser usada

O ponto de partida para qualquer análise multivariada é definir o problema da pesquisa e os objetivos de análise em termos conceituais, antes de especificar quaisquer variáveis ou medidas. O papel do desenvolvimento do modelo conceitual, ou da teoria, não pode ser superestimado. Não importa se é pesquisa aplicada ou acadêmica, o pesquisador deve primeiro ver o problema em termos conceituais, definindo os conceitos e identificando as relações fundamentais a serem investigadas. Desenvolver um modelo conceitual não é atribuição exclusiva de acadêmicos; é também algo ajustado para aplicação no mundo real.

Um modelo conceitual não precisa ser complexo e detalhado; pode ser uma simples representação das relações a serem estudadas. Se uma relação de dependência é proposta como o objetivo de pesquisa, o pesquisador precisa especificar os conceitos dependentes e independentes. Para uma aplicação de uma técnica de interdependência, as dimensões de estrutura ou similaridade devem ser especificadas. Note que um conceito, diferentemente de uma variável, é definido em ambas as situações, sejam de dependência ou de interdependência. O pesquisador primeiro identifica as idéias ou os tópicos de interesse, em vez de se concentrar nas medidas específicas a serem usadas. Essa seqüência minimiza a chance de conceitos relevantes serem omitidos no esforço de desenvolver medidas e de definir as especificidades do plano de pesquisa. Os leitores interessados no desenvolvimento de modelos conceituais devem ver o Capítulo 10.

Com os objetivos e o modelo conceitual especificados, o pesquisador deve apenas escolher a técnica multivariada apropriada. O uso de um método de dependência ou interdependência é selecionado, e então a última decisão é selecionar a técnica em particular com base nas características de medidas das variáveis dependentes e independentes. Variáveis para cada conceito são especificadas antes do estudo em seu planejamento, mas podem ser re-especificadas ou mesmo estabelecidas de uma forma diferente (p. ex., transformações ou criações de variáveis dicotômicas) após a coleta de dados.

Estágio 2: Desenvolvimento do plano de análise

Com o modelo conceitual estabelecido e a técnica multivariada selecionada, a atenção se volta para a implementação. Para cada técnica, o pesquisador deve desenvolver um plano de análise que aborde as questões particulares a seu propósito e projeto. As questões incluem considerações gerais, como tamanho mínimo ou desejado da amostra e tipos permitidos ou exigidos de variáveis (métricas versus não-métricas) e métodos de estimação, além de aspectos específicos, como o tipo de medidas de associação usadas em mapeamento perceptual, a estimação de resultados agregados ou desagregados em análise conjunta, ou o uso de formulações especiais de variáveis para representar efeitos não-lineares ou interativos em regressão. Em cada caso, essas questões resolvem detalhes específicos e finalizam a formulação do modelo e exigências para a coleta de dados.

Estágio 3: Avaliação das suposições inerentes à técnica multivariada

Com os dados coletados, a primeira tarefa não é estimar o modelo multivariado, mas avaliar as suposições subjacentes. Todas as técnicas multivariadas têm suposições inerentes, tanto estatísticas quanto conceituais, que influenciam muito suas habilidades para representar relações multivariadas. Para as técnicas baseadas em inferência estatística, as suposições de normalidade multivariada, linearidade, independência de termos de erro, e igualdade de variâncias em uma relação de dependência devem todas ser satisfeitas. A avaliação dessas suposições é discutida em maiores detalhes no Capítulo 2. Cada técnica também envolve uma série de suposições conceituais que lidam com questões como a formulação de modelo e os tipos de relações representadas. Antes que qualquer estimação de modelo seja tentada, o pesquisador deve garantir que as suposições estatísticas e conceituais estejam satisfeitas.

Estágio 4: Estimação do modelo multivariado e avaliação do ajuste geral do modelo

Com as suposições satisfeitas, a análise inicia a real estimação do modelo multivariado e uma avaliação do ajuste geral do modelo. No processo de estimação, o pesquisador pode escolher entre opções para atender características específicas dos dados (p. ex., uso de covariáveis estatísticas em MANOVA) ou maximizar o ajuste dos dados (p. ex., rotação de fatores ou funções discriminantes). Depois que o modelo é estimado, o seu ajuste geral é avaliado para estabelecer-se se atinge níveis aceitáveis sobre os critérios estatísticos (p. ex., nível de significância), se identifica as relações propostas e se tem significância prática. Muitas vezes, o modelo é reespecificado, em uma tentativa de atingir melhores níveis de ajuste e/ou explicação. Em todos os casos, contudo, um modelo aceitável deve ser obtido antes de se prosseguir.

Não importa qual nível de ajuste geral do modelo seja conseguido, o pesquisador também deve determinar se os resultados são excessivamente afetados por alguma observação ou pequeno conjunto de observações que indique que os resultados podem ser instáveis ou não-generalizáveis. Esses esforços garantem que os resultados são "robustos" e estáveis, aplicando-se razoavelmente bem a todas as observações na amostra. Observações de ajustes prejudiciais podem ser identificadas como observações atípicas, observações influentes ou resultados errôneos (p. ex., agrupamentos unitários ou casos muito mal classificados em análise discriminante).

Estágio 5: Interpretação da(s) variável(eis) estatística(s)

Com um nível aceitável de ajuste do modelo, interpretar a(s) variável(eis) estatística(s) revela a natureza da relação multivariada. A interpretação de efeitos para variáveis individuais é feita examinando-se os coeficientes estimados (pesos) para cada variável na variável estatística (p. ex., pesos de regressão, cargas fatoriais ou utilidades conjuntas). Além disso, algumas técnicas também estimam múltiplas variáveis estatísticas que representam dimensões latentes de comparação ou associação (i.e., funções discriminantes ou componentes principais). A interpretação pode conduzir a reespecificações adicionais das variáveis e/ou da formulação do modelo, onde o modelo é reestimado e então novamente interpretado. O objetivo é identificar evidência empírica de relações multivariadas nos dados da amostra que possam ser generalizadas para a população total.

Estágio 6: Validação do modelo multivariado

Antes de aceitar os resultados, o pesquisador deve submetê-los a um conjunto final de análises diagnósticas que avaliem o grau de generabilidade dos resultados pelos métodos de validação disponíveis. As tentativas de validar o modelo são direcionadas no sentido de demonstrar a generalidade dos resultados para a população total (ver discussão anterior sobre técnicas de validação). Essas análises diagnósticas acrescentam pouco à interpretação dos resultados, mas podem ser vistas como uma "garantia" de que os resultados são os melhores descritivos dos dados e ainda generalizáveis à população.

Um fluxograma de decisão

Para cada técnica multivariada, a abordagem de seis passos para a construção de modelos multivariados será retratada em um fluxograma de decisão dividido em duas seções. A primeira seção (estágios 1 a 3) lida com as questões relativas à preparação para a estimação do modelo real (i.e., objetivos da pesquisa, considerações sobre planejamento da pesquisa, e teste das suposições). A segunda seção do fluxograma de decisão (estágios 4 a 6) trata dos aspectos pertinentes à estimação do modelo, interpretação e validação. O fluxograma de decisão fornece ao pesquisador um método simplificado, mas sistemático, de uso da abordagem estrutural de construção do modelo multivariado em qualquer aplicação da técnica multivariada.

BASES DE DADOS

Para melhor explicar e ilustrar cada técnica multivariada, usamos conjuntos de dados hipotéticos ao longo do livro. Os conjuntos de dados são para as Indústrias HBAT (HBAT), um fabricante de produtos de papel. Considera-se cada conjunto de dados como baseado em questionários preenchidos por clientes em um site seguro administrado por uma consagrada empresa de pesquisa de mercado. A companhia de pesquisa contata gerentes de compras e os encoraja a participarem. Para fazer isso, gerentes acessam o site e completam o questionário. Os conjuntos de dados são suplementados por outra informação compilada e armazenada no banco de dados da HBAT e são acessíveis através de seu sistema de suporte de decisão.

Base de dados primária

A base de dados primária, consistindo de 100 observações sobre 18 variáveis separadas, é sustentada por um estudo de segmentação de mercado de clientes HBAT. A HBAT vende produtos de papel para dois segmentos do mercado: a indústria de jornais e a indústria de revistas. Além disso, os produtos de papel são vendidos a esses segmentos do mercado ou diretamente ao cliente, ou indiretamente via um intermediário. Dois tipos de informação foram coletados nas pesquisas. O primeiro tipo foi sobre percepções de desempenho da HBAT sobre 13 atributos. Esses atributos, desenvolvidos através de grupos de foco, um pré-teste, e uso em estudos anteriores, são considerados os mais influentes na seleção de fornecedores na indústria de papel. Entre os respondentes havia gerentes de compras de firmas que compram da HBAT, e eles avaliaram a HBAT em cada um dos 13 atributos usando uma escala de 0 a 10, com 10 sendo "excelente" e 0, "pobre". O segundo tipo de informação se refere a resultados de compra e relações nos negócios (p. ex., satisfação com a HBAT e se a firma consideraria uma aliança/parceria estratégica com a HBAT). Um terceiro tipo de informação está disponível a partir dos dados da HBAT e inclui itens como tamanho do cliente e extensão da relação de compra.

Analisando os dados, a HBAT pode desenvolver uma melhor compreensão das características de seus clientes e das relações entre suas percepções da HBAT e suas ações em relação à HBAT (p. ex., satisfação e probabilidade de recomendar). A partir dessa compreensão de seus clientes, a HBAT estará em uma boa posição para desenvolver seu plano de marketing para o próximo ano. Breves descrições das variáveis da base de dados são fornecidas na Tabela 1-3, na qual as variáveis são classificadas como independentes ou dependentes, e métricas ou não-métricas. Além disso, uma lista completa e uma cópia eletrônica da base de dados estão disponíveis na Web em www.bookman.com.br. Uma definição de cada variável e uma explicação de sua codificação são dadas nas seções que se seguem.

Variáveis de classificação do banco de dados

Como respondentes foram selecionados para a amostra a ser usada pela empresa de pesquisa de marketing, cinco variáveis foram também extraídas do banco de dados HBAT para refletir as características básicas da firma e sua relação de negócios com a HBAT. As cinco variáveis são:

X_1 Tipo de cliente — Período de tempo em que um dado cliente tem comprado da HBAT:
- 1 = menos de um ano
- 2 = entre 1 e 5 anos
- 3 = mais do que 5 anos

X_2 Tipo de indústria — Tipo de indústria que compra os produtos de papel da HBAT:
- 0 = indústria de revistas
- 1 = indústria de jornais

X_3 Tamanho da firma — Quantia de empregados:
- 0 = empresa pequena, menos de 500 empregados
- 1 = empresa grande, 500 ou mais empregados

X_4 Região — Local do cliente:
- 0 = EUA/América do Norte
- 1 = fora da América do Norte

X_5 Sistema de distribuição — Como os produtos de papel são vendidos para clientes:
- 0 = vendidos indiretamente através de um intermediário
- 1 = vendidos diretamente

Percepções de HBAT

As percepções sobre HBAT de cada cliente em um conjunto de funções de negócios foram medidas em uma escala gráfica de avaliação, onde uma linha de 10 centímetros foi desenhada entre os extremos chamados de "Pobre" e "Excelente".

| Pobre | Excelente |

Como parte da pesquisa, os respondentes indicaram suas percepções fazendo uma marca em algum ponto da linha. A posição da marca era eletronicamente observada, e a distância a partir de 0 (em centímetros) era gravada na base de dados para aquela pesquisa em particular. O resultado foi uma variação de escala de 0 a 10, arredondada em uma única casa decimal. Os 13 atributos HBAT avaliados pelos respondentes foram:

X_6	Qualidade do produto	Nível percebido de qualidade dos produtos de papel HBAT
X_7	Atividades de comércio eletrônico/ Web site	Imagem geral do Web site da HBAT, especialmente a facilidade de uso
X_8	Suporte técnico	Grau em que o apoio técnico é oferecido para ajudar em questões sobre produto/serviços
X_9	Solução de reclamação	Grau em que as reclamações são resolvidas em termos de prazo e eficiência
X_{10}	Anúncio	Percepções sobre as campanhas de anúncios da HBAT em todos os tipos de mídia
X_{11}	Linha de produto	Profundidade e amplitude da linha de produtos da HBAT para atender às necessidades dos clientes
X_{12}	Imagem da força de venda	Imagem geral da força de venda da HBAT
X_{13}	Preço competitivo	Grau em que a HBAT oferece preços competitivos
X_{14}	Garantia e reclamações	Grau em que a HBAT atua diante das garantias e reclamações sobre produtos e serviços
X_{15}	Novos produtos	Grau em que a HBAT desenvolve e vende novos produtos
X_{16}	Encomenda e cobrança	Percepções de que encomenda e cobrança são lidadas com eficiência e corretamente

TABELA 1-3 Descrição de variáveis da base de dados

Descrição da variável		Tipo de variável
Variáveis de classificação do banco de dados		
X_1	Tipo de cliente	não-métrica
X_2	Tipo de indústria	não-métrica
X_3	Tamanho da firma	não-métrica
X_4	Região	não-métrica
X_5	Sistema de distribuição	não-métrica
Variáveis de percepções de desempenho		
X_6	Qualidade do produto	métrica
X_7	Atividades de comércio eletrônico/Web site	métrica
X_8	Suporte técnico	métrica
X_9	Solução de reclamação	métrica
X_{10}	Anúncio	métrica
X_{11}	Linha de produto	métrica
X_{12}	Imagem da equipe de venda	métrica
X_{13}	Preço competitivo	métrica
X_{14}	Garantia e reclamações	métrica
X_{15}	Novos produtos	métrica
X_{16}	Encomenda e cobrança	métrica
X_{17}	Flexibilidade de preço	métrica
X_{18}	Velocidade de entrega	métrica
Medidas de resultado/relação		
X_{19}	Satisfação	métrica
X_{20}	Probabilidade de recomendação	métrica
X_{21}	Probabilidade de futura compra	métrica
X_{22}	Atual nível de compra/uso	métrica
X_{23}	Considerar aliança/parceria estratégica no futuro	não-métrica

X_{17}	Flexibilidade de preço	Percepção sobre a disposição dos representantes de vendas da HBAT para negociar preços nas compras de produtos de papel
X_{18}	Velocidade de entrega	Tempo de demora para a entrega de produtos de papel uma vez que a encomenda seja confirmada.

Resultados de compras

Foram obtidas cinco medidas específicas que refletem os resultados das relações de compras do respondente com a HBAT. Essas medidas incluem as seguintes:

X_{19}	Satisfação do cliente	Satisfação do cliente com as últimas compras feitas na HBAT, medida em uma escala gráfica de 10 pontos.
X_{20}	Probabilidade de recomendar a HBAT	Probabilidade de recomendar a HBAT para outras empresas como fornecedor de produtos de papel, medida em uma escala de 10 pontos.
X_{21}	Probabilidade de futuras compras da HBAT	Probabilidade de futuramente comprar produtos de papel da HBAT, medida em uma escala de 10 pontos.
X_{22}	Percentual de compras da HBAT	Percentual das necessidades da firma respondente de compras da HBAT, medido em uma escala percentual de 100 pontos.
X_{23}	Percepção de futura relação com a HBAT	Grau em que o cliente/respondente vê a si mesmo em parceria/aliança com a HBAT: 0 = não consideraria 1 = sim, consideraria aliança ou parceria estratégica

Outras bases de dados

Outras cinco bases de dados especializadas são empregadas no texto. Primeiro, o Capítulo 6 usa uma versão expandida da base de dados HBAT contendo 200 respondentes (HBAT200) que fornece tamanhos de amostras suficientes para análises MANOVA mais complexas. O Capítulo 2 utiliza uma base de dados menor de muitas dessas variáveis obtidas em algumas pesquisas. O objetivo é ilustrar a identificação de observações atípicas, o manuseio de dados perdidos e o teste de suposições estatísticas. O Capítulo 9 sobre MDS e análise de correspondência e os capítulos SEM (10, 11 e 12) usam bases de dados distintas que atendem às exigências específicas daquelas técnicas. Em cada caso, a base de dados é descrita de maneira mais completa naqueles capítulos. Uma listagem completa dessas bases de dados é dada em www.bookman.com.br.

ORGANIZAÇÃO DOS DEMAIS CAPÍTULOS

Os outros capítulos do texto são organizados em cinco seções; cada uma aborda um estágio separado para executar uma análise multivariada.

Seção I: Preparação para uma análise multivariada

A seção inicial lida com questões que devem ser resolvidas antes que uma análise multivariada possa ser aplicada. Essa seção começa com o Capítulo 2, o qual cobre os tópicos de acomodação de dados perdidos, a garantia de atender as suposições estatísticas inerentes, e a identificação de observações atípicas que poderiam influenciar desproporcionalmente os resultados. O Capítulo 3 cobre a análise fatorial, uma técnica particularmente adequada para examinar as relações entre variáveis e as oportunidades de criar escalas múltiplas. Esses dois capítulos se combinam para fornecer ao pesquisador não apenas as ferramentas diagnósticas necessárias para preparar os dados para análise, mas também os meios para redução de dados e construção de escala que podem ser incluídos em outras técnicas multivariadas.

Seção II: Técnicas de dependência

Essa seção trata de quatro técnicas de dependência – regressão múltipla (Capítulo 4), análise discriminante (Capítulo 5), análise multivariada de variância (Capítulo 6) e análise conjunta (Capítulo 7). Como observado anteriormente, as técnicas de dependência permitem ao pesquisador avaliar o grau de relação entre as variáveis dependentes e independentes. As técnicas de dependência variam no tipo e caráter da relação, o que se reflete nas propriedades de medida das variáveis dependentes e independentes. Cada técnica é examinada sob sua perspectiva única de avaliar uma relação de dependência e sua habilidade de tratar com um tipo particular de objetivo de pesquisa.

Seção III: Técnicas de interdependência

Dois capítulos (Capítulos 8 e 9) cobrem as técnicas de análise de agrupamentos e mapeamento perceptual. Essas técnicas apresentam ao pesquisador ferramentas particularmente adequadas para avaliar estruturas, focalizando-se na descrição das relações entre objetos, sejam respondentes (análise de agrupamentos) ou objetos como empresas, produtos e assim por diante (mapeamento perceptual). Deve-se notar que uma das técnicas primárias de interdependência, análise fatorial, e sua habilidade para avaliar a relação entre variáveis, é abordada na Seção I.

Seção IV: Para além do básico

Essa seção apresenta ao pesquisador uma técnica multivariada avançada amplamente usada, a saber, modelagem de equações estruturais. O Capítulo 10 fornece uma visão geral da modelagem de equações estruturais, concentrando-se na aplicação de um processo de decisão em análises SEM. Os Capítulos 11 e 12 estendem a discussão SEM para as duas aplicações mais amplamente usadas: análise fatorial confirmatória (CFA, *confirmatory factor analysis*) e modelagem estrutural.

Resumo

Análise multivariada de dados é uma poderosa ferramenta para pesquisadores. A aplicação apropriada dessas técnicas revela relações que em outras situações não seriam identificadas. Este capítulo introduz o leitor aos principais conceitos e o ajuda a fazer o seguinte:

Explicar o que é análise multivariada e quando seu uso é adequado. Técnicas de análise multivariada são populares porque viabilizam a organizações a criar conhecimento e assim melhorar suas tomadas de decisões. A análise multivariada se refere a todas as técnicas estatísticas que simultaneamente analisam múltiplas medidas sobre indivíduos ou objetos sob investigação. Desse modo, quaisquer análises simultâneas de mais do que duas variáveis podem ser consideradas como análises multivariadas.

Alguma confusão pode surgir sobre o que é análise multivariada, pois o termo não é empregado consistentemente na literatura. Alguns pesquisadores usam o termo multivariada simplesmente para se referir ao exame de relações entre duas ou mais variáveis. Outros utilizam o termo apenas para problemas nos quais todas as múltiplas variáveis são assumidas como tendo uma distribuição normal multivariada. Neste livro, não insistimos em uma definição rígida de análise multivariada. No lugar disso, a análise multivariada inclui técnicas de múltiplas variáveis, bem como técnicas verdadeiramente multivariadas, pois acreditamos que o conhecimento de técnicas de múltiplas variáveis é um primeiro passo essencial na compreensão da análise multivariada.

Discutir a natureza das escalas de medida e sua relação com técnicas multivariadas. A análise de dados envolve a identificação e medida de variação em um conjunto de variáveis, seja entre elas mesmas, seja entre uma variável dependente e uma ou mais variáveis independentes. A palavra-chave aqui é medida, porque o pesquisador não pode identificar variação a menos que ela possa ser medida. Medida é importante na representação precisa dos conceitos de pesquisa sendo estudados e é instrumental na escolha do método multivariado de análise adequado. Dados podem ser classificados em uma entre duas categorias – não-métricos (qualitativos) e métricos (quantitativos) – com base nos tipos de atributos ou características que eles representam. O pesquisador deve definir o tipo de medida para cada variável. Para o computador, os valores são apenas números. A questão de dados serem métricos ou não-métricos afeta o que os mesmos podem representar, como podem ser analisados e as técnicas multivariadas adequadas para uso.

Entender a natureza do erro de medida e seu impacto sobre a análise multivariada. O emprego de múltiplas variáveis e a confiança em suas combinações (a variável estatística) em métodos multivariados concentra atenção em um tópico complementar: erro de medida. Erro de medida é o grau em que os valores observados não são representativos dos valores "verdadeiros". Erro de medida tem muitas fontes, variando de erros na entrada de dados até a imprecisão da medida e a falta de habilidade dos respondentes em fornecer informações precisas. Assim, todas as variáveis usadas em técnicas multivariadas devem ser consideradas como tendo algum grau de erro de medida. Quando variáveis com erro de medida são empregadas para computar correlações ou médias, o "verdadeiro" efeito é parcialmente mascarado pelo erro de medida, fazendo com que as correlações se enfraqueçam e as médias sejam menos precisas.

Determinar qual técnica multivariada é adequada para um problema específico de pesquisa. As técnicas multivariadas podem ser classificadas com base em três julgamentos que o pesquisador deve fazer sobre o objetivo da pesquisa e a natureza dos dados: (1) as variáveis podem ser divididas em independentes e dependentes tomando-se por base alguma teoria? (2) Se podem, quantas variáveis são tratadas como dependentes em uma única análise?, e (3) como são medidas tanto as variáveis dependentes quanto as independentes? A seleção da técnica multivariada adequada depende das respostas a essas três perguntas.

Definir as técnicas específicas incluídas em análise multivariada. Análise multivariada é um conjunto de técnicas em contínuo desenvolvimento para a análise de dados e que engloba um vasto domínio de possíveis situações de pesquisa. Entre as técnicas mais consagradas e emergentes estão a análise de componentes principais e a análise dos fatores comuns, regressão múltipla e correlação múltipla, análise discriminante múltipla e regressão logística, análise de correlação canônica, análise multivariada de variância e covariância, análise conjunta, análise de agrupamentos, mapeamento perceptual, também conhecido como escalonamento multidimensional, análise de correspondência, e modelagem de equações estruturais (SEM), que inclui a análise fatorial confirmatória.

Discutir as diretrizes para aplicação e interpretação de análises multivariadas. A análise multivariada tem poderosas capacidades analíticas e preditivas. O poder de acomodar múltiplas variáveis e relações cria substancial complexidade nos resultados e suas interpretações. Diante dessa complexidade, o pesquisador é advertido a usar métodos multivariados somente quando foi desenvolvida a exigida fundamentação conceitual para apoiar a técnica selecionada. As seguintes orientações representam uma "filosofia da análise multivariada" que deveria ser seguida em sua aplicação:

1. Estabelecer significância prática, bem como significância estatística.
2. Reconhecer que tamanhos de amostras afetam resultados.
3. Conhecer seus dados.
4. Esforçar-se por modelos parcimoniosos.
5. Examinar seus erros.
6. Validar seus resultados.

Compreender o tratamento em seis etapas para a construção de modelo multivariado. O processo de seis etapas para a construção de modelo fornece uma estrutura para desenvolver, interpretar e validar qualquer análise multivariada.

1. Definir o problema de pesquisa, os objetivos e a técnica multivariada a ser usada.
2. Desenvolver o plano de análise.
3. Avaliar as suposições.
4. Estimar o modelo multivariado e avaliar o ajuste.
5. Interpretar as variáveis estatísticas.
6. Validar o modelo multivariado.

Este capítulo introduziu o excitante e desafiador tópico da análise multivariada de dados. Os capítulos a seguir discutem cada uma dessas técnicas em detalhes suficientes para viabilizar ao pesquisador iniciante a compreensão sobre o que uma técnica em particular pode conseguir, quando e como ela deve ser aplicada, e como os resultados dessa aplicação devem ser interpretados.

Questões

1. Defina análise multivariada com suas próprias palavras.
2. Liste os fatores mais importantes que contribuem para a crescente aplicação de técnicas para a análise multivariada de dados na última década.
3. Liste e descreva as técnicas de análise multivariada de dados descritas neste capítulo. Cite exemplos nos quais cada técnica se mostre adequada.
4. Explique por que e como os vários métodos multivariados podem ser vistos como uma família de técnicas.
5. Por que o conhecimento de escalas de medida é importante para um entendimento da análise multivariada de dados?
6. Quais são as diferenças entre significância estatística e prática? Uma é pré-requisito da outra?
7. Quais são as implicações do baixo poder estatístico? Como o poder pode ser melhorado se for considerado muito baixo?
8. Detalhe o processo de construção de modelos para a análise multivariada, concentrando-se nas principais questões em cada passo.

Leituras sugeridas

Uma lista de leituras sugeridas que ilustram aspectos e aplicações de técnicas multivariadas em geral está disponível na Web em www.prenhall.com/hair (em inglês).

Referências

1. Bearden, William O., and Richard G. Netemeyer. 1999. *Handbook of Marketing Scales, Multi-Item Measures for Marketing and Consumer Behavior*, 2nd ed. Thousand Oaks, CA: Sage.
2. BMDP Statistical Software, Inc. 1991. *SOLO Power Analysis*. Los Angeles.
3. Brent, Edward E., Edward J. Mirielli, and Alan Thompson. 1993. *Ex-Sample™: An Expert System to Assist in Determining Sample Size, Version 3.0*. Columbia, MO: Idea Works.
4. Brunner, Gordon C., Karen E. James, and Paul J. Hensel.-2001. *Marketing Scales Handbook*, Vol. 3, *A-Compilation of Multi-Item Measures*. Chicago: American Marketing Association.
5. Cohen, J. 1988. *Statistical Power Analysis for the Behavioral Sciences*, 2nd ed. Hillsdale, NJ: Lawrence Erlbaum Publishing.
6. Mooney, Christopher Z., and Robert D. Duval. 1993. *Bootstrapping: A Nonparametric Approach to Statistical Inference*. Thousand Oaks, CA: Sage.
7. Peters, Tom. 1988. *Thriving on Chaos*. New York: Harper-and Row.
8. Sullivan, John L., and Stanley Feldman. 1979. *Multiple Indicators: An Introduction*. Thousand Oaks, CA:-Sage.

SEÇÃO I
Preparação para uma Análise Multivariada

VISÃO GERAL

A Seção I fornece um conjunto de ferramentas e análises que ajudam a preparar o pesquisador para a complexidade crescente de uma análise multivariada. O pesquisador prudente compreende a necessidade de um maior nível de compreensão dos dados, tanto em termos estatísticos quanto conceituais. Apesar de as técnicas multivariadas discutidas neste texto apresentarem ao pesquisador um poderoso conjunto de ferramentas analíticas, elas também representam o risco de posteriormente distanciar o pesquisador de um entendimento sólido dos dados e de o conduzir à noção equivocada de que as análises apresentam um meio "rápido e fácil" para identificar relações. À medida que o pesquisador confia mais cegamente nessas técnicas para encontrar a resposta e menos em uma base e entendimento conceituais das propriedades fundamentais dos dados, aumenta o risco de problemas sérios no uso indevido de técnicas, na violação de propriedades estatísticas, ou na inferência e interpretação inadequadas dos resultados. Esses riscos jamais podem ser totalmente eliminados, mas as ferramentas e análises discutidas nesta seção melhorarão a habilidade do pesquisador para reconhecer muitos desses problemas, quando eles ocorrem, e aplicar as medidas corretivas apropriadas.

CAPÍTULOS NA SEÇÃO I

Esta seção começa com o Capítulo 2, Exame de seus Dados, o qual cobre os tópicos de acomodação de dados perdidos, atendimento das suposições estatísticas inerentes, e identificação de observações atípicas que podem influenciar os resultados de maneira desproporcional. Essas análises fornecem simples avaliações empíricas que detalham as propriedades estatísticas críticas dos dados. O Capítulo 3, Análise Fatorial, apresenta uma discussão de uma técnica de interdependência particularmente adequada para examinar as relações entre variáveis e a criação de escalas múltiplas. A "busca por estrutura" com a análise fatorial pode revelar inter-relações substanciais entre variáveis e fornecer uma base objetiva para o desenvolvimento do modelo conceitual e uma melhor parcimônia entre as variáveis em uma análise multivariada. Assim, os dois capítulos desta seção se harmonizam para fornecer ao pesquisador não apenas as ferramentas diagnósticas necessárias à preparação de dados para análise, mas também os meios para redução de dados e construção de escala que podem melhorar consideravelmente outras técnicas multivariadas.

CAPÍTULO 2
Exame de seus Dados

Objetivos de aprendizagem

Ao concluir este capítulo, você deverá ser capaz de:

- Selecionar o método gráfico apropriado para examinar as características dos dados ou relações de interesse.
- Avaliar o tipo e o potencial impacto de dados perdidos.
- Compreender os diferentes tipos de processos de dados perdidos.
- Explicar as vantagens e desvantagens das abordagens disponíveis para lidar com dados perdidos.
- Identificar observações atípicas univariadas, bivariadas e multivariadas.
- Testar seus dados para as suposições subjacentes à maioria das técnicas multivariadas.
- Determinar o melhor método de transformação de dados, dado um problema específico.
- Compreender como incorporar variáveis não-métricas como variáveis métricas.

Apresentação do capítulo

Exame de dados é um passo inicial que consome tempo, mas necessário, que às vezes é ignorado por pesquisadores. Aqui o pesquisador avalia o impacto de dados perdidos, identifica observações atípicas e testa suposições inerentes à maioria das técnicas multivariadas. O objetivo dessas tarefas de exame de dados é muito mais no sentido de revelar o que não é aparente do que retratar os dados reais, pois os efeitos "ocultos" são facilmente despercebidos. Por exemplo, os vieses introduzidos por dados perdidos não-aleatórios jamais serão conhecidos a não ser que sejam explicitamente identificados e remediados pelos métodos discutidos em uma seção posterior deste capítulo. Além disso, a menos que o pesquisador reveja os resultados com base em uma análise caso a caso, a existência de observações atípicas não será aparente, mesmo quando elas afetam substancialmente os resultados. Violações da suposição estatística podem provocar vieses ou não-significância nos resultados que não podem ser distinguidos dos resultados verdadeiros.

Antes de discutirmos uma série de ferramentas empíricas para ajudar no exame de dados, a seção introdutória deste capítulo oferece um resumo de várias técnicas gráficas disponíveis ao pesquisador como um meio de representar dados. Essas técnicas fornecem ao pesquisador um conjunto de maneiras simples, ainda que abrangentes, para examinar tanto as variáveis individuais quanto as relações entre elas. As técnicas gráficas não são destinadas como substitutivas das ferramentas empíricas, mas, ao invés disso, como um meio complementar para retratar os dados e suas relações. Como o leitor verá, um histograma pode mostrar graficamente o formato da distribuição de dados, exatamente como podemos refletir a mesma distribuição com valores de assimetria e curtose. As medidas empíricas quantificam as características da distribuição, enquanto o histograma as retrata de uma maneira simples e visual. Analogamente, outras técnicas gráficas (i.e., gráficos de dispersão e de caixas) mostram relações entre variáveis representadas pelo coeficiente de correlação e teste de diferenças de médias, respectivamente.

Com as técnicas gráficas abordadas, a próxima tarefa a ser encarada pelo pesquisador é como avaliar e superar armadilhas resultantes do delineamento de pesquisa (p. ex., elaboração de questionário) e práticas de coleta de dados. Especificamente, este capítulo trata do que se segue:

- Avaliação de dados perdidos
- Identificação de observações atípicas
- Teste das suposições inerentes à maioria das técnicas multivariadas

Dados perdidos são um incômodo para pesquisadores e principalmente resultam de erros na coleta ou entrada de dados, ou da omissão de respostas pelos respondentes. A classificação de dados perdidos e as razões por trás de sua presença são abordadas através de uma série de passos que não somente identificam os impactos de dados perdidos, mas fornecem soluções para lidar com eles na análise. *Observações atípicas* ou *respostas extremas* podem influenciar de maneira a invalidar o resultado de qualquer análise multivariada. Por essa razão, métodos para avaliar o impacto das mesmas são discutidos. Finalmente, as *suposições estatísticas* inerentes à maioria das análises multivariadas são revistas. Antes de aplicar qualquer técnica multivariada, o pesquisador deve avaliar o ajuste dos dados da amostra com as suposições estatísticas subjacentes àquela técnica multivariada. Por exemplo, pesquisadores que querem aplicar análise de regressão (Capítulo 4) estariam particularmente interessados em avaliar as suposições de normalidade, homocedasticidade, independência de erro e linearidade. Cada um desses requisitos deve ser tratado de alguma forma para cada técnica multivariada.

Além disso, este capítulo introduz o pesquisador a métodos para incorporação de variáveis não-métricas em aplicações que requerem variáveis métricas por meio da criação de um tipo especial de variável métrica conhecida como dicotômica. A aplicabilidade de variáveis dicotômicas varia conforme cada projeto de análise de dados.

Termos-chave

Antes de começar o capítulo, leia os termos-chave para compreender os conceitos e a terminologia empregados. Ao longo do capítulo, os termos-chave aparecem em **negrito**. Outros pontos que merecem destaque e as referências cruzadas nos termos-chave estão em *itálico*. Exemplos ilustrativos aparecem em quadros.

Abordagem de caso completo   Tratamento para lidar com dados perdidos que computa valores com base em dados somente de casos completos, ou seja, casos sem *dados perdidos*. Também conhecido como método por listagem.

Abordagem de disponibilidade   *Método de atribuição* para dados perdidos que computa valores com base em todas as observações válidas disponíveis, também conhecido como método aos pares.

Assimetria   Medida da simetria de uma distribuição; na maioria dos casos, a comparação é feita com uma *distribuição normal*. Uma distribuição positivamente assimétrica tem relativamente poucos valores grandes e uma cauda mais alongada à direita, e uma distribuição negativamente assimétrica tem relativamente poucos valores pequenos e uma cauda mais alongada à esquerda. Valores assimétricos fora do intervalo –1 a +1 indicam uma distribuição substancialmente assimétrica.

Categoria de referência   A categoria de uma variável não-métrica que é omitida quando se criam variáveis dicotômicas e atua como ponto de referência na interpretação das variáveis dicotômicas. Na codificação indicadora, a categoria de referência tem valores zero (0) para todas as variáveis dicotômicas. Com codificação de efeitos, a categoria de referência tem valores de menos um (–1) para todas as variáveis dicotômicas.

Codificação de efeitos   Método para especificar a categoria de referência para um conjunto de *variáveis dicotômicas*, sendo que a categoria de referência recebe um valor de menos um (–1) sobre o conjunto de variáveis dicotômicas. Com esse tipo de codificação, os coeficientes da variável dicotômica representam desvios do grupo em relação à média de todos os grupos, o que contrasta com *codificação indicadora*.

Codificação indicadora   Método para especificar a categoria de referência para um conjunto de *variáveis dicotômicas* onde a categoria de referência recebe um valor 0 ao longo do conjunto de variáveis dicotômicas. Os coeficientes das variáveis dicotômicas representam as diferenças de categoria em relação à categoria de referência. Ver também *codificação de efeitos*.

Completamente perdidos ao acaso (MCAR – *missing completely at random*)   Classificação de *dados perdidos* aplicável quando valores perdidos de Y não dependem de X. Quando os dados perdidos são MCAR, os valores observados de Y são uma amostra verdadeiramente aleatória de todos os valores de Y, sem um processo inerente que induza vieses aos dados observados.

Curtose   Medida da elevação ou do achatamento de uma distribuição quando comparada com uma distribuição normal. Um valor positivo indica uma distribuição relativamente elevada, e um valor negativo indica uma distribuição relativamente achatada.

Dados censurados   Observações que são incompletas de uma maneira sistemática e conhecida. Um exemplo ocorre no estudo de causas de morte em uma amostra na qual alguns indivíduos ainda estão vivos. Os dados censurados são um exemplo de *dados perdidos ignoráveis*.

Dados perdidos ignoráveis   Processo de *dados perdidos* que é explicitamente identificável e/ou está sob o controle do pesquisador. Os dados perdidos ignoráveis não demandam ações corretivas, pois os dados perdidos são explicitamente tratados na técnica empregada.

Dados perdidos   Informação não-disponível de um indivíduo (ou caso) sobre o qual outra informação está disponível. Os dados perdidos freqüentemente ocorrem quando um respondente deixa de responder uma ou mais questões em uma pesquisa.

Diagrama de dispersão   Representação da relação entre duas variáveis métricas que descreve os valores conjuntos de cada observação em um gráfico bidimensional.

Diagrama de ramo-e-folhas Uma variante do *histograma* que fornece uma descrição visual da distribuição de variável, bem como uma enumeração dos valores reais dos dados.

Distribuição normal Distribuição contínua de probabilidade puramente teórica na qual o eixo horizontal representa todos os valores possíveis de uma variável e o eixo vertical representa a probabilidade de esses valores ocorrerem. Os valores sobre a variável estão agrupados em torno da média em um padrão simétrico, unimodal, conhecido como curva normal, ou forma de sino.

Gráfico de probabilidade normal Comparação gráfica da forma da distribuição com a *distribuição normal*. Na representação gráfica da probabilidade normal, a distribuição é representada por uma reta inclinada em 45 graus. A distribuição real é comparada com essa reta de maneira que diferenças são mostradas como desvios da reta, tornando a identificação de diferenças bastante visível e interpretável.

Gráficos de caixas (*boxplot*) Método para representar a distribuição de uma variável. Uma caixa representa a maior parte da distribuição, e as extensões – chamadas de *whiskers* – atingem os pontos extremos da distribuição. Muito útil para fazer comparações de uma ou mais variáveis em grupos.

Grupo de comparação Ver *categoria de referência*.

Heteroscedasticidade Ver *homocedasticidade*.

Histograma epresentação gráfica da distribuição de uma única variável. Ao fazer contagem de freqüência em categorias, a forma da distribuição da variável pode ser mostrada. Usado para fazer uma comparação visual com a *distribuição normal*.

Homocedasticidade Quando a variância dos termos de erro (e) parece constante ao longo de um domínio de variáveis preditoras, diz-se que os dados são homoscedásticos. A suposição de variância igual do erro E da população (onde E é estimado a partir de e) é crítica para a aplicação correta de muitas técnicas multivariadas. Quando os termos de erro têm variância crescente ou flutuante, diz-se que os dados são *heteroscedásticos*. A análise de *resíduos* ilustra melhor esse ponto.

Linearidade Usada para expressar o conceito de que o modelo possui as propriedades de aditividade e homogeneidade. Em termos gerais, os modelos lineares prevêem valores que recaem em uma linha reta que tem uma mudança com unidade constante (coeficiente angular) da variável dependente em relação a uma mudança com unidade constante da variável independente. No modelo de população $Y = b_0 + b_1 X_1 + e$, o efeito de uma mudança de 1 em X_1 deve acrescentar b_1 (uma constante) unidades em Y.

Métodos de atribuição Processo de estimação dos *dados perdidos* de uma observação baseado em valores válidos das outras variáveis. O objetivo é empregar relações conhecidas que possam ser identificadas nos valores válidos da amostra para auxiliar na representação ou mesmo na estimação das substituições para valores perdidos.

Normalidade Grau em que a distribuição dos dados da amostra corresponde a uma *distribuição normal*.

Observação atípica Uma observação que é substancialmente diferente das outras (i.e., tem um valor extremo) em uma ou mais características (variáveis). O mais importante é a sua representatividade da população.

Perdidos ao acaso (MAR – *missing at random*) Classificação de *dados perdidos* aplicável quando valores perdidos de Y dependem de X, mas não de Y. Quando dados perdidos são MAR, dados observados para Y são uma amostra verdadeiramente aleatória para os valores de X na amostra, mas não uma amostra aleatória de todos os valores de Y devido a valores perdidos de X.

Processo de dados perdidos Qualquer evento sistemático externo ao respondente (como erros na entrada de dados ou problemas na coleta de dados) ou qualquer ação por parte do respondente (como a recusa a responder uma questão) que conduz a *dados perdidos*.

Representação gráfica multivariada Método para apresentação de um perfil multivariado de uma observação em três ou mais variáveis. Os métodos incluem procedimentos como glifos, transformações matemáticas e até mesmo representações iconográficas (p. ex., faces).

Resíduo Parte de uma variável dependente não explicada por uma técnica multivariada. Associado a métodos de dependência que tentam prever a variável dependente, o resíduo representa a parte inexplicada da mesma. Os resíduos podem ser usados em procedimentos diagnósticos para identificar problemas na técnica de estimação ou para identificar relações não-especificadas.

Robustez A habilidade de uma técnica estatística de desempenhar razoavelmente bem mesmo quando as suposições estatísticas inerentes foram de algum modo violadas.

Transformações de dados Uma variável pode ter uma característica indesejável, como não-normalidade, que diminui seu uso em uma técnica multivariada. Uma transformação, como o logaritmo ou a raiz quadrada da variável, cria uma variável transformada que é mais adequada para descrever a relação. As transformações podem ser aplicadas em variáveis dependentes, independentes ou ambas. A necessidade e o tipo específico de transformação podem ser baseados em razões teóricas (p. ex., transformar uma relação não-linear conhecida) ou razões empíricas (p. ex., problemas identificados por meios gráficos ou estatísticos).

Variável dicotômica Variável métrica especial usada para representar uma única categoria de uma variável não-métrica. Para dar conta de L níveis de uma variável não-métrica, $L - 1$ variáveis dicotômicas são necessárias. Por exemplo, sexo é medido como masculino ou feminino e poderia ser representado por duas variáveis dicotômicas (X_1 e X_2). Quando o respondente é do sexo masculino, $X_1 = 1$ e $X_2 = 0$. Do mesmo modo, quando o respondente é do sexo feminino, $X_1 = 0$ e $X_2 = 1$. No entanto, quando $X_1 = 1$, sabemos que X_2 deve ser igual a 0. Logo, precisamos de apenas uma variável, X_1 ou X_2, para representar a variável sexo. Se uma variável não-métrica tem três níveis, apenas duas variáveis dicotômicas são necessárias. Sempre temos uma variável dicotômica a menos do que o número de níveis para a variável não-métrica. A categoria omitida é chamada de *categoria de referência*.

Variável estatística Combinação linear de variáveis formada na técnica multivariada por meio da determinação de pesos empíricos aplicados a um conjunto de variáveis especificadas pelo pesquisador.

INTRODUÇÃO

As tarefas envolvidas no exame de seus dados podem parecer comuns e inconseqüentes, mas são uma parte essencial de qualquer análise multivariada. As técnicas multivariadas colocam um tremendo poder analítico nas mãos do pesquisador. Mas também colocam maior responsabilidade sobre o pesquisador para garantir que a estrutura estatística e teórica na qual se baseiam também está sustentada. Ao examinar os dados antes da aplicação de qualquer técnica multivariada, o pesquisador passa a ter uma visão crítica das características dos dados.

- Primeiro e mais importante, o pesquisador conquista uma compreensão básica dos dados e das relações entre variáveis. As técnicas multivariadas impõem grandes exigências ao pesquisador para entender, interpretar e articular resultados com base em relações que são mais complexas do que anteriormente percebido. O conhecimento das inter-relações de variáveis pode ajudar incrivelmente na especificação e no refinamento do modelo multivariado, bem como fornecer uma perspectiva racional para a interpretação dos resultados.
- Segundo, o pesquisador garante que os dados inerentes à análise atendem todas as exigências para uma análise multivariada. As técnicas multivariadas demandam muito mais dos dados em termos de maiores conjuntos de dados e suposições mais complexas do que aquilo que se encontra na análise univariada. Dados perdidos, observações atípicas e as características estatísticas dos dados são muito mais difíceis de avaliar em um contexto multivariado. Assim, a sofisticação analítica necessária para garantir que essas exigências sejam atendidas tem forçado o pesquisador a empregar uma série de técnicas de exame de dados tão complexas quanto as próprias técnicas multivariadas.

Tanto os pesquisadores iniciantes quanto os experientes podem ser tentados a ler superficialmente ou mesmo pular este capítulo para despender mais tempo com as técnicas multivariadas. O tempo, o esforço e os recursos dedicados ao processo de exame de dados podem parecer quase desperdiçados, pelo fato de que muitas vezes nenhuma ação corretiva é garantida. Porém, o pesquisador deve ver essas técnicas como "investimentos em seguro multivariado" que garantem que os resultados obtidos a partir da análise multivariada são verdadeiramente válidos e precisos. Sem este "investimento" é muito fácil, por exemplo, que diversas observações atípicas não-identificadas perturbem os resultados, que dados perdidos introduzam um viés nas correlações entre variáveis ou que variáveis não-normais invalidem os resultados. Mas o aspecto mais problemático dessas questões é o fato de serem "ocultas", pois na maioria dos casos as técnicas multivariadas seguirão adiante e fornecerão resultados. Somente se o pesquisador "investiu", o potencial dos problemas catastróficos será reconhecido e corrigido antes que a análise seja executada. Esses problemas podem ser evitados seguindo-se essas análises toda vez que uma técnica multivariada é usada. Esses esforços irão mais do que compensar a longo prazo; a ocorrência de um problema sério e possivelmente fatal convencerá qualquer pesquisador. Encorajamos o leitor a adotar essas técnicas antes que problemas oriundos da análise o forcem a fazê-lo.

EXAME GRÁFICO DOS DADOS

Como discutido anteriormente, o uso de técnicas multivariadas representa uma responsabilidade adicional do pesquisador para entender, avaliar e interpretar resultados complexos. Essa complexidade requer uma compreensão direta das características básicas dos dados subjacentes e suas relações. Quando análises univariadas são consideradas, o nível de compreensão é bastante simples. À medida que o pesquisador se dirige a análises multivariadas mais complexas, porém, a necessidade e o nível de compreensão aumentam dramaticamente e requerem medidas diagnósticas empíricas ainda mais poderosas. O pesquisador pode ser inestimavelmente auxiliado a conquistar maior entendimento sobre o significado dessas medidas diagnósticas através do emprego de técnicas gráficas, retratando as características básicas de variáveis individuais e relações entre as mesmas em uma "imagem" simples. Por exemplo, um simples diagrama de dispersão não apenas representa em uma só imagem os dois elementos básicos de um coeficiente de correlação – o tipo de relação (positiva ou negativa) e a força da relação (a dispersão dos casos) – mas é também um meio visual simples de avaliação de linearidade, que requer uma análise muito mais detalhada se considerarmos estritamente meios empíricos. Em correspondência, um gráfico de caixas ilustra não apenas o nível geral de diferenças ao longo de grupos mostrado em um teste-t ou análise de variância, mas também as diferenças entre pares de grupos e a existência de observações atípicas que exigiriam mais análise empírica para serem detectadas se o método gráfico não fosse usado. O objetivo do uso de técnicas gráficas não é a substituição de medidas empíricas, mas complementar com uma representação visual das relações básicas, de modo que os pesquisadores possam se sentir confiantes em seu entendimento dessas relações.

O advento e a difusão dos programas estatísticos projetados para o computador pessoal têm aumentado o acesso a tais métodos. A maioria dos programas estatísticos tem módulos abrangentes de técnicas gráficas para exame de dados que são ampliados com medidas estatísticas mais detalhadas da descrição dos dados. As seções que seguem detalham algumas das técnicas mais amplamente usadas para o exame de características da distribuição, das relações bivariadas, das diferenças de grupos e mesmo dos perfis multivariados.

Perfil univariado: exame do formato da distribuição

O ponto de partida para o entendimento da natureza de qualquer variável é caracterizar a forma de sua distribuição. Várias medidas estatísticas são discutidas em uma seção adiante sobre normalidade, mas muitas vezes o pesquisador pode alcançar uma perspectiva adequada sobre a variável por meio de um **histograma**. Um histograma é uma representação gráfica de uma única variável que representa a freqüência de ocorrências (valores dos dados) dentro de categorias de dados. As freqüências são graficamente representadas para examinar a forma da distribuição de valores. Se os valores inteiros variam de 1 a 10, o pesquisador pode construir um histograma contando o número de respostas para cada valor inteiro. Para variáveis contínuas, são formadas categorias, dentro das quais as freqüências de valores dos dados são tabuladas. Se o exame da distribuição é para avaliar sua normalidade (ver seção sobre teste de suposições para detalhes sobre este ponto), a curva normal também pode ser sobreposta sobre a distribuição para avaliar a correspondência da distribuição real com a desejada distribuição (normal). O histograma pode ser empregado para examinar qualquer tipo de variável métrica.

> Por exemplo, as respostas para X_6 a partir do banco de dados introduzido no Capítulo 1 são representadas na Figura 2-1. Categorias com pontos médios de 5,0, 5,25, 5,50, 5,75, ..., 10,0 são usadas. A altura das barras representa as freqüências dos valores dos dados dentro de cada categoria. A curva normal também é sobreposta na distribuição. Como será mostrado posteriormente, medidas empíricas indicam que a distribuição de X_6 desvia significativamente da distribuição normal. Mas de que forma difere? A medida empírica que mais difere é a curtose, representando a elevação ou o achatamento da distribuição. Os valores indicam que a distribuição é mais achatada do que o esperado. O que o histograma revela? O meio da distribuição recai abaixo da curva normal sobreposta, enquanto ambos os extremos laterais são mais altos do que o esperado. Assim, a distribuição não mostra qualquer assimetria considerável para um lado ou outro, mas apenas um encurtamento de observações no centro da distribuição. Essa comparação também fornece orientação sobre o tipo de transformação que seria efetiva se aplicada como correção para a não-normalidade. Todas essa informações sobre a distribuição são mostradas em um único histograma.

Um variante do histograma é o **diagrama de ramo-e-folhas**, o qual apresenta a mesma ilustração gráfica do histograma, mas também fornece uma enumeração dos valores reais dos dados. Como no histograma, os valores dos dados são divididos em categorias, e as freqüências para cada categoria são tabuladas. Mas o elemento único vem no estabelecimento do valor raiz de cada categoria e em mostrar cada valor dos dados na representação gráfica. Por exemplo, considere que uma categoria é definida como todos os valores entre 3,0 e 4,0. Na distribuição sendo apurada, assuma que quatro valores recaem nesta categoria (3,5, 3,7, 3,7 e 3,9). Em um histograma, essa freqüência é mostrada por uma barra com quatro unidades de altura. O diagrama de ramo-e-folhas também exibe essa freqüência, mas no lugar de uma barra há uma série de quatro valores. Como os valores são retratados? Com o ramo definido como 3,0, as folhas são definidas como 5, 7, 7 e 9. Assim, quando vemos o diagrama de ramo-e-folhas, percebemos que a categoria contém quatro valores, mas podemos também rapidamente calcular os valores reais adicionando o ramo para cada uma das folhas.

> Novamente, examinemos a distribuição de X_6, desta vez com um diagrama de ramo-e-folhas (Figura 2-2). A primeira categoria é de 5,0 a 5,5; logo, o ramo é 5,0. As três observações com valores nesse intervalo são 5,0, 5,1 e 5,2. Essa distribuição é mostrada como três folhas de 0, 1 e 2. Elas são também os três valores mais baixos para X_6. No próximo ramo, o valor é novamente 5,0. Aqui, 10 observações variam de 5,5 a 5,9. Esses valores correspondem às folhas de 5 e* 9. No outro extremo da figura, o ramo é 10,0. Ele é associado com duas folhas (0 e 0), representando dois valores de 10,0, os mais altos de X_6. O pesquisador pode obter a mesma visão da forma da distribuição como no histograma, mas também examinar os valores reais de dados.

Perfil bivariado: exame da relação entre variáveis

Quando o exame da distribuição de uma variável é essencial, muitas vezes o pesquisador também está interessado em examinar relações entre duas ou mais variáveis. O método mais popular para examinar relações bivariadas é o **diagrama de dispersão**, um gráfico de pontos baseado em duas variáveis. Uma variável define o eixo horizontal e a outra define o eixo vertical. Variáveis podem ser qualquer valor métrico. Os pontos no gráfico representam os valores conjuntos correspondentes das variáveis para qualquer caso dado. O padrão de pontos representa a relação entre variáveis. Uma forte organização de pontos ao longo de uma linha reta caracteriza uma relação linear ou correlação. Um conjunto curvilíneo de pontos pode denotar uma relação não-linear, a qual pode ser acomodada de muitas maneiras (ver discussões posteriores sobre linearidade). Ou pode haver apenas um padrão aparentemente aleatório de pontos, indicando relação alguma.

---

* N. de R. T.: A frase correta seria "Esses valores correspondem às folhas de 5 a 9".

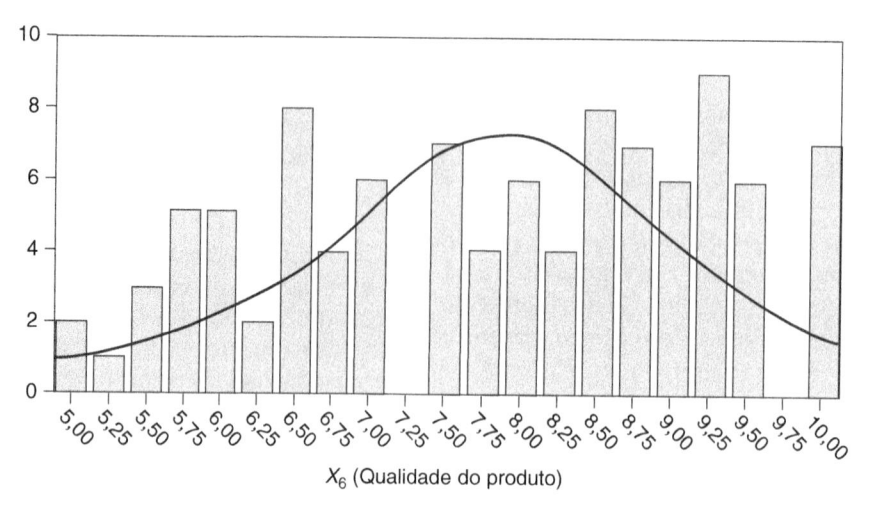

FIGURA 2-1 Representação gráfica de distribuição univariada.

Entre os muitos tipos de diagramas de dispersão, um formato particularmente adequado a técnicas multivariadas é a matriz de dispersão, na qual os diagramas de dispersão são representados para todas as combinações de variáveis na parte inferior da matriz. A diagonal contém histogramas das variáveis. Matrizes de dispersão e diagramas individuais de dispersão estão agora disponíveis em todos os programas estatísticos populares. Uma variante do diagrama de dispersão é discutida na seção seguinte sobre detecção de observações atípicas, onde uma elipse representando um intervalo especificado de confiança para a distribuição normal bivariada é sobreposta para permitir a identificação de observações atípicas.

A Figura 2.3 apresenta os diagramas de dispersão para um conjunto de cinco variáveis da base de dados HBAT (X_6, X_7, X_8, X_{12} e X_{13}). Por exemplo, a mais alta correlação pode ser facilmente identificada como ocorrendo entre X_7 e X_{12}, como apontado pelas observações proximamente alinhadas em um padrão linear bem definido. No lado extremo, a correlação logo acima (X_7 versus X_8) mostra uma quase total falta de relação, como evidenciado pelo padrão altamente disperso de pontos e a correlação de 0,001. Finalmente, uma relação inversa ou negativa é vista para várias combinações, mais notavelmente a correlação entre X_6 e X_{13} (–0,401). Além disso, nenhuma combinação parece exibir uma relação não-linear que não pudesse ser representada em uma correlação bivariada.

A matriz de dispersão fornece um método rápido e simples para não apenas avaliar a força e magnitude de qualquer relação bivariada, mas também um meio para identificar padrões não-lineares que possam estar ocultos se apenas as correlações bivariadas, que são baseadas em uma relação linear, são examinadas.

Perfil bivariado: exame das diferenças de grupos

O pesquisador também enfrenta a compreensão da extensão e do caráter de diferenças de uma ou mais variáveis métricas ao longo de dois ou mais grupos formados a partir das categorias de uma variável não-métrica. Avaliação de diferenças de grupos é feita através de análises univariadas como t-testes e análise de variância, e técnicas multivariadas de análise discriminante e análise multivariada de variância. Outro aspecto importante é identificar observações atípicas (descritas com mais detalhes em uma seção adiante) que podem se tornar aparentes apenas quando os valores dos dados são separados em grupos.

O método usado para essa tarefa é o **gráfico de caixas**, uma representação pictórica da distribuição de dados de uma variável métrica para cada grupo (categoria) de uma variável não-métrica (ver exemplo na Figura 2-4). Primeiro, os quartis superior e inferior da distribuição de dados formam os limites superior e inferior da caixa, com o com-

Gráfico de ramo-e-folhas de qualidade do produto

Freqüência	Ramo	&	Folha
3,00	5	.	012
10,00	5	.	5567777899
10,00	6	.	0112344444
10,00	6	.	5567777999
5,00	7	.	01144
11,00	7	.	55666777899
9,00	8	.	000122234
14,00	8	.	55556667777778
18,00	9	.	001111222333333444
8,00	9	.	56699999
2,00	10	.	00

Largura do ramo: 1,0
Cada folha: 1 caso(s)

FIGURA 2-2 Perfil univariado: gráfico de ramo-e-folhas de X_6 (Qualidade do produto).

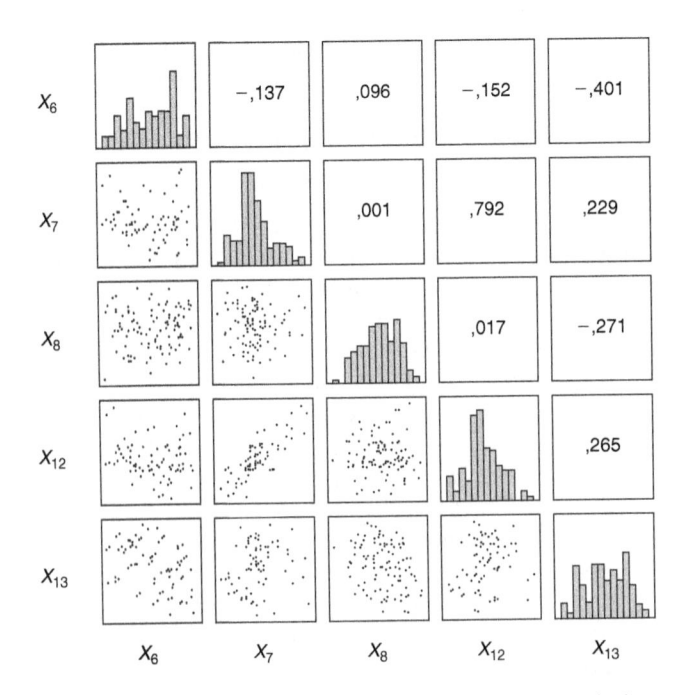

FIGURA 2-3 Perfil bivariado de relações entre variáveis: matriz de dispersão de variáveis métricas selecionadas (X_6, X_7, X_8, X_{12} e X_{13}).

Nota: Valores acima da diagonal são correlações bivariadas, com diagramas de dispersão correspondentes abaixo da diagonal. A diagonal representa a distribuição de cada variável.

a distância da menor e da maior das observações que estão a menos de um quartil da caixa. Observações atípicas (que variam entre 1,0 e 1,5 quartis de distância da caixa) e valores extremos (observações a mais de 1,5 quartis do extremo da caixa) são representados por símbolos fora dos *whiskers*. Ao usar gráficos de caixas, a meta é retratar não somente a informação que é dada em testes estatísticos (os grupos são diferentes?), mas outras informações descritivas que aumentam nossa compreensão sobre as diferenças de grupos.

primento da caixa sendo a distância entre o 25º percentil e o 75º percentil. A caixa contém os 50% centrais dos dados, e quanto maior a caixa, maior a dispersão (p. ex., desvio padrão) das observações. A mediana é representada por uma linha sólida dentro da caixa. Se a mediana se encontra próxima de um extremo da caixa, assimetria na direção oposta é indicada. As linhas que se estendem a partir de cada caixa (chamadas de *whiskers*) representam

A Figura 2-4 mostra os gráficos de caixas para X_6 e X_7 para cada um dos três grupos de X_1 (Tipo de cliente). Antes de examinar os gráficos de caixas para cada variável, vejamos primeiramente o que os testes estatísticos nos dizem sobre as diferenças ao longo desses grupos para cada variável. Para X_6, um teste de análise simples de variância indica diferença estatística altamente significante (valor F de 36,6 e um nível de significância de 0,000) ao longo dos três grupos. Para X_7, porém, o teste de análise de variância não mostra qualquer diferença estatisticamente significante (nível de significância de 0,419) ao longo dos grupos de X_1.

Usando gráficos de caixas, o que podemos aprender sobre essas mesmas diferenças de grupos? Como vemos no gráfico de caixas de X_6, percebemos diferenças substanciais ao longo dos grupos que confirmam os resultados estatísticos. Podemos também perceber que as diferenças primárias estão entre grupos 1 e 2 versus grupo 3. Essencialmente, os grupos 1 e 2 parecem mais ou menos iguais. Se executássemos mais testes estatísticos olhando para cada par de grupos separadamente, os testes confirmariam

(*Continua*)

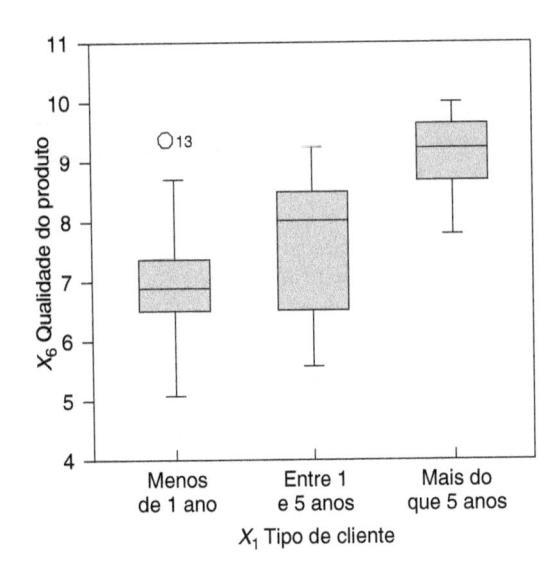

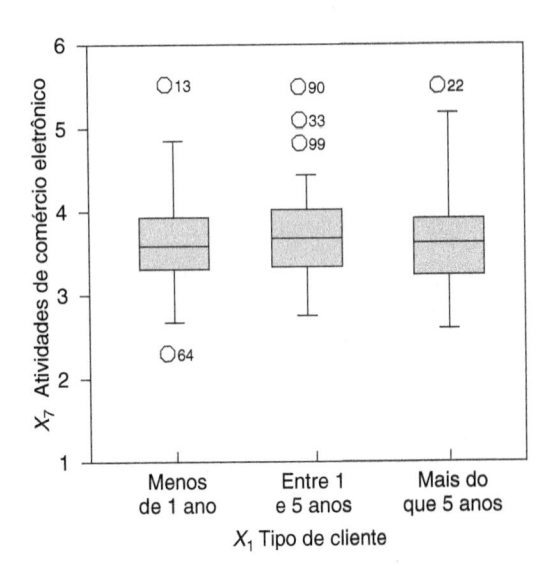

FIGURA 2-4 Perfil bivariado de diferenças de grupos: gráficos de caixas de X_6 (Qualidade do produto) e X_7 (Atividades de comércio eletrônico) com X_1 (Tipo de cliente).

(*Continuação*)

que as únicas diferenças estatisticamente significantes são grupo 1 versus 3 e grupo 2 versus 3. Também podemos perceber que o grupo 2 tem substancialmente mais dispersão (uma seção de caixa maior no gráfico de caixas), o que evita sua diferença do grupo 1. Os gráficos de caixas assim fornecem mais informações sobre a extensão das diferenças de grupos de X_6 do que o teste estatístico.

Para X_7 podemos ver que os três grupos são essencialmente iguais, como verificado pelo teste estatístico não-significante. Podemos também perceber várias observações atípicas em cada um dos três grupos (como indicado pelas notações na parte superior de cada representação gráfica além dos *whiskers*). Apesar de as observações atípicas não impactarem as diferenças de grupos neste caso, o pesquisador é alertado sobre sua presença pelos gráficos de caixas. O pesquisador deve examinar essas observações e considerar as possíveis prevenções discutidas mais detalhadamente ao longo deste capítulo.

Perfis multivariados

Até aqui, os métodos gráficos têm se restringido a descrições univariadas ou bivariadas. No entanto, em muitos casos, o pesquisador pode querer comparar observações caracterizadas sobre um perfil multivariado, seja para fins descritivos ou como complemento a procedimentos analíticos. Para tratar dessa necessidade, foram elaborados vários **métodos gráficos multivariados** que giram em torno de uma entre três abordagens [10]. A primeira é um retrato direto dos valores dos dados, por (a) glifos ou metroglifos, que são uma espécie de círculo cujo raio corresponde a um valor de um dado, ou (b) perfis multivariados que retratam algo como uma barra para cada observação. Uma segunda forma de visual multivariado envolve uma transformação matemática dos dados originais em uma relação matemática que pode ser representada graficamente. A técnica mais comum é a transformação de Fourier de Andrew [1]. O tratamento final é o uso de disposições gráficas à base de ícones, sendo o mais popular uma face [5]. O valor desse tipo de visual é a capacidade inerente de processamento que os humanos têm para sua interpretação. Como observado por Chernoff [5]:

> Acredito que aprendemos muito cedo a estudar e reagir a rostos reais. Nossa biblioteca de respostas a rostos esgota uma grande parte de nosso dicionário de emoções e idéias. Percebemos os rostos como um todo, e nosso computador interno é rápido em assimilar a informação relevante e filtrar o ruído quando olhamos um número limitado de rostos.

As representações faciais fornecem um formato gráfico potente, mas também geram algumas considerações que influenciam a correspondência das variáveis a expressões faciais, percepções não-intencionais e a quantidade de informação que pode realmente ser acomodada. Uma discussão dessas questões está além do escopo deste texto, e os leitores interessados são encorajados a estudá-las antes de qualquer tentativa de usar esses métodos [24, 25].

A Figura 2-5 contém ilustrações de três tipos de **representação gráfica multivariada** produzida por meio de SYSTAT, os quais também estão disponíveis em diversos outros programas estatísticos de computador. A parte superior da Figura 2-5 contém exemplos de cada tipo de representação gráfica multivariada: perfis, transformações de Fourier, e ícones (faces de Chernoff). Valores de dados (escores médios) para quatro grupos sobre sete variáveis estão contidos em uma tabela na parte de baixo da figura. A partir dos valores reais na tabela, similaridades e diferenças tanto ao longo de variáveis em um grupo quanto entre grupos são difíceis de distinguir. O objetivo dos perfis multivariados é retratar os dados de uma maneira que permita a identificação de diferenças e similaridades.

A primeira representação na Figura 2-5 contém perfis multivariados. Começando com a parte mais à esquerda dos gráficos, vemos o gráfico para o grupo 2 como o mais baixo e o mais alto para os grupos 1 e 4. Esse padrão corresponde aos valores de V_1 (menor para grupo 2 e maior para os grupos 1 e 4). Analogamente, podem ser feitas comparações entre variáveis para o grupo 1, onde facilmente percebemos que V_3 tem o mais alto valor. O segundo tipo de disposição gráfica multivariada na figura é a transformação de Fourier de Andrew, a qual representa os valores dos dados por meio de uma expressão matemática. Apesar de comparações sobre um único valor serem mais difíceis, essa forma de disposição gráfica fornece uma representação única que viabiliza comparação e agrupamento generalizados de observações. Tem particular valor quando o número de observações é grande.

Finalmente, ícones (faces de Chernoff) foram construídos com as sete variáveis associadas a diversas características faciais. Neste exemplo, V_1 controla a retratação da boca, V_2 corresponde à sobrancelha, V_3 é associada ao nariz, V_4 são os olhos, V_5 controla o formato do rosto, V_6 refere-se às orelhas, e V_7 é associada à posição da pupila. No que se refere a V_1, os grupos 1 e 4 têm sorrisos, e o grupo 2, uma carranca. Isso corresponde a grandes valores para os grupos 1 e 4 e pequenos valores para o grupo dois. Essa forma de disposição gráfica combina a habilidade de fazer comparações específicas entre ou dentro de grupos vistos no método de perfil com a facilidade de realizar comparações globais mais generalizadas encontradas nas transformações de Fourier de Andrew.

O pesquisador pode empregar qualquer um dos métodos quando examina dados multivariados para fornecer um formato que é muitas vezes mais esclarecedor do que apenas uma revisão dos valores reais de dados. Além dis-

Perfis multivariados

Grupo 1 Grupo 2 Grupo 3 Grupo 4

Transformações de Fourier de Andrew

Grupo 1 Grupo 2 Grupo 3 Grupo 4

Faces de Chernoff

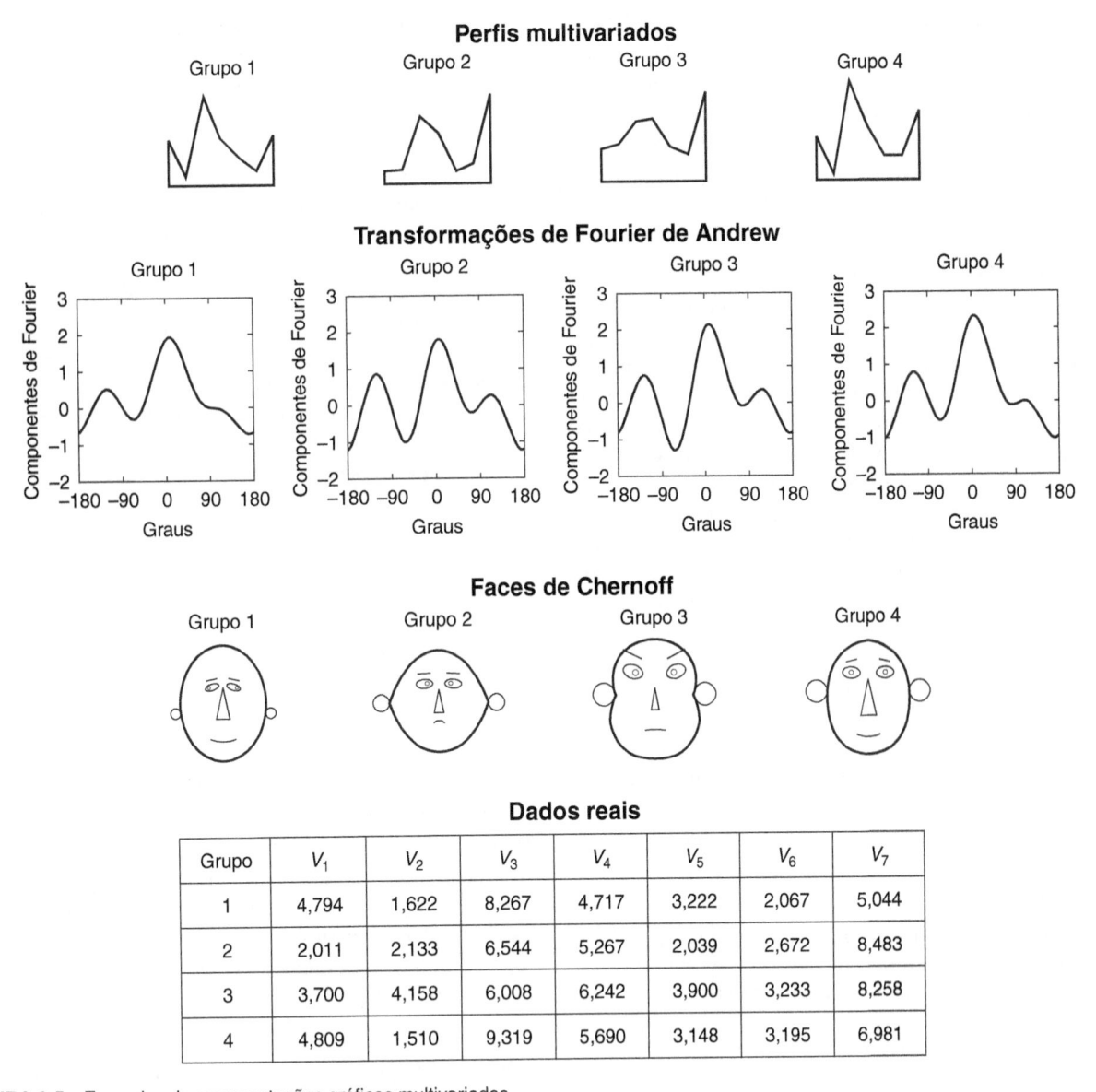

Grupo 1 Grupo 2 Grupo 3 Grupo 4

Dados reais

Grupo	V_1	V_2	V_3	V_4	V_5	V_6	V_7
1	4,794	1,622	8,267	4,717	3,222	2,067	5,044
2	2,011	2,133	6,544	5,267	2,039	2,672	8,483
3	3,700	4,158	6,008	6,242	3,900	3,233	8,258
4	4,809	1,510	9,319	5,690	3,148	3,195	6,981

FIGURA 2-5 Exemplos de representações gráficas multivariadas.

so, os métodos multivariados capacitam o pesquisador a usar uma única representação gráfica para descrever um grande número de variáveis, no lugar de usar um grande número de métodos univariados ou bivariados para retratar o mesmo número de variáveis.

Resumo

As disposições gráficas desta seção não são um substituto para as medidas diagnósticas estatísticas discutidas em seções posteriores deste e de outros capítulos. Elas fornecem um meio complementar para desenvolver uma perspectiva sobre o caráter dos dados e das inter-relações existentes, mesmo que sejam de natureza multivariada. O velho adágio "uma imagem vale mais que mil palavras" demonstra ser verdadeiro muitas vezes no emprego de representações gráficas para aplicações comparativas ou diagnósticas.

DADOS PERDIDOS

Dados perdidos, onde valores válidos sobre uma ou mais variáveis não estão disponíveis para análise, são um fato da vida em análise multivariada. De fato, raramente o pesquisador evita algum tipo de problema com dados perdidos. O desafio do pesquisador é abordar as questões geradas pelos dados perdidos que afetam a generalidade dos resultados. Para conseguir isso, a preocupação primária do pesquisador é identificar padrões e relações inerentes aos dados perdidos a fim de manter tanto quanto possível a distribuição original de valores quando qualquer ação corretiva é aplicada. A extensão dos dados perdidos é uma questão secundária na maioria dos casos, afetando o tipo de ação corretiva empregada. Esses padrões e relações são um resultado de um processo de dados perdidos, que é qualquer evento sistemático externo ao respondente (como erros de entrada de dados ou problemas de coleta de dados) ou qualquer ação por parte do respondente (como recusa a responder) que leva a valores perdidos. A necessidade de se concentrar nos motivos dos dados perdidos surge do fato de que o pesquisador deve compreender os processos que conduzem aos dados perdidos a fim de selecionar o curso de ação apropriado.

O impacto de dados perdidos

Os efeitos de alguns processos de dados perdidos são conhecidos e diretamente acomodados no plano de pesquisa, como será discutido adiante nesta seção. Mais freqüentemente, os processos de dados perdidos, especialmente aqueles baseados em ações do respondente (p. ex., não responder a uma questão ou conjunto de questões), raramente são conhecidos de antemão. Para identificar padrões nos dados perdidos que caracterizariam o processo de dados perdidos, o pesquisador questiona coisas como (1) Os dados perdidos estão distribuídos ao acaso pelas observações, ou são padrões distintos identificáveis? e (2) Qual é a freqüência dos dados perdidos? Se forem encontrados padrões distintos e a extensão dos dados perdidos for suficiente para garantir uma ação, então se considera que algum processo de dados perdidos está em operação.

Por que se preocupar com os processos de dados perdidos? Não pode a análise ser executada com os valores válidos que temos? Apesar de parecer prudente proceder apenas com os valores válidos, tanto considerações substantivas quanto práticas necessitam de um exame dos processos de dados perdidos.

- O *impacto prático* de dados perdidos é a redução do tamanho de amostra disponível para análise. Por exemplo, se ações corretivas para dados perdidos não são aplicadas, qualquer observação com dados perdidos sobre qualquer uma das variáveis será excluída da análise. Em muitas análises multivariadas, particularmente aplicações de pesquisa, dados perdidos podem eliminar tantas observações que o que era uma amostra adequada é reduzido a uma amostra inadequada. Por exemplo, foi mostrado que se 10% dos dados são aleatoriamente perdidos em um conjunto de 5 variáveis, em média quase 60% dos casos terá pelo menos um valor perdido [17]. Assim, quando dados completos são exigidos, a amostra é reduzida a 40% do tamanho original. Em tais situações, o pesquisador deve ou reunir observações adicionais, ou encontrar uma ação corretiva para os dados perdidos na amostra original.
- Sob uma *perspectiva substantiva*, qualquer resultado estatístico baseado em dados com um processo não-aleatório de dados perdidos poderia ser tendencioso. Esse viés acontece quando o processo de dados perdidos "provoca" a perda de certos dados e esses dados perdidos conduzem a resultados errôneos. Por exemplo, o que faríamos se descobríssemos que indivíduos que não forneceram suas rendas familiares tendiam a ser quase que exclusivamente aqueles com maior renda? Você não ficaria desconfiado dos resultados sabendo que esse grupo específico de pessoas foi excluído? Os efeitos de dados perdidos são chamados às vezes de *ocultos* devido ao fato de que ainda conseguimos resultados das análises mesmo sem os dados perdidos. O pesquisador poderia considerar esses resultados tendenciosos como válidos a menos que os processos inerentes de perda de dados sejam identificados e compreendidos.

A preocupação com dados perdidos é semelhante à necessidade de compreender as causas de ausência de resposta no processo de coleta de dados. Assim como estamos preocupados sobre quem não respondeu durante a coleta de dados e qualquer viés subseqüente, também devemos ficar preocupados com a ausência de respostas ou dados perdidos entre os dados coletados. Portanto, o pesquisador precisa não apenas remediar os dados perdidos, se possível, mas também entender qualquer processo de perda de dados e seus impactos. Porém, muito freqüentemente, pesquisadores ou ignoram os dados perdidos, ou invocam uma ação corretiva sem se preocuparem com os efeitos dos dados perdidos. A próxima seção emprega um exemplo simples para ilustrar alguns desses efeitos e algumas ações corretivas simples, ainda que efetivas. Em seguida, um processo de quatro etapas para identificar e remediar processos de perda de dados é apresentado. Finalmente, o processo de quatro etapas é aplicado a um pequeno conjunto de dados com dados perdidos.

Um exemplo simples de uma análise de dados perdidos

Para ilustrar os impactos substantivos e práticos da perda de dados, a Tabela 2-1 contém um exemplo simples de dados perdidos entre 20 casos. Como é comum em muitos conjuntos de dados, particularmente em pesquisas de levantamento, o número de dados perdidos varia muito, tanto entre casos quanto entre variáveis.

Neste exemplo, percebemos que todas as variáveis (V_1 a V_5) têm alguns dados perdidos, sendo que V_3 tem perdidos mais da metade (55%) de todos os valores. Três casos (3, 13 e 15) têm mais de 50% de dados perdidos, e apenas cinco casos têm dados completos. Ao todo, 23% dos valores dos dados estão perdidos.

De um *ponto de vista prático*, os dados perdidos neste exemplo podem se tornar bastante problemáticos em termos de redução do tamanho da amostra. Por exemplo, se fosse empregada uma análise multivariada que exigisse dados completos sobre todas as cinco variáveis, a amostra seria reduzida a apenas os cinco casos sem dados perdidos (casos 1, 7, 8, 12 e 20). Este tamanho de amostra é pequeno para qualquer tipo de análise. Entre as soluções para dados perdidos que serão discutidas detalhadamente em seções adiante, uma opção óbvia é a eliminação de variáveis e/ou casos. Em nosso exemplo, assumindo que os fundamentos conceituais da pesquisa não são substancialmente alterados pela eliminação de uma variável, eliminar V_3 é um tratamento para reduzir o número de dados

(*Continua*)

(*Continuação*)

perdidos. Eliminando-se apenas V_3, sete casos adicionais, em um total de 12, agora têm informações completas. Se os três casos (3, 13, 15) com números excepcionalmente altos de dados perdidos também forem eliminados, o número total de dados perdidos se reduzirá a apenas cinco casos, ou 7,4% de todos os valores.

O *impacto substantivo*, contudo, pode ser visto nestes cinco que ainda são dados perdidos; todos ocorrem em V_4. Comparando os valores de V_2 para os cinco casos remanescentes com dados perdidos para V_4 (casos 2, 6, 14, 16 e 18) versus aqueles casos que têm valores V_4 válidos, um padrão distinto emerge. Os cinco casos com valores perdidos para V_4 têm os cinco menores valores para V_2, indicando que dados perdidos para V_4 estão fortemente associados a escores menores sobre V_2. Essa associação sistemática entre dados perdidos e válidos provoca um impacto direto em qualquer análise na qual V_4 e V_2 estejam incluídas. Por exemplo, o escore médio para V_2 será maior se casos com dados perdidos sobre V_4 forem excluídos (média = 8,4) do que se incluírem aqueles cinco casos (média = 7,8). Neste caso, o pesquisador sempre deve examinar minuciosamente os resultados que incluem V_4 e V_2 com vistas ao possível impacto desse processo de dados perdidos sobre os resultados.

Como vimos no exemplo, encontrar uma solução para dados perdidos (p. ex., eliminar casos ou variáveis) pode ser uma solução prática para os mesmos. Entretanto, o pesquisador deve se proteger contra a aplicação de tais soluções sem o diagnóstico dos processos de perda de dados. Evitando-se o diagnóstico, pode-se tratar do problema prático de tamanho de amostra, mas apenas se cobrem as preocupações substantivas. O que se faz necessário é um processo estruturado de primeiramente identificar a presença de processos de dados perdidos, e então aplicar as ações corretivas apropriadas. Na próxima seção, discutimos um processo de quatro etapas para abordar tanto as questões práticas quanto substantivas que surgem a partir da perda de dados.

Um processo de quatro etapas para identificar dados perdidos e aplicar ações corretivas

Como visto nas discussões anteriores, dados perdidos podem ter impactos significantes sobre qualquer análise, particularmente aquelas de natureza multivariada. Além disso, à medida que as relações sob investigação se tornam mais complexas, também aumenta a possibilidade de não se detectarem dados perdidos e seus efeitos. Esses fatores se combinam para que seja essencial que qualquer

TABELA 2-1 Exemplo hipotético de dados perdidos

Identificação do caso	V_1	V_2	V_3	V_4	V_5	Dados perdidos por caso	
						Número	Percentual
1	1,3	9,9	6,7	3,0	2,6	0	0
2	4,1	5,7			2,9	2	40
3		9,9		3,0		3	60
4	0,9	8,6		2,1	1,8	1	20
5	0,4	8,3		1,2	1,7	1	20
6	1,5	6,7	4,8		2,5	1	20
7	0,2	8,8	4,5	3,0	2,4	0	0
8	2,1	8,0	3,0	3,8	1,4	0	0
9	1,8	7,6		3,2	2,5	1	20
10	4,5	8,0		3,3	2,2	1	20
11	2,5	9,2		3,3	3,9	1	20
12	4,5	6,4	5,3	3,0	2,5	0	9
13					2,7	4	80
14	2,8	6,1	6,4		3,8	1	20
15	3,7			3,0		3	60
16	1,6	6,4	5,0		2,1	1	20
17	0,5	9,2		3,3	2,8	1	20
18	2,8	5,2	5,0		2,7	1	20
19	2,2	6,7		2,6	2,9	1	20
20	1,8	9,0	5,0	2,2	3,0	0	0
Dados perdidos por variável						Valores perdidos totais	
Número	2	2	11	6	2	Número: 23	
Percentual	10	10	55	30	10	Percentual: 23	

análise multivariada comece com um exame dos processos de perda de dados. Para este fim, um processo de quatro etapas (ver Figura 2-6) é apresentado, o qual aborda os tipos e extensão dos dados perdidos, a identificação de processos de perda de dados, e ações corretivas disponíveis para a acomodação de dados perdidos em análise multivariada.

Passo 1: Determinar o tipo de dados perdidos

O primeiro passo em qualquer exame de dados perdidos é determinar o tipo de dados perdidos envolvidos. Aqui o pesquisador está preocupado se os dados perdidos são parte do planejamento da pesquisa e estão sob controle do pesquisador, ou se as "causas" e impactos são verdadeiramente desconhecidos. Comecemos com os dados perdidos que fazem parte do planejamento da pesquisa e que podem ser manuseados diretamente pelo pesquisador.

Dados perdidos ignoráveis. Muitas vezes, dados perdidos são esperados e fazem parte do planejamento da pesquisa. Nesses casos, os dados perdidos são chamados de **dados perdidos ignoráveis**, o que significa que ações corretivas específicas para perda de dados não são necessárias, pois os mesmos são inerentemente permitidos na técnica usada [18,22]. A justificativa para a designação de dados perdidos como ignoráveis é que o processo de perda de dados opera aleatoriamente (i.e., os valores observados são uma amostra aleatória do conjunto total de valores, observados e perdidos) ou explicitamente se acomoda na técnica utilizada. Há três casos nos quais um pesquisador mais freqüentemente encontra casos perdidos ignoráveis.

- O primeiro exemplo encontrado em quase todos os levantamentos e na maioria dos outros conjuntos de dados é o processo de dados perdidos ignoráveis resultante da consideração de uma amostra da população em vez de dados reunidos da população inteira. Nessas situações, os dados perdidos são aquelas observações em uma população que não estão incluídas quando se considera a amostra. O propósito de técnicas multivariadas é generalizar a partir de observações de amostras para a população inteira, o que é realmente uma tentativa de superar os dados perdidos de observações que não estão na amostra. O pesquisador torna esses dados perdidos ignoráveis usando amostragem probabilística para selecionar respondentes. A amostragem probabilística permite ao pesquisador especificar que o processo de perda de dados que leva a observações omitidas é aleatório e que os dados perdidos podem ser considerados como erro de amostra nos procedimentos estatísticos. Assim, os dados perdidos das observações não constantes na amostra são ignoráveis.
- Um segundo caso de dados perdidos ignoráveis é devido ao delineamento específico do processo de coleta de dados. Certos planos de amostragem não-probabilística são delineados para tipos específicos de análise que acomodam a natureza não-aleatória da amostra. Muito mais comuns são os dados perdidos devido ao delineamento do instrumento de coleta de dados, como aqueles referentes aos padrões de salto nos quais respondentes passam por cima de seções de questões que não são aplicáveis.

> Por exemplo, no exame da resolução de reclamações de clientes, pode ser adequado exigir que indivíduos façam uma reclamação antes de se fazerem perguntas sobre como se lida com reclamações. Para os respondentes que não estão reclamando, não há necessidade de responder questões sobre o processo, e assim criam-se dados perdidos. O pesquisador não está preocupado com esses dados perdidos, pois eles são parte do delineamento da pesquisa e seria inadequado tentar consertá-los.

- Um terceiro tipo de dados perdidos ignoráveis acontece quando os dados são censurados. **Dados censurados** são observações incompletas devido a seu estágio no processo de perda de dados. Um exemplo típico é uma análise das causas de morte. Respondentes que ainda vivem não podem dar informação completa (ou seja, causa ou hora da morte) e são, portanto, censurados. Outro exemplo interessante ocorre na tentativa de se estimar a altura da população geral de um país com base nas alturas dos recrutas das forças armadas do mesmo (como citado em [18]). Os dados são censurados porque ocasionalmente as forças armadas podem impor restrições de altura que variam em nível e aplicação. Logo, os pesquisadores se defrontam com a tarefa de estimar a altura da população inteira quando sabe-se que certos indivíduos (os que estão abaixo das restrições de altura) não estão incluídos na amostra. Em ambos os casos, o conhecimento do pesquisador sobre o processo de dados perdidos permite o emprego de métodos especializados, como a análise de história de eventos, para acomodar dados censurados [18].

Em cada caso de processo de dados perdidos ignoráveis, o pesquisador tem um meio explícito de acomodar os dados perdidos na análise. Deve ser notado que é possível ter tanto dados perdidos ignoráveis quanto não-ignoráveis no mesmo conjunto de dados quando dois processos distintos estão em jogo.

Processos de dados perdidos que são não-ignoráveis Dados perdidos que não podem ser classificados como ignoráveis acontecem por muitas razões e em muitas situações. Em geral, esses dados perdidos se encaixam em duas classes: processos conhecidos versus desconhecidos baseados em suas fontes.

- Muitos processos de dados perdidos são conhecidos pelo pesquisador no sentido de que podem ser identificados devido a fatores de procedimento, como entrada de dados que criam códigos inválidos, restrições de desfecho (p. ex., pequenas contagens em dados de censo de uma nação), falha para completar o questionário inteiro, ou mesmo a morte do respondente. Nessas situações, o pesquisador tem pouco controle sobre os processos de perda de dados, mas algumas ações corretivas podem ser aplicáveis se os dados perdidos forem percebidos como aleatórios.
- Processos *desconhecidos* de perda de dados são menos facilmente identificados e acomodados. Mais freqüentemente, esses casos estão diretamente relacionados com o respondente. Um exemplo é a recusa para responder certas questões,

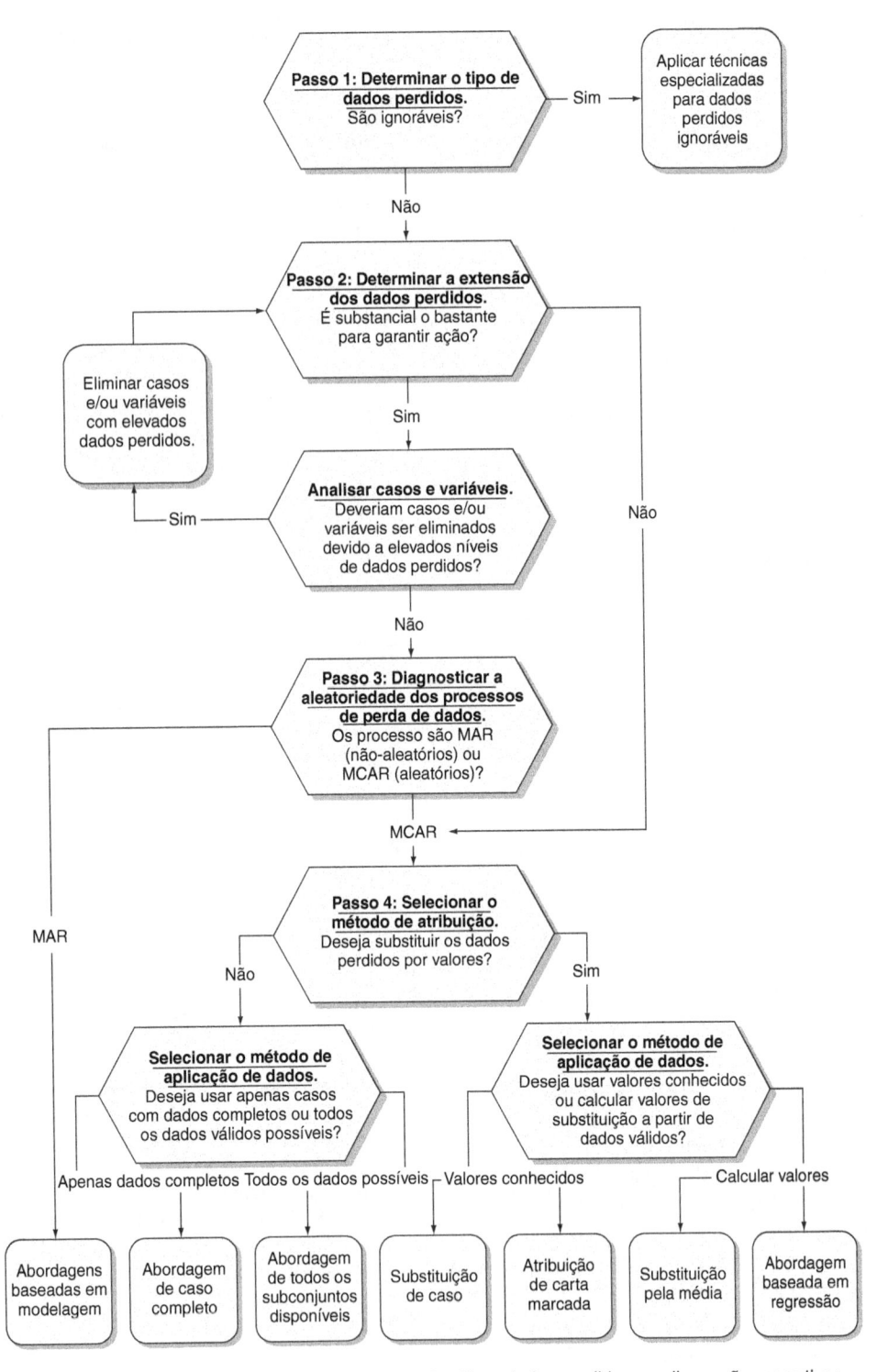

FIGURA 2-6 Um processo de quatro etapas para identificar dados perdidos e aplicar ações corretivas.

o que é comum em perguntas de natureza sensível (como renda ou questões controversas) ou quando o respondente não tem opinião ou conhecimento suficiente para responder. O pesquisador deveria antecipar tais problemas e tentar minimizá-los no planejamento da pesquisa e nos estágios de coleta de dados. No entanto, eles ainda podem ocorrer, e o pesquisador deve agora lidar com os dados perdidos resultantes. Entretanto, nem tudo está perdido. Quando os dados perdidos ocorrem em um padrão aleatório, ações corretivas podem estar disponíveis para diminuir seus efeitos.

Na maioria dos casos o pesquisador encara um processo de perda de dados que não pode ser classificado como ignorável. Seja a fonte desse processo de dados perdidos não ignoráveis conhecida ou não, o pesquisador ainda deve proceder para o próximo passo do processo e avaliar a extensão e impacto dos dados perdidos.

Passo 2: Determinar a extensão de dados perdidos

Sabendo-se que alguns dos dados perdidos não são ignoráveis, o pesquisador deve examinar os padrões dos dados perdidos e determinar a extensão dos mesmos para variáveis e casos individuais, e mesmo genericamente. O aspecto primário neste passo do processo é determinar se a extensão ou quantia de dados perdidos é baixa o suficiente para não afetar os resultados, mesmo que opere de maneira não-aleatória. Se for suficientemente baixa, então qualquer das abordagens para remediar perda de dados pode ser aplicada. Se o nível de perda de dados não é baixo o suficiente, então devemos primeiramente determinar a aleatoriedade do processo de perda de dados antes de escolher uma ação corretiva (passo 3). A questão não resolvida neste passo é a seguinte: o que significa baixo o suficiente? Ao se fazer a avaliação sobre a extensão da perda de dados, o pesquisador pode descobrir que a eliminação de casos e/ou variáveis reduzirá os dados perdidos a níveis baixos o suficiente para permitir correções sem se preocupar com a criação de vieses nos resultados.

Avaliação da extensão e padrões de perda de dados. A maneira mais direta para avaliar a extensão de dados perdidos é por tabulação (1) do percentual de variáveis com dados perdidos para cada caso e (2) do número de casos com dados perdidos para cada variável. Este simples processo identifica não somente a extensão dos dados perdidos, mas qualquer nível excepcionalmente elevado de perda de dados que acontece por casos ou observações individuais. O pesquisador deveria procurar por padrões não-aleatórios nos dados, como concentração de dados perdidos em um conjunto específico de questões, falhas que impedem completar o questionário e assim por diante. Finalmente, o pesquisador deveria determinar o número de casos sem perdas de dados em qualquer uma das variáveis, o que fornecerá o tamanho de amostra disponível para análise se ações corretivas não são aplicadas.

Com esta informação em mãos, a questão importante é: são tantos os dados perdidos para garantir diagnóstico adicional? A questão é a possibilidade de que ignorar os dados perdidos ou usar alguma ação corretiva para substituir valores para os mesmos pode criar um viés nos dados que afetará sensivelmente os resultados. Ainda que a maioria das discussões sobre isso requeira julgamento do pesquisador, as duas diretrizes nas Regras Práticas 2-1 se aplicam.

Se for determinado que a extensão é razoavelmente baixa e nenhum padrão não-aleatório apareça, então o pesquisador pode empregar qualquer uma das técnicas de atribuição (passo 4) sem criar viés nos resultados de qualquer maneira apreciável. Se o nível de perda de dados é muito elevado, então o pesquisador deve considerar abordagens específicas para diagnosticar a aleatoriedade dos processos de perda de dados (passo 3) antes de proceder à aplicação de uma ação corretiva.

Eliminação de casos e/ou variáveis individuais. Antes de proceder com os métodos formalizados para diagnóstico de aleatoriedade no passo 3, o pesquisador deveria considerar a simples ação de eliminar caso(s) e/ou variável(eis) com excessivo(s) nível(eis) de perda de dados. O pesquisador pode descobrir que os dados perdidos estão concentrados em um pequeno subconjunto de casos e/ou variáveis, com sua exclusão substancialmente reduzindo a extensão dos dados perdidos. Além disso, em muitos casos nos quais um padrão não-aleatório de perda de dados está presente, esta solução pode ser a mais eficiente. Novamente, não existem diretrizes sobre o necessário nível para exclusão (além da sugestão geral de que a extensão deva ser "grande"), mas qualquer decisão deveria ser baseada em considerações empíricas e teóricas, como listado nas Regras Práticas 2-2.

Em última instância o pesquisador deve conciliar os ganhos da eliminação de variáveis e/ou casos com dados perdidos versus a redução no tamanho da amostra e variáveis para representar os conceitos no estudo. Obviamente, variáveis ou casos com 50% ou mais de dados perdidos deveriam ser eliminados, mas, à medida que o nível de dados perdidos diminui, o pesquisador deve empregar mais julgamentos e "tentativas e erros". Como veremos na discussão sobre métodos de atribuição, avaliar múltiplas abordagens para lidar com dados perdidos é preferível.

REGRAS PRÁTICAS 2-1

Qual quantia de dados perdidos é excessiva?

- Dados perdidos abaixo de 10% para um caso ou observação individual podem geralmente ser ignorados, exceto quando os dados perdidos acontecem de maneira não-aleatória (p. ex., concentração em um conjunto específico de questões, falhas para finalizar o questionário etc.) [19,20]
- O número de casos sem dados perdidos deve ser suficiente para a técnica de análise selecionada se valores de substituição não forem atribuídos para os dados perdidos.

Passo 3: Diagnosticar a aleatoriedade dos processos de perda de dados

Tendo determinado que a extensão de dados perdidos é suficientemente substancial para garantir ação, o próximo passo é determinar o grau de aleatoriedade presente nos dados perdidos, o que então determina as ações corretivas apropriadas e disponíveis. Considere para fins de ilustração que informação sobre duas variáveis (X e Y) é coletada. X não tem dados perdidos, mas Y tem alguns. Um

> **REGRAS PRÁTICAS 2-2**
>
> **Eliminações baseadas em dados perdidos**
>
> - Variáveis com 15% de dados perdidos ou menos são candidatas para eliminação [15], mas níveis mais elevados (20% a 30%) muitas vezes podem ser remediados.
> - Certifique-se de que a diminuição nos dados perdidos é grande o bastante para justificar a eliminação de uma variável ou caso individual.
> - Casos com dados perdidos para variáveis dependentes tipicamente são eliminados para evitar qualquer aumento artificial em relações com variáveis independentes.
> - Quando eliminar uma variável, garanta que variáveis alternativas, preferencialmente altamente correlacionadas, estão disponíveis para representar a intenção da variável original.
> - Sempre considere a possibilidade de executar a análise com e sem os casos ou variáveis eliminados para identificar diferenças evidentes.

processo não-aleatório de perda de dados está presente entre X e Y quando diferenças significantes nos valores de X acontecem entre casos que têm dados válidos para Y versus aqueles casos com dados perdidos em Y. Qualquer análise deve explicitamente acomodar qualquer processo não-aleatório de perda de dados entre X e Y, senão vieses serão introduzidos nos resultados.

Níveis de aleatoriedade do processo de perda de dados. Dos dois níveis de aleatoriedade quando se avaliam dados perdidos, um requer métodos especiais para acomodar uma componente não-aleatória (perdidos ao acaso, ou MAR). Um segundo nível (completamente perdidos ao acaso, ou MCAR) é suficientemente aleatório para acomodar qualquer tipo de ação corretiva para dados perdidos [18]. Apesar de os nomes de ambos os níveis parecerem indicar que eles refletem padrões aleatórios de perda de dados, apenas MCAR permite o uso da ação corretiva que se desejar. A diferença entre esses dois níveis está na capacidade de generalização para a população, como descrito aqui:

- Dados perdidos são chamados de **perdidos ao acaso (MAR)** se os valores perdidos de Y dependem de X, mas não de Y. Em outras palavras, os valores Y observados representam uma amostra aleatória dos valores Y reais para cada valor de X, mas os dados observados para Y não representam necessariamente uma amostra verdadeiramente aleatória de todos os valores de Y. Apesar de o processo de perda de dados ser ao acaso na amostra, seus valores não são generalizáveis à população. Mais freqüentemente, os dados são perdidos aleatoriamente dentro de subgrupos, mas diferem em níveis entre subgrupos. O pesquisador deve determinar os fatores que definem os subgrupos e os vários níveis entre grupos.

> Por exemplo, considere que sabemos o sexo dos respondentes (a variável X) e que perguntamos sobre renda familiar (a variável Y). Descobrimos que os dados perdidos são aleatórios tanto para homens como para mulheres, mas ocorrem com muito maior freqüência entre homens do que mulheres. Ainda que o processo de perda de dados esteja operando de maneira aleatória dentro da variável sexo, qualquer correção aplicada aos dados perdidos ainda refletirá o processo de perda de dados porque sexo afeta a distribuição final de valores de renda familiar.

- Um maior nível de aleatoriedade é chamado de **completamente perdido ao acaso (MCAR)**. Nesses casos os valores observados de Y são uma amostra verdadeiramente ao acaso de todos os valores Y, sem qualquer processo inerente que conduza a vieses sobre os dados observados. Em termos simples, os casos com dados perdidos são indistinguíveis daqueles com dados completos.

> A partir de nosso exemplo anterior, essa situação seria mostrada pelo fato de que os dados perdidos para renda familiar estavam perdidos ao acaso em iguais proporções para ambos os sexos. Nesse processo de perda de dados, qualquer uma das ações corretivas pode ser aplicada sem fazer concessões para o impacto de qualquer outra variável ou processo de perda de dados.

Testes diagnósticos para níveis de aleatoriedade. Como observado anteriormente, o pesquisador deve verificar se o processo de perda de dados ocorre de uma maneira completamente aleatória. Quando o conjunto de dados é pequeno, o pesquisador pode ser capaz de visualizar tais padrões ou executar um conjunto de cálculos simples (como em nosso exemplo no início do capítulo). No entanto, à medida que tamanho de amostra e número de variáveis aumentam, o mesmo ocorre com a necessidade de testes diagnósticos empíricos. Alguns programas estatísticos acrescentam técnicas especificamente elaboradas para análise de dados perdidos (p. ex., Análise de Valores Perdidos no SPSS), as quais geralmente incluem um ou ambos os testes diagnósticos.

- O primeiro diagnóstico avalia o processo de perda de dados de uma única variável Y formando dois grupos: observações com dados perdidos para Y e aquelas com valores válidos de Y. Testes estatísticos são então executados para determinar se diferenças significativas existem entre os dois grupos em outras variáveis de interesse. Diferenças significativas indicam a possibilidade de um processo não-aleatório de perda de dados.

> Usemos nosso exemplo anterior de renda familiar e sexo. Primeiro, formaríamos dois grupos de respondentes, aqueles com dados perdidos sobre a questão de renda familiar e aqueles que responderam à questão. Compararíamos então os percentuais de sexo para cada grupo. Se um gênero (p. ex., masculino) fosse encontrado em maior proporção no grupo de dados perdidos, suspeitaríamos de um processo de dados perdidos não-aleatório. Se a variável que estivéssemos comparando fosse métrica (p. ex., uma atitude ou percepção) em vez de categórica (sexo), então testes-t seriam realizados para determinar a significância estatística da diferença na média da variável entre os dois grupos. O pesquisador deve examinar diversas variáveis para ver se algum padrão consistente aparece. Lembre-se que algumas diferenças irão ocorrer por acaso, mas um grande número ou um padrão sistemático de diferenças pode indicar um padrão não-aleatório inerente.

- Um segundo tratamento é um teste geral de aleatoriedade que determina se os dados perdidos podem ser classificados como MCAR. Esse teste analisa o padrão de dados perdidos em todas as variáveis e o compara com o padrão esperado para um processo aleatório de perda de dados. Se diferenças significativas não são encontradas, os dados perdidos podem ser classificados como MCAR. Porém, se diferenças significativas são percebidas, o pesquisador deve utilizar as abordagens descritas previamente para identificar os processos específicos de perda de dados que são não-aleatórios.

Como resultado desses testes, o processo de perda de dados é classificado como MAR ou MCAR, o que determina então os tipos apropriados de potenciais correções. Ainda que atingir o nível de MCAR requeira um padrão completamente aleatório na perda de dados, ele é o tipo preferido, pois permite a mais vasta gama de potenciais ações corretivas.

Passo 4: Selecionar o método de atribuição

Neste passo do processo o pesquisador deve escolher a abordagem para acomodação de dados perdidos na análise. Essa decisão é baseada primariamente na avaliação se os dados perdidos são MAR ou MCAR, mas em qualquer caso o pesquisador tem várias opções para atribuição [14,18,21,22]. **Atribuição** é o processo de estimação de valor perdido baseado em valores válidos de outras variáveis e/ou casos na amostra. O objetivo é empregar relações conhecidas que podem ser identificadas nos valores válidos da amostra para auxiliar na estimação dos valores perdidos. No entanto, o pesquisador deve considerar cuidadosamente o uso de atribuição em cada caso por causa de seu potencial impacto sobre a análise [8]:

> A idéia de atribuição é sedutora e perigosa. É sedutora porque pode acalmar o usuário e levá-lo ao estado agradável de acreditar que os dados estão completos no final das contas, e é perigosa porque mistura situações em que o problema é suficientemente pequeno de modo que possa ser legitimamente tratado dessa maneira e situações nas quais estimadores-padrão aplicados aos dados reais e atribuídos têm vieses substanciais.

Todos os métodos de atribuição discutidos nesta seção são usados prioritariamente com variáveis métricas; variáveis não-métricas são consideradas como perdidas a menos que uma técnica de modelagem específica seja empregada. Variáveis não-métricas não são tratáveis com atribuição, pois ainda que estimativas dos dados perdidos para variáveis métricas possam ser feitas com valores como uma média de todos os valores válidos, nenhuma medida comparável está disponível para variáveis não-métricas. Desse modo, variáveis não-métricas demandam uma estimativa de um valor específico em vez de uma estimativa sobre uma escala contínua. Estimar um valor perdido para uma variável métrica, como uma atitude ou percepção – ou mesmo renda – é diferente de estimar o sexo do respondente quando este é um dado perdido.

Atribuição de um processo de perda de dados MAR. Se um processo não-aleatório de perda de dados ou MAR é descoberto, o pesquisador deve aplicar apenas uma ação corretiva – o tratamento de modelagem especificamente elaborado [18]. O uso de qualquer outro método introduz viés nos resultados. Este conjunto de procedimentos explicitamente incorpora os dados perdidos na análise, ou através de um processo especificamente planejado para estimação de dados perdidos, ou como uma parte integral da análise multivariada padrão. O primeiro tratamento envolve técnicas de estimação de máxima verossimilhança que tentam modelar os processos inerentes aos dados perdidos e fazer as mais precisas e razoáveis estimativas possíveis [12, 18]. Um exemplo é a abordagem EM[11]. É um método iterativo de dois passos (os passos E e M) no qual o estágio E faz as melhores estimativas possíveis dos dados perdidos, e em seguida o estágio M promove estimativas dos parâmetros (médias, desvios padrão ou correlações) assumindo que os dados perdidos foram substituídos. O processo continua através dos dois estágios até que a mudança nos valores estimados seja insignificante e eles substituam os dados perdidos. Essa técnica tem funcionado efetivamente em casos de processos não-aleatórios de perda de dados, mas tem demonstrado limitada aplicação devido à necessidade de software especializado. Sua inclusão em versões recentes dos programas populares de computador (p. ex., o módulo de Análise de Valor Perdido do SPSS) pode aumentar seu uso. Procedimentos comparáveis empregam modelagem de equações estruturais (Capítulo 10) para estimar os dados perdidos [2, 4, 9], mas uma discussão detalhada desses métodos está além do escopo deste capítulo.

A segunda abordagem envolve a inclusão de dados perdidos diretamente na análise, definindo observações com dados perdidos como um subconjunto selecionado da amostra. Essa técnica é mais aplicável para lidar com valores perdidos nas variáveis independentes de uma relação de dependência. Sua premissa foi melhor caracterizada por Cohen et al. [6]:

> Desse modo, percebemos dados perdidos como um fato pragmático que deve ser investigado, e não um desastre a ser minimizado. De fato, implícita a esta filosofia está a idéia de que, como todos os outros aspectos da amostra, os dados perdidos são uma propriedade da população que buscamos generalizar.

Quando os valores perdidos surgem em uma variável não-métrica, o pesquisador pode facilmente definir aquelas observações como um grupo separado e então incluí-las em qualquer análise. Quando os dados perdidos estão presentes em uma variável métrica independente de uma relação de dependência, as observações são incorporadas diretamente na análise, enquanto as relações entre os valores válidos são mantidas [6]. Esse procedimento é melhor ilustrado no contexto da análise de regressão, apesar de poder ser usado também em outras relações de dependência. O primeiro passo é codificar todas as observações com dados perdidos com uma variável dicotômica (onde os casos com dados perdidos recebem o valor um para variável dicotômica, e os demais têm o valor zero, como discutido na última seção deste capítulo). Em seguida, os valores perdidos são atribuídos pelo método de substituição pela média (ver a próxima seção para uma discussão dessa técnica). Finalmente, a relação é estimada por meios normais. A variável dicotômica representa a diferença para variável dependente entre aquelas observações com dados perdidos e as demais com dados válidos. O coeficiente da variável dicotômica avalia a significância estatística dessa diferença. O coeficiente da variável original representa a relação para todos os casos com dados não-perdidos. Este método permite ao pesquisador reter todas as observações na análise para manter o tamanho da amostra. Ele também fornece um teste direto para as diferenças entre os dois grupos, juntamente com a relação estimada entre as variáveis dependentes e independentes.

A principal desvantagem de qualquer uma dessas duas técnicas é a complexidade envolvida em sua implementação ou interpretação por parte do pesquisador. A maioria dos pesquisadores não está familiarizada com tais opções, e menos ainda com a necessidade de diagnóstico de processos de perda de dados. No entanto, muitas das ações corretivas discutidas na próxima seção para dados perdidos MCAR estão diretamente disponíveis em programas estatísticos, tornando sua aplicação mais ampla, mesmo quando inadequada. A esperança é que com a crescente disponibilidade dos programas especializados necessários, bem como a ciência das implicações de processos não-aleatórios de perda de dados, permitir-se-á que esses métodos mais adequados sejam utilizados onde se fizer necessário para acomodar dados perdidos MAR.

Atribuição de um processo de perda de dados MCAR. Se o pesquisador determina que o processo de perda de dados pode ser classificado como MCAR, qualquer uma entre as duas técnicas básicas será usada: empregando apenas dados válidos ou definindo valores de substituição para os dados perdidos. Discutiremos primeiramente os dois métodos que empregam apenas dados válidos, e em seguida promovemos uma discussão sobre os métodos baseados no uso de valores de substituição para os dados perdidos.

Atribuição usando apenas dados válidos. Alguns pesquisadores podem questionar se o emprego de somente dados válidos é realmente uma forma de atribuição, pois nenhum valor de dado é realmente substituído. O objetivo dessa abordagem é representar a amostra inteira com aquelas observações ou casos com dados válidos. Como veremos nas duas abordagens a seguir, essa representação pode ser feita de diversas maneiras. A suposição subjacente em ambas é que os dados perdidos obedecem a um padrão aleatório e que os dados válidos formam uma representação adequada.

- *Abordagem de caso completo*: O tratamento mais simples e direto para lidar com dados perdidos é incluir apenas aquelas observações com dados completos, também conhecido como **abordagem de caso completo**. Esse método, também conhecido como a técnica LISTWISE em SPSS, está disponível em todos os programas estatísticos e é o método padrão em muitos programas. Não obstante, a abordagem de caso completo tem duas desvantagens. Primeiro, ela é muito afetada por qualquer processo não-aleatório de perda de dados, pois os casos com dados perdidos são eliminados da amostra. Assim, ainda que somente observações válidas sejam usadas, os resultados não podem ser generalizados para a população. Segundo, esse método também resulta na maior redução do tamanho da amostra, pois dados perdidos em qualquer variável eliminam um caso inteiro. É sabido que, com apenas 2% de dados perdidos aleatoriamente, mais de 18% dos casos terá algum dado perdido. Assim, em muitas situações, mesmo envolvendo quantias muito pequenas de dados perdidos, o tamanho resultante da amostra é reduzido a algo inadequado quando tal abordagem é utilizada. Como resultado, a abordagem de caso completo é mais adequada para casos nos quais a extensão de perda de dados é pequena, a amostra é suficientemente grande para permitir a eliminação dos casos com perda de dados, e as relações nos dados são tão fortes a ponto de não serem afetadas por qualquer processo de perda de dados.
- *Uso de dados totalmente disponíveis*: O segundo método de atribuição que usa somente dados válidos também não chega propriamente a substituir os dados perdidos: ele atribui as características de distribuição (p. ex., médias ou desvios padrão) ou de relação (p. ex., correlações) a partir de cada valor válido. Conhecido como o **método de disponibilidade total**, este método (p. ex., a opção PAIRWISE em SPSS) é principalmente usado para estimar correlações e maximizar a informação aos pares disponível na amostra. A característica peculiar dessa técnica é que o perfil de

uma variável (p. ex., média, desvio padrão) ou a correlação para um par de variáveis se baseia em um conjunto de observações potencialmente único. Espera-se que o número de observações usadas nos cálculos varie para cada correlação. O processo de atribuição ocorre não pela substituição de dados perdidos, mas pelo uso das correlações obtidas somente nos casos com dados válidos como representativos da amostra inteira.

Ainda que o método de disponibilidade total maximize os dados utilizados e supere o problema de dados perdidos em uma única variável, eliminando um caso da análise como um todo, vários problemas podem surgir. Primeiro, pode-se calcular correlações que estejam "fora do intervalo" e sejam inconsistentes com as outras correlações na matriz de correlação [17]. Qualquer correlação entre X e Y é vinculada à sua correlação com uma terceira variável Z, como mostrado na seguinte fórmula:

$$\text{Intervalo de } r_{XY} = r_{XZ} r_{YZ} \pm \sqrt{(1-r_{XZ}^2)(1-r_{YZ}^2)}$$

A correlação entre X e Y pode variar apenas entre -1 e $+1$ se X e Y tiverem correlação zero com todas as outras variáveis na matriz de correlação. Porém, raramente as correlações com outras variáveis são zero. À medida que as correlações com outras variáveis aumentam, o intervalo da correlação entre X e Y diminui, o que aumenta o potencial de a correlação em um único conjunto de casos ser inconsistente com correlações obtidas de outros conjuntos de casos. Por exemplo, se X e Y têm correlações de 0,6 e 0,4, respectivamente, com Z, então o possível intervalo de correlação entre X e Y é $0,24 \pm 0,73$, ou seja, de $-0,49$ a $0,97$. Qualquer valor fora desse intervalo é matematicamente inconsistente, ainda que possa ocorrer se a correlação for obtida com um número e um conjunto de casos diferentes para as duas correlações na abordagem de disponibilidade total.

Um problema associado é que os autovalores na matriz de correlação podem se tornar negativos, alterando assim as propriedades de variância da matriz de correlação. Apesar de a matriz de correlação poder ser ajustada para eliminar esse problema (p. ex., a opção ALLVALUE em BMDP), muitos procedimentos não incluem esse processo de ajuste. Em casos extremos, a matriz de variância/covariância estimada não é positiva definida [17]. Esses dois problemas devem ser considerados quando se escolhe a abordagem de disponibilidade total.

Atribuição usando valores de substituição A segunda forma de atribuição envolve a substituição de valores perdidos por valores estimados com base em outras informações disponíveis na amostra. A principal vantagem é que, uma vez que os valores de substituição são incorporados, todas as observações estão disponíveis para uso na análise. Há muitas opções, que variam da substituição direta de valores a processos de estimação baseados em relações entre as variáveis. A discussão que se segue se concentra nos quatro métodos mais amplamente usados, apesar de existirem muitas outras formas de atribuição [18,21,22]. Esses métodos podem ser classificados quanto a usarem valores conhecidos para a substituição ou calcularem o valor de substituição a partir de outras observações.

- *Uso de valores conhecidos de substituição:* A característica comum em tais métodos é identificar um valor conhecido, geralmente de uma única observação, que é usado para substituir os dados perdidos. A observação pode ser da amostra ou mesmo externa à mesma. Uma consideração fundamental é identificar a observação adequada através de alguma medida de similaridade. A observação com dados perdidos é "casada" com um caso semelhante, o que fornece os valores de substituição para os dados perdidos. As opções na avaliação de similaridade estão entre o uso de mais variáveis para obter um melhor "casamento" versus a complexidade no cálculo de similaridade.

- Atribuição por carta marcada. Neste método, o pesquisador substitui um valor a partir de outra fonte para os valores perdidos. No método por "carta marcada", o valor vem de outra observação na amostra que é considerada semelhante. Cada observação com dados perdidos é ladeada com outro caso que é semelhante em uma variável (ou variáveis) especificada pelo pesquisador. Em seguida, dados perdidos são substituídos por valores válidos a partir de observação similar. A atribuição por "carta marcada" obtém o valor de substituição de uma fonte externa (p. ex., estudos anteriores, outras amostras etc.). Aqui o pesquisador deve estar certo de que o valor de substituição de uma fonte externa é mais válido do que um valor gerado internamente. Ambas as variantes deste método fornecem ao pesquisador a opção de substituir os dados perdidos por valores reais de observações semelhantes que podem ser consideradas mais válidas do que algum valor calculado a partir de todos os casos, como a média da amostra.

- Substituição por um caso. Neste método, observações inteiras com dados perdidos são substituídas por uma outra observação escolhida fora da amostra. Um exemplo comum é substituir uma família da amostra, que não pode ser contactada ou que tem extensos dados perdidos, por outra família que não esteja na amostra, de preferência que seja muito semelhante à observação original. Esse método é mais comumente usado para substituir observações com dados completamente perdidos, apesar de também poder ser empregado para substituir observações com menores quantias de dados perdidos. Um ponto importante é a habilidade de obter essas observações adicionais não incluídas na amostra original.

- *Cálculo de valores de substituição*: A segunda abordagem básica envolve o cálculo do valor de substituição a partir de um conjunto de observações com dados válidos na amostra. A premissa é que um valor obtido de todas as outras observações na amostra é o mais representativo valor de substituição. Esses métodos, particularmente a substituição pela média, são mais amplamente empregados devido à sua facilidade na implementação em comparação com o uso de valores conhecidos, como discutido anteriormente.

- Substituição pela média. Um dos métodos mais amplamente utilizados, a substituição pela média, troca os valores perdidos para uma variável pelo valor médio daquela variável, com base em todas as respostas válidas. O raciocínio desse tratamento é que a média é o melhor valor único para substituição. Essa abordagem, apesar de muito usada, tem diversas desvantagens. Primeiro, subestima o valor de variância, pelo emprego do valor médio para todos os dados perdidos. Segundo, a real distribuição de valores fica distorcida, substituindo-se os valores perdidos pela média. Terceiro, esse método comprime a correlação observada, pois todos os dados perdidos têm um único valor constante. Não obstante, tem a vantagem de ser fácil de implementar e fornecer todos os casos com informação completa. Uma variante desta técnica é a substituição pela média do grupo, quando observações com dados perdidos são agrupadas em uma segunda variável e então valores médios para cada grupo são atribuídos para os valores perdidos dentro do grupo.

- Atribuição por regressão. Neste método, a análise de regressão (descrita no Capítulo 4) é usada para prever os valores perdidos de uma variável com base em sua relação com outras variáveis no conjunto de dados. Primeiramente, uma equação preditiva é formada para cada variável com dados perdidos e estimados a partir de todos os casos com dados válidos. Em seguida, os valores de substituição para dado perdido são calculados a partir dos valores da observação sobre variáveis na equação preditiva. Assim, o valor de substituição é obtido com base naqueles valores da observação sobre outras variáveis que se evidenciam relacionadas com o valor perdido.

Apesar do apelo de usar relações já existentes na amostra como a base de previsão, esse método também tem várias desvantagens. Primeiro, reforça as relações já presentes nos dados. À medida que o emprego desse método aumenta, os dados resultantes se tornam mais característicos da amostra e menos generalizáveis. Segundo, a menos que termos estocásticos sejam acrescentados aos valores estimados, a variância da distribuição é subestimada. Terceiro, esse método pressupõe que a variável com dados perdidos tem correlações substanciais com as outras variáveis. Se essas correlações não são suficientes para produzir uma estimativa significativa, então outros métodos, como a substituição pela média, são preferíveis. Quarto, a amostra deve ser grande o bastante para viabilizar um número suficiente de observações a serem usadas na realização de cada previsão. Finalmente, o procedimento de regressão não é vinculado às estimativas que faz. Logo, os valores previstos podem não estar incluídos nos intervalos válidos para variáveis (p. ex., um valor de 11 pode ser previsto em uma escala de 10 pontos), exigindo assim alguma forma de ajuste adicional.

Mesmo com todos esses problemas potenciais, o método de regressão para atribuições se mantém promissor naqueles casos em que níveis moderados de dados perdidos, amplamente dispersos, estão presentes, e nos quais as relações entre variáveis são suficientemente estabelecidas, de modo que o pesquisador está confiante que o uso desse método não influenciará a generalidade dos resultados.

Os possíveis métodos de atribuição variam dos conservadores (método de dados completos) àqueles que tentam replicar os dados perdidos tanto quanto possível (p. ex., métodos de atribuição por regressão ou baseados em modelos). O que deveria ser reconhecido é que cada método tem vantagens e desvantagens, de modo que o pesquisador deve examinar cada situação de perda de dados e escolher o método de atribuição mais adequado. A Tabela 2-2 fornece uma breve comparação entre os métodos de atribuição, mas um rápido exame mostra que nenhum método particular é o melhor em todas as situações. Contudo, algumas sugestões gerais (ver Regras Práticas 2-3) podem ser dadas baseadas na extensão dos dados perdidos.

Dados os muitos métodos disponíveis de atribuição, o pesquisador deve também considerar fortemente uma estratégia de atribuição múltipla, na qual uma combinação de vários métodos é empregada. Nesse tratamento, dois ou mais métodos de atribuição são usados para derivar uma estimativa composta – geralmente a média das várias estimativas – para o valor perdido. O raciocínio dessa abordagem é que o uso de múltiplos tratamentos minimiza as preocupações específicas com qualquer método particular e que a composição será a melhor estimativa possível. A escolha desse tratamento é baseada principalmente no balanço entre a percepção do pesquisador dos benefícios potenciais versus o esforço substancialmente maior exigido para aplicar e combinar as múltiplas estimativas.

Resumo

Sabendo-se que a perda de dados é um fato da vida na maioria das pesquisas, pesquisadores devem estar cientes das conseqüências e ações corretivas disponíveis. Como se mostrou na discussão anterior, está disponível um processo estruturado para auxiliar o pesquisador na compreensão dos padrões inerentes da perda de dados e na aplicação de alguma entre as diversas ações corretivas possíveis. Não obstante, o que não pode ser explicitamente definido é uma única série de ações que são mais apropriadas em todas as situações. Logo, o pesquisador deve fazer uma série de escolhas embasadas a fim de evitar muitos dos problemas ocultos associados com dados perdidos.

Uma ilustração de diagnóstico de dados perdidos com o processo de quatro etapas

Para ilustrar o processo de diagnóstico de padrões de dados perdidos e a aplicação de possíveis ações corretivas, um novo conjunto de dados é introduzido. Esse conjunto de dados foi coletado durante o pré-teste de um questionário usado para coletar os dados descritos no Capítulo 1. O pré-teste envolveu 70 indivíduos e coletou respostas sobre 14 variáveis (9 métricas, V_1 a V_9, e 5 não-métricas, V_{10} a V_{14}). As variáveis neste pré-teste não coincidem diretamente com aquelas no conjunto de dados HBAT, e por isso elas serão chamadas apenas pelas suas designações (p. ex., V_3).

TABELA 2-2 Comparação entre técnicas de atribuição para dados perdidos

Método de atribuição	Vantagens	Desvantagens	Melhor a ser usado quando ocorrem:
Atribuição usando apenas dados válidos			
Dados completos	• O mais simples para implementação • Padrão em muitos programas estatísticos	• Mais afetado por processos não-aleatórios • Maior redução no tamanho da amostra • Menor poder estatístico	• Grandes amostras • Fortes relações entre variáveis • Baixos níveis de perda de dados
Dados totalmente disponíveis	• Maximiza o uso de dados válidos • Resulta no maior tamanho possível de amostra sem substituir valores	• Variam os tamanhos de amostras para cada atribuição • Pode gerar valores para correlação e autovalores fora do escopo	• Níveis relativamente baixos de dados perdidos • Relações moderadas entre variáveis
Atribuição usando valores de substituição conhecidos			
Substituição por um caso	• Oferece valores realistas de substituição (i.e., outra observação real) no lugar de valores calculados.	• Deve ter casos adicionais fora da amostra original • Deve definir medida de similaridade para identificar o caso de substituição	• Casos adicionais disponíveis • Oportunidades para identificar casos de substituição
Atribuição por carta marcada	• Substitui dados perdidos por valores reais a partir do caso mais parecido ou do melhor valor conhecido	• Deve definir casos adequadamente semelhantes ou valores externos apropriados	• Valores de substituição conhecidos, ou • Indicações de variáveis no processo de perda de dados sobre as quais se possa basear a similaridade
Atribuição por cálculo de valores de substituição			
Substituição pela média	• Facilmente implementado • Fornece todos os casos com informação completa	• Reduz variância da distribuição • Distorce distribuição dos dados • Comprime correlações observadas	• Níveis relativamente baixos de perda de dados • Relações relativamente fortes entre variáveis
Atribuição por regressão	• Emprega relações reais entre as variáveis • Valores de substituição calculados com base em valores de uma observação em outras variáveis • Conjunto único de preditores pode ser usado para cada variável com dados perdidos	• Reforça relações existentes e reduz generalidade • Deve ter suficientes relações entre variáveis para gerar valores previstos válidos • Subestima variância a menos que termo de erro seja adicionado ao valor de substituição • Valores de substituição podem estar "fora de escopo"	• Níveis moderados ou altos de dados perdidos • Relações suficientemente estabelecidas para não impactarem generalidade • Disponibilidade de software
Métodos baseados em modelos para processos de perda de dados MAR			
Métodos baseados em modelos	• Acomodam tanto processos de dados perdidos aleatórios quanto não-aleatórios • Melhor representação da distribuição original de valores com menor viés	• Complexa especificação de modelo pelo pesquisador • Requer programa especializado • Tipicamente indisponível de forma direta em programas (exceto o método EM em SPSS)	• É o único método que pode acomodar processos não-aleatórios de perda de dados • Elevados níveis de perda de dados que demandam método menos tendencioso para garantir generalidade

No entanto, durante o pré-teste, ocorreram dados perdidos. As seções a seguir detalham o diagnóstico dos dados perdidos através do processo de quatro etapas. Diversos programas de computador incluem análises de dados perdidos, entre eles o BMDP e o SPSS. As análises descritas nas seções que se seguem foram executadas com o módulo de Análise de Valor Perdido em SPSS, mas todas as análises podem ser repetidas por manipulação de dados e análise convencional. Exemplos são dados em www.prenhall.com/hair.

Passo 1: Determinação do tipo de dados perdidos
Todos os dados perdidos neste exemplo são não ignoráveis e desconhecidos. Os dados perdidos aconteceram devido a motivos não explicados no planejamento da pesquisa – respondentes que simplesmente não responderam. Como tal, o pesquisador é obrigado a proceder ao exame dos processos de perda de dados.

REGRAS PRÁTICAS 2-3

Atribuição de dados perdidos

- Menos que 10%   Qualquer um dos métodos de atribuição pode ser aplicado quando dados perdidos são tão poucos, apesar de o método de caso completo ser considerado o menos preferido.
- Entre 10% e 20%   Essa maior presença de dados perdidos torna os métodos de disponibilidade total, carta marcada e regressão, os preferenciais para dados MCAR, enquanto métodos baseados em modelos são necessários com processos de perda de dados MAR.
- Acima de 20%   Se se considerar necessário atribuir dados perdidos quando o nível estiver acima de 20%, os métodos preferenciais são:
  - O método de regressão para situações MCAR
  - Métodos baseados em modelos quando dados perdidos MAR ocorrem

---

Passo 2: Determinação a extensão de dados perdidos
O objetivo neste passo é determinar se a extensão dos dados perdidos é suficientemente elevada para garantir um diagnóstico de aleatoriedade da perda de dados (passo 3), ou se ela está em um nível suficientemente baixo para que se proceda diretamente à ação corretiva (passo 4). O pesquisador está interessado no nível de perda de dados com base em um caso e variável, mais a extensão geral de perda de dados ao longo de todos os casos.

A Tabela 2-3 contém a estatística descritiva para as observações com valores válidos, incluindo a porcentagem de casos com dados perdidos em cada variável. Examinando as variáveis métricas (V_1 a V_9), percebemos que a menor quantia de dados perdidos é de seis casos para V_6 (9% da amostra), subindo para até 30% (21 casos) para V_1. Essa freqüência torna V_1 e V_3 possíveis candidatos para eliminação em uma tentativa de reduzir a quantia geral de dados perdidos. Todas as variáveis não-métricas (V_{10} a V_{14}) têm baixos níveis de dados perdidos e são aceitáveis.

Além disso, a quantia de dados perdidos por caso também é tabulada. Apesar de 26 casos não terem dados perdidos, é também aparente que 6 casos têm 50% dos dados perdidos, o que os torna prováveis de eliminação devido a um número excessivo de valores perdidos. A Tabela 2-4 mostra os padrões de perda de dados para todos os casos nos quais isso acontece, e esses seis casos são listados na parte inferior da tabela. Conforme vemos os padrões de dados perdidos, percebemos que os mesmos ocorrem ao longo de variáveis tanto métricas quanto não-métricas, de modo que deveriam ajudar na diminuição da amplitude de dados perdidos se eliminados. Outro benefício é que todos os dados perdidos para as variáveis não-métricas acontecem nesses seis casos, de modo que após sua eliminação haverá somente dados válidos para essas variáveis.

Ainda que seja óbvio que a eliminação dos seis casos irá melhorar a amplitude de dados perdidos, o pesquisador deve também considerar a possibilidade de eliminar uma variável (ou mais de uma) se o nível de dados perdidos for elevado. As duas variáveis mais indicadas para uma eliminação são V_1 e V_3, com 30% e 24% de dados perdidos, respectivamente. A Tabela 2-5 fornece uma visão sobre o impacto da eliminação de uma ou ambas, examinando os padrões de dados perdidos e avaliando a extensão em que a perda de dados diminuirá. Por exemplo, o primeiro padrão (primeira linha) mostra que não há dados perdidos para os 26 casos. O padrão da segunda linha mostra dados perdidos somente para V_3 e indica que apenas 1 caso tem este padrão. A coluna no extremo direito indica o número de casos com informação completa se esse padrão for eliminado (i.e., essas variáveis são eliminadas ou valores de substituição são atribuídos). No caso deste primeiro padrão, vemos que o número de casos com dados completos aumentaria em uma unidade, para 27, atuando sobre V_3, pois somente um caso era dado perdido sobre apenas V_3. Se olharmos para a quarta linha, percebemos que 6 casos são dados perdidos sobre apenas V_1, de forma que se eliminarmos V_1, 32 casos terão dados completos. Finalmente, a terceira linha denota o padrão de perda de dados em ambas V_1 e V_3, e se eliminarmos as duas variáveis, o número de casos com dados completos aumentará para 37. Logo, eliminar apenas V_3 acrescenta 1 caso com dados completos, eliminar apenas V_1 aumenta o total com mais 6 casos, e eliminar ambas as variáveis acrescenta mais 11 casos com dados completos, perfazendo um total de 37.

(Continua)

Para fins de ilustração, eliminaremos somente V_1, deixando V_3 com uma quantia razoavelmente alta de dados perdidos para demonstrar seu impacto no processo de atribuição. O resultado é uma amostra de 64 casos que agora conta com apenas oito variáveis métricas. A Tabela 2-6 contém estatísticas-resumo sobre essa amostra reduzida. A extensão de perda de dados diminuiu consideravelmente graças à eliminação de 6 casos (menos que 10% da amostra) e uma variável. Agora, metade da amostra tem dados completos, apenas duas variáveis têm mais de 10% de dados perdidos, e as variáveis não-métricas contam todas com dados completos. Além disso, o maior número de valores perdidos para qualquer caso é dois, o que indica que a atribuição não deve afetar qualquer caso de maneira substancial.

Tendo eliminado seis casos e uma variável, a extensão de dados perdidos é ainda grande o bastante para justificar a ida para o passo 3 e diagnosticar a aleatoriedade dos padrões de perda de dados. Essa análise será limitada às variáveis métricas, pois as não-métricas agora não têm perda de dados.

Passo 3: Diagnóstico da aleatoriedade do processo de perda de dados

O próximo passo é um exame empírico dos padrões de dados perdidos, para determinar se estes estão distribuídos ao acaso pelos casos e pelas variáveis. É melhor se os dados perdidos forem considerados MCAR, permitindo assim uma gama maior de ações corretivas no processo de atribuição. Empregaremos primeiramente um teste de comparação entre grupos de casos perdidos e não-perdidos, e então conduziremos um teste geral de aleatoriedade.

O primeiro teste para avaliar aleatoriedade é comparar as observações com e sem dados perdidos para cada variável com relação às outras variáveis. Por exemplo, as observações com dados perdidos em V_2 são colocadas em um grupo, e as observações com respostas válidas para V_2 são dispostas em um outro grupo. Em seguida, esses dois grupos são comparados para identificar diferenças nas demais variáveis métricas (V_3 a V_9). Uma vez que tenham sido feitas comparações em todas as variáveis, novos grupos são formados com base nos dados perdidos da variável seguinte (V_3), e as comparações são novamente feitas nas variáveis restantes. Esse processo continua até que cada variável (V_2 a V_9; lembre-se que V_1 foi

TABELA 2-3 Estatísticas-resumo de dados perdidos para a amostra original

Variável	Número de casos	Média	Desvio padrão	Dados perdidos	
				Número	Percentual
V_1	49	4,0	0,93	21	30
V_2	57	1,9	0,93	13	19
V_3	53	8,1	1,41	17	24
V_4	63	5,2	1,17	7	10
V_5	61	2,9	0,78	9	13
V_6	64	2,6	0,72	6	9
V_7	61	6,8	1,68	9	13
V_8	61	46,0	9,36	9	13
V_9	63	4,8	0,83	7	10
V_{10}	68	NA	NA	2	3
V_{11}	68	NA	NA	2	3
V_{12}	68	NA	NA	2	3
V_{13}	69	NA	NA	1	1
V_{14}	68	NA	NA	2	3

NA = Não aplicável a variáveis não-métricas

Resumo de casos

Número de dados perdidos por caso	Número de casos	Percentual da amostra
0	26	37
1	15	21
2	19	27
3	4	6
7	6	9
Total	70	100%

TABELA 2-4 Padrões de perda de dados por caso

Caso	Quantia perdida	Percentual perdido	V_1	V_2	V_3	V_4	V_5	V_6	V_7	V_8	V_9	V_{10}	V_{11}	V_{12}	V_{13}	V_{14}
205	1	7,1			S											
202	2	14,3	S		S											
250	2	14,3	S		S											
255	2	14,3	S		S											
269	2	14,3	S		S											
238	1	7,1	S													
240	1	7,1	S													
253	1	7,1	S													
256	1	7,1	S													
259	1	7,1	S													
260	1	7,1	S													
228	2	14,3	S				S									
246	1	7,1					S									
225	2	14,3				S	S									
267	2	14,3				S	S									
222	2	14,3				S			S							
241	2	14,3				S			S							
229	1	7,1							S							
216	2	14,3	S						S							
218	2	14,3	S						S							
232	2	14,3	S	S												
248	2	14,3	S	S												
237	1	7,1		S												
249	1	7,1		S												
220	1	7,1		S												
213	2	14,3		S	S											
257	2	14,3		S	S											
203	2	14,3		S						S						
231	1	7,1								S						
219	2	14,3								S	S					
244	1	7,1									S					
227	2	14,3		S							S					
224	3	21,4	S	S							S					
268	1	7,1										S				
235	2	14,3							S			S				
204	3	21,4	S		S							S				
207	3	21,4	S		S							S				
221	3	21,4	S		S					S						
245	7	50,0	S			S		S		S	S				S	S
233	7	50,0		S	S		S	S				S			S	S
261	7	50,0		S	S				S	S	S	S		S		
210	7	50,0				S	S	S	S	S	S	S				
263	7	50,0		S	S	S	S	S	S	S			S			
214	7	50,0	S			S		S		S	S			S	S	

Nota: Somente casos com dados perdidos são mostrados.
S = dados perdidos

TABELA 2-5 Padrões de perda de dados

Número de casos	V_1	V_2	V_3	V_4	V_5	V_6	V_7	V_8	V_9	V_{10}	V_{11}	V_{12}	V_{13}	V_{14}	Número de casos completos se variáveis com o padrão de dados perdidos não são usadas
26															26
1			X												27
4	X		X												37
6	X														32
1	X			X											34
1				X											27
2			X	X											30
2			X		X										30
1						X									27
2	X				X										35
2	X	X													37
3		X													29
2		X	X				X								32
1	X						X								31
1							X	X							27
1								X							29
1								X							27
1		X						X							31
1	X	X								X					40
1											X				27
1						X									28
2	X		X				X								40
1	X		X				X								39
1	X		X		X			X				X		X	47
1		X	X		X	X			X			X		X	38
1		X	X			X	X	X	X		X				40
1				X	X	X	X	X	X						34
1		X		X	X	X	X	X		X					37
1	X			X		X	X				X		X		38

Notas: Representa o número de casos com cada padrão de dados perdidos. Por exemplo, lendo de cima para baixo a coluna para os primeiros três valores (26, 1 e 4), 26 casos não são dados perdidos sobre qualquer variável. Então, 1 caso é de dado perdido em V_3. Em seguida, 4 casos são de dados perdidos sobre duas variáveis (V_1 e V_3).

excluída) tenha sido examinada para qualquer diferença. O objetivo é identificar qualquer processo sistemático de dados perdidos que apareceria em padrões de diferenças significantes.

A Tabela 2-7 contém os resultados para essa análise das 64 observações restantes. O único padrão observável de valores *t* significantes ocorre em V_2, na qual três das oito comparações (V_4, V_5 e V_6) apontaram para diferenças significantes entre os dois grupos. Além disso, apenas uma outra instância (grupos formados sobre V_4 e comparados sobre V_2) mostrou uma diferença significativa. Essa análise indica que, apesar de diferenças significantes poderem ser encontradas devido aos dados perdidos em uma variável (V_2), os efeitos são limitados somente a essa variável, tornando-a de interesse marginal. Se testes posteriores de aleatoriedade indicassem um padrão não-aleatório de dados perdidos, esses resultados forneceriam um ponto de partida para possíveis ações corretivas.

TABELA 2-6 Estatísticas-resumo para amostra reduzida (seis casos e V_1 eliminada)

	Número de casos	Média	Desvio padrão	Dados perdidos	
				Número	Percentual
V_2	54	1,9	0,86	10	16
V_3	50	8,1	1,32	14	22
V_4	60	5,1	1,19	4	6
V_5	59	2,8	0,75	5	8
V_6	63	2,6	0,72	1	2
V_7	60	6,8	1,68	4	6
V_8	60	46,0	9,42	4	6
V_9	60	4,8	0,82	4	6
V_{10}	64			0	0
V_{11}	64			0	0
V_{12}	64			0	0
V_{13}	64			0	0
V_{14}	64			0	0

NA = Não aplicável a variáveis não-métricas

Resumo de casos

Número de dados perdidos por caso	Número de casos	Percentual da amostra
0	32	50
1	18	28
2	14	22
Total	64	100

O teste final é um teste geral dos dados perdidos para detectar MCAR. O teste faz uma comparação do real padrão de dados perdidos com o que se esperaria se os dados perdidos fossem distribuídos totalmente ao acaso. O processo MCAR de perda de dados é indicado por um nível estatístico *não-significante* (p. ex., maior do que 0,05), revelando que o padrão observado *não* difere de um aleatório. Tal teste é executado no módulo Análise de Valor Perdido do SPSS, bem como em outros pacotes computacionais que lidam com análise de perda de valores.

Neste caso, o teste MCAR de Little tem um nível de significância de 0,583, indicando uma diferença não-significante entre o padrão de dados perdidos observados na amostra reduzida e um padrão aleatório. Este resultado, acoplado com a análise anterior mostrando diferenças mínimas em um padrão não-aleatório, permite que o processo de perda de dados seja considerado MCAR. Como resultado, o pesquisador pode empregar qualquer uma das ações corretivas para perda de dados, pois não existe qualquer viés potencial nos padrões de dados perdidos.

Passo 4: Seleção de um método de atribuição

Como discutido anteriormente, diversos métodos de atribuição estão disponíveis tanto para processos MCAR quanto MAR. Neste caso, o processo MCAR de perda de dados viabiliza o uso de qualquer um dos métodos de atribuição. O outro fator a ser considerado é a extensão de dados perdidos. À medida que o nível de perda de dados aumenta, métodos como o de informação completa se tornam menos interessantes, devido a restrições no tamanho da amostra, enquanto os métodos de disponibilidade total, de regressão e baseados em modelos se mostram preferíveis.

A primeira opção é usar apenas observações com dados completos. A vantagem dessa abordagem de manter consistência na matriz de correlação é, porém, compensada neste caso por sua redução da amostra para um tamanho tão pequeno (32 casos) que se torna inútil em análises posteriores. As próximas opções ainda são o uso de somente dados válidos, através do método de disponibilidade total, ou calcular valores de substituição por meio de métodos como a substituição pela média, a téc-

(Continua)

TABELA 2-7 Avaliação da aleatoriedade dos dados perdidos através de comparações de grupos de observações com dados perdidos versus válidos

	Grupos formados por dados perdidos em:	V_2	V_3	V_4	V_5	V_6	V_7	V_8	V_9
V_2	Valor t	,	0,7	−2,2	−4,2	−2,4	−1,2	−1,1	−1,2
	Significância	,	0,528	0,044	0,001	0,034	0,260	0,318	0,233
	Número de casos (dados válidos)	54	42	50	49	53	51	52	50
	Número de casos (dados perdidos)	0	8	10	10	10	9	8	10
	Média de casos (dados válidos)	1,9	8,2	5,0	2,7	2,5	6,7	45,5	4,8
	Média de casos (dados perdidos)	,	7,9	5,9	3,5	3,1	7,4	49,2	5,0
V_3	Valor t	1,4	,	1,1	2,0	0,2	0,0	1,9	0,9
	Significância	0,180	,	0,286	0,066	0,818	0,965	0,073	0,399
	Número de casos (dados válidos)	42	50	48	47	49	47	46	48
	Número de casos (dados perdidos)	12	0	12	12	14	13	14	12
	Média de casos (dados válidos)	2,0	8,1	5,2	2,9	2,6	6,8	47,0	4,8
	Média de casos (dados perdidos)	1,6	,	4,8	2,4	2,6	6,8	42,5	4,6
V_4	Valor t	2,6	−0,3	,	0,2	1,4	1,5	0,2	−2,4
	Significância	0,046	0,785	,	0,888	0,249	0,197	0,830	0,064
	Número de casos (dados válidos)	50	48	60	55	59	56	56	56
	Número de casos (dados perdidos)	4	2	0	4	4	4	4	4
	Média de casos (dados válidos)	1,9	8,1	5,1	2,8	2,6	6,8	46,0	4,8
	Média de casos (dados perdidos)	1,3	8,4	,	2,8	2,3	6,2	45,2	5,4
V_5	Valor t	−0,3	0,8	0,4	,	−0,9	−0,4	0,5	0,6
	Significância	0,749	0,502	0,734	,	0,423	0,696	0,669	0,605
	Número de casos (dados válidos)	49	47	55	59	58	55	55	55
	Número de casos (dados perdidos)	5	3	5	0	5	5	5	5
	Média de casos (dados válidos)	1,9	8,2	5,2	2,8	2,6	6,8	46,2	4,8
	Média de casos (dados perdidos)	2,0	7,1	5,0	,	2,9	7,1	43,6	4,6
V_7	Valor t	0,9	0,2	−2,1	0,9	−1,5	,	0,5	0,4
	Significância	0,440	0,864	0,118	0,441	0,193	,	0,658	0,704
	Número de casos (dados válidos)	51	47	56	55	59	60	57	56
	Número de casos (dados perdidos)	3	3	4	4	4	0	3	4
	Média de casos (dados válidos)	1,9	8,1	5,1	2,9	2,6	6,8	46,1	4,8
	Média de casos (dados perdidos)	1,5	8,0	6,2	2,5	2,9	.	42,7	4,7
V_8	Valor t	−1,4	2,2	−1,1	−,9	−1,8	1,7	,	1,6
	Significância	0,384	0,101	0,326	0,401	0,149	0,128	,	0,155
	Número de casos (dados válidos)	52	46	56	55	59	57	60	56
	Número de casos (dados perdidos)	2	4	4	4	4	3	0	4
	Média de casos (dados válidos)	1,9	8,3	5,1	2,8	2,6	6,8	46,0	4,8
	Média de casos (dados perdidos)	3,0	6,6	5,6	3,1	3,0	6,3	,	4,5
V_9	Valor t	0,8	−2,1	2,5	2,7	1,3	0,9	2,4	,
	Significância	0,463	0,235	0,076	0,056	0,302	0,409	0,066	,
	Número de casos (dados válidos)	50	48	56	55	60	56	56	60
	Número de casos (dados perdidos)	4	2	4	4	3	4	4	0
	Média de casos (dados válidos)	1,9	8,1	5,2	2,9	2,6	6,8	46,4	4,8
	Média de casos (dados perdidos)	1,6	9,2	3,9	2,1	2,2	6,3	39,5	,

Notas: Cada célula contém seis valores: (1) Valor t para a comparação das médias da variável coluna ao longo dos grupos formados entre o grupo a (casos com dados válidos na variável linha) e grupo b (observações com dados perdidos na variável linha); (2) significância do valor t para comparações de grupos; (3) e (4) número de casos para o grupo a (dados válidos) e para o grupo b (dados perdidos); (5) e (6) média da variável coluna para o grupo a (dados válidos na variável linha) e para o grupo b (dados perdidos na variável linha)

Interpretação da tabela: A célula no canto superior direito indica que um valor t para a comparação de V_9 entre o grupo a (dados válidos sobre V_2) e o grupo b (dados perdidos em V_2) é −1,2, o que tem um nível de significância de 0,233. Os tamanhos das amostras dos grupos a e b são, respectivamente, 50 e 10. Finalmente, a média do grupo a (dados válidos em V_2) é 4,8, enquanto a média do grupo b (dados perdidos em V_2) é 5,0.

(Continuação)

nica baseada em regressão, ou mesmo uma abordagem de construção de modelo (p. ex., método EM). Pelo fato de os dados perdidos serem MCAR, todos esses métodos serão empregados e então comparados para avaliar as diferenças que surgem entre técnicas. Eles poderiam também formar a base para uma estratégia de atribuição múltipla na qual todos os resultados são combinados em um único resultado geral.

A Tabela 2-8 detalha os resultados da estimativa de médias e desvios padrão por quatro métodos de atribuição (substituição pela média, disponibilidade total, regressão e EM). Ao comparar médias, descobrimos uma consistência geral entre as abordagens, sem padrões perceptíveis. Para os desvios padrão, contudo, podemos ver a redução de variância associada com o método de substituição pela média. Por todas as variáveis, ele consistentemente fornece o menor desvio padrão, o que é atribuído à substituição por um valor constante. Os outros três métodos novamente exibem uma consistência nos resultados, indicativa da falta de viés em qualquer uma das metodologias, uma vez que o processo de perda de dados foi considerado MCAR.

Finalmente, a Tabela 2-9 contém as correlações obtidas das abordagens de atribuição de caso completo, disponibilidade total, substituição pela média e EM. Na maioria dos casos, as correlações são parecidas, mas há várias diferenças substanciais. Primeiro, há uma consistência entre as correlações obtidas com as abordagens de disponibilidade total, da substituição pela média e EM. No entanto, diferenças consistentes ocorrem entre esses valores e aqueles do método de caso completo. Segundo, as diferenças notáveis estão concentradas nas correlações de V_2 e V_3, as duas variáveis com a maior quantia de dados perdidos na amostra reduzida (olhe novamente a Tabela 2-6). Essas diferenças podem indicar o impacto de um processo de dados perdidos, ainda que o teste geral de aleatoriedade não tenha mostrado qualquer padrão significante. Apesar de o pesquisador não possuir qualquer prova de maior validade para qualquer tratamento, esses resultados demonstram as diferenças marcantes que às vezes ocorrem entre as abordagens. Qualquer que seja a metodologia escolhida, o pesquisador deve examinar as correlações obtidas por métodos alternativos para compreender a amplitude de possíveis valores.

A tarefa do pesquisador é fundir os padrões de perda de dados com os pontos fortes e fracos de cada abordagem, e então selecionar o método mais apropriado. No caso de diferentes estimativas, a abordagem mais conservadora de combinar as estimativas em uma só (a técnica de atribuição múltipla) pode ser a melhor escolha. Qualquer que seja o método empregado, o conjunto de dados com valores de substituição deve ser armazenado para análise posterior.

Uma recapitulação da análise de valores perdidos

Nossa avaliação das questões que envolvem dados perdidos no conjunto de dados pode ser resumida em quatro conclusões:

- *O processo de dados perdidos é MCAR*. Todas as técnicas diagnósticas apóiam a conclusão de que nenhum processo sistemático de dados perdidos existe, o que torna os dados perdidos MCAR (perdidos completamente ao acaso). Tal descoberta dá duas vantagens ao pesquisador. Primeiro, não deve haver qualquer impacto "oculto" sobre os resultados que precise ser considerado quando interpretamos os resultados. Segundo, qualquer método de atribuição pode ser aplicado como ação corretiva nos dados perdidos. A seleção dos mesmos não precisa ser baseada em suas habilidades para lidar com processos não-aleatórios, mas sim na aplicabilidade do processo e seu impacto sobre os resultados.

- *A atribuição é o curso de ação mais lógico*. Mesmo quando é dado o benefício de eliminar casos e variáveis, o pesquisador está prevenido contra a solução simples de usar o método de caso completo, pois isso resulta em um tamanho de amostra inadequado. Portanto, alguma forma de atribuição se faz necessária para manter um tamanho de amostra adequado para qualquer análise multivariada.

- *As correlações atribuídas diferem de acordo com as técnicas*. Ao estimar as correlações entre as variáveis na presença de dados perdidos, o pesquisador pode escolher entre quatro técnicas mais comumente empregadas: o método de caso completo, a técnica de disponibilidade total, a abordagem de substituição pela média e EM. No entanto, essa situação o pesquisador se depara com diferenças nos resultados entre esses métodos. As abordagens de disponibilidade total, substituição pela média e EM conduzem a resultados geralmente consistentes. Não obstante, diferenças notáveis são encontradas entre essas abordagens e o método de disponibilidade completa. Apesar de o método de disponibilidade completa parecer mais "seguro" e conservador, não é recomendado neste caso devido à pequena amostra empregada (apenas 26 observações) e às suas grandes diferenças em relação aos outros dois métodos. O pesquisador deve escolher, se necessário, entre os outros tratamentos.

- *Múltiplos métodos para substituir os dados perdidos estão disponíveis e são apropriados*. Como mencionado acima, a substituição pela média é um meio aceitável para gerar valores de substituição para os dados perdidos. O pesquisador também tem à sua disposição os métodos de regressão e de atribuição EM, cada um dos quais gera estimativas razoavelmente consistentes para a maioria das variáveis. A presença de diversos métodos aceitáveis também permite ao pesquisador combinar as estimativas em uma única composição, na esperança de minimizar qualquer efeito decorrente de um dos métodos.

TABELA 2-8 Comparação das estimativas da média e do desvio padrão nos quatro métodos de atribuição

Método de atribuição	Médias estimadas							
	V_2	V_3	V_4	V_5	V_6	V_7	V_8	V_9
Substituição pela média	1,90	8,13	5,15	2,84	2,60	6,79	45,97	4,80
Disponibilidade total	1,90	8,13	5,15	2,84	2,60	6,79	45,97	4,80
Regressão	1,99	8,11	5,14	2,83	2,58	6,84	45,81	4,77
EM	2,00	8,34	5,17	2,88	2,54	6,72	47,72	4,85

Método de atribuição	Desvios padrão estimados							
	V_2	V_3	V_4	V_5	V_6	V_7	V_8	V_9
Substituição pela média	0,79	1,16	1,15	0,72	0,71	1,62	9,12	0,79
Disponibilidade total	0,86	1,32	1,19	0,75	0,72	1,67	9,42	0,82
Regressão	0,87	1,26	1,16	0,75	0,73	1,67	9,28	0,81
EM	0,84	1,21	1,11	0,69	0,72	1,69	9,67	0,88

TABELA 2-9 Comparação de correlações obtidas com os métodos de atribuição de caso completo (LISTWISE), disponibilidade total (PAIRWISE), substituição pela média e EM

	V_2	V_3	V_4	V_5	V_6	V_7	V_8	V_9
V_2	1,00							
	1,00							
	1,00							
	1,00							
V_3	−0,29	1,00						
	−0,36	1,00						
	−0,29	1,00						
	−0,32	1,00						
V_4	0,28	−0,07	1,00					
	0,30	−0,07	1,00					
	0,24	−0,06	1,00					
	0,30	−0,09	1,00					
V_5	0,29	0,25	0,26	1,00				
	0,44	0,05	0,43	1,00				
	0,38	0,04	0,42	1,00				
	0,48	0,07	0,41	1,00				
V_6	0,35	−0,09	0,82	0,31	1,00			
	0,26	−0,06	0,81	0,34	1,00			
	0,22	−0,03	0,77	0,32	1,00			
	0,30	−0,07	0,80	0,38	1,00			
V_7	0,34	−0,41	0,42	−0,03	0,54	1,00		
	0,35	−0,36	0,40	0,07	0,40	1,00		
	0,31	−0,29	0,37	0,06	0,40	1,00		
	0,35	−0,30	0,40	0,03	0,41	1,00		
V_8	0,01	0,72	0,20	0,71	0,26	−0,27	1,00	
	0,15	0,60	0,22	0,71	0,27	−0,20	1,00	
	0,13	0,50	0,21	0,66	0,26	−0,20	1,00	
	0,17	0,54	0,20	0,68	0,27	−0,19	1,00	
V_9	−0,27	0,77	0,21	0,46	0,09	−0,43	0,71	1,00
	−0,18	0,70	0,38	0,53	0,23	−0,26	0,67	1,00
	−0,17	0,63	0,34	0,48	0,23	−0,25	0,65	1,00
	−0,08	0,61	0,36	0,55	0,24	−0,24	0,67	1,00

Interpretação: O valor no topo é a correlação obtida com o método de caso completo, o segundo valor é conseguido com a abordagem de disponibilidade total, o terceiro valor é derivado da substituição pela média, e a quarta correlação resulta do método EM.

Concluindo, as ferramentas analíticas e os processos diagnósticos apresentados na seção anterior fornecem uma base adequada para a compreensão e acomodação dos dados perdidos encontrados nos dados pré-examinados. Como este exemplo demonstra, o pesquisador não precisa temer que os dados perdidos sempre impedirão uma análise multivariada ou que sempre limitarão a generalidade dos resultados. O possível impacto "oculto" de dados perdidos pode ser identificado, e ações podem ser tomadas para minimizar o efeito de dados perdidos na análise executada.

Resumo

Os procedimentos disponíveis para lidar com dados perdidos variam em forma, complexidade e propósito. O pesquisador sempre deve estar preparado para avaliar e lidar com dados perdidos, já que estes freqüentemente são encontrados em análise multivariada. A decisão de usar apenas observações com dados completos pode parecer conservadora e "segura", mas, como foi ilustrado na discussão anterior, há limitações inerentes e vieses nesses tratamentos. Nenhum método único é adequado para todas as situações; o pesquisador deve fazer um julgamento racional da situação, considerando todos os fatores descritos nesta seção. O processo de quatro passos fornece ao pesquisador, esperamos, uma metodologia estruturada para identificação e correção de padrões de perda de dados da forma mais adequada.

OBSERVAÇÕES ATÍPICAS

Observações atípicas são observações com uma **combinação única de características identificáveis como sendo notavelmente diferentes** das outras observações. O que constitui uma característica única? Tipicamente considera-se como um valor incomum em uma variável por ser alto ou baixo, ou uma combinação ímpar de valores ao longo de diversas variáveis que tornam a observação marginal em relação às outras. Ao se avaliar o impacto de observações atípicas, devemos considerar aspectos práticos e substantivos:

- De um ponto de vista *prático*, observações atípicas podem ter um efeito sensível sobre qualquer tipo de análise empírica. Por exemplo, considere uma amostra de 20 indivíduos na qual queremos determinar a renda média familiar. Em nossa amostra reunimos respostas que variam entre R$20.000,00 e R$100.000,00 ao ano, de modo que a média é de R$45.000,00 por ano. Mas considere que a 21ª pessoa tem uma renda de R$1 milhão ao ano. Se incluirmos esse valor na análise, a renda média aumenta para mais de R$90.000,00. Naturalmente que a observação atípica é um caso válido, mas qual é a melhor estimativa de renda familiar média: R$45.000,00 ou R$90.000,00? O pesquisador deve avaliar se o valor marginal deve ser mantido ou eliminado, devido à sua influência indevida sobre os resultados.

- Em termos *substantivos*, a observação atípica deve ser vista sob a óptica do quão representativa ela é na população. Novamente, usando nosso exemplo de renda familiar, qual é a representatividade do milionário no segmento mais abastado? Se o pesquisador percebe que é um segmento pequeno mas viável na população, então talvez o valor deva ser mantido. Se, porém, esse milionário é o único na população inteira e verdadeiramente representa um valor extremo acima de todos (i.e., é um caso ímpar), então o mesmo deve ser eliminado.

Observações atípicas não podem ser categoricamente caracterizadas como benéficas ou problemáticas, mas devem ser vistas no contexto da análise e avaliadas pelos tipos de informação que possam fornecer. Caso sejam benéficas, as observações atípicas – apesar de diferentes da maioria da amostra – podem ser indicativas de características da população que não seriam descobertas no curso normal da análise. Em contraste, as problemáticas não são representativas da população, são contrárias aos objetivos da análise e podem distorcer seriamente os testes estatísticos. Devido à variabilidade no impacto de observações atípicas, é imperativo que o pesquisador examine os dados, buscando observações atípicas para averiguar seu tipo de influência. O leitor também deve consultar as discussões do Capítulo 4, que se refere ao tópico de observações influentes. Nessas discussões, as observações atípicas são colocadas em uma estrutura particularmente adequada para avaliar a influência de observações individuais e para determinar se essa influência é útil ou prejudicial.

Por que ocorrem observações atípicas? Elas podem ser divididas em quatro classes baseadas na fonte de suas peculiaridades.

- A primeira classe surge de um *erro de procedimento*, como erro na entrada de dados ou uma falha na codificação. Essas observações atípicas devem ser identificadas no estágio de limpeza de dados, mas se permanecerem algumas, elas devem ser eliminadas ou registradas como valores perdidos.

- A segunda classe de observação atípica é aquela que ocorre como o resultado de um *evento extraordinário*, o que então explica a peculiaridade da observação. Por exemplo, considere que estamos acompanhando a média de chuvas diárias, quando temos um furacão que dura por vários dias e registra níveis de queda de água extremamente elevados. Esses níveis de chuva não são comparáveis com qualquer outro período com padrões meteorológicos normais. Se forem incluídos, eles mudarão drasticamente o padrão dos resultados. O pesquisador deve decidir se o evento extraordinário se ajusta aos propósitos da pesquisa. Se for o caso, a observação atípica deve ser mantida na análise. Caso contrário, deve ser eliminada.

- A terceira classe refere-se a *observações extraordinárias* para as quais o pesquisador não tem explicação. Em tais casos, um padrão único e muito diferente emerge. Apesar de essas observações atípicas serem as que têm mais probabilidade de serem eliminadas, poderão ser mantidas se o pesquisador sentir que elas representam um segmento válido da população. Talvez elas representem um elemento emergente, ou um elemento novo previamente não-identificado. Aqui o pesquisador deve usar seu discernimento no processo de decisão sobre eliminação ou manutenção.

- A quarta e última classe de observações atípicas contém observações que estão no intervalo usual de valores para cada variável. Essas observações não são particularmente altas ou baixas nas variáveis, mas são *únicas em sua combinação* de valores entre as variáveis. Em tais situações, o pesquisador deve reter a observação, a não ser que exista uma evidência específica que desconsidere a observação atípica como um membro válido da população.

Detecção e procedimento com observações atípicas

As seções a seguir detalham os métodos usados para detectar observações atípicas em situações univariadas, bivariadas e multivariadas. Uma vez identificadas, elas podem ser caracterizadas para ajudar a colocá-las em uma entre as quatro classes descritas. Finalmente, o pesquisador deve decidir sobre a retenção ou exclusão de cada observação atípica, julgando não apenas a partir das suas características, mas também a partir dos objetivos da análise.

Métodos para detecção de observações atípicas

As observações atípicas podem ser identificadas sob uma perspectiva univariada, bivariada ou multivariada com base no número de variáveis (características) consideradas. O pesquisador deve utilizar tantas perspectivas quanto possível, procurando por um padrão consistente nos métodos para identificar observações atípicas. A discussão que se segue detalha os processos envolvidos em cada uma das três perspectivas.

Detecção univariada. A identificação univariada de observações atípicas examina a distribuição de observações para cada variável na análise e seleciona como atípicos aqueles casos que estão nos extremos (altos e baixos) dos intervalos da distribuição. A questão principal é estabelecer a base para designação de uma observação atípica. A abordagem usual primeiro converte os valores dos dados em escores padrão, que têm uma média de 0 e um desvio padrão de 1. Como os valores são expressos em um formato padronizado, é fácil fazer comparações entre as variáveis.

Em qualquer caso, o pesquisador deve reconhecer que um certo número de observações pode ocorrer normalmente nesses externos da distribuição. O pesquisador deve tentar identificar apenas as observações verdadeiramente diferentes e designá-las como atípicas.

Detecção bivariada. Além da avaliação univariada, pares de variáveis podem ser avaliados conjuntamente por meio de um diagrama de dispersão. Casos que notoriamente estão fora do intervalo das outras observações serão percebidos como pontos isolados no diagrama de dispersão. Para auxiliar na determinação do intervalo esperado de observações neste retrato bidimensional, uma elipse representando um intervalo especificado de confiança (tipicamente marcado em um nível de 90 ou 95%) para uma distribuição normal bivariada é sobreposta ao diagrama de dispersão. Isso fornece uma descrição gráfica dos limites de confiança e facilita a identificação das observações atípicas. Uma variante do diagrama de dispersão chama-se gráfico de influência, com cada ponto variando de tamanho em relação a sua influência sobre a relação.

Cada um desses métodos fornece uma avaliação da unicidade de cada observação em relação à outra observação com base em um par específico de variáveis. Uma desvantagem do método bivariado em geral é o número potencialmente grande de diagramas de dispersão que aparecem quando o número de variáveis aumenta. Para três variáveis, são apenas três gráficos para todas as comparações dois a dois. Mas para cinco variáveis, exigem-se 10 gráficos; e para 10 variáveis, são 45 diagramas de dispersão. Como resultado, o pesquisador deve limitar o uso geral de métodos bivariados para relações específicas entre variáveis, tais como a relação de variáveis dependentes versus independentes em regressão. O pesquisador pode então examinar o conjunto de gráficos de dispersão e identificar qualquer padrão de uma ou mais observações que resultaria em sua designação como atípica.

Detecção multivariada. Pelo fato de a maioria das análises multivariadas envolver mais do que duas variáveis, os métodos bivariados rapidamente se tornam inadequados por diversas razões. Primeiro, eles requerem um grande número de gráficos, como discutido anteriormente, quando o número de variáveis atinge até mesmo um tamanho moderado. Segundo, eles são limitados a duas dimensões (variáveis) por vez. No entanto, quando mais de duas variáveis são consideradas, o pesquisador precisa de uma maneira de objetivamente medir a posição *multidimensional* de cada observação relativamente a algum ponto comum. Este problema é abordado pela medida D^2 de Mahalanobis, uma avaliação multivariada de cada observação ao longo de um conjunto de variáveis. Este método mede a distância de cada observação em um espaço multidimensional a partir do centro médio de todas as observações, fornecendo um único valor para cada observação, independentemente do número de variáveis em questão. Valores mais elevados de D^2 representam observações muito afastadas da distribuição geral de observações neste espaço multidimensional. Tal técnica, porém, tem também a desvantagem de fornecer somente uma avaliação geral, de modo que ela não oferece qualquer visão pormenorizada sobre quais variáveis poderiam conduzir a um elevado valor de D^2.

Para fins de interpretação, a medida D^2 de Mahalanobis tem propriedades estatísticas que viabilizam teste de significância. A medida D^2 dividida pelo número de variáveis envolvidas (D^2/df) é aproximadamente distribuída como um valor *t*. Dada a natureza dos testes estatísticos, sugere-se o uso de níveis conservadores de significância (p.

ex., 0,005 ou 0,001) como valores de referência para designação como valor atípico. Assim, observações que têm um valor D^2/df excedendo 2,5 em pequenas amostras e 3 ou 4 em grandes amostras podem ser designadas como possíveis observações atípicas. Uma vez identificada como um potencial caso atípico com a medida D^2, uma observação pode ser reexaminada em termos dos métodos univariados e bivariados discutidos anteriormente, para uma compreensão mais completa da natureza de sua peculiaridade.

Designação de observação atípica
Com esses métodos diagnósticos univariados, bivariados e multivariados, o pesquisador tem um conjunto complementar de perspectivas com o qual examinar observações quanto ao seu status como atípicas. Cada um desses métodos pode fornecer uma perspectiva única sobre as observações e pode ser utilizado de uma maneira combinada para identificar casos atípicos (ver Regras Práticas 2-4).

REGRAS PRÁTICAS 2-4

Detecção de observações atípicas

- Métodos univariados: Examine todas as variáveis para identificar observações únicas ou extremas.
  - Para pequenas amostras (80 observações ou menos), observações atípicas geralmente são definidas como casos com escores padrão de 2,5 ou mais.
  - Para amostras maiores, aumente o valor de referência de escores padrão para até 4.
  - Se escores padrão não são usados, identifique casos que recaiam fora dos intervalos de desvio padrão de 2,5 versus 4, dependendo do tamanho da amostra.
- Métodos bivariados: Concentre seu uso em relações específicas de variáveis, como o caso independente versus dependente.
  - Use diagramas de dispersão com intervalos de confiança em um nível alfa especificado.
- Métodos multivariados: Mais adequados para examinar uma variável estatística completa, como as variáveis independentes na regressão ou as variáveis na análise fatorial.
  - Níveis de referência para as medidas D^2/df devem ser conservadores (0,005 ou 0,001), resultando em valores de 2,5 (amostras pequenas) versus 3 ou 4 em amostras maiores.

Quando observações são identificadas pelos métodos univariados, bivariados e multivariados como possíveis casos atípicos, o pesquisador deve então escolher apenas observações que demonstrem real notoriedade em comparação com o restante da população ao longo de tantas perspectivas quanto seja possível. O pesquisador deve evitar a designação de muitas observações como atípicas e não pode sucumbir à tentação de eliminar aqueles casos inconsistentes com os demais casos simplesmente por serem diferentes.

Descrição e perfil de observações atípicas
Uma vez que observações atípicas potenciais tenham sido identificadas, o pesquisador deve gerar perfis sobre cada uma delas e identificar a(s) variável(eis) responsável(eis) por sua condição de atipicidade. Além desse exame visual, o pesquisador também pode empregar técnicas multivariadas, como análise discriminante (Capítulo 5) ou regressão múltipla (Capítulo 4), para identificar as diferenças entre as observações atípicas e as demais. Se possível, ele deve designar a observação atípica a uma entre as quatro classes descritas anteriormente para ajudar na decisão de retenção ou eliminação a ser feita a seguir. O pesquisador deve continuar essa análise até estar satisfeito com a compreensão dos aspectos do caso que diferenciam a observação atípica das demais.

Retenção ou eliminação da observação atípica
Depois que as observações atípicas foram identificadas, descritas e classificadas, o pesquisador deve decidir sobre a retenção ou eliminação de cada uma. Entre os pesquisadores há muitas filosofias sobre como lidar com as observações atípicas. Nossa visão é de que elas devem ser mantidas, a menos que exista prova demonstrável de que estão verdadeiramente fora do normal e que não são representativas de quaisquer observações na população. No entanto, se elas representam um elemento ou segmento da população, devem ser mantidas para garantir generalidade à população como um todo. Se as observações atípicas são eliminadas, o pesquisador corre o risco de melhorar a análise multivariada, mas limitar sua generalidade. Se as observações atípicas são problemáticas em uma técnica particular, muitas vezes podem ser acomodadas na análise de uma maneira que não a distorçam seriamente.

Um exemplo ilustrativo de análise de observações atípicas

Como exemplo de detecção de observação atípica, as observações da base de dados HBAT introduzida no Capítulo 1 são examinadas aqui no que se refere a observações atípicas. As variáveis consideradas na análise são as variáveis métricas X_6 a X_{19}, com o contexto de nosso exame sendo uma análise de regressão, onde X_{19} é a variável dependente e X_6 a X_{18} são as variáveis independentes. A análise de observação atípica inclui diagnósticos univariado, bivariado e multivariado. Se candidatos a observações atípicas são encontrados, eles são examinados e uma decisão sobre retenção ou eliminação é tomada.

Detecção de observação atípica
O primeiro passo é examinar todas as variáveis sob uma perspectiva univariada. Métodos bivariados serão então empregados para examinar as relações entre a variável dependente (X_{19}) e cada uma das independentes. A partir de cada um desses diagramas de dispersão, observações que ficam fora da distribuição típica podem ser identifi-

cadas, e então seu impacto sobre aquela relação pode ser avaliado. Finalmente, uma avaliação multivariada será feita sobre todas as variáveis independentes coletivamente. Comparações de observações pelos três métodos devem, espera-se, fornecer a base para a decisão sobre eliminação/retenção.

> **Detecção univariada.** O primeiro passo é examinar as observações em cada variável individualmente. A Tabela 2-10 contém as observações com valores padronizados que excedem ±2,5 em cada uma das variáveis (X_6 a X_{19}). Dessa perspectiva univariada, somente as observações 7, 22 e 90 excedem o valor referência em mais de uma variável. Além disso, nenhuma dessas observações tem valores tão extremos a ponto de afetar qualquer uma das medidas gerais das variáveis, como a média ou o desvio padrão. Devemos observar que a variável dependente tinha uma observação atípica (22), a qual pode afetar os diagramas de dispersão bivariados, pois a variável dependente aparece em cada diagrama. As três observações serão notadas para ver se elas aparecem nas avaliações bivariadas e multivariadas subseqüentes.
>
> **Detecção bivariada.** Para uma perspectiva bivariada, 13 diagramas de dispersão são formados para cada uma das variáveis independentes (X_6 a X_{18}) com a variável dependente (X_{19}). Uma elipse representando o intervalo de confiança de 95% de uma distribuição normal bivariada é então sobreposta ao diagrama de dispersão. A Figura 2-7 contém exemplos de tais diagramas de dispersão envolvendo X_6 e X_7. Como podemos ver no diagrama de dispersão para X_6 com X_{19}, as duas observações atípicas ficam logo fora da elipse e não têm os valores em qualquer variável. Este resultado está em contraste com o diagrama de dispersão de X_7 com X_{19}, onde a observação 22 é sensivelmente diferente das demais e exibe os mais altos valores sobre X_7 e X_{19}. A segunda parte da Tabela 2-10 contém uma compilação das observações que estão fora dessa elipse para cada variável. Uma vez que é um intervalo de confiança de 95%, esperam-se algumas observações normalmente fora da elipse. Apenas quatro observações (2, 22, 24 e 90) estão fora da elipse mais de duas vezes. A observação 22 está fora em 12 dos 13 diagramas de dispersão, principalmente por ser uma observação atípica sobre a variável dependente. Das três observações restantes, apenas a 90 foi notada na detecção univariada.
>
> **Detecção multivariada.** O método de diagnóstico final é avaliar observações atípicas multivariadas com a medida D^2 de Mahalanobis (ver Tabela 2-10). Essa análise avalia a posição de cada observação comparativamente com o centro de todas as observações sobre um conjunto de variáveis. Neste caso, todas as variáveis independentes métricas foram empregadas. O cálculo do valor D^2/df ($df =$

> 13) permite a identificação de observações atípicas através de um teste aproximado de significância estatística. Como a amostra tem apenas 100 observações, um valor de referência de 2,5 será usado no lugar do valor de 3,5 ou 4,0 utilizado em grandes amostras. Com essa base, duas observações (98 e 36) são identificadas como significativamente diferentes. É interessante que essas observações não foram percebidas em análises univariadas e bivariadas anteriores, mas aparecem apenas nos testes multivariados. Este resultado indica que elas não são únicas em uma variável isolada, mas são únicas em combinação de variáveis.

Retenção ou eliminação das observações atípicas

Como resultado desses testes diagnósticos, nenhuma observação demonstra as características de observações atípicas que deviam ser eliminadas. Cada variável tem algumas observações que são extremas e devem ser consideradas se aquela variável é usada em uma análise. Nenhuma observação é extrema em um número suficiente de variáveis para ser considerada não-representativa da população. Em todos os casos, as observações designadas como atípicas, mesmo com os testes multivariados, parecem semelhantes o suficiente com as demais observações para serem retidas na análise multivariada. No entanto, o pesquisador sempre deve examinar os resultados de cada técnica multivariada específica para identificar observações que possam vir a ser atípicas naquela aplicação em particular. No caso da análise de regressão, o Capítulo 4 fornecerá métodos adicionais para avaliar a influência relativa de cada observação e garantir uma visão aprimorada sobre a possível eliminação de uma observação como atípica.

TESTE DAS SUPOSIÇÕES DA ANÁLISE MULTIVARIADA

O último passo no exame de dados envolve o teste das suposições inerentes às bases estatísticas da análise multivariada. Os primeiros passos da análise de perda de dados e de detecção de observações atípicas tentaram limpar os dados para um formato mais adequado para análise multivariada. Testar os dados quanto à concordância com as suposições estatísticas inerentes às técnicas multivariadas agora lida com a fundamentação sobre a qual as técnicas fazem inferências estatísticas e obtêm resultados. Algumas técnicas são menos afetadas pela violação de certas suposições, o que se chama de **robustez**, mas, em todos os casos, atender algumas das suposições será crítico para uma análise bem-sucedida. Logo, é necessário entender o papel desempenhado pelas suposições para cada técnica multivariada.

A necessidade de testar as suposições estatísticas aumenta em aplicações multivariadas por duas características da análise multivariada. Primeiro, a complexidade das re-

CAPÍTULO 2 Exame de seus Dados **81**

TABELA 2-10 Resultados de detecção de observação atípica univariada, bivariada e multivariada

ATÍPICAS UNIVARIADAS		ATÍPICAS BIVARIADAS		ATÍPICAS MULTIVARIADAS		
Casos com valores padronizados excedendo ±2,5		*Casos fora da elipse do intervalo de confiança de 95%*		*Casos com um valor de D^2/df maior do que 2,5 (df = 13)*[a]		
		X_{19} com:		Caso	D^2	D^2/df
X_6	Sem casos	X_6	44, **90**	98	40,0	3,08
X_7	13, 22, **90**	X_7	13, **22**, 24, 53, **90**	36	36,9	2,84
X_8	8, 7	X_8	**22**, 87			
X_9	Sem casos	X_9	2, **22**, 45, 52			
X_{10}	Sem casos	X_{10}	**22**, 24, 85			
X_{11}	7	X_{11}	2, 7, **22**, 45			
X_{12}	**90**	X_{12}	**22**, 44, **90**			
X_{13}	Sem casos	X_{13}	**22**, 57			
X_{14}	77	X_{14}	**22**, 77, 84			
X_{15}	6, 53	X_{15}	6, **22**, 53			
X_{16}	24	X_{16}	**22**, 24, 48, 62, 92			
X_{17}	Sem casos	X_{17}	**22**			
X_{18}	7, 84	X_{18}	2, 7, **22**, 84			
X_{19}	**22**					

[a] Valor D^2 de Mahalanobis baseado nas 13 percepções HBAT (X_6 a X_{18}).

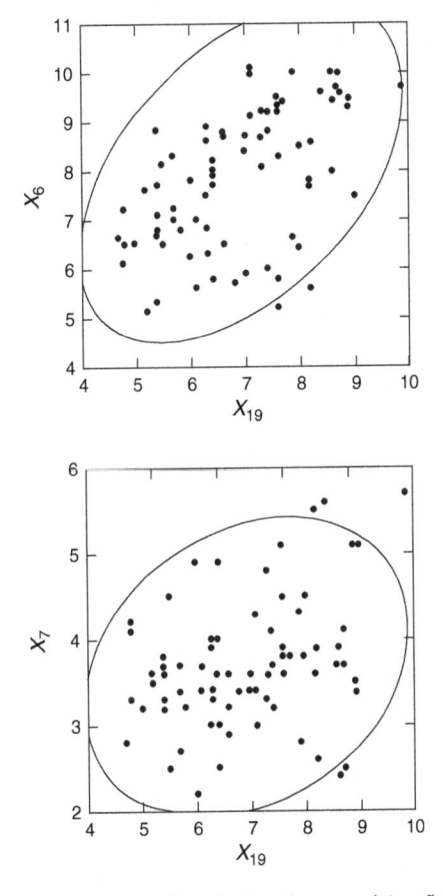

FIGURA 2-7 Diagramas de dispersão selecionados para detecção bivariada de observações atípicas: X_6 (Qualidade do produto) e X_7 (Atividades de comércio eletrônico) com X_{19} (Satisfação do cliente).

lações, devido ao uso costumeiro de um grande número de variáveis, torna as distorções potenciais e vieses mais significativos quando as suposições são violadas, particularmente quando as violações se compõem para se tornarem mais prejudiciais do que se consideradas separadamente. Segundo, a complexidade das análises e dos resultados pode mascarar os "sinais" de violações de suposições, aparentes nas análises univariadas mais simples. Em quase todos os casos, os procedimentos multivariados estimam o modelo multivariado e produzem resultados mesmo quando as suposições são severamente violadas. Assim, o pesquisador deve estar ciente de qualquer violação de suposições e das implicações que elas possam ter no processo de estimação ou na interpretação dos resultados.

Avaliação de variáveis individuais versus a variável estatística

A análise multivariada requer que as suposições subjacentes às técnicas estatísticas sejam testadas duas vezes: primeiro, para as variáveis separadas, de modo semelhante aos testes para uma análise univariada e, segundo, para a **variável estatística** do modelo multivariado, a qual atua coletivamente para as variáveis na análise, e, assim, deve atender às mesmas suposições das variáveis individuais. Este capítulo se concentra no exame de variáveis individuais para atendimento das suposições subjacentes aos procedimentos multivariados. Discussões em cada capítulo abordam os métodos usados para avaliar as suposições inerentes à variável estatística em cada técnica multivariada.

Quatro suposições estatísticas importantes

Técnicas multivariadas e suas contrapartes univariadas são todas baseadas em um conjunto fundamental de suposições representando as exigências da teoria estatística inerente. Apesar de muitas premissas ou exigências surgirem em uma ou mais técnicas multivariadas que discutimos no texto, quatro delas potencialmente afetam toda técnica estatística univariada e multivariada.

Normalidade

A suposição mais fundamental em análise multivariada é a **normalidade**, a qual se refere à forma da distribuição de dados para uma variável métrica individual e sua correspondência com a **distribuição normal**, o padrão de referência para métodos estatísticos. *Se a variação em relação à distribuição normal é suficientemente grande, todos os testes estatísticos resultantes são inválidos, uma vez que a normalidade é exigida no emprego das estatísticas F e t.* Os métodos estatísticos univariado e multivariado discutidos neste texto baseiam-se na suposição de normalidade univariada, com os métodos multivariados também assumindo normalidade multivariada.

A normalidade univariada para uma única variável é facilmente testada, e várias medidas corretivas são viáveis, como será demonstrado posteriormente. Em um sentido simples, normalidade multivariada (a combinação de duas ou mais variáveis) significa que as variáveis individuais são normais em um sentido univariado e que suas combinações também são normais. Logo, *se uma variável é normal multivariada, também é normal univariada. No entanto, a recíproca não é necessariamente verdadeira (duas ou mais variáveis normais univariadas não são necessariamente normais multivariadas).* Assim, uma situação em que todas as variáveis exibem uma normalidade univariada ajuda a obter, apesar de não garantir, a normalidade multivariada. Normalidade multivariada é mais difícil de testar [13,23], mas há testes especializados disponíveis para situações nas quais a técnica multivariada é particularmente afetada por uma violação dessa suposição. Na maioria dos casos avaliar e conseguir normalidade univariada para todas as variáveis é suficiente, e abordaremos normalidade multivariada somente quando ela for especialmente crítica. Mesmo quando grandes amostras tendem a diminuir os efeitos nocivos da não-normalidade, o pesquisador deve sempre avaliar a normalidade em todas as variáveis métricas incluídas na análise.

Avaliação do impacto da violação da suposição de normalidade. A severidade da não-normalidade se baseia em duas dimensões: a forma da distribuição transgressora e o tamanho da amostra. Como veremos na discussão que se segue, o pesquisador não deve apenas julgar a extensão sobre a qual a distribuição da variável é não-normal, mas também os tamanhos de amostra envolvidos. O que poderia ser considerado inaceitável com amostras pequenas terá um efeito pífio em amostras maiores.

Impactos decorrentes da forma de distribuição. Como podemos descrever a distribuição se ela difere da normal? A forma de qualquer distribuição pode ser descrita por duas medidas: curtose e assimetria. **Curtose** se refere à "elevação" ou "achatamento" da distribuição comparada com a normal. Distribuições que são mais altas ou mais pontiagudas do que o normal são chamadas de *leptocúrticas*, enquanto uma distribuição que seja mais achatada é denominada de *platicúrtica*. Enquanto a curtose se refere à altura da distribuição, a **assimetria** é empregada para descrever o equilíbrio da distribuição; ou seja, ela é desequilibrada ou deslocada para um lado (direita ou esquerda), ou é centrada e simétrica com aproximadamente o mesmo formato em ambos os lados? Se uma distribuição é desequilibrada, ela é assimétrica. Uma assimetria positiva denota uma distribuição deslocada para a esquerda, enquanto uma assimetria negativa reflete um desvio para a direita.

Saber como descrever a distribuição é seguido pela questão de como determinar a extensão ou quantia em relação à qual ela difere nessas características. Tanto assimetria quanto curtose têm medidas empíricas que estão disponíveis em todos os programas estatísticos. Na maioria dos programas de computador, à assimetria e à curtose de uma distribuição normal são dados os valores zero. Em seguida, valores acima ou abaixo de zero denotam desvios da normalidade. Por exemplo, valores negativos de curtose indicam uma distribuição platicúrtica (mais achatada), enquanto valores positivos denotam uma distribuição leptocúrtica (pontiaguda). Analogamente, valores positivos de assimetria indicam a distribuição deslocada à esquerda, e valores negativos correspondem a um desvio à direita. Para julgar a questão "São grandes o bastante para me preocupar?" sobre os valores, a discussão a seguir sobre testes estatísticos mostra como os valores de curtose e assimetria podem ser transformados para refletirem a significância estatística das diferenças e oferecerem diretrizes quanto à sua severidade.

Impactos causados pelo tamanho da amostra. Ainda que seja importante compreender como a distribuição se desvia da normalidade em termos de formato e se esses valores são grandes o bastante para garantir atenção, o pesquisador deve também considerar os efeitos do tamanho da amostra. Como discutido no Capítulo 1, o tamanho da amostra tem o efeito de aumentar poder estatístico por redução de erro de amostragem. Isso resulta em um efeito semelhante aqui, no sentido de que amostras maiores reduzem os efeitos nocivos da não-normalidade. Em amostras pequenas de 50 ou menos observações, e especialmente se o tamanho da amostra é menor do que 30, desvios significantes da normalidade podem ter um impacto substancial sobre os resultados. Para amostras com 200 ou mais observações, porém, esses mesmos efeitos podem ser negligenciados. Além disso, quando comparações de grupos são feitas, como na ANOVA, os diferentes tamanhos de amostras entre grupos, se forem grandes o suficiente, podem até mesmo cancelar os efeitos nocivos. Assim, na maioria dos casos, à medida que tamanhos de amostras se tornam grandes, o pesquisador pode ficar menos preocupado com variáveis não-normais, exceto no caso em que elas possam conduzir a outras violações de suposições que tenham impacto de outras maneiras (p.ex., ver a discussão a seguir sobre homocedasticidade).

Análises gráficas de normalidade. O teste diagnóstico de normalidade mais simples é uma verificação visual do histograma que compara os valores de dados observados com uma distribuição aproximadamente normal (ver Figura 2-1). Apesar de atraente por causa de sua simplicidade, este método é problemático para amostras menores, nas quais a construção do histograma (p. ex., o número de categorias ou a extensão de categorias) pode distorcer a descrição visual a ponto de a análise ser inútil. Uma abordagem mais confiável é o **gráfico de probabilidade normal**, que compara a distribuição cumulativa de valores de dados reais com a distribuição cumulativa de uma distribuição normal. A distribuição normal forma uma reta diagonal, e os dados do gráfico são comparados com a diagonal. Se uma distribuição é normal, a linha que representa a distribuição real dos dados segue muito próxima à diagonal.

A Figura 2-8 exibe diversos desvios da normalidade e sua representação na probabilidade normal em termos de curtose e assimetria. Primeiro, desvios da distribuição normal em termos de curtose são facilmente percebidos nos gráficos de probabilidade normal. Quando a linha reta fica abaixo da diagonal, a distribuição é mais achatada do que o esperado. Quando está acima da diagonal, a distribuição é mais elevada do que a curva normal. Por exemplo, no gráfico de probabilidade normal de uma distribuição elevada (Figura 2-8d), percebemos uma curva com um formato nítido de S. Inicialmente, a distribuição é mais achatada e a linha no gráfico fica abaixo da diagonal. Em seguida, a parte elevada da distribuição rapidamente move a linha acima da diagonal, e por fim a linha novamente desvia para abaixo da diagonal conforme a distribuição se achata. Uma distribuição sem elevação tem o padrão oposto (Figura 2-8c). Assimetria é também facilmente percebida, mais freqüentemente representada por um arco simples, ou acima ou abaixo da diagonal. Uma assimetria negativa (Figura 2-8e) é indicada por um arco abaixo da diagonal, enquanto um arco acima da diagonal representa uma distribuição positivamente assimétrica (Figura 2-8f). Uma excelente fonte para interpretar gráficos de probabilidade normal, que mostra os vários padrões e as interpretações, é o livro de Daniel e Wood [7]. Esses padrões específicos não apenas identificam não-normalidade, mas também nos dizem a forma da distribuição original e a ação corretiva apropriada a aplicar.

Testes estatísticos de normalidade. Além de examinar o gráfico de probabilidade normal, pode-se usar testes estatísticos para avaliar a normalidade. Um teste simples é uma regra prática baseada nos valores de assimetria e curtose (disponíveis como parte das estatísticas descritivas básicas para uma variável e computadas por todos os programas estatísticos). O valor estatístico (z) para a assimetria é calculado como:

$$z_{assimetria} = \frac{assimetria}{\sqrt{\frac{6}{N}}}$$

onde N é o tamanho da amostra. Um valor z também pode ser calculado para a curtose usando a fórmula:

$$z_{curtose} = \frac{curtose}{\sqrt{\frac{24}{N}}}$$

Se o valor z calculado exceder o valor crítico especificado, então a distribuição é não-normal em termos daquela característica. O valor crítico é de uma distribuição z, baseado no nível de significância que desejamos. Os valores críticos mais comumente usados são ± 2,58 (nível de significância de 0,01) e ± 1,96, que corresponde a um nível de

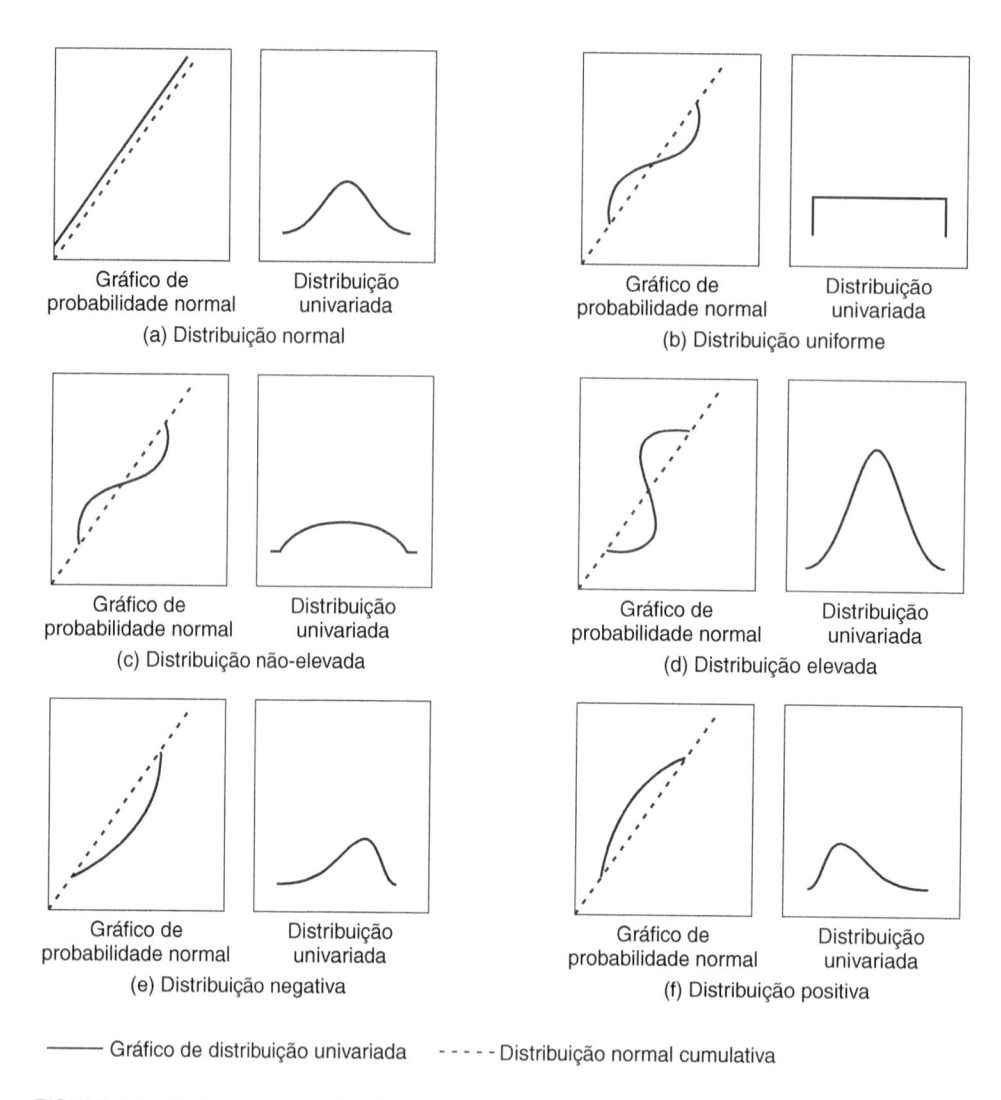

FIGURA 2-8 Gráficos de probabilidade normal e distribuições univariadas correspondentes.

(a) Distribuição normal
(b) Distribuição uniforme
(c) Distribuição não-elevada
(d) Distribuição elevada
(e) Distribuição negativa
(f) Distribuição positiva

——— Gráfico de distribuição univariada   - - - - - Distribuição normal cumulativa

erro de 0,05. Com esses testes simples, o pesquisador pode facilmente avaliar o grau em que a assimetria e curtose da distribuição variam em relação à distribuição normal.

Testes estatísticos específicos também estão disponíveis em todos os programas estatísticos. Os dois mais comuns são o teste Shapiro-Wilks e uma modificação do teste de Kolmogorov-Smirnov. Cada um calcula o nível de significância para as diferenças em relação a uma distribuição normal. O pesquisador sempre deve lembrar que os testes de significância são menos úteis em amostras pequenas (menos que 30) e muito sensíveis em amostras grandes (que excedem 1000 observações). Logo, o pesquisador sempre deve usar testes gráficos e testes estatísticos para avaliar o grau real de desvio da normalidade.

Ações corretivas para não-normalidade. Diversas transformações de dados disponíveis para acomodar distribuições não-normais são discutidas posteriormente no capítulo. Este capítulo restringe a discussão para testes de normalidade univariada e transformações. No entanto, quando examinamos outros métodos multivariados, como a regressão multivariada ou a análise multivariada de variância, também discutimos testes para normalidade multivariada. Além disso, muitas vezes, quando a não-normalidade é apontada, ela também contribui para outras violações de suposições; portanto, remediar normalidade pode auxiliar no atendimento a outras suposições. (Para os interessados em normalidade multivariada, ver [13,16,25].)

Homocedasticidade

A próxima suposição refere-se a relações de dependência entre variáveis. **Homocedasticidade** se refere à suposição de que as variáveis dependentes exibem níveis iguais de variância ao longo do domínio da(s) variável(is) preditora(s). A homocedasticidade é desejável porque a variância da variável dependente sendo explicada na relação de dependência não deveria se concentrar apenas em um domínio limitado dos valores independentes. Na maioria das situações, temos muitos valores diferentes da variável dependente em cada valor da variável independente. Para que essa relação seja completamente capturada, a dispersão (variância) dos valores da variável dependente deve ser relativamente semelhante em cada valor da variável preditora. Se essa dispersão for desigual ao longo de valores da variável independente, a relação é dita **heteroscedástica**. Apesar de as variáveis dependentes deverem ser métricas, esse conceito de igual extensão de variância entre as variáveis independentes pode ser aplicado quando as variáveis independentes são métricas ou não.

- *Variáveis independentes métricas.* O conceito de homocedasticidade se baseia na extensão da variância da variável dependente no domínio dos valores das variáveis independentes, o que se encontra em técnicas como a regressão múltipla. A dispersão de valores para a variável dependente deve ser tão grande para pequenos valores das variáveis independentes quanto o é para variáveis com valores moderados ou grandes. Em um diagrama de dispersão, isso é visto como uma distribuição elíptica de pontos.
- *Variáveis independentes não-métricas.* Nessas análises (p. ex., ANOVA e MANOVA) o foco agora se torna a igualdade da variância (uma só variável dependente) ou das matrizes de variância/covariância (múltiplas variáveis dependentes) nos grupos formados pelas variáveis independentes não-métricas. A igualdade das matrizes de variância/covariância também é vista na análise discriminante, mas nessa técnica a ênfase é na dispersão das variáveis independentes nos grupos formados pela medida dependente não-métrica.

Em todos esses casos, o objetivo é o mesmo: garantir que a variância usada na explicação e previsão esteja distribuída no domínio de valores, permitindo assim um "teste justo" da relação entre todos os valores das variáveis não-métricas. As duas fontes mais comuns de heteroscedasticidade são as seguintes:

- *Tipo de variável.* Muitos tipos de variáveis têm uma tendência natural a diferenças na dispersão. Por exemplo, quando uma variável aumenta em valor (p. ex., unidades que variam de algo próximo a zero até milhões), há um intervalo naturalmente maior de possíveis respostas para os valores maiores. Também, quando porcentuais são usados, a tendência natural é para muitos valores estarem no meio do domínio, com poucos casos nos valores menores ou maiores.
- *Distribuição assimétrica de uma ou mais variáveis.* Na Figura 2-9a, os diagramas de dispersão de pontos de dados para duas variáveis (V_1 e V_2), com distribuições normais, exibem igual dispersão em todos os valores dos dados (ou seja, homocedasticidade). No entanto, na Figura 2-9b, percebemos dispersão desigual (heteroscedasticidade) provocada por assimetria de uma das variáveis (V_3). Para os diferentes valores de V_3, há diferentes padrões de dispersão para V_1.

O resultado da heteroscedasticidade é causar melhores previsões em alguns níveis da variável independente do que em outros. Essa variabilidade afeta os erros padrões e torna os testes de hipóteses muito restritos ou insensíveis. O efeito da heteroscedasticidade também está freqüentemente relacionado ao tamanho da amostra, especialmente quando se examina a dispersão de variância em grupos. Por exemplo, em ANOVA ou MANOVA, o impacto da heteroscedasticidade sobre o teste estatístico depende dos tamanhos de amostra associados com os grupos de menores e maiores variâncias. Em análise de regressão múltipla, efeitos semelhantes ocorreriam em distribuições altamente assimétricas onde houvesse números desproporcionais de respondentes em certos intervalos da variável independente.

Testes gráficos de igual dispersão de variância. O teste de homocedasticidade para duas variáveis métricas é mais bem examinado graficamente. Desvios de uma igual dispersão são mostrados por formas como cones (dispersão pequena em um lado do gráfico, dispersão grande no lado oposto) ou losangos (um grande número de pontos no centro da distribuição). A aplicação mais comum de testes gráficos ocorre em regressão múltipla, com base na dispersão da variável dependente nos valores de qualquer

(a) Homoscedasticidade

(b) Heteroscedasticidade

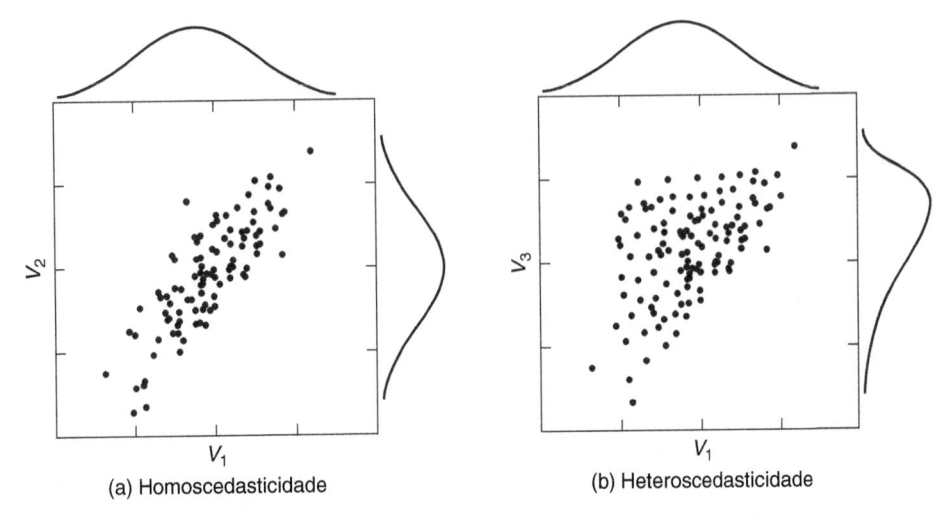

FIGURA 2-9 Diagramas de dispersão de relações homoscedásticas e heteroscedásticas.

uma das variáveis independentes. Vamos adiar nossa discussão sobre métodos gráficos até chegarmos ao Capítulo 4, o qual descreve esses procedimentos com muito mais detalhes.

Os gráficos de caixas funcionam bem para representar o grau de variação entre grupos formados por uma variável categórica. O comprimento da caixa e os *whiskers* retratam, cada um, a variação dos dados dentro daquele grupo. Assim, heteroscedasticidade seria retratada por diferenças substanciais no comprimento das caixas e *whiskers* entre grupos que representam a dispersão de observações em cada grupo.

Testes estatísticos para homocedasticidade. Os testes estatísticos para igual dispersão de variância avaliam a igualdade de variâncias dentro de grupos formados por variáveis não-métricas. O teste mais comum, teste Levene, é usado para avaliar se as variâncias de uma única variável métrica são iguais em qualquer número de grupos. Se mais do que uma variável métrica está sendo testada, de forma que a comparação envolve a igualdade de matrizes de variância/covariância, o teste M de Box é aplicável. O teste M de Box está disponível tanto na análise multivariada de variância quanto na análise discriminante, e é discutido mais detalhadamente em capítulos posteriores que tratam dessas técnicas.

Ações corretivas para heteroscedasticidade. As variáveis heteroscedásticas podem ser remediadas por meio de transformações de dados semelhantes às empregadas para atingir a normalidade. Como anteriormente mencionado, muitas vezes a heteroscedasticidade é o resultado da não-normalidade de uma das variáveis, e correção da não-normalidade também remedia a dispersão desigual da variância. Uma seção adiante discute as transformações de dados das variáveis para "espalharem" a variância e fazer com que todos os valores tenham um efeito potencialmente igual na previsão.

Linearidade

Uma suposição implícita em todas as técnicas multivariadas baseadas em medidas correlacionais de associação, incluindo regressão múltipla, regressão logística, análise fatorial, e modelagem de equações estruturais, é a **linearidade**. Como as correlações representam apenas a associação linear entre variáveis, os efeitos não-lineares não serão representados no valor de correlação. Essa omissão resulta em uma subestimação da força real da relação. É sempre prudente examinar todas as relações para identificar desvios de linearidade que possam afetar a correlação.

Identificação de relações não-lineares. O modo mais comum de avaliar a linearidade é examinar diagramas de dispersão das variáveis e identificar qualquer padrão não-linear nos dados. Muitos programas de diagramas de dispersão podem mostrar a linha reta que descreve a relação linear, permitindo ao pesquisador uma melhor identificação de qualquer característica não-linear. Um tratamento alternativo é executar uma análise de regressão simples (os detalhes sobre essa técnica são cobertos no Capítulo 4) e examinar os **resíduos**. Os resíduos refletem a parte inexplicada da variável dependente; logo, qualquer parte não-linear da relação aparecerá nos resíduos. Uma terceira abordagem é explicitamente modelar uma relação não-linear pelo teste de especificações de modelo alternativo (também conhecido como ajuste de curva) que reflitam os elementos não-lineares. Uma discussão desse tratamento e de análise de resíduos se encontra no Capítulo 4.

Ações corretivas para não-linearidade. Se uma relação não-linear é detectada, a abordagem mais direta é transformar uma ou as duas variáveis de modo a obter linearidade. Várias transformações disponíveis são discutidas posteriormente neste capítulo. Uma alternativa à transformação de dados é a criação de novas variáveis para representar a porção não-linear da relação. O processo de criação e interpretação dessas variáveis adicionais, que pode ser usado em todas as relações lineares, é discutido no Capítulo 4.

Ausência de erros correlacionados

As previsões em qualquer técnica de dependência não são perfeitas, e raramente encontramos uma situação na qual elas sejam. Contudo, certamente tentamos garantir que qualquer erro de previsão seja não-correlacionado. Por exemplo, se encontramos um padrão que sugere que todos os outros erros são positivos, enquanto os termos de erro alternativo são negativos, sabemos que alguma relação sistemática inexplicada existe na variável dependente. Se tal situação ocorre, não podemos confiar na idéia de que nossos erros de previsão são independentes dos níveis nos quais estamos tentando prever. Algum outro fator está afetando os resultados, mas não está incluído na análise.

Identificação de erros correlacionados. Uma das violações mais comuns da suposição de que os erros são não-correlacionados deve-se ao processo de coleta de dados. Fatores semelhantes que afetam um grupo podem não afetar o outro. Se os grupos são analisados separadamente, os efeitos são constantes dentro de cada grupo e não impactam a estimação da relação. Entretanto, se as observações dos dois grupos são combinadas, então a relação estimada final deve ser um meio-termo entre as duas relações reais. Isso faz com que os resultados sejam viesados, porque uma causa não-especificada está afetando a estimação da relação.

Outra fonte comum de erros correlacionados são os dados em série temporal. Como é de se esperar, os dados para qualquer período de tempo estão altamente relacionados com os dados em momentos anteriores e posteriores. Assim, previsões e erros de previsão estarão necessariamente correlacionados. Esse tipo de dado conduz à criação de programas especializados em análise de séries temporais e esse padrão de observações correlacionadas.

Para identificar erros correlacionados, o pesquisador deve primeiro identificar possíveis causas. Valores para uma variável devem ser agrupados ou ordenados sobre a variável suspeita e então examinados em busca de padrões. Em nosso exemplo anterior, uma vez que a causa potencial é identificada, o pesquisador poderia ver se diferenças existiam entre os grupos. Encontrar diferenças nos erros de previsão nos dois grupos seria então a base para determinar que um efeito não-especificado estava "provocando" os erros correlacionados. Para outros tipos de dados, como dados em séries temporais, podemos ver tendências ou padrões quando ordenamos os dados (p. ex., por período de tempo para séries temporais). Essa variável de ordenação (tempo, neste caso), se não incluída na análise de alguma maneira, causaria a correlação dos erros e criaria vieses substanciais nos resultados.

Ações corretivas para erros correlacionados. Os erros correlacionados devem ser corrigidos pela inclusão do fator causal omitido na análise multivariada. Em nosso exemplo anterior, o pesquisador acrescentaria uma variável que indicasse em qual classe os respondentes estavam. A correlação mais comum é o acréscimo de uma variável (ou mais) à análise, que represente o fator omitido. A tarefa-chave do pesquisador não é propriamente a ação corretiva, mas a identificação do efeito não-especificado e um meio de representá-lo na análise.

Visão geral de teste para suposições estatísticas. O pesquisador encara aquilo que pode parecer uma tarefa impossível: satisfazer todas essas suposições estatísticas ou correr o risco de uma análise falha e com vieses. Queremos observar que mesmo que essas suposições estatísticas sejam importantes, o pesquisador deve usar seu julgamento na interpretação dos testes para cada premissa e na decisão sobre quando aplicar ações corretivas. Mesmo análises com amostras pequenas podem suportar pequenos, mas significantes, desvios da normalidade. O que é mais importante para o pesquisador é entender as implicações de cada premissa em relação à técnica de interesse, tentando algo intermediário entre a necessidade de satisfazer as suposições versus a robustez da técnica e contexto de pesquisa. As orientações a seguir nas Regras Práticas 2-5 tentam retratar os aspectos mais pragmáticos das suposições e as reações que podem ser tomadas pelos pesquisadores.

Transformações de dados

As **transformações de dados** fornecem um meio para modificar variáveis devido a uma entre duas razões: (1) para corrigir violações das suposições estatísticas inerentes às técnicas multivariadas, ou (2) para melhorar a relação (correlação) entre variáveis. As transformações de dados podem ser sustentadas por motivos que são "teóricos" (transformações cuja justificativa é baseada na natureza

---

REGRAS PRÁTICAS 2-5

Teste das suposições estatísticas

- Normalidade pode ter sérios efeitos em pequenas amostras (com menos de 50 casos), mas o impacto diminui efetivamente quando a amostra atinge 200 casos ou mais.
- A maioria dos casos de heteroscedasticidade são um resultado de não-normalidade em uma ou mais variáveis; assim, corrigir normalidade* pode não ser necessário devido ao tamanho de amostra, mas pode ser necessário para igualar a variância.
- Relações não-lineares podem ser bem definidas, mas seriamente subestimadas a menos que os dados sejam transformados em um padrão linear ou componentes de modelo explícito sejam usados para representar a porção não-linear da relação.
- Erros correlacionados surgem de um processo que deve ser tratado de forma muito parecida com a perda de dados; ou seja, o pesquisador deve primeiramente definir as causas entre variáveis como internas ou externas ao conjunto de dados; se não forem descobertas e remediadas, sérios vieses podem acontecer nos resultados, muitas vezes desconhecidos pelo pesquisador.

---

dos dados) ou "derivados dos dados" (onde as transformações são estritamente sugeridas por um exame dos dados). Em qualquer caso, o pesquisador deve proceder muitas vezes por tentativa e erro, monitorando as melhorias versus a necessidade de transformações adicionais.

Todas as transformações descritas aqui são facilmente executáveis por simples comandos nos pacotes computacionais estatísticos mais comuns. Concentramo-nos em transformações que podem ser computadas dessa maneira, apesar de métodos mais sofisticados e complicados de transformação de dados estarem disponíveis (por exemplo, ver Box e Cox [3]).

Transformações para atingir normalidade e homocedasticidade

As transformações de dados fornecem os principais meios para corrigir a não-normalidade e a heteroscedasticidade. Em ambos os casos, os padrões das variáveis sugerem transformações específicas. Para distribuições não-normais, os padrões mais comuns são distribuições achatadas e assimétricas. Para a distribuição achatada, a transformação mais usual é a inversa (por exemplo, $1/Y$ ou $1/X$). As distribuições assimétricas podem ser transformadas calculando-se a raiz quadrada, logaritmos, quadrados ou cubos (X^2 ou X^3), ou mesmo o inverso da variável. Geralmente, as distribuições negativamente assimétricas são melhor transformadas empregando-se uma transformação de quadrado ou cubo, enquanto o logaritmo ou a raiz quadrada normalmente fun-

---

* N. de R. T.: A frase correta seria "corrigir não-normalidade".

cionam melhor em assimetrias positivas. Em muitos casos, o pesquisador pode aplicar todas as transformações possíveis e então selecionar a variável transformada mais apropriada.

A heteroscedasticidade é um problema associado, e em muitos casos "curar" este problema também lidará com questões de normalidade. A heteroscedasticidade também ocorre devido à distribuição da(s) variável(is). Quando se examina o diagrama de dispersão, o padrão mais comum é a distribuição em forma de cone. Se o cone abre à direita, considere a inversa; se o cone abre para a esquerda, considere a raiz quadrada. Algumas transformações podem ser associadas com certos tipos de dados. Por exemplo, as contagens de freqüência sugerem uma transformação de raiz quadrada; as proporções são melhor transformadas por arco seno $\left(X_{novo} = 2 \arcsen \sqrt{X_{velho}}\right)$; e a mudança proporcional é mais fácil de manobrar calculando-se o logaritmo da variável. Em todos os casos, uma vez que as transformações tenham sido efetuadas, os dados transformados devem ser testados para ver se a ação corretiva desejada foi conseguida.

Transformações para atingir linearidade

Existem muitos procedimentos para conseguir linearidade entre duas variáveis, mas as relações não-lineares mais simples podem ser classificadas em quatro categorias (ver Figura 2-10). Em cada quadrante, as transformações potenciais para as variáveis dependente e independente são mostradas. Por exemplo, se a relação se parece com a da Figura 2-10a, então cada variável pode ser elevada ao quadrado para obter linearidade. Quando múltiplas possibilidades de transformações forem exibidas, comece com o método do topo em cada quadrante e vá descendo até a linearidade ser conseguida. Uma abordagem alternativa é usar variáveis adicionais, chamadas de polinômios, para representar as componentes não-lineares. Esse método é discutido em mais detalhes no Capítulo 4.

Orientações gerais para transformações

Existem muitas possibilidades para transformar os dados para atender as suposições estatísticas exigidas. Exceto aspectos técnicos do tipo de transformação, diversos pontos são apresentados nas Regras Práticas 2-6 para lembrar quando se deve fazer transformações de dados.

Uma ilustração do teste das suposições inerentes à análise multivariada

Para ilustrar as técnicas envolvidas no teste dos dados referente ao atendimento das suposições inerentes à análise multivariada e fornecer uma fundamentação para o uso dos dados em capítulos que se seguem, o conjunto de dados introduzido no Capítulo 1 será examinado. No curso da análise, as suposições de normalidade, homocedasticidade e linearidade serão cobertas. A quarta suposição básica, a ausência de erros correlacionados, pode ser discutida apenas no contexto de um modelo multivariado específico; ela será abordada em capítulos posteriores para cada técnica multivariada. Será enfatizado o exame das variáveis métricas, apesar de as variáveis não-métricas serem avaliadas onde for apropriado.

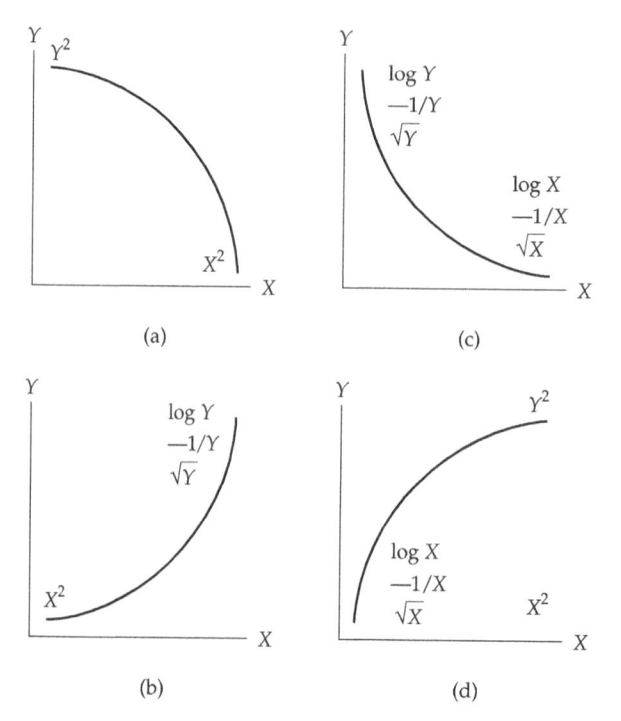

FIGURA 2-10 Seleção de transformações para atingir linearidade.
Fonte: F. Mosteller and J. W. Tukey, Data Analysis and Regression. Reading, MA: Addison-Wesley, 1977.

> ### REGRAS PRÁTICAS 2-6
>
> **Transformação de dados**
>
> - Para julgar o impacto potencial de uma transformação, calcule a proporção entre a média da variável e seu desvio padrão:
>   - Efeitos perceptíveis devem ocorrer quando a proporção é menor do que 4.
>   - Quando a transformação puder ser realizada em qualquer uma de duas variáveis, escolha a variável com a menor proporção.
> - As transformações devem ser aplicadas nas variáveis independentes, exceto no caso de heteroscedasticidade.
> - A heteroscedasticidade pode ser remediada apenas pela transformação da variável dependente em uma relação de dependência; se uma relação heteroscedástica é também não-linear, a variável dependente, e talvez as independentes, deve(m) ser transformada(s).
> - As transformações podem mudar a interpretação das variáveis; por exemplo, transformar variáveis calculando seu logaritmo traduz a relação em uma medida de mudança proporcional (elasticidade); sempre se assegure de explorar meticulosamente as interpretações possíveis das variáveis transformadas.
> - Use variáveis em seu formato original (não transformadas) quando caracterizar ou interpretar resultados.

Normalidade

A avaliação de normalidade das variáveis métricas envolve tanto medidas empíricas das características da forma de uma distribuição (assimetria e curtose) quanto gráficos de probabilidade normal. As medidas empíricas fornecem uma indicação das variáveis com desvios significantes da normalidade, e os gráficos de probabilidade normal produzem um retrato visual da forma da distribuição. Os dois tipos de descrições complementam-se quando são selecionadas as transformações apropriadas.

> A Tabela 2-11 e a Figura 2-11 contêm as medidas empíricas e os gráficos de probabilidade normal para as variáveis métricas em nosso conjunto de dados. Nossa primeira preocupação é sobre as medidas empíricas refletindo a forma da distribuição (assimetria e curtose) bem como um teste estatístico de normalidade (o teste de Kolmogorov-Smirnov modificado). Entre as 17 variáveis métricas, apenas 6 (X_6, X_7, X_{12}, X_{13}, X_{16} e X_{17}) exibem algum desvio de normalidade nos testes gerais. Quando vemos as características de formato, desvios significantes foram encontrados para assimetria (X_7) e curtose (X_6). Deve-se notar que somente duas variáveis foram encontradas com características de formato diferentes da curva normal, enquanto seis variáveis foram identificadas com os testes gerais. O teste geral não fornece qualquer idéia quanto às transformações que sejam as melhores, ao passo que as características de formato oferecem diretrizes para possíveis transformações. O pesquisador pode também usar os gráficos de probabilidade normal para identificar a forma da distribuição. A Figura 2-11 contém os gráficos de probabilidade normal para as seis variáveis com distribuições-normais. Por combinação de informações, dos métodos empírico e gráfico, o pesquisador pode caracterizar a distribuição não-normal antes de selecionar uma transformação (ver Tabela 2-11 para uma descrição de cada distribuição não-normal).
>
> A Tabela 2-11 também sugere a ação corretiva adequada para cada uma das variáveis. Duas variáveis (X_6 e X_{16}) foram transformadas via raiz quadrada*. X_7 foi transformada por logaritmo, enquanto X_{17} foi elevada ao quadrado, e X_{13}, ao cubo. Apenas X_{12} não pôde ser transformada para melhorar suas características de distribuição. Para as outras cinco variáveis, seus testes de normalidade foram agora ou não-significantes (X_{16} e X_{17}), ou sensivelmente melhorados para níveis mais aceitáveis (X_6, X_7 e X_{13}). A Figura 2-12 demonstra o efeito da transformação sobre X_{17} ao atingir normalidade. A X_{17} transformada aparece muito mais normal nas representações gráficas, e os descritores estatísticos também foram melhorados. O pesquisador sempre deve examinar as variáveis transformadas de maneira tão rigorosa quanto às variáveis originais no que se refere a sua normalidade e formato da distribuição.
>
> No caso da variável remanescente (X_{12}), nenhuma das transformações poderia melhorar a normalidade. Essa variável deverá ser usada em sua forma original. Em situações onde a normalidade das variáveis é crítica, as variáveis transformadas podem ser empregadas com a garantia de que elas atendem as suposições de normalidade. Mas os desvios de normalidade não são tão extremos em qualquer uma das variáveis originais a ponto de jamais poderem ser usados na análise em sua forma original. Se a técnica tem uma robustez para desvios da normalidade, então as variáveis originais podem ser preferenciais para a comparabilidade na fase de interpretação.

Homocedasticidade

Todos os pacotes estatísticos têm testes para avaliar a homocedasticidade em uma base univariada (p. ex., o teste de Levene em SPSS) onde a variância de uma variável métrica é comparada em níveis de uma variável não-métrica. Para nossos propósitos, examinamos cada variável métrica ao longo das cinco variáveis não-métricas no conjunto de dados. Essas são análises apropriadas na preparação para análise de variância, ou análise multivariada de variância,

---

* N. de R. T.: Pela Tabela 2-11, as variáveis X_6 e X_{16} foram elevadas ao quadrado e a X_{17} ficou na forma inversa.

TABELA 2-11 Características de distribuição, teste de normalidade e possíveis ações corretivas

	DESCRITORES DE FORMA				Testes de normalidade		Descrição da distribuição	Ações corretivas aplicáveis	
	Assimetria		Curtose						
Variável	Estatística	Valor z	Estatística	Valor z	Estatística	Significância		Transformação	Significância após ação corretiva
Características da firma									
X_6	−0,245	−1,01	−1,132	−2,37	0,109	**0,005**	Distribuição quase uniforme	Termo quadrado	0,015
X_7	0,660	**2,74**	0,735	1,54	0,122	**0,001**	Com pico e assimetria positiva	Logaritmo	0,037
X_8	−0,203	−0,84	−0,548	−1,15	0,060	0,200[a]	Distribuição normal		
X_9	−0,136	−0,56	−0,586	−1,23	0,051	0,200[a]	Distribuição normal		
X_{10}	0,044	0,18	−0,888	−1,86	0,065	0,200[a]	Distribuição normal		
X_{11}	−0,092	−0,38	−0,522	−1,09	0,060	0,200[a]	Distribuição normal		
X_{12}	0,377	1,56	0,410	0,86	0,111	**0,004**	Assimetria levemente positiva e com pico	Nenhuma	—
X_{13}	−0,240	−1,00	−0,903	−1,89	0,106	**0,007**	Com pico	Termo cúbico	0,022
X_{14}	0,008	0,03	−0,445	−0,93	0,064	0,200[a]	Distribuição normal		
X_{15}	0,299	1,24	0,016	0,03	0,074	0,200[a]	Distribuição normal		
X_{16}	−0,334	−1,39	0,244	0,51	0,129	**0,000**	Assimetria negativa	Termo quadrado	0,066
X_{17}	0,323	1,34	−0,816	−1,71	0,101	**0,013**	Com pico e assimetria positiva	Inversa	0,187
X_{18}	−0,463	−1,92	0,218	0,46	0,084	0,082	Distribuição normal		
Medidas de desempenho									
X_{19}	0,078	0,32	−0,791	−1,65	0,078	0,137	Distribuição normal		
X_{20}	0,044	0,18	−0,089	−0,19	0,077	0,147	Distribuição normal		
X_{21}	−0,093	−,39	−0,090	−0,19	0,073	0,200[a]	Distribuição normal		
X_{22}	−0,132	−,55	−0,684	−1,43	0,075	0,180	Distribuição normal		

[a]Limite inferior de verdadeira significância
Nota: Os valores z são obtidos pela divisão da estatística pelos erros padrão adequados de 0,241 (assimetria) e 0,478 (curtose). As equações para calcular os erros padrão são dadas no texto.

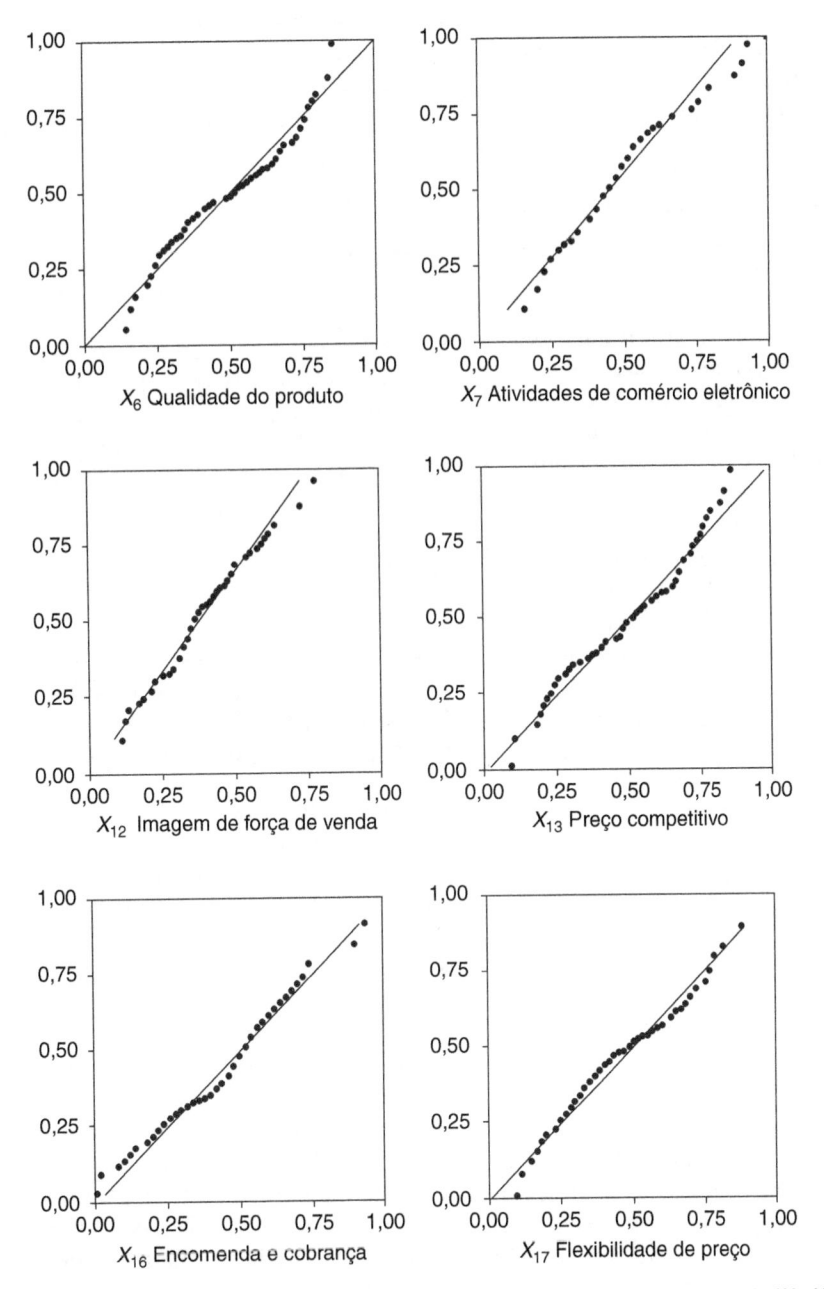

FIGURA 2-11 Gráficos de probabilidade normal (NPP) de variáveis métricas não-normais (X_6, X_7, X_{12}, X_{13}, X_{16} e X_{17}).

nas quais as variáveis não-métricas são as independentes, ou para análise discriminante, na qual as variáveis não-métricas são as medidas dependentes.

Os testes para homocedasticidade de duas variáveis métricas, encontrados em métodos como regressão múltipla, são melhor executados por meio de análise gráfica, particularmente uma análise dos resíduos. O leitor interessado deve ler o Capítulo 4 para uma discussão completa da análise de resíduos e dos padrões de resíduos que indicam heteroscedasticidade.

A Tabela 2-12 contém os resultados do teste Levene para cada variável não-métrica. Entre os fatores de desempenho, apenas X_4 (Região) tem problemas visíveis com heteroscedasticidade. Para as 13 variáveis características da firma, somente X_6 e X_{17} apresentam padrões de heteroscedasticidade em mais de uma variável não-métrica. Além disso, nenhuma variável não-métrica tem mais de duas variáveis métricas problemáticas. As implicações reais desses casos de heteroscedasticidade devem ser examinadas sempre que diferenças em grupos forem analisadas com o uso de variáveis não-métricas como variáveis independentes, e essas variáveis métricas, como dependentes. A relativa falta de problemas ou de padrões consistentes ao longo de cada variável não-métrica sugere que os problemas de heteroscedasticidade serão mínimos. Se forem encontradas violações dessa suposição, as transformações de variáveis estarão disponíveis para ajudar na correção a dispersão de variância.

A habilidade de transformações para tratar do problema de heteroscedasticidade para X_{17}, se desejada, é também mostrada na Figura 2-12. Antes de aplicar a transformação logarítmica, as condições de heteroscedasticidade foram encontradas em três das cinco variáveis não-métricas. A transformação não apenas corrigiu o problema de não-normalidade, mas também eliminou os problemas de heteroscedasticidade. No entanto, deve ser observado que diversas transformações "solucionam" o problema de normalidade*, mas apenas a transformação logarítmica também trata da heteroscedasticidade, o que demonstra a relação entre normalidade e heteroscedasticidade e o papel de transformações na abordagem de cada questão.

Linearidade

A suposição final a ser examinada é a linearidade das relações. No caso de variáveis individuais, ela se relaciona com os padrões de associação entre cada par de variáveis e com a capacidade do coeficiente de correlação em representar adequadamente a relação. Se relações não-lineares são indicadas, então o pesquisador pode transformar uma ou ambas as variáveis para conseguir linearidade, ou criar variáveis adicionais para representar as componentes não-lineares. Para nossos propósitos, contamos com a inspeção visual das relações para determinar se relações não-lineares estão presentes. O leitor pode consultar na Figura 2-3 a matriz de dispersão, que contém o diagrama de dispersão de variáveis métricas selecionadas no conjunto de dados. O exame dos diagramas de dispersão não revela qualquer relação não-linear aparente. Uma revisão dos diagramas de dispersão não exibidos na Figura 2-3 também não revelou qualquer relação não-linear aparente. Desse modo, transformações não são consideradas necessárias. A suposição de linearidade também será verificada para o modelo multivariado como um todo, como se faz no exame de resíduos em regressão múltipla.

Resumo

A série de testes gráficos e estatísticos usada para avaliar as suposições inerentes às técnicas multivariadas revelou relativamente pouco em termos de violações das suposições. Onde as violações se mostraram presentes, elas eram relativamente pequenas e não deviam representar qualquer problema sério no curso da análise de dados. O pesquisador sempre é encorajado a executar esses exames simples dos dados, ainda que reveladores, para garantir que problemas potenciais possam ser identificados e resolvidos antes que a análise comece.

INCORPORAÇÃO DE DADOS NÃO-MÉTRICOS COM VARIÁVEIS DICOTÔMICAS

Um fator crítico na escolha e aplicação da técnica multivariada correta é cada propriedade de medida das variáveis dependentes e independentes (ver Capítulo 1 para uma discussão mais detalhada sobre a seleção de técnicas multivariadas). Algumas das técnicas, como a análise discriminante ou a análise multivariada de variância, requerem especificamente dados não-métricos como variáveis dependentes ou independentes. Em muitos casos, as variáveis métricas devem ser usadas como variáveis independentes, como na análise de regressão, na análise discriminante e na correlação canônica. Além disso, as técnicas de interdependência de análise fatorial e de agrupamentos geralmente exigem variáveis métricas. Até o momento, todas as discussões têm assumido medidas métricas para variáveis. O que podemos fazer quando as variáveis são não-métricas, com duas ou mais categorias? Variáveis não-métricas, como sexo, estado civil ou profissão, têm seu uso proibido em muitas técnicas multivariadas? A resposta é negativa, e agora discutimos como incorporar variáveis não-métricas em muitas dessas situações que requerem variáveis métricas.

O pesquisador tem a sua disposição um método para uso de certas variáveis, ditas **dicotômicas**, as quais atuam como variáveis de substituição para a variável não-métrica. *Uma variável dicotômica é aquela que representa uma categoria de uma variável independente não-métrica.* Qualquer variável não-métrica com k categorias pode ser representada por $k - 1$ variáveis dicotômicas. O exemplo a seguir ajudará a esclarecer esse conceito.

---
* N. de R. T.: A palavra correta seria "não-normalidade".

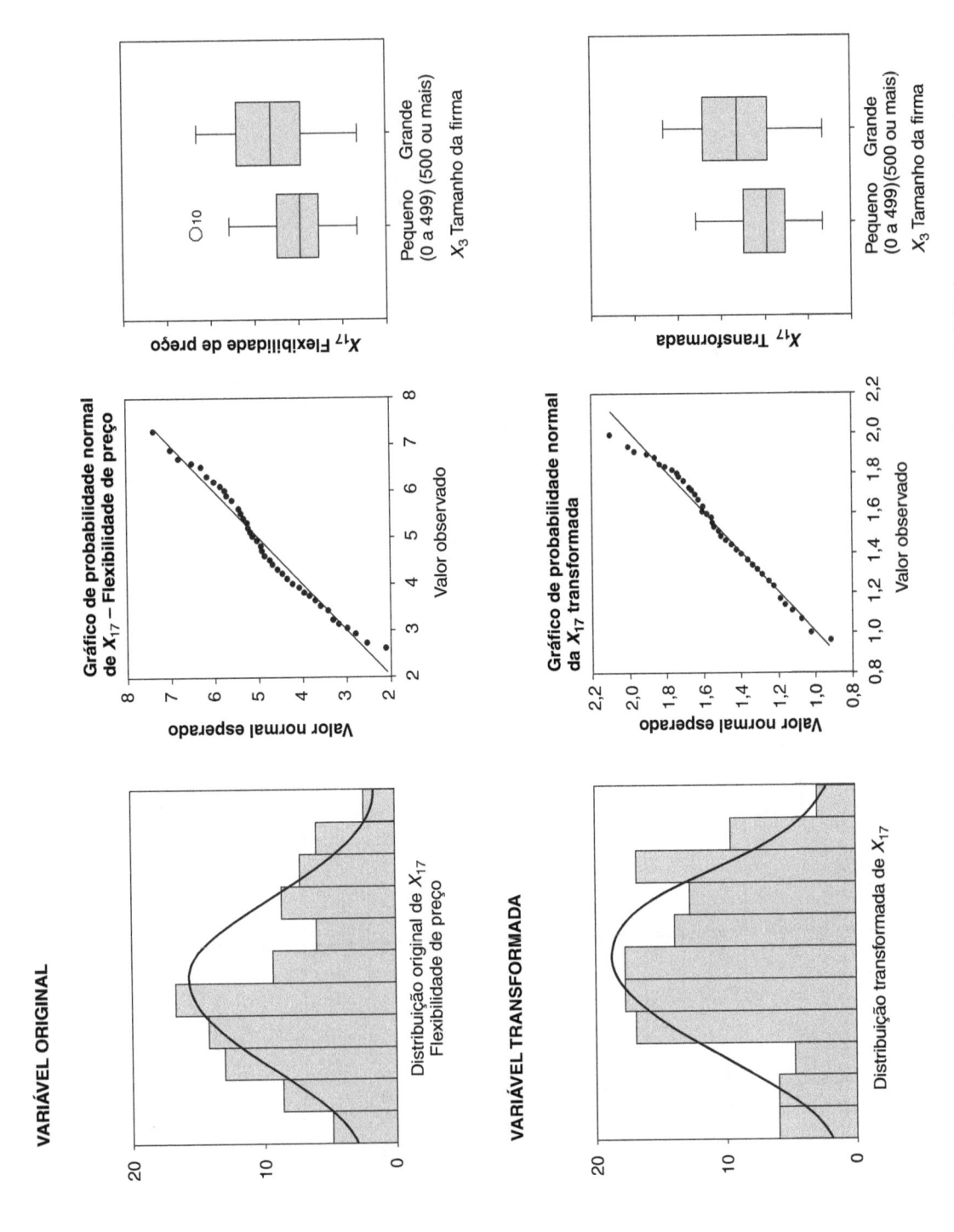

FIGURA 2-12 Transformação de X_{17} (Flexibilidade de preço) para conseguir normalidade e homocedasticidade.

Características de distribuição antes e após a transformação

	DESCRITORES DE FORMA				Teste de normalidade	
	Assimetria		Curtose			
Forma da variável	Estatística	Valor z^a	Estatística	Valor z^a	Estatística	Significância
X_{17} original	0,323	1,34	−0,816	−1,71	0,101	0,013
X_{17} transformada[b]	−0,121	0,50	−0,803	−1,68	0,080	0,117

[a] Os valores z são obtidos pela divisão da estatística pelos erros padrão adequados de 0,241 (assimetria) e 0,478 (curtose). As equações para calcular os erros padrão são dadas no texto.
[b] Transformação logarítmica

	Teste estatístico Levene				
Forma da variável	X_1 Tipo de cliente	X_2 Tipo de indústria	X_3 Tamanho da firma	X_4 Região	X_5 Sistema de distribuição
X_{17} original	5,56**	2,84	4,19*	16,21**	0,62
X_{17} transformada	2,76	2,23	1,20	3,11**	0,01

*Significante com nível de significância 0,05.
**Significante com nível de significância 0,01.

FIGURA 2-12 Continuação.

TABELA 2-12 Teste da homocedasticidade

| | VARIÁVEL NÃO-MÉTRICA/CATEGÓRICA ||||||||||
| | X_1 Tipo de cliente || X_2 Tipo de indústria || X_3 Tamanho da firma || X_4 Região || X_5 Sistema de distribuição ||
Variável métrica	Estatística Levene	Sign.	Estatística Levene	Sign.	Estatística Levene	Sign.	Estatística Levene	Sign.	Estatística Levene	Sign.
Características da firma										
X_6	**17,47**	**0,00**	0,01	0,94	0,02	0,89	**17,86**	**0,00**	0,48	0,49
X_7	0,58	0,56	0,09	0,76	0,09	0,76	0,05	0,83	2,87	0,09
X_8	0,37	0,69	0,48	0,49	1,40	0,24	0,72	0,40	0,11	0,74
X_9	0,43	0,65	0,02	0,88	0,17	0,68	0,58	0,45	1,20	0,28
X_{10}	0,74	0,48	0,00	0,99	0,74	0,39	1,19	0,28	0,69	0,41
X_{11}	0,05	0,95	0,15	0,70	0,09	0,76	3,44	0,07	1,72	0,19
X_{12}	2,46	0,09	0,36	0,55	0,06	0,80	1,55	0,22	1,55	0,22
X_{13}	0,84	0,43	**4,43**	**0,04**	1,71	0,19	0,24	0,63	2,09	0,15
X_{14}	2,39	0,10	2,53	0,11	**4,55**	**0,04**	0,25	0,62	0,16	0,69
X_{15}	1,13	0,33	0,47	0,49	1,05	0,31	0,01	0,94	0,59	0,45
X_{16}	1,65	0,20	0,83	0,37	0,31	0,58	2,49	0,12	**4,60**	**0,03**
X_{17}	**5,56**	**0,01**	2,84	0,10	**4,19**	**0,04**	**16,21**	**0,00**	0,62	0,43
X_{18}	0,87	0,43	0,30	0,59	0,18	0,67	2,25	0,14	**4,27**	**0,04**
Medidas de desempenho										
X_{19}	**3,40**	**0,04**	0,00	0,96	0,73	0,39	**8,57**	**0,00**	0,18	0,67
X_{20}	1,64	0,20	0,03	0,86	0,03	0,86	**7,07**	**0,01**	0,46	0,50
X_{21}	1,05	0,35	0,11	0,74	0,68	0,41	**11,54**	**0,00**	2,67	0,10
X_{22}	0,15	0,86	0,30	0,59	0,74	0,39	0,00	0,99	1,47	0,23

Notas: Valores representam a estatística Levene e a significância estatística na avaliação da dispersão de variância de cada variável métrica ao longo dos níveis das variáveis não-métricas/categóricas. Valores em negrito são estatisticamente significantes no nível menor ou igual a 0,05.

Primeiro, considere que queremos incluir sexo, que tem duas categorias, feminino e masculino. Também medimos o nível de renda familiar por três categorias (ver Tabela 2-13). Para representar a variável não-métrica sexo, criaríamos duas novas variáveis dicotômicas (X_1 e X_2), como mostrado na Tabela 2-13. X_1 representaria os indivíduos do sexo feminino com um valor 1 e daria a todos os do sexo masculino o valor 0. Do mesmo modo, X_2 representaria todos os indivíduos do sexo masculino com o valor 1 e daria aos do sexo feminino o valor 0. As duas variáveis (X_1 e X_2) não são necessárias, contudo, uma vez que, quando $X_1 = 0$, o sexo deve ser feminino por definição. Logo, precisamos incluir apenas uma das variáveis (X_1 ou X_2) para testar o efeito do sexo.

De modo semelhante, se também tivéssemos medido a renda familiar com três níveis, como mostrado na Tabela 2-13, definiríamos primeiro três variáveis dicotômicas (X_3, X_4 e X_5). No caso do sexo, não precisaríamos do conjunto inteiro de variáveis dicotômicas, e, em vez disso, usaríamos $k - 1$ variáveis dicotômicas, onde k é o número de categorias. Logo, usaríamos duas das variáveis dicotômicas para representar os efeitos da renda familiar.

Ao construir variáveis dicotômicas, duas abordagens podem ser usadas para representar as categorias, e, mais importante, a categoria que é omitida, conhecida como **categoria de referência** ou **grupo de comparação**.

- A primeira abordagem, conhecida como **codificação indicadora**, usa três maneiras para representar os níveis de renda familiar com duas variáveis dicotômicas, como mostrado na Tabela 2-14. *Uma consideração importante é a categoria de referência ou grupo de comparação, a categoria que recebeu todos os zeros para as variáveis dicotômicas.* Por exemplo, na análise de regressão, os coeficientes de regressão para as variáveis dicotômicas representam *desvios do grupo de comparação sobre a variável dependente*. Os desvios representam as diferenças entre escores médios da variável dependente para cada grupo de respondentes (representado por uma variável dicotômica) e o grupo de comparação. Essa forma é mais apropriada em um grupo de comparação lógica, como em um experimento. Em um experimento com um grupo de controle que atua como o grupo de comparação, os coeficientes são as diferenças de médias da variável dependente para cada grupo de tratamento em relação ao grupo de controle. Sempre que a codificação de variável dicotômica é usada, devemos estar cientes do grupo de comparação e lembrar dos impactos que ele tem em nossa interpretação das demais variáveis.

- Um método alternativo de codificação de variáveis dicotômicas se chama **codificação de efeitos**. É o mesmo que codificação indicadora, exceto que o grupo de comparação (o grupo que tem todos os zeros na codificação indicadora) agora recebe o valor –1 no lugar de 0 para as variáveis dicotômicas. Nesse caso, os coeficientes representam diferenças de qualquer grupo em relação à média de todos os grupos, e não em relação ao grupo omitido. Ambas as formas de codificação de variáveis dicotômicas fornecerão os mesmos resultados; as únicas diferenças serão na interpretação dos coeficientes das variáveis dicotômicas.

As variáveis dicotômicas são empregadas com mais freqüência em análise de regressão e análise discriminante, onde os coeficientes têm interpretação direta. Seu uso em outras técnicas multivariadas é mais limitado, especialmente naquelas que se sustentam em padrões de correlação, como análise fatorial, pois a correlação de uma variável binária não é bem representada pelo tradicional coeficiente de correlação de Pearson. No entanto, considerações especiais podem ser feitas nesses casos, como se discute nos capítulos apropriados.

TABELA 2-13 Representação de variáveis não-métricas com variáveis dicotômicas

Variável não-métrica com duas categorias (sexo)		Variável não-métrica com três categorias (nível de renda familiar)	
Sexo	Variáveis dicotômicas	Nível de renda familiar	Variáveis dicotômicas
Feminino	$X_1 = 1$, ou $X_1 = 0$	se < \$ 15.000	$X_3 = 1$, ou $X_3 = 0$
Masculino	$X_2 = 1$, ou $X_2 = 0$	se ≥ \$ 15.000 & ≤ \$ 25.000	$X_4 = 1$, ou $X_4 = 0$
		se > \$ 25.000	$X_5 = 1$, ou $X_5 = 0$

TABELA 2-14 Padrões alternativos de codificação de variável dicotômica para uma variável não-métrica com três categorias

	Padrão 1		Padrão 2		Padrão 3	
Nível de renda familiar	X_1	X_2	X_1	X_2	X_1	X_2
se < \$ 15.000	1	0	1	0	0	0
se ≥ \$ 15.000 & ≤ \$ 25.000	0	1	0	0	1	0
se > \$ 25.000	0	0	0	1	0	1

Resumo

Pesquisadores devem examinar e explorar a natureza dos dados e as relações entre variáveis antes da aplicação de qualquer técnica multivariada. Este capítulo ajuda o pesquisador a fazer o seguinte:

Selecionar o método gráfico adequado para examinar as características dos dados ou relações de interesse. O uso de técnicas multivariadas coloca um fardo adicional sobre o pesquisador para entender, avaliar e interpretar os resultados mais complexos. Ele demanda uma profunda compreensão das características básicas dos dados e relações inerentes. A primeira tarefa no exame de dados é determinar o caráter dos dados. Uma técnica simples, mas poderosa, é através de representações gráficas, que podem retratar as qualidades univariadas, bivariadas ou mesmo multivariadas dos dados em um formato visual para facilitar representação e análise. O ponto de partida para compreender a natureza de uma única variável é caracterizar o formato de sua distribuição, o que se consegue com um histograma. O método mais popular para examinar relações bivariadas é o diagrama de dispersão, um gráfico de pontos de dados sobre duas variáveis. Pesquisadores também devem examinar perfis multivariados. Três tipos de gráficos são usados. O primeiro é um retrato direto dos valores dos dados, ou por glifos que representam os dados em círculos, ou perfis multivariados que fornecem uma visualização por barras para cada observação. Um segundo tipo de retrato multivariado envolve uma transformação dos dados originais em uma relação matemática, que pode então ser retratada graficamente. A técnica mais comum deste tipo é a transformação de Fourier. A terceira técnica gráfica é a representatividade iconográfica, sendo que a mais popular é a face de Chernoff.

Avaliar o tipo de potencial impacto de dados perdidos. A despeito de alguns dados perdidos poderem ser ignorados, perda de dados ainda é um dos aspectos mais problemáticos na maioria dos planejamentos de pesquisa. Na melhor das hipóteses, ela é uma inconveniência que deve ser corrigida para viabilizar que a maior parte possível da amostra seja analisada. Em situações mais complicadas, porém, a perda de dados pode provocar sérios vieses nos resultados se não for corretamente identificada e acomodada na análise. O processo de quatro passos para identificação de dados perdidos e aplicação de ações corretivas é como se segue:

1. Determinar o tipo de dados perdidos, e se eles podem ou não ser ignorados.
2. Determinar a extensão de perda de dados e decidir se respondentes ou variáveis devem ser eliminados.
3. Diagnosticar a aleatoriedade dos dados perdidos.
4. Selecionar o método de atribuição para estimação de dados perdidos.

Compreender os diferentes tipos de processos de perda de dados. Um processo de perda de dados é a causa inerente aos dados perdidos, se é algo envolvendo o processo de coleta de dados (questões pobremente articuladas etc.) ou indivíduos (relutância ou falta de habilidade para responder etc.). Quando dados perdidos não são ignoráveis, o processo de perda de dados pode ser classificado em um entre dois tipos. O primeiro é MCAR, que denota que os efeitos do processo de perda de dados estão distribuídos ao acaso nos resultados e podem ser remediados sem qualquer viés. O segundo é MAR, o qual denota o fato de que o processo inerente resulta em um viés (p. ex., taxa de resposta mais baixa por um certo tipo de consumidor), e qualquer ação corretiva deve garantir que não apenas "consertará" os dados perdidos, mas também não incorrerá em vieses no processo.

Explicar as vantagens e desvantagens das abordagens disponíveis para lidar com dados perdidos. As ações corretivas para dados perdidos seguem uma entre duas abordagens: usar apenas dados válidos, ou calcular dados de substituição para os dados perdidos. Ainda que o emprego de somente dados válidos pareça uma idéia razoável, o pesquisador deve lembrar que ao fazer isso não se protege contra o efeito completo de vieses resultantes de processos não-aleatórios de dados (MAR). Logo, tais abordagens podem ser usadas somente quando processos aleatórios de dados (MCAR) estão presentes, e somente se a amostra não está muito esgotada para a análise em questão (lembre-se que dados perdidos excluem um caso para uso na análise). O cálculo de valores de substituição tenta atribuir um valor para cada caso perdido, com base em critérios que variam do escore médio geral da amostra para a variável até características específicas do caso usadas em uma relação preditiva. Novamente, o pesquisador deve primeiramente considerar se os efeitos são MCAR ou MAR, e então selecionar uma ação corretiva que equilibre a especificidade da ação versus a extensão dos dados perdidos e seu efeito sobre generalidade.

Identificar observações atípicas univariadas, bivariadas e multivariadas. Observações atípicas são aquelas com uma combinação única de características indicando que elas são distintamente diferentes das demais observações. Essas diferenças podem ser sobre uma única variável (observação atípica univariada), uma relação entre duas variáveis (observação atípica bivariada), ou ao longo de um conjunto inteiro de variáveis (caso multivariado). Apesar de as causas para observações atípicas serem variadas, a questão primária a ser resolvida é sua representatividade e se a observação ou variável deveria ser eliminada ou incluída na amostra a ser analisada.

Testar seus dados para as suposições inerentes à maioria das técnicas multivariadas. Como nossas análise envolvem o uso de uma amostra e não da população, devemos nos concentrar no atendimento das suposições do processo de inferência estatística, o que é fundamental para todas as técnicas estatísticas multivariadas. As suposições mais importantes incluem normalidade, homocedasticidade, linearidade e ausência de erros correlacionados. Uma vasta gama de testes, desde retratos gráficos até medidas empíricas, está disponível para determinar se suposições estão sendo atendidas. Pesquisadores se confrontam com aquilo que pode parecer uma tarefa impossível: satisfazer todas essas premissas estatísticas ou correr o risco de uma análise viesada ou errônea. Essas suposições estatísticas são importantes, mas um julgamento deve ser feito para saber como interpretar os testes para cada premissa e quando aplicar ações corretivas. Mesmo análises com amostras pequenas podem suportar pequenos, mas significantes, desvios da normalidade. O que é mais importante para o pesquisador é compreender as implicações de cada suposição com relação, à técnica de interesse, buscando uma opção intermediaria entre a necessidade de satisfazer as premissas versus a robustez da técnica e do contexto de pesquisa.

Determinar o melhor método de transformação de dados para um problema específico. Quando as suposições estatísticas não são atendidas, isso não caracteriza necessariamente um problema fatal que impede qualquer análise. O pesquisador pode ser capaz de aplicar qualquer número de transformações aos dados em questão que resolverão o problema e permitirão satisfazer as premissas. Transformações de dados fornecem uma maneira de modificar variáveis por uma entre duas razões: (1) para corrigir violações das suposições estatísticas inerentes às técnicas multivariadas ou (2) para melhorar a relação (correlação) entre variáveis. A maioria das transformações envolve a modificação de uma ou mais variáveis (p. ex., calcular a raiz quadrada, o logaritmo ou o inverso) e então usar o valor transformado na análise. Deve ser observado que os dados inerentes ainda estão intactos, sendo que somente seu caráter de distribuição mudou de forma a atender às premissas estatísticas necessárias.

Entender como incorporar variáveis não-métricas como métricas. Uma consideração importante na escolha e aplicação da técnica multivariada correta se refere às propriedades de medida das variáveis dependentes e independentes. Algumas das técnicas, como análise discriminante ou análise multivariada de variância, especificamente exigem dados não-métricos como variáveis dependentes ou independentes. Em muitos casos, os métodos multivariados exigem que variáveis métricas sejam usadas. No entanto, variáveis não-métricas são freqüentemente de considerável interesse ao pesquisador em uma análise particular. Um método está disponível para representar uma variável não-métrica com um conjunto de variáveis dicotômicas, de modo que ele pode ser incluído em muitas das análises que demandam apenas variáveis métricas.

Uma variável dicotômica é aquela que foi convertida para uma distribuição métrica e representa uma categoria de uma variável independente não-métrica.

Tempo e esforço consideráveis podem ser dedicados nessas atividades, mas o pesquisador prudente sabiamente investe os recursos necessários para examinar cuidadosamente os dados para garantir que os métodos multivariados são aplicados em situações adequadas e para auxiliar em uma interpretação mais profunda e esclarecedora dos resultados.

Questões

1. Explique como os métodos gráficos podem complementar medidas empíricas no exame de dados.
2. Faça uma lista das causas inerentes de observações atípicas. Certifique-se de incluir atribuições ao respondente e ao pesquisador.
3. Discuta por que as observações atípicas podem ser classificadas como benéficas e problemáticas.
4. Diferencie os dados que são perdidos ao acaso (MAR) e os perdidos completamente ao acaso (MCAR). Explique como cada tipo causa impacto na análise de dados perdidos.
5. Descreva as condições sob as quais um pesquisador eliminaria um caso com dados perdidos versus as condições sob as quais ele usaria um método de atribuição.
6. Avalie a seguinte afirmação: a fim de executar a maioria das análises multivariadas, não é necessário atender a todas as suposições de normalidade, linearidade, homocedasticidade e independência.
7. Discuta a seguinte afirmação: A análise multivariada pode ser executada em qualquer conjunto de dados, desde que o tamanho da amostra seja adequado.

Leituras sugeridas

Uma lista de leituras sugeridas que ilustram as questões de exame de dados em aplicações específicas está disponível na Web em www.prenhall.com/hair (em inglês).

Referências

1. Anderson, Edgar. 1969. A Semigraphical Method for the Analysis of Complex Problems. *Technometrics* 2 (August): 387–91.
2. Arbuckle, J. 1996. Full Information Estimation in the Presence of Incomplete Data. In *Advanced Structural Equation Modeling: Issues and Techniques*, G. A.-Marcoulides and R. E. Schumacher (eds.). Mahwah,-NJ: LEA.
3. Box, G. E. P., and D. R. Cox. 1964. An Analysis of Transformations. *Journal of the Royal Statistical Society B* 26: 211–43.
4. Brown, R. L. 1994. Efficacy of the Indirect Approach for Estimating Structural Equation Models with Missing Data: A Comparison of Five Methods. *Structural Equation Modeling* 1: 287–316.
5. Chernoff, Herman. 1978. Graphical Representation as a Discipline. In *Graphical Representation of Multivariate Data*, Peter C. C. Wang (ed.). New York: Academic Press, pp. 1–11.

6. Cohen, Jacob, Stephen G. West, Leona Aiken, and Patricia Cohen. 2002. *Applied Multiple Regression/Correlation Analysis for the Behavioral Sciences,* 3rd ed. Hillsdale, NJ: Lawrence Erlbaum Associates.
7. Daniel, C., and F. S. Wood. 1999. *Fitting Equations to Data,* 2nd ed. New York: Wiley-Interscience.
8. Dempster, A. P., and D. B. Rubin. 1983. Overview. In *Incomplete Data in Sample Surveys: Theory and Annotated Bibliography,* Vol. 2., Madow, Olkin, and Rubin (eds.). New York: Academic Press.
9. Duncan, T. E., R. Omen, and S. C. Duncan. 1994. Modeling Incomplete Data in Exercise Behavior Using Structural Equation Methodology. *Journal of Sport and Exercise Psychology* 16: 187–205.
10. Feinberg, Stephen. 1979. Graphical Methods in Statistics. *American Statistician* 33 (November): 165–78.
11. Graham, J. W., and S. W. Donaldson. 1993. Evaluating Interventions with Differential Attrition: The Importance of Nonresponse Mechanisms and Use of Follow-up Data. *Journal of Applied Psychology* 78: 119–28.
12. Graham, J. W., S. M. Hofer, and D. P. MacKinnon. 1996. Maximizing the Usefulness of Data Obtained with Planned Missing Value Patterns: An Application of Maximum Likelihood Procedures. *Multivariate Behavioral Research* 31(2): 197–218.
13. Gnanedesikan, R. 1977. *Methods for Statistical Analysis of Multivariate Distributions.* New York: Wiley.
14. Heitjan, D. F. 1997. Annotation: What Can Be Done About Missing Data? Approaches to Imputation. *American Journal of Public Health* 87(4): 548–50.
15. Hertel, B. R. 1976. Minimizing Error Variance Introduced by Missing Data Routines in Survey Analysis. *Sociological Methods and Research* 4: 459–74.
16. Johnson, R. A., and D. W. Wichern. 2002. *Applied Multivariate Statistical Analysis.* 5th ed. Upper Saddle River, NJ: Prentice Hall.
17. Kim, J. O., and J. Curry. 1977. The Treatment of Missing Data in Multivariate Analysis. *Sociological Methods and Research* 6: 215–41.
18. Little, Roderick J. A., and Donald B. Rubin. 2002. *Statistical Analysis with Missing Data.* 2nd ed. New-York: Wiley.
19. Malhotra, N. K. 1987. Analyzing Marketing Research Data with Incomplete Information on the Dependent Variables. *Journal of Marketing Research* 24: 74–84.
20. Raymonds, M. R., and D. M. Roberts. 1987. A Comparison of Methods for Treating Incomplete Data in Selection Research. *Educational and Psychological Measurement* 47: 13–26.
21. Roth, P. L. 1994. Missing Data: A Conceptual Review for Applied Psychologists. *Personnel Psychology* 47: 537–60.
22. Schafer, J. L. 1997. *Analysis of Incomplete Multivariate Data.* London: Chapman and Hall.
23. Stevens, J. 2001. *Applied Multivariate Statistics for the Social Sciences,* 4th ed. Hillsdale, NJ: Lawrence Erlbaum Publishing.
24. Wang, Peter C. C. (ed.). 1978. *Graphical Representation of Multivariate Data.* New York: Academic Press.
25. Weisberg, S. 1985. *Applied Linear Regression.* New York: Wiley.
26. Wilkinson, L. 1982. An Experimental Evaluation of Multivariate Graphical Point Representations. In *Human Factors in Computer Systems: Proceedings.* New York: ACM Press, pp. 202–9.

CAPÍTULO 3
Análise Fatorial

Objetivos de aprendizagem

Ao concluir este capítulo, você deverá ser capaz de:

- Diferenciar as técnicas de análise fatorial de outras técnicas multivariadas.
- Distinguir entre usos exploratórios e confirmatórios das técnicas analíticas fatoriais.
- Entender os sete estágios da aplicação da análise fatorial.
- Distinguir entre as análises fatoriais R e Q.
- Identificar as diferenças entre modelos de análise de componentes e análise de fatores comuns.
- Dizer como determinar o número de fatores a serem extraídos.
- Explicar o conceito de rotação de fatores.
- Descrever como nomear um fator.
- Explicar os usos adicionais de análise fatorial.
- Estabelecer as principais limitações de técnicas de análise fatorial.

Apresentação do capítulo

Durante a década passada, o uso da técnica estatística multivariada de análise fatorial aumentou em todas as áreas de pesquisa relacionadas a negócios. À medida que o número de variáveis a serem consideradas em técnicas multivariadas aumenta, há uma necessidade proporcional de maior conhecimento da estrutura e das inter-relações das variáveis. Este capítulo descreve a análise fatorial, uma técnica particularmente adequada para analisar os padrões de relações complexas multidimensionais encontradas por pesquisadores. Este capítulo define e explica em termos conceituais amplos os aspectos fundamentais das técnicas analíticas fatoriais. A análise fatorial pode ser utilizada para examinar os padrões ou relações latentes para um grande número de variáveis e determinar se a informação pode ser condensada ou resumida a um conjunto menor de fatores ou componentes. Para melhor esclarecer os conceitos metodológicos, também foram incluídas orientações básicas para apresentar e interpretar os resultados dessas técnicas.

Termos-chave

Antes de começar o capítulo, leia os termos-chave para compreender os conceitos e a terminologia empregados. Ao longo do capítulo, os termos-chave aparecem em **negrito**. Outros pontos que merecem destaque, além das referências cruzadas nos termos-chave, estão em *itálico*. Exemplos ilustrativos estão em quadros.

Alfa de Cronbach Medida de *confiabilidade* que varia de 0 a 1, sendo os valores de 0,60 a 0,70 considerados o limite inferior de aceitabilidade.

Análise de agrupamentos Técnica multivariada com o objetivo de agrupar respondentes ou casos com perfis similares em um dado conjunto de características. Semelhante à *análise fatorial Q*.

Análise de componentes Modelo fatorial no qual os fatores são baseados na variância total. Na análise de componentes, unidades (1s) são usadas na diagonal da *matriz de correlação*; esse procedimento implica computacionalmente que toda a variância é *comum* ou compartilhada.

Análise de fatores comuns Modelo fatorial no qual os fatores são baseados em uma matriz de correlação reduzida. Ou seja, *comunalidades* são inseridas na diagonal da matriz de *correlação* e os fatores extraídos são baseados apenas na *variância comum*, com as *variâncias específicas* e *de erro* excluídas.

Análise fatorial Q Forma grupos de respondentes ou casos com base em sua similaridade em um conjunto de características (ver também a discussão sobre análise de agrupamentos no Capítulo 9).

Análise fatorial R Analisa relações entre variáveis para identificar grupos de variáveis que formam dimensões latentes (*fatores*).

Autovalor Soma em coluna de cargas fatoriais ao quadrado para um fator; também conhecido como *raiz latente*. Representa a quantia de variância explicada por um fator.

Carga cruzada Uma variável tem duas ou mais *cargas fatoriais* excedendo o valor de referência considerado necessário para inclusão no processo de interpretação do fator.

Cargas fatoriais Correlação entre as variáveis originais e os fatores, bem como a chave para o entendimento da natureza de um fator em particular. As cargas fatoriais ao quadrado indicam qual percentual da variância em uma variável original é explicado por um fator.

Comunalidade Quantia total de variância que uma variável original compartilha com todas as outras variáveis incluídas na análise.

Confiabilidade Grau em que uma variável ou conjunto de variáveis é consistente com o que se pretende medir. Se múltiplas medidas são realizadas, as medidas confiáveis serão muito consistentes em seus valores. É diferente de *validade*, no sentido de que não se relaciona com o que deveria ser medido, mas com o modo como é medido.

Definição conceitual Especificação da base teórica para um conceito representado por um fator.

EQUIMAX Um dos métodos de rotação fatorial ortogonal que é um "meio-termo" entre as técnicas VARIMAX e QUARTIMAX, mas não é amplamente usado.

Erro de medida Imprecisões ao se medirem os "verdadeiros" valores das variáveis, devido à falibilidade do instrumento de medida (ou seja, escalas de resposta inapropriadas), aos erros na entrada de dados, ou aos erros dos respondentes.

Escalas múltiplas Método de combinação de diversas variáveis que medem o mesmo conceito em uma única variável como tentativa de aumentar a *confiabilidade* da medida. Na maioria dos casos, as variáveis separadas são somadas e então seu total ou escore médio é usado na análise.

Escore fatorial Medida composta criada para cada observação de cada fator extraído na análise fatorial. Os pesos fatoriais são usados em conjunção com os valores da variável original para calcular o escore de cada observação. O escore fatorial pode então ser usado para representar o(s) fator(es) em análises subseqüentes. Os escores fatoriais são padronizados para que tenham uma média de 0 e um desvio-padrão de 1.

Escore reverso Processo de reversão dos escores de uma variável, embora mantenha as características de distribuição, para mudar as relações (correlações) entre duas variáveis. Usado na construção de *escala múltipla* para evitar um cancelamento entre variáveis com *cargas fatoriais* positivas e negativas no mesmo fator.

Fator Combinação linear (variável estatística) das variáveis originais. Os fatores também representam as dimensões latentes (construtos) que resumem ou explicam o conjunto original de variáveis observadas.

Indeterminância fatorial Característica de *análise de fatores comuns* tal que diversos escores fatoriais diferentes podem ser calculados para um respondente, cada um se adequando ao modelo fatorial estimado. Isso significa que os escores fatoriais não são únicos para cada indivíduo.

Indicador Variável simples usada em conjunção com uma ou mais variáveis distintas para formar uma *medida composta*.

Matriz de correlação anti-imagem Matriz das correlações parciais entre variáveis após a análise fatorial, e que representa o grau em que os fatores explicam um ao outro nos resultados. A diagonal contém as *medidas de adequação da amostra* para cada variável, e os demais valores são correlações parciais entre variáveis.

Matriz de correlação Tabela que mostra as intercorrelações entre todas as variáveis.

Matriz de estrutura fatorial Uma *matriz fatorial* obtida em uma *rotação oblíqua* que representa as correlações simples entre variáveis e fatores, incorporando a variância única e as correlações entre fatores. A maioria dos pesquisadores prefere usar a *matriz de padrão fatorial* no momento da interpretação de uma solução oblíqua.

Matriz de padrão fatorial Uma de duas *matrizes fatoriais* em uma *rotação oblíqua* que é mais comparável com a matriz fatorial em uma *rotação ortogonal*.

Matriz fatorial Tabela das *cargas fatoriais* de todas as variáveis sobre cada fator.

Medida composta Ver *escala múltipla*.

Medida de adequação da amostra (MSA) Medida calculada tanto para toda a matriz de correlação quanto para cada variável individual, e que permite avaliar o quão adequada é a aplicação da análise fatorial. Valores acima de 0,50 para a matriz toda ou para uma variável individual indicam tal adequação.

Multicolinearidade Grau em que uma variável pode ser explicada pelas outras variáveis na análise.

Ortogonal Independência matemática (sem correlação) de eixos fatoriais, um em relação ao outro (ou seja, em ângulos retos ou de 90 graus).

QUARTIMAX Um tipo de método de rotação fatorial ortogonal que foca a simplificação de colunas de uma matriz fatorial. Geralmente considerada menos efetiva do que a rotação VARIMAX.

Raiz latente Ver *autovalor*.

Rotação fatorial oblíqua *Rotação fatorial* computada de modo que os fatores extraídos são correlacionados. Ao invés de restringir arbitrariamente a rotação fatorial a uma solução *ortogonal*, a rotação oblíqua identifica o grau em que cada fator está correlacionado.

Rotação fatorial ortogonal Rotação fatorial na qual os fatores são extraídos de modo que seus eixos sejam mantidos em 90 graus. Cada fator é independente, ou *ortogonal*, em relação a todos os outros. A correlação entre os fatores é determinada como 0.

Rotação fatorial Processo de manipulação ou de ajuste dos eixos fatoriais para conseguir uma solução fatorial mais simples e pragmaticamente mais significativa.

Teste de esfericidade de Bartlett Teste estatístico da significância geral de todas as correlações em uma matriz de correlação.

Traço Representa a quantia total de variância na qual a solução fatorial é baseada. O traço é igual ao número de variáveis, baseado na suposição de que a variância em cada variável é igual a 1.

Validade Grau em que uma medida ou um conjunto de medidas corretamente representa o conceito de estudo – o grau em que se está livre de qualquer erro sistemático ou não-aleatório. A validade se refere a quão bem o conceito é definido pela(s) medida(s), ao passo que *confiabilidade* se refere à consistência da(s) medida(s).

Validade de conteúdo Avaliação do grau de correspondência entre os itens selecionados para constituir uma *escala múltipla* e sua *definição conceitual*.

Validade de expressão Ver *validade de conteúdo*.

Variância comum Variância compartilhada com outras variáveis na análise fatorial.

Variância do erro Variância de uma variável devido a erros na coleta de dados ou na medida.

Variância específica Variância de cada variável, única àquela variável e que não é explicada ou associada com outras variáveis na análise fatorial.

Variância única Ver *variância específica*.

Variável dicotômica Variável métrica binária usada para representar uma única categoria de uma variável não-métrica.

Variável estatística Combinação linear de variáveis formada ao se obter pesos empíricos aplicados a um conjunto de variáveis especificadas pelo pesquisador.

Variável substituta Seleção de uma única variável com a maior *carga fatorial* para representar um fator no estágio de redução de dados, em vez de usar uma *escala múltipla* ou um *escore fatorial*.

VARIMAX Os mais populares métodos de *rotação fatorial ortogonal*, concentrando-se na simplificação das colunas em uma *matriz fatorial*. Geralmente considerado superior a outros métodos de rotação fatorial ortogonal para conseguir uma estrutura fatorial simplificada.

O QUE É ANÁLISE FATORIAL?

Análise fatorial é uma técnica de interdependência, como definido no Capítulo 1, cujo *propósito principal é definir a estrutura inerente entre as variáveis na análise*. Obviamente, variáveis têm um papel chave em qualquer análise multivariada. Se estivermos fazendo uma previsão de vendas com regressão, prevendo sucesso ou fracasso de uma nova empresa com análise discriminante, ou usando qualquer uma das demais técnicas multivariadas discutidas no Capítulo 1, devemos ter um conjunto de variáveis sobre o qual deve-se formar relações (p. ex., quais são as variáveis que melhor prevêem vendas ou sucesso/fracasso?). Como tais, as variáveis são os alicerces fundamentais das relações.

À medida que empregamos técnicas multivariadas, por sua própria natureza, o número de variáveis aumenta.

Técnicas univariadas são limitadas a uma única variável, mas técnicas multivariadas podem ter dezenas, centenas ou mesmo milhares de variáveis. Mas como descrevemos e representamos todas essas variáveis? Certamente, se temos apenas umas poucas variáveis, todas elas podem ser distintas e diferentes. À medida que acrescentamos mais e mais variáveis, cada vez mais a sobreposição (ou seja, correlação) acontece entre as mesmas. Em alguns casos, como aqueles nos quais estamos usando múltiplas medidas para superar erro de medida devido à medida multivariável (ver Capítulo 1 para uma discussão mais detalhada), o pesquisador ainda se esforça para uma correlação entre as variáveis. Quando as variáveis se tornam correlacionadas, o pesquisador precisa de caminhos para gerenciar essas variáveis – agrupando variáveis altamente correlacionadas, rotulando ou nomeando os grupos, e talvez até mesmo criando uma nova medida composta que possa representar cada grupo de variáveis.

Introduzimos a análise fatorial como nossa primeira técnica multivariada porque ela pode desempenhar um papel único na aplicação de outras técnicas multivariadas. Genericamente falando, a análise fatorial fornece as ferramentas para analisar a estrutura das inter-relações (correlações) em um grande número de variáveis (p. ex., escores de teste, itens de teste, respostas a questionários) definindo conjuntos de variáveis que são fortemente inter-relacionadas, conhecidos como **fatores**. Esses grupos de variáveis (fatores), que são por definição altamente intercorrelacionadas, são considerados como representantes de dimensões dentro dos dados. Se estamos preocupados apenas com a redução do número de variáveis, então as dimensões podem orientar a criação de novas medidas compostas. Por outro lado, se temos uma base conceitual para compreender as relações entre variáveis, então as dimensões podem realmente ter significado para aquilo que elas coletivamente representam. No último caso, essas dimensões podem corresponder a conceitos que não podem ser adequadamente descritos por uma única medida (p. ex., a atmosfera de uma loja é definida por muitos componentes sensoriais que devem ser medidos separadamente mas são todos relacionados entre si). Veremos que a análise fatorial apresenta diversas maneiras de representação desses grupos de variáveis para uso em outras técnicas multivariadas.

Devemos observar neste ponto que técnicas analíticas fatoriais podem atingir seus objetivos ou de uma perspectiva exploratória, ou de uma perspectiva confirmatória. Existe um debate contínuo sobre o papel apropriado da análise fatorial. Muitos pesquisadores consideram-na apenas exploratória, útil na busca da estrutura em um conjunto de variáveis ou como um método de redução de dados. Sob essa perspectiva, as técnicas analíticas fatoriais "consideram o que os dados oferecem" e não estabelecem restrições *a priori* sobre a estimação de componentes nem sobre o número de componentes a serem extraídos. Para muitas – talvez a maioria – das aplicações, esse uso da análise fatorial é adequado. No entanto, em outras situações, o pesquisador tem idéias preconcebidas sobre a real estrutura dos dados, baseado em suporte teórico ou em pesquisas anteriores. Ele pode desejar testar hipóteses envolvendo questões sobre, por exemplo, quais variáveis deveriam ser agrupadas em um fator, ou o número exato de fatores. Nesses casos, o pesquisador espera que a análise fatorial desempenhe um papel confirmatório – ou seja, avalie o grau em que os dados satisfazem a estrutura esperada. Os métodos que discutimos neste capítulo não fornecem diretamente a estrutura necessária para testes de hipóteses formalizadas. Abordamos explicitamente a perspectiva confirmatória da análise fatorial no Capítulo 11. Neste capítulo, porém, vemos as técnicas analíticas fatoriais principalmente de um ponto de vista exploratório ou não-confirmatório.

UM EXEMPLO HIPOTÉTICO DE ANÁLISE FATORIAL

Considere que, durante uma pesquisa qualitativa, uma empresa de varejo tenha identificado 80 características diferentes de lojas de varejo e seus serviços que, segundo os consumidores, afetaram sua preferência entre lojas. O varejista quer entender como os consumidores tomam decisões, mas sente que não pode avaliar 80 características separadas ou desenvolver planos de ação para todas essas variáveis, pois elas são específicas demais. Em vez disso, o varejista gostaria de saber se os consumidores pensam em dimensões de avaliação mais gerais, ao invés de itens específicos. Por exemplo, consumidores podem considerar vendedores como uma dimensão avaliativa mais geral que é composta de muitas outras características específicas, como conhecimento, cortesia, empatia, sensibilidade, simpatia, prontidão e assim por diante.

Para identificar essas dimensões mais amplas, o varejista poderia encomendar uma pesquisa que sondasse as avaliações dos consumidores sobre cada um dos 80 itens específicos. A análise fatorial seria então usada para identificar as dimensões de avaliação latentes. Itens específicos altamente correlacionados são considerados um elemento daquela dimensão mais ampla. Essas dimensões se tornam composições de variáveis específicas, as quais, por sua vez, permitem que as dimensões sejam interpretadas e descritas. Em nosso exemplo, a análise fatorial poderia identificar dimensões, como diversidade de produtos, qualidade de produtos, preços, profissionais da loja, serviço e atmosfera da loja como as dimensões de avaliação usadas pelos respondentes. Cada uma dessas dimensões contém itens específicos que são uma faceta da dimensão avaliativa mais ampla. A partir dessas descobertas, o varejista pode então usar as dimensões (fatores) para definir áreas amplas de planejamento e ação.

Este exemplo simples de análise fatorial demonstra seu objetivo básico de agrupar variáveis altamente correlacionadas em conjuntos distintos (fatores). Em muitas situações, esses fatores podem fornecer uma grande quantidade de informação sobre as inter-relações das variáveis. Neste exemplo, a análise fatorial identificou para gerenciamento de loja um conjunto menor de conceitos para se considerar em qualquer plano de marketing estratégico ou tático, enquanto ainda fornece uma visão sobre o que constitui cada área geral (i.e., as variáveis individuais definindo cada fator).

Um exemplo ilustrativo de uma aplicação simples da análise fatorial é mostrado na Figura 3-1, a qual representa a matriz de correlação para nove elementos da imagem de uma loja. Incluídos nesse conjunto estão medidas da oferta de produtos, pessoal, níveis de preço, e serviços e experiências internos. A questão que um pesquisador pode querer levantar é: aqueles elementos todos são separados no que se refere às suas propriedades de avaliação, ou eles se "agrupam" em algumas áreas mais gerais de avaliação? Por exemplo, será que todos os elementos dos produtos se agrupam? Onde o nível de preço se encaixa ou está separado? Como as características internas (p.ex., pessoal, serviço e atmosfera) se relacionam umas com as outras? A inspeção visual da matriz de correlação original (Figura 3-1, parte 1) não revela facilmente qualquer padrão específico. Há correlações elevadas espalhadas, mas os agrupamentos de variáveis não são óbvios. A aplicação da análise fatorial resulta no agrupamento de variáveis, como se reflete na parte 2 da Figura 3-1. Aqui alguns padrões interessantes aparecem. Primeiro, quatro variáveis relacionadas com experiências internas de clientes são colocadas juntas. Em seguida, três variáveis que descrevem a diversidade e a disponibilidade de produtos são agrupadas. Finalmente, a qualidade de produto e os níveis de preço formam outro grupo. Cada grupo representa um conjunto de variáveis altamente inter-relacionadas que pode refletir uma dimensão avaliativa mais geral. Nesse caso, poderíamos rotular os três agrupamentos de variáveis pelos nomes experiência interna, oferta de produtos e valor.

PROCESSO DE DECISÃO EM ANÁLISE FATORIAL

Centralizamos a discussão de análise fatorial sobre o paradigma da construção de modelo em seis estágios introduzido no Capítulo 1. A Figura 3-2 mostra os três primeiros estágios do tratamento estruturado para construção de modelo multivariado, e a Figura 3-4 detalha os três estágios finais, acrescidos de um estágio adicional (estágio 7), além da estimação, interpretação e validação dos modelos fatoriais, que ajuda a selecionar variáveis substitutas, computar escores fatoriais ou criar escalas múltiplas para uso em outras técnicas multivariadas. Uma discussão de cada estágio vem a seguir.

PARTE 1: MATRIZ ORIGINAL DE CORRELAÇÃO

	V_1	V_2	V_3	V_4	V_5	V_6	V_7	V_8	V_9
V_1 Nível de preço	1,000								
V_2 Pessoal da loja	0,427	1,000							
V_3 Política de devolução	0,302	0,771	1,000						
V_4 Disponibilidade do produto	0,470	0,497	0,427	1,000					
V_5 Qualidade do produto	0,765	0,406	0,307	0,427	1,000				
V_6 Profundidade de diversidade	0,281	0,445	0,423	0,713	0,325	1,000			
V_7 Amplidão da diversidade	0,345	0,490	0,471	0,719	0,378	0,724	1,000		
V_8 Serviço interno	0,242	0,719	0,733	0,428	0,240	0,311	0,435	1,000	
V_9 Atmosfera da loja	0,372	0,737	0,774	0,479	0,326	0,429	0,466	0,710	1,000

PARTE 2: MATRIZ DE CORRELAÇÃO DE VARIÁVEIS APÓS AGRUPAMENTO DE ACORDO COM ANÁLISE FATORIAL

	V_3	V_8	V_9	V_2	V_6	V_7	V_4	V_1	V_5
V_3 Política de retorno	1,000								
V_8 Serviço interno	0,773	1,000							
V_9 Atmosfera da loja	0,771	0,710	1,000						
V_2 Pessoal da loja	0,771	0,719	0,737	1,000					
V_6 Profundidade de diversidade	0,423	0,311	0,429	0,445	1,000				
V_7 Amplidão de diversidade	0,471	0,435	0,466	0,490	0,724	1,000			
V_4 Disponibilidade do produto	0,427	0,428	0,479	0,497	0,713	0,729	1,000		
V_1 Nível de preço	0,302	0,242	0,372	0,427	0,281	0,354	0,470	1,000	
V_5 Qualidade do produto	0,307	0,240	0,326	0,406	0,325	0,378	0,427	0,765	1,000

Nota: Áreas sombreadas representam variáveis agrupadas por análise fatorial.

FIGURA 3-1 Exemplo ilustrativo do uso de análise fatorial para identificar estrutura dentro de um grupo de variáveis.

Estágio 1: Objetivos da análise fatorial

O ponto de partida em análise fatorial, bem como em outras técnicas estatísticas, é o problema de pesquisa. O propósito geral de técnicas de análise fatorial é encontrar um modo de condensar (resumir) a informação contida em diversas variáveis originais em um conjunto menor de novas dimensões compostas ou variáveis estatísticas (fatores) com uma perda mínima de informação – ou seja, buscar e definir os construtos fundamentais ou dimensões assumidas como inerentes às variáveis originais [18,33]. Ao atingir seus objetivos, a análise fatorial é ajustada com quatro questões: especificação da unidade de análise; obtenção do resumo de dados e/ou redução dos mesmos; seleção de variáveis e uso de resultados da análise fatorial com outras técnicas multivariadas.

Especificação da unidade de análise

Até agora, definimos análise fatorial somente em termos da identificação de estrutura em um conjunto de variáveis. Análise fatorial é, na verdade, um modelo mais geral, no sentido de que ela pode identificar a estrutura de relações entre variáveis ou respondentes pelo exame ou de correlações entre as variáveis, ou de correlações entre os respondentes.

- Se o objetivo da pesquisa fosse resumir as características, a análise fatorial seria aplicada a uma **matriz de correlação** das variáveis. Esse é o tipo mais comum de análise fatorial e é chamado de **análise fatorial R**, que analisa um conjunto de variáveis para identificar as dimensões latentes (que não são fáceis de observar).

- A análise fatorial também pode ser aplicada a uma matriz de correlação dos respondentes individuais baseada nas características dos mesmos. Chamado de **análise fatorial Q**, este método combina ou condensa grandes números de pessoas em diferentes grupos de uma população maior. A análise fatorial Q não é utilizada muito freqüentemente por causa das dificuldades computacionais. Em vez disso, a maioria dos pesquisadores utiliza algum tipo de **análise de agrupamentos** (ver Capítulo 9) para agrupar respondentes individuais. Ver também Stewart [36] para outras possíveis combinações de grupos e tipos de variáveis.

Assim, o pesquisador deve primeiramente selecionar a unidade de análise para a análise fatorial: variáveis ou respondentes. Ainda que nos concentremos prioritariamente na estruturação de variáveis, a opção de empregar análise fatorial entre respondentes como uma alternativa para a análise de agrupamentos também está disponível. As implicações em termos da identificação de variáveis ou

Estágio 1

Problema de pesquisa
A análise é exploratória ou confirmatória?
Selecione objetivo(s):
  Resumo de dados e identificação de estruturas
  Redução de dados

↓ Confirmatória

Modelagem de equações estruturais
(Capítulos 10 e 11)

↓ Exploratória

Estágio 2

Selecione o tipo de análise fatorial
O que está sendo agrupado – variáveis ou casos?

Casos
Análise fatorial do tipo Q ou análise de agrupamentos (Capítulo 8)

Variáveis
Análise fatorial do tipo R

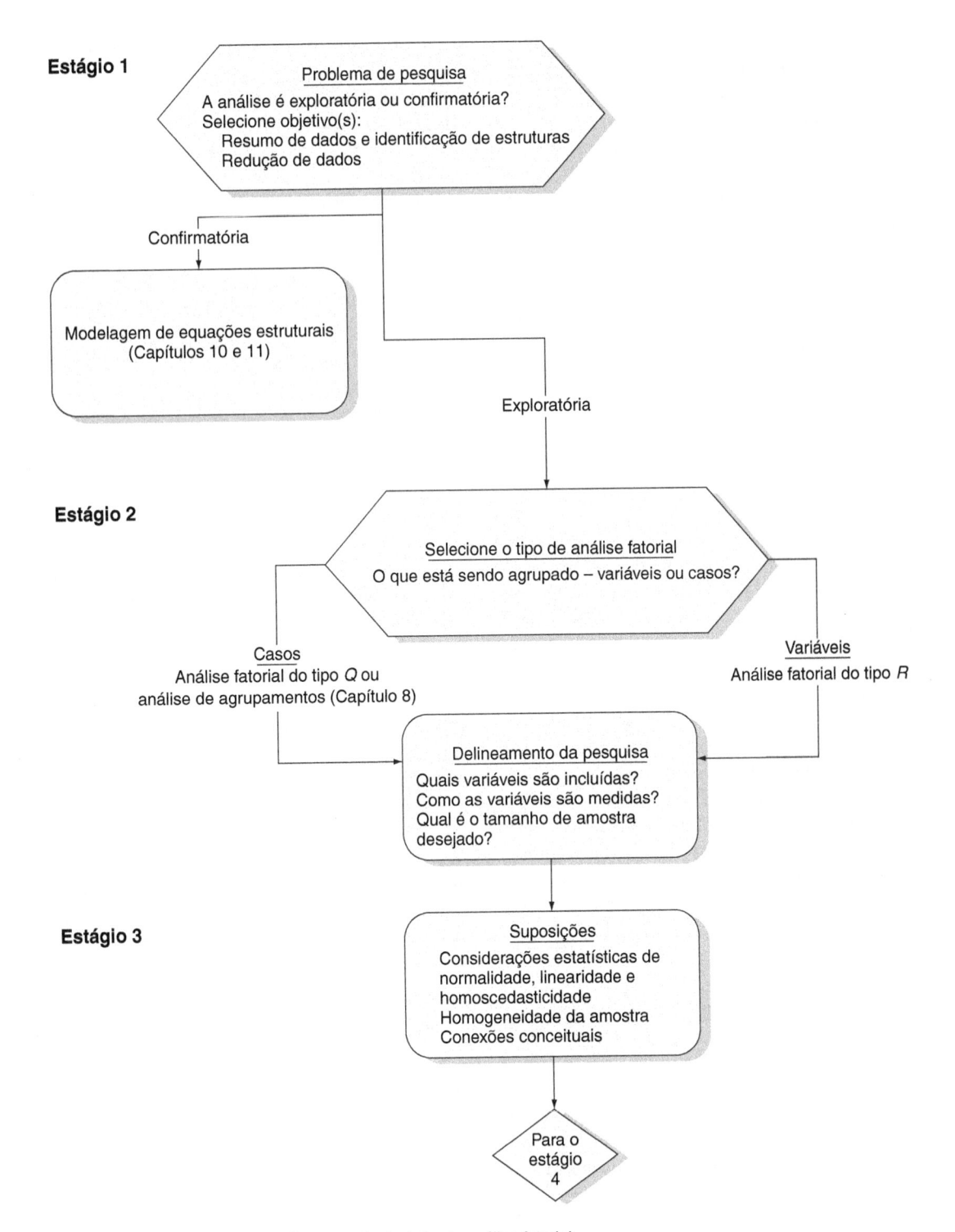

Delineamento da pesquisa
Quais variáveis são incluídas?
Como as variáveis são medidas?
Qual é o tamanho de amostra desejado?

Estágio 3

Suposições
Considerações estatísticas de normalidade, linearidade e homoscedasticidade
Homogeneidade da amostra
Conexões conceituais

Para o estágio 4

FIGURA 3-2 Estágios 1-3 no diagrama de decisão da análise fatorial.

respondentes similares serão discutidas no estágio 2 quando a matriz de correlação for definida.

Obtenção do resumo versus redução de dados

A análise fatorial fornece ao pesquisador duas saídas distintas mas relacionadas: resumo de dados e redução de dados. No resumo de dados, a análise fatorial obtém dimensões inerentes que, quando interpretadas e compreendidas, descrevem os dados em um número muito menor de conceitos do que as variáveis individuais originais. Redução de dados estende esse processo derivando um valor empírico (escore fatorial) para cada dimensão (fator) e então substituindo o valor original por esse novo valor.

Resumo de dados. O conceito fundamental envolvido no resumo de dados é a definição de estrutura. Através da estrutura, o pesquisador pode ver o conjunto de variáveis em diversos níveis de generalização, variando do nível mais detalhado (as próprias variáveis individuais) até o nível mais generalizado, onde variáveis individuais são agrupadas e então vistas não por aquilo que elas representam individualmente, mas por aquilo que representam coletivamente na expressão de um conceito.

> Por exemplo, variáveis no nível individual poderiam ser: "Compro coisas especiais", "Geralmente procuro os menores preços possíveis", "Compro produtos em promoções", "Marcas nacionais valem mais a pena do que marcas próprias". Coletivamente essas variáveis poderiam ser usadas para identificar consumidores que são "conscientes sobre preços" ou "caçadores de promoções".

A análise fatorial, enquanto técnica de interdependência, difere das técnicas de dependência discutidas na próxima seção (i.e., regressão múltipla, análise discriminante, análise multivariada de variância ou análise conjunta) onde uma ou mais variáveis são explicitamente consideradas o critério ou variáveis dependentes, e todas as outras são as variáveis preditoras ou independentes. Na análise fatorial, todas as variáveis são simultaneamente consideradas sem distinção quanto ao seu caráter de dependência ou independência. A análise fatorial ainda emprega o conceito de **variável estatística**, a composição linear de variáveis, mas em análise fatorial as variáveis estatísticas (fatores) são formadas para maximizar sua explicação do conjunto inteiro de variáveis, e não para prever uma ou mais variáveis dependentes. A meta do resumo de dados é atingida definindo-se um pequeno número de fatores que adequadamente representam o conjunto original de variáveis.

Se fizéssemos uma analogia com técnicas de dependência, seria no sentido de que cada uma das variáveis observadas (originais) é uma variável dependente, que é uma função de alguns conjuntos inerentes e latentes de fatores (dimensões), que são por sua vez compostos por todas as outras variáveis. Assim, cada variável é prevista por todos os fatores e, indiretamente, por todas as demais variáveis. Reciprocamente, pode-se olhar cada fator (variável estatística) como uma variável dependente, que é uma função do conjunto inteiro de variáveis observadas. Qualquer analogia ilustra as diferenças de meta entre técnicas de dependência (previsão) e interdependência (identificação de estrutura). Estrutura se define pelas relações entre variáveis, viabilizando a especificação de um número menor de dimensões (fatores) representando o conjunto original de variáveis.

Redução de dados. A análise fatorial também pode ser usada para conseguir redução de dados pela (1) identificação de variáveis representativas a partir de um conjunto muito maior de variáveis para uso em análises multivariadas subseqüentes, ou (2) pela criação de um conjunto inteiramente novo de variáveis, muito menor, para substituir parcial ou completamente o conjunto original de variáveis. Em ambos os casos, o propósito é manter a natureza e o caráter das variáveis originais, mas reduzir seu número para simplificar a análise multivariada a ser empregada a seguir. Ainda que as técnicas multivariadas tenham sido desenvolvidas para acomodar múltiplas variáveis, o pesquisador está sempre procurando o conjunto mais parcimonioso de variáveis para incluir na análise. Como discutido no Capítulo 1, tanto questões conceituais quanto empíricas apóiam a criação de medidas compostas. A análise fatorial fornece a base empírica para avaliar a estrutura de variáveis e o potencial para criar essas medidas compostas ou selecionar um subconjunto de variáveis representativas para análise posterior.

O resumo de dados faz da identificação das dimensões ou fatores latentes um fim em si próprio. Assim, as estimativas dos fatores e as contribuições de cada variável aos fatores (chamadas de *cargas*) são tudo o que requer a análise. A redução de dados também depende de cargas fatoriais, mas elas são usadas como a base para identificar variáveis para análises posteriores com outras técnicas ou para fazer estimativas dos próprios fatores (escores fatoriais ou escalas múltiplas), as quais substituem as variáveis originais em análises subseqüentes. O método de calcular e interpretar cargas fatoriais será apresentado posteriormente.

Seleção de variáveis

Seja a análise fatorial usada para redução e/ou resumo de dados, o pesquisador deve sempre considerar as bases conceituais das variáveis e julgar quanto à adequação das variáveis para a análise fatorial.

- Em ambos os usos da análise fatorial, o pesquisador implicitamente especifica as dimensões potenciais que podem ser identificadas por meio do caráter e da natureza das variáveis submetidas à análise fatorial. Por exemplo, ao avaliar as dimensões de imagem da loja, se nenhuma questão sobre pessoal da loja for incluída, a análise fatorial não será capaz de identificar tal dimensão.
- O pesquisador deve também lembrar que análise fatorial sempre produzirá fatores. Assim, a análise fatorial é sempre um candidato potencial para o fenômeno "lixo dentro, lixo fora". Se o pesquisador incluir indiscriminadamente um grande número de variáveis e esperar que a análise fatorial "arrume as coisas", então torna-se elevada a possibilidade de resultados pobres. A qualidade e o significado dos fatores obtidos reflete as bases conceituais das variáveis incluídas na análise.

Obviamente, o emprego da análise fatorial como uma técnica de resumo de dados baseia-se em ter uma base conceitual para qualquer variável analisada. Mas ainda que a análise fatorial seja usada apenas para fins de redução de dados, ela é mais eficiente quando dimensões conceitualmente definidas podem ser representadas pelos fatores obtidos.

Uso de análise fatorial com outras técnicas multivariadas

A análise fatorial, por fornecer uma visão muito direta das inter-relações entre variáveis e a estrutura subjacente dos dados, é um excelente ponto de partida para muitas outras técnicas multivariadas. Da perspectiva do resumo de dados, a análise fatorial fornece ao pesquisador uma clara compreensão sobre quais variáveis podem atuar juntas e quantas variáveis podem realmente ser consideradas como tendo impacto na análise.

- Variáveis determinadas como altamente correlacionadas e membros do mesmo fator devem ter perfis semelhantes de diferenças ao longo de grupos em análise multivariada de variância ou em análise discriminante.
- Variáveis altamente correlacionadas, como aquelas dentro de um fator, afetam os procedimentos por etapas de regressão múltipla e análise discriminante que seqüencialmente incluem variáveis com base em seu poder preditivo incremental sobre variáveis já presentes no modelo. Quando se inclui uma variável de um fator, torna-se menos provável que variáveis adicionais do mesmo fator sejam também incluídas, devido a suas elevadas correlações com variáveis já presentes no modelo, o que significa que elas têm pouco poder preditivo a ser acrescentado. Isso não significa que as outras variáveis do fator são menos importantes ou têm menor impacto, mas que seus efeitos já estão representados pela variável incluída do fator. Assim, o conhecimento em si da estrutura das variáveis daria ao pesquisador uma melhor compreensão da razão por trás da entrada de variáveis nesta técnica.

A visão dada pelo resumo de dados pode ser diretamente incorporada em outras técnicas multivariadas por meio de qualquer técnica de redução de dados. A análise fatorial fornece a base para a criação de um novo conjunto de variáveis que incorporam o caráter e a natureza das variáveis originais em um número muito menor de novas variáveis, usando variáveis representativas, escores fatoriais ou escalas múltiplas. Dessa maneira, problemas associados com grandes números de variáveis ou altas intercorrelações entre variáveis podem ser substancialmente reduzidos pela substituição das novas variáveis. O pesquisador pode se beneficiar com a estimação empírica de relações, bem como com a visão do fundamento conceitual e da interpretação dos resultados.

Estágio 2: Planejamento de uma análise fatorial

O planejamento de uma análise fatorial envolve três decisões básicas: (1) cálculo dos dados de entrada (uma matriz de correlação) para atender os objetivos especificados de agrupamento de variáveis ou respondentes; (2) planejamento do estudo em termos de número de variáveis, propriedades de medida das variáveis e tipos de variáveis admissíveis; e (3) o tamanho necessário para a amostra em termos absolutos e como função do número de variáveis na análise.

Correlações entre variáveis ou respondentes

A primeira decisão no planejamento de uma análise fatorial focaliza o cálculo dos dados de entrada para a análise. Discutimos anteriormente as duas formas de análise fatorial: análise fatorial do tipo *R* versus tipo *Q*. Ambos os tipos utilizam uma matriz de correlação como os dados de entrada básicos. Com a análise fatorial do tipo *R*, o pesquisador usaria uma matriz tradicional de correlação (correlações entre variáveis) como entrada. Mas o pesquisador poderia também escolher a opção de obter a matriz de correlação a partir das correlações entre os respondentes individuais. Nessa análise fatorial de tipo *Q*, os resultados seriam uma matriz fatorial que identificaria indivíduos semelhantes.

> Por exemplo, se os respondentes individuais são identificados por números, o padrão fatorial resultante pode nos dizer que os indivíduos 1, 5, 6 e 7 são semelhantes. Do mesmo modo, os respondentes 2, 3, 4 e 8 talvez ocupassem juntos um outro fator, e então os rotularíamos como semelhantes.

Dos resultados de uma análise fatorial *Q*, poderíamos identificar grupos ou agrupamentos de indivíduos que demonstrassem um padrão parecido nas variáveis incluídas na análise.

Uma questão lógica neste ponto seria: de que forma a análise fatorial do tipo *Q* difere da análise de agrupamentos, uma vez que ambas comparam o padrão de respostas ao longo de várias variáveis e estabelecem os respondentes em grupos? A resposta é que a análise fatorial *Q* é baseada nas intercorrelações entre os respondentes, enquanto a análise de agrupamentos forma grupos com base em uma medida de similaridade dada em termos de distância entre os escores dos respondentes para as variáveis que são analisadas.

> Para ilustrar essa diferença, considere a Figura 3-3, que contém os escores de quatro respondentes para três variáveis diferentes. Uma análise fatorial do tipo *Q* desses quatro respondentes produziria dois grupos com estruturas de covariância semelhantes, que consistiria nos respondentes A e C versus B e D. Em contrapartida, a análise de agrupamentos seria sensível às distâncias reais entre os escores dos respondentes e conduziria a um agrupamento dos pares mais próximos. Logo, com uma análise de agrupamentos, os respondentes A e B seriam colocados em um grupo, e C e D, em outro.

	Variáveis		
Respondente	V_1	V_2	V_3
A	7	7	8
B	8	6	6
C	2	2	3
D	3	1	1

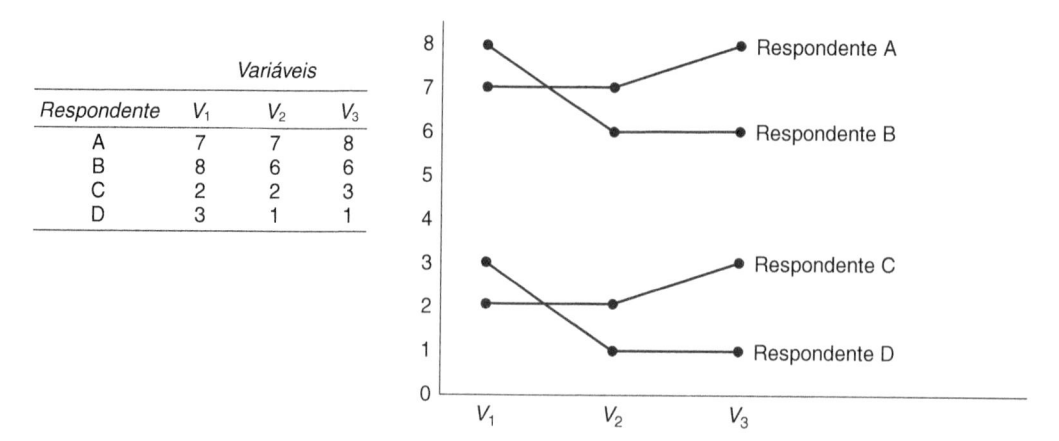

FIGURA 3-3 Comparações de perfis de escore para análise fatorial do tipo Q e análise de agrupamentos.

Se o pesquisador decidir empregar análise fatorial do tipo Q, essas diferenças em relação às técnicas tradicionais de análise de agrupamentos deverão ser notadas. Com a disponibilidade de outras técnicas de agrupamento e o amplo uso de análise fatorial para redução e resumo de dados, o restante da discussão neste capítulo focaliza a análise fatorial do tipo R, o agrupamento de variáveis e não de respondentes.

Questões sobre seleção de variáveis e medidas

Duas questões específicas devem ser respondidas neste ponto: (1) quais tipos de variáveis podem ser usadas em análise fatorial? e (2) quantas variáveis devem ser incluídas? Em termos dos tipos de variáveis incluídas, o requisito principal é que um valor de correlação possa ser calculado entre todas as variáveis. Variáveis métricas são facilmente medidas por vários tipos de correlações. Variáveis não-métricas, contudo, são mais problemáticas por não poderem usar os mesmos tipos de medida de correlação empregados em variáveis métricas. Apesar de alguns métodos especializados calcularem correlações entre variáveis não-métricas, a abordagem mais prudente é evitá-las. Se uma variável não-métrica deve ser incluída, um método é definir **variáveis dicotômicas** (codificadas como 0 e 1) para representarem categorias de variáveis não-métricas. Se todas as variáveis são dicotômicas, então formas especializadas de análise fatorial, como análise fatorial booleana, são mais adequadas [5].

O pesquisador também deve tentar minimizar o número de variáveis incluídas, mas manter um número razoável de variáveis por fator. Se um estudo está sendo planejado para avaliar uma estrutura proposta, o pesquisador deve certificar-se de incluir diversas variáveis (cinco ou mais) que possam representar cada fator proposto. A força da análise fatorial reside em encontrar padrões entre grupos de variáveis, e é de pouco uso na identificação de fatores compostos por uma única variável. Finalmente, quando se planeja um estudo para ser analisado por fatores, o pesquisador deve, se possível, identificar diversas variáveis-chave (algumas vezes chamadas de indicadores-chave ou variáveis de marcação) que intimamente reflitam os fatores latentes que foram previstos hipoteticamente. Isso ajudará na validação dos fatores determinados e na avaliação da significância prática dos resultados.

Tamanho da amostra

No que se refere à questão do tamanho da amostra, o pesquisador dificilmente realiza uma análise fatorial com uma amostra com menos de 50 observações, e de preferência o tamanho da amostra deve ser maior ou igual a 100. Como regra geral, o mínimo é ter pelo menos cinco vezes mais observações do que o número de variáveis a serem analisadas, e o tamanho mais aceitável teria uma proporção de dez para um. Alguns pesquisadores chegam a propor um mínimo de 20 casos para cada variável. Deve-se lembrar, contudo, que com 30 variáveis, por exemplo, há 435 correlações a serem calculadas na análise fatorial. Em um nível de significância de 0,05, talvez até mesmo 20 dessas correlações fossem consideradas significantes e aparecessem na análise fatorial somente por sorte. O pesquisador sempre deve tentar obter a maior proporção de casos-por-variável para minimizar as chances de superajustar os dados (ou seja, determinar fatores específicos da amostra, com pouca generalidade). O pesquisador pode fazer isso empregando o conjunto de variáveis mais parcimonioso, guiado por considerações conceituais e práticas, e então obtendo um tamanho adequado da amostra para o número de variáveis examinadas. Quando se lida com amostras menores e/ou com uma proporção menor de casos-por-variáveis, o pesquisador sempre deve interpretar qualquer descoberta com precaução. A questão do tamanho da amostra também será abordada em uma seção adiante ao se interpretarem cargas fatoriais.

Resumo

Questões no planejamento de uma análise fatorial são de importância igualmente crítica se uma perspectiva exploratória ou confirmatória é assumida. Sob qualquer ponto de vista, o pesquisador está confiando na técnica para fornecer uma visão sobre a estrutura dos dados, mas a estrutura revelada na análise depende de decisões do pesquisador em áreas como variáveis incluídas, tamanho da amostra e assim por diante. Desse modo, diversas considerações-chave são listadas nas Regras Práticas 3-1.

Estágio 3: Suposições na análise fatorial

As suposições críticas na análise fatorial são mais conceituais do que estatísticas. O pesquisador está sempre preocupado em atender a exigência estatística para qualquer técnica multivariada, mas em análise fatorial as preocupações que se impõem se centram muito mais no caráter e na composição das variáveis incluídas na análise do que em suas qualidades estatísticas.

Questões conceituais

As premissas conceituais subjacentes à análise fatorial se referem ao conjunto de variáveis selecionadas e à amostra escolhida. Uma suposição básica da análise fatorial é que *existe alguma estrutura subjacente* no conjunto de variáveis escolhidas. A presença de variáveis correlacionadas e a subseqüente definição de fatores não garantem relevância, mesmo que elas satisfaçam as exigências estatísticas. É responsabilidade do pesquisador garantir que os padrões observados sejam conceitualmente válidos e adequados para se estudar com análise fatorial, pois a técnica não dispõe de meios para determinar adequação além das correlações entre variáveis. Por exemplo, misturar variáveis dependentes e independentes em uma análise fatorial e então usar os fatores obtidos para apoiar relações de dependência é inadequado.

REGRAS PRÁTICAS 3-1

Planejamento de análise fatorial

- Análise fatorial é executada geralmente apenas sobre variáveis métricas, apesar de existirem métodos especializados para o emprego de variáveis dicotômicas; um número pequeno de "variáveis dicotômicas" pode ser incluído em um conjunto de variáveis métricas que são analisadas por fatores.
- Se um estudo está sendo planejado para revelar estrutura fatorial, esforce-se para ter pelo menos cinco variáveis para cada fator proposto.
- Para tamanho de amostra:
  - A amostra deve ter mais observações do que variáveis.
  - O menor tamanho absoluto de amostra deve ser de 50 observações.
  - Maximize o número de observações por variável, com um mínimo de 5 e, com sorte, com pelo menos 10 observações por variável.

O pesquisador deve também garantir que a amostra é homogênea com relação à estrutura fatorial inerente. É inadequado aplicar análise fatorial em uma amostra de homens e mulheres para um conjunto de itens conhecidos por diferirem por conta de sexo. Quando as duas subamostras (homens e mulheres) são combinadas, as correlações resultantes e a estrutura de fatores serão uma representação pobre da estrutura exclusiva de cada grupo. Logo, sempre que grupos diferentes são esperados na amostra, análises fatoriais separadas devem ser executadas, e os resultados devem ser comparados para identificar diferenças não refletidas nos resultados da amostra combinada.

Questões estatísticas

De um ponto de vista estatístico, os desvios da normalidade, da homocedasticidade e da linearidade aplicam-se apenas porque eles diminuem as correlações observadas. Apenas a normalidade é necessária se um teste estatístico é aplicado para a significância dos fatores, mas esses testes raramente são usados. Na verdade, um pouco de **multicolinearidade** é desejável, pois o objetivo é identificar conjuntos de variáveis inter-relacionadas.

Assumindo que o pesquisador atende as exigências conceituais para as variáveis incluídas na análise, o próximo passo é garantir que as variáveis são suficientemente correlacionadas umas com as outras para produzir fatores representativos. Como veremos, podemos avaliar esse grau de relacionamento a partir de pontos de vista geral ou individual. A seguir há diversas medidas empíricas para ajudar no diagnóstico da fatorabilidade da matriz de correlação.

Medidas gerais de intercorrelação. Além das bases estatísticas para as correlações da matriz de dados, o pesquisador também deve garantir que a matriz de dados tenha correlações suficientes para justificar a aplicação da análise fatorial. Se se descobrir que todas as correlações são pequenas, ou que todas as correlações são iguais (mostrando que não existe qualquer estrutura para agrupar variáveis), então o pesquisador deve questionar a aplicação de análise fatorial. Para esse propósito, diversas abordagens estão disponíveis:

- Se a inspeção visual não revela um número substancial de correlações maiores que 0,30, então a análise fatorial provavelmente é inapropriada. As correlações entre variáveis também podem ser analisadas computando-se as correlações parciais entre variáveis. Uma correlação parcial é aquela que não é explicada quando os efeitos de outras variáveis são levados em consideração. Se existem fatores "verdadeiros" nos dados, a correlação parcial deverá ser pequena, pois a variável pode ser explicada pelas variáveis que compõem os fatores. Se as correlações parciais são altas, indicando ausência de fatores inerentes, então a análise fatorial é inadequada. O pesquisador está procurando um padrão de altas correlações parciais, denotando uma variável não correlacionada com um grande número de outras variáveis na análise.

A única exceção referente a elevadas correlações como indicativas de uma matriz de correlação pobre acontece quando duas variáveis estão altamente correlacionadas e têm cargas substancialmente maiores do que outras variáveis naquele fator. Logo, a correlação parcial delas pode ser elevada porque elas não são explicadas em grande parte pelas outras variáveis, mas explicam umas a outras. Essa exceção espera-se também quando um fator tem somente duas variáveis com cargas elevadas.

Uma elevada correlação parcial é aquela com significância prática e estatística, e uma regra prática seria considerar correlações parciais acima de 0,7 como elevadas. O SPSS e o SAS fornecem a **matriz de correlação anti-imagem**, que é simplesmente o valor negativo da correlação parcial, enquanto o BMDP nos dá as correlações parciais diretamente. Em cada caso, as correlações parciais ou correlações antiimagem maiores são indicativas de uma matriz de dados que talvez não seja adequada para análise fatorial.

- Outro modo de determinar a adequação da análise fatorial examina a matriz de correlação inteira. O **teste de esfericidade de Bartlett**, um teste estatístico para a presença de correlações entre as variáveis, é uma medida dessa natureza. Ele fornece a significância estatística de que a matriz de correlação tem correlações significantes entre pelo menos algumas das variáveis. O pesquisador deve perceber, porém, que aumentar o tamanho da amostra faz com que o teste Bartlett se torne mais sensível na detecção de correlações entre as variáveis.
- Uma terceira medida para quantificar o grau de intercorrelações entre as variáveis e a adequação da análise fatorial é a **medida de adequação da amostra (MSA)**. Esse índice varia de 0 a 1, alcançando 1 quando cada variável é perfeitamente prevista sem erro pelas outras variáveis. A medida pode ser interpretada com as seguintes orientações: 0,80 ou acima, admirável; 0,70 ou acima, mediano; 0,60 ou acima, medíocre; 0,50 ou acima, ruim; e abaixo de 0,50, inaceitável [22,23]*. O MSA aumenta quando (1) o tamanho da amostra aumenta, (2) as correlações médias aumentam, (3) o número de variáveis aumenta, ou (4) o número de fatores diminui [23]. O pesquisador sempre deve ter um valor MSA geral acima de 0,50 antes de proceder com a análise fatorial. Se o valor MSA ficar abaixo de 0,50, então os valores específicos MSA (ver a discussão que se segue) podem identificar variáveis para eliminação para atingir um valor geral de 0,50.

Medidas específicas de intercorrelação de variáveis. Além de um exame visual das correlações de uma variável com outras na análise, as orientações MSA podem ser estendidas para variáveis individuais. O pesquisador deve examinar os valores MSA para cada variável e excluir aquelas que estão no domínio inaceitável. No processo de eliminação de variáveis, o pesquisador deve primeiro eliminar a variável com o menor MSA e então recalcular a análise fatorial. Continue esse processo de eliminar a variável com o menor valor MSA abaixo de 0,50 até que todas as variáveis tenham um valor aceitável. Uma vez que variáveis individuais atinjam um nível aceitável, então o MSA geral pode ser calculado e uma decisão pode ser tomada sobre a continuidade da análise fatorial.

Resumo

A análise fatorial, enquanto técnica de interdependência, é de várias formas mais afetada se não atender suas premissas conceituais inerentes do que pelas suposições estatísticas. O pesquisador deve se certificar de compreender completamente as implicações não apenas de garantir que os dados atendem as exigências estatísticas para uma estimação apropriada da estrutura fatorial, mas de que o conjunto de variáveis tem a fundamentação conceitual para embasar os resultados. Fazendo isso, o pesquisador deve considerar várias orientações importantes, como listadas nas Regras Práticas 3-2.

Estágio 4: Determinação de fatores e avaliação do ajuste geral

Uma vez que as variáveis sejam especificadas e a matriz de correlação seja preparada, o pesquisador está pronto para aplicar a análise fatorial para identificar a estrutura latente de relações (ver Figura 3-4). Nisso, as decisões devem ser tomadas com relação (1) ao método de extração dos fatores (análise de fatores comuns versus análise de componentes) e (2) ao número de fatores selecionados para explicar a estrutura latente dos dados.

Seleção do método de extração de fatores

O pesquisador pode escolher a partir de dois métodos semelhantes, ainda que únicos, para definir (extrair) os fatores que representem a estrutura das variáveis na análise. Essa decisão sobre o método a ser usado deve combinar os objetivos da análise fatorial com o conhecimento sobre algumas características básicas das relações entre variáveis. Antes de discutirmos sobre os dois métodos disponíveis para extração de fatores, apresentamos uma breve introdução à partição da variância de uma variável.

REGRAS PRÁTICAS 3-2

Teste das suposições da análise fatorial

- Uma forte fundamentação conceitual é necessária para embasar a suposição de que existe uma estrutura antes que a análise fatorial seja realizada.
- Um teste de esfericidade de Bartlett estatisticamente significante (sign. < 0,05) indica que correlações suficientes existem entre as variáveis para se continuar a análise.
- Medidas de valores de adequação da amostra (MSA) devem exceder 0,50 tanto para o teste geral quanto para cada variável individual; variáveis com valores inferiores a 0,50 devem ser omitidas da análise fatorial uma por vez, sendo aquela com menor valor eliminada a cada vez.

---

* N. de R. T.: A frase correta seria "0,80 ou acima, admirável; maior ou igual a 0,70 e abaixo de 0,80, mediano; maior ou igual a 0,60 e abaixo de 0,70, medíocre; maior ou igual a 0,50 e abaixo de 0,60, ruim; e abaixo de 0,50, inaceitável".

Estágio 4

```
                    ┌─────────────┐
                    │ Do estágio 3│
                    └─────────────┘
                           │
          ┌────────────────┴────────────────┐
          │   Seleção de um método fatorial │
          │ A variância total é analisada, ou│
          │    apenas a variância comum?    │
          └────────────────┬────────────────┘
```

Seleção de um método fatorial
A variância total é analisada, ou apenas a variância comum?

- **Variância total** — Extraia fatores com análise de componentes
- **Variância comum** — Extraia fatores com análise de fatores comuns

Especificação da matriz fatorial
Determine o número de fatores a serem mantidos

Estágio 5

Seleção de um método rotacional
Os fatores devem ser correlacionados (oblíquos) ou não-correlacionados (ortogonais)?

- **Métodos ortogonais**
  - VARIMAX
  - EQUIMAX
  - QUARTIMAX
- **Métodos oblíquos**
  - Oblimin
  - Promax
  - Orthoblique

Interpretação da matriz fatorial rotacionada
- Podem ser encontradas cargas significantes?
- Os fatores podem ser nomeados?
- As comunalidades são suficientes?

Não ← / Sim ↓

Reespecificação do modelo fatorial
- Alguma variável foi eliminada?
- Você quer mudar o número de fatores?
- Você deseja outro tipo de rotação?

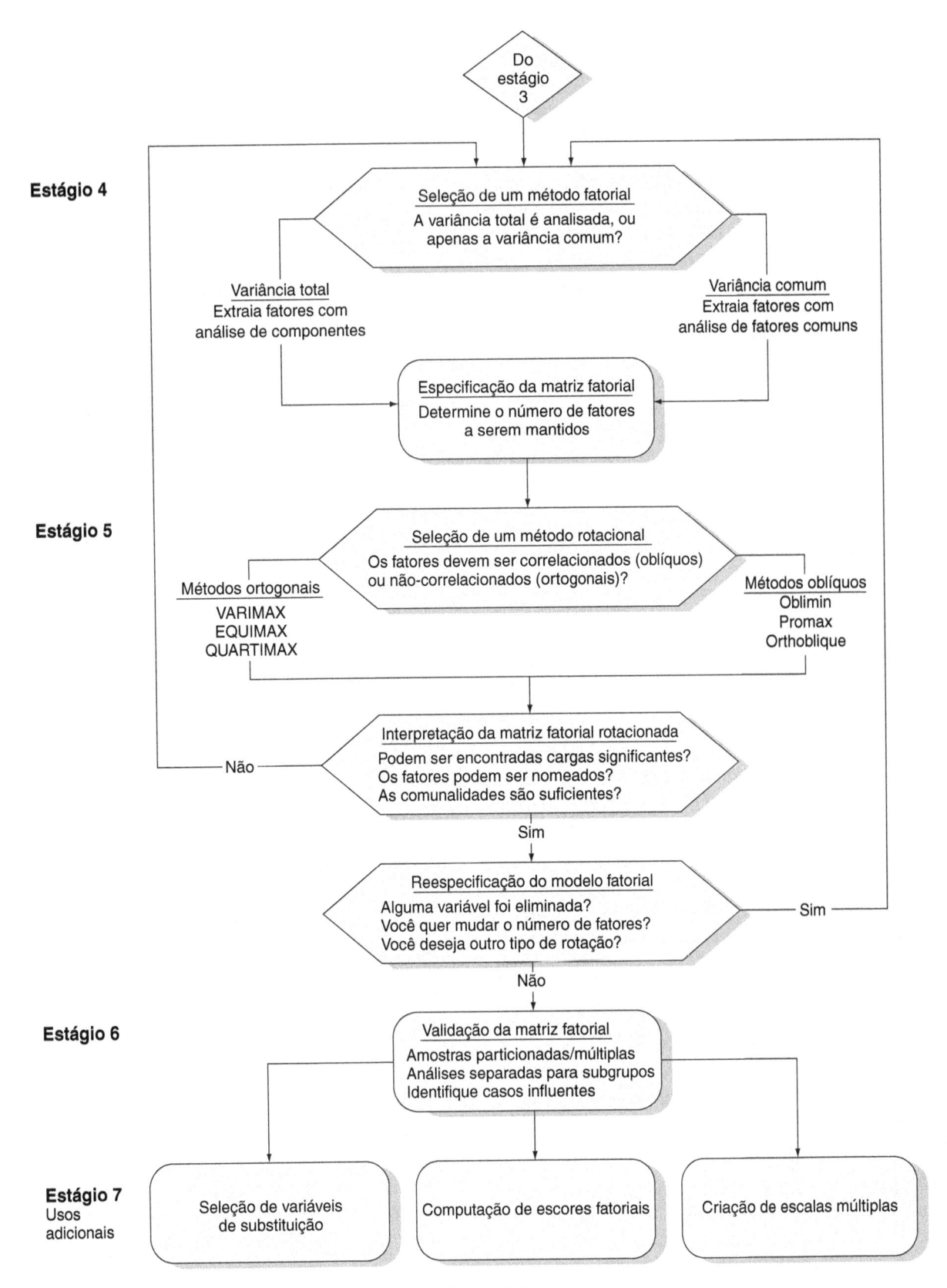

Sim → / Não ↓

Estágio 6

Validação da matriz fatorial
- Amostras particionadas/múltiplas
- Análises separadas para subgrupos
- Identifique casos influentes

Estágio 7
Usos adicionais

- Seleção de variáveis de substituição
- Computação de escores fatoriais
- Criação de escalas múltiplas

FIGURA 3-4 Estágios 4-7 no diagrama de decisão da análise fatorial.

Partição da variância de uma variável. Para escolher entre os dois métodos de extração de fatores, o pesquisador deve primeiro ter certa compreensão da variância para uma variável e como ela é dividida ou particionada. Primeiro, lembre que variância é um valor (i.e., o quadrado do desvio padrão) que representa a quantia total de dispersão de valores para uma única variável em torno de sua média. Quando uma variável é correlacionada com outra, dizemos muitas vezes que ela compartilha variância com a outra variável, e essa quantia de partilha entre apenas duas variáveis é simplesmente a correlação ao quadrado. Por exemplo, se duas variáveis têm uma correlação de 0,50, cada variável compartilha 25% ($0{,}50^2$) de sua variância com a outra.

Em análise fatorial, agrupamos variáveis por suas correlações, de modo que variáveis em um grupo (fator) têm elevadas correlações umas com as outras. Assim, para os propósitos da análise fatorial, é importante entender o quanto da variância de uma variável é compartilhado com outras variáveis naquele fator versus o que não pode ser compartilhado (p.ex., inexplicado). A variância total de qualquer variável pode ser dividida (particionada) em três tipos de variância:

1. **Variância comum** é definida como aquela variância em uma variável que é compartilhada com todas as outras variáveis na análise. Essa variância é explicada (compartilhada) com base nas correlações de uma variável com as demais na análise. A **comunalidade** de uma variável é a estimativa de sua variância compartilhada, ou em comum, entre as variáveis como representadas pelos fatores obtidos.
2. **Variância específica** (também conhecida como **variância única**) é aquela associada com apenas uma variável específica. Essa variância não pode ser explicada pelas correlações com as outras variáveis, mas ainda é associada unicamente com uma variável.
3. **Variância de erro** é também variância que não pode ser explicada por correlações com outras variáveis, mas resulta da não confiabilidade no processo de coleta de dados, de erro de medida ou de componente aleatório no fenômeno medido.

Assim, a variância total de uma variável é composta de suas variâncias comum, única e de erro. Quando uma variável é mais correlacionada com uma ou mais variáveis, a variância comum (comunalidade) aumenta. Por outro lado, se medidas não-confiáveis ou outras fontes de variância de erros externos são introduzidas, então a quantia de variância comum possível é reduzida, bem como a habilidade de relacionar a variável com qualquer outra.

Análise de fatores comuns versus análise de componentes. Com uma compreensão básica sobre como a variância pode ser particionada, o pesquisador está pronto para abordar as diferenças entre os dois métodos, conhecidos como **análise de fatores comuns e análise de componentes**. A escolha de um método em vez do outro é baseada em dois critérios: (1) os objetivos da análise fatorial e (2) o montante de conhecimento prévio sobre a variância nas variáveis. A análise de componentes é usada quando o objetivo é resumir a maior parte da informação original (variância) a um número mínimo de fatores para fins de previsão. Em contraste, análise de fatores comuns é usada prioritariamente para identificar fatores ou dimensões latentes que refletem o que as variáveis têm em comum. A comparação mais direta entre os dois métodos é pelo seu uso da variância explicada versus não-explicada:

- Análise de componente, também conhecida como análise de componentes principais, *considera a variância total e deriva fatores que contêm pequenas proporções de variância única e, em alguns casos, variância de erro*. Não obstante, os primeiros poucos fatores não contêm variância de erro ou única o suficiente para distorcer a estrutura fatorial geral. Especificamente, com análise de componentes, unidades (valores de 1,0) são inseridas na diagonal da matriz de correlação, de modo que a variância completa é trazida à matriz fatorial. A Figura 3-5 retrata o emprego da variância total em análise de componentes e as diferenças quando comparada com análise de fatores comuns.
- Análise de fator comum, em contraste, considera apenas variância em comum ou compartilhada, *assumindo que tanto a variância de erro quanto a única não são de interesse na definição da estrutura das variáveis*. Para empregar apenas variância comum na estimação dos fatores, comunalidades (ao invés de unidades) são inseridas na diagonal. Assim, fatores resultantes da análise de fator comum se baseiam somente na variância comum. Como mostrado na Figura 3-5, a análise de fator comum exclui uma porção da variância incluída em uma análise de componentes.

Como o pesquisador escolherá entre os dois métodos? Primeiro, tanto o modelo de fator comum quanto o de análise de componente são amplamente usados. Em termos práticos, o modelo por componentes é o método padrão típico da maioria dos programas estatísticos, quando se executa uma análise fatorial. Além do padrão em programas, casos distintos indicam qual dos dois métodos é o mais adequado:

A análise fatorial de componentes é a mais adequada quando:

- *redução de dados é uma preocupação prioritária*, focando o número mínimo de fatores necessários para explicar a porção máxima da *variância total* representada no conjunto original de variáveis, e
- conhecimento anterior sugere que variância específica e de erro representam uma *proporção relativamente pequena* da variância total.

Análise de fatores comuns é mais apropriada quando:

- *o objetivo prioritário é identificar as dimensões ou construtos latentes* representados nas variáveis originais, e
- o pesquisador tem *pouco conhecimento sobre a quantia de variância específica e de erro*, e, portanto, deseja eliminar essa variância.

A análise de fatores comuns, com suas suposições mais restritivas e uso apenas de dimensões latentes (variância compartilhada), muitas vezes é vista como algo teoricamente mais fundamental. No entanto, apesar de teoricamente válida, ela tem vários problemas. Primeiro, a análise de fa-

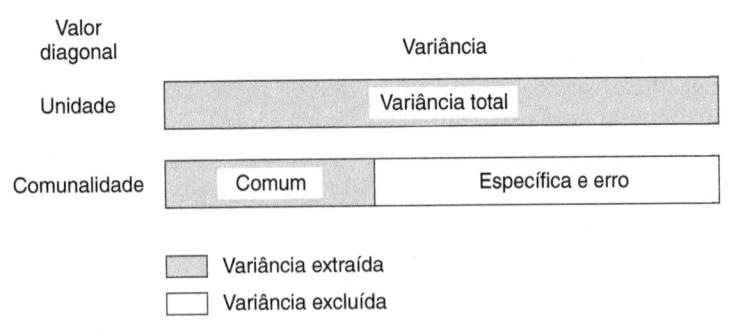

```
                Valor
              diagonal                    Variância

              Unidade         [████████ Variância total ████████]

           Comunalidade    [ Comum ]  [ Específica e erro ]

                            [████] Variância extraída
                            [    ] Variância excluída
```
FIGURA 3-5 Tipos de variância considerados na matriz fatorial.

tores comuns sofre de **indeterminância fatorial**, o que significa que para qualquer respondente individual, diversos escores fatoriais diferentes podem ser calculados a partir dos resultados de um único modelo fatorial [26]. Não há solução única, como ocorre em análise de componentes, mas na maioria dos casos as diferenças não são substanciais. A segunda questão envolve o cálculo de comunalidades estimadas usadas para representar a variância compartilhada. Às vezes as comunalidades não são estimáveis ou podem ser inválidas (p.ex., valores maiores que 1 ou menores que 0), exigindo a eliminação da variável da análise.

A escolha de um modelo ou de outro realmente afeta os resultados? As complicações da análise de fatores comuns têm contribuído para o amplo uso de análise de componentes. Mas a base de proponentes para o modelo de fator comum é forte. Cliff [13] caracteriza a disputa entre os dois lados como se segue:

> Algumas autoridades insistem que análise de componentes é a única abordagem adequada, e que os métodos de fatores comuns apenas impõem terminologia confusa, lidando com coisas fundamentalmente não-mensuráveis, os fatores comuns. Os sentimentos são, em certo sentido, ainda mais fortes no outro lado. Partidários da análise de fatores comuns insistem que a análise de componentes é, na melhor das hipóteses, uma análise de fatores comuns com algum erro acrescentado, e, na pior das hipóteses, uma mistura confusa e inaceitável de coisas a partir das quais nada pode ser determinado. Alguns chegam a insistir que o termo "análise fatorial" não deve ser usado quando a análise de componentes é executada.

Apesar de ainda haver muito debate sobre qual modelo fatorial é o mais apropriado [6, 19, 25, 35], a pesquisa empírica tem demonstrado resultados análogos em muitos casos [37]. Na maioria das aplicações, *tanto a análise de componentes quanto a análise de fatores comuns chegam a resultados essencialmente idênticos se o número de variáveis exceder 30 [18], ou se as comunalidades excederem 0,60 para a maioria das variáveis*. Se o pesquisador estiver preocupado com as suposições da análise de componentes, então a análise de fatores comuns também deve ser aplicada para avaliar sua representação da estrutura.

Quando uma decisão foi tomada no modelo fatorial, o pesquisador está pronto para extrair os fatores iniciais não-rotacionados. Examinando a matriz fatorial não-rotacionada, ele pode explorar as possibilidades de redução de dados e obter uma estimativa preliminar do número de fatores a extrair. A determinação final do número de fatores, porém, deve esperar até o momento em que os resultados sejam rotacionados e os fatores sejam interpretados.

Critérios para o número de fatores a extrair

Como decidimos sobre o número de fatores a serem extraídos? Ambos os métodos de análise fatorial estão interessados na melhor combinação linear de variáveis – melhor no sentido de que a combinação particular de variáveis originais explica a maior parte da variância nos dados como um todo comparada a qualquer outra combinação linear de variáveis. Logo, o primeiro fator pode ser visto como o melhor resumo de relações lineares exibidas nos dados. O segundo fator é definido como a segunda melhor combinação linear das variáveis, sujeita à restrição de que é ortogonal ao primeiro fator. Para ser **ortogonal** ao primeiro fator, o segundo fator deve ser obtido da variância remanescente depois que o primeiro fator foi extraído. Assim, o segundo fator pode ser definido como a combinação linear de variáveis que explica a maior parte da variância que ainda é inexplicada após o efeito da remoção do primeiro fator dos dados. O processo continua extraindo fatores que explicam quantias cada vez menores de variância até que toda a variância seja explicada. Por exemplo, o método de componentes realmente extrai n fatores, onde n é o número de variáveis na análise. Assim, se 30 variáveis estão na análise, 30 fatores são extraídos.

Assim, o que se ganha com análise fatorial? Apesar de nosso exemplo conter 30 fatores, alguns dos primeiros fatores podem explicar uma porção substancial da variância total ao longo de todas as variáveis. Espera-se que o pesquisador possa reter ou usar apenas um pequeno número de variáveis* e ainda representar adequadamente o conjunto inteiro de variáveis. Assim, a questão-chave é: *quantos fatores devem ser extraídos ou retidos?*

---
* N. de R. T.: A palavra correta seria "fatores".

Ao decidir quando parar a fatoração (i.e., quantos fatores devem ser extraídos), o pesquisador deve combinar uma fundamentação conceitual (quantos fatores devem estar na estrutura?) com alguma evidência empírica (quantos fatores podem ser razoavelmente sustentados?). O pesquisador geralmente começa com alguns critérios pré-determinados, como o número geral de fatores mais algumas referências gerais de relevância prática (p.ex., percentual exigido de variância explicada). Esses critérios são combinados com medidas empíricas da estrutura fatorial. Uma base quantitativa exata para decidir o número de fatores a extrair ainda não foi desenvolvida. No entanto, os seguintes critérios de parada têm sido utilizados.

Critério da raiz latente. A técnica mais comumente usada é o critério da raiz latente. Esta técnica é simples de aplicar na análise de componentes, bem como na análise de fatores comuns. O raciocínio para o critério da raiz latente é que qualquer fator individual deve explicar a variância de pelo menos uma variável se o mesmo há de ser mantido para interpretação. Com a análise de componentes, cada variável contribui com um valor 1 do autovalor total. Logo, apenas os fatores que têm **raízes latentes** ou **autovalores** maiores que 1 são considerados significantes; todos os fatores com raízes latentes menores que 1 são considerados insignificantes e são descartados. Usar o autovalor para estabelecer um corte é mais confiável quando o número de variáveis está entre 20 e 50. Se o número de variáveis é menor que 20, há uma tendência para que esse método extraia um número conservador (muito pouco) de fatores; ao passo que, quando mais de 50 variáveis estão envolvidas, não é raro que muitos fatores sejam extraídos.

Critério *a priori*. O critério *a priori* é um critério simples, ainda que razoável sob certas circunstâncias. Quando aplicado, o pesquisador já sabe quantos fatores extrair antes de empreender a análise fatorial. O pesquisador simplesmente instrui o computador a parar a análise quando o número desejado de fatores tiver sido extraído. Este tratamento é útil quando se testa uma teoria ou hipótese sobre o número de fatores a serem extraídos. Também pode ser justificado na tentativa de repetir o trabalho de outro pesquisador e extrair o mesmo número de fatores anteriormente encontrado.

Critério de percentagem de variância O critério de percentagem de variância é uma abordagem baseada na conquista de um percentual cumulativo especificado da variância total extraída por fatores sucessivos. O objetivo é garantir significância prática para os fatores determinados, garantindo que expliquem pelo menos um montante especificado de variância. Nenhuma base absoluta foi adotada para todas as aplicações. No entanto, em ciências naturais, o procedimento de obtenção de fatores geralmente não deveria ser parado até os fatores extraídos explicarem pelo menos 95% da variância, ou até o último fator explicar apenas uma pequena parcela (menos que 5%). Em contraste, em ciências sociais, nas quais as informações geralmente são menos precisas, não é raro considerar uma solução que explique 60% da variância total (e em alguns casos até menos) como satisfatória.

Uma variante deste critério envolve a seleção de fatores suficientes para atingir uma comunalidade pré-especificada para cada variável. Se razões teóricas ou práticas requerem uma certa comunalidade para cada variável, então o pesquisador incluirá tantos fatores quanto necessários para representar adequadamente cada uma das variáveis originais. Isso difere de focalizar somente o montante total de variância explicada, o que negligencia o grau de explicação para as variáveis individuais.

Critério do teste *scree*. Lembre que, no modelo fatorial de análise de componentes, os últimos fatores extraídos contêm tanto a variância comum quanto a única. Apesar de todos os fatores conterem pelo menos alguma variância única, a proporção de variância única é substancialmente maior nos últimos fatores. O teste *scree* é usado para identificar o número ótimo de fatores que podem ser extraídos antes que a quantia de variância única comece a dominar a estrutura de variância comum [9].

O teste *scree* é determinado fazendo-se o gráfico das raízes latentes em relação ao número de fatores em sua ordem de extração, e a forma da curva resultante é usada para avaliar o ponto de corte. A Figura 3-6 exibe os primeiros 18 fatores extraídos em um estudo. Começando com o primeiro fator, os ângulos de inclinação rapidamente decrescem no início e então lentamente se aproximam de uma reta horizontal. O ponto no qual o gráfico começa a ficar horizontal é considerado indicativo do número máximo de fatores a serem extraídos. No presente caso, os primeiros 10 fatores se qualificariam. Além de 10, uma grande proporção de variância única seria incluída; logo, esses fatores não seriam aceitáveis. Observe que, ao se usar o critério da raiz latente, apenas 8 fatores teriam sido considerados. Entretanto, usar o teste *scree* nos dá 2 fatores a mais. Como regra geral, o teste *scree* resulta em pelo menos um e às vezes dois ou três fatores a mais sendo considerados para inclusão em relação ao critério da raiz latente [9].

Heterogeneidade dos respondentes. A variância compartilhada entre variáveis é a base para ambos os modelos fatoriais, de fator comum e de componentes. Uma suposição inerente é que a variância compartilhada se estende ao longo de toda a amostra. Se esta é heterogênea em relação a pelo menos um subconjunto das variáveis, então os primeiros fatores representam aquelas variáveis mais homogêneas em toda a amostra. As variáveis que são melhores discriminadoras entre os subgrupos da amostra carregam nos últimos fatores, muitas vezes aqueles não-selecionados pelos critérios recém discutidos [17]. Quan-

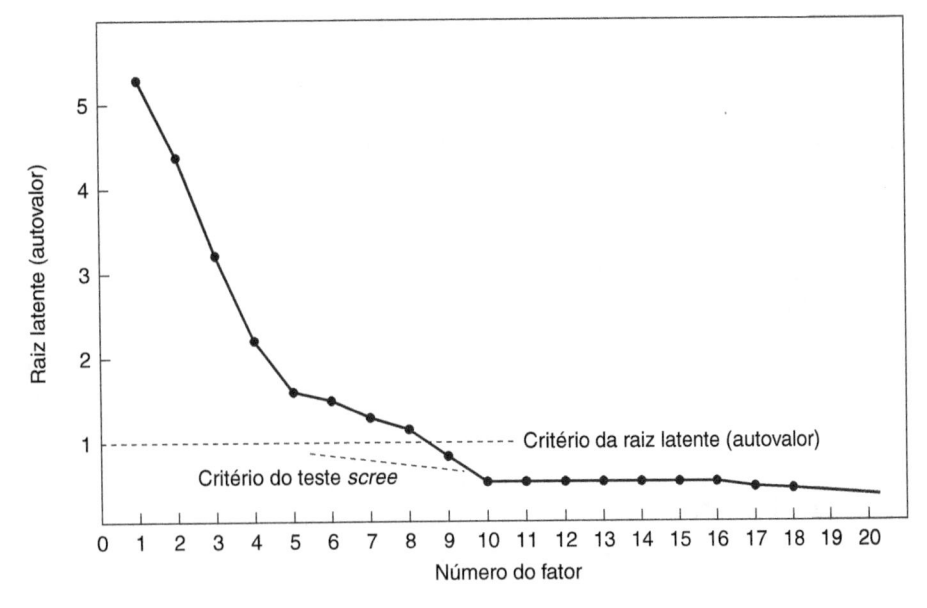

FIGURA 3-6 Gráfico de autovalor para o critério de teste *scree*.

do o objetivo é identificar fatores que discriminam entre os subgrupos de uma amostra, o pesquisador deve extrair fatores adicionais, além dos indicados pelos métodos citados, e examinar a habilidade dos fatores adicionais de discriminar os grupos. Se eles demonstrarem serem menos benéficos na discriminação, a solução poderá ser processada novamente e esses últimos fatores, eliminados.

Resumo dos critérios de seleção de fatores. Na prática, a maioria dos pesquisadores raramente usa um único critério para determinar quantos fatores devem ser extraídos. Inicialmente eles usam um critério como o da raiz latente como uma orientação para a primeira tentativa de interpretação. Depois que os fatores foram interpretados, como discutido nas seções seguintes, a sua praticabilidade é avaliada. Os fatores identificados por outros critérios também são interpretados. A seleção do número de fatores é inter-relacionada com uma avaliação da estrutura, a qual é revelada na fase de interpretação. Assim, diversas soluções fatoriais com diferentes números de fatores são examinadas antes que a estrutura seja bem definida. Ao tomar a decisão final sobre a solução fatorial para representar a estrutura das variáveis, o pesquisador deve lembrar as considerações listadas nas Regras Práticas 3-3.

Uma advertência quanto à seleção do conjunto final de fatores: há conseqüências negativas na seleção de fatores em excesso ou a menos para representar os dados. Se pouquíssimos fatores são selecionados, a estrutura correta não é revelada e dimensões importantes podem ser omitidas. Se muitos fatores são mantidos, a interpretação se torna mais difícil quando os resultados são rotacionados (como discutido na próxima seção). Apesar de os fatores serem independentes, você pode ter fatores a mais ou a menos, sem dificuldades. Por analogia, escolher o número

---

REGRAS PRÁTICAS 3-3

Escolha de modelos fatoriais e número de fatores

- Apesar de os modelos de análise de fatores comuns e de análise de componentes levarem a resultados similares em ambientes comuns de pesquisa (30 variáveis ou mais, ou comunalidades de 0,60 para a maioria das variáveis):
  - O modelo de análise de componentes é mais adequado quando a redução de dados é soberana
  - O modelo de fatores comuns é melhor em aplicações teóricas bem especificadas
- Qualquer decisão sobre o número de fatores a serem mantidos deve se basear em diversas considerações:
  - Uso de diversos critérios de parada para determinar o número inicial de fatores a serem mantidos:
    - Fatores com autovalores maiores do que 1,0
    - Um número pré-determinado de fatores baseado em objetivos da pesquisa e/ou pesquisa anterior
    - Fatores suficientes para atender um percentual especificado de variância explicada, geralmente 60% ou mais
    - Fatores apontados pelo teste *scree* como tendo quantias substanciais de variância comum (i.e., fatores antes do ponto de inflexão)
    - Mais fatores quando heterogeneidade está presente entre subgrupos da amostra
  - Consideração de várias soluções alternativas (um fator a mais e um a menos em relação à solução inicial) para garantir que a melhor estrutura seja identificada

de fatores é algo como focar um microscópio. Ajuste muito alto ou muito baixo irá obscurecer uma estrutura que é óbvia quando o ajuste está simplesmente correto. Logo, pelo exame de uma certa quantia de diferentes estruturas fatoriais obtidas a partir de várias tentativas de soluções, o pesquisador pode comparar e contrastar para chegar à melhor representação dos dados.

Assim como outros aspectos de modelos multivariados, a parcimônia é importante. A exceção notável é quando a análise fatorial é usada exclusivamente para redução de dados e um nível estabelecido de variância a ser extraído é especificado. O pesquisador sempre deve se empenhar em ter o conjunto de fatores mais representativo e parcimonioso possível.

Estágio 5: Interpretação dos fatores

Apesar de não existirem processos ou orientações inequívocas para determinar a interpretação de fatores, o pesquisador com forte fundamentação conceitual para a estrutura antecipada e sua justificativa tem a maior chance de sucesso. Não podemos estabelecer de maneira suficientemente impactante a importância de uma forte fundamentação conceitual, seja ela vinda de pesquisa anterior, paradigmas teóricos ou princípios comumente aceitos. Como veremos, o pesquisador deve repetidamente fazer julgamentos subjetivos em decisões, como o número de fatores, quais são as relações suficientes para garantir variáveis que discriminam grupos, e como podem ser identificados esses grupos. Como pode atestar o pesquisador experiente, praticamente qualquer coisa pode ser descoberta se houver empenho suficientemente insistente (p.ex., usando diferentes modelos fatoriais, extraindo diferentes números de fatores, usando várias formas de rotação). Portanto, deixa-se para o pesquisador o papel de juiz de última instância quanto à forma e à adequação de uma solução fatorial, e tais decisões são melhor guiadas por bases conceituais do que por bases empíricas.

Para auxiliar no processo de interpretação de uma estrutura fatorial e escolher a solução final, três processos fundamentais são descritos. Dentro de cada processo, diversas questões importantes (rotação fatorial, significância de carga fatorial e interpretação) são encontradas. Assim, após a breve descrição de cada processo, os mesmos serão discutidos mais detalhadamente.

Os três processos de interpretação fatorial

A interpretação fatorial é circular por natureza. O pesquisador primeiramente avalia os resultados iniciais, em seguida faz alguns julgamentos vendo e refinando tais resultados, com a evidente possibilidade de que a análise seja reespecificada, exigindo-se uma volta ao passo avaliativo. Assim, o pesquisador não deve se surpreender se executar diversas iterações até que uma solução final seja obtida.

Estimativa da matriz fatorial. Primeiro, a **matriz fatorial** inicial não-rotacionada é computada, contendo as cargas fatoriais para cada variável sobre cada fator. **Cargas fatoriais** são a correlação de cada variável com o fator. Cargas indicam o grau de correspondência entre a variável e o fator, com cargas maiores tornando a variável representativa do fator. Cargas fatoriais são o meio de interpretar o papel que cada variável tem na definição de cada fator.

Rotação de fatores. Soluções fatoriais não-rotacionadas atingem a meta de redução de dados, mas o pesquisador deve perguntar se a solução fatorial não-rotacionada (que preenche as exigências matemáticas desejáveis) fornecerá informação que oferece interpretação a mais adequada das variáveis sob exame. Na maioria dos casos, a resposta a essa questão é negativa, pois rotação fatorial (uma discussão mais detalhada segue na próxima seção) deve simplificar a estrutura fatorial. Portanto, o pesquisador a seguir emprega um método rotacional para conseguir soluções mais simples e teoricamente mais significativas. Na maioria das vezes, a rotação de fatores melhora a interpretação pela redução de algumas das ambigüidades que freqüentemente acompanham as soluções fatoriais não-rotacionadas.

Interpretação e reespecificação de fatores. Como um processo final, o pesquisador avalia as cargas fatoriais (rotacionadas) para cada variável a fim de determinar o papel da mesma e sua contribuição na determinação da estrutura fatorial. No curso deste processo de avaliação, pode surgir a necessidade de reespecificar o modelo fatorial devido (1) à eliminação de uma variável(is) da análise, (2) ao desejo de empregar um método rotacional diferente para interpretação, (3) à necessidade de extrair um número diferente de fatores, ou (4) ao desejo de mudar de um método de extração para outro. A reespecificação de um modelo fatorial é realizada retornando-se ao estágio de extração (estágio 4), extraindo fatores e interpretando-os novamente.

Rotação de fatores

Talvez a ferramenta mais importante na interpretação de fatores seja a **rotação fatorial**. O termo **rotação** significa exatamente o que sugere. Especificamente, os eixos de referência dos fatores são rotacionados em torno da origem até que alguma outra posição seja alcançada. Como anteriormente indicado, as soluções de fatores não-rotacionados extraem fatores na ordem de sua variância extraída. O primeiro fator tende a ser um fator geral com quase toda variável com carga significante, e explica a quantia maior de variância. O segundo fator e os seguintes são então baseados na quantia residual de variância. Cada fator explica porções sucessivamente menores de variância. O efeito final de rotacionar a matriz fatorial é redistribuir a variância dos primeiros fatores para os últimos com o objetivo de atingir um padrão fatorial mais simples e teoricamente mais significativo.

O caso mais simples de rotação é uma **rotação ortogonal**, na qual os eixos são mantidos a 90 graus. Também é possível rotacionar os eixos sem manter o ângulo de 90 graus entre os eixos de referência. Quando não há a restrição de ser ortogonal, o procedimento de rotação se chama **rotação oblíqua**. Rotações fatoriais ortogonais e oblíquas são demonstradas nas Figuras 3-7 e 3-8, respectivamente.

> A Figura 3-7, na qual cinco variáveis são retratadas em um diagrama fatorial bidimensional, ilustra a rotação fatorial. O eixo vertical representa o fator II não-rotacionado, e o horizontal corresponde ao fator I não-rotacionado. Os eixos são rotulados com 0 na origem e prolongados para +1,0 ou –1,0. Os números nos eixos representam as cargas fatoriais. As cinco variáveis são rotuladas por V_1, V_2, V_3, V_4 e V_5. A carga fatorial para a variável 2 (V_2) no fator II não-rotacionado é determinada desenhando-se uma linha tracejada horizontalmente a partir do ponto do dado até o eixo vertical do fator II. De modo similar, uma linha vertical é tracejada a partir da variável 2 até o eixo horizontal do fator não-rotacionado I para determinar a carga da variável 2 no fator I. Um procedimento semelhante adotado para as outras variáveis determina as cargas fatoriais para as soluções não-rotacionadas e rotacionadas, como exibido na Tabela 3-1 para fins de comparação. No primeiro fator não-rotacionado, todas as variáveis têm carga alta. No segundo, as variáveis 1 e 2 são muito altas na direção positiva. A variável 5 é moderadamente alta na direção negativa, e as variáveis 3 e 4 têm cargas consideravelmente menores na direção negativa.
>
> A partir da inspeção visual da Figura 3-7, é óbvio que há dois agrupamentos de variáveis. As variáveis 1 e 2 estão juntas, assim como as variáveis 3, 4 e 5. No entanto, tal padrão de variáveis não é tão óbvio a partir das cargas fatoriais não-rotacionadas. Rotacionando os eixos originais no sentido horário, como indicado na Figura 3-7, obtemos um padrão de cargas fatoriais completamente diferente. Observe que, rotacionando os fatores, os eixos são mantidos a 90 graus. Esse procedimento significa que os fatores são matematicamente independentes e que a rotação foi ortogonal. Após rotacionar os eixos fatoriais, as variáveis 3, 4 e 5 têm cargas altas no fator I, e as variáveis 1 e 2 têm cargas elevadas no fator II. Logo, o agrupamento ou padrão dessas variáveis em dois grupos é mais óbvio após a rotação, ainda que a posição ou configuração relativa das variáveis permaneça a mesma.

Os mesmos princípios gerais de rotações ortogonais são aplicáveis a rotações oblíquas. No entanto, o método de rotação oblíqua é mais flexível, pois os eixos fatoriais não precisam ser ortogonais. Além disso, é mais realista, porque as dimensões inerentes que são teoricamente importantes não são supostas sem correlações entre si. Na Figura 3-8, os dois métodos rotacionais são comparados.

Note que a rotação fatorial oblíqua representa o agrupamento de variáveis com maior precisão. Essa precisão é um resultado do fato de que cada eixo fatorial rotacionado agora está mais próximo do respectivo grupo de variáveis. Além disso, a solução oblíqua fornece informações sobre o grau em que os fatores realmente estão correlacionados um com o outro.

Muitos pesquisadores concordam que a maioria das soluções diretas não-rotacionadas não é suficiente. Ou seja, na maioria dos casos, a rotação melhora a interpretação reduzindo algumas das ambigüidades que freqüentemente acompanham a análise preliminar. A principal opção disponível é escolher um método de rotação ortogonal ou oblíqua. A meta final de qualquer rotação é obter alguns fatores teoricamente significativos e, se possível, a estrutura fatorial mais simples. As rotações ortogonais são mais amplamente usadas porque todos os pacotes computacionais com análise fatorial contêm opções de rotação ortogonal, enquanto os métodos oblíquos não são tão difundidos. As rotações ortogonais também são utilizadas mais freqüentemente porque os procedimentos analíticos para rotações oblíquas não são tão bem desenvolvidos e ainda estão sujeitos a considerável controvérsia. Várias abordagens diferentes estão à disposição para a execução de rotações ortogonais ou oblíquas. Contudo, apenas um número limitado de procedimentos de rotação oblíqua está disponível na maioria dos pacotes estatísticos. Logo, o pesquisador provavelmente deverá aceitar o que lhe é fornecido.

Métodos rotacionais ortogonais. Na prática, o objetivo de todos os métodos de rotação é simplificar as linhas e colunas da matriz fatorial para facilitar a interpretação. Em uma matriz fatorial, as colunas representam fatores, e cada linha corresponde às cargas de uma variável ao longo dos fatores. Por simplificação das linhas, queremos dizer tornar o máximo de valores em cada linha tão próximos de zero quanto possível (isto é, maximizar a carga de uma variável em um único fator). Simplificação das colunas significa tornar o máximo de valores em cada coluna tão próximos de zero quanto possível (ou seja, tornar o número de cargas "elevadas" o menor possível). Três abordagens ortogonais principais foram desenvolvidas:

1. A meta final de uma rotação **QUARTIMAX** é simplificar as linhas de uma matriz fatorial; ou seja, QUARTIMAX se concentra em rotacionar o fator inicial de modo que uma variável tenha carga alta em um fator e cargas tão baixas quanto possível em todos os outros fatores. Nessas rotações, muitas variáveis podem ter carga alta no mesmo fator, pois a técnica se concentra em simplificar as linhas. O método QUARTIMAX não tem se mostrado bem-sucedido na produção de estruturas mais simples. Sua dificuldade é que ele tende a produzir um fator geral como o primeiro fator, no qual a maioria das variáveis, se não todas, tem cargas altas. Independentemente de qualquer conceito do que é uma estrutura "mais simples", ela inevitavelmente envolve lidar com agrupamentos de variáveis; um método que tende

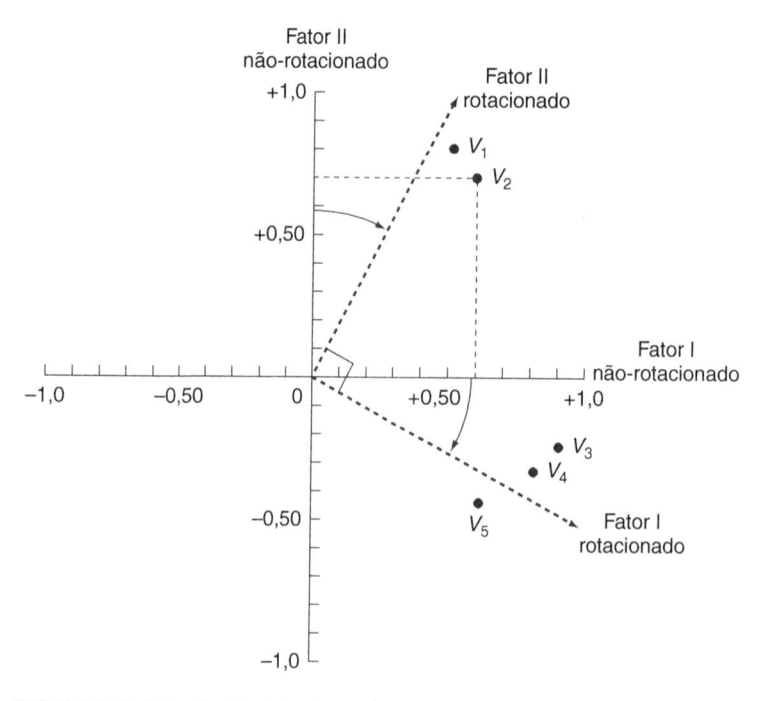

FIGURA 3-7 Rotação fatorial ortogonal.

a criar um grande fator geral (isto é, QUARTIMAX) não está de acordo com os propósitos de rotação.

2. Diferentemente de QUARTIMAX, o critério **VARIMAX** se concentra na simplificação das colunas da matriz fatorial. Com a abordagem rotacional VARIMAX, a simplificação máxima possível é conseguida se houver apenas 1s e 0s em uma coluna. Ou seja, o método VARIMAX maximiza a soma de variâncias de cargas exigidas da matriz fatorial. Lembre-se que, nas abordagens QUARTIMAX, muitas variáveis podem ter cargas altas ou próximas de altas no mesmo fator, pois a técnica se concentra em simplificar as linhas. Com a abordagem rotacional VARIMAX, há uma tendência para algumas cargas altas (isto é, próximas de –1 ou +1) e algumas cargas próximas de 0 em cada coluna da matriz. A lógica é que a interpretação é mais fácil quando as correlações variável-fator são (1) próximas de +1 ou –1, indicando assim uma clara associação positiva ou negativa entre a variável e o fator; ou (2) próximas de 0, apontando para uma clara falta de associa-

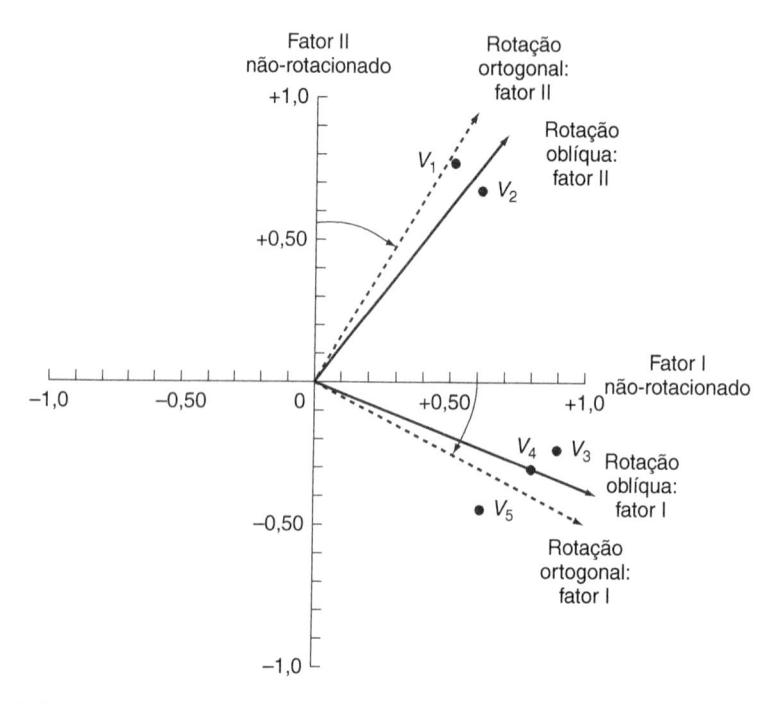

FIGURA 3-8 Rotação fatorial oblíqua.

TABELA 3-1 Comparação entre cargas fatoriais rotacionadas e não-rotacionadas

Variáveis	Cargas fatoriais não-rotacionadas		Cargas fatoriais rotacionadas	
	I	II	I	II
V_1	0,50	0,80	0,03	0,94
V_2	0,60	0,70	0,16	0,90
V_3	0,90	−0,25	0,95	0,24
V_4	0,80	−0,30	0,84	0,15
V_5	0,60	−0,50	0,76	−0,13

ção. Essa estrutura é fundamentalmente simples. Apesar de a solução QUARTIMAX ser analiticamente mais simples do que a VARIMAX, esta parece fornecer uma separação mais clara dos fatores. Em geral, o experimento de Kaiser [22, 23] indica que o padrão fatorial obtido por rotação VARIMAX tende a ser mais invariante do que o obtido pelo método QUARTIMAX quando diferentes subconjuntos de variáveis são analisados. O método VARIMAX tem sido muito bem-sucedido como uma abordagem analítica para a obtenção de uma rotação ortogonal de fatores.

3. O método **EQUIMAX** é uma espécie de meio-termo entre QUARTIMAX e VARIMAX. Em vez de se concentrar na simplificação de linhas ou de colunas, ele tenta atingir um pouco de cada. EQUIMAX não tem obtido ampla aceitação e é pouco usado.

Métodos de rotação oblíqua. As rotações oblíquas são semelhantes às ortogonais, porém as oblíquas permitem fatores correlacionados em vez de manterem independência entre os fatores rotacionados. Porém, enquanto há várias escolhas entre abordagens ortogonais, há apenas escolhas limitadas na maioria dos pacotes estatísticos para rotações oblíquas. Por exemplo, SPSS fornece OBLIMIN; SAS tem PROMAX e ORTHOBLIQUE; e BMDP fornece DQUART, DOBLIMIN e ORTHOBLIQUE. Os objetivos de simplificação são comparáveis aos métodos ortogonais, com a característica extra de fatores correlacionados. Com a possibilidade de fatores correlacionados, o pesquisador deve ter o cuidado extra de validar fatores rotacionados obliquamente, uma vez que eles têm uma maneira adicional (não-ortogonalidade) de se tornarem específicos à amostra e não-generalizáveis, particularmente com pequenas amostras ou pequenas proporções de casos por variáveis.

Seleção entre métodos rotacionais. Nenhuma regra específica foi desenvolvida para guiar o pesquisador na seleção de uma técnica rotacional ortogonal ou oblíqua em particular. Na maioria dos casos, o pesquisador simplesmente utiliza a técnica rotacional dada pelo programa de computador. A maioria dos programas tem como padrão de rotação o VARIMAX, mas todos os métodos rotacionais mais importantes estão amplamente disponíveis. No entanto, não há razão analítica para favorecer um método rotacional em detrimento de outro. A escolha de uma rotação ortogonal ou oblíqua deveria ser feita com base nas necessidades particulares de um dado problema de pesquisa. Para essa fi-

nalidade, diversas considerações (nas Regras Práticas 3-4) devem orientar a seleção do método rotacional.

Julgamento da significância de cargas fatoriais

Ao interpretar fatores, é preciso tomar uma decisão sobre quais cargas fatoriais vale a pena considerar. A discussão a seguir detalha questões relativas à significância prática e estatística, bem como ao número de variáveis, que afetam a interpretação de cargas fatoriais.

Garantia de significância prática. A primeira orientação não é baseada em qualquer proposição matemática, mas se refere mais à significância prática ao fazer um exame preliminar da matriz fatorial em termos das cargas fatoriais. Como uma carga fatorial é a correlação da variável e do fator, a carga ao quadrado é a quantia de variância total da variável explicada pelo fator. Assim, uma carga de 0,30 reflete aproximadamente 10% de explicação, e uma carga de 0,50 denota que 25% da variância é explicada pelo fator. A carga deve exceder 0,70 para que o fator explique 50% da variância de uma variável. Logo, quanto maior o valor absoluto da carga fatorial, mais importante a carga na interpretação da matriz fatorial. Usando significância prática como critério, podemos avaliar as cargas como se segue:

- Cargas fatoriais na faixa de ± 0,30 a ± 0,40 são consideradas como atendendo o nível mínimo para interpretação de estrutura.
- Cargas de ± 0,50 ou maiores são tidas como praticamente significantes.
- Cargas excedendo + 0,70* são consideradas indicativas de estrutura bem definida e são a meta de qualquer análise fatorial.

O pesquisador deve perceber que cargas extremamente altas (0,80 ou superiores) não são comuns e que a significância prática das cargas é um critério importante. Essas orientações são aplicáveis quando o tamanho da amostra é de 100 ou maior e onde a ênfase é a significância prática, e não estatística.

Avaliação da significância estatística. Como anteriormente observado, uma carga fatorial representa a correlação entre uma variável original e seu fator. Ao determinar um nível de significância para a interpretação de cargas, uma abordagem semelhante à determinação da significância

---

* N. de R. T.: O texto correto seria "±0,70".

REGRAS PRÁTICAS 3-4

Escolha de métodos de rotação fatorial

- Métodos de rotação ortogonal
  - São os mais empregados
  - São os métodos preferidos quando o objetivo da pesquisa é redução de dados a um número menor de variáveis ou a um conjunto de medidas não-correlacionadas para uso subseqüente em outras técnicas multivariadas

- Métodos de rotação oblíqua
  - São mais adequados ao objetivo de se obter diversos fatores ou construtos teoricamente relevantes, pois, realisticamente falando, poucos construtos no mundo são não-correlacionados

---

TABELA 3-2 Diretrizes para identificação de cargas fatoriais significantes com base em tamanho de amostra

Carga fatorial	Tamanho da amostra necessário para significância[a]
0,30	350
0,35	250
0,40	200
0,45	150
0,50	120
0,55	100
0,60	85
0,65	70
0,70	60
0,75	50

[a]Significância se baseia em um nível de significância (α) de 0,05, um nível de poder de 80%, e erros-padrão considerados como o dobro daqueles de coeficientes de correlação convencionais

Fonte: Cálculos feitos com SOLO Power Analysis, BMDP Statistical Software, Inc., 1993.

---

estatística de coeficientes de correlação poderia ser usada. Entretanto, pesquisas [14] têm demonstrado que as cargas fatoriais têm erros-padrão substancialmente maiores do que as correlações normais. Assim, as cargas fatoriais devem ser avaliadas em níveis consideravelmente mais restritos. O pesquisador pode empregar o conceito de poder estatístico discutido no Capítulo 1 para especificar cargas fatoriais consideradas significantes para diferentes tamanhos de amostra. Com o objetivo estabelecido de conseguir um nível de poder de 80%, o uso de um nível de significância de 0,05 e a inflação proposta dos erros padrão de cargas fatoriais, a Tabela 3-2 contém os tamanhos de amostra necessários para cada valor de carga fatorial ser considerado significante.

> Por exemplo, em uma amostra de 100 respondentes, as cargas fatoriais de 0,55 ou mais são significantes. No entanto, em uma amostra de 50, é exigida uma carga fatorial de 0,75 para significância. Em comparação com a regra prática anterior, que denotava todas as cargas de 0,30 como tendo significância prática, essa abordagem consideraria cargas de 0,30 como significantes somente para amostras de 350 ou maiores.

Essas são orientações muito conservadoras quando comparadas com as da seção anterior ou mesmo com níveis estatísticos associados aos coeficientes de correlação convencionais. Assim, essas orientações devem ser usadas como ponto de partida na interpretação de cargas fatoriais, sendo as cargas menores consideradas significantes e acrescentadas à interpretação com base em outras considerações. A seção a seguir detalha o processo de interpretação, bem como o papel de outras considerações.

Ajustes baseados no número de variáveis. Uma desvantagem das duas abordagens anteriores é que o número de variáveis analisadas e o fator específico em exame não são considerados. Foi mostrado que quando o pesquisador se move do primeiro fator para fatores posteriores, o nível aceitável para que uma carga seja julgada significante deve aumentar. O fato de que a variância única e a variância do erro começam a surgir em fatores posteriores significa que algum ajuste para cima no nível de significância deve ser incluído [22]. O número de variáveis em análise também é importante na decisão sobre quais cargas são significantes. À medida que o número de variáveis em análise aumenta, o nível aceitável para considerar uma carga significante diminui. O ajuste para o número de variáveis é cada vez mais importante à medida que se vai do primeiro fator extraído para fatores posteriores.

As Regras Práticas 3-5 resumem os critérios para significância prática ou estatística de cargas fatoriais.

REGRAS PRÁTICAS 3-5

Avaliação de cargas fatoriais

- Apesar de cargas fatoriais de ± 0,30 a ± 0,40 serem minimamente aceitáveis, valores maiores que ± 0,50 são geralmente considerados necessários para significância prática

- A ser considerado significante:
  - Uma carga menor com uma amostra maior ou um número maior de variáveis sob análise
  - Uma carga maior faz-se necessária com uma solução fatorial com um número maior de fatores, especialmente na avaliação de cargas em fatores posteriores

- Testes estatísticos de significância para cargas fatoriais são geralmente conservadores e devem ser considerados apenas como pontos de partida necessários para inclusão de uma variável para futura consideração

---

Interpretação de uma matriz fatorial

A tarefa de interpretar uma matriz de cargas fatoriais para identificar a estrutura entre as variáveis pode parecer à primeira vista muito complicada. O pesquisador deve classificar todas as cargas fatoriais (lembre-se, cada variável tem uma carga sobre cada fator) para identificar as mais indicativas da estrutura latente. Mesmo uma análise relativamente simples de 15 variáveis sobre 4 fatores precisa de avaliação e interpretação de 60 cargas fatoriais. Usando os critérios para interpretação de cargas descritos na seção anterior, o pesquisador descobre aquelas variáveis distintas para cada fator e procura uma correspondência com a fundamentação conceitual ou as expectativas administrativas depositadas na pesquisa para avaliar significância prática. Logo, interpretar as complexas relações representadas em uma matriz fatorial exige uma combinação da aplicação de critérios objetivos com julgamento gerencial. Seguindo-se o procedimento de cinco etapas delineado a seguir, o processo pode ser simplificado consideravelmente. Depois da discussão sobre o processo, um breve exemplo será usado para ilustrá-lo.

Etapa 1: Examine a matriz fatorial de cargas. A matriz de cargas fatoriais contém a carga fatorial de cada variável em cada fator. Elas podem ser cargas rotacionadas ou não-rotacionadas, mas, como anteriormente discutido, cargas rotacionadas são geralmente empregadas na interpretação fatorial a menos que a redução de dados seja o único objetivo. Tipicamente, os fatores são dispostos como colunas; assim, cada coluna de números representa as cargas de um único fator. Se uma rotação oblíqua foi usada, duas matrizes fatoriais de cargas são fornecidas. A primeira é a **matriz de padrão fatorial**, a qual tem cargas que representam a contribuição única de cada variável ao fator. A segunda é a **matriz de estrutura fatorial**, a qual tem correlações simples entre variáveis e fatores, mas essas cargas contêm tanto a variância única entre variáveis e fatores quanto a correlação entre fatores. À medida que a correlação entre fatores se torna maior, fica mais difícil distinguir quais variáveis têm cargas únicas em cada fator na matriz de estrutura fatorial. Logo, a maioria dos pesquisadores relata os resultados da matriz de padrão fatorial.

Etapa 2: Identifique a(s) carga(s) significante(s) para cada variável. A interpretação deve começar com a primeira variável no primeiro fator e se mover horizontalmente da esquerda para a direita, procurando a carga mais alta para aquela variável em qualquer fator. Quando a maior carga (em valor absoluto) é identificada, deve ser sublinhada se for significante como determinado pelos critérios anteriormente discutidos. A atenção agora se dirige para a segunda variável, e, novamente movendo-se horizontalmente da esquerda para a direita, procura-se a maior carga para aquela variável em qualquer fator, e a mesma deve ser sublinhada. Esse procedimento deve continuar para cada variável até que todas as variáveis tenham sido revistas quanto às suas maiores cargas em um fator.

Entretanto, a maioria das soluções fatoriais não resulta em uma estrutura simples (uma única carga alta para cada variável em um único fator). Logo, o pesquisador continuará, depois de sublinhar a carga mais alta de uma variável, a avaliar a matriz fatorial, sublinhando todas as cargas significantes para uma carga em todos os fatores. O processo de interpretação seria extremamente simplificado se cada variável tivesse apenas uma variável* significante. Na prática, no entanto, o pesquisador pode descobrir que uma ou mais variáveis tem cargas de tamanho moderado sobre diversos fatores, todas significantes, e o trabalho de interpretar fatores torna-se muito mais difícil. Quando uma variável demonstra ter mais de uma carga significante, ela é chamada de **carga cruzada**.

A dificuldade surge porque uma variável com diversas cargas significantes (uma carga cruzada) deve ser usada na rotulação de todos os fatores nos quais ela tem uma carga significante. No entanto, como os fatores podem ser distintos e potencialmente representar conceitos separados quando eles "compartilham" variáveis? Em última análise, o objetivo é minimizar o número de cargas significantes sobre cada linha da matriz fatorial (i.e., fazer com que cada variável se associe com um único fator). O pesquisador pode descobrir que diferentes métodos de rotação eliminam cargas cruzadas e, portanto, definem uma estrutura simples. Se uma variável persiste em ter cargas cruzadas, ela se torna candidata à eliminação.

Etapa 3: Avalie as comunalidades das variáveis. Uma vez que todas as cargas significantes tenham sido identificadas, o pesquisador deve procurar por variáveis que não sejam adequadamente explicadas pela solução fatorial. Uma abordagem simples é identificar variáveis nas quais faltam pelo menos uma carga significante. Outro método é examinar a comunalidade de cada variável, representando a quantia de variância explicada pela solução fatorial para cada variável. O pesquisador deve ver as comunalidades para avaliar se as variáveis atendem níveis aceitáveis de explicação. Por exemplo, um pesquisador pode especificar que pelo menos metade da variância de cada variável deve ser levada em conta. Usando essa diretriz, o pesquisador identificaria todas as variáveis com comunalidades menores que 0,50 como não tendo explicação suficiente.

Etapa 4: Reespecifique o modelo fatorial se necessário. Uma vez que todas as cargas significantes tenham sido identificadas e as comunalidades, examinadas, o pesquisador pode encontrar diversos problemas: (a) uma variável não tem cargas significantes; (b) mesmo com uma carga significante, a comunalidade de uma variável é considerada muito baixa, ou (c) uma variável tem uma carga cruzada. Nesta situação, o pesquisador pode executar qualquer combinação das seguintes ações corretivas, listadas da menos para a mais extrema:

---

* N. de R. T.: A frase correta seria "se cada variável tivesse apenas uma carga significante".

- *Ignorar aquelas variáveis problemáticas* e interpretar a solução como ela é, o que é apropriado se o objetivo é somente redução de dados, mas o pesquisador deve ainda observar que as variáveis em questão são pobremente representadas na solução fatorial.
- Avaliar cada uma daquelas variáveis para *possível eliminação*, dependendo da contribuição geral da variável para a pesquisa, bem como de seu índice de comunalidade. Se a variável é de menor importância para o objetivo do estudo ou tem um valor inaceitável de comunalidade, ela pode ser eliminada, e o modelo pode então ser reespecificado pela derivação de uma nova solução fatorial com aquelas variáveis eliminadas.
- Empregar um método alternativo de rotação, particularmente um método oblíquo, caso apenas métodos ortogonais tenham sido usados.
- Diminuir/aumentar o número de fatores mantidos para ver se uma estrutura fatorial menor/maior representará aquelas variáveis problemáticas.
- Modificar o tipo de modelo fatorial usado (componentes versus fatores comuns) para avaliar se mudanças do tipo de variância considerada afetam a estrutura fatorial.

Quaisquer que sejam as opções escolhidas pelo pesquisador, o objetivo final deve sempre ser a obtenção de uma estrutura fatorial com apoio tanto empírico quanto conceitual. Como vimos, muitos "truques" podem ser utilizados para melhorar a estrutura, mas a responsabilidade final está com o pesquisador e com a fundamentação conceitual subjacente à análise.

Etapa 5: Rotule os fatores. Quando é obtida uma solução fatorial aceitável na qual todas as variáveis têm uma carga significante em um fator, o pesquisador tenta designar algum significado para o padrão de cargas fatoriais. As variáveis com cargas mais altas são consideradas mais importantes e têm maior influência sobre o nome ou rótulo selecionado para representar um fator. Assim, o pesquisador examina todas as variáveis significantes para um fator particular e, enfatizando aquelas variáveis com maiores cargas, tenta designar um nome ou rótulo para um fator que reflita com precisão as variáveis com carga naquele fator. Os sinais são interpretados simplesmente como quaisquer outros coeficientes de correlação. Em cada fator, sinais concordantes significam que as variáveis estão positivamente relacionadas, e sinais opostos significam que as variáveis estão negativamente relacionadas. Em soluções ortogonais, os fatores são independentes uns dos outros. Portanto, os sinais para cargas fatoriais relacionam-se apenas com o fator no qual elas aparecem, e não com outros fatores na solução.

Esse rótulo não é determinado ou designado pelo programa computacional que realiza a análise fatorial; em vez disso, o rótulo é desenvolvido intuitivamente pelo pesquisador com base em sua adequação para representar as dimensões latentes de um fator particular. Segue-se esse procedimento para cada fator extraído. O resultado final será um nome ou rótulo que represente cada fator determinado da melhor maneira possível.

Como discutido anteriormente, a seleção de um número específico de fatores e o método de rotação são inter-relacionados. Várias tentativas adicionais de rotações podem ser executadas, e, comparando as interpretações fatoriais para diversas tentativas de rotações diferentes, o pesquisador pode selecionar o número de fatores a extrair. Em resumo, a habilidade de designar algum significado aos fatores, ou de interpretar a natureza das variáveis, se torna uma consideração extremamente importante ao se determinar o número de fatores a serem extraídos.

Um exemplo de interpretação fatorial. Para servir como ilustração de interpretação fatorial, nove medidas foram obtidas em um teste piloto baseado em uma amostra de 202 respondentes. Após a estimação dos resultados iniciais, análises posteriores indicaram que uma solução com três fatores era adequada. Logo, agora o pesquisador tem a tarefa de interpretar as cargas fatoriais das nove variáveis.

> A Tabela 3-3 contém uma série de matrizes de cargas fatoriais. A primeira a ser considerada é a matriz fatorial não-rotacionada (parte a). Examinaremos as matrizes de cargas fatoriais não-rotacionadas e rotacionadas através do processo de cinco etapas anteriormente descrito.
>
> **Etapas 1 e 2: Examinar a matriz de cargas fatoriais e identificar cargas significantes.** Dado o tamanho da amostra de 202, cargas fatoriais de 0,40 ou mais serão consideradas significantes para fins de interpretação. Usando esse padrão para as cargas fatoriais, podemos ver que a matriz não-rotacionada contribui pouco para se identificar qualquer forma de estrutura simples. Cinco das nove variáveis têm cargas cruzadas, e para muitas das outras variáveis as cargas significantes são relativamente baixas. Nesta situação, rotação pode melhorar nossa compreensão da relação entre as variáveis.
>
> Como mostrado na Tabela 3-3b, a rotação VARIMAX melhora consideravelmente a estrutura de duas maneiras notáveis. Primeiro, as cargas são melhoradas para quase todas as variáveis, com as mesmas mais proximamente alinhadas ao objetivo de se ter uma elevada carga sobre um único fator. Segundo, agora somente uma variável (V_1) tem uma carga cruzada.
>
> **Etapa 3: Avaliar comunalidades.** Apenas V_3 tem uma comunalidade que é baixa (0,299). Para nossos propósitos V_3 será mantida, mas um pesquisador pode considerar a eliminação de tais variáveis em outros contextos de pesquisa. Isso ilustra o caso em que uma variável tem uma carga significante, mas pode ainda ser pobremente explicada pela solução fatorial.
>
> **Etapa 4: Reespecificar o modelo fatorial se necessário.** Se estabelecemos um valor de referência de 0,40 para significância de carga e novamente arranjamos as variáveis de acordo com cargas, emerge o padrão exibido na

(Continua)

> (*Continuação*)
>
> Tabela 3-3c. As variáveis V_7, V_9 e V_8 têm cargas elevadas sobre o fator 1, o fator 2 é caracterizado pelas variáveis V_5, V_2 e V_3, e o fator 3 tem duas características distintas (V_4 e V_6). Somente V_1 é problemática, com cargas significantes sobre os fatores 1 e 3. Sabendo que pelo menos duas variáveis são dadas sobre esses dois fatores, V_1 é eliminada da análise e as cargas são novamente calculadas.
>
> **Etapa 5: Rotular os fatores.** Como mostrado na Tabela 3-3d, a estrutura fatorial para as oito variáveis remanescentes é agora muito bem definida, representando três grupos distintos de variáveis que o pesquisador pode agora utilizar em pesquisas posteriores.

Como se mostra no exemplo anterior, o processo de interpretação de fatores envolve julgamentos tanto objetivos quanto subjetivos. O pesquisador deve considerar uma vasta gama de questões o tempo todo, nunca perdendo de vista a meta final de definir a melhor estrutura do conjunto de variáveis. Apesar de muitos detalhes estarem envolvidos, alguns dos princípios gerais são encontrados nas Regras Práticas 3-6.

> **REGRAS PRÁTICAS 3-6**
>
> **Interpretação dos fatores**
>
> - Existe uma estrutura ótima quando todas as variáveis têm cargas altas em um único fator
> - Variáveis com carga cruzada (cargas elevadas sobre dois ou mais fatores) são geralmente eliminadas a menos que sejam teoricamente justificadas ou o objetivo seja apenas redução de dados.
> - Variáveis em geral deveriam ter comunalidades maiores que 0,50 para serem mantidas na análise.
> - Reespecificação de uma análise fatorial pode incluir opções como as que se seguem:
>   - Eliminar uma ou mais variáveis
>   - Mudar os métodos de rotação
>   - Aumentar ou diminuir o número de fatores

Estágio 6: Validação da análise fatorial

O sexto estágio envolve a avaliação do grau de generalidade dos resultados para a população e da influência potencial de casos ou respondentes individuais sobre os resultados gerais. A questão da generalidade é crítica para todo método multivariado, mas é especialmente relevante nos métodos de interdependência, pois eles descrevem uma estrutura de dados que também deve ser representativa da população. No processo de validação, o pesquisador deve abordar várias questões na área de delineamento de pesquisa e características de dados, como discutido a seguir.

Uso de uma perspectiva confirmatória

O método mais direto para validar os resultados é partir para uma perspectiva confirmatória e avaliar a repetitividade dos resultados, seja com uma amostra particionada no conjunto de dados originais, seja com uma amostra separada. A comparação de dois ou mais resultados de um modelo fatorial sempre é problemática. No entanto, existem várias opções para realizar uma comparação objetiva. A emergência da análise fatorial confirmatória (CFA) por meio da modelagem de equações estruturais tem fornecido uma opção, mas geralmente é mais complicada e exige pacotes computacionais adicionais, como LISREL ou EQS [4,21]. Os Capítulos 10 e 11 discutem a análise fatorial confirmatória de forma mais detalhada. Além da CFA, diversos outros métodos têm sido propostos, variando de um simples índice de emparelhamento [10] a programas (FMATCH) projetados especificamente para avaliar a correspondência entre matrizes fatoriais [34]. Esses métodos têm tido uso esporádico, devido em parte (1) à sua percebida falta de sofisticação e (2) à indisponibilidade de softwares ou programas analíticos para automatizar as comparações. Assim, quando a CFA não é adequada, esses métodos fornecem alguma base objetiva para a comparação.

Avaliação da estabilidade da estrutura fatorial

Um outro aspecto da generalidade é a estabilidade dos resultados do modelo fatorial. A estabilidade fatorial depende principalmente do tamanho da amostra e do número de casos por variável. O pesquisador sempre é encorajado a obter a maior amostra possível e a desenvolver modelos parcimoniosos para aumentar a proporção casos-por-variáveis. Se o tamanho da amostra permite, o pesquisador pode querer particionar aleatoriamente a amostra em dois subconjuntos e estimar modelos fatoriais para cada um. A comparação das duas matrizes fatoriais resultantes fornecerá uma avaliação da robustez da solução ao longo das amostras.

Detecção de observações influentes

Além da generalidade, uma outra questão importante para a validação da análise fatorial é a detecção de observações influentes. Discussões no Capítulo 2 sobre a identificação de observações atípicas, bem como no Capítulo 4 sobre as observações influentes em regressão, encontram aplicabilidade em análise fatorial. O pesquisador é encorajado a estimar o modelo com e sem observações identificadas como atípicas para avaliar seu impacto nos resultados. Se a omissão das observações atípicas é justificada, os resultados deveriam ter maior generalidade. Além disso, como discutido no Capítulo 4, diversas medidas de influência que refletem a posição de uma observação relativa a todas as outras (por exemplo, proporção de covariância) são igualmente aplicáveis à análise fatorial. Finalmente, a complexidade dos métodos propostos para identificação de observações influentes específicas à análise fatorial [11] limita a aplicação dos mesmos.

TABELA 3-3 Interpretação de uma matriz hipotética de cargas fatoriais

(a) Matriz de cargas fatoriais não-rotacionada

	Fator		
	1	2	3
V_1	0,611	0,250	−0,204
V_2	0,614	−0,446	0,264
V_3	0,295	−0,447	0,107
V_4	0,561	−0,176	−0,550
V_5	0,589	−0,467	0,314
V_6	0,630	−0,102	−0,285
V_7	0,498	0,611	0,160
V_8	0,310	0,300	0,649
V_9	0,492	0,597	−0,094

(b) Matriz VARIMAX de cargas fatoriais rotacionada

	Fator			Comunalidade
	1	2	3	
V_1	0,462	0,099	0,505	0,477
V_2	0,101	0,778	0,173	0,644
V_3	−0,134	0,517	0,114	0,299
V_4	−0,005	0,184	0,784	0,648
V_5	0,087	0,801	0,119	0,664
V_6	0,180	0,302	0,605	0,489
V_7	0,795	−0,032	0,120	0,647
V_8	0,623	0,293	−0,366	0,608
V_9	0,694	−0,147	0,323	0,608

(c) Matriz simplificada de cargas fatoriais rotacionada[1]

	Componente		
	1	2	3
V_7	0,795		
V_9	0,694		
V_8	0,623		
V_5		0,801	
V_2		0,778	
V_3		0,517	
V_4			0,784
V_6			0,605
V_1	0,462		0,505

[1] Cargas menores que 0,40 não são exibidas, e variáveis são ordenadas pelas maiores cargas

(d) Matriz de cargas fatoriais rotacionada com V_1 eliminada[2]

	Fator		
	1	2	3
V_2	0,807		
V_5	0,803		
V_3	0,524		
V_7		0,802	
V_9		0,686	
V_8		0,655	
V_4			0,851
V_6			0,717

[2] V_1 eliminada da análise, cargas menores que 0,40 não são exibidas, e variáveis são ordenadas pelas maiores cargas

Estágio 7: Usos adicionais dos resultados da análise fatorial

Dependendo dos objetivos da aplicação da análise fatorial, o pesquisador pode parar com a interpretação fatorial ou utilizar-se de um dos métodos para redução de dados. Se o objetivo é simplesmente identificar combinações lógicas de variáveis e entender melhor as inter-relações entre variáveis, então a interpretação fatorial basta. Isso fornece uma base empírica para julgar a estrutura das variáveis e o impacto dessa estrutura quando se interpretam os resultados a partir de outras técnicas multivariadas. Se o objetivo, porém, é identificar variáveis apropriadas para a aplicação subseqüente em outras técnicas estatísticas, então alguma forma de redução de dados será empregada. As duas opções incluem o seguinte:

- *Selecionar a variável com a maior carga fatorial* como uma representativa substituta para uma dimensão fatorial particular

- *Substituir o conjunto original de variáveis* por um conjunto menor e inteiramente novo, criado a partir de *escalas múltiplas* ou *escores fatoriais*.

Qualquer opção fornecerá novas variáveis para uso, por exemplo, como variáveis independentes em uma análise de regressão ou discriminante, variáveis dependentes em análise multivariada de variância, ou mesmo as variáveis de agrupamento em análise de agrupamentos. Discutimos cada uma dessas opções para redução de dados nas seções seguintes.

Seleção de variáveis substitutas para análise subseqüente

Se a meta do pesquisador é simplesmente identificar variáveis apropriadas para a aplicação subseqüente com outras técnicas estatísticas, o pesquisador tem a opção de examinar a matriz fatorial e selecionar a variável com a maior carga fatorial em cada fator para atuar como uma **variável**

substituta representativa daquele fator. Essa é uma abordagem simples e direta somente quando uma variável tem uma carga fatorial bem maior do que todas as demais. Em muitos casos, porém, o processo de seleção é mais difícil porque duas ou mais variáveis têm cargas significantes e bastante próximas umas das outras, ainda que apenas uma seja escolhida como representativa de uma dimensão em particular. Essa decisão deve ser baseada no conhecimento *a priori* que o pesquisador tem da teoria, que pode sugerir que uma variável, mais que as outras, seria logicamente representativa da dimensão. Além disso, o pesquisador pode ter conhecimento sugerindo que uma variável com carga levemente inferior é de fato mais confiável do que a variável com carga fatorial maior. Nesses casos, o pesquisador pode escolher a variável com carga ligeiramente menor como a melhor variável para representar um fator particular.

O método de selecionar uma única variável substituta como representativa do fator – apesar de ser simples e manter a variável original – tem várias desvantagens potenciais.

- *Não aborda a questão do erro de medida* encontrada quando se usam medidas únicas (ver a seção seguinte para uma discussão mais detalhada).
- Também corre-se o *risco de resultados potencialmente enganadores pela seleção de somente uma variável para representar um resultado que talvez seja mais complexo*. Por exemplo, suponha que variáveis que representem a competitividade de preço, a qualidade de produto e o valor fossem encontradas com elevadas cargas em um único fator. A seleção de uma dessas variáveis em separado criaria interpretações muito diferentes em qualquer análise posterior, ainda que todas possam estar tão intimamente relacionadas a ponto de tornar qualquer distinção definitiva impossível.

Em casos nos quais diversas cargas elevadas complicam a seleção de uma única variável, o pesquisador pode não ter escolha a não ser empregar a análise fatorial como a base para calcular uma escala múltipla ou escores fatoriais para uso como uma variável substituta. O objetivo, como no caso da seleção de uma única variável, é representar melhor a natureza básica do fator ou do componente.

Criação de escalas múltiplas

O Capítulo 1 introduziu o conceito de uma **escala múltipla**, a qual é formada pela combinação de diversas variáveis individuais em uma única **medida composta**. Em termos simples, todas as variáveis com cargas elevadas em um fator são combinadas, e o total – ou, mais comumente, o escore médio das variáveis – é usado como uma variável de substituição. Uma escala múltipla apresenta dois benefícios específicos.

- Fornece um *meio de superar consideravelmente o erro de medida* inerente em todas as variáveis medidas. **Erro de medida** é o grau em que os valores observados não são representativos dos valores "reais" devido a diversas razões, que variam de erros reais (p.ex., erros na entrada de dados) à falta de habilidade de indivíduos fornecerem informações precisas. O impacto do erro de medida é mascarar parcialmente relações (p.ex., correlações ou comparações de médias de grupos) e dificultar a estimação de modelos multivariados. A escala múltipla reduz o erro de medida usando **indicadores** (variáveis) múltiplos para reduzir a dependência de uma única resposta. Usando a resposta média ou típica de um conjunto de variáveis relacionadas, o erro de medida que poderia ocorrer em uma única questão será reduzido.
- Um segundo benefício da escala múltipla é sua *habilidade de representar os múltiplos aspectos de um conceito com uma medida única*. Muitas vezes, empregamos mais variáveis em nossos modelos multivariados como uma tentativa de representar as muitas facetas de um conceito que sabemos ser muito complexo. Entretanto, ao fazer isso, complicamos a interpretação dos resultados por causa da redundância nos itens associados ao conceito. Logo, gostaríamos de não apenas acomodar as descrições mais ricas de conceitos usando múltiplas variáveis, mas também de manter a parcimônia no número de variáveis em nossos modelos multivariados. A escala múltipla, quando corretamente construída, combina os múltiplos indicadores em uma só medida que representa o que acontece em comum no conjunto de medidas.

O processo de construção de escala tem fundamentos teóricos e empíricos em diversas disciplinas, incluindo a teoria psicométrica, a sociologia e o marketing. Apesar de um tratamento completo das técnicas e questões envolvidas estarem além do escopo deste livro, existem várias fontes excelentes para leitura complementar sobre esse assunto [2,12,20,30,31]. Além disso, há uma série de compilações de escalas existentes que podem ser aplicadas em várias situações [3,7,32]. Discutimos aqui, porém, quatro questões básicas para a construção de qualquer escala múltipla: definição conceitual, dimensionalidade, confiabilidade e validade.

Definição conceitual. O ponto de partida para criar qualquer escala múltipla é sua **definição conceitual**. A definição conceitual especifica a base teórica para a escala múltipla definindo o conceito a ser representado em termos aplicáveis ao contexto de pesquisa. Na pesquisa acadêmica, as definições teóricas são baseadas em pesquisa prévia que define o caráter e a natureza de um conceito. Em um contexto gerencial, conceitos específicos podem ser definidos de modo que se relacionem a objetivos propostos, como imagem, valor ou satisfação. Em qualquer caso, a criação de uma escala múltipla sempre é orientada pela definição conceitual, especificando o tipo e o caráter dos itens que são candidatos à inclusão na escala.

A **validade de conteúdo** é a avaliação da correspondência das variáveis a serem incluídas em uma escala múltipla e sua definição conceitual. Essa forma de validade, também conhecida como **validade de expressão**, avalia subjetivamente a correspondência entre os itens individuais e o conceito por meio de avaliações de especialistas, prétestes com múltiplas subpopulações ou outros meios. O objetivo é garantir que a seleção de itens de escala aborde não apenas questões empíricas, mas também inclua considerações práticas e teóricas [12,31].

Dimensionalidade. Uma suposição inerente e exigência essencial para a criação de uma escala múltipla é que os itens sejam unidimensionais, significando que eles estão fortemente associados um com o outro e representam um só conceito [20,24]. A análise fatorial tem um papel essencial na realização de uma avaliação empírica da dimensionalidade de um conjunto de itens, pela determinação do número de fatores e das cargas de cada variável nos mesmos. O teste de unidimensionalidade significa que cada escala múltipla deve consistir de itens com cargas altas em um único fator [1,20,24,28]. Se uma escala múltipla é proposta como tendo múltiplas dimensões, cada dimensão deve ser refletida por um fator separado. O pesquisador pode avaliar unidimensionalidade com análise fatorial exploratória, como discutido neste capítulo, ou com análise fatorial confirmatória, como descrito nos Capítulos 10 e 11.

Confiabilidade. **Confiabilidade** é uma avaliação do grau de consistência entre múltiplas medidas de uma variável. Uma forma de confiabilidade é teste/reteste, pelo qual a consistência é medida entre as respostas para um indivíduo em dois pontos no tempo. O objetivo é garantir que as respostas não sejam muito variadas durante períodos de tempo, de modo que uma medida tomada em qualquer instante seja confiável. Uma segunda medida de confiabilidade, mais comumente usada, é a consistência interna, a qual avalia a consistência entre as variáveis em uma escala múltipla. A idéia da consistência interna é que os itens ou indicadores individuais da escala devem medir o mesmo construto, e assim serem altamente intercorrelacionados [12,28].

Como nenhum item isolado é uma medida perfeita de um conceito, devemos confiar em várias medidas diagnósticas para avaliar consistência interna.

- As primeiras *medidas que consideramos se relacionam a cada item separado*, incluindo a correlação item-com-total (a correlação do item com o escore da escala múltipla) e a correlação inter-itens (a correlação entre itens). Regras práticas sugerem que as correlações item-com-total excedam 0,50 e que as correlações inter-itens excedam 0,30 [31].
- O segundo tipo de medida diagnóstica é o *coeficiente de confiabilidade* que avalia a consistência da escala inteira, sendo o **alfa de Cronbach** [15,28,29] a medida mais amplamente usada. O limite inferior para o alfa de Cronbach geralmente aceito é de 0,70 [31,32], apesar de poder diminuir para 0,60 em pesquisa exploratória [31]. Uma questão na avaliação do alfa de Cronbach é sua relação positiva com o número de itens na escala. Como o aumento do número de itens, mesmo com grau igual de intercorrelação, aumenta o valor de confiabilidade, os pesquisadores devem fazer exigências mais severas para escalas com muitos itens.
- Também estão disponíveis as *medidas de confiabilidade determinadas a partir da análise fatorial confirmatória*. Incluídas nessas medidas estão a confiabilidade composta e a variância média extraída, discutidas mais detalhadamente no Capítulo 11.

Cada um dos principais programas estatísticos agora tem módulos ou programas de avaliação de confiabilidade, de modo que o pesquisador dispõe de uma análise completa tanto das medidas específicas de itens quanto de medidas gerais de confiabilidade. Qualquer escala múltipla deve ter sua confiabilidade analisada para garantir sua adequação antes de se proceder a uma avaliação de sua validade.

Validade. Após garantir que uma escala (1) está de acordo com sua definição conceitual, (2) é unidimensional e (3) atende aos níveis necessários de confiabilidade, o pesquisador deve fazer uma avaliação final: validade da escala. **Validade** é o grau em que uma escala ou um conjunto de medidas representa com precisão o conceito de interesse. Já vimos uma forma de validade – validade de conteúdo ou expressão – na discussão sobre definições conceituais. Outras formas de validade são medidas empiricamente pela correlação entre conjuntos de variáveis teoricamente definidos. As três formas mais amplamente aceitas de validade são a convergente, a discriminante e a nomológica [8,30].

- A validade convergente avalia o *grau em que duas medidas do mesmo conceito estão correlacionadas*. Neste ponto, o pesquisador pode procurar medidas alternativas de um conceito e então correlacioná-las com a escala múltipla. Correlações altas indicam que a escala está medindo seu conceito pretendido.
- A validade discriminante é o *grau em que dois conceitos similares são distintos*. O teste empírico é novamente a correlação entre medidas, mas dessa vez a escala múltipla está correlacionada com uma medida semelhante, mas conceitualmente distinta. Agora, a correlação deve ser baixa, demonstrando que a escala múltipla é suficientemente diferente do outro conceito semelhante.
- Finalmente, a validade nomológica refere-se ao *grau em que a escala múltipla faz previsões precisas de outros conceitos em um modelo teórico*. O pesquisador deve identificar relações teóricas a partir de pesquisa anterior ou de princípios aceitos e então avaliar se a escala tem relações correspondentes. Em resumo, a validade convergente confirma que a escala está correlacionada com outras medidas conhecidas do conceito; a validade discriminante garante que a escala é suficientemente diferente de outros conceitos semelhantes para ser distinta; e a validade nomológica determina se a escala demonstra as relações mostradas como existentes, com base em teoria ou pesquisa prévia.

Vários métodos para avaliar a validade estão disponíveis, variando de matrizes multitraço, multimétodo (MTMM) a abordagens de equações estruturais. Apesar de estar além do escopo deste texto, diversas fontes disponíveis abordam vários métodos e as questões envolvidas nas técnicas específicas [8,21,30].

Cálculo de escalas múltiplas. O cálculo de escalas múltiplas é um processo direto no qual os itens compreendendo a escala múltipla (i.e., os itens com cargas altas da análise fatorial) são somados ou têm suas médias calculadas. A abordagem mais comum é considerar a média dos itens na escala, o que fornece ao pesquisador um controle completo sobre o cálculo e facilita o uso em análises posteriores.

Sempre que variáveis têm cargas positivas e negativas dentro do mesmo fator, ou as variáveis com cargas positivas, ou aquelas com cargas negativas devem ter seus dados revertidos. Tipicamente, as variáveis com as cargas negativas são revertidas no escore, de modo que correlações e cargas são agora todas positivas no mesmo fator. **Escore reverso** é o processo pelo qual os valores dos dados para uma variável são revertidos de forma que suas correlações com outras variáveis são revertidas (i.e., passam de negativas para positivas). Por exemplo, em nossa escala de 0 a 10, revertemos o escore de uma variável subtraindo o valor original de 10 (ou seja, escore reverso = 10 – valor original). Desse modo, escores originais de 10 e 0 agora têm os valores revertidos de 0 e 10. Todas as características de distribuição são mantidas; apenas a distribuição é revertida.

A meta do escore reverso é prevenir um anulamento de variáveis com cargas positivas e negativas. Usemos um exemplo de duas variáveis com correlação negativa.

Estamos interessados em combinar V_1 e V_2, com V_1 tendo carga positiva, e V_2, negativa. Se 10 é o escore máximo em V_1, o máximo em V_2 seria 0. Agora considere dois casos. No caso 1, V_1 tem um valor igual a 10 e V_2 tem valor 0 (o melhor caso). No segundo caso, V_1 tem um valor 0 e V_2 tem valor 10 (o pior caso). Se V_2 não é escore revertido, então o escore calculado pela soma das duas variáveis para ambos os casos é 10, mostrando nenhuma diferença, apesar de sabermos que o caso 1 é melhor e o 2 é o pior. Não obstante, se revertemos o escore V_2, a situação muda. Agora o caso 1 tem valores 10 e 10 em V_1 e V_2, respectivamente, e o caso 2 tem valores 0 e 0. Os escores de escala múltipla são agora 20 para o caso 1 e 0 para o caso 2, o que os distingue como a melhor e a pior situação.

Resumo. As escalas múltiplas, um dos desenvolvimentos recentes em pesquisa acadêmica, estão encontrando aplicação crescente em pesquisa aplicada e gerencial também. A habilidade da escala múltipla de representar conceitos complexos em uma única medida e ainda reduzir erros de medida a torna uma valiosa ferramenta em qualquer análise multivariada. A análise fatorial fornece ao pesquisador uma avaliação empírica das inter-relações entre variáveis, essencial na formação do fundamento conceitual e empírico de uma escala múltipla por meio da avaliação da validade de conteúdo e da dimensionalidade da escala (ver Regras Práticas 3-7).

Cálculo de escores fatoriais

A terceira opção para criar um conjunto menor de variáveis para substituir o conjunto original é o cálculo de **escores fatoriais**. Escores fatoriais também são medidas

---

REGRAS PRÁTICAS 3-7

Escalas múltiplas

- Uma escala múltipla é apenas tão boa quanto os itens usados para representar o construto; ainda que possa passar em todos os testes empíricos, é inútil sem justificativa teórica
- Nunca crie uma escala múltipla sem primeiro avaliar sua unidimensionalidade com análise fatorial exploratória ou confirmatória
- Uma vez que uma escala é considerada unidimensional, seu escore de confiabilidade, medido pelo alfa de Cronbach:
  - Deve exceder uma referência de 0,70, apesar de um nível de 0,60 poder ser utilizado em pesquisa exploratória
  - Deve ter seu valor de referência aumentado à medida que o número de itens aumenta, especialmente quando o número de itens se aproxima de 10 ou mais
- Com a confiabilidade estabelecida, a validade deve ser avaliada em termos de:
  - Validade convergente – a escala se correlaciona com outras escalas semelhantes
  - Validade discriminante – a escala é suficientemente diferente de outras escalas relacionadas
  - Validade nomológica – a escala "prevê" como teoricamente sugerido

---

compostas de cada fator computadas para cada indivíduo. Conceitualmente, o escore fatorial representa o grau em que cada indivíduo tem escore elevado no grupo de itens que têm cargas elevadas em um fator. Assim, valores mais altos nas variáveis com cargas elevadas em um fator resultam em um escore fatorial superior. A característica-chave que diferencia um escore fatorial de uma escala múltipla é que o escore fatorial é computado com base nas cargas fatoriais de todas as variáveis no fator, enquanto a escala múltipla é calculada combinando-se apenas variáveis selecionadas. Portanto, apesar de o pesquisador ser capaz de caracterizar um fator pelas variáveis com as maiores cargas, ele também deve considerar as cargas das outras variáveis, embora menores, e sua influência no escore fatorial.

A maioria dos programas estatísticos computa facilmente escores fatoriais para cada respondente. Selecionando-se a opção de escore fatorial, esses escores são salvos para uso em análises posteriores. A desvantagem dos escores fatoriais é que eles não são facilmente repetidos em estudos, pois são baseados na matriz fatorial, a qual é determinada separadamente em cada estudo. A repetição da mesma matriz fatorial em estudos requer substancial programação computacional.

Seleção entre os três métodos

Para escolher entre as três opções de redução de dados, o pesquisador deve tomar várias decisões, ponderando as vantagens e desvantagens de cada abordagem com os objetivos da pesquisa. As diretrizes nas Regras Práticas 3-8 abordam as condições fundamentais associadas com cada método.

A regra de decisão é, portanto, a seguinte:

- Se dados são usados somente na amostra original ou se ortogonalidade deve ser mantida, escores fatoriais são adequados.
- Se generalidade ou capacidade de transferência são desejáveis, então escalas múltiplas ou variáveis substitutas são mais apropriadas. Se a escala múltipla é um instrumento bem construído, válido e confiável, então é provavelmente a melhor alternativa.
- Se a escala múltipla não é testada e é exploratória, com pouca ou nenhuma evidência de confiabilidade ou validade, variáveis substitutas deverão ser consideradas caso uma análise adicional não seja possível para melhorar a escala múltipla.

REGRAS PRÁTICAS 3-8

Representação da análise fatorial em outras análises

- **A variável substituta única**
  Vantagens
  - Simples de administrar e interpretar

  Desvantagens
  - Não representa todas as "facetas" de um fator
  - Suscetível a erro de medida

- **Escores fatoriais**
  Vantagens
  - Representam todas as variáveis com cargas naquele fator
  - Melhor método para completa redução de dados
  - São naturalmente ortogonais e podem evitar complicações provocadas por multicolinearidade

  Desvantagens
  - Interpretação mais difícil, pois todas as variáveis contribuem com as cargas
  - Difícil de repetir em estudos

- **Escalas múltiplas**
  Vantagens
  - Conciliação entre a variável substituta e opções de escore fatorial
  - Reduzem erro de medida
  - Representam múltiplas facetas de um conceito
  - Facilmente replicáveis em estudos

  Desvantagens
  - Incluem apenas as variáveis com cargas elevadas sobre o fator e excluem aquelas com impacto pequeno ou periférico
  - Não há necessariamente ortogonalidade
  - Exigem análise extensiva de questões de confiabilidade e validade

---

UM EXEMPLO ILUSTRATIVO

Nas seções anteriores, as questões mais importantes referentes à aplicação de análise fatorial foram discutidas dentro da estrutura de construção de modelos introduzida no Capítulo 1. Para melhor esclarecer esses tópicos, usamos um exemplo ilustrativo da aplicação de análise fatorial baseado em informações da base de dados apresentada no Capítulo 1. Nossa discussão do exemplo empírico também segue o processo de construção de modelo em seis estágios. Os três primeiros estágios, comuns à análise de componentes ou à análise de fatores comuns, são discutidos primeiramente. Em seguida, os estágios 4 a 6, de análise de componentes, serão discutidos, juntamente com exemplos do uso adicional de resultados fatoriais. Concluímos com um exame das diferenças em relação à análise de fatores comuns nos estágios 4 e 5.

Estágio 1: Objetivos da análise fatorial

A análise fatorial pode identificar a estrutura de um conjunto de variáveis, bem como fornecer um processo para a redução de dados. Em nosso exemplo, as percepções da HBAT sobre 13 atributos (X_6 a X_{18}) são examinadas pelos seguintes motivos:

- *Entender se essas percepções podem ser "agrupadas".* Mesmo o número relativamente pequeno de percepções examinadas aqui apresenta um complexo quadro de 78 correlações distintas. Agrupando as percepções, a HBAT será capaz de exibir o quadro geral em termos de compreensão de seus clientes e o que os mesmos pensam sobre a HBAT.
- *Reduzir as 13 variáveis a um número menor.* Se as 13 variáveis podem ser representadas em um número menor de variáveis compostas, então as outras técnicas multivariadas podem se tornar mais parcimoniosas. É claro que essa abordagem considera que exista algum arranjo latente nos dados em análise.

Qualquer um ou ambos os objetivos podem ser encontrados em uma questão de pesquisa, tornando a análise fatorial aplicável a uma vasta gama de questões. Além disso, como a base para o desenvolvimento de escalas múltiplas, ela tem conquistado cada vez maior uso nos últimos anos.

Estágio 2: Planejamento de uma análise fatorial

Compreender a estrutura das percepções de variáveis requer análise fatorial do tipo *R* e uma matriz de correlações entre variáveis, não respondentes. Todas as variáveis são métricas e constituem um conjunto homogêneo de percepções adequado à análise fatorial.

O tamanho da amostra neste exemplo tem uma proporção de 8:1 na razão entre observações e variáveis, o que está dentro de limites aceitáveis. Além disso, o tamanho da amostra de 100 fornece uma base adequada para o cálculo das correlações entre variáveis.

Estágio 3: Suposições em análise fatorial

As suposições estatísticas subjacentes causam um impacto na análise fatorial, no sentido de que afetam as correlações determinadas. Desvios da normalidade, homocedasticidade e linearidade podem diminuir as correlações entre variáveis. Essas suposições são examinadas no Capítulo 2, e convidamos o leitor a rever os resultados das investigações. O pesquisador também deve avaliar a viabilidade da análise fatorial a partir da matriz de correlação. O primeiro passo é um exame visual das correlações, identificando as que são estatisticamente significantes.

A Tabela 3-4 mostra a matriz de correlação para as 13 percepções da HBAT. A inspeção da matriz de correlação revela que 29 das 78 correlações (37%) são significantes no nível 0,01, o que fornece uma base adequada a seguir para um exame empírico da adequação para a análise fatorial tanto em uma base geral quanto para cada variável. A tabulação do número de correlações significantes por variável apresenta um intervalo de 0 (X_{15}) a 9 (X_{17}). Apesar de não existirem limites sobre o que é alto ou baixo demais, variáveis sem correlações significantes podem não ser parte de qualquer fator, e se uma variável tem um grande número de correlações, ela pode ser parte de diversos fatores. Podemos observar esses padrões e ver como eles são refletidos à medida que a análise prossegue.

O pesquisador pode avaliar a significância geral da matriz de correlação com o teste de Bartlett e a fatorabilidade do conjunto geral de variáveis e variáveis individuais usando a medida de adequação de amostra (MSA). Como a análise fatorial sempre gera fatores, o objetivo é garantir um nível de referência de correlação estatística dentro do conjunto de variáveis, de modo que a estrutura fatorial resultante tenha alguma base objetiva.

Neste exemplo, o teste de Bartlett revela que as correlações, quando tomadas coletivamente, são significantes no nível de 0,0001 (ver Tabela 3-4). Este teste indica apenas a presença de correlações não-nulas, e não o padrão dessas correlações. A medida de adequação da amostra (MSA) olha não apenas as correlações, mas seus padrões entre variáveis. Nessa situação, o valor geral MSA está no nível aceitável (acima de 0,50), com um valor de 0,609. O exame dos valores para cada variável, porém, identifica três variáveis (X_{11}, X_{15} e X_{17}) que têm valores MSA abaixo de 0,50. Como X_{15} tem o menor valor MSA, essa variável será omitida na tentativa de obter um conjunto de variáveis que possam exceder os níveis MSA mínimos aceitáveis. Recalculando os valores MSA, percebe-se que X_{17} ainda tem um valor MSA individual abaixo de 0,50, e portanto também é eliminada da análise. Devemos observar neste ponto que X_{15} e X_{17} eram as duas variáveis com o número de correlações significantes mais baixo e o mais elevado, respectivamente.

A Tabela 3-5 contém a matriz de correlação para o conjunto revisado de variáveis (X_{15} e X_{17} eliminadas) junto com as medidas de adequação da amostra e o valor do teste de Bartlett. Na matriz de correlação reduzida, 20 das 55 correlações são estatisticamente significantes. Como no caso do conjunto completo de variáveis, o teste de Bartlett mostra que as correlações não-nulas existem no nível de significância de 0,0001. O conjunto reduzido de variáveis atende coletivamente à base necessária de adequação da amostra com um valor MSA de 0,653. Cada variável também excede o valor base, indicando que o conjunto reduzido de variáveis atende aos requisitos fundamentais para a análise fatorial. Finalmente, o exame das correlações parciais mostra apenas cinco com valores maiores que 0,50 (X_6-X_{11}, X_7-X_{12}, X_8-X_{14}, X_9-X_{18}, e X_{11}-X_{18}), que é outro indicador da força das relações entre as variáveis no conjunto reduzido. Vale observar que ambas X_{11} e X_{18} estão envolvidas em duas das correlações parciais elevadas. Coletivamente, todas essas medidas indicam que o conjunto reduzido de variáveis é adequado à análise fatorial, e a análise pode prosseguir para os próximos estágios.

Análise fatorial de componentes: estágios 4 a 7

Como anteriormente observado, os procedimentos da análise fatorial são baseados na computação inicial de uma tabela completa de intercorrelações entre as variáveis (matriz de correlação). A matriz de correlação é então transformada por meio de estimação de um modelo fatorial para obter uma matriz fatorial contendo cargas fatoriais para cada variável em cada fator obtido. As cargas de cada variável nos fatores são então interpretadas para identificar a estrutura latente das variáveis, nesse caso, percepções da HBAT. Esses passos de análise fatorial, contidos nos estágios de 4 a 7, são examinados primeiramente para análise de componentes. Em seguida, uma análise de fatores comuns é executada, e são feitas comparações entre os dois modelos fatoriais.

Estágio 4: Determinação de fatores e avaliação do ajuste geral

Sabendo-se que o método de componentes para extração será usado primeiro, a próxima decisão é escolher o número de componentes a ser retido para posterior aná-

TABELA 3-4 Avaliação da adequação da análise fatorial: correlações, medidas de adequação da amostra, e correlações parciais entre variáveis

Correlações entre variáveis

	X_6	X_7	X_8	X_9	X_{10}	X_{11}	X_{12}	X_{13}	X_{14}	X_{15}	X_{16}	X_{17}	X_{18}	Correlações significantes ao nível 0,01
X_6 Qualidade do produto	1,000	–0,137	0,096	0,106	–0,053	**0,477**	–0,152	**–0,401**	0,088	0,027	0,104	**–0,493**	0,028	3
X_7 Comércio eletrônico		1,000	0,001	0,140	**0,430**	–0,053	**0,792**	0,229	0,052	–0,027	0,156	**0,271**	0,192	3
X_8 Suporte técnico			1,000	0,097	–0,063	0,193	0,017	**–0,271**	**0,797**	–0,074	0,080	–0,186	0,025	2
X_9 Solução de reclamações				1,000	0,197	**0,561**	0,230	–0,128	0,140	0,059	**0,757**	**0,395**	**0,865**	5
X_{10} Anúncio					1,000	–0,012	**0,542**	0,134	0,011	0,084	0,184	**0,334**	**0,276**	4
X_{11} Linha de produto						1,000	–0,061	**–0,495**	**0,273**	0,046	**0,424**	**–0,378**	**0,602**	7
X_{12} Imagem de equipe de venda							1,000	**0,265**	0,107	0,032	0,195	**0,352**	**0,272**	6
X_{13} Preço competitivo								1,000	**–0,245**	0,023	–0,115	**0,471**	–0,073	6
X_{14} Garantia e reclamações									1,000	0,035	0,197	–0,170	0,109	3
X_{15} Embalagem*										1,000	0,069	0,094	0,106	0
X_{16} Encomenda e cobrança											1,000	**0,407**	**0,751**	4
X_{17} Flexibilidade de preço												1,000	**0,497**	9
X_{18} Velocidade de entrega													1,000	6

Nota: Valores em negrito indicam correlações significantes ao nível 0,01.
Medida geral de adequação de amostra: 0,609
Teste de Bartlett de esfericidade: 948,9
Significância: 0,000

Medidas de adequação de amostra e correlações parciais

	X_6	X_7	X_8	X_9	X_{10}	X_{11}	X_{12}	X_{13}	X_{14}	X_{15}	X_{16}	X_{17}	X_{18}
X_6 Qualidade do produto	0,873												
X_7 Comércio eletrônico	0,038	0,620											
X_8 Suporte técnico	–0,049	–0,060	0,527										
X_9 Solução de reclamações	–0,082	0,117	–0,150	0,890									
X_{10} Anúncio	–0,122	0,002	0,049	0,092	0,807								
X_{11} Linha de produto	–0,023	–0,157	0,067	–0,152	–0,101	0,448							
X_{12} Imagem da equipe de venda	–0,006	–0,729	0,077	–0,154	–0,333	0,273	0,586						
X_{13} Preço competitivo	0,054	–0,018	0,125	0,049	0,090	–0,088	–0,138	0,879					
X_{14} Garantia e reclamações	0,124	0,091	–0,792	0,123	–0,020	–0,103	–0,172	–0,019	0,529				
X_{15} Embalagem*	–0,076	0,091	0,143	0,061	–0,026	–0,118	–0,054	0,015	–0,138	0,314			
X_{16} Encomenda e cobrança	–0,189	–0,105	0,160	–0,312	0,044	0,044	0,100	0,106	–0,250	0,031	0,859		
X_{17} Flexibilidade de preço	0,135	–0,134	0,031	–0,143	–0,151	0,953	0,241	–0,212	–0,029	–0,137	–0,037	0,442	
X_{18} Velocidade de entrega	0,013	0,136	–0,028	–0,081	0,064	–0,941	–0,254	0,126	0,070	0,090	–0,109	–0,922	0,533

Nota: Medidas de adequação de amostra (MSA) estão na diagonal, e correlações parciais estão fora da mesma.

* N. de R. T. No Capítulo 1, a variável X_{15} havia sido definida como "Novos produtos".

TABELA 3-5 Avaliação da adequação da análise fatorial para o conjunto revisado de variáveis (X_{15} e X_{17} eliminadas): correlações, medidas de adequação da amostra, e correlações parciais entre variáveis

Correlações entre variáveis

		X_6	X_7	X_8	X_9	X_{10}	X_{11}	X_{12}	X_{13}	X_{14}	X_{16}	X_{18}	Correlações significantes ao nível 0,01
X_6	Qualidade do produto	1,000	−0,137	0,096	0,106	−0,053	**0,477**	−0,152	**−0,401**	0,088	0,104	0,028	2
X_7	Comércio eletrônico		1,000	0,001	0,140	**0,430**	−0,053	**0,792**	0,229	0,052	0,156	0,192	2
X_8	Suporte técnico			1,000	0,097	−0,063	0,193	0,017	**−0,271**	**0,797**	0,080	0,025	2
X_9	Solução de reclamações				1,000	0,197	**0,561**	0,230	−0,128	0,140	**0,757**	**0,865**	4
X_{10}	Anúncio					1,000	−0,012	**0,542**	0,134	0,011	0,184	**0,276**	3
X_{11}	Linha de produto						1,000	−0,061	**−0,495**	**0,273**	**0,424**	**0,602**	6
X_{12}	Imagem da equipe de venda							1,000	**0,265**	0,107	0,195	**0,272**	5
X_{13}	Preço competitivo								1,000	**−0,245**	−0,115	−0,073	5
X_{14}	Garantia e reclamações									1,000	0,197	0,109	3
X_{16}	Encomenda e cobrança										1,000	**0,751**	3
X_{18}	Velocidade de entrega											0,1000	5

Nota: Valores em negrito indicam correlações significantes ao nível 0,01.
Medida geral de adequação de amostra: 0,653
Teste de Bartlett de esfericidade: 619,3
Significância: 0,000

Medidas de adequação de amostra e correlações parciais

		X_6	X_7	X_8	X_9	X_{10}	X_{11}	X_{12}	X_{13}	X_{14}	X_{16}	X_{18}
X_6	Qualidade do produto	0,509										
X_7	Comércio eletrônico	0,061	0,626									
X_8	Suporte técnico	−0,045	−0,068	0,519								
X_9	Solução de reclamações	−0,062	0,097	−0,156	0,787							
X_{10}	Anúncio	−0,107	−0,015	0,062	0,074	0,779						
X_{11}	Linha de produto	−0,503	−0,101	0,117	−0,054	0,143	0,622					
X_{12}	Imagem da equipe de venda	−0,042	−0,725	0,076	−0,124	−0,311	0,148	0,622				
X_{13}	Preço competitivo	0,085	−0,047	0,139	0,020	0,060	0,386	−0,092	0,753			
X_{14}	Garantia e reclamações	0,122	0,100	−0,787	0,127	−0,032	−0,246	−0,175	−0,028	0,511		
X_{16}	Encomenda e cobrança	−0,184	−0,113	0,160	−0,322	0,040	0,261	0,113	0,101	−0,250	0,760	
X_{18}	Velocidade de entrega	0,355	0,040	0,017	−0,555	−0,202	−0,529	−0,087	−0,184	0,100	−0,369	0,666

Nota: Medidas de adequação de amostra (MSA) estão na diagonal, e correlações parciais estão fora da mesma.

lise. Como anteriormente discutido, o pesquisador deve empregar diversos critérios distintos para determinar o número de fatores a serem mantidos para interpretação, variando dos mais subjetivos (p.ex., escolha a *priori* de um número de fatores ou especificação do percentual de variância extraída) aos mais objetivos (critério da raiz latente ou teste *scree*).

TABELA 3-6 Resultados para a extração de fatores componentes

Componente	Autovalores		
	Total	Percentual de variância	Percentual cumulativo
1	3,43	31,2	31,2
2	2,55	23,2	54,3
3	1,69	15,4	69,7
4	1,09	9,9	79,6
5	0,61	5,5	85,1
6	0,55	5,0	90,2
7	0,40	3,7	93,8
8	0,25	2,2	96,0
9	0,20	1,9	97,9
10	0,13	1,2	99,1
11	0,10	0,9	100,0

A Tabela 3-6 contém a informação sobre os 11 fatores possíveis e seu poder explanatório relativo expresso por seus autovalores. Além da avaliação da importância de cada componente, também podemos usar os autovalores para auxiliar na seleção do número de fatores. O pesquisador não está limitado a opiniões prévias sobre o número de fatores que devem ser mantidos, mas por razões práticas de se desejarem múltiplas medidas por fator que sugerem que entre 3 e 5 fatores seriam melhor associados às 11 variáveis sob análise. Se aplicarmos o critério da raiz latente para manter fatores com autovalores maiores do que 1,0, quatro fatores serão mantidos. O teste *scree* (Figura 3-9), porém, indica que cinco fatores podem ser apropriados quando se consideram as mudanças em autovalores (i.e., identificar o "ângulo" nos autovalores). Ao ver o autovalor para o quinto fator, determinou-se que seu baixo valor (0,61) em relação ao valor 1,0 do critério da raiz latente inviabiliza sua inclusão. Se o autovalor estivesse bem próximo de 1, então poderia também ser considerado para inclusão. Os quatro fatores retidos representam 79,6% da variância das 11 variáveis, considerado suficiente em termos de variância total explicada. Combinar todos esses critérios conduz à conclusão de manter quatro fatores para posterior análise. Mais importante, esses resultados ilustram a necessidade por critérios múltiplos de decisão na definição do número de componentes a serem mantidos.

Estágio 5: Interpretação dos fatores

Com quatro fatores a serem analisados, o pesquisador agora se volta à interpretação dos fatores. Uma vez que a matriz fatorial de cargas tenha sido calculada, o processo de interpretação prossegue com o exame de matrizes não-rotacionadas e em seguida as rotacionadas, para detectar cargas significantes e comunalidades adequadas. Se deficiências são encontradas, reespecificação dos fatores é considerada. Uma vez que os fatores estejam finalizados, eles podem ser descritos com base nas cargas fatoriais significantes caracterizando cada fator.

Etapa 1: Examine a matriz fatorial de cargas para a matriz fatorial não-rotacionada. Cargas fatoriais, sejam em matrizes não-rotacionadas ou rotacionadas, representam o grau de associação (correlação) de cada variável com cada fator. As cargas desempenham um papel importante na interpretação dos fatores, particularmente se elas forem usadas de maneiras que exijam caracterização quanto ao significado substantivo dos fatores (p.ex., como variáveis preditoras em uma relação de dependência). O objetivo da análise fatorial nesses casos é maximizar a associação de cada variável com um único fator, muitas vezes por meio de rotação da matriz fatorial. O pesquisador deve julgar quanto à adequação da solução neste estágio e sua representação da estrutura de variáveis e a habilidade de atender às metas da pesquisa. Examinamos primeiramente a solução sem rotação e determinamos se o uso da solução com rotação é necessário.

A Tabela 3-7 apresenta a matriz fatorial não-rotacionada da análise de componentes. Para iniciar a análise, expliquemos os números incluídos na tabela. Cinco colunas de números são mostradas. As quatro primeiras são os resultados para os quatro fatores extraídos (ou seja, cargas fatoriais de cada variável em cada fator). A quinta coluna fornece estatísticas resumidas detalhando quão bem cada variável é explicada pelas quatro componentes, as quais são discutidas na próxima seção. A primeira linha de números na parte inferior de cada coluna é a soma da coluna de cargas fatoriais ao quadrado (autovalores) e indica a importância relativa de cada fator na explicação da variância associada ao conjunto de variáveis. Note que as somas dos quadrados para os quatro fatores são 3,427, 2,551, 1,691 e 1,087, respectivamente. Como esperado, a solução fatorial extrai os fatores na ordem de sua importância, com fator 1 explicando a maior parte da variância, o fator 2 ligeiramente menos, e assim por diante ao longo de todos os 11 fatores. Na extremidade à direita da linha está o número 8,756, que representa o total dos quatro autovalores (3,427+2,551+1,691+1,087). O total de autovalores representa a quantia total de variância extraída pela solução fatorial.

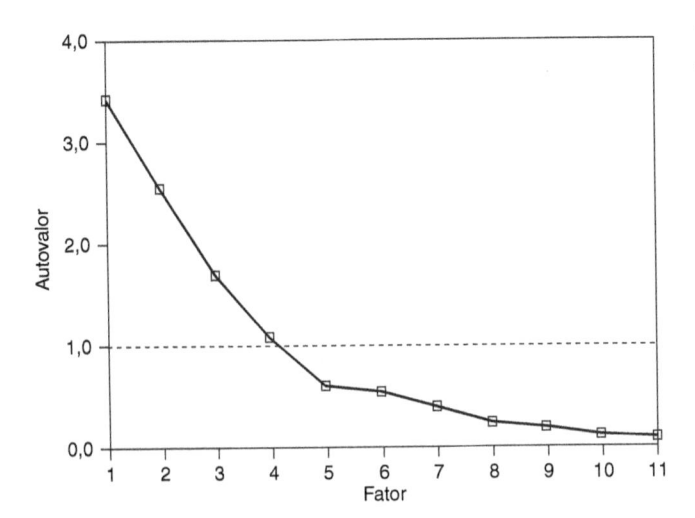

FIGURA 3-9 Teste *scree* para análise de componentes.

A quantia total de variância explicada por um fator ou pela solução fatorial geral pode ser comparada com a variação total no conjunto de variáveis que é representada pelo **traço** da matriz fatorial. O traço é a variância total a ser explicada e é igual à soma dos autovalores do conjunto de variáveis. Em análise de componentes, o traço é igual ao número de variáveis, visto que cada variável tem um autovalor possível de 1,0. Acrescentando os percentuais de traço para cada um dos fatores (ou dividindo o total de autovalores dos fatores pelo traço), obtemos o percentual total de traço extraído para a solução fatorial. Esse total é usado como um índice para determinar o quão bem uma solução fatorial em particular explica aquilo que todas as variáveis juntas representam. Se as variáveis são todas muito diferentes umas das outras, esse índice será pequeno. Se as variáveis recaem em um ou mais grupos altamente redundantes ou relacionados, e se os fatores extraídos explicam todos os grupos, o índice se aproximará de 100%.

> Os percentuais de traço explicados por cada um dos quatro fatores (31,15%, 23,19%, 15,37% e 9,88%) são mostrados como a última linha de valores da Tabela 3-7. O percentual de traço é obtido dividindo-se a soma de quadrados (autovalores) de cada fator pelo traço para o conjunto de variáveis analisado. Por exemplo, dividir a soma de quadrados de 3,427 para o fator 1 pelo traço de 11,0 resulta no percentual de traço de 31,154% para o fator 1. O índice para a solução geral mostra que 79,59% da variância total (8,756/11,0) é representado pela informação contida na matriz fatorial da solução em termos de quatro fatores. Logo, o índice para essa solução é alto, e as variáveis estão na realidade estreitamente relacionadas umas com as outras.

Etapa 2: Identifique as cargas significantes na matriz fatorial não-rotacionada Após definir os vários elementos da matriz fatorial não-rotacionada, examinemos os padrões de cargas fatoriais. Como discutido anteriormente, as cargas fatoriais permitem a descrição de cada fator e da estrutura no conjunto de variáveis.

> Como antecipado, o primeiro fator explica a maior quantia de variância na Tabela 3-7. O segundo fator é de algum modo um fator geral, com metade das variáveis tendo cargas elevadas (cargas altas são definidas como sendo maiores que 0,40). O terceiro fator tem duas cargas altas, enquanto o quarto tem apenas uma carga elevada. Com base nesse padrão de cargas fatoriais com um número relativamente grande de cargas elevadas no fator 2 e somente uma no fator 4, a interpretação seria difícil e teoricamente menos significativa. Portanto, o pesquisador deve rotacionar a matriz fatorial para redistribuir a variância dos primeiros fatores para os seguintes. Rotação deve resultar em um padrão fatorial mais simples e teoricamente mais significativo. No entanto, antes de proceder com o processo de rotação, devemos examinar as comunalidades para ver se quaisquer variáveis têm comunalidades tão baixas que elas devam ser eliminadas.

Etapa 3: Avalie as comunalidades das variáveis na matriz fatorial não-rotacionada. A soma em linha de cargas fatoriais quadradas, conhecida como comunalidade, mostra a quantia de variância em uma variável que é explicada pelos dois* fatores tomados juntos. O tamanho da comunalidade é um índice útil para avaliar o quanto de variância em uma variável particular é explicado pela solução fatorial. Valores mais altos de comunalidade indicam que uma grande quantia da variância em uma variável foi extraída pela solução fatorial. Comunalidades pequenas mostram que uma porção substancial da variância da variável não é explicada pelos fatores. A despeito de nenhuma diretriz estatística indicar exatamente o que é "pequeno" ou "grande", considerações práticas sugerem um nível mínimo de 0,50 para comunalidades nesta análise.

> As comunalidades na Tabela 3-7 são mostradas no extremo direito da tabela. Por exemplo, a comunalidade de 0,576 para a variável X_{10} indica que ela tem menos em comum com as outras variáveis incluídas na análise do que X_8, a qual tem uma comunalidade de 0,893. Ambas as variáveis, porém, ainda compartilham mais da metade de sua variância com os quatro fatores. Todas as comunalidades são suficientemente altas para se proceder com a rotação da matriz fatorial.

---

* N. de R. T.: A frase correta seria "pelos quatro fatores tomados juntos".

TABELA 3-7 Matriz de análise fatorial de componentes não-rotacionada

Variáveis	Fator 1	Fator 2	Fator 3	Fator 4	Comunalidade
X_6 Qualidade do produto	0,248	−0,501	−0,081	0,670	0,768
X_7 Comércio eletrônico	0,307	0,713	0,306	0,284	0,777
X_8 Suporte técnico	0,292	−0,369	0,794	−0,202	0,893
X_9 Solução de reclamações	0,871	0,031	−0,274	−0,215	0,881
X_{10} Anúncio	0,340	0,581	0,115	0,331	0,576
X_{11} Linha de produto	0,716	−0,455	−0,151	0,212	0,787
X_{12} Imagem da equipe de venda	0,377	0,752	0,314	0,232	0,859
X_{13} Preço competitivo	−0,281	0,660	−0,069	−0,348	0,641
X_{14} Garantia e reclamações	0,394	−0,306	0,778	−0,193	0,892
X_{16} Encomenda e cobrança	0,809	0,042	−0,220	−0,247	0,766
X_{18} Velocidade de entrega	0,876	0,117	−0,302	−0,206	0,914
					Total
Soma de quadrados (autovalor)	3,427	2,551	1,691	1,087	8,756
Percentual de traço[a]	31,15	23,19	15,37	9,88	79,59

[a] Traço = 11,0 (soma de autovalores)

Aplicação de uma rotação ortogonal (VARIMAX). Sabendo-se que a matriz fatorial não-rotacionada não tinha um conjunto de cargas fatoriais completamente limpo (ou seja, tinha cargas cruzadas substanciais ou não maximizava as cargas de cada variável em um fator), uma técnica de rotação pode ser aplicada para, com sorte, melhorar a interpretação. Nesse caso, a rotação VARIMAX é usada, e seu impacto sobre a solução fatorial geral e as cargas fatoriais é descrito a seguir.

A matriz fatorial da análise de componentes rotacionada VARIMAX é mostrada na Tabela 3-8. Note que a quantia total de variância extraída na solução rotacionada é a mesma da não-rotacionada, 79,6%. Além disso, as comunalidades para cada variável não mudam quando uma técnica de rotação é empregada. Entretanto, duas diferenças são visíveis. Primeiro, a variância é redistribuída de modo que o padrão de cargas fatoriais e o percentual de variância para cada fator é ligeiramente diferente. Especificamente, na solução fatorial rotacionada VARIMAX, o primeiro fator explica 26,3% da variância, comparado com 31,2% da solução não-rotacionada. De modo semelhante, os outros fatores também mudam, sendo que a maior mudança ocorre no quarto, aumentando de 9,9% na solução não-rotacionada para 16,1% na rotacionada. Assim, o poder explicativo mudou ligeiramente para uma distribuição mais equilibrada por causa da rotação. Segundo, a interpretação da matriz fatorial é simplificada. Como será discutido na próxima seção, as cargas fatoriais para cada variável são maximizadas para cada uma sobre um fator, exceto em casos de cruzamento de cargas.

Etapas 2 e 3: Avalie as cargas fatoriais significantes e comunalidades da matriz fatorial rotacionada. Com a rotação completa, o pesquisador agora examina a matriz fatorial rotacionada quanto a padrões de cargas significantes, esperando encontrar uma estrutura simplificada. Se ainda persistirem problemas (i.e., cargas não-significantes para uma ou mais variáveis, cargas cruzadas ou comunalidades inaceitáveis), o pesquisador deve considerar reespecificação da análise fatorial através do conjunto de opções discutidas anteriormente.

TABELA 3-8 Matrizes de análise fatorial de componentes rotacionadas por VARIMAX: conjuntos completos e reduzidos de variáveis

Conjunto completo de variáveis	CARGAS ROTACIONADAS POR VARIMAX[a]				
	Fator				
	1	2	3	4	Comunalidade
X_{18} Velocidade de entrega	0,938				0,914
X_9 Solução de reclamação	0,926				0,881
X_{16} Encomenda & cobrança	0,864				0,766
X_{12} Imagem da equipe de venda		0,900			0,859
X_7 Comércio eletrônico		0,871			0,777
X_{10} Anúncio		0,742			0,576
X_8 Suporte técnico			0,939		0,893
X_{14} Garantia e reclamações			0,931		0,892
X_6 Qualidade do produto				0,876	0,768
X_{13} Preço competitivo				−0,723	0,641
X_{11} Linha de produto	0,591			0,642	0,787
					Total
Soma de quadrados (autovalor)	2,893	2,234	1,855	1,774	8,756
Percentual de traço	26,30	20,31	16,87	16,12	79,59

[a] Cargas fatoriais menores que 0,40 não foram impressas, e as variáveis foram agrupadas por cargas em cada fator.

Conjunto reduzido de variáveis (X_{11} eliminada)	CARGAS ROTACIONADAS POR VARIMAX[a]				
	Fator				
	1	2	3	4	Comunalidade
X_9 Solução de reclamação	0,933				0,890
X_{18} Velocidade de entrega	0,931				0,894
X_{16} Encomenda & cobrança	0,886				0,806
X_{12} Imagem da equipe de venda		0,898			0,860
X_7 Comércio eletrônico		0,868			0,780
X_{10} Anúncio		0,743			0,585
X_8 Suporte técnico			0,940		0,894
X_{14} Garantia e reclamações			0,933		0,891
X_6 Qualidade do produto				0,892	0,798
X_{13} Preço competitivo				−0,730	0,661
					Total
Soma de quadrados (autovalor)	2,589	2,216	1,846	1,406	8,057
Percentual de traço	25,89	22,16	18,46	14,06	80,57

[a] Cargas fatoriais menores que 0,40 não foram impressas, e as variáveis foram agrupadas por cargas em cada fator.

Na solução fatorial rotacionada (Tabela 3-8), cada uma das variáveis tem cargas significantes (definidas como um valor acima de 0,40) sobre apenas um fator, exceto para X_{11}, que cruza sobre dois fatores (1 e 4). Além disso, todas as cargas estão acima de 0,70, o que significa que mais da metade da variância é explicada pelas cargas em um só fator. Com todas as comunalidades de tamanho suficiente para garantir inclusão, a única decisão que fica é determinar a ação a ser tomada em X_{11}.

Etapa 4: Reespecifique o modelo fatorial, se necessário. Ainda que a matriz fatorial rotacionada tenha melhorado a simplicidade das cargas fatoriais, as cargas cruzadas de X_{11} nos fatores 1 e 4 exigem ação. As ações possíveis incluem ignorar o cruzamento de cargas, eliminar X_{11} para evitar o cruzamento, usar outra técnica de rotação, ou diminuir o número de fatores. A discussão que se segue aborda essas opções e o curso de ação escolhido.

O exame da matriz de correlação na Tabela 3-5 mostra que X_{11} tem elevadas correlações com X_6 (parte do fator 4), X_9 (parte do fator 1) e X_{12} (parte do fator 2). Logo, não surpreende que ela possa ter várias cargas elevadas. Com as cargas de 0,642 (fator 4) e 0,591 (fator 1) quase idênticas, o cruzamento de cargas é tão substancial que não pode ser ignorado. Quanto a empregar outra técnica de rotação, análise adicional mostrou que os outros mé-

(Continua)

(Continuação)

todos ortogonais (QUARTIMAX e EQUIMAX) ainda têm este problema fundamental. Além disso, o número de fatores não deve diminuir devido à variância explicada relativamente grande (16,1%) para o quarto fator.

Assim, o curso de ação a ser tomado é a eliminação de X_{11} da análise, deixando 10 variáveis. A matriz fatorial rotacionada e outras informações para o conjunto reduzido de 10 variáveis são também exibidas na Tabela 3-8. Como vemos, as cargas fatoriais para as 10 variáveis permanecem quase idênticas, exibindo o mesmo padrão e quase os mesmos valores para as cargas. A quantia de variância explicada aumenta ligeiramente para 80,6%. Com o padrão simplificado de cargas (todas em níveis significantes), todas as comunalidades acima de 50% (e a maioria muito maiores), e o nível geral de variância explicada suficientemente alto, a solução com 10 variáveis e 4 fatores é aceita, com a etapa final sendo a descrição dos fatores.

Etapa 5: Nomeação dos fatores. Quando uma solução fatorial satisfatória foi determinada, o pesquisador em seguida tenta atribuir algum significado aos fatores. O processo envolve substantiva interpretação do padrão de cargas fatoriais para as variáveis, incluindo seus sinais, em um esforço para nomear cada fator. Antes da interpretação, um nível mínimo aceitável de significância para cargas fatoriais deve ser selecionado. Em seguida, todas as cargas fatoriais significantes tipicamente são utilizadas no processo de interpretação. Variáveis com cargas maiores influenciam mais a seleção de nome ou rótulo para representar um fator.

Examinemos os resultados na Tabela 3-8 para ilustrar esse procedimento. A solução fatorial foi determinada a partir da análise de componentes com uma rotação VARIMAX das 10 percepções da HBAT. O ponto de corte para fins de interpretação neste exemplo é todas as cargas de ± 0,40 ou acima (ver Tabela 3-2). Esse é um ponto de corte relativamente baixo para ilustrar o processo de interpretação fatorial com tantas cargas significantes quanto possível. Contudo, em nosso exemplo, todas as cargas recaem bem acima ou abaixo dessa referência, tornando a interpretação bastante direta.

A interpretação substantiva é baseada nas cargas significantes. Na Tabela 3-8, cargas abaixo de 0,40 não foram impressas, e as variáveis são agrupadas por suas cargas sobre cada fator. Um padrão de variáveis com cargas elevadas para cada fator torna-se evidente. Os fatores 1 e 2 têm três variáveis com cargas significantes, e os fatores 3 e 4 têm duas. Cada fator pode ser nomeado com base nas variáveis com cargas significantes:

1. *Fator 1 Atendimento pós-venda*: X_9 – soluções de reclamação, X_{18} – velocidade de entrega e X_{16} – encomenda e cobrança
2. *Fator 2 Marketing*: X_{12} – imagem da equipe de venda, X_7 – presença de comércio eletrônico e X_{10} – anúncio
3. *Fator 3 Suporte técnico*: X_8 – suporte técnico e X_{14} – garantia e reclamações
4. *Fator 4 Valor do produto*: X_6 – qualidade do produto e X_{13} – preço competitivo

Uma questão em particular deve ser observada: No fator 4, preço competitivo (X_{13}) e qualidade do produto (X_6) têm sinais opostos. Isso significa que qualidade de produto e preço competitivo variam juntos, mas se movem em sentidos opostos um em relação ao outro. Percepções são mais positivas se a qualidade do produto aumenta ou o preço cai. O balanço dessas duas situações opostas leva ao nome do fator, valor do produto. Quando variáveis têm sinais diferentes, o pesquisador precisa ser cuidadoso na compreensão das relações entre variáveis antes de nomear os fatores e deve também executar ações especiais se calcular escalas múltiplas (ver discussão anterior sobre escore reverso).

Três variáveis (X_{11}, X_{15} e X_{17}) não foram incluídas na análise fatorial final. Quando as interpretações de cargas fatoriais são apresentadas, deve ser observado que essas variáveis não foram incluídas. Se os resultados são usados em outras análises multivariadas, essas três poderiam ser incluídas como variáveis separadas, apesar de não se poder garantir sua ortogonalidade em relação aos escores fatoriais.

O processo de nomear fatores se baseia principalmente na opinião subjetiva do pesquisador. Em muitos casos, diferentes pesquisadores sem dúvida designarão diferentes nomes aos mesmos resultados por causa de diferenças em suas experiências e treinamento. Por esse motivo, o processo de nomear fatores está sujeito a consideráveis críticas. Se for possível designar um nome lógico que represente a natureza latente dos fatores, isso geralmente facilitará a apresentação e a compreensão da solução fatorial e, portanto, tem-se um procedimento justificável.

Aplicação de uma rotação oblíqua. A rotação VARIMAX é ortogonal, o que significa que os fatores permanecem sem correlação ao longo do processo de rotação. Mas em muitas situações, os fatores não precisam ser não-correlacionados e podem mesmo ser conceitualmente ligados, o que exige correlação entre eles. O pesquisador deve sempre considerar a aplicação de um método de rotação não-ortogonal e avaliar sua comparabilidade com os resultados ortogonais.

Em nosso exemplo, é muito razoável esperar que dimensões perceptuais sejam correlacionadas; assim, a aplica-

(Continua)

(*Continuação*)
ção de uma rotação oblíqua não-ortogonal é justificada. A Tabela 3-9 contém as matrizes padrão e de estrutura com as cargas fatoriais para cada variável em cada fator. Como discutido anteriormente, a matriz padrão geralmente é usada para fins de interpretação, especialmente se os fatores têm uma substancial correlação entre os mesmos. Nesse caso, a mais alta correlação entre os fatores é de apenas –0,241 (fatores 1 e 2), de forma que as matrizes padrão e de estrutura têm cargas bastante comparáveis. Examinando as variáveis com cargas altas em cada fator, notamos que a interpretação é exatamente a mesma encontrada com a rotação VARIMAX. A única diferença é que todas as três cargas no fator 2 são negativas, de modo que se as variáveis estão reversamente codificadas, as correlações entre fatores reverterão sinais também.

Estágio 6: Validação de análise fatorial

A validação de qualquer resultado de análise fatorial é essencial, particularmente quando se tenta definir uma estrutura latente entre as variáveis. De um ponto de vista ideal, sempre usaríamos após a análise fatorial alguma forma de análise fatorial confirmatória, como a modelagem de equações estruturais (ver Capítulo 11), mas isso raramente é viável. Devemos olhar para outros meios, como análise de amostra repartida ou aplicação a amostras inteiramente novas.

Neste exemplo, repartimos a amostra em duas amostras iguais de 50 respondentes e reestimamos os modelos fatoriais para testar por comparação. A Tabela 3-10 contém as rotações VARIMAX para os modelos de dois* fatores, junto com as comunalidades. Como pode ser visto, as duas rotações VARIMAX são bastante comparáveis em termos de cargas e comunalidades para todas as seis** percepções. A única ocorrência notável é a presença de um leve cruzamento de cargas para X_{13} na subamostra 1, apesar de a grande diferença de cargas (0,445 versus –0,709) tornar a designação de X_{13} somente apropriada ao fator 4.

Com isso, podemos ficar mais seguros de que os resultados são estáveis em nossa amostra. Se possível, sempre gostaríamos de realizar um trabalho extra, juntando respondentes adicionais e garantindo que os resultados se generalizem na população ou gerem novas subamostras para análise e avaliação de comparabilidade.

Estágio 7: Usos adicionais dos resultados da análise fatorial

O pesquisador tem a opção de usar a análise fatorial não apenas como uma ferramenta de resumo de dados, como visto na discussão anterior, mas também como uma ferramenta de redução de dados. Neste contexto, a análise fatorial ajudaria na redução do número de variáveis, pela seleção de um conjunto de variáveis substitutas, uma por fator, ou pela criação de novas variáveis compostas para cada fator. As seções seguintes detalham as questões sobre redução de dados para este exemplo.

Seleção de variáveis substitutas para análise subseqüente. Devemos primeiramente esclarecer o procedimento para seleção de variáveis substitutas. Ao selecionar uma única variável para representar um fator inteiro, é preferível usar uma rotação ortogonal de modo a garantir que as variáveis selecionadas, tanto quanto possível, sejam não-correlacionadas umas com as outras. Assim, nessa análise, a solução ortogonal (Tabela 3-8) será usada no lugar dos resultados oblíquos.

Assumindo que queremos selecionar apenas uma variável para uso posterior, a atenção estará na magnitude das cargas fatoriais (Tabela 3-8), independente do sinal (positivo ou negativo). Concentrando-nos nas cargas fatoriais dos fatores 1 e 3, percebemos que a primeira e a segunda carga, mais alta, são essencialmente idênticas (0,933 para X_9 e 0,931 para X_{18} no fator 1, 0,940 para X_8 e 0,933 para X_{14} no fator 3). Se não temos qualquer evidência *a priori* para sugerir que a confiabilidade ou validade para uma das variáveis é melhor do que para a outra, e se nenhuma é teoricamente mais significativa para a interpretação do fator, selecionaríamos a variável com a mais alta carga (X_9 e X_8 para os fatores 1 e 3, respectivamente). No entanto, o pesquisador deve ser cauteloso para não permitir que essas medidas isoladas forneçam a única interpretação para o fator, pois cada fator é uma dimensão muito mais complexa do que poderia ser representado em qualquer variável específica. A diferença entre a primeira e a segunda carga mais alta para os fatores 2 e 4 é muito maior, tornando a seleção das variáveis X_{12} (fator 2) e X_6 (fator 4) mais fácil e mais direta. Para todos os quatro fatores, porém, nenhuma variável única "representa" melhor a componente; assim, os escores fatoriais ou a escala múltpla seria(m) mais apropriada(os), se possível.

Criação de escalas múltiplas. Uma escala múltipla é um valor composto para um conjunto de variáveis calculado por procedimentos simples, como a média das variáveis na escala. Isso é muito parecido com as variáveis estatísticas em outras técnicas multivariadas, exceto em que os pesos para cada variável são considerados iguais no procedimento de cálculo de média. Desse modo, cada respondente teria quatro novas variáveis (escalas múltiplas para os fatores 1, 2, 3 e 4) que poderiam ser substitutas das 13 variáveis originais em outras técnicas multivariadas. A análise fatorial ajuda na construção da escala múltipla pela identificação das dimensionalidades das variáveis (definin-

---

* N. de R. T.: A frase correta seria "para os modelos de quatro fatores".
** N. de R. T.: A frase correta seria "para todas as dez percepções".

do os fatores), que formam então a base para os valores compostos se elas atendem certos critérios conceituais e empíricos. Após a efetiva construção das escalas múltiplas, o que inclui escores reversos de variáveis com sinais opostos (ver discussão anterior), as escalas devem também ser avaliadas quanto a confiabilidade e validade, se possível.

> Neste exemplo, a solução com quatro fatores sugere que quatro escalas múltiplas deveriam ser construídas. Os quatro fatores, discutidos anteriormente, correspondem a dimensões que podem ser nomeadas e relacionadas a conceitos com validade de conteúdo adequada. A dimensionalidade de cada escala é sustentada pela interpretação limpa de cada fator, com cargas fatoriais altas de cada variável em apenas um fator. A confiabilidade das escalas múltiplas é melhor medida pelo alfa de Cronbach, que nesse caso é 0,90 para a escala 1, 0,78 para a escala 2, 0,80 para a escala 3 e 0,57 para a escala 4. Apenas a escala 4, representando o fator Valor do Produto, tem confiabilidade abaixo do nível recomendado de 0,70. Ela será mantida para uso posterior com a advertência de ter uma confiabilidade menor e a necessidade de um futuro desenvolvimento de medidas adicionais para representar tal conceito.
>
> Apesar de não haver qualquer teste direto para avaliar a validade das escalas múltiplas na base de dados HBAT, uma abordagem é comparar as escalas múltiplas com as variáveis de substituição para ver se emergem padrões consistentes. A Tabela 3-11 ilustra o uso de escalas múltiplas como substitutas das variáveis originais, comparando as diferenças nas variáveis de substituição ao longo das duas regiões (EUA/América do Norte versus restante do mundo) de X_4 com aquelas diferenças das escalas múltiplas correspondentes.
>
> Quando vemos os dois grupos de X_4, podemos perceber que o padrão de diferenças é consistente. X_{12} e X_6 (as variáveis substitutas para os fatores 2 e 4) e as escalas 2 e 4 (as escalas múltiplas para os fatores 2 e 4) têm todas diferenças significantes entre as duas regiões, enquanto as medidas para o primeiro e o terceiro fator (X_9 e X_8, escalas 1 e 3, e escores fatoriais 1 e 3) não mostram diferenças. As escalas múltiplas e as variáveis substitutas mostram todas os mesmos padrões de diferenças entre as duas regiões, demonstrando algum nível de validade convergente entre essas duas medidas.

Uso de escores fatoriais. Em vez de calcular escalas múltiplas, poderíamos calcular escores fatoriais para cada um dos quatro fatores em nossa análise de componentes. Os escores fatoriais diferem das escalas múltiplas no sentido de que os primeiros são diretamente baseados nas cargas fatoriais, o que significa que cada variável contribui para o escore fatorial com base no tamanho de sua carga (ao invés de calcular o escore de escala múltipla como a média de variáveis selecionadas com altas cargas).

> O primeiro teste de comparabilidade de escores fatoriais é semelhante àquele executado com escalas múltiplas na avaliação do padrão de diferenças encontrado em X_4 para as variáveis substitutas e agora os escores fatoriais. Exatamente como visto nas escalas múltiplas, os padrões de diferenças foram idênticos, com diferenças sobre escores fatoriais 2 e 4 correspondendo às diferenças nas variáveis substitutas para os fatores 2 e 4, sem diferenças para os demais.
>
> A consistência entre escores fatoriais e escalas múltiplas é também vista nas correlações da Tabela 3-11. Sabemos que os escores fatoriais, uma vez rotacionados com uma técnica VARIMAX, são ortogonais (não-correlacionados). Mas quão próximas estão as escalas múltiplas dos escores fatoriais? A segunda parte da Tabela 3-11 exibe as correlações entre escalas múltiplas e escores fatoriais. A primeira parte da tabela mostra que as escalas são relativamente não-correlacionadas entre si (a mais alta correlação é de 0,260), o que se encaixa perfeitamente numa solução ortogonal. Esse padrão também combina com a solução oblíqua mostrada na Tabela 3-9 (note que o segundo fator na solução oblíqua tinha todas as cargas negativas, o que explica a diferença entre correlações positivas e negativas entre os fatores). Finalmente, a segunda matriz de correlação mostra um elevado grau de similaridade entre os escores fatoriais e os escores múltiplos, com correlações variando de 0,964 a 0,987. Esses resultados apóiam em seguida o uso de escalas múltiplas como substitutos válidos para escores fatoriais se assim se quiser.

Seleção do método de redução de dados. Se as variáveis originais precisarem ser substituídas por variáveis substitutas, escores fatoriais ou escalas múltiplas, deve-se decidir qual usar. Essa decisão é baseada na necessidade de simplicidade (o que favorece as variáveis substitutas), repetição em outros estudos (o que favorece o uso de escalas múltiplas) versus o desejo por ortogonalidade das medidas (o que favorece os escores fatoriais). Apesar de ser tentador o emprego de variáveis substitutas, a preferência entre pesquisadores hoje em dia é o uso de escalas múltiplas ou, em menor grau, escores fatoriais. De um ponto de vista empírico, as duas medidas compostas são essencialmente idênticas. As correlações na Tabela 3-11 demonstram a elevada correspondência de escores fatoriais com escalas múltiplas e as baixas correlações entre as escalas múltiplas, aproximando-se da ortogonalidade dos escores fatoriais. No entanto, a decisão final fica com o pesquisador e a necessidade por ortogonalidade versus a repetitividade na seleção de escores fatoriais versus escalas múltiplas.

Análise de fatores comuns: estágios 4 e 5

A análise de fatores comuns é o segundo modelo analítico fatorial mais importante que discutimos. A principal distinção entre a análise de componentes e a análise de

TABELA 3-9 Rotação oblíqua da matriz de análise fatorial de componentes

MATRIZ PADRÃO

| | | CARGAS ROTACIONADAS OBLÍQUAS[a] | | | | |
| | | Fator | | | | |
		1	2	3	4	Comunalidade[b]
X_9	Solução de reclamação	0,943				0,890
X_{18}	Velocidade de entrega	0,942				0,894
X_{16}	Encomenda e cobrança	0,895				0,806
X_{12}	Imagem da equipe de venda		−0,897			0,860
X_7	Comércio eletrônico		−0,880			0,780
X_{10}	Anúncio		−0,756			0,585
X_8	Suporte técnico			0,946		0,894
X_{14}	Garantia e reclamações			0,936		0,891
X_6	Qualidade do produto				0,921	0,798
X_{13}	Preço competitivo				−0,702	0,661

MATRIZ DE ESTRUTURA

| | | CARGAS ROTACIONADAS OBLÍQUAS[a] | | | |
| | | Fator | | | |
		1	2	3	4
X_9	Solução de reclamação	0,943			
X_{18}	Velocidade de entrega	0,942			
X_{16}	Encomenda e cobrança	0,897			
X_{12}	Imagem da equipe de venda		−0,919		
X_7	Comércio eletrônico		−0,878		
X_{10}	Anúncio		−0,750		
X_8	Suporte técnico			0,944	
X_{14}	Garantia e reclamações			0,940	
X_6	Qualidade do produto				0,884
X_{13}	Preço competitivo				−0,773

MATRIZ DE CORRELAÇÃO FATORIAL

Fator	1	2	3	4
1	1,000			
2	−0,241	1,000		
3	0,118	0,021	1,000	
4	0,121	0,190	0,165	1,000

[a] Cargas fatoriais inferiores a 0,40 não foram impressas, e as variáveis foram agrupadas por suas cargas em cada fator.
[b] Valores de comunalidade não são iguais à soma das cargas ao quadrado devido à correlação dos fatores.

fatores comuns é que a última considera somente a variância comum associada a um conjunto de variáveis. Essa meta é alcançada fatorando-se uma matriz de correlação "reduzida" com comunalidades iniciais estimadas na diagonal em vez de unidades. As diferenças entre as análises de componentes e de fatores comuns ocorrem apenas nos estágios de estimação e interpretação de fatores (estágios 4 e 5). Após as comunalidades serem substituídas na diagonal, o modelo dos fatores comuns extrai fatores de um modo semelhante à análise de componentes. O pesquisador usa os mesmos critérios para seleção e interpretação dos fatores. Para ilustrar as diferenças que podem ocorrer entre as análises de fatores comuns e de componentes, as seções seguintes detalham a extração e interpretação de uma análise de fatores comuns das 13 percepções HBAT usadas na análise de componentes.

Estágio 4: Determinação de fatores e avaliação do ajuste geral

A matriz de correlação reduzida com comunalidades na diagonal foi empregada na análise de fatores comuns. Lembrando os procedimentos empregados na análise de componentes, as 13 variáveis originais foram reduzidas a 11 devido aos baixos valores MSA para X_{15} e X_{17}.

TABELA 3-10 Validação da análise fatorial de componentes por estimação de subamostras com rotação VARIMAX

		CARGAS ROTACIONADAS COM VARIMAX				
		Fator				
Subamostra 1		1	2	3	4	Comunalidade
X_9	Solução de reclamação	0,924				0,901
X_{18}	Velocidade de entrega	0,907				0,878
X_{16}	Encomenda e cobrança	0,901				0,841
X_{12}	Imagem da equipe de venda		0,885			0,834
X_7	Comércio eletrônico		0,834			0,733
X_{10}	Anúncio		0,812			0,668
X_8	Suporte técnico			0,927		0,871
X_{14}	Garantia e reclamações			0,876		0,851
X_6	Qualidade do produto				0,884	0,813
X_{13}	Preço competitivo		0,445		−0,709	0,709

		CARGAS ROTACIONADAS COM VARIMAX				
		Fator				
Subamostra 2		1	2	3	4	Comunalidade
X_9	Solução de reclamação	0,943				0,918
X_{18}	Velocidade de entrega	0,935				0,884
X_{16}	Encomenda e cobrança	0,876				0,807
X_{12}	Imagem da equipe de venda		0,902			0,886
X_7	Comércio eletrônico		0,890			0,841
X_{10}	Anúncio		0,711			0,584
X_8	Suporte técnico			0,958		0,932
X_{14}	Garantia e reclamações			0,951		0,916
X_6	Qualidade do produto				0,889	0,804
X_{13}	Preço competitivo				−0,720	0,699

O primeiro passo é determinar o número de fatores a manter para exame e possível rotação. A Tabela 3-12 mostra as estatísticas de extração. Se fôssemos empregar o critério da raiz latente com um valor de corte de 1,0 para o autovalor, quatro fatores seriam mantidos. No entanto, a análise *scree* indica que cinco fatores devem ser mantidos (ver Figura 3-10). Ao combinar esses dois critérios, manteremos quatro fatores para análise posterior por causa do autovalor baixo do quinto fator e para manter a comparabilidade com a análise de componentes. Note que este mesmo conjunto de circunstâncias foi encontrado na análise de componentes. Como na análise de componentes examinada anteriormente, o pesquisador deve empregar uma combinação de critérios para determinar o número de fatores a serem mantidos, e pode até mesmo querer examinar a solução de três fatores como uma alternativa.

Como o modelo final de fatores comuns às vezes difere das estimativas de extração iniciais (p.ex., ver a discussão da Tabela 3-12 que se segue), o pesquisador deve se assegurar de avaliar a estatística de extração para o modelo final de fatores comuns. Lembre que, em análise de fatores comuns, apenas a variância em "comum" ou compartilhada é usada. Assim, o traço (soma de todos os autovalores) e os autovalores para todos os fatores serão menores quando apenas a variância comum é considerada. Como tal, um pesquisador pode querer ser mais liberal ao fazer julgamentos sobre questões como variância extraída ou o valor base do critério de raiz latente. Se o pesquisador estiver insatisfeito com a variância total explicada, por exemplo, as ações corretivas discutidas anteriormente ainda estão disponíveis (como a extração de um ou mais fatores para aumentar a variância explicada). Além disso, comunalidades também devem ser examinadas para garantir que um nível adequado é mantido após a extração.

Como também mostrado na Tabela 3-12, os autovalores para fatores extraídos podem ser reestabelecidos em termos do processo de extração de fator comum. Como exibido na Tabela 3-12, os valores para os fatores extraídos ainda suportam quatro fatores, pois o percentual de variância total explicada ainda é 70%. A única diferen-

(Continua)

TABELA 3-11 Avaliação da substituição das variáveis originais por escores fatoriais ou escalas múltiplas

	DIFERENÇA DE MÉDIA ENTRE GRUPOS DE RESPONDENTES COM BASE EM X_4 REGIÃO			
Teste estatístico	*Escores médios*		*Teste-t*	
Medida	Grupo 1: EUA/América do Norte	Grupo 2: Fora da América do Norte	Valor *t*	Significância
Variáveis representativas de cada fator				
X_9 – Solução de reclamação	5,456	5,433	0,095	0,925
X_{12} – Imagem da equipe de venda	4,587	5,466	–4,341	0,000
X_8 – Suporte técnico	5,697	5,152	1,755	0,082
X_6 – Qualidade do produto	8,705	7,238	5,951	0,000
Escores fatoriais				
Fator 1 – Atendimento	–0,031	0,019	–0,248	0,805
Fator 2 – Marketing	–0,308	0,197	–2,528	0,013
Fator 3 – Suporte técnico	0,154	–0,098	1,234	0,220
Fator 4 – Valor do produto	0,741	–0,474	7,343	0,000
Escalas múltiplas				
Escala 1 – Atendimento	4,520	4,545	–0,140	0,889
Escala 2 – Marketing	3,945	4,475	–3,293	0,001
Escala 3 – Suporte técnico	5,946	5,549	1,747	0,084
Escala 4 – Valor do produto	6,391	4,796	8,134	0,000

	Correlações entre escalas múltiplas			
	Escala 1	Escala 2	Escala 3	Escala 4
Escala 1	1,000			
Escala 2	0,260**	1,000		
Escala 3	0,113	0,010	1,000	
Escala 4	0,126	–0,225*	0,228*	1,000

	Correlações entre escores fatoriais e escalas múltiplas			
	Fator 1	Fator 2	Fator 3	Fator 4
Escala 1	0,987**	0,127	0,057	0,060
Escala 2	0,147	0,976**	0,008	–0,093
Escala 3	0,049	0,003	0,984**	0,096
Escala 4	0,082	–0,150	0,148	0,964**

* Significante no nível 0,05
** Significante no nível 0,01

TABELA 3-12 Resultados para a extração de fatores comuns: método de extração – fatoração do eixo principal

	Autovalores iniciais			*Extração de somas de cargas quadradas*		
Fator	Total	Percentual de variância	Percentual cumulativo	Total	Percentual de variância	Percentual cumulativo
1	3,427	31,154	31,154	3,215	29,231	29,231
2	2,551	23,190	54,344	2,225	20,227	49,458
3	1,691	15,373	69,717	1,499	13,630	63,088
4	1,087	9,878	79,595	0,678	6,167	69,255
5	0,609	5,540	85,135			
6	0,552	5,017	90,152			
7	0,402	3,650	93,802			
8	0,247	2,245	96,047			
9	0,204	1,850	97,898			
10	0,133	1,208	99,105			
11	0,098	0,895	100,000			

(Continuação)
ça substantiva é para o autovalor do fator 4, o qual fica abaixo do valor de referência de 1,0. No entanto, ele é mantido para esta análise devido ao fato de que o teste *scree* ainda suporta os quatro fatores e para manter comparabilidade com a análise de componente.

A matriz fatorial não-rotacionada (Tabela 3-13) mostra que as comunalidades de cada variável são comparáveis àquelas encontradas na análise de componente. Como diversas variáveis estão abaixo de uma comunalidade de 0,50, um modelo de cinco fatores poderia ser construído em uma tentativa de aumentar as comunalidades, bem como a variância geral explicada. Para nossos propósitos aqui, no entanto, interpretamos a solução de quatro fatores.

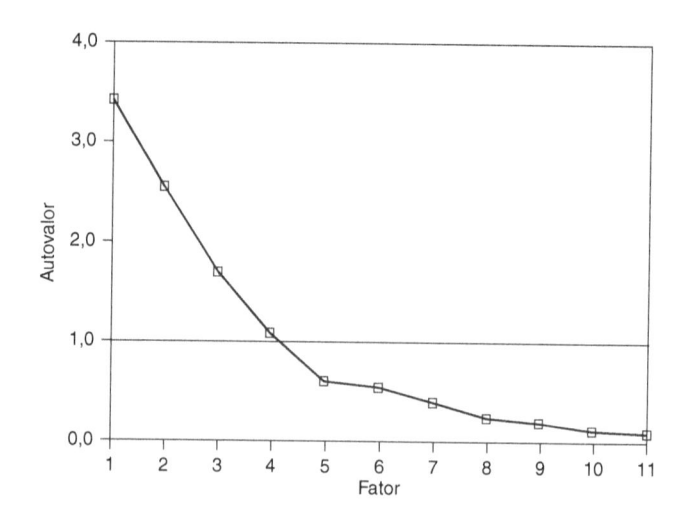

FIGURA 3-10 Teste *scree* para análise de fatores comuns.

Estágio 5: Interpretação dos fatores
Com os fatores extraídos e o número de fatores finalizado, procedemos à interpretação dos fatores.

Examinando as cargas não-rotacionadas (ver Tabela 3-13), notamos a necessidade de uma rotação de matriz fatorial, exatamente como encontramos na análise de componentes. Cargas fatoriais não foram geralmente tão altas quanto se desejava, e duas variáveis (X_6 e X_{11}) exibiram cargas cruzadas. Voltando então à matriz fatorial rotacionada VARIMAX para análise de fatores comuns (Tabela 3-14), a informação dada é a mesma fornecida na solução da análise de componentes (p.ex., somas de quadrados, percentuais de variância, comunalidades, somas totais de quadrados e variâncias totais extraídas).

A comparação da informação fornecida na matriz fatorial rotacionada da análise de fatores comuns e da análise de componentes mostra uma similaridade impressionante. X_{11} tem cargas cruzadas substanciais nos fatores 1 e 4 em ambas as análises (Tabelas 3-8 e 3-14). Quando X_{11} é eliminada da análise, a solução em termos de quatro fatores é quase idêntica à análise de componentes. As diferenças principais entre as duas análises são as cargas geralmente menores na análise de fatores comuns, devido principalmente às comunalidades menores das variáveis usadas na análise de fatores comuns. Entretanto, mesmo com essas pequenas diferenças nos padrões de cargas, as interpretações básicas são idênticas entre as análises de componentes e de fatores comuns.

Uma visão gerencial dos resultados
Tanto a análise de componentes quanto a de fatores comuns fornecem ao pesquisador diversas idéias-chave sobre a estrutura das variáveis e opções para redução de dados. Primeiro, no que se refere à estrutura das variáveis, há nitidamente quatro dimensões distintas e separadas de avaliação usadas pelos clientes da HBAT. Essas dimensões englobam uma vasta gama de elementos na experiência do cliente, desde os atributos tangíveis do produto (Valor do Produto) até a relação com a firma (Atendimento e Suporte Técnico), e até mesmo esforços que vão além (Marketing) por parte da HBAT. Os administradores da HBAT agora podem discutir planos em torno dessas quatro áreas, em vez de lidar com as variáveis em separado.

A análise fatorial também fornece a base para a redução de dados por meio de escalas múltiplas ou escores fatoriais. O pesquisador agora tem um método para combinar as variáveis dentro de cada fator em um único escore que pode substituir o conjunto original de variáveis por quatro novas variáveis compostas. Ao se procurar por diferenças, como entre regiões, essas novas variáveis compostas podem ser usadas de modo que apenas diferenças para escores compostos sejam analisadas, ao invés de diferenças entre variáveis individuais.

Resumo
A técnica estatística multivariada de análise fatorial foi apresentada em amplos termos conceituais. Diretrizes básicas para interpretar os resultados foram incluídas para melhor esclarecer os conceitos metodológicos. Um exemplo de aplicação de análise fatorial foi apresentado, sustentado na base de dados HBAT. Este capítulo ajuda você a fazer o seguinte:

Distinguir técnicas de análise fatorial de outras técnicas multivariadas. Análise fatorial exploratória (EFA) pode ser uma técnica estatística multivariada útil e poderosa para efetivamente extrair informação de grandes bancos de dados inter-relacionados. Quando variáveis estão correlacionadas, o pesquisador precisa de maneiras para gerenciar essas variáveis: agrupando variáveis altamente correlacionadas, rotulando ou nomeando os grupos, e talvez até criando uma nova medida composta que possa representar cada grupo de variáveis. O objetivo principal da

TABELA 3-13 Matriz de cargas de fatores comuns não-rotacionada

	Fator[a]				Comunalidade
	1	2	3	4	
X_{18} Velocidade de entrega	0,895				0,942
X_9 Solução de reclamação	0,862				0,843
X_{16} Encomenda e cobrança	0,747				0,622
X_{11} Linha de produto	0,689	–0,454			0,800
X_{12} Imagem da equipe de venda		0,805			0,990
X_7 Presença de comércio eletrônico		0,657			0,632
X_{13} Preço competitivo		0,553			0,443
X_{10} Anúncio		0,457			0,313
X_8 Suporte técnico			0,739		0,796
X_{14} Garantia e reclamações			0,735		0,812
X_6 Qualidade do produto		–0,408		0,463	0,424

[a] Cargas fatoriais inferiores a 0,40 não foram impressas, e as variáveis foram agrupadas por suas cargas em cada fator.

análise fatorial exploratória é definir a estrutura latente entre as variáveis na análise. Como técnica de interdependência, a análise fatorial tenta identificar agrupamentos entre variáveis (ou casos) com base em relações representadas em uma matriz de correlações. É uma poderosa ferramenta para melhor compreender a estrutura dos dados, e também pode ser usada para simplificar análises de um grande conjunto de variáveis substituindo-as por variáveis compostas. Quando ela funciona bem, acaba apontando para relações interessantes que podem não ser óbvias a partir dos dados originais, ou mesmo a partir da matriz de correlação.

Distinguir entre usos exploratório e confirmatório de técnicas de análise fatorial. A análise fatorial, como discutida neste capítulo, é principalmente uma técnica exploratória, uma vez que o pesquisador tem pouco controle sobre a especificação da estrutura (p.ex., número de fatores, cargas de cada variável etc.). Apesar de os métodos discutidos neste capítulo fornecerem uma visão sobre os dados, qualquer tentativa de confirmação irá muito provavelmente exigir o emprego de métodos específicos discutidos nos capítulos sobre modelagem de equações estruturais.

Compreender os sete estágios da aplicação da análise fatorial. Os sete estágios da aplicação da análise fatorial incluem o que se segue:

1. Esclarecer os objetivos da análise fatorial.
2. Planejar uma análise fatorial, incluindo a seleção de variáveis e o tamanho da amostra.
3. Suposições da análise fatorial.
4. Obtenção de fatores e avaliação de ajuste geral, incluindo o modelo fatorial a ser usado e o número de fatores.
5. Rotação e interpretação de fatores.
6. Validação das soluções da análise fatorial.
7. Usos adicionais de resultados fatoriais, como seleção de variáveis substitutas, criação de escalas múltiplas ou cálculo de escores fatoriais.

Distinguir entre análise fatorial R e Q. O principal uso da análise fatorial é desenvolver uma estrutura entre variáveis, chamada de análise fatorial R. A análise fatorial pode também ser empregada para agrupar casos, e é então chamada de análise fatorial Q. Ela é semelhante à análise de agrupamentos. A principal diferença é que análise fatorial Q usa correlação como medida de similaridade, enquanto análise de agrupamentos se baseia na medida de distância.

Identificar as diferenças entre modelos de análise de componentes e modelos de análise de fatores comuns. Três tipos de variância são considerados quando se aplica análise fatorial: variância comum, variância única e variância de erro. Quando você acrescenta os três tipos de variância, consegue assim a variância total. Cada um dos dois métodos de desenvolvimento de uma solução fatorial utiliza diferentes tipos de variância. Análise de componentes, também conhecida como análise de componentes principais, considera a variância total e deriva fatores que contêm pequenas porções de variância única e, em alguns casos, variância de erro. A análise de componentes é preferida quando a meta principal é a redução de dados. Análise de fatores comuns se sustenta somente na variância comum (compartilhada) e assume que tanto a variância única quanto a de erro não são de interesse na definição da estrutura das variáveis. Ela é mais útil na identificação de construtos latentes e quando o pesquisador tem pouco conhecimento sobre a variância única e a de erro. Os dois métodos atingem essencialmente os mesmos resultados em muitas situações de pesquisa.

Dizer como determinar o número de fatores a serem extraídos. Uma decisão crítica em análise fatorial é o número de fatores a serem mantidos para interpretação e uso posterior. Ao se decidir quando parar a fatoração (i.e., quanto fatores devem ser extraídos), o pesquisador deve combinar uma fundamentação conceitual (quantos

TABELA 3-14 Matriz das cargas de fatores comuns rotacionada por VARIMAX: conjuntos completo e reduzido de variáveis

Conjunto completo de 11 variáveis	Fator[a]				Comunalidade
	1	2	3	4	
X_{18} Velocidade de entrega	0,949				0,942
X_9 Solução de reclamação	0,897				0,843
X_{16} Encomenda e cobrança	0,768				0,622
X_{12} Imagem da equipe de venda		0,977			0,990
X_7 Comércio eletrônico		0,784			0,632
X_{10} Anúncio		0,529			0,313
X_{14} Garantia e reclamações			0,884		0,812
X_8 Suporte técnico			0,884		0,796
X_{11} Linha de produto	0,525			0,712	0,800
X_6 Qualidade do produto				0,647	0,424
X_{13} Preço competitivo				−0,590	0,443
					Total
Soma de cargas quadradas (autovalor)	2,635	1,971	1,641	1,371	7,618
Percentual de traço	23,95	17,92	14,92	12,47	69,25

Conjunto reduzido de 10 variáveis	Fator[a]				Comunalidade
	1	2	3	4	
X_{18} Velocidade de entrega	0,925				0,885
X_9 Solução de reclamação	0,913				0,860
X_{16} Encomenda e cobrança	0,793				0,660
X_{12} Imagem da equipe de venda		0,979			0,993
X_7 Comércio eletrônico		0,782			0,631
X_{10} Anúncio		0,531			0,316
X_8 Suporte técnico			0,905		0,830
X_{14} Garantia e reclamações			0,870		0,778
X_6 Qualidade do produto				0,788	0,627
X_{13} Preço competitivo				−0,480	0,353
					Total
Soma de cargas quadradas (autovalor)	2,392	1,970	1,650	0,919	6,932
Percentual de traço	23,92	19,70	16,50	9,19	69,32

[a] Cargas fatoriais inferiores a 0,40 não foram impressas, e as variáveis foram agrupadas por suas cargas em cada fator.

fatores devem estar na estrutura?) com alguma evidência empírica (quantos fatores podem ser razoavelmente suportados?). O pesquisador geralmente começa com alguns critérios pré-determinados, como o número geral de fatores, somados a alguns valores gerais de referência com relevância prática (p.ex., percentual exigido de variância explicada). Esses critérios são combinados com medidas empíricas da estrutura fatorial. Uma base quantitativa exata para decidir o número de fatores a serem extraídos ainda não foi desenvolvida. Critérios de parada para o número de fatores a serem extraídos incluem a raiz latente ou autovalor, definição *a priori*, percentual de variância e teste *scree*. Esses critérios empíricos devem ser equilibrados com bases teóricas para estabelecer o número de fatores.

Explicar o conceito de rotação de fatores. Talvez a ferramenta mais importante na interpretação de fatores seja a rotação fatorial. O termo rotação significa que os eixos de referência dos fatores giram em torno da origem até que outra posição tenha sido alcançada. Dois tipos de rotação são ortogonal e oblíquo. Soluções fatoriais não-rotacionadas extraem fatores na ordem de sua importância, com o primeiro fator sendo de caráter geral, com quase todas as variáveis carregando significativamente e explicando a maior quantia de variância. O segundo fator e os subseqüentes são baseados na quantia residual de variância, com cada um explicando sucessivamente porções cada vez menores de variância. O efeito final da rotação da matriz fatorial é redistribuir a variância dos primeiros fatores para os últimos, para conseguir um padrão mais simples e teoricamente mais significativo. Rotação fatorial ajuda na interpretação dos fatores simplificando a estrutura por meio da maximização das cargas significantes de uma variável sobre um único fator. Dessa maneira, as variáveis mais úteis na definição do caráter de cada fator podem ser facilmente identificadas.

Descrever como nomear um fator. Fatores representam uma composição de muitas variáveis. Quando foi obtida uma solução fatorial aceitável na qual todas as variáveis têm uma carga significante sobre um fator, o pesquisador tenta designar algum significado para o padrão de cargas fatoriais. Variáveis com cargas mais elevadas são consideradas mais importantes e têm maior influência sobre o nome ou rótulo selecionado para representar um fator. As variáveis significantes para um fator em particular são examinadas, e, colocando maior ênfase sobre aquelas variáveis com cargas mais altas, um nome ou rótulo é designado a um fator que reflita precisamente as variáveis que carregam no mesmo. O pesquisador identifica as variáveis com a maior contribuição a um fator e designa um "nome" para representar o seu significado conceitual dele.

Explicar os usos adicionais de análise fatorial. Dependendo dos objetivos para aplicar análise fatorial, o pesquisador pode parar com a interpretação fatorial ou prosseguir em um dos métodos para redução de dados. Se o objetivo é simplesmente identificar combinações lógicas de variáveis e melhor entender as relações entre variáveis, então a interpretação fatorial bastará. Se o objetivo, porém, é identificar variáveis apropriadas para subseqüente aplicação em outras técnicas estatísticas, então alguma forma de redução de dados será empregada. Uma das opções para redução de dados da análise fatorial é selecionar uma única variável (substituta) com a mais alta carga fatorial. Ao fazer isso, o pesquisador identifica uma única variável como a melhor representante para todas as variáveis no fator. Uma segunda opção para redução de dados é calcular uma escala múltipla, onde variáveis com as cargas fatoriais mais elevadas são somadas. Um escore múltiplo representa o fator, mas somente variáveis selecionadas contribuem para o escore composto. Uma terceira opção para redução de dados é calcular escores fatoriais para cada fator, onde cada variável contribui para o escore em sua carga fatorial. Essa medida única é uma variável composta que reflete as contribuições relativas de todas as variáveis ao fator. Se a escala múltipla é válida e confiável, é provavelmente a melhor dessas três alternativas para redução de dados.

Estabelecer as principais limitações das técnicas analíticas fatoriais. Três das limitações mais freqüentemente citadas são as seguintes:

1. Como muitas técnicas para execução de análise fatorial exploratória estão disponíveis, existe controvérsia sobre qual técnica é a melhor.
2. Os aspectos subjetivos da análise fatorial (i.e., decidir quantos fatores devem ser extraídos, qual técnica deve ser empregada para rotacionar os eixos fatoriais, quais cargas fatoriais são significantes) estão todos sujeitos a muitas diferenças de opinião.
3. O problema da confiabilidade é real.

Como qualquer outro procedimento estatístico, uma análise fatorial começa com um conjunto de dados imperfeitos. Quando os dados variam por conta de mudanças na amostra, do processo de coleta de dados ou de inúmeros tipos de erros de medida, os resultados da análise também podem se alterar. Os resultados de qualquer análise são, portanto, menos do que perfeitamente dignos de confiança.

As aplicações potenciais de análise fatorial exploratória na solução de problemas e na tomada de decisões em pesquisas de negócios são várias. A análise fatorial é um assunto muito mais complexo e complicado do que pode estar sugerido aqui. Esse problema é especialmente crítico porque os resultados de uma solução analítica de um só fator freqüentemente parecem plausíveis. É importante enfatizar que plausibilidade não é garantia de validade ou estabilidade.

Questões

1. Quais são as diferenças entre os objetivos do resumo de dados e os da redução de dados?
2. Como a análise fatorial pode ajudar o pesquisador a melhorar os resultados de outras técnicas multivariadas?
3. Quais orientações você pode usar para determinar o número de fatores a serem extraídos? Explique cada uma brevemente.
4. Como você usa a matriz de cargas fatoriais para interpretar o significado de fatores?
5. Como e quando você deve usar escores fatoriais em conjunção com outras técnicas estatísticas multivariadas?
6. Quais são as diferenças entre escores fatoriais e escalas múltiplas? Quando cada um deles é mais apropriado?
7. Qual é a diferença entre a análise fatorial do tipo Q e a análise de agrupamentos?
8. Quando o pesquisador usa uma rotação oblíqua em vez de uma ortogonal? Quais são as diferenças básicas entre elas?

Leituras sugeridas

Uma lista de leituras sugeridas para ilustrar questões e aplicações da análise fatorial está disponível na Web em www.prenhall.com/hair (em inglês).

Referências

1. Anderson, J. C., D. W. Gerbing, and J. E. Hunter. 1987. On the Assessment of Unidimensional Measurement: Internal and External Consistency and Overall Consistency Criteria. *Journal of Marketing Research* 24 (November): 432–37.
2. American Psychological Association. 1985. *Standards for Educational and Psychological Tests.* Washington, DC: APA.

3. Bearden, W. O., and R. G. Netemeyer. 1999. *Handbook of Marketing Scales: Multi-Item Measures for Marketing and Consumer Behavior,* 2nd ed. Newbury Park, CA: Sage.
4. Bentler, Peter M. 1995. *EQS Structural Equations Program Manual.* Los Angeles: BMDP Statistical Software.
5. BMDP Statistical Software, Inc. 1992. *BMDP Statistical Software Manual, Release 7, vols. 1 and 2.* Los Angeles: BMDP Statistical Software.
6. Borgatta, E. F., K. Kercher, and D. E. Stull. 1986. A Cautionary Note on the Use of Principal Components Analysis. *Sociological Methods and Research* 15: 160–68.
7. Bruner, G. C., Karen E. James, and P. J. Hensel. 2001. *Marketing Scales Handbook,* Vol. 3, *A Compilation of Multi-Item Measures.* Chicago: American Marketing Association.
8. Campbell, D. T., and D. W. Fiske. 1959. Convergent and Discriminant Validity by the Multitrait-Multimethod Matrix. *Psychological Bulletin* 56 (March): 81–105.
9. Cattell, R. B. 1966. The Scree Test for the Number of Factors. *Multivariate Behavioral Research* 1 (April): 245–76.
10. Cattell, R. B., K. R. Balcar, J. L. Horn, and J. R. Nesselroade. 1969. Factor Matching Procedures: An Improvement of the s Index; with Tables. *Educational and Psychological Measurement* 29: 781–92.
11. Chatterjee, S., L. Jamieson, and F. Wiseman. 1991. Identifying Most Influential Observations in Factor Analysis. *Marketing Science* 10 (Spring): 145–60.
12. Churchill, G. A. 1979. A Paradigm for Developing Better Measures of Marketing Constructs. *Journal of Marketing Research* 16 (February): 64–73.
13. Cliff, N. 1987. *Analyzing Multivariate Data.* San Diego: Harcourt Brace Jovanovich.
14. Cliff, N., and C. D. Hamburger. 1967. The Study of Sampling Errors in Factor Analysis by Means of Artificial Experiments. *Psychological Bulletin* 68: 430–45.
15. Cronbach, L. J. 1951. Coefficient Alpha and the Internal Structure of Tests. *Psychometrika* 31: 93–96.
16. Dillon, W. R., and M. Goldstein. 1984. *Multivariate Analysis: Methods and Applications.* New York: Wiley.
17. Dillon, W. R., N. Mulani, and D. G. Frederick. 1989. On the Use of Component Scores in the Presence of Group Structure. *Journal of Consumer Research* 16: 106–12.
18. Gorsuch, R. L. 1983. *Factor Analysis.* Hillsdale, NJ: Lawrence Erlbaum Associates.
19. Gorsuch, R. L. 1990. Common Factor Analysis Versus Component Analysis: Some Well and Little Known Facts. *Multivariate Behavioral Research* 25: 33–39.
20. Hattie, J. 1985. Methodology Review: Assessing Unidimensionality of Tests and Items. *Applied Psychological Measurement* 9: 139–64.
21. Jöreskog, K. G., and D. Sörbom. 1993. *LISREL 8: Structural Equation Modeling with the SIMPLIS Command Language.* Mooresville, IN: Scientific Software International.
22. Kaiser, H. F. 1970. A Second-Generation Little Jiffy. *Psychometrika* 35: 401–15.
23. Kaiser, H. F. 1974. Little Jiffy, Mark IV. *Educational and Psychology Measurement* 34: 111–17.
24. McDonald, R. P. 1981. The Dimensionality of Tests and Items. *British Journal of Mathematical and Social Psychology* 34: 100–117.
25. Mulaik, S. A. 1990. Blurring the Distinction Between Component Analysis and Common Factor Analysis. *Multivariate Behavioral Research* 25: 53–59.
26. Mulaik, S. A., and R. P. McDonald. 1978. The Effect of Additional Variables on Factor Indeterminacy in Models with a Single Common Factor. *Psychometrika* 43: 177–92.
27. Nunnally, J. L. 1978. *Psychometric Theory,* 2nd ed. New York: McGraw-Hill.
28. Nunnally, J. 1979. *Psychometric Theory.* New York: McGraw-Hill.
29. Peter, J. P. 1979. Reliability: A Review of Psychometric Basics and Recent Marketing Practices. *Journal of Marketing Research* 16 (February): 6–17.
30. Peter, J. P. 1981. Construct Validity: A Review of Basic Issues and Marketing Practices. *Journal of Marketing Research* 18 (May): 133–45.
31. Robinson, J. P., P. R. Shaver, and L. S. Wrightsman. 1991. Criteria for Scale Selection and Evaluation. In *Measures of Personality and Social Psychological Attitudes,* J. P. Robinson, P. R. Shanver, and L.-S.-Wrightsman (eds.). San Diego, CA: Academic-Press.
32. Robinson, J. P., P. R. Shaver, and L. S. Wrightman. 1991. *Measures of Personality and Social Psychological Attitudes.* San Diego: Academic Press.
33. Rummel, R. J. 1970. *Applied Factor Analysis.* Evanston, IL: Northwestern University Press.
34. Smith, Scott M. 1989. *PC-MDS: A Multidimensional Statistics Package.* Provo, UT: Brigham Young University Press.
35. Snook, S. C., and R. L. Gorsuch. 1989. Principal Component Analysis Versus Common Factor Analysis: A Monte Carlo Study. *Psychological Bulletin* 106: 148–54.
36. Stewart, D. W. 1981. The Application and Misapplication of Factor Analysis in Marketing Research. *Journal of Marketing Research* 18 (February): 51–62.
37. Velicer, W. F., and D. N. Jackson. 1990. Component-Analysis Versus Common Factor Analysis: Some Issues in Selecting an Appropriate Procedure. *Multivariate Behavioral Research* 25: 1–28.

SEÇÃO II
Técnicas de Dependência

VISÃO GERAL

Enquanto o foco da Seção I foi a preparação de dados para a análise multivariada, a Seção II lida com o que muitos chamariam de essência da análise multivariada, as técnicas de dependência. Como observado no Capítulo 1, as técnicas de dependência são baseadas no uso de um conjunto de variáveis independentes para prever e explicar uma ou mais variáveis dependentes. O pesquisador, diante de variáveis dependentes de uma natureza métrica ou não-métrica, tem à disposição diversos métodos de dependência para ajudá-lo no processo de relacionar variáveis independentes com dependentes. Dada a natureza multivariada desses métodos, todas as técnicas de dependência acomodam múltiplas variáveis independentes e também permitem múltiplas variáveis dependentes em certas situações. Assim, o pesquisador tem um conjunto de técnicas que devem viabilizar a análise de praticamente qualquer tipo de questão de pesquisa que envolva uma relação de dependência. Elas também fornecem a oportunidade de se ter não apenas maior capacidade de previsão, mas uma explicação aprimorada da relação da variável dependente com as independentes. A explicação se torna cada vez mais importante à medida que as questões da pesquisa começam a abordar tópicos sobre como se dá a relação entre variáveis dependentes e independentes.

CAPÍTULOS DA SEÇÃO II

A Seção II cobre cinco técnicas de dependência: regressão múltipla, análise discriminante, regressão logística, análise multivariada de variância e análise conjunta, nos Capítulos 4 a 7, respectivamente. As técnicas de dependência, como observado anteriormente, permitem ao pesquisador avaliar o grau de relação entre as variáveis dependentes e independentes. Tais técnicas variam no tipo e na característica da relação, como se reflete nas propriedades de medida das variáveis dependentes e independentes discutidas no Capítulo 1. Por exemplo, a regressão múltipla e a análise discriminante acomodam múltiplas variáveis independentes métricas, mas variam de acordo com o tipo da variável dependente (análise de regressão – uma métrica e análise discriminante – uma não-métrica). O Capítulo 4, "Análise de Regressão Múltipla", se concentra no que talvez seja a técnica multivariada mais fundamental e um construto para nossa discussão sobre os outros métodos de dependência. Seja para avaliar a conformidade com as suposições estatísticas inerentes, para medir a precisão de previsão, ou para interpretar a variável estatística de variáveis independentes, as questões discutidas no Capítulo 4 também serão vistas como cruciais em muitas das outras técnicas. O Capítulo 5, "Análise Discriminante Múltipla e Regressão Logística", investiga uma forma única de relação de dependência – uma variável dependente que não é métrica. Nessa situação, o pesquisador tenta classificar as observações em grupos. Isso é possível por meio de análise discriminante ou regressão logística, uma variante da regressão planejada para lidar especificamente com as variáveis dependentes não-métricas. No Capítulo 6, "Análise Multivariada de Variância", a discussão difere das técnicas anteriores em diversos aspectos; ela é acomodada à análise de múltiplas variáveis dependentes métricas e variáveis independentes não-métricas. Apesar de essa técnica ser uma extensão direta da análise simples de variância, as múltiplas variáveis dependentes métricas dificultam a previsão e a explicação. O Capítulo 7, "Análise Conjunta", nos apresenta uma técnica diferente de qualquer outro método multivariado, em que o pesquisador determina os valores das variáveis não-métricas independentes de uma maneira quase experimental. Uma vez feito o planejamento, o respondente fornece informação relativa apenas à variável dependente. Apesar de atribuir maior responsabilidade ao pesquisador, a análise conjunta fornece uma poderosa ferramenta para compreender processos complexos de decisão.

Esta seção fornece ao pesquisador uma exposição de uma ampla série de técnicas de dependência disponíveis, cada uma adequada a uma tarefa e uma relação específicas. Quando você completar esta seção, as questões relativas à seleção entre esses métodos serão visíveis e você se sentirá confortável na seleção dessas técnicas e na análise de seus resultados.

Para leitores familiarizados com edições anteriores ou que procuram uma discussão sobre correlação canônica, indicamos o texto na Web (www.bookman.com.br). Aqui discutimos a forma mais generalizada de análise multivariada, que acomoda múltiplas variáveis dependentes e independentes. Em situações nas quais variáveis estatísticas existem para variáveis dependentes e independentes, a correlação canônica fornece um método flexível para previsão e explicação.

CAPÍTULO 4
Análise de Regressão Múltipla

Objetivos de aprendizagem

Ao concluir este capítulo, você deverá ser capaz de:

- Determinar quando a análise de regressão é a ferramenta estatística adequada para analisar um problema.
- Entender como a regressão nos ajuda a fazer previsões usando o conceito de mínimos quadrados.
- Usar variáveis dicotômicas com uma compreensão de sua interpretação.
- Estar ciente das suposições inerentes à análise de regressão e como avaliá-las.
- Escolher uma técnica de estimação e explicar a diferença entre regressão *stepwise* e simultânea.
- Interpretar os resultados da regressão.
- Aplicar os procedimentos diagnósticos necessários para avaliar observações influentes.

Apresentação do capítulo

Este capítulo descreve a análise de regressão múltipla como é usada para resolver problemas de pesquisa importantes, particularmente em negócios. A análise de regressão é de longe a técnica de dependência mais amplamente usada e versátil, aplicável em cada faceta da tomada de decisões em negócios. Seus usos variam desde os problemas mais gerais até os mais específicos, sendo que em cada caso relaciona um fator (ou fatores) a um resultado específico. Por exemplo, a análise de regressão é o fundamento para os modelos de previsão em negócios, variando de modelos econométricos que prevêem a economia nacional com base em certas informações (níveis de renda, investimentos e assim por diante) até modelos de desempenho de uma empresa em um mercado se uma estratégia específica de marketing for adotada. Os modelos de regressão também são empregados para estudar como os consumidores tomam decisões ou formam impressões e atitudes. Outras aplicações incluem a avaliação de determinantes de efetividade de um programa (p.ex., quais fatores ajudam a manter a qualidade) e a determinação da viabilidade de um novo produto ou o retorno esperado de um novo empreendimento. Ainda que esses exemplos ilustrem apenas um pequeno subconjunto de todas as aplicações, eles demonstram que a análise de regressão é uma ferramenta analítica poderosa planejada para explorar todos os tipos de relações de dependência.

A análise de regressão múltipla é uma técnica estatística geral usada para analisar a relação entre uma única variável dependente e diversas variáveis independentes. Como observado no Capítulo 1, sua formulação básica é

$$Y_1 = X_1 + X_2 + \cdots + X_n$$

(métrica)   (métricas)

Este capítulo apresenta diretrizes para avaliar a adequação da regressão múltipla a vários tipos de problemas. São apresentadas sugestões para interpretar os resultados de sua aplicação de um ponto de vista gerencial e estatístico. Possíveis transformações dos dados para remediar violações de várias suposições do modelo são examinadas, paralelamente com vários procedimentos diagnósticos que identificam observações com especial influência nos resultados. Leitores que já têm familiaridade com os procedimentos de regressão múltipla podem ignorar as partes iniciais do capítulo, mas para aqueles que conhecem menos o assunto ele fornece uma base valiosa para o estudo da análise multivariada de dados.

Termos-chave

Antes de começar este capítulo, leia os termos-chave para desenvolver uma compreensão dos conceitos e da terminologia empregada. Ao longo do capítulo, os termos-chave aparecem em **negrito**. Outros pontos que merecem destaque e termos-chave estão em *itálico*. Exemplos ilustrativos estão em quadros.

Adição *forward* (ou inclusão em avanço) Método de seleção de variáveis para inclusão no modelo de regressão, que começa sem qualquer variável no modelo e então acrescenta variáveis com base em sua contribuição na previsão.

Categoria de referência O nível omitido de uma variável não-métrica quando uma *variável dicotômica* é formada a partir da variável não-métrica.

Codificação dos efeitos Método para especificar a *categoria de referência* para um conjunto de *variáveis dicotômicas* no qual a categoria de referência recebe um valor de –1 no conjunto de variáveis dicotômicas. Em nosso exemplo de codificação de variável dicotômica para sexo, escolhemos que a variável é 1 ou 0. Mas com codificação dos efeitos, o valor –1 é usado no lugar de 0. Com esse tipo de codificação, os coeficientes para as variáveis dicotômicas se tornam desvios de grupo da média da variável dependente em todos os grupos. Isso contrasta com a *codificação indicadora*, na qual a categoria de referência recebe o valor zero em todas as variáveis dicotômicas e os coeficientes representam desvios de grupo na variável dependente do grupo de referência.

Codificação indicadora Método para especificar a *categoria de referência* para um conjunto de *variáveis dicotômicas* no qual a categoria de referência recebe um valor zero no conjunto de variáveis dicotômicas. Os coeficientes de repressão representam as diferenças de grupo na variável dependente em relação à categoria de referência. Ela difere da *codificação dos efeitos*, na qual à categoria de referência é dado o valor –1 em todas as variáveis dicotômicas e os coeficientes de regressão representam desvios de grupo sobre a variável dependente em relação à média geral da mesma.

Coeficiente ajustado de determinação (R^2 ajustado) Medida modificada do *coeficiente de determinação* que considera o número de variáveis independentes incluídas na equação de regressão e o tamanho da amostra. Apesar de a adição de variáveis independentes sempre fazer com que o coeficiente de determinação aumente, o coeficiente ajustado de determinação pode cair se as variáveis independentes acrescentadas tiverem pouco poder de explicação e/ou se os *graus de liberdade* se tornarem muito pequenos. Essa estatística é muito útil para comparação entre equações com diferentes números de variáveis independentes, diferentes tamanhos de amostras, ou ambos.

Coeficiente beta Coeficiente de regressão padronizado (ver *padronização*) que permite uma comparação direta entre coeficientes quanto a seus poderes relativos de explicação da variável dependente. Ao contrário dos *coeficientes de regressão*, que são expressos em termos das unidades da variável associada, o que torna as comparações inadequadas, os coeficientes beta usam dados padronizados e podem ser comparados diretamente.

Coeficiente de correlação (r) Coeficiente que indica a força da associação entre quaisquer duas variáveis métricas. O sinal (+ ou –) indica a direção da relação. O valor pode variar de –1 a +1, onde +1 indica uma perfeita relação positiva, 0 indica relação nenhuma, e –1, uma perfeita relação negativa ou reversa (quando uma variável se torna maior, a outra fica menor).

Coeficiente de correlação parcial Valor que mede a força da relação entre a variável dependente ou critério e uma única variável independente quando os efeitos das demais variáveis independentes no modelo são mantidos constantes. Por exemplo, rY,X_2,X_1 mede a variação em Y associada a X_2 quando o efeito de X_1 em X_2 e Y é mantido constante. Esse valor é usado em métodos de estimação de modelo de regressão com seleção seqüencial de variáveis (p. ex., *stepwise*, *adição forward* ou *eliminação backward*) para identificar a variável independente com o maior poder preditivo incremental além das variáveis independentes já presentes no modelo de regressão.

Coeficiente de determinação (R^2) Medida da proporção da variância da variável dependente em torno de sua média que é explicada pelas variáveis independentes ou preditoras. O coeficiente pode variar entre 0 e 1. Se o modelo de regressão é propriamente aplicado e estimado, o pesquisador pode assumir que quanto maior o valor de R^2, maior o poder de explicação da equação de regressão e, portanto, melhor a previsão da variável dependente.

Coeficiente de regressão (b_n) Valor numérico da estimativa do parâmetro diretamente associado com uma variável independente; por exemplo, no modelo $Y = b_0 + b_1X_1$, o valor b_1 é o coeficiente de regressão para a variável X_1. O coeficiente de regressão representa o montante de variação na variável dependente em relação a uma unidade de variação na variável independente. No modelo preditor múltiplo (por exemplo, $Y = b_0 + b_1X_1 + b_2X_2$), os coeficientes de regressão são coeficientes parciais, pois cada um considera não apenas as relações entre Y e X_1 e entre Y e X_2, mas também entre X_1 e X_2. O coeficiente não é limitado nos valores, já que é baseado tanto no grau de associação quanto nas unidades de escala da variável independente. Por exemplo, duas variáveis com a mesma associação a Y teriam coeficientes diferentes se uma variável independente fosse medida em uma escala de 7 pontos e outra fosse baseada em uma escala de 100 pontos.

Colinearidade Expressão da relação entre duas (colinearidade) ou mais (multicolinearidade) variáveis independentes. Diz-se que duas variáveis independentes exibem colinearidade completa se seu coeficiente de correlação é 1, e completa falta de colinearidade se o coeficiente de correlação é 0. A *multicolinearidade* ocorre quando qualquer variável independente é altamente correlacionada com um conjunto de outras variáveis independentes. Um caso extremo de colinearidade/multicolinearidade é a *singularidade*, na qual uma variável independente é perfeitamente prevista (ou seja, correlação de 1,0) por uma outra variável independente (ou mais de uma).

Correlação parcial Valor que mede a força da relação entre uma variável dependente e uma única variável independente quando os efeitos preditivos das demais variáveis independentes no modelo de regressão são removidos. O objetivo é retratar o efeito preditivo único devido a uma só variável independente em um conjunto de variáveis independentes. Difere do *coeficiente de correlação parcial*, que envolve efeito preditivo incremental.

Correlação semiparcial Ver *coeficiente de correlação parcial*.

Efeito de supressão O caso no qual as relações esperadas entre variáveis independentes e dependentes são ocultas ou suprimidas quando vistas em uma relação bivariada. Quando variáveis independentes adicionais são introduzidas, a *multicolinearidade* remove a variância compartilhada "indesejável" e revela a "verdadeira" relação.

Efeito moderador Efeito no qual uma terceira variável independente (a variável moderadora) faz com que a relação entre um par de variáveis dependente/independente mude, dependendo do valor da variável moderadora. Também é conhecido como um efeito interativo e semelhante ao efeito de interação visto em métodos de análise de variância.

Eliminação *backward* (ou eliminação retroativa) Método de seleção de variáveis para inclusão no modelo de regressão que começa incluindo todas as variáveis independentes no modelo e então elimina as que não oferecem uma contribuição significativa para a previsão.

Erro de amostra A variação esperada em qualquer parâmetro estimado (*intercepto* ou *coeficiente de regressão*) que é devido ao uso de uma amostra no lugar da população. O erro de amostra é reduzido quando a amostra é aumentada e usada para testar estatisticamente se o parâmetro estimado difere de zero.

Erro de especificação Erro na previsão da variável dependente causado pela exclusão de uma ou mais variáveis independentes relevantes. Essa omissão pode distorcer os coeficientes estimados das variáveis incluídas, bem como diminuir o poder preditivo geral do modelo de regressão.

Erro de medida Grau em que os valores dos dados não medem verdadeiramente a característica representada pela variável. Por exemplo, quando se questiona sobre a renda familiar total, há muitas fontes de erro de medida (p, ex., relutância em responder a quantia total e erro na estimativa da renda total) que tornam os valores imprecisos.

Erro de previsão Diferença entre os valores reais e os previstos da variável dependente, para cada observação na amostra (ver *resíduo*).

Erro padrão Distribuição esperada de um coeficiente de regressão estimado. O erro padrão é semelhante ao desvio-padrão de qualquer conjunto de dados, mas denota a amplitude esperada do coeficiente em múltiplas amostras dos dados. É útil em testes estatísticos de significância que testam se o coeficiente é significativamente diferente de zero (ou seja, se a amplitude esperada do coeficiente contém* o valor de zero em um dado nível de confiança). O valor *t* de um *coeficiente de regressão* é o coeficiente dividido por seu erro padrão.

Erro padrão da estimativa (SE_E) Medida da variação nos valores previstos que pode ser usada para desenvolver intervalos de confiança em torno de qualquer valor previsto. É análogo ao desvio-padrão de uma variável em torno de sua média, mas se trata da distribuição esperada de valores previstos que ocorreriam se fossem tomadas múltiplas amostras dos dados.

Estatística PRESS Medida de validação obtida eliminando-se cada observação, uma por vez, e prevendo-se esse valor dependente com o modelo de regressão estimado a partir das demais observações.

Estimação *stepwise* Método de seleção de variáveis para inclusão no modelo de regressão que começa selecionando o melhor preditor da variável dependente. Variáveis independentes adicionais são selecionadas em termos do poder explicativo incremental que podem acrescentar ao modelo de regressão. Variáveis independentes são acrescentadas desde que seus *coeficientes de correlação parcial* sejam estatisticamente significantes. Variáveis independentes também podem ser eliminadas se seu poder preditivo cair para um nível não significante quando uma outra variável independente for acrescentada ao modelo.

Fator de inflação de variância (VIF) Indicador do efeito que as outras variáveis independentes têm sobre o erro padrão de um *coeficiente de regressão*. O fator de inflação de variância está diretamente** relacionado ao valor de *tolerância* ($VIF_i = 1/TOL_i$). Valores VIF altos também indicam um alto grau de *colinearidade* ou *multicolinearidade* entre as variáveis independentes.

Gráfico de probabilidade normal Comparação gráfica da forma da distribuição da amostra em relação à distribuição normal. No gráfico, a distribuição normal é representada por uma reta com inclinação de 45 graus. A verdadeira distribuição é

---

* N. de R. T.: A frase correta seria "não contém o valor de zero".
** N. de R. T.: A frase correta seria "inversamente relacionado".

representada em contraste com essa reta, de modo que qualquer diferença é mostrada como desvio da reta, tornando a identificação de diferenças bastante simples.

Gráfico de regressão parcial Representação gráfica da relação entre a variável dependente e uma única variável independente. O diagrama de dispersão de pontos representa a correlação parcial entre as duas variáveis, com os efeitos de outras variáveis independentes mantidos constantes (ver *coeficiente de correlação parcial*). Essa representação é particularmente útil na avaliação da forma da relação (linear versus não-linear) e na identificação de *observações influentes*.

Gráfico nulo Gráfico de *resíduos* versus valores previstos que exibe um padrão aleatório. Um gráfico nulo é indicativo da ausência de violações identificáveis das suposições inerentes à análise de regressão.

Graus de liberdade (*df, degrees of freedom*) Valor calculado a partir do número total de observações menos o número de *parâmetros* estimados. Essas estimativas de parâmetros são restrições sobre os dados porque, uma vez calculadas, elas definem a população da qual se supõe que os dados tenham sido obtidos. Por exemplo, ao estimar um modelo de regressão com uma única variável independente, estimamos dois parâmetros, o intercepto (b_0) e um *coeficiente de regressão* para a variável independente (b_1). Ao estimar o erro aleatório, definido como a soma dos erros de previsão (valores dependentes reais menos os previstos) para todos os casos, encontraríamos ($n-2$) graus de liberdade. Os graus de liberdade nos dão uma medida de quão restritos estão os dados para alcançar um certo nível de previsão. Se o número de graus de liberdade é pequeno, a previsão resultante pode ser menos generalizável porque todas, exceto algumas observações, foram incorporadas na previsão. Reciprocamente, um valor alto no número de graus de liberdade indica que a previsão é bastante "robusta", no sentido de ser representativa de toda a amostra de respondentes.

Heteroscedasticidade Ver *homocedasticidade*.

Homocedasticidade Descrição de dados para os quais a variância dos termos de erro (e) aparece constante no intervalo de valores de uma variável independente. A suposição de igual variância do erro da população ε (onde ε é estimado a partir do valor amostral e) é essencial à aplicação adequada de regressão linear. Quando os termos de erro têm variância crescente ou flutuante, diz-se que os dados são *heteroscedásticos*. A discussão de *resíduos* neste capítulo ilustra melhor essa questão.

Intercepto (b_0) Valor no eixo Y (eixo da variável dependente) onde a reta definida pela equação de regressão $Y = b_0 + b_1 X_1$ cruza o eixo. É descrito pelo termo constante b_0 na equação de regressão. Além de seu papel na previsão, o intercepto pode ter uma interpretação gerencial. Se a completa ausência da variável independente tem significado, então o intercepto representa essa quantia. Por exemplo, quando se estimam vendas a partir de investimentos ocorridos com anúncios, o intercepto representa o nível de vendas esperadas se o anúncio for eliminado. Contudo, em muitos casos, a constante tem apenas valor preditivo, porque não há situação na qual todas as variáveis independentes estejam ausentes. Um exemplo é prever a preferência sobre um produto com base em atitudes de consumidores. Todos os indivíduos têm algum nível de atitude, e assim o intercepto não tem uso gerencial, mas ainda auxilia na previsão.

Linearidade Termo usado para expressar o conceito de que o modelo possui as propriedades de aditividade e homogeneidade. Em um sentido simples, os modelos lineares prevêem valores que estão sobre uma reta que tem uma taxa constante de variação (coeficiente angular) da variável dependente em relação a uma variação unitária constante na variável independente. No modelo populacional $Y = b_0 + b_1 X_1 + \varepsilon$, o efeito de uma variação de 1,0 em X_1 será o acréscimo de b_1 (uma constante) unidades em Y.

Mínimos quadrados Procedimento de estimação usado em regressão simples e múltipla no qual os *coeficientes de regressão* são estimados de modo a minimizar a soma total dos quadrados dos *resíduos*.

Multicolinearidade Ver *colinearidade*

Nível de significância (alfa) Freqüentemente chamado de nível de significância estatística, o nível de significância representa a probabilidade que o pesquisador deseja aceitar de que o coeficiente estimado seja classificado como diferente de zero quando realmente não é. É também chamado de erro Tipo I. O nível de significância mais amplamente usado é 0,05, apesar de pesquisadores utilizarem níveis que variam de 0,01 (mais exigentes) até 0,10 (menos conservador e mais fácil de descobrir significância).

Observação atípica Em termos estritos, uma observação que tem uma diferença substancial entre o valor real para a variável dependente e o valor previsto. Casos que são substancialmente diferentes, em relação às variáveis dependentes ou às independentes, também são chamados de atípicos. Em todos os casos, o objetivo é identificar as observações que são representações inadequadas da população da qual a amostra é obtida, de forma que elas podem ser ignoradas ou mesmo eliminadas da análise como não-representativas.

Observação influente (ou ponto influente) Uma observação que exerce uma influência desproporcional sobre um ou mais aspectos das estimativas de regressão. Essa influência pode ser baseada em valores extremos das variáveis independentes ou da dependente, ou ambas. As observações influentes podem ser "boas", reforçando o padrão dos demais dados, ou "ruins", quando um único caso ou um pequeno conjunto de casos afeta excessivamente as estimativas. Não é necessário que a observação seja atípica, apesar de que muitas vezes observações atípicas também podem ser classificadas como influentes.

Padronização Processo no qual a variável original é transformada em uma nova variável com uma média de 0 e um desvio-padrão de 1. O procedimento típico é primeiramente subtrair a média da variável do valor de cada observação e então dividir pelo desvio-padrão. Quando todas as variáveis de uma *variável estatística de regressão* estão padronizadas, o termo b_0 (o intercepto) assume um valor 0 e os *coeficientes de regressão* são conhecidos como *coeficientes beta*, os quais permitem ao pesquisador comparar diretamente o efeito relativo de cada variável independente sobre a variável dependente.

Parâmetro Quantidade (medida) característica da população. Por exemplo, μ e σ^2 são os símbolos usados para os parâmetros populacionais de média (μ) e variância (σ^2). Estes normalmente são estimados a partir dos dados da amostra em que a média aritmética da amostra é utilizada como uma medida da média populacional e a variância da amostra é empregada para estimar a variância da população.

Poder Probabilidade de uma relação significante ser encontrada se ela realmente existir. Complementa o *nível de significância alfa* (α), mais amplamente usado.

Polinômio Transformação de uma variável independente para representar uma relação curvilínea com a variável dependente. Incluindo-se um termo quadrado (X^2), um único ponto de inflexão é estimado. Um termo cúbico estima um segundo ponto de inflexão. Termos adicionais de potência superior também podem ser estimados.

Pontos de alavanca Tipo de *observação influente* definido por um aspecto da influência chamado de *alavanca*. Essas observações são substancialmente diferentes em uma ou mais variáveis independentes, de modo que afetam a estimação de um ou mais *coeficientes de regressão*.

Regressão com todos os subconjuntos possíveis Método para selecionar as variáveis para inclusão no modelo de regressão que considera todas as combinações possíveis das variáveis independentes. Por exemplo, se o pesquisador especifica quatro variáveis independentes potenciais, essa técnica estima todos os possíveis modelos de regressão com uma, duas, três e quatro variáveis. Então, a técnica identifica o(s) modelo(s) com melhor precisão de previsão.

Regressão múltipla Modelo de regressão com duas ou mais variáveis independentes.

Regressão simples Modelo de regressão com uma única variável independente, também conhecido como regressão bivariada.

Relação estatística Relação baseada na correlação de uma ou mais variáveis independentes com a variável dependente. Medidas de associação, tipicamente correlações, representam o grau de relação porque há mais de um valor da variável dependente para cada valor da variável independente.

Resíduo (e ou ε) Erro na previsão de nossos dados da amostra. Raramente nossas previsões serão perfeitas. Consideramos que o erro aleatório ocorrerá, mas assumimos que esse erro é uma estimativa do verdadeiro erro aleatório na população (ε), não apenas o erro na previsão de nossa amostra (e). Consideramos que o erro na população que estamos estimando é distribuído com uma média de 0 e uma variância constante (*homoscedástica*).

Resíduo estudantizado A forma mais comumente usada de *resíduo* padronizado. Difere de outros métodos na maneira como calcula o desvio-padrão usado em *padronização*. Para minimizar o efeito de qualquer observação no processo de padronização, o desvio-padrão residual para a observação i é computado a partir de estimativas de regressão, omitindo-se a i-ésima observação no cálculo das estimativas de regressão.

Singularidade O caso extremo de *colinearidade* ou *multicolinearidade* no qual uma variável independente é perfeitamente prevista (uma correlação de $\pm 1,0$) por uma ou mais variáveis independentes. Modelos de regressão não podem ser estimados quando existe uma singularidade. O pesquisador deve omitir uma ou mais das variáveis independentes envolvidas para remover a singularidade.

Soma de quadrados da regressão (SS_R) Soma das diferenças quadradas entre a média e valores previstos da variável dependente para todas as observações. Representa a quantia de melhoramento na explicação da variável dependente atribuível à(s) variável(eis) independente(s).

Soma de quadrados dos erros (SS_E) Soma dos erros de previsão (*resíduos*) ao quadrado em todas as observações. É usada para denotar a variância na variável dependente ainda não explicada pelo modelo de regressão. Se nenhuma variável independente é empregada para previsão, ela se transforma nos quadrados dos erros, usando a média como o valor previsto, e assim se iguala à *soma total de quadrados*.

Soma total de quadrados (SS_T) Quantia total de variação existente a ser explicada pelas variáveis independentes. Esse ponto de referência é calculado somando-se as diferenças quadradas entre a média e valores reais para a variável dependente em todas as observações.

Tolerância Medida de *colinearidade* e *multicolinearidade* comumente usada. A tolerância da variável i (TOL_i) é $1 - R^{2*}i$, onde $R^{2*}i$ é o coeficiente de determinação para a previsão da variável i pelas outras variáveis independentes na variável estatística de regressão. À medida que o valor da tolerância se torna menor, a variável é melhor prevista pelas outras variáveis independentes (colinearidade).

Transformação Uma variável pode ter uma característica indesejável, como não-normalidade, que diminui a habilidade do *coeficiente de correlação* de representar a relação entre ela e outra variável. Uma transformação como calcular o logaritmo ou a raiz quadrada da variável cria uma nova variável e elimina a característica indesejável, permitindo uma medida melhor da relação. Transformações podem ser aplicadas em variáveis dependentes, independentes, ou ambas. A necessidade e o tipo específico de transformação podem ser baseados em motivos teóricos (como a transformação de uma relação não-linear conhecida) ou empíricos (identificados por meios gráficos ou estatísticos).

Valores parciais F (ou t) O teste parcial F é simplesmente um teste estatístico da contribuição adicional de uma variável para a precisão de previsão acima da contribuição das variáveis já na equação. Quando uma variável (X_a) é acrescentada a uma equação de regressão depois que outras variáveis já estão na equação, sua contribuição pode ser muito pequena, ainda que tenha uma alta correlação com a variável dependente. O motivo é que X_g é altamente correlacionada com as variáveis já na equação. O valor parcial F é calculado para todas as variáveis simplesmente simulando que cada uma, por sua vez, seja a última a entrar na equação. Ele fornece a contribuição adicional de cada variável acima de todas as outras na equação. Um valor parcial F pequeno ou insignificante para uma variável que não está presente na equação indica sua contribuição pequena ou insignificante ao modelo como já especificado. Um valor t pode ser calculado no lugar de valores F em todos os casos, sendo o valor t aproximadamente a raiz quadrada do valor F.

Variável critério (Y) Ver *variável dependente*.

Variável dependente (Y) Variável que está sendo prevista ou explicada pelo conjunto de variáveis independentes.

Variável dicotômica Variável independente usada para explicar o efeito que diferentes níveis de uma variável não-métrica têm na previsão da variável dependente. Para explicar L níveis de uma variável independente não-métrica, L – 1 variáveis dicotômicas são necessárias. Por exemplo, o sexo é medido como masculino ou feminino e poderia ser representado por duas variáveis dicotômicas, X_1 e X_2. Quando o respondente é do sexo masculino, $X_1 = 1$ e $X_2 = 0$. Do mesmo modo, quando o respondente é do sexo feminino, $X_1 = 0$ e $X_2 = 1$. No entanto, quando $X_1 = 1$, sabemos que X_2 deve ser igual a 0. Assim, precisamos de apenas uma variável, X_1 ou X_2, para representar o sexo. Não precisamos incluir ambas, pois uma é perfeitamente prevista pela outra (uma *singularidade*) e os *coeficientes de regressão* não podem ser estimados. Se uma variável tem três níveis, apenas duas variáveis dicotômicas são necessárias. Assim, o número de variáveis dicotômicas é um a menos do que o número de níveis da variável não-métrica. Os dois métodos mais comuns para determinação dos valores das variáveis dicotômicas são a *codificação indicadora* e a *codificação dos efeitos*.

Variável estatística de regressão Combinação linear de variáveis independentes ponderadas usadas coletivamente para prever a variável dependente.

Variável independente Variável(is) selecionada(s) como previsoras e potenciais variáveis de explicação da variável dependente.

Variável preditora (X_n) Ver *variável independente*.

O QUE É ANÁLISE DE REGRESSÃO MÚLTIPLA?

A análise de regressão múltipla é uma técnica estatística que pode ser usada para analisar a relação entre uma única **variável dependente (critério)** e várias **variáveis independentes (preditoras)**. O objetivo da análise de regressão múltipla é usar as variáveis independentes cujos valores são conhecidos para prever os valores da variável dependente selecionada pelo pesquisador. Cada variável independente é ponderada pelo procedimento da análise de regressão para garantir máxima previsão a partir do conjunto de variáveis independentes. Os pesos denotam a contribuição relativa das variáveis independentes para a previsão geral e facilitam a interpretação sobre a influência de cada variável em fazer a previsão, apesar de a correlação entre as variáveis independentes complicar o processo interpretativo. O conjunto de variáveis independentes ponderadas forma a **variável estatística de regressão**, uma combinação linear das variáveis independentes que melhor prevê a variável dependente (o Capítulo 1 contém uma explicação mais detalhada da variável estatística). A variável estatística de regressão, também conhecida como equação de regressão ou modelo de regressão, é o exemplo mais amplamente conhecido de uma variável estatística entre as técnicas multivariadas.

Como observado no Capítulo 1, a análise de regressão múltipla é uma técnica de dependência. Assim, para usá-la, você deve ser capaz de classificar as variáveis em dependentes e independentes. A análise de regressão também é uma ferramenta estatística que deveria ser empregada apenas quando variáveis dependente e independentes são métricas. Porém, sob certas circunstâncias, é possível incluir dados não-métricos como variáveis independentes (transformando dados ordinais ou nominais com codificação dicotômica) ou como a variável dependente (pelo uso de uma medida binária na técnica especializada de regressão logística; ver Capítulo 5). Em resumo, para aplicar a análise de regressão múltipla, (1) os dados devem ser métricos ou adequadamente transformados, e, (2) antes de estabelecer a equação de regressão, o pesquisador deve decidir qual variável deve ser dependente e quais serão as independentes.

UM EXEMPLO DE REGRESSÃO SIMPLES E MÚLTIPLA

O objetivo da análise de regressão é prever uma única variável dependente a partir do conhecimento de uma ou mais variáveis independentes. Quando o problema envolve uma única variável independente, a técnica estatística é chamada de **regressão simples**. Quando o problema envolve duas ou mais variáveis independentes, chama-se **regressão múltipla**. A discussão a seguir descreve brevemente o procedimento básico e conceitos e os ilustra através de um exemplo simples. A discussão se divide em três partes para mostrar como a regressão estima a relação entre variáveis dependente e independentes. Os seguintes tópicos são cobertos:

1. *Estabelecimento de uma previsão de referência* sem uma variável independente, usando somente a média da variável dependente.
2. *Previsão usando uma única variável independente* – regressão simples.
3. *Previsão usando diversas variáveis independentes* – regressão múltipla.

> Para ilustrar os princípios básicos envolvidos, são fornecidos os resultados de um pequeno estudo de oito famílias sobre seu uso de cartão de crédito. O propósito do estudo era determinar quais fatores afetavam o número de cartões de crédito usados. Três fatores potenciais foram identificados (tamanho da família, renda familiar e número de automóveis da família) e foram coletados dados de cada uma das oito famílias (ver Tabela 4-1). Na terminologia da análise de regressão, a variável dependente (Y) é o número de cartões de crédito usados, e as três variáveis independentes (V_1, V_2 e V_3) são o tamanho da família, a renda familiar e o número de automóveis, respectivamente.

Estabelecimento de um ponto de referência: previsão sem uma variável independente

Antes de estimar a primeira equação de regressão, comecemos calculando o ponto de referência com o qual compararemos a habilidade preditiva de nossos modelos de regressão. O ponto de referência deve representar nossa melhor previsão sem o uso de variáveis independentes. Poderíamos usar qualquer número de opções (p.ex., previsão perfeita, um valor pré-especificado, ou uma das medidas de tendência central, como média, mediana ou moda). O preditor de referência usado em regressão é a média simples da variável dependente, que tem diversas propriedades desejáveis que discutimos adiante.

O pesquisador ainda deve responder uma questão: *quão precisa é a previsão?* Como a média não irá prever perfeitamente cada valor da variável dependente, devemos criar algum modo de avaliar a precisão preditiva que possa ser usado tanto na previsão de referência quanto nos modelos de regressão que criamos. O modo usual de avaliar a precisão de qualquer previsão é examinar os erros na previsão da variável dependente.

Apesar de podermos esperar obter uma medida útil de precisão de previsão simplesmente somando os erros, isso não seria interessante, pois os erros, ao se usar o valor médio, sempre somam zero. Logo, a soma simples de erros nunca mudaria, não importa quão bem ou mal prevemos a variável dependente ao usar a média. Para superar esse problema, calculamos o quadrado de cada erro e então somamos os resultados. Esse total, chamado de soma de quadrados dos erros (SS_E), fornece uma medida de precisão de previsão que varia de acordo com a quantia de erros de previsão. *O objetivo é obter a menor soma possível de quadrados dos erros (chamados de erros quadrados) como nossa medida de precisão de previsão.*

Escolhemos a média aritmética porque ela sempre produz uma soma menor dos erros quadrados do que qualquer outra medida de tendência central, incluindo a mediana, moda, qualquer outro valor de um dado ou qualquer outra medida estatística mais sofisticada (encorajamos os leitores interessados a tentar encontrar um valor preditivo melhor do que a média).

> Em nosso exemplo, a média aritmética (ou média) da variável dependente (número de cartões de crédito usados) é sete (ver Tabela 4-2). Nossa previsão de referência pode então ser enunciada como "O número previsto de cartões de crédito usados por uma família é sete". Também podemos escrever isso como uma equação de regressão:
>
> Número previsto de cartões de crédito = Número médio de cartões de crédito
>
> ou
>
> $$\hat{Y} = \overline{Y}$$
>
> Com nossa previsão de referência de cada família usando sete cartões de crédito, superestimamos o número de cartões de crédito usados pela família 1 por três. Assim, o erro é -3. Se este procedimento fosse seguido para cada família, algumas estimativas seriam muito altas, outras seriam muito baixas, e outras ainda poderiam ser exatamente corretas. Para nossa pesquisa das oito famílias, usando a média como nossa previsão de referência, conseguimos o melhor preditor do número de cartões de crédito, com uma soma de erros quadrados de 22 (ver Tabela 4-2). Em nossa discussão sobre regressão simples e múltipla, usamos a previsão pela média como uma referência para comparação, por representar a melhor previsão possível *sem usar qualquer variável independente*.

TABELA 4-1 Resultados de pesquisa sobre uso de cartão de crédito

Identificação da família	Número de cartões de crédito usados (Y)	Tamanho da família (V_1)	Renda familiar (milhares de US$) ($V_2$)	Número de automóveis da família (V_3)
1	4	2	14	1
2	6	2	16	2
3	6	4	14	2
4	7	4	17	1
5	8	5	18	3
6	7	5	21	2
7	8	6	17	1
8	10	6	25	2

TABELA 4-2 Previsão de referência usando a média da variável dependente

Variável estatística de regressão:	$Y = \bar{y}$			
Equação de previsão:	$Y = 7$			

Identificação da família	Número de cartões de crédito usados	Previsão de referência[a]	Erro de previsão[b]	Erro quadrado de previsão
1	4	7	−3	9
2	6	7	−1	1
3	6	7	−1	1
4	7	7	0	0
5	8	7	+1	1
6	7	7	0	0
7	8	7	+1	1
8	10	7	+3	9
Total	56		0	22

[a]Número médio de cartões de créditos usados = 56/8 = 7.
[b]Erro de previsão se refere ao valor real da variável dependente menos o valor previsto.

Previsão usando uma única variável independente: regressão simples

Como pesquisadores, estamos sempre interessados em melhorar nossas previsões. Na seção anterior, aprendemos que a média da variável dependente é o melhor preditor quando não usamos variáveis independentes. Porém, como pesquisadores, estamos buscando uma ou mais variáveis adicionais (independentes) que possam melhorar esse valor de referência. Quando procuramos apenas uma variável independente, chamamos de regressão simples. Esse procedimento para prever dados (assim como a média faz) usa a mesma regra: minimizar a soma de erros quadrados de previsão. *O objetivo do pesquisador para regressão simples é encontrar uma variável independente que melhore a previsão de referência.*

> Em nossa pesquisa de oito famílias, também coletamos informações sobre medidas que poderiam atuar como variáveis independentes. Sabemos que sem o uso de qualquer uma dessas variáveis independentes, a melhor previsão que podemos fazer sobre o número de cartões de crédito usados é o valor médio 7. Mas podemos fazer melhor? Será que uma de nossas variáveis independentes fornece informação que nos permite realizar previsões melhores do que aquelas conseguidas apenas com a média?

O papel do coeficiente de correlação

Apesar de podermos ter qualquer número de variáveis independentes, a questão diante do pesquisador é: qual escolher? Poderíamos tentar cada variável e ver qual nos dá a melhor previsão, mas essa abordagem é impraticável mesmo quando o número de possíveis variáveis independentes é muito pequeno. Ao invés disso, podemos confiar no conceito de associação, representado pelo **coeficiente de correlação**. Duas variáveis são ditas correlacionadas se mudanças em uma são associadas com mudanças na outra.

Desse modo, quando uma variável muda, sabemos como a outra mudará. O conceito de associação, representado pelo coeficiente de correlação (r), é fundamental na análise de regressão, representando a relação entre duas variáveis.

Como esse coeficiente ajudará a melhorar nossas previsões? Vejamos novamente o uso de média como referência de previsão. Ao usarmos a média, devemos observar um fato: o valor médio nunca muda (lembre que sempre usamos 7 como valor previsto em nosso exemplo). Como tal, a média tem uma correlação nula com os valores reais. Como melhoramos esse método? Queremos uma variável que, ao invés de ter apenas um valor, tem valores que são altos quando o número de cartões de crédito é alto e valores baixos quando o número de cartões de crédito é baixo. Se podemos achar uma variável que exibe padrão similar (uma correlação) ao da variável dependente, devemos ser capazes de melhorar nossa previsão feita com o uso apenas da média. Quanto mais similares (mais altas correlações), melhores previsões teremos.

> Usando nossas informações da pesquisa sobre as três variáveis independentes, podemos tentar melhorar nossas previsões reduzindo os erros de previsão. Para fazer isso, os erros de previsão no número de cartões de crédito usados devem ser associados (correlacionados) a uma das variáveis independentes potenciais (V_1, V_2 ou V_3). Se V_i estiver correlacionada com o uso de cartões de crédito, podemos usar essa relação para prever o número de cartões de crédito do seguinte modo:
>
> Número previsto de cartões de crédito = (Variação no número de cartões de crédito usados associada à variação de uma unidade em V_i) × (Valor de V_i)
>
> ou
>
> $$\hat{Y} = b_1 V_i$$

Adição de uma constante ou um termo intercepto

Ao fazer a previsão da variável dependente, podemos descobrir que é possível melhorar nossa precisão usando uma constante no modo de regressão. Conhecida como **intercepto**, ela representa o valor da variável dependente quando todas as variáveis independentes têm um valor nulo. Graficamente ela representa o ponto no qual a reta que descreve o modelo de regressão cruza o eixo Y, daí o nome *intercepto*.

Uma ilustração do procedimento é mostrada na Tabela 4-3 para alguns dados hipotéticos (não o exemplo com cartões de crédito) com uma única variável independente, X_1. Se percebemos que, quando X_1 aumenta uma unidade, a variável dependente aumenta (na média) duas unidades, podemos então fazer previsões para cada valor da variável independente. Por exemplo, quando X_1 tivesse um valor de 4, preveríamos um valor de 8 (ver Tabela 4-3a). Logo, o valor previsto sempre é duas vezes o valor de X_1 ($2 X_1$). No entanto, freqüentemente notamos que a previsão é melhorada acrescentando-se um valor constante. Na Tabela 4-3a podemos ver que a previsão simples de 2x X_1 está errada por duas unidades em cada caso. Logo, a mudança em nossa descrição pelo acréscimo de uma constante de dois a cada previsão nos dá previsões perfeitas em todos os casos (ver Tabela 4-3b). Veremos que, quando estimamos uma equação de regressão, geralmente é bom incluir uma constante, que é chamada de intercepto.

Estimação da equação de regressão simples

Podemos selecionar a "melhor" variável independente com base nos coeficientes de correlação, pois quanto maior este coeficiente, mais forte a relação e, portanto, maior a precisão preditiva. Na equação de regressão, representamos o intercepto como b_0. A quantia de mudança na variável dependente devido à variável independente é representada pelo termo b_1, também conhecido como **coeficiente de regressão**. Usando um procedimento matemático chamado de **mínimos quadrados** [8, 11, 15], podemos estimar os valores de b_0 e b_1 tal que a soma dos erros quadrados de previsão seja minimizada. O erro de previsão, a diferença entre os valores reais e previstos da variável dependente, é chamado de resíduo (e ou ε).

A Tabela 4-4 contém uma matriz de correlações entre a variável dependente (Y) e as independentes (V_1, V_2 ou V_3), que pode ser usada na escolha da melhor variável independente. Olhando abaixo a primeira coluna, podemos ver que V_1, tamanho da família, tem a maior correlação com a variável dependente e, desse modo, é a melhor candidata para nossa primeira regressão simples. A matriz de correlação também contém as correlações entre as variáveis independentes, que veremos serem muito importantes em regressão múltipla (duas ou mais variáveis independentes).

Agora podemos estimar nosso primeiro modelo de regressão simples para a amostra de oito famílias e ver quão bem a descrição se ajusta aos nossos dados. O modelo de regressão pode ser enunciado como se segue:

$$\begin{pmatrix} \text{Número} \\ \text{previsto de} \\ \text{cartões de} \\ \text{crédito usados} \end{pmatrix} = \begin{pmatrix} \text{Intercepto} \end{pmatrix} + \begin{pmatrix} \text{Variação no número} \\ \text{de cartões de crédito} \\ \text{usados associada à} \\ \text{variação de uma} \\ \text{unidade no tamanho} \\ \text{da família} \end{pmatrix} \times \begin{pmatrix} \text{Tamanho} \\ \text{da família} \end{pmatrix}$$

ou

$$\hat{Y} = b_0 + b_1 V_1$$

Neste exemplo, os valores apropriados são uma constante (b_0) de 2,87 e um coeficiente de regressão (b_1) de 0,97 para tamanho da família.

TABELA 4-3 Melhoramento da precisão de previsão com o acréscimo de um intercepto em uma equação de regressão

(A) PREVISÃO SEM O INTERCEPTO
Equação de previsão: $Y = 2X_1$

Valor de X_1	Variável dependente	Previsão	Erro de previsão
1	4	2	2
2	6	4	2
3	8	6	2
4	10	8	2
5	12	10	2

(B) PREVISÃO COM UM INTERCEPTO DE 2,0
Equação de previsão: $Y = 2,0 + 2X_1$

Valor de X_1	Variável dependente	Previsão	Erro de previsão
1	4	4	0
2	6	6	0
3	8	8	0
4	10	10	0
5	12	12	0

TABELA 4-4 Matriz de correlação para o estudo de uso de cartões de crédito

Variável		Y	V_1	V_2	V_3
Y	Número de cartões de crédito usados	1,000			
V_1	Tamanho da família	0,866	1,000		
V_2	Renda familiar	0,829	0,673	1,000	
V_3	Número de automóveis	0,342	0,192	0,301	1,000

Interpretação do modelo de regressão simples

Com o intercepto e o coeficiente de regressão estimados pelo procedimento de mínimos quadrados, a atenção agora se volta à interpretação desses dois valores:

- *Coeficiente de regressão.* A variação estimada na variável dependente por variação unitária da variável independente. Se o coeficiente de regressão é percebido como estatisticamente significante (ou seja, o coeficiente é significativamente diferente de zero), o valor do coeficiente de regressão indica a extensão na qual a variável independente se associa com a dependente.
- *Intercepto.* A interpretação do intercepto é de algum modo diferente. O intercepto tem valor explanatório apenas dentro do domínio de valores para as variáveis independentes. Além disso, sua interpretação se baseia nas características da variável independente:
  - Em termos simples, o intercepto tem valor interpretativo somente quando zero é um valor conceitualmente válido para a variável independente (i.e., a variável independente pode ter um valor nulo e ainda manter sua relevância prática). Por exemplo, considere que a variável independente é dólares para anúncios. Se for realista que, em algumas situações, nenhum anúncio é feito, então o intercepto representará o valor da variável dependente quando anúncio é nulo.
  - Se o valor independente representa uma medida que jamais pode ter um valor verdadeiro de zero (p.ex., atitudes ou percepções), o intercepto auxilia no melhoramento do processo de previsão, mas sem valor explanatório.

Para algumas situações especiais nas quais sabe-se que a relação específica pode passar pela origem, o intercepto pode ser suprimido (conhecido como *regressão pela origem*). Nesses casos, a interpretação dos resíduos e dos coeficientes de regressão muda um pouco.

Nosso modelo de regressão prevendo uso de cartões de crédito indica que para cada membro a mais da família, o número de cartões de crédito possuídos é maior, em média, em 0,97. A constante 2,87 pode ser interpretada apenas no âmbito dos valores para a variável independente. Nesse caso, um tamanho de família de zero não é possível, e assim o intercepto sozinho não tem qualquer significado prático. Contudo, isso não invalida seu uso, já que ele ajuda na previsão de uso de cartões de crédito para cada tamanho possível de família (em nosso exemplo, de 1 a 5*). A equação de regressão simples e as previsões e os resíduos resultantes para cada uma das oito famílias são exibidos na Tabela 4-5.

Como usamos o mesmo critério (minimizar a soma dos quadrados dos erros ou *mínimos quadrados*), podemos determinar se nosso conhecimento do tamanho da família nos ajuda a melhor prever o uso de cartões de crédito comparando a previsão por regressão simples com a previsão de referência. A soma dos quadrados dos erros usando a média (o ponto de referência) foi 22; com nosso novo procedimento com uma única variável independente, a soma dos quadrados dos erros diminui para 5,50 (ver Tabela 4-5). Usando o procedimento dos mínimos quadrados e uma única variável independente, vemos que nossa nova abordagem, a regressão simples, é evidentemente melhor para previsões do que empregar apenas a média.

---

* N. de R. T.: A frase correta seria "em nosso exemplo, de 2 a 6".

TABELA 4-5 Resultados de regressão simples usando tamanho de família como variável independente

Variável estatística de regressão: $Y = b_0 + b_1 V_1$
Equação de previsão: $Y = 2,87 + 0,97 V_1$

Identificação da família	Número de cartões de crédito usados	Tamanho da família (V_1)	Previsão de regressão simples	Erro de previsão	Erro quadrado de previsão
1	4	2	4,81	−0,81	0,66
2	6	2	4,81	1,19	1,42
3	6	4	6,75	−0,75	0,56
4	7	4	6,75	0,25	0,06
5	8	5	7,72	0,28	0,08
6	7	5	7,72	−0,72	0,52
7	8	6	8,69	−0,69	0,48
8	10	6	8,69	1,31	1,72
Total					5,50

Estabelecimento de um intervalo de confiança para os coeficientes de regressão e o valor previsto

Como usamos apenas uma amostra de observações para estimar uma equação de regressão, podemos esperar que os coeficientes de regressão variem se selecionarmos outra amostra de observações e estimarmos outra equação de regressão. Não queremos considerar repetidas amostras; assim, precisamos de um teste empírico para ver se o coeficiente de regressão estimado tem algum valor real (i.e., é diferente de zero?) ou se poderíamos esperar que ele se iguale a zero em outra amostra. Para abordar essa questão, a análise de regressão permite o teste estatístico do intercepto e dos coeficientes de regressão para determinar se eles são significativamente diferentes de zero (ou seja, eles têm um impacto que podemos esperar com uma probabilidade especificada que seja diferente de zero em qualquer número de amostras de observações).

Com a variação esperada no intercepto e no coeficiente de regressão ao longo das amostras, devemos também esperar que o valor previsto varie cada vez que selecionarmos outra amostra de observações e estimarmos outra equação de regressão. Assim, gostaríamos de estimar o intervalo de valores previstos que podemos esperar, em vez de confiar apenas na estimativa única (pontual). A estimativa pontual é a melhor estimativa da variável dependente para essa amostra de observações e pode se mostrar que ela corresponde à previsão média para qualquer valor dado da variável independente.

A partir dessa estimativa pontual, também podemos calcular o intervalo dos valores previstos em amostras repetidas com base em uma medida dos erros de previsão que esperamos cometer. Conhecida como o **erro padrão da estimativa** (SE_E), essa medida pode ser definida simplesmente como o desvio-padrão esperado dos erros de previsão. Para qualquer conjunto de valores de uma variável, podemos construir um intervalo de confiança para uma variável em torno de seu valor médio acrescentando (mais e menos) um determinado número de desvios-padrão. Por exemplo, o acréscimo de ±1,96 desvios-padrão à média define um intervalo para grandes amostras que inclui 95% dos valores de uma variável.

Podemos seguir um método semelhante para as previsões obtidas a partir de um modelo de regressão. Usando a estimativa pontual, podemos acrescentar (mais e menos) um determinado número de erros padrão da estimativa (dependendo do nível de confiança desejado e do tamanho da amostra) para estabelecer os limites superior e inferior para nossas previsões feitas com variável(eis) independente(s). O erro padrão da estimativa (SE_E) é calculado por

$$SE_E = \sqrt{\frac{\text{Soma de erros quadrados}}{\text{Tamanho da amostra} - 2}}$$

O número de SE_Es a usar na obtenção do intervalo de confiança é determinado pelo nível de significância (α) e pelo tamanho da amostra (N), o que dá um valor t. O intervalo de confiança é então calculado com o menor limite igual ao valor previsto menos ($SE_E \times$ valor t), e o limite superior, como o valor previsto mais ($SE_E \times$ valor t).

> Para nosso modelo de regressão simples, $SE_E = +0{,}957$ (a raiz quadrada do valor de 5,50 dividido por 6). O intervalo ou domínio de confiança para as previsões é construído selecionando-se o número de erros padrão a acrescentar (mais e menos), por meio da consulta em uma tabela para a distribuição t e da seleção do valor para nível de confiança e tamanho da amostra específicos. Em nosso exemplo, o valor t para um nível de confiança de 95% com seis graus de liberdade (tamanho da amostra menos o número de coeficientes, ou $8 - 2 = 6$) é 2,447. A quantia acrescentada (mais e menos) ao valor previsto é então ($0{,}957 \times 2{,}447$), ou 2,34. Se substituímos o tamanho médio da família (4,25) na equação de regressão, o valor previsto é 6,99 (difere da média de 7 só por causa de arredondamento). O intervalo esperado de cartões de crédito fica de 4,65 ($6{,}99 - 2{,}34$) a 9,33 ($6{,}99 + 2{,}34$). O intervalo de confiança pode ser aplicado a qualquer valor previsto de cartões de crédito. Para uma discussão mais detalhada desses intervalos de confiança, ver Neter *et al.* [11].

Avaliação da precisão de previsão

Se a soma de quadrados dos erros (SS_E) representa uma medida de nossos erros de previsão, também devemos conseguir determinar uma medida de nosso sucesso de previsão, o qual podemos chamar de **soma de quadrados da regressão** (SS_R). Juntas, essas duas medidas devem igualar a **soma total de quadrados** (SS_T), o mesmo valor de nossa previsão de referência. Como o pesquisador acrescenta variáveis independentes, a soma total de quadrados agora pode ser dividida em (1) a soma de quadrados prevista pela(s) variável(eis) independente(s), que é a soma de quadrados da regressão (SS_R), e (2) a soma de quadrados dos erros (SS_E):

$$\sum_{i=1}^{n}(y_i - \bar{y})^2 = \sum_{i=1}^{n}(y_i - \hat{y}_i)^2 + \sum_{i=1}^{n}(\hat{y}_i - \bar{y})^2$$

$$SS_T \quad = \quad SS_E \quad + \quad SS_R$$

Soma total de quadrados = Soma de erros quadrados + Soma de quadrados de regressão

onde

$\bar{y}$ = média de todas as observações

y_i = valor da observação individual i

$\hat{y}_i$ = valor previsto da observação i

Podemos usar essa divisão da soma total de quadrados para estimar o quão bem a variável estatística de regressão descreve a variável dependente. Lembre-se que a média da variável dependente é nossa melhor estimativa de referência. Sabemos que não é uma estimativa muito precisa, mas é a melhor estimativa disponível sem o emprego de outras variáveis quaisquer. A questão agora é: *a precisão preditiva aumenta quando a equação de regressão é usada no lugar da previsão de referência?* Podemos quantificar esse melhoramento com o que se segue:

Soma total de quadrados (previsão de referência)	SS_{Total}
– Soma de erros (regressão simples)	$-SS_{Erro}$
Soma de quadrados explicada (regressão simples)	$SS_{Regressão}$

$$\text{ou} \quad \frac{\begin{array}{c} SS_T \\ SS_E \end{array}}{SS_R}$$

A soma de quadrados explicada (SS_R) representa assim uma melhoria na previsão em relação à previsão de referência. Outro modo de expressar esse nível de precisão de previsão é com o **coeficiente de determinação (R^2)**, a razão entre a soma de quadrados da regressão e a soma total de quadrados, como mostrado na equação seguinte:

$$\text{Coeficiente de determinação } (R^2) = \frac{\text{Soma de quadrados de regressão}}{\text{Soma total de quadrados}}$$

Se o modelo de regressão previu perfeitamente a variável dependente, $R^2 = 1,0$. Mas se não forneceu previsões melhores do que o uso da média (previsão de referência), $R^2 = 0$. Assim o valor R^2 é uma medida única de precisão de previsão geral representando o seguinte:

- O efeito combinado da variável estatística inteira na previsão, mesmo quando a equação de regressão contém mais de uma variável independente.
- Simplesmente a correlação quadrada dos valores reais e previstos.

Quando o coeficiente de correlação (r) é usado para avaliar a relação entre variáveis dependente e independentes, o sinal do coeficiente de correlação ($-r, +r$) denota o coeficiente angular da reta de regressão. Contudo, a força da relação é representada por R^2, a qual com certeza sempre é positiva. Quando discussões mencionam a variação da variável dependente, elas se referem a essa soma total de quadrados que a análise de regressão tenta prever com uma ou mais variáveis independentes.

> Em nosso exemplo, a previsão de referência é o número médio de cartões de créditos usados por nossas famílias da amostra e é a melhor previsão disponível sem o uso de outras variáveis. A precisão de previsão de referência usando a média foi medida calculando-se a soma de quadrados dos erros em relação à referência (soma de quadrados = 22). Agora que ajustamos um modelo de regressão usando tamanho da família, isso explica a variação melhor que a média? Sabemos que de algum modo é melhor porque a soma de quadrados dos erros agora diminuiu para 5,50. Podemos olhar o quão bem nosso modelo prevê examinando esse aprimoramento.
>
> | | |
> |---|---|
> | Soma total de quadrados (previsão de referência) | SS_{Total} |
> | – Soma de erros quadrados (regressão simples) | $-SS_{Erro}$ |
> | Soma de quadrados explicada (regressão simples) | $SS_{Regressão}$ |
>
> $$\text{ou} \quad \frac{\begin{array}{cc} SS_T & 22,0 \\ SS_E & -5,5 \end{array}}{\begin{array}{cc} SS_R & 16,5 \end{array}}$$
>
> Logo, explicamos 16,5 quadrados dos erros mudando da média para o modelo de regressão simples usando tamanho da família. Esse é um melhoramento de 75% (16,5/22 = 0,75) sobre a referência. Estabelecemos assim que o coeficiente de determinação (R^2) para essa equação de regressão é 0,75, o que significa que ela explica 75% da variação possível na variável dependente. Lembre também que o valor R^2 é simplesmente a correlação ao quadrado entre os valores reais e previstos.

Previsão usando diversas variáveis independentes: regressão múltipla

Demonstramos previamente o quanto a regressão simples pode ajudar a melhorar nossa previsão de uma variável dependente (p.ex., usando dados sobre o tamanho da família, prevemos o número de cartões de crédito que uma família usaria muito mais precisamente do que poderíamos se usássemos apenas a média aritmética). Esse resultado levanta a questão da possibilidade de melhorarmos nossa previsão ainda mais, usando dados adicionais obtidos das variáveis independentes (p.ex., outros dados das famílias). Nossa previsão melhoraria se usássemos não apenas dados sobre o tamanho da família, mas informações sobre uma outra variável, como talvez renda familiar ou número de automóveis que cada família possui?

O impacto de multicolinearidade

A habilidade de uma variável independente adicional de melhorar a previsão da variável dependente está relacionada não apenas à sua correlação com a variável dependente, mas também com a(s) correlação(ões) da variável independente adicional com a(s) variável(eis) independente(s) já incluídas na equação de regressão. A **colinearidade** é a associação, medida como a correlação, entre duas variáveis independentes. A **multicolinearidade** refere-se à correlação entre três ou mais variáveis independentes (evidenciada quando uma é "regredida" em relação às outras). Apesar de haver uma distinção precisa entre esses dois conceitos em termos estatísticos, é prática comum usar os termos alternadamente.

Como era de se esperar, correlação entre as variáveis independentes pode ter um forte impacto sobre o modelo de regressão:

- *O impacto da multicolinearidade é reduzir o poder preditivo de qualquer variável independente na medida em que ela é associada com as outras variáveis independentes.* Quando a colinearidade aumenta, a variância única explicada por conta de cada variável independente diminui e o percentual da previsão compartilhada aumenta. Como essa previsão compartilhada pode ser considerada apenas uma vez, a previsão geral aumenta muito mais vagarosamente quando variáveis independentes com multicolinearidade elevada são acrescentadas.
- *Para maximizar a previsão a partir de um dado número de variáveis independentes, o pesquisador deve procurar variáveis independentes que tenham baixa multicolinearidade com as outras variáveis independentes, mas também apresentem correlações elevadas com a variável dependente.*

Revisitamos as questões sobre a colinearidade e a multicolinearidade em seções posteriores para discutir suas implicações na seleção de variáveis independentes e na interpretação da variável estatística de regressão.

A equação de regressão múltipla

Como observado anteriormente, regressão múltipla é o uso de duas ou mais variáveis independentes na previsão de uma variável dependente. *A tarefa do pesquisador é expandir o modelo de regressão simples acrescentando variáveis independentes que tenham o maior poder preditivo adicional*. Ainda que possamos determinar a associação de qualquer variável independente com a dependente através do coeficiente de correlação, a amplitude do poder preditivo incremental para qualquer variável adicional é muitas vezes determinada por sua multicolinearidade com outras variáveis já presentes na equação de regressão. Podemos olhar nosso exemplo com cartões de crédito para demonstrar tais conceitos.

Para melhorar ainda mais nossa previsão de uso de cartões de crédito, usemos dados adicionais obtidos a partir de nossas oito famílias. A segunda variável independente a ser incluída no modelo de regressão é a renda familiar (V_2), que tem a próxima correlação mais alta com a variável dependente. Apesar de V_2 ter um grau médio de correlação com V_1, já presente na equação, ainda é a segunda melhor variável a entrar, pois V_3 tem uma correlação muito menor com a variável dependente. Simplesmente expandimos nosso modelo de regressão simples para incluir duas variáveis independentes, como a seguir:

$$\text{Número previsto de cartões de crédito usados} = b_0 + b_1 V_1 + b_2 V_2 + e$$

onde

b_0 = número constante de cartões de crédito independentemente do tamanho da família e da renda familiar
b_1 = variação no uso de cartões de crédito em relação à variação de uma unidade no tamanho da família
b_2 = variação no uso de cartões de crédito em relação à variação de uma unidade na renda familiar
V_1 = tamanho da família
V_2 = renda familiar
e = erro de previsão (resíduo)

O modelo de regressão múltipla com duas variáveis independentes, quando estimado com o procedimento de mínimos quadrados, tem uma constante de 0,482, com coeficientes de regressão de 0,63 e 0,216 para V_1 e V_2, respectivamente. Podemos determinar novamente nossos resíduos prevendo Y e subtraindo a previsão do verdadeiro valor. Em seguida, elevamos ao quadrado o erro de previsão resultante, como na Tabela 4-6. A soma de quadrados dos erros para o modelo de regressão múltipla com tamanho da família e renda familiar é 3,04. Este resultado pode ser comparado com o valor do modelo de regressão simples de 5,50 (Tabela 4-5), o qual usa apenas o tamanho da família para a previsão.

Quando a renda familiar é adicionada à análise de regressão, R^2 também aumenta para 0,86.

$$R^2_{(\text{tamanho da família + renda familiar})} = \frac{22,0 - 3,04}{22,0} = \frac{18,96}{22,0} = 0,86$$

A inclusão da renda familiar na análise de regressão aumenta a previsão em 11% (0,86 – 0,75), devido ao poder preditivo incremental único da renda familiar.

Acréscimo de uma terceira variável independente

Percebemos um aumento na precisão de previsão, conquistado ao mudar-se da equação de regressão simples para a equação de regressão múltipla, mas também devemos observar que em algum ponto o acréscimo de variáveis independentes se tornará menos vantajoso, e em alguns casos até mesmo contraprodutivo. A adição de mais

TABELA 4-6 Resultados de regressão múltipla usando tamanho de família e renda familiar como variáveis independentes

Variável estatística de regressão: $Y = b_0 + b_1 V_1 + b_2 V_2$
Equação de previsão: $Y = 0,482 + 0,63 V_1 + 0,216 V_2$

Identificação da família	Número de cartões de crédito usados	Tamanho da família (V_1)	Renda familiar (V_2) (milhares de US$)	Previsão da regressão múltipla	Erro de previsão	Erro quadrado de previsão
1	4	2	14	4,76	−0,76	0,58
2	6	2	16	5,20	0,80	0,64
3	6	4	14	6,03	−0,03	0,00
4	7	4	17	6,68	0,32	0,10
5	8	5	18	7,53	0,47	0,22
6	7	5	21	8,18	−1,18	1,39
7	8	6	17	7,95	0,05	0,00
8	10	6	25	9,67	0,33	0,11
Total						3,04

variáveis independentes se baseia em balancear entre poder preditivo aumentado versus modelos de regressão excessivamente complexos e até mesmo potencialmente enganosos.

> A pesquisa do uso de cartões de crédito fornece mais uma possível adição à equação de regressão múltipla, o número de automóveis possuídos (V_3). Se agora especificarmos a equação de regressão para incluir as três variáveis independentes, perceberemos alguma melhora na equação de regressão, mas inferior à vista anteriormente. O valor R^2 aumentará para 0,87, apenas um aumento de 0,01 em relação ao modelo de regressão múltipla anterior. Além disso, como discutiremos posteriormente, o coeficiente de regressão para V_3 não é estatisticamente significante. Logo, nesse caso, o pesquisador está melhor servido empregando o modelo de regressão múltipla com duas variáveis independentes (tamanho da família e renda familiar) e não usando a terceira variável independente (número de automóveis possuídos) para fazer previsões.

Resumo

A análise de regressão é uma técnica de dependência simples e direta que pode fornecer previsão e explicação ao pesquisador. O exemplo anterior ilustrou os conceitos e procedimentos básicos inerentes à análise de regressão em uma tentativa de desenvolver uma compreensão da metodologia e características desse procedimento em sua forma mais básica. As seções a seguir detalham essas questões e fornecem um processo de decisão para aplicar a análise de regressão a qualquer problema de pesquisa apropriado.

UM PROCESSO DE DECISÃO PARA A ANÁLISE DE REGRESSÃO MÚLTIPLA

Nas seções anteriores, discutimos exemplos de regressão simples e múltipla. Naquelas discussões, muitos fatores influenciaram nossa habilidade de encontrar o melhor modelo de regressão. Até esse ponto, no entanto, examinamos tais questões apenas em termos simples, com pouca preocupação em como elas se combinam em uma abordagem geral da análise de regressão múltipla. Nas seções a seguir, o processo de construção de modelo em seis estágios, introduzido no Capítulo 1, será usado como referência para discutir os fatores que afetam a criação, estimação, interpretação e validação de uma análise de regressão. O processo começa com a especificação dos objetivos da análise de regressão, incluindo a seleção das variáveis dependente e independentes. O pesquisador então começa a planejar a análise de regressão, considerando fatores como o tamanho da amostra e a necessidade de transformações de variáveis. Com o modelo de regressão formulado, as suposições inerentes à análise de regressão são primeiramente testadas para as variáveis individuais. Se todas as suposições forem atendidas, então o modelo será estimado. Quando já se têm os resultados, são feitas análises diagnósticas para garantir que o modelo geral atende às suposições de regressão e que nenhuma observação tem influência indevida sobre os resultados. O próximo estágio é a interpretação da variável estatística de regressão; examina-se o papel desempenhado por cada variável independente na previsão da medida dependente. Finalmente, os resultados são validados para garantir generalização para a população. As Figuras 4-1 e 4-6 representam os estágios 1-3 e 4-6, respectivamente, fornecendo uma representação gráfica do processo de construção do modelo para regressão múltipla, e as seções a seguir discutem cada passo em detalhes.

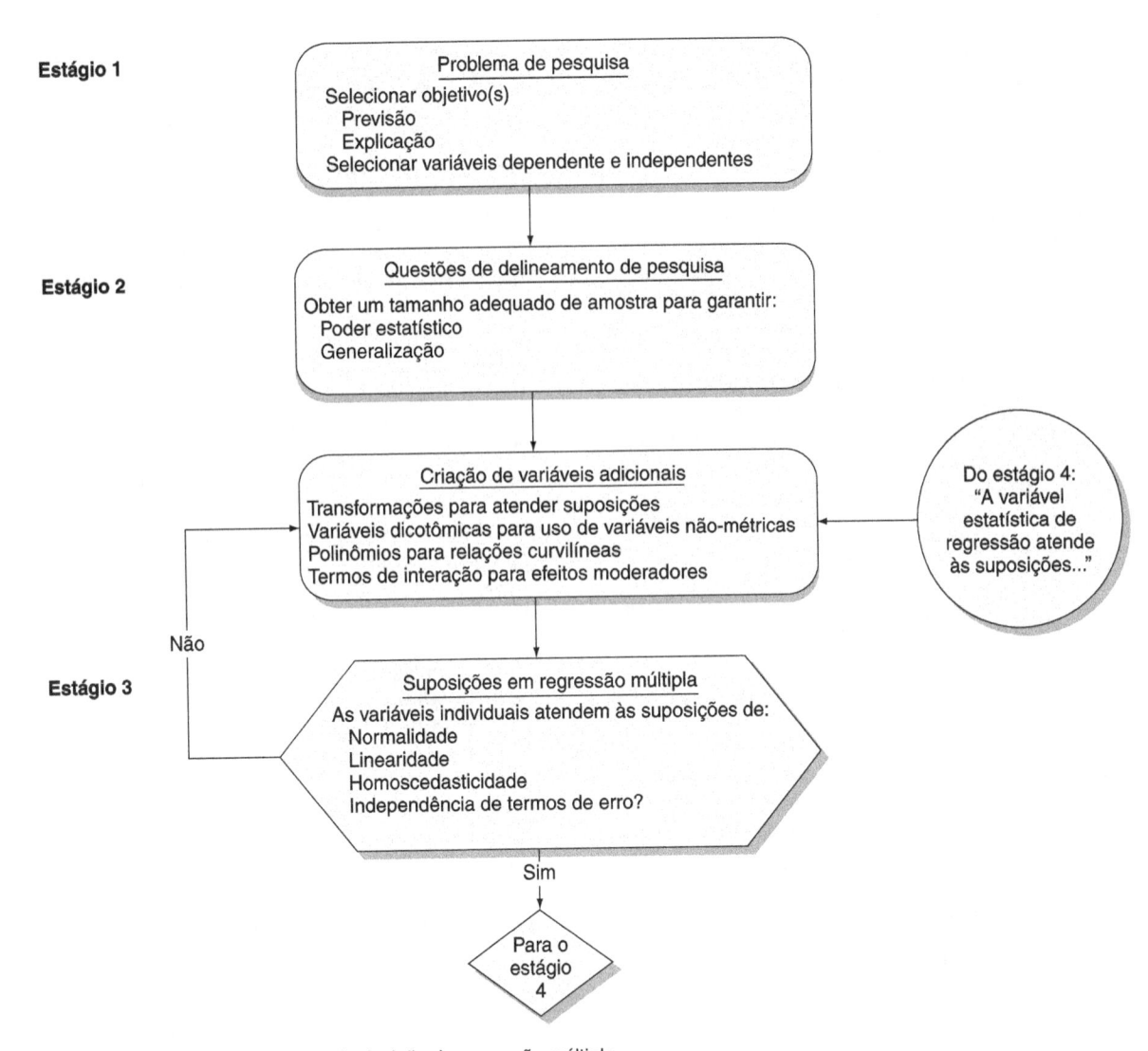

```
Estágio 1                    Problema de pesquisa
                          Selecionar objetivo(s)
                             Previsão
                             Explicação
                          Selecionar variáveis dependente e independentes


Estágio 2                Questões de delineamento de pesquisa
                         Obter um tamanho adequado de amostra para garantir:
                            Poder estatístico
                            Generalização


                         Criação de variáveis adicionais                    Do estágio 4:
                         Transformações para atender suposições              "A variável
                         Variáveis dicotômicas para uso de variáveis não-métricas   estatística de
                         Polinômios para relações curvilíneas                regressão atende
                         Termos de interação para efeitos moderadores        às suposições..."

                 Não

Estágio 3                Suposições em regressão múltipla
                         As variáveis individuais atendem às suposições de:
                            Normalidade
                            Linearidade
                            Homoscedasticidade
                            Independência de termos de erro?

                                    Sim

                                  Para o
                                  estágio
                                     4
```

FIGURA 4-1 Estágios 1-3 no diagrama de decisão de regressão múltipla.

ESTÁGIO 1: OBJETIVOS DA REGRESSÃO MÚLTIPLA

A análise de regressão múltipla, uma forma de modelagem linear geral, é uma técnica estatística multivariada usada para examinar a relação entre uma única variável dependente e um conjunto de variáveis independentes. O ponto de partida necessário na regressão múltipla, como ocorre em todas as técnicas estatísticas multivariadas, é o problema de pesquisa. A flexibilidade e a adaptabilidade da regressão múltipla permitem seu uso em quase toda relação de dependência. Ao selecionar aplicações adequadas de regressão múltipla, o pesquisador deve considerar três questões principais:

1. Adequação do problema de pesquisa
2. Especificação de uma relação estatística
3. Seleção das variáveis dependente e independentes

Problemas de pesquisa apropriados à regressão múltipla

A regressão múltipla é de longe a técnica multivariada mais utilizada entre aquelas examinadas neste texto. Com sua ampla aplicabilidade, a regressão múltipla tem sido usada para muitos propósitos. Suas aplicações sempre crescentes recaem em duas grandes classes de problemas de pesquisa: previsão e explicação. Previsão envolve o quanto que uma variável estatística de regressão (uma ou mais variáveis independentes) pode prever da variável dependente. Explicação examina os coeficientes de regressão (sua magnitude, sinal e significância estatística) para cada variável independente e tenta desenvolver uma razão substantiva ou teórica para os efeitos das variáveis independentes. Tais problemas de pesquisa não são mutuamente excludentes, e uma aplicação da análise de regressão múltipla pode abordar qualquer um ou ambos os tipos de problema de pesquisa.

Previsão com regressão múltipla

Um propósito fundamental da regressão múltipla é prever a variável dependente com um conjunto de variáveis independentes. Ao fazer isso, a regressão múltipla atinge um entre dois objetivos.

- *O primeiro objetivo é maximizar o poder preditivo geral das variáveis independentes como representadas na variável estatística.* Como mostrado em nosso exemplo anterior de previsão de uso de cartões de crédito, a variável estatística é formada pela estimação dos coeficientes de regressão para cada variável independente de modo a se tornar o preditor ótimo da medida dependente. Precisão preditiva é sempre crucial para garantir a validade do conjunto de variáveis independentes. Medidas de precisão preditiva são desenvolvidas e testes estatísticos são usados para avaliar a significância do poder preditivo. Em todos os casos, pretendendo o pesquisador interpretar os coeficientes da variável estatística ou não, a análise de regressão deve atingir níveis aceitáveis de precisão preditiva para justificar sua aplicação. O pesquisador deve garantir que tanto a significância estatística quanto a prática são consideradas (ver as discussões no estágio 4).

  Em certas aplicações concentradas apenas na previsão, o pesquisador está interessado principalmente em atingir a previsão máxima, e interpretar os coeficientes de regressão é relativamente pouco importante. Ao invés disso, o pesquisador emprega as muitas opções na forma e na especificação das variáveis independentes que podem modificar a variável estatística para aumentar seu poder preditivo, freqüentemente maximizando previsão às custas da interpretação. Um exemplo específico é uma variante da regressão, análise de série temporal, na qual o único propósito é previsão, e a interpretação dos resultados é útil só como um meio de aumentar a precisão preditiva.

- A regressão múltipla também pode atingir um *segundo objetivo de comparar dois ou mais conjuntos de variáveis independentes para examinar o poder preditivo de cada variável estatística.* Ilustrativo de uma abordagem confirmatória para modelagem, esse uso da regressão múltipla está relacionado com a comparação de resultados entre dois ou mais modelos alternativos ou concorrentes. O principal foco desse tipo de análise é o poder preditivo relativo entre modelos, apesar de que, em qualquer situação, a previsão do modelo selecionado deve demonstrar significâncias estatística e prática.

Explicação com regressão múltipla

A regressão múltipla também fornece um meio de avaliar objetivamente o grau e caráter da relação entre variáveis dependente e independentes, pela formação da variável estatística de variáveis independentes e então examinando a magnitude, sinal e significância estatística do coeficiente de regressão para cada variável independente. Deste modo, as variáveis independentes, além de sua previsão coletiva da variável dependente, também podem ser consideradas por sua contribuição individual à variável estatística e suas previsões. A interpretação da variável estatística pode se apoiar em qualquer uma de três perspectivas: a importância das variáveis independentes, os tipos de relações encontradas, ou as inter-relações entre as variáveis independentes.

- *A interpretação mais direta da variável estatística de regressão é uma determinação da importância relativa de cada variável independente na previsão da medida dependente.* Em todas as aplicações, a seleção de variáveis independentes deve ser baseada em suas relações teóricas com a variável dependente. A análise de regressão fornece então um meio de avaliar objetivamente a magnitude e a direção (positiva ou negativa) da relação de cada variável independente. O caráter da regressão múltipla que a diferencia de suas contrapartes univariadas é a avaliação simultânea de relações entre cada variável independente e a medida dependente. Ao fazer essa avaliação simultânea, a importância relativa de cada variável independente é determinada.

- *Além de avaliar a importância de cada variável, a regressão múltipla também dá ao pesquisador um meio de avaliar a natureza das relações entre as variáveis independentes e a variável dependente.* A relação assumida é uma associação linear baseada nas correlações entre as variáveis independentes e a medida dependente. Transformações ou variáveis adicionais também estão disponíveis para avaliar se há outros tipos de relações, particularmente relações curvilíneas. Essa flexibilidade garante que o pesquisador possa examinar a verdadeira natureza da relação, além da linear considerada.

- Finalmente, *a regressão múltipla fornece uma visão das relações entre variáveis independentes em sua previsão da medida dependente.* Essas inter-relações são importantes por dois motivos. Primeiro, a correlação entre as variáveis independentes pode tornar algumas variáveis redundantes no esforço preditivo. Desse modo, elas não são necessárias para produzir a previsão ótima, dadas as outras variáveis independentes na equação de regressão. Em tais casos, a variável independente terá uma forte relação individual com a variável dependente (correlações bivariadas substanciais com a variável dependente), mas tal relação é sensivelmente diminuída em um contexto multivariado (a correlação parcial com a variável dependente é baixa quando considerada com outras variáveis na equação de regressão). Qual é a interpretação "correta" nesta situação? Deve o pesquisador focalizar a forte correlação bivariada para avaliar importância, ou deve a relação reduzida no contexto multivariado formar a base para a avaliação da relação da variável com a dependente?

  Aqui o pesquisador deve confiar nas bases teóricas da análise de regressão para avaliar a "verdadeira" relação para a variável independente. *Em tais situações, o pesquisador deve se prevenir contra a determinação da importância de variáveis independentes com base somente na variável estatística obtida, pois relações entre as variáveis independentes podem mascarar ou confundir relações que não são necessárias para fins preditivos, mas que, ainda assim, representam descobertas substantivas.* As inter-relações entre variáveis podem se estender não apenas a seu poder preditivo, mas também a relações entre seus efeitos estimados, o que é melhor percebido quando o efeito de uma variável independente é condicional a outra medida independente.

A regressão múltipla fornece análises diagnósticas que podem determinar se tais efeitos existem com base em argumento empírico ou teórico. Indicações de um grau elevado de inter-relações (multicolinearidade) entre as variáveis independentes podem sugerir o uso de escalas múltiplas, como discutido no Capítulo 3.

Especificação de uma relação estatística

A regressão múltipla é apropriada quando o pesquisador está interessado em uma relação estatística, e não funcional. Por exemplo, examinemos a seguinte relação:

Custo total = Custo variável + Custo fixo

Se o custo variável for $2 por unidade, o custo fixo for $500 e produzirmos 100 unidades, assumimos que o custo total será de exatamente $700 e que qualquer desvio de $700 é causado por nossa falta de habilidade em medir custos, uma vez que a relação entre custos é fixa. Isso é o que se chama de *relação funcional*, pois esperamos que não exista erro algum em nossa previsão. Como tal, sempre sabemos o impacto de cada variável no cálculo da medida de resultado.

Entretanto, em nosso exemplo anterior que lidava com dados amostrais representando comportamento humano, assumimos que nossa descrição do uso de cartões de crédito era apenas aproximada, e não uma previsão perfeita. Ela foi definida como uma **relação estatística** porque sempre há algum componente aleatório na relação em exame. Uma relação estatística é caracterizada por dois elementos:

1. Quando múltiplas observações são coletadas, mais de um valor da medida dependente geralmente será observado para qualquer valor de uma variável independente.
2. Com base no uso de uma amostra aleatória, o erro na previsão da variável dependente também é considerado aleatório, e para uma dada variável independente, podemos apenas esperar estimar o valor médio da variável dependente associado a ela.

> Em nosso exemplo de regressão simples, encontramos duas famílias com dois membros, duas com quatro membros, e assim por diante, que tinham diferentes quantidades de cartões de crédito. As duas famílias com quatro membros mantinham uma média de 6,5 cartões de crédito, e nossa previsão era de 6,75. Não é tão precisa quanto gostaríamos, mas é melhor do que apenas usar a média de 7 cartões de crédito. O erro é considerado resultado do comportamento aleatório entre usuários de cartões de crédito.

Em resumo, uma relação funcional calcula um valor exato, enquanto uma relação estatística estima um valor médio. As duas relações são exibidas na Figura 4-2. Neste livro, estamos interessados em relações estatísticas. Nossa habilidade de empregar apenas uma amostra de observações e em seguida usar os métodos de estimação das técnicas multivariadas e avaliar a significância das variáveis independentes se baseia em teoria estatística. Fazendo isso, devemos nos assegurar de atender às suposições estatísticas inerentes a cada técnica multivariada, pois elas são críticas em nossa habilidade de fazer previsões não-tendenciosas da variável dependente e interpretações válidas das variáveis independentes.

Seleção de variáveis dependente e independentes

O grande sucesso de qualquer técnica multivariada, inclusive da regressão múltipla, começa com a seleção das variáveis a serem usadas na análise. Como a regressão múltipla é uma técnica de dependência, o pesquisador deve especificar qual variável é a dependente e quais são as

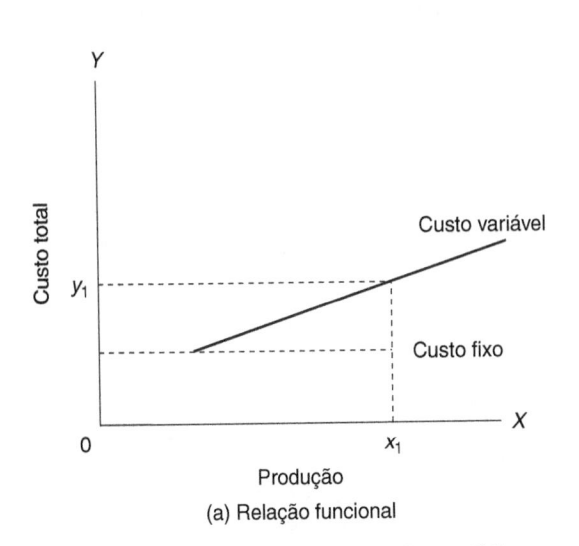

FIGURA 4-2 Comparação das relações funcional e estatística.

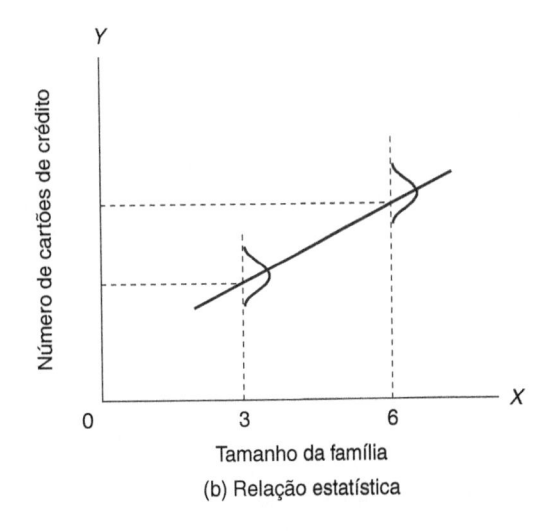

independentes. Apesar de muitas vezes as opções parecerem evidentes, o pesquisador sempre deve considerar três pontos que podem afetar qualquer decisão: teoria forte, erro de medida e erro de especificação.

Teoria forte

A seleção dos dois tipos de variáveis deve ser baseada principalmente em questões conceituais ou teóricas, mesmo quando o objetivo é somente previsão. Os Capítulos 1 e 10 discutem o papel da teoria em análise multivariada, e tais questões se aplicam muito à regressão múltipla. O pesquisador deve tomar decisões fundamentais sobre a seleção de variáveis, ainda que muitas opções e modos de programas estejam disponíveis para auxiliar na estimação do modelo. Se o pesquisador não exerce julgamento durante a seleção de variáveis, mas, em vez disso, (1) seleciona variáveis indiscriminadamente ou (2) permite que a seleção de uma variável independente seja sustentada apenas em bases empíricas, vários dos pressupostos básicos do desenvolvimento de modelos serão violados.

Erro de medida

A seleção de uma variável dependente muitas vezes é ditada pelo problema de pesquisa. Em todos os casos, o pesquisador deve estar a par do **erro de medida**, especialmente na variável dependente. O erro de medida refere-se ao grau em que a variável é uma medida precisa e consistente do conceito em estudo. Se a variável usada como a medida dependente contiver um erro de medida substancial, então mesmo as melhores variáveis independentes poderão ser incapazes de atingir níveis aceitáveis de precisão preditiva. Apesar de o erro de medida poder surgir de várias fontes (ver Capítulo 1 para uma discussão mais detalhada), a regressão múltipla não dispõe de uma maneira direta de correção para níveis conhecidos de erro de medida para a variável dependente ou as independentes.

O erro de medida problemático pode ser tratado por meio de duas abordagens:

- *Escalas múltiplas,* como discutido nos Capítulos 1 e 3, empregam múltiplas variáveis para reduzir a confiança em qualquer variável isolada como a única representativa de um conceito.
- *Modelagem de equações estruturais* (Capítulo 10) acomoda diretamente erro de medida na estimação de efeitos das variáveis independentes em qualquer relação de dependência especificada.

Escalas múltiplas podem ser diretamente incorporadas na regressão múltipla substituindo-se ou a variável dependente ou as independentes com os valores da escala múltipla, enquanto a modelagem de equações estruturais requer o uso de uma técnica inteiramente diferente geralmente tida como mais difícil de implementar. Assim, escalas múltiplas são recomendadas como a primeira escolha na correção de erro de medida onde for possível.

Erro de especificação

Talvez a questão mais problemática na seleção de variáveis independentes seja o **erro de especificação**, o qual se refere à inclusão de variáveis irrelevantes ou à omissão de variáveis relevantes do conjunto de variáveis independentes.

Ambos os tipos de erro de especificação podem ter impactos substanciais em qualquer análise de regressão, embora de maneiras muito diferentes:

- Apesar de a *inclusão de variáveis irrelevantes* não viesar os resultados para as outras variáveis independentes, ela exerce algum impacto sobre a variável estatística de regressão. Primeiro, reduz a parcimônia do modelo, a qual pode ser crucial na interpretação dos resultados. Segundo, as variáveis adicionais podem mascarar ou substituir os efeitos de variáveis mais úteis, especialmente se alguma forma seqüencial de estimação de modelo for empregada (ver a discussão do estágio 4 para mais detalhes). Finalmente, as variáveis adicionais podem tornar o teste de significância estatística das variáveis independentes menos preciso e reduzir a significância estatística e prática da análise.

- Dados os problemas associados ao acréscimo de variáveis irrelevantes, o pesquisador deve se preocupar com a *exclusão de variáveis relevantes?* A resposta é definitivamente positiva, pois a exclusão de variáveis relevantes pode causar sérios vieses nos resultados e afetar negativamente qualquer interpretação dos mesmos. No caso mais simples, as variáveis omitidas são não-correlacionadas com as variáveis incluídas, e o único efeito é reduzir a precisão preditiva geral da análise. Quando existe correlação entre as variáveis omitidas e incluídas, os efeitos das variáveis incluídas se tornam mais viesados à medida que elas são correlacionadas com as omitidas. Quanto maior a correlação, maior o viés. Os efeitos estimados para as variáveis incluídas agora representam não apenas seus efeitos reais, mas também os efeitos que as variáveis incluídas compartilham com as variáveis omitidas. Isso pode conduzir a problemas sérios na interpretação do modelo e na avaliação da significância estatística e gerencial.

O pesquisador deve ser cuidadoso na seleção das variáveis para evitar os dois tipos de erro de especificação. Talvez mais problemática seja a omissão de variáveis re-

---

REGRAS PRÁTICAS 4-1

Atendimento dos objetivos da regressão múltipla

- Apenas a modelagem de equações estruturais (SEM) pode acomodar diretamente erro de medida, usando escalas múltiplas para diminuí-lo quando se emprega regressão múltipla.
- Quando em dúvida, inclua variáveis potencialmente irrelevantes (elas podem apenas confundir a interpretação) ao invés de possivelmente omitir uma variável relevante (o que pode viesar todas as estimativas de regressão).

levantes, uma vez que o efeito das variáveis não pode ser avaliado sem sua inclusão (ver Regras Práticas 4-1). Sua potencial influência em qualquer resultado aumenta a necessidade de apoio teórico e prático para todas as variáveis incluídas ou excluídas em uma análise de regressão múltipla.

ESTÁGIO 2: PLANEJAMENTO DE PESQUISA DE UMA ANÁLISE DE REGRESSÃO MÚLTIPLA

Adaptabilidade e flexibilidade são duas das principais razões para o amplo uso de regressão múltipla em uma vasta variedade de aplicações. Como você verá nas seções a seguir, a regressão múltipla pode representar uma grande gama de relações de dependência. Ao fazer isso, o pesquisador incorpora três características:

1. *Tamanho da amostra.* A regressão múltipla mantém os níveis necessários de poder estatístico e significância prática e estatística ao longo de muitos tamanhos de amostras.
2. *Elementos únicos da relação de dependência.* Ainda que variáveis independentes sejam consideradas métricas e tenham uma relação linear com a variável dependente, ambas as suposições podem ser mais flexíveis ou tolerantes, criando-se variáveis adicionais para representarem esses aspectos especiais da relação.
3. *Natureza das variáveis independentes.* Regressão múltipla acomoda variáveis independentes métricas que são consideradas como fixas por natureza, bem como aquelas com uma componente aleatória.

Cada uma dessas características tem um papel chave na aplicação da regressão múltipla em muitos tipos de questões de pesquisa, ao mesmo tempo em que mantêm os níveis necessários de significância estatística e prática.

Tamanho da amostra

O tamanho da amostra em regressão múltipla talvez seja o elemento mais influente sob o controle do pesquisador no planejamento da análise. Os efeitos de tamanho da amostra são vistos mais diretamente no poder estatístico do teste de significância e na generalização do resultado. Ambas as questões são analisadas nas seções que se seguem.

Poder estatístico e tamanho da amostra

O tamanho da amostra tem um impacto direto sobre a adequação e o poder estatístico da regressão múltipla. Amostras pequenas, geralmente caracterizadas por menos de 30 observações, são apropriadas para análise apenas por regressão simples com uma única variável independente. Mesmo nessas situações, apenas relações fortes podem ser detectadas com algum grau de certeza. Do mesmo modo, amostras muito grandes, de 1000 observações ou mais, tornam os testes de significância estatística excessivamente sensíveis, muitas vezes indicando que quase qualquer relação é estatisticamente significante. Com amostras muito grandes, o pesquisador deve garantir que o critério de significância prática seja atendido junto com a significância estatística.

Níveis de poder em vários modelos de regressão. O *poder* em regressão múltipla se refere à probabilidade de detectar-se como estatisticamente significante um nível específico de R^2 ou um coeficiente de regressão em um nível de significância especificado para um dado tamanho de amostra (ver Capítulo 1 para uma discussão mais detalhada). O tamanho da amostra tem um impacto não apenas na avaliação do poder de uma análise corrente, mas também na antecipação do poder estatístico de uma análise proposta.

A Tabela 4-7 ilustra o *efeito recíproco entre o tamanho da amostra, o nível de significância* (α) *escolhido e o número de variáveis independentes* na detecção de um R^2 significante. Os valores da tabela são o R^2 mínimo que o tamanho de amostra especificado detecta como estatisticamente significante no nível alfa (α) especificado com um poder (probabilidade) de 0,80.

TABELA 4-7 R^2 mínimo que pode ser tido como estatisticamente significante com um poder de 0,80 para diferentes números de variáveis independentes e tamanhos de amostras

Tamanho da amostra	Nível de significância (α) = 0,01 Número de variáveis independentes				Nível de significância (α) = 0,05 Número de variáveis independentes			
	2	5	10	20	2	5	10	20
20	45	56	71	NA	39	48	64	NA
50	23	29	36	49	19	23	29	42
100	13	16	20	26	10	12	15	21
250	5	7	8	11	4	5	6	8
500	3	3	4	6	3	4	5	9
1.000	1	2	2	3	1	1	2	2

NA = não aplicável

> Por exemplo, se o pesquisador empregar cinco variáveis independentes, especificar um nível de significância de 0,05 e estiver satisfeito em detectar o R^2 em 80% das vezes em que ocorre (o que corresponde a um poder de 0,80), uma amostra de 50 respondentes detectará valores R^2 maiores ou iguais a 23%. Se a amostra aumentar para 100 respondentes, então os valores de R^2 de 12% ou mais serão detectados. Entretanto, se 50 respondentes são tudo que está disponível e o pesquisador desejar um nível de significância de 0,01, a análise detectará valores R^2 apenas maiores ou iguais a 29%.

Exigências de tamanho de amostra para poder desejado. O pesquisador pode também considerar o *papel do tamanho da amostra no teste de significância antes da coleta dos dados*. Se relações mais fracas são esperadas, o pesquisador pode fazer julgamentos com base em informações factuais quanto ao tamanho necessário da amostra para detectar razoavelmente as relações, se elas existirem.

> Por exemplo, a Tabela 4-7 demonstra que tamanhos de amostra de 100 detectam valores R^2 muito pequenos (10% a 15%) com até 10 variáveis independentes e um nível de significância de 0,05. No entanto, se o tamanho da amostra nessas situações cai para 50 observações, o R^2 mínimo que pode ser detectado dobra.

O pesquisador também pode determinar o tamanho da amostra necessário para detectar efeitos para as variáveis independentes individuais, dado o tamanho do efeito esperado (correlação), o nível α e o poder desejado. As computações possíveis são muito numerosas para serem apresentadas nesta discussão, e o leitor interessado pode consultar textos que tratam de análise do poder [5] ou um programa de computador para calcular o tamanho da amostra ou do poder em uma dada situação [3].

Resumo. O pesquisador sempre deve estar ciente do poder antecipado de qualquer análise de regressão múltipla proposta. É crítico entender os elementos do planejamento da pesquisa, particularmente tamanho da amostra, que podem ser mudados para atender às exigências de uma análise aceitável [9].

Generalização e tamanho da amostra

Além de seu papel na determinação do poder estatístico, o tamanho da amostra também afeta a generalização dos resultados pela proporção entre observações e variáveis independentes. Uma regra geral é que a razão jamais deve ficar abaixo de 5 para 1, o que significa que deve haver cinco observações para cada variável independente na variável estatística. Apesar de a proporção mínima ser de 5 para 1, o nível desejado está entre 15 e 20 observações para cada variável independente. Quando esse nível é alcançado, os resultados devem ser generalizáveis se a amostra é representativa. No entanto, se um procedimento *stepwise* é empregado, o nível recomendado aumenta para 50 por 1, pois essa técnica seleciona apenas as relações mais fortes dentro do conjunto de dados e sofre de uma maior tendência para se tornar específica da amostra [16]. Em casos nos quais a amostra disponível não atende a esses critérios, o pesquisador deve se certificar de validar a generalização dos resultados.

Definição de graus de liberdade. Se essa proporção ficar abaixo de 5 para 1, o pesquisador corre o risco de superajustar a variável estatística à amostra, tornando os resultados demasiadamente específicos à amostra e assim perdendo a generalização. Ao compreendermos o conceito de superajuste, precisamos lidar com a noção estatística de **graus de liberdade**. Em qualquer procedimento de estimação estatística, o pesquisador está fazendo estimativas de parâmetros a partir dos dados da amostra. No caso de regressão, os parâmetros são os coeficientes de regressão para cada variável independente e o termo constante. Como anteriormente descrito, os coeficientes de regressão são os pesos usados no cálculo da variável estatística de regressão e indicam a contribuição de cada variável independente ao valor previsto. O que é então a relação entre o número de observações e de variáveis? Examinemos rapidamente a estimação de parâmetros para um melhor discernimento sobre esse problema.

Cada observação representa uma unidade separada e independente de informação (i.e., um conjunto de valores para cada variável independente). Em uma visão simplista, o pesquisador poderia dedicar uma única variável a prever perfeitamente somente uma observação, uma segunda variável a outra observação, e assim por diante. Se a amostra é relativamente pequena, então a precisão preditiva poderia ser bastante alta, e muitas das observações seriam perfeitamente previstas. Na verdade, se o número de **parâmetros** estimados (coeficientes de regressão e a constante) se iguala ao tamanho da amostra, previsão perfeita acontecerá mesmo que todos os valores de variáveis sejam números aleatórios. Tal cenário seria totalmente inaceitável e considerado como extremamente superajustado, pois os parâmetros estimados não têm generalização, mas se relacionam apenas com a amostra. *Além disso, sempre que uma variável for acrescentada na equação de regressão, o valor R^2 aumentará.*

Graus de liberdade como medida de generalização. O que acontece com a generalização quando o tamanho da amostra aumenta? Podemos perfeitamente prever uma observação com uma só variável, mas e quanto a todas as outras observações? Assim, o pesquisador está procurando pelo melhor modelo de regressão, um com a melhor precisão preditiva para a maior amostra (a mais generalizável). O grau de generalização é representado pelos graus de liberdade, calculados como:

Graus de liberdade (*df*) = Tamanho da amostra – Número de parâmetros estimados

ou

Graus de liberdade (*df*) = N – (Número de variáveis independentes + 1)

Quanto mais graus de liberdade, mais generalizáveis são os resultados. Graus de liberdade aumentam em uma dada amostra reduzindo-se o número de variáveis independentes. Assim, a meta é conseguir a melhor precisão preditiva com o máximo de graus de liberdade. Em nosso exemplo anterior, onde o número de parâmetros estimados é igual ao tamanho da amostra, temos uma previsão perfeita, mas *zero graus de liberdade!* O pesquisador deve reduzir o número de variáveis independentes (ou aumentar o tamanho da amostra), diminuindo a precisão preditiva mas também aumentando os graus de liberdade. Não há diretrizes específicas para determinar quantos graus de liberdade deve-se ter, mas eles são indicativos da generalidade dos resultados e fornecem uma idéia do superajuste de qualquer modelo de regressão, como se mostra nas Regras Práticas 4-2.

Criação de variáveis adicionais

A relação básica representada na regressão múltipla é a associação *linear* entre variáveis dependente e independentes com base na correlação produto-momento. Um problema freqüentemente enfrentado por pesquisadores é o desejo de incorporar dados não-métricos, como sexo ou profissão, em uma equação de regressão. Contudo, como já discutimos, a regressão é limitada a dados métricos. Mais que isso, a falta de habilidade da regressão de diretamente modelar relações não-lineares pode restringir o pesquisador quando ele enfrenta situações nas quais uma relação não-linear (por exemplo, em forma de U) é sugerida pela teoria ou detectada quando se examinam os dados.

REGRAS PRÁTICAS 4-2

Considerações sobre tamanho de amostra

- Regressão simples pode ser efetiva com um tamanho de amostra de 20, mas manter poder a 0,80 em regressão múltipla requer uma amostra mínima de 50 e, preferivelmente, 100 observações para a maioria das situações de pesquisa.
- A proporção mínima de observações por variáveis é 5:1, mas a proporção preferida é de 15:1 ou 20:1, o que deve então aumentar quando a estimação *stepwise* é usada.
- Maximizar os graus de liberdade melhora generalização e lida tanto com parcimônia do modelo quanto com preocupações com tamanho da amostra.

Uso de transformações de variáveis

Nessas situações, novas variáveis devem ser criadas por **transformações**, uma vez que a regressão múltipla é totalmente confiável ao se criarem novas variáveis no modelo para incorporar variáveis não-métricas ou representar efeitos diferentes de relações lineares. Também encontramos o uso de transformações discutidas no Capítulo 2 como um meio para remediar violações de algumas suposições estatísticas, mas nosso propósito aqui é fornecer ao pesquisador uma maneira de modificar a variável dependente ou as independentes por uma entre duas razões:

1. Melhorar ou modificar a relação entre variáveis dependente e independentes.
2. Permitir o emprego de variáveis não-métricas na variável estatística de regressão.

As transformações de dados podem ser baseadas em *razões teóricas* (transformações cuja adequação é sustentada na natureza dos dados) ou de *origem nos dados* (transformações estritamente sugeridas por um exame dos dados). Em qualquer caso, o pesquisador deve proceder muitas vezes por tentativa e erro, avaliando constantemente a melhoria versus a necessidade de transformações adicionais. Exploramos essas questões com discussões sobre as transformações de dados que permitem à análise de regressão uma melhor representação dos dados reais e uma discussão da criação de variáveis para suplementarem as originais.

Todas as transformações que descrevemos são facilmente executáveis por comandos simples em todos os pacotes estatísticos populares. Apesar de nos concentrarmos em transformações que podem ser computadas desse modo, há outros métodos mais sofisticados e complicados disponíveis (p.ex., ver Box e Cox [4]).

Incorporação de dados não-métricos com variáveis dicotômicas

Uma situação comum enfrentada por pesquisadores é o desejo de utilizar variáveis independentes não-métricas. Todavia, até aqui, todos os nossos exemplos assumiram medida métrica para variáveis independentes e dependente. Quando a variável dependente é medida como dicotômica (0, 1), tanto a análise discriminante como uma forma especializada de regressão (regressão logística), ambas discutidas no Capítulo 5, são adequadas. O que podemos fazer quando as variáveis independentes são não-métricas e têm duas ou mais categorias? O Capítulo 2 introduziu o conceito de **variáveis dicotômicas**, as quais podem atuar como variáveis independentes substitutas. Cada variável dicotômica representa uma categoria de uma variável independente não-métrica, e qualquer variável não-métrica com k categorias pode ser representada por $k - 1$ variáveis dicotômicas.

Codificação indicadora: o formato mais comum. Das duas formas de codificação de variáveis dicotômicas, a mais comum é a **codificação indicadora**, na qual cada categoria da variável não-métrica é representada por 1 ou 0. *Os coeficientes de regressão para as variáveis dicotômicas representam diferenças sobre a variável dependente para cada grupo de respondentes da **categoria de referência** (isto é, o grupo omitido que recebeu todos os zeros)*. Essas diferenças de grupos podem ser avaliadas diretamente, uma vez que os coeficientes estão nas mesmas unidades da variável dependente.

> Essa forma de codificação de variável dicotômica pode ser descrita como diferentes interceptos para os vários grupos, com a categoria de referência representada no termo constante do modelo de regressão (ver Figura 4-3). Neste exemplo, uma variável não-métrica de três categorias é representada por duas variáveis dicotômicas (D_1 e D_2), representando os grupos 1 e 2, sendo o grupo 3 a categoria de referência. Os coeficientes de regressão são 2,0 para D_1 e –3,0 para D_2. Esses coeficientes se traduzem em três retas paralelas. O grupo de referência (neste caso, o grupo 3) é definido pela equação de regressão com ambas as variáveis dicotômicas iguais a zero. A reta do grupo 1 está duas unidades acima da reta do grupo de referência. A reta do grupo 2 está três unidades abaixo da reta do grupo de referência 3. As retas paralelas indicam que as variáveis dicotômicas não mudam a natureza da relação, mas apenas fornecem diferentes interceptos entre os grupos.

Essa forma de codificação é mais apropriada quando existe um grupo de referência lógico, como em um experimento. Em qualquer momento em que a codificação por variável dicotômica for empregada, devemos estar cientes do grupo de comparação e lembrar que os coeficientes representam as diferenças em médias em relação a esse grupo.

Codificação de efeitos. Um método alternativo de codificação por variável dicotômica se chama **codificação dos efeitos**. É o mesmo que codificação indicadora, exceto pelo fato de que o grupo de comparação ou omitido (o grupo que recebe todos os zeros) recebe o valor –1 no lugar de 0 para as variáveis dicotômicas. *Agora os coeficientes representam diferenças para qualquer grupo em relação à média de todos os grupos, e não em relação ao grupo omitido*. Ambas as formas de codificação por variável dicotômica dão os mesmos resultados preditivos, coeficiente de determinação e coeficientes de regressão para as variáveis contínuas. As únicas diferenças estão na interpretação dos coeficientes das variáveis dicotômicas.

Representação de efeitos curvilíneos com polinômios

Diversos tipos de transformações de dados são adequados para linearizar uma relação curvilínea. Abordagens diretas, discutidas no Capítulo 2, envolvem a modificação de valores por alguma transformação aritmética (p.ex., a raiz quadrada ou o logaritmo da variável). No entanto, tais transformações estão sujeitas às seguintes limitações:

- Elas são aplicáveis somente em uma relação curvilínea simples (uma relação com apenas um ponto de inflexão).
- Elas não fornecem meios estatísticos para avaliar se o modelo curvilíneo ou linear é mais apropriado.
- Elas acomodam apenas relações univariadas, e não a interação entre variáveis, quando mais de uma variável independente está envolvida.

Agora discutimos um meio para criar novas variáveis para modelar explicitamente as componentes curvilíneas da relação e lidar com cada limitação inerente às transformações de dados.

Especificação de um efeito curvilíneo. Transformações de potências de uma variável independente que acrescentam uma componente não-linear para cada potência adicional da variável independente são conhecidas como **polinômios**. A potência de 1 (X^1) representa a componente linear e é a forma que discutimos até agora neste capítulo. A potência de 2, a variável ao quadrado (X^2), representa a componente quadrática. Em termos gráficos, X^2 representa o primeiro ponto de inflexão. Uma componente cúbica, representada pela variável ao cubo (X^3), acrescenta um segundo ponto de inflexão. Com essas variáveis e mesmo potências superiores, podemos acomodar relações mais complexas do que é possível apenas com transformações. Por exemplo, em um modelo de regressão simples, um modelo curvilíneo com um ponto de inflexão pode ser expresso pela equação

$$Y = b_0 + b_1 X_1 + b_2 X_1^2$$

onde

b_0 = intercepto
$b_1 X_1$ = efeito linear de X_1
$b_2 X_1^2$ = efeito curvilíneo de X_1

Apesar de poder ser acrescentado qualquer número de componentes não-lineares, o termo cúbico geralmente é a maior potência usada. Polinômios multivariados são criados quando a equação de regressão contém duas ou mais variáveis independentes. Seguimos o mesmo procedimento para criar os termos polinomiais como antes, mas também devemos criar um termo adicional, o termo de interação ($X_1 X_2$), que é necessário para cada combinação de variável para representar completamente os efeitos multivariados. Em termos gráficos, um polinômio multivariado de duas variáveis é retratado por uma superfície com um pico ou vale. Para os polinômios de ordem superior, a melhor forma de interpretação é obtida pelo gráfico da superfície a partir dos valores previstos.

Interpretação de um efeito curvilíneo. Da mesma forma que ocorre com cada nova variável incluída na equação de

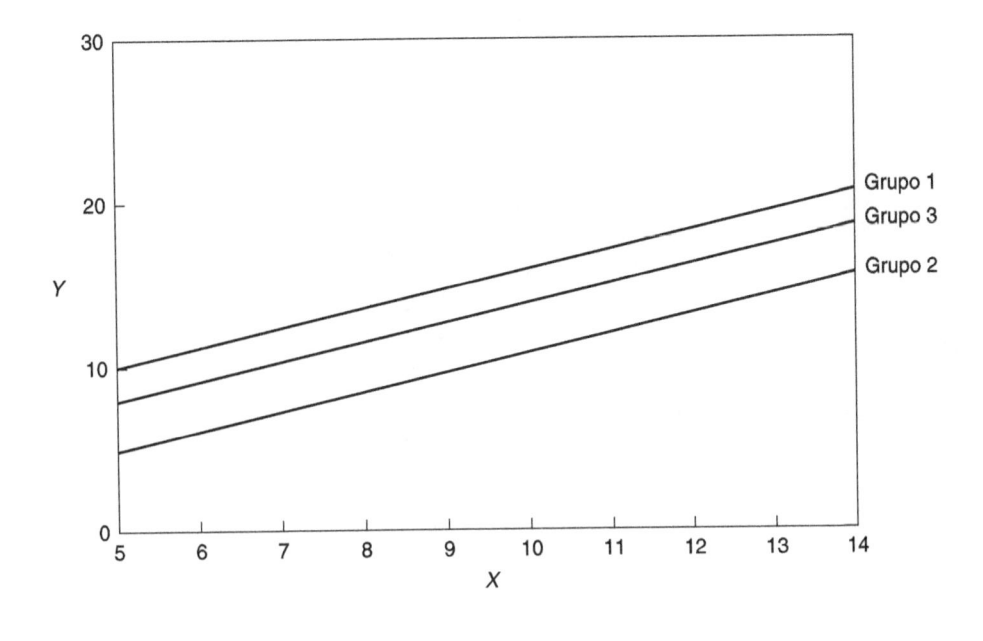

Equações de regressão com variáveis dicotômicas (D_1 e D_2)	
Especificada	$Y = a + b_1X + b_2D_1 + b_3D_2$
Estimada	
Geral	$Y = 2 + 1{,}2X + 2D_1 - 3D_2$
Grupo Específico	
Grupo 1 ($D_1 = 1$, $D_2 = 0$)	$Y = 2 + 1{,}2X + 2(1)$
Grupo 2 ($D_1 = 0$, $D_2 = 1$)	$Y = 2 + 1{,}2X \quad - 3(1)$
Grupo 3 ($D_1 = 0$, $D_2 = 0$)	$Y = 2 + 1{,}2X$

FIGURA 4-3 Incorporação de variáveis não-métricas via variáveis dicotômicas.

regressão, podemos também fazer um teste estatístico direto das componentes não-lineares, o qual não é possível com transformações de dados. No entanto, multicolinearidade pode criar problemas na avaliação da significância estatística dos coeficientes individuais na medida em que o pesquisador deveria avaliar efeitos incrementais como uma medida de qualquer termo polinomial em um processo de três passos:

1. Estimar a equação de regressão original.
2. Estimar a relação curvilínea (equação original mais o termo polinomial).
3. Avaliar a mudança em R^2. Se for estatisticamente significante, então um efeito curvilíneo significante está presente. A atenção está no efeito incremental, e não na significância de variáveis individuais.

Três relações (duas não-lineares e uma linear) são exibidas na Figura 4-4. Para fins de interpretação, o termo quadrático positivo indica uma curva em forma de U, enquanto um coeficiente negativo indica uma curva em em forma de ∩. A utilização de um termo cúbico pode representar curvas no formato de um **S** ou uma curva de crescimento muito facilmente, mas geralmente é melhor representar graficamente os valores para interpretar corretamente a forma real.

Quantos termos devem ser acrescentados? A prática comum é começar com a componente linear e então acrescentar seqüencialmente polinômios de ordem superior até que a não-significância seja alcançada. O uso de polinômios, contudo, também apresenta problemas em potencial. Primeiro, cada termo adicional exige um grau de liberdade, o que pode ser particularmente restritivo em tamanhos pequenos de amostras. Essa limitação não ocorre com transformações de dados. Além disso, a multicolinearidade é introduzida pelos termos adicionais e torna o teste de significância estatística dos termos polinomiais inadequado. Em vez disso, o pesquisador deve comparar os valores R^2 do modelo com termos lineares com o R^2 da equação com os termos polinomiais. Testar a significância estatística do R^2 incremental é o modo adequado de avaliar o impacto dos polinômios.

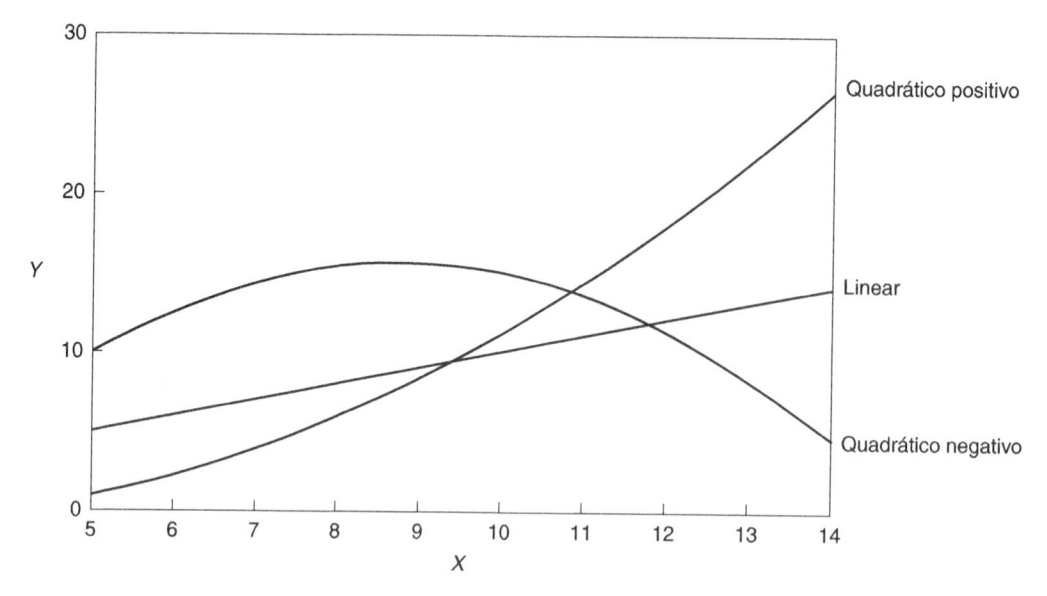

FIGURA 4-4 Representação polinomial de relações não-lineares.

Representação de efeitos de interação ou moderadores

As relações não-lineares discutidas anteriormente exigem a criação de uma variável adicional (p.ex., o termo quadrado) para representar a variação do coeficiente angular da relação ao longo do intervalo da variável independente. Essa representação se concentra sobre a relação entre uma única variável independente e a variável dependente. Entretanto, o que acontece se uma relação variável independente-dependente é afetada por uma outra variável independente? Essa situação é chamada de **efeito moderador**, o qual ocorre quando a variável moderadora, uma segunda variável independente, muda a *forma* da relação entre uma outra variável independente e a dependente. Isso é também conhecido como *efeito de interação* e é semelhante ao termo de interação encontrado em análise de variância e análise multivariada de variância (ver Capítulo 6 para mais detalhes sobre termos de interação).

Exemplos de efeitos moderadores. O efeito moderador mais comum empregado em regressão múltipla é o *quase moderador* ou *moderador bilinear*, no qual o coeficiente angular da relação de uma variável independente (X_1) muda ao longo de valores da variável moderadora (X_2) [7,14].

Em nosso exemplo anterior de uso de cartões de crédito, considere que a renda familiar (X_2) foi percebida como um moderador positivo da relação entre tamanho da família (X_1) e uso de cartões de crédito (Y). Isso significa que a variação esperada no uso de cartões de crédito baseada em tamanho da família (b_1, o coeficiente de regressão para X_1) poderia ser menor para famílias com rendas menores, e maior para famílias com rendas maiores. Sem o efeito moderador, consideramos que o tamanho da família tinha um efeito constante sobre o número de cartões de crédito usados, mas o termo de interação nos diz que essa relação muda, dependendo do nível de renda familiar. Observe que isso não significa necessariamente que os efeitos do tamanho da família ou da renda familiar são por si mesmos sem importância, mas que o termo de interação complementa sua explicação do uso de cartões de crédito.

Adição do efeito moderador. O efeito moderador é representado em regressão múltipla por um termo muito semelhante aos polinômios descritos anteriormente para representar efeitos não-lineares. O termo moderador é uma variável composta formada pela multiplicação de X_1 pelo moderador X_2, o qual entra na equação de regressão. Na verdade, o termo não-linear pode ser visto como uma forma de interação, onde a variável independente "modera" a si própria e, portanto, o termo quadrado ($X_1 X_1$). A relação moderada é representada como

$$Y = b_0 + b_1 X_1 + b_2 X_2 + b_3 X_1 X_2$$

onde

b_0 = intercepto
$b_1 X_1$ = efeito linear de X_1
$b_2 X_2$ = efeito linear de X_2
$b_3 X_1 X_2$ = efeito moderador de X_2 sobre X_1

Por causa da multicolinearidade entre as variáveis antigas e as novas, uma abordagem semelhante para testar a significância de efeitos polinomiais (não-lineares) é empregada. Para determinar se o efeito moderador é significante, o pesquisador segue um processo de três passos:

1. Estimar a equação original (não-moderada).
2. Estimar a relação moderada (equação original mais a variável moderadora).
3. Avaliar a mudança em R^2: se for estatisticamente significante, então um efeito moderador significante se faz presente. Apenas o efeito incremental é avaliado, não a significância das variáveis individuais.

Interpretação dos efeitos moderadores. A interpretação dos coeficientes de regressão muda um pouco em relações moderadas. *O coeficiente b_3, o efeito moderador, indica a variação por unidade no efeito de X_1 quando X_2 varia. Os coeficientes b_1 e b_2 agora representam os efeitos de X_1 e X_2, respectivamente, quando a outra variável independente é zero.* Na relação não-moderada, o coeficiente b_1 representa o efeito de X_1 ao longo de todos os níveis de X_2, e o mesmo ocorre para b_2. Assim, em regressão não-moderada, os coeficientes de regressão b_1 e b_2 têm médias calculadas ao longo dos níveis das outras variáveis independentes, enquanto que, em uma relação moderada, eles são separados das outras variáveis independentes. Para determinar o efeito total de uma variável independente, os efeitos separados e moderados devem ser combinados. O efeito geral de X_1 para qualquer valor de X_2 pode ser determinado substituindo-se o valor X_2 na seguinte equação:

$$b_{total} = b_1 + b_3 X_2$$

> Por exemplo, considere que uma regressão moderada tenha resultado nos seguintes coeficientes: $b_1 = 2{,}0$ e $b_3 = 0{,}5$. Se o valor de X_2 varia de 1 a 7, o pesquisador pode calcular o efeito total de X_1 para qualquer valor de X_2. Quando X_2 é 3, o efeito total de X_1 é 3,5 [2,0 + 0,5(3)]. Quando X_2 aumenta para 7, o efeito total de X_1 passa a ser 5,5 [2,0 + 0,5(7)].

Podemos ver o efeito moderador em funcionamento, fazendo a relação de X_1 com a variável dependente variar, dado o nível de X_2. Excelentes discussões sobre relações moderadas em regressão múltipla estão disponíveis em várias fontes [5,7,14].

Resumo

A criação de novas variáveis fornece ao pesquisador grande flexibilidade na representação de uma vasta gama de relações em modelos de regressão (ver Regras Práticas 4-3). Ainda, muito freqüentemente o desejo de um melhor ajuste de modelo conduz à inclusão dessas relações especiais sem apoio teórico. Nesses casos, o pesquisador está correndo um risco muito maior de encontrar resultados com pouca ou nenhuma generalização. Em vez disso, ao usar essas variáveis adicionais, ele deve ser guiado pela teoria apoiada por análise empírica. Desse modo, tanto a significância prática quanto a estatística podem ser alcançadas.

Previsores de efeitos fixos versus aleatórios

Os exemplos de modelos de regressão discutidos até aqui consideram que os níveis das variáveis independentes são fixos. Por exemplo, se queremos saber o impacto sobre preferência de três níveis de adoçante em um refrigerante, produzimos três diferentes tipos de bebida e pedimos a um grupo de pessoas para experimentar cada um. Em seguida podemos prever o índice de preferência sobre cada refrigerante usando o nível de adoçante como a variável independente. Fixamos o nível de adoçante e estamos interessados em seus efeitos em tais níveis. Não consideramos os três níveis como uma amostra aleatória para um grande número de possíveis níveis de adoçante.

Uma variável independente aleatória é uma na qual os níveis são selecionados ao acaso. Quando se usa uma variável independente aleatória, o interesse não é apenas nos níveis examinados, mas na maior população de possíveis níveis de variável independente a partir da qual selecionamos uma amostra.

A maioria dos modelos de regressão baseados em dados de pesquisa são modelos de efeitos aleatórios. Como ilustração, um levantamento foi conduzido para auxiliar na avaliação da relação entre idade do respondente e freqüência de visitas a médicos. A variável independente "idade do respondente" foi aleatoriamente escolhida a partir da população, e a inferência relativa à população é de preocupação, e não apenas conhecimento dos indivíduos na amostra.

Os procedimentos de estimação para modelos usando ambos os tipos de variáveis independentes são os mesmos exceto pelos termos de erro. Nos modelos de efeitos aleatórios, uma porção do erro aleatório surge da amostragem das variáveis independentes. No entanto, os procedimentos estatísticos baseados no modelo fixado são bastante robustos, e assim usar a análise estatística como se você estivesse lidando com um modelo fixo (como a maioria dos pacotes de análise consideram) pode ainda ser apropriado como uma aproximação razoável.

REGRAS PRÁTICAS 4-3

Transformações de variáveis

- Variáveis não-métricas só podem ser incluídas em uma análise de regressão pela criação de variáveis dicotômicas.
- Variáveis dicotômicas só podem ser interpretadas em relação a sua categoria de referência.
- Adicionar um termo polinomial extra representa outro ponto de inflexão na relação curvilínea.
- Polinômios quadráticos e cúbicos são geralmente suficientes para representar a maioria das relações curvilíneas.
- A avaliação da significância de um termo polinomial ou de interação se consegue com a avaliação do R^2 incremental, e não a significância de coeficientes individuais, devido à alta multicolinearidade.

ESTÁGIO 3: SUPOSIÇÕES EM ANÁLISE DE REGRESSÃO MÚLTIPLA

Já mostramos como que melhoramentos na previsão da variável dependente são possíveis acrescentando-se variáveis independentes e mesmo transformando-as para representar aspectos da relação que não são lineares. Contudo, para isso, devemos fazer várias suposições sobre as relações entre as variáveis dependente e independentes que afetam o procedimento estatístico (mínimos quadrados) usado para regressão múltipla. Nas seções a seguir, discutimos testes para as suposições e ações corretivas a realizar no caso de ocorrerem violações.

A questão básica é se, no curso do cálculo dos coeficientes de regressão e de previsão da variável dependente, as suposições da análise de regressão são atendidas. Os erros na previsão são um resultado de uma ausência real de uma relação entre as variáveis, ou eles são causados por algumas características dos dados não acomodadas pelo modelo de regressão? As suposições a serem examinadas estão em quatro áreas:

1. Linearidade do fenômeno medido
2. Variância constante dos termos de erro
3. Independência dos termos de erro
4. Normalidade da distribuição dos termos de erro

Avaliação de variáveis individuais versus a variável estatística

Antes de abordarmos as suposições individuais, devemos primeiramente entender que as suposições inerentes à análise de regressão múltipla se aplicam às variáveis individuais (dependente e independentes) e à relação como um todo. O Capítulo 2 examinou os métodos disponíveis para avaliar as suposições para variáveis individuais. Na regressão múltipla, uma vez que a variável estatística tenha sido determinada, ela atua coletivamente na previsão da variável dependente, *a qual necessita de avaliação das suposições não apenas para variáveis individuais, mas também para a variável estatística em si*. Esta seção se concentra no exame da variável estatística e da sua relação com a variável dependente para atender às suposições da regressão múltipla. Essas análises, na verdade, devem ser executadas *depois* que o modelo de regressão tenha sido estimado no estágio 4. Logo, os testes das suposições devem ocorrer não apenas nas fases iniciais da regressão, mas também depois que o modelo foi estimado.

Uma questão comum é colocada por muitos pesquisadores: por que examinar as variáveis individuais quando podemos simplesmente examinar a variável estatística e evitar o tempo e o esforço despendidos na avaliação de variáveis individuais? A resposta se apóia na compreensão conseguida no exame de variáveis individuais em duas áreas:

- A violação de suposições para variáveis individuais fez suas relações serem mal representadas?

- Quais são as fontes e ações corretivas para qualquer violação de suposições para a variável estatística?

Somente com um detalhado exame das variáveis individuais o pesquisador será capaz de abordar essas duas questões importantes. Se apenas a variável estatística for avaliada, então o pesquisador não apenas terá pouca idéia de como corrigir eventuais problemas, como, talvez mais importante ainda, não saberá quais oportunidades foram perdidas para melhores representações das variáveis individuais e, em última instância, da variável estatística.

Métodos de diagnóstico

A principal medida de erro de previsão para a variável estatística é o resíduo – a diferença entre os valores observados e previstos para a variável dependente. Quando se examinam resíduos, recomenda-se alguma forma de padronização, pois isso torna os resíduos diretamente comparáveis. (Em sua forma original, valores previstos maiores naturalmente têm resíduos maiores.) A forma mais amplamente usada é o **resíduo estudantizado**, cujos valores correspondem a valores t. Essa correspondência torna muito fácil avaliar a significância estatística de resíduos particularmente grandes.

A representação gráfica dos resíduos versus as variáveis independentes ou previstas é um método básico para identificar violações de suposições para a relação geral. No entanto, o emprego de gráficos de resíduos depende de várias considerações-chave:

- O gráfico de resíduo mais comum envolve os resíduos (r_i) versus os valores dependentes previstos (Y_i). Para um modelo de regressão simples, os resíduos podem ser representados graficamente em relação à variável dependente ou à independente, uma vez que elas estão diretamente relacionadas. No entanto, em regressão múltipla, apenas os valores dependentes previstos representam o efeito total da variável estatística de regressão. Assim, a menos que a análise de resíduo pretenda se concentrar em apenas uma única variável, as variáveis dependentes previstas são usadas.

- Violações de cada suposição podem ser identificadas por padrões específicos dos resíduos. A Figura 4-5 contém vários gráficos de resíduos que tratam das suposições básicas discutidas nas seções a seguir. Um gráfico de especial interesse é o **gráfico nulo** (Figura 4-5a), o gráfico de resíduos quando todas as suposições são atendidas. O gráfico nulo mostra os resíduos que ocorrem aleatoriamente, com dispersão relativamente igual em torno de zero e nenhuma tendência forte para ser maior ou menor que zero. Do mesmo modo, nenhum padrão é encontrado para valores grandes versus pequenos da variável independente. Os demais gráficos de resíduos serão usados para ilustrar métodos para exame de violações das suposições inerentes à análise de regressão. Nas seções a seguir examinamos uma série de testes estatísticos que podem complementar o exame visual dos gráficos de resíduos.

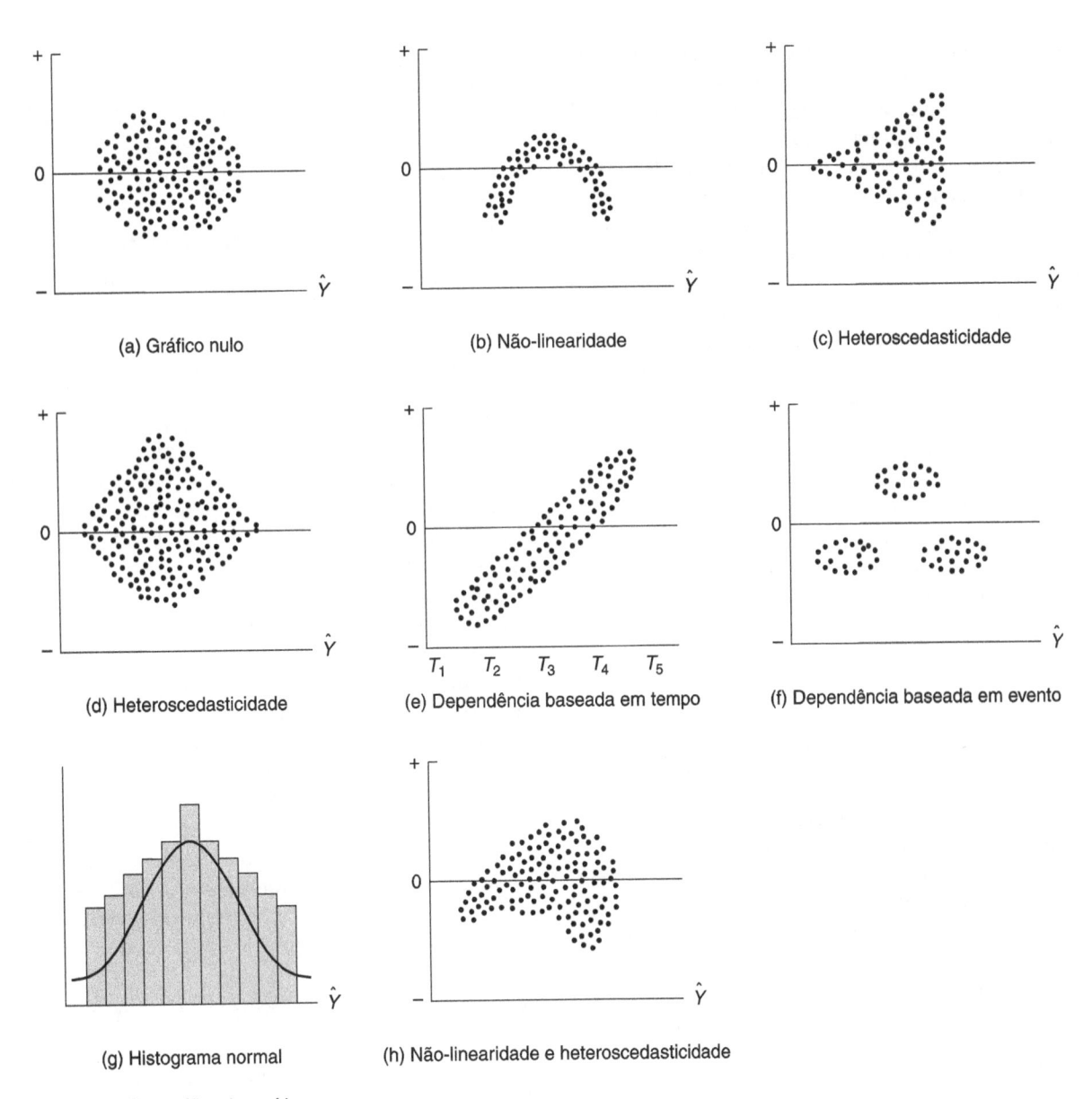

(a) Gráfico nulo   (b) Não-linearidade   (c) Heteroscedasticidade

(d) Heteroscedasticidade   (e) Dependência baseada em tempo   (f) Dependência baseada em evento

(g) Histograma normal   (h) Não-linearidade e heteroscedasticidade

FIGURA 4-5 Análise gráfica de resíduos.

Linearidade do fenômeno

A **linearidade** da relação entre variáveis dependente e independentes representa o grau em que a variação na variável dependente é associada com a variável independente. O coeficiente de regressão é constante no intervalo de valores da variável independente. O conceito de correlação é baseado em uma relação linear, o que a torna uma questão crucial na análise de regressão. A linearidade de qualquer relação bivariada é facilmente examinada por meio de gráficos de resíduos. A Figura 4-5b mostra um padrão típico de resíduos que indicam a existência de uma relação não-linear não representada no presente modelo. Qualquer padrão curvilíneo consistente nos resíduos indica que uma ação corretiva aumentará a precisão preditiva do modelo, bem como a validade dos coeficientes estimados. Ações corretivas podem assumir uma entre três formas:

- Transformações de dados (p.ex., logaritmo, raiz quadrada etc.) de uma ou mais variáveis independentes para conseguir linearidade são discutidas no Capítulo 2 [10].
- Inclusão direta de relações não-lineares no modelo de regressão, como através da criação de termos polinomiais discutida no estágio 2.
- Uso de métodos especializados, como a regressão não-linear especificamente elaborada para acomodar os efeitos curvilíneos de variáveis independentes ou relações não-lineares mais complexas.

Identificação de variáveis independentes para ação

Como determinamos quais variáveis independentes devem ser selecionadas para ação corretiva? Em regressão múltipla com mais de uma variável independente, um exame dos resíduos mostra somente os efeitos combinados de todas as variáveis independentes, mas não podemos examinar qualquer variável independente separadamente em um gráfico de resíduos. Para fazer isso, utilizamos o que chamamos de **gráficos de regressão parcial**, os quais mostram a relação de uma única variável independente com a dependente, controlando os efeitos das demais variáveis independentes. Como tal, o gráfico de regressão parcial retrata a relação única entre a variável dependente e cada variável independente. Ele difere dos gráficos de resíduos já discutidos, pois a reta que passa pelo centro dos pontos, que era horizontal nos gráficos anteriores (ver Figura 4-5), agora tem inclinação para cima ou para baixo, dependendo de o coeficiente de regressão para aquela variável independente ser positivo ou negativo.

O exame das observações em torno dessa reta é feito exatamente como antes, mas agora o padrão curvilíneo indica uma relação não-linear entre uma variável independente específica e a variável dependente. Esse método é mais útil quando diversas variáveis independentes estão envolvidas, já que podemos dizer quais variáveis específicas violam a suposição de linearidade e aplicar as ações corretivas necessárias apenas a elas. Além disso, a identificação de observações atípicas ou influentes se torna mais fácil com base em uma variável independente por vez.

Variância constante do termo de erro

A presença de variâncias desiguais (**heteroscedasticidade**) é uma das violações mais comuns de suposições. O diagnóstico é feito com gráficos de resíduos ou testes estatísticos simples. A representação gráfica de resíduos (estudantizados) versus os valores dependentes previstos e a sua comparação com o gráfico nulo (ver Figura 4-5a) mostra um padrão consistente se a variância não for constante. Talvez o padrão mais comum seja a forma triangular em qualquer direção (Figura 4-5c). Um padrão em forma de diamante (Figura 4-5d) pode ser esperado no caso de percentagens nas quais se espera mais variação no meio do intervalo, em vez das bordas. Muitas vezes, diversas violações ocorrem simultaneamente, como não-linearidade e heteroscedasticidade (Figura 4-5h). Ações corretivas para uma das violações freqüentemente corrigem problemas em outras áreas também.

Todo programa computacional estatístico dispõe de testes estatísticos para heteroscedasticidade. Por exemplo, SPSS fornece o teste Levene para homogeneidade de variância, o qual mede a igualdade de variâncias para um par de variáveis. Seu uso é particularmente recomendado porque é menos afetado por desvios da normalidade, outro problema comum em regressão.

Se ocorrer heteroscedasticidade, duas ações corretivas estão disponíveis. Se for possível atribuir a violação a uma única variável independente através da análise de gráficos de resíduos discutida anteriormente, o procedimento de mínimos quadrados ponderados (com pesos) poderá ser empregado. Não obstante, mais diretas e mais fáceis são várias transformações de estabilização de variância discutidas no Capítulo 2, que permitem que as variáveis transformadas exibam **homocedasticidade** (igualdade de variância) e sejam diretamente usadas em nosso modelo de regressão.

Independência dos termos de erro

Assumimos em regressão que cada valor previsto é independente, o que significa que o valor previsto não está relacionado com qualquer outra previsão; ou seja, eles não são seqüenciados por qualquer variável. Podemos identificar melhor tal ocorrência fazendo o gráfico de resíduos em relação a qualquer variável seqüencial possível. Se os resíduos forem independentes, o padrão deverá parecer aleatório e semelhante ao gráfico nulo de resíduos. As violações serão identificadas por um padrão consistente nos resíduos. A Figura 4-5e exibe um gráfico de resíduos que mostra uma associação entre os resíduos e o tempo, uma variável seqüencial comum. Um outro padrão freqüente é mostrado na Figura 4-5f. Ele ocorre quando as condições básicas do modelo mudam, mas não estão incluídas no modelo. Por exemplo, vendas de trajes de banho são medidas mensalmente durante 12 meses, com duas estações de inverno versus uma estação de verão, ainda que nenhum indicador sazonal seja estimado. O padrão residual mostrará resíduos negativos para os meses de inverno versus resíduos positivos para os meses de verão. Transformações de dados, como as primeiras diferenças em um modelo de séries temporais, inclusão de variáveis indicadoras, ou modelos de regressão especialmente formulados, podem tratar dessa violação se ela ocorrer.

Normalidade da distribuição dos termos de erro

Talvez a violação de suposição mais freqüentemente encontrada seja a não-normalidade das variáveis independentes ou dependente ou ambas [13]. O diagnóstico mais simples para o conjunto de variáveis independentes na equação é um histograma de resíduos, com uma verificação visual para uma distribuição que se aproxima da normal (ver Figura 4-5g). Apesar de atraente por sua simplicidade, esse método é especialmente difícil em amostras menores, onde a distribuição é mal formada. Um método melhor é o uso de **gráficos de probabilidade normal**. Eles diferem dos gráficos de resíduos no sentido de que os resíduos padronizados são comparados com a distribuição normal. A distribuição normal forma uma reta diagonal, e os resíduos graficamente representados são comparados com a diagonal. Se uma distribuição for normal, a reta residual se aproximará da diagonal. O mesmo procedimento pode comparar as variáveis dependente ou independentes separadamente com a distribuição normal [6]. O Capítulo 2 fornece uma discussão mais detalhada sobre a interpretação de gráficos de probabilidade normal.

Resumo

A análise de resíduos, seja com gráficos de resíduos ou testes estatísticos, fornece um conjunto simples, mas poderoso, de ferramentas analíticas para o exame da adequação de nosso modelo de regressão. No entanto, muito freqüentemente essas análises não são feitas e as violações de suposições são mantidas intactas. Assim, os usuários dos resultados não estão cientes das imprecisões potenciais que podem estar presentes, as quais variam de testes inadequados da significância de coeficientes (mostrando significância onde não existe ou o contrário) até previsões viesadas e imprecisas da variável dependente. Recomendamos muito que esses métodos sejam aplicados a cada conjunto de dados e cada modelo de regressão (ver Regras Práticas 4-4). A aplicação das ações corretivas, especialmente as transformações dos dados, aumenta a confiança nas interpretações e previsões da regressão múltipla.

ESTÁGIO 4: ESTIMAÇÃO DO MODELO DE REGRESSÃO E AVALIAÇÃO DO AJUSTE GERAL DO MODELO

Após ter especificado os objetivos da análise de regressão, selecionado as variáveis dependente e independentes, abordado as questões de planejamento da pesquisa e avaliado se as variáveis atendem às suposições da regressão, o pesquisador agora está pronto para estimar o modelo de regressão e avaliar a precisão preditiva geral das variáveis independentes (ver Figura 4-6). Neste estágio, o pesquisador deve cumprir três tarefas básicas:

1. Selecionar um método para especificar o modelo de regressão a ser estimado.
2. Avaliar a significância estatística do modelo geral na previsão da variável dependente.
3. Determinar se alguma das observações exerce uma influência indevida nos resultados.

REGRAS PRÁTICAS 4-4

Avaliação das suposições estatísticas

- Teste de suposições deve ser feito não apenas para a variável dependente e cada variável independente, mas também para a variável estatística
- Análises gráficas (i.e., gráficos de regressão parcial, de resíduos e de probabilidade normal) são os métodos mais amplamente usados de avaliação de suposições para a variável estatística
- Ações corretivas para problemas encontrados na variável estatística devem ser realizadas pela modificação de uma ou mais variáveis independentes, como descrito no Capítulo 2

Seleção de uma técnica de estimação

Na maioria dos casos de regressão múltipla, o pesquisador tem várias possíveis variáveis independentes que podem ser escolhidas para inclusão na equação de regressão. Algumas vezes, o conjunto de variáveis independentes é especificado exatamente e o modelo de regressão é essencialmente usado em uma abordagem confirmatória. Em outros casos, o pesquisador pode usar a técnica de estimação para escolher algumas variáveis em um conjunto de variáveis independentes com métodos de busca seqüencial ou combinatorial. Cada um é planejado para ajudar o pesquisador a encontrar o "melhor" modelo de regressão. Essas três abordagens para especificar o modelo de regressão são discutidas a seguir.

Especificação confirmatória

A abordagem mais simples, mas talvez a mais exigente, para especificar o modelo de regressão é empregar uma perspectiva confirmatória quando o pesquisador especifica completamente o conjunto de variáveis independentes a serem incluídas. Assim como na comparação com as abordagens específicas a serem discutidas a seguir, o pesquisador tem total controle sobre a seleção de variáveis. Ainda que a especificação confirmatória seja conceitualmente simples, o pesquisador é completamente responsável pelas comparações entre mais variáveis independentes e maior precisão preditiva versus parcimônia do modelo e explicação concisa. Particularmente problemáticos são erros de especificação de omissão ou inclusão. Orientações para o desenvolvimento de modelos são discutidas nos Capítulos 1 e 10. O pesquisador deve evitar ser guiado por informação empírica e procurar confiar significativamente em justificativa teórica para uma abordagem verdadeiramente confirmatória.

Métodos de busca seqüencial

Em visível contraste com o método anterior, os métodos de busca seqüencial têm em comum a abordagem geral de estimar a equação de regressão considerando um conjunto de variáveis definidas pelo pesquisador e então seletivamente acrescentar ou eliminar variáveis até que alguma medida de critério geral seja alcançada. Essa técnica fornece um método objetivo para selecionar variáveis que maximiza a previsão ao mesmo tempo que emprega o menor número de variáveis. Dois tipos de abordagens são: (1) estimação *stepwise* e (2) adição *forward* e eliminação *backward*. Em cada tratamento, as variáveis são individualmente avaliadas quanto à sua contribuição à previsão da variável dependente e acrescentadas ao modelo de regressão ou eliminadas do mesmo com base em sua contribuição relativa. O procedimento por etapas (*stepwise*) é discutido e então contrastado com os procedimentos de adição *forward* e eliminação *backward*.

Estágio 4

Do estágio 3

Selecionar uma técnica de estimação
O pesquisador deseja (1) especificar o modelo de regressão ou (2) usar um procedimento de regressão que seleciona as variáveis independentes para otimizar previsão?

(1) Especificação do analista
Especificações do modelo de regressão pelo pesquisador

(2) Procedimento para seleção
Método de busca seqüencial
 Estimação *forward/backward*
 Estimação *stepwise*
Abordagem combinatorial
 Todos-os-possíveis-subconjuntos

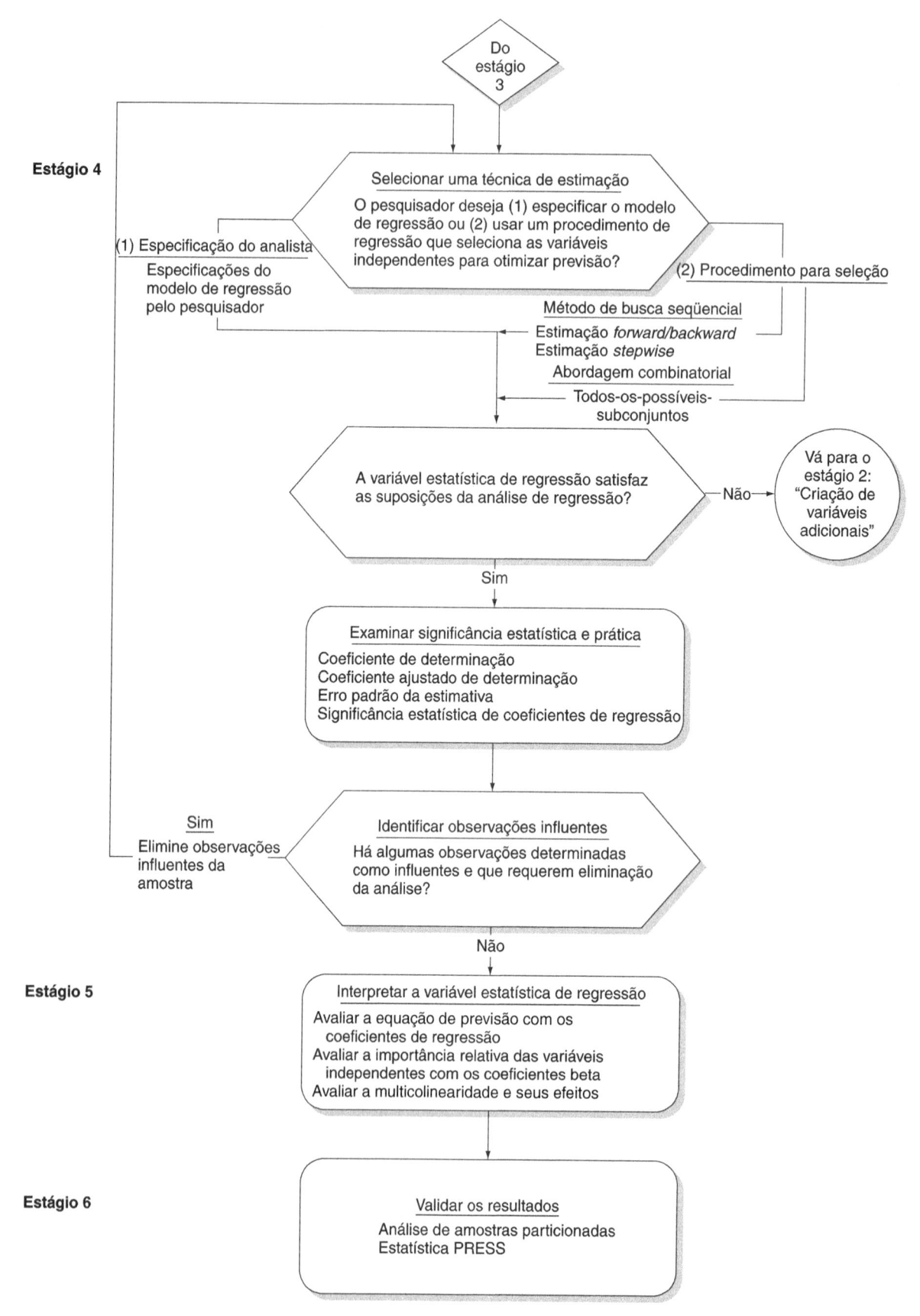

A variável estatística de regressão satisfaz as suposições da análise de regressão? —Não→ Vá para o estágio 2: "Criação de variáveis adicionais"

↓ Sim

Examinar significância estatística e prática
Coeficiente de determinação
Coeficiente ajustado de determinação
Erro padrão da estimativa
Significância estatística de coeficientes de regressão

Identificar observações influentes
Há algumas observações determinadas como influentes e que requerem eliminação da análise?

Sim
Elimine observações influentes da amostra

↓ Não

Estágio 5

Interpretar a variável estatística de regressão
Avaliar a equação de previsão com os coeficientes de regressão
Avaliar a importância relativa das variáveis independentes com os coeficientes beta
Avaliar a multicolinearidade e seus efeitos

Estágio 6

Validar os resultados
Análise de amostras particionadas
Estatística PRESS

FIGURA 4-6 Estágios 4-6 do diagrama de decisão da regressão múltipla.

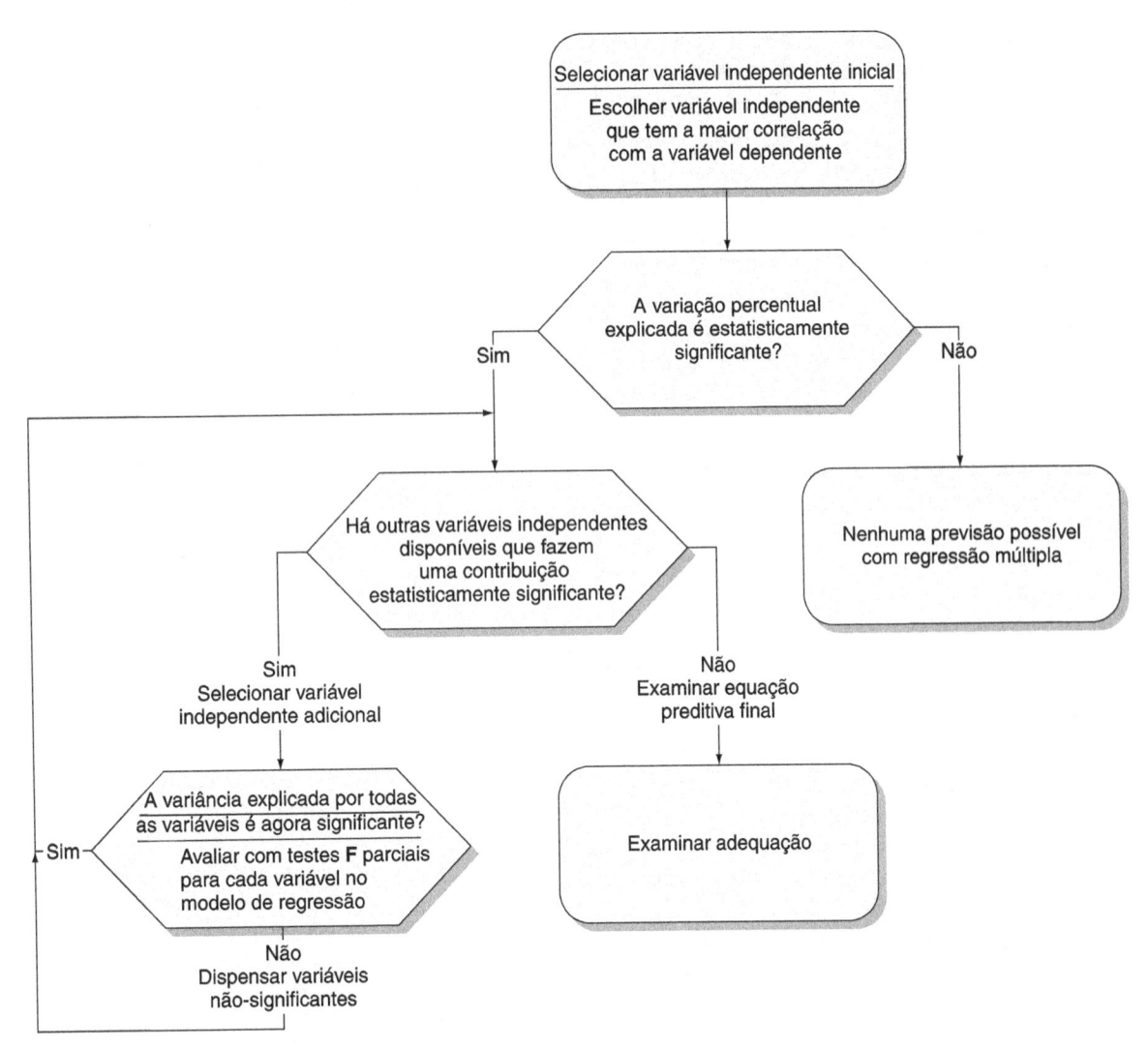

FIGURA 4-7 Fluxograma do método de estimação *stepwise*.

Estimação *stepwise*. A **estimação *stepwise*** talvez seja a abordagem seqüencial mais comum para a seleção de variáveis. Ela permite ao pesquisador examinar a contribuição de cada variável independente para o modelo de regressão. Cada variável é considerada para inclusão antes do desenvolvimento da equação. A variável independente com a maior contribuição é acrescentada em um primeiro momento. Variáveis independentes são então selecionadas para inclusão, com base em sua contribuição incremental sobre as variáveis já presentes na equação. O procedimento *stepwise* é ilustrado na Figura 4-7. As questões específicas em cada estágio são as seguintes:

1. Começar com o modelo de regressão simples selecionando a variável independente que é a mais fortemente correlacionada com a variável dependente. A equação seria $Y = b_0 + b_1 X_1$.
2. Examinar os **coeficientes de correlação parcial** para encontrar uma variável independente adicional que explique a *maior parte estatisticamente significante* da variância não explicada (erro) remanescente da primeira equação de regressão.
3. Recalcular a equação de regressão usando as duas variáveis independentes e examinar o **valor parcial F** para a variável original no modelo para ver se esta ainda faz uma contribuição significante, dada a presença da nova variável independente. Se não for o caso, eliminar a variável. Essa habilidade de eliminar variáveis já no modelo diferencia o modelo *stepwise* dos modelos de adição *forward*/eliminação *backward*. Se a variável original ainda fizer uma contribuição significante, a equação será $Y = b_0 + b_1 X_1 + b_2 X_2$.
4. Continuar esse procedimento examinando todas as variáveis independentes não-presentes no modelo para determinar se alguma faria uma *adição estatisticamente significante para a equação corrente* e, assim, deveria ser incluída em uma equação revisada. Se uma nova variável independente é incluída, examinar todas as variáveis independentes previamente no modelo para julgar se elas devem ser mantidas.
5. Continuar adicionando variáveis independentes até que nenhuma das candidatas remanescentes para inclusão possa

contribuir em melhora estatisticamente significante na precisão preditiva. Esse ponto acontece quando todos os coeficientes de regressão parcial remanescentes são não-significantes.

Um viés potencial no procedimento *stepwise* resulta da consideração de apenas uma variável para seleção por vez. Suponha que as variáveis X_3 e X_4 explicassem juntas uma parte significante da variância (cada uma, dada a presença da outra), mas nenhuma fosse significante por si mesma. Nessa situação, nenhuma seria considerada para o modelo final. Além disso, como é discutido adiante, multicolinearidade entre as variáveis independentes pode afetar substancialmente todos os métodos de estimação seqüencial.

Adição *forward* e eliminação *backward*. Os procedimentos de **adição *forward*** e **eliminação *backward*** são processos de tentativa e erro para encontrar as melhores estimativas de regressão. O modelo de adição *forward* é semelhante ao procedimento *stepwise*, no sentido de que ele constrói a equação de regressão começando com uma única variável independente, enquanto a eliminação *backward* começa com uma equação de regressão incluindo todas as variáveis independentes e então elimina variáveis independentes que não contribuem significativamente. *A principal distinção da abordagem* stepwise *em relação aos procedimentos de adição* forward *e eliminação* backward *é sua habilidade de acrescentar ou eliminar variáveis em cada estágio. Uma vez que uma variável é acrescentada ou eliminada nos esquemas de adição* forward *ou eliminação* backward, *a ação não pode ser revertida em um estágio posterior*. Assim, a habilidade do método *stepwise* de acrescentar e eliminar faz dele o procedimento preferido para a maioria dos pesquisadores.

Advertências sobre os métodos de busca seqüencial. Para muitos pesquisadores, os métodos de busca seqüencial parecem a solução perfeita para o dilema encontrado na abordagem confirmatória para atingir o poder preditivo máximo com apenas as variáveis que contribuem de maneira estatisticamente significante. Entretanto, na seleção de variáveis para inclusão na variável estatística de regressão, três aspectos críticos afetam sensivelmente a equação de regressão resultante.

1. A multicolinearidade entre variáveis independentes tem substancial impacto sobre a especificação final do modelo. Examinemos a situação com duas variáveis independentes altamente correlacionadas que têm correlações quase iguais com a variável dependente. O critério para inclusão ou eliminação nessas abordagens é maximizar o poder preditivo incremental da variável adicional. *Se uma dessas variáveis entrar no modelo de regressão, será muito improvável que a outra variável também entre, pois essas variáveis são altamente correlacionadas e existe pouca variância individual para cada variável separadamente (ver a discussão adiante sobre multicolinearidade).* Por essa razão, o pesquisador deve avaliar os efeitos da multicolinearidade na interpretação do modelo examinando não apenas a equação de regressão final, mas também as correlações diretas de todas as variáveis independentes potenciais. Isso ajuda o pesquisador a evitar concluir que as variáveis independentes que não entram no modelo não têm importância quando, na realidade, elas estão altamente relacionadas com a variável dependente, mas também correlacionadas com variáveis já presentes no modelo. Apesar de as abordagens de busca seqüencial maximizarem a habilidade preditiva do modelo de regressão, o pesquisador deve ser muito cuidadoso ao usar tais métodos para estabelecer o impacto de variáveis independentes sem considerar multicolinearidade entre variáveis independentes.

2. Todos os métodos de busca seqüencial criam uma perda de controle para o pesquisador. Ainda que o pesquisador especifique as variáveis a serem consideradas para a variável estatística de regressão, é a técnica de estimação, interpretando os dados empíricos, que especifica o modelo de regressão final. Em muitos casos, complicações como multicolinearidade podem resultar em um modelo de regressão final que atinge os mais altos níveis de precisão preditiva, mas que tem pouca relevância administrativa em termos de variáveis incluídas e assim por diante. Porém, em tais casos, que recurso tem o pesquisador? A habilidade para especificar o modelo de regressão final foi dispensada pelo pesquisador. O uso dessas técnicas de estimação deve considerar uma ponderação entre vantagens encontradas nas mesmas versus a falta de controle no estabelecimento do modelo final de regressão.

3. A terceira advertência se refere principalmente ao procedimento *stepwise*. Nessa abordagem, testes de significância múltipla são executados no processo de estimação do modelo. Para garantir que a taxa de erro geral em todos os testes de significância seja razoável, o pesquisador deve empregar bases mais conservadoras (por exemplo, 0,01) ao acrescentar ou eliminar variáveis.

Os métodos de estimação seqüencial têm se tornado amplamente usados devido a sua eficiência em selecionar o subconjunto de variáveis independentes que maximiza a precisão preditiva. Com esse benefício vem o potencial para resultados enganadores na explicação onde apenas uma em um conjunto de variáveis altamente correlacionadas entra na equação e ocorre uma perda de controle na especificação do modelo. Esses aspectos potenciais não sugerem que métodos de busca seqüencial devam ser evitados, mas que o pesquisador deve perceber os prós e contras envolvidos em seu uso.

Abordagem combinatória

O terceiro tipo básico de técnica de estimação é a abordagem combinatória, que é, principalmente, um processo de busca generalizado em todas as possíveis combinações de variáveis independentes. O procedimento mais conhecido é a **regressão em todos os possíveis subconjuntos**, a qual é exatamente o que o nome sugere. Todas as possíveis combinações das variáveis independentes são examinadas e o conjunto de variáveis mais adequado é identificado. Por exemplo, um modelo com 10 variáveis independentes tem 1024 possíveis regressões (uma equação apenas com a constante, 10 equações com uma única variável independente, 45 equações com todas as combinações de duas variáveis, e assim por diante). Com procedimentos de estimação computadorizados, hoje em dia esse processo pode ser gerenciado até mesmo para grandes problemas, identificando a melhor equação de regressão geral para qualquer número de medidas de ajuste preditivo.

O uso deste método tem diminuído devido a críticas quanto (i) à sua natureza não-teórica e (ii) à falta de considerações de fatores como multicolinearidade, a identificação de observações atípicas e influentes, e a capacidade de interpretação dos resultados. Quando esses aspectos são considerados, a "melhor" equação pode envolver sérios problemas que afetam sua adequação, e outro modelo pode ser escolhido em última instância. No entanto, esta abordagem pode fornecer uma visão sobre o número de modelos de regressão que são mais ou menos equivalentes em poder preditivo, ainda que possuam combinações bastante diferentes de variáveis independentes.

Visão geral das abordagens de seleção de modelos

Se um método confirmatório, de busca seqüencial ou combinatório for escolhido, o critério mais importante é o bom conhecimento do pesquisador sobre o contexto da pesquisa e alguma fundamentação teórica que permita uma perspectiva objetiva e bem informada quanto às variáveis a serem incluídas e aos sinais e magnitude esperados de seus coeficientes (ver Regras Práticas 4-5). Sem

---

REGRAS PRÁTICAS 4-5

Técnicas de estimação

- Não importa qual técnica de estimação seja escolhida, a teoria deve ser um fator orientador na avaliação do modelo final de regressão, pois:
  - Especificação confirmatória, o único método que permite teste direto de um modelo pré-especificado, é também o mais complexo sob as perspectivas de erro de especificação, parcimônia de modelo e conquista de máxima precisão preditiva.
  - Busca seqüencial (p.ex., *stepwise*), embora maximize a precisão preditiva, representa uma abordagem completamente "automatizada" para estimação de modelo, deixando o pesquisador quase sem controle sobre a especificação do modelo final.
  - Estimação combinatória, embora considere todos os modelos possíveis, ainda remove controle do pesquisador em termos da especificação do modelo final, ainda que o pesquisador possa ver o conjunto de modelos mais ou menos equivalentes em termos de precisão preditiva.
- Nenhum método específico é o melhor, e a estratégia prudente é empregar uma combinação de abordagens para capitalizar sobre os pontos fortes de cada um a fim de refletir a base teórica da questão de pesquisa.

---

esse conhecimento, os resultados da regressão podem ter elevada precisão preditiva sem qualquer relevância gerencial ou teórica. Cada método de estimação tem vantagens e desvantagens, de modo que nenhum método é sempre preferido em detrimento dos outros. Dessa maneira, o pesquisador jamais deve confiar totalmente em qualquer uma dessas abordagens sem compreender como as implicações do método de estimação se relacionam com os objetivos do pesquisador de previsão e explicação e com a fundamentação teórica para a pesquisa. Muitas vezes, o uso de dois ou mais métodos combinados pode fornecer uma perspectiva mais equilibrada para o pesquisador, no lugar de usar apenas uma técnica e tentar abordar todas as questões que afetam os resultados.

Teste se a variável estatística de regressão satisfaz as suposições de regressão

Com as variáveis independentes selecionadas e os coeficientes de regressão estimados, o pesquisador agora deve avaliar se o modelo estimado atende às suposições inerentes à regressão múltipla. Como discutido no estágio 3, as variáveis individuais devem satisfazer as suposições de linearidade, variância constante, independência e normalidade. Além das variáveis individuais, a variável estatística de regressão deve igualmente satisfazer essas suposições. Os testes diagnósticos discutidos no estágio 3 podem ser aplicados para avaliar o efeito coletivo da variável estatística pelo exame dos resíduos. Se violações substanciais forem encontradas, o pesquisador deverá tomar medidas corretivas sobre uma ou mais das variáveis independentes e então reestimar o modelo de regressão.

Exame da significância estatística de nosso modelo

Se tomássemos amostras aleatórias repetidas de respondentes e estimássemos uma equação de regressão para cada amostra, não esperaríamos obter, a cada vez, exatamente os mesmos valores para os coeficientes de regressão. Nem esperaríamos o mesmo nível geral de ajuste de modelo. Em vez disso, uma certa variação ao acaso devido a erros amostrais provocaria diferenças entre muitas amostras. Sob a ótica do pesquisador, tomamos apenas uma amostra e baseamos nosso modelo preditivo nela. Com apenas essa amostra, precisamos testar a hipótese de que nosso modelo de regressão pode representar a população e não apenas a amostra. Esses testes estatísticos têm duas formas básicas: um teste da variação explicada (coeficiente de determinação) e um teste para cada coeficiente de regressão.

Significância do modelo geral: teste do coeficiente de determinação

Para testar a hipótese de que a quantia de variação explicada pelo modelo de regressão é maior que a previsão de referência (ou seja, que R^2 é significativamente maior que zero), a razão F é calculada como:

$$\text{Razão } F = \frac{\dfrac{\text{Soma de quadrados}_{\text{regressão}}}{\text{Graus de liberdade}_{\text{regressão}}}}{\dfrac{\text{Soma de quadrados}_{\text{residual}}}{\text{Graus de liberdade}_{\text{residual}}}} = \frac{\dfrac{SS_{\text{regressão}}}{df_{\text{regressão}}}}{\dfrac{SS_{\text{residual}}}{df_{\text{residual}}}}$$

onde

$df_{\text{regressão}}$ = Número de coeficientes estimados (incluindo intercepto) – 1

df_{residual} = Tamanho da amostra – Número de coeficientes estimados (incluindo intercepto)

Três aspectos importantes sobre essa razão devem ser observados:

1. Cada soma de quadrados dividida por seus graus de liberdade (df) apropriados resulta em uma estimativa da variância. O numerador da razão F é a variância explicada pelo modelo de regressão, enquanto o denominador é a variância não-explicada.
2. Intuitivamente, se a razão da variância explicada pela variância não explicada é alta, a variável estatística de regressão deve ser de valor significante na explicação da variável dependente. Usando a distribuição F, podemos fazer um teste estatístico para determinar se a proporção é diferente de zero (i.e., estatisticamente significante). Nos casos em que é estatisticamente significante, o pesquisador pode confiar que o modelo de regressão não é específico apenas para a amostra, mas significante em múltiplas amostras da população.
3. Apesar de valores R^2 maiores resultarem em valores F maiores, o pesquisador deve basear qualquer avaliação de significância prática separadamente de significância estatística. Como significância estatística é realmente uma avaliação do impacto de erro amostral, o pesquisador deve ser cuidadoso e não assumir que resultados estatisticamente significantes são sempre significantes na prática. Esse cuidado é particularmente relevante no caso de grandes amostras nas quais mesmo pequenos valores R^2 (p.ex., 5% ou 10%) podem ser estatisticamente significantes, mas tais níveis de explicação não seriam aceitáveis para posterior ação em uma base prática.

> Em nosso exemplo de uso de cartões de crédito, a razão F para o modelo de regressão simples é (16,5/1)/(5,50/6) = 18,0. A estatística F tabelada de 1 com 6 graus de liberdade em um nível de significância de 0,05 produz o valor 5,99. Como a razão F é maior que o valor tabelado, rejeitamos a hipótese de que a redução no erro que obtivemos ao usar o tamanho da família para prever o uso de cartões de crédito tenha sido ao acaso. Esse resultado significa que, considerando a amostra usada para estimação, podemos explicar a variação 18 vezes mais do que quando usamos a média, e que isso não tem muita probabilidade de ocorrer ao acaso (menos que 5% das vezes). Do mesmo modo, a razão F para o modelo de regressão múltipla com duas variáveis independentes é (18,96/2)/(3,04/5) = 15,59. O modelo de regressão múltipla também é estatisticamente significante, o que indica que a variável independente adicional foi substancial em acrescentar habilidade preditiva ao modelo de regressão.

Ajuste do coeficiente de determinação

Como discutido anteriormente na definição de graus de liberdade, a adição de uma variável sempre aumenta o valor R^2. Esse aumento gera então uma preocupação com generalidade, pois R^2 aumentará mesmo que variáveis preditoras não-significantes sejam adicionadas. O impacto é melhor percebido quando o tamanho da amostra é próximo ao número de variáveis preditoras (chama-se de superajuste – quando o número de graus de liberdade é pequeno). Com este impacto minimizado quando o tamanho da amostra excede bastante o número de variáveis independentes, diversas orientações têm sido propostas, como discutido anteriormente (p.ex., 10 a 15 observações por variável independente para um mínimo de 5 observações por variável independente). No entanto, o que se faz necessário, é uma medida mais objetiva relacionando o nível de superajuste ao R^2 obtido pelo modelo.

Essa medida envolve um ajuste com base no número de variáveis independentes relativamente ao tamanho da amostra. Dessa maneira, acrescentar variáveis não-significantes apenas para aumentar o R^2 pode ser descontado de um modo sistemático. Como parte de todos os programas de regressão, um **coeficiente ajustado de determinação (R^2 ajustado)** é dado junto com o coeficiente de determinação. Interpretado da mesma forma que o coeficiente de determinação não-ajustado, o R^2 ajustado se torna menor, uma vez que temos menos observações por variável independente. O valor R^2 ajustado é particularmente útil na comparação entre equações de regressão que envolvem diferentes números de variáveis independentes ou diferentes tamanhos de amostra, pois ele dá um desconto para os graus de liberdade para cada modelo.

> Em nosso exemplo de uso de cartões de crédito, R^2 para o modelo de regressão simples é 0,751, e o R^2 ajustado, 0,709. Ao acrescentarmos a segunda variável independente, R^2 aumenta para 0,861, mas o R^2 ajustado aumenta para apenas 0,806. Quando acrescentamos a terceira variável, R^2 aumenta para apenas 0,872 e o R^2 ajustado diminui para 0,776. Assim, apesar de percebermos que R^2 sempre aumenta perante o acréscimo de variáveis, a queda do R^2 ajustado diante da adição da terceira variável indica um superajuste dos dados. Quando discutirmos a avaliação da significân-
>
> *(Continua)*

> (*Continuação*)
> cia estatística de coeficientes de regressão na próxima seção, perceberemos que a terceira variável não era estatisticamente significante. O R^2 ajustado não apenas reflete superajuste, mas também a adição de variáveis que não contribuem significativamente à precisão preditiva.

Testes de significância de coeficientes de regressão

O teste da significância estatística para os coeficientes estimados em análise de regressão é apropriado e necessário quando a análise é baseada em uma amostra da população e não em um censo. Quando utiliza uma amostra, o pesquisador não está interessado apenas nos coeficientes de regressão estimados para aquela amostra, mas está também interessado em como os coeficientes devem variar ao longo de repetidas amostras.

Estabelecimento de um intervalo de confiança. Teste de significância de coeficientes de regressão é uma estimativa estatisticamente fundamentada na probabilidade de que os coeficientes estimados em um grande número de amostras de um certo tamanho serão de fato diferentes de zero. Para julgar isso, um intervalo de confiança deve ser estabelecido em torno do coeficiente estimado. Se o intervalo de confiança não inclui o valor nulo, então pode-se dizer que a diferença entre o coeficiente e zero é estatisticamente significante. Para tanto, o pesquisador conta com três conceitos:

- Estabelecer o **nível de significância (alfa)** denota a chance que o pesquisador deseja arriscar de estar errado quanto à diferença do coeficiente em relação a zero. Um valor típico é 0,05. À medida que o pesquisador quer uma chance menor de estar errado e estabelece um nível menor de significância (p.ex., 0,01 ou 0,001), o teste estatístico se torna mais exigente. Aumentar o nível de significância para um valor maior (p.ex., 0,10) permite uma maior chance de estar errado, mas também faz com seja mais fácil concluir que o coeficiente seja diferente de zero.
- **Erro de amostragem** é a causa para variação nos coeficientes de regressão estimados para cada amostra retirada de uma população. Para pequenas amostras, o erro amostral é maior e os coeficientes estimados variam mais facilmente de amostra para amostra. À medida que a amostra aumenta, torna-se mais representativa da população (ou seja, o erro amostral diminui), e a variação nos coeficientes estimados para grandes amostras se torna menor. Essa relação permanece verdadeira até que a análise seja estimada usando a população. Neste caso, a necessidade para teste de significância é eliminada, pois a amostra é igual à população (i.e., sem erro amostral) e, portanto, perfeitamente representativa dela.

> Para ilustrar essa questão, 20 amostras aleatórias para quatro tamanhos de amostras (10, 25, 50 e 100 respondentes) foram tiradas de um grande banco de dados. Uma regressão simples foi realizada para cada amostra, e os coeficientes de regressão estimados foram registrados na Tabela 4-8. Como podemos ver, a variação nos coeficientes estimados é a maior para amostras de 10 respondentes, variando de um baixo coeficiente de 2,20 até um alto de 6,06. Quando o tamanho da amostra aumenta para 25 e 50 respondentes, o erro amostral diminui consideravelmente. Por fim, as amostras de 100 respondentes têm uma amplitude total de quase metade da obtida nas amostras de 10 respondentes (2,10 versus 3,86). A partir daí, podemos perceber que a habilidade do teste estatístico para determinar se o coeficiente é realmente maior* que zero se torna mais precisa com as amostras maiores.

- O **erro padrão** é a variação esperada dos coeficientes estimados (tanto os coeficientes constantes quanto os de regressão) devido a erro de amostragem. O erro padrão atua como o desvio padrão de uma variável representando a dispersão esperada dos *coeficientes* estimados a partir de amostras repetidas deste tamanho.

Com o nível de significância escolhido e o erro padrão calculado, podemos estabelecer um intervalo de confiança para um coeficiente de regressão com base no erro padrão, assim como podemos fazer para uma média baseada no desvio padrão. Por exemplo, estabelecer o nível de significância em 0,05 resultaria em um intervalo de confiança de ± 1,96 × erro padrão, denotando os limites externos que contêm 95% dos coeficientes estimados de amostras repetidas. Com o intervalo de confiança em mãos, o pesquisador agora deve fazer três perguntas sobre a significância estatística de qualquer coeficiente de regressão:

1. *Foi estabelecida a significância estatística?* O pesquisador estabelece o nível de significância do qual se deriva o intervalo de confiança (p.ex., um nível de significância de 5% para uma grande amostra corresponde ao intervalo de confiança de ± 1,96 × erro padrão). Um coeficiente é considerado estatisticamente significante se o intervalo de confiança não incluir o zero.
2. *Qual é o papel do tamanho da amostra?* Se a amostra é pequena, o erro amostral pode fazer com que o erro padrão seja tão grande que o intervalo de confiança inclua o zero. Contudo, se a amostra for maior, o teste tem maior precisão porque a variação nos coeficientes se torna menor (i.e., o erro padrão é menor). Amostras maiores não garantem que os coeficientes não se igualarão a zero, mas farão com que o teste seja mais preciso.
3. *Foi fornecida significância prática além da significância estatística?* Como vimos na avaliação da significância estatística do valor de R^2, só porque um coeficiente é estatisticamente significante, não é garantido que também seja praticamente significante. Certifique-se de avaliar o sinal e o tamanho de

---

* N. de R. T. A frase correta seria "...se o coeficiente é realmente diferente de zero...".

TABELA 4-8 Variação amostral para coeficientes de regressão estimados

Amostra	Tamanho da amostra			
	10	25	50	100
1	2,58	2,52	2,97	3,60
2	2,45	2,81	2,91	3,70
3	2,20	3,73	3,58	3,88
4	6,06	5,64	5,00	4,20
5	2,59	4,00	4,08	3,16
6	5,06	3,08	3,89	3,68
7	4,68	2,66	3,07	2,80
8	6,00	4,12	3,65	4,58
9	3,91	4,05	4,62	3,34
10	3,04	3,04	3,68	3,32
11	3,74	3,45	4,04	3,48
12	5,20	4,19	4,43	3,23
13	5,82	4,68	5,20	3,68
14	2,23	3,77	3,99	4,30
15	5,17	4,88	4,76	4,90
16	3,69	3,09	4,02	3,75
17	3,17	3,14	2,91	3,17
18	2,63	3,55	3,72	3,44
19	3,49	5,02	5,85	4,31
20	4,57	3,61	5,12	4,21
Mínimo	2,20	2,52	2,91	2,80
Máximo	6,06	5,64	5,85	4,90
Amplitude total	3,86	3,12	2,94	2,10
Desvio padrão	1,28	0,85	0,83	0,54

qualquer coeficiente significante para garantir que ele atenda às necessidades de pesquisa da análise.

Teste de significância no exemplo de regressão simples. O teste da significância de um coeficiente de regressão pode ser ilustrado usando nosso exemplo de cartão de crédito discutido anteriormente. Discutimos primeiramente quais hipóteses são realmente testadas para um modelo de regressão simples, e então examinamos os níveis de significância para coeficiente e constante.

Entendimento das hipóteses no teste dos coeficientes de regressão. Um modelo de regressão simples implica hipóteses sobre dois parâmetros estimados: o coeficiente constante e o de regressão.

A equação de regressão para uso de cartões de crédito vista anteriormente é

$$Y = b_0 + b_1 V_1$$

ou

$$Y = 2,87 + 0,971 \text{ (tamanho da família)}.$$

Este modelo de regressão simples requer o teste de duas hipóteses para cada coeficiente estimado (o valor constante de 2,87 e o coeficiente de regressão 0,971). Essas hipóteses (comumente chamadas de hipótese nula) podem ser formalmente enunciadas como:

Hipótese 1. O valor do intercepto (termo constante) de 2,87 é devido a erro amostral, e o verdadeiro termo constante apropriado para a população é zero.

Hipótese 2. O coeficiente de regressão de 0,971 (indicando que um aumento de uma unidade no tamanho da família é associado com um aumento no número médio de cartões de crédito usados de 0,971) também não difere significantemente de zero.

Com essas hipóteses, estamos testando se o termo constante e o coeficiente de regressão têm um impacto diferente de zero. Se descobrimos que eles não diferem significativamente de zero, consideramos que eles não devem ser usados para fins de previsão ou explicação.

Avaliação do nível de significância. O teste apropriado é o teste *t*, o qual normalmente está disponível em programas computacionais de análise de regressão. O valor *t* de um coeficiente é o coeficiente dividido pelo erro padrão. Assim, o valor *t* representa o número de erros padrão que o coeficiente se distancia de zero. Por exemplo, um coeficiente de regressão de 2,5 com um erro padrão de 0,5 teria um valor *t* de 5,0 (ou seja, o coeficiente de regressão está a 5 erros padrão de zero). Para determinar se o coeficiente é significantemente diferente de zero, o valor *t* computado é comparado ao valor de tabela para o tamanho da amostra e o nível de confiança selecionado. Se nosso valor for maior que o de tabela, poderemos estar confiantes (em nosso selecionado nível de confiança) de que o coeficiente tem um efeito estatisticamente significante na variável estatística de regressão.

A maioria dos programas de computador calcula o nível de significância para o valor *t* de cada coeficiente de regressão, mostrando o nível de significância no qual o intervalo de confiança incluiria zero. O pesquisador pode então avaliar se esse nível atende o que se deseja para significância. Por exemplo, se a significância estatística do coeficiente é 0,02, então diríamos que é significante no nível 0,05 (pois é menos que 0,05), mas não significante no nível 0,01.

Usando o teste *t* para o exemplo de regressão simples, podemos avaliar se o coeficiente constante ou de regressão é significativamente diferente de zero.

- De um ponto de vista prático, o teste de significância do termo constante é necessário apenas quando usado para valor explanatório. Se for conceitualmente impossível para observações existirem com todas as variáveis independentes medidas no zero, o termo constante estará fora dos dados e atuará somente para posicionar o modelo. Neste exemplo, o intercepto não tem valor explanatório, pois em nenhum caso acontece de todas as variáveis independentes terem valores nulos (p.ex., tamanho da família não pode ser zero). Assim, significância estatística não é um problema na interpretação.
- Se o coeficiente de regressão ocorrer apenas por causa do erro amostral (i.e., zero aparece dentro do intervalo de confiança), concluiríamos que o tamanho da família não tem impacto generalizável sobre o número de cartões de crédito usados além dessa amostra. Observe que esse não é um teste para qualquer valor exato do coeficiente, mas para saber se ele tem algum valor generalizável além da amostra.

Em nosso exemplo, o erro padrão de tamanho de família no modelo de regressão simples é 0,229. O valor calculado *t* é 4,24 (calculado como 0,971/0,229), o qual tem uma probabilidade de 0,005. Se estamos usando um nível de significância de 0,05, então o coeficiente é significativamente diferente de zero. Se interpretamos diretamente o valor de 0,005, isso significa que podemos estar certos com um grau elevado de certeza (99,5%) de que o coeficiente é diferente de zero e portanto deve ser incluído na equação de regressão.

O pesquisador deve lembrar que o teste estatístico dos coeficientes de regressão e constante é para garantir – em todas as possíveis amostras que podemos obter – que os parâmetros estimados sejam diferentes de zero dentro de um nível de erro aceitável.

Resumo

Os testes de significância de coeficientes de regressão fornecem ao pesquisador uma avaliação empírica de seu "verdadeiro" impacto. Apesar de este não ser um teste de validade, ele determina se os impactos representados pelos coeficientes são generalizáveis a outras amostras dessa população. Uma observação importante referente à variação em coeficientes de regressão é que muitas vezes os pesquisadores esquecem que os coeficientes estimados em sua análise de regressão são específicos da amostra usada na estimação. Eles são as melhores estimativas para aquela amostra de observações, mas, como os resultados anteriores mostram, os coeficientes podem variar muito de uma amostra para outra. Essa variação potencial aponta para a necessidade de esforços canalizados para validar qualquer análise de regressão em amostra(s) diferente(s). Fazendo isso, o pesquisador deve esperar que os coeficientes variem, mas a meta é demonstrar que a relação geralmente vale em outras amostras, de forma que os resultados podem ser considerados generalizáveis para qualquer amostra da população.

Identificação de observações influentes

Até agora, nos concentramos em identificar padrões gerais no conjunto inteiro de observações. Aqui, desviamos nossa atenção para observações individuais, com o objetivo de encontrar as observações que

- estão fora dos padrões gerais do conjunto de dados, ou
- que influenciam fortemente os resultados de regressão.

Essas observações não são necessariamente "ruins", no sentido de que devam ser eliminadas. Em muitos casos elas representam os elementos distintivos do conjunto de dados. No entanto, devemos primeiramente identificá-las e avaliar seu impacto antes de seguir adiante. Esta seção introduz o conceito de observações influentes e seu impacto potencial sobre os resultados de regressão. Uma discussão mais detalhada dos procedimentos de identificação de observações influentes está disponível em www.prenhall.com/hair (em inglês).

Tipos de observações influentes

Observações influentes no sentido mais amplo, incluem todas as observações que têm um efeito desproporcional sobre os resultados da regressão. Os três tipos básicos são baseados na natureza de seu impacto sobre os resultados da regressão:

- **Observações atípicas** são aquelas que têm grandes valores residuais e podem ser identificadas apenas em relação a um modelo específico de regressão. As observações atípicas eram tradicionalmente a única forma de observação influente considerada em modelos de regressão, e métodos de regressão especializados (p.ex., regressão robusta) foram até mesmo desenvolvidos para lidar especificamente com o impacto das observações atípicas sobre os resultados de regressão [1,12]. O Capítulo 2 fornece procedimentos adicionais para identificar observações atípicas.
- Os **pontos de alavancagem** são observações diferentes das demais, com base em seus valores para variáveis independentes. Seu impacto é particularmente perceptível nos coeficientes estimados para uma ou mais variáveis independentes.
- **Observações influentes** são a categoria mais ampla, incluindo todas as observações que têm um efeito desproporcional sobre os resultados de regressão. As observações influentes potencialmente incluem as atípicas e os pontos de alavancagem, mas podem incluir outras observações também. Além disso, nem todas as observações atípicas ou pontos de alavancagem são necessariamente observações influentes.

Identificação de observações influentes

Observações influentes muitas vezes são difíceis de identificar através da análise tradicional de resíduos quando se procura por observações atípicas. Seus padrões de resíduos passariam não detectados porque o resíduo para os pontos influentes (a distância perpendicular entre o ponto e a reta de regressão estimada) não seria tão grande a ponto de ser classificado como uma observação atípica. Assim, a concentração apenas em grandes resíduos ignoraria em geral essas observações influentes.

A Figura 4-8 ilustra diversas formas de observações influentes e seu correspondente padrão de resíduos:

- *Reforço:* Na Figura 4-8a, o ponto influente é um "bom" ponto, reforçando o padrão geral dos dados e baixando o erro padrão da previsão e dos coeficientes. É um ponto de alavancagem, mas tem um valor residual pequeno ou nulo, uma vez que é bem previsto pelo modelo de regressão.
- *Conflito:* Pontos influentes podem ter um efeito *contrário* ao padrão geral dos demais dados, mas ainda ter pequenos resíduos (ver Figuras 4-8b e 4-8c). Na Figura 4-8b, duas observações influentes explicam quase totalmente a relação observada, pois sem elas nenhum padrão real emerge dos outros dados. Elas também não seriam identificadas se apenas resíduos grandes fossem considerados, pois seu valor residual seria pequeno. Na Figura 4-8c, é percebido um efeito ainda mais profundo, no qual as observações influentes agem contrariamente ao padrão geral dos demais dados. Nesse caso, os dados "reais" teriam resíduos maiores do que os pontos influentes ruins.

  Múltiplos pontos influentes também podem funcionar na direção do mesmo resultado. Na Figura 4-8e, dois pontos influentes têm a mesma posição relativa, tornando a detecção algo mais difícil. Na Figura 4-8f, observações influentes têm posições muito diferentes mas um efeito similar sobre os resultados.
- *Desvio:* As observações influentes podem afetar todos os resultados de uma maneira semelhante. Um exemplo é mostrado na Figura 4-8d, onde o coeficiente angular (inclinação) permanece constante mas o intercepto é deslocado. Assim, a relação entre todas as observações permanece inalterada, exceto pelo deslocamento no modelo de regressão. Além disso, ainda que todos os resíduos sejam afetados, pouca coisa na distinção de características entre eles ajudaria no diagnóstico.

Esses exemplos ilustram que devemos desenvolver mais métodos para identificar esses casos influentes. Os procedimentos para identificar todos os tipos de observações influentes estão se tornando bem difundidos, entretanto, são ainda menos conhecidos e pouco utilizados em análise de regressão. Todos os programas de computador fornecem uma análise de resíduos onde aqueles com grandes valores (particularmente resíduos padronizados maiores que 2,0) podem ser facilmente identificados. Ademais, a maioria dos programas de computador agora dispõe de pelo menos algumas das medidas diagnósticas para identificação de pontos de alavancagem e outras observações influentes.

Ações corretivas para observações influentes

A necessidade de estudo adicional de pontos de alavancagem e observações influentes é destacada quando percebemos a extensão substancial em que a generalização dos resultados e as conclusões substanciais (a importância de variáveis, nível de ajuste e assim por diante) podem ser mudadas por apenas um pequeno número de observações. Sejam boas (enfatizando os resultados) ou ruins (significativamente mudando os resultados), essas observações devem ser identificadas para avaliar seu impacto. Observações influentes, atípicas e pontos de alavancagem são baseados em uma de quatro condições, cada qual com um curso específico de ação corretiva:

1. *Um erro em observações ou entrada de dados*: Remedie corrigindo os dados ou eliminando o caso.
2. *Uma observação válida, mas excepcional, explicável por uma situação extraordinária*: Remedie com eliminação do caso a menos que variáveis refletindo a situação extraordinária sejam incluídas na equação de regressão.

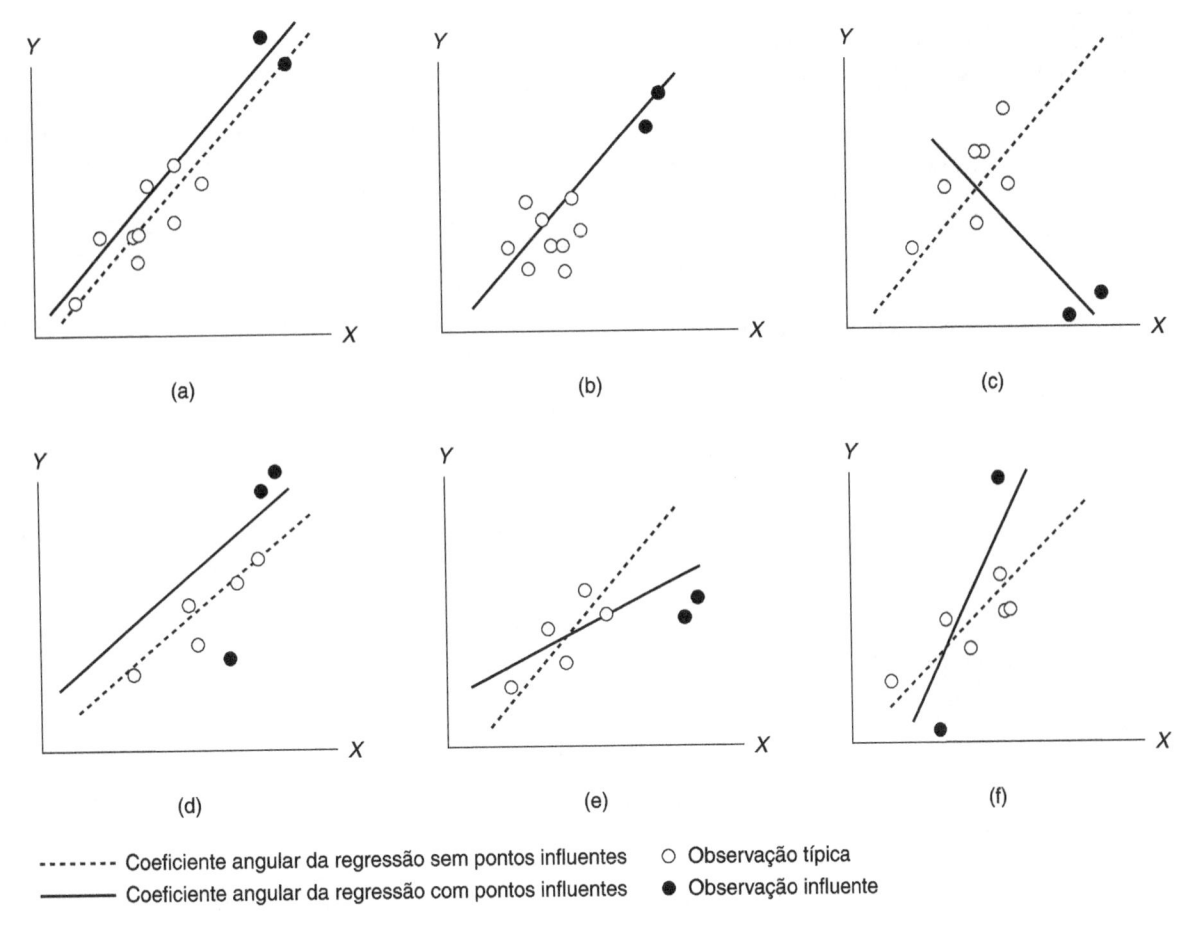

FIGURA 4-8 Padrões de observações influentes.
Fonte: Adaptado de Belsley et al. e Mason e Perreault [2,9].

- - - - - - Coeficiente angular da regressão sem pontos influentes
———— Coeficiente angular da regressão com pontos influentes
○ Observação típica
● Observação influente

3. *Uma observação excepcional sem explicação convincente:* Apresenta um problema especial, pois faltam razões para eliminar o caso; porém sua inclusão também não pode ser justificada, o que sugere análises com e sem as observações para uma completa avaliação.
4. *Uma observação comum em suas características individuais, mas excepcional em sua combinação de características:* Indica modificações na base conceitual do modelo de regressão, e deve ser mantida.

Em todas as situações, o pesquisador é encorajado a eliminar observações verdadeiramente excepcionais, mas ainda assim evitar a eliminação daquelas que, apesar de diferentes, são representativas da população. Lembre que o objetivo é garantir o modelo mais representativo para os dados da amostra, de modo que esta melhor reflita a população da qual foi tirada. Essa prática vai além de atingir o melhor ajuste preditivo, pois algumas observações atípicas podem ser casos válidos que o modelo deveria tentar prever, ainda que precariamente. O pesquisador também deve estar ciente de casos nos quais os resultados seriam substancialmente mudados pela eliminação de apenas uma observação ou de um número de observações muito pequeno.

REGRAS PRÁTICAS 4-6

Significância estatística e observações influentes

- Sempre garanta significância prática quando estiver usando amostras grandes, pois os resultados do modelo e os coeficientes de regressão podem ser considerados irrelevantes mesmo quando são estatisticamente significantes, devido ao poder estatístico que surge de grandes amostras.
- Use o R^2 ajustado como sua medida de precisão preditiva geral do modelo.
- Significância estatística é exigida para que uma relação tenha validade, mas significância estatística sem apoio teórico não suporta validade.
- Apesar de observações atípicas serem facilmente identificáveis, as outras formas de observações influentes que requerem métodos diagnósticos mais especializados poder ser igualmente ou mais impactantes sobre os resultados.

ESTÁGIO 5: INTERPRETAÇÃO DA VARIÁVEL ESTATÍSTICA DE REGRESSÃO

A próxima tarefa do pesquisador é interpretar a variável estatística de regressão pela avaliação dos coeficientes de regressão estimados em termos de sua explicação da variável dependente. O pesquisador deve avaliar não apenas o modelo de regressão estimado, mas também as variáveis independentes potenciais que foram omitidas se uma abordagem de busca seqüencial ou combinatória foi empregada. Nessas abordagens, a multicolinearidade pode afetar substancialmente as variáveis incluídas por último na variável estatística de regressão. Assim, além de avaliar os coeficientes estimados, o pesquisador deve também avaliar o impacto potencial de variáveis omitidas para garantir que a significância gerencial seja avaliada juntamente com a significância estatística.

Utilização dos coeficientes de regressão

Os coeficientes de regressão estimados, chamados de coeficientes b, representam ambos os tipos de relação (positiva ou negativa) e a força da relação entre variáveis independentes e dependente na variável estatística de regressão. O sinal do coeficiente denota se a relação é positiva ou negativa, enquanto o valor do coeficiente indica a variação no valor dependente cada vez que a variável independente muda em uma unidade.

> Por exemplo, no modelo de regressão simples para uso de cartões de crédito com tamanho de família como a única variável independente, o coeficiente para tamanho de família era 0,971. Este coeficiente denota uma relação positiva que mostra que quando uma família adiciona um membro, espera-se que o uso de cartões de crédito aumente em quase uma unidade (0,971). Além disso, se o tamanho da família diminui em um membro, o uso de cartões de crédito também deve diminuir em quase uma unidade (–0,971).

Os coeficientes de regressão têm duas funções-chave para atender os objetivos de previsão e explicação para qualquer análise de regressão.

Previsão

Previsão é um elemento integral na análise de regressão, tanto no processo de estimação quanto em situações de previsão. Como descrito na primeira seção do capítulo, regressão envolve o emprego de uma variável estatística (o modelo de regressão) para estimar um único valor para a variável dependente. Este processo é usado não apenas para calcular os valores previstos no procedimento de estimação, mas também com amostras adicionais utilizadas para validação ou para fins de previsão.

Estimação. Primeiro, no procedimento de estimação de mínimos quadrados ordinários (OLS) usado para obter a variável estatística de regressão, uma previsão da variável dependente é feita para cada observação no conjunto de dados. O procedimento de estimação estabelece os pesos da variável estatística de regressão para minimizar os resíduos (p.ex., minimizando as diferenças entre valores previstos e reais da variável dependente). Não importa quantas variáveis independentes são incluídas no modelo de regressão, apenas um valor previsto é calculado. Como tal, o valor previsto representa o total dos efeitos do modelo de regressão e permite que os resíduos, como anteriormente discutido, sejam usados extensivamente como uma medida diagnóstica para o modelo de regressão geral.

Previsão. Apesar de previsão ser um elemento integral no processo de estimação, os benefícios reais de previsão surgem em aplicações. Um modelo de regressão é usado nesses casos para previsão com um conjunto de observações não usadas na estimação. Por exemplo, considere que um gerente desenvolveu uma equação para prever vendas mensais de um produto. Após validar o modelo, o gerente de vendas insere os valores esperados do próximo mês para as variáveis independentes e calcula um valor de vendas esperadas.

> Um exemplo simples de uma aplicação de previsão pode ser mostrado usando o caso de uso de cartões de crédito. Considere que estamos usando a seguinte equação de regressão que foi desenvolvida para estimar o número de cartões de crédito (Y) usados por uma família:
>
> $$Y = 0,286 + 0,635V_1 + 0,200V_2 + 0,272V_3$$
>
> Suponha agora que temos uma família com as seguintes características: tamanho da família (V_1) de duas pessoas, renda familiar (V_2) de 22 ($22.000,00) e número de automóveis (V_3) sendo três. Qual seria o número esperado de cartões de crédito para tal família?
> Substituímos os valores para V_1, V_2 e V_3 na equação de regressão e calculamos o valor previsto:
>
> $$\begin{aligned} Y &= 0,286 + 0,635(2) + 0,200(22) + 0,272(3) \\ &= 0,286 + 1,270 + 4,40 + 0,819 \\ &= 6,775 \end{aligned}$$
>
> Nossa equação de regressão prevê que esta família teria 6,775 cartões de crédito.

Explicação

Muitas vezes o pesquisador está interessado em mais do que simples previsão. É importante que um modelo de regressão tenha previsões precisas para suportar sua validade, mas muitas questões de pesquisa são mais focadas na avaliação da natureza e impacto de cada variável independente para fazer a previsão da dependente. No exemplo de regressão múltipla discutido anteriormente, uma questão apropriada é qual variável – tamanho de família ou renda – tem o maior efeito na previsão do número de cartões de crédito usados por uma família. Variáveis independentes com coeficientes de regressão maiores, e todos os demais ingredientes iguais, fariam uma contribuição maior para o valor previsto. Uma melhor visão sobre a relação entre variáveis independentes e dependente é conquistada com o exame das contribuições relativas de cada variável independente. Em nosso exemplo simples, um representante querendo vender cartões de crédito adicionais e procurando famílias com mais cartões saberia se deveria procurar por famílias com base em seus tamanhos ou rendas.

Interpretação com coeficientes de regressão. Assim, para fins de explicação, os coeficientes de regressão se tornam indicadores do impacto relativo e importância das variáveis independentes em sua relação com a variável dependente. Infelizmente, em muitos casos os coeficientes de regressão não nos fornecem essa informação diretamente, sendo que a questão-chave é "todas as outras coisas iguais". Como veremos, a escala das variáveis independentes também entra em cena. Para ilustrar, usamos um exemplo simples.

Suponha que queremos prever o quanto um casal gasta em restaurantes durante um mês. Após reunir algumas variáveis, descobriu-se que duas variáveis, renda anual do marido e da esposa, eram os melhores previsores. A equação de regressão que se segue foi calculada usando o método de mínimos quadrados:

$$Y = 30 + 4INC_1 + 0{,}004INC_2$$

onde

INC_1 = Renda anual do marido (em milhares de dólares)
INC_2 = Renda anual da esposa (em reais)

Se só soubéssemos que INC_1 e INC_2 são rendas anuais dos dois cônjuges, então provavelmente concluiríamos que a renda do marido é muito mais importante (na realidade, mil vezes mais) do que a da esposa. Olhando mais de perto, porém, podemos ver que as duas rendas são na realidade iguais em importância, sendo que a diferença está na maneira como são medidas. A renda do marido está em milhares de dólares, de modo que uma renda de $40.000,00 é usada na equação como 40, enquanto uma renda de $40.000,00 da esposa entra como 40.000,00. Se prevemos o uso de restaurantes devido apenas à renda da esposa, ele seria de $160,00 (40.000,00×0,004), o que seria exatamente o mesmo para uma renda do marido de $40.000,00 (40×4). Assim, a renda de cada cônjuge é igualmente importante, mas esta interpretação provavelmente não aconteceria com um exame apenas dos coeficientes de regressão.

Com o objetivo de usar os coeficientes de regressão para fins de explicação, devemos primeiramente garantir que todas as variáveis independentes estão em escalas comparáveis. Mesmo assim, diferenças em variabilidade de variável para variável podem afetar o valor do coeficiente de regressão. O que é necessário é uma maneira de tornar todas as variáveis independentes comparáveis em escala e variabilidade. Podemos atingir esses objetivos e resolver esse problema na explicação usando um coeficiente de regressão modificado chamado coeficiente beta.

Padronização dos coeficientes de regressão: coeficientes beta. A variação em escala e a variabilidade entre variáveis tornam a interpretação direta algo problemático. O que aconteceria se cada uma de nossas variáveis independentes fosse padronizada antes de estimarmos a equação de regressão? A **padronização** converte variáveis a uma escala e uma variabilidade em comum, sendo que as mais comuns são uma média de zero (0,0) e um desvio padrão de um (1,0). Desse modo, garantimos que todas as variáveis são comparáveis. Se ainda queremos os coeficientes originais de regressão para fins preditivos, será que nosso único recurso é a padronização de todas as variáveis e então executar uma segunda análise de regressão?

Por sorte, regressão múltipla nos dá não apenas coeficientes de regressão, mas também coeficientes resultantes da análise de dados padronizados chamados de **coeficientes beta (β)**. A vantagem deles é que eliminam o problema de se lidar com diferentes unidades de medida (como previamente ilustrado) e assim refletem o impacto relativo sobre a variável dependente de uma mudança em um desvio padrão em qualquer variável. Agora que temos uma unidade comum de medida, podemos determinar qual variável tem o maior impacto. Retornamos ao nosso exemplo com cartões de crédito para ver as diferenças entre os coeficientes de regressão (b) e os coeficientes beta (β).

No exemplo dos cartões de crédito, os coeficientes de regressão (b) e beta (β) para a equação com três variáveis independentes (V_1, V_2 e V_3) são mostrados aqui:

Variável	Coeficientes	
	Regressão (b)	Beta (β)
V_1 Tamanho da família	0,635	0,566
V_2 Renda familiar	0,200	0,416
V_3 Número de automóveis	0,272	0,108

A interpretação usando coeficientes de regressão versus beta leva a resultados substancialmente diferentes. Os coeficientes de regressão indicam que V_1 é sensivelmente mais importante do que V_2 ou V_3, os quais são mais ou menos parecidos. Os coeficientes beta contam uma história diferente. V_1 continua sendo o mais importante, mas V_2 é agora quase tão importante quanto V_1, enquanto V_3 tem importância no máximo periférica. Esses resultados simples retratam as imprecisões na interpretação que podem acontecer quando coeficientes de regressão são usados com variáveis de diferentes escalas e variabilidades.

A despeito de os coeficientes beta representarem uma medida objetiva de importância que pode ser diretamente comparada, dois cuidados devem ser observados em seu uso:

- Primeiro, eles devem ser usados como uma *diretriz para a importância relativa de variáveis independentes individuais somente quando a colinearidade é mínima*. Como veremos na seção a seguir, colinearidade pode distorcer as contribuições de qualquer variável independente mesmo que coeficientes beta sejam utilizados.
- Segundo, os valores beta podem ser *interpretados apenas no contexto das outras variáveis na equação*. Por exemplo, um valor beta para tamanho de família reflete sua importância só em relação a renda familiar, e não em qualquer sentido absoluto. Se outra variável independente fosse acrescentada à equação, o coeficiente beta para tamanho de família provavelmente mudaria, pois alguma relação entre tamanho de família e a nova variável independente é provável.

Em resumo, os coeficientes beta devem ser usados apenas como uma orientação para a importância relativa das variáveis independentes incluídas na equação e somente para aquelas variáveis com multicolinearidade mínima.

Avaliação da multicolinearidade

Uma questão-chave na interpretação da variável estatística de regressão é a correlação entre as variáveis independentes. Esse é um problema de dados, e não de especificação de modelo. A situação ideal para um pesquisador seria ter diversas variáveis independentes altamente correlacionadas com a variável dependente, mas com pouca correlação entre elas próprias. Se você consultar o Capítulo 3 e nossa discussão sobre análise fatorial, o uso de escores fatoriais que são ortogonais (não-correlacionados) foi sugerido para atingir tal configuração.

Todavia, na maioria das situações, particularmente nas que envolvem dados de respostas de consumidores, haverá algum grau de multicolinearidade. Em algumas outras ocasiões, como o uso de variáveis dicotômicas para representar variáveis não-métricas ou termos polinomiais para efeitos não-lineares, o pesquisador está criando situações de alta multicolinearidade. A tarefa do pesquisador inclui o seguinte:

- Avaliar o grau de multicolinearidade.
- Determinar seu impacto sobre os resultados.
- Aplicar as necessárias ações corretivas, se for o caso.

Nas seções a seguir, discutimos em detalhes alguns procedimentos diagnósticos úteis, os efeitos de multicolinearidade, e depois ações corretivas possíveis.

Identificação de multicolinearidade

A maneira mais simples e óbvia de identificar colinearidade é um exame da matriz de correlação para as variáveis independentes. A presença de elevadas correlações (geralmente 0,90 ou maiores) é a primeira indicação de colinearidade substancial. No entanto, a falta de valores elevados de correlação não garante ausência de colinearidade. Colinearidade pode ser proveniente do efeito combinado de duas ou mais variáveis independentes (o que se chama de *multicolinearidade*).

Para avaliar multicolinearidade precisamos de uma medida que expresse o grau em que cada variável independente é explicada pelo conjunto de outras variáveis independentes. *Em termos simples, cada variável independente se torna uma variável dependente e é regredida relativamente às demais variáveis independentes*. As duas medidas mais comuns para se avaliar colinearidade aos pares ou múltipla são a tolerância e sua inversa, o fator de inflação de variância.

Tolerância. Uma medida direta de multicolinearidade é **tolerância**, a qual é definida como a quantia de variabilidade da variável independente selecionada *não explicada pelas outras variáveis independentes*. Assim, para qualquer modelo de regressão com duas ou mais variáveis independentes, a tolerância pode ser simplesmente definida em dois passos:

1. Considere cada variável independente, uma por vez, e calcule R^{2*} – a quantia da variável em questão que é explicada por todas as demais variáveis independentes no modelo de regressão. Neste processo, a variável independente escolhida é transformada em uma dependente prevista pelas demais.
2. Tolerância é então calculada como $1 - R^{2*}$. Por exemplo, se as outras variáveis independentes explicam 25% da variável independente X_1 ($R^{2*} = 0,25$), então o valor de tolerância de X_1 é 0,75 (1,0 – 0,25 = 0,75).

O valor de tolerância deve ser alto, o que significa um pequeno grau de multicolinearidade (i.e., as outras variáveis independentes coletivamente não têm qualquer quantia considerável de variância compartilhada). A determinação de níveis apropriados de tolerância será abordada em uma seção adiante.

Fator de inflação de variância. Uma segunda medida de multicolinearidade é o **fator de inflação de variância (VIF)**, o qual é calculado simplesmente como o inverso do valor de tolerância. No exemplo anterior com uma tolerância de 0,75, o VIF seria 1,33 (1,0/0,75 = 1,33). Assim, casos com níveis maiores de multicolinearidade são refletidos em valores de tolerância menores e valores maiores para VIF. O VIF tem seu nome devido ao fato de que a raiz quadrada dele ($\sqrt{VIF}$) é o grau em que o erro padrão aumentou devido à multicolinearidade. Examinemos exemplos para ilustrar a inter-relação de tolerância, VIF e o impacto sobre erro padrão.

> Por exemplo, se o VIF é igual a 1,0 (o que significa que a tolerância é 1,0 e assim não há multicolinearidade), então $\sqrt{VIF} = 1,0$ e o erro padrão não é afetado. No entanto, consideremos que a tolerância é 0,25 (o que implica uma multicolinearidade razoavelmente elevada, uma vez que 75% da variância da variável é explicada por outras variáveis independentes). Neste caso, o VIF é 4,0 (1,0/0,25 = 4) e o erro padrão dobrou ($\sqrt{4} = 2$) por conta da multicolinearidade.

O VIF traduz o valor de tolerância, o qual expressa diretamente o grau de multicolinearidade em um impacto sobre o processo de estimação. Quando o erro padrão aumenta, os intervalos de confiança em torno dos coeficientes estimados ficam maiores, tornando mais difícil a demonstração de que o coeficiente é significativamente diferente de zero.

Os efeitos da multicolinearidade

Os efeitos da multicolinearidade podem ser classificados em termos de explicação ou estimação. No entanto, em qualquer caso o motivo inerente é o mesmo: multicolinearidade cria variância "compartilhada" entre variáveis, diminuindo assim a capacidade de prever a medida dependente, bem como averiguar os papéis relativos de cada variável independente. A Figura 4-9 retrata as proporções de variância compartilhada e única para duas variáveis independentes em diferentes casos de colinearidade. Se a colinearidade dessas variáveis for nula, então as variáveis individuais prevêem 36% e 25% da variância na variável dependente, para uma previsão geral (R^2) de 61%. À medida que a multicolinearidade aumenta, a variância total explicada diminui (*estimação*). Além disso, a quantia de variância única para as variáveis independentes é reduzida a níveis que tornam a estimação de seus efeitos individuais bastante problemática (*explicação*). As seções a seguir tratam desses impactos com mais detalhes.

Impactos sobre estimação. Multicolinearidade pode ter efeitos consideráveis não apenas sobre a habilidade preditiva do modelo de regressão (como descrito acima), mas também sobre a estimação dos coeficientes de regressão e seus testes de significância estatística.

1. Primeiro, o caso extremo de multicolinearidade no qual duas ou mais variáveis estão perfeitamente correlacionadas, o que se chama de **singularidade**, impede a estimação de qualquer coeficiente. Apesar de singularidades poderem naturalmente ocorrer entre as variáveis independentes, muitas vezes elas são um resultado de erro de pesquisa. Um engano comum é incluir todas as variáveis dicotômicas usadas para representar uma variável não-métrica, em vez de omitir uma como a categoria de referência. Além disso, ações como a inclusão de uma escala múltipla junto com as variáveis individuais que a criaram resultarão em singularidades. Não obstante, qualquer que seja o motivo, a singularidade deve ser removida antes que se possa proceder com a estimação dos coeficientes.
2. Quando a multicolinearidade aumenta, a capacidade para mostrar que os coeficientes de regressão estimados são significativamente diferentes de zero pode ficar seriamente comprometida devido a aumentos no erro padrão como mostrado no valor VIF. Essa questão é especialmente problemática em amostras menores, onde os erros padrão são geralmente maiores por conta de erro de amostragem.
3. Além de afetar os testes estatísticos dos coeficientes ou o modelo geral, elevados graus de multicolinearidade podem também resultar em coeficientes de regressão que são incor-

FIGURA 4-9 Proporções de variância única e compartilhada por níveis de multicolinearidade.

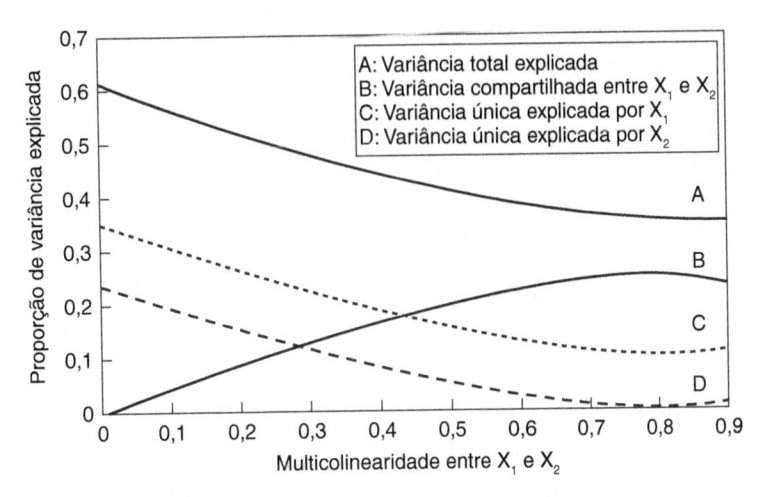

Corelação entre variáveis dependente e independente:
X_1 e dependente (0,60), X_2 e dependente (0,50)

A: Variância total explicada
B: Variância compartilhada entre X_1 e X_2
C: Variância única explicada por X_1
D: Variância única explicada por X_2

retamente estimados e até mesmo com sinais errados. Dois exemplos ilustram esta questão.

Nosso primeiro exemplo (ver Tabela 4-9) ilustra a situação de inversão de sinais devido à elevada correlação negativa entre duas variáveis. No Exemplo A, está claro no exame da matriz de correlação e das regressões simples que a relação entre Y e V_1 é positiva, enquanto a relação entre Y e V_2 é negativa. A equação de regressão múltipla, porém, não mantém as relações das regressões simples. Poderia parecer para o observador casual que examina apenas os coeficientes de regressão múltipla que ambas as relações (Y e V_1, Y e V_2) são negativas, quando sabemos não ser o caso para Y e V_1. O sinal do coeficiente de regressão de V_1 está errado em um sentido intuitivo, mas a forte correlação negativa entre V_1 e V_2 resulta na inversão de sinal para V_1. Apesar de esses efeitos sobre o procedimento de estimação ocorrerem principalmente em níveis relativamente altos de multicolinearidade (acima de 0,80), a possibilidade de resultados contra-intuitivos e enganosos demanda uma cuidadosa análise de cada variável estatística de regressão em busca de uma possível multicolinearidade.

Uma situação parecida pode ser vista no Exemplo B da Tabela 4-9. Aqui, Z_1 e Z_2 são positivamente correlacionadas com a medida dependente (0,293 e 0,631, respectivamente), mas têm uma inter-correlação maior (0,642). Nesse modelo de regressão, ainda que ambas as correlações bivariadas das variáveis independentes sejam positivas com a dependente, e as duas variáveis independentes estejam positivamente inter-correlacionadas, quando a equação de regressão é estimada, o coeficiente de Z_1 se torna negativo (–0,343) enquanto o outro coeficiente é positivo (0,702). Isso exemplifica o caso de elevada multicolinearidade que inverte os sinais das variáveis independentes mais fracas (i.e., correlações menores com a variável dependente).

Em alguns casos essa inversão de sinais é esperada e desejável. Chamada de **efeito de supressão**, ela denota casos em que a "verdadeira" relação entre a variável dependente e a(s) independente(s) fica oculta nas correlações bivariadas (p.ex., as relações esperadas são não-significantes ou mesmo invertidas no sinal). Acrescentando variáveis independentes extras e induzindo multicolinearidade, alguma variância compartilhada indesejável é explicada, e a variância única remanescente permite que os coeficientes estimados fiquem na direção esperada. Descrições mais detalhadas de todos os casos potenciais de efeitos de supressão são mostradas em [5].

No entanto, em outros casos, as relações teoricamente embasadas são invertidas por conta da multicolinearidade, deixando ao pesquisador a explicação do por quê de os coeficientes terem sinais invertidos em relação ao esperado. Nesses casos, o pesquisador pode precisar inverter para usar as correlações bivariadas para descrever a relação ao invés dos coeficientes estimados que sofrem impacto devido à multicolinearidade.

Os sinais inversos podem ser encontrados em todos os procedimentos de estimação, mas são vistos mais freqüentemente em processos de estimação confirmatória, onde um conjunto de variáveis entra no modelo de regressão e a possibilidade de variáveis mais fracas serem afetadas pela multicolinearidade aumenta.

Impactos sobre explicação. Os efeitos na explicação se referem principalmente à habilidade do procedimento de regressão e do pesquisador em representar e compreender os efeitos de cada variável independente na variável estatística de regressão. Quando ocorre multicolinearidade (mesmo em níveis relativamente baixos de 0,30 ou próximos disso), o processo de identificação de efeitos únicos de variáveis independentes se torna mais difícil. Lembre-se que os coeficientes de regressão representam a quantia de variância única explicada por conta de cada variável independente. Como multicolinearidade resulta em porções maiores de variância compartilhada e menores níveis de variância única, os efeitos das variáveis independentes individuais se tornam menos distinguíveis. É até mesmo possível encontrar aquelas situações nas quais a multicolinearidade é tão alta que nenhum dos coeficientes de regressão independentes é estatisticamente significante, mesmo que o modelo de regressão geral tenha um nível significante de precisão preditiva. O Adendo 4-1 fornece mais detalhes sobre o cálculo de previsões de variância única e compartilhada entre variáveis independentes correlacionadas.

Quanto de multicolinearidade é excessivo?

Como o valor de tolerância se refere a quanto uma variável é não-explicada pelas demais variáveis independentes, pequenos valores de tolerância (e assim grandes valores VIF, pois VIF = 1/tolerância) denotam elevada colinearidade. Uma referência de corte muito comum é um valor de tolerância de 0,10, o que corresponde a um valor VIF de 10. No entanto, especialmente quando as amostras são menores, o pesquisador pode querer ser mais restritivo devido a aumentos nos erros padrão por conta de multicolinearidade. Com um VIF de referência de 10, essa tolerância corresponderia a erros padrão sendo "inflacionados" mais do que o triplo ($\sqrt{10} = 3{,}16$) do que seriam se não houvesse multicolinearidade.

Cada pesquisador deve determinar o grau de colinearidade que é aceitável, pois a maioria das referências recomendadas ainda permite substancial colinearidade. Por exemplo, o corte sugerido para o valor de tolerância de 0,10 corresponde a uma correlação múltipla de 0,95. Além disso, uma correlação múltipla de 0,9 entre uma variável independente e todas as demais (semelhante à regra que aplicamos na matriz de correlação aos pares) resultaria em um valor de tolerância de 0,19. Logo, qualquer variável com tolerância abaixo de 0,19 (ou acima de um VIF de 5,3) teria uma correlação superior a 0,90.

TABELA 4-9 Estimativas de regressão com dados multicolineares

EXEMPLO A				EXEMPLO B			
Dados				Dados			
Identificação	Y	V_1	V_2	Identificação	Y	Z_1	Z_2
1	5	6	13	1	3,7	3,2	2,9
2	3	8	13	2	3,7	3,3	4,2
3	9	8	11	3	4,2	3,7	4,9
4	9	10	11	4	4,3	3,3	5,1
5	13	10	9	5	5,1	4,1	5,5
6	11	12	9	6	5,2	3,8	6,0
7	17	12	7	7	5,2	2,8	4,9
8	15	14	7	8	5,6	2,6	4,3
				9	5,6	3,6	5,4
				10	6,0	4,1	5,5
Matriz de correlação				Matriz de correlação			
	Y	V_1	V_2		Y	Z_1	Z_2
Y	1,0			Y	1,0		
V_1	0,823	1,0		Z_1	0,293	1,0	
V_2	−0,977	−0,913	1,0	Z_2	0,631	0,642	1,0

Estimativas de regressão

Regressão simples (V_1):
$Y = -4{,}75 + 1{,}5 V_1$
Regressão simples (V_2):
$Y = 29{,}75 - 1{,}95 V_2$
Regressão múltipla (V_1, V_2):
$Y = 44{,}75 - 0{,}75 V_1 - 2{,}7 V_2$

Estimativas de regressão

Regressão simples (Z_1):
$Y = 2{,}996 + 0{,}525 Z_1$
Regressão simples (Z_2):
$Y = 1{,}999 + 0{,}587 Z_2$
Regressão múltipla (Z_1, Z_2):
$Y = 2{,}659 - 0{,}343 Z_1 + 0{,}702 Z_2$

Adendo 4-1 Cálculo da Variância Única e Compartilhada entre Variáveis Independentes

A base para estimar todas as relações de regressão é a correlação, que mede a associação entre duas variáveis. Na análise de regressão, as correlações entre as variáveis independentes e a variável dependente fornecem a base para formar a variável estatística de regressão por meio da estimação dos coeficientes de regressão (pesos) para cada variável independente que maximiza a previsão (variância explicada) da variável dependente. Quando a variável estatística contém apenas uma variável independente, o cálculo dos coeficientes de regressão é direto e baseado na correlação bivariada (ou de ordem zero) entre a variável independente e a dependente. O percentual de variância explicada da variável dependente é simplesmente o quadrado da correlação bivariada.

Mas conforme variáveis independentes são acrescentadas à variável estatística, os cálculos também devem considerar as inter-correlações entre variáveis independentes. Se as variáveis independentes são correlacionadas, então elas "compartilham" algo de seu poder preditivo. Como usamos apenas a previsão da variável estatística geral, a variância compartilhada não deve ser "contada duas vezes" usando apenas as correlações bivariadas. Logo, calculamos duas formas adicionais da correlação para representar esses efeitos compartilhados:

1. O *coeficiente de correlação parcial* é a correlação de uma variável independente (X_i) e dependente (Y) quando os efeitos da(s) outra(s) variável(eis) independente(s) foram removidos de X_i e Y.
2. A **correlação semiparcial** reflete a correlação entre uma variável independente e a dependente enquanto controla os efeitos preditivos de todas as demais variáveis independentes sobre X_i.

As duas formas de correlação diferem no sentido de que a correlação parcial remove os efeitos de outras variáveis independentes de X_i e Y, enquanto a correlação semiparcial remove os efeitos apenas de X_i. A correlação parcial representa o efeito preditivo incremental de uma variável independente a partir do efeito coletivo de todas as demais e é usada para identificar variáveis independentes que têm o maior poder preditivo incremental quando um conjunto de variáveis independentes já está na variável estatística de regressão. A correlação semiparcial representa a única relação prevista por uma variável independente depois que as previsões compartilhadas com todas as outras variáveis independentes são desconsideradas. Assim, a correlação semiparcial é usada na distribuição de variância entre as variáveis independentes. Elevar ao quadrado a correlação semiparcial fornece a variância única explicada pela variável independente.

O diagrama a seguir retrata a variância compartilhada e única entre duas variáveis independentes correlacionadas.

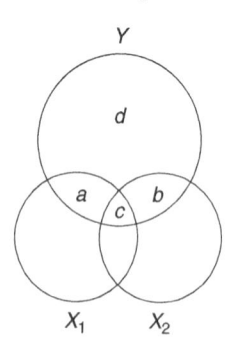

a = variância de Y explicada unicamente por X_1
b = variância de Y explicada unicamente por X_2
c = variância de Y explicada juntamente por X_1 e X_2
d = variância de Y não explicada por X_1 ou X_2

A variância associada com a correlação parcial de X_2 controlando X_1 pode ser representada como $b/(d+b)$, onde $d+b$ representa a variância não-explicada depois da contribuição explicativa de X_1. A correlação semiparcial de X_2 controlando X_1 é $b/(a+b+c+d)$, onde $a+b+c+d$ representa a variância total de Y, e b é a quantia explicada unicamente por X_2.

O analista pode também determinar a variância compartilhada e única para variáveis independentes através de cálculo simples. A correlação semiparcial entre a variável dependente (Y) e uma independente (X_1) enquanto se controla uma segunda variável independente (X_2) é calculada pela seguinte equação:

Correlação semiparcial de Y, X_1, dado X_2 =
$$\frac{\text{Corr de } Y, X_1 - (\text{Corr de } Y, X_2 \times \text{Corr de } Y_1, X_2)}{\sqrt{1,0 - (\text{Corr de } X_1, X_2)}}*$$

Um exemplo simples de duas variáveis independentes (X_1 e X_2) ilustra o cálculo da variância tanto compartilhada quanto única da variável dependente (Y). As correlações diretas e a correlação entre X_1 e X_2 são exibidas na matriz de correlações a seguir:

	Y	X_1	X_2
Y	1,0		
X_1	0,60	1,0	
X_2	0,50	0,70	1,0

As correlações diretas de 0,60 e 0,50 representam relações razoavelmente fortes com Y, mas a correlação de 0,70

---

* N. de R. T.: O denominador correto seria $\sqrt{1,0 - (\text{Corr de } X_1, X_2)^2}$

entre X_1 e X_2 significa que uma porção substancial desse poder preditivo pode ser compartilhada. A correlação semiparcial de X_1 e Y controlando X_2 ($r_{Y,X_1(X_2)}$) e a variância única prevista por X_1 pode ser calculada como:

$$r_{Y,X_1(X_2)} = \frac{0,60 - (0,50 \times 0,70)}{\sqrt{1,0 - 0,70^2}} = 0,35$$

Variância única prevista por $X_1 = 0,35^2 = 0,1225$

Como a correlação direta de X_1 e Y é 0,60, também sabemos que a variância total prevista por X_1 é $0,60^2$, ou 0,36. Se a variância única é 0,1225, então a variância compartilhada deve ser 0,2375 (0,36 − 0,1225).

Podemos calcular a variância única explicada por X_2 e confirmar a variância compartilhada da seguinte maneira:

$$r_{Y,X_2(X_1)} = \frac{0,50 - (0,60 \times 0,70)}{\sqrt{1,0 - 0,70^2}} = 0,11$$

Variância única prevista por $X_2 = 0,11^2 = 0,0125$.

Com a variância total explicada por X_2 sendo $0,50^2$, ou 0,25, a variância compartilhada é calculada como 0,2375 (0,25 − 0,0125). Este resultado confirma o que se encontrou nos cálculos para X_1.

Logo, a variância total (R^2) explicada pelas duas variáveis independentes é

Variância única explicada por X_1	0,1225
Variância única explicada por X_2	0,0125
Variância compartilhada explicada por X_1 e X_2	0,2375
Variância total explicada por X_1 e X_2	0,3725

Esses cálculos podem ser estendidos para mais de duas variáveis, mas à medida que o número de variáveis aumenta, fica mais fácil permitir que programas estatísticos façam os cálculos.

O cálculo de variância compartilhada e única ilustra os efeitos de multicolinearidade sobre a habilidade das variáveis independentes para preverem a dependente. A Figura 4-9 mostra esses efeitos diante de níveis altos e baixos de multicolinearidade. ∎

Insistimos que o pesquisador sempre deve especificar os valores de tolerância em programas de regressão, pois os valores padrão para exclusão de variáveis colineares permitem um grau elevado de colinearidade. Por exemplo, o valor padrão de tolerância no SPSS para exclusão de uma variável é 0,0001, o que significa que, até com mais do que 99,99% da variância prevista pelas outras variáveis independentes, a variável poderia ser incluída na equação de regressão. Estimativas dos efeitos reais da colinearidade alta sobre os coeficientes estimados são possíveis, mas estão além do escopo deste texto (ver Neter *et al.* [11]).

Mesmo com diagnósticos que usam valores de VIF ou de tolerância, ainda não sabemos necessariamente quais variáveis estão intercorrelacionadas. Um procedimento devido a Belsley *et al.* [2] permite que as variáveis correlacionadas sejam identificadas, mesmo que tenhamos correlação entre diversas variáveis. Ele fornece ao pesquisador maior poder diagnóstico na avaliação da extensão e do impacto de multicolinearidade e é discutido no suplemento deste capítulo, encontrado na Web em www.bookman.com.br.

Ações corretivas para multicolinearidade

As ações corretivas para a multicolinearidade variam desde a modificação da variável estatística de regressão até o uso de procedimentos especializados de estimação. Assim que o grau de colinearidade tenha sido determinado, o pesquisador tem várias opções:

1. Omitir uma ou mais variáveis independentes altamente correlacionadas e identificar outras variáveis independentes para ajudar na previsão. No entanto, o pesquisador deve ser cuidadoso ao seguir esta opção, para evitar a criação de um erro de especificação quando eliminar uma ou mais variáveis independentes.
2. Usar o modelo com as variáveis independentes altamente correlacionadas apenas para previsão (ou seja, jamais tentar interpretar os coeficientes de regressão), apesar de se reconhecer o menor nível de habilidade preditiva geral.
3. Usar as correlações simples entre cada variável independente e a dependente para compreender a relação entre variáveis independentes e dependente.

4. Usar um método mais sofisticado de análise, como a regressão Bayesiana (ou um caso especial – regressão *ridge*) ou a regressão sobre componentes principais para obter um modelo que reflita mais claramente os efeitos simples das variáveis independentes. Esses procedimentos são discutidos com mais detalhes em vários textos [2, 11].

Cada opção requer que o pesquisador faça um julgamento das variáveis incluídas na variável estatística de regressão, o qual deve sempre ser guiado pela base teórica do estudo.

ESTÁGIO 6: VALIDAÇÃO DOS RESULTADOS

Após identificar o melhor modelo de regressão, o passo final é garantir que ele represente a população geral (generalização) e seja apropriado às situações nas quais será usado (transferibilidade). O melhor critério é a extensão em que o modelo de regressão se ajusta a um modelo teórico existente ou um conjunto de resultados previamente validados sobre o mesmo tópico. Em muitos casos, contudo, não há resultados anteriores ou teoria disponíveis. Assim, também discutimos abordagens empíricas para a validação de modelo.

Amostras adicionais ou particionadas

A abordagem empírica de validação mais apropriada é testar o modelo de regressão em uma nova amostra tirada da população geral. Uma nova amostra garantirá representatividade e pode ser usada de diversas maneiras. Primeiro, o modelo original pode prever valores na nova amostra e o ajuste preditivo pode ser calculado. Segundo, um modelo separado pode ser estimado com a nova amostra e então comparado com a equação original em relação a características como as variáveis significantes incluídas; sinal, tamanho e importância relativa de variáveis; e precisão preditiva. Em ambos os casos, o pesquisador determina a validade do modelo original, comparando-o com modelos de regressão estimados com a nova amostra.

Muitas vezes, a habilidade de coletar novos dados é limitada ou impraticável por fatores como custo, pressões de tempo ou disponibilidade de respondentes. Quando esse é o caso, o pesquisador pode dividir a amostra em duas partes: uma subamostra de estimação para criar o modelo de regressão, e uma subamostra de reserva ou validação, usada para "testar" a equação. Muitos procedimentos, tanto aleatórios quanto sistemáticos, estão disponíveis para dividir os dados, de modo que cada um tire duas amostras independentes do conjunto único de dados. Todos os pacotes estatísticos populares têm opções específicas para permitir estimação e validação em subamostras separadas. O Capítulo 5 apresenta uma discussão sobre o uso de subamostras de estimação e validação em análise discriminante.

REGRAS PRÁTICAS 4-7

Interpretação da variável estatística de regressão

- Interprete o impacto de cada variável independente relativamente às demais variáveis no modelo, pois reespecificação de modelo pode ter profundo efeito sobre as outras variáveis:
  - Use pesos beta quando comparar importância relativa entre variáveis independentes
  - Coeficientes de regressão descrevem mudanças na variável dependente, mas podem ser difíceis para comparar ao longo de variáveis independentes se os formatos das respostas variarem
- Multicolinearidade pode ser considerada "boa" quando revela um efeito supressor, mas geralmente é vista como inconveniente pelo fato de que aumentos na multicolinearidade:
  - Reduzem o R^2 geral que pode ser conseguido
  - Confundem a estimação dos coeficientes de regressão
  - Afetam negativamente os testes de significância estatística de coeficientes
- Níveis geralmente aceitos de multicolinearidade (valores de tolerância de até 0,10, correspondendo a um VIF de 10) devem ser diminuídos em amostras menores devido a aumentos no erro padrão atribuíveis à multicolinearidade.

Seja uma nova amostra definida ou não, é provável que ocorram diferenças entre o modelo original e outros esforços de validação. O papel do pesquisador agora passa a ser o de um mediador entre os vários resultados, procurando o melhor modelo ao longo de todas as amostras. A necessidade de empreendimentos contínuos de validação e refinamentos do modelo nos lembra que nenhum modelo de regressão, a não ser que seja estimado a partir da população inteira, é o modelo final e absoluto.

Cálculo da estatística PRESS

Uma abordagem alternativa para obter amostras adicionais para fins de validação é empregar a amostra original de uma maneira especializada, calculando a **estatística PRESS**, uma medida semelhante a R^2, usada para avaliar a precisão preditiva do modelo de regressão estimado. Difere das abordagens anteriores no sentido de que não um, mas $n-1$ modelos de regressão são estimados. O procedimento omite uma observação na estimação do modelo de regressão e então prevê a observação omitida com o modelo estimado. Logo, a observação não pode afetar os coeficientes do modelo usado para calcular seu valor previsto. O procedimento é aplicado novamente, omitindo uma outra observação, estimando um novo modelo e fazendo a previsão. Os resíduos para as observações podem então ser somados para fornecer uma medida geral de ajuste preditivo.

Comparação de modelos de regressão

Quando se comparam modelos de regressão, o critério mais comum empregado é o ajuste preditivo geral. R^2 nos fornece essa informação, mas apresenta uma desvantagem: à medida que mais variáveis são acrescentadas, R^2 sempre aumenta. Assim, incluindo todas as variáveis independentes, jamais encontraremos outro modelo com R^2 maior, mas podemos descobrir que um número menor de variáveis independentes resulta em um valor quase idêntico. Portanto, para comparar modelos com diferentes números de variáveis independentes, usamos o R^2 ajustado. O R^2 ajustado é igualmente útil na comparação de modelos com diferentes conjuntos de dados, uma vez que faz uma compensação para os diferentes tamanhos de amostras.

Previsão com o modelo

As previsões sempre podem ser feitas aplicando o modelo estimado a um novo conjunto dos valores de variáveis independentes e calculando os valores da variável dependente. No entanto, fazendo isso, devemos considerar diversos fatores que podem ter um sério impacto na qualidade das novas previsões:

1. Quando aplicamos o modelo a uma nova amostra, devemos lembrar que as previsões agora têm não apenas as variações em relação à amostra original, mas também aquelas da amostra recém-obtida. Assim, sempre devemos calcular os intervalos de confiança de nossas previsões junto com a estimativa pontual para ver a amplitude esperada dos valores da variável dependente.
2. Devemos estar certos de que as condições e relações medidas no momento em que a amostra original foi obtida não mudaram substancialmente. Por exemplo, em nosso exemplo de cartões de crédito, se a maioria das empresas começasse a cobrar maiores taxas por seus cartões, o uso de cartões de crédito poderia mudar substancialmente, ainda que essa informação não fosse incluída no modelo.
3. Finalmente, não devemos usar o modelo para estimar além da amplitude das variáveis independentes encontradas na amostra. Por exemplo, em nosso caso de cartões de crédito, se a maior família tem seis membros, pode ser imprudente prever uso de cartões de crédito para famílias com 10 membros. Não se pode assumir que as relações são as mesmas para valores das variáveis independentes substancialmente maiores ou menores que os da amostra original de estimação.

ILUSTRAÇÃO DE UMA ANÁLISE DE REGRESSÃO

As questões referentes à aplicação e interpretação da análise de regressão foram discutidas nas seções precedentes seguindo-se a estrutura de seis estágios para construção de modelo introduzida no Capítulo 1 e discutida no presente capítulo. Para fornecer uma ilustração das questões importantes em cada estágio, apresentamos um exemplo que detalha a aplicação da regressão múltipla a um problema de pesquisa especificado pela HBAT. O Capítulo 1 introduziu uma pesquisa na qual a HBAT obteve várias medidas em uma enquete entre clientes. Para demonstrar o uso da regressão múltipla, mostramos os procedimentos usados por pesquisadores para tentar prever satisfação de clientela dos indivíduos na amostra com um conjunto de 13 variáveis independentes.

Estágio 1: Objetivos da regressão múltipla

A administração da HBAT há muito tem se interessado por previsões mais precisas do nível de satisfação de seus clientes. Se bem sucedida, isso forneceria uma melhor fundamentação para seus esforços de marketing. Para este propósito, pesquisadores da HBAT propuseram que análise de regressão múltipla deveria ser tentada para prever a satisfação de clientes com base em suas percepções do desempenho de HBAT. Além de encontrar um meio de prever com precisão a satisfação, os pesquisadores também estavam interessados na identificação dos fatores que conduzem à satisfação aumentada para uso em campanhas diferenciadas de marketing.

> Para aplicar o procedimento de regressão, os pesquisadores selecionaram satisfação do cliente (X_{19}) como a variável dependente (Y) a ser prevista por variáveis independentes que representavam percepções da atuação da HBAT. As 13 variáveis a seguir foram incluídas como independentes:
>
> X_6 Qualidade do produto
> X_7 Comércio eletrônico
> X_8 Suporte técnico
> X_9 Solução de reclamação
> X_{10} Anúncio
> X_{11} Linha do produto
> X_{12} Imagem da equipe de venda
> X_{13} Preço competitivo
> X_{14} Garantia e reclamações
> X_{15} Novos produtos
> X_{16} Encomenda e cobrança
> X_{17} Flexibilidade de preço
> X_{18} Velocidade de entrega

A relação entre as 13 variáveis independentes e a satisfação do cliente foi considerada estatística, não funcional, porque envolvia percepções de atuação e poderia ter níveis de erro de medida.

Estágio 2: Planejamento de pesquisa de uma análise de regressão múltipla

A pesquisa da HBAT obteve 100 respondentes de sua base de clientes. Todos deram respostas completas, que resultaram em 100 observações disponíveis para análise. A primeira questão a ser respondida referente ao tamanho da amostra é o nível de relação (R^2) que pode ser detectado em conformidade com a análise de regressão proposta.

> A Tabela 4-7 indica que a amostra de 100, com 13 variáveis potencialmente independentes, é capaz de detectar relações com valores R^2 de aproximadamente 23% a um poder de 0,80 com o nível de significância fixado em 0,01. Se o nível de significância for relaxado para 0,05, então a análise identificará relações que explicam em torno de 18% da variância. A amostra de 100 observações também atende à diretriz de proporção mínima de observações por variáveis independentes (5:1) com uma proporção real de 7:1 (100 observações com 13 variáveis).

A análise de regressão proposta foi considerada suficiente para identificar não apenas relações estatisticamente significantes, mas também relações que tinham significância gerencial. Apesar de pesquisadores HBAT poderem estar razoavelmente certos de que eles não estão em perigo de superajustar a amostra, eles ainda devem validar os resultados, se possível, para garantir a generalidade das descobertas para a base inteira de clientes, particularmente quando usarem uma técnica de estimação *stepwise*.

Estágio 3: Suposições em análise de regressão múltipla

Atender às suposições da análise de regressão é essencial para garantir que os resultados obtidos são verdadeiramente representativos da amostra e que obtemos os melhores resultados possíveis. Quaisquer violações sérias das suposições devem ser detectadas e corrigidas, se possível. A análise para garantir que a pesquisa está atendendo às suposições básicas da análise de regressão envolve dois passos: (1) testar as variáveis individuais dependente e independentes e (2) testar a relação geral após a estimação do modelo. Esta seção aborda a avaliação de variáveis individuais. A relação geral será examinada depois que o modelo for estimado.

As três suposições a serem abordadas para as variáveis individuais são linearidade, variância constante (homocedasticidade) e normalidade. Para os propósitos da análise de regressão, resumimos os resultados encontrados no Capítulo 2 detalhando o exame das variáveis dependente e independentes.

> Primeiro, os diagramas de dispersão das variáveis individuais não indicaram relações não-lineares entre a variável dependente e as independentes. Os testes para heteroscedasticidade descobriram que apenas duas variáveis (X_6 e X_{17}) violaram ligeiramente essa suposição, não necessitando qualquer ação corretiva. Finalmente, nos testes de normalidade, seis variáveis (X_6, X_7, X_{12}, X_{13}, X_{16} e X_{17}) demonstraram ter violado os testes estatísticos. Para todas as variáveis, exceto uma (X_{12}), transformações eram ações corretivas suficientes.

Apesar de a análise de regressão ter se mostrado bastante robusta mesmo quando a suposição de normalidade é violada, os pesquisadores devem estimar a análise de regressão com as variáveis originais e também com as transformadas para avaliar as conseqüências da não-normalidade das variáveis independentes sobre a interpretação dos resultados. Para este fim, as variáveis originais são usadas primeiramente, e resultados posteriores para as variáveis transformadas são mostrados para comparação.

Estágio 4: Estimação do modelo de regressão e avaliação do ajuste geral do modelo

Com a análise de regressão especificada em termos de variáveis dependente e independentes, a amostra considerada adequada para os objetivos do estudo e as suposições avaliadas para as variáveis individuais, o processo de construção do modelo agora segue para a estimação do modelo de regressão e a avaliação do ajuste geral do modelo. Para fins de ilustração, o procedimento *stepwise* é empregado para selecionar variáveis para inclusão na variável estatística de regressão. Depois que o modelo de regressão for estimado, a variável estatística será avaliada em relação às suposições da análise de regressão. Finalmente, as observações serão examinadas para determinar se alguma observação deve ser considerada influente. Todas essas questões são discutidas nas seções que se seguem.

Estimação stepwise: *seleção da primeira variável*

O procedimento de estimação *stepwise* maximiza a variância explicada incremental em cada passo da construção do modelo. No primeiro passo, a mais elevada correlação bivariada (também a mais elevada correlação parcial, uma vez que nenhuma outra variável está na equação) será selecionada. O processo para o exemplo HBAT segue abaixo.

> A Tabela 4-10 mostra todas as correlações entre as 13 variáveis independentes e suas correlações com a dependente (X_{19}, Satisfação do cliente). O exame da matriz de correlação (olhando-se a primeira coluna) indica que a solução de reclamação (X_9) tem a mais elevada correlação bivariada com a variável dependente (0,603). O primeiro passo é construir uma equação de regressão usando apenas essa variável independente. Os resultados deste primeiro passo são exibidos na Tabela 4-11.

Ajuste geral do modelo. A partir da Tabela 4-11 o pesquisador pode abordar questões concernentes ao ajuste geral do modelo, bem como à estimação *stepwise* do modelo de regressão.

> ***R** múltiplo.* R múltiplo é o coeficiente de correlação (neste passo) para a regressão simples de X_9 e a variável dependente. Não tem sinal negativo ou positivo porque, em regressão múltipla, os sinais das variáveis individuais podem variar, e assim este coeficiente reflete apenas o grau de associação. No primeiro passo da estimação *stepwise*, o R múltiplo coincide com a correlação bivariada (0,603), pois a equação contém somente uma variável.
>
> ***R** quadrado.* R quadrado (R^2) é o coeficiente de correlação ao quadrado ($0,603^2 = 0,364$), também conhecido como o coeficiente de determinação. Esse valor indica o percentual de variação total de Y (X_{19}, Satisfação do cliente) explicado pelo modelo de regressão consistindo de X_9.
>
> ***Erro padrão da estimativa.*** O erro padrão da estimativa é uma outra medida da precisão de nossas previsões. É a raiz quadrada da soma dos quadrados dos erros dividida pelo número de graus de liberdade, também representada pela raiz quadrada do $MS_{residual}$ ($\sqrt{89,45 \div 98} = 0,955$). Representa uma estimativa do desvio-padrão dos valores reais dependentes em torno da reta de regressão; ou seja, é uma medida de variação em torno da reta de regressão. O erro padrão da estimativa também pode ser visto como o desvio-padrão dos erros de previsão, de modo que se torna uma medida para avaliar o tamanho absoluto do erro de previsão. Também é usado para estimar o tamanho do intervalo de confiança para as previsões. Ver Neter *et al*. [11] para detalhes referentes a esse procedimento.
>
> ***ANOVA e Razão F.*** A análise ANOVA fornece o teste estatístico para o ajuste geral do modelo em termos da razão F. A soma total de quadrados ($51,178 + 89,450 = 140,628$) é o erro quadrado que ocorreria se usássemos apenas a média de Y para prever a variável dependente. O uso dos valores de X_9 reduz esse erro em 36,4% ($51,178/140,628$). Tal redução é considerada estatisticamente significante com uma razão F de 56,070 e um nível de significância de 0,000.

Variáveis na equação (passo 1). No passo 1, uma única variável independente (X_9) é utilizada para calcular a equação de regressão para prever a variável dependente. Para cada variável na equação, diversas medidas precisam ser definidas: o coeficiente de regressão, o erro padrão do coeficiente, o valor *t* de variáveis na equação, e os diagnósticos de colinearidade (tolerância e VIF).

> ***Coeficientes de regressão (B e Beta).*** O coeficiente de regressão (*b*) e o coeficiente padronizado (β) refletem a mudança na medida dependente para cada unidade de mudança na variável independente. Comparação entre coeficientes de regressão viabiliza uma avaliação relativa da importância de cada variável no modelo de regressão.
>
> O valor 0,595 é o coeficiente de regressão (b_9) para a variável independente (X_9). O valor previsto para cada observação é o intercepto (3,680) mais o coeficiente de regressão (0,595) vezes seu valor da variável independente ($Y = 3,680 + 0,595 X_9$). O coeficiente de regressão padronizado, ou valor beta, de 0,603 é o valor calculado a partir dos dados padronizados. Com apenas uma variável independente, o coeficiente beta ao quadrado se iguala ao coeficiente de determinação. O valor beta permite comparar o efeito de X_9 sobre Y com o efeito sobre Y de outras variáveis independentes em cada estágio, pois esse valor reduz o coeficiente de regressão a uma unidade comparável, o número de desvios-padrão. (Note que neste momento não dispomos de outras variáveis para comparação.)

TABELA 4-10* Matriz de correlação: dados HBAT

	X_{19}	X_6	X_7	X_8	X_9	X_{10}	X_{11}	X_{12}	X_{13}	X_{14}	X_{15}	X_{16}	X_{17}	X_{18}
Variável dependente														
X_{19} Satisfação do cliente														
Variáveis independentes														
X_6 Qualidade do produto	0,486	1,000												
X_7 Comércio eletrônico	0,283	−0,137	1,000											
X_8 Suporte técnico	0,113	0,096	0,001	1,000										
X_9 Solução de reclamação	0,603	0,106	0,140	0,097	1,000									
X_{10} Anúncio	0,305	−0,053	0,430	−0,063	0,197	1,000								
X_{11} Linha do produto	0,551	0,477	−0,053	0,193	0,561	−0,012	1,000							
X_{12} Imagem da equipe de venda	0,500	−0,152	0,792	0,017	0,230	0,542	−0,061	1,000						
X_{13} Preço competitivo	−0,208	−0,401	0,229	−0,271	−0,128	0,134	−0,495	0,265	1,000					
X_{14} Garantia e reclamações	0,178	0,088	0,52	0,797	0,140	0,011	0,273	0,107	−0,245	1,000				
X_{15} Novos produtos	0,071	0,027	−0,027	−0,074	0,059	0,084	0,046	0,032	0,023	0,035	1,000			
X_{16} Encomenda e cobrança	0,522	0,104	0,156	0,080	0,757	0,184	0,424	0,195	−0,115	0,197	0,069	1,000		
X_{17} Flexibilidade de preço	0,056	−0,493	0,271	−0,186	0,395	0,334	−0,378	0,352	0,471	−0,170	0,094	0,407	1,000	
X_{18} Velocidade de entrega	0,577	0,028	0,192	0,025	0,865	0,276	0,602	0,272	−0,073	0,109	0,106	0,751	0,497	1,000

Nota: Itens em negrito são significantes no nível 0,05.

TABELA 4-11 Exemplo de resultado: passo 1 do exemplo de regressão múltipla da HBAT

Passo 1 – Variável introduzida: X_9 Solução de reclamação

R múltiplo	0,603
Coeficiente de determinação (R^2)	0,364
R^2 ajustado	0,357
Erro padrão da estimativa	0,955

Análise de variância

	Soma de quadrados	df	Quadrado médio	F	Sig.
Regressão	51,178	1	51,178	56,070	0,000
Resíduo	89,450	98	0,913		
Total	140,628	99			

Variáveis introduzidas no modelo de regressão

	Coeficientes de regressão			Significância estatística		Correlações			Estatísticas de colinearidade	
Variáveis introduzidas	B	Erro padrão	Beta	t	Sig.	Ordem zero	Parcial	Semi-parcial	Tolerância	VIF
(Constante)	3,680	0,443		8,310	0,000					
X_9 Solução de reclamação	0,595	0,079	0,603	7,488	0,000	0,603	0,603	0,603	1,000	1,000

Variáveis fora do modelo de regressão

			Significância estatística		Correlação parcial	Estatísticas de colinearidade	
		Beta	t	Sig.		Tolerância	VIF
X_6	Qualidade do produto	0,427	6,193	0,000	0,532	0,989	1,011
X_7	Comércio eletrônico	0,202	2,553	0,012	0,251	0,980	1,020
X_8	Suporte técnico	0,055	0,675	0,501	0,068	0,991	1,009
X_{10}	Anúncio	0,193	2,410	0,018	0,238	0,961	1,040
X_{11}	Linha do produto	0,309	3,338	0,001	0,321	0,685	1,460
X_{12}	Imagem da equipe de venda	0,382	5,185	0,000	0,466	0,947	1,056
X_{13}	Preço competitivo	-0,133	-1,655	0,101	-0,166	0,984	1,017
X_{14}	Garantia e reclamações	0,095	1,166	0,246	0,118	0,980	1,020
X_{15}	Novos produtos	0,035	0,434	0,665	0,044	0,996	1,004
X_{16}	Encomenda e cobrança	0,153	1,241	0,218	0,125	0,427	2,341
X_{17}	Flexibilidade de preço	-0,216	-2,526	0,013	-0,248	0,844	1,184
X_{18}	Velocidade de entrega	0,219	1,371	0,173	0,138	0,252	3,974

Erro padrão do coeficiente. O erro padrão do coeficiente de regressão é uma estimativa do quanto que o coeficiente de regressão irá variar entre amostras do mesmo tamanho tomadas da mesma população. De uma maneira simples, é o desvio padrão das estimativas de b_9 ao longo de múltiplas amostras. Se tomássemos múltiplas amostras de mesmo tamanho da mesma população e as usássemos para calcular a equação de regressão, o erro padrão seria uma estimativa de quanto o coeficiente de regressão iria variar de amostra para amostra. Um erro padrão menor implica uma previsão mais confiável e, portanto, intervalos de confiança menores.

O erro padrão de b_9 é 0,079, denotando que o intervalo de confiança de 95% para b_9 seria de 0,595 ± (1,96 × 0,079), ou variando de um mínimo de 0,44 a um máximo de 0,75. O valor de b_9 dividido pelo erro padrão (0,595/0,079 = 7,488) é o valor t calculado para um teste t da hipótese $b_9 = 0$ (ver a discussão a seguir).

Valor t de variáveis na equação. O valor t de variáveis na equação, como já calculado, mede a significância da correlação parcial da variável refletida no coeficiente de regressão. Como tal, ele indica se o pesquisador pode confiantemente dizer, com um nível estabelecido de erro, que o coeficiente não é nulo. Valores F podem ser dados neste estágio ao invés de valores t. Eles são diretamente comparáveis, pois o valor t é aproximadamente a raiz quadrada do valor F.

O valor t é também particularmente útil no procedimento *stepwise* (ver Figura 4-7) para ajudar a determinar se alguma variável deve ser descartada da equação uma vez que outra variável independente tenha sido acrescentada. O nível calculado de significância é comparado com o nível de referência estabelecido pelo pesquisador para descartar a variável. Em nosso exemplo, estabelecemos um nível de 0,10 para a eliminação de variáveis da equação. O valor crítico para um nível de significância de 0,10 com 98 graus de liberdade é 1,658. À medida que mais variáveis são adicionadas à equação de regressão, cada variável é checada para que se examine se a mesma ainda está dentro dessa referência. Se cair fora (significância maior do que 0,10), é eliminada da equação de regressão, e o modelo é novamente estimado.

> Em nosso exemplo, o valor t (como obtido pela divisão do coeficiente de regressão pelo erro padrão) é 7,488, que é estatisticamente significante no nível 0,000. Ele dá ao pesquisador um elevado nível de segurança de que o coeficiente não é igual a zero e pode ser avaliado como um preditor de satisfação de cliente.

Correlações. Três diferentes correlações são dadas como uma ajuda na avaliação do processo de estimação. A correlação de ordem zero é a correlação bivariada simples entre a variável independente e a dependente. A correlação parcial denota o efeito preditivo incremental de uma variável independente sobre a dependente controlando outras variáveis no modelo de regressão. Essa medida é empregada para julgar qual variável é adicionada a seguir em métodos de busca seqüencial. Finalmente, a **correlação semiparcial** corresponde ao efeito único atribuível a cada variável independente.

> Para o primeiro passo em uma solução *stepwise*, todas as três correlações são idênticas (0,603) pois nenhuma outra variável está na equação. À medida que variáveis forem acrescentadas, esses valores se tornarão diferentes, cada um refletindo suas perspectivas sobre a contribuição de cada variável independente ao modelo de regressão.

Estatística de colinearidade. Ambas as medidas de colinearidade (tolerância e VIF) são dadas para fornecerem uma perspectiva sobre o impacto de colinearidade nas variáveis independentes da equação de regressão. Lembre-se que o valor de tolerância é a quantia de capacidade preditiva de uma variável independente que não é prevista pelas demais variáveis independentes na equação. Assim, ele representa a variância única remanescente para cada variável. O VIF é o inverso do valor de tolerância.

> No caso de uma única variável no modelo de regressão, a tolerância é 1,00, indicando que é totalmente não afetada por outras variáveis independentes (como deveria ser, uma vez que é a única variável no modelo). Além disso, o VIF é 1,00, ambos os valores indicando uma completa falta de multicolinearidade.

Variáveis fora da equação. Com X_9 incluída na equação de regressão, 12 outras variáveis potencialmente independentes permanecem para serem incluídas de modo a melhorar a previsão da variável dependente. Para tais valores, quatro tipos de medidas estão disponíveis para avaliar sua potencial contribuição ao modelo de regressão: correlações parciais, medidas de colinearidade, coeficientes padronizados (Beta) e valores t.

Medidas de correlação parcial e colinearidade. A correlação parcial é uma medida da variação em Y que pode ser explicada por conta de cada variável adicional, controlando as variáveis já presentes na equação (apenas X_9 no passo 1). Como tais, os métodos de busca seqüencial usam esse valor para denotar o próximo candidato à inclusão. Se a variável com a maior correlação parcial exceder a referência de significância estatística exigida para inclusão, será adicionada ao modelo de regressão no próximo passo.

A correlação parcial representa a correlação de cada variável não presente no modelo com a porção inexplicada da variável dependente. Dessa forma, a contribuição da correlação parcial (o quadrado da correlação parcial) é aquele percentual da variância não-explicada que passa a ser explicada com o acréscimo desta variável independente. Considere que as variáveis no modelo de regressão já explicam 60% da medida dependente ($R^2 = 0,60$ com variância não-explicada igual a 0,40). Se uma correlação parcial tem um valor de 0,5, então a variância explicada *extra* correspondente é o quadrado da correlação parcial vezes a quantia inexplicada de variância. Neste exemplo simples, temos $0,5^2 \times 0,40$, ou 10%. Acrescentando essa variável, esperamos que o valor R^2 aumente 10% (de 0,60 para 0,70).

Para nosso exemplo, os valores de correlações parciais variam de um máximo de 0,532 a um mínimo de 0,044. X_6, com o maior valor de 0,532, deveria ser a próxima variável a entrar se for descoberto que tal correlação parcial é estatisticamente significante (ver a próxima seção). É interessante observar, porém, que X_6 tinha apenas a sexta maior correlação bivariada com X_{19}. Por que ela foi a segunda variável a entrar na equação *stepwise*, à frente das variáveis com maiores correlações? As variáveis com a segunda, terceira e quarta maior correlação com X_{19} eram X_{18} (0,577), X_{11} (0,551) e X_{16} (0,522). Ambas X_{18} e X_{16} tinham elevadas correlações com X_9, refletidas em seus baixos valores de tolerância de 0,252 e 0,427, respectivamente. Deve ser notado que esse elevado nível de multicolinearidade não é inesperado, pois essas três variáveis (X_9, X_{16} e X_{18}) constituem o primeiro fator obtido no Capítulo 3. X_{11}, apesar de não ter feito parte deste fator, está altamente correlacionada com X_9 (0,561) na medida em que a tolerância é de apenas 0,685. Finalmente, X_{12}, a quinta maior correlação bivariada com X_{19}, tem uma correlação com X_9 de apenas 0,230, mas que foi suficiente para tornar a correlação parcial ligeiramente menor do que a de X_6. A correlação de X_9 e X_6 de apenas 0,106 resultou em uma tolerância de 0,989 e transformou a correlação bivariada de 0,486 em uma correlação parcial de 0,532, a qual era a mais alta entre todas as demais 12 variáveis.

Se X_6 for acrescentada, então o valor R^2 deve aumentar o equivalente ao quadrado da correlação parcial vezes a variância não-explicada (variação em $R^2 = 0,532^2 \times 0,636 = 0,180$). Como 36,4% já foi explicado por X_9, X_6 pode explicar apenas 18,0% da variância remanescente. Um diagrama de Venn ilustra este conceito.

A área sombreada de X_6 como uma proporção da área sombreada de Y representa a correlação parcial de X_6 com Y dada X_9. A área sombreada, como uma proporção de Y, denota a variância incremental explicada por X_6 dado que X_9 já está na equação.

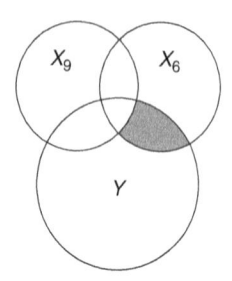

Note que variância total explicada (todas as áreas que se sobrepõem para Y) só não é igual às áreas associadas com as correlações parciais de X_6 e X_9. Parte da explicação é proveniente dos efeitos compartilhados de X_6 e X_9. Os efeitos compartilhados são denotados pela seção média onde essas duas variáveis se sobrepõem entre si e com Y. O cálculo da variância única associada com o acréscimo de X_6 pode também ser determinado através da correlação semiparcial, como descrito no Adendo 4.1.

Coeficientes padronizados. Para cada variável fora da equação, o coeficiente padronizado (Beta) que a variável teria se fosse incorporada à mesma é calculado. Desse modo, o pesquisador pode avaliar a magnitude relativa desta variável se acrescentada àquelas já presentes na equação. Além disso, isso permite uma avaliação de significância prática em termos de poder preditivo relativo da variável adicionada.

> Na Tabela 4-11, percebemos que X_6, a variável com mais alta correlação parcial, tem também o mais alto coeficiente Beta se adicionada. Ainda que a magnitude de 0,427 seja substancial, pode também ser comparada com o beta para a variável agora no modelo (X_9 com um beta de 0,603), indicando que X_6 fará uma contribuição substancial à explicação do modelo de regressão, bem como à sua capacidade preditiva.

Valores t de variáveis fora da equação. O valor t mede a significância das correlações parciais para variáveis fora da equação. Elas são calculadas como uma razão da soma adicional de quadrados explicada pela inclusão de uma variável particular com a soma de quadrados após acrescentar aquela mesma variável. Se esse valor t não exceder um nível de significância especificado (p.ex., 0,05), a variável não poderá entrar na equação. O valor t tabelado para um nível de significância de 0,05 com 97 graus de liberdade é 1,98.

> Olhando para a coluna de valores t na Tabela 4-11, notamos que seis variáveis (X_6, X_7, X_{10}, X_{11}, X_{12} e X_{17}) excedem esse valor e são candidatas à inclusão. Apesar de serem todas significantes, a variável adicionada será aquela com a maior correlação parcial. Devemos observar que estabelecer a referência de significância estatística antes que uma variável seja adicionada inviabiliza o acréscimo de variáveis sem significância, ainda que elas aumentem o R^2 geral.

Olhando adiante. Com o primeiro passo do procedimento *stepwise* completado, a tarefa final é avaliar as variáveis fora da equação e determinar se outra variável atende aos critérios e se pode ser acrescentada ao modelo de regressão. Como anteriormente observado, a correlação parcial deve ser grande o bastante para ser estatisticamente significante no nível especificado (geralmente 0,05). Se duas ou mais variáveis atendem tal critério, então a variável com a maior correlação parcial é escolhida.

Como descrito anteriormente, X_6 (Qualidade do produto) apresenta a maior correlação parcial neste estágio, mesmo que outras quatro variáveis tenham correlações bivariadas maiores com a variável dependente. Em cada caso, multicolinearidade com X_9, adicionada no primeiro passo, fez com que as correlações parciais diminuíssem abaixo daquela de X_6.

Sabemos que uma porção significativa da variância na variável dependente é explicada por X_9, mas o procedimento *stepwise* indica que se adicionamos X_6 ao maior coeficiente de correlação parcial com a variável dependente e um valor t significante no nível 0,05, faremos um aumento significante no poder preditivo do modelo de regressão geral. Assim, podemos agora olhar o novo modelo usando ambas X_9 e X_6.

Estimação stepwise: adição de uma segunda variável (X_6)

O próximo passo em uma estimação *stepwise* é checar e descartar qualquer variável na equação que agora fique abaixo do valor de referência de significância, e, uma vez feito isso, adicionar a variável com a mais alta correlação parcial estatisticamente significante. A seção a seguir detalha o recém formado modelo de regressão e as questões referentes a seu ajuste geral, os coeficientes estimados, o impacto de multicolinearidade e a identificação de uma variável a acrescentar no próximo passo.

Ajuste geral do modelo. Como descrito na seção anterior, X_6 foi a próxima variável a ser adicionada ao modelo de regressão no procedimento *stepwise*. Os valores múltiplos R e R^2 aumentaram com a adição de X_6 (ver Tabela 4-12). O R^2 aumentou em 18,0%, a quantia que previmos quando examinamos o coeficiente de correlação parcial de X_6 de 0,532, multiplicando os 63,6% de variação que não era explicada depois do passo 1, pela correlação parcial ao quadrado ($63,6 \times 0,532^2 = 18,0$). Em seguida, dos 63,3%* inexplicados com X_9, $(0,532)^2$ dessa variância foi explicada pelo acréscimo de X_6, levando a uma variância total explicada (R^2) de 0,544. O R^2 ajustado também aumentou para 0,535, e o erro padrão da estimativa diminuiu de 0,955 para 0,813. Ambas as medidas demonstram também a melhora no ajuste geral do modelo.

Coeficientes estimados. O coeficiente de regressão para X_6 é 0,364 e o peso beta é 0,427. A despeito de não ser tão grande quanto o beta para X_9 (0,558), X_6 ainda tem um substancial impacto no modelo de regressão geral. O coeficiente é estatisticamente significante, e a multicolinearidade é mínima com X_9 (como descrito na seção anterior). Logo, tolerância é bastante aceitável com um valor de 0,989 indicando que somente 1,1% de qualquer variável é explicado pela outra.

Impacto de multicolinearidade. A falta de multicolinearidade resulta em pouca mudança para o valor de b_9 (0,550) ou o beta de X_9 (0,558) em relação ao passo 1. Também indica que as variáveis X_9 e X_6 são relativamente independentes (a correlação simples entre as duas é de 0,106). Se o efeito de X_6 sobre Y fosse totalmente independente do efeito de X_9, o coeficiente b_9 não mudaria de forma alguma. Os valores t indicam que X_9 e X_6 são preditores estatisticamente significantes de Y. O valor t para X_9 é agora 8,092, enquanto no passo 1 era 7,488. O valor t para X_6 examina a contribuição dessa variável dado que X_9** já está na equação. Note que o valor t para X_6 (6,193) é o mesmo valor mostrado para X_6 no passo 1 sob o título "Variáveis fora do modelo de regressão" (ver Tabela 4-11).

Identificação de variáveis para acrescentar. Como X_9 e X_6 têm contribuições significantes, nenhuma será eliminada no procedimento de estimação *stepwise*. Podemos agora perguntar: "há outros preditores disponíveis?". Para abordar essa questão, podemos olhar na Tabela 4-12 sob a seção "Variáveis fora do modelo de regressão".

Olhando as correlações parciais para as variáveis fora da equação na Tabela 4-12, percebemos que X_{12} tem a maior correlação parcial (0,676), a qual é também estatisticamente significante no nível 0,000. Essa variável explicaria 45,7% da variância ($0,676^2 = 0,457$), até então inexplicada, ou 20,9% da variância total ($0,676^2 \times 0,456$). Essa substancial contribuição na verdade ultrapassa ligeiramente a contribuição incremental de X_6, a segunda variável adicionada no procedimento *stepwise*.

Estimação stepwise: uma terceira variável (X_{12}) é adicionada

O próximo passo em uma estimação *stepwise* segue o mesmo padrão de (1) primeiro checar e eliminar variáveis na equação que estão abaixo da significância de referência e então (2) adicionar a variável com a maior correlação parcial estatisticamente significante. A seção a seguir detalha o modelo de regressão recém formado e as questões relativas a seu ajuste geral, os coeficientes estimados, o impacto de multicolinearidade, e a identificação de uma variável a acrescentar no próximo passo.

Ajuste geral do modelo. Com X_{12} na equação de regressão, os resultados são exibidos na Tabela 4-13. Como previsto, o valor de R^2 aumenta em 20,9% ($0,753 - 0,544 = 0,209$). Além disso, o R^2 ajustado aumenta para

(Continua)

---

* N. de R. T.: A frase correta seria "dos 63% inexplicados com X_9".

** N. de R. T.: A frase correta seria "dado que X_9 já está na equação".

TABELA 4-12 Exemplo de resultado: passo 2 do exemplo da regressão múltipla HBAT

Passo 2 – Variável incluída: X_6 Qualidade do produto

R múltiplo	0,738
Coeficiente de determinação (R^2)	0,544
R^2 ajustado	0,535
Erro padrão da estimativa	0,813

Análise de variância

	Soma de quadrados	df	Quadrado médio	F	Sign.
Regressão	76,527	2	38,263	57,902	0,000
Resíduo	64,101	97	0,661		
Total	140,628	99			

Variáveis incluídas no modelo de regressão

	Coeficientes de regressão			Significância estatística		Correlações			Estatísticas de colinearidade	
Variáveis incluídas	B	Erro padrão	Beta	t	Sig.	Ordem zero	Parciais	Semi-parciais	Tolerância	VIF
(Constante)	1,077	0,564		1,909	0,059					
X_9 Solução de reclamação	0,550	0,068	0,558	8,092	0,000	0,603	0,635	0,555	0,989	1,011
X_6 Qualidade do produto	0,364	0,059	0,427	6,193	0,000	0,486	0,532	0,425	0,989	1,011

Variáveis fora do modelo de regressão

			Significância estatística		Correlação parcial	Estatística de colinearidade	
		Beta	t	Sig.		Tolerância	VIF
X_7	Comércio eletrônico	0,275	4,256	0,000	0,398	0,957	1,045
X_8	Suporte técnico	0,018	0,261	0,794	0,027	0,983	1,017
X_{10}	Anúncio	0,228	3,432	0,001	0,330	0,956	1,046
X_{11}	Linha de produto	0,066	0,683	0,496	0,070	0,508	1,967
X_{12}	Imagem da equipe de venda	0,477	8,992	0,000	0,676	0,916	1,092
X_{13}	Preço competitivo	0,041	0,549	0,584	0,056	0,832	1,202
X_{14}	Garantia e reclamações	0,063	0,908	0,366	0,092	0,975	1,026
X_{15}	Novos produtos	0,026	0,382	0,703	0,039	0,996	1,004
X_{16}	Encomenda e cobrança	0,129	1,231	0,221	0,125	0,427	2,344
X_{17}	Flexibilidade de preço	0,084	0,909	0,366	0,092	0,555	1,803
X_{18}	Velocidade de entrega	0,334	2,487	0,015	0,246	0,247	4,041

(*Continuação*)

0,745 e o erro padrão da estimativa diminui para 0,602. Novamente, como aconteceu com X_6 no passo anterior, a nova variável computada (X_{12}) faz substancial contribuição ao ajuste geral do modelo.

Coeficientes estimados. A adição de X_{12} trouxe um terceiro preditor estatisticamente significante da satisfação de cliente na equação. O peso de regressão de 0,530 é completado por um peso beta de 0,477, o segundo maior entre as três variáveis no modelo (atrás do 0,512 de X_6).

Impacto de multicolinearidade. Vale notar que mesmo com a terceira variável na equação de regressão, multicolinearidade é mantida mínima. O menor valor de tolerância é para X_{12} (0,916), indicando que apenas 8,4% da variância de X_{12} é explicada pelas outras duas variáveis. Esse padrão de variáveis entrando no procedimento stepwise deve ser esperado, porém, quando visto sob a perspectiva da análise fatorial feita no Capítulo 2. A partir daqueles resultados, percebemos que as três variáveis agora presentes na equação (X_9, X_6 e X_{12}) eram elementos de diferentes fatores naquela análise. Como variáveis no mesmo fator exibem um elevado grau de multicolinearidade, espera-se que quando uma variável de um fator entra em uma equação de regressão, as chances de outra variável do mesmo fator entrarem na equação são pequenas (e se isso ocorrer, o impacto das duas variáveis será reduzido devido à multicolinearidade).

(*Continua*)

> *(Continuação)*
> **Olhando adiante.** Neste estágio da análise, somente três variáveis (X_7, X_{11} e X_{18}) têm as correlações parciais estatisticamente significantes necessárias para inclusão na equação de regressão. O que aconteceu com o poder preditivo das demais variáveis? Revendo as correlações bivariadas de cada variável com X_{19} na Tabela 4-10, podemos ver que entre as 13 variáveis independentes originais, três tinham correlações bivariadas não-significantes com a variável dependente (X_8, X_{15} e X_{17}). Logo, X_{10}, X_{13}, X_{14} e X_{16} têm correlações bivariadas significantes, ainda que suas correlações parciais sejam agora não-significantes. Para X_{16}, a elevada correlação bivariada de 0,522 foi sensivelmente reduzida pela alta multicolinearidade (valor de tolerância de 0,426, denota que menos da metade do poder preditivo original se manteve). Para as outras três variáveis, X_{10}, X_{13} e X_{14}, suas correlações bivariadas menores (0,305, -0,208 e 0,178) foram reduzidas pela multicolinearidade o suficiente para serem não-significantes.

Neste estágio pularemos para o modelo final de regressão e detalharemos a entrada das duas variáveis finais (X_7 e X_{11}) em um único estágio para fins de concisão.

Estimação stepwise: quarta e quinta variáveis (X_7 e X_{11}) são adicionadas

O modelo final de regressão (Tabela 4-14) é o resultado de duas variáveis a mais (X_7 e X_{11}) sendo adicionadas. Para fins de concisão, omitimos os detalhes envolvidos na entrada de X_7 e concentramos a atenção sobre o modelo final de regressão com ambas as variáveis incluídas.

> **Ajuste geral do modelo.** O modelo final de regressão com cinco variáveis independentes (X_9, X_6, X_{12}, X_7 e X_{11}) explica quase 80% da variância da satisfação de cliente (X_{19}). O R^2 ajustado de 0,780 indica nenhum superajuste do modelo e que os resultados devem ser generalizáveis sob a perspectiva da proporção de observações em relação às variáveis na equação (20:1 para o modelo final). Além disso, o erro padrão da estimativa foi reduzido para 0,559, o que significa que no nível de 95% de confiança ($\pm 1,96 \times$ erro padrão da estimativa), a margem de erro para qualquer valor previsto de X_{19} pode ser calculada como sendo $\pm 1,1$.
>
> **Coeficientes estimados.** Os cinco coeficientes de regressão, mais a constante, são todos significantes no nível 0,05, e todos, exceto a constante, são significantes no nível 0,01. A próxima seção (estágio 5) fornece uma discussão mais detalhada dos coeficientes de regressão e beta, uma vez que eles se relacionam com a interpretação da variável estatística.
>
> **Impacto de multicolinearidade.** O impacto de multicolinearidade, mesmo entre apenas essas cinco variáveis, é substancial. Das cinco variáveis na equação, três delas (X_{12}, X_7 e X_{11}) têm valores de tolerância menores do que 0,50, indicando que mais da metade de sua variância é explicada pelas demais variáveis na equação. Além disso, essas variáveis foram as últimas três a entrarem no processo *stepwise*.
>
> Se examinarmos as correlações de ordem zero (bivariadas) e parciais, podemos ver mais diretamente os efeitos da multicolinearidade. Por exemplo, X_{11} tem a terceira mais alta correlação bivariada (0,551) entre todas as 13 variáveis, ainda que multicolinearidade (tolerância de 0,492) a reduza para uma correlação parcial de apenas 0,135, tornando-a um contribuinte marginal para a equação de regressão. Em contraste, X_{12} tem uma correlação bivariada (0,500) que mesmo com elevada multicolinearidade (tolerância de 0,347) ainda tem uma correlação parcial de 0,411. Assim, multicolinearidade sempre afetará a contribuição de uma variável ao modelo de regressão, mas deve ser examinada para se avaliar o real grau de impacto.
>
> Se tomarmos uma perspectiva mais ampla, as variáveis incluídas entrando na equação de regressão correspondem quase exatamente aos fatores derivados no Capítulo 3. X_9 e X_6 são elementos de fatores distintos, com multicolinearidade reduzindo as correlações parciais de outros membros desses fatores a um nível não-significante. X_{12} e X_7 são ambos membros de um terceiro fator, mas multicolinearidade provocou uma mudança no sinal do coeficiente estimado para X_7 (ver uma discussão mais detalhada no estágio 5). Finalmente, X_{11} não carregou sobre qualquer um dos fatores, mas foi um contribuinte periférico no modelo de regressão.

O impacto de multicolinearidade como refletido na estrutura fatorial se torna mais aparente quando se usa um procedimento de estimação *stepwise*, e será discutido com mais detalhes no quinto estágio. Não obstante, fora questões de explicação, multicolinearidade pode ter um substancial impacto sobre a habilidade preditiva geral de qualquer conjunto de variáveis independentes.

> **Olhando adiante.** Como previamente observado, o modelo de regressão neste estágio consiste das cinco variáveis independentes com o acréscimo de X_{11}. Examinando as correlações parciais de variáveis fora do modelo neste estágio (ver Tabela 4-14), percebemos que nenhuma das variáveis remanescentes tem uma correlação parcial significante no nível 0,05 necessário para entrada. Além disso, todas as variáveis no modelo permanecem estatisticamente significantes, evitando a necessidade de remover uma variável no processo *stepwise*. Logo, nenhuma outra variável é considerada para entrada ou saída, e o modelo está finalizado.

TABELA 4-13 Exemplo de resultado: passo 3 do exemplo da regressão múltipla HBAT

Passo 3 – Variável incluída: X_{12} Imagem da equipe de venda

R múltiplo	0,868
Coeficiente de determinação (R^2)	0,753
R^2 ajustado	0,745
Erro padrão da estimativa	0,602

Análise de variância

	Soma de quadrados	df	Quadrado médio	F	Sig.
Regressão	105,833	3	35,278	97,333	0,000
Resíduo	34,794	96	0,362		
Total	140,628	99			

Variáveis incluídas no modelo de regressão

	Coeficientes de regressão			Significância estatística		Correlações			Estatísticas de colinearidade	
Variáveis incluídas	B	Erro padrão	Beta	t	Sig.	Ordem zero	Parciais	Semi-parciais	Tolerância	VIF
(Constante)	-1,569	0,511		-3,069	0,003					
X_9 Solução de reclamação	0,433	0,052	0,439	8,329	0,000	0,603	0,648	0,423	0,927	1,079
X_6 Qualidade do produto	0,437	0,044	0,512	9,861	0,000	0,486	0,709	0,501	0,956	1,046
X_{12} Imagem da equipe de venda	0,530	0,059	0,477	8,992	0,000	0,500	0,676	0,457	0,916	1,092

Variáveis fora do modelo de regressão

		Significância estatística		Correlação parcial	Estatísticas de colinearidade	
	Beta	t	Sig.		Tolerância	VIF
X_7 Comércio eletrônico	-0,232	-2,890	0,005	-0,284	0,372	2,692
X_8 Suporte técnico	0,013	0,259	0,796	0,027	0,983	1,017
X_{10} Anúncio	-0,019	-0,307	0,760	-0,031	0,700	1,428
X_{11} Linha de produto	0,180	2,559	0,012	0,254	0,494	2,026
X_{13} Preço competitivo	-0,094	-1,643	0,104	-0,166	0,776	1,288
X_{14} Garantia e reclamações	0,020	0,387	0,700	0,040	0,966	1,035
X_{15} Novos produtos	0,016	0,312	0,755	0,032	0,996	1,004
X_{16} Encomenda e cobrança	0,101	1,297	0,198	0,132	0,426	2,348
X_{17} Flexibilidade de preço	-0,063	-0,892	0,374	-0,091	0,525	1,906
X_{18} Velocidade de entrega	0,219	2,172	0,032	0,217	0,243	4,110

Uma revisão do processo stepwise

O procedimento de estimação *stepwise* é planejado para desenvolver um modelo de regressão com o menor número de variáveis independentes estatisticamente significantes e o máximo de precisão preditiva. No entanto, fazendo isso, o modelo de regressão pode ser sensivelmente afetado por questões como multicolinearidade. Além disso, o pesquisador abre mão de controle sobre a formação do modelo de regressão e corre um risco maior de diminuir generalidade. A seção a seguir fornece uma visão geral da estimação do modelo de regressão *stepwise* discutido anteriormente sob a perspectiva de ajuste geral do modelo. Aspectos relativos à interpretação da variável estatística, outros procedimentos de estimação, e especificações alternativas de modelo serão abordados em seções subseqüentes.

A Tabela 4-15 fornece um resumo passo a passo detalhando as medidas de ajuste geral para o modelo de regressão usado pela HBAT na previsão de satisfação de clientes. Cada uma das três primeiras variáveis adicionadas à equação faz contribuições substanciais ao ajuste geral do modelo, com significativos aumentos no R^2 e no R^2 ajustado, ao mesmo tempo em que diminui o erro padrão da estimativa. Com apenas as três primeiras variáveis, 75% da variação em satisfação de cliente é explicada com um intervalo de confiança de ± 1,2. Duas variáveis adicionais foram acrescentadas para chegar no modelo final, mas essas variáveis, apesar de estatisticamente significantes, fazem contribuições muito menores.

(Continua)

TABELA 4-14 Exemplo de resultado: passo 5 do exemplo da regressão múltipla HBAT

Passo 5 – Variável incluída: X_{11} Linha do produto

R múltiplo	0,889
Coeficiente de determinação (R^2)	0,791
R^2 ajustado	0,780
Erro padrão da estimativa	0,559

Análise de variância

	Soma de quadrados	df	Quadrado médio	F	Sig.
Regressão	111,205	5	22,241	71,058	0,000
Resíduo	29,422	94	0,313		
Total	140,628	99			

Variáveis incluídas no modelo de regressão

	Coeficientes de regressão			Significância estatística		Correlações			Estatísticas de colinearidade	
Variáveis incluídas	B	Erro padrão	Beta	t	Sig.	Ordem zero	Parciais	Semi-parciais	Tolerância	VIF
(Constante)	-1,151	0,500		-2,303	0,023					
X_9 Solução de reclamação	0,319	0,061	0,323	5,256	0,000	0,603	0,477	0,248	0,588	1,701
X_6 Qualidade do produto	0,369	0,047	0,432	7,820	0,000	0,486	0,628	0,369	0,728	1,373
X_{12} Imagem de equipe de venda	0,775	0,089	0,697	8,711	0,000	0,500	0,668	0,411	0,347	2,880
X_7 Comércio eletrônico	-0,417	0,132	-0,245	-3,162	0,002	0,283	-0,310	-0,149	0,370	2,701
X_{11} Linha do produto	0,174	0,061	0,192	2,860	0,005	0,551	0,283	0,135	0,492	2,033

Variáveis fora do modelo de regressão

		Significância estatística		Correlação parcial	Estatísticas de colinearidade	
	Beta	t	Sig.		Tolerância	VIF
X_8 Suporte técnico	-0,009	-0,187	0,852	-0,019	0,961	1,041
X_{10} Anúncio	-0,009	-0,162	0,872	-0,017	0,698	1,432
X_{13} Preço competitivo	-0,040	-0,685	0,495	-0,071	0,667	1,498
X_{14} Garantia e reclamações	-0,023	-0,462	0,645	-0,048	0,901	1,110
X_{15} Novos produtos	0,002	0,050	0,960	0,005	0,989	1,012
X_{16} Encomenda e cobrança	0,124	1,727	0,088	0,176	0,423	2,366
X_{17} Flexibilidade de preço	0,129	1,429	0,156	0,147	0,272	3,674
X_{18} Velocidade de entrega	0,138	1,299	0,197	0,133	0,197	5,075

(Continuação) O R^2 aumenta em 3% e o intervalo de confiança diminui para ± 1,1, o que corresponde a uma melhora de 0,1. Os impactos relativos de cada variável serão discutidos no estágio 5, mas o procedimento *stepwise* destaca a importância das três primeiras variáveis na avaliação do ajuste geral do modelo.

Ao avaliarmos a equação estimada, consideramos significância estatística. Devemos também tratar com às duas questões básicas: (1) atender às suposições inerentes à regressão e (2) identificar os pontos influentes. Consideramos cada um desses tópicos nas seções que se seguem.

Avaliação da variável estatística para as suposições da análise de regressão

Até aqui, examinamos as variáveis individuais para sabermos se as mesmas atendem às suposições exigidas para análise de regressão. Contudo, devemos avaliar a variável estatística para sabermos se ela atende a tais suposições também. As suposições a serem examinadas são linearidade, homocedasticidade, independência dos resíduos, e normalidade. A principal medida usada na avaliação da variável estatística de regressão é o resíduo – a diferença entre o valor real da variável dependente e seu valor previsto. Para comparação, usamos os resíduos estudantizados, uma forma de resíduos padronizados (ver Termos-chave).

TABELA 4–15 Resumo do modelo segundo o método de regressão múltipla *stepwise*

Resumo do modelo

	Ajuste geral do modelo				Estatísticas de mudança no R^2			
Passo	R	R^2	R^2 ajustado	Erro padrão da estimativa	Mudança no R^2	Valor F para mudança no R^2	df1	df2	Significância da mudança no R^2
1	0,603	0,364	0,357	0,955	0,364	56,070	1	98	0,000
2	0,738	0,544	0,535	0,813	0,180	38,359	1	97	0,000
3	0,868	0,753	0,745	0,602	0,208	80,858	1	96	0,000
4	0,879	0,773	0,763	0,580	0,020	8,351	1	95	0,005
5	0,889	0,791	0,780	0,559	0,018	8,182	1	94	0,005

Passo 1: X_9 Solução de reclamação
Passo 2: X_9 Solução de reclamação, X_6 Qualidade do produto
Passo 3: X_9 Solução de reclamação, X_6 Qualidade do produto, X_{12} Imagem da equipe de venda
Passo 4: X_9 Solução de reclamação, X_6 Qualidade do produto, X_{12} Imagem da equipe de venda, X_7 Comércio eletrônico
Passo 5: X_9 Solução de reclamação, X_6 Qualidade do produto, X_{12} Imagem da equipe de venda, X_7 Comércio eletrônico, X_{11} Linha de produto

Nota: Constante (termo de intercepto) incluída em todos os modelos de regressão.

O tipo mais básico de gráfico de resíduo é mostrado na Figura 4-10, os resíduos estudantizados versus os valores previstos. Como podemos ver, os resíduos geralmente estão em um padrão aleatório, muito semelhante ao gráfico nulo na Figura 4-5a. No entanto, devemos fazer testes específicos para cada suposição para verificar violações.

Linearidade A primeira suposição, linearidade, será avaliada por meio de uma análise de resíduos (teste da variável estatística geral) e gráficos de regressão parcial (para cada variável independente na análise).

A Figura 4-10 não exibe qualquer padrão não-linear nos resíduos, garantindo assim que a equação geral é linear.

Mas também devemos nos certificar, ao usarmos mais de uma variável independente, que cada relação com a variável independente seja igualmente linear para garantir sua melhor representação na equação. Para fazer isso, utilizamos o gráfico de regressão parcial para cada variável independente na equação. Na Figura 4-11, vemos que as relações para X_6, X_9 e X_{12} são razoavelmente bem definidas; ou seja, elas têm efeitos fortes e significantes na equação de regressão. As variáveis X_7 e X_{11} não são tão bem definidas, tanto no coeficiente angular quanto na dispersão dos pontos, o que explica o menor efeito na equação (evidenciado pelo coeficiente, pelo valor beta e pelo nível de significância menores). Para as cinco variáveis, nenhum padrão não-linear é mostrado, atendendo assim à suposição de linearidade para cada variável independente.

(*Continua*)

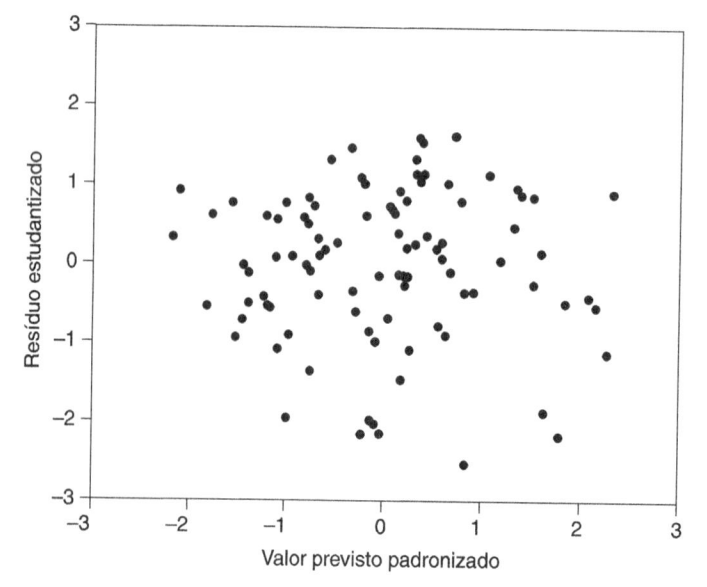

FIGURA 4-10 Análise de resíduos padronizados.

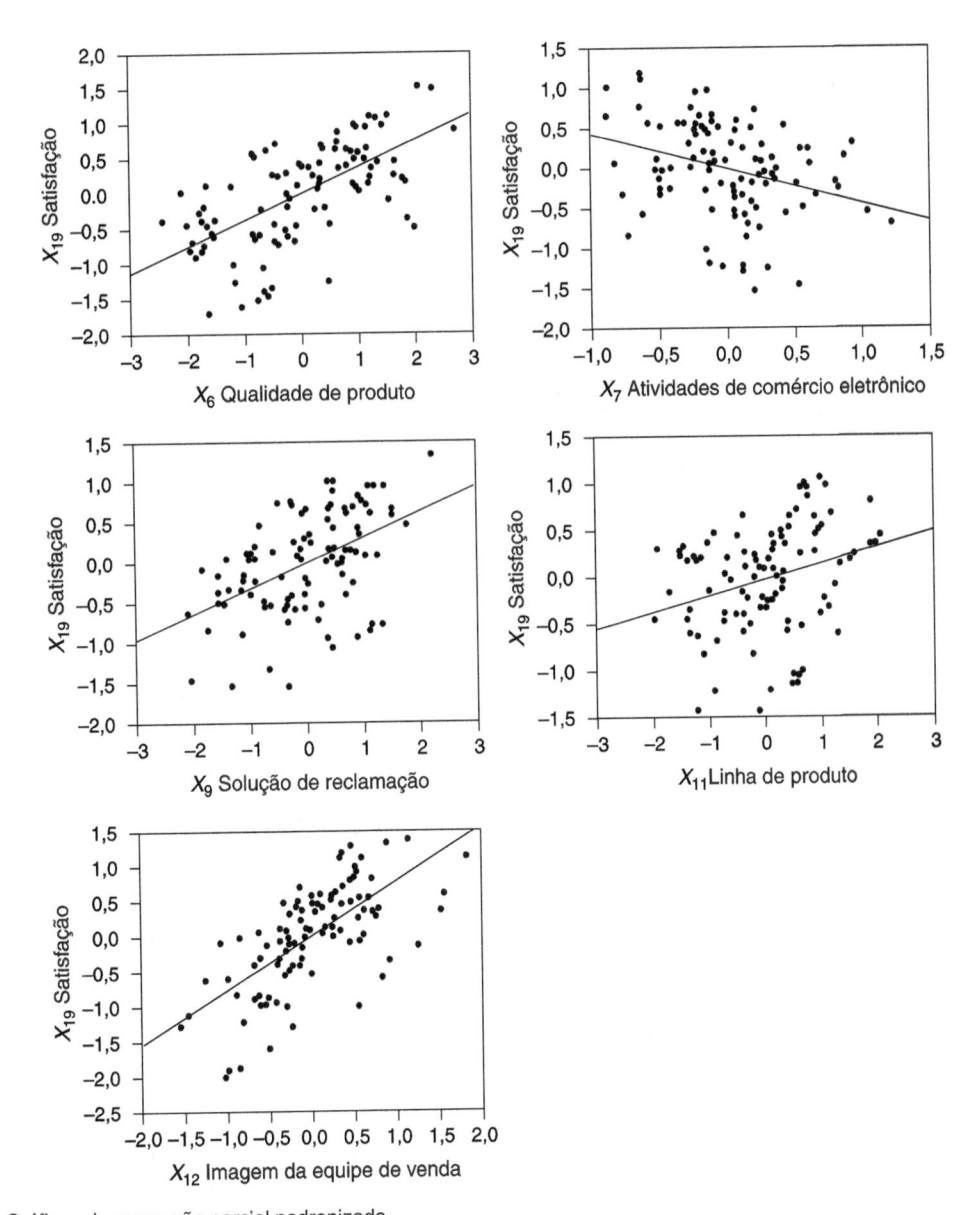

FIGURA 4-11 Gráficos de regressão parcial padronizada.

(Continuação)

Homocedasticidade A próxima suposição lida com a constância dos resíduos ao longo dos valores das variáveis independentes. Nossa análise é novamente realizada pelo exame dos resíduos (Figura 4-10), que não mostra padrão de resíduos crescentes ou decrescentes. Essa descoberta aponta homocedasticidade no caso multivariado (o conjunto de variáveis independentes).

Independência dos resíduos A terceira suposição lida com o efeito de envolvimento de uma observação com a outra, tornando assim o resíduo não-independente. Quando é encontrado envolvimento em casos como dados em séries temporais, o pesquisador deve identificar as potenciais variáveis seqüenciais (como tempo em um problema de séries temporais) e fazer o gráfico dos resíduos por essa variável. Por exemplo, considere que o número de identificação representa a ordem na qual coletamos nossas respostas. Poderíamos fazer o gráfico dos resíduos e ver se surge algum padrão.

Em nosso exemplo, diversas variáveis, incluindo o número de identificação e cada variável independente, foram testadas e nenhum padrão consistente foi encontrado. Devemos usar os resíduos nessa análise, não os valores originais da variável dependente, porque o foco está nos erros de previsão e não na relação obtida na equação de regressão.

Normalidade A suposição final que verificaremos é a normalidade do termo de erro da variável estatística com uma inspeção visual dos gráficos de probabilidade normal dos resíduos.

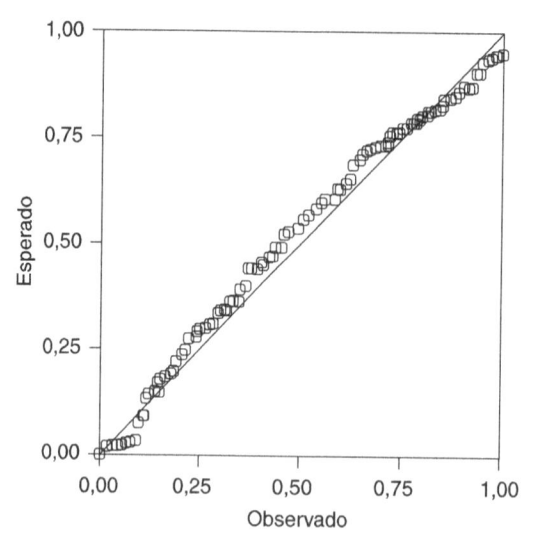

FIGURA 4-12 Gráfico de probabilidade normal: resíduos padronizados.

Como mostrado na Figura 4-12, os valores estão ao longo da diagonal sem desvios substanciais ou sistemáticos; logo, os resíduos são considerados representativos de uma distribuição normal. A variável estatística de regressão satisfaz a suposição de normalidade.

Aplicação de ações corretivas para violações de suposições. Após testar violações das quatro suposições básicas da regressão multivariada para as variáveis individuais e para a variável estatística de regressão, o pesquisador deve avaliar o impacto de ações corretivas sobre os resultados.

No exame de variáveis individuais no Capítulo 2, as únicas ações corretivas necessárias eram as transformações de X_6, X_7, X_{12}, X_{13}, X_{16} e X_{17}. Somente no caso de X_{12} a transformação não atingiu normalidade. Se substituirmos essas variáveis por seus valores originais e reestimarmos a equação de regressão com um procedimento *stepwise*, conseguiremos resultados quase idênticos (ver Tabela 4-16). As mesmas variáveis entram na equação sem diferenças significativas, seja nos coeficientes estimados, seja no ajuste geral do modelo como avaliado com R^2 e erro padrão da estimativa. As variáveis independentes fora da equação ainda exibem níveis não-significantes para entrada – mesmo aquelas que foram transformadas. Assim, nesse caso, as ações corretivas para violação das suposições melhoraram um pouco a previsão, mas não alteraram as descobertas importantes.

Identificação de observações atípicas como observações influentes

Para nossa análise final, tentamos identificar observações que sejam influentes (tenham um impacto desproporcional sobre os resultados de regressão) e determinar se elas deveriam ser excluídas da análise. Apesar de procedimentos mais detalhados estarem disponíveis para a identificação de observações atípicas como observações influentes, abordamos o uso de resíduos para identificar observações atípicas na próxima seção.

A ferramenta diagnóstica mais básica envolve os resíduos e a identificação de quaisquer observações atípicas – ou seja, observações que não foram bem previstas pela equação de regressão e que têm grandes resíduos. A Figura 4-13 mostra os resíduos estudantizados para cada observação. Como os valores correspondem a valores *t*, os limites superior e inferior podem ser definidos assim que o intervalo de confiança desejado tenha sido estabelecido. Talvez o nível mais amplamente usado seja uma confiança de 95% ($\alpha = 0,05$). O valor *t* correspondente é 1,96, identificando-se assim resíduos estatisticamente significantes como aqueles com resíduos maiores que este valor (1,96). Sete observações podem ser vistas na Figura 4-13 (2, 10, 20, 45, 52, 80 e 99) como tendo resíduos significantes, e assim são classificadas como observações atípicas. Estas são importantes por serem observações não representadas pela equação de regressão por uma ou mais razões, sendo que qualquer uma pode ser um efeito influente sobre a equação que demanda uma ação corretiva.

O exame dos resíduos também pode ser feito por meio dos gráficos de regressão parcial (ver Figura 4-11). Esses gráficos ajudam a identificar observações influentes para cada relação entre variáveis dependente e independentes. Consistentemente ao longo de cada gráfico na Figura 4-11, os pontos na porção inferior são aquelas observações identificadas como tendo elevados resíduos negativos (observações 2, 10, 20, 45, 52, 80 e 99 na Figura 4-13). Tais pontos não são bem representados pela relação e, portanto, afetam a correlação parcial também.

TABELA 4-16 Resultados de regressão múltipla após ações corretivas para violações de suposições

Regressão *stepwise* com variáveis transformadas

R múltiplo	0,890
Coeficiente de determinação (R^2)	0,792
R^2 ajustado	0,781
Erro padrão da estimativa	0,558

Análise de variância

	Soma de quadrados	df	Quadrado médio	F	Sig.
Regressão	111,319	5	22,264	71,407	0,000
Resíduo	29,308	94	0,312		
Total	140,628	99			

Variáveis incluídas no modelo de regressão

	Coeficientes de regressão			Significância estatística		Correlações			Estatísticas de colinearidade	
Variáveis incluídas	B	Erro padrão	Beta	t	Sig.	Ordem zero	Parciais	Semi-parciais	Tolerância	VIF
(Constante)	0,825	0,500		1,650	0,102					
X_9 Solução de reclamação	0,309	0,061	0,314	5,095	0,000	0,603	0,465	0,240	0,585	1,710
X_6 Qualidade do produto	0,024	0,003	0,433	7,849	0,000	0,507	0,629	0,370	0,729	1,372
X_{12} Imagem da equipe de venda	0,761	0,088	0,685	8,647	0,000	0,500	0,666	0,407	0,353	2,829
X_7 Comércio eletrônico	-3,561	1,116	-0,244	-3,192	0,002	0,254	-0,313	-0,150	0,379	2,640
X_{11} Linha do produto	0,169	0,061	0,186	2,769	0,007	0,551	0,275	0,130	0,491	2,037

Nota: X_6 (Qualidade do produto) e X_7 (Comércio eletrônico) são variáveis transformadas

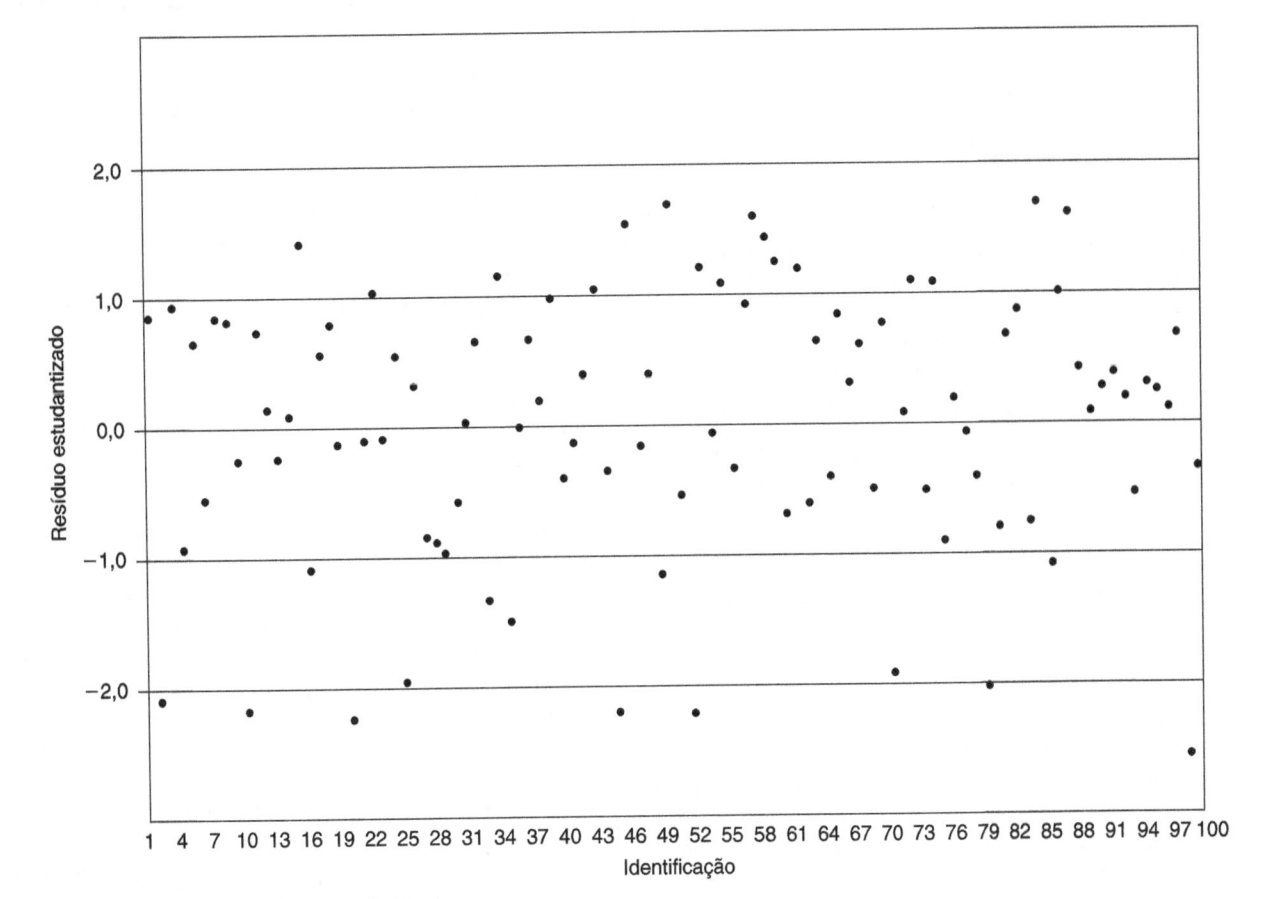

FIGURA 4-13 Gráfico de resíduos estudantizados.

Análises mais detalhadas para verificar se alguma das observações pode ser classificada como influente, bem como avaliação de possíveis ações corretivas, estão no suplemento deste capítulo, disponível na Web em www.bookman.com.br.

Estágio 5: Interpretação da variável estatística de regressão

Com a estimação do modelo concluída, a variável estatística de regressão especificada e os testes diagnósticos que confirmam a adequação dos resultados administrados, agora podemos examinar nossa equação preditiva baseada em cinco variáveis independentes (X_6, X_7, X_9, X_{11} e X_{12}).

Interpretação dos coeficientes de regressão

A primeira tarefa é avaliar os coeficientes de regressão quanto aos sinais estimados, concentrando-se naqueles de direção inesperada.

> A seção da Tabela 4-14 chamada "Variáveis incluídas no modelo de regressão" fornece a equação de previsão a partir da coluna rotulada "Coeficiente de regressão: B". Dessa coluna, lemos o termo constante (–1,151) e os coeficientes (0,319, 0,369, 0,775, –0,417 e 0,174) para X_9, X_6, X_{12}, X_7 e X_{11}, respectivamente. A equação preditiva seria escrita como:
>
> $$Y = -1{,}151 + 0{,}319X_9 + 0{,}369X_6 + 0{,}775X_{12} + (-0{,}417)X_7 + 0{,}174X_{11}$$
>
> *Nota:* O coeficiente de X_7 está incluído entre parênteses para evitar confusão devido ao valor negativo do mesmo.
>
> Com essa equação, o nível esperado de satisfação do cliente para qualquer um deles pode ser calculado se suas avaliações da HBAT forem conhecidas. Para ilustração, suponhamos que um cliente considerou a HBAT com um valor de 6,0 para cada uma dessas cinco medidas. O nível previsto de satisfação para aquele cliente seria
>
> Cliente previsto = $-1{,}151 + 0{,}319 \times 6 + 0{,}369 \times 6 + 0{,}775 \times 6 + (-0{,}417) \times 6 + 0{,}174 \times 6$
>
> Satisfação = $-1{,}151 + 1{,}914 + 2{,}214 + 4{,}650 - 2{,}502 + 1{,}044 = 6{,}169$
>
> Primeiro começamos com uma interpretação da constante. Ela é estatisticamente significante (significância = 0,023), fazendo assim uma importante contribuição à previsão. Contudo, como em nossa situação é altamente improvável que qualquer respondente atribua nota zero em todas as percepções sobre a HBAT, a constante meramente participa do processo de previsão e não fornece qualquer pista para interpretação.
>
> Ao se verem os coeficientes de regressão, o sinal é uma indicação da relação (positiva ou negativa) entre as variáveis dependente e independentes. Todas as variáveis, exceto uma, têm coeficientes positivos. De particular interesse é o sinal invertido de X_7 (Comércio eletrônico), sugerindo que um aumento em percepções sobre essa variável tem um impacto negativo sobre a satisfação prevista de cliente. Todas as demais variáveis têm coeficientes positivos, o que significa que percepções mais positivas de HBAT (valores maiores) aumentam a satisfação do cliente.
>
> De alguma forma, então, X_7 opera diferentemente das outras variáveis? Neste caso, a correlação bivariada entre X_7 e satisfação de cliente é positiva, indicando que, quando considerada separadamente, X_7 tem uma relação positiva com satisfação de cliente, exatamente como as outras variáveis. Discutiremos na próxima seção o impacto de multicolinearidade sobre a inversão de sinais de coeficientes estimados.

Avaliação da importância de variável

Além de fornecer uma base para prever satisfação de cliente, os coeficientes de regressão também apresentam um meio de avaliar a importância relativa das variáveis individuais na previsão geral de satisfação de cliente. Quando todas as variáveis são expressas em uma escala padronizada, então os coeficientes de regressão representam importância relativa. Não obstante, em outros casos, o peso beta é a medida preferida de importância relativa.

> Nessa situação, todas as variáveis são expressas na mesma escala, mas usaremos os coeficientes beta para comparações entre variáveis independentes. Na Tabela 4-14, os coeficientes beta são listados na coluna chamada "Coeficientes de regressão: Beta". O pesquisador pode fazer comparações diretas entre as variáveis para se certificar de sua importância relativa na variável estatística de regressão. Para nosso exemplo, X_{12} (Imagem da equipe de venda) era a mais importante, seguida por X_6 (Qualidade do produto), X_9 (Solução de reclamação), X_7 (Comércio eletrônico) e, finalmente, X_{11} (Linha do produto). Com um firme declínio na magnitude dos coeficientes beta ao longo das variáveis, é difícil classificar as variáveis como elevadas, baixas ou qualquer outro caso. No entanto, a observação da magnitude relativa indica que, por exemplo, X_{12} (Imagem da equipe de venda) exibe um efeito mais marcante (três vezes mais) do que X_{11} (Linha do produto). Assim, diante do fato de que a imagem da equipe de venda pode ser aumentada unicamente a partir de outras percepções, ela representa a forma mais direta, ceteris paribus*, de aumentar a satisfação do cliente.

Medição do grau e impacto de multicolinearidade

Em qualquer interpretação da variável estatística de regressão, o pesquisador deve estar ciente do impacto da

---

* N. de R. T.: Esta expressão em latim significa "mantidas inalteradas as outras características".

multicolinearidade. Como discutido anteriormente, variáveis altamente colineares podem distorcer substancialmente os resultados ou torná-los muito instáveis e, assim, não-generalizáveis. Duas medidas estão disponíveis para testar o impacto da colinearidade: (1) cálculo dos valores da tolerância e VIF, e (2) uso dos índices de condição e decomposição da variância do coeficiente de regressão (ver suplemento deste capítulo disponível na Web em www.bookman.com.br para mais detalhes sobre este processo). O valor de tolerância é 1 menos a proporção da variância da variável explicada pelas outras variáveis independentes. Assim, uma alta tolerância indica pouca colinearidade, e valores de tolerância próximos de zero indicam que a variável é quase totalmente explicada pelas outras variáveis (alta multicolinearidade). O fator de inflação de variância é o recíproco da tolerância; logo, procuramos valores VIF pequenos como indicativos de baixa intercorrelação entre as variáveis.

> **Diagnóstico de multicolinearidade.** Em nosso exemplo, os valores de tolerância para as variáveis na equação variam de 0,728 (X_6) a 0,347 (X_{12}), indicando uma vasta gama de efeitos de multicolinearidade (ver Tabela 4-14). Analogamente, os valores VIF variam de 1,373 a 2,701. Ainda que nenhum desses valores indique níveis de multicolinearidade que devam distorcer seriamente a variável estatística de regressão, devemos ser cuidadosos mesmo com tais níveis, para entender seus efeitos, especialmente sobre o processo de estimação *stepwise*. A seção a seguir detalha alguns desses efeitos tanto sobre a estimação quanto sobre o processo de interpretação.

Uma segunda abordagem para identificar a multicolinearidade e seus efeitos é por meio da decomposição da variância do coeficiente. Os pesquisadores são encorajados a explorar essa técnica e as informações adicionais que ela oferece na interpretação da equação de regressão. Detalhes desse método são discutidos no suplemento deste capítulo dsisponível na Web em www.bookman.com.br.

Impactos devido à multicolinearidade. Apesar de a multicolinearidade não ser elevada a ponto de o pesquisador ter que tomar uma ação corretiva antes que resultados válidos sejam obtidos, multicolinearidade ainda tem impacto sobre o processo de estimação, particularmente sobre a composição da variável estatística e os coeficientes de regressão estimados.

> Depois de X_9 (a primeira variável acrescentada à variável estatística no processo *stepwise*), a segunda com maior correlação com a variável dependente é X_{18} (Velocidade de entrega), seguida por X_{11} (Linha do produto) e X_{16} (Encomenda e cobrança). No entanto, devido à colinearidade com X_9, a segunda variável a entrar foi X_6, que é apenas a sexta maior correlação bivariada com X_{19}.
>
> Os impactos de multicolinearidade são vistos repetidamente através do processo de estimação, de modo que o conjunto final de cinco variáveis adicionadas ao modelo de regressão (X_6, X_7, X_9, X_{11} e X_{12}) representa a primeira, a sexta, a quinta, a oitava e a terceira correlação com a variável dependente, respectivamente. Variáveis com a segunda correlação mais alta (X_{18} com 0,577) e a quarta maior (X_{16} com 0,522) jamais entram no modelo de regressão. A exclusão delas significa que as mesmas não são importantes? Falta impacto a elas? Se um pesquisador se guiar apenas pelo modelo de regressão estimado, a multicolinearidade causará sérios problemas de interpretação. O que aconteceu é que X_{16} e X_{18} são altamente correlacionadas com X_9, a tal ponto que elas têm pouco poder explanatório independentemente daquele compartilhado com X_9. No entanto, por conta delas mesmas, ou se X_9 não fosse permitida no modelo, elas seriam importantes preditores de satisfação de cliente. A extensão de multicolinearidade entre essas três variáveis é evidenciada no Capítulo 3, onde essas três variáveis foram percebidas como um dos quatro fatores que surgem das percepções de HBAT.
>
> Além de afetar a composição da variável estatística, multicolinearidade tem um impacto distinto sobre os sinais dos coeficientes estimados. Nesta situação ela se relaciona com a colinearidade entre X_{12} (Imagem de equipe de venda) e X_7 (Comércio eletrônico). Como observado em nossa discussão anterior sobre multicolinearidade, um possível efeito é a inversão de sinal para um coeficiente de regressão estimado a partir da direção esperada representada na correlação bivariada. Aqui, a alta correlação positiva entre X_{12} e X_7 (correlação = 0,792) faz com que o sinal do coeficiente de regressão de X_7 mude de positivo (na correlação bivariada) para um sinal negativo. Se o pesquisador não investigasse a extensão da multicolinearidade e seu impacto, poderia ser tirada a conclusão inadequada de que aumentos em atividades de comércio eletrônico diminuem a satisfação do cliente.
>
> Logo, o pesquisador deve entender as relações básicas sustentadas pela teoria conceitual inerente à especificação do modelo original e fazer a interpretação com base nessa teoria, e não apenas sobre a variável estatística estimada.

O pesquisador jamais deve permitir que um procedimento de estimação defina a interpretação dos resultados; deve, porém, compreender os aspectos de interpretação que acompanham cada procedimento de estimação. Por exemplo, se todas as 13 variáveis independentes entram na variável estatística de regressão, o pesquisador ainda deve lidar com os efeitos de colinearidade sobre a interpretação dos coeficientes, mas de uma maneira diferente do que ocorre em *stepwise*.

Estágio 6: Validação dos resultados

A tarefa final para o pesquisador envolve o processo de validação do modelo de regressão. A preocupação fundamental desse processo é garantir que os resultados sejam generalizáveis à população e não específicos à amostra usada na estimação. A abordagem mais direta de validação é obter uma outra amostra da população e avaliar a correspondência dos resultados das duas amostras. Na ausência de uma amostra adicional, o pesquisador pode avaliar a validade dos resultados de diversas maneiras, incluindo o exame do valor R^2 ajustado ou a estimação do modelo de regressão sobre duas ou mais subamostras dos dados.

> O exame do valor R^2 ajustado revela pouca perda no poder preditivo quando comparado com o valor R^2 (0,780 versus 0,791, ver Tabela 4-14), o que indica uma falta de superajuste que apareceria com uma diferença maior entre os dois valores. Além disso, com cinco variáveis no modelo, ele mantém uma proporção adequada de observações por variáveis na variável estatística.
>
> Uma segunda abordagem é dividir a amostra em duas subamostras, estimar o modelo de regressão para cada subamostra e comparar os resultados. A Tabela 4-17 contém os modelos estimados *stepwise* para duas subamostras de 50 observações cada. A comparação do ajuste geral do modelo demonstra um elevado nível de similaridade dos resultados em termos de R^2, R^2 ajustado e do erro padrão da estimativa. Mas ao se comparar os coeficientes individuais, algumas diferenças surgem. Na amostra 1, X_9 não entrou nos resultados *stepwise*, mas entrou na amostra 2 e na amostra geral. Em seu lugar entrou X_{16}, altamente colinear com X_9. Além disso, X_{12} tem um peso beta sensivelmente maior na amostra 1 do que nos resultados gerais. Na segunda amostra, quatro das variáveis entraram como no caso dos resultados gerais, mas X_{11}, a variável mais fraca nos resultados gerais, não entrou no modelo. A omissão de X_{11} em uma das subamostras confirma que este era um preditor atípico, como indicado pelos baixos valores beta e t no modelo geral.

Avaliação de modelos de regressão alternativos

O modelo de regressão *stepwise* examinado na discussão anterior forneceu uma sólida avaliação do problema de pesquisa conforme formulado. No entanto, o pesquisador está sempre bem servido na avaliação de modelos de regressão alternativos na busca de poder explicativo adicional e de confirmação de resultados anteriores. Nesta

TABELA 4-17 Validação com amostra particionada da estimação *stepwise*

Ajuste geral do modelo

	Amostra 1	Amostra 2
R múltiplo	0,910	0,888
Coeficiente de determinação (R^2)	0,828	0,788
R^2 ajustado	0,808	0,769
Erro padrão da estimativa	0,564	0,529

Análise de variância

	Amostra 1					*Amostra 2*				
	Soma de quadrados	df	Quadrado médio	F	Sig.	Soma de quadrados	df	Quadrado médio	F	Sig.
Regressão	67,211	5	13,442	42,223	0,000	46,782	4	11,695	41,747	0,000
Resíduo	14,008	44	0,318			12,607	45	0,280		
Total	81,219	49				59,389	49			

Variáveis incluídas no modelo de regressão *stepwise*

	AMOSTRA 1					AMOSTRA 2				
	Coeficientes de regressão			*Significância estatística*		*Coeficientes de regressão*			*Significância estatística*	
Variáveis no modelo	B	Erro padrão	Beta	t	Sig.	B	Erro padrão	Beta	t	Sig.
(Constante)	-1,413	0,736		-1,920	0,061	-0,689	0,686		-1,005	0,320
X_9 Imagem da equipe de venda	1,069	0,151	0,916	7,084	0,000	0,594	0,105	0,568	5,679	0,000
X_6 Qualidade do produto	0,343	0,066	0,381	5,232	0,000	0,447	0,062	0,518	7,170	0,000
X_7 Comércio eletrônico	-0,728	0,218	-0,416	-3,336	0,002	-0,349	0,165	-0,212	-2,115	0,040
X_{11} Linha do produto	0,295	0,078	0,306	3,780	0,000					
X_{16} Encomenda e cobrança	0,285	0,115	0,194	2,473	0,017					
X_9 Solução de reclamação						0,421	0,070	0,445	5,996	0,000

seção, examinamos dois modelos de regressão adicionais: um modelo que inclui as treze variáveis independentes em uma abordagem confirmatória, e um segundo modelo que acrescenta uma variável não-métrica (X_3, Tamanho da firma) pelo uso de uma variável dicotômica.

Modelo confirmatório de regressão

Uma alternativa básica ao método de estimação de regressão *stepwise* é a abordagem confirmatória, na qual o pesquisador especifica a variável independente a ser incluída na equação de regressão. Desse modo, o pesquisador detém controle completo sobre a variável estatística de regressão em termos de previsão e explicação. Esse tratamento é especialmente adequado em situações de replicação de esforços anteriores de pesquisa ou para fins de validação.

> Nessa situação, a perspectiva confirmatória envolve a inclusão das 13 medidas de percepção como variáveis independentes. Essas mesmas variáveis são consideradas no processo de estimação *stepwise*, mas nesse caso todas entram diretamente na equação de regressão de uma só vez. Aqui o pesquisador pode julgar os impactos potenciais da multicolinearidade na seleção de variáveis independentes e o efeito sobre o ajuste geral do modelo a partir da inclusão das sete* variáveis.

A principal comparação entre os procedimentos *stepwise* e confirmatório envolve o exame do ajuste geral do modelo, bem como a interpretação conseguida a partir de cada conjunto de resultados.

Impacto sobre ajuste geral do modelo. Os resultados na Tabela 4-18 são semelhantes aos resultados finais alcançados pela estimação *stepwise* (ver Tabela 4-14), com duas exceções que devem ser destacadas:

> 1. Ainda que mais variáveis independentes sejam incluídas, o ajuste geral do modelo diminui. Ao contrário do coeficiente de determinação que aumenta (de 0,889 para 0,897) por causa das variáveis independentes extras, o R^2 ajustado diminui levemente (de 0,780 para 0,774), o que indica a inclusão de várias variáveis independentes que são não-significantes na equação de regressão. Apesar de contribuírem para o valor R^2 geral, elas diminuem o R^2 ajustado. Isso ilustra o papel do R^2 ajustado na comparação de variáveis estatísticas de regressão com diferentes números de variáveis independentes.
> 2. Uma outra indicação do ajuste geral mais pobre do modelo confirmatório é o aumento no erro padrão da estimativa (SEE) de 0,559 para 0,566, o que demonstra que o R^2 geral não deve ser o único critério para a precisão preditiva, pois pode ser influenciado por muitos fatores, entre os quais o número de variáveis independentes.

Impacto sobre interpretação da variável estatística. A outra diferença está na variável estatística de regressão, onde a multicolinearidade afeta o número e a força das variáveis significantes.

> 1. Primeiro, apenas três variáveis (X_6, X_7 e X_{12}) são estatisticamente significantes, ao passo que o modelo *stepwise* contém duas variáveis a mais (X_9 e X_{11}). No modelo *stepwise*, X_{11} era a variável menos significante, com um nível de significância de 0,005. Quando a abordagem confirmatória é empregada, a multicolinearidade com outras variáveis (como indicado por seu valor de tolerância de 0,026) a reduz a não-significante. O mesmo acontece com X_9, que foi a primeira variável a entrar na solução *stepwise*, mas que agora tem um coeficiente não-significante no modelo confirmatório. Novamente, multicolinearidade teve um impacto perceptível, refletido em seu valor de tolerância de 0,207.
> 2. O impacto de multicolinearidade sobre outras variáveis não presentes no modelo *stepwise* também é substancial. Na abordagem confirmatória, três variáveis (X_{11}, X_{17} e X_{18}) têm valores de tolerância abaixo de 0,05 (com valores VIF correspondentes de 33,3, 37,9 e 44,0)**, o que significa que 95% ou mais de sua variância é explicada pelas outras percepções HBAT. Em tais situações, é praticamente impossível para essas variáveis serem preditoras significantes. Seis outras têm valores de tolerância abaixo de 0,50, indicando que as variáveis do modelo de regressão explicam mais da metade da variância das mesmas.

Assim, enquanto a multicolinearidade foi responsável pela criação de quatro fatores bem desenvolvidos no Capítulo 3, aqui a inclusão de todas as variáveis cria problemas na estimação e na interpretação.

A abordagem confirmatória fornece ao pesquisador controle sobre a variável estatística de regressão, mas ao custo possível de uma equação de regressão com previsão e explicação mais pobres se o pesquisador não examinar atentamente os resultados. As abordagens confirmatória e seqüencial têm vantagens e desvantagens que devem ser consideradas em seu uso, mas o pesquisador prudente emprega ambas, a fim de lidar com as vantagens de cada uma.

Inclusão de uma variável independente não-métrica

A discussão anterior se concentrou no método de estimação confirmatória como uma alternativa para talvez aumentar a previsão e a explicação, mas o pesquisador também deve considerar o possível melhoramento a partir da adição de variáveis independentes não-métricas. Como discutido em uma seção anterior e no Capítulo 2, as variáveis não-métricas não podem ser diretamente incluídas na

---

* N. de R. T.: A frase correta seria "a partir da inclusão das 13 variáveis".

** N. de R. T.: A ordem correta dos números é 37,9, 33,3 e 44,0.

TABELA 4-18 Resultados de regressão múltipla usando uma abordagem de estimação confirmatória com todas as 13 variáveis independentes

Especificação confirmatória com 13 variáveis	
R múltiplo	0,897
Coeficiente de determinação (R^2)	0,804
R^2 ajustado	0,774
Erro padrão da estimativa	0,566

Análise de variância

	Soma de quadrados	df	Quadrado médio	F	Sig.
Regressão	113,044	13	8,696	27,111	0,000
Resíduo	27,584	86	0,321		
Total	140,628	99			

Variáveis presentes no modelo de regressão

	Coeficientes de regressão			Significância estatística		Correlações			Estatísticas de colinearidade	
Variáveis no modelo	B	Erro padrão	Beta	t	Sig.	Ordem zero	Parciais	Semi-parciais	Tolerância	VIF
(Constante)	-1,336	1,120		-1,192	0,236					
X_6 Qualidade do produto	0,377	0,053	0,442	7,161	0,000	0,486	0,611	0,342	0,598	1,672
X_7 Comércio eletrônico	-0,456	0,137	-0,268	-3,341	0,001	0,283	-0,339	-0,160	0,354	2,823
X_8 Suporte técnico	0,035	0,065	0,045	0,542	0,589	0,113	0,058	0,026	0,328	3,047
X_9 Solução de reclamação	0,154	0,104	0,156	1,489	0,140	0,603	0,159	0,071	0,207	4,838
X_{10} Anúncio	-0,034	0,063	-0,033	-0,548	0,585	0,305	-0,059	-0,026	0,646	1,547
X_{11} Linha do produto	0,362	0,267	0,400	1,359	0,178	0,551	0,145	0,065	0,026	37,978
X_{12} Imagem da equipe de venda	0,827	0,101	0,744	8,155	0,000	0,500	0,660	0,389	0,274	3,654
X_{13} Preço competitivo	-0,047	0,048	0,062	-0,985	0,328	-0,208	-0,106	0,047	0,584	1,712
X_{14} Garantia e reclamações	-0,107	0,126	0,074	-0,852	0,397	0,178	-0,092	0,041	0,306	3,268
X_{15} Novos produtos	-0,003	0,040	-0,004	-0,074	0,941	0,071	-0,008	-0,004	0,930	1,075
X_{16} Encomenda e cobrança	0,143	0,105	0,111	1,369	0,175	0,522	0,146	0,065	0,344	2,909
X_{17} Flexibilidade de preço	0,238	0,272	0,241	0,873	0,385	0,056	0,094	0,042	0,030	33,332
X_{18} Velocidade de entrega	-0,249	0,514	-0,154	-0,485	0,629	0,577	-0,052	-0,023	0,023	44,004

equação de regressão, mas devem ser representadas por uma série de novas variáveis criadas, chamadas de dicotômicas, as quais representam as categorias separadas da variável não-métrica.

Neste exemplo, a variável de tamanho da empresa (X_3), que tem as duas categorias (firmas pequenas e grandes), será acrescentada ao processo de estimação *stepwise*. A variável já está codificada na forma apropriada, sendo que as grandes empresas (500 empregados ou mais) são codificadas como 1 e as pequenas, como 0. A variável pode ser diretamente incluída na equação de regressão para representar a diferença na satisfação de clientes entre grandes e pequenas empresas, dadas as outras variáveis na equação de regressão. Especificamente, como as grandes empresas têm o valor 1, as pequenas atuam como a categoria de referência.

O coeficiente de regressão é interpretado como o valor para grandes empresas comparado com as pequenas. Um coeficiente positivo indica que as grandes têm uma maior satisfação de clientes do que as pequenas, enquanto um valor negativo indica que as pequenas têm maior satisfação de clientes. A magnitude do coeficiente representa a diferença em satisfação de clientes entre as médias dos dois grupos, controlando todas as demais variáveis no modelo.

A Tabela 4-19 contém os resultados da adição de X_3 em um modelo *stepwise*, onde ela foi adicionada às cinco variáveis que formavam o modelo *stepwise* anterior desta seção (ver Tabela 4-14). O exame das estatísticas gerais de ajuste indica uma melhora mínima, em que todas as medidas (R^2, R^2 ajustado e SEE) aumentam em relação ao modelo *stepwise* (ver Tabela 4-14). Isso é apoiado pela significância estatística do coeficiente de regressão para X_3 (significância de 0,030). O valor positivo do coeficiente (0,271) indica que as empresas grandes, dadas as suas características nas outras cinco

(*Continua*)

TABELA 4-19 Resultados de regressão múltipla adicionando X_3 (Tamanho de firma) como variável independente usando-se uma variável dicotômica

Regressão *stepwise* com variáveis transformadas

R múltiplo	0,895
Coeficiente de determinação (R^2)	0,801
R^2 ajustado	0,788
Erro padrão da estimativa	0,548

Análise de variância

	Soma de quadrados	df	Quadrado médio	F	Sig.
Regressão	112,669	6	18,778	62,464	0,000
Resíduo	27,958	93	0,301		
Total	140,628	99			

Variáveis presentes no modelo de regressão

	Coeficientes de regressão			Significância estatística		Correlações			Estatísticas de colinearidade	
Variáveis no modelo	B	Erro padrão	Beta	t	Sig.	Ordem zero	Parciais	Semi-parciais	Tolerância	VIF
(Constante)	-1,250	0,492		-2,542	0,013					
X_9 Solução de reclamação	0,300	0,060	0,304	4,994	0,000	0,603	0,460	0,231	0,576	1,736
X_6 Qualidade do produto	0,365	0,046	0,427	7,881	0,000	0,486	0,633	0,364	0,727	1,375
X_{12} Imagem da equipe de venda	0,701	0,093	0,631	7,507	0,000	0,500	0,614	0,347	0,303	3,304
X_7 Comércio eletrônico	-0,333	0,135	-0,196	-2,473	0,015	0,283	-0,248	-0,114	0,341	2,935
X_{11} Linha do produto	0,203	0,061	0,224	3,323	0,001	0,551	0,326	0,154	0,469	2,130
X_3 Tamanho da firma	0,271	0,123	0,114	2,207	0,030	0,229	0,223	0,102	0,798	1,253

(*Continuação*)

variáveis independentes na equação, ainda têm uma satisfação de clientes que é em torno de um quarto de ponto maior (0,271) na questão de 10 pontos. O uso de X_3 aumentou a previsão só um pouco. Sob um ponto de vista explanatório, porém, sabemos que grandes empresas contam com maior satisfação de clientes.

Este exemplo ilustra a maneira na qual o pesquisador pode acrescentar variáveis não-métricas às variáveis métricas na variável estatística de regressão e melhorar tanto a previsão quanto a explicação.

Uma visão gerencial dos resultados

Os resultados da regressão, incluindo a avaliação complementar do modelo confirmatório e a adição da variável não-métrica, auxiliam na solução da questão básica de pesquisa: o que afeta a satisfação do cliente? Ao formular uma resposta, o pesquisador deve considerar dois aspectos: previsão e explicação.

Em termos de previsão, os modelos de regressão sempre atingem níveis elevados de precisão preditiva. A quantia de variância explicada gira em torno de 80%, e a taxa de erro esperado para qualquer previsão no intervalo de confiança de 95% é de aproximadamente 1,1 pontos. Nesse tipo de contexto de pesquisa, tais níveis, aumentados pelos resultados que suportam a validade do modelo, fornecem os mais altos níveis de garantia quanto à qualidade e precisão dos modelos de regressão como a base para desenvolver estratégias de negócios.

Em termos de explicação, todos os modelos estimados chegaram essencialmente aos mesmos resultados: três influências fortes (X_{12}, Imagem da equipe de venda; X_6, Qualidade do produto; e X_9, Solução de reclamação). Aumentos em qualquer uma dessas variáveis resultarão em aumentos na satisfação do cliente. Por exemplo, um aumento de um ponto na percepção do cliente da Imagem da equipe de venda (X_{12}) resultará em um aumento médio de pelo menos sete décimos (0,701) de um ponto na escala de 10 pontos de satisfação de cliente. Resultados semelhantes são percebidos para as outras duas variáveis. Além disso, pelo menos uma característica da empresa, tamanho, demonstrou um efeito significativo sobre satisfação do cliente. Empresas maiores têm níveis de satisfação em torno de um quarto de ponto (0,271) maiores do que empresas menores. Esses resultados dão ao gerenciamento uma estrutura para desenvolver estratégias para melhorar a satisfação do cliente. Ações dirigidas para aumentar as percepções sobre a HBAT podem ser justificadas à luz dos aumentos correspondentes de satisfação de cliente.

(*Continua*)

> (*Continuação*)
> O impacto de duas outras variáveis (X_7, Comércio eletrônico; X_{11}, Linha do produto) sobre a satisfação do cliente é menos certo. Mesmo que essas duas variáveis fossem incluídas na solução *stepwise*, sua variância explicada combinada seria de apenas 0,038 fora de um R^2 geral do modelo de 0,791. Ambas as variáveis eram não-significantes no modelo confirmatório. Além disso, X_7 tinha o sinal invertido no modelo *stepwise*, o que, apesar de se dever à multicolinearidade, ainda representa um resultado contrário ao desenvolvimento de uma estratégia gerencial. Como resultado, o pesquisador deve considerar a redução da influência alocada a essas variáveis e talvez até mesmo omiti-las da consideração como influências na satisfação do cliente.
>
> Ao desenvolver conclusões ou planos estratégicos a partir desses resultados, o pesquisador deve observar também que as três maiores influências (X_{12}, X_6 e X_9) são componentes fundamentais das dimensões perceptuais identificadas na análise fatorial do Capítulo 3. Essas dimensões, que representam amplas medidas de percepções da HBAT, devem assim ser consideradas em qualquer conclusão. Estabelecer que apenas essas três variáveis específicas são influências sobre a satisfação do cliente seria uma séria incompreensão dos padrões mais complexos de colinearidade entre variáveis. Assim, essas variáveis são melhor vistas como representativas das dimensões perceptuais, com as outras variáveis em cada dimensão também sendo consideradas nas conclusões extraídas desses resultados.
>
> A gerência agora tem uma análise objetiva que confirma não somente as influências específicas de variáveis-chave, mas também as dimensões perceptuais que devem ser consideradas em qualquer forma de planejamento de negócios que envolva estratégias que visem um impacto sobre a satisfação do cliente.

Resumo

Este capítulo apresenta uma visão geral dos conceitos fundamentais inerentes à análise de regressão múltipla. A análise de regressão múltipla pode descrever as relações entre duas ou mais variáveis com escalas intervalares e é muito mais poderosa do que a regressão simples com uma única variável independente. Este capítulo ajuda você a fazer o seguinte:

Determinar quando a análise de regressão é a ferramenta estatística apropriada para analisar um problema. A análise de regressão múltipla pode ser usada para analisar a relação entre uma variável dependente (critério) e diversas variáveis independentes (preditores). O objetivo da análise de regressão múltipla é usar as diversas variáveis independentes cujos valores são conhecidos para prever a dependente. Regressão múltipla é uma técnica de dependência. Para usá-la você deve ser capaz de dividir as variáveis em dependente e independentes, sendo que todas devem ser métricas. Sob certas circunstâncias, é possível incluir dados não-métricos tanto como variáveis independentes (transformando dados ordinais ou nominais com uma codificação dicotômica) como a dependente (pelo uso de uma medida binária na técnica especializada de regressão logística). Assim, para se aplicar análise de regressão múltipla: (1) os dados devem ser métricos ou apropriadamente transformados, e, (2) antes de obter a equação de regressão, o pesquisador deve decidir qual variável será a dependente e quais serão as independentes.

Compreender como a regressão nos ajuda a fazer previsões usando o conceito de mínimos quadrados. O objetivo da análise de regressão é prever uma única variável dependente a partir do conhecimento de uma ou mais variáveis independentes. Antes de estimar a equação de regressão, devemos calcular a base de referência com a qual compararemos a habilidade preditiva de nossos modelos de regressão. A base deve representar nossa melhor previsão sem o emprego de variáveis independentes. Em regressão, o preditor base é a média simples da variável dependente. Como a média não prevê perfeitamente cada valor da variável dependente, devemos ter uma maneira de avaliar precisão preditiva que possa ser utilizada com a previsão base e com os modelos de regressão que criamos. A maneira usual de avaliar a precisão de qualquer previsão é examinar os erros na previsão da variável dependente. Ainda que possamos esperar obter uma medida útil de precisão preditiva simplesmente somando os erros, essa abordagem não é possível simplesmente porque os erros em relação à média sempre somam zero. Para superar este problema, elevamos ao quadrado cada erro e somamos os resultados. Este total, chamado de soma dos erros quadrados (SS_E), fornece uma medida de precisão preditiva que irá variar de acordo com a quantia de erros de previsão. A meta é obter a menor soma possível de erros quadrados como nossa medida de precisão preditiva. Logo, o conceito de mínimos quadrados nos permite atingir a melhor precisão possível.

Usar variáveis dicotômicas com uma compreensão de sua interpretação. Uma situação comum encarada pelos pesquisadores é o desejo de utilizar variáveis independentes não-métricas. Muitas técnicas multivariadas assumem medidas métricas para variáveis independentes e dependentes. Quando a variável dependente é medida como dicotômica (0, 1), ou a análise discriminante, ou uma forma especializada de regressão (regressão logística), ambas discutidas no Capítulo 5, é adequada. Quando as variáveis independentes são não-métricas e têm duas ou mais categorias, podemos criar variáveis dicotômicas que atuam como variáveis independentes de substituição. Cada variável dicotômica representa uma categoria de uma variável independente não-métrica, e qualquer variável não-métrica com k categorias pode ser representada como $k-1$ variáveis dicotômicas. Assim, variáveis não-métricas podem ser convertidas para um formato métrico para uso na maioria das técnicas multivariadas.

Estar ciente das suposições inerentes à análise de regressão e de como avaliá-las. Melhoramentos na previsão da variável dependente são viáveis acrescentando-se variáveis independentes e mesmo transformando-as para representar relações não-lineares. Para isso, devemos fazer várias suposições sobre as relações entre a variável dependente e as independentes que afetam o procedimento estatístico (mínimos quadrados) usado para regressão múltipla. A questão básica é saber, no curso do cálculo dos coeficientes de regressão e previsão da variável dependente, se as suposições da análise de regressão foram atendidas. Devemos saber se os erros de previsão são resultado da ausência de uma relação entre as variáveis ou se são provocados por algumas características dos dados que não estão acomodadas pelo modelo de regressão. As suposições a serem examinadas incluem linearidade do fenômeno medido, variância constante dos termos de erro, independência dos termos de erro, e normalidade da distribuição dos mesmos. As suposições inerentes à análise de regressão múltipla se aplicam tanto às variáveis individuais (dependente e independentes) quanto à relação como um todo. Uma vez que a variável estatística tenha sido obtida, ela atua coletivamente na previsão da variável dependente, necessitando-se de uma avaliação das suposições não apenas para as variáveis individuais, mas também para a variável estatística. A principal medida de erro de previsão para a variável estatística é o resíduo – a diferença entre os valores observados e previstos para a variável dependente. Fazer o gráfico dos resíduos versus variáveis independentes ou previstas é um método básico para identificar violações de suposição para a relação geral.

Selecionar uma técnica de estimação e explicar a diferença entre *stepwise* e regressão simultânea. Em regressão múltipla, um pesquisador pode escolher diversas variáveis independentes possíveis para inclusão na equação de regressão. Às vezes, o conjunto de variáveis independentes é exatamente especificado e o modelo de regressão é essencialmente utilizado como uma técnica confirmatória. Essa abordagem, chamada de regressão simultânea, inclui todas as variáveis ao mesmo tempo. Em outros casos, o pesquisador pode usar a técnica estimativa do "pegue e escolha" dentro do conjunto de variáveis independentes com métodos de busca seqüencial ou processos combinatórios. O método de busca seqüencial mais popular é a estimação *stepwise*, que permite ao pesquisador examinar a contribuição de cada variável independente ao modelo de regressão. A abordagem combinatória é um processo de busca generalizada entre todas as possíveis combinações de variáveis independentes. O procedimento mais conhecido é a regressão de todos-os-possíveis-subconjuntos, que é exatamente o que o nome sugere. Todas as possíveis combinações das variáveis independentes são examinadas, e o conjunto de variáveis melhor ajustado é identificado. Cada técnica de estimação é planejada para auxiliar o pesquisador na busca do melhor modelo de regressão usando diferentes abordagens.

Interpretar os resultados de regressão. A variável estatística de regressão deve ser interpretada avaliando-se os coeficientes de regressão estimados quanto à sua explicação da variável dependente. O pesquisador deve avaliar não somente o modelo de regressão que foi estimado, mas também as potenciais variáveis independentes que foram omitidas no caso de uma busca seqüencial ou uma técnica combinatória ter sido empregada. Nessas abordagens, multicolinearidade pode afetar substancialmente as variáveis incluídas na variável estatística de regressão. Logo, além de avaliar os coeficientes estimados, o pesquisador também deve olhar o impacto potencial de variáveis omitidas para garantir que a significância gerencial seja examinada juntamente com a significância estatística. Os coeficientes de regressão estimados, ou coeficientes beta, representam o tipo de relação (positiva ou negativa) e a força da relação entre variáveis independentes e dependente na variável estatística de regressão. O sinal do coeficiente denota se a relação é positiva ou negativa, enquanto o valor do mesmo mostra a variação no valor dependente cada vez que a variável independente varia em uma unidade. Previsão é um elemento integral na análise de regressão, tanto no processo de estimação quanto em situações sugeridas pelo próprio nome. Regressão envolve o uso de uma variável estatística para estimar um só valor para a variável dependente. Este processo é usado não somente para calcular os valores previstos no procedimento de estimação, mas também com amostras adicionais para validação ou para fins de previsão. Freqüentemente o pesquisador está interessado não apenas em previsão, mas também em explicação. Variáveis independentes com coeficientes de regressão maiores têm uma contribuição maior para o valor previsto. Consegue-se uma visão sobre a relação entre variáveis independentes e dependente ao se examinarem as contribuições relativas de cada variável independente. Logo, para fins de explicação, os coeficientes de regressão se tornam indicadores do impacto relativo e da importância das variáveis independentes em suas relações com a dependente.

Aplicar os procedimentos diagnósticos necessários para avaliar observações influentes. Observações influentes incluem todas aquelas que têm efeito desproporcional sobre os resultados de regressão. Os três tipos básicos são os seguintes:

1. *Observações atípicas.* Observações que têm grandes valores residuais e podem ser identificadas somente em relação a um modelo específico de regressão.
2. *Pontos de alavancagem.* Observações que são distintas das demais com base nos valores das variáveis independentes.
3. *Observações influentes.* Todas aquelas que têm um efeito desproporcional sobre os resultados de regressão.

Observações influentes, atípicas e pontos de alavancagem são baseadas em uma entre quatro condições:

1. *Um erro de observações ou de entrada de dados:* Remedie corrigindo os dados ou eliminando o caso.
2. *Uma observação válida mas excepcional que é explicável por uma situação extraordinária:* Remedie eliminando o caso, a menos que variáveis refletindo a situação extraordinária sejam incluídas na equação de regressão.
3. *Uma observação excepcional aparentemente sem explicação:* Apresenta um problema especial, pois o pesquisador não tem motivo para eliminar o caso, mas sua inclusão não pode ser justificada, o que sugere análises com e sem as observações para fins de uma avaliação completa.
4. *Uma observação comum em suas características individuais mas excepcional em sua combinação de características:* Indica modificações na base conceitual do modelo e deve ser mantida.

O pesquisador deve eliminar observações verdadeiramente excepcionais mas evitar descartar aquelas que, apesar de diferentes, são representativas da população.

Este capítulo fornece uma apresentação fundamental sobre como funciona a regressão e o que ela pode alcançar. A familiaridade com os conceitos apresentados dá uma fundamentação para a análise de regressão que o pesquisador deve utilizar, e ajuda a entender melhor os tópicos mais complexos e técnicos de outros livros sobre esse assunto.

Questões

1. Como você explica a importância relativa das variáveis independentes usadas em uma equação de regressão?
2. Por que é importante examinar a suposição de linearidade quando se usa regressão?
3. Como a não-linearidade pode ser corrigida ou explicada na equação de regressão?
4. Você consegue encontrar uma equação de regressão que seja aceitável como estatisticamente significante, mas que não ofereça valor interpretativo aceitável para fins de administração?
5. Qual é a diferença de interpretação entre os coeficientes de regressão associados com variáveis independentes métricas e aqueles associados com variáveis codificadas como dicotômicas (0, 1)?
6. Quais são as diferenças entre variáveis independentes interativas e correlacionadas? Algumas dessas diferenças afetam sua interpretação da equação de regressão?
7. Os casos influentes devem sempre ser omitidos? Dê exemplos de ocasiões em que eles devem ou não devem ser omitidos.

Leituras sugeridas

Uma lista de leituras sugeridas ilustrando problemas e aplicações de técnicas multivariadas em geral está disponível na Web em www.prenhall.com/hair (em inglês).

Referências

1. Barnett, V., and T. Lewis. 1994. *Outliers in Statistical Data*, 3rd ed. New York: Wiley.
2. Belsley, D. A., E. Kuh, and E. Welsch. 1980. *Regression Diagnostics: Identifying Influential Data and Sources of Collinearity.* New York: Wiley.
3. BMDP Statistical Software, Inc. 1991. *SOLO Power Analysis.* Los Angeles: BMDP.
4. Box, G. E. P., and D. R. Cox. 1964. An Analysis of Transformations. *Journal of the Royal Statistical Society B* 26: 211–43.
5. Cohen, J., Stephen G. West, Leona Aiken, and P.-Cohen. 2002. *Applied Multiple Regression/ Correlation Analysis for the Behavioral Sciences,* 3rd-ed. Hillsdale, NJ: Lawrence Erlbaum Associates.
6. Daniel, C., and F. S. Wood. 1999. *Fitting Equations to Data,* 2nd ed. New York: Wiley-Interscience.
7. Jaccard, J., R. Turrisi, and C. K. Wan. 2003. *Interaction Effects in Multiple Regression.* 2nd ed. Beverly Hills, CA: Sage Publications.
8. Johnson, R. A., and D. W. Wichern. 2002. *Applied Multivariate Statistical Analysis.* 5th ed. Upper Saddle River, NJ: Prentice Hall.
9. Mason, C. H., and W. D. Perreault, Jr. 1991. Collinearity, Power, and Interpretation of Multiple Regression Analysis. *Journal of Marketing Research* 28 (August): 268–80.
10. Mosteller, F., and J. W. Tukey. 1977. *Data Analysis-and Regression.* Reading, MA: Addison-Wesley.
11. Neter, J., M. H. Kutner, W. Wassermann, and C.-J.-Nachtsheim. 1996. *Applied Linear Regression Models.* 3rd ed. Homewood, IL: Irwin.
12. Rousseeuw, P. J., and A. M. Leroy. 2003. *Robust Regression and Outlier Detection.* New York: Wiley.
13. Seber, G. A. F. 2004. *Multivariate Observations.* New York: Wiley.
14. Sharma, S., R. M. Durand, and O. Gur-Arie. 1981. Identification and Analysis of Moderator Variables. *Journal of Marketing Research* 18 (August): 291–300.
15. Weisberg, S. 1985. *Applied Linear Regression.* 2nd ed. New York: Wiley.
16. Wilkinson, L. 1975. Tests of Significance in Stepwise Regression. *Psychological Bulletin* 86: 168–74.

CAPÍTULO 5

Análise Discriminante Múltipla e Regressão Logística

Objetivos de aprendizagem

Ao concluir este capítulo, você deverá ser capaz de:

- Estabelecer as circunstâncias sob as quais a análise discriminante linear ou a regressão logística deve ser usada no lugar de uma regressão múltipla.
- Identificar as questões mais importantes relativas aos tipos de variáveis usadas e ao tamanho de amostra exigido na aplicação de análise discriminante.
- Compreender as suposições inerentes à análise discriminante para avaliar a adequação de seu uso em um problema em particular.
- Descrever as duas abordagens computacionais para a análise discriminante e o método para avaliar o ajuste geral do modelo.
- Explicar o que é uma matriz de classificação e como desenvolver uma, e descrever as maneiras de avaliar a precisão preditiva da função discriminante.
- Dizer como identificar variáveis independentes com poder discriminatório.
- Justificar o uso de uma abordagem de partição de amostras para validação.
- Compreender as vantagens e desvantagens da regressão logística comparada com a análise discriminante e a regressão múltipla.
- Interpretar os resultados de uma análise de regressão logística, comparando-os com a regressão múltipla e a análise discriminante.

Apresentação do capítulo

A regressão múltipla é sem dúvida a técnica de dependência multivariada mais amplamente empregada. A base para a popularidade da regressão tem sido sua habilidade de prever e explicar variáveis métricas. Mas o que acontece quando variáveis não-métricas tornam a regressão múltipla inadequada? Este capítulo introduz duas técnicas – análise discriminante e regressão logística – que tratam da situação de uma variável dependente não-métrica. Neste tipo de situação, o pesquisador está interessado na previsão e na explicação das relações que afetam a categoria na qual um objeto está localizado, como a questão do por quê uma pessoa é um cliente ou não, ou se uma empresa terá sucesso ou fracassará. Os dois maiores objetivos deste capítulo são:

1. Introduzir a natureza, a filosofia e as condições da análise discriminante múltipla e da regressão logística
2. Demonstrar a aplicação e interpretação dessas técnicas com um exemplo ilustrativo

O Capítulo 1 estabeleceu que o propósito básico da análise discriminante é estimar a relação entre uma variável dependente não-métrica (categórica) e um conjunto de variáveis independentes métricas, nesta forma geral:

$$Y_1 = X_1 + X_2 + X_3 + \cdots + X_n$$
(não-métrica) \qquad\qquad (métricas)

A análise discriminante múltipla e a regressão logística encontram amplas aplicações em situações nas quais o objetivo principal é identificar o grupo ao qual um objeto (p.ex., uma pessoa, uma firma ou um produto) pertence. Aplicações potenciais incluem prever o sucesso ou fracasso de um novo produto, decidir se um estudante deve ser aceito em uma faculdade, classificar estudantes quanto a interesses vocacionais, determinar a categoria de risco de crédito de uma pessoa, ou prever se uma empresa terá sucesso. Em cada caso, os objetos recaem em grupos, e o objetivo é prever ou explicar as bases para a pertinência de cada objeto a um grupo através de um conjunto de variáveis independentes selecionadas pelo pesquisador

Termos-chave

Antes de começar o capítulo, leia os termos-chave para compreender os conceitos e a terminologia empregados. Ao longo do capítulo, os termos-chave aparecem em **negrito**. Outros pontos que merecem destaque, além das referências cruzadas nos termos-chave, estão em *itálico*. Exemplos ilustrativos estão em quadros.

Amostra de análise Grupo de casos usado para estimar a(s) *função(ões) discriminante(s)* ou o modelo de *regressão logística*. Quando se constroem *matrizes de classificação*, a amostra original é dividida aleatoriamente em dois grupos, um para estimação do modelo (a amostra de análise) e o outro para validação (a *amostra de teste*).

Abordagem de extremos polares Método para construir uma variável dependente categórica a partir de uma *variável métrica*. Primeiro, a variável métrica é dividida em três categorias. Em seguida, as categorias extremas são usadas na análise discriminante ou na regressão *logística*, e a categoria do meio não é incluída na análise.

Amostra de teste Grupo de objetos não usados para computar a(s) função(ões) discriminante(s) ou o modelo de *regressão logística*. Esse grupo é então usado para validar a função discriminante ou o modelo de regressão logística em uma amostra separada de respondentes. É também chamada de *amostra de validação*.

Amostra de validação Ver *amostra de teste*.

Análise *logit* Ver *regressão logística*.

Cargas discriminantes Medida da correlação linear simples entre cada variável independente e o *escore Z discriminante* para cada função discriminante; também chamadas de *correlações estruturais*. As cargas discriminantes são calculadas sendo incluída uma variável independente na função discriminante ou não.

Centróide Valor médio para os *escores Z discriminantes* de todos os objetos, em uma dada categoria ou grupo. Por exemplo, uma análise discriminante de dois grupos tem dois centróides, um para os objetos em cada grupo.

Coeficiente discriminante Ver *peso discriminante*.

Coeficiente logístico exponenciado Anti-logaritmo do *coeficiente logístico*, usado para fins de interpretação na regressão logística. O coeficiente exponenciado menos 1,0 é igual à mudança percentual nas desigualdades. Por exemplo, um coeficiente exponenciado de 0,20 representa uma mudança negativa de 80% na desigualdade (0,20 − 1,0 = − 0,80) para cada unidade de variação na variável independente (o mesmo se a desigualdade fosse multiplicada por 0,20). Assim, um valor de 1,0 se iguala a nenhuma mudança na desigualdade, e valores acima de 1,0 representam aumentos na desigualdade prevista.

Coeficiente logístico Coeficiente no modelo de regressão logística que atua como o fator de ponderação para as variáveis independentes em relação a seu poder discriminatório. Semelhante a um peso de regressão ou um *coeficiente discriminante*.

Correlações estruturais Ver *cargas discriminantes*.

Critério das chances proporcionais Outro critério para avaliar a *razão de sucesso*, no qual a probabilidade média de classificação é calculada considerando-se todos os tamanhos de grupos.

Critério de chance máxima Medida de precisão preditiva na *matriz de classificação* que é calculada como o percentual de respondentes no maior grupo. A idéia é que a melhor escolha desinformada é classificar cada observação no maior grupo.

Curva logística Uma curva em S formada pela *transformação logit* que representa a probabilidade de um evento. A forma em S é não-linear porque a probabilidade de um evento deve se aproximar de 0 e 1, porém jamais sair destes limites. Assim, apesar de haver uma componente linear no meio do intervalo, à medida que as probabilidades se aproximam dos limites inferior e superior de probabilidade (0 e 1), elas devem se amenizar e ficar assintóticas nesses limites.

Escore de corte ótimo Valor de *escore Z discriminante* que melhor separa os grupos em cada função discriminante para fins de classificação.

Escore de corte Critério segundo o qual cada *escore Z discriminante* individual é comparado para determinar a pertinência prevista em um grupo. Quando a análise envolve dois grupos, a previsão de grupo é determinada computando-se um único escore de corte. Elementos com escores Z discriminantes abaixo dessa marca são designados a um grupo, enquanto aqueles com escores acima são classificados no outro. Para três ou mais grupos, funções discriminantes múltiplas são usadas, com um escore de corte diferente para cada função.

Escore Z Ver *escore Z discriminante*.

Escore Z discriminante Escore definido pela *função discriminante* para cada objeto na análise e geralmente dado em termos padronizados. Também conhecido como escore Z, é calculado para cada objeto em cada função discriminante e usado em conjunção com o *escore de corte* para determinar pertinência prevista ao grupo. É diferente da terminologia escore z usada para variáveis padronizadas.

Estatística Q de Press Medida do poder classificatório da *função discriminante* quando comparada com os resultados esperados de um modelo de chances. O valor calculado é comparado com um valor crítico baseado na distribuição qui-quadrado. Se o valor calculado exceder o valor crítico, os resultados da classificação serão significantemente melhores do que se esperaria do acaso.

Estatística Wald Teste usado em *regressão logística* para a significância do *coeficiente logístico*. Sua interpretação é semelhante aos valores *F* ou *t* usados para o teste de significância de coeficientes de regressão.

Estimação simultânea Estimação da(s) *função(ões) discriminante(s)* ou do modelo de *regressão logística* em um único passo, onde pesos para todas as variáveis independentes são calculados simultaneamente; contrasta com a *estimação stepwise*, na qual as variáveis independentes entram seqüencialmente de acordo com o poder discriminante.

Estimação *stepwise* Processo de estimação de *função(ões) discriminante(s)* ou do modelo de *regressão logística* no qual variáveis independentes entram seqüencialmente de acordo com o poder discriminatório que elas acrescentam à previsão de pertinência no grupo.

Expansão dos vetores *Vetor escalonado* no qual o vetor original é modificado para representar a razão *F* correspondente. Usado para representar graficamente as *cargas da função discriminante* de uma maneira combinada com os *centróides* de grupo.

Função de classificação Método de classificação no qual uma função linear é definida para cada grupo. A classificação é realizada calculando-se um escore para cada observação na função de classificação de cada grupo e então designando-se a observação ao grupo com o maior escore. É diferente do cálculo do *escore Z discriminante*, que é calculado para cada *função discriminante*.

Função discriminante linear de Fisher Ver *função de classificação*.

Função discriminante Uma variável estatística das variáveis independentes selecionadas por seu poder discriminatório usado na previsão de pertinência ao grupo. O valor previsto da função discriminante é o *escore Z discriminante*, o qual é calculado para cada objeto (pessoa, empresa ou produto) na análise. Ele toma a forma da equação linear

$$Z_{jk} = a + W_1 X_{1k} + W_2 X_{2k} + \cdots + W_n X_{nk}$$

onde
Z_{jk} = escore **Z** discriminante da função discriminante *j* para o objeto *k*
a = intercepto
W_i = peso discriminante para a variável independente *i*
X_{ik} = variável independente *i* para o objeto *k*

Índice potência Medida composta do poder discriminatório de uma variável independente quando mais de uma *função discriminante* é estimada. Baseada em *cargas discriminantes*, é uma medida relativa usada para comparar a discriminação geral dada por conta de cada variável independente em todas as funções discriminantes significantes.

M de Box Teste estatístico para a igualdade das matrizes de covariância das variáveis independentes nos grupos da variável dependente. Se a significância estatística não exceder o nível crítico (i.e., não-significância), então a igualdade das matrizes de covariância encontra sustentação. Se o teste mostra significância estatística, os grupos são considerados diferentes e a suposição é violada.

Mapa territorial Representação gráfica dos escores de *corte* em um gráfico de duas dimensões. Quando é combinado com os gráficos de casos individuais, a dispersão de cada grupo pode ser vista e as classificações ruins de casos individuais podem ser diretamente identificadas a partir do mapa.

Matriz de classificação Meio de avaliar a habilidade preditiva da(s) função(ões) discriminante(s) ou da *regressão logística* (também chamada de matriz confusão, designação ou de previsão). Criada pela tabulação cruzada dos membros do grupo real com os do grupo previsto, essa matriz consiste em números na diagonal, que representam classificações corretas, e números fora da diagonal, que representam classificações incorretas.

Percentual corretamente classificado Ver *razão de sucesso*.

Peso discriminante Peso cujo tamanho se relaciona ao poder discriminatório daquela variável independente ao longo dos grupos da variável dependente. Variáveis independentes com grande poder discriminatório geralmente têm pesos grandes, e as que apresentam pouco poder discriminatório geralmente têm pesos pequenos. No entanto, a multicolinearidade entre as variáveis independentes provoca exceções a essa regra. É também chamado de *coeficiente discriminante*.

Pseudo R^2 Um valor de ajuste geral do modelo que pode ser calculado para *regressão logística*; comparável com a medida R^2 usada em regressão múltipla.

Razão de desigualdade A comparação da probabilidade de um evento acontecer com a probabilidade de o evento não acontecer, a qual é usada como uma medida da variável dependente em *regressão logística*.

Razão de sucesso Percentual de objetos (indivíduos, respondentes, empresas etc.) corretamente classificados pela função discriminante. É calculada como o número de objetos na diagonal da *matriz de classificação* dividido pelo número total de objetos. Também conhecida como *percentual corretamente classificado*.

Regressão logística Forma especial de regressão na qual a variável dependente é não-métrica, dicotômica (binária). Apesar de algumas diferenças, a maneira geral de interpretação é semelhante à da regressão linear.

Tolerância Proporção da variação nas variáveis independentes não explicada pelas variáveis que já estão no modelo (função). Pode ser usada como proteção contra a multicolinearidade. Calculada como $1 - R_i^{2*}$, onde R_i^{2*} é a quantia de variância da variável independente *i* explicada por todas as outras variáveis independentes. Uma tolerância de 0 significa que a variável independente sob consideração é uma combinação linear perfeita de variáveis independentes já no modelo. Uma tolerância de 1 significa que uma variável independente é totalmente independente de outras variáveis que já estão no modelo.

Transformação *logit* Transformação dos valores da variável dependente binária discreta da *regressão logística* em uma curva em S (*curva logística*) que representa a probabilidade de um evento. Essa probabilidade é então usada para formar a *razão de desigualdade*, a qual atua como a variável dependente na regressão logística.

Validação cruzada Procedimento de divisão da amostra em duas partes: a *amostra de análise*, usada na estimação da(s) função(ões) discriminante(s) ou do modelo de *regressão logística*, e a *amostra de teste*, usada para validar os resultados. A validação cruzada evita o super-ajuste da função discriminante ou da regressão logística, permitindo sua validação em uma amostra totalmente separada.

Validação por partição de amostras Ver *validação cruzada*.

Valor de verossimilhança Medida usada em *regressão logística* para representar a falta de ajuste preditivo. Ainda que esses métodos não usem o procedimento dos mínimos quadrados na estimação do modelo, como se faz em regressão múltipla, o valor de verossimilhança é parecido com a soma de erros quadrados na análise de regressão.

Variável categórica Ver *variável não-métrica*.

Variável estatística Combinação linear que representa a soma ponderada de duas ou mais variáveis independentes que formam a *função discriminante*. Também chamada de combinação linear ou composta linear.

Variável métrica Variável com uma unidade constante de medida. Se uma variável métrica tem intervalo de 1 a 9, a diferença entre 1 e 2 é a mesma que aquela entre 8 e 9. Uma discussão mais completa de suas características e diferenças em relação a uma *variável não-métrica* ou *categórica* é encontrada no Capítulo 1.

Variável não-métrica Variável com valores que servem meramente como um rótulo ou meio de identificação, também conhecida como variável categórica, nominal, binária, qualitativa ou taxonômica. O número de um uniforme de futebol é um exemplo. Uma discussão mais completa sobre suas características e diferenças em relação a uma *variável métrica* é encontrada no Capítulo 1.

Vetor Representação da direção e magnitude do papel de uma variável como retratada em uma interpretação gráfica de resultados da análise discriminante.

O QUE SÃO ANÁLISE DISCRIMINANTE E REGRESSÃO LOGÍSTICA?

Ao tentarmos escolher uma técnica analítica apropriada, às vezes encontramos um problema que envolve uma variável dependente categórica e várias variáveis independentes métricas. Por exemplo, podemos querer distinguir riscos de crédito bons de ruins. Se tivéssemos uma medida métrica de risco de crédito, poderíamos usar a regressão múltipla. Em muitos casos não temos a medida métrica necessária para regressão múltipla. Ao invés disso, somos capazes somente de verificar se alguém está em um grupo particular (p.ex., risco de crédito bom ou ruim).

Análise discriminante e regressão logística são as técnicas estatísticas apropriadas quando a variável dependente é **categórica** (nominal ou **não-métrica**) e as **variáveis** independentes são **métricas**. Em muitos casos, a variável dependente consiste em dois grupos ou classificações, por exemplo, masculino versus feminino ou alto versus baixo. Em outros casos, mais de dois grupos são envolvidos, como as classificações em baixo, médio e alto. A análise discriminante é capaz de lidar com dois ou múltiplos (três ou mais) grupos. Quando duas classificações estão envolvidas, a técnica é chamada de *análise discriminante de dois grupos*. Quando três ou mais classificações são identificadas, a técnica é chamada de *análise discriminante múltipla* (*MDA*). A **regressão logística**, também conhecida como **análise *logit***, é limitada, em sua forma básica, a dois grupos, apesar de formulações alternativas poderem lidar com mais de dois grupos.

Análise discriminante

A análise discriminante envolve determinar uma **variável estatística**. Uma variável estatística discriminante é a combinação linear das duas (ou mais) variáveis independentes que melhor discriminarão entre os objetos (pessoas, empresas etc.) nos grupos definidos *a priori*. A discriminação é conseguida estabelecendo-se os pesos da variável estatística para cada variável independente para maximizar as diferenças entre os grupos (i.e., a variância entre grupos relativa à variância interna no grupo). A variável estatística para uma análise discriminante, também conhecida como a **função discriminante**, é determinada a partir de uma equação que se parece bastante com aquela vista em regressão múltipla. Ela assume a seguinte forma:

$$Z_{jk} = a + W_1 X_{1k} + W_2 X_{2k} + \cdots + W_n X_{nk}$$

onde

Z_{jk} = escore Z discriminante da função discriminante j para o objeto k
a = intercepto
W_i = peso discriminante para a variável independente i
X_{ik} = variável independente i para o objeto k

Como acontece com a variável estatística em regressão ou qualquer outra técnica multivariada, percebemos o escore discriminante para cada objeto na análise (pessoa, firma etc.) como sendo uma soma dos valores obtidos pela multiplicação de cada variável independente por seu peso discriminante. O que torna a análise discriminante única é que mais de uma função discriminante pode estar presente, resultando na possibilidade de que cada objeto possa ter mais de um escore discriminante. Discutiremos o que determina o número de funções discriminantes depois, mas aqui vemos que a análise discriminante tem semelhanças e diferenças quando comparada com outras técnicas multivariadas.

A análise discriminante é a técnica estatística apropriada para testar a hipótese de que as médias de grupo de um conjunto de variáveis independentes para dois ou mais grupos são iguais. Calculando a média dos escores discriminantes para todos os indivíduos em um grupo particular, conseguimos a média do grupo. Essa média de grupo é chamada de **centróide**. Quando a análise envolve dois grupos, há dois centróides; com três grupos, há três centróides, e assim por diante. Os centróides indicam o local mais típico de qualquer indivíduo de um grupo particular, e uma comparação dos centróides de grupos mostra o quão afastados estão os grupos em termos da função discriminante.

O teste para a significância estatística da função discriminante é uma medida generalizada da distância entre os centróides de grupos. Ela é computada comparando-se as distribuições dos escores discriminantes para os grupos. Se a sobreposição nas distribuições é pequena, a função discriminante separa bem os grupos. Se a sobreposição é grande, a função é um discriminador pobre entre os grupos. Duas distribuições de escores discriminantes mostradas na Figura 5-1 ilustram melhor esse conceito. O diagrama do alto representa as distribuições de escores discriminantes para uma função que separa bem os grupos, mostrando sobreposição mínima (a área sombreada) entre os grupos. O diagrama abaixo exibe as distribuições de escores discriminantes em uma função discriminante que é relativamente pobre entre os grupos A e B. As áreas sombreadas de sobreposição representam os casos nos quais podem ocorrer classificação ruim de objetos do grupo A no grupo B e vice-versa.

A análise discriminante múltipla é única em uma característica entre as relações de dependência. Se a variável dependente consiste de mais do que dois grupos, a análise discriminante calcula mais de uma função discriminante. Na verdade, calcula $NG - 1$ funções, onde NG é o número de grupos. Cada função discriminante calcula um escore discriminante Z. No caso de uma variável dependente de três grupos, cada objeto (respondente, empresa etc.) terá um escore separado para funções discriminantes um e dois, permitindo que os objetos sejam representados graficamente em duas dimensões, com cada dimensão representando uma função discriminante. Logo, a análise discriminante não está limitada a uma única variável estatística, como ocorre na regressão múltipla, mas cria múltiplas variáveis estatísticas que representam dimensões de discriminação entre os grupos.

Regressão logística

A regressão logística é uma forma especializada de regressão que é formulada para prever e explicar uma variável categórica binária (dois grupos), e não uma medida dependente métrica. A forma da variável estatística de regressão logística é semelhante à da variável estatística da regressão múltipla. A variável estatística representa uma relação multivariada com coeficientes como os da regressão indicando o impacto relativo de cada variável preditora.

As diferenças entre regressão logística e análise discriminante ficarão mais claras em nossa discussão posterior, neste capítulo, sobre as características únicas da regressão logística. Mas também existem muitas semelhanças entre os dois métodos. Quando as suposições básicas de ambos são atendidas, eles oferecem resultados preditivos e classificatórios comparáveis e empregam medidas diagnósticas semelhantes. A regressão logística, porém, tem a vantagem de ser menos afetada do que a análise discriminante quando as suposições básicas, particularmente a normalidade das variáveis, não são satisfeitas. Ela também pode acomodar variáveis não-métricas por meio da codificação

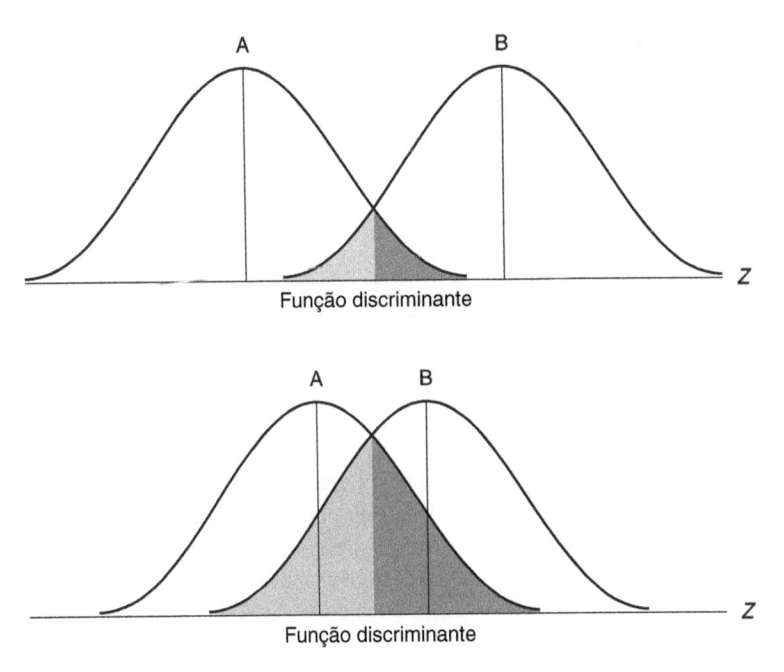

FIGURA 5-1 Representação univariada de escores Z discriminantes.

em variáveis dicotômicas, assim como a regressão. No entanto, a regressão logística é limitada a prever apenas uma medida dependente de dois grupos. Logo, em casos nos quais três ou mais grupos formam a medida dependente, a análise discriminante é mais adequada.

ANALOGIA COM REGRESSÃO E MANOVA

A aplicação e interpretação de análise discriminante são quase as mesmas da análise de regressão. Ou seja, a função discriminante é uma combinação linear (variável estatística) de medidas métricas para duas ou mais variáveis independentes e é usada para descrever ou prever uma única variável dependente. A diferença chave é que a análise discriminante é adequada a problemas de pesquisa nos quais a variável dependente é categórica (nominal ou não-métrica), ao passo que a regressão é usada quando a variável dependente é métrica. Como discutido anteriormente, a regressão logística é uma variante da regressão, tendo assim muitas semelhanças, exceto pelo tipo de variável dependente.

A análise discriminante também é comparável à análise multivariada de variância (MANOVA) "reversa", a qual discutimos no Capítulo 6. Na análise discriminante, a variável dependente é categórica e as independentes são métricas. O oposto é verdadeiro em MANOVA, que envolve variáveis dependentes métricas e variável(eis) independente(s) categórica(s). As duas técnicas usam as mesmas medidas estatísticas de ajuste geral do modelo, como será visto a seguir neste e no próximo capítulo.

EXEMPLO HIPOTÉTICO DE ANÁLISE DISCRIMINANTE

A análise discriminante é aplicável a qualquer questão de pesquisa com o objetivo de entender a pertinência a grupos, seja de indivíduos (p. ex., clientes versus não-clientes), empresas (p. ex., lucrativas versus não-lucrativas), produtos (p. ex., de sucesso versus sem sucesso) ou qualquer outro objeto que possa ser avaliado em uma série de variáveis independentes. Para ilustrar as premissas básicas da análise discriminante, examinamos dois cenários de pesquisa, um envolvendo dois grupos (compradores versus não-compradores) e o outro, três grupos (níveis de comportamento de troca). A regressão logística opera de uma maneira comparável à da análise discriminante para dois grupos. Logo, não ilustramos especificamente a regressão logística aqui, adiando nossa discussão até uma consideração separada sobre a regressão logística posteriormente neste capítulo.

Uma análise discriminante de dois grupos: compradores versus não-compradores

> Suponha que a KitchenAid queira determinar se um de seus novos produtos – um processador de alimentos novo e aperfeiçoado – será comercialmente bem-sucedido. Ao levar a cabo a investigação, a KitchenAid está interessada em identificar (se possível) os consumidores que comprariam o novo produto e os que não comprariam. Em terminologia estatística, a KitchenAid gostaria de minimizar o número de erros que cometeria ao prever quais consumidores comprariam o novo processador de alimentos e quais não. Para auxiliar na identificação de compradores potenciais, a KitchenAid planejou escalas de avaliação em três características – durabilidade, desempenho e estilo – para serem usadas por consumidores para avaliar o novo produto. Em vez de confiar em cada escala como uma medida separada, a KitchenAid espera que uma combinação ponderada das três preveja melhor se um consumidor tem predisposição para comprar o novo produto.

A meta principal da análise discriminante é obter uma combinação ponderada das três escalas a serem usadas na previsão da possibilidade de um consumidor comprar o produto. Além de determinar se os consumidores que têm tendência para comprar o novo produto podem ser diferenciados daqueles que não têm, a KitchenAid também gostaria de saber quais características de seu novo produto são úteis na diferenciação entre compradores e não-compradores. Ou seja, avaliações de quais das três características do novo produto melhor separam compradores de não-compradores?

> Por exemplo, se a resposta "eu compraria" estiver sempre associada com uma medida de alta durabilidade, e a resposta "eu não compraria" estiver sempre associada com uma medida de baixa durabilidade, a KitchenAid concluirá que a característica de durabilidade distingue compradores de não-compradores. Em contrapartida, se a KitchenAid descobrisse que tantas pessoas com alta avaliação para estilo dissessem que comprariam o processador quanto aquelas que não comprariam, então estilo seria uma característica que discrimina muito mal entre compradores e não-compradores.

Identificação de variáveis discriminantes
Para identificar variáveis que possam ser úteis na discriminação entre grupos (ou seja, compradores versus não-compradores), coloca-se ênfase em diferenças de grupos em vez de medidas de correlação usadas em regressão múltipla.

A Tabela 5-1 lista as avaliações dessas três características do novo processador (com um preço especificado) por um painel de 10 compradores em potencial. Ao avaliar o processador de alimentos, cada membro do painel estaria implicitamente comparando-o com produtos já disponíveis no mercado. Depois que o produto foi avaliado, os avaliadores foram solicitados a estabelecer suas intenções de compra ("compraria" ou "não compraria"). Cinco disseram que comprariam o novo processador de alimentos, e cinco disseram que não comprariam.

A Tabela 5-1 identifica diversas variáveis potencialmente discriminantes. Primeiro, uma diferença substancial separa as avaliações médias de X_1 (durabilidade) para os grupos "compraria" e "não compraria" (7,4 versus 3,2). Como tal, a durabilidade parece discriminar bem entre os grupos e ser uma importante característica para compradores em potencial. No entanto, a característica de estilo (X_3) tem uma diferença menor, de 0,2, entre avaliações médias (4,0 – 3,8 = 0,2) para os grupos "compraria" e "não compraria". Portanto, esperaríamos que essa característica fosse menos discriminante em termos de uma decisão de compra. Contudo, antes que possamos fazer tais declarações de forma conclusiva, devemos examinar a distribuição de escores para cada grupo. Desvios-padrão grandes dentro de um ou dos dois grupos podem fazer a diferença entre médias não-significantes e inconseqüente na discriminação entre os grupos.

Como temos apenas 10 respondentes em dois grupos e três variáveis independentes, também podemos olhar os dados graficamente para determinar o que a análise discriminante está tentando conseguir. A Figura 5-2 mostra os dez respondentes em cada uma das três variáveis. O grupo "compraria" é representado por círculos e o grupo "não compraria", por quadrados. Os números de identificação dos respondentes estão dentro das formas.

- X_1 (Durabilidade) tem uma diferença substancial em escores médios, permitindo uma discriminação quase perfeita entre os grupos usando apenas essa variável. Se estabelecêssemos o valor de 5,5 como nosso ponto de corte para discriminar entre os dois grupos, então classificaríamos incorretamente apenas o respondente 5, um dos membros do grupo "compraria". Esta variável ilustra o poder discriminatório ao se ter uma grande diferença nas médias para os dois grupos e uma falta de superposição entre as distribuições dos dois grupos.
- X_2 (Desempenho) fornece uma distinção menos clara entre os dois grupos. No entanto, essa variável dá elevada discriminação para o respondente 5, o qual seria classificado incorretamente se usássemos apenas X_1. Além disso, os respondentes que seriam mal classificados usando X_2 estão bem separados em X_1. Logo, X_1 e X_2 podem efetivamente ser usadas em combinação para prever a pertinência a grupo.
- X_3 (Estilo) mostra pouca distinção entre os grupos. Assim, formando-se uma variável estatística com apenas X_1 e X_2 e omitindo-se X_3, pode-se formar uma função discriminante que maximize a separação dos grupos no escore discriminante.

TABELA 5-1 Resultados do levantamento da KitchenAid para avaliação de um novo produto

Grupos baseados em intenção de compra	Avaliação do novo produto*		
	X_1 Durabilidade	X_2 Desempenho	X_3 Estilo
Grupo 1: Compraria			
Indivíduo 1	8	9	6
Indivíduo 2	6	7	5
Indivíduo 3	10	6	3
Indivíduo 4	9	4	4
Indivíduo 5	4	8	2
Média do grupo	7,4	6,8	4,0
Grupo 2: Não compraria			
Indivíduo 6	5	4	7
Indivíduo 7	3	7	2
Indivíduo 8	4	5	5
Indivíduo 9	2	4	3
Indivíduo 10	2	2	2
Média do grupo	3,2	4,4	3,8
Diferença entre médias de grupos	4,2	2,4	0,2

*Avaliações são feitas em uma escala de 10 pontos (de 1 = muito pobre a 10 = excelente).

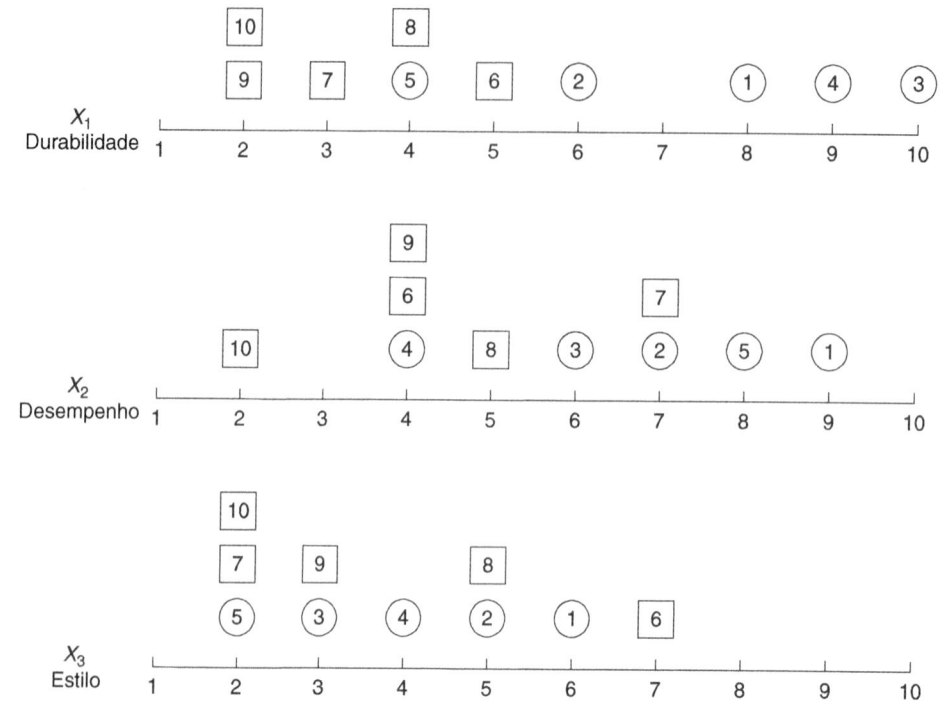

FIGURA 5-2 Representação gráfica de 10 compradores potenciais sobre três variáveis discriminantes possíveis.

Cálculo de uma função discriminante

Com as três variáveis discriminantes potenciais identificadas, a atenção se desvia para a investigação da possibilidade de se usar as variáveis discriminantes em combinação para melhorar o poder discriminatório de qualquer variável individual. Para este fim, uma variável estatística pode ser formada com duas ou mais variáveis discriminantes para atuarem juntas na discriminação entre grupos.

A Tabela 5-2 contém os resultados para três diferentes formulações de funções discriminantes, cada uma representando diferentes combinações das três variáveis independentes.

- A primeira função discriminante contém apenas X_1, igualando o valor de X_1 ao escore discriminante Z (também implicando um peso de 1,0 para X_1 e pesos nulos para as demais variáveis). Como discutido anteriormente, o uso de apenas X_1, o melhor discriminador, resulta na classificação errônea do indivíduo 5, conforme se mostra na Tabela 5-2, onde quatro entre cinco indivíduos do grupo 1 (todos exceto o 5) e cinco entre cinco indivíduos do grupo 2 estão corretamente classificados (i.e., estão na diagonal da matriz de classificação). O percentual corretamente classificado é, portanto, 90% (9 entre 10 sujeitos).
- Como X_2 fornece discriminação para o sujeito 5, podemos formar uma segunda função discriminante combinando igualmente X_1 e X_2 (ou seja, implicando pesos de 1,0 para X_1 e X_2, e 0,0 para X_3) para utilizar os poderes discriminatórios únicos de cada variável. Usando-se um escore de corte de 11 com essa nova função discriminante (ver Tabela 5-2), atinge-se uma perfeita classificação dos dois grupos (100% corretamente classificados). Logo, X_1 e X_2 em combinação são capazes de fazer melhores previsões de pertinência a grupos do que qualquer variável separadamente.
- A terceira função discriminante na Tabela 5-2 representa a verdadeira função discriminante estimada ($Z = -4,53 + 0,476X_1 + 0,359X_2$). Usando um escore de corte de 0, essa terceira função também atinge uma taxa de classificações corretas de 100%, com a máxima separação possível entre os grupos.

Como visto neste exemplo simples, a análise discriminante identifica as variáveis com as maiores diferenças entre os grupos e deriva um coeficiente discriminante que pondera cada variável para refletir tais diferenças. O resultado é uma função discriminante que melhor distingue entre os grupos com base em uma combinação das variáveis independentes.

Uma representação geométrica da função discriminante de dois grupos

Uma ilustração gráfica de uma outra análise de dois grupos ajudará a explicar melhor a natureza da análise discriminante [7]. A Figura 5-3 demonstra o que acontece quando uma função discriminante de dois grupos é computada. Suponha que temos dois grupos, A e B, e duas medidas, V_1 e V_2, para cada membro dos dois grupos. Podemos representar graficamente em um diagrama de dispersão a associação da variável V_1 com a variável V_2 para cada membro dos dois grupos. Na Figura 5-3, os

TABELA 5-2 Criação de funções discriminantes para prever compradores versus não-compradores

	Escores Z discriminantes calculados		
Grupo	Função 1 $Z = X_1$	Função 2 $Z = X_1 + X_2$	Função 3 $Z = -4{,}53 + 0{,}476X_1 + 0{,}359X_2$
Grupo 1: Compraria			
Indivíduo 1	8	17	2,51
Indivíduo 2	6	13	0,84
Indivíduo 3	10	16	2,38
Indivíduo 4	9	13	1,19
Indivíduo 5	4	12	0,25
Grupo 2: Não compraria			
Indivíduo 6	5	9	−0,71
Indivíduo 7	3	10	−0,59
Indivíduo 8	4	9	−0,83
Indivíduo 9	2	6	−2,14
Indivíduo 10	2	4	−2,86
Escore de corte	5,5	11	0,0

Precisão de classificação

	Grupo previsto		Grupo previsto		Grupo previsto	
Grupo real	1	2	1	2	1	2
1: Compraria	4	1	5	0	5	0
2: Não-compraria	0	5	0	5	0	5

pontos pequenos* representam as medidas das variáveis para os membros do grupo B, e os pontos grandes* correspondem ao grupo A. As elipses desenhadas em torno dos pontos pequenos e grandes envolveriam alguma proporção pré-especificada dos pontos, geralmente 95% ou mais em cada grupo. Se desenharmos uma reta pelos dois pontos nos quais as elipses se interceptam e então projetarmos a reta sobre um novo eixo Z, podemos dizer que a sobreposição entre as distribuições univariadas A′ e B′ (representada pela área sombreada) é menor do que se fosse obtida por qualquer outra reta através das elipses formadas pelos diagramas de dispersão [7].

O importante a ser notado a respeito da Figura 5-3 é que o eixo Z expressa os perfis de duas variáveis dos grupos A e B como números únicos (escores discriminantes). Encontrando uma combinação linear das variáveis originais V_1 e V_2, podemos projetar os resultados como uma função discriminante. Por exemplo, se os pontos pequenos e grandes são projetados sobre o novo eixo Z como escores Z discriminantes, o resultado condensa a informação sobre diferenças de grupos (mostrada no gráfico V_1V_2) em um conjunto de pontos (escores Z) sobre um único eixo, mostrado pelas distribuições A′ e B′.

Para resumir, para um dado problema de análise discriminante, uma combinação linear das variáveis independentes é determinada, resultando em uma série de escores discriminantes para cada objeto em cada grupo. Os escores discriminantes são computados de acordo com a regra estatística de maximizar a variância entre os grupos e minimizar a variância dentro deles. Se a variância entre os grupos é grande em relação à variância dentro dos grupos, dizemos que a função discriminante separa bem os grupos.

Um exemplo de análise discriminante de três grupos: intenções de troca

O exemplo de dois grupos já examinado demonstra o objetivo e o benefício de se combinarem variáveis independentes em uma variável estatística para fins de discriminação entre grupos. A análise discriminante também tem um outro meio de discriminação – a estimação e o uso de múltiplas variáveis estatísticas – em casos onde há três ou mais grupos. Essas funções discriminantes agora se tornam dimensões de discriminação, sendo cada dimensão separada e diferente da outra. Assim, além de melhorar a explicação de pertinência ao grupo, essas funções discriminantes adicionais dão informação quanto às várias combinações de variáveis independentes que discriminam entre grupos.

Para ilustrar uma aplicação de análise discriminante a três grupos, examinamos a pesquisa conduzida pela HBAT referente à possibilidade de os clientes de um concorrente trocarem de fornecedores. Um pré-teste em pequena escala envolveu entrevistas de 15 clientes de um concorrente importante. Durante as entrevistas, os clientes foram indagados sobre a probabilidade de trocarem

(*Continua*)

---

* N. de R. T.: Na verdade, os pontos nos grupos A e B não diferem em tamanho e, sim, no formato. No A a forma é quadrada e no B é circular.

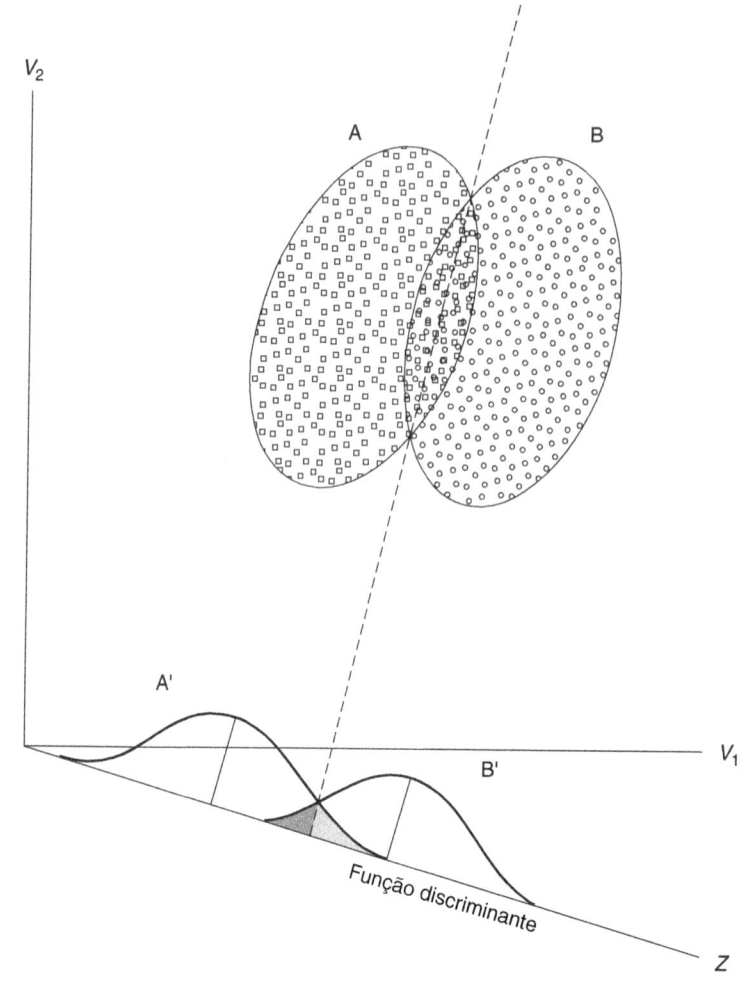

FIGURA 5-3 Ilustração gráfica da análise discriminante de dois grupos.

(*Continuação*)
de fornecedores em uma escala de três categorias. As três respostas possíveis eram "definitivamente trocaria", "indeciso" e "definitivamente não trocaria". Clientes foram designados a grupos 1, 2 ou 3, respectivamente, de acordo com suas respostas. Os clientes também avaliaram o concorrente em duas características: competitividade de preço (X_1) e nível de serviço (X_2). A questão da pesquisa agora é determinar se as avaliações dos clientes a respeito do concorrente podem prever sua probabilidade de trocar de fornecedor. Como a variável dependente de troca de fornecedor foi medida como uma variável categórica (não-métrica) e as medidas de preço e serviço são métricas, a análise discriminante é adequada.

Identificação de variáveis discriminantes
Com três categorias da variável dependente, a análise discriminante pode estimar duas funções discriminantes, cada uma representando uma dimensão diferente de discriminação.

A Tabela 5-3 contém os resultados da pesquisa para os 15 clientes, cinco em cada categoria da variável dependente. Como fizemos no exemplo de dois grupos, podemos olhar para os escores médios de cada grupo para ver se uma das variáveis discrimina bem entre todos os grupos. Para X_1, competitividade de preço, percebemos uma grande diferença de médias entre o grupo 1 e os grupos 2 ou 3 (2,0 versus 4,6 ou 3,8). X_1 pode discriminar bem entre o grupo 1 e os grupos 2 ou 3, mas é muito menos eficiente para discriminar entre os grupos 2 e 3. Para X_2, nível de serviço, percebemos que a diferença entre os grupos 1 e 2 é muito pequena (2,0 versus 2,2), ao passo que há uma grande diferença entre o grupo 3 e os grupos 1 ou 2 (6,2 versus 2,0 ou 2,2). Logo, X_1 distingue o grupo 1 dos grupos 2 e 3, e X_2 diferencia o grupo 3 dos grupos 1 e 2. Como resultado, vemos que X_1 e X_2 fornecem diferentes "dimensões" de discriminação entre os grupos.

TABELA 5-3 Resultados da pesquisa HBAT sobre intenções de troca por clientes potenciais

Grupos baseados em intenção de troca	Avaliação do fornecedor atual*	
	X_1 Competitividade de preço	X_2 Nível do serviço
Grupo 1: Definitivamente trocaria		
Indivíduo 1	2	2
Indivíduo 2	1	2
Indivíduo 3	3	2
Indivíduo 4	2	1
Indivíduo 5	2	3
Média do grupo	2,0	2,0
Grupo 2: Indeciso		
Indivíduo 6	4	2
Indivíduo 7	4	3
Indivíduo 8	5	1
Indivíduo 9	5	2
Indivíduo 10	5	3
Média do grupo	4,6	2,2
Grupo 3: Definitivamente não trocaria		
Indivíduo 11	2	6
Indivíduo 12	3	6
Indivíduo 13	4	6
Indivíduo 14	5	6
Indivíduo 15	5	7
Média do grupo	3,8	6,2

*Avaliações são feitas em uma escala de 10 pontos (de 1 = muito pobre a 10 = excelente).

Cálculo de duas funções discriminantes

Com as potenciais variáveis discriminantes identificadas, o próximo passo é combiná-las em funções discriminantes que utilizarão seu poder combinado de diferenciação para separar grupos.

Para ilustrar graficamente essas dimensões, a Figura 5-4 retrata os três grupos em cada variável independente separadamente. Vendo os membros dos grupos em qualquer variável, podemos perceber que nenhuma variável discrimina bem entre todos os grupos. Mas se construímos duas funções discriminantes simples, usando apenas pesos simples de 1,0 e 0,0, os resultados se tornam muito mais claros. A função discriminante 1 dá para X_1 um peso de 1,0, e para X_2 um peso de 0,0. Do mesmo modo, a função discriminante 2 dá para X_2 um peso de 1,0 e para X_1 um peso de 0,0. As funções podem ser enunciadas matematicamente como

$$\text{Função discriminante 1} = 1,0(X_1) + 0,0(X_2)$$
$$\text{Função discriminante 2} = 0,0(X_1) + 1,0(X_2)$$

Essas equações mostram em termos simples como o procedimento de análise discriminante estima os pesos para maximizar a discriminação.

Com as duas funções, agora podemos calcular dois escores discriminantes para cada respondente. Além disso, as duas funções discriminantes fornecem as dimensões de discriminação.

A Figura 5-4 também contém um gráfico de cada respondente em uma representação bidimensional. A separação entre grupos agora fica bastante clara, e cada grupo pode ser facilmente diferenciado. Podemos estabelecer valores em cada dimensão que definirão regiões contendo cada grupo (p.ex., todos os membros do grupo 1 estão na região menos que 3,5 na dimensão 1 e menos que 4,5 na dimensão 2). Cada um dos outros grupos pode ser analogamente definido em termos das amplitudes dos escores de suas funções discriminantes.

Em termos de dimensões de discriminação, a primeira função discriminante, competitividade de preço, diferencia clientes indecisos (mostrados com um quadrado) de clientes que decidiram trocar (círculos). Mas competitividade de preço não diferencia aqueles que decidiram não trocar (losangos). Em vez disso, a percepção de nível de serviço, que define a segunda função discriminante, prevê se um cliente decidirá não trocar versus se um cliente está indeciso ou determinado a trocar de forne-

(*Continua*)

(Continuação)
cedores. O pesquisador pode apresentar à gerência os impactos separados de competitividade de preço e nível de serviço para a tomada de decisões.

A estimação de mais de uma função discriminante, quando possível, fornece ao pesquisador uma discriminação melhorada e perspectivas adicionais sobre as características e as combinações que melhor discriminam entre os grupos. As seções a seguir detalham os passos necessários

(a) variáveis individuais

○ Definitivamente troca
□ Indeciso
◇ Definitivamente não troca

(b) Representação bidimensional de funções discriminantes

Função discriminante 1 = $1,0X_1 + 0X_2$

Função discriminante 2 = $0X_1 + 1,0X_2$

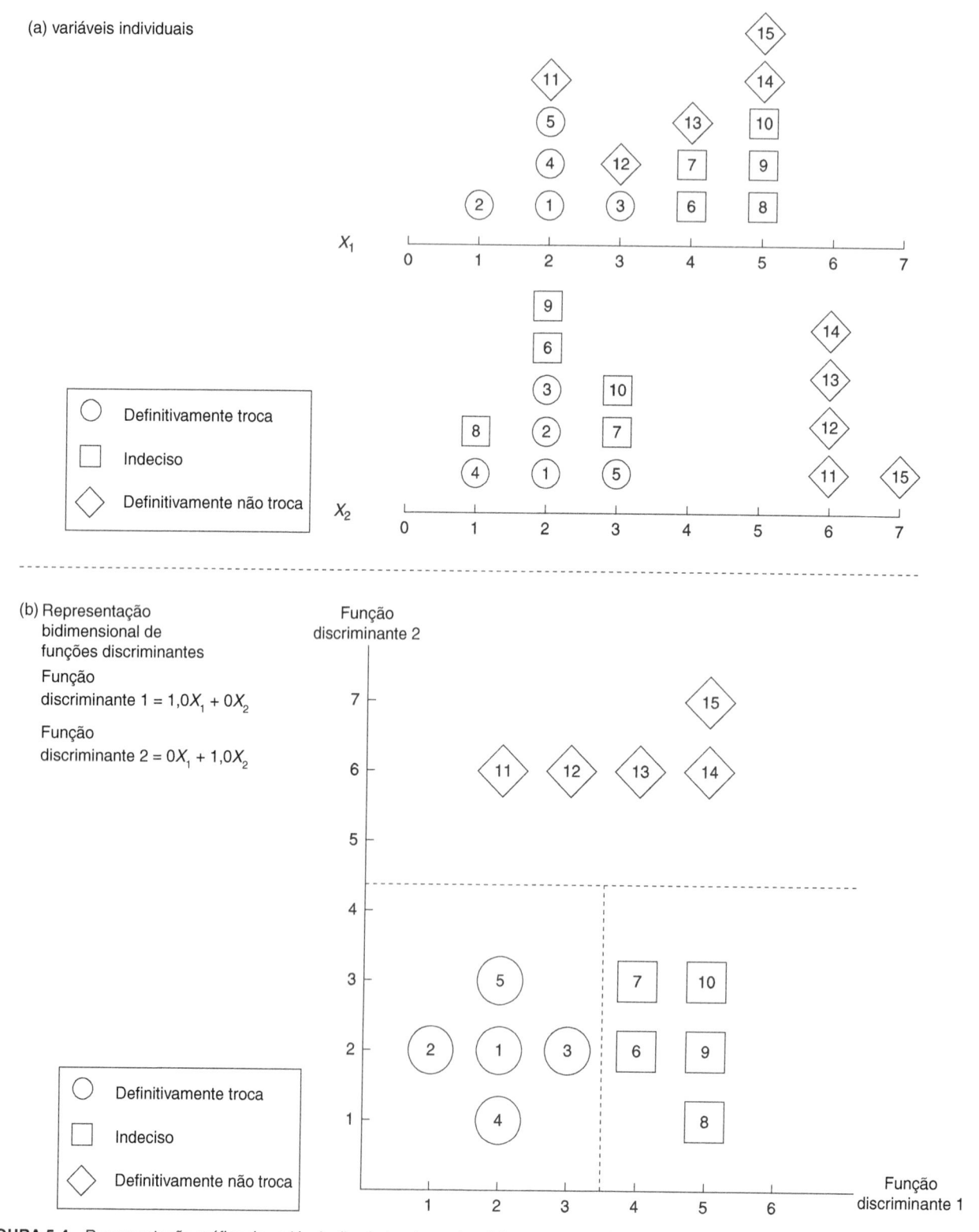

○ Definitivamente troca
□ Indeciso
◇ Definitivamente não troca

FIGURA 5-4 Representação gráfica de variáveis discriminantes potenciais para uma análise discriminante de três grupos.

para se executar uma análise discriminante, avaliar seu nível de ajuste preditivo e então interpretar a influência de variáveis independentes ao se fazer uma previsão.

O PROCESSO DE DECISÃO PARA ANÁLISE DISCRIMINANTE

A aplicação de análise discriminante pode ser vista da perspectiva da construção de modelo de seis estágios introduzida no Capítulo 1 e retratada na Figura 5-5 (estágios 1-3) e na Figura 5-6 (estágios 4-6). Assim como em todas as aplicações multivariadas, estabelecer os objetivos é o primeiro passo na análise. Em seguida, o pesquisador deve abordar questões específicas de planejamento e se certificar de que as suposições inerentes estão sendo atendidas. A análise continua com a dedução da função discriminante e a determinação de se uma função estatisticamente significante pode ser obtida para separar os dois (ou mais) grupos. Os resultados discriminantes são então avaliados quanto à precisão preditiva pelo desenvolvimento de uma matriz de classificação. Em seguida, a interpretação da função discriminante determina qual das variáveis independentes mais contribui para discriminar entre os grupos. Finalmente, a função discriminante deve ser validada com uma amostra de teste. Cada um desses estágios é discutido nas seções a seguir. Discutimos a regressão logística em uma seção à parte depois de examinarmos o processo de decisão para a análise discriminante. Desse modo, as semelhanças e diferenças entre essas duas técnicas podem ser destacadas.

ESTÁGIO 1: OBJETIVOS DA ANÁLISE DISCRIMINANTE

Uma revisão dos objetivos de aplicar a análise discriminante deve esclarecer melhor sua natureza. A análise discriminante pode abordar qualquer um dos seguintes objetivos de pesquisa:

1. Determinar se existem diferenças estatisticamente significantes entre os perfis de escore médio em um conjunto de variáveis para dois (ou mais) grupos definidos *a priori*.
2. Determinar quais das variáveis independentes explicam o máximo de diferenças nos perfis de escore médio dos dois ou mais grupos.
3. Estabelecer o número e a composição das dimensões de discriminação entre grupos formados a partir do conjunto de variáveis independentes.
4. Estabelecer procedimentos para classificar objetos (indivíduos, firmas, produtos e assim por diante) em grupos, com base em seus escores em um conjunto de variáveis independentes.

Como observado nesses objetivos, a análise discriminante é útil quando o pesquisador está interessado em compreender diferenças de grupos ou em classificar obje-

Estágio 1 — Problema de pesquisa
Selecione objetivo(s):
  Calcule diferenças de grupo em um perfil multivariado
  Classifique observações em grupos
  identifique dimensões de discriminação entre grupos

Estágio 2 — Questões de planejamento de pesquisa
  Seleção de variáveis independentes
  Considerações sobre tamanho de amostra
  Criação de amostras de análise e teste

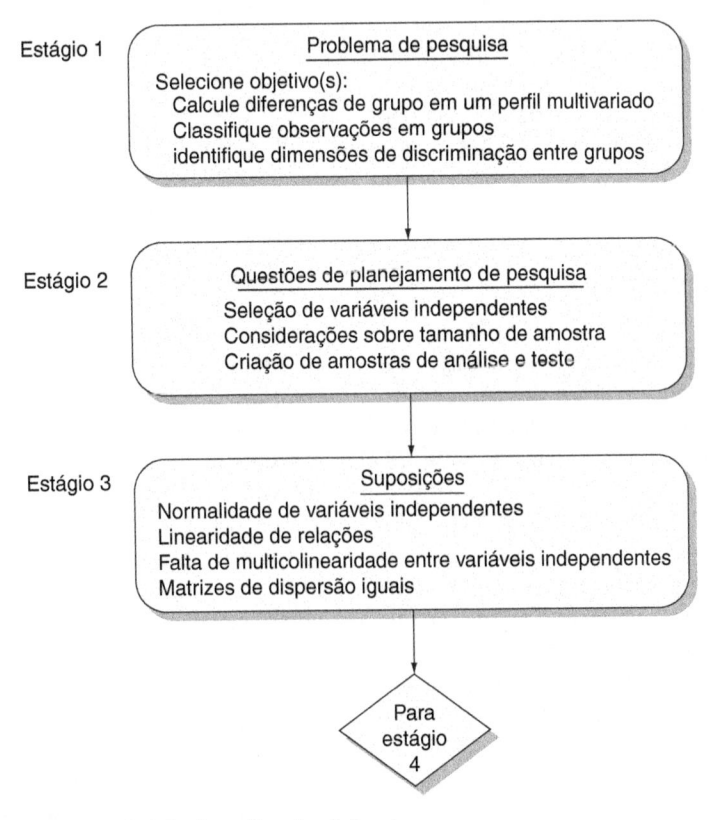

Estágio 3 — Suposições
  Normalidade de variáveis independentes
  Linearidade de relações
  Falta de multicolinearidade entre variáveis independentes
  Matrizes de dispersão iguais

Para estágio 4

FIGURA 5-5 Estágios 1-3 no diagrama de decisão da análise discriminante.

tos corretamente em grupos ou classes. Portanto, a análise discriminante pode ser considerada um tipo de análise de perfil ou uma técnica preditiva analítica. Em qualquer caso, a técnica é mais apropriada onde existe uma só variável dependente categórica e diversas variáveis independentes métricas.

- Como uma *análise de perfil*, a análise discriminante fornece uma avaliação objetiva de diferenças entre grupos em um conjunto de variáveis independentes. Nesta situação, a análise discriminante é bastante semelhante à análise multivariada de variância (ver Capítulo 6 para uma discussão mais detalhada de análise multivariada de variância). Para entender as diferenças de grupos, a análise discriminante permite discernir o papel de variáveis individuais, bem como definir combinações dessas variáveis que representam dimensões de discriminação entre grupos. Essas dimensões são os efeitos coletivos de diversas variáveis que trabalham conjuntamente para distinguir entre os grupos. O uso de métodos de estimação seqüenciais também permite identificar subconjuntos de variáveis com o maior poder discriminatório.
- Para *fins de classificação*, a análise discriminante fornece uma base para classificar não somente a amostra usada para estimar a função discriminante, mas também quaisquer outras observações que possam ter valores para todas as variáveis independentes. Desse modo, a análise discriminante pode ser usada para classificar outras observações nos grupos definidos.

ESTÁGIO 2: PROJETO DE PESQUISA PARA ANÁLISE DISCRIMINANTE

A aplicação bem-sucedida da análise discriminante requer a consideração de várias questões. Tais questões incluem a seleção da variável dependente e das variáveis independentes, o tamanho necessário da amostra para a estimação das funções discriminantes, e a divisão da amostra para fins de validação.

Seleção de variáveis dependente e independentes

Para aplicar a análise discriminante, o pesquisador deve primeiramente especificar quais variáveis devem ser independentes e qual deve ser a medida dependente. Lembre-se que a variável dependente é categórica e as independentes são métricas.

A variável dependente

O pesquisador deve se concentrar na variável dependente primeiro. O número de grupos (categorias) da variável dependente pode ser dois ou mais, mas esses grupos devem ser mutuamente excludentes e cobrir todos os casos. Ou seja, cada observação pode ser colocada em apenas um grupo. Em alguns casos, a variável dependente pode envolver dois grupos (dicotômicas), como bom versus ruim. Em outros casos, a variável dependente envolve vários grupos (multicotômica), como as ocupações de médico, advogado ou professor.

Quantas categorias na variável dependente? Teoricamente, a análise discriminante pode lidar com um número ilimitado de categorias na variável dependente. Na prática, porém, o pesquisador deve selecionar uma variável dependente e o número de categorias com base em diversas considerações.

1. Além de serem mutuamente excludentes e exaustivas, as categorias da variável dependente devem ser distintas e únicas no conjunto escolhido de variáveis independentes. A análise discriminante considera que cada grupo *deveria* ter um perfil único nas variáveis independentes usadas, e assim desenvolve as funções discriminantes para separar ao máximo os grupos com base nessas variáveis. Não obstante, a análise discriminante não tem um meio para acomodar ou combinar categorias que não sejam distintas nas variáveis independentes. Se dois ou mais grupos têm perfis semelhantes, a análise discriminante não será capaz de estabelecer univocamente o perfil de cada grupo, resultando em uma explicação e classificação mais pobres dos grupos como um todo. Dessa forma, o pesquisador deve escolher as variáveis dependentes e suas categorias para refletir diferenças nas variáveis independentes. Um exemplo ajudará a ilustrar este ponto.

> Imagine que o pesquisador deseja identificar diferenças entre categorias ocupacionais baseado em algumas características demográficas (p.ex., renda, formação, características familiares). Se ocupações fossem representadas por um pequeno número de categorias (p.ex., pessoal de segurança e limpeza, técnicos, pessoal de escritório e profissionais de nível superior), então esperaríamos que houvesse diferenças únicas entre os grupos e que a análise discriminante seria mais adequada para desenvolver funções discriminantes que explicariam as distinções de grupos e classificariam com sucesso os indivíduos em suas categorias corretas.
>
> Se, porém, o número de categorias ocupacionais fosse aumentado, a análise discriminante poderia ter uma dificuldade maior para identificar diferenças. Por exemplo, considere que a categoria de profissionais de nível superior fosse expandida para as categorias de médicos, advogados, gerentes gerais, professores universitários e assim por diante. A despeito de esta expansão fornecer uma classificação ocupacional mais refinada, seria muito mais difícil fazer distinções entre essas categorias com base em variáveis demográficas. Os resultados teriam um desempenho mais pobre na análise discriminante, tanto em termos de explicação quanto de classificação.

2. O pesquisador deve também buscar um número menor, e não maior, de categorias na medida dependente. Pode parecer mais lógico expandir o número de categorias em busca de mais agrupamentos únicos, mas a expansão do número

de categorias apresenta mais complexidades nas tarefas de classificação e estabelecimento de perfil na análise discriminante. Se a análise discriminante pode estimar $NG - 1$ (número de grupos menos um) funções discriminantes, então o aumento do número de grupos expande o número de possíveis funções discriminantes, aumentando a complexidade da identificação das dimensões inerentes de discriminação refletidas por conta de cada função discriminante, bem como representando o efeito geral de cada variável independente.

Como esses dois pontos sugerem, o pesquisador sempre deve equilibrar a vontade de expandir as categorias em favor da unicidade (exclusividade) com a crescente efetividade de um número menor de categorias. O pesquisador deve testar e selecionar uma variável dependente com categorias que tenham as maiores diferenças entre todos os grupos, ao mesmo tempo que mantenham suporte conceitual e relevância administrativa.

Conversão de variáveis métricas Os exemplos anteriores de variáveis categóricas eram verdadeiras dicotomias (ou multicotomias). Há algumas situações, contudo, em que a análise discriminante é apropriada mesmo se a variável dependente não é verdadeiramente categórica (não-métrica). Podemos ter uma variável dependente de medida ordinal ou intervalar, a qual queremos usar como uma variável dependente categórica. Em tais casos, teríamos de criar uma variável categórica, e duas abordagens estão entre as mais usuais:

- O método mais comum é estabelecer categorias usando uma escala métrica. Por exemplo, se tivéssemos uma variável que medisse o número médio de refrigerantes consumidos por dia e os indivíduos respondessem em uma escala de zero a oito ou mais por dia, poderíamos criar uma tricotomia (três grupos) artificial simplesmente designando aqueles indivíduos que consumissem nenhum, um ou dois refrigerantes por dia como usuários modestos, aqueles que consumissem três, quatro ou cinco por dia como usuários médios, e os que consumissem seis, sete, oito ou mais como usuários pesados. Tal procedimento criaria uma variável categórica de três grupos na qual o objetivo seria discriminar entre usuários de refrigerantes que fossem modestos, médios e pesados. Qualquer número de grupos categóricos artificiais pode ser desenvolvido. Mais freqüentemente, a abordagem envolveria a criação de duas, três ou quatro categorias. Um número maior de categorias poderia ser estabelecido se houvesse necessidade.
- Quando três ou mais categorias são criadas, surge a possibilidade de se examinarem apenas os grupos extremos em uma análise discriminante de dois grupos. A **abordagem de extremos polares** envolve a comparação somente dos dois grupos extremos e a exclusão do grupo do meio da análise discriminante. Por exemplo, o pesquisador poderia examinar os usuários modestos e pesados de refrigerantes e excluir os usuários médios. Esse tratamento pode ser usado toda vez que o pesquisador desejar olhar apenas os grupos extremos. Contudo, ele também pode querer tentar essa abordagem quando os resultados de uma análise de regressão não são tão bons quanto o previsto. Tal procedimento pode ser útil porque é possível que diferenças de grupos possam aparecer até quando os resultados de regressão são pobres. Ou seja, a abordagem de extremos polares com a análise discriminante pode revelar diferenças que não são tão evidentes em uma análise de regressão do conjunto completo de dados [7]. Tal manipulação dos dados naturalmente necessitaria de cuidado na interpretação das descobertas.

As variáveis independentes

Depois de ter tomado uma decisão sobre a variável dependente, o pesquisador deve decidir quais variáveis independentes serão incluídas na análise. As variáveis independentes geralmente são selecionadas de duas maneiras. A primeira abordagem envolve a identificação de variáveis a partir de pesquisa prévia ou do modelo teórico que é a base inerente da questão de pesquisa. A segunda abordagem é a intuição – utilizar o conhecimento do pesquisador e selecionar intuitivamente variáveis para as quais não existe pesquisa prévia ou teoria, mas que logicamente poderiam ser relacionadas à previsão dos grupos para a variável dependente.

Em ambos os casos, as variáveis independentes mais apropriadas são aquelas que diferem da variável dependente em pelo menos dois dos grupos. Lembre que o propósito de qualquer variável independente é apresentar um perfil único de pelo menos um grupo quando comparado a outros. Variáveis que não diferem ao longo dos grupos são de pouca utilidade em análise discriminante.

Tamanho da amostra

A análise discriminante, como as outras técnicas multivariadas, é afetada pelo tamanho da amostra sob análise. Como discutido no Capítulo 1, amostras muito pequenas têm grandes erros amostrais, de modo que a identificação de todas, exceto as grandes diferenças, é improvável. Além disso, amostras muito grandes tornarão todas as diferenças estatisticamente significantes, ainda que essas mesmas diferenças possam ter pouca ou nenhuma relevância administrativa. Entre esses extremos, o pesquisador deve considerar o impacto do tamanho das amostras sobre a análise discriminante, tanto no nível geral quanto em uma base de grupo-por-grupo.

Tamanho geral da amostra

A primeira consideração envolve o tamanho geral da amostra. A análise discriminante é bastante sensível à proporção do tamanho da amostra em relação ao número de variáveis preditoras. Como resultado, muitos estudos sugerem uma proporção de 20 observações para cada variável preditora. Apesar de essa proporção poder ser difícil de manter na prática, o pesquisador deve notar que os resultados se tornam instáveis quando o tamanho da amostra diminui em relação ao número de variáveis independentes. O tamanho mínimo recomendado é de cinco observações por variável independente. Note que essa proporção se aplica a todas as variáveis consideradas na análise, mesmo que todas as variáveis consideradas não entrem na função discriminante (como na estimação *stepwise*).

Tamanho da amostra por categoria

Além do tamanho da amostra geral, o pesquisador também deve considerar o tamanho da amostra de cada categoria. No mínimo, o menor grupo de uma categoria deve exceder o número de variáveis independentes. Como uma orientação prática, cada categoria deve ter no mínimo 20 observações. Mas mesmo que todas as categorias excedam 20 observações, o pesquisador também deve considerar os tamanhos relativos das mesmas. Se os grupos variam muito em tamanho, isso pode causar impacto na estimação da função discriminante e na classificação de observações. No estágio de classificação, grupos maiores têm uma chance desproporcionalmente maior de classificação. Se os tamanhos de grupos variam muito, o pesquisador pode querer extrair uma amostra aleatoriamente a partir do(s) grupo(s) maior(es), reduzindo assim seu(s) tamanho(s) a um nível comparável ao(s) grupo(s) menor(es). Sempre se lembre, porém, de manter um tamanho adequado de amostra geral e para cada grupo.

Divisão da amostra

Uma observação final sobre o impacto do tamanho da amostra na análise discriminante. Como será posteriormente discutido no estágio 6, a maneira preferida de validar uma análise discriminante é dividir a amostra em duas sub-amostras, uma usada para estimação da função discriminante e outra para fins de validação. Em termos de considerações sobre tamanho amostral, é essencial que cada sub-amostra tenha tamanho adequado para suportar as conclusões dos resultados. Dessa forma, todas as considerações discutidas na seção anterior se aplicam não somente à amostra total, mas agora a cada uma das duas sub-amostras (especialmente aquela usada para estimação). Nenhuma regra rígida e rápida foi desenvolvida, mas parece lógico que o pesquisador queira pelo menos 100 na amostra total para justificar a divisão da mesma em dois grupos.

Criação das sub-amostras

Vários procedimentos têm sido sugeridos para dividir a amostra em sub-amostras. O procedimento usual é dividir a amostra total de respondentes aleatoriamente em dois grupos. Um deles, a **amostra de análise**, é usado para desenvolver a função discriminante. O segundo grupo, a **amostra de teste**, é usado para testar a função discriminante. Esse método de validação da função é chamado de abordagem de **partição da amostra** ou **validação cruzada** [1,5,9,18].

Nenhuma orientação definitiva foi estabelecida para determinar os tamanhos relativos das sub-amostras de análise e de teste (ou validação). O procedimento mais popular é dividir a amostra total de forma que metade dos respondentes seja colocada na amostra de análise e a outra metade na amostra de teste. No entanto, nenhuma regra rígida e rápida foi estabelecida, e alguns pesquisadores preferem uma partição 60-40 ou mesmo 75-25 entre os grupos de análise e de teste, dependendo do tamanho da amostra geral.

Quando se selecionam as amostras de análise e teste, geralmente segue-se um procedimento de amostragem proporcionalmente estratificada. Assuma primeiro que o pesquisador deseja uma divisão 50-50. Se os grupos categóricos para a análise discriminante são igualmente representados na amostra total, as amostras de estimação e de teste devem ser de tamanhos aproximadamente iguais. Se os grupos originais são diferentes, os tamanhos das amostras de estimação e de teste devem ser proporcionais em relação à distribuição da amostra total. Por exemplo, se uma amostra consiste em 50 homens e 50 mulheres, as amostras de estimação e de teste teriam 25 homens e 25 mulheres cada. Se a amostra tiver 70 mulheres e 30 homens, então as amostras de estimação e de teste consistirão em 35 mulheres e 15 homens cada.

E se a amostra geral for muito pequena?

Se a amostra é muito pequena para justificar uma divisão em grupos de análise e de teste, o pesquisador tem duas opções. Primeiro, desenvolver a função na amostra inteira e então usar a função para classificar o mesmo grupo usado para desenvolver a função. Esse procedimento resulta em um viés ascendente na precisão preditiva da função, mas certamente é melhor do que não testar a função de forma alguma. Segundo, diversas técnicas discutidas no estágio 6 podem desempenhar um tipo de procedimento de teste no qual a função discriminante é repetidamente estimada sobre a amostra, cada vez reservando uma observação diferente para previsão. Nesta abordagem, amostras muito menores podem ser usadas, pois a amostra geral não precisa ser dividida em sub-amostras.

ESTÁGIO 3: SUPOSIÇÕES DA ANÁLISE DISCRIMINANTE

Como ocorre em todas as técnicas multivariadas, a análise discriminante é baseada em uma série de suposições. Tais suposições se relacionam a processos estatísticos envolvidos nos procedimentos de estimação e classificação e a questões que afetam a interpretação dos resultados. A seção a seguir discute cada tipo de suposição e os impactos sobre a aplicação apropriada da análise discriminante.

Impactos sobre estimação e classificação

As suposições-chave para determinar a função discriminante são a de normalidade multivariada das variáveis independentes, e a de estruturas (matrizes) de dispersão e covariância desconhecidas (mas iguais) para os grupos como definidos pela variável dependente [8,10]. Existem evidências da sensibilidade da análise discriminante a violações dessas suposições. Os testes para normalidade discutidos no Capítulo 2 estão disponíveis ao pesquisador, juntamente com o teste **M de Box** para avaliar a similaridade das matrizes de dispersão das variáveis independentes entre os grupos. Se as suposições são violadas, o pesquisador deve considerar métodos alternativos (p.ex., regressão logística, descrita na próxima seção) e compreender os impactos sobre os resultados que podem ser esperados.

Impacto sobre estimação

Dados que não atendem a suposição de normalidade multivariada podem causar problemas na estimação da função discriminante. Ações corretivas podem ser viáveis através de transformações dos dados para reduzir as disparidades entre as matrizes de covariância. No entanto, em muitos casos essas ações corretivas são ineficientes. Em tais casos, os modelos devem ser diretamente validados. Se a medida dependente é binária, a regressão logística deve ser utilizada sempre que possível.

Impacto sobre classificação

Matrizes de covariância desiguais também afetam negativamente o processo de classificação. Se os tamanhos das amostras são pequenos e as matrizes de covariância são diferentes, então a significância estatística do processo de estimação é afetada adversamente. O caso mais comum é o de covariâncias desiguais entre grupos de tamanho adequado, em que as observações são super-classificadas nos grupos com matrizes de covariância maiores. Esse efeito pode ser minimizado aumentando-se o tamanho da amostra e também usando-se as matrizes de covariância específicas dos grupos para fins de classificação, mas essa abordagem exige a validação cruzada dos resultados discriminantes. Finalmente, técnicas de classificação quadráticas estão disponíveis em muitos dos programas estatísticos caso existam grandes diferenças entre as matrizes de covariância dos grupos e as ações corretivas não minimizem o efeito [6,12,14].

Impactos sobre interpretação

Uma outra característica dos dados que afeta os resultados é a multicolinearidade entre as variáveis independentes. A multicolinearidade, medida em termos de **tolerância**, denota que duas ou mais variáveis independentes estão altamente correlacionadas, de modo que uma variável pode ser altamente explicada ou prevista pela(s) outra(s) variável(eis), acrescentando pouco ao poder explicativo do conjunto como um todo. Essa consideração se torna especialmente crítica quando procedimentos *stepwise* são empregados. O pesquisador, ao interpretar a função discriminante, deve estar ciente da multicolinearidade e de seu impacto na determinação de quais variáveis entram na solução *stepwise*. Para uma discussão mais detalhada da multicolinearidade e seu impacto nas soluções *stepwise*, ver o Capítulo 4. Os procedimentos para detectar a presença da multicolinearidade são também abordados no Capítulo 4.

Como em qualquer técnica multivariada que emprega uma variável estatística, uma suposição implícita é a de que todas as relações são lineares. As relações não-lineares não são refletidas na função discriminante, a menos que transformações específicas de variáveis sejam executadas para representarem efeitos não-lineares. Finalmente, observações atípicas podem ter um impacto substancial na precisão de classificação de quaisquer resultados da aná-

---

REGRAS PRÁTICAS 5-1

Planejamento de análise discriminante

- A variável dependente deve ser não-métrica, representando grupos de objetos que devem diferir nas variáveis independentes
- Escolha uma variável dependente que:
  - Melhor represente diferenças de grupos de interesse
  - Defina grupos que são substancialmente distintos
  - Minimize o número de categorias ao mesmo tempo que atenda aos objetivos da pesquisa
- Ao converter variáveis métricas para uma escala não-métrica para uso como a variável dependente, considere o uso de grupos extremos para maximizar as diferenças de grupos
- Variáveis independentes devem identificar diferenças entre pelo menos dois grupos para uso em análise discriminante
- A amostra deve ser grande o bastante para:
  - Ter pelo menos uma observação a mais por grupo do que o número de variáveis independentes, mas procurar por pelo menos 20 casos por grupo
  - Ter 20 casos por variável independente, com um nível mínimo recomendado de 5 observações por variável
  - Ter uma amostra grande o bastante para dividi-la em amostras de teste e de estimação, cada uma atendendo às exigências acima
- A suposição mais importante é a igualdade das matrizes de covariância, o que afeta tanto estimação quanto classificação
- Multicolinearidade entre as variáveis independentes pode reduzir sensivelmente o impacto estimado de variáveis independentes na função discriminante derivada, particularmente no caso de emprego de um processo de estimação *stepwise*

lise discriminante. O pesquisador é encorajado a examinar todos os resultados quanto à presença de observações atípicas e a eliminar observações atípicas verdadeiras, se necessário. Para uma discussão sobre algumas das técnicas que avaliam as violações das suposições estatísticas básicas ou a detecção de observações atípicas, ver Capítulo 2.

ESTÁGIO 4: ESTIMAÇÃO DO MODELO DISCRIMINANTE E AVALIAÇÃO DO AJUSTE GERAL

Para determinar a função discriminante, o pesquisador deve decidir o método de estimação e então determinar o número de funções a serem retidas (ver Figura 5-6). Com as funções estimadas, o ajuste geral do modelo pode ser avaliado de diversas maneiras. Primeiro, **escores Z discriminantes**, também conhecidos como os **escores Z**, podem ser calculados para cada objeto. A comparação das médias dos grupos (centróides) nos escores Z fornece uma medida de discriminação entre grupos. A precisão preditiva pode ser medida como o número de observações classificadas nos grupos corretos, com vários critérios disponíveis para avaliar se o processo de classificação alcança significância prática ou estatística. Finalmente, diagnósticos por casos podem identificar a precisão de classificação de cada caso e seu impacto relativo sobre a estimação geral do modelo.

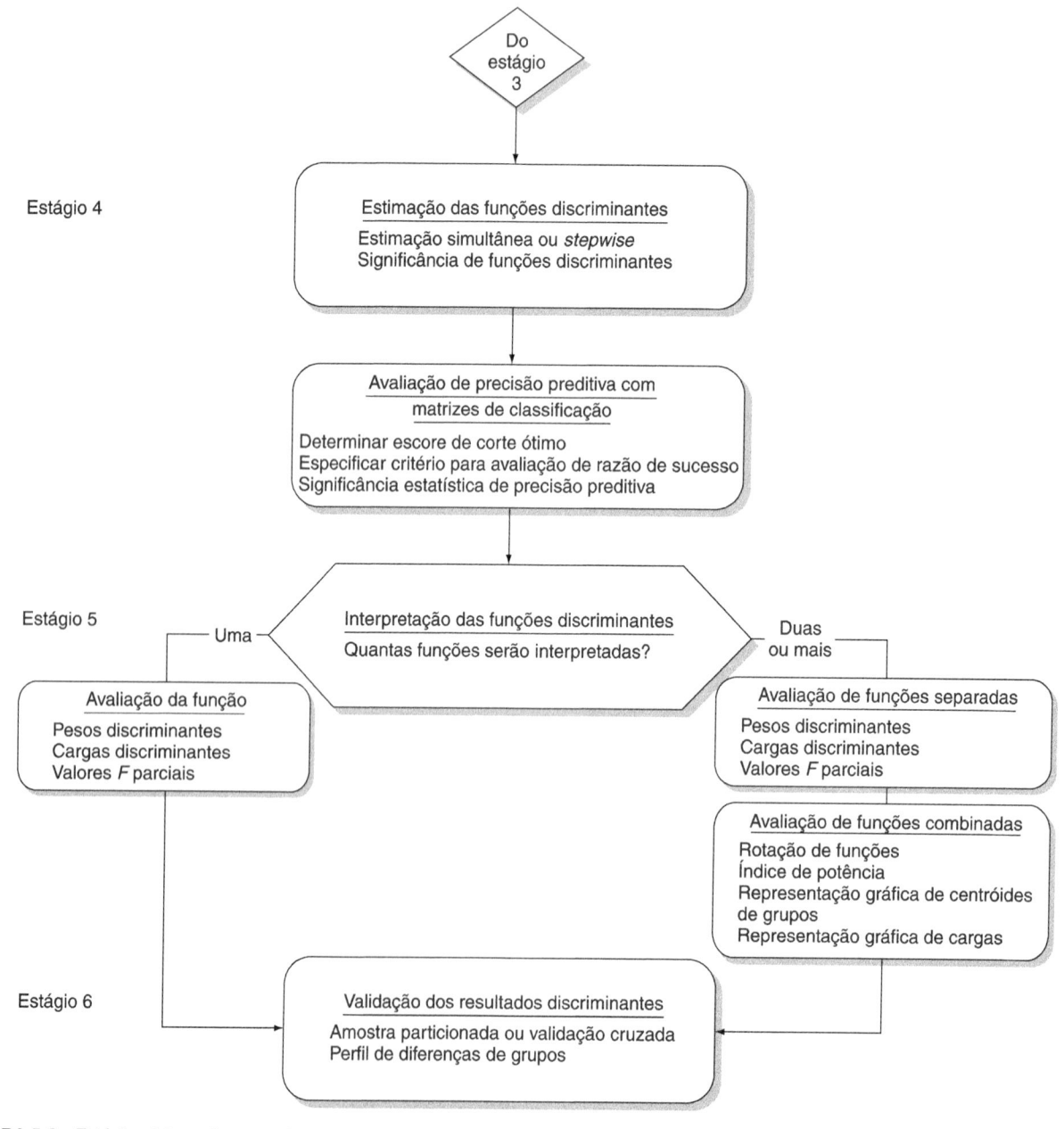

FIGURA 5-6 Estágios 4-6 no diagrama de decisão da análise discriminante.

Seleção de um método de estimação

A primeira tarefa na obtenção da função discriminante é selecionar o método de estimação. Ao fazer tal escolha, o pesquisador deve balancear a necessidade de controle sobre o processo de estimação com o desejo pela parcimônia nas funções discriminantes. Os dois métodos disponíveis são o simultâneo (direto) e o *stepwise*, cada um discutido adiante.

Estimação simultânea

A **estimação simultânea** envolve a computação da função discriminante, de modo que todas as variáveis independentes são consideradas juntas. Assim, a função discriminante é computada com base no conjunto inteiro de variáveis independentes, sem consideração do poder discriminatório de cada uma delas. O método simultâneo é apropriado quando, por conta de razões teóricas, o pesquisador quer incluir todas as variáveis independentes na análise e não está interessado em ver resultados intermediários baseados apenas nas variáveis mais discriminantes.

Estimação stepwise

A **estimação** *stepwise* é uma alternativa à abordagem simultânea. Envolve a inclusão das variáveis independentes na função discriminante, uma por vez, com base em seu poder discriminatório. A abordagem *stepwise* segue um processo seqüencial de adicionar ou descartar variáveis da seguinte maneira:

1. Escolher a melhor variável discriminatória.
2. Comparar a variável inicial com cada uma das outras variáveis independentes, uma de cada vez, e selecionar a variável mais adequada para melhorar o poder discriminatório da função em combinação com a primeira variável.
3. Selecionar as demais variáveis de maneira semelhante. Note que conforme variáveis adicionais são incluídas, algumas previamente escolhidas podem ser removidas se a informação que elas contêm sobre diferenças de grupos estiver disponível em alguma combinação das outras variáveis incluídas em estágios posteriores.
4. Considerar o processo concluído quando todas as variáveis independentes forem incluídas na função ou as variáveis excluídas forem julgadas como não contribuindo significantemente para uma discriminação futura.

O método *stepwise* é útil quando o pesquisador quer considerar um número relativamente grande de variáveis independentes para inclusão na função. Selecionando-se seqüencialmente a próxima melhor variável discriminante em cada passo, as variáveis que não são úteis na discriminação entre os grupos são eliminadas e um conjunto reduzido de variáveis é identificado. O conjunto reduzido geralmente é quase tão bom quanto – e às vezes melhor que – o conjunto completo de variáveis.

O pesquisador deve notar que a estimação *stepwise* se torna menos estável e generalizável à medida que a proporção entre tamanho da amostra e variável independente diminui abaixo do nível recomendado de 20 observações por variável independente. É particularmente importante, nesses casos, validar os resultados de tantas maneiras quanto possível.

Significância estatística

Após a estimação da função discriminante, o pesquisador deve avaliar o nível de significância para o poder discriminatório coletivo das funções discriminantes, bem como a significância de cada função discriminante em separado. A avaliação da significância geral fornece ao pesquisador a informação necessária para decidir se deve proceder com a interpretação da análise ou se uma reespecificação se faz necessária. Se o modelo geral for significante, a avaliação das funções individuais identifica aquelas que devem ser mantidas e interpretadas.

Significância geral

Ao se avaliar a significância estatística do modelo geral, diferentes critérios são aplicáveis para procedimentos de estimação simultânea versus *stepwise*. Em ambas as situações, os testes estatísticos se relacionam com a habilidade das funções discriminantes de obterem escores Z discriminantes que sejam significantemente diferentes entre grupos.

Estimação simultânea. Quando uma abordagem simultânea é usada, as medidas de lambda de Wilks, o traço de Hotelling e o critério de Pillai avaliam a significância estatística do poder discriminatório da(s) função(ões) discriminante(s). A maior raiz característica de Roy avalia apenas a primeira função discriminante. Para uma discussão mais detalhada sobre as vantagens e desvantagens de cada critério, veja a discussão de testes de significância em análise multivariada de variância no Capítulo 6.

Estimação *stepwise*. Se um método *stepwise* é empregado para estimar a função discriminante, as medidas D^2 de Mahalanobis e V de Rao são mais adequadas. Ambas são medidas de distância generalizada. O procedimento D^2 de Mahalanobis é baseado em distância euclideana quadrada generalizada que se adapta a variâncias desiguais. A maior vantagem deste procedimento é que ele é computado no espaço original das variáveis preditoras, em vez de ser computado como uma versão extraída de outras medidas. O procedimento D^2 de Mahalanobis se torna particularmente crítico quando o número de variáveis preditoras aumenta porque ele não resulta em redução de dimensionalidade. Uma perda em dimensionalidade causaria uma perda de informação, porque ela diminui a variabilidade das variáveis independentes. Em geral, D^2 de Mahalanobis é o procedimento preferido quando o pesquisador está interessado no uso máximo de informação disponível em um processo *stepwise*.

Significância de funções discriminantes individuais

Se o número de grupos é três ou mais, então o pesquisador deve decidir não apenas se a discriminação entre grupos é estatisticamente significante, mas também se cada função discriminante estimada é estatisticamente significante. Como discutido anteriormente, a análise discriminante estima uma função discriminante a menos do que o número de grupos. Se três grupos são analisados, então duas funções discriminantes serão estimadas; para quatro grupos, três funções serão estimadas, e assim por diante. Todos os programas de computador fornecem ao pesquisador a informação necessária para verificar o número de funções necessárias para obter significância estatística, sem incluir funções discriminantes que não aumentam o poder discriminatório significantemente.

O critério de significância convencional de 0,05 ou acima é freqüentemente usado, sendo que alguns pesquisadores estendem o nível requerido (p.ex., 0,10 ou mais) com base na ponderação de custo versus o valor da informação. Se os maiores níveis de risco para incluir resultados não-significantes (p.ex., níveis de significância > 0,05) são aceitáveis, pode-se reter funções discriminantes que são significantes no nível 0,2 ou até mesmo 0,3.

Se uma ou mais funções são consideradas estatisticamente não-significantes, o modelo discriminante deve ser reestimado com o número de funções a serem determinadas limitado ao número de funções significantes. Desse modo, a avaliação de precisão preditiva e a interpretação das funções discriminantes serão baseadas apenas em funções significantes.

Avaliação do ajuste geral do modelo

Logo que as funções discriminantes significantes tenham sido identificadas, a atenção se desvia para a verificação do ajuste geral das funções discriminantes mantidas. Essa avaliação envolve três tarefas:

REGRAS PRÁTICAS 5-2

Estimação e ajuste do modelo

- Apesar de a estimação *stepwise* poder parecer ótima ao selecionar o mais parcimonioso conjunto de variáveis maximamente discriminantes, cuidado com o impacto de multicolinearidade sobre a avaliação do poder discriminatório de cada variável.
- O ajuste geral do modelo avalia a significância estatística entre grupos sobre os escores Z discriminantes, mas não avalia precisão preditiva.
- Tendo mais de dois grupos, não confine sua análise a apenas as funções discriminantes estatisticamente significantes, mas considere a possibilidade de funções não-significantes (com níveis de até 0,3) adicionarem poder explanatório.

---

1. Calcular escores Z discriminantes para cada observação
2. Calcular diferenças de grupos nos escores Z discriminantes
3. Avaliar a precisão de previsão de pertinência a grupos.

Devemos observar que o emprego da função discriminante para fins de classificação é apenas um entre dois possíveis tratamentos. O segundo utiliza uma **função de classificação**, também conhecida como **função discriminante linear de Fisher**. As funções de classificação, uma para cada grupo, são usadas exclusivamente para classificar observações. Nesse método de classificação, os valores de uma observação para as variáveis independentes são inseridos nas funções de classificação, e um escore de classificação para cada grupo é calculado para aquela observação. A observação é então classificada no grupo com o maior escore de classificação.

Examinamos a função discriminante como o meio de classificação porque ela fornece uma representação concisa e simples de cada função discriminante, simplificando o processo de interpretação e a avaliação da contribuição de variáveis independentes. Ambos os métodos conseguem resultados comparáveis, apesar de usarem diferentes meios.

Cálculo de escores Z discriminantes

Com as funções discriminantes retidas definidas, a base para calcular os escores Z discriminantes foi estabelecida. Como discutido anteriormente, o escore Z discriminante de qualquer função discriminante pode ser calculado para cada observação pela seguinte fórmula:

$$Z_{jk} = a + W_1 X_{1k} + W_2 X_{2k} + \cdots + W_n X_{nk}$$

onde

Z_{jk} = escore Z discriminante da função discriminante j para o objeto k
a = intercepto
W_i = coeficiente discriminante para a variável independente i
X_{ik} = variável independente i para o objeto k

Este escore, uma variável métrica, fornece uma maneira direta de comparar observações em cada função. Assume-se que as observações com escores Z semelhantes são mais parecidas com base nas variáveis que constituem essa função do que aquelas com escores totalmente distintos. A função discriminante pode ser expressa com pesos e valores padronizados ou não-padronizados. A versão padronizada é mais útil para fins de interpretação, mas a não-padronizada é mais fácil de utilizar no cálculo do escore Z discriminante.

Avaliação de diferenças de grupos

Uma vez que os escores Z discriminantes são calculados, a primeira avaliação de ajuste geral do modelo é determinar a magnitude de diferenças entre os membros de cada grupo em termos dos escores Z discriminantes. Uma medida resumo das diferenças de grupos é uma comparação dos **centróides** dos grupos, o escore Z discriminante médio para todos os membros dos grupos. Uma medida de sucesso da análise discriminante é sua habilidade em definir função(ões) discriminante(s) que resulte(m) em centróides de grupos significantemente diferentes. As diferenças entre centróides são medidas em termos do D^2 de Mahalanobis, para o qual há testes disponíveis para determinar se as diferenças são estatisticamente significantes. O pesquisador deve garantir que, mesmo com funções discriminantes significantes, há diferenças consideráveis entre os grupos.

Os centróides de grupos em cada função discriminante também podem ser representados graficamente para demonstrar os resultados de uma perspectiva gráfica. Gráficos geralmente são preparados para as primeiras duas ou três funções discriminantes (assumindo que elas são funções estatisticamente significantes). Os valores para cada grupo mostram sua posição no espaço discriminante reduzido (assim chamado porque nem todas as funções e, assim, nem toda a variância, são representadas graficamente). O pesquisador pode ver as diferenças entre os grupos em cada função; no entanto, a inspeção visual não explica totalmente o que são essas diferenças. Pode-se desenhar círculos que envolvam a distribuição de observações em volta de seus respectivos centróides para esclarecer melhor as diferenças de grupos, mas esse procedimento está além do escopo deste texto (ver Dillon e Goldstein [4]).

Avaliação da precisão preditiva de pertinência a grupo

Dado que a variável dependente é não-métrica, não é possível usar uma medida como R^2, como se faz em regressão múltipla, para avaliar a precisão preditiva. Em vez disso, cada observação deve ser avaliada com o objetivo de saber se ela foi corretamente classificada. Ao fazer isso, diversas considerações importantes devem ser feitas:

- A concepção estatística e prática para desenvolver matrizes de classificação
- A determinação do escore de corte
- A construção das matrizes de classificação
- Os padrões para avaliar a precisão de classificação

Por que matrizes de classificação são desenvolvidas. Os testes estatísticos para avaliar a significância das funções discriminantes somente avaliam o grau de diferença entre os grupos com base nos escores Z discriminantes, mas não dizem quão bem a função prevê. Esses testes estatísticos sofrem das mesmas desvantagens dos testes de hipóteses clássicos. Por exemplo, suponha que os dois grupos são considerados significantemente diferentes além do nível 0,01. Com amostras suficientemente grandes, as médias de grupo (centróides) poderiam ser virtualmente idênticas e ainda teriam significância estatística.

Para determinar a habilidade preditiva de uma função discriminante, o pesquisador deve construir matrizes de classificação.

A **matriz de classificação** fornece uma perspectiva sobre significância prática, e não sobre significância estatística. Com a análise discriminante múltipla, o percentual **corretamente classificado**, também conhecido como **razão de sucesso**, revela o quão bem a função discriminante classificou os objetos. Com uma amostra suficientemente grande em análise discriminante, poderíamos ter uma diferença estatisticamente significante entre os dois (ou mais) grupos e mesmo assim classificar corretamente apenas 53% (quando a chance é de 50%, com grupos de mesmo tamanho) [16]. Em tais casos, o teste estatístico indicaria significância estatística, ainda que a razão de sucesso viabilizasse um julgamento à parte a ser feito em termos de significância prática. Logo, devemos usar o procedimento da matriz de classificação para avaliar precisão preditiva além de simples significância estatística.

Cálculo do escore de corte. Usando as funções discriminantes consideradas significantes, podemos desenvolver matrizes de classificação para uma avaliação mais precisa do poder discriminatório das funções. Antes que uma matriz de classificação seja definida, porém, o pesquisador deve determinar o **escore de corte** (também chamado de valor Z crítico) para cada função discriminante. O escore de corte é o critério em relação ao qual o escore discriminante de cada objeto é comparado para determinar em qual grupo o objeto deve ser classificado.

O escore de corte representa o ponto divisor usado para classificar observações em um entre dois grupos baseado no escore da função discriminante. O cálculo de um escore de corte entre dois grupos quaisquer é baseado nos centróides de dois grupos (média de grupo dos escores discriminantes) e no tamanho relativo dos grupos. Os centróides são facilmente calculados e fornecidos em cada estágio do processo *stepwise*. Para calcular corretamente o **escore de corte ótimo**, o pesquisador deve abordar dois pontos:

1. Definir as probabilidades *a priori*, baseado nos tamanhos relativos dos grupos observados ou especificados pelo pesquisador (ou assumidos iguais, ou com valores dados pelo pesquisador).
2. Calcular o valor do escore de corte ótimo como uma média ponderada sobre os tamanhos assumidos dos grupos (obtido a partir das probabilidades *a priori*).

Definição das probabilidades a priori.
O impacto e a importância de tamanhos relativos de grupos são muitas vezes desconsiderados, apesar de serem baseados nas suposições do pesquisador relativas à representatividade da amostra. Neste caso, representatividade se relaciona à representação dos tamanhos relativos dos grupos na população real, o que pode ser estabelecido como probabili-

dades *a priori* (ou seja, a proporção relativa de cada grupo em relação à amostra total).

A questão fundamental é: os tamanhos relativos dos grupos são representativos dos tamanhos de grupos na população? A suposição padrão para a maioria dos programas estatísticos é de probabilidades iguais; em outras palavras, cada grupo é considerado como tendo a mesma chance de ocorrer, mesmo que os tamanhos dos grupos na amostra sejam desiguais. Se o pesquisador está inseguro sobre se as proporções observadas na amostra são representativas das proporções da população, a abordagem conservadora é empregar probabilidades iguais. Em alguns casos, estimativas das probabilidades *a priori* podem estar disponíveis, como em pesquisa anterior. Aqui a suposição padrão de probabilidades iguais *a priori* é substituída por valores especificados pelo pesquisador. Em qualquer caso, os reais tamanhos de grupos são substituídos com base nas probabilidades *a priori* especificadas.

No entanto, se a amostra foi conduzida aleatoriamente e o pesquisador sente que os tamanhos de grupos são representativos da população, então o pesquisador pode especificar probabilidade *a priori* com base na amostra de estimação. Assim, os verdadeiros tamanhos de grupos são considerados representativos e diretamente usados no cálculo do escore de corte (ver a discussão que se segue). Em todos os casos, porém, o pesquisador deve especificar como as probabilidades *a priori* são calculadas, o que afeta os tamanhos de grupos usados no cálculo como ilustrado.

Por exemplo, considere uma amostra de teste consistindo de 200 observações, com tamanhos de grupos de 60 a 140 que se relacionam com probabilidades *a priori* de 30% e 70%, respectivamente. Se a amostra é considerada representativa, então os tamanhos de 60 e 140 são empregados no cálculo do escore de corte. Não obstante, se a amostra é considerada não-representativa, o pesquisador deve especificar as probabilidades *a priori*. Se elas são especificadas como iguais (50% e 50%), os tamanhos amostrais de 100 e 100 seriam usados no cálculo do escore de corte no lugar dos tamanhos reais. Especificar outros valores para as probabilidades *a priori* resultaria em diferentes tamanhos amostrais para os dois grupos.

Cálculo do escore de corte ótimo. A importância das probabilidades *a priori* no escore de corte é muito evidente depois que se percebe como o mesmo é calculado. A fórmula básica para computar o escore de corte entre dois grupos quaisquer é:

$$Z_{CS} = \frac{N_A Z_B + N_B Z_A}{N_A + N_B}$$

onde

Z_{CS} = escore de corte ótimo entre grupos A e B
N_A = número de observações no grupo A
N_B = número de observações no grupo B
Z_A = centróide para o grupo A
Z_B = centróide para o grupo B

Com tamanhos desiguais de grupos, o escore de corte ótimo para uma função discriminante é agora a média ponderada dos centróides de grupos. O escore de corte é ponderado na direção do grupo menor, gerando, com sorte, uma melhor classificação do grupo maior.

Se os grupos são especificados como sendo de iguais tamanhos (probabilidades *a priori* definidas como iguais), então o escore de corte ótimo estará a meio caminho entre os dois centróides e se torna simplesmente a média dos mesmos:

$$Z_{CE} = \frac{Z_A + Z_B}{2}$$

onde

Z_{CE} = valor do escore de corte crítico para grupos de mesmo tamanho
Z_A = centróide do grupo A
Z_B = centróide do grupo B

Ambas as fórmulas para cálculo do escore de corte ótimo assumem que as distribuições são normais e as estruturas de dispersão de grupos são conhecidas.

O conceito de um escore de corte ótimo para grupos iguais e distintos é ilustrado nas Figuras 5-7 e 5-8, respectivamente. Os escores de corte ponderados e não-ponderados são mostrados. Fica evidente que se o grupo A é muito menor que o grupo B, o escore de corte ótimo está mais próximo ao centróide do grupo A do que ao centróide do grupo B. Além disso, se o escore de corte não-ponderado fosse usado, nenhum dos objetos no grupo A seria mal classificado, mas uma parte substancial dos que estão no grupo B seria mal classificada.

Custos de má classificação. O escore de corte ótimo também deve considerar o custo de classificar um objeto no grupo errado. Se os custos de má classificação são aproximadamente iguais para todos os grupos, o escore de corte ótimo será aquele que classificar mal o menor número de objetos em todos os grupos. Se os custos de má classificação são desiguais, o escore de corte ótimo será o que minimizar os custos de má classificação. Abordagens mais sofisticadas para determinar escores de corte são discutidas em Dillon e Goldstein [4] e Huberty et al. [13]. Essas abordagens são baseadas em um modelo estatístico bayesiano e são adequadas quando os custos de má classi-

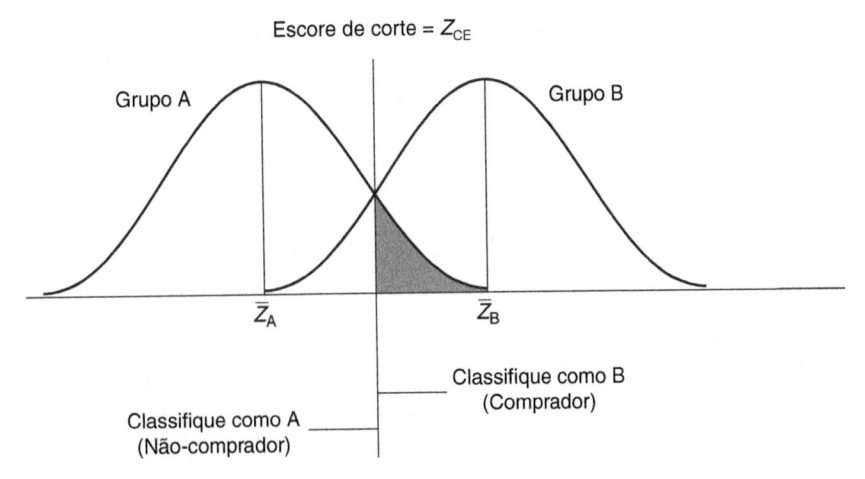

FIGURA 5-7 Escore de corte ótimo com amostras de tamanhos iguais.

ficação em certos grupos são altos, quando os grupos são de tamanhos muito diferentes, ou quando se deseja tirar vantagem de um conhecimento *a priori* de probabilidades de pertinência a grupo.

Na prática, quando se calcula o escore de corte, geralmente não é necessário inserir as medidas originais da variável para cada indivíduo na função discriminante e obter o escore discriminante para cada pessoa para usar no cálculo de Z_A e Z_B (centróides dos grupos A e B). O programa de computador fornece os escores discriminantes, bem como Z_A e Z_B, como *output* regular. Quando o pesquisador tem os centróides de grupo e os tamanhos da amostra, o escore de corte ótimo pode ser obtido simplesmente substituindo-se os valores na fórmula apropriada.

Construção das matrizes de classificação. Para validar a função discriminante pelo uso de matrizes de classificação, a amostra deve ser aleatoriamente dividida em dois grupos. Um dos grupos (a amostra de análise) é usado para computar a função discriminante. O outro (a amostra de teste ou de validação) é retido para uso no desenvolvimento da matriz de classificação. O procedimento envolve a multiplicação dos pesos gerados pela amostra de análise pelas medidas originais da variável da amostra de teste. Em seguida, os escores discriminantes individuais para a amostra de teste são comparados com o valor do escore de corte crítico e classificados como se segue:

Classifique um indivíduo no grupo A se $Z_n < Z_{ct}$

ou

Classifique um indivíduo no grupo B se $Z_n > Z_{ct}$.

onde

Z_n = escore Z discriminante para o *n*-ésimo indivíduo
Z_{ct} = valor do escore de corte crítico

Os resultados do procedimento de classificação são apresentados em forma matricial, como mostrado na Tabela 5-4. As entradas na diagonal da matriz representam o número de indivíduos corretamente classificados. Os números fora da diagonal representam as classificações incorretas. As entradas sob a coluna rotulada de "Tamanho do grupo real" representam o número de indivíduos que realmente estão em cada um dos dois grupos. As entradas na base das colunas representam o número de indivíduos designados aos grupos pela função discriminante. O per-

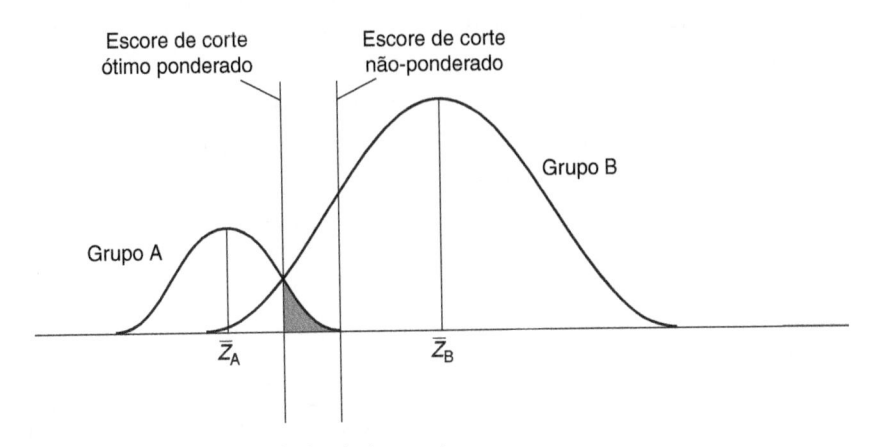

FIGURA 5-8 Escore de corte ótimo com tamanhos desiguais de amostras.

centual corretamente classificado para cada grupo é mostrado no lado direito da matriz, e o percentual geral corretamente classificado, também conhecido como a razão de sucesso, é mostrado na base.

> Em nosso exemplo, o número de indivíduos corretamente designados ao grupo 1 é 22, enquanto 3 membros do grupo 1 estão incorretamente designados ao grupo 2. Do mesmo modo, o número de classificações corretas no grupo 2 é 20, e o número de designações incorretas no grupo 1 é 5. Assim, os percentuais de precisão de classificação da função discriminante para os grupos reais 1 e 2 são 88% e 80%, respectivamente. A precisão de classificação geral (razão de sucesso) é 84%.

Um tópico final sobre os procedimentos de classificação é o teste t disponível para determinar o nível de significância para a precisão de classificação. A fórmula para uma análise de dois grupos (igual tamanho de amostra) é

$$t = \frac{p - 0{,}5}{\sqrt{\dfrac{0{,}5(1{,}0 - 0{,}5)}{N}}}$$

onde

p = proporção corretamente classificada
N = tamanho da amostra

Essa fórmula pode ser adaptada para uso com mais grupos e diferentes tamanhos de amostra.

Estabelecimento de padrões de comparação para a razão de sucesso. Como observado anteriormente, a precisão preditiva da função discriminante é medida pela razão de sucesso, a qual é obtida a partir da matriz de classificação. O pesquisador pode questionar o que é ou não considerado um nível aceitável de precisão preditiva para uma função discriminante. Por exemplo, 60% é um nível aceitável ou deveríamos esperar obter de 80% a 90% de precisão preditiva? Para responder essa questão o pesquisador deve primeiro determinar o percentual que poderia ser classificado corretamente por *chances* (*sem a ajuda da função discriminante*).

Padrões de comparação para a razão de sucesso em grupos de mesmo tamanho. Quando os tamanhos de amostra dos grupos são iguais, a determinação da classificação por chances é bem simples; ela é obtida dividindo-se 1 pelo número de grupos. A fórmula é

$$C_{\text{IGUAL}} = 1/(\text{Número de grupos}).$$

Por exemplo, para uma função de dois grupos, a probabilidade seria de 0,50; para uma função de três grupos, seria de 0,33, e assim por diante.

Padrões de comparação para a razão de sucesso em grupos de tamanhos desiguais. A determinação da classificação por chances para situações nas quais os tamanhos dos grupos são desiguais é um pouco mais complicada. Devemos considerar apenas o maior grupo, a probabilidade combinada de todos os tamanhos de grupos, ou algum outro padrão? Imaginemos que temos uma amostra total de 200 indivíduos divididos como amostras de teste e de análise de 100 observações cada. Na amostra de teste, 75 objetos pertencem a um grupo e 25 ao outro. Examinaremos os possíveis caminhos nos quais podemos construir um padrão para comparação e aquilo que cada um representa.

- Conhecido como o **critério de chance máxima**, poderíamos arbitrariamente designar todos os indivíduos ao maior grupo. O critério da chance máxima deve ser usado quando o único objetivo da análise discriminante é maximizar o percentual corretamente classificado [16]. É também o padrão mais conservador, pois ele gera o mais alto padrão de comparação. No entanto, são raras as situações nas quais estamos interessados apenas em maximizar o percentual corretamente classificado. Geralmente, o pesquisador usa a análise discriminante para identificar corretamente os membros de todos os grupos. Em casos nos quais os tamanhos das amostras são desiguais e o pesquisador deseja classificar os membros de todos os grupos, a função discriminante vai contra as chances, classificando um indivíduo no(s) grupo(s) menor(es). O critério por chances não leva esse fato em consideração [16].

TABELA 5-4 Matriz de classificação para análise discriminante de dois grupos

Grupo real	Grupo previsto		Tamanho do grupo real	Percentual corretamente classificado
	1	2		
1	22	3	25	88
2	5	20	25	80
Tamanho previsto do grupo	27	23	50	84[a]

[a]Percentual corretamente classificado = (Número corretamente classificado/Número total de observações) × 100
= [(22 + 20)/50] × 100
= 84%

> Em nosso exemplo simples de uma amostra com dois grupos (75 e 25 pessoas cada), usando esse método teríamos uma precisão de classificação de 75%, o que se conseguiria classificando-se todos no grupo maior sem a ajuda de qualquer função discriminante. Pode-se concluir que, a menos que a função discriminante consiga uma precisão de classificação maior do que 75%, ela deve ser descartada, pois não nos ajuda a melhorar a precisão preditiva que podemos atingir sem qualquer análise discriminante.

- Quando os tamanhos de grupos são desiguais e o pesquisador deseja identificar corretamente os membros de todos os grupos, não apenas do maior, o **critério de chances proporcionais** é considerado por muitos como o mais apropriado. A fórmula para esse critério é

$$C_{PRO} = p^2 + (1-p)^2$$

onde

p = proporção de indivíduos no grupo 1
$1 - p$ = proporção de indivíduos no grupo 2

> Usando os tamanhos de grupos de nosso exemplo anterior (75 e 25), percebemos que o critério de chances proporcionais seria de 62,5% [$0,75^2 + (1,0 - 0,75)^2 = 0,625$] comparado com 75%. Logo, neste caso, uma precisão preditiva de 75% seria aceitável porque está acima dos 62,5% do critério de chances proporcionais.

- Um problema dos critérios de chance máxima e de chances proporcionais são os tamanhos das amostras usados para cálculo dos padrões. Você deve usar grupos com o tamanho da amostra geral, da amostra de análise/estimação, ou da amostra de validação/teste? Aqui vão algumas sugestões:
  - Se os tamanhos das amostras de análise e estimação são considerados suficientemente grandes (i.e., amostra total de 100 com cada grupo tendo pelo menos 20 casos), obtenha padrões separados para cada amostra.
  - Se as amostras separadas não são consideradas suficientemente grandes, use os tamanhos de grupos da amostra total para calcular os padrões.
  - Atente a tamanhos de grupos diferentes entre amostras quando usar o critério de chance máxima, pois ele depende do maior tamanho de grupo. Esta orientação é especialmente crítica quando a amostra é pequena ou quando as proporções de tamanhos de grupos variam muito de amostra para amostra. Este é outro motivo de cautela no emprego do critério de chance máxima.

Esses critérios de chances são úteis somente quando computados com amostras de teste (abordagem da partição da amostra). Se os indivíduos usados no cálculo da função discriminante são os classificados, o resultado é um viés ascendente na precisão preditiva. Em tais casos, os critérios deveriam ser ajustados para cima em função desse viés.

Comparação da razão de sucesso com o padrão. A questão de "quanta precisão de classificação devo ter?" é crucial. Se o percentual de classificações corretas é significativamente maior do que se esperaria por chances, o pesquisador pode proceder à interpretação das funções discriminantes e de perfis de grupos. No entanto, se a precisão de classificação não é maior do que pode ser esperado das chances, quaisquer diferenças que pareçam existir merecem pouca ou nenhuma interpretação; ou seja, as diferenças em perfis de escores não forneceriam qualquer informação significativa para identificar a pertinência a grupos.

A questão, então, é o quanto a precisão de classificação deve ser relativa às chances? Por exemplo, se as chances são de 50% (dois grupos, com iguais tamanhos), uma precisão de classificação (preditiva) de 60% justifica ir para o estágio de interpretação? Em última instância, a decisão depende do custo em relação ao valor da informação. O argumento do custo versus valor oferece pouca ajuda ao pesquisador iniciante, mas o seguinte critério é sugerido: *A precisão de classificação deve ser pelo menos um quarto maior do que a obtida por chances.*

> Por exemplo, se a precisão por chances for de 50%, a precisão de classificação deverá ser 62,5% (62,5% = 1,25 × 50%). Se a precisão de chances for de 30%, a precisão de classificação deverá ser 37,5% (37,5% = 1,25 × 30%).

Esse critério fornece apenas uma estimativa grosseira do nível aceitável de precisão preditiva. O critério é fácil de aplicar com grupos de mesmo tamanho. Com grupos de tamanhos desiguais, um limite superior é alcançado quando o modelo de chance máxima é usado para determinar a precisão de chances. No entanto, isso não representa um grande problema, pois sob a maioria das circunstâncias o modelo de chance máxima não seria usado com grupos de tamanhos distintos.

Razões de sucesso geral versus específicas de grupos. Até este ponto, nos concentramos no cálculo da razão de sucesso geral em todos os grupos avaliando a precisão preditiva de uma análise discriminante. O pesquisador também deve estar preocupado com a razão de sucesso (percentual corretamente classificado) para cada grupo separado. Se você se concentrar somente na razão de sucesso geral, é possível que um ou mais grupos, particularmente os menores, possam ter razões de sucesso inaceitáveis enquanto a razão de sucesso geral é aceitável. O pesquisador deve calcular a razão de sucesso de cada grupo e avaliar se a análise discriminante fornece níveis adequados de precisão preditiva tanto no nível geral quanto para cada grupo.

Medidas com base estatística de precisão de classificação relacionada a chances* Um teste estatístico do poder discriminatório da matriz de classificação quando comparada com um modelo de chances é a **estatística Q de Press**. Essa medida simples compara o número de classificações corretas com o tamanho da amostra total e o número de grupos. O valor calculado é então comparado com um valor crítico (o valor qui-quadrado para um grau de liberdade no nível de confiança desejado). Se ele excede este valor crítico, então a matriz de classificação pode ser considerada estatisticamente melhor do que as chances. A estatística Q é calculada pela seguinte fórmula:

$$Q \text{ de Press} = \frac{[N-(nK)]^2}{N(K-1)}$$

onde

N = tamanho da amostra total
n = número de observações corretamente classificadas
K = número de grupos

> Por exemplo, na Tabela 5-4, a estatística Q seria baseada em uma amostra total de $N = 50$, $n = 42$ observações corretamente classificadas, e $K = 2$ grupos. A estatística calculada seria:
>
> $$Q \text{ de Press} = \frac{[50-(42\times 2)]^2}{50(2-1)} = 23,12$$
>
> O valor crítico em um nível de significância de 0,01 é 6,63. Assim, concluiríamos que, no exemplo, as previsões seriam significantemente melhores do que chances, as quais teriam uma taxa de classificação correta de 50%.

Esse teste simples é sensível ao tamanho da amostra; amostras grandes são mais prováveis de mostrar significância do que amostras pequenas da mesma taxa de classificação.

> Por exemplo, se o tamanho da amostra é aumentado para 100 no exemplo e a taxa de classificação permanece em 84%, a estatística Q aumenta para 46,24. Se o tamanho da amostra sobe para 200, mas mantém a taxa de classificação em 84%, a estatística Q novamente aumenta para 92,48%. Mas se a amostra for apenas 20 e a taxa de classificação incorreta** for ainda de 84% (17 previsões corretas), a estatística Q seria de somente 9,8. Ou seja, examine a estatística Q à luz do tamanho amostral, pois aumentos no tamanho da amostra fazem subir a estatística Q ainda que seja para a mesma taxa de classificação geral.

Porém, é necessário cuidado nas conclusões baseadas apenas nessa estatística, pois à medida que a amostra fica maior, uma taxa de classificação menor ainda será considerada significante.

Diagnóstico por casos

O meio final de avaliar o ajuste de modelo é examinar os resultados preditivos em uma base de casos. Semelhante à análise de resíduos em regressão múltipla, o objetivo é entender quais observações (1) foram mal classificadas e (2) não são representativas dos demais membros do grupo. Apesar de a matriz de classificação fornecer precisão de classificação geral, ela não detalha os resultados individuais. Além disso, mesmo que possamos denotar quais casos são correta ou incorretamente classificados, ainda precisamos de uma medida da similaridade de uma observação com o restante do grupo.

Má classificação de casos individuais

Quando se analisam resíduos de uma análise de regressão múltipla, uma decisão importante envolve estabelecer o nível de resíduo considerado substancial e merecedor de atenção. Em análise discriminante, essa questão é mais simples, porque uma observação é ou correta, ou incorretamente classificada. Todos os programas de computador fornecem informação que identifica quais casos são mal classificados e para quais grupos eles foram mal classificados. O pesquisador pode identificar não apenas aqueles casos com erros de classificação, mas uma representação direta do tipo de má classificação.

Análise de casos mal classificados

O propósito de identificar e analisar as observações mal classificadas é identificar quaisquer características dessas observações que pudessem ser incorporadas à análise discriminante para melhorar a precisão preditiva. Essa análise pode assumir a forma de se estabelecer o perfil de casos mal classificados tanto nas variáveis independentes quanto em outras variáveis não incluídas no modelo.

O perfil das variáveis independentes. Examinar esses casos nas variáveis independentes pode identificar tendências não-lineares ou outras relações ou atributos que conduziram à má classificação. Várias técnicas são particularmente adequadas em análise discriminante:

- Uma representação gráfica das observações é talvez a abordagem mais simples e efetiva para examinar as características de observações, especialmente as mal classificadas. A abordagem mais comum é fazer o gráfico das observações com base em seus escores Z discriminantes e mostrar a sobreposição entre grupos e os casos mal classificados. Se duas ou mais funções são mantidas, os pontos de corte ótimo também podem ser representados graficamente para fornecer aquilo que é conhecido como um **mapa territorial**, que exibe as regiões correspondentes para cada grupo.

---

* N. de R. T.: A palavra "chance" também poderia ser traduzida como "acaso".
** N. de R. T.: A frase correta seria "taxa de classificação correta".

- Representar graficamente as observações individuais com os centróides dos grupos, como anteriormente discutido, mostra não apenas as características gerais dos grupos via centróides, mas também a variação nos membros nos grupos. Isso é análogo às áreas definidas no exemplo de três grupos no começo deste capítulo, em que escores de corte em ambas as funções definiam áreas correspondentes às previsões de classificação para cada grupo.
- Uma avaliação empírica direta da similaridade de uma observação com os membros do outro grupo pode ser feita calculando-se a distância D^2 de Mahalanobis da observação ao centróide do grupo. Com base no conjunto de variáveis independentes, observações mais próximas ao centróide têm um D^2 de Mahalanobis menor e são consideradas mais representativas do grupo do que as mais afastadas.
- No entanto, a medida empírica deve ser combinada com uma análise gráfica, pois apesar de um grande D^2 de Mahalanobis indicar observações que são bastante diferentes dos centróides de grupo, isso nem sempre indica má classificação. Por exemplo, em uma situação de dois grupos, um membro do grupo A pode ter uma grande distância D^2 de Mahalanobis, indicando que ele é menos representativo do grupo. Contudo, se essa distância está afastada do centróide do grupo B, então realmente aumentam as chances de classificação correta, mesmo que ele seja menos representativo do grupo. Uma menor distância que coloca uma observação entre os dois centróides provavelmente teria uma menor probabilidade de classificação correta, mesmo que ela esteja mais próxima ao centróide de seu grupo do que na situação anterior.

Apesar de não existir qualquer análise pré-especificada, como na regressão múltipla, o pesquisador é encorajado a avaliar esses casos mal classificados de diversos pontos de vista, na tentativa de descobrir as características únicas que eles têm em comparação com os outros membros do seu grupo.

Perfil de variáveis não presentes na análise. O exame de outras variáveis quanto às suas diferenças nos casos mal classificados seria o primeiro passo para sua possível inclusão na análise discriminante. Muitas vezes, variáveis que discriminam apenas em um conjunto menor de casos não são identificadas no primeiro conjunto de análises, mas se tornam mais evidentes na análise de casos mal classificados. O pesquisador é encorajado a rever as áreas de suporte conceitual para identificar novas possíveis variáveis que possam se relacionar unicamente com os casos mal classificados e aumentar a precisão preditiva geral.

Resumo

O estágio de estimação e avaliação tem várias semelhanças com as outras técnicas de dependência, permitindo um processo de estimação direta ou *stepwise* e uma análise da precisão preditiva geral e de casos. O pesquisador deve dedicar considerável atenção a essas questões para evitar o uso de um modelo de análise discriminante fundamentalmente errado.

REGRAS PRÁTICAS 5-3

Avaliação do ajuste de modelo e precisão preditiva

- A matriz de classificação e a razão de sucesso substituem R^2 como a medida de ajuste de modelo:
  - Avalie a razão de sucesso geral e por grupo
  - Se as amostras de estimação e análise excederem 100 casos e cada grupo exceder 20 casos, derive padrões separados para cada amostra; caso contrário, derive um único padrão a partir da amostra geral
- Critérios múltiplos são usados para comparação com a razão de sucesso:
  - O critério de chance máxima para avaliação da razão de sucesso é o mais conservador, dando a mais elevada base para exceder
  - Seja cuidadoso no uso do critério de chance máxima em situações com amostras gerais menores que 100 e/ou grupos com menos de 20
  - O critério de chance proporcional considera todos os grupos no estabelecimento do padrão de comparação e é o mais popular
  - A verdadeira precisão preditiva (razão de sucesso) deve exceder qualquer valor de critério em pelo menos 25%
- Analise as observações mal classificadas gráfica (mapa territorial) e empiricamente (D^2 de Mahalanobis)

ESTÁGIO 5: INTERPRETAÇÃO DOS RESULTADOS

Se a função discriminante é estatisticamente significante e a precisão de classificação é aceitável, o pesquisador deve se concentrar em fazer interpretações substanciais das descobertas. Esse processo envolve o exame das funções discriminantes para determinar a importância relativa de cada variável independente na discriminação entre os grupos. Três métodos para determinar a importância relativa foram propostos:

1. Pesos discriminantes padronizados
2. Cargas discriminantes (correlações de estrutura)
3. Valores F parciais

Pesos discriminantes

A abordagem tradicional para interpretar funções discriminantes examina o sinal e a magnitude do **peso discriminante** padronizado (às vezes chamado de **coeficiente discriminante**) designado para cada variável ao se computarem as funções discriminantes. Quando o sinal é ignorado, cada peso representa a contribuição relativa de sua variável associada àquela função. As variáveis independentes com pesos relativamente maiores contribuem mais para o poder discriminatório da função do que as variáveis com pesos menores. O sinal indica apenas que a variável tem uma contribuição positiva ou negativa [4].

A interpretação de pesos discriminantes é análoga à interpretação de pesos beta em análise de regressão e está, portanto, sujeita às mesmas críticas. Por exemplo, um peso pequeno pode indicar que sua variável correspondente é irrelevante na determinação de uma relação, ou que ela tenha sido deixada de lado na relação por causa de um elevado grau de multicolinearidade. Um outro problema do uso de pesos discriminantes é que eles estão sujeitos a considerável instabilidade. Esses problemas sugerem cuidado ao se usarem pesos para interpretar os resultados da análise discriminante.

Cargas discriminantes

As **cargas discriminantes**, às vezes chamadas de **correlações de estrutura**, são cada vez mais usadas como uma base para interpretação, por conta das deficiências na utilização de pesos. Medindo a correlação linear simples entre cada variável independente e a função discriminante, as cargas discriminantes refletem a variância que as variáveis independentes compartilham com a função discriminante. Em relação a isso, elas podem ser interpretadas como cargas fatoriais na avaliação da contribuição relativa de cada variável independente para a função discriminante. (O Capítulo 3 discute melhor a interpretação de cargas fatoriais.)

Uma característica ímpar de cargas é que elas podem ser calculadas para todas as variáveis, sejam elas usadas na estimação da função discriminante ou não. Este aspecto é particularmente útil quando um processo de estimação *stepwise* é empregado e algumas variáveis não são incluídas na função discriminante. Em vez de não se ter forma alguma de compreender seu impacto relativo, as cargas fornecem um efeito relativo de cada variável em uma medida comum.

Com as cargas, a questão principal é: Quais valores as cargas devem assumir para serem consideradas substantivas discriminadoras dignas de nota? Tanto em análise discriminante simultânea quanto *stepwise*, variáveis que exibem uma carga de ± 0,40 ou mais são consideradas substantivas. Com procedimentos *stepwise*, tal determinação é suplementada, pois a técnica evita que variáveis não-significantes entrem na função. Porém, multicolinearidade e outros fatores podem evitar uma variável na equação, o que não significa necessariamente que ela não tenha um efeito substancial.

As cargas discriminantes (assim como os pesos) podem estar sujeitas à instabilidade. As cargas são consideradas relativamente mais válidas do que os pesos como um meio de interpretação do poder discriminatório de variáveis independentes por causa de sua natureza correlacional. O pesquisador ainda deve ser cuidadoso ao usar cargas para interpretar funções discriminantes.

Valores F parciais

Como anteriormente discutido, duas abordagens computacionais – simultânea e *stepwise* – podem ser utilizadas para determinar funções discriminantes. Quando o método *stepwise* é selecionado, um meio adicional de interpretar o poder discriminatório relativo das variáveis independentes está disponível pelo uso de valores F parciais. Isso é obtido examinando-se os tamanhos absolutos dos valores F significantes e ordenando-os. Valores F grandes indicam maior poder discriminatório. Na prática, as ordenações que usam a abordagem dos valores F são iguais à ordenação determinada a partir do uso de pesos discriminantes, mas os valores F indicam o nível associado de significância para cada variável.

Interpretação de duas ou mais funções

Quando há duas ou mais funções discriminantes significantes, temos problemas adicionais de interpretação. Primeiro, podemos simplificar os pesos ou cargas discriminantes para facilitar a determinação do perfil de cada função? Segundo, como representamos o impacto de cada variável nas funções? Esses problemas ocorrem tanto na medida dos efeitos discriminantes totais das funções quanto na avaliação do papel de cada variável no perfil de cada função separadamente. Tratamos dessas duas questões introduzindo os conceitos de rotação das funções, o índice de potência, e representações de vetores expandidos.

Rotação das funções discriminantes

Depois que as funções discriminantes foram desenvolvidas, elas podem ser rotacionadas para redistribuir a variância. (O conceito é melhor explicado no Capítulo 3.) Basicamente, a rotação preserva a estrutura original e a confiabilidade da solução discriminante, ao passo que torna as funções muito mais fáceis de interpretar. Na maioria dos casos, a rotação VARIMAX é empregada como a base para a rotação.

Índice de potência

Anteriormente discutimos o uso de pesos padronizados ou cargas discriminantes como medidas da contribuição de uma variável a uma função discriminante. Quando duas ou mais funções são determinadas, contudo, uma medida resumo ou composta é útil para descrever as contribuições de uma variável em *todas* as funções significantes. O **índice de potência** é uma medida relativa entre todas as variáveis que é indicativa do poder discriminante de cada variável [18]. Ele inclui a contribuição de uma variável a uma função discriminante (sua carga discriminante) e a contribuição relativa da função para a solução geral (uma medida relativa entre as funções com base nos autovalores). A composição é simplesmente a soma dos índices de potência individuais em todas as funções discriminantes significantes. A interpretação da medida composta é limitada, contudo, pelo fato de que é útil apenas na representação da posição relativa (como o oposto de uma ordenação) de cada variável, e o valor absoluto não tem qualquer significado real. O índice de potência é calculado por um processo de dois passos:

Passo 1: *Calcular um valor de potência para cada função significante.* No primeiro passo, o poder discriminatório de uma variável, representado pelo quadrado da carga discriminante não-rotacionada, é "ponderado" pela contribuição relativa da função discriminante para a solução geral. Primeiro, a medida do autovalor relativo para cada função discriminante significante é calculada simplesmente como:

$$\text{Autovalor relativo da função discriminante } j = \frac{\text{Autovalor da função discriminante } j}{\text{Soma de autovalores em todas as funções significantes}}$$

O valor potência de cada variável em uma função discriminante é então:

$$\text{Valor potência da variável } i \text{ na função } j = (\text{Carga discriminante}_{ij})^2 \times \text{Autovalor relativo da função } j$$

Passo 2: *Calcular um índice de potência composto em todas as funções significantes.* Uma vez que um valor potência tenha sido calculado para cada função, o índice de potência composto para cada variável é calculado como:

$$\text{Potência composta da variável } i = \text{Soma dos valores de potência da variável } i \text{ em todas as funções discriminantes significantes}$$

O índice de potência agora representa o efeito discriminante total da variável em todas as funções discriminantes significantes. É apenas uma medida relativa, contudo, e seu valor absoluto não tem qualquer significado importante. Uma ilustração de cálculo de índice de potência é fornecida no exemplo para análise discriminante de três grupos.

Disposição gráfica de escores e cargas discriminantes

Para representar diferenças nos grupos nas variáveis preditoras, o pesquisador pode usar dois diferentes tratamentos para representação gráfica. O mapa territorial representa graficamente os casos individuais de funções discriminantes significantes para permitir ao pesquisador uma avaliação da posição relativa de cada observação com base nos escores da função discriminante. A segunda abordagem é representar graficamente as cargas discriminantes para entender o agrupamento relativo e a magnitude de cada carga sobre cada função. Cada abordagem será discutida detalhadamente na próxima seção.

Mapa territorial. O método gráfico mais comum é o mapa territorial, no qual cada observação é impressa em um gráfico com base nos escores Z da função discriminante das observações. Por exemplo, considere que uma análise discriminante de três grupos tem duas funções discriminantes significantes. Um mapa territorial é criado fazendo-se o gráfico dos escores Z discriminantes de cada observação para a primeira função discriminante sobre o eixo X e os escores para a segunda função discriminante sobre o eixo Y. Desse modo, isso fornece diversas perspectivas de análise:

- O gráfico dos membros de cada grupo com diferentes símbolos permite um retrato fácil das diferenças de cada grupo, bem como suas sobreposições um com o outro.
- O gráfico dos centróides de cada grupo fornece uma maneira de avaliar cada membro de grupo relativamente ao seu centróide. Este procedimento é particularmente útil na avaliação da possibilidade de grandes medidas de Mahalanobis D^2 conduzirem a classificações ruins.
- Retas representando os escores de corte também podem ser graficamente representadas, denotando fronteiras que representam os intervalos de escores discriminantes previstos em cada grupo. Quaisquer membros de grupos que estejam fora dessas fronteiras são mal classificados. Denotar os casos mal classificados permite uma avaliação sobre qual função discriminante foi mais responsável pela má classificação, e sobre o grau em que um caso é mal classificado.

Gráfico vetorial de cargas discriminantes. A abordagem gráfica mais simples é representar cargas reais rotacionadas ou não-rotacionadas. A abordagem preferencial seria com cargas rotacionadas. Semelhante ao gráfico de cargas fatoriais (ver Capítulo 3), este método representa o grau em que cada variável é associada com cada função discriminante.

Uma técnica ainda mais precisa, porém, envolve o gráfico de cargas bem como vetores para cada carga e centróide de grupo. Um **vetor** é meramente uma reta desenhada a partir da origem (centro) de um gráfico até as coordenadas das cargas de uma variável particular ou um centróide de grupo. Com a representação de um **vetor expandido**, o comprimento de cada vetor se torna indicativo da importância relativa de cada variável na discriminação entre os grupos. O procedimento gráfico segue em três passos:

1. *Seleção de variáveis:* Todas as variáveis, sejam incluídas no modelo ou não, podem ser graficamente representadas como vetores. Desse modo, a importância de variáveis colineares que não estão incluídas, como em *stepwise*, ainda pode ser retratada.
2. *Expansão de vetores:* As cargas discriminantes de cada variável são expandidas multiplicando-se a carga discriminante (preferencialmente após a rotação) por seu respectivo valor F univariado. Notamos que os vetores apontam para os grupos com a maior média sobre o preditor respectivo e na direção oposta dos grupos com os menores escores médios.
3. *Gráfico dos centróides de grupos:* Os centróides de grupo também são expandidos nesse procedimento, sendo multiplicados pelo valor F aproximado associado a cada função

discriminante. Se as cargas são expandidas, os centróides também devem ser expandidos para representá-los com precisão no mesmo gráfico. Os valores F aproximados para cada função discriminante são obtidos pela seguinte fórmula:

$$\text{Valor } F_{\text{Função}_i} = \text{Autovalor}_{\text{Função}_i} \left(\frac{N_{\text{Amostra de estimação}} - NG}{NG - 1} \right)$$

onde

$N_{\text{Amostra de estimação}}$ = tamanho da amostra de estimação

> Por exemplo, considere que a amostra de 50 observações tenha sido dividida em três grupos. O multiplicador de cada autovalor seria $(50 - 3)/(3 - 1) = 23{,}5$.

Quando completado, o pesquisador dispõe de um retrato do agrupamento de variáveis em cada função discriminante, a magnitude da importância de cada variável (representada pelo comprimento de cada vetor) e o perfil de cada centróide de grupo (mostrado pela proximidade de cada vetor). Apesar de este procedimento dever ser feito manualmente na maioria dos casos, ele dá um retrato completo das cargas discriminantes e dos centróides de grupos. Para mais detalhes sobre esse procedimento, ver Dillon e Goldstein [4].

Qual método interpretativo usar?

Diversos métodos para interpretar a natureza das funções discriminantes foram discutidos, tanto para soluções de uma função quanto de múltiplas. Quais métodos devem ser usados? A abordagem das cargas é mais válida do que o emprego de pesos e deve ser utilizada sempre que possível. O uso de valores F parciais e univariados permite ao pesquisador empregar diversas medidas e procurar alguma consistência nas avaliações das variáveis. Se duas ou mais funções são estimadas, então o pesquisador pode utilizar diversas técnicas gráficas e o índice de potência, que ajuda na interpretação da solução multidimensional. O ponto mais básico é que o pesquisador deve usar todos os métodos disponíveis para chegar à interpretação mais precisa.

ESTÁGIO 6: VALIDAÇÃO DOS RESULTADOS

O estágio final de uma análise discriminante envolve a validação dos resultados discriminantes para garantir que os resultados têm validade externa e interna. *Com a propensão da análise discriminante para aumentar a razão de sucesso se avaliada apenas sobre a amostra de análise, a validação é um passo essencial.* Além de validar as razões de sucesso, o pesquisador deve usar o perfil de grupos para garantir que as médias de grupos sejam indicadores válidos do modelo conceitual usado na seleção de variáveis independentes.

Procedimentos de validação

Validação é um passo crítico em qualquer análise discriminante, pois muitas vezes, especialmente com amostras menores, os resultados podem carecer de generalidade (validade externa). A técnica mais comum para estabelecer validade externa é a avaliação de razões de sucesso. Validação pode ocorrer com uma amostra separada (amostra de teste) ou utilizando-se um procedimento que repetidamente processa a amostra de estimação. Validade externa é admitida quando a razão de sucesso da abordagem selecionada excede os padrões de comparação que representam a precisão preditiva esperada pelo acaso (ver discussão anterior).

Utilização de uma amostra de teste

Geralmente, a validação das razões de sucesso é executada criando-se uma amostra de teste, também chamada de **amostra de validação.** O propósito de se utilizar uma amostra de teste para fins de validação é ver o quão bem a função discriminante funciona em uma amostra de observações não usadas para obter a mesma. Este processo envolve o desenvolvimento de uma função discriminante com a amostra de análise e então a sua aplicação na amostra de teste. A justificativa para dividir a amostra total em dois grupos é que um viés ascendente ocorrerá na precisão preditiva da função discriminante se os indivíduos usados no desenvolvimento da matriz de classificação forem os mesmos utilizados para computar a função; ou seja, a precisão de classificação será mais alta do que é válido se ela for aplicada na amostra de estimação.

Outros pesquisadores têm sugerido que uma confiança maior ainda poderia ser depositada na validade da função discriminante seguindo-se esse procedimento diversas vezes [18]. Ao invés de dividir aleatoriamente a amostra total em grupos de análise e de teste uma vez, o pesquisador dividiria aleatoriamente a amostra total em amostras de análise e de teste várias vezes, sempre testando a validade da função discriminante pelo desenvolvimento de uma matriz de classificação e de uma razão de sucesso. Então as diversas razões de sucesso teriam uma média para se obter uma única medida.

Validação cruzada

A técnica de validação cruzada para avaliar validade externa é feita com múltiplos subconjuntos da amostra total [2,4]. A abordagem mais amplamente usada é o método *jackknife*. Validação cruzada é baseada no princípio do "deixe um de fora". O uso mais comum desse método é estimar $k - 1$ amostras, eliminando-se uma observação por vez a partir de uma amostra de k casos. Uma função discriminante é calculada para cada subamostra, e em seguida a pertinência a grupo prevista da observação eliminada é feita com a função discriminante estimada sobre os demais casos. Depois que todas as previsões de pertinência a grupo foram feitas, uma por vez, uma matriz de classificação é construída e a razão de sucesso é calculada.

Validação cruzada é muito sensível a amostras pequenas. Orientações sugerem que ela seja usada somente quando o tamanho do grupo menor é pelo menos três vezes o número de variáveis preditoras, e a maioria dos pesquisadores sugere uma proporção de cinco para um [13]. No entanto, validação cruzada pode representar a única técnica de validação possível em casos em que a amostra original é muito pequena para dividir em amostras de análise e de teste, mas ainda excede as orientações já discutidas. Validação cruzada também está se tornando mais amplamente usada à medida que os principais programas de computador a disponibilizam como opção.

Diferenças de perfis de grupos

Uma outra técnica de validação é estabelecer o perfil dos grupos sobre as variáveis independentes para garantir sua correspondência com as bases conceituais usadas na formulação do modelo original. Depois que o pesquisador identifica as variáveis independentes que oferecem a maior contribuição à discriminação entre os grupos, o próximo passo é traçar o perfil das características dos grupos com base nas médias dos mesmos. Esse perfil permite ao pesquisador compreender o caráter de cada grupo de acordo com as variáveis preditoras.

REGRAS PRÁTICAS 5-4

Interpretação e validação de funções discriminantes

- Cargas discriminantes são o método preferido para avaliar a contribuição de cada variável em uma função discriminante, pois elas são:
  - Uma medida padronizada de importância (variando de 0 a 1)
  - Disponíveis para todas as variáveis independentes, sejam usadas no processo de estimação ou não
  - Não afetadas por multicolinearidade
- Cargas excedendo ± 0,40 são consideradas substantivas para fins de interpretação
- No caso de mais de uma função discriminante, certifique-se de:
  - Usar cargas rotacionadas
  - Avaliar a contribuição de cada variável em todas as funções com o índice de potência
- A função discriminante deve ser validada com a amostra de teste ou um dos procedimentos "deixe um de fora"

Por exemplo, olhando os dados da pesquisa da Kitchen-Aid apresentados na Tabela 5-1, percebemos que a avaliação média de "durabilidade" para o grupo "compraria" é 7,4, enquanto a avaliação média comparável de "durabilidade" para o grupo "não compraria" é de 3,2. Assim, um perfil desses dois grupos mostra que o grupo "compraria" avalia a durabilidade percebida do novo produto bem mais do que o grupo "não compraria".

Outra abordagem é estabelecer o perfil de grupos em um conjunto separado de variáveis que deve espelhar as diferenças observadas de grupos. Esse perfil separado fornece uma avaliação de validade externa, de modo que os grupos variam tanto na(s) variável(eis) independente(s) quanto no conjunto de variáveis associadas. Essa técnica é semelhante, em caráter, à validação de agrupamentos obtidos descrita no Capítulo 8.

UM EXEMPLO ILUSTRATIVO DE DOIS GRUPOS

Para ilustrar a aplicação da análise discriminante de dois grupos, usamos variáveis obtidas da base de dados HBAT introduzida no Capítulo 1. Esse exemplo examina cada um dos seis estágios do processo de construção de modelo para um problema de pesquisa particularmente adequado à análise discriminante múltipla.

Estágio 1: Objetivos da análise discriminante

Você lembra que uma das características de cliente obtida pela HBAT em sua pesquisa foi uma variável categórica (X_4) que indicava a região na qual a empresa estava localizada: EUA/América do Norte ou fora. A equipe administrativa da HBAT está interessada em quaisquer diferenças de percepções entre aqueles clientes localizados e servidos por sua equipe de venda nos EUA versus aqueles fora dos EUA e que são servidos principalmente por distribuidores independentes. A despeito de diferenças encontradas em termos de suporte de vendas devido à natureza da equipe de venda servindo cada área geográfica, a equipe administrativa está interessada em ver se as outras áreas de operação (linha do produto, preço etc.) são vistas de maneira distinta por estes dois conjuntos de clientes. Esta indagação segue a óbvia necessidade por parte da administração de sempre procurar melhor entender seu cliente, neste caso se concentrando em diferenças que podem ocorrer entre áreas geográficas. Se quaisquer percepções de HBAT forem notadas como diferindo significativamente entre firmas nessas duas regiões, a companhia será então capaz de desen-

> volver estratégias para remediar quaisquer deficiências percebidas e desenvolver estratégias diferenciadas para acomodar as percepções distintas.

Para tanto, a análise discriminante foi selecionada para identificar aquelas percepções da HBAT que melhor diferenciam as empresas em cada região geográfica.

Estágio 2: Projeto de pesquisa para análise discriminante

O estágio de projeto de pesquisa se concentra em três questões-chave: selecionar variáveis dependente e independentes, avaliar a adequação do tamanho da amostra para a análise planejada, e dividir a amostra para fins de validação.

Seleção de variáveis dependente e independentes

A análise discriminante requer uma única medida dependente não-métrica e uma ou mais medidas independentes métricas que são afetadas para fornecer diferenciação entre os grupos baseados na medida dependente.

> Como a variável dependente Região (X_4) é uma variável categórica de dois grupos, a análise discriminante é a técnica apropriada. O levantamento coletou percepções da HBAT que agora podem ser usadas para distinguir entre os dois grupos de firmas. A análise discriminante usa como variáveis independentes as 13 variáveis de percepção a partir do banco de dados (X_6 a X_{18}) para discriminar entre firmas em cada área geográfica.

Tamanho da amostra

Dado o tamanho relativamente pequeno da amostra HBAT (100 observações), questões como tamanho amostral são particularmente importantes, especialmente a divisão da amostra em amostras de teste e de análise (ver discussão na próxima seção).

> A amostra de 100 observações, quando particionada em amostras de análise e de teste de 60 e 40 respectivamente, mal atende à proporção mínima de 5 para 1 de observações para variáveis independentes (60 observações para 13 variáveis independentes em potencial) sugerida para a amostra de análise. Apesar de essa proporção crescer para quase 8 para 1 se a amostra não for dividida, considera-se mais importante validar os resultados do que aumentar o número de observações na amostra de análise.
>
> Os dois grupos de 26 e 34 na amostra de estimação também excedem o tamanho mínimo de 20 observações por grupo. Finalmente, os dois grupos são suficientemente comparáveis em tamanho para não impactar adversamente os processos de estimação ou de classificação.

Divisão da amostra

A discussão anterior enfatizou a necessidade de validar a função discriminante dividindo a amostra em duas partes, uma usada para estimação e a outra para validação. Em qualquer momento em que uma amostra de teste é empregada, o pesquisador deve garantir que os tamanhos de amostra resultantes sejam suficientes para embasar o número de preditores incluídos na análise.

> A base de dados HBAT tem 100 observações; foi decidido que uma amostra de teste de 40 observações seria suficiente para fins de validação. Essa partição deixaria ainda 60 observações para a estimação da função discriminante. Além disso, os tamanhos relativos de grupos na amostra de estimação (26 e 34 nos dois grupos) permitiriam a estimação sem complicações devidas a diferenças consideráveis de tamanhos de grupos.

É importante garantir aleatoriedade na seleção da amostra de validação, de modo que qualquer ordenação das observações não afete os processos de estimação e de validação.

Estágio 3: Suposições da análise discriminante

As principais suposições inerentes à análise discriminante envolvem a formação da variável estatística ou função discriminante (normalidade, linearidade e multicolinearidade) e a estimação da função discriminante (matrizes de variância e covariância iguais). Como examinar as variáveis independentes quanto à normalidade, linearidade e multicolinearidade é explicado no Capítulo 2. Para fins de nossa ilustração da análise discriminante, essas suposições são atendidas em níveis aceitáveis.

A maioria dos programas estatísticos tem um ou mais teste(s) estatístico(s) para a suposição de matrizes de covariância ou dispersão iguais abordada no Capítulo 2. O mais comum é o teste M de Box (para mais detalhes, ver Capítulo 2).

> Neste exemplo de dois grupos, a significância de diferenças nas matrizes de covariância entre os dois grupos é de 0,011. Mesmo que a significância seja menor que 0,05 (nesse teste o pesquisador procura por valores acima do nível desejado de significância), a sensibilidade do teste a outros fatores que não sejam apenas diferenças de covariância (p.ex., normalidade das variáveis e tamanho crescente da amostra) faz desse um nível aceitável.

Nenhuma ação corretiva adicional faz-se necessária antes que a estimação da função discriminante possa ser realizada.

Estágio 4: Estimação do modelo discriminante e avaliação do ajuste geral

O pesquisador tem a escolha de duas técnicas de estimação (simultânea versus *stepwise*) para determinar as variáveis independentes incluídas na função discriminante. Uma vez que a técnica de estimação é escolhida, o processo determina a composição da função discriminante sujeita à exigência de significância estatística especificada pelo pesquisador.

> O principal objetivo dessa análise é identificar o conjunto de variáveis independentes (percepções HBAT) que diferencia ao máximo entre os dois grupos de clientes. Se o conjunto de variáveis de percepções fosse menor ou a meta fosse simplesmente determinar as capacidades discriminantes do conjunto inteiro de variáveis de percepção, sem se preocupar com o impacto de qualquer percepção individual, então a abordagem simultânea de inclusão de todas as variáveis diretamente na função discriminante seria empregada. Mas neste caso, mesmo com o conhecimento de multicolinearidade entre as variáveis de percepção vista no desempenho da análise fatorial (ver Capítulo 3), a abordagem *stepwise* é considerada mais adequada. Devemos observar, porém, que multicolinearidade pode impactar sobre quais variáveis entram na função discriminante e assim exigir particular atenção no processo de interpretação.

Avaliação de diferenças de grupos

Iniciemos nossa avaliação da análise discriminante de dois grupos examinando a Tabela 5-5, que mostra as médias de grupos para cada uma das variáveis independentes, com base nas 60 observações que constituem a amostra de análise.

Para identificar quais das cinco variáveis, mais alguma das demais, melhor discrimina entre os grupos, devemos estimar a função discriminante.

> Ao estabelecer o perfil dos dois grupos, podemos primeiramente identificar cinco variáveis com as maiores diferenças nas médias de grupo (X_6, X_{11}, X_{12}, X_{13}, e X_{17}). A Tabela 5-5 também exibe o lambda de Wilks e a ANOVA univariada utilizada para avaliar a significância entre médias das variáveis independentes para os dois grupos. Esses testes indicam que as cinco variáveis de percepção são também as únicas com diferenças univariadas significantes entre os dois grupos. Finalmente, os valores D^2 de Mahalanobis mínimos são também dados. Este valor é importante porque ele é a medida usada para selecionar variáveis para entrada no processo de estimação *stepwise*. Como apenas dois grupos estão envolvidos, o maior valor D^2 tem também a diferença entre grupos mais significante (note que o mesmo fato não ocorre necessariamente com três ou mais grupos, nos quais grandes diferenças entre dois grupos quaisquer podem não resultar nas maiores diferenças gerais em todos os grupos, como será mostrado no exemplo de três grupos).
>
> O exame das diferenças de grupos leva à identificação de cinco variáveis de percepção (X_6, X_{11}, X_{12}, X_{13} e X_{17}) como o conjunto mais lógico de candidatos a entrarem na análise discriminante. Essa considerável redução a partir do conjunto maior de 13 variáveis de percepção reforça a decisão de se usar um processo de estimação *stepwise*.

Estimação da função discriminante

O procedimento *stepwise* começa com todas as variáveis excluídas do modelo e então seleciona a variável que:

1. Mostra diferenças estatisticamente significantes nos grupos (0,05 ou menos exigido para entrada)
2. Dá a maior distância de Mahalanobis (D^2) entre os grupos

Este processo continua a incluir variáveis na função discriminante desde que elas forneçam discriminação adicional estatisticamente significante entre os grupos além daquelas diferenças já explicadas pelas variáveis na função discriminante. Esta técnica é semelhante ao processo *stepwise* em regressão múltipla (ver Capítulo 4), que adiciona variáveis com aumentos significantes na variância explicada da variável dependente. Além disso, em casos nos quais duas ou mais variáveis entram no modelo, as variáveis já presentes são avaliadas para possível remoção. Uma variável pode ser removida se existir elevada multicolinearidade entre ela e as demais variáveis independentes incluídas, de modo que sua significância fica abaixo do nível para remoção (0,10).

> **Estimação *stepwise*: adição da primeira variável X_{13}.** A partir de nossa revisão de diferenças de grupos, percebemos que X_{13} tinha a maior diferença significante entre grupos e o maior D^2 de Mahalanobis (ver Tabela 5-5). Logo, X_{13} entra como a primeira variável no procedimento *stepwise* (ver Tabela 5-6). Como apenas uma variável entra no modelo discriminante neste momento, os níveis de significância e as medidas de diferenças de grupos coincidem com aqueles dos testes univariados.
>
> Depois que X_{13} entra no modelo, as demais variáveis são avaliadas com base em suas habilidades discriminantes incrementais (diferenças de médias de grupos depois

(Continua)

TABELA 5-5 Estatísticas descritivas de grupo e testes de igualdade para a amostra de estimação na análise discriminante de dois grupos

		Médias de grupos da variável dependente: X_4 Região		Teste de igualdade de médias de grupos*			D^2 de Mahalanobis mínimo	
	Variáveis independentes	Grupo 0: EUA/América do Norte ($n = 26$)	Grupo 1: Fora da América do Norte ($n = 34$)	Lambda de Wilks	Valor F	Significância	D^2 mínimo	Entre grupos
X_6	Qualidade do produto	8,527	7,297	0,801	14,387	0,000	0,976	0 e 1
X_7	Atividades de Comércio eletrônico	3,388	3,626	0,966	2,054	0,157	0,139	0 e 1
X_8	Suporte técnico	5,569	5,050	0,973	1,598	0,211	0,108	0 e 1
X_9	Solução de reclamação	5,577	5,253	0,986	0,849	0,361	0,058	0 e 1
X_{10}	Anúncio	3,727	3,979	0,987	0,775	0,382	0,053	0 e 1
X_{11}	Linha do produto	6,785	5,274	0,695	25,500	0,000	1,731	0 e 1
X_{12}	Imagem da equipe de venda	4,427	5,238	0,856	9,733	0,003	0,661	0 e 1
X_{13}	Preço competitivo	5,600	7,418	0,645	31,992	0,000	2,171	0 e 1
X_{14}	Garantia e reclamações	6,050	5,918	0,992	0,453	0,503	0,031	0 e 1
X_{15}	Novos produtos	4,954	5,276	0,990	0,600	0,442	0,041	0 e 1
X_{16}	Encomenda e cobrança	4,231	4,153	0,999	0,087	0,769	0,006	0 e 1
X_{17}	Flexibilidade de preço	3,631	4,932	0,647	31,699	0,000	2,152	0 e 1
X_{18}	Velocidade de entrega	3,873	3,794	0,997	0,152	0,698	0,010	0 e 1

* Lambda de Wilks (estatística U) e razão F univariada com 1 e 58 graus de liberdade.

(*Continuação*)

que a variância associada com X_{13} é removida). Novamente, variáveis com níveis de significância maiores que 0,05 são eliminadas de consideração para entrada no próximo passo.

O exame das diferenças univariadas mostradas na Tabela 5-5 identifica X_{17} (Flexibilidade de preço) como a variável com a segunda maior diferença. No entanto, o processo *stepwise* não utiliza esses resultados univariados quando a função discriminante tem uma ou mais variáveis. Ele calcula os valores D^2 e os testes de significância estatística de diferenças de grupos depois que o efeito das variáveis nos modelos é removido (neste caso apenas X_{13} está no modelo).

Como mostrado na última parte da Tabela 5-6, três variáveis (X_6, X_{11} e X_{17}) claramente atendem ao critério de nível de significância de 0,05 para consideração no próximo estágio. X_{17} permanece como o próximo melhor candidato a entrar no modelo porque ela tem o maior D^2 de Mahalanobis (4,300) e o maior valor F a entrar. Não obstante, outras variáveis (p.ex., X_{11}) têm substanciais reduções em seu nível de significância e no D^2 de Mahalanobis em relação ao que se mostra na Tabela 5-5 devido à variável única no modelo (X_{13}).

Estimação *stepwise*: adição da segunda variável X_{17}. No passo 2 (ver Tabela 5-7), X_{17} entra no modelo, conforme esperado. O modelo geral é significante ($F = 31,129$) e melhora a discriminação entre grupos, como evidenciado pela diminuição no lambda de Wilks de 0,645 para

0,478. Além disso, o poder discriminante de ambas as variáveis incluídas nesse ponto é também estatisticamente significante (valores F de 20,113 para X_{13} e 19,863 para X_{17}). Com ambas as variáveis estatisticamente significantes, o procedimento se dirige para o exame das variáveis fora da equação na busca de potenciais candidatos para inclusão na função discriminante com base em sua discriminação incremental entre os grupos.

X_{11} é a próxima variável a atender às exigências para inclusão, mas seu nível de significância e sua habilidade discriminante foram reduzidos substancialmente por conta da multicolinearidade com X_{13} e X_{17} já na função discriminante. Mais notável ainda é o considerável aumento no D^2 de Mahalanobis em relação aos resultados univariados nos quais cada variável é considerada separadamente. No caso de X_{11}, o valor D^2 mínimo aumenta de 1,731 (ver Tabela 5-5) para 5,045 (Tabela 5-7), o que indica um espalhamento e uma separação dos grupos por conta de X_{13} e X_{17} já na função discriminante. Note que X_{18} é quase idêntica em poder discriminante remanescente, mas X_{11} entrará no terceiro passo devido à sua pequena vantagem.

Estimação *stepwise*: adição de uma terceira variável X_{11}. A Tabela 5-8 revê os resultados do terceiro passo do processo *stepwise*, onde X_{11} entra na função discriminante. Os resultados gerais ainda são estatisticamente significantes e continuam a melhorar na discriminação, como evidenciado pela diminuição no valor lambda de

(*Continua*)

TABELA 5-6 Resultados do passo 1 da análise discriminante *stepwise* de dois grupos

Ajuste geral do modelo

	Valor	Valor F	Graus de liberdade	Significância
Lambda de Wilks	0,645	31,992	1,58	0,000

Variáveis adicionadas/removidas no passo 1

		F		
Variável adicionada	D^2 mínimo	Valor	Significância	Entre grupos
X_{13} Preços competitivos	2,171	31,992	0,000	0 e 1

Nota: Em cada passo, a variável que maximiza a distância de Mahalanobis entre os dois grupos mais próximos é adicionada.

Variáveis na análise após o passo 1

Variável	Tolerância	F para remover	D^2	Entre grupos
X_{13} Preços competitivos	1,000	31,992		

Variáveis fora da análise após o passo 1

Variável	Tolerância	Tolerância mínima	F para entrar	D^2 mínimo	Entre grupos
X_6 Qualidade de produto	0,965	0,965	4,926	2,699	0 e 1
X_7 Atividades de comércio eletrônico	0,917	0,917	0,026	2,174	0 e 1
X_8 Suporte técnico	0,966	0,966	0,033	2,175	0 e 1
X_9 Solução de reclamação	0,844	0,844	1,292	2,310	0 e 1
X_{10} Anúncio	0,992	0,992	0,088	2,181	0 e 1
X_{11} Linha de produto	0,849	0,849	6,076	2,822	0 e 1
X_{12} Imagem da equipe de venda	0,987	0,987	3,949	2,595	0 e 1
X_{14} Garantia e reclamações	0,918	0,918	0,617	2,237	0 e 1
X_{15} Novos produtos	1,000	1,000	0,455	2,220	0 e 1
X_{16} Encomenda e cobrança	0,836	0,836	3,022	2,495	0 e 1
X_{17} Flexibilidade de preço	1,000	1,000	19,863	4,300	0 e 1
X_{18} Velocidade de entrega	0,910	0,910	1,196	2,300	0 e 1

Teste de significância de diferenças de grupos após o passo 1[a]

	EUA/América do Norte	
Fora da América do Norte	F	31,992
	Sig.	0,000

[a] 1,58 graus de liberdade

(Continuação) Wilks (de 0,478 para 0,438). Note, porém, que a queda foi muito menor do que aquela encontrada quando a segunda variável (X_{17}) foi adicionada à função discriminante. Com X_{13}, X_{17} e X_{11} estatisticamente significantes, o procedimento se dirige para a identificação de candidatos remanescentes para inclusão.

Como visto na última parte da Tabela 5-8, nenhuma das 10 variáveis independentes que sobraram passam pelo critério de entrada de significância estatística de 0,05. Depois que X_{11} entrou na equação, as duas variáveis remanescentes que tinham diferenças univariadas significantes nos grupos (X_6 e X_{12}) apresentam um poder discriminatório adicional relativamente pequeno e não atendem ao critério de entrada. Assim, o processo de estimação pára com as três variáveis (X_{13}, X_{17} e X_{11}) constituindo a função discriminante.

Resumo do processo de estimação *stepwise*. A Tabela 5-9 fornece os resultados gerais da análise discriminante *stepwise* depois que todas as variáveis significantes foram incluídas na estimação da função discriminante. Essa tabela resumo descreve as três variáveis (X_{11}, X_{13} e X_{17}) que são discriminadores significantes com base em seus lambda de Wilks e nos valores mínimos de D^2 de Mahalanobis.

Diversos resultados distintos são dados abordando tanto o ajuste geral do modelo quanto o impacto de variáveis específicas.

(Continua)

TABELA 5-7 Resultados do passo 2 da análise discriminante *stepwise* de dois grupos

Ajuste geral do modelo

	Valor	Valor F	Graus de liberdade	Significância
Lambda de Wilks	0,478	31,129	2,57	0,000

Variáveis adicionadas/removidas no passo 2

Variável adicionada	D^2 mínimo	F Valor	F Significância	Entre grupos
X_{13} Flexibilidade de preço	4,300	31,129	0,000	0 e 1

Nota: Em cada passo, a variável que maximiza a distância de Mahalanobis entre os dois grupos mais próximos é adicionada.

Variáveis na análise após o passo 2

Variável	Tolerância	F para remover	D^2	Entre grupos
X_{13} Preços competitivos	1,000	20,113	2,152	0 e 1
X_{17} Flexibilidade de preço	1,000	19,863	2,171	0 e 1

Variáveis fora da análise após o passo 2

Variável	Tolerância	Tolerância mínima	F para entrar	D^2 mínimo	Entre grupos
X_6 Qualidade de produto	0,884	0,884	0,681	4,400	0 e 1
X_7 Atividades de comércio eletrônico	0,804	0,804	2,486	4,665	0 e 1
X_8 Suporte técnico	0,966	0,966	0,052	4,308	0 e 1
X_9 Solução de reclamação	0,610	0,610	1,479	4,517	0 e 1
X_{10} Anúncio	0,901	0,901	0,881	4,429	0 e 1
X_{11} Linha de produto	0,848	0,848	5,068	5,045	0 e 1
X_{12} Imagem da equipe de venda	0,944	0,944	0,849	4,425	0 e 1
X_{14} Garantia e reclamações	0,916	0,916	0,759	4,411	0 e 1
X_{15} Novos produtos	0,986	0,986	0,017	4,302	0 e 1
X_{16} Encomenda e cobrança	0,625	0,625	0,245	4,336	0 e 1
X_{18} Velocidade de entrega	0,519	0,519	4,261	4,927	0 e 1

Teste de significância de diferenças de grupos após o passo 2[a]

	EUA/América do Norte	
Fora da América do Norte	F	32,129
	Sig.	0,000

[a]2,57 graus de liberdade

(*Continuação*)

- As medidas multivariadas de ajuste geral do modelo são relatadas sob a legenda "Funções discriminantes canônicas". Observe que a função discriminante é altamente significante (0,000) e retrata uma correlação canônica de 0,749. Interpretamos essa correlação elevando-a ao quadrado $(0,749)^2 = 0,561$. Logo, 56,1% da variância na variável dependente (X_4) pode ser explicada por este modelo, o qual inclui apenas três variáveis independentes.
- Os coeficientes padronizados da função discriminante são fornecidos, mas são menos preferidos para fins de interpretação do que as cargas discriminantes. Os coeficientes discriminantes não-padronizados são usados para calcular os escores Z discriminantes que podem ser empregados na classificação.

- As cargas discriminantes são relatadas sob a legenda "Matriz estrutural" e são ordenadas da maior para a menor em termos de tamanho da carga. As cargas são discutidas depois na fase de interpretação (estágio 5).
- Os coeficientes da função de classificação, também conhecidos como funções discriminantes lineares de Fisher, são utilizados na classificação e discutidos posteriormente.
- Centróides de grupo são também relatados, e eles representam a média dos escores individuais da função discriminante para cada grupo. Centróides fornecem uma medida resumo da posição relativa de cada grupo nas funções discriminantes. Neste caso, a Tabela 5-9 revela que o centróide de grupo para as firmas nos EUA/América do Norte (grupo 0) é –1,273, enquanto

(*Continua*)

TABELA 5-8 Resultados do passo 3 da análise discriminante *stepwise* de dois grupos

Ajuste geral do modelo

	Valor	Valor F	Graus de liberdade	Significância
Lambda de Wilks	0,438	23,923	3, 56	0,000

Variáveis adicionadas/removidas no passo 3

		F		
	D^2 mínimo	Valor	Significância	Entre grupos
X_{11} Linha de produto	5,045	23,923	0,000	0 e 1

Nota: Em cada passo, a variável que maximiza a distância de Mahalanobis entre os dois grupos mais próximos é adicionada.

Variáveis na análise após o passo 3

Variável	Tolerância	F para remover	D^2	Entre grupos
X_{13} Preços competitivos	0,849	7,258	4,015	0 e 1
X_{17} Flexibilidade de preço	0,999	18,416	2,822	0 e 1
X_{11} Linha de produto	0,848	5,068	4,300	0 e 1

Variáveis fora da análise após o passo 3

Variável	Tolerância	Tolerância mínima	F para entrar	D^2 mínimo	Entre grupos
X_6 Qualidade de produto	0,802	0,769	0,019	5,048	0 e 1
X_7 Atividades de comércio eletrônico	0,801	0,791	2,672	5,482	0 e 1
X_8 Suporte técnico	0,961	0,832	0,004	5,046	0 e 1
X_9 Solução de reclamação	0,233	0,233	0,719	5,163	0 e 1
X_{10} Anúncio	0,900	0,840	0,636	5,149	0 e 1
X_{12} Imagem da equipe de venda	0,931	0,829	1,294	5,257	0 e 1
X_{14} Garantia e reclamações	0,836	0,775	2,318	5,424	0 e 1
X_{15} Novos produtos	0,981	0,844	0,076	5,058	0 e 1
X_{16} Encomenda e cobrança	0,400	0,400	1,025	5,213	0 e 1
X_{18} Velocidade de entrega	0,031	0,031	0,208	5,079	0 e 1

Teste de significância de diferenças de grupos após o passo 3[a]

		EUA/América do Norte
Fora da América do Norte	F	23,923
	Sig.	0,000

[a] 3,56 graus de liberdade

(*Continuação*)
o centróide para as firmas fora da América do Norte (grupo 1) é 0,973. Para mostrar que a média geral é 0, multiplique o número em cada grupo por seu centróide e some ao resultado (p.ex., 26 × –1,273 + 34 × 0,973 = 0,0).

Os resultados do modelo geral são aceitáveis com base em significância estatística e prática. No entanto, antes de proceder com uma interpretação dos resultados, o pesquisador precisa avaliar a precisão de classificação e examinar os resultados caso a caso.

Avaliação da precisão de classificação
Com o modelo geral estatisticamente significante e explicando 56% da variação entre os grupos (ver a discussão anterior e a Tabela 5-9), passamos para a avaliação de precisão preditiva da função discriminante. Em tal processo devemos completar três tarefas:

1. Calcular o escore de corte, o critério no qual o escore Z discriminante de cada observação é julgado para determinar em qual grupo ela deve ser classificada.
2. Classificar cada observação e desenvolver as matrizes de classificação para as amostras de análise e de teste.
3. Avaliar os níveis de precisão preditiva a partir das matrizes de classificação quanto a significância estatística e prática.

Apesar de o exame da amostra de teste e de sua precisão preditiva ser realmente feito no estágio de validação, os resultados são discutidos agora para facilitar a comparação entre as amostras de estimação e de teste.

TABELA 5-9 Estatísticas resumo para análise discriminante de dois grupos

Ajuste geral do modelo: funções discriminantes canônicas

Função	Autovalor	Percentual de variância		Correlação canônica	Lambda de Wilks	Qui-quadrado	df	Significância
		Função %	Cumulativo %					
1	1,282	100	100	0,749	0,438	46,606	3	0,000

Função discriminante e coeficientes da função de classificação

	Funções discriminantes		Funções de classificação	
Variáveis independentes	Não-padronizado	Padronizado	Grupo 0: EUA/América do Norte	Grupo 1: Fora da América do Norte
X_{11} Linha de produto	−0,363	−0,417	7,725	6,909
X_{13} Preços competitivos	0,398	0,490	6,456	7,349
X_{17} Flexibilidade de preço	0,749	0,664	4,231	5,912
Constante	−3,752		−52,800	−60,623

Matriz estrutural[a]

Variáveis independentes	Função 1
X_{13} Preços competitivos	0,656
X_{17} Flexibilidade de preço	0,653
X_{11} Linha de produto	−0,586
X_{7} Atividades de comércio eletrônico*	0,429
X_{6} Qualidade de produto*	−0,418
X_{14} Garantia e reclamações*	−0,329
X_{10} Anúncio*	0,238
X_{9} Solução de reclamações*	−0,181
X_{12} Imagem da equipe de venda*	0,164
X_{16} Encomenda e cobrança*	−0,149
X_{8} Suporte técnico*	−0,136
X_{18} Velocidade de entrega*	−0,060
X_{15} Novos produtos*	0,041

*Variável não usada na análise

Médias de grupos (centróides) de funções discriminantes

X_{4} Região	Função 1
EUA/América do Norte	−1,273
Fora da América do Norte	0,973

[a]Correlações internas de grupos entre variáveis discriminantes e funções discriminantes canônicas padronizadas ordenadas por tamanho absoluto de correlação na função.

Cálculo do escore de corte. O pesquisador deve primeiramente determinar como as probabilidades *a priori* de classificação são determinadas, ou com base nos tamanhos reais dos grupos (assumindo que eles são representativos da população), ou especificadas pelo pesquisador, sendo que mais freqüentemente são estabelecidas como iguais em uma postura conservadora do processo de classificação.

Nesta amostra de análise de 60 observações, sabemos que a variável dependente consiste em dois grupos, 26 empresas localizadas nos EUA e 34 empresas fora do país. Se não estamos certos de que as proporções da população são representadas pela amostra, então devemos empregar probabilidades iguais. No entanto, como nossa amostra de empresas é aleatoriamente extraída, podemos estar razoavelmente certos de que essa amostra reflete as proporções da população. Logo, essa análise discriminante usa as proporções da amostra para especificar as probabilidades *a priori* para fins de classificação. Tendo especificado as probabilidades *a priori*, o escore de corte ótimo pode ser calculado. Como nesta situação os grupos são considerados representativos, o cálculo se torna uma média ponderada dos dois centróides de grupos:

(Continua)

(Continuação)

$$Z_{CS} = \frac{N_A Z_B + N_B Z_A}{N_A + N_B} = \frac{(26 \times 0,973) + (34 \times -1,273)}{26 + 34} = -0,2997$$

Substituindo os valores apropriados na fórmula, podemos obter o escore de corte crítico (assumindo custos iguais de má classificação) de $Z_{CS} = -0,2997$.

Classificação de observações e construção de matrizes de classificação. Uma vez que o escore de corte tenha sido calculado, cada observação pode ser classificada comparando seu escore discriminante com o de corte.

O procedimento para classificar empresas com o escore de corte ótimo é o seguinte:

- Classifique uma empresa como sendo do grupo 0 (Estados Unidos/América do Norte) se seu escore discriminante for menor que –0,2997.
- Classifique uma empresa como sendo do grupo 1 (Fora dos Estados Unidos) se seu escore discriminante for maior que –0,2997.

Matrizes de classificação para as observações nas amostras de análise e de validação foram calculadas, e os resultados são exibidos na Tabela 5-10. A amostra de análise tem 86,7% de precisão de previsão, que é ligeiramente maior que a precisão de 85% da amostra de teste, como já antecipado. Além disso, a amostra que passou por validação cruzada conseguiu uma precisão preditiva de 83,3%.

Avaliação da precisão de classificação atingida. Ainda que todas as medidas de precisão de classificação sejam bastante altas, o processo de avaliação requer uma comparação com a precisão de classificação em uma série de medidas baseadas em chances. Essas medidas refletem a melhora do modelo discriminante quando se compara com a classificação de indivíduos sem o uso da função discriminante. Sabendo-se que a amostra geral é de 100 observações e que os grupos de teste/validação são menores do que 20, usaremos a amostra geral para estabelecer os padrões de comparação.

A primeira medida é o critério de chance proporcional, o qual considera que os custos da má classificação são iguais (ou seja, queremos identificar os membros de cada grupo igualmente bem). O critério de chance proporcional é:

$$C_{PRO} = p^2 + (1-p)^2$$

onde

C_{PRO} = critério de chance proporcional
p = proporção de empresas no grupo 0
$1-p$ = proporção de empresas no grupo 1

O grupo de clientes localizados nos Estados Unidos (grupo 0) constitui 39,0% da amostra de análise (39/100), com o segundo grupo representando clientes localizados fora dos Estados Unidos (grupo 1) formando os 61,0% restantes. O valor calculado de chance proporcional é de 0,524 ($0,390^2 + 0,610^2 = 0,524$).

O critério de chance máxima é simplesmente o percentual corretamente classificado se todas as observações fossem colocadas no grupo com a maior probabilidade de ocorrência. Ele reflete nosso padrão mais conserva-

TABELA 5-10 Resultados de classificação para análise discriminante de dois grupos

Resultados de classificação[a, b, c]

Amostra	Grupo real	Pertinência prevista em grupo		Total
		EUA/América do Norte	Fora da América do Norte	
Amostra de estimação	EUA/América do Norte	25	1	26
		96,2%	3,8%	
	Fora da América do Norte	7	27	34
		20,6%	79,4%	
Amostra de validação cruzada[d]	EUA/América do Norte	24	2	26
		92,3	7,7	
	Fora da América do Norte	8	26	34
		23,5	76,5	
Amostra de teste	EUA/América do Norte	9	4	13
		69,2	30,8	
	Fora da América do Norte	2	25	27
		7,4	92,6	

[a] 86,7% dos casos originais selecionados e agrupados (amostra de estimação) corretamente classificados.
[b] 85,0% dos casos originais não-selecionados e agrupados (amostra de validação) corretamente classificados.
[c] 83,3% dos casos selecionados validados por cruzamento corretamente classificados.
[d] Validação cruzada é feita somente para aqueles casos da análise (amostra de estimação). Em validação cruzada, cada caso é classificado pelas funções derivadas de todos os casos distintos daquele.

dor e assume nenhuma diferença no custo de uma má classificação.

> Como o grupo 1 (clientes fora dos Estados Unidos) é o maior, com 61% da amostra, estaríamos corretos 61,0% do tempo se designássemos todas as observações a esse grupo. Se escolhemos o critério de chance máxima como o padrão de avaliação, nosso modelo deve ter um desempenho superior a 61% de precisão de classificação para ser aceitável.

Para tentar garantir significância prática, a precisão de classificação alcançada deve exceder o padrão de comparação escolhido em 25%. Assim, devemos selecionar um padrão de comparação, calcular o valor de referência e comparar com a razão de sucesso conseguida.

> Todos os níveis de precisão de classificação (razões de sucesso) excedem 85%, o que é consideravelmente maior do que o critério de chance proporcional de 52,4% ou mesmo do critério de chance máxima de 61,0%. Todas as três razões também excedem o valor de referência sugerido desses valores (padrão de comparação mais 25%), que neste caso é de 65,5% (52,4% × 1,25 = 65,5%) para a chance proporcional e 76,3% (61,0% × 1,25 = 76,3%) para a chance máxima. Em todos os casos (amostra de análise, de teste e de validação cruzada), os níveis de precisão de classificação são substancialmente maiores do que os valores de referência, indicando um nível aceitável de precisão de classificação. Além disso, a razão de sucesso para grupos individuais é considerada adequada também.

A medida final de precisão de classificação é o Q de Press, que é uma medida estatística que compara precisão de classificação com um processo aleatório.

> A partir da discussão anterior, o cálculo para a amostra de estimação é
>
> $$Q \text{ de Press}_{\text{amostra de estimação}} = \frac{[60 - (52 \times 2)]^2}{60(2-1)} = 45,07$$
>
> E o cálculo para a amostra de validação é
>
> $$Q \text{ de Press}_{\text{amostra de teste}} = \frac{[40 - (34 \times 2)]^2}{40(2-1)} = 19,6$$
>
> Em ambos os casos, os valores calculados excedem o valor crítico de 6,63. Assim, a precisão de classificação para a amostra de análise e, mais importante, para a amostra de validação excede em um nível estatisticamente significante a precisão esperada de classificação por chance.

O pesquisador sempre deve lembrar de tomar cuidado na aplicação de uma amostra de validação com pequenos conjuntos de dados. Nesse caso, a pequena amostra de 40 para validação foi adequada, mas tamanhos maiores são sempre mais desejáveis.

Diagnósticos por casos

Além dos resultados gerais, podemos examinar as observações individuais no que se refere à precisão preditiva e identificar especificamente os casos mal classificados. Nesta operação, podemos encontrar os casos específicos mal classificados para cada grupo nas amostras de análise e de teste e ainda promover uma análise adicional na qual se determine o perfil dos casos mal classificados.

> A Tabela 5-11 contém as previsões de grupo para as amostras de análise e de validação e nos permite identificar os casos específicos para cada tipo de má classificação tabulada nas matrizes de classificação (ver Tabela 5-10). Para a amostra de análise, os sete clientes localizados fora dos Estados Unidos que foram mal classificados no grupo de clientes na América do Norte podem ser identificados como os casos 3, 94, 49, 64, 24, 53 e 32. Analogamente, o único cliente dos Estados Unidos que foi mal classificado é identificado como caso 43. Um exame semelhante pode ser feito para a amostra de validação.

Assim que os casos mal classificados são identificados, uma análise adicional pode ser realizada para compreender as razões dessa má classificação. Na Tabela 5-12, os casos mal classificados são combinados a partir das amostras de análise e de validação e então comparados com os casos corretamente classificados. O objetivo é identificar diferenças específicas nas variáveis independentes que possam identificar novas variáveis a serem acrescentadas ou características em comum que devam ser consideradas.

> Os cinco casos (tanto na amostra de análise quanto na de validação) mal classificados entre os clientes dos Estados Unidos (grupo 0) têm diferenças significantes em duas das três variáveis independentes na função discriminante (X_{13} e X_{17}), bem como em uma variável não incluída na função discriminante (X_6). Para tal variável, o perfil dos casos mal classificados não é semelhante ao seu grupo correto; logo, não ajuda na classificação. Analogamente, os nove casos mal classificados do grupo 1 (fora dos Estados Unidos) mostram quatro diferenças significantes (X_6, X_{11}, X_{13} e X_{17}), mas apenas X_6 não está na função discriminante. Podemos ver que aqui X_6 funciona contra a precisão de classificação porque os casos mal classificados são mais semelhantes ao grupo incorreto do que ao outro.

(Continua)

TABELA 5-11 Previsões de grupo para casos individuais na análise discriminante de dois grupos

Identificação do caso	Grupo real	Escore Z discriminante	Grupo previsto	Identificação de caso	Grupo real	Escore Z discriminante	Grupo previsto
Amostra de análise							
72	0	−2,10690	0	24	1	−0,60937	0
14	0	−2,03496	0	53	1	−0,45623	0
31	0	−1,98885	0	32	1	−0,36094	0
54	0	−1,98885	0	80	1	−0,14687	1
27	0	−1,76053	0	38	1	−0,04489	1
29	0	−1,76053	0	60	1	−0,04447	1
16	0	−1,71859	0	65	1	0,09785	1
61	0	−1,71859	0	35	1	0,84464	1
79	0	−1,57916	0	1	1	0,98896	1
36	0	−1,57108	0	4	1	1,10834	1
98	0	−1,57108	0	68	1	1,12436	1
58	0	−1,48136	0	44	1	1,34768	1
45	0	−1,33840	0	17	1	1,35578	1
2	0	−1,29645	0	67	1	1,35578	1
52	0	−1,29645	0	33	1	1,42147	1
50	0	−1,24651	0	87	1	1,57544	1
47	0	−1,20903	0	6	1	1,58353	1
88	0	−1,10294	0	46	1	1,60411	1
11	0	−0,74943	0	12	1	1,75931	1
56	0	−0,73978	0	69	1	1,82233	1
95	0	−0,73978	0	86	1	1,82233	1
81	0	−0,72876	0	10	1	1,85847	1
5	0	−0,60845	0	30	1	1,90062	1
37	0	−0,60845	0	15	1	1,91724	1
63	0	−0,38398	0	92	1	1,97960	1
43	0	0,23553	1	7	1	2,09505	1
3	1	−1,65744	0	20	1	2,22839	1
94	1	−1,57916	0	8	1	2,39938	1
49	1	−1,04667	0	100	1	2,62102	1
64	1	−0,67406	0	48	1	2,90178	1
Amostra de teste							
23	0	22,38834	0	25	1	1,47048	1
93	0	−2,03496	0	18	1	1,60411	1
59	0	−1,20903	0	73	1	1,61002	1
85	0	−1,10294	0	21	1	1,69348	1
83	0	−1,03619	0	90	1	1,69715	1
91	0	−0,89292	0	97	1	1,70398	1
82	0	−0,74943	0	40	1	1,75931	1
76	0	−0,72876	0	77	1	1,86055	1
96	0	−0,57335	0	28	1	1,97494	1
13	0	0,13119	1	71	1	2,22839	1
89	0	0,51418	1	19	1	2,28652	1
42	0	0,63440	1	57	1	2,31456	1
78	0	0,63440	1	9	1	2,36823	1
22	1	−2,73303	0	41	1	2,53652	1
74	1	−1,04667	0	26	1	2,59447	1
51	1	0,09785	1	70	1	2,59447	1
62	1	0,94702	1	66	1	2,90178	1
75	1	0,98896	1	34	1	2,97632	1
99	1	1,13130	1	55	1	2,97632	1
84	1	1,30393	1	39	1	3,21116	1

TABELA 5-12 Perfil de observações corretamente classificadas e mal classificadas na análise discriminante de dois grupos

Variável dependente: X_4 Região	Variáveis (Grupo/Perfil)	Escores médios			Teste t
		Corretamente classificada	Mal classificada	Diferença	Significância estatística
EUA/América do Norte		($n = 34$)	($n = 5$)		
	X_6 Qualidade do produto	8,612	9,340	−0,728	0,000[b]
	X_7 Atividades de comércio eletrônico	3,382	4,380	−0,998	0,068[b]
	X_8 Suporte técnico	5,759	5,280	0,479	0,487
	X_9 Solução de reclamação	5,356	6,140	−0,784	0,149
	X_{10} Anúncio	3,597	4,700	−1,103	0,022
	X_{11} Linha do produto[a]	6,726	6,540	0,186	0,345[b]
	X_{12} Imagem da equipe de venda	4,459	5,460	−1,001	0,018
	X_{13} Preços competitivos[a]	5,609	8,060	−2,451	0,000
	X_{14} Garantia e reclamações	6,215	6,060	0,155	0,677
	X_{15} Novos produtos	5,024	4,420	0,604	0,391
	X_{16} Encomenda e cobrança	4,188	4,540	−0,352	0,329
	X_{17} Flexibilidade de preço[a]	3,568	4,480	−0,912	0,000[b]
	X_{18} Velocidade de entrega	3,826	4,160	−0,334	0,027[b]
Fora da América do Norte		($n = 52$)	($n = 9$)		
	X_6 Qualidade do produto	6,906	9,156	−2,250	0,000
	X_7 Atividades de comércio eletrônico	3,860	3,289	0,571	0,159[b]
	X_8 Suporte técnico	5,085	5,544	−0,460	0,423
	X_9 Solução de reclamação	5,365	5,822	−0,457	0,322
	X_{10} Anúncio	4,229	3,922	0,307	0,470
	X_{11} Linha do produto[a]	4,954	6,833	−1,879	0,000
	X_{12} Imagem da equipe de venda	5,465	5,467	−1,282E−03	0,998
	X_{13} Preços competitivos[a]	7,960	5,833	2,126	0,000
	X_{14} Garantia e reclamações	5,867	6,400	−0,533	0,007[b]
	X_{15} Novos produtos	5,194	5,778	−0,584	0,291
	X_{16} Encomenda e cobrança	4,267	4,533	−0,266	0,481
	X_{17} Flexibilidade de preço[a]	5,458	3,722	1,735	0,000
	X_{18} Velocidade de entrega	3,881	3,989	−0,108	0,714

Nota: Casos das amostras de análise e validação incluídos para a amostra total de 100.
[a]Variáveis incluídas na função discriminante.
[b]Teste t executado com estimativas separadas de variância no lugar de uma estimativa coletiva, pois o teste Levene detectou diferenças significantes nas variações entre os dois grupos.

(*Continuação*)

As descobertas sugerem que os casos mal classificados podem representar um terceiro grupo, pois eles compartilham perfis muito semelhantes nessas variáveis, mais do que acontece nos dois grupos existentes. A administração pode analisar esse grupo quanto a variáveis adicionais ou avaliar se um padrão geográfico entre os casos mal classificados justifica um terceiro grupo.

Pesquisadores devem examinar os padrões em ambos os grupos com o objetivo de entender as características comuns a eles em uma tentativa de definir os motivos para a má classificação.

Estágio 5: Interpretação dos resultados

Após estimar a função, a próxima fase é a interpretação. Este estágio envolve o exame da função para determinar a importância relativa de cada variável independente na discriminação entre os grupos, interpretar a função discriminante com base nas cargas discriminantes, e então fazer o perfil de cada grupo sobre o padrão de valores médios para variáveis identificadas como discriminadoras importantes.

Identificação de variáveis discriminantes importantes

Como anteriormente discutido, cargas discriminantes são consideradas a medida mais adequada de poder discriminante, mas consideraremos também os pesos discriminantes para fins de comparação. Os pesos discriminantes, na forma padronizada ou não, representam a contribuição de cada variável à função discriminante. Contudo, como discutiremos, multicolinearidade entre as variáveis independentes pode causar impacto na interpretação usando somente os pesos.

Cargas discriminantes são calculadas para cada variável independente, mesmo para aquelas que não estão incluídas na função discriminante. Assim, pesos* discriminantes representam o único impacto de cada variável independente e não são restritas apenas ao impacto compartilhado devido à multicolinearidade. Além disso, como elas são relativamente pouco afetadas pela multicolinearidade, elas representam mais precisamente a associação de cada variável com o escore discriminante.

> A Tabela 5-13 contém o conjunto inteiro de medidas interpretativas, incluindo pesos discriminantes padronizados e não-padronizados, cargas para a função discriminante, lambda de Wilks e a razão F univariada. As 13 variáveis independentes originais foram examinadas pelo procedimento *stepwise*, e três (X_{11}, X_{13} e X_{17}) são suficientemente significativas para serem incluídas na função. Para fins de interpretação, ordenamos as variáveis independentes em termos de suas cargas e valores F univariados – ambos indicadores do poder discriminante de cada variável. Sinais dos pesos ou cargas não afetam a ordem; eles simplesmente indicam uma relação positiva ou negativa com a variável dependente.

Análise de lambda de Wilks e o F univariado. O lambda de Wilks e o F univariado representam os efeitos separados ou univariados de cada variável, não considerando multicolinearidade entre as variáveis independentes. Análogos às correlações bivariadas da regressão múltipla, eles indicam a habilidade de cada variável para discriminar entre os grupos, mas apenas separadamente. Para interpretar qualquer combinação de duas ou mais variáveis independentes, exige-se análise dos pesos ou cargas discriminantes como descrito nas próximas seções.

> A Tabela 5-13 mostra que as variáveis (X_{11}, X_{13} e X_{17}) com os três maiores valores F (e os menores lambdas de Wilks) eram também as variáveis que entraram na função discriminante. X_6, porém, tinha um efeito discriminante significante quando considerada separadamente, mas tal efeito era compartilhado com as outras três variáveis, de maneira que sozinha ela não contribuía suficientemente para entrar na função discriminante. Todas as demais variáveis tinham valores F não-significantes e valores lambda de Wilks correspondentemente elevados.

Análise dos pesos discriminantes. Os pesos discriminantes estão disponíveis em formas não-padronizadas e padronizadas. Os pesos não-padronizados (mais a constante) são usados para calcular o escore discriminante, mas podem ser afetados pela escala da variável independente (exatamente como pesos de regressão múltipla). Assim, os pesos padronizados refletem mais verdadeiramente o impacto de cada variável sobre a função discriminante e são mais apropriados para fins de interpretação. Se for usada estimação simultânea, multicolinearidade entre quaisquer variáveis independentes causará impacto sobre os pesos estimados. No entanto, o impacto da multicolinearidade pode ser até maior para o procedimento *stepwise*, pois ela afeta não somente os pesos mas pode também impedir que uma variável sequer entre na equação.

> A Tabela 5-13 fornece os pesos padronizados (coeficientes) para as três variáveis incluídas na função discrimi-

---

* N. de R. T.: A palavra correta seria "cargas".

TABELA 5-13 Resumo de medidas interpretativas para análise discriminante de dois grupos

	Coeficientes discriminantes		Cargas discriminantes		Lambda de Wilks	Razão F univariada		
Variáveis independentes	Não padronizados	Padronizados	Carga	Ordenação	Valor	Valor F	Sig.	Ordenação
X_6 Qualidade do produto	NI	NI	–0,418	5	0,801	14,387	0,000	4
X_7 Atividades de comércio eletrônico	NI	NI	0,429	4	0,966	2,054	0,157	6
X_8 Suporte técnico	NI	NI	–0,136	11	0,973	1,598	0,211	7
X_9 Solução de reclamação	NI	NI	–0,181	8	0,986	0,849	0,361	8
X_{10} Anúncio	NI	NI	0,238	7	0,987	0,775	0,382	9
X_{11} Linha do produto	–0,363	–0,417	–0,586	3	0,695	25,500	0,000	3
X_{12} Imagem da equipe de venda	NI	NI	0,164	9	0,856	9,733	0,003	5
X_{13} Preços competitivos	0,398	0,490	0,656	1	0,645	31,992	0,000	1
X_{14} Garantia e reclamações	NI	NI	–0,329	6	0,992	0,453	0,503	11
X_{15} Novos produtos	NI	NI	0,041	13	0,990	0,600	0,442	10
X_{16} Encomenda e cobrança	NI	NI	–0,149	10	0,999	0,087	0,769	13
X_{17} Flexibilidade de preço	0,749	0,664	0,653	2	0,647	31,699	0,000	2
X_{18} Velocidade de entrega	NI	NI	–0,060	12	0,997	0,152	0,698	12

NI = Não incluído na função discriminante estimada

nante. O impacto da multicolinearidade sobre os pesos pode ser visto ao se examinar X_{13} e X_{17}. Essas duas variáveis têm poder discriminante essencialmente equivalente quando vistas nos testes lambda de Wilks e F univariado. Seus pesos discriminantes, contudo, refletem um impacto sensivelmente maior para X_{17} do que para X_{13}, que agora é mais comparável com X_{11}. Essa mudança em importância relativa é devida à multicolinearidade entre X_{13} e X_{11}, o que reduz o efeito único de X_{13} e assim diminui os pesos discriminantes também.

Interpretação da função discriminante com base nas cargas discriminantes

As cargas discriminantes, em contraste com os pesos discriminantes, são menos afetadas pela multicolinearidade e, portanto, mais úteis para a interpretação. Além disso, como cargas são calculadas para todas as variáveis, elas fornecem uma medida interpretativa até mesmo para variáveis não incluídas na função discriminante. Uma regra prática anterior indicava que cargas acima de ± 0,40 deveriam ser usadas para identificar variáveis discriminantes importantes.

> As cargas das três variáveis da função discriminante (ver Tabela 5-13) são as três maiores, e todas excedem ± 0,40, garantindo assim inclusão no processo de interpretação. Duas variáveis adicionais (X_6 e X_7), porém, também têm cargas acima da referência ± 0,40. A inclusão de X_6 não é inesperada, como era a quarta variável com efeito discriminante univariado, mas não foi incluída na função discriminante devido à multicolinearidade (como mostrado no Capítulo 3, Análise Fatorial, onde X_6 e X_{13} formavam um fator). X_7, porém, apresenta outra situação; ela não tinha um efeito univariado significativo. A combinação das três variáveis na função discriminante criou um efeito que é associado com X_7, mas X_7 não acrescenta qualquer poder discriminante adicional. Com relação a isso, X_7 é descritiva da função discriminante mesmo não sendo incluída nem tendo um efeito univariado significativo.

Interpretar a função discriminante e sua discriminação entre esses dois grupos exige que o pesquisador considere todas essas cinco variáveis. Na medida em que elas caracterizam ou descrevem a função discriminante, todas representam algum componente da mesma.

Com as variáveis discriminantes identificadas e a função discriminante descrita em termos daquelas variáveis com

> Os três efeitos mais fortes na função discriminante, que são geralmente comparáveis com base nos valores de carga, são X_{13} (Preços competitivos), X_{17} (Flexibilidade de preço) e X_{11} (Linha do produto). X_7 (Atividades de comércio eletrônico) e o efeito de X_6 (Qualidade do produto) podem ser adicionados aos efeitos de X_{13}. Obviamente,

> diversos fatores diferentes estão sendo combinados para diferenciar entre os grupos, exigindo assim mais definição de perfil dos grupos para se entenderem as diferenças.

cargas suficientemente elevadas, o pesquisador prossegue então para o perfil de cada grupo sobre essas variáveis para compreender as diferenças entre as mesmas.

Perfil das variáveis discriminantes

O pesquisador está interessado em interpretações das variáveis individuais que têm significância estatística e prática. Tais interpretações são conseguidas primeiramente identificando-se as variáveis com substantivo poder discriminatório (ver a discussão anterior) e em seguida entendendo-se o que o grupo distinto diz cada variável indicada.

> Como descrito no Capítulo 1, escores maiores nas variáveis independentes indicam percepções mais favoráveis da HBAT sobre aquele atributo (exceto para X_{13}, onde escores menores são preferíveis). Retornando à Tabela 5-5, vemos diversos perfis entre os dois grupos sobre essas cinco variáveis.
>
> - O grupo 0 (clientes nos Estados Unidos/América do Norte) têm percepções maiores sobre três variáveis: X_6 (Qualidade do produto), X_{13}* (Preços competitivos) e X_{11} (Linha do produto).
> - O grupo 1 (clientes fora da América do Norte) têm percepções maiores nas outras duas variáveis: X_7 (Atividades de comércio eletrônico) e X_{17} (Flexibilidade de preço).
>
> Olhando esses dois perfis, podemos perceber que os clientes dos EUA/América do Norte têm percepções muito melhores dos produtos HBAT, enquanto os demais clientes se sentem melhor com questões sobre preço e comércio eletrônico. Note que X_6 e X_{13}, ambas com percepções mais elevadas entre os clientes dos EUA/ América do Norte, formam o fator Valor do produto desenvolvido no Capítulo 3. A administração deveria usar esses resultados para desenvolver estratégias que acentuem esses pontos fortes e desenvolver outras vantagens para fins de complementação.
>
> O perfil médio também ilustra a interpretação dos sinais (positivos e negativos) nos pesos e as cargas discriminantes. Os sinais refletem o perfil médio relativo dos dois grupos. Os sinais positivos, neste exemplo, são associados com variáveis que têm escores maiores para o grupo 1. Os pesos e cargas negativas são para aquelas variáveis com o padrão oposto (i.e., valores maiores no grupo 0). Logo, os sinais indicam o padrão entre os grupos.

---

* N. de R. T.: A tabela indica o contrário, ou seja, a média de X_{13} é maior no grupo 1 (7,418 versus 5,600).

Estágio 6: Validação dos resultados

O estágio final aborda a validade interna e externa da função discriminante. O principal meio de validação é pelo uso da amostra de validação e a avaliação de sua precisão preditiva. Desse modo, a validade é estabelecida se a função discriminante classifica, em um nível aceitável, observações que não foram usadas no processo de estimação. Se a amostra de validação é obtida a partir da amostra original, então essa abordagem estabelece validade interna. Se uma outra amostra separada, talvez de uma outra população ou de outro segmento da população, forma a amostra de validação, então isso corresponde a uma validação externa dos resultados discriminantes.

> Em nosso exemplo, a amostra de teste surge a partir da amostra original. Como anteriormente discutido, a precisão de classificação (razões de sucesso) para as amostras de teste e de validação cruzada estava muito acima das referências em todas as medidas de precisão preditiva. Como tal, a análise estabelece validade interna. Para o propósito de validade externa, amostras adicionais devem ser extraídas de populações relevantes e a precisão de classificação deve ser avaliada em tantas situações quanto possível.

O pesquisador é encorajado a estender o processo de validação por meio de perfis expandidos dos grupos e o possível uso de amostras adicionais para estabelecer a validade externa. Idéias adicionais da análise de casos mal classificados podem sugerir variáveis extras que podem melhorar ainda mais o modelo discriminante.

Uma visão gerencial

A análise discriminante de clientes HBAT, baseada em localização geográfica (dentro ou fora da América do Norte), identificou um conjunto de diferenças em percepção que pode fornecer uma distinção mais sucinta e poderosa entre os dois grupos. Várias descobertas importantes incluem as seguintes:

> - Diferenças são encontradas em um subconjunto de apenas cinco percepções, o que permite uma concentração sobre as variáveis-chave, não tendo que se lidar com o conjunto inteiro. As variáveis identificadas como discriminantes entre os grupos (listadas em ordem de importância) são X_{13} (Preços competitivos), X_{17} (Flexibilidade de preço), X_{11} (Linha do produto), X_7 (Atividades de comércio eletrônico) e X_6 (Qualidade do produto).
> - Os resultados também indicam que as empresas localizadas nos Estados Unidos têm melhores percepções da HBAT do que suas contrapartes internacionais em termos de valor e linha de produto, enquanto os clientes que não são norte-americanos têm uma percepção mais favorável sobre flexibilidade de preço e atividades de comércio eletrônico. Essas percepções podem resultar de uma maior similaridade entre compradores norte-americanos, enquanto clientes internacionais acham a política de preços em sintonia com suas necessidades.
> - Os resultados, que são altamente significantes, fornecem ao pesquisador a habilidade de identificar corretamente a estratégia de compra usada, com base nessas percepções, 85% do tempo. Esse elevado grau de consistência gera confiança no desenvolvimento de estratégias baseadas em tais resultados.
> - A análise das empresas mal classificadas revelou um pequeno número de empresas que pareciam "deslocadas". Identificar tais empresas pode identificar associações não tratadas por localização geográfica (p.ex., mercados no lugar de apenas localização física) ou outras características de firmas ou de mercado que são associadas com localização geográfica.
>
> Portanto, conhecer a localização de uma firma dá idéias-chave sobre suas percepções da HBAT e, mais importante, como os dois grupos de clientes diferem, de forma que a administração pode empregar uma estratégia para acentuar as percepções positivas em suas negociações com esses clientes e assim solidificar sua posição.

UM EXEMPLO ILUSTRATIVO DE TRÊS GRUPOS

Para ilustrar a aplicação de uma análise discriminante de três grupos, novamente usamos a base de dados HBAT. No exemplo anterior, estávamos interessados na discriminação entre apenas dois grupos, de modo que conseguimos desenvolver uma única função discriminante e um escore de corte para dividir os dois grupos. No exemplo de três grupos, é necessário desenvolver duas funções discriminantes separadas para distinguir entre os três grupos. A primeira função separa um grupo dos outros dois, e a segunda separa os dois grupos restantes. Como no exemplo anterior, os seis estágios do processo de construção do modelo são discutidos.

Estágio 1: Objetivos da análise discriminante

O objetivo da HBAT nessa pesquisa é determinar a relação entre as percepções que as empresas têm da HBAT e o período de tempo em que uma empresa é cliente de HBAT.

> Um dos paradigmas emergentes em marketing é o conceito de uma relação com cliente, baseada no estabelecimento de uma mútua parceria entre empresas ao longo de repetidas transações. O processo de desenvolvimento de uma relação implica a formação de metas e valores compartilhados, que devem coincidir com percepções melhoradas de HBAT. Portanto, a formação bem-sucedida de uma relação deve ser entendida por meio de per-
>
> *(Continua)*

(Continuação)
> cepções melhores de HBAT ao longo do tempo. Nessa análise, as firmas são agrupadas conforme sua situação como clientes HBAT. Se HBAT foi bem-sucedida no estabelecimento de relações com seus clientes, então as percepções sobre a HBAT irão melhorar em cada situação como cliente HBAT.

Estágio 2: Projeto de pesquisa para análise discriminante

Para testar essa relação, uma análise discriminante é executada para estabelecer se existem diferenças em percepções entre grupos de clientes com base na extensão da relação de clientela. Se for o caso, a HBAT estará então interessada em ver se diferentes perfis justificam a proposição de que a HBAT teve sucesso no melhoramento de percepções entre clientes estabelecidos, um passo necessário na formação de relações com a clientela.

Seleção de variáveis dependente e independentes

Além das variáveis dependentes não-métricas (categóricas) definindo grupos de interesse, a análise discriminante também requer um conjunto de variáveis independentes métricas que são consideradas fornecedoras de base para discriminação ou diferenciação entre os grupos.

> Uma análise discriminante de três grupos é realizada usando X_1 (Tipo de cliente) como a variável dependente e as percepções de HBAT por parte dessas firmas (X_6 a X_{18}) como as variáveis independentes. Note que X_1 difere da variável dependente no exemplo de dois grupos no sentido de que ela tem três categorias nas quais classificar o tempo de permanência como cliente de HBAT (1 = menos que 1 ano, 2 = 1 a 5 anos, e 3 = mais de 5 anos).

Tamanho amostral e divisão da amostra

Questões relativas ao tamanho da amostra são particularmente importantes com análise discriminante devido ao foco não apenas no tamanho geral da amostra, mas também no tamanho amostral por grupo. Juntamente com a necessidade de uma divisão da amostra para obter uma amostra de validação, o pesquisador deve considerar cuidadosamente o impacto da divisão amostral em termos do tamanho geral e do tamanho de cada um dos grupos.

> A base de dados da HBAT tem uma amostra de 100, a qual será novamente particionada em amostras de análise e de validação de 60 e 40 casos, respectivamente. Na amostra de análise, a proporção de casos por variáveis independentes é quase 5:1, o limite inferior recomendado. Mais importante, na amostra de análise, apenas um grupo, com 13 observações, fica abaixo do nível recomendado de 20 casos por grupo. Apesar de o tamanho do grupo exceder 20 se a amostra inteira for usada na fase de análise, a necessidade de validação dita a criação da amostra de teste. Os três grupos são de tamanhos relativamente iguais (22, 13 e 25), evitando assim qualquer necessidade de igualar os tamanhos dos grupos. A análise procede com atenção para a classificação e interpretação desse pequeno grupo de 13 observações.

Estágio 3: Suposições da análise discriminante

Como no caso do exemplo de dois grupos, as suposições de normalidade, linearidade e colinearidade das variáveis independentes já foram discutidas detalhadamente no Capítulo 2. A análise feita no Capítulo 2 indicou que as variáveis independentes atendem essas suposições em níveis adequados para viabilizar a continuidade da análise sem ações corretivas adicionais. A suposição remanescente, a igualdade de matrizes de variância/covariância ou de dispersão, também é abordada no Capítulo 2.

> O teste M de Box avalia a similaridade das matrizes de dispersão das variáveis independentes entre os três grupos (categorias). O teste estatístico indicou diferenças no nível de significância de 0,09. Neste caso, as diferenças entre grupos são não-significantes e nenhuma ação corretiva se faz necessária. Além disso, não se espera qualquer impacto sobre os processos de estimação e classificação.

Estágio 4: Estimação do modelo discriminante e avaliação do ajuste geral

Como no exemplo anterior, começamos nossa análise revisando as médias de grupo e os desvios-padrão para ver se os grupos são significativamente diferentes em alguma variável. Com essas diferenças em mente, empregamos em seguida um processo de estimação *stepwise* para obter as funções discriminantes e completamos o processo avaliando precisão de classificação com diagnósticos gerais e por casos.

Avaliação de diferenças de grupos

Identificar as variáveis mais discriminantes com três ou mais grupos é mais problemático do que na situação com dois grupos. Para três ou mais grupos, as medidas típicas de significância para diferenças em grupos (ou seja, lambda de Wilks e o teste F) avaliam apenas as diferenças gerais e não garantem que cada grupo é significativo em relação aos demais. Assim, quando examinar variáveis quanto a suas diferenças gerais entre os grupos, certifique-se também de tratar das diferenças individuais de grupos.

> A Tabela 5-14 dá as médias de grupos, lambda de Wilks, razões F univariadas (ANOVAs simples) e D^2 mínimo

(Continua)

> *(Continuação)*
> de Mahalanobis para cada variável independente. A revisão dessas medidas revela o seguinte:
>
> - Sobre uma base univariada, aproximadamente metade (7 entre 13) das variáveis exibe diferenças significantes entre as médias dos grupos. As variáveis com diferenças significantes incluem $X_6, X_9, X_{11}, X_{13}, X_{16}, X_{17}$ e X_{18}.
> - Apesar de maior significância estatística corresponder a uma maior discriminação geral (ou seja, as variáveis mais significantes têm os menores lambdas de Wilks), ela nem sempre corresponde à maior discriminação entre todos os grupos.
>   - A inspeção visual das médias dos grupos revela que quatro das variáveis com diferenças significantes (X_{13}, X_{16}, X_{17} e X_{18}) diferenciam apenas um grupo versus os outros dois grupos [p.ex., X_{18} tem diferenças significantes somente nas médias entre o grupo 1 (3,059) versus grupos 2 (4,246) e 3 (4,288)]. Essas variáveis têm um papel limitado em análise discriminante por fornecerem discriminação apenas em um subconjunto de grupos.
>   - Três variáveis (X_6, X_9 e X_{11}) fornecem alguma discriminação, em vários graus, entre todos os grupos simultaneamente. Uma ou mais dessas variáveis podem ser usadas em combinação com as quatro variáveis precedentes para criar uma variável estatística com discriminação máxima.
> - O valor D^2 de Mahalanobis fornece uma medida do grau de discriminação entre grupos. Para cada variável, o D^2 mínimo de Mahalanobis é a distância entre os dois grupos mais próximos. Por exemplo, X_{11} tem o maior valor D^2 e é a variável com as maiores diferenças entre todos os três grupos. Analogamente, X_{18}, uma variável com pequenas diferenças entre dois dos grupos, tem um pequeno valor D^2. Com três ou mais grupos, o D^2 mínimo de Mahalanobis é importante na identificação da variável que dá a maior diferença entre os dois grupos mais parecidos.

Todas essas medidas se combinam para ajudar a identificar os conjuntos de variáveis que formam as funções discriminantes, como descritos na próxima seção. Quando mais de uma função é criada, cada uma fornece discriminação entre conjuntos de grupos. No exemplo simples do início deste capítulo, uma variável discriminou entre os grupos 1 versus 2 e 3, sendo que a outra discriminou entre os grupos 2 versus 3 e 1. Esse é um dos principais benefícios que surgem do uso da análise discriminante.

Estimação da função discriminante

O procedimento *stepwise* é realizado da mesma maneira do exemplo de dois grupos, com todas as variáveis inicialmente excluídas do modelo. O procedimento então seleciona a variável que tem uma diferença estatisticamente significante nos grupos enquanto maximiza a distância de Mahalanobis (D^2) entre os dois grupos mais próximos. Desta maneira, variáveis estatisticamente significantes são selecionadas de modo a maximizarem a discriminação entre os grupos mais semelhantes em cada estágio.

Este processo continua enquanto variáveis adicionais fornecerem discriminação estatisticamente significante além daquelas diferenças já explicadas pelas variáveis na função discriminante. Uma variável pode ser removida se alta multicolinearidade com variáveis independentes na função discriminante faz com que sua significância caia abaixo do nível para remoção (0,10).

TABELA 5-14 Estatísticas descritivas de grupos e testes de igualdade para a amostra de estimação na análise discriminante de três grupos

Variáveis independentes	Médias de grupo da variável dependente: X_1 Tipo de cliente			Teste de igualdade de médias de grupos[a]			D^2 mínimo de Mahalanobis	
	Grupo 1: Menos que 1 ano (n = 22)	Grupo 2: 1 a 5 anos (n = 13)	Grupo 3: Mais de 5 anos (n = 25)	Lambda de Wilks	Valor F	Significância	D^2 mínimo	Entre grupos
X_6 Qualidade do produto	7,118	6,785	9,000	0,469	32,311	0,000	0,121	1 e 2
X_7 Atividades de comércio eletrônico	3,514	3,754	3,412	0,959	1,221	0,303	0,025	1 e 3
X_8 Suporte técnico	4,959	5,615	5,376	0,973	0,782	0,462	0,023	2 e 3
X_9 Solução de reclamação	4,064	5,900	6,300	0,414	40,292	0,000	0,205	2 e 3
X_{10} Anúncio	3,745	4,277	3,768	0,961	1,147	0,325	0,000	1 e 3
X_{11} Linha do produto	4,855	5,577	7,056	0,467	32,583	0,000	0,579	1 e 2
X_{12} Imagem da equipe de venda	4,673	5,346	4,836	0,943	1,708	0,190	0,024	1 e 2
X_{13} Preços competitivos	7,345	7,123	5,744	0,751	9,432	0,000	0,027	1 e 2
X_{14} Garantia e reclamações	5,705	6,246	6,072	0,916	2,619	0,082	0,057	2 e 3
X_{15} Novos produtos	4,986	5,092	5,292	0,992	0,216	0,807	0,004	1 e 2
X_{16} Encomenda e cobrança	3,291	4,715	4,700	0,532	25,048	0,000	0,000	2 e 3
X_{17} Flexibilidade de preço	4,018	5,508	4,084	0,694	12,551	0,000	0,005	1 e 3
X_{18} Velocidade de entrega	3,059	4,246	4,288	0,415	40,176	0,000	0,007	2 e 3

[a] Lambda de Wilks (estatística U) e razão F univariada com 2 e 57 graus de liberdade.

Estimação *stepwise*: adição da primeira variável, X_{11}. Os dados na Tabela 5-14 mostram que a primeira variável a entrar no modelo é X_{11} (Linha do produto), pois ela atende aos critérios para diferenças estatisticamente significantes nos grupos e tem o maior valor D^2 (o que significa que ela tem a maior separação entre os dois grupos mais parecidos).

Os resultados de adicionar X_{11} como a primeira variável no processo *stepwise* são mostrados na Tabela 5-15. O ajuste geral do modelo é significante e todos os grupos são significantemente distintos, apesar de os grupos 1 (menos de um ano) e 2 (de um a cinco anos) terem a menor diferença entre eles (ver seção abaixo detalhando as diferenças de grupos).

Com a menor diferença entre os grupos 1 e 2, o procedimento discriminante selecionará agora uma variável que maximiza aquela diferença enquanto pelo menos mantém as demais. Se voltarmos à Tabela 5-14, perceberemos que quatro variáveis (X_9, X_{16}, X_{17} e X_{18}) tinham diferenças significativas, com substanciais distinções entre os grupos 1 e 2. Olhando a Tabela 5-15, vemos que essas quatro variáveis têm o maior valor D^2 mínimo, e em cada caso é para a diferença entre os grupos 2 e 3 (o que significa que os grupos 1 e 2 não são os mais pa-

(*Continua*)

TABELA 5-15 Resultados do passo 1 da análise discriminante *stepwise* de três grupos

Ajuste geral do modelo

	Valor	Valor F	Graus de liberdade	Significância
Lambda de Wilks	0,467	32,583	2,57	0,000

Variável adicionada/removida no passo 1

			F		
Variável adicionada	D^2 mínimo	Valor		Significância	Entre grupos
X_{11} Linha de produto	0,579	4,729		0,000	Menos de 1 ano e de 1 a 5 anos

Nota: Em cada passo, a variável que maximiza a distância Mahalanobis entre os dois grupos mais próximos é adicionada.

Variáveis na análise após o passo 1

Variável	Tolerância	F para remover	D^2	Entre grupos
X_{11} Linha de produto	1,000	32,583	NA	NA

NA = Não aplicável

Variáveis fora da análise após o passo 1

Variável	Tolerância	Tolerância mínima	F para entrar	D^2 mínimo	Entre grupos
X_6 Qualidade de produto	1,000	1,000	17,426	0,698	Menos de 1 ano e de 1 a 5 anos
X_7 Atividades de comércio eletrônico	0,950	0,950	1,171	0,892	Menos de 1 ano e de 1 a 5 anos
X_8 Suporte técnico	0,959	0,959	0,733	0,649	Menos de 1 ano e de 1 a 5 anos
X_9 Solução de reclamação	0,847	0,847	15,446	2,455	De 1 a 5 anos e mais de 5 anos
X_{10} Anúncio	0,998	0,998	1,113	0,850	Menos de 1 ano e de 1 a 5 anos
X_{12} Imagem da equipe de venda	0,932	0,932	3,076	1,328	Menos de 1 ano e de 1 a 5 anos
X_{13} Preços competitivos	0,882	0,882	2,299	0,839	Menos de 1 ano e de 1 a 5 anos
X_{14} Garantia e reclamações	0,849	0,849	0,647	0,599	Menos de 1 ano e de 1 a 5 anos
X_{15} Novos produtos	0,993	0,993	0,415	0,596	Menos de 1 ano e de 1 a 5 anos
X_{16} Encomenda e cobrança	0,943	0,943	12,176	2,590	De 1 a 5 anos e mais de 5 anos
X_{17} Flexibilidade de preço	0,807	0,807	17,300	3,322	De 1 a 5 anos e mais de 5 anos
X_{18} Velocidade de entrega	0,773	0,773	19,020	2,988	De 1 a 5 anos e mais de 5 anos

Teste de significância de diferenças de grupos após o passo 1[a]

X_1 Tipo de cliente		Menos de 1 ano	De 1 a 5 anos
De 1 a 5 anos	F	4,729	
	Sig.	0,034	
Mais de 5 anos	F	62,893	20,749
	Sig.	0,000	0,000

[a] 1 e 57 graus de liberdade.

(*Continuação*)

recidos depois de acrescentar aquela variável). Assim, adicionar qualquer uma dessas variáveis afeta muito as diferenças entre os grupos 1 e 2, o par que era mais parecido depois que X_{11} foi adicionada no primeiro passo. O procedimento escolherá X_{17} porque ela criará a maior distância entre os grupos 2 e 3.

Estimação *stepwise*: Adição da segunda variável, X_{17}. A Tabela 5-16 detalha o segundo passo do procedimento *stepwise*: o acréscimo de X_{17} (Flexibilidade de preço) à função discriminante. A discriminação entre grupos aumentou, como refletido em um menor valor lambda de Wilks e no aumento do D^2 mínimo (de 0,467 para 0,288). As diferenças de grupos, geral e individuais, ainda são estatisticamente significantes. O acréscimo de X_{17} aumentou as distinções entre os grupos 1 e 2 consideravelmente, de forma que agora os dois grupos mais parecidos são 2 e 3.

Das variáveis fora da equação, apenas X_6 (Qualidade de produto) satisfaz o nível de significância necessário

(*Continua*)

TABELA 5-16 Resultados do passo 2 da análise discriminante *stepwise* de três grupos

Ajuste geral do modelo

	Valor	Valor F	Graus de liberdade	Significância
Lambda de Wilks	0,288	24,139	4, 112	0,000

Variável adicionada/removida no passo 2

			F	
Variável adicionada	D^2 mínimo	Valor	Significância	Entre grupos
X_{17} Flexibilidade de preço	3,322	13,958	0,000	De 1 a 5 anos e mais de 5 anos

Nota: Em cada passo, a variável que maximiza a distância Mahalanobis entre os dois grupos mais próximos é adicionada.

Variáveis na análise após o passo 2

Variável	Tolerância	F para remover	D^2	Entre grupos
X_{11} Linha de produto	0,807	39,405	0,005	Menos de 1 ano e mais de 5 anos
X_{17} Flexibilidade de preço	0,807	17,300	0,579	Menos de 1 ano e de 1 a 5 anos

Variáveis fora da análise após o passo 2

Variável	Tolerância	Tolerância mínima	F para entrar	D^2 mínimo	Entre grupos
X_6 Qualidade de produto	0,730	0,589	24,444	6,071	Menos de 1 ano e de 1 a 5 anos
X_7 Atividades de comércio eletrônico	0,880	0,747	0,014	3,327	Menos de 1 ano e de 1 a 5 anos
X_8 Suporte técnico	0,949	0,791	1,023	3,655	Menos de 1 ano e de 1 a 5 anos
X_9 Solução de reclamação	0,520	0,475	3,932	3,608	Menos de 1 ano e de 1 a 5 anos
X_{10} Anúncio	0,935	0,756	0,102	3,348	Menos de 1 ano e de 1 a 5 anos
X_{12} Imagem da equipe de venda	0,884	0,765	0,662	3,342	Menos de 1 ano e de 1 a 5 anos
X_{13} Preços competitivos	0,794	0,750	0,989	3,372	Menos de 1 ano e de 1 a 5 anos
X_{14} Garantia e reclamações	0,868	0,750	2,733	4,225	Menos de 1 ano e de 1 a 5 anos
X_{15} Novos produtos	0,963	0,782	0,504	3,505	Menos de 1 ano e de 1 a 5 anos
X_{16} Encomenda e cobrança	0,754	0,645	2,456	3,323	Menos de 1 ano e de 1 a 5 anos
X_{18} Velocidade de entrega	0,067	0,067	3,255	3,598	Menos de 1 ano e de 1 a 5 anos

Teste de significância de diferenças de grupos após o passo 2[a]

X_1 Tipo de cliente		Menos de 1 ano	De 1 a 5 anos
De 1 a 5 anos	F	21,054	
	Sig.	0,000	
Mais de 5 anos	F	39,360	13,958
	Sig.	0,000	0,000

[a] 2 e 56 graus de liberdade.

(*Continuação*)

para consideração. Se acrescentada, o D^2 mínimo será agora entre os grupos 1 e 2.

Estimação *stepwise*: Adição das terceira e quarta variáveis, X_6 e X_{18}. Como anteriormente observado, X_6 se torna a terceira variável adicionada à função discriminante. Depois que X_6 foi acrescentada, apenas X_{18} exibe uma significância estatística nos grupos (*Nota*: Os detalhes sobre o acréscimo de X_6 no terceiro passo não são mostrados por questão de espaço).

A variável final adicionada no passo 4 é X_{18} (ver Tabela 5-17), com a função discriminante incluindo agora quatro variáveis (X_{11}, X_{17}, X_6 e X_{18}). O modelo geral é significante, com o lambda de Wilks diminuindo para 0,127. Além disso, existem diferenças significantes entre todos os grupos individuais.

Com essas quatro variáveis na função discriminante, nenhuma outra variável exibe a significância estatística necessária para inclusão, e o processo *stepwise* está

(*Continua*)

TABELA 5-17 Resultados do passo 4 da análise discriminante *stepwise* de três grupos

Ajuste geral do modelo

	Valor	Valor *F*	Graus de liberdade	Significância
Lambda de Wilks	0,127	24,340	8, 108	0,000

Variável adicionada/removida no passo 4

			F		
Variável adicionada	D^2 mínimo	Valor	Significância		Entre grupos
X_{18} Velocidade de entrega	6,920	13,393	0,000		Menos de 1 ano e de 1 a 5 anos

Nota: Em cada passo, a variável que maximiza a distância Mahalanobis entre os dois grupos mais próximos é adicionada.

Variáveis na análise após o passo 4

Variável	Tolerância	*F* para remover	D^2	Entre grupos
X_{11} Linha de produto	0,075	0,918	6,830	Menos de 1 ano e de 1 a 5 anos
X_{17} Flexibilidade de preço	0,070	1,735	6,916	Menos de 1 ano e de 1 a 5 anos
X_6 Qualidade do produto	0,680	27,701	3,598	De 1 a 5 anos e mais de 5 anos
X_{18} Velocidade de entrega	0,063	5,387	6,071	Menos de 1 ano e de 1 a 5 anos

Variáveis fora da análise após o passo 4

Variável	Tolerância	Tolerância mínima	*F* para entrar	D^2 mínimo	Entre grupos
X_7 Atividades de comércio eletrônico	0,870	0,063	0,226	6,931	Menos de 1 ano e de 1 a 5 anos
X_8 Suporte técnico	0,940	0,063	0,793	7,164	Menos de 1 ano e de 1 a 5 anos
X_9 Solução de reclamação	0,453	0,058	0,292	7,019	Menos de 1 ano e de 1 a 5 anos
X_{10} Anúncio	0,932	0,063	0,006	6,921	Menos de 1 ano e de 1 a 5 anos
X_{12} Imagem da equipe de venda	0,843	0,061	0,315	7,031	Menos de 1 ano e de 1 a 5 anos
X_{13} Preços competitivos	0,790	0,063	0,924	7,193	Menos de 1 ano e de 1 a 5 anos
X_{14} Garantia e reclamações	0,843	0,063	2,023	7,696	Menos de 1 ano e de 1 a 5 anos
X_{15} Novos produtos	0,927	0,062	0,227	7,028	Menos de 1 ano e de 1 a 5 anos
X_{16} Encomenda e cobrança	0,671	0,062	1,478	7,210	Menos de 1 ano e de 1 a 5 anos

Teste de significância de diferenças de grupos após o passo 4[a]

X_1 Tipo de cliente		Menos de 1 ano	De 1 a 5 anos
De 1 a 5 anos	*F*	13,393	
	Sig.	0,000	
Mais de 5 anos	*F*	56,164	18,477
	Sig.	0,000	0,000

[a] 4 e 54 graus de liberdade.

(*Continuação*)

concluído em termos de acréscimo de variáveis. Porém, o procedimento inclui também um exame da significância de cada variável para que a mesma seja mantida na função discriminante. Neste caso, o "F para remover" para X_{11} e X_{17} é não-significante (0,918 e 1,735, respectivamente), indicando que uma ou ambas são candidatas para remoção da função discriminante.

Estimação *stepwise*: Remoção de X_{17} e X_{11}. Quando X_{18} é adicionada ao modelo no quarto passo (ver a discussão anterior), X_{11} tinha o menor valor "F para remover" (0,918), fazendo com que o procedimento *stepwise* eliminasse aquela variável da função discriminante no quinto passo (detalhes sobre este passo 5 são omitidos por questões de espaço). Agora com três variáveis na função discriminante (X_{11}, X_6 e X_{18}), o ajuste geral do modelo ainda é significante e o lambda de Wilks aumentou só um pouco para 0,135. Todos os grupos são significantemente diferentes. Nenhuma variável atinge o nível necessário de significância estatística para ser adicionada à função discriminante, e mais uma variável (X_{11}*) tem um valor "F para remover" de 2,552, o que indica que ela também pode ser eliminada da função.

A Tabela 5-18 contém os detalhes do passo 6 do procedimento *stepwise*, onde X_{11} também é removida da função discriminante, restando apenas X_6 e X_{18}. Mesmo com a remoção da segunda variável (X_{11}), o modelo geral ainda é significante e o lambda de Wilks é consideravelmente pequeno (0,148). Devemos observar que este modelo de duas variáveis, X_6 e X_{18}, é um melhoramento em relação ao primeiro modelo de duas variáveis, X_{11} e X_{17}, formado no passo 2 (lambda de Wilks é 0,148 contra o valor do primeiro modelo de 0,288 e todas as diferenças individuais de grupos são muito maiores). Sem variáveis alcançando o nível necessário de significância para adição ou remoção, o procedimento *stepwise* é encerrado.

Resumo do processo de estimação *stepwise*. As funções discriminantes estimadas são composições lineares semelhantes a uma reta de regressão (ou seja, elas são uma combinação linear de variáveis). Assim como uma reta de regressão é uma tentativa de explicar a máxima variação em sua variável dependente, essas composições lineares tentam explicar as variações ou diferenças na variável categórica dependente. A primeira função discriminante é desenvolvida para explicar a maior variação (diferença) nos grupos discriminantes. A segunda função discriminante, que é ortogonal e independente da primeira, explica o maior percentual da variância remanescente (residual) depois que a variância para a primeira função é removida.

---

* N. de R. T.: Provavelmente trata-se de X_{17}, uma vez que X_{11} já fora removida.

A informação fornecida na Tabela 5-19 resume os passos da análise discriminante de três grupos, com os seguintes resultados:

- X_6 e X_{18} são as duas variáveis na função discriminante final, apesar de X_{11} e X_{17} terem sido acrescentadas nos dois primeiros passos e então removidas depois que X_6 e X_{18} foram adicionadas. Os coeficientes não-padronizados e padronizados (pesos) da função discriminante e a matriz estrutural das cargas discriminantes, rotacionadas e não-rotacionadas, também foram fornecidos. A rotação das cargas discriminantes facilita a interpretação da mesma maneira que fatores foram simplificados para interpretação via rotação (ver Capítulo 3 para uma discussão mais detalhada sobre rotação). Examinamos em pormenores as cargas rotacionadas e não-rotacionadas no passo 5.

- A discriminação aumentou com a adição de cada variável (como evidenciado pela diminuição no lambda de Wilks), mesmo com apenas duas variáveis restando no modelo final. Comparando o lambda de Wilks final para a análise discriminante (0,148) com o lambda de Wilks (0,414**) para o melhor resultado de uma única variável, X_9**, vemos que uma melhora acentuada é obtida ao se usar exatamente duas variáveis nas funções discriminantes no lugar de uma única variável.

- A qualidade de ajuste geral para o modelo discriminante é estatisticamente significante e ambas as funções são estatisticamente significantes também. A primeira função explica 91,5% da variância explicada pelas duas funções, com a variância remanescente (8,5%) devida à segunda função. A variância total explicada pela primeira função é $0,893^2$, ou 79,7%. A próxima função explica $0,517^2$ ou 26,7% da variância remanescente (20,3%). Portanto, a variância total explicada por ambas as funções é de 85,1% [79,7% + (26,7% × 0,203)] da variação total na variável dependente.

Ainda que ambas as funções sejam estatisticamente significantes, o pesquisador sempre deve garantir que as funções discriminantes forneçam diferenças entre todos os grupos. É possível ter funções estatisticamente significantes, mas ter pelo menos um par de grupos que não sejam estatisticamente distintos (i.e., não discriminados entre eles). Este problema se torna especialmente predominante quando o número de grupos aumenta ou vários grupos pequenos são incluídos na análise.

A última seção da Tabela 5-18 fornece os testes de significância para diferenças de grupos entre cada par de grupos (p.ex., grupo 1 versus grupo 2, grupo 1 versus grupo 3 etc.). Todos os pares de grupos mostraram diferenças estatisticamente significantes, denotando que as funções discriminantes criaram separação não apenas em um sentido geral, mas também para cada grupo também. Examinamos os centróides de grupos graficamente em uma seção posterior.

---

* N. de R. T.: Na verdade, seria X_{11} com lambda de Wilks igual a 0,467.

TABELA 5-18 Resultados do passo 6 da análise discriminante *stepwise* de três grupos

Ajuste geral do modelo

	Valor	Valor F	Graus de liberdade	Significância
Lambda de Wilks	0,148	44,774	4, 112	0,000

Variável adicionada/removida no passo 6

		F		
Variável removida	D^2 mínimo	Valor	Significância	Entre grupos
X_{11} Linha do produto	6,388	25,642	0,000	Menos de 1 ano e de 1 a 5 anos

Nota: Em cada passo, a variável que maximiza a distância Mahalanobis entre os dois grupos mais próximos é adicionada.

Variáveis na análise após o passo 6

Variável	Tolerância	F para remover	D^2	Entre grupos
X_6 Qualidade do produto	0,754	50,494	0,007	De 1 a 5 anos e mais de 5 anos
X_{18} Velocidade de entrega	0,754	60,646	0,121	Menos de 1 ano e de 1 a 5 anos

Variáveis fora da análise após o passo 6

Variável	Tolerância	Tolerância mínima	F para entrar	D^2 mínimo	Entre grupos
X_7 Atividades de comércio eletrônico	0,954	0,728	0,177	6,474	Menos de 1 ano e de 1 a 5 anos
X_8 Suporte técnico	0,999	0,753	0,269	6,495	Menos de 1 ano e de 1 a 5 anos
X_9 Solução de reclamação	0,453	0,349	0,376	6,490	Menos de 1 ano e de 1 a 5 anos
X_{10} Anúncio	0,954	0,742	0,128	6,402	Menos de 1 ano e de 1 a 5 anos
X_{11} Linha do produto	0,701	0,529	2,552	6,916	Menos de 1 ano e de 1 a 5 anos
X_{12} Imagem da equipe de venda	0,957	0,730	0,641	6,697	Menos de 1 ano e de 1 a 5 anos
X_{13} Preços competitivos	0,994	0,749	1,440	6,408	Menos de 1 ano e de 1 a 5 anos
X_{14} Garantia e reclamações	0,991	0,751	0,657	6,694	Menos de 1 ano e de 1 a 5 anos
X_{15} Novos produtos	0,984	0,744	0,151	6,428	Menos de 1 ano e de 1 a 5 anos
X_{16} Encomenda e cobrança	0,682	0,514	2,397	6,750	Menos de 1 ano e de 1 a 5 anos
X_{17} Flexibilidade de preço	0,652	0,628	3,431	6,830	Menos de 1 ano e de 1 a 5 anos

Teste de significância de diferenças de grupos após o passo 6[a]

X_1 Tipo de cliente		Menos de 1 ano	De 1 a 5 anos
De 1 a 5 anos	F	25,642	
	Sig.	0,000	
Mais de 5 anos	F	110,261	30,756
	Sig.	0,000	0,000

[a]6 e 52 graus de liberdade.

Avaliação da precisão de classificação

Como esse é um modelo de análise discriminante de três grupos, duas funções discriminantes são calculadas para discriminar entre os três grupos. Valores para cada caso são inseridos no modelo discriminante e composições lineares (escores Z discriminantes) são calculadas. As funções discriminantes são baseadas somente nas variáveis incluídas no modelo discriminante.

A Tabela 5-19 fornece os pesos discriminantes de ambas as variáveis (X_6 e X_{18}) e as médias de cada grupo em ambas as funções (parte inferior da tabela). Como podemos ver examinando as médias de grupos, a primeira função distingue o grupo 1 (Menos de 1 ano) dos outros dois grupos (apesar de uma sensível diferença ocorrer entre os grupos 2 e 3 também), enquanto a segunda função separa o grupo 3 (Mais de 5 anos) dos outros dois. Portanto, a primeira função fornece a maior separação entre todos os três grupos, mas é complementada pela segunda função, a qual melhor discrimina (1 e 2 versus 3) onde a primeira função é mais fraca.

TABELA 5-19 Estatísticas resumo para análise discriminante de três grupos

Ajuste geral do modelo: funções discriminantes canônicas

Função	Autovalor	Percentual de variância Função (%)	Percentual cumulativo	Correlação canônica	Lambda de Wilks	Qui-quadrado	df	Significância
1	3,950	91,5	91,5	0,893	0,148	107,932	4	0,000
2	0,365	8,5	100,0	0,517	0,733	17,569	1	0,000

Coeficientes da função discriminante e da função de classificação

	FUNÇÃO DISCRIMINANTE						
	Função discriminante não-padronizada		Função discriminante padronizada		Funções de classificação		
Variáveis independentes	Função 1	Função 2	Função 1	Função 2	Menos de 1 ano	De 1 a 5 anos	Acima de 5 anos
X_{16} Encomenda e cobrança*	0,308	1,159	0,969	0,622	14,382	15,510	18,753
X_{18} Velocidade de entrega	2,200	0,584	1,021	−0,533	25,487	31,185	34,401
(Constante)	−10,832	−11,313			−91,174	−120,351	−159,022

Matriz estrutural

	Cargas discriminantes não-rotacionadas[a]		Cargas discriminantes rotacionadas[b]	
Variáveis independentes	Função 1	Função 2	Função 1	Função 2
X_9 Solução de reclamação*	0,572	−0,470	0,739	0,039
X_{16} Encomenda e cobrança	0,499	−0,263	0,546	0,143
X_{11} Linha do produto*	0,483	−0,256	0,529	0,137
X_{15} Novos produtos*	0,125	−0,005	0,096	0,080
X_8 Suporte técnico*	0,030	−0,017	0,033	0,008
X_6 Qualidade do produto*	0,463	0,886	−0,257	0,967
X_{18} Velocidade de entrega	0,540	−0,842	0,967	−0,257
X_{17} Flexibilidade de preço*	0,106	−0,580	0,470	−0,356
X_{10} Anúncio*	0,028	−0,213	0,165	−0,138
X_7 Atividades de comércio eletrônico*	−0,095	−0,193	0,061	−0,207
X_{12} Imagem da equipe de venda*	−0,088	−0,188	0,061	−0,198
X_{14} Garantia e reclamações*	0,030	−0,088	0,081	0,044
X_{13} Preços competitivos*	−0,055	−0,059	−0,001	−0,080

[a]Correlações internas de grupos entre variáveis discriminantes e variáveis de funções discriminantes canônicas padronizadas ordenadas por tamanho absoluto da correlação dentro da função.
[b]Correlações internas de grupos entre variáveis discriminantes e funções discriminantes canônicas padronizadas e rotacionadas.
*Esta variável não é usada na análise.

Médias de grupo (centróides) de funções discriminantes[c]

X_1 Tipo de cliente	Função 1	Função**
Menos de 1 ano	−1,911	−1,274
De 1 a 5 anos	0,597	−0,968
Mais de 5 anos	1,371	1,625

[c]Funções discriminantes canônicas não-padronizadas avaliadas nas médias de grupos.

Avaliação da precisão preditiva de pertinência a grupo. O passo final para avaliar o ajuste geral do modelo é determinar o nível de precisão preditiva da(s) função(ões) discriminante(s). Essa determinação é conseguida do mesmo modo que se faz no modelo discriminante de dois grupos, examinando-se as matrizes de classificação e o percentual corretamente classificado (razão de sucesso) em cada amostra.

> A classificação de casos individuais pode ser executada pelo método de corte descrito no caso de dois grupos

---

* N. de RT.: Na realidade, foi incluída a variável X_6 (Qualidade do produto).
** N. de RT.: Neste caso, é Função 2.

ou usando as funções de classificação (ver Tabela 5-19) onde cada caso é computado em cada função de classificação e classificado no grupo de maior escore.

A Tabela 5-20 mostra que as duas funções discriminantes em combinação atingem um grau elevado de precisão de classificação. A proporção de sucesso para a amostra de análise é de 86,7%. No entanto, a razão de sucesso para a amostra de teste cai para 55,0%. Esses resultados demonstram o viés ascendente que é típico quando se aplica somente à amostra de análise, mas não a uma amostra de validação.

Ambas as proporções de sucesso devem ser comparadas com os critérios de chance máxima e de chance proporcional para se avaliar sua verdadeira efetividade. O procedimento de validação cruzada é discutido no passo 6.

- O critério de chance máxima é simplesmente a proporção de sucesso obtida se designarmos todas as observações para o grupo com a maior probabilidade de ocorrência. Na presente amostra de 100 observações, 32 estavam no grupo 1, 35 no grupo 2, e 33 no grupo 3. A partir dessa informação, podemos ver que a probabilidade mais alta seria 35% (grupo 2). O valor de referência para a chance máxima ($35\% \times 1,25$) é 43,74%.
- O critério de chance proporcional é calculado elevando-se ao quadrado as proporções de cada grupo, com um valor calculado de 33,36% ($0,32^2 + 0,35^2 + 0,33^2 =$ 0,334) e um valor de referência de 41,7% ($33,4\% \times 1.25 = 41,7\%$).

As proporções de sucesso para as amostras de análise e de teste (86,7% e 55,0%, respectivamente) excedem ambos os valores de referência de 43,74% e 41,7%. Na amostra de estimação, todos os grupos individuais ultrapassam os dois valores de referência. Na amostra de teste, porém, o grupo 2 tem uma razão de sucesso de somente 40,9%, e aumenta apenas para 53,8% na amostra de análise. Tais resultados mostram que o grupo 2 deve ser o foco no melhoramento da classificação, possivelmente com a adição de variáveis independentes ou uma revisão da classificação de firmas neste grupo para identificar as características do mesmo que não estão representadas na função discriminante.

A medida final de precisão de classificação é o Q de Press, calculado para as amostras de análise e de validação. Ele testa a significância estatística de que a precisão de classificação é melhor do que o acaso (chance).

$$Q \text{ de Press}_{\text{amostra de estimação}} = \frac{[60 - (52 \times 3)]^2}{60(3-1)} = 76,8$$

E o cálculo para a amostra de teste é

$$Q \text{ de Press}_{\text{amostra de validação}} = \frac{[40 - (22 \times 3)]^2}{40(3-1)} = 8,45$$

(*Continua*)

TABELA 5-20 Resultados de classificação para a análise discriminante de três grupos

Resultados de classificação[a, b, c]

		Pertinência prevista em grupo			
	Grupo real	Menos do que 1 ano	De 1 a 5 anos	Mais de 5 anos	Total
Amostra de estimação	Menos de 1 ano	21	1	0	22
		95,5	4,5	0,0	
	De 1 a 5 anos	2	7	4	13
		15,4	53,8	30,8	
	Mais de 5 anos	0	1	24	25
		0,0	4,0	96,0	
Validação cruzada	Menos de 1 ano	21	1	0	22
		95,5	4,5	0,0	
	De 1 a 5 anos	2	7	4	13
		15,4	53,8	30,8	
	Mais de 5 anos	0	1	24	25
		0,0	4,0	96,0	
Amostra de validação	Menos de 1 ano	5	3	2	10
		50,0	30,0	20,0	
	De 1 a 5 anos	1	9	12	22
		4,5	40,9	54,5	
	Mais de 5 anos	0	0	8	8
		0,0	0,0	100,0	

[a] 86,7% dos casos agrupados originais selecionados corretamente classificados.
[b] 55,0% dos casos agrupados originais não-selecionados corretamente classificados.
[c] 86,7% dos casos agrupados selecionados e validados por cruzamento corretamente classificados.

> (Continuação)
> Como o valor crítico em um nível de significância de 0,01 é 6,63, a análise discriminante pode ser descrita como prevendo pertinência a grupo melhor do que o acaso.

Quando completado, podemos concluir que o modelo discriminante é válido e tem níveis adequados de significância estatística e prática para todos os grupos. Os valores consideravelmente menores para a amostra de validação em todos os padrões de comparação, contudo, justificam a preocupação levantada anteriormente sobre as razões de sucesso específicas de grupos e geral.

Diagnósticos por casos

Além das tabelas de classificação mostrando resultados agregados, informação específica de casos também está disponível detalhando a classificação de cada observação. Essa informação pode detalhar as especificidades do processo de classificação ou representar a classificação através de um mapa territorial.

Informação de classificação específica de caso. Uma série de medidas específicas de casos está disponível para identificação dos casos mal classificados, bem como o diagnóstico da extensão de cada classificação ruim. Usando essa informação, padrões entre os mal classificados podem ser identificados.

> A Tabela 5-21 contém dados adicionais de classificação para cada caso individual que foi mal classificado (informação similar também está disponível para todos os outros casos, mas foi omitida por problemas de espaço). Os tipos básicos de informação de classificação incluem o que se segue:
>
> - *Pertinência a grupo.* Tanto os grupos reais quanto os previstos são exibidos para identificar cada tipo de má classificação (p.ex., pertinência real ao grupo 1, mas prevista no grupo 2). Neste caso, vemos os 8 casos mal classificados na amostra de análise (verifique acrescentando os valores fora da diagonal na Tabela 5-20) e os 18 casos mal classificados na amostra de validação.
> - *Distância de Mahalanobis ao centróide de grupo previsto.* Denota a proximidade desses casos mal classificados em relação ao grupo previsto. Algumas observações, como o caso 10, obviamente são semelhantes às observações do grupo previsto e não do grupo real. Outras observações, como o caso 57 (distância de Mahalanobis de 6,041), são possivelmente observações atípicas no grupo previsto e no grupo real. O mapa territorial discutido na próxima seção retrata graficamente a posição de cada observação e auxilia na interpretação das medidas de distância.
> - *Escores discriminantes.* O escore Z discriminante para cada caso em cada função discriminante fornece uma maneira de comparação direta entre casos e um posicionamento relativo versus as médias de grupos.

> - *Probabilidade de classificação.* Derivada do emprego das funções discriminantes de classificação, a probabilidade de pertinência para cada grupo é dada. Os valores de probabilidade viabilizam ao pesquisador avaliar a extensão da má classificação. Por exemplo, dois casos, 85 e 89, são do mesmo tipo de má classificação (grupo real 2 e grupo previsto 3), mas muito diferentes em suas classificações quando as probabilidades são focadas. O caso 85 representa uma classificação ruim marginal, pois a probabilidade de previsão no grupo real 2 era de 0,462, enquanto no grupo 3 incorretamente previsto ela era um pouco maior (0,529). Esta má classificação contrasta com o caso 89, onde a probabilidade do grupo real era de 0,032, e a probabilidade prevista para o grupo 3 (o mal classificado) era 0,966. Em ambas as situações de má classificação, a extensão ou magnitude varia muito.

O pesquisador deve avaliar a extensão de má classificação para cada caso. Casos que são classificações obviamente ruins devem ser escolhidos para análise adicional (perfil, exame de variáveis adicionais etc.), discutida na análise de dois grupos.

Mapa territorial. A análise de más classificações pode ser suplementada pelo exame gráfico das observações individuais, representando-as com base em seus escores Z discriminantes.

> A Figura 5-9 mostra cada observação baseada em seus dois escores Z discriminantes rotacionados com uma cobertura do mapa territorial que representa as fronteiras dos escores de corte para cada função. Ao ver a dispersão de cada grupo em torno do centróide, podemos observar várias coisas:
>
> - O grupo 3 (Mais de 5 anos) é mais concentrado, com pouca sobreposição com os outros dois grupos, como se mostra na matriz de classificação onde apenas uma observação foi mal classificada (ver Tabela 5-20).
> - O grupo 1 (Menos de 1 ano) é o menos compacto, mas o domínio de casos não se sobrepõe em grande grau com os outros grupos, tornando previsões muito melhores do que poderia ser esperado para um grupo tão variado. Os únicos casos mal classificados que são substancialmente distintos são o caso 10, que é próximo ao centróide do grupo 2, e o caso 13, que é próximo ao centróide do grupo 3. Ambos os casos merecem melhor investigação quanto às suas similaridades com outros grupos.
> - Estes dois grupos fazem contraste com o grupo 2 (De 1 a 5 anos), que pode ser visto como tendo substancial sobreposição com o grupo 3 e, em menor extensão, com o grupo 1 (Menos de 1 ano). Essa sobreposição resulta nos mais baixos níveis de precisão de classificação nas amostras de análise e de teste.
> - A sobreposição que ocorre entre os grupos 2 e 3 no centro e à direita no gráfico sugere a possível existência de um quarto grupo. Uma análise poderia ser levada
>
> *(Continua)*

TABELA 5-21 Previsões mal classificadas para casos individuais na análise discriminante de três grupos

Identificação do caso	PERTINÊNCIA A GRUPO		Distância de Mahalanobis ao centróide[a]	ESCORES DISCRIMINANTES		PROBABILIDADE DE CLASSIFICAÇÃO		
	(X_1) Real	Previsto		Função 1	Função 2	Grupo 1	Grupo 2	Grupo 3
Amostra de análise/estimação								
10	1	2	0,175	0,81755	−1,32387	0,04173	0,93645	0,02182
8	2	1	1,747	−0,78395	−1,96454	0,75064	0,24904	0,00032
100	2	1	2,820	−0,70077	−0,11060	0,54280	0,39170	0,06550
1	2	3	2,947	−0,07613	0,70175	0,06527	0,28958	0,64515
5	2	3	3,217	−0,36224	1,16458	0,05471	0,13646	0,80884
37	2	3	3,217	−0,36224	1,16458	0,05471	0,13646	0,80884
88	2	3	2,390	0,99763	0,12476	0,00841	0,46212	0,52947
58	3	2	0,727	0,30687	−0,16637	0,07879	0,70022	0,22099
Amostra de teste/validação								
25	1	2	1,723	−0,18552	−2,02118	0,40554	0,59341	0,00104
77	1	2	0,813	0,08688	−0,22477	0,13933	0,70042	0,16025
97	1	2	1,180	−0,41466	−0,57343	0,42296	0,54291	0,03412
13	1	3	0,576	1,77156	2,26982	0,00000	0,00184	0,99816
96	1	3	3,428	−0,26535	0,75928	0,09917	0,27855	0,62228
83	2	1	2,940	−1,58531	0,40887	0,89141	0,08200	0,02659
23	2	3	0,972	0,61462	0,99288	0,00399	0,10959	0,88641
34	2	3	1,717	0,86996	0,41413	0,00712	0,31048	0,68240
39	2	3	0,694	1,59148	0,82119	0,00028	0,08306	0,91667
41	2	3	2,220	0,30230	0,58670	0,02733	0,30246	0,67021
42	2	3	0,210	1,08081	1,97869	0,00006	0,00665	0,99330
55	2	3	1,717	0,86996	0,41413	0,00712	0,31048	0,68240
57	2	3	6,041	3,54521	0,47780	0,00000	0,04641	0,95359
62	2	3	4,088	−0,32690	0,52743	0,17066	0,38259	0,44675
75	2	3	2,947	−0,07613	0,70175	0,06527	0,28958	0,64515
78	2	3	0,210	1,08081	1,97869	0,00006	0,00665	0,99330
85	2	3	2,390	0,99763	0,12476	0,00841	0,46212	0,52947
89	2	3	0,689	0,54850	1,51411	0,00119	0,03255	0,96625

[a]Distância de Mahalanobis ao centróide do grupo previsto

(Continuação)

a cabo para determinar o real intervalo de tempo de clientes, talvez com clientes com mais de 1 ano divididos em três grupos ao invés de dois.

A representação gráfica é útil não apenas para identificar esses casos mal classificados que podem formar um novo grupo, mas também para identificar observações atípicas. A discussão anterior indica possíveis opções para identificar observações atípicas (caso 57), bem como a possibilidade de redefinição de grupos entre os grupos 2 e 3.

Estágio 5: Interpretação dos resultados da análise discriminante de três grupos

O próximo estágio da análise discriminante envolve uma série de passos na interpretação das funções discriminantes.

- Calcular as cargas para cada função e rever a rotação das funções para fins de simplificação da interpretação.
- Examinar as contribuições das variáveis preditoras: (a) a cada função separadamente (ou seja, cargas discriminantes), (b) cumulativamente sobre múltiplas funções discriminantes com o índice de potência, e (c) graficamente em uma solução bidimensional para entender a posição relativa de cada grupo e a interpretação das variáveis relevantes na determinação dessa posição.

Cargas discriminantes e suas rotações

Uma vez que as funções discriminantes são calculadas, elas são correlacionadas com todas as variáveis independentes, mesmo aquelas não usadas na função discriminante, para desenvolver uma matriz estrutural (de cargas). Tal procedimento nos permite ver onde a discriminação ocorreria se todas as variáveis independentes fossem incluídas no modelo (ou seja, se nenhuma fosse excluída por multicolinearidade ou falta de significância estatística).

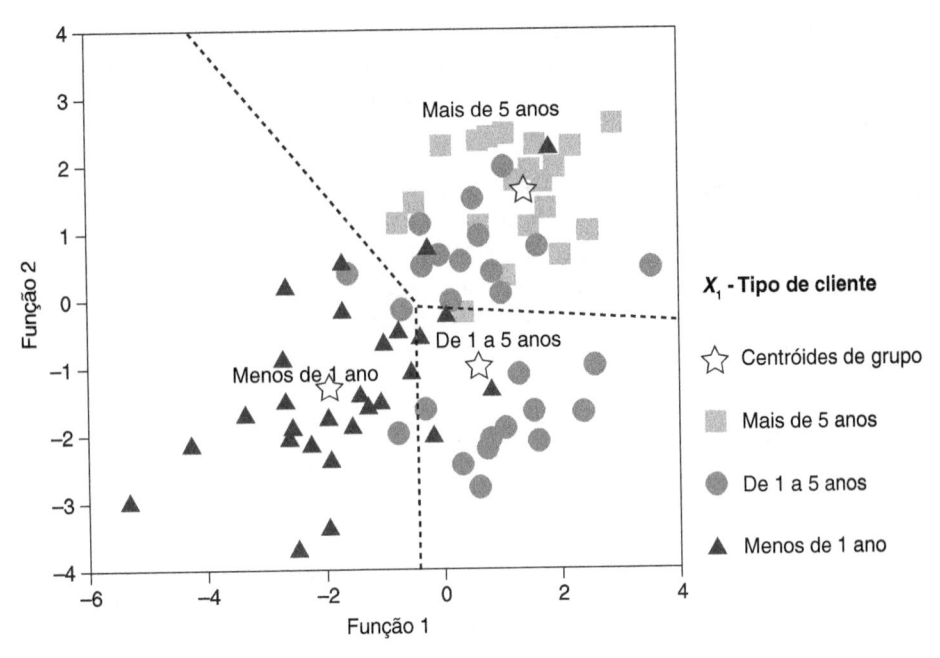

FIGURA 5-9 Mapa territorial para a análise discriminante de três grupos.

Cargas discriminantes. As cargas não-rotacionadas representam a associação de cada variável independente com cada função, mesmo que não esteja incluída na função discriminante. Cargas discriminantes, semelhantes às cargas fatoriais descritas no Capítulo 3, são as correlações entre cada variável independente e o escore discriminante.

> A Tabela 5-19 contém a matriz estrutural de cargas não-rotacionadas para ambas as funções discriminantes. Selecionando variáveis com cargas de 0,40 ou acima como descritivas das funções, percebemos que a função 1 tem cinco variáveis excedendo 0,40 (X_9, X_{18}, X_{16}, X_{11} e X_6), enquanto quatro variáveis são descritivas da função 2 (X_6, X_{18}, X_{17} e X_9). Ainda que pudéssemos usar essas variáveis para descrever cada função, enfrentaríamos o problema de que três variáveis (X_9, X_6 e X_{18}) têm cargas duplas (variáveis selecionadas como descritivas de ambas as funções). Se fôssemos proceder com as cargas não-rotacionadas, cada função compartilharia mais variáveis com a outra do que teria feito se fosse única.

A falta de distinção das cargas com cada variável descritiva de uma só função pode ser abordada com rotação da matriz estrutural, exatamente como foi feito com cargas fatoriais. Para uma descrição mais detalhada do processo de rotação, ver Capítulo 3.

Rotação Depois que as cargas da função discriminante são calculadas, elas podem ser rotacionadas para redistribuir a variância (esse conceito é melhor explicado no Capítulo 3). Basicamente, a rotação preserva a estrutura original e a confiabilidade dos modelos discriminantes e facilita consideravelmente a sua interpretação.

> Na presente aplicação, escolhemos o procedimento mais amplamente usado de rotação VARIMAX. A rotação afeta os coeficientes da função e as cargas discriminantes, bem como o cálculo dos escores Z discriminantes e dos centróides de grupo (ver Tabela 5-19). Examinar os coeficientes ou as cargas rotacionados versus não-rotacionados revela um conjunto de resultados um pouco mais simples (ou seja, as cargas tendem a se separar em valores altos versus baixos, em vez de se limitarem a um domínio intermediário). As cargas rotacionadas permitem interpretações muito mais distintas de cada função:
>
> - A função 1 é agora descrita por três variáveis (X_{18}, X_9 e X_{16}) que formam o fator *Serviço ao Cliente de Pós-Venda* durante a análise fatorial (ver Capítulo 3 para mais detalhes), mais X_{11} e X_{17}. Assim, o serviço a cliente, mais linha de produto e flexibilidade de preço são descritores da função 1.
> - A função 2 mostra apenas uma variável, X_6 (Qualidade do produto), que tem uma carga acima de 0,40 para a segunda função. Apesar de X_{17} ter um valor abaixo da referência (–0,356), esta variável tem uma carga maior na primeira função, o que a torna um descritor daquela função. Logo, a segunda função pode ser descrita pela variável de Qualidade do produto.

Com duas ou mais funções estimadas, a rotação pode ser uma poderosa ferramenta que sempre deve ser considerada para aumentar a interpretabilidade dos resultados. Em nosso exemplo, cada uma das variáveis que entrou no processo *stepwise* era descritiva de uma das funções discriminantes. O que devemos fazer agora é avaliar o impacto de cada variável em termos da análise discriminante geral (i.e., em ambas as funções).

Avaliação da contribuição de variáveis preditoras

Tendo descrito as funções discriminantes em termos das variáveis independentes – tanto aquelas que foram usadas nas funções discriminantes quanto as que não foram incluídas – voltamos nossa atenção para conseguir uma melhor compreensão do impacto das próprias funções, e então das variáveis individuais.

Impacto das funções individuais. A primeira tarefa é examinar as funções discriminantes em termos de como elas diferenciam entre os grupos.

> Começamos examinando os centróides de grupos quanto às duas funções como mostrado na Tabela 5-19. Uma abordagem mais fácil é através do mapa territorial (Figura 5-9):
>
> - Examinando os centróides de grupos e a distribuição de casos em cada grupo, percebemos que a função 1 prioritariamente diferencia entre o grupo 1 e os grupos 2 e 3, enquanto a função 2 distingue entre o grupo 3 e os grupos 1 e 2.
> - A sobreposição e a má classificação dos casos dos grupos 2 e 3 pode ser tratada via o exame da força das funções discriminantes e dos grupos diferenciados por conta de cada uma. Retomando a Tabela 5-19, a função 1 era, de longe, o discriminador mais potente, e ela prioritariamente separava o grupo 1 dos demais. A função 2, que separava o grupo 3 dos outros, era muito mais fraca em termos de poder discriminante. Não é surpresa que a maior sobreposição e má classificação ocorreriam entre os grupos 2 e 3, que são distinguidos principalmente pela função 2.

Essa abordagem gráfica ilustra as diferenças nos grupos devido às funções discriminantes, mas não fornece uma base para explicar essas diferenças em termos das variáveis independentes.

Para avaliar as contribuições das variáveis individuais, o pesquisador conta com várias medidas – cargas discriminantes, razões F univariadas e o índice de potência. As técnicas envolvidas no uso de cargas discriminantes e de razões F univariadas foram discutidas no exemplo de dois grupos. Examinaremos mais detalhadamente o índice de potência, um método de avaliação da contribuição de uma variável em múltiplas funções discriminantes.

Índice de potência. O índice de potência é uma técnica adicional de interpretação muito útil em situações com mais de uma função discriminante. Ele retrata a contribuição de cada variável individual em todas as funções discriminantes em termos de uma única medida comparável.

O índice de potência reflete tanto as cargas de cada variável quanto o poder discriminatório relativo de cada função. As cargas rotacionadas representam a correlação entre a variável independente e o escore Z discriminante. Assim, a carga ao quadrado é a variância na variável independente associada com a função discriminante. Ponderando a variância explicada de cada função via poder discriminatório relativo da função e somando nas funções, o índice de potência representa o efeito discriminante total de cada variável ao longo de todas as funções discriminantes.

> A Tabela 5-22 fornece os detalhes do cálculo do índice de potência para cada variável independente. A comparação das variáveis quanto a seus índices de potência revela o seguinte:
>
> - X_{18} (Velocidade de entrega) é a variável independente responsável pela maior discriminação entre os três tipos de grupos de clientes.
> - Ela é seguida em termos de impacto por quatro variáveis não incluídas na função discriminante (X_9, X_{16}, X_{11} e X_{17}).
> - A segunda variável na função discriminante (X_6) tem apenas o sexto maior valor de potência.
>
> Por que X_6 tem somente o sexto maior valor de potência mesmo sendo uma das duas variáveis incluídas na função discriminante?
>
> - Primeiro, lembre-se que multicolinearidade afeta soluções *stepwise* devido à redundância entre variáveis altamente multicolineares. X_9 e X_{16} eram as duas variáveis altamente associadas com X_{18} (formando o fator Serviço a Clientes), e assim seu impacto em um sentido univariado, refletido no índice de potência, não era necessário na função discriminante devido à presença de X_{18}.
> - As outras duas variáveis, X_{11} e X_{17}, entraram através do procedimento *stepwise*, mas foram removidas uma vez que X_6 foi adicionada, novamente devido à multicolinearidade. Assim, seu maior poder discriminante está refletido em seus valores de potência ainda que elas não fossem necessárias na função discriminante, uma vez que X_6 foi acrescentada com X_{18} na função discriminante.
> - Finalmente, X_6, a segunda variável na função discriminante, tem um baixo valor de potência por ser associada com a segunda função discriminante, que tem relativamente pouco impacto discriminante quando comparada com a primeira função. Logo, a despeito de X_6 ser um elemento necessário na discriminação entre os três grupos, seu impacto geral é menor do que aquelas variáveis associadas com a primeira função.

Lembre-se que os valores de potência podem ser calculados para todas as variáveis independentes, mesmo que não estejam nas funções discriminantes, pois eles são baseados em cargas discriminantes. A meta do índice de potência é fornecer interpretação naqueles casos onde

TABELA 5-22 Cálculo dos índices de potência para a análise discriminante de três grupos

Variáveis independentes		Função discriminante 1				Função discriminante 2			
		Carga	Carga ao quadrado	Autovalor relativo	Valor de potência	Carga	Carga ao quadrado	Autovalor relativo	Valor de potência	Índice de potência
X_6	Qualidade do produto	−0,257	0,066	0,915	0,060	0,967	0,935	0,085	0,079	0,139
X_7	Atividades de comércio eletrônico	0,061	0,004	0,915	0,056	−0,207	0,043	0,085	0,004	0,060
X_8	Suporte técnico	0,033	0,001	0,915	0,001	0,008	0,000	0,085	0,000	0,001
X_9	Solução de reclamação	0,739	0,546	0,915	0,500	0,039	0,002	0,085	0,000	0,500
X_{10}	Anúncio	0,165	0,027	0,915	0,025	−0,138	0,019	0,085	0,002	0,027
X_{11}	Linha do produto	0,529	0,280	0,915	0,256	0,137	0,019	0,085	0,002	0,258
X_{12}	Imagem da equipe de venda	0,061	0,004	0,915	0,004	−0,198	0,039	0,085	0,003	0,007
X_{13}	Preços competitivos	−0,001	0,000	0,915	0,000	−0,080	0,006	0,085	0,001	0,001
X_{14}	Garantia e reclamações	0,081	0,007	0,915	0,006	0,044	0,002	0,085	0,000	0,006
X_{15}	Novos produtos	0,096	0,009	0,915	0,008	0,080	0,006	0,085	0,001	0,009
X_{16}	Encomenda e cobrança	0,546	0,298	0,915	0,273	0,143	0,020	0,085	0,002	0,275
X_{17}	Flexibilidade de preço	0,470	0,221	0,915	0,202	−0,356	0,127	0,085	0,011	0,213
X_{18}	Velocidade de entrega	0,967	0,935	0,915	0,855	−0,257	0,066	0,085	0,006	0,861

Nota: O autovalor relativo de cada função discriminante é calculado como o autovalor de cada função (mostrado na Tabela 5-19 como 3,950 e 0,365 para as funções discriminantes I e II, respectivamente) dividido pelo total dos autovalores (3,950 + 0,365 = 4,315).

multicolinearidade ou outros fatores possam ter evitado a inclusão de uma variável na função discriminante.

Uma visão geral das medidas empíricas de impacto. Como visto nas discussões anteriores, o poder discriminatório de variáveis em análise discriminante é refletido em muitas medidas diferentes, cada uma desempenhando um papel único na interpretação dos resultados discriminantes. Combinando todas essas medidas em nossa avaliação das variáveis, podemos conquistar uma perspectiva bastante eclética sobre como cada variável se ajusta nos resultados discriminantes.

> A Tabela 5-23 apresenta as três medidas interpretativas preferidas (cargas rotacionadas, razão F univariada e índice de potência) para cada variável independente. Os resultados apóiam a análise *stepwise*, apesar de ilustrarem em diversos casos o impacto de multicolinearidade sobre os procedimentos e os resultados.
>
> - Duas variáveis (X_9 e X_{18}) têm os maiores impactos individuais como evidenciado por seus valores F univariados. No entanto, como ambas são altamente associadas (como evidenciado por suas inclusões no fator Serviço ao cliente do Capítulo 3), apenas uma será incluída em uma solução *stepwise*. Ainda que X_9 tenha um valor F univariado marginalmente maior, a habilidade de X_{18} fornecer uma melhor discriminação entre todos os grupos (como evidenciado por seu maior valor mínimo D^2 de Mahalanobis descrito anteriormente) fez dela a melhor candidata para inclusão. Portanto, X_9, em uma base individual, tem um poder discriminante comparável, mas X_{18} será vista funcionando melhor com outras variáveis.
> - Três variáveis adicionais (X_6, X_{11} e X_{16}) são as próximas com maior impacto, mas apenas uma, X_6, é mantida na função discriminante. Note que X_{16} é altamente correlacionada com X_{18} (ambas parte do fator Serviço ao cliente) e não incluída na função discriminante, enquanto X_{11} entrou na mesma, mas foi uma daquelas variáveis removidas depois que X_6 foi adicionada.
> - Finalmente, duas variáveis (X_{17} e X_{13}) tinham quase os mesmos efeitos univariados, mas somente X_{17} tinha uma associação substancial com uma das funções discriminantes (uma carga de 0,470 sobre a primeira função). O resultado é que mesmo que X_{17} possa ser considerada descritiva da primeira função e tendo um impacto na discriminação baseado nessas funções, X_{13} não tem qualquer impacto, seja em associação com essas duas funções, seja em adição uma vez que estas funções sejam explicadas.
> - Todas as variáveis remanescentes tinham pequenos valores F univariados e pequenos valores de potência, o que indica pouco ou nenhum impacto tanto no sentido univariado quanto multivariado.

De particular interesse é a interpretação das duas dimensões de discriminação. Essa interpretação pode ser feita somente através do exame das cargas, mas é complementada por uma representação gráfica das cargas discriminantes, como descrito na próxima seção.

Representação gráfica de cargas discriminantes. Para representar as diferenças em termos das variáveis preditoras, as cargas e os centróides de grupos podem ser representados graficamente em espaço discriminante reduzido. Como observado anteriormente, a representação mais válida é o uso de vetores de atribuição e centróides de grupos expandidos.

> A Tabela 5-24 mostra os cálculos para a expansão das cargas discriminantes (usadas para vetores de atribuição) e de centróides de grupos. O processo de represen-
> *(Continua)*

TABELA 5-23 Resumo de medidas interpretativas para análise discriminante de três grupos

		Cargas rotacionadas de função discriminante		Razão F univariada	Índice de potência
		Função 1	Função 2		
X_6	Qualidade do produto	−0,257	0,967	32,311	0,139
X_7	Atividades de comércio eletrônico	0,061	−0,207	1,221	0,060
X_8	Suporte técnico	0,033	0,008	0,782	0,001
X_9	Solução de reclamação	0,739	0,039	40,292	0,500
X_{10}	Anúncio	0,165	−0,138	1,147	0,027
X_{11}	Linha do produto	0,529	0,137	32,583	0,258
X_{12}	Imagem da equipe de venda	0,061	−0,198	1,708	0,007
X_{13}	Preços competitivos	−0,001	−0,080	9,432	0,001
X_{14}	Garantia e reclamações	0,081	0,044	2,619	0,006
X_{15}	Novos produtos	0,096	0,080	0,216	0,009
X_{16}	Encomenda e cobrança	0,546	0,143	25,048	0,275
X_{17}	Flexibilidade de preço	0,470	−0,356	12,551	0,213
X_{18}	Velocidade de entrega	0,967	−0,257	40,176	0,861

(*Continuação*)

tação gráfica sempre envolve todas as variáveis incluídas no modelo pelo procedimento *stepwise* (em nosso exemplo, X_6 e X_{18}). No entanto, também faremos o gráfico das variáveis não incluídas na função discriminante se suas respectivas razões F univariadas forem significantes, o que adiciona X_9, X_{11} e X_{16} ao espaço discriminante reduzido. Esse procedimento mostra a importância de variáveis colineares que não foram incluídas no modelo *stepwise* final, semelhante ao índice de potência.

Os gráficos dos vetores de atribuição expandidos para as cargas discriminantes rotacionadas são exibidos na Figura 5-10. Os vetores do gráfico nos quais esse procedimento foi usado apontam para os grupos que têm a mais alta média na respectiva variável independente e para a direção oposta dos grupos que têm os mais baixos escores médios. Assim, a interpretação do gráfico na Figura 5-10 indica o seguinte:

- Como observado no mapa territorial e na análise dos centróides de grupos, a primeira função discriminante distingue entre grupo 1 e grupos 2 e 3, enquanto a segunda diferencia o grupo 3 dos grupos 1 e 2.
- A correspondência de X_{11}, X_{16}, X_9 e X_{18} com o eixo X reflete a associação delas com a primeira função discriminante, enquanto vemos que somente X_6 é associada com a segunda função discriminante. A figura ilustra graficamente as cargas rotacionadas para cada função e distingue as variáveis descritivas de cada função.

Estágio 6: Validação dos resultados discriminantes

As razões de sucesso para as matrizes de classificação cruzada e de teste podem ser usadas para avaliar a validade interna e externa, respectivamente, da análise discriminante. Se as razões de sucesso excederem os valores de referência nos padrões de comparação, então validade é estabelecida. Como anteriormente descrito, os valores de referência são 41,7% para o critério de chance proporcional e 43,7% para o critério de chance máxima. Os resultados de classificação mostrados na Tabela 5-20 fornecem o seguinte suporte para validade:

Validade interna é avaliada pelo método de classificação cruzada, onde o modelo discriminante é estimado deixando um caso de fora e então prevendo aquele caso com o modelo estimado. Este processo é feito em turnos para cada observação, de modo que uma observação jamais influencia o modelo discriminante que prevê sua classificação em algum grupo.

Como visto na Tabela 5-20, a razão de sucesso geral para o método de classificação cruzada de 86,7 substancialmente excede ambos os padrões, tanto geral quanto para cada grupo. Contudo, ainda que todos os três grupos também tenham razões individuais de sucesso acima dos padrões, a razão de sucesso do grupo 2 (53,8) é consideravelmente menor do que aquela sobre os outros dois grupos.

TABELA 5-24 Cálculo dos vetores de atribuição e dos centróides de grupos expandidos no espaço discriminante reduzido

Variáveis independentes	Cargas da função discriminante rotacionada		Razão *F* univariada	Coordenadas no espaço reduzido	
	Função 1	Função 2		Função 1	Função 2
X_6 Qualidade do produto	−0,257	0,967	32,311	−8,303	31,244
X_7 Atividades de comércio eletrônico[a]	0,061	−0,207	1,221		
X_8 Suporte técnico[a]	0,033	0,008	0,782		
X_9 Solução de reclamação	0,739	0,039	40,292	29,776	1,571
X_{10} Anúncio[a]	0,165	−0,138	1,147		
X_{11} Linha do produto	0,529	0,137	32,583	17,236	4,464
X_{12} Imagem da equipe de venda[a]	0,061	−0,198	1,708		
X_{13} Preços competitivos[a]	−0,001	−0,080	9,432		
X_{14} Garantia e reclamações[a]	0,081	0,044	2,619		
X_{15} Novos produtos[a]	0,096	0,080	0,216		
X_{16} Encomenda e cobrança	0,546	0,143	25,048	13,676	3,581
X_{17} Flexibilidade de preço[a]	0,470	−0,356	12,551		
X_{18} Velocidade de entrega	0,967	−0,257	40,176	38,850	−10,325

[a]Variáveis com razões univariadas não-significantes não são representadas no espaço reduzido.

	Centróides de grupo		Valor F aproximado		Coordenadas no espaço reduzido	
	Função 1	Função 2	Função 1	Função 2	Função 1	Função 2
Grupo 1: Menos de 1 ano	−1,911	−1,274	66,011	56,954	−126,147	−72,559
Grupo 2: De 1 a 5 anos	0,597	−0,968	66,011	56,954	39,408	−55,131
Grupo 3: Mais de 5 anos	1,371	1,625	66,011	56,954	90,501	92,550

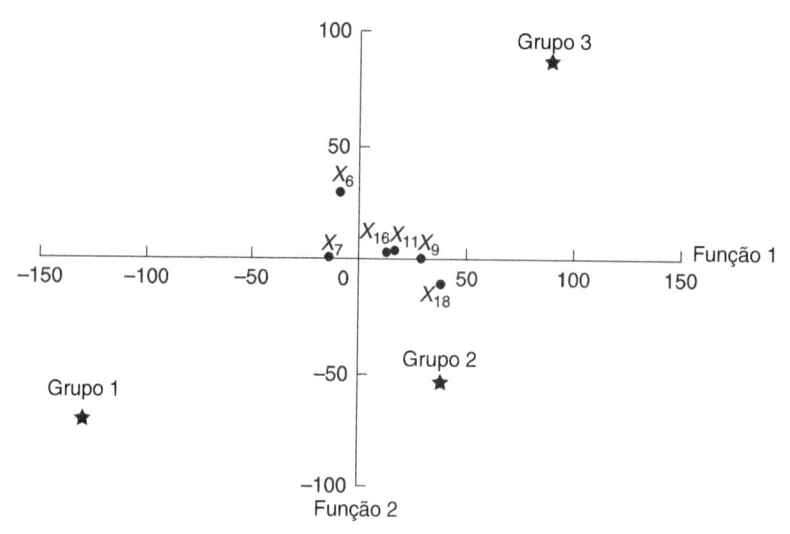

FIGURA 5-10 Gráfico de vetores de atribuição expandidos (variáveis) no espaço discriminante reduzido.

Validade externa é tratada através da amostra de teste, a qual é uma amostra completamente separada que utiliza as funções discriminantes estimadas com a amostra de análise para previsão de grupos.

> Em nosso exemplo, a amostra de teste tem uma razão geral de sucesso de 55,0%, o que excede ambos os valores de referência, apesar de isso não ocorrer na magnitude encontrada na abordagem de classificação cruzada. O grupo 2, contudo, não excedeu qualquer valor de referência. Quando as classificações ruins são analisadas, percebemos que mais casos são mal classificados no grupo 3 do que corretamente classificados no grupo 2, o que sugere que esses casos mal classificados sejam examinados diante da possibilidade de uma redefinição dos grupos 2 e 3 para que se crie um novo grupo.

O pesquisador também é encorajado a estender o processo de validação por meio do perfil dos grupos quanto a conjuntos adicionais de variáveis ou aplicando a função discriminante em outra(s) amostra(s) representativa(s) da população geral ou de segmentos da mesma. Além disso, a análise de casos mal classificados ajudará a estabelecer se são necessárias variáveis adicionais ou se a classificação de grupos dependentes precisa de revisão.

Uma visão gerencial

A análise discriminante teve por meta entender as diferenças perceptuais de clientes com base nos intervalos de tempo como clientes da HBAT. Espera-se que o exame de diferenças em percepções HBAT baseadas na constância como clientes identifique percepções que são críticas ao desenvolvimento de uma relação de clientela, o que é tipificado por aqueles clientes de longo prazo. Três grupos de clientela foram formados – menos de 1 ano, de 1 a 5 anos, e mais de 5 anos – e as percepções quanto à HBAT foram medidas sobre 13 variáveis. A análise produziu diversas descobertas importantes, tanto em termos dos tipos de variáveis que distinguiam entre os grupos quanto nos padrões de mudanças ao longo do tempo:

> - Primeiro, há duas dimensões de discriminação entre os três grupos de clientes. A primeira dimensão é tipificada por elevadas percepções de serviço aos clientes (Solução de reclamação, Velocidade de entrega e Encomenda e cobrança), juntamente com Linha do produto e Flexibilidade de preço. Em contraste, a segunda dimensão é caracterizada somente em termos de Qualidade do produto.
> - O perfil dos três grupos quanto a essas duas dimensões e variáveis associadas com cada dimensão permite à gerência compreender as diferenças perceptuais entre eles.
> - O grupo 1, clientes há menos de 1 ano, geralmente tem as menores percepções da HBAT. Para as três variáveis de serviço à clientela (Solução de reclamação, Encomenda e cobrança, e Velocidade de entrega), esses clientes têm percepções menores do que em qualquer outro grupo. Para Qualidade de produto, Linha de produto e Preço competitivo, este grupo é comparável com o 2 (de 1 a 5 anos), mas ainda tem percepções menores do que clientes há mais de 5 anos. Somente para Flexibilidade de preço este grupo é comparável com os clientes mais antigos e ambos têm valores menores do que os clientes de 1 a 5 anos. No geral, as percepções desses clientes mais recentes seguem o padrão esperado de serem menores do que outros da clientela, mas é esperado

(Continua)

(*Continuação*)
que melhorem à medida que permanecerem clientes ao longo do tempo.
- O grupo 2, clientes de 1 a 5 anos, tem semelhanças com os clientes mais novos e os mais antigos. Quanto às três variáveis de serviço à clientela, eles são comparáveis ao grupo 3 (mais de 5 anos). Para Qualidade de produto, Linha de produto e Preço competitivo, suas percepções são mais comparáveis com as dos clientes mais novos (e menores do que as dos clientes mais antigos). Eles mantêm as mais elevadas percepções, dos três grupos, quanto à Flexibilidade de preço.
- O grupo 3, representando os clientes há mais de 5 anos, tem as mais favoráveis percepções da HBAT, como o esperado. Apesar de serem comparáveis aos clientes do grupo 2 quanto às três variáveis de serviço à clientela (com ambos os grupos maiores do que o grupo 1), eles são significantemente maiores que os clientes nos outros dois grupos em termos de Qualidade de produto, Linha de produto e Preço competitivo. Assim, este grupo representa aqueles clientes que têm percepções positivas e têm progredido no estabelecimento de uma relação cliente/HBAT através de um fortalecimento de suas percepções.
- Usando os três grupos como indicadores no desenvolvimento de relações de clientela, podemos identificar dois estágios nos quais as percepções HBAT mudam nesse processo de desenvolvimento:
  - *Estágio 1:* O primeiro conjunto de percepções a mudar é aquele relacionado a serviços a clientes (visto nas diferenças entre os grupos 1 e 2). Este estágio reflete a habilidade da HBAT de afetar positivamente percepções com operações relativas a serviços.
  - *Estágio 2:* Um desenvolvimento de maior prazo é necessário para promover melhoras em elementos mais centrais (Qualidade de produto, Linha de produto e Preço competitivo). Quando ocorrem essas mudanças, o cliente deve se tornar mais comprometido com a relação, como se evidencia por uma longa permanência com a HBAT.
- Deve ser observado que existe evidência de que vários clientes fazem a transição através do estágio 2 mais rapidamente do que os cinco anos, como mostrado pelo considerável número de clientes que têm sido do grupo entre 1 e 5 anos, ainda que mantenham as mesmas percepções da clientela mais antiga. Assim, HBAT pode esperar que certos clientes possam se deslocar através desse processo muito rapidamente, e uma análise mais detalhada sobre tais clientes pode identificar características que facilitam o desenvolvimento de relações com a clientela.

Assim, o gerenciamento leva em conta um *input* para planejamento estratégico e tático não apenas dos resultados diretos da análise discriminante, mas também dos erros de classificação.

REGRESSÃO LOGÍSTICA: REGRESSÃO COM UMA VARIÁVEL DEPENDENTE BINÁRIA

Como discutimos, a análise discriminante é apropriada quando a variável dependente é não-métrica. No entanto, quando a variável dependente tem apenas dois grupos, a regressão logística pode ser preferida por duas razões:

- A análise discriminante depende estritamente de se atenderem as suposições de normalidade multivariada e de igualdade entre as matrizes de variância-covariância nos grupos – suposições que não são atendidas em muitas situações. A regressão logística não depende dessas suposições rígidas e é muito mais robusta quando tais pressupostos não são satisfeitos, o que torna sua aplicação apropriada em muitas situações.
- Mesmo quando os pressupostos são satisfeitos, muitos pesquisadores preferem a regressão logística por ser similar à regressão múltipla. Ela tem testes estatísticos diretos, tratamentos similares para incorporar variáveis métricas e não-métricas e efeitos não-lineares, e uma vasta gama de diagnósticos.

Por essas e outras razões mais técnicas, a regressão logística é equivalente à análise discriminante de dois grupos e pode ser mais adequada em muitas situações.

Nossa discussão de regressão logística não cobre cada um dos seis passos do processo de decisão, mas destaca as diferenças e semelhanças entre a regressão logística e a análise discriminante ou a regressão múltipla. Para uma revisão completa de regressão múltipla, ver o Capítulo 4.

Representação da variável dependente binária

Em análise discriminante, o caráter não-métrico de uma variável dependente dicotômica é acomodado fazendo-se previsões de pertinência a grupo baseadas em escores Z discriminantes. Isso requer o cálculo de escores de corte e a designação de observações a grupos.

A regressão logística aborda essa tarefa de uma maneira mais semelhante à encontrada em regressão múltipla. Regressão logística representa os dois grupos de interesse como uma variável binária com valores de 0 e 1. Não importa qual grupo é designado com o valor de 1 versus 0, mas tal designação deve ser observada para a interpretação dos coeficientes.

- Se os grupos representam características (p.ex., sexo), então um grupo pode ser designado com o valor 1 (p.ex., feminino) e o outro grupo com o valor 0 (p.ex., masculino). Em tal situação, os coeficientes refletiriam o impacto das variáveis independentes sobre a probabilidade da pessoa ser do sexo feminino (ou seja, o grupo codificado como 1).
- Se os grupos representam resultados ou eventos (p.ex., sucesso ou fracasso, compra ou não-compra), a designação dos códigos de grupos causa impacto na interpretação também. Considere que o grupo com sucesso é codificado como 1, e aquele com fracasso, como 0. Então, os coeficientes repre-

sentam os impactos sobre a probabilidade de sucesso. De maneira igualmente fácil, os códigos poderiam ser invertidos (1 agora denota fracasso) e os coeficientes representariam as forças que aumentam a probabilidade de fracasso.

A regressão logística difere da regressão múltipla, contudo, no sentido de que ela foi especificamente elaborada para prever a probabilidade de um evento ocorrer (ou seja, a probabilidade de uma observação estar no grupo codificado como 1). Apesar de os valores de probabilidade serem medidas métricas, há diferenças fundamentais entre regressão múltipla e logística.

Uso da curva logística

Como a variável dependente tem apenas os valores 0 e 1, o valor previsto (probabilidade) deve ser limitado para cair dentro do mesmo domínio. Para definir uma relação limitada por 0 e 1, a regressão logística usa a **curva logística** para representar a relação entre as variáveis independentes e dependente (ver Figura 5-11). Em níveis muito baixos da variável independente, a probabilidade se aproxima de 0, mas nunca alcança tal valor. Analogamente, quando a variável independente aumenta, os valores previstos crescem para acima da curva, mas em seguida a inclinação começa a diminuir de modo que em qualquer nível da variável independente a probabilidade se aproximará de 1,0, mas jamais excederá tal valor. Como vimos em nossas discussões sobre regressão, no Capítulo 4, os modelos lineares de regressão não podem acomodar tal relação, já que ela é inerentemente não-linear. A relação linear de regressão, mesmo com termos adicionais de transformações para efeitos não-lineares, não pode garantir que os valores previstos permaneçam no intervalo de 0 a 1.

Natureza única da variável dependente

A natureza binária da variável dependente (0 ou 1) tem propriedades que violam as suposições da regressão múltipla. Primeiro, o termo de erro de uma variável discreta segue a distribuição binomial ao invés da normal, invalidando assim todos os testes estatísticos que se sustentam nas suposições de normalidade. Segundo, a variância de uma variável dicotômica não é constante, criando casos de heteroscedasticidade também. Além disso, nenhuma violação pode ser remediada por meio de transformações das variáveis dependente ou independentes.

A regressão logística foi desenvolvida para lidar especificamente com essas questões. Não obstante, sua relação única entre variáveis dependente e independentes exige uma abordagem um tanto diferente para estimar a variável estatística, avaliar adequação de ajuste e interpretar os coeficientes, quando comparada com regressão múltipla.

Estimação do modelo de regressão logística

A regressão logística tem uma única variável estatística composta de coeficientes estimados para cada variável independente – como na regressão múltipla. Tal variável estatística é estimada de uma maneira diferente. A regressão logística deriva seu nome da **transformação logit** usada com a variável dependente, criando diversas diferenças no processo de estimação (bem como o processo de interpretação discutido na próxima seção).

Transformação da variável dependente

Como mostrado anteriormente, o modelo logit usa a forma específica da curva logística, que é em forma de S para ficar no domínio de 0 a 1. Para estimar um modelo de regressão logística, essa curva de valores previstos é ajustada aos dados reais, exatamente como foi feito com uma relação linear em regressão múltipla. No entanto, como os valores reais dos dados das variáveis dependentes podem ser somente 0 ou 1, o processo é de algum modo diferente.

> A Figura 5-12 retrata dois exemplos hipotéticos de ajuste de uma relação logística aos dados da amostra. Os dados reais representam se um evento acontece ou não designando valores 1 ou 0 aos resultados (neste caso 1 é designado quando o evento ocorreu, 0 no caso contrário,
> *(Continua)*

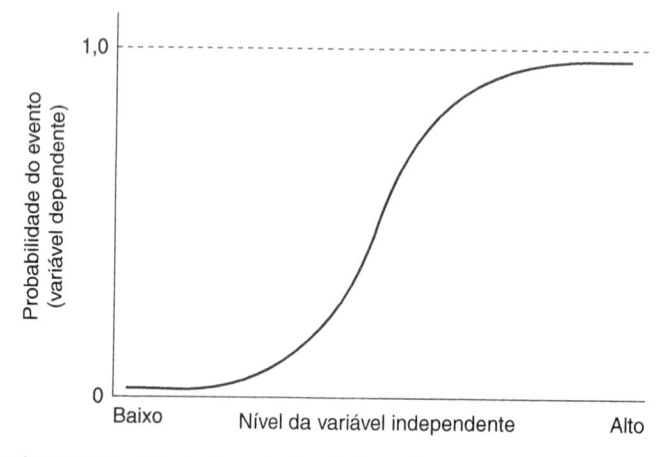

FIGURA 5-11 Forma da relação logística entre variáveis dependente e independentes.

(*Continuação*)

mas tal atribuição poderia facilmente ser invertida). Observações são representadas pelos pontos no topo ou na base do gráfico. Esses resultados (que aconteceram ou não) ocorrem em cada valor da variável independente (o eixo X). Na parte (a), a curva logística não pode ajustar bem os dados porque há diversos valores da variável independente que têm ambos os resultados (1 e 0). Neste caso, a variável independente não distingue entre os dois resultados, como se mostra na considerável sobreposição dos dois grupos.

No entanto, na parte (b), uma relação muito melhor definida está baseada na variável independente. Valores menores da variável independente correspondem às observações com 0 para a variável dependente, enquanto valores maiores correspondem bem àquelas observações com um valor 1 sobre a variável dependente. Assim, a curva logística deve ser capaz de ajustar bem os dados.

Mas como prevemos pertinência a grupo a partir da curva logística? Para cada observação, a técnica de regressão logística prevê um valor de probabilidade entre 0 e 1. O gráfico dos valores previstos para todos os valores da variável independente gera a curva exibida na Figura 5-12. Tal probabilidade prevista é baseada nos valores das variáveis independentes e nos coeficientes estimados. Se a probabilidade prevista é maior do que 0,50, então a previsão é de que o resultado seja 1 (o evento ocorreu); caso contrário, o resultado é previsto como sendo 0 (o evento não ocorreu). Retornemos ao nosso exemplo para ver como isso funciona.

Nas partes (a) e (b) da Figura 5-12, um valor de 6,0 para X (a variável independente) corresponde a uma probabilidade de 0,50. Na parte (a), podemos ver que diversas observações de ambos os grupos recaem em ambos os lados deste valor, resultando em diversas classificações

(*Continua*)

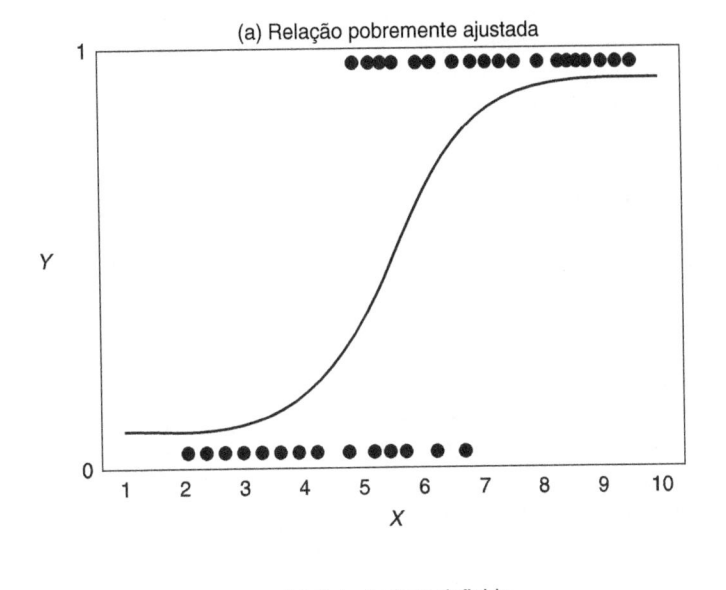

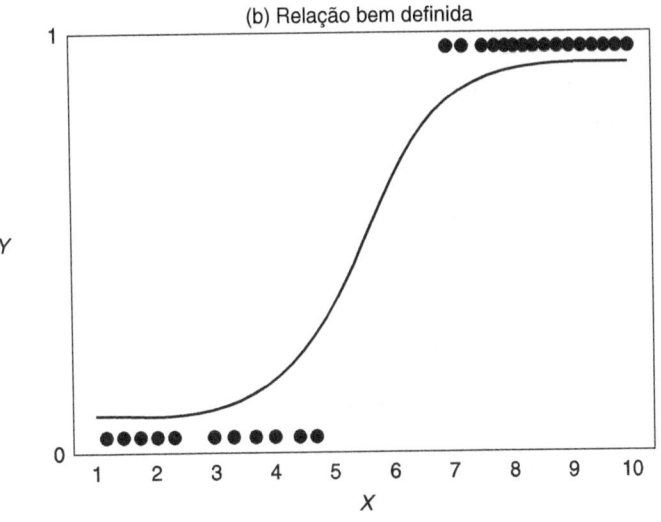

FIGURA 5-12 Exemplos de ajuste da curva logística aos dados da amostra.

(*Continuação*)

ruins. As classificações ruins são mais perceptíveis para o grupo com valores 1,0, ainda que diversas observações no outro grupo (variável dependente = 0,0) também sejam mal classificadas. Na parte (b), fazemos classificação perfeita dos dois grupos quando usamos o valor de probabilidade de 0,50 como valor de corte.

Logo, com uma curva logística estimada, podemos estimar a probabilidade para qualquer observação com base em seus valores para as variáveis independentes e então prever a pertinência a grupo usando 0,50 como valor de corte. Uma vez que temos a pertinência prevista, podemos criar uma matriz de classificação exatamente como foi feito em análise discriminante e avaliar a precisão preditiva.

Estimação dos coeficientes

De onde vem a curva? Em regressão múltipla, estimamos uma relação linear que melhor ajusta os dados. Em regressão logística, seguimos o mesmo processo de previsão da variável dependente por uma variável estatística composta dos **coeficientes logísticos** e as correspondentes variáveis independentes. No entanto, o que difere é que em regressão logística os valores previstos jamais podem estar fora do domínio de 0 a 1. Apesar de uma discussão completa sobre os aspectos conceituais e estatísticos envolvidos no processo de estimação estar além do escopo deste texto, diversas fontes excelentes com tratamentos completos sobre tais aspectos estão disponíveis [3,15,17]. Podemos descrever o processo de estimação em dois passos básicos à medida que introduzimos alguns termos comuns e fornecemos uma breve visão geral do processo.

Transformação de uma probabilidade em razão de desigualdade e valores logit. Como na regressão múltipla, a regressão logística prevê uma variável dependente métrica, neste caso valores de probabilidade restritos ao domínio entre 0 e 1. Mas como podemos garantir que valores estimados não recaiam fora desse domínio? A transformação logística perfaz este processo em dois passos.

Reestabelecimento de uma probabilidade como razão de desigualdades. Em sua forma original, probabilidades não são restritas a valores entre 0 e 1. Portanto, o que aconteceria se reestabelecêssemos a probabilidade de uma maneira que a nova variável sempre ficasse entre 0 e 1? Fazemos isso expressando uma probabilidade como razão de **desigualdades** – a razão entre as probabilidades dos dois resultados ou eventos, $Prob_i/(1 - Prob_i)$. Desta forma, qualquer valor de probabilidade é agora dado em uma variável métrica que pode ser diretamente estimada. Qualquer razão de desigualdade pode ser convertida reciprocamente em uma probabilidade que fica entre 0 e 1. Resolvemos nosso problema de restrição dos valores previstos entre 0 e 1 prevendo a razão de desigualdades e então convertendo a mesma em uma probabilidade.

Usemos alguns exemplos da probabilidade de sucesso ou fracasso para ilustrar como a razão de desigualdades é calculada. Se a probabilidade de sucesso é 0,80, então sabemos também que a probabilidade do resultado alternativo (ou seja, o fracasso) é 0,20 (0,20 = 1,0 – 0,80). Esta probabilidade significa que as desigualdades de sucesso são 4,0 (0,80/0,20), ou que o sucesso é quatro vezes mais provável de acontecer do que o fracasso. Reciprocamente, podemos estabelecer as desigualdades de fracasso como 0,25 (0,20/0,80), ou, em outras palavras, o fracasso acontece a um quarto da taxa de sucesso. Assim, qualquer que seja o resultado que busquemos (sucesso ou fracasso), podemos estabelecer a probabilidade como uma chance ou uma razão de desigualdades.

Como você provavelmente já desconfiou, uma probabilidade de 0,50 resulta em razão de desigualdades de 1,0 (ambos os resultados têm iguais chances de ocorrerem). Razão de desigualdades inferior a 1,0 representa probabilidades menores do que 0,50, e razão de desigualdades maior do que 1,0 corresponde a uma probabilidade maior do que 0,50. Agora temos uma variável métrica que sempre pode ser convertida de volta a uma probabilidade entre 0 e 1.

Cálculo do valor logit. A variável de razão de desigualdades resolve o problema de fazer estimativas de probabilidade entre 0 e 1, mas temos outro problema: como fazemos com que as razões de desigualdades fiquem abaixo de 0, que é o limite inferior (não há limite superior). A solução é computar aquilo que é chamado de *valor logit* – calculado via logaritmo das razões de desigualdades. Razões menores que 1,0 têm um logit negativo, razões maiores que 1,0 têm valores logit positivos, e a razão de desigualdades igual a 1,0 (correspondente a uma probabilidade de 0,5) tem um valor logit de 0. Além disso, não importa o quão baixo o valor negativo fique, ele ainda pode ser transformado tomando-se o anti-logaritmo em uma razão de desigualdades maior que 0. O que se segue mostra alguns valores típicos de probabilidade e as razões de desigualdades correspondentes, bem como valores logarítmicos.

Probabilidade	Razão de desigualdades	Logaritmo (Logit)
0,00	0,00	NC
0,10	0,111	–2,197
0,30	0,428	–0,847
0,50	1,000	0,000
0,70	2,333	0,847
0,90	9,000	2,197
1,00	NC	NC

NC = Não pode ser calculado

Com o valor logit, agora temos uma variável métrica que pode ter valores positivos e negativos, mas que sempre pode ser transformada de volta em um valor de probabilidade entre 0 e 1. Observe, no entanto, que o logit jamais pode realmente alcançar 0 ou 1. Esse valor agora se torna a variável dependente do modelo de regressão logística.

Estimação do modelo. Uma vez que compreendemos como interpretar os valores das razões de desigualdades ou das medidas logit, podemos proceder com o uso delas como medida dependente em nossa regressão logística. O processo de estimação dos coeficientes logísticos é semelhante àquele usado em regressão, apesar de que neste caso somente dois valores reais são empregados para a variável dependente (0 e 1). Além do mais, em vez de usar os mínimos quadrados ordinários como meio para estimar o modelo, o método de verossimilhança máxima é utilizado.

Estimação dos coeficientes. Os coeficientes estimados para as variáveis independentes são estimados usando-se o valor logit ou a razão de desigualdades como medida dependente. Cada uma dessas formulações de modelo é exibida aqui:

$$Logit_i = \ln\left(\frac{prob_{evento}}{1 - prob_{evento}}\right) = b_0 + b_1 X_1 + ... + b_n X_n$$

ou

$$\text{Razão de desigualdades}_i = \left(\frac{prob_{evento}}{1 - prob_{evento}}\right) = e^{b_0 + b_1 X_1 + \cdots + b_n X_n}$$

Ambas as formulações de modelo são equivalentes, mas aquela que for escolhida afetará a estimação dos coeficientes. Muitos programas de computador fornecem os coeficientes logísticos em ambas as formas, de modo que o pesquisador deve entender como interpretar cada forma. Discutimos aspectos interpretativos em uma seção posterior.

Este processo pode acomodar uma ou mais variáveis independentes, e estas podem ser métricas ou não-métricas (binárias). Como vemos adiante em nossa discussão sobre interpretação dos coeficientes, ambas as formas dos mesmos refletem a direção e a magnitude da relação, mas são interpretadas de maneiras distintas.

Uso da máxima verossimilhança para estimação. Regressão múltipla emprega o método de mínimos quadrados, que minimiza a soma das diferenças quadradas entre os valores reais e previstos da variável dependente. A natureza não-linear da transformação logística requer que outro procedimento, o da máxima verossimilhança, seja usado de maneira iterativa para que se encontrem as estimativas mais prováveis para os coeficientes. No lugar de minimizar os desvios quadrados (mínimos quadrados), a regressão logística maximiza a probabilidade de que um evento ocorra. O valor de probabilidade, ao invés da soma de quadrados, é em seguida usado quando se calcula uma medida de ajuste geral do modelo. Usar esta técnica alternativa de estimação também demanda que avaliemos o ajuste do modelo de diferentes maneiras.

Avaliação da qualidade do ajuste do modelo de estimação

A qualidade de ajuste para um modelo de regressão logística pode ser avaliada de duas maneiras. Uma é a avaliação de ajuste usando valores "pseudo" R^2, semelhantes àqueles encontrados em regressão múltipla. A segunda abordagem é examinar precisão preditiva (como a matriz de classificação em análise discriminante). As duas técnicas examinam ajuste de modelo sob diferentes perspectivas, mas devem conduzir a conclusões semelhantes.

Ajuste de estimação do modelo

A medida básica do quão bem o procedimento de estimação de máxima verossimilhança se ajusta é o **valor de verossimilhança**, semelhante aos valores das somas de quadrados usadas em regressão múltipla. Regressão logística mede o ajuste da estimação do modelo com o valor -2 vezes o logaritmo do valor da verossimilhança, chamado de $-2LL$ ou $-2\log$ verossimilhança. O valor mínimo para $-2LL$ é 0, o que corresponde a um ajuste perfeito (verossimilhança = 1 e $-2LL$ é então 0). Assim, quanto menor o valor $-2LL$, melhor o ajuste do modelo. Como será discutido na próxima seção, o valor $-2LL$ pode ser usado para comparar equações quanto à variação no ajuste ou ser utilizado para calcular medidas comparáveis ao R^2 em regressão múltipla.

Entre comparações de modelos. O valor de verossimilhança pode ser comparado entre equações para avaliar a diferença em ajuste preditivo de uma equação para outra, com testes estatísticos para a significância dessas diferenças. O método básico segue três passos:

1. *Estimar um modelo nulo.* O primeiro passo é calcular um modelo nulo, que atua como a referência para fazer comparações de melhoramento no ajuste do modelo. O modelo nulo mais comum é um sem variáveis independentes, que é semelhante a calcular a soma total de quadrados usando somente a média em regressão múltipla. A lógica por trás desta forma de modelo nulo é que ele pode atuar como uma referência em relação à qual qualquer modelo contendo variáveis independentes pode ser comparado.

2. *Estimar o modelo proposto.* Este modelo contém as variáveis independentes a serem incluídas no modelo de regressão logística. Espera-se que o ajuste melhorará em relação ao modelo nulo e que resulte em um valor menor de $-2LL$.

Qualquer número de modelos propostos pode ser estimado (p.ex., modelos com uma, duas e três variáveis independentes podem ser propostas distintas).

3. *Avaliar a diferença –2LL*. O passo final é avaliar a significância estatística do valor –2LL entre os dois modelos (nulo versus proposto). Se os testes estatísticos suportam diferenças significantes, então podemos estabelecer que o conjunto de variáveis independentes no modelo proposto é significante na melhora do ajuste da estimação do mesmo.

De maneira semelhante, comparações também podem ser feitas entre dois modelos propostos quaisquer. Em tais casos, a diferença –2LL reflete a diferença em ajuste de modelo devido a distinções de especificações. Por exemplo, um modelo com duas variáveis independentes pode ser comparado com um modelo de três variáveis independentes para que se avalie a melhora pelo acréscimo de uma variável. Nesses casos, um modelo é escolhido para atuar como nulo e então é comparado com outro.

> Por exemplo, considere que queremos testar a significância de um conjunto de variáveis independentes coletivamente para ver se elas melhoram o ajuste do modelo. O modelo nulo seria especificado como um modelo sem essas variáveis, e o modelo proposto incluiria as variáveis a serem avaliadas. A diferença em –2LL significaria a melhora a partir do conjunto de variáveis independentes. Poderíamos fazer testes similares das diferenças em –2LL entre outros pares de modelos variando o número de variáveis independentes incluídas em cada um.

O teste do qui-quadrado e o teste associado para significância estatística são usados para se avaliar a redução no logaritmo do valor de verossimilhança. No entanto, esses testes estatísticos são particularmente sensíveis a tamanho de amostra (para amostras pequenas é mais difícil mostrar significância estatística, e vice-versa para grandes amostras). Portanto, pesquisadores devem ser particularmente cuidadosos ao tirarem conclusões com base apenas na significância do teste do qui-quadrado em regressão logística.

Medidas pseudo R^2. Além dos testes qui-quadrado, diversas medidas do tipo R^2 foram desenvolvidas e são apresentadas em vários programas estatísticos para representarem ajuste geral do modelo. Essas medidas pseudo R^2 são interpretadas de uma maneira parecida com o coeficiente de determinação em regressão múltipla. Um valor **pseudo R^2** pode ser facilmente obtido para regressão logística semelhante ao valor R^2 em análise de regressão [6]. O pseudo R^2 para um modelo logit (R^2_{logit}) pode ser calculado como

$$R^2_{LOGIT} = \frac{-2LL_{nulo} - (-2LL_{modelo})}{-2LL_{nulo}}$$

Exatamente como na contraparte da regressão múltipla, o valor R^2 logit varia de 0,0 a 1,0. À medida que o modelo proposto aumenta o ajuste, o –2LL diminui. Um ajuste perfeito tem um valor de –2LL igual a 0,0 e um R^2_{LOGIT} de 1,0.

Duas outras medidas são semelhantes ao valor pseudo R^2 e são geralmente categorizadas também como medidas pseudo R^2. A medida R^2 de Cox e Snell opera do mesmo modo, com valores maiores indicando maior ajuste do modelo. No entanto, esta medida é limitada no sentido de que não pode atingir o valor máximo de 1, de forma que Nagelkerke propôs uma modificação que tinha o domínio de 0 a 1. Essas duas medidas adicionais são interpretadas como refletindo a quantia de variação explicada pelo modelo logístico, com 1,0 indicando ajuste perfeito.

Uma comparação com regressão múltipla. Ao discutir os procedimentos para avaliação de ajuste de modelo em regressão logística, fazemos várias referências a similaridades com regressão múltipla em termos de diversas medidas de ajuste. Na tabela a seguir, mostramos a correspondência entre conceitos usados em regressão múltipla e suas contrapartes em regressão logística.

Correspondência de elementos primários de ajuste de modelo	
Regressão múltipla	Regressão logística
Soma total de quadrados	–2LL do modelo base
Soma de quadrados do erro	–2LL do modelo proposto
Soma de quadrados da regressão	Diferença de –LL* para modelos base e proposto
Teste F de ajuste de modelo	Teste de qui-quadrado da diferença –2LL
Coeficiente de determinação (R^2)	Medidas pseudo R^2

Como podemos ver, os conceitos de regressão múltipla e regressão logística são semelhantes. Os métodos básicos para testar ajuste geral do modelo são comparáveis, com as diferenças surgindo dos métodos de estimação nas duas técnicas.

Precisão preditiva

Assim como emprestamos o conceito de R^2 da regressão como uma medida de ajuste geral de modelo, podemos procurar na análise discriminante a medida de precisão preditiva geral. As duas técnicas mais comuns são a matriz de classificação e as medidas de ajuste baseadas no qui-quadrado.

Matriz de classificação. Esta técnica de matriz de classificação é idêntica àquela usada em análise discriminante, ou seja, medir o quão bem a pertinência a grupo é prevista e desenvolver uma razão de sucesso. O caso da regressão

---

* N. de R. T.: A frase correta seria "Diferença de –2LL".

logística sempre incluirá somente dois grupos, mas todas as medidas relacionadas a chances (p.ex., chance máxima, chance proporcional ou Q de Press) usadas anteriormente são aplicáveis aqui também.

Medida baseada no qui-quadrado. Hosmer e Lemeshow [11] desenvolveram um teste de classificação no qual os casos são primeiramente divididos em aproximadamente 10 classes iguais. Em seguida, os números de eventos reais e previstos são comparados em cada classe com a estatística qui-quadrado. Esse teste fornece uma medida ampla de precisão preditiva que é baseada não no valor de verossimilhança, mas sim na real previsão da variável dependente. O uso apropriado desse teste requer um tamanho de amostra de pelo menos 50 casos para garantir que cada classe tenha pelo menos cinco observações e geralmente até mesmo uma amostra maior, uma vez que o número de eventos previstos nunca fica abaixo de 1. Além disso, a estatística qui-quadrado é sensível a tamanho da amostra, permitindo assim que essa medida encontre diferenças muito pequenas, estatisticamente significantes, quando o tamanho da amostra se torna grande.

Tipicamente examinamos tantas dessas medidas de ajuste de modelo quanto possível. Espera-se que uma convergência de indicações dessas medidas forneça o suporte necessário ao pesquisador para a avaliação do ajuste geral do modelo.

Teste da significância dos coeficientes

A regressão logística testa hipóteses sobre coeficientes individuais, como se faz na regressão múltipla. Em regressão múltipla, o teste estatístico era para ver se o coeficiente era significantemente diferente de 0. Um coeficiente nulo indica que o mesmo não tem impacto sobre a variável dependente. Em regressão logística, usamos também um teste estatístico para ver se o coeficiente logístico é diferente de 0. Lembre, contudo, que em regressão logística usando o logit como medida dependente, um valor de 0 corresponde à razão de desigualdade de 1,00 ou uma probabilidade de 0,50 – valores que indicam que a probabilidade é igual para cada grupo (i.e., novamente nenhum efeito da variável independente sobre a previsão de pertinência ao grupo).

Em regressão múltipla, o valor t é utilizado para avaliar a significância de cada coeficiente. Regressão logística usa uma estatística diferente, a **estatística Wald**. Ela provê a significância estatística para cada coeficiente estimado de forma que testes de hipóteses podem ocorrer exatamente como se faz em regressão múltipla. Se o coeficiente logístico é estatisticamente significante, podemos interpretá-lo em termos de como o mesmo impacta a probabilidade estimada e conseqüentemente a previsão de pertinência a grupo.

Interpretação dos coeficientes

Uma das vantagens da regressão logística é que precisamos saber apenas se um evento (compra ou não, risco de crédito ou não, falência de empresa ou sucesso) ocorreu ou não para definir um valor dicotômico como nossa variável dependente. No entanto, quando analisamos esses dados usando transformação logística, a regressão e seus coeficientes assumem um significado algo diferente daqueles encontrados na regressão com uma variável dependente métrica. Analogamente, cargas discriminantes de uma análise discriminante de dois grupos são interpretadas diferentemente a partir de um coeficiente logístico.

A partir do processo de estimação descrito anteriormente, sabemos que os coeficientes (B_0, B_1, B_2, ..., B_n) são na verdade medidas das variações na proporção das probabilidades (as razões de desigualdades). No entanto, coeficientes logísticos são difíceis de interpretar em sua forma original, pois eles são expressos em termos de logaritmos quando usamos o logit como a medida dependente. Assim, a maioria dos programas de computador fornece também um **coeficiente logístico exponenciado**, que é apenas uma transformação (anti-logaritmo) do coeficiente logístico original. Desse modo, podemos usar os coeficientes logísticos originais ou exponenciados para a interpretação. Os dois tipos de coeficientes logísticos diferem no sentido da relação da variável independente com as duas formas da dependente, como mostrado aqui:

Coeficiente logístico	Reflete mudanças em...
Original	Logit (logaritmo da razão de desigualdades)
Exponenciado	Razão de desigualdades

Discutimos na próxima seção como cada forma do coeficiente reflete direção e magnitude da relação da variável independente, mas requer diferentes métodos de interpretação.

Direção da relação

A direção da relação (positiva ou negativa) reflete as mudanças na variável dependente associadas com mudanças na independente. Uma relação positiva significa que um aumento na variável independente é associado com um aumento na probabilidade prevista, e vice-versa para uma relação negativa. Veremos que a direção da relação é refletida diferentemente nos coeficientes logísticos original e exponenciado.

Interpretação da direção de coeficientes originais. O sinal dos coeficientes originais (positivo ou negativo) indica a direção da relação, como foi visto nos coeficientes de regressão. Um valor positivo aumenta a probabilidade, enquanto um negativo diminui a mesma, pois os coeficientes originais são expressos em termos de valores logit, onde um valor de 0,0 corresponde a um valor de razão de desigualdade de 1,0 e uma probabilidade de 0,50. Assim, números negativos são relativos a razões de desigualdades menores que 1,0 e probabilidades menores que 0,50.

Interpretação da direção de coeficientes exponenciados. Coeficientes exponenciados devem ser interpretados diferentemente, pois eles são os logaritmos dos coeficientes originais. Considerando o logaritmo, estamos na verdade estabelecendo o coeficiente exponenciado em termos de razões de desigualdades, o que significa que exponenciados não terão valores negativos. Como o logaritmo de 0 (sem efeito) é 1,0, um coeficiente exponenciado igual a 1,0 na verdade corresponde a uma relação sem direção. Assim, coeficientes exponenciados acima de 1,0 refletem uma relação positiva, e valores menores que 1,0 representam relações negativas.

Um exemplo de interpretação. Examinemos um exemplo simples para ver o que queremos dizer em termos de diferenças entre as duas formas de coeficientes logísticos.

Se B_i (o coeficiente original) é positivo, sua transformação (exponencial do coeficiente) será maior que 1, o que significa que a razão de desigualdade aumentará para qualquer variação positiva da variável independente. Assim, o modelo tem uma maior probabilidade prevista de ocorrência. De modo semelhante, se B_i é negativo, o coeficiente exponenciado é menor que um e a razão de desigualdades diminui. Um coeficiente de zero se iguala a um valor de 1,0 no coeficiente exponenciado, o que resulta em nenhuma mudança na razão de desigualdades.

Uma discussão mais detalhada da interpretação de coeficientes, transformação logística e procedimentos de estimação pode ser encontrada em diversos textos [11].

Magnitude da relação

Para determinar quanto da probabilidade mudará dada uma variação de uma unidade na variável independente, o valor numérico do coeficiente deve ser avaliado. Exatamente como na regressão múltipla, os coeficientes para variáveis métricas e não-métricas devem ser interpretados de forma diferenciada, pois cada um reflete diferentes impactos sobre a variável dependente.

Interpretação da magnitude de variáveis independentes métricas. Para variáveis métricas, a questão é: quanto a probabilidade estimada varia por conta de uma variação unitária na variável independente? Em regressão múltipla, sabíamos que o coeficiente de regressão era o coeficiente angular da relação linear entre a medida independente e a dependente. Um coeficiente de 1,35 indicava que a variável dependente aumentava 1,35 unidades cada vez que a variável independente aumentava uma unidade. Em regressão logística, sabemos que temos uma relação não-linear limitada entre 0 e 1, e assim os coeficientes devem ser interpretados de forma diferente. Além disso, temos os dois coeficientes original e exponenciado para considerar.

Coeficientes logísticos originais. Apesar de mais apropriados para determinarem a direção da relação, os coeficientes logísticos originais são menos úteis na determinação da magnitude da relação. Eles refletem a variação no valor logit (logaritmo da razão de desigualdades), uma unidade de medida particularmente não compreensível na representação do quanto as probabilidades realmente variam.

Coeficientes logísticos exponenciados. Coeficientes exponenciados refletem diretamente a magnitude da variação no valor da razão de desigualdades. Por serem expoentes, eles são interpretados de maneira ligeiramente diferente. Seu impacto é multiplicativo, o que significa que o efeito do coeficiente não é adicionado à variável dependente (a razão de desigualdades), mas multiplicado para cada variação unitária na variável independente. Como tal, um coeficiente exponenciado de 1,0 denota mudança nenhuma (1,0 × variável independente = mudança nenhuma). Este resultado corresponde à nossa discussão anterior, onde coeficientes exponenciados menores que 1,0 refletem relações negativas, enquanto valores acima de 1,0 denotam relações positivas.

Um exemplo de avaliação da magnitude de variação. Talvez uma abordagem mais fácil para determinar a quantia de variação na probabilidade a partir desses valores seja como se segue:

Mudança percentual na razão de desigualdades = (coeficiente exponenciado$_i$ − 1,0) × 100

Os exemplos a seguir ilustram como calcular a variação de probabilidade devido a uma variação unitária na variável independente para um domínio de coeficientes exponenciados:

	Valor				
Coeficiente exponenciado (e^b_i)	0,20	0,50	1,0	1,5	1,7
$e^b_i - 1,0$	−0,80	−0,50	0,0	0,50	0,70
Variação percentual na razão de desigualdades	−80%	−50%	0%	50%	70%

Se o coeficiente exponenciado é 0,20, uma mudança de uma unidade na variável independente reduzirá a razão de desigualdades em 80% (o mesmo se a razão de desigualdades fosse multiplicada por 0,20). Analogamente, um coeficiente exponenciado de 1,5 denota um aumento de 50% na razão de desigualdades.

Um pesquisador que conhece a razão de desigualdades existente e deseja calcular o novo valor dessa razão para uma mudança na variável independente pode fazê-lo diretamente através do coeficiente exponenciado, como se segue:

Novo valor de razão de desigualdade = Valor antigo × Coeficiente exponenciado × Variação na variável independente

Usemos um exemplo simples para ilustrar a maneira como o coeficiente exponenciado afeta o valor da razão de desigualdades.

> Considere que a razão de desigualdade é 1,0 (ou seja, 50-50) quando a variável independente tem um valor de 5,5 e o coeficiente exponenciado é 2,35. Sabemos que se este coeficiente for maior do que 1,0, então a relação é positiva, mas gostaríamos de saber o quanto a razão de desigualdades mudaria. Se esperamos que o valor da variável independente aumente 1,5 pontos para 7,0, podemos calcular o seguinte:
>
> Nova razão de desigualdades = 1,0 × 2,35 × (7,0 − 5,5) = 3,525
>
> Razões de desigualdades podem ser traduzidas em termos de valores de probabilidade pela fórmula simples de Probabilidade = Razão de desigualdades/(1+Razão de desigualdades). Logo, a razão de 3,525 se traduz em uma probabilidade de 77,9% (3,25/(1 + 3,25)= 0,779), indicando que um aumento na variável independente de um ponto e meio aumenta a probabilidade de 50% para 78%, um aumento de 28%.
>
> A natureza não-linear da curva logística é demonstrada, porém, quando novamente aplicamos o mesmo aumento à razão de desigualdades. Dessa vez, considere que a variável independente aumenta mais 1,5 pontos, para 8,5. Podemos esperar que a probabilidade aumente outros 28%? Não, pois isso faria a probabilidade ultrapassar os 100% (78% + 28% = 106%). Assim, o aumento ou diminuição da probabilidade diminui à medida que a curva se aproxima, mas jamais alcança, os dois pontos extremos (0 e 1). Neste exemplo, outro aumento de 1,5 cria um novo valor de razão de desigualdades de 12,426, traduzindo-se como uma razão de desigualdades de 92,6%, um aumento de 14%. Observe que neste caso de aumento de probabilidade a partir de 78%, o aumento na mesma para a variação de 1,5 na variável independente é metade (14%) daquilo que foi para o mesmo aumento quando a probabilidade era de 50%.

O pesquisador pode descobrir que coeficientes exponenciados são bastante úteis não apenas na avaliação do impacto de uma variável independente, mas no cálculo da magnitude dos efeitos.

Interpretação da magnitude para variáveis independentes não-métricas (dicotômicas). Como discutimos em regressão múltipla, variáveis dicotômicas representam uma única categoria de uma variável não-métrica (ver Capítulo 4 para uma discussão mais detalhada sobre o tema). Como tais, elas não são como variáveis métricas que variam em um intervalo de valores, mas assumem apenas os valores de 1 ou 0, indicando a presença ou ausência de uma característica. Como vimos na discussão anterior para variáveis métricas, os coeficientes exponenciados são a melhor maneira de interpretar o impacto da variável dicotômica, mas são interpretados diferentemente das variáveis métricas.

Sempre que uma variável dicotômica é usada, é essencial notar a categoria de referência ou omitida. Em uma maneira semelhante à interpretação em regressão, o coeficiente exponenciado representa o nível relativo da variável dependente para o grupo representado versus o grupo omitido. Podemos estabelecer essa relação como se segue:

$$\text{Razão de desigualdades}_{\text{categoria representada}} = \text{Coeficiente exponenciado} \times \text{Razão de desigualdades}_{\text{categoria de referência}}$$

Usemos um exemplo simples de dois grupos para ilustrar esses pontos.

> Se a variável não-métrica é sexo, as duas possibilidades são masculino e feminino. A variável dicotômica pode ser definida como representando homens (i.e., valor 1 se for homem e 0 se for mulher) ou mulheres (i.e., valor 1 se for mulher e 0 se for homem). Qualquer que seja o caminho escolhido, porém, ele se determina como o coeficiente é interpretado. Consideremos que um valor 1 é dado às mulheres, fazendo com que o coeficiente exponenciado represente o percentual da razão de desigualdades de mulheres comparada com homens. Se o coeficiente é 1,25, então as mulheres têm uma razão de desigualdades 25% maior do que os homens (1,25 − 1,0 = 0,25). Analogamente, se o coeficiente é 0,80, então a razão de desigualdades para mulheres é 20% menor (0,80 − 1,0 = −0,20) do que para os homens.

Cálculo de probabilidades para um valor específico da variável independente

Na discussão anterior da distribuição assumida de possíveis variáveis dependentes, descrevemos uma curva em forma de S, ou logística. Para representar a relação entre as variáveis dependente e independentes, os coeficientes devem, na verdade, representar relações não-lineares entre as variáveis dependente e independentes. Apesar de o processo de transformação que envolve logaritmos fornecer uma linearização da relação, o pesquisador deve lembrar que os coeficientes na verdade correspondem a diferentes coeficientes angulares na relação ao longo dos valores da variável independente. Desse modo, a distribuição em forma de S pode ser estimada. Se o pesquisador estiver interessado no coeficiente angular da relação em vários valores da variável independente, os coeficientes podem ser calculados e a relação, avaliada [6].

Visão geral da interpretação dos coeficientes
A similaridade dos coeficientes com aqueles encontrados em regressão múltipla tem sido uma razão prioritária para a popularidade da regressão logística. Como vimos na discussão anterior, muitos aspectos são bastante semelhantes, mas o caráter único da variável dependente (a razão de desigualdades) e a forma logarítmica da variável estatística (necessitando uso dos coeficientes exponenciados) requer uma abordagem de algum modo de interpretação diferente. O pesquisador, contudo, ainda tem a habilidade para avaliar a direção e a magnitude do impacto de cada variável independente sobre a medida dependente e, em última instância, a precisão de classificação do modelo logístico.

Resumo

O pesquisador que se defronta com uma variável dependente dicotômica não precisa apelar para métodos elaborados para acomodar as limitações da regressão múltipla, e nem precisa ser forçado a empregar a análise discriminante, especialmente se suas suposições estatísticas são violadas. A regressão logística aborda esses problemas e fornece um método desenvolvido para lidar diretamente com essa situação da maneira mais eficiente possível.

UM EXEMPLO ILUSTRATIVO DE REGRESSÃO LOGÍSTICA

A regressão logística é uma alternativa atraente à análise discriminante sempre que a variável dependente tem apenas duas categorias. Suas vantagens em relação à análise discriminante incluem as seguintes:

1. É menos afetada do que a análise discriminante pelas desigualdades de variância-covariância ao longo dos grupos, uma suposição básica da análise discriminante.
2. Lida facilmente com variáveis independentes categóricas, enquanto na análise discriminante o uso de variáveis dicotômicas cria problemas com igualdades de variância-covariância.
3. Os resultados empíricos acompanham paralelamente os da regressão múltipla em termos de sua interpretação e das medidas diagnósticas de casos disponíveis para exame de resíduos.

O exemplo a seguir, idêntico ao da análise discriminante de dois grupos discutido anteriormente, ilustra essas vantagens e a similaridade da regressão logística com os resultados obtidos da regressão múltipla. Como veremos, ainda que a regressão logística tenha muitas vantagens como alternativa à análise discriminante, o pesquisador deve interpretar cuidadosamente os resultados devido aos

---

REGRAS PRÁTICAS 5-5

Regressão logística

- Regressão logística é o método preferido para variáveis dependentes de dois grupos (binárias) devido à sua robustez, facilidade de interpretação e diagnóstico
- Testes de significância de modelo são feitos com um teste de qui-quadrado sobre as diferenças no logaritmo da verossimilhança ($-2LL$) entre dois modelos
- Coeficientes são expressos em duas formas: original e exponenciado, para auxiliar na interpretação
- A interpretação dos coeficientes quanto a direção e magnitude é:
  - Direção pode ser avaliada diretamente nos coeficientes originais (sinais positivos ou negativos) ou indiretamente nos exponenciados (menor que 1 é negativa e maior que 1 é positiva)
  - Magnitude é avaliada melhor pelo coeficiente exponenciado, com a variação percentual na variável dependente mostrada por:
    Variação percentual = (Coeficiente exponenciado − 1,0) × 100

---

aspectos ímpares de como a regressão logística lida com a previsão de probabilidades e de pertinência a grupos.

Estágios 1, 2 e 3: Objetivos da pesquisa, planejamento de pesquisa e suposições estatísticas

As questões abordadas nos primeiros três estágios do processo de decisão são idênticas para a análise discriminante de dois grupos e para a regressão logística.

> O problema de pesquisa ainda é determinar se as diferenças de percepções de HBAT (X_6 a X_{18}) existem entre os clientes dos EUA/América do Norte e aqueles do resto do mundo (X_4). A amostra de 100 clientes é dividida em uma amostra de análise de 60 observações, com as 40 observações restantes constituindo a amostra de validação.

Agora nos concentramos sobre os resultados obtidos a partir do uso de regressão logística para estimar e compreender as diferenças entre esses dois tipos de clientes.

Estágio 4: Estimação do modelo de regressão logística e avaliação do ajuste geral

Antes que comece o processo de estimação, é possível rever as variáveis individuais e avaliar seus resultados univariados em termos de diferenciação entre grupos. Sabendo-se que os objetivos da análise discriminante e da regressão logística são os mesmos, podemos usar as mesmas medidas de discriminação para avaliar efeitos univariados, como foi feito para a análise discriminante.

> Se revisarmos nossa discussão a respeito das diferenças dos grupos quanto às 13 variáveis independentes (olhar a Tabela 5-5), lembraremos que cinco variáveis (X_6, X_{11}, X_{12}, X_{13}, e X_{17}) tinham diferenças estatisticamente significantes entre os dois grupos. Se você olhar novamente a discussão no exemplo de dois grupos, lembre de uma indicação de multicolinearidade entre essas variáveis, pois ambas X_6 e X_{13} eram parte do fator Valor do produto derivado pela análise fatorial (ver Capítulo 3). A regressão logística é afetada por multicolinearidade entre as variáveis independentes de uma maneira semelhante à análise discriminante e análise de regressão.

Exatamente como em análise discriminante, essas cinco variáveis seriam as candidatas lógicas para inclusão na variável estatística de regressão logística, pois elas demonstram as maiores diferenças entre grupos. Regressão logística pode incluir uma ou mais dessas variáveis no modelo, bem como outras variáveis que não apresentam diferenças significantes neste estágio se elas operam em combinação com outras variáveis para significativamente melhorar a previsão.

Estimação do modelo

A regressão logística é estimada de maneira análoga à regressão múltipla, no sentido de que um modelo base é primeiramente estimado para fornecer um padrão para comparação (ver discussão anterior para maiores detalhes). Em regressão múltipla, a média é usada para estabelecer o modelo base e calcular a soma total de quadrados. Em regressão logística, o mesmo processo é empregado, com a média usada no modelo estimado não para estabelecer a soma de quadrados, mas para estabelecer o valor do logaritmo da verossimilhança. A partir desse modelo, podem ser estabelecidas as correlações parciais para cada variável e a variável mais discriminante pode ser escolhida de acordo com os critérios de seleção.

> **Estimação do modelo base.** A Tabela 5-25 contém os resultados do modelo base para a análise de regressão logística. O valor do logaritmo da verossimilhança ($-2LL$) aqui é 82,108. A estatística escore, uma medida de associação usada em regressão logística, é a medida usada para selecionar variáveis no procedimento *stepwise*. Diversos critérios podem ser empregados para orientar a entrada: maior redução no valor $-2LL$, maior coeficiente de Wald, ou maior probabilidade condicional. Em nosso exemplo, empregamos o critério da redução da razão do logaritmo da verossimilhança.
>
> Ao revermos a estatística de escores de variáveis não presentes no modelo neste momento, percebemos que as mesmas cinco variáveis com diferenças estatisticamente significantes (X_6, X_{11}, X_{12}, X_{13} e X_{17}) também são s únicas variáveis com estatística de escore significante na Tabela 5-25. Como o procedimento *stepwise* seleciona a variável com a maior estatística de escore, X_{13} deve ser a variável adicionada no primeiro passo.
>
> **Estimação *stepwise*: adição da primeira variável, X_{13}.** Como esperado, X_{13} foi escolhida para entrada no primeiro passo do processo de estimação (ver Tabela
>
> *(Continua)*

TABELA 5-25 Resultados do modelo base da regressão logística

Ajuste geral do modelo: medidas da qualidade do ajuste	
	Valor
-2 Logaritmo de verossimilhança ($-2LL$)	82,108

Variáveis fora da equação		
Variáveis independentes	Estatística de escore	Significância
X_6 Qualidade do produto	11,925	0,001
X_7 Atividades de comércio eletrônico	2,052	0,152
X_8 Suporte técnico	1,609	0,205
X_9 Solução de reclamação	0,866	0,352
X_{10} Anúncio	0,791	0,374
X_{11} Linha do produto	18,323	0,000
X_{12} Imagem da equipe de venda	8,622	0,003
X_{13} Preços competitivos	21,330	0,000
X_{14} Garantia e reclamações	0,465	0,495
X_{15} Novos produtos	0,614	0,433
X_{16} Encomenda e cobrança	0,090	0,764
X_{17} Flexibilidade de preço	21,204	0,000
X_{18} Velocidade de entrega	0,157	0,692

TABELA 5-26 Estimação *stepwise* da regressão logística: Adição de X_{13} (Preços competitivos)

Ajuste geral do modelo: medidas da qualidade de ajuste

		VARIAÇÃO EM $-2LL$			
		Do modelo base		Do passo anterior	
	Valor	Variação	Significância	Variação	Significância
-2 Logaritmo de verossimilhança ($-2LL$)	56,971	25,136	0,000	25,136	0,000
R^2 de Cox e Snell	0,342				
R^2 de Nagelkerke	0,459				
Pseudo R^2	0,306				

	Valor	Significância
χ^2 de Hosmer e Lemeshow	17,329	0,027

Variáveis na equação

Variável independente	B	Erro padrão	Wald	df	Sig.	Exp(B)
X_{13} Preços competitivos	1,129	0,287	15,471	1	0,000	3,092
Constante	$-7,008$	1,836	14,570	1	0,000	0,001

B = coeficiente logístico, Exp(B) = coeficiente exponenciado

Variáveis fora da equação

Variáveis independentes	Estatística de escore	Significância
X_6 Qualidade do produto	4,859	0,028
X_7 Atividades de comércio eletrônico	0,132	0,716
X_8 Suporte técnico	0,007	0,932
X_9 Solução de reclamação	1,379	0,240
X_{10} Anúncio	0,129	0,719
X_{11} Linha do produto	6,154	0,013
X_{12} Imagem da equipe de venda	2,745	0,098
X_{14} Garantia e reclamações	0,640	0,424
X_{15} Novos produtos	0,344	0,557
X_{16} Encomenda e cobrança	2,529	0,112
X_{17} Flexibilidade de preço	13,723	0,000
X_{18} Velocidade de entrega	1,206	0,272

Matriz de classificação

	Pertinência prevista em grupo[c]					
	AMOSTRA DE ANÁLISE[a]			AMOSTRA DE TESTE[b]		
	X_4 Região			X_4 Região		
Pertinência real em grupo	EUA/América do Norte	Fora da América do Norte	Total	EUA/América do Norte	Fora da América do Norte	Total
EUA/América do Norte	19 (73,1)	7	26	4 (30,8)	9	13
Fora da América do Norte	9	25 (73,5)	34	1	26 (96,3)	27

[a] 73,3% de amostra de análise corretamente classificada.
[b] 75,0% da amostra de teste corretamente classificada.
[c] Valores entre parênteses são percentuais corretamente classificados (razão de sucesso).

(Continuação)

5-26). Ela corresponde à maior estatística de escore em todas as 13 variáveis de percepções. A entrada de X_{13} no modelo de regressão logística conseguiu um razoável ajuste, com valores pseudo R^2 variando de 0,306 a 0,459 e as razões de sucesso de 73,3% e 75% para as amostras de análise e de teste, respectivamente.

O exame dos resultados, porém, identifica duas razões para se considerar um estágio extra para adicionar variáveis ao modelo de regressão logística:

- Três variáveis não presentes no modelo logístico corrente (X_{17}, X_{11} e X_6) têm estatísticas de escore estatisticamente significantes, indicando que a inclusão das mesmas melhoraria consideravelmente o ajuste geral do modelo.
- A razão de sucesso geral para a amostra de teste é boa (75,0%), mas um dos grupos (Clientes dos EUA/América do Norte) tem uma razão de sucesso inaceitavelmente baixa de 30,8%.

Estimação *stepwise*: Adição da segunda variável, X_{17}. Espera-se que um ou mais passos no procedimento *stepwise* resulte na inclusão de todas as variáveis independentes com estatística de escore significante, bem como sejam atingidas razões aceitáveis de sucesso (geral e específicas de grupos) tanto para a amostra de análise quanto para a de teste.

X_{17}, com a maior estatística de escore depois de adicionar X_{13}, foi escolhida para entrada no passo 2 (Tabela 5-27). Melhoras em todas as medidas de ajuste de modelo variaram de uma queda no valor $-2LL$ até as várias medidas R^2. Mais importante sob uma perspectiva de estimação de modelo, nenhuma das variáveis fora da equação tinha variações estatisticamente significantes de escores.

Assim, o modelo logístico de duas variáveis incluindo X_{13} e X_{17} será o modelo final a ser usado para fins de avaliação de ajuste do mesmo, de precisão preditiva e de interpretação dos coeficientes.

Avaliação do ajuste geral do modelo

Ao se fazer uma avaliação do ajuste geral de um modelo logístico de regressão, podemos empregar três abordagens: medidas estatísticas de ajuste geral do modelo, medidas pseudo R^2, e precisão de classificação expressada na razão de sucesso. Cada uma dessas abordagens será examinada para os modelos de regressão logística de uma variável e de duas variáveis que resultaram do procedimento *stepwise*.

Medidas estatísticas. A primeira medida estatística é o teste qui-quadrado para a variação no valor $-2LL$ do modelo base, que é comparável com o teste F geral em regressão múltipla. Valores menores da medida $-2LL$ indicam um melhor ajuste de modelo, e o teste estatístico está disponível para avaliar a diferença entre o modelo base e os demais modelos propostos (em um procedimento *stepwise*, este teste está sempre baseado na melhora do passo anterior).

- No modelo de uma só variável (ver Tabela 5-26), o valor $-2LL$ é reduzido a partir do valor do modelo base de 82,108 para 59,971*, uma queda de 25,136. Este aumento em ajuste de modelo foi estatisticamente significante no nível 0,000.
- No modelo de duas variáveis, o valor $-2LL$ diminuiu mais para 39,960, resultando em quedas significantes não apenas do modelo base (42,148), mas também uma queda significante do modelo de uma variável (17,011). Ambas as melhoras de ajuste foram significantes no nível 0,000.

A segunda medida estatística é a de Hosmer e Lemeshow de ajuste geral [11]. Este teste estatístico mede a correspondência dos valores reais e previstos da variável dependente. Neste caso, um ajuste melhor de modelo é indicado por uma diferença menor na classificação observada e prevista.

O teste de Hosmer e Lemeshow mostra significância para o modelo logístico de uma variável (0,027 da Tabela 5-26), indicando que diferenças significantes ainda permanecem entre valores reais e esperados. O modelo de duas variáveis, contudo, reduz o nível de significância para 0,722 (ver Tabela 5-27), um valor não-significante que aponta para um ajuste aceitável.

Para o modelo logístico de duas variáveis, ambas as medidas estatísticas de ajuste geral do modelo indicam que o mesmo é aceitável e em um nível estatisticamente significante. No entanto, é necessário examinar as outras medidas de ajuste geral do modelo para avaliar se os resultados alcançam os níveis necessários de significância prática também.

Medidas de pseudo R^2. Três medidas disponíveis são comparáveis com a medida R^2 em regressão múltipla: R^2 de Cox e Snell, R^2 de Nagelkerke, e a medida pseudo R^2 baseada na redução no valor $-2LL$.

Para o modelo de regressão logística de uma variável, esses valores eram 0,342, 0,459 e 0,306, respectivamente. Combinados, eles indicam que o modelo de regressão de uma variável explica aproximadamente um terço da variação na medida dependente. Apesar de o modelo de uma variável ser considerado estatisticamente significante em diversas medidas de ajuste geral, esses valores de R^2 são um pouco baixos para fins de significância prática.

(Continua)

---

* N. de R. T.: O número correto é 56,971.

TABELA 5-27 Estimação *stepwise* da regressão logística: adição de X_{17} (Flexibilidade de preços)

Ajuste geral do modelo: medidas da qualidade de ajuste

		VARIAÇÃO EM $-2LL$			
		Do modelo base		Do passo anterior	
	Valor	Variação	Significância	Variação	Significância
-2 Logaritmo de verossimilhança ($-2LL$)	39,960	42,148	0,000	17,011	0,000
R^2 de Cox e Snell	0,505				
R^2 de Nagelkerke	0,677				
Pseudo R^2	0,513				

	Valor	Significância
χ^2 de Hosmer e Lemeshow	5,326	0,722

Variáveis na equação

Variável independente	B	Erro padrão	Wald	df	Sig.	Exp(B)
X_{13} Preços competitivos	1,079	0,357	9,115	1	0,003	2,942
X_{17} Flexibilidade de preços	1,844	0,639	8,331	1	0,004	6,321
Constante	$-14,192$	3,712	14,614	1	0,000	0,000

B = coeficiente logístico, Exp(B) = coeficiente exponenciado

Variáveis fora da equação

Variáveis independentes	Estatística de escore	Significância
X_6 Qualidade do produto	0,656	0,418
X_7 Atividades de comércio eletrônico	3,501	0,061
X_8 Suporte técnico	0,006	0,937
X_9 Solução de reclamação	0,693	0,405
X_{10} Anúncio	0,091	0,762
X_{11} Linha do produto	3,409	0,065
X_{12} Imagem da equipe de venda	0,849	0,357
X_{14} Garantia e reclamações	2,327	0,127
X_{15} Novos produtos	0,026	0,873
X_{16} Encomenda e cobrança	0,010	0,919
X_{18} Velocidade de entrega	2,907	0,088

Matriz de classificação

	Pertinência prevista em grupo[c]					
	AMOSTRA DE ANÁLISE[a]			AMOSTRA DE TESTE[b]		
	X_4 Região			X_4 Região		
Pertinência real em grupo	EUA/América do Norte	Fora da América do Norte	Total	EUA/América do Norte	Fora da América do Norte	Total
EUA/América do Norte	25 (96,2)	1	26	9 (69,2)	4	13
Fora da América do Norte	6	28 (82,4)	34	2	25 (92,6)	27

[a] 88,3% de amostra de análise corretamente classificada.
[b] 85,0% da amostra de teste corretamente classificada.
[c] Valores entre parênteses são percentuais corretamente classificados (razão de sucesso).

> *(Continuação)*
> O modelo de duas variáveis (ver Tabela 5-27) tem valores R^2 que são ambos maiores que 0,50, apontando para um modelo de regressão logística que explica pelo menos metade da variação entre os dois grupos de clientes. Sempre se deseja melhorar tais valores, mas tal nível é considerado praticamente significante nesta situação.

Os valores R^2 do modelo de duas variáveis exibiram considerável melhora sobre o modelo de uma variável e indicam bom ajuste quando comparados aos valores R^2 geralmente encontrados em regressão múltipla. De acordo com as medidas de ajuste de caráter estatístico, o modelo é considerado aceitável em termos de significância estatística e prática.

Precisão de classificação. O terceiro exame de ajuste geral do modelo será para avaliar a precisão de classificação do modelo em uma medida final de significância prática. As matrizes de classificação, idênticas em natureza àquelas empregadas em análise discriminante, representam os níveis de precisão preditiva atingidos pelo modelo logístico. A medida de precisão preditiva usada é a razão de sucesso, o percentual de casos corretamente classificados. Esses valores serão calculados tanto para a amostra de análise quanto a de teste, e medidas específicas de grupos serão examinadas além das medidas gerais. Além disso, comparações podem ser feitas, como ocorreu em análise discriminante, com padrões de comparação representando os níveis de precisão preditiva conseguidos por chances (ver discussão mais detalhada na seção sobre análise discriminante).

> Os padrões de comparação para as razões de sucesso da matriz de classificação serão os mesmos que foram calculados para a análise discriminante de dois grupos. Os valores são 65,5% para o critério de chance proporcional (a medida preferida) e 76,3% para o critério de chance máxima. Se você não estiver familiarizado com os métodos de cálculo de tais medidas, veja a discussão anterior no capítulo que trata de avaliação da precisão de classificação.
> - As razões de sucesso geral para o modelo logístico de uma variável são 73,3% e 75,0% para as amostras de análise e de teste, respectivamente. Mesmo que as razões de sucesso geral sejam maiores do que o critério de chance proporcional e comparáveis com o critério de chance máxima, um problema considerável surge na amostra de teste para os clientes dos EUA/América do Norte, onde a razão de sucesso é de somente 30,8%. Este nível está abaixo de ambos os padrões e demanda que o modelo logístico seja expandido até o ponto em que, espera-se, esta razão de sucesso específica de grupo exceda os padrões.
> - O modelo de duas variáveis exibe melhora substancial na razão de sucesso geral e nos valores específicos de grupos. As razões de sucesso geral subiram para 88,3% e 85,0% para as amostras de análise e de teste, respectivamente. Além disso, a problemática razão de sucesso na amostra de teste aumenta para 69,2%, acima do valor padrão para o critério de chance proporcional. Com essas melhoras nos níveis geral e específicos, o modelo de regressão logística de duas variáveis é considerado aceitável em termos de precisão de classificação.

Em todos os três dos tipos básicos de medida de ajuste geral, o modelo de duas variáveis (com X_{13} e X_{17}) demonstra níveis aceitáveis de significância estatística e prática. Com ajuste de modelo geral aceitável, voltamos nossa atenção para a avaliação dos testes estatísticos dos coeficientes logísticos a fim de identificar os coeficientes que têm relações significantes afetando pertinência a grupo.

Significância estatística dos coeficientes

Os coeficientes estimados para as duas variáveis independentes e a constante também podem ser avaliados quanto à significância estatística. A estatística Wald é usada para avaliar significância de um modo semelhante ao teste t utilizado em regressão múltipla.

> Os coeficientes logísticos para X_{13} (1,079) e X_{17} (1,844) e a constante (−14,190*) são todos significantes no nível 0,01 com base no teste estatístico de Wald. Nenhuma outra variável consegue entrar no modelo e atingir pelo menos um nível de significância de 0,05.

Assim, as variáveis individuais são significantes e podem ser interpretadas para identificar as relações que afetam as probabilidades previstas e subseqüentemente a pertinência a grupo.

Diagnósticos por casos

A análise da má classificação de observações individuais pode fornecer uma melhor visão sobre possíveis melhoramentos do modelo. Diagnósticos por casos, como resíduos e medidas de influências, estão disponíveis, bem como a análise de perfil discutida anteriormente para a análise discriminante.

> Neste caso, apenas 13 casos foram mal classificados (7 na amostra de análise e 6 na de teste). Dado o elevado grau de correspondência entre esses casos e aqueles mal classificados estudados na análise discriminante de dois grupos, o processo de estabelecimento de perfil não será novamente levado adiante (leitores interessados podem rever o exemplo de dois grupos). Diagnóstico por casos,

---

* N. de R. T.: O número correto é −14,192.

> como resíduos e medidas de influência estão disponíveis. Dados os baixos níveis de má classificação, porém, nenhuma análise complementar de classificação ruim é executada.

Estágio 5: Interpretação dos resultados

O procedimento de regressão logística *stepwise* produziu uma variável estatística muito semelhante àquela da análise discriminante de dois grupos, apesar de ter uma variável independente a menos. Examinaremos os coeficientes logísticos para avaliarmos a direção e o impacto que cada variável tem sobre a probabilidade prevista e a pertinência a grupo.

Interpretação dos coeficientes logísticos

> O modelo final de regressão logística inclui duas variáveis (X_{13} e X_{17}) com coeficientes de regressão de 1,079 e 1,844, respectivamente, e uma constante de –14,190* (ver Tabela 5-27). A comparação desses resultados com a análise discriminante de dois grupos revela resultados quase idênticos, uma vez que a análise discriminante incluiu três variáveis no modelo de dois grupos – X_{13} e X_{17} juntamente com X_{11}.

Direção das relações. Para avaliar a direção da relação de cada variável, podemos examinar ou os coeficientes logísticos originais, ou os coeficientes exponenciados. Comecemos com os originais.

> Se você recordar de nossa discussão anterior, podemos interpretar a direção da relação diretamente a partir do sinal dos coeficientes logísticos originais. Neste caso, ambas as variáveis têm sinais positivos, o que aponta para uma relação positiva entre ambas as variáveis independentes e a probabilidade prevista. À medida que os valores de X_{13} ou X_{17} aumentam, a probabilidade prevista aumenta, fazendo crescer assim a possibilidade de que um cliente seja categorizado como residindo fora da América do Norte.
>
> Voltando nossa atenção para os coeficientes exponenciados, devemos recordar que valores acima de 1,0 indicam uma relação positiva e valores abaixo de 1,0 apontam para uma relação negativa. Em nosso caso, os valores de 2,942 e 6,319 também refletem relações positivas.

Magnitude das relações. O método mais direto para avaliar a magnitude da variação na probabilidade devido a cada variável independente é examinar os coeficientes exponenciados. Como você deve lembrar, o coeficiente exponenciado menos um é igual à variação percentual da razão de desigualdades.

> Em nosso caso, isso significa que um aumento de um ponto aumenta a razão de desigualdades em 194% para X_{13} e 531% para X_{17}. Esses números podem exceder 100% de variação porque eles estão aumentando a razão de desigualdades e não as probabilidades propriamente ditas. Os impactos são grandes porque o termo constante (–14,190*) define um ponto inicial de quase zero para os valores de probabilidade. Logo, grandes aumentos na razão de desigualdades são necessários para se conseguir valores maiores de probabilidades.

Outra abordagem na compreensão sobre como os coeficientes logísticos definem probabilidade é calcular a probabilidade prevista para qualquer conjunto de valores para as variáveis independentes.

> Para as variáveis independentes X_{13} e X_{17}, usemos as médias para os dois grupos. Dessa maneira podemos ver qual seria a probabilidade prevista para um membro médio de cada grupo.
>
> A Tabela 5-28 mostra os cálculos para a previsão da probabilidade para os dois centróides de grupo. Como podemos perceber, o centróide para o grupo 0 (clientes na América do Norte) tem uma probabilidade prevista de 18,9%, enquanto o centróide para o grupo 1 (fora da América do Norte) tem uma probabilidade prevista de 94,8%. Este exemplo demonstra que o modelo logístico cria de fato uma separação entre os dois centróides de grupo em termos de probabilidade prevista, gerando excelentes resultados de classificação conquistados para as amostras de análise e de teste.

Os coeficientes logísticos definem relações positivas para ambas as variáveis independentes e fornecem uma maneira de avaliar o impacto de uma variação em uma ou ambas as variáveis sobre a razão de desigualdades e conseqüentemente sobre a probabilidade prevista. Fica evidente por que muitos pesquisadores preferem regressão logística à análise discriminante quando comparações são feitas sobre a informação mais útil disponível nos coeficientes logísticos em contrapartida com as cargas discriminantes.

Estágio 6: Validação dos resultados

A validação do modelo de regressão logística é conseguida neste exemplo através do mesmo método usado em análise discriminante: criação de amostras de análises e de teste. Examinando a razão de sucesso para a amostra de teste, o pesquisador pode avaliar a validade externa e a significância prática do modelo de regressão logística.

> Para o modelo final de regressão logística de duas variáveis, as razões de sucesso para as amostras de análi-
> *(Continua)*

---
* N. de R. T.: O número correto é -14,192.

TABELA 5-28 Cálculo de valores de probabilidade estimada para os centróides de grupos da região X_4

	X_4 (Região)	
	Grupo 0: EUA/América do Norte	Grupo 1: Fora da América do Norte
Centróide: X_{13}	5,60	7,42
Centróide: X_{17}	3,63	4,93
Valor logit[a]	−1,452	2,909
Razão de desigualdades[b]	0,234	18,332
Probabilidade[c]	0,189	0,948

[a]Calculado como: Logit = −14,190 + 1,079X_{13} + 1,844X_{17}
[b]Calculada como: Razão de desigualdades = e^{Logit}
[c]Calculada como: Probabilidade = Razão de desigualdades/(1+Razão de desigualdades)

(*Continuação*)
se e de teste excedem todos os padrões de comparação (critérios de chance proporcional e de chance máxima). Além disso, todas as razões de sucesso específicas de grupos são suficientemente grandes para a aceitação. Esse aspecto é especialmente importante para a amostra de teste, que é o principal indicador de validade externa.

Esses resultados levam à conclusão de que o modelo de regressão logística, como também descoberto com o modelo de análise discriminante, demonstrou validade externa suficiente para a completa aceitação dos resultados.

Uma visão gerencial

A regressão logística apresenta uma alternativa à analise discriminante que pode ser mais confortável para muitos pesquisadores devido à sua similaridade com regressão múltipla. Dada a sua robustez diante das condições de dados que podem afetar negativamente a análise discriminante (p.ex., matrizes diferentes de variância-covariância), a regressão logística é também a técnica preferida de estimação em muitas aplicações.

Quando comparada com análise discriminante, a regressão logística fornece precisão preditiva comparável com uma variável estatística mais simples que usava a mesma interpretação substancial, apenas com uma variável a menos. A partir dos resultados da regressão logística, o pesquisador pode se concentrar na competitividade e na flexibilidade de preços como as principais variáveis de diferenciação entre os dois grupos de clientes. A meta nesta análise não é aumentar probabilidade (como poderia ser o caso de se analisar sucesso versus fracasso), ainda que a regressão logística forneça uma técnica direta para a HBAT compreender o impacto relativo de cada variável independente na criação de diferenças entre os dois grupos de clientes.

Resumo

A natureza intrínseca, os conceitos e a abordagem para a análise discriminante múltipla e a regressão logística foram apresentados. Orientações básicas para sua aplicação e interpretação foram incluídas para melhor esclarecer os conceitos metodológicos. Este capítulo ajuda você a fazer o seguinte:

Estabelecer as circunstâncias sob as quais a análise discriminante linear ou a regressão logística devem ser usadas ao invés da regressão múltipla. Ao se escolher uma técnica analítica apropriada, às vezes encontramos um problema que envolve uma variável dependente categórica e diversas variáveis independentes métricas. Lembre-se que a variável dependente em regressão foi medida metricamente. Análise discriminante múltipla e regressão logística são as técnicas estatísticas apropriadas quando o problema de pesquisa envolve uma única variável dependente categórica e diversas variáveis independentes métricas. Em muitos casos, a variável dependente consiste de dois grupos ou classificações, por exemplo, masculino versus feminino, alto versus baixo, ou bom versus ruim. Em outros casos, mais de dois grupos estão envolvidos, como classificações baixas, médias e altas. A análise discriminante e a regressão logística são capazes de lidar com dois ou múltiplos (três ou mais) grupos. Os resultados de uma análise discriminante e de uma regressão logística podem auxiliar no perfil das características entre-grupos dos indivíduos e na correspondência dos mesmos com seus grupos adequados.

Identificar os principais problemas relacionados aos tipos de variáveis usados e os tamanhos de amostras exigidos na aplicação de análise discriminante. Para aplicar análise discriminante, o pesquisador deve primeiramente especificar quais variáveis devem ser medidas independentes e qual é a dependente. O pesquisador deve se concentrar primeiro na variável dependente. O número de grupos da variável dependente (categorias) pode ser dois ou mais, mas tais grupos devem ser mutuamente excludentes e exaustivos. Depois que uma decisão foi tomada sobre a variável dependente, o pesquisador deve decidir quais variáveis independentes devem ser incluídas na análise. Variáveis independentes são escolhidas de duas maneiras: (1) identificando variáveis de pesquisa anterior ou do modelo teórico inerente à questão de pesquisa, e (2) utilizando o conhecimento e a intuição do pesquisador para selecionar variáveis para as quais nenhuma pesquisa ou teoria anterior existem mas que logicamente podem estar relacionadas com a previsão de grupos da variável dependente.

A análise discriminante, como as demais técnicas multivariadas, é afetada pelo tamanho da amostra sob análise. Uma proporção de 20 observações para cada variável preditora é recomendada. Como os resultados se tornam instáveis à medida que o tamanho da amostra diminui relativamente ao número de variáveis independentes, o tamanho mínimo recomendado é de cinco observações por variável independente. O tamanho amostral de cada grupo também deve ser considerado. No mínimo, o tamanho do menor grupo de uma categoria deve exceder o número de variáveis independentes. Como orientação prática, cada categoria deve ter pelo menos 20 observações. Mesmo que todas as categorias ultrapassem 20 observações, porém, o pesquisador também deve considerar os tamanhos relativos dos grupos. Variações grandes nos tamanhos dos grupos afetam a estimação da função discriminante e a classificação de observações.

Compreender as suposições subjacentes à análise discriminante na avaliação de sua adequação a um problema em particular. As suposições da análise discriminante se relacionam aos processos estatísticos envolvidos nos procedimentos de estimação e classificação, bem como aos problemas que afetam a interpretação dos resultados. As suposições-chave para se obter a função discriminante são normalidade multivariada das variáveis independentes, e estruturas (matrizes) desconhecidas (mas iguais) de dispersão e covariância para os grupos como definidos pela variável dependente. Se as suposições são violadas, o pesquisador deve entender o impacto sobre os resultados que podem ser esperados e considerar métodos alternativos para análise (p.ex., regressão logística).

Descrever as duas abordagens computacionais para análise discriminante e o método para avaliação de ajuste geral do modelo. As duas técnicas para análise discriminante são os métodos simultâneo (direto) e *stepwise*. A estimação simultânea envolve a computação da função discriminante considerando todas as variáveis independentes ao mesmo tempo. Portanto, a função discriminante é computada com base no conjunto inteiro de variáveis independentes, independentemente do poder discriminante de cada variável independente. A estimação *stepwise* é uma alternativa ao método simultâneo. Ela envolve a entrada de variáveis independentes uma por vez com base no poder discriminante das mesmas. O método *stepwise* segue um processo seqüencial de adição ou eliminação de variáveis da função discriminante. Depois que esta é estimada, o pesquisador deve avaliar a significância ou ajuste da mesma. Quando um método simultâneo é empregado, o lambda de Wilks, o traço de Hotelling e o critério de Pillai calculam a significância estatística do poder discriminatório da função estimada. Se um método *stepwise* é usado para estimar a função discriminante, o D^2 de Mahalanobis e a medida V de Rao são os mais adequados para avaliar ajuste.

Explicar o que é uma matriz de classificação e como desenvolver uma, e descrever as maneiras de se avaliar a precisão preditiva da função discriminante. Os testes estatísticos para avaliar a significância das funções discriminantes avaliam apenas o grau de diferença entre grupos com base nos escores Z discriminantes, mas não indicam o quão bem as funções prevêem. Para determinar a habilidade preditiva de uma função discriminante, o pesquisador deve construir matrizes de classificação. O procedimento da matriz de classificação fornece uma perspectiva sobre significância prática no lugar de significância estatística. Antes que uma matriz de classificação possa ser construída, no entanto, o pesquisador deve determinar o escore de corte para cada função discriminante. O escore de corte representa o ponto de divisão utilizado para classificar observações em cada um dos grupos, baseado no escore da função discriminante. O cálculo de um escore de corte entre dois grupos quaisquer é sustentado pelos dois centróides de grupo (média dos escores discriminantes) e pelos tamanhos relativos dos dois grupos. Os resultados do procedimento de classificação são apresentados em forma matricial. As entradas na diagonal da matriz representam o número de indivíduos corretamente classificados. Os números fora da diagonal correspondem a classificações incorretas. O percentual corretamente classificado, também conhecido como *razão de sucesso*, revela o quão bem a função discriminante prevê os objetos. Se os custos da má classificação forem aproximadamente iguais para todos os grupos, o escore de corte ótimo será aquele que classificar mal o menor número de objetos ao longo de todos os grupos. Se os custos de má classificação forem desiguais, o escore de corte ótimo será aquele que minimiza os custos de má classificação. Para avaliar a razão de sucesso, devemos olhar para uma classificação por chances. Quando os tamanhos de grupos são iguais, a determinação da classificação por chances se baseia no número de grupos. Quando os tamanhos dos grupos são distintos, o cálculo da classificação por chances pode ser feito de duas maneiras: chance máxima e chance proporcional.

Dizer como identificar variáveis independentes com poder discriminatório. Se a função discriminante é estatisticamente significante e a precisão de classificação (razão de sucesso) é aceitável, o pesquisador deve se concentrar na realização de interpretações substanciais das descobertas. Este processo envolve a determinação da importância relativa de cada variável independente na discriminação entre os grupos. Três métodos de determinação da importância relativa foram propostos: (1) pesos discriminantes padronizados, (2) cargas discriminantes (correlações estruturais) e (3) valores F parciais. A abordagem tradicional para interpretar funções discriminantes examina o sinal e a magnitude do peso discriminante padronizado designado para cada variável na computação das funções discriminantes. Variáveis independentes com pesos relativamente maiores contribuem mais para o poder discriminatório da função do que variáveis com pesos menores. O sinal denota se a variável contribui negativa ou positivamente. Cargas discriminantes são cada vez mais usadas como uma base para interpretação por conta das deficiências na utilização de pesos. Medindo a correlação linear simples entre cada variável independente e a função discriminante, as cargas discriminantes refletem a variância que as variáveis independentes compartilham com a função discriminante. Elas podem ser interpretadas como cargas fatoriais na avaliação da contribuição relativa de cada variável independente à função discriminante. Quando um método de estimação *stepwise* é usado, uma maneira adicional de interpretar o poder discriminatório relativo das variáveis independentes é através do emprego de valores F parciais, o que se consegue examinando-se os tamanhos absolutos dos valores F significantes e ordenando-os. Valores F grandes indicam um poder discriminatório maior.

Justificar o uso de um método de divisão de amostra para validação. O estágio final de uma análise discriminante envolve a validação dos resultados discriminantes para fornecer garantias de que os mesmos têm tanto validade interna quanto externa. Além de validar as razões de sucesso, o pesquisador deve usar o perfil dos grupos para garantir que as médias deles são indicadores válidos do modelo conceitual utilizado na seleção das variáveis independentes. Validação pode ocorrer com uma amostra separada (de teste) ou utilizando um procedimento que repetidamente processa a amostra de estimação. Validação das razões de sucesso é executada muito freqüentemente criando-se uma amostra de teste, também chamada de amostra de validação. O propósito da utilização de uma amostra de teste para fins de validação é perceber o quão bem a função discriminante funciona em uma amostra de observações que não foram usadas para obtê-la. Tal avaliação envolve o desenvolvimento de uma função discriminante com a amostra de análise e então a aplicação da função à amostra de teste.

Entender as vantagens e desvantagens da regressão logística comparada com análise discriminante e regressão múltipla. Análise discriminante é apropriada quando a variável dependente é não-métrica. Se ela tiver apenas dois grupos, então a regressão logística pode ser preferível por duas razões. Primeiro, a análise discriminante apóia-se no atendimento estrito das suposições de normalidade multivariada e igualdade entre as matrizes de variância-covariância nos grupos – premissas que não são atendidas em muitas situações. A regressão logística não se depara com tais restrições e é muito mais robusta quando essas suposições não são atendidas, tornando sua aplicação adequada em muitos casos. Segundo, mesmo que as suposições sejam atendidas, muitos pesquisadores preferem a regressão logística por ser semelhante à regressão múltipla. Como tal, ela tem testes estatísticos diretos, métodos semelhantes para incorporar variáveis métricas e não-métricas e efeitos não-lineares, bem como uma vasta gama de diagnósticos. A regressão logística é equivalente à análise discriminante de dois grupos e pode ser mais adequada em muitas situações.

Interpretar os resultados de uma análise de regressão logística, com comparações com regressão múltipla e análise discriminante. A adequação de ajuste para um modelo de regressão logística pode ser avaliada de duas maneiras: (1) usando valores pseudo R^2, semelhantes àqueles encontrados em regressão múltipla, e (2) examinando precisão preditiva (i.e., a matriz de classificação em análise discriminante). As duas abordagens examinam ajuste de modelo sob diferentes perspectivas, mas devem conduzir a resultados semelhantes. Uma das vantagens da regressão logística é que precisamos saber apenas se um evento ocorreu para definir um valor dicotômico como nossa variável dependente. Quando analisamos esses dados usando transformação logística, contudo, a regressão logística e seus coeficientes assumem um significado um tanto diferente daqueles encontrados em regressão com uma variável dependente métrica. Analogamente, cargas em análise discriminante são interpretadas diferentemente de um coeficiente logístico. Este último reflete a direção e a magnitude da relação da variável independente, mas requer diferentes métodos de interpretação. A direção da relação (positiva ou negativa) retrata as variações na variável dependente associadas com mudanças na independente. Uma relação positiva significa que um aumento na variável independente é associado com um aumento na probabilidade prevista, e vice-versa para uma relação negativa. Para determinar a magnitude do coeficiente, ou o quanto que a probabilidade mudará dada uma unidade de variação na variável independente, o valor numérico do coeficiente deve ser avaliado. Exatamente como em regressão múltipla, os coeficientes para variáveis métricas e não-métricas devem ser interpretados diferentemente porque cada um reflete diferentes impactos sobre a variável dependente.

A análise discriminante múltipla e a regressão logística ajudam a compreender e explicar problemas de pesquisa que envolvem uma variável dependente categórica e diversas variáveis independentes métricas. Ambas as técnicas podem ser usadas para estabelecer o perfil das características entre grupos dos indivíduos e designar os mesmos a seus grupos apropriados. Aplicações potenciais dessas duas técnicas tanto em negócios como em outras áreas são inúmeras.

Questões

1. Como você diferenciaria entre análise discriminante múltipla, análise de regressão, regressão logística e análise de variância?
2. Quando você empregaria regressão logística no lugar de análise discriminante? Quais são as vantagens e desvantagens dessa decisão?
3. Quais critérios você poderia usar para decidir se deve parar uma análise discriminante depois de estimar a função discriminante? Depois do estágio de interpretação?
4. Qual procedimento você seguiria para dividir sua amostra em grupos de análise e de teste? Como você mudaria este procedimento se sua amostra consistisse de menos do que 100 indivíduos ou objetos?
5. Como você determinaria o escore de corte ótimo?
6. Como você determinaria se a precisão de classificação da função discriminante é suficientemente alta relativamente a uma classificação ao acaso?
7. Como uma análise discriminante de dois grupos difere de uma análise de três grupos?
8. Por que um pesquisador deve expandir as cargas e dados do centróide ao representar graficamente uma solução de análise discriminante?
9. Como a regressão logística e a análise discriminante lidam com a relação das variáveis dependente e independentes?
10. Quais são as diferenças de estimação e interpretação entre regressão logística e análise discriminante?
11. Explique o conceito de razão de desigualdades e por que ela é usada para prever probabilidade em um procedimento de regressão logística.

Leituras sugeridas

Uma lista de leituras sugeridas ilustrando questões e aplicações da análise discriminante e regressão logística está disponível na Web em www.prenhall.com/hair (em inglês).

Referências

1. Cohen, J. 1988. *Statistical Power Analysis for the Behavioral Sciences,* 2nd ed. Hillsdale, NJ: Lawrence Erlbaum Associates.
2. Crask, M., and W. Perreault. 1977. Validation of Discriminant Analysis in Marketing Research. *Journal of Marketing Research* 14 (February): 60–68.
3. Demaris, A. 1995. A Tutorial in Logistic Regression. *Journal of Marriage and the Family* 57: 956–68.
4. Dillon, W. R., and M. Goldstein. 1984. *Multivariate Analysis: Methods and Applications.* New York: Wiley.
5. Frank, R. E., W. E. Massey, and D. G. Morrison. 1965. Bias in Multiple Discriminant Analysis. *Journal of Marketing Research* 2(3): 250–58.
6. Gessner, Guy, N. K. Maholtra, W. A. Kamakura, and M. E. Zmijewski. 1988. Estimating Models with Binary Dependent Variables: Some Theoretical and Empirical Observations. *Journal of Business Research* 16(1): 49–65.
7. Green, P. E., D. Tull, and G. Albaum. 1988. *Research for Marketing Decisions.* Upper Saddle River, NJ: Prentice Hall.
8. Green, P. E. 1978. *Analyzing Multivariate Data.* Hinsdale, IL: Holt, Rinehart and Winston.
9. Green, P. E., and J. D. Carroll. 1978. *Mathematical Tools for Applied Multivariate Analysis.* New York: Academic Press.
10. Harris, R. J. 2001. *A Primer of Multivariate Statistics,* 3rd ed. Hillsdale, NJ: Lawrence Erlbaum Associates.
11. Hosmer, D. W., and S. Lemeshow. 2000. *Applied Logistic Regression,* 2nd ed. New York: Wiley.
12. Huberty, C. J. 1984. Issues in the Use and Interpretation of Discriminant Analysis. *Psychological Bulletin* 95: 156–71.
13. Huberty, C. J., J. W. Wisenbaker, and J. C. Smith. 1987. Assessing Predictive Accuracy in Discriminant Analysis. *Multivariate Behavioral Research* 22 (July): 307–29.
14. Johnson, N., and D. Wichern. 2002. *Applied Multivariate Statistical Analysis,* 5th ed. Upper Saddle River, NJ: Prentice Hall.
15. Long, J. S. 1997. *Regression Models for Categorical and-Limited Dependent Variables: Analysis and Interpretation.* Thousand Oaks, CA:-Sage.
16. Morrison, D. G. 1969. On the Interpretation of Discriminant Analysis. *Journal of Marketing Research* 6(2): 156–63.
17. Pampel, F. C. 2000. *Logistic Regression: A Primer,* Sage University Papers Series on Quantitative Applications in the Social Sciences, # 07–096. Newbury Park, CA: Sage.
18. Perreault, W. D., D. N. Behrman, and G. M. Armstrong. 1979. Alternative Approaches for Interpretation of Multiple Discriminant Analysis in Marketing Research. *Journal of Business Research* 7: 151–73.

CAPÍTULO 6
Análise Multivariada de Variância

Objetivos de aprendizagem

Ao concluir este capítulo, você deverá ser capaz de:

- Explicar a diferença entre a hipótese nula univariada de ANOVA e a hipótese nula multivariada de MANOVA.
- Discutir as vantagens de uma abordagem multivariada para teste de significância comparada com as das abordagens univariadas mais tradicionais.
- Formular as suposições para o uso de MANOVA.
- Discutir os diferentes tipos de estatísticas de teste que estão disponíveis para teste de significância em MANOVA.
- Descrever o propósito de testes *post hoc* em ANOVA e MANOVA.
- Interpretar resultados de interação quando mais de uma variável independente é empregada em MANOVA.
- Descrever o propósito da análise multivariada de covariância (MANCOVA).

Apresentação do capítulo

A análise multivariada de variância (MANOVA) é uma extensão da análise de variância (ANOVA) para acomodar mais de uma variável dependente. É uma técnica de dependência que mede as diferenças para duas ou mais variáveis dependentes métricas, com base em um conjunto de variáveis categóricas (não-métricas) que atuam como variáveis independentes. ANOVA e MANOVA podem ser enunciadas nas seguintes formas gerais:

Análise de Variância

$$Y_1 = X_1 + X_2 + X_3 + \ldots + X_n$$

(métrica) (não-métrica)

Análise Multivariada de Variância

$$Y_1 + Y_2 + Y_3 + \ldots + Y_n = X_1 + X_2 + X_3 + \ldots + X_n$$

(métrica) (não-métrica)

Assim como ANOVA, MANOVA está interessada em diferenças entre grupos (ou tratamentos experimentais). ANOVA é chamada de procedimento univariado pelo fato de usarmos a mesma para avaliar diferenças de grupos em uma única variável dependente métrica. MANOVA é chamada de procedimento multivariado porque usamos a mesma para avaliar diferenças de grupos em múltiplas variáveis dependentes métricas simultaneamente. Em MANOVA, cada grupo de tratamento é observado em duas ou mais variáveis dependentes.

O conceito de análise multivariada de variância foi introduzido há mais de 70 anos por Wilks [26]. No entanto, não foi antes do desenvolvimento de estatísticas de teste apropriadas com distribuições tabeladas e da ampla disponibilidade de programas de computador para processar essas estatísticas que MANOVA se tornou uma ferramenta prática para pesquisadores.

Tanto ANOVA quanto MANOVA são particularmente úteis quando usadas em conjunto com planejamentos experimentais, ou seja, delineamentos de pesquisa nos quais o pesquisador controla ou manipula diretamente uma ou mais variáveis independentes para determinar o efeito sobre a(s) variável(eis) dependente(s). ANOVA e MANOVA fornecem as ferramentas necessárias para julgar os efeitos observados (ou seja, se uma diferença observada ocorre devido a um efeito de tratamento ou à variabilidade de amostragem aleatória). No entanto, MANOVA tem também um papel em planejamentos não-experimentais (p.ex., em levantamentos de informações) onde grupos de interesse (p.ex., sexo, comprador/não-comprador) são definidos e então as diferenças em qualquer número de variáveis métricas (p.ex., atitudes, satisfação, taxa de compras) são avaliadas quanto à significância estatística.

Termos-chave

Antes de começar o capítulo, leia os termos-chave para desenvolver uma compreensão dos conceitos e da terminologia empregados. Ao longo do capítulo, os termos-chave aparecem em **negrito**. Outros pontos que merecem destaque no capítulo e referências cruzadas estão em *itálico*. Exemplos ilustrativos estão em quadros.

Alfa (α) Nível de significância associado ao teste estatístico das diferenças entre dois ou mais grupos. Normalmente, valores pequenos, como 0,05 ou 0,01, são especificados para minimizar a possibilidade de se cometer um *erro Tipo I*.

Análise de variância (ANOVA) Técnica estatística usada para determinar se as amostras de dois ou mais grupos surgem de populações com médias iguais (ou seja, as médias de grupos diferem significativamente?). A análise de variância examina uma medida dependente, ao passo que a análise multivariada de variância compara diferenças de grupos quanto a duas ou mais variáveis dependentes.

Análise *stepdown* Teste para o poder discriminatório incremental de uma variável dependente depois que os efeitos de outras variáveis dependentes foram levados em conta. Semelhante à regressão ou análise discriminante ***stepwise***, esse procedimento, que se baseia em uma ordem especificada de entrada, determina o quanto uma variável dependente adicional acrescenta à explicação das diferenças entre os grupos na análise MANOVA.

Beta (β) Ver *erro Tipo II*.

Comparação planejada Teste *a priori* para uma comparação específica de diferenças de médias de grupos. Esses testes são executados em conjunto com os testes para *efeitos principal* e *de interação* usando-se um *contraste*.

Contraste Procedimento para investigar diferenças específicas de grupos de interesse em conjunção com ANOVA e MANOVA (p.ex., comparar diferenças de médias de grupos para um par específico de grupos).

Covariáveis, ou análise de covariáveis Uso de procedimentos do tipo regressão para remover variação estranha (inconveniente) nas variáveis dependentes devido a uma ou mais variáveis independentes métricas (covariáveis) não controladas. As covariáveis são consideradas linearmente relacionadas com as variáveis dependentes. Depois de se ajustar a influência de covariáveis, uma ANOVA ou MANOVA padrão é realizada. Esse processo de ajuste (conhecido como ANCOVA ou MANCOVA) geralmente permite testes mais sensíveis de efeitos de tratamento.

Desigualdade de Bonferroni Técnica para ajustar o nível *alfa* selecionado para controle da taxa de *erro Tipo I* geral quando se executa uma série de testes separados. O procedimento envolve o cálculo de um novo *valor crítico* dividindo-se a taxa α proposta pelo número de testes estatísticos a serem executados. Por exemplo, se um *nível de significância* de 0,05 é desejado para uma série de cinco testes separados, então uma taxa de 0,01 (0,05/5) é utilizada em cada um.

Distribuição normal multivariada Generalização da distribuição normal univariada para o caso de *p* variáveis. Uma distribuição normal multivariada de grupos de amostras é uma suposição básica exigida para a validade dos testes de significância em MANOVA (ver Capítulo 2 para mais discussão sobre este tópico).

Efeito de interação Em *planejamentos fatoriais*, os efeitos conjuntos de duas variáveis de *tratamento* em adição aos *efeitos principais* individuais. Isso significa que a diferença entre grupos quanto a uma variável de tratamento varia de acordo com o nível da segunda variável de tratamento. Por exemplo, considere que os respondentes foram classificados por renda (três níveis) e sexo (homens versus mulheres). Uma interação significante seria encontrada quando as diferenças entre homens e mulheres quanto à (s) variável(eis) independente(s) variassem substancialmente ao longo dos três níveis de renda.

Efeito principal Em planejamentos fatoriais, o efeito individual de cada variável de *tratamento* sobre a variável dependente.

Erro padrão Medida da dispersão das médias ou das diferenças das médias esperada devido à variação amostral. O erro padrão é usado no cálculo da *estatística t*.

Erro Tipo I Probabilidade de rejeitar a hipótese nula quando ela deveria ser aceita, ou seja, concluir que duas médias são significativamente diferentes quando na verdade são iguais. Valores pequenos de *alfa* (p.ex., 0,05 ou 0,01), também denotados como α, levam à rejeição da hipótese nula e aceitação da hipótese alternativa de que as médias das populações não são iguais.

Erro Tipo II Probabilidade de se falhar na rejeição da hipótese nula quando ela deveria ser rejeitada, ou seja, concluir que duas médias não são significativamente diferentes quando na verdade o são. Também conhecido como *erro beta* (β).

Estatística U Ver *lambda de Wilks*.

Estatística t Teste estatístico que avalia a significância estatística entre dois grupos em uma única variável dependente (ver *teste t*).

Fator Variável independente não-métrica, também chamada de *tratamento* ou variável experimental.

Fator de blocagem Característica de respondentes em ANOVA ou MANOVA que é usada para reduzir a variabilidade interna do grupo tornando-se um *fator* adicional na análise. Muito freqüentemente usada como uma variável de controle (ou seja, característica não incluída na análise, mas uma pela qual diferenças são esperadas ou propostas). Incluindo-se fator de blocagem na análise, são formados grupos adicionais que são mais homogêneos e aumentam a chance de mostrar diferenças significantes. Como exemplo, considere que clientes são questionados sobre suas intenções de compra de um produto e que a medida independente empregada é idade. Experiência anterior mostrou que uma variação substancial em intenções de compras de outros produtos deste tipo era devida também a sexo. Logo, sexo poderia ser acrescentado como um fator adicional, de forma que cada categoria de idade fosse dividida em grupos de homens e mulheres com maior homogeneidade interna.

Função discriminante Dimensão de diferença ou discriminação entre os grupos na análise MANOVA. A função discriminante é uma *variável estatística* das variáveis dependentes.

Função de ligação Uma componente fundamental de *GLM* que especifica a transformação entre a variável estatística de variáveis independentes* e a distribuição especificada de probabilidade. Em MANOVA (e regressão), a ligação identidade é usada com uma distribuição normal, correspondendo a nossas suposições estatísticas de normalidade.

Hipótese nula Hipótese com amostras que surgem de populações com médias iguais (i.e., as médias de grupos são iguais) para uma variável dependente (teste univariado) ou um conjunto de variáveis dependentes (teste multivariado). A hipótese nula pode ser aceita ou rejeitada, dependendo dos resultados de um teste de significância estatística.

Independência Suposição crítica de ANOVA ou MANOVA que requer que as medidas dependentes para cada respondente sejam totalmente não-correlacionadas com as respostas de outros respondentes na amostra. Uma falta de independência afeta severamente a validade estatística da análise a menos que uma ação corretiva seja realizada.

Interação desordinal Forma de *efeito de interação* entre variáveis independentes que invalida a interpretação dos *efeitos principais* dos tratamentos. Uma interação desordinal é mostrada graficamente fazendo-se o gráfico das médias para cada grupo e fazendo-se a intersecção de retas. Nesse tipo de interação, as diferenças médias não apenas variam, dadas as combinações únicas de níveis de variável independente, mas a ordenação relativa de grupos também muda.

Interação ordinal Tipo aceitável de *efeito de interação* no qual as magnitudes de diferenças entre grupos variam, mas as posições relativas dos grupos permanecem constantes. É graficamente representada com valores médios e observando-se retas não-paralelas que não se interceptam.

---

* N. de R. T.: A frase correta seria "variáveis dependentes".

Lambda de Wilks Uma das quatro principais estatísticas para testar a hipótese nula em MANOVA. Também chamado de critério de máxima verossimilhança ou *estatística U*.

Maior raiz característica (*gcr*) Estatística para testar a hipótese nula em MANOVA. Ela testa a primeira *função discriminante* das variáveis dependentes em relação à sua habilidade de distinguir diferenças de grupos.

Medidas repetidas Uso de duas ou mais respostas de um único indivíduo em uma análise ANOVA ou MANOVA. O propósito de um delineamento de medidas repetidas é controlar as diferenças de nível individual que possam afetar a variância interna no grupo. As medidas repetidas representam uma falta de *independência* que deve ser explicada de uma maneira especial na análise.

Modelo linear geral (GLM) Procedimento generalizado de estimação baseado em três componentes: (1) uma *variável* estatística formada pela combinação linear de variáveis independentes, (2) uma distribuição de probabilidade especificada pelo pesquisador com base nas características das variáveis dependentes, e (3) uma *função de ligação* que denota a conexão entre a variável estatística e a distribuição de probabilidade.

Nível de significância Ver *alfa*.

Ortogonal Independência estatística ou ausência de associação. As *variáveis estatísticas* ortogonais explicam a variância única, sem qualquer explicação de variância compartilhada entre elas. *Contrastes* ortogonais são *comparações planejadas* estatisticamente independentes e representam comparações únicas de médias de grupos.

Planejamento experimental Plano de pesquisa no qual o pesquisador manipula ou controla diretamente uma ou mais variáveis preditoras (ver *tratamento* ou *fator*) e avalia seus efeitos sobre as variáveis dependentes. Comum nas ciências físicas, está se tornando popular nos negócios e em ciências sociais. Por exemplo, os respondentes são confrontados com anúncios separados que variam sistematicamente em uma característica, como diferentes apelos (emocional versus racional) ou tipos de apresentação (colorido versus preto-e-branco), e são então questionados sobre suas atitudes, avaliações ou sentimentos em relação aos diferentes anúncios.

Planejamento fatorial Delineamento com mais de um *fator* (tratamento). Os planejamentos fatoriais examinam os efeitos de diversos fatores simultaneamente, formando grupos baseados em todas as possíveis combinações de níveis (valores) das diversas variáveis de tratamento.

Poder Probabilidade de identificar um efeito de tratamento quando ele realmente existe na amostra. O poder é definido como $1 - \beta$ (ver *beta*). É determinado como uma função do nível de significância estatística (α) dado pelo pesquisador para um *erro Tipo I*, do tamanho da amostra usada na análise, e do *tamanho do efeito* sob exame.

Replicação Administração repetida de um experimento com o intento de validar os resultados em uma outra amostra de respondentes.

T^2 de Hotelling Teste para avaliar a significância estatística da diferença nas médias de duas ou mais variáveis entre dois grupos. É um caso especial de MANOVA usado com dois grupos ou níveis de uma variável de tratamento.

Tamanho de efeito Medida padronizada de diferenças de grupos usada no cálculo de *poder* estatístico. Calculado como a diferença em médias de grupos dividida pelo desvio-padrão, é então comparável, em estudos de pesquisa, a uma medida generalizada de efeito (ou seja, diferenças em médias de grupos).

Taxa de erro de experimento A taxa de erro combinado ou geral que resulta da execução de múltiplos testes t ou F que são relacionados (p.ex., testes t entre uma série de pares correlacionados de variáveis, ou uma série de testes t entre os pares de categorias em uma variável multicotômica).

Tratamento Variável independente (*fator*) que um pesquisador manipula para ver o efeito (se houver) sobre as variáveis dependentes. A variável de tratamento pode ter diversos níveis. Por exemplo, diferentes intensidades de apelos de publicidade podem ser manipuladas para ver o efeito sobre a crença do cliente.

Teste a priori Ver *comparação planejada*.

Teste M de Box Teste estatístico para a igualdade de matrizes de variância-covariância das variáveis dependentes ao longo dos grupos. É sensível, especialmente diante da presença de variáveis não-normais. O uso de um *nível de significância* conservador (i.e., 0,01 ou menos) é sugerido como um ajuste para a sensibilidade da estatística.

Teste *post hoc* Teste estatístico de diferenças de médias executado depois que os testes estatísticos para *efeitos principais* foram realizados. Em geral, os testes *post hoc* não usam um único *contraste*, mas em vez disso testam diferenças entre todas as possíveis combinações de grupos. Ainda que forneçam informação diagnóstica abundante, eles aumentam a taxa de erro *Tipo I* geral fazendo múltiplos testes estatísticos e, por isso, devem usar níveis de confiança muito estritos.

Teste t Teste para avaliar a significância estatística da diferença entre duas médias amostrais para uma única variável dependente. O teste t é um caso especial de ANOVA para dois grupos ou níveis de uma variável de tratamento.

Valor crítico Valor de um teste estatístico (teste t, teste F) que denota um *nível de significância* especificado. Por exemplo, 1,96 denota um nível de significância de 0,05 para o teste t com grandes amostras.

Variável estatística Combinação linear de variáveis. Em MANOVA, as variáveis dependentes são formadas em *variáveis estatísticas* na(s) função(ões) discriminante(s).

Vetor Conjunto de números reais (por exemplo, $X_1 ... X_n$) que podem ser escritos em colunas ou linhas. Os vetores coluna são considerados convencionais, e os vetores linha são tidos como transpostos. Os vetores coluna e vetores linha são mostrados como se segue:

$$X = \begin{bmatrix} X_1 \\ X_2 \\ \vdots \\ X_n \end{bmatrix} \qquad X^T = [X_1\ X_2 \cdots X_n]$$

Vetor coluna   Vetor linha

MANOVA: EXTENSÃO DOS MÉTODOS UNIVARIADOS PARA AVALIAÇÃO DE DIFERENÇAS DE GRUPOS

Muitas vezes técnicas multivariadas são extensões de métodos univariados, como no caso da regressão múltipla, que estende a regressão simples (com apenas uma variável independente) a uma análise multivariada onde duas ou mais variáveis independentes podem ser usadas. Uma situação parecida é encontrada na análise de diferenças de grupos. Tais procedimentos são classificados como univariados não por causa do número de variáveis independentes, mas por conta do número de variáveis dependentes. Em regressão múltipla, os termos univariado e multivariado se referem à quantia de variáveis independentes, mas para ANOVA e MANOVA a terminologia se aplica ao uso de uma ou múltiplas variáveis dependentes. Ambas as técnicas são há bastante tempo associadas com a análise de planejamentos experimentais.

As técnicas univariadas para análise de diferenças de grupos são o teste t (2 grupos) e a análise de variância (ANOVA) para 2 ou mais grupos. Os procedimentos multivariados equivalentes são o T^2 de Hotelling e a análise multivariada de variância, respectivamente. As relações entre os procedimentos univariado e multivariado são como se segue:

	Número de variáveis dependentes	
Número de grupos em variável independente	Uma (univariada)	Duas ou mais (multivariada)
Dois grupos (caso especializado)	Teste t	T^2 de Hotelling
Dois ou mais grupos (caso generalizado)	Análise de variância (ANOVA)	Análise multivariada de variância (MANOVA)

O teste t e o T^2 de Hotelling (ver discussões mais detalhadas em seções adiante) são retratados como casos especializados no sentido de serem limitados à avaliação de apenas dois grupos (categorias) para uma variável independente, ao passo que ANOVA e MANOVA também podem lidar com situações de dois grupos, bem como análises nas quais as variáveis independentes têm mais de dois grupos. Antes de proceder com nossa discussão dos aspectos únicos de MANOVA, examinamos os princípios básicos das técnicas univariadas.

Procedimentos univariados para avaliação de diferenças de grupos

A discussão a seguir aborda os dois tipos mais comuns de procedimentos univariados, o teste t, que compara uma variável dependente ao longo de dois grupos, e ANOVA, usada sempre que o número de grupos é dois* ou mais.

O teste t

O **teste** *t* avalia a significância estatística da diferença entre duas médias de amostras independentes para uma única variável dependente. Ao descrevermos os elementos básicos do teste t e outros testes de diferenças de grupos, abordamos dois tópicos: planejamento da análise e teste estatístico.

Planejamento da análise. A diferença em escores médios de grupos é o resultado de designar observações (p.ex., respondentes) a um dos dois grupos com base em seus valores de uma variável não-métrica conhecida como **fator** (também chamada de **tratamento**). Um fator é uma variável não-métrica, muitas vezes empregada em um **planejamento experimental** no qual ela é manipulada com categorias ou níveis pré-especificados que são propostos para refletir diferenças em uma variável dependente. Um fator pode também ser apenas uma variável não-métrica observada, como sexo. Em qualquer caso, a análise é fundamentalmente a mesma. Um exemplo de um planejamento experimental simples será usado para ilustrar tal análise:

> Um pesquisador está interessado em como dois diferentes anúncios – um informativo e outro emocional – afetam o apelo dos mesmos. Para avaliar as possíveis diferenças, dois anúncios refletindo os diferentes apelos são preparados. Respondentes são em seguida escolhidos ao acaso para receber o anúncio informativo ou o emotivo. Depois de examinarem o anúncio, cada respondente deve avaliar o apelo da mensagem em uma escala de 10 pontos, sendo que 1 é pobre e 10 é excelente.

As duas diferentes mensagens representam um único fator experimental com dois níveis (informativo versus emocional). A avaliação de apelo se torna a variável dependente. A meta é determinar se os respondentes que examinaram o anúncio informativo têm uma avaliação de apelo significativamente diferente do que aqueles que viram o anúncio com a mensagem emocional. Neste caso, o fator foi experimentalmente manipulado (ou seja, os dois níveis de tipo de mensagem foram criados pelo pesquisador), mas o mesmo processo básico poderia ser usado para examinar diferença em uma variável dependente para quaisquer dois grupos de respondentes (p.ex., homens versus mulheres, clientes versus não-clientes etc.). Com os respondentes designados a grupos com base em seus valores do fator, o próximo passo é avaliar se as diferenças entre os grupos em termos da variável dependente são estatisticamente significantes.

* N. de R. T.: A frase correta seria "sempre que o número de grupos é três ou mais".

Teste estatístico. Para determinar se o tratamento tem um efeito (ou seja, os dois anúncios têm diferentes níveis de apelo?), um teste estatístico é executado sobre as diferenças entre os escores médios (i.e., avaliação de apelo) para cada grupo (aqueles que vêem os anúncios emocionais versus aqueles que vêem os informativos).

Cálculo da estatística t. A medida usada é a estatística *t*, definida neste caso como a razão da diferença entre as médias da amostra ($\mu_1 - \mu_2$) e seu erro padrão. O **erro padrão** é uma estimativa da diferença entre médias a ser esperada por conta de erro amostral. Se a diferença real entre as médias de grupos é suficientemente maior do que o erro padrão, então podemos concluir que essas diferenças são estatisticamente significantes. Abordamos na próxima seção qual nível da estatística *t* é necessário para significância estatística, mas primeiro podemos expressar o cálculo na equação a seguir:

$$\text{estatística } t = \frac{\mu_1 - \mu_2}{SE_{\mu_1 \mu_2}}$$

onde

μ_1 = média do grupo 1
μ_2 = média do grupo 2
$SE\mu_1\mu_2$ = erro padrão da diferença em médias de grupos

> Em nosso exemplo, calcularíamos primeiramente o escore médio da avaliação de apelo para cada grupo de respondentes (informativo versus emocional) e em seguida encontraríamos a diferença em seus escores médios ($\mu_{informativo} - \mu_{emocional}$). Formando a razão de diferença real entre as médias com a diferença esperada devido a erro amostral (o erro padrão), quantificamos o impacto real do tratamento que é devido a erro de amostragem aleatória. Em outras palavras, o valor *t*, ou estatística *t*, representa a diferença de grupo em termos de erros padrão.

Interpretação da estatística t. Quão grande deve ser o valor *t* para se considerar a diferença estatisticamente significante (ou seja, a diferença não era devido à variabilidade amostral, mas representa uma diferença verdadeira)? Essa determinação é feita comparando-se a estatística *t* com o **valor crítico** da estatística *t* (t_{crit}). Determinamos o valor crítico (t_{crit}) para nossa estatística *t* e testamos a significância estatística das diferenças observadas pelo seguinte procedimento:

1. Computamos a estatística *t* como a razão da diferença entre médias amostrais e seu erro padrão.
2. Especificamos um nível de **erro Tipo I** (denotado como **alfa**, α, ou **nível de significância**), que indica o nível de probabilidade que o pesquisador aceitará para concluir que as médias de grupos são diferentes quando na verdade não o são.

3. Determinamos o valor crítico (t_{crit}) referente à distribuição t com $N_1 + N_2 - 2$ graus de liberdade e um α especificado, onde N_1 e N_2 são tamanhos de amostras. Apesar de o pesquisador poder usar as tabelas estatísticas para descobrir o valor exato, diversos valores típicos são empregados quando o tamanho total da amostra (N_1+N_2) é pelo menos maior que 50. O que se segue são alguns níveis α amplamente usados e os correspondentes valores t_{crit}:

α (Nível de significância)	Valor t_{crit}
0,10	1,64
0,05	1,96
0,01	2,58

4. Se o valor absoluto da estatística t calculada exceder t_{crit}, o pesquisador pode concluir que os dois grupos revelam diferenças em médias de grupos na medida dependente (ou seja, $\mu_1 = \mu_2$*), com uma probabilidade de erro Tipo I de α. O pesquisador pode então examinar os valores médios reais para determinar qual grupo é maior no valor dependente.

Os programas de computador atuais fornecem o valor t calculado e o nível de significância associado, tornando a interpretação ainda mais fácil. O pesquisador apenas precisa ver se o nível de significância atende ou excede o nível de erro Tipo I estabelecido pelo pesquisador.

O teste t é amplamente usado por funcionar com grupos pequenos em tamanho e é muito fácil de aplicar e interpretar. Ele enfrenta poucas limitações: (1) ele acomoda somente dois grupos, e (2) ele pode avaliar apenas uma variável independente por vez. Para remover alguma ou ambas dessas restrições, o pesquisador pode utilizar análise de variância, a qual pode testar variáveis independentes com mais de dois grupos e ainda avaliar simultaneamente duas ou mais variáveis independentes.

Análise de variância

Em nosso exemplo do teste t, um pesquisador expôs dois grupos de respondentes a diferentes anúncios e em seguida pediu que avaliassem o nível de apelo dos anúncios em uma escala de 10 pontos. Suponha que estejamos interessados em avaliar três mensagens, em vez de duas. Os respondentes seriam aleatoriamente designados a um dos três grupos, e teríamos três médias de amostras para comparar. Para analisar esses dados, poderíamos ser tentados a conduzir testes t separados para a diferença entre cada par de médias (ou seja, grupo 1 versus grupo 2; grupo 1 versus grupo 3; e grupo 2 versus grupo 3).

No entanto, múltiplos testes t aumentam a taxa de erro Tipo I geral (discutimos isso em mais detalhes na próxima seção). A **análise de variância (ANOVA)** evita essa inflação do erro Tipo I ao fazerem múltiplas comparações de grupos de tratamento, determinando em um único teste se o conjunto inteiro de médias de amostras sugere que as amostras foram obtidas a partir da mesma população geral. Ou seja, ANOVA é empregada para determinar a probabilidade de que diferenças em médias ao longo de diversos grupos ocorrem apenas devido a erro amostral.

Planejamento de análise. ANOVA oferece consideravelmente maior flexibilidade no teste de diferenças de grupos do que o teste t. Ainda que um teste t possa ser executado com ANOVA, o pesquisador tem também a habilidade para testar diferenças em mais de dois grupos, bem como testar mais de uma variável independente. Fatores não são limitados a apenas dois níveis, mas podem ter quantos níveis (grupos) que se queira. Além disso, a habilidade de analisar mais de uma variável independente permite ao pesquisador uma visão mais analítica sobre questões complexas de pesquisa que não poderiam ser abordadas pela análise de apenas uma variável independente por vez.

Com essa maior flexibilidade surgem, porém, problemas extras. O mais importante se refere às exigências de tamanho de amostra a partir do aumento do número de níveis ou de variáveis independentes. Para cada grupo, um pesquisador desejará ter uma amostra de aproximadamente 20 observações (uma discussão mais detalhada se encontra em uma seção posterior). Desse modo, aumentar o número de níveis em qualquer fator demanda um aumento no tamanho da amostra. Além disso, a análise de múltiplos fatores pode criar uma situação de exigências por grandes amostras de maneira muito rápida. Lembre-se, quando dois ou mais fatores são incluídos na análise, o número de grupos formados é o produto do número de níveis, e não a soma (ou seja, Número de grupos = Número de níveis$_{Fator\ 1}$ × Número de níveis$_{Fator\ 2}$). Um exemplo simples ilustra a questão.

> Os dois níveis de anúncio publicitário (informativo e emocional) requerem uma amostra total de 50 se o pesquisador desejar 25 respondentes por célula. Agora, considere que um segundo fator é acrescentado quanto à colorização do anúncio em três níveis (1 = colorido, 2 = preto e branco, 3 = combinação de ambos). Se os dois fatores são agora incluídos na análise, o número de grupos aumenta para seis (Número de grupos = 2×3) e a amostra cresce para 150 respondentes (Tamanho amostral = 6 grupos × 25 respondentes por grupo). Assim, percebemos que o acréscimo de um fator de três níveis pode aumentar a complexidade e a amostra exigida.

Logo, pesquisadores devem ser cuidadosos quando determinam o número de níveis para um fator, bem como o número de fatores incluídos, especialmente quando se analisam pesquisas de campo, onde a habilidade de conseguir um tamanho necessário de amostra por célula é muito mais difícil do que em condições sob controle.

Teste estatístico. A lógica de um teste ANOVA é bastante simples. Como o nome **análise de variância** sugere,

---
* N. de R. T.: A expressão certa é $\mu_1 \neq \mu_2$.

duas estimativas independentes da variância para a variável dependente são comparadas. A primeira reflete a variabilidade geral de respondentes dentro dos grupos (MS_W), e a segunda representa as diferenças entre grupos atribuíveis aos efeitos de tratamento (MS_B):

- *Estimativa de variância dentro de grupos (MS_W: quadrado médio dentro dos grupos)*: Essa estimativa da variabilidade média dos respondentes quanto à variável dependente dentro de um grupo de tratamento é baseada em desvios de escores individuais a partir de suas respectivas médias de grupos. A MS_W é comparável ao erro padrão entre duas médias calculadas no teste t, uma vez que representa a variabilidade dentro dos grupos. O valor MS_W às vezes é chamado de variância de erro.
- *Estimativa de variância entre grupos (MS_B: quadrado médio entre grupos)*: A segunda estimativa de variância é a variabilidade das médias de grupos de tratamento quanto à variável dependente. Baseia-se em desvios de médias de grupos a partir da grande média geral de todos os escores. Sob a **hipótese nula** de inexistência de efeitos de tratamento (ou seja, $\mu_1 = \mu_2 = \mu_3 = \ldots = \mu_k$), essa estimativa de variância, diferente da MS_W, reflete quaisquer efeitos de tratamento que existam; em outras palavras, diferenças em médias de tratamentos aumentam o valor esperado da MS_B. Note que qualquer número de grupos pode ser acomodado.

Cálculo da estatística F. A razão entre MS_B e MS_W é uma medida de quanta variância é atribuível aos diferentes tratamentos versus a variância esperada a partir de amostragem aleatória. A razão entre MS_B e MS_W é conceitualmente semelhante ao valor t, mas neste caso nos dá um valor para a estatística F.

$$\text{Estatística } F = \frac{MS_B}{MS_W}$$

Como as diferenças entre grupos tendem a inflacionar MS_B, grandes valores da estatística F levam à rejeição da hipótese nula de inexistência de diferença em médias de grupos. Se a análise tem diversos tratamentos diferentes (variáveis independentes), então estimativas de MS_B são calculadas para cada tratamento, bem como estatísticas F. Isso permite a avaliação separada de cada tratamento.

Interpretação da estatística F. Para determinar se a estatística F é suficientemente grande para justificar a rejeição da hipótese nula (o que significa que diferenças estão presentes entre os grupos), siga um processo parecido com o teste t:

1. Determine o valor crítico para a estatística F (F_{crit}) usando a distribuição F com $(k-1)$ e $(N-k)$ graus de liberdade para um nível especificado de α (onde $N = N_1 + \ldots + N_k$ e k = número de grupos). Como ocorre com o teste t, um pesquisador pode usar certos valores F como diretrizes gerais quando as amostras são relativamente grandes. Esses valores são simplesmente t_{crit} ao quadrado, resultando no seguinte:

α (Nível de significância)	Valor F_{crit}
0,10	2,68
0,05	3,84
0,01	6,63

2. Calcule a estatística F ou encontre o valor F calculado pelo programa de computador.
3. Se o valor calculado da estatística F exceder F_{crit}, conclua que as médias ao longo de todos os grupos não são todas iguais. Novamente, os programas computacionais fornecem o valor F e o correspondente nível de significância, de modo que o pesquisador pode diretamente avaliar se ele alcança um nível aceitável.

O exame das médias de grupos então viabiliza ao pesquisador a avaliação da posição relativa de cada grupo quanto à medida dependente. Apesar de o teste estatístico F avaliar a hipótese nula de médias iguais, ele não aborda a questão de quais médias são diferentes. Por exemplo, em uma situação de três grupos, todos eles podem diferir significativamente, ou dois podem ser iguais, mas diferirem do terceiro. Para avaliar essas diferenças, o pesquisador pode empregar comparações planejadas ou testes *post hoc*. Examinamos cada um desses métodos posteriormente.

Procedimentos multivariados para avaliação de diferenças de grupos

Como procedimentos de inferência estatística, tanto as técnicas univariadas (teste t e ANOVA) quanto suas extensões multivariadas (T^2 de Hotelling e MANOVA) são utilizadas para avaliar a significância estatística de diferenças entre grupos. No teste t e ANOVA, a hipótese nula testada é a igualdade de médias de uma variável dependente ao longo de grupos. Nas técnicas multivariadas, a hipótese nula testada é a igualdade de **vetores** de médias sobre múltiplas variáveis dependentes ao longo de grupos. A distinção entre as hipóteses testadas em ANOVA e MANOVA é ilustrada na Figura 6-1. No caso univariado, uma única medida dependente é testada quanto à igualdade ao longo de grupos. No caso multivariado, uma **variável estatística** é testada quanto a igualdade. O conceito de variável estatística tem sido instrumental em nossas discussões das técnicas multivariadas anteriores e é abordado em detalhes no Capítulo 1.

Em MANOVA, o pesquisador na verdade tem duas variáveis estatísticas, uma para as variáveis dependentes e outra para as independentes. A variável estatística de variáveis dependentes é de maior interesse porque as medidas dependentes métricas podem ser reunidas em uma combinação linear, como já vimos na regressão múltipla e na análise discriminante. O aspecto único de MANOVA *é que a variável estatística combina de maneira ótima as múltiplas medidas dependentes em um único valor que maximiza as diferenças ao longo dos grupos.*

ANOVA

$H_0 : \mu_1 = \mu_2 = \ldots \mu_k$

Hipótese nula (H_0) = todas as médias de grupos são iguais, ou seja, elas se originam da mesma população.

MANOVA

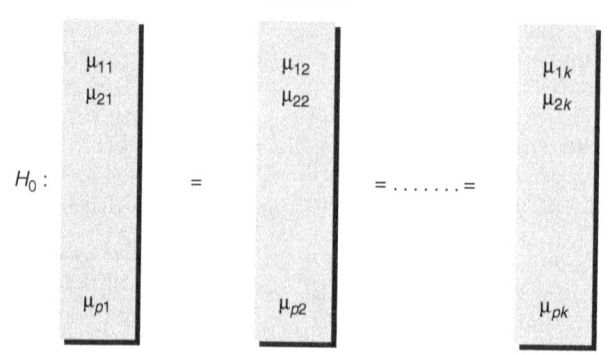

$$H_0 : \begin{bmatrix} \mu_{11} \\ \mu_{21} \\ \vdots \\ \mu_{p1} \end{bmatrix} = \begin{bmatrix} \mu_{12} \\ \mu_{22} \\ \vdots \\ \mu_{p2} \end{bmatrix} = \ldots = \begin{bmatrix} \mu_{1k} \\ \mu_{2k} \\ \vdots \\ \mu_{pk} \end{bmatrix}$$

Hipótese nula (H_0) = todos os vetores de médias de grupos são iguais, ou seja, eles se originam da mesma população.

μ_{pk} = médias da variável p, grupo k

FIGURA 6-1 Teste da hipótese nula de ANOVA e de MANOVA.

O caso de dois grupos: T^2 de Hotelling

Em nosso exemplo univariado anterior, os pesquisadores estavam interessados no apelo de duas mensagens de anúncios. Mas e se eles também quisessem conhecer a intenção de compra gerada pelas duas mensagens? Se fossem usadas apenas análises univariadas, os pesquisadores fariam testes t separados sobre as avaliações de apelo e intenção de compra geradas pelos anúncios. Entretanto, as duas medidas estão inter-relacionadas; logo, o que realmente se deseja é um teste das diferenças entre as mensagens nas duas variáveis coletivamente. Esse é o momento em que o **T^2 de Hotelling**, uma forma especializada de MANOVA que é uma extensão direta do teste t univariado, pode ser usado.

Controle para a taxa de erro Tipo I. O T^2 de Hotelling fornece um teste estatístico da variável estatística formada a partir das variáveis dependentes, que produz a maior diferença de grupos. Ele também aborda o problema de inflacionar o nível de erro Tipo I que surge quando se faz uma série de testes t de médias de grupos sobre diversas medidas dependentes. Ele controla essa inflação de nível de erro Tipo I, fornecendo um teste geral único de diferenças de grupos ao longo de todas as variáveis dependentes em um nível α especificado.

Como o T^2 de Hotelling atinge esses objetivos? Considere a seguinte equação para uma variável estatística das variáveis dependentes:

$$C = W_1 X_1 + W_2 X_2 + \ldots + W_n X_n$$

onde

C = escore composto ou multivariado para um respondente
W_i = peso para a variável dependente i
X_i = variável dependente i

> Em nosso exemplo, as avaliações de apelo de mensagem são combinadas com as intenções de compra para formar a composição. Para qualquer conjunto de pesos, poderíamos computar escores compostos para cada respondente e então calcular uma estatística t ordinária para a diferença entre grupos quanto aos escores compostos. No entanto, se conseguíssemos achar um conjunto de pesos que desse o valor máximo à estatística t para esse conjunto de dados, esses pesos seriam os mesmos da função discriminante entre os dois grupos (como mostrado no Capítulo 5). A estatística t máxima que resulta a partir dos escores compostos produzidos pela função discriminante pode ser elevada ao quadrado para produzir o valor T^2 de Hotelling [11].

A fórmula computacional para o T^2 de Hotelling representa os resultados de derivações matemáticas empregadas para se chegar à estatística t máxima (e, implicitamente, à combinação linear mais discriminante das variáveis dependentes). Isso equivale a dizer que se encontrarmos uma função discriminante para os dois grupos que produza um T^2 significante, os dois grupos serão considerados diferentes ao longo dos vetores de médias.

Teste estatístico. Como o T^2 de Hotelling fornece um teste da hipótese de nenhuma diferença de grupos nos vetores de escores médios? Assim como a estatística t segue uma distribuição conhecida sob a hipótese nula de nenhum efeito de tratamento sobre uma única variável dependente, o T^2 de Hotelling segue uma distribuição conhecida sob a hipótese nula de nenhum efeito de tratamento sobre qualquer uma de um conjunto de medidas dependentes. Essa distribuição se transforma em uma distribuição F com p e $N_1 + N_2 - 2 - 1$ graus de liberdade após ajuste (onde p = número de variáveis dependentes). Para conseguir o valor crítico para o T^2 de Hotelling, encontramos o valor tabelado para F_{crit} em um nível α especificado e computamos T^2_{crit} como se segue:

$$T^2_{crit} = \frac{p(N_1 + N_2 - 2)}{N_1 + N_2 - p - 1} \times F_{crit}$$

O caso de k grupos: MANOVA

Assim como ANOVA é uma extensão do teste t, MANOVA pode ser considerada uma extensão do procedimento T^2 de Hotelling. Criamos pesos para as variáveis dependentes para produzir um escore da variável estatística para cada respondente que é maximamente diferente ao longo de todos os grupos. Muitas das mesmas questões sobre planejamento de análise discutidas em ANOVA se aplicam em MANOVA, mas o método de teste estatístico difere sensivelmente de ANOVA.

Planejamento de análise. Todos os aspectos do planejamento da análise discutidos anteriormente para ANOVA (número de níveis por fator, quantia de fatores etc.) também se aplicam a MANOVA. Além disso, o número de variáveis dependentes e as relações entre essas medidas dependentes levantam questões adicionais que são discutidas adiante. MANOVA permite ao pesquisador que o mesmo avalie o impacto de múltiplas variáveis independentes sobre as variáveis dependentes não somente individualmente, mas também coletivamente.

Teste estatístico. No caso de dois grupos, uma vez que a variável estatística é formada, os procedimentos de ANOVA são basicamente usados para identificar se há diferenças. Com três ou mais grupos (tendo uma única variável independente com três níveis ou usando duas ou mais variáveis independentes), a análise de diferenças de grupos fica mais próxima da análise discriminante (ver Capítulo 5). Para três ou mais grupos, assim como em análise discriminante, variáveis estatísticas múltiplas de medidas dependentes são formadas. A primeira variável estatística, chamada de **função discriminante**, especifica um conjunto de pesos que maximiza as diferenças entre grupos, maximizando portanto o valor F. O valor F máximo em si nos permite computar diretamente o que se chama de estatística da **maior raiz característica (gcr)**, a qual viabiliza o teste estatístico da primeira função discriminante. A estatística da maior raiz característica pode ser calculada como [11]:

$$gcr = (k - 1) F_{max} / (N - k).$$

Para obter um único teste da hipótese de inexistência de diferenças de grupos nesse primeiro vetor de escores médios, poderíamos apelar para tabelas da distribuição gcr. Assim como a estatística F segue uma distribuição conhecida sob a hipótese nula de médias equivalentes de grupos sobre uma variável dependente, a estatística gcr segue uma distribuição conhecida sob a hipótese nula de vetores equivalentes de médias de grupos (ou seja, as médias de grupos são equivalentes em um conjunto de medidas dependentes). Uma comparação do gcr observado com o gcr_{crit} nos fornece uma base para rejeitar a hipótese nula geral de vetores equivalentes de médias de grupos.

Quaisquer funções discriminantes subseqüentes são **ortogonais**: elas maximizam as diferenças entre grupos com base na variância remanescente não explicada pela(s) função(ões) anterior(es). Assim, em muitos casos, o teste para diferenças entre grupos envolve não apenas o primeiro escore de variável estatística, mas um conjunto de escores de variável estatística que são avaliados simultaneamente. Em tais casos, há diversos testes multivariados disponíveis (p.ex., lambda de Wilks, critério de Pillai), cada um mais adequado a situações específicas para testes dessas múltiplas variáveis estatísticas.

Diferenças entre MANOVA e análise discriminante

Observamos anteriormente que, em teste estatístico, MANOVA emprega uma função discriminante, a qual é a variável estatística de medidas dependentes que maximiza a diferença entre grupos. Pode surgir a questão: qual é a diferença entre MANOVA e análise discriminante? Em alguns aspectos, MANOVA e análise discriminante são imagens espelhadas. As variáveis dependentes em MANOVA (um conjunto de variáveis métricas) são as variáveis independentes em análise discriminante, e a variável dependente não-métrica da análise discriminante se torna a variável independente em MANOVA. Além disso, ambas usam os mesmos métodos na formação de variáveis estatísticas e na avaliação da significância estatística entre grupos.

As diferenças, entretanto, se concentram em torno dos objetivos das análises e do papel da(s) variável(eis) não-métricas.

- A análise discriminante emprega uma única variável não-métrica como dependente. As categorias da variável dependente são assumidas como dadas, e as variáveis independentes são empregadas para formar variáveis estatísticas que diferem maximamente entre os grupos formados pelas categorias da variável dependente.
- MANOVA usa o conjunto de variáveis métricas como as variáveis dependentes, e o objetivo passa a ser encontrar grupos de respondentes que exibam diferenças no conjun-

to de variáveis dependentes. Os grupos de respondentes não são pré-especificados; ao invés disso, o pesquisador usa uma ou mais variáveis independentes (não-métricas) para formar grupos. MANOVA, mesmo enquanto forma esses grupos, ainda mantém a habilidade de avaliar o impacto de cada variável não-métrica separadamente.

UMA ILUSTRAÇÃO HIPOTÉTICA DE MANOVA

Um exemplo simples pode ilustrar os benefícios de se usar MANOVA e também mostrar o uso de duas variáveis independentes para avaliar diferenças em duas variáveis dependentes.

> Considere que a agência publicitária da HBAT identificou duas características de anúncios da empresa (tipo de produto sendo anunciado e tipo de cliente) que eles imaginaram que causariam diferenças na maneira como as pessoas avaliam os anúncios. Eles pediram ao departamento de pesquisa para desenvolver e executar um estudo para avaliar o impacto dessas características sobre as avaliações de anúncios.

Planejamento de análise

Ao planejar o estudo, a equipe de pesquisa definiu os seguintes elementos relacionados a fatores utilizados, variáveis dependentes e tamanho de amostra:

> - *Fatores*: Dois fatores foram identificados como representando Tipo de produto e Tipo do cliente. Para cada fator, dois níveis foram também definidos: tipo de produto (produto 1 versus produto 2) e tipo de cliente (cliente atual versus ex-cliente). Ao combinar essas duas variáveis, conseguimos quatro grupos distintos:
>
> | Tipo do cliente | Tipo de produto | |
> | --- | --- | --- |
> | | Produto 1 | Produto 2 |
> | Cliente atual | Grupo 1 | Grupo 2 |
> | Ex-cliente | Grupo 3 | Grupo 4 |
>
> - *Variáveis dependentes*: Avaliação dos anúncios HBAT usou duas variáveis (habilidade para ganhar atenção e persuasão) medidas em uma escala de 10 pontos.
> - *Amostra*: Respondentes foram expostos aos anúncios e avaliaram os mesmos quanto às duas medidas dependentes (ver Tabela 6-1).

Diferenças da análise discriminante

Apesar de MANOVA construir a variável estatística e analisar diferenças de uma maneira semelhante à análise discriminante, as duas técnicas diferem sensivelmente em como os grupos são formados e analisados. Usemos este exemplo para ilustrar tais diferenças:

> - Com análise discriminante, poderíamos examinar apenas as diferenças no conjunto de quatro grupos, sem distinção quanto às características dos mesmos (tipo de produto ou tipo de cliente). O pesquisador seria capaz de determinar se a variável estatística difere significativamente somente ao longo dos grupos, mas não poderia avaliar quais características dos grupos se relacionam a tais diferenças.
> - Com MANOVA, porém, o pesquisador analisa as diferenças nos grupos enquanto também avalia se as

(Continua)

TABELA 6-1 Exemplo hipotético de MANOVA

	Produto 1				Produto 2			
	$\bar{x}_{lembrança} = 3,50$ $\bar{x}_{compra} = 4,50$ $\bar{x}_{total} = 8,00$				$\bar{x}_{lembrança} = 5,50$ $\bar{x}_{compra} = 5,625$ $\bar{x}_{total} = 11,125$			
Tipo de cliente/Linha de produto	Identificação	Atenção	Compra	Total	Identificação	Atenção	Compra	Total
Ex-cliente	1	1	3	4	5	3	4	7
$\bar{x}_{lembrança} = 3,00$	2	2	1	4	6	4	3	7
$\bar{x}_{compra} = 3,25$	3	2	3	5	7	4	5	9
$\bar{x}_{total} = 6,25$	4	3	2	5	8	5	5	10
Média		2,0	2,25	4,25		4,0	4,25	8,25
Cliente	9	4	7	11	13	6	7	13
$\bar{x}_{lembrança} = 6,00$	10	5	6	11	14	7	8	15
$\bar{x}_{compra} = 6,875$	11	5	7	12	15	7	7	14
$\bar{x}_{total} = 12,875$	12	6	7	13	16	8	6	14
Média		5,0	6,75	11,75		7,0	7,0	14,0

Valores são respostas em uma escala de 10 pontos (1 = Baixo, 10 = Alto).

(*Continuação*)
mesmas são devido ao tipo de produto, de cliente ou ambos. Logo, MANOVA se concentra na análise da composição dos grupos com base em suas características (as variáveis independentes).

MANOVA permite ao pesquisador propor um planejamento mais complexo de pesquisa usando qualquer número de variáveis não-métricas independentes (dentro de limites) para formar grupos e então procurar diferenças significantes na variável estatística dependente associada a variáveis não-métricas específicas.

Formação da variável estatística e avaliação das diferenças

Com MANOVA podemos combinar múltiplas medidas dependentes em uma única variável estatística que será então avaliada quanto a diferenças em uma ou mais variáveis independentes. Vejamos como uma variável estatística é formada e utilizada em nosso exemplo.

Considere para este exemplo que as duas medidas dependentes (lembrança e compra) fossem igualmente ponderadas quando somadas no valor da variável estatística (variável estatística total = $escore_{\text{habilidade de conquistar}}$

$_{\text{atenção}}$ + $escore_{\text{persuasão}}$). Este primeiro passo é idêntico à análise discriminante e fornece um valor composto com as variáveis ponderadas para atingir diferenças máximas entre os grupos.

Com a variável estatística formada, podemos agora calcular médias para cada um dos quatro grupos, bem como as médias gerais para cada nível. A partir da Tabela 6-1 podemos identificar diversos padrões:

- As quatro médias de grupos para a variável composta total (ou seja, 4,25, 8,25, 11,75 e 14,0) variam significativamente entre os grupos, sendo bastante diferenciáveis entre si. Se fôssemos usar análise discriminante com esses quatro grupos especificados como a medida dependente, esta determinaria que diferenças significantes surgiram na variável composta e também que ambas as variáveis dependentes* (lembrança e compra) contribuíram para tais diferenças. A despeito disso, ainda não teríamos qualquer visão sobre como as duas variáveis independentes contribuíram para essas diferenças.
- MANOVA, porém, vai além da análise das diferenças ao longo de grupos, avaliando se tipo de produto e/ou tipo de cliente criaram grupos com essas diferenças. Isso é obtido calculando-se as médias de categoria (denotadas pelo símbolo ■), que são mostradas na Figura

(*Continua*)

---
* N. de R. T.: A frase correta seria "ambas as variáveis independentes".

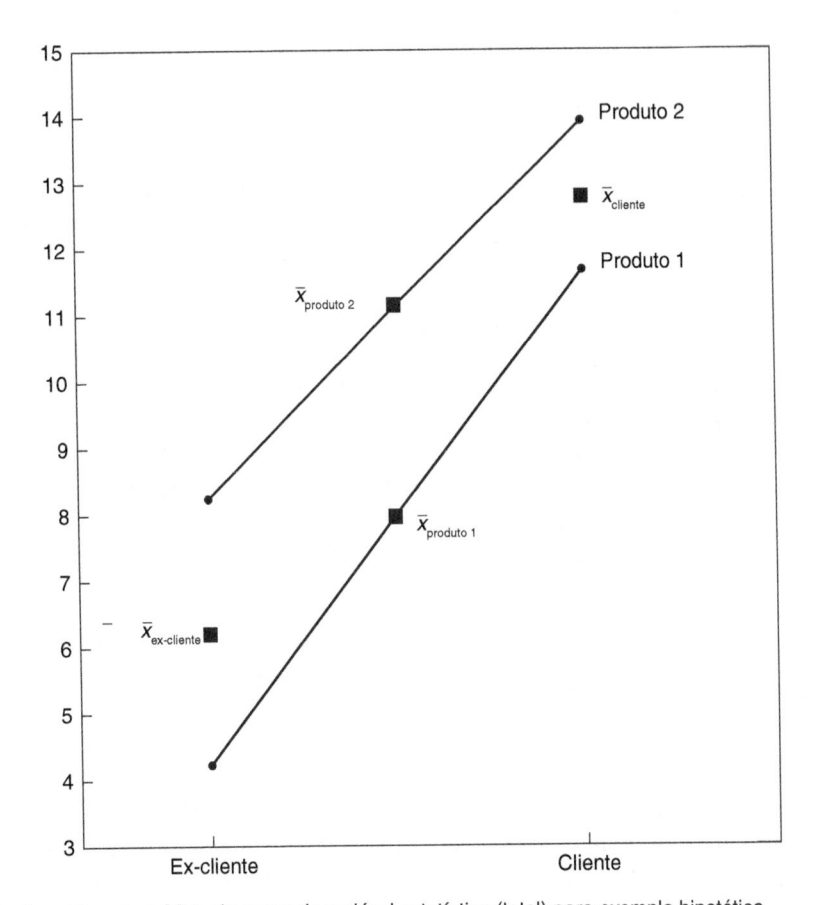

FIGURA 6-2 Representação gráfica de médias de grupo da variável estatística (total) para exemplo hipotético.

> *(Continuação)*
> 6-2 com as médias individuais de grupos (as duas linhas conectam os grupos – ex-cliente e cliente – para os produtos 1 e 2). Se olharmos para o tipo de produto (ignorando distinções quanto ao tipo de cliente), poderemos ver um valor médio de 8,0 para os usuários do produto 1 e um valor médio de 11,125 para os usuários do produto 2. Do mesmo modo, para o tipo de cliente, os ex-clientes têm um valor médio de 6,25, e os clientes, de 12,875. A inspeção visual sugere que essas médias de categoria mostram diferenças significantes, com as diferenças para tipo de cliente (12,875 – 6,25 = 6,625) maiores do que para produto (11,125 – 8,00 = 3,125).

Por ser capaz de representar essas médias de categoria de variável independente na análise, MANOVA não apenas mostra que diferenças gerais entre os quatro grupos ocorrem (como foi feito com a análise discriminante), mas também que tanto o tipo de cliente quanto o tipo de produto contribuem significantemente para formar tais grupos distintos. Logo, as duas características "provocam" diferenças significantes, uma descoberta impossível com a análise discriminante.

UM PROCESSO DE DECISÃO PARA MANOVA

O processo de executar uma análise multivariada de variância é semelhante ao encontrado em muitas outras técnicas multivariadas e por isso pode ser descrito por meio do processo de seis estágios para a construção de modelo descrito no Capítulo 1. O processo começa com a especificação dos objetivos da pesquisa. Segue então com várias questões do projeto que uma análise multivariada demanda e prossegue com uma análise das suposições inerentes a MANOVA. Com tais questões abordadas, o processo continua com a estimação do modelo MANOVA e a avaliação do ajuste geral do modelo. Quando um modelo MANOVA aceitável é encontrado, os resultados podem ser interpretados em maiores detalhes. O passo final envolve esforços para validar os resultados para garantir generalização para a população. A Figura 6-3 (estágios 1-3) e a Figura 6-4 (estágios 4-6, mostrados adiante no texto) fornecem uma representação gráfica do processo, que será discutido em detalhes nas próximas seções.

ESTÁGIO 1: OBJETIVOS DE MANOVA

A seleção de MANOVA é baseada no desejo de analisar uma relação de dependência representada como as diferenças em um conjunto de medidas dependentes ao longo de uma série de grupos formados por uma ou mais medidas independentes categóricas. Desse modo, MANOVA representa uma poderosa ferramenta analítica adequada a uma ampla colocação de questões de pesquisa. Se empregada em situações reais ou quase experimentais (como pesquisas de campo ou investigações nas quais as medidas independentes são categóricas), MANOVA pode fornecer idéias não apenas sobre a natureza e o poder preditivo das medidas independentes, mas também sobre as inter-relações e diferenças percebidas no conjunto de medidas dependentes.

Quando devemos usar MANOVA?

Com a habilidade de examinar diversas medidas dependentes simultaneamente, o pesquisador pode se beneficiar do uso de MANOVA de diversas maneiras. Discutimos as questões do uso de MANOVA da perspectiva de controle da precisão estatística e eficiência e ainda fornecemos o ambiente apropriado para testar questões multivariadas.

Controle de taxa de erro experimental

O uso de ANOVAs univariadas separadas ou testes t pode criar um problema quando tentamos controlar a **taxa de erro experimental** [12]. Por exemplo, considere que avaliamos uma série de cinco variáveis dependentes por meio de ANOVAs separadas, sempre usando 0,05 como nível de significância. Dada a inexistência de diferenças reais nas variáveis dependentes, é de se esperar a observação de um efeito significativo sobre qualquer variável dependente dada em 5% do tempo. No entanto, em nossos cinco testes separados, a probabilidade de um erro Tipo I gira em torno de 5%, se todas as variáveis dependentes estão perfeitamente correlacionadas, e 23% $(1 - 0,95^5)$, se todas as variáveis dependentes são não-correlacionadas. Assim, uma série de testes estatísticos separados nos deixa sem controle de nossa taxa de erro Tipo I efetiva geral ou experimental. Se o pesquisador deseja manter o controle sobre a taxa de erro experimental e existe pelo menos algum grau de inter-correlação entre as variáveis dependentes, então MANOVA é apropriada.

Diferenças em uma combinação de variáveis dependentes

Uma série de testes ANOVA univariados também ignora a possibilidade de que alguma composição (combinação linear) das variáveis dependentes possa fornecer evidência de uma diferença geral de grupo que possa passar despercebida ao examinar-se cada variável dependente separadamente. Os testes individuais ignoram as correlações entre as variáveis dependentes, e, na presença de multicolinearidade entre as variáveis dependentes, MANOVA será mais poderosa do que os testes univariados individuais de diversas maneiras:

- MANOVA pode detectar diferenças *combinadas* não encontradas nos testes univariados.

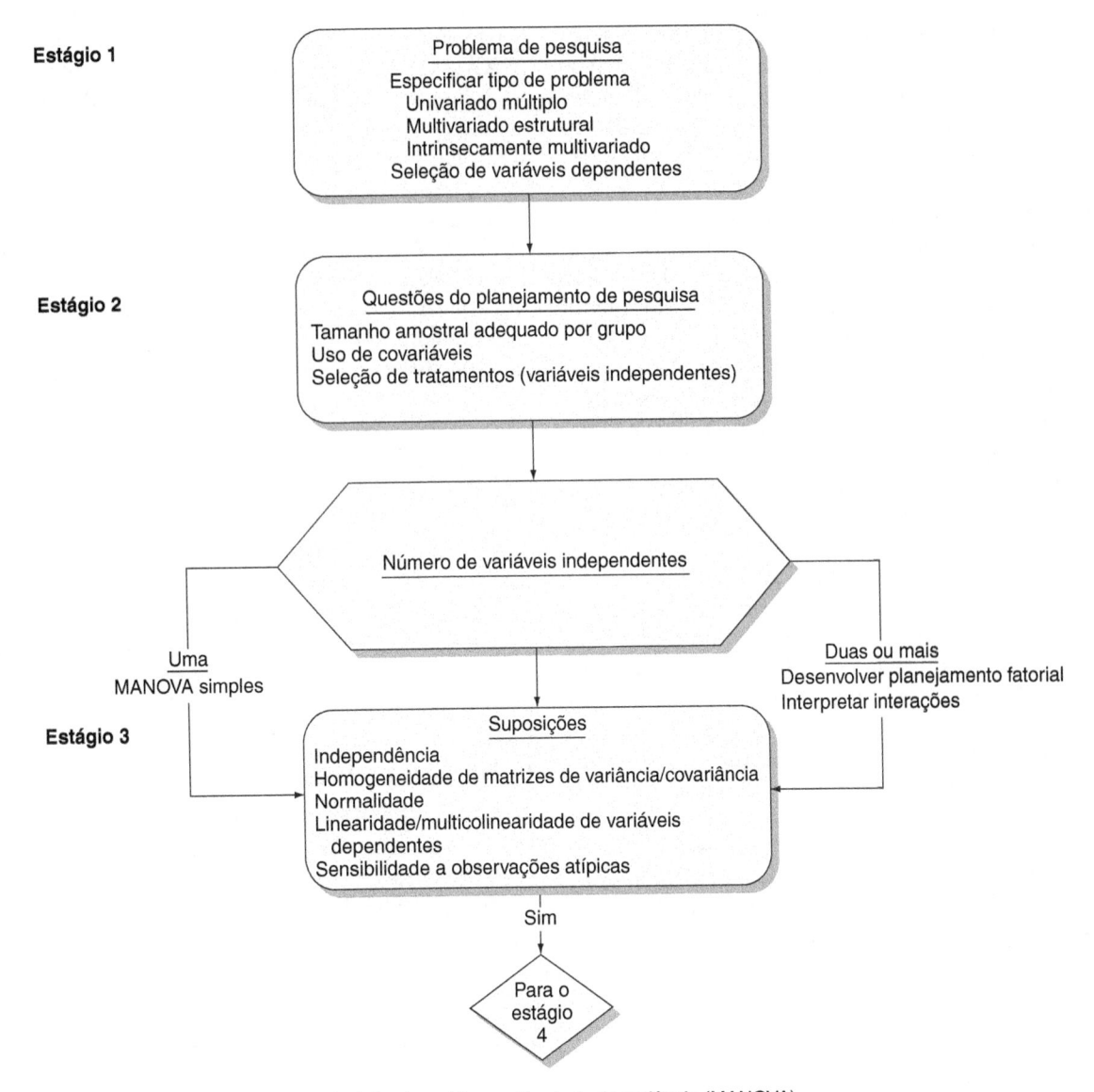

FIGURA 6-3 Estágios 1-3 no diagrama de decisão da análise multivariada de variância (MANOVA).

Estágio 1 — Problema de pesquisa
- Especificar tipo de problema
- Univariado múltiplo
- Multivariado estrutural
- Intrinsecamente multivariado
- Seleção de variáveis dependentes

Estágio 2 — Questões do planejamento de pesquisa
- Tamanho amostral adequado por grupo
- Uso de covariáveis
- Seleção de tratamentos (variáveis independentes)

Número de variáveis independentes
- Uma: MANOVA simples
- Duas ou mais: Desenvolver planejamento fatorial; Interpretar interações

Estágio 3 — Suposições
- Independência
- Homogeneidade de matrizes de variância/covariância
- Normalidade
- Linearidade/multicolinearidade de variáveis dependentes
- Sensibilidade a observações atípicas

Sim → Para o estágio 4

- Se múltiplas variáveis estatísticas são formadas, então elas podem fornecer *dimensões* de diferenças que podem distinguir entre os grupos melhor do que variáveis isoladas.
- Se o número de variáveis dependentes for mantido relativamente baixo (5 ou menos), o poder estatístico dos testes de MANOVA se iguala ou excede aquele obtido com uma única ANOVA [4].

As considerações que envolvem tamanho de amostra, número de variáveis dependentes e poder estatístico são apresentadas em uma seção subseqüente.

Tipos de questões multivariadas apropriadas a MANOVA

As vantagens de MANOVA versus uma série de ANOVAs univariadas vão além do domínio estatístico discutido anteriormente e também são encontradas em sua habilidade de fornecer um único método para testar diversas questões multivariadas. No texto, enfatizamos a natureza de interdependência da análise multivariada. MANOVA tem a flexibilidade de permitir ao pesquisador a seleção de estatísticas de testes mais adequadas à questão de interesse. Hand e Taylor [10] classificaram os problemas multivariados em três categorias, das quais cada uma emprega diferentes aspectos de MANOVA em sua resolução. Essas três categorias são questões univariadas múltiplas, multivariadas estruturadas e intrinsecamente multivariadas.

Questões univariadas múltiplas

Um pesquisador que estuda múltiplas questões univariadas identifica diversas variáveis dependentes separadas (p.ex., idade, renda, nível de formação de consumidores ou clientes) que devem ser analisadas separadamente, mas precisam de certo controle sobre a taxa de erro experimental. Nesse caso, MANOVA é usada para avaliar se uma diferença geral é encontrada entre grupos, e então os testes univariados separados são executados para abordar as questões individuais para cada variável dependente.

Questões multivariadas estruturadas

Um pesquisador que lida com questões multivariadas estruturadas reúne duas ou mais medidas dependentes que tenham relações específicas entre si. Uma situação comum nessa categoria é a de medidas repetidas, nas quais são reunidas múltiplas respostas de cada sujeito, talvez com o passar do tempo ou em uma exposição pré/pós-teste a algum estímulo, como um anúncio. Aqui, MANOVA fornece um método estruturado para especificar as comparações de diferenças de grupos em um conjunto de medidas dependentes enquanto mantém a eficiência estatística.

Questões intrinsecamente multivariadas

Uma questão intrinsecamente multivariada envolve um conjunto de medidas multivariadas no qual a principal preocupação é o modo como elas diferem *como um todo* nos grupos. As diferenças de medidas dependentes individuais são menos importantes do que seu efeito coletivo. Um exemplo é o teste das múltiplas medidas de resposta que devem ser consistentes, como atitudes, preferência e intenção de compra, todas relacionadas com diferentes campanhas publicitárias. Todo o poder de MANOVA é utilizado nesse caso, avaliando-se não somente as diferenças gerais, mas também as diferenças entre combinações de medidas dependentes que, caso contrário, não seriam visíveis. Esse tipo de questionamento é bem abordado pela habilidade de MANOVA de detectar diferenças multivariadas, mesmo quando nenhum teste univariado mostra diferenças.

Seleção das medidas dependentes

Ao identificar as questões adequadas a MANOVA, é importante também discutir brevemente o desenvolvimento da questão de pesquisa, especificamente a seleção das medidas dependentes. Um problema comum encontrado em MANOVA é a tendência dos pesquisadores a usar de maneira imprópria uma de suas vantagens – a habilidade de lidar com múltiplas medidas dependentes – incluindo variáveis sem uma base conceitual ou teórica válida. O problema ocorre quando os resultados indicam que um subconjunto das variáveis dependentes pode influenciar as diferenças gerais entre grupos. Se algumas das medidas dependentes com as grandes diferenças não são realmente apropriadas à questão de pesquisa, diferenças "falsas" podem conduzir o pesquisador a conclusões erradas sobre o conjunto como um todo. Assim, o pesquisador sempre deve examinar cuidadosamente as medidas dependentes e assegurar-se de que existe uma sólida argumentação para incluí-las. Qualquer ordenação das variáveis, como possíveis efeitos seqüenciais, também deve ser observada. MANOVA fornece um teste especial, a análise *stepdown*, para avaliar as diferenças estatísticas de uma maneira seqüencial, muito parecido com a adição de variáveis em uma análise de regressão.

Em resumo, o pesquisador deve avaliar todos os aspectos da questão de pesquisa cuidadosamente e garantir que MANOVA seja aplicada da maneira correta e mais poderosa. As seções a seguir abordam muitas questões que têm um impacto sobre a validade e precisão de MANOVA; no entanto, em última instância, é responsabilidade do pesquisador o emprego da técnica de maneira adequada.

ESTÁGIO 2: QUESTÕES NO PROJETO DE PESQUISA DE MANOVA

MANOVA segue todos os princípios básicos de planejamento de ANOVA, ainda que em alguns casos a natureza multivariada das medidas dependentes exija uma perspectiva única. Na seção a seguir, examinamos os princípios básicos de planejamento e ilustramos os aspectos ímpares de uma análise MANOVA.

Exigências no tamanho da amostra – geral e por grupo

MANOVA, como todas as demais técnicas multivariadas, pode ser sensivelmente afetada pelo tamanho da amostra usada. A principal diferença em MANOVA (e as outras técnicas que avaliam diferenças de grupos, como o teste *t*

REGRAS PRÁTICAS 6-1

Processos de decisão para MANOVA

- MANOVA é uma extensão de ANOVA que examina o efeito de uma ou mais variáveis independentes não-métricas sobre duas ou mais variáveis dependentes métricas
- Além da habilidade de analisar múltiplas variáveis dependentes, MANOVA apresenta também as vantagens de:
  - Controlar a taxa de erro experimental quando algum grau de inter-correlação entre variáveis dependentes está presente
  - Fornecer maior poder estatístico do que ANOVA quando o número de variáveis dependentes é 5 ou menos
- Variáveis independentes não-métricas criam grupos entre os quais as variáveis dependentes são comparadas; muitas vezes os grupos representam variáveis experimentais ou "efeitos de tratamento"
- Pesquisadores devem incluir somente variáveis dependentes que têm forte suporte teórico

e ANOVA) é que as demandas de tamanho amostral se relacionam com tamanhos de grupos individuais e não com o tamanho da amostra total em si. Diversas questões básicas surgem referentes a tamanhos amostrais necessários em MANOVA:

- No mínimo, a amostra em cada célula (grupo) deve ser maior do que o número de variáveis dependentes. Apesar de essa preocupação não parecer muito importante, a inclusão de apenas um pequeno número de variáveis dependentes (de 5 a 10) na análise impõe uma restrição um tanto problemática à coleta de dados. Isso é um problema particularmente freqüente na experimentação ou pesquisa de campo, onde o pesquisador tem menor controle sobre a amostra obtida.
- Como diretriz prática, um tamanho mínimo recomendado de célula é de 20 observações. Novamente, lembre-se que esta quantidade é por grupo, sendo necessárias amostras gerais consideravelmente grandes mesmo para análises simples. Em nosso exemplo anterior de anúncios publicitários, tínhamos apenas dois fatores, cada um com dois níveis, mas tal análise exigiria 80 observações para um trabalho adequado.
- À medida que o número de variáveis dependentes aumenta, o tamanho amostral exigido para manter poder estatístico também cresce. Continuamos nossa discussão sobre tamanho amostral e poder em uma seção adiante, mas, como exemplo, tamanhos exigidos de amostra aumentam quase 50% quando a quantia de variáveis dependentes pula de duas para seis.

Pesquisadores devem procurar amostras de tamanhos iguais ou aproximadamente iguais por grupo. Apesar de programas de computador facilmente acomodarem grupos de tamanhos desiguais, o objetivo é garantir que um tamanho adequado de amostra esteja disponível para todos os grupos. Na maioria dos casos, a efetividade da análise é ditada pelos grupos de menor tamanho, tornando assim a preocupação com este assunto algo prioritário.

Delineamentos fatoriais – dois ou mais tratamentos

Muitas vezes, o pesquisador deseja examinar os efeitos de diversas variáveis independentes ou tratamentos em vez de usar apenas um único tratamento em testes ANOVA ou MANOVA. Essa capacidade é uma distinção fundamental entre MANOVA e análise discriminante no sentido de ser capaz de determinar o impacto de múltiplas variáveis independentes na formação de grupos com diferenças significativas. Uma análise com dois ou mais tratamentos (fatores) é chamada de **planejamento fatorial**. Em geral, um planejamento com n tratamentos é chamado de planejamento fatorial com n fatores.

Seleção de tratamentos

O uso mais comum de planejamentos fatoriais envolve as questões de pesquisa que relacionam duas ou mais variáveis independentes não-métricas a um conjunto de variáveis dependentes. Nesses casos, as variáveis independentes são especificadas no delineamento do experimento ou incluídas no delineamento do campo da experimentação ou no questionário da pesquisa.

Tipos de tratamentos. Como discutido ao longo do capítulo, um tratamento ou fator é uma variável independente não-métrica com um número definido de níveis (categorias). Cada nível representa uma diferente condição ou característica que afeta a(s) variável(is) dependente(s). Em um experimento, esses tratamentos e níveis são planejados pelo pesquisador e administrados no curso do experimento. Em pesquisa de campo, eles são características dos respondentes reunidas pelo pesquisador e então incluídas na análise.

Mas, em alguns casos, tratamentos são necessários em acréscimo àqueles na análise original planejada. O uso mais comum de tratamentos adicionais é para controlar uma característica que afeta as variáveis dependentes mas não é parte do planejamento de estudo. Em tais casos, o pesquisador está ciente de condições (p.ex., método de coleta de dados) ou características dos respondentes (p.ex., localização geográfica, sexo etc.) que potencialmente criam diferenças nas medidas dependentes. Ainda que eles não sejam variáveis independentes de interesse para o estudo, negligenciá-los é como ignorar fontes potenciais de diferenças que, não explicadas, podem obscurecer alguns resultados de interesse.

A maneira mais direta de explicar tais efeitos é através de um **fator de blocagem**, o qual é uma característica não-métrica empregada *post hoc* para segmentar os respondentes. A meta é agrupar os respondentes para obter maior homogeneidade interna nos grupos e reduzir a fonte de variância MS_W. Fazendo isso, a habilidade dos testes estatísticos de identificar diferenças é aumentada.

> Considere que em nosso exemplo anterior de anúncio tivéssemos descoberto que os homens em geral reagiram de maneira diferente das mulheres. Se o sexo é usado como um fator de blocagem, podemos avaliar os efeitos das variáveis independentes separadamente para homens e mulheres. Espera-se que essa abordagem torne os efeitos mais visíveis do que se assumirmos que ambos reagem analogamente sem que se faça uma distinção por sexo. Os efeitos de tipo de mensagem e perfil do cliente podem agora ser avaliados para homens e mulheres separadamente, fornecendo um teste mais preciso de seus efeitos individuais.

Assim, qualquer característica não-métrica pode ser incorporada diretamente na análise para explicar seu impacto sobre as medidas dependentes. Porém, se as variáveis que você deseja controlar forem métricas, elas podem ser incluídas como covariáveis, o que se discute na próxima seção.

Número de tratamentos. Uma das vantagens das técnicas multivariadas é o emprego de múltiplas variáveis em uma única análise. Para MANOVA, esta característica se relaciona com o número de variáveis dependentes que podem ser analisadas concomitantemente. Como já discutido, o número de variáveis dependentes afeta o tamanho amostral exigido, bem como outros aspectos. Mas e quanto ao número de tratamentos (ou seja, variáveis independentes)? Apesar de ANOVA e MANOVA poderem analisar diversos tratamentos ao mesmo tempo, diversas considerações se relacionam ao número de tratamentos em uma análise.

Número de células formadas. Talvez a questão mais limitante envolvendo múltiplos tratamentos seja o número de células (grupos) formadas. Como discutido em nosso exemplo anterior, o número de células é o produto do número de níveis para cada tratamento. Por exemplo, se tivéssemos dois tratamentos com dois níveis cada e um tratamento com quatro níveis, um total de 16 células (2 × 2 × 4 = 16) seria formado. Manter um tamanho suficiente para cada célula (assumindo 20 respondentes por célula) requer uma amostra total de 320.

Quando aplicado a dados de pesquisa de campo, porém, o aumento do número de células se torna muito mais problemático. Como em pesquisa de campo geralmente não se é capaz de administrar individualmente o estudo para cada célula do planejamento, o pesquisador deve admitir uma amostra geral suficientemente grande para preencher cada célula de acordo com o mínimo exigido. As proporções da amostra total em cada célula possivelmente variam bastante (ou seja, algumas células são mais prováveis de ocorrer do que outras), especialmente quando o número de células aumenta. Em tal situação, o pesquisador deve planejar um tamanho amostral ainda maior do que aquele determinado quando se multiplica o número de células pelo mínimo por célula. Retornemos ao nosso exemplo anterior para ilustrar este problema.

> Considere que temos um planejamento simples de dois fatores com dois níveis para cada um (2 × 2). Se esse planejamento de quatro células fosse um experimento controlado, o pesquisador seria capaz de designar aleatoriamente 20 respondentes por célula para uma amostra geral de 80. E se for uma pesquisa de campo? Se fosse igualmente provável que respondentes se encaixassem em cada célula, então o pesquisador poderia obter uma amostra total de 80 e cada célula deveria ter uma amostra de 20. Proporções e amostras tão organizadas raramente acontecem. E se uma célula representasse apenas 10% da população? Se usarmos uma amostra total de 80, tal célula deveria ter uma amostra de apenas 8. Logo, se o pesquisador quisesse uma amostra de 20 mesmo para esta pequena célula, a amostra geral deveria ser aumentada para 200.

A menos que sofisticados planos de amostragem sejam usados para garantir o tamanho necessário por célula, aumentar o número delas (e assim a possibilidade de proporções populacionais diferentes) demanda um tamanho amostral ainda maior do que em um experimento controlado. Falhar nisso criaria situações nas quais as propriedades estatísticas da análise poderiam ficar seriamente comprometidas.

Criação de efeitos de interação. Sempre que mais de um tratamento é usado, **efeitos de interação** são criados. O termo de interação representa o efeito conjunto de dois ou mais tratamentos. Em termos simples, significa que a diferença entre grupos de um tratamento depende dos valores de outro. Examinemos um exemplo simples:

> Considere que temos dois tratamentos – região (leste versus oeste) e tipo de cliente (clientes e não-clientes). Primeiro, considere que na variável dependente (atitude em relação à HBAT) clientes marquem 15 pontos a mais do que não-clientes. No entanto, uma interação de região e tipo de cliente indicaria que a diferença entre cliente e não-cliente depende da região dos mesmos. Por exemplo, quando separamos as duas regiões, podemos ver que clientes do leste marcaram 25 pontos a mais do que não-clientes na mesma região, enquanto no oeste a diferença é de apenas 5 pontos. Em ambos os casos, os clientes pontuaram mais, mas a dimensão da diferença depende da região. Este resultado é uma interação dos dois tratamentos.

Termos de interação são criados para cada combinação de variáveis de tratamento. Interações de dois fatores são variáveis consideradas duas por vez. Interações de três fatores são combinações de três variáveis, e assim por diante. O número de tratamentos determina a quantia possível de termos de interação. A tabela a seguir mostra as interações criadas para duas, três e quatro variáveis independentes:

Tratamentos	Termos de interação		
	Duas	Três	Quatro
A, B	A × B		
A, B, C	A × B	A × B × C	
	A × C		
	B × C		
A, B, C, D	A × B	A × B × C	A × B × C × D
	A × C		
	A × D	A × B × D	
	B × C		
	B × D	B × C × D	
	C × D		
		A × C × D	

Discutimos os vários tipos de termos de interação e as interpretações correspondentes na próxima seção, mas o pesquisador deve estar pronto para interpretar e explicar os mesmos, sejam significantes ou não, dependendo da questão de pesquisa.

Obviamente, as considerações sobre tamanho amostral são da maior importância, mas o pesquisador não deve se descuidar das implicações dos termos de interação. Além de usar pelo menos um grau de liberdade para cada interação, eles apresentam questões de interpretação discutidas no estágio 4.

Uso de covariáveis – ANCOVA e MANCOVA

Discutimos anteriormente o uso de fator de blocagem para controlar influências sobre a variável dependente que não são parte do planejamento de pesquisa mas precisam ser explicadas na análise. Ele permite ao pesquisador controle sobre variáveis não-métricas, mas e quanto às variáveis métricas? Um método é converter a variável métrica em uma não-métrica (p.ex., partição pela mediana etc.), mas este processo geralmente é considerado inadequado, pois muita informação contida na variável métrica é perdida na conversão. Uma segunda abordagem é a inclusão das variáveis métricas como **covariáveis**.

Essas variáveis podem extrair influências estranhas da variável dependente, aumentando assim a variância dentro do grupo (MS_W). O processo segue dois passos:

1. Procedimentos semelhantes à regressão linear são empregados para remover variação na variável dependente associada com uma ou mais covariáveis.
2. Uma análise convencional é conduzida sobre a variável dependente ajustada. De modo simples, ela se torna uma análise dos resíduos de regressão uma vez que os efeitos das covariáveis são removidos.

Quando usada com ANOVA, a análise se chama *análise de covariância* (ANCOVA) e a extensão simples dos princípios de ANCOVA para a análise de multivariada (múltiplas variáveis dependentes) é conhecida como MANCOVA.

Objetivos de análise de covariância

O objetivo da covariável é eliminar quaisquer efeitos que (1) afetem apenas uma parte dos respondentes ou (2) variem entre os respondentes. Semelhantes ao uso de um fator de blocagem, covariáveis podem atingir dois propósitos específicos:

1. Eliminar algum erro sistemático fora do controle do pesquisador e que possa viesar os resultados
2. Explicar diferenças nas respostas devido a características típicas dos respondentes

Em ambientes experimentais, a maioria dos vieses sistemáticos pode ser eliminada pela associação aleatória de respondentes a vários tratamentos. Não obstante, em pesquisa não-experimental, tais controles não são viáveis. Por exemplo, no teste de um anúncio publicitário, efeitos podem diferir, dependendo da hora do dia ou do tipo de audiência e de suas reações. Além disso, diferenças pessoais como atitudes ou opiniões podem afetar respostas, mas a análise não inclui as mesmas como um fator de tratamento. O pesquisador usa uma covariável para eliminar quaisquer diferenças devido a tais fatores antes que os efeitos do experimento sejam calculados.

Seleção de covariáveis

Uma covariável efetiva é aquela que é *altamente correlacionada com a variável dependente, mas não-correlacionada com as variáveis independentes*. Examinemos o porquê. A variância na variável dependente forma a base de nosso termo de erro.

- Se a covariável é correlacionada com a variável dependente e *não* com as variáveis independentes, podemos explicar uma parte da variância com a covariável (por meio de regressão linear), restando uma variância residual (não explicada) menor na variável dependente. Essa variância residual fornece um termo de erro menor (MS_W) para a estatística F e, assim, um teste mais eficiente de efeitos de tratamento. De qualquer modo, a quantia explicada pela covariável não-correlacionada não teria sido explicada pela variável independente (pois a covariável não está correlacionada com a mesma). Logo, o teste das variáveis independentes é mais sensível e poderoso.
- No entanto, se a covariável está correlacionada com a(s) variável(eis) independente(s), então a covariável explica parte da variância que poderia ter sido explicada pela variável independente e reduz seus efeitos. Como a covariável é extraída primeiro, qualquer variação associada com ela não está disponível para as variáveis independentes.

Assim, é crítico que o pesquisador garanta que a correlação das covariáveis e variáveis independentes seja pequena o suficiente, de forma que a diminuição no poder explanatório a partir da redução da variância que poderia ter sido explicada pelas variáveis independentes seja menor do que a queda na variância não explicada atribuível às covariáveis.

Número de covariáveis. Uma questão comum envolve a quantidade de covariáveis a serem acrescentadas na análise. Apesar de o pesquisador querer explicar o máximo possível de efeitos estranhos, um número muito grande reduz a eficiência estatística dos procedimentos. Uma regra prática [13] é que o número máximo de covariáveis se determina da seguinte maneira:

Número máximo de covariáveis = (0,10 × Tamanho da amostra) – (Número de grupos – 1).

> Por exemplo, para uma amostra de 100 respondentes e 5 grupos, o número de covariáveis deve ser menor do que 6 [6 = 0,10 × 100 – (5 – 1)]. No entanto, para apenas dois grupos, a análise poderia incluir até 9 covariáveis.

O pesquisador sempre deve tentar minimizar o número de covariáveis, ao mesmo tempo em que garante que covariáveis efetivas não sejam eliminadas, pois em muitos casos, particularmente com amostras pequenas, elas podem melhorar muito a sensibilidade dos testes estatísticos.

Suposições para análise de covariância. Há duas exigências para o uso de uma análise de covariância:

1. As covariáveis devem ter alguma relação (correlação) com as medidas dependentes
2. As covariáveis devem ter uma homogeneidade de efeito de regressão, o que significa que a(s) covariável(eis) têm efeitos iguais sobre a variável dependente ao longo dos grupos. Em termos de regressão, isso implica coeficientes iguais para todos os grupos.

Há testes estatísticos disponíveis para avaliar se essa suposição é verdadeira para cada covariável empregada. Se alguma dessas exigências não for atendida, o uso de covariáveis será inadequado.

Contrapartes MANOVA de outros delineamentos ANOVA

Existem muitos tipos de planejamentos ANOVA que são discutidos em textos padrão sobre planejamento experimental [15, 19, 22]. Todo planejamento ANOVA tem sua contraparte multivariada; ou seja, qualquer ANOVA sobre uma variável dependente pode ser estendida para planejamentos MANOVA. Para ilustrar este fato, teríamos que discutir cada processo ANOVA em detalhes. Naturalmente, este tipo de discussão não é possível em um único capítulo, pois livros inteiros são dedicados a planejamentos ANOVA. Para mais informações, o leitor pode consultar textos de caráter mais estatístico [1, 2, 5, 7, 8, 9, 11, 20, 25].

Um caso especial de MANOVA: medidas repetidas

Discutimos várias situações nas quais queremos examinar diferenças sobre diversas medidas dependentes. Uma situação especial desse tipo ocorre quando o mesmo respondente fornece diversas medidas, como escores de teste ao longo do tempo, e desejamos examiná-las para ver se surge qualquer tendência. No entanto, sem tratamento especial, estaríamos violando a suposição mais importante, a independência. Há modelos MANOVA especiais, chamados de **medidas repetidas**, que podem explicar essa dependência e ainda verificar se quaisquer diferenças ocorreram em indivíduos no conjunto de variáveis dependentes. A perspectiva pessoal é importante, de forma que cada pessoa é colocada em uma mesma situação.*

> Por exemplo, considere que estejamos avaliando melhoramentos sobre escores de teste no semestre. Devemos explicar os escores de teste anteriores e o modo como eles se relacionam com os escores posteriores, e podemos esperar ver diferentes tendências para aqueles com escores iniciais baixos versus altos. Assim, devemos "casar" os escores de cada respondente quando fazemos a análise. As diferenças nas quais estamos interessados são o quanto cada pessoa muda, e não necessariamente as mudanças em médias de grupos ao longo do semestre.

Não abordamos os detalhes de modelos de medidas repetidas neste texto porque é uma forma especializada de MANOVA. O leitor interessado pode encontrar muitos textos bons sobre o assunto [1, 2, 5, 7, 8, 9, 11, 20, 25].

ESTÁGIO 3: SUPOSIÇÕES DE ANOVA E MANOVA

Os procedimentos de teste univariado de ANOVA descritos neste capítulo são válidos (em um sentido estatístico) somente quando se assume que a variável dependente é normalmente distribuída, que os grupos são independentes em suas respostas sobre a variável dependente, e que as variâncias são iguais para todos os grupos de tratamento. Há evidências [19, 27], porém, de que os testes F em

> **REGRAS PRÁTICAS 6-2**
>
> **Planejamento de pesquisa de MANOVA**
>
> - Células (grupos) são formadas pela combinação de variáveis independentes; por exemplo, uma variável não-métrica de três categorias (como baixo, médio e alto) combinada com uma variável não-métrica de duas categorias (como sexo masculino e feminino) resultará em um planejamento 3×2 com seis células (grupos)
> - Tamanho amostral por grupo é uma questão crítica de planejamento:
>   - O tamanho mínimo de amostra por grupo deve ser maior do que o número de variáveis dependentes
>   - O mínimo recomendado é de 20 observações por célula (grupo)
>   - Pesquisadores deveriam tentar ter tamanhos amostrais aproximadamente iguais por célula (grupo)
> - Covariáveis e variáveis de blocagem são modos efetivos de controle de influências externas sobre as variáveis dependentes que não são diretamente representadas nas variáveis independentes
>   - Uma covariável efetiva é aquela que é altamente correlacionada com a(s) variável(is) dependente(s) mas não correlacionada com as independentes
>   - O número máximo de covariáveis em um modelo deve ser $(0,10 \times$ Tamanho amostral$) - ($Número de grupos $- 1)$

---

* N. de R. T.: A idéia é que cada pessoa possa ter as suas próprias medidas comparadas entre si.

ANOVA são robustos em relação a essas suposições, exceto em casos extremos.

Para os procedimentos de teste multivariado de MANOVA serem válidos, três suposições devem ser atendidas:

- As observações devem ser independentes
- As matrizes de variância-covariância devem ser iguais para todos os grupos de tratamento
- O conjunto de variáveis dependentes deve seguir uma distribuição normal multivariada (isto é, qualquer combinação linear das variáveis dependentes deve seguir uma distribuição normal) [11]

Além das suposições estatísticas estritas, o pesquisador também deve considerar diversas questões que influenciam os possíveis efeitos – a saber, a linearidade e a multicolinearidade da variável estatística de variáveis dependentes.

Independência

A mais básica, porém mais séria, violação de uma suposição ocorre quando há uma falta de **independência** entre as observações, o que significa que as respostas em cada célula (grupo) não são feitas independentemente de respostas em qualquer outro grupo. Violações dessa suposição podem acontecer de maneira igualmente fácil tanto em situações experimentais como não-experimentais. Qualquer quantia de efeitos estranhos e não-medidos pode afetar os resultados criando dependência entre os grupos, mas duas das mais comuns violações de independência são devido a:

- Efeitos temporalmente ordenados (correlação serial) que acontecem se forem tomadas medidas ao longo do tempo, mesmo a partir de diferentes respondentes.
- Reunião de informação em grupos, de modo que uma experiência em comum (como uma sala barulhenta ou um conjunto confuso de instruções) faria com que um subconjunto de indivíduos (aqueles que têm a experiência em comum) tivesse respostas que de algum modo fossem correlacionadas.

Apesar de não existirem testes com uma certeza absoluta de detectar todas as formas de dependência, o pesquisador deve explorar todos os efeitos possíveis e corrigi-los quando encontrados. Uma possível solução é combinar os que estão dentro dos grupos e analisar o escore médio de grupo em vez dos escores dos respondentes em separado. Outra abordagem é empregar um fator de blocagem ou alguma forma de análise de covariáveis para explicar a dependência. Em qualquer caso, ou quando se suspeita que haja dependência, o pesquisador deve usar um nível de significância mais baixo (0,01 ou até menos).

Igualdade de matrizes de variância-covariância

A segunda suposição de MANOVA é a equivalência de matrizes de covariância nos grupos. Aqui estamos preocupados com diferenças substanciais no montante de variância de um grupo versus outro grupo para as variáveis dependentes (como no problema de heteroscedasticidade em regressão múltipla). Em MANOVA, com múltiplas variáveis dependentes, o interesse é nas matrizes de variância-covariância das medidas dependentes para cada grupo.

A exigência de equivalência é um teste estrito, porque em vez de variâncias iguais para uma única variável em ANOVA, o teste MANOVA examina todos os elementos da matriz de covariância das variáveis dependentes. Por exemplo, para cinco variáveis dependentes, as cinco correlações e dez covariâncias são todas testadas em termos de igualdade nos grupos. Programas MANOVA conduzem o teste para igualdade de matrizes de covariância – tipicamente o **teste M de Box** – e fornecem níveis de significância para a estatística do teste. O teste M de Box é particularmente sensível a desvios da normalidade [11, 23]. Logo, sempre deve ser verificada a normalidade univariada de todas as medidas dependentes antes de se executar tal teste.

Felizmente, uma violação dessa suposição tem impacto mínimo se os grupos têm aproximadamente o mesmo tamanho (ou seja, se o tamanho do maior grupo dividido pelo tamanho do menor for menos do que 1,5). Se os tamanhos diferem mais do que isso, então o pesquisador tem diversas opções:

- Primeiro, aplicar uma das muitas transformações de estabilização de variância disponíveis (ver Capítulo 2 para uma discussão sobre esses métodos) e testar novamente para ver se o problema foi solucionado.
- Se as variâncias diferentes persistirem após a transformação e os tamanhos dos grupos diferirem bastante, o pesquisador deverá fazer ajustes para seus efeitos. Primeiro, deve-se verificar qual grupo tem a maior variância. Essa determinação é facilmente feita examinando-se a matriz de variância-covariância ou usando-se o determinante da matriz de variância-covariância, que é fornecida por todos os programas estatísticos. Em seguida:
- Se as maiores variâncias são encontradas nos maiores grupos, o nível alfa fica exagerado, o que significa que as diferenças deveriam na verdade ser avaliadas usando um valor um pouco menor (por exemplo, usar 0,03 no lugar de 0,05).
- Se a variância maior é encontrada nos grupos menores, então o inverso é verdadeiro. O poder do teste foi reduzido e o pesquisador deve aumentar o nível de significância.

A habilidade de amostras com tamanhos aproximadamente iguais entre os grupos para suavizar violações dessa suposição reforça a importância do planejamento da análise na seleção de tratamentos para a mesma e na manutenção de amostras com o mesmo tamanho.

Normalidade

A última suposição para MANOVA ser válida se refere à normalidade das medidas dependentes. No sentido estrito, a suposição é que todas as variáveis são **normais multivariadas**. Uma distribuição normal multivariada considera que o efeito conjunto de duas variáveis é distribuído normalmente. Ainda que essa suposição seja inerente à maioria das técnicas multivariadas, não existe teste direto para normalidade multivariada. Logo, a maioria dos pesquisadores testa a normalidade univariada de cada variável. Apesar de a normalidade univariada não garantir a normalidade multivariada, se todas as variáveis atendem essa condição, então quaisquer desvios da normalidade multivariada geralmente são inócuos.

Violações dessa suposição têm pouco impacto em amostras maiores, assim como ocorre em ANOVA. Violar essa suposição inicialmente cria problemas na aplicação do teste M de Box, mas transformações podem corrigir tais problemas na maioria das situações. Para uma discussão sobre as transformações de variáveis, ver o Capítulo 2. Com amostras de tamanho moderado, violações modestas podem ser acomodadas desde que as diferenças sejam decorrentes de assimetrias e não de observações atípicas.

Linearidade e multicolinearidade entre as variáveis dependentes

Apesar de MANOVA avaliar as diferenças ao longo de combinações de medidas dependentes, ela pode construir uma relação linear apenas entre as medidas dependentes (e quaisquer covariáveis, se incluídas). O pesquisador é novamente encorajado a primeiramente examinar os dados, dessa vez avaliando a presença de relações não-lineares. Se elas existirem, então poderá ser tomada a decisão quanto a necessidade de elas serem incorporadas ao conjunto de variáveis dependentes, ao preço de crescente complexidade, mas maior representatividade. O Capítulo 2 aborda tais testes.

REGRAS PRÁTICAS 6-3

Suposições MANOVA/ANOVA

- Para que os procedimentos de teste multivariado usados com MANOVA sejam válidos:
  - Observações devem ser independentes
  - Matrizes de variância-covariância devem ser iguais (ou comparáveis) para todos os grupos de tratamento
  - As variáveis dependentes devem ter uma distribuição normal multivariada
  - Normalidade multivariada é assumida, mas muitas vezes difícil de avaliar; normalidade univariada não garante a multivariada, mas se todas as variáveis atendem à exigência em sua versão univariada, então desvios da normalidade multivariada são inconseqüentes.
- Testes F de ANOVA são geralmente robustos se violações dessas suposições são modestas

---

Além da condição de linearidade, as variáveis dependentes não devem ter multicolinearidade elevada (discutida no Capítulo 4), o que indica medidas dependentes redundantes e diminui a eficiência estatística. Discutimos o impacto da multicolinearidade sobre o poder estatístico de MANOVA na próxima seção.

Sensibilidade a observações atípicas

Além do impacto de heteroscedasticidade discutido anteriormente, MANOVA (e ANOVA) é especialmente sensível a observações atípicas e seu impacto sobre o erro Tipo I. O pesquisador é fortemente encorajado a primeiramente examinar os dados em busca de observações atípicas e eliminá-las da análise, se possível, pois seu impacto sobre os resultados gerais será desproporcional.

ESTÁGIO 4: ESTIMAÇÃO DO MODELO MANOVA E AVALIAÇÃO DO AJUSTE GERAL

Uma vez que a análise MANOVA tenha sido formulada e as suposições tenham sido testadas do modo como se exige, a avaliação de diferenças significantes entre os grupos formados pelo(s) tratamento(s) pode prosseguir (ver Figura 6-4). Procedimentos de estimação baseados no modelo linear geral estão se tornando mais comuns, e as questões básicas serão abordadas. Com o modelo estimado, o pesquisador pode então avaliar as diferenças em médias com base nas estatísticas de teste mais apropriadas aos objetivos de estudo. Além disso, em qualquer situação, mas especialmente quando a análise se torna mais complexa, o pesquisador deve avaliar o poder dos testes estatísticos para fornecer a perspectiva mais bem informada sobre os resultados obtidos.

Estimação com o modelo linear geral

A maneira tradicional de calcular as estatísticas de teste apropriadas para ANOVA e MANOVA foi estabelecida há mais de 70 anos [26]. Nos últimos anos, porém, o **modelo linear geral** (GLM) [18, 21] tornou-se um modo popular de estimação de modelos ANOVA e MANOVA. O procedimento GLM, como o nome sugere, é uma família de modelos, cada um composto de três elementos:

- *Variável estatística*. A combinação linear de variáveis independentes como especificada pelo pesquisador. Cada variável independente tem um peso estimado representando a contribuição da mesma ao valor previsto.
- *Componente aleatória*. A distribuição de probabilidade considerada para as variáveis dependentes. Distribuições típicas de probabilidades são a normal, de Poisson, binomial e multinomial. Cada distribuição é associada com um tipo de variável resposta (p.ex., variáveis contínuas são associadas com uma distribuição normal, proporções são associadas com a distribuição binomial, e variáveis dicotômicas corres-

CAPÍTULO 6 Análise Multivariada de Variância **323**

Estágio 4 — Estimar a significância de diferenças de grupos
- Selecionar critérios para testes de significância
- Avaliar o poder estatístico
- Aumentar o poder
- Uso em planejamento e análise
- Efeitos de multicolinearidade de variáveis dependentes

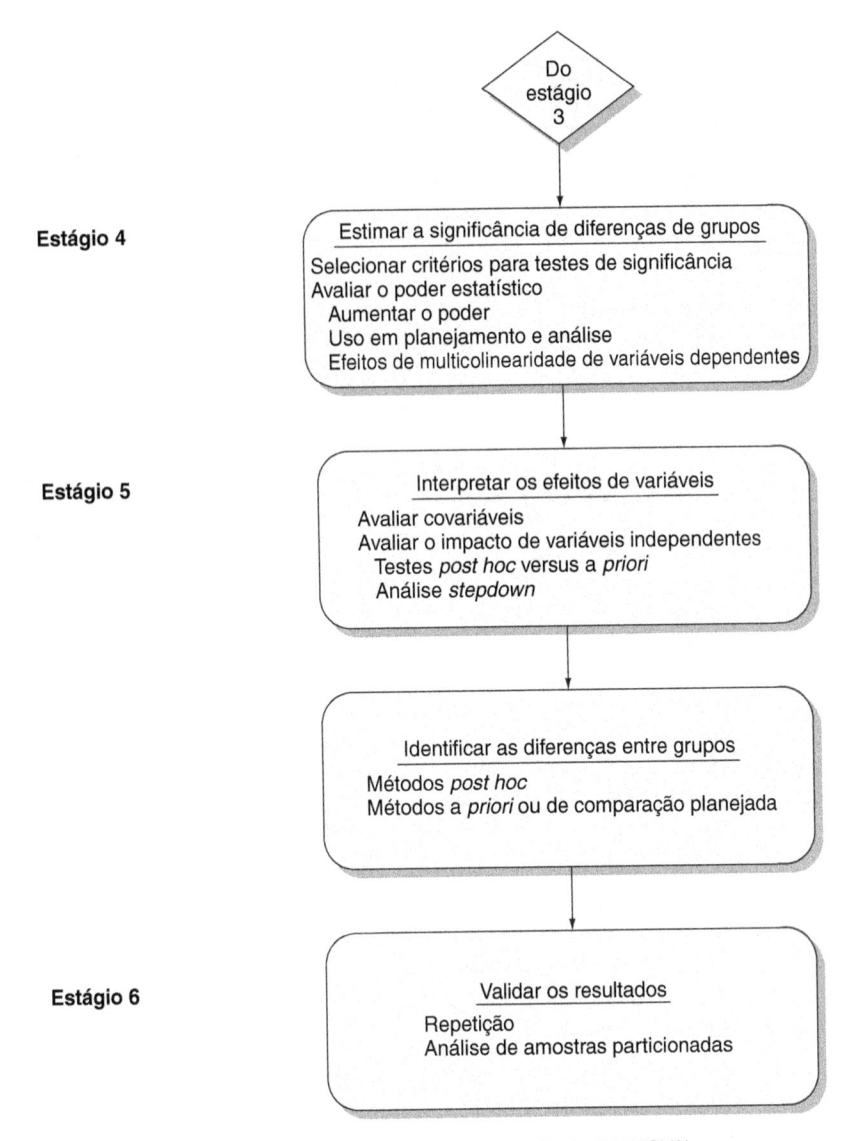

Estágio 5 — Interpretar os efeitos de variáveis
- Avaliar covariáveis
- Avaliar o impacto de variáveis independentes
- Testes *post hoc* versus *a priori*
- Análise *stepdown*

Identificar as diferenças entre grupos
- Métodos *post hoc*
- Métodos *a priori* ou de comparação planejada

Estágio 6 — Validar os resultados
- Repetição
- Análise de amostras particionadas

FIGURA 6-4 Estágios 4-6 no diagrama de decisão da análise multivariada de variância (MANOVA).

pondem à distribuição de Poisson). O pesquisador escolhe a componente aleatória com base no tipo de variável resposta.
- *Função de ligação.* Fornece a conexão teórica entre a variável estatística e a componente aleatória para acomodar diferentes formulações de modelos. A função de ligação especifica o tipo de transformação necessário para designar o modelo desejado. Os três tipos mais comuns de funções de ligação são a identidade, logit e logaritmo.

O método GLM dá ao pesquisador um modelo de estimação dentro do qual qualquer quantia de modelos estatísticos distintos pode ser acomodada. Duas vantagens únicas do método GLM são a sua flexibilidade e simplicidade no delineamento de modelos.

- Pela determinação de uma combinação específica da componente aleatória e da função de ligação acopladas com um tipo de variável na variável estatística, uma vasta gama de modelos multivariados pode ser estimada. Como se mostra na Tabela 6-2, combinações dessas componentes correspondem a muitas das técnicas multivariadas já discutidas. Assim, um procedimento de estimação único pode ser usado para muitos modelos empíricos.
- O pesquisador pode também mudar a função de ligação ou a distribuição de probabilidades para melhor combinar as propriedades reais dos dados em vez de empregar extensivas transformações dos mesmos. Dois exemplos ilustram este ponto. Primeiro, em casos de heteroscedasticidade, a substituição da distribuição gama permitiria a estimação do modelo sem transformar a medida dependente. Segundo, se a variável estatística fosse considerada multiplicativa e não aditiva, uma alternativa seria o emprego de uma transformação logarítmica da variável estatística. Em um GLM, a variável estatística pode permanecer na formulação aditiva com uma função logarítmica de ligação sendo empregada.

Uma discussão mais aprofundada do procedimento GLM e suas inúmeras variações está disponível em diversos textos [6, 14, 18]. Aqui, oferecemos esta breve introdução ao conceito de GLM por ele ter se tornado o método

TABELA 6-2 Especificação de modelos multivariados como componentes GLM

Técnica multivariada	Variável resposta (dependente)	Variável independente	Função de ligação	Distribuição de probabilidade
Regressão múltipla	Métrica	Métrica	Identidade	Normal
Regressão logística	Não-métrica	Métrica	Logit	Binomial
ANOVA/MANOVA	Métrica	Não-métrica	Identidade	Normal

preferido de estimação para ANOVA e MANOVA entre muitos pesquisadores e entre alguns programas estatísticos (p.ex., SPSS).

Critérios para teste de significância

Em nossas discussões sobre a semelhança de MANOVA com análise discriminante, chamamos atenção para a maior raiz característica e a primeira função discriminante, e tais termos implicam que múltiplas funções discriminantes podem atuar como variáveis estatísticas das variáveis dependentes. O número de funções é definido pelo menor entre $(k-1)$ e p, onde k é o número de grupos e p é a quantia de variáveis dependentes. Assim, qualquer medida para testar a significância estatística de diferenças de grupos em MANOVA pode demandar que se considerem diferenças ao longo de múltiplas funções discriminantes.

Medidas estatísticas

Como vimos primeiramente em análise discriminante (Capítulo 5), pesquisadores usam vários critérios estatísticos para avaliar as diferenças ao longo de dimensões das variáveis dependentes. As medidas mais usadas são:

- A maior raiz característica de Roy (gcr), como o nome sugere, mede as diferenças apenas quanto à primeira função discriminante entre as variáveis dependentes. Esse critério fornece vantagens em poder e especificidade do teste, mas o torna menos útil em situações em que todas as dimensões devem ser consideradas. O teste gcr de Roy é mais adequado quando as variáveis dependentes estão fortemente inter-relacionadas em uma única dimensão, mas também é a medida mais facilmente afetada por violações das suposições.
- O **lambda de Wilks** (também conhecido como a **estatística U**) é muitas vezes chamado de F multivariado e é comumente usado para testar significância geral entre grupos em uma situação multivariada. Diferente da estatística gcr de Roy, a qual é baseada na primeira função discriminante, o lambda de Wilks considera todas as funções discriminantes; ou seja, examina se os grupos são de algum modo diferentes, sem se preocupar com a possibilidade de eles diferirem em pelo menos uma combinação linear das variáveis dependentes. Apesar de a distribuição do lambda de Wilks ser complexa, há boas aproximações disponíveis para teste de significância que a transformam em uma estatística F [22].
- O critério de Pillai e o traço de Hotelling são duas outras medidas semelhantes ao lambda de Wilks por considerarem todas as raízes características e poderem ser aproximadas por uma estatística F.

Com somente dois grupos, todas as medidas são equivalentes. Diferenças ocorrem à medida que o número de funções discriminantes aumenta. A discussão a seguir identifica as medidas mais adequadas para diferentes situações.

Seleção de uma medida estatística

Qual critério é preferido? A medida preferida é a que for mais imune a violações das suposições inerentes a MANOVA e que ainda mantiver o maior poder. Cada medida tem diferentes propriedades, de modo que variadas situações favorecem medidas distintas:

- O critério de Pillai ou o lambda de Wilks é a medida preferida quando as considerações básicas de planejamento (tamanho amostral adequado, sem violações de suposições, células com tamanhos parecidos) são atendidas.
- O critério de Pillai é tido como mais robusto e deve ser utilizado se o tamanho da amostra diminui, se surgem células com tamanhos distintos, ou se a homogeneidade de covariâncias é violada.
- O gcr de Roy é um teste estatístico mais poderoso se o pesquisador está seguro de que todas as suposições são estritamente atendidas e as medidas dependentes são representativas de uma única dimensão de efeitos.

Em uma vasta maioria de situações, todos os critérios estatísticos fornecem conclusões semelhantes. No entanto, quando se lida com conclusões conflitantes, as condições acima descritas podem ajudar o pesquisador na escolha do critério mais apropriado. Todos os critérios estão disponíveis nos principais pacotes estatísticos, o que torna as comparações bastante fáceis.

Poder estatístico dos testes multivariados

Em termos simples para MANOVA, **poder** é a probabilidade de que um teste estatístico identifique um efeito do tratamento se ele realmente existir. O poder pode ser expresso também como um menos a probabilidade de um **erro Tipo II** (β) (ou seja, Poder = $1 - \beta$). Poder estatístico tem um papel crucial em qualquer análise MANOVA, pois é usado nos processos de planejamento (ou seja, determinando tamanho amostral necessário) e como medida diagnóstica dos resultados, particularmente quando efeitos não-significantes são descobertos. As seções a seguir examinam primeiro os impactos sobre poder estatístico e então abordam questões únicas para utilizar análise de poder em um planejamento MANOVA. O leitor é encorajado também a rever a discussão sobre poder no Capítulo 1.

Impactos sobre poder estatístico

O nível de poder para qualquer um dos quatro critérios estatísticos – gcr de Roy, lambda de Wilks, traço de Hotelling ou o critério de Pillai – é baseado em três considerações: o nível alfa (α), o tamanho do efeito do tratamento, e o tamanho das amostras dos grupos. Cada uma dessas considerações é controlável em variados graus em um planejamento MANOVA e fornece ao pesquisador diversas opções para gerenciar o poder a fim de atingir o nível desejado de poder na faixa de 0,80 ou acima disso.

Nível de significância estatística (alfa α). Como discutido no Capítulo 1, poder é inversamente relacionado ao nível alfa (α) selecionado. Muitos pesquisadores consideram que o nível de significância é fixo em algum nível (p.ex., 0,05), mas na verdade ele é um julgamento do pesquisador sobre onde colocar a ênfase do teste estatístico. Muitas vezes os outros dois elementos que afetam poder (tamanho do efeito e tamanho da amostra) já estão especificados ou os dados já foram coletados, fazendo assim o nível alfa se tornar a ferramenta principal na definição do poder de uma análise.

Estabelecendo o nível alfa necessário para denotar significância estatística, o pesquisador está equilibrando a vontade de ser estrito no que é considerada uma diferença significante entre grupos com a definição de um critério não tão alto a ponto de diferenças não-significantes não serem percebidas.*

- Aumentar** alfa (isto é, α se tornar mais conservador, como mudar de 0,05 para 0,01) reduz as chances de se aceitarem diferenças como significantes quando na realidade não o são. Contudo, fazer isso diminui o poder, pois ser mais seletivo quanto àquilo que é considerado como uma diferença estatística também aumenta a dificuldade na descoberta de uma diferença significante.
- Diminuir*** o nível alfa exigido para algo ser estatisticamente significante (p.ex., α mudar de 0,05 para 0,10) é considerado muitas vezes como sendo "menos estatístico", pois o pesquisador deseja aceitar diferenças menores de grupos como significantes. Não obstante, em casos nos quais tamanhos de efeitos ou de amostras são menores do que o desejado, pode ser necessário estar menos preocupado com a aceitação desses falsos positivos e diminuir*** o nível alfa para aumentar o poder. Um exemplo assim ocorre quando se fazem múltiplas comparações. Para controlar taxa de erro experimental, o nível alfa é aumentado para cada comparação separada. Porém, fazer diversas comparações e ainda se atingir uma taxa geral de 0,05 pode demandar níveis estritos (p.ex., 0,01 ou menos) para cada comparação separada, tornando assim difícil a tarefa de se encontrarem diferenças significantes (ou seja, menor poder). Aqui o pesquisador pode aumentar o nível alfa geral para permitir um nível alfa mais razoável para os testes separados.

O pesquisador sempre deve estar ciente das implicações do ajuste do nível alfa, pois o objetivo prioritário da análise não é apenas evitar erros Tipo I, mas também identificar os efeitos do tratamento se eles de fato existirem. Se o nível alfa é estabelecido de forma muito estrita, então o poder talvez seja muito pequeno para identificar resultados válidos. O pesquisador deve tentar manter um nível alfa aceitável com poder na faixa de 0,80. Para uma discussão mais detalhada da relação entre erros Tipo I e Tipo II e poder, ver Capítulo 1.

Tamanho do efeito. Como o pesquisador aumenta o poder, uma vez que um nível alfa tenha sido especificado? A "ferramenta" principal à sua disposição é o tamanho amostral dos grupos. Mas antes de avaliarmos o seu papel, precisamos entender o impacto do **tamanho do efeito**, o qual é uma medida padronizada de diferenças de grupos, normalmente expressa como as diferenças em médias de grupos divididas por seu desvio-padrão. Esta fórmula conduz a várias generalizações:

- Como é de se esperar, com todas as demais coisas iguais, tamanhos de efeitos maiores têm mais poder (ou seja, são mais fáceis de achar) do que tamanhos de efeitos menores.
- A magnitude do tamanho do efeito tem um impacto direto sobre o poder do teste estatístico. Para qualquer tamanho de amostra, o poder do teste estatístico será maior quanto maior o tamanho do efeito. Reciprocamente, se um tratamento tem um pequeno tamanho de efeito esperado, será necessária uma amostra muito maior para se atingir o mesmo poder de um tratamento com um grande tamanho de efeito.

Pesquisadores sempre esperam planejar experimentos com grandes tamanhos de efeitos. Contudo, diante de pesquisas de campo, pesquisadores devem "pegar o que conseguem" e assim devem estar cientes dos possíveis tamanhos de efeitos quando planejam suas pesquisas e quando analisam seus resultados.

Tamanho da amostra. Com o nível alfa especificado e o tamanho de efeito identificado, o elemento final que afeta o poder é o tamanho da amostra. Em muitos casos, esse é o elemento sob maior controle do pesquisador. Como discutido anteriormente, a amostra aumentada geralmente reduz o erro amostral e aumenta a sensibilidade (poder) do teste. Outros fatores discutidos anteriormente (nível alfa e tamanho de efeito) também afetam o poder, e podemos obter algumas generalizações para planejamentos ANOVA e MANOVA:

- Em análises com grupos com menos de 30 membros, obter níveis de poder desejados pode ser bastante problemático. Se tamanhos de efeitos forem pequenos, o pesquisador pode se ver obrigado a diminuir*** o alfa (p.ex., de 0,05 para 0,10) para obter o poder desejado.
- Aumentar o tamanho das amostras em cada grupo tem efeitos significativos até o momento em que os grupos atingem

---

* N. de R. T.: A frase correta seria "... com a definição de um critério não tão alto a ponto de diferenças não-significantes serem percebidas".
** N. de R. T.: O certo é "Diminuir alfa".
*** N. de R. T.: O certo é "Aumentar o nível alfa".

aproximadamente 150, e então o aumento no poder diminui sensivelmente.
- Lembre-se que grandes amostras (como 400 ou mais) reduzem a componente de erro amostral a um nível tão pequeno que a maioria das pequenas diferenças é considerada estatisticamente significante. Quando as amostras se tornam grandes e a significância estatística é indicada, o pesquisador deve examinar o poder e os tamanhos de efeito para garantir não apenas a significância estatística, mas também a significância prática.

A habilidade de se analisarem múltiplas variáveis dependentes em MANOVA cria restrições adicionais sobre o poder em uma análise MANOVA. Uma fonte [17] de tabelas publicadas apresenta poder em várias situações comuns para as quais MANOVA se aplica. Porém, podemos obter algumas conclusões gerais a partir do exame de uma série de condições encontradas em muitos planejamentos de pesquisa. A Tabela 6-3 fornece uma visão geral dos tamanhos amostrais necessários para diversos níveis de complexidade de análise. Uma leitura da tabela conduz a vários pontos de caráter geral.

- Aumentar o número de variáveis dependentes demanda tamanhos maiores para amostras para que se mantenha um dado nível de poder. O tamanho amostral extra necessário é mais pronunciado para tamanhos de efeitos menores.
- Para pequenos tamanhos de efeitos, o pesquisador deve estar preparado para se empenhar em um substancial esforço de pesquisa para atingir níveis aceitáveis de poder. Por exemplo, para conseguir o poder sugerido de 0,80 quando se avaliam pequenos tamanhos de efeitos em um planejamento de quatro grupos, 115 sujeitos por grupo são exigidos se duas medidas dependentes forem usadas. O tamanho amostral exigido aumenta para 185 por grupo se oito variáveis dependentes são consideradas.

Como podemos ver, as vantagens de se utilizarem múltiplas medidas dependentes surgem com um custo em nossa análise. Desse modo, o pesquisador sempre deve equilibrar o emprego de mais medidas dependentes versus os benefícios da parcimônia no conjunto de variáveis dependentes que ocorrem não apenas na interpretação, mas também nos testes estatísticos para diferenças de grupos.

Cálculo de níveis de poder Para calcular o poder para análises ANOVA, há publicações [3,24] e programas disponíveis. Os métodos para computar o poder de MANOVA, porém, são muito mais limitados. Felizmente, a maioria dos programas de computador fornece uma avaliação de poder para os testes de significância e permite ao pesquisador determinar se o poder deve ter um papel na interpretação dos resultados.

Em termos de material publicado para fins de delineamento, existe pouca coisa para MANOVA, pois muitos elementos afetam o poder de uma análise MANOVA. O pesquisador, porém, deve utilizar as ferramentas disponíveis para ANOVA e então promover ajustes descritos para aproximar o poder de um planejamento MANOVA.

Uso do poder no planejamento e na análise

A estimação de poder deve ser usada tanto no delineamento da análise quanto na avaliação dos resultados. No estágio de planejamento, o pesquisador determina o tamanho amostral necessário para identificar o tamanho de efeito estimado. Em muitos casos, o tamanho do efeito pode ser estimado a partir de pesquisa anterior ou de algum tipo de julgamento, ou mesmo ser estabelecido em um nível mínimo de significância prática. Em cada caso, o tamanho amostral necessário para atingir um dado nível de poder com um nível alfa especificado pode ser determinado.

Avaliando o poder dos critérios de teste depois que a análise tenha sido concluída, o pesquisador fornece um contexto para interpretar os resultados, especialmente se não foram encontradas diferenças significantes. O pesquisador deve primeiramente determinar se o poder atingido é suficiente (0,80 ou mais). Caso contrário, a análise pode ser reformulada para fornecer mais poder? Uma possibilidade inclui alguma forma de tratamento por bloqueio ou análise covariada que tornarão o teste mais eficiente, acentuando-se o tamanho do efeito. Se o poder for adequado e não tiver sido encontrada significância estatística para um efeito do tratamento, então muito provavelmente o tamanho do efeito para o tratamento foi muito pequeno para ter significância estatística ou prática.

TABELA 6-3 Exigências de tamanho de amostra por grupo para se atingir poder estatístico de 0,80 em MANOVA

	NÚMERO DE GRUPOS											
	3				4				5			
	Número de variáveis dependentes				*Número de variáveis dependentes*				*Número de variáveis dependentes*			
Tamanho de efeito	2	4	6	8	2	4	6	8	2	4	6	8
Muito grande	13	16	18	21	14	18	21	23	16	21	24	27
Grande	26	33	38	42	29	37	44	46	34	44	52	58
Médio	44	56	66	72	50	64	74	84	60	76	90	100
Pequeno	98	125	145	160	115	145	165	185	135	170	200	230

Fonte: J. Läuter, "Sample Size Requirements for the T^2 Test of MANOVA (Tables for One-Way Classification)," *Biometrical Journal* 20 (1978): 389-406.

Os efeitos da multicolinearidade de variáveis dependentes sobre o poder

Até este ponto, discutimos o poder sob uma perspectiva aplicável a ANOVA e MANOVA. No entanto, em MANOVA, o pesquisador também deve considerar os efeitos de multicolinearidade das variáveis dependentes sobre o poder dos testes estatísticos. O pesquisador, no estágio de delineamento ou análise, deve considerar a força e a direção das correlações, bem como os tamanhos de efeitos sobre as variáveis dependentes. Se classificamos as variáveis por seus tamanhos de efeitos como fortes ou fracas, diversos padrões emergem [4].

- Primeiro, se o par de variáveis correlacionadas é formado por variáveis forte-forte ou fraca-fraca, então o maior poder é alcançado quando a correlação entre variáveis é altamente negativa. Isso sugere que MANOVA é otimizada acrescentando-se variáveis dependentes que tenham altas correlações negativas. Por exemplo, ao invés de incluir duas medidas redundantes de satisfação, o pesquisador pode substituí-las por medidas correlacionadas de satisfação e insatisfação para aumentar o poder.
- Quando o par de variáveis correlacionadas é uma mistura (forte-fraca), o poder é maximizado quando a correlação é alta, sendo positiva ou negativa.
- Uma exceção a esse padrão geral é o fato de que o uso de múltiplos itens para aumentar a confiabilidade resulta em um ganho líquido de poder, mesmo quando os itens são redundantes e positivamente correlacionados.

Revisão do poder em MANOVA

Uma das mais importantes considerações em uma MANOVA bem sucedida é o poder estatístico da análise. Ainda que pesquisadores empenhados em experimentos tenham muito maior controle sobre os três elementos que afetam poder, eles devem se assegurar de abordar as questões levantadas nas seções anteriores, senão podem facilmente ocorrer problemas potenciais que reduzam o poder abaixo do valor desejado de 0,80. Em pesquisa de campo, o pesquisador está diante não apenas de uma menor certeza sobre os tamanhos de efeitos na análise, mas também da falta de controle sobre tamanhos de grupos e de grupos potencialmente pequenos que podem acontecer no processo de amostragem. Assim, questões no planejamento e na execução da pesquisa de campo discutidas no estágio 2 são igualmente críticas em uma análise bem sucedida.

ESTÁGIO 5: INTERPRETAÇÃO DOS RESULTADOS MANOVA

Assim que a significância estatística dos tratamentos tiver sido avaliada, o pesquisador volta sua atenção para o exame dos resultados para compreender como cada tratamento afeta as medidas dependentes. Fazendo isso, uma série de três passos deve ser seguida:

REGRAS PRÁTICAS 6-4

Estimação MANOVA

- As quatro medidas mais usadas para avaliar significância estatística entre grupos quanto às variáveis independentes* são:
  - A maior raiz característica de Roy
  - Lambda de Wilks
  - Critério de Pillai
  - Traço de Hotelling
- Na maioria das situações os resultados/conclusões serão os mesmos em todas as quatro medidas, mas em alguns casos únicos eles serão diferentes entre as medidas
- Manter poder estatístico adequado é crucial:
  - Poder na faixa de 0,80 para o nível alfa escolhido é aceitável
  - Quando o tamanho de efeito é pequeno, o pesquisador deve usar tamanhos amostrais maiores por grupo para manter níveis aceitáveis de poder estatístico
- O modelo linear geral (GLM) é amplamente usado hoje em dia para teste de modelos ANOVA ou MANOVA; GLM está disponível na maioria dos pacotes estatísticos, como SPSS e SAS

---

1. Interpretação dos efeitos de covariáveis, se empregadas
2. Avaliação de qual(ais) variável(eis) dependente(s) exibe(m) diferenças nos grupos de cada tratamento.
3. Identificação de quais grupos diferem em uma única variável dependente ou na variável estatística dependente inteira.

Primeiro, examinamos os métodos pelos quais as covariáveis significantes e variáveis dependentes são identificadas, e então abordamos os métodos pelos quais as diferenças entre grupos individuais e variáveis dependentes podem ser medidas.

Avaliação de covariáveis estatísticas

Covariáveis podem ter um importante papel ao se incluírem variáveis métricas em um planejamento MANOVA ou ANOVA. No entanto, uma vez que covariáveis atuam como medida de controle sobre a variável estatística dependente, elas devem ser avaliadas antes que os tratamentos sejam examinados. Tendo atendido às suposições para aplicar covariáveis, o pesquisador pode interpretar o efeito real das covariáveis sobre a variável estatística dependente e seu impacto sobre os testes estatísticos reais dos tratamentos.

Avaliação do impacto geral

O papel mais importante das covariáveis é o impacto geral nos testes estatísticos para os tratamentos. A abordagem mais direta para avaliar tais impactos é executar a análise com e sem as covariáveis. As covariáveis efetivas

---

* N. de R. T.: A frase correta seria "sobre as variáveis dependentes".

melhoram o poder estatístico dos testes e reduzem a variância dentro dos grupos. Se o pesquisador não perceber qualquer melhora substancial, então as covariáveis podem ser eliminadas, pois elas reduzem os graus de liberdade disponíveis para os testes dos efeitos do tratamento. Essa abordagem também pode identificar casos nos quais a covariável é muito poderosa e reduz a variância a um ponto em que os tratamentos são todos não-significantes. Geralmente isso ocorre quando uma covariável incluída é correlacionada com uma das variáveis independentes e, assim, remove essa variância, reduzindo, portanto, o poder explicativo da variável independente.

Interpretação das covariáveis

Como ANCOVA e MANCOVA são aplicações de procedimentos de regressão dentro do método de análise de variância, avaliar o impacto das covariáveis sobre as variáveis dependentes é bastante semelhante ao exame de equações de regressão. Se o impacto geral é considerado significante, então cada covariável estatística pode ser examinada quanto a força da relação preditiva com as medidas dependentes. Se as covariáveis representam efeitos teóricos, então esses resultados fornecem uma base objetiva para aceitar ou rejeitar as relações propostas. De um ponto de vista prático, o pesquisador pode examinar o impacto das covariáveis e eliminar aquelas com pouco ou nenhum efeito.

Avaliação dos efeitos sobre a variável estatística dependente

Com os eventuais impactos das covariáveis explicadas na análise, o próximo passo é examinar os impactos de cada tratamento (variável independente) sobre as variáveis dependentes. Ao fazer isso, primeiro discutimos como avaliar as diferenças atribuíveis a cada tratamento. Com os efeitos de tratamento estabelecidos, avaliamos em seguida se eles são independentes no caso de dois ou mais tratamentos. Finalmente, examinamos se os efeitos dos tratamentos se estendem para o conjunto inteiro de medidas dependentes ou se são refletidos apenas em um subconjunto de medidas.

Efeitos principais dos tratamentos

Já discutimos as medidas disponíveis para avaliar a significância estatística de um tratamento. Quando um efeito significante é encontrado, chamamos o mesmo de **efeito principal**, o que significa que diferenças significantes entre dois ou mais grupos são definidas pelo tratamento. Com dois níveis no tratamento, um efeito principal significante garante que os dois grupos são significantemente diferentes. Com três ou mais níveis, porém, um efeito principal significante *não* garante que todos os três grupos sejam significantemente distintos, mas que pelo menos uma diferença significante está presente em um par de grupos. Como vemos na próxima seção, muitos testes estatísticos estão disponíveis para avaliar quais grupos diferem quanto à variável estatística e quanto a cada variável dependente.

> Assim, como retratamos um efeito principal? Um efeito principal é tipicamente descrito pela diferença entre grupos nas variáveis dependentes na análise. Considere que sexo tem um efeito principal significante sobre uma escala de satisfação de 10 pontos. Podemos então observar diferença em médias como uma maneira de descrever o impacto. Se o grupo de mulheres tivesse um escore médio de 7,5 e os homens 6,0, poderíamos dizer que a diferença devido a sexo foi de 1,5. Logo, se todo o resto for igual, espera-se que mulheres marquem 1,5 pontos a mais do que os homens.

No entanto, definir um efeito principal nesses termos exige duas análises adicionais:

1. Se a análise incluir mais de um tratamento, o pesquisador deve examinar os termos de interação para saber se eles são significantes e, em caso positivo, se eles permitem uma interpretação dos efeitos principais.
2. Se um tratamento envolve mais de dois níveis, então o pesquisador deve executar uma série de testes adicionais nos grupos para ver quais pares são significantemente diferentes.

Discutimos a interpretação de termos de interação na próxima seção e em seguida examinamos os tipos de testes estatísticos disponíveis para avaliação de diferenças de grupos quando a análise envolve mais de dois grupos.

Impactos dos termos de interação

O termo de interação representa o efeito conjunto de dois ou mais tratamentos. Sempre que um planejamento de pesquisa tiver dois ou mais tratamentos, o pesquisador deve primeiramente examinar as interações antes que qualquer declaração possa ser feita sobre os efeitos principais. Primeiro, discutimos como identificar interações significantes. Em seguida, discutimos como classificá-las a fim de interpretar o impacto das mesmas sobre os efeitos principais das variáveis de tratamento.

Avaliação de significância estatística. Efeitos de interação são avaliados com os mesmos critérios dos efeitos principais, a saber, testes estatísticos multivariados e univariados e poder estatístico. Programas de computador fornecem um conjunto completo de resultados para cada termo de interação além dos efeitos principais. Todos os critérios discutidos anteriormente se aplicam na avaliação de interações e de efeitos principais.

Testes estatísticos que indicam que a interação é não-significante denotam os efeitos independentes dos tratamentos. Independência em planejamentos fatoriais significa que o efeito de um tratamento (ou seja, diferenças de grupos) é o mesmo para cada nível dos demais tratamentos e que os efeitos principais podem ser diretamente interpretados. Aqui podemos descrever as diferenças entre grupos como constantes quando consideradas em combinação com o segundo tratamento. Discutimos interpretação do efeito principal em um exemplo simples numa seção adiante.

Se as interações são consideradas estatisticamente significantes, é crucial que o pesquisador identifique o tipo de interação (ordinal ou desordinal), pois ela tem impacto direto sobre a conclusão que pode ser extraída a partir dos resultados. Como vemos na próxima seção, interações podem potencialmente confundir qualquer descrição dos efeitos principais dependendo da sua natureza.

Tipos de interações significantes. A significância estatística de um termo de interação é feita com os mesmos critérios estatísticos usados para avaliar o impacto de efeitos principais. Ao avaliar a significância do termo de interação, o pesquisador deve examinar efeitos do tratamento (ou seja, as diferenças entre grupos) para determinar o tipo de interação e o impacto da mesma sobre a interpretação do efeito principal. Interações significantes podem ser classificadas em dois tipos: interações ordinais e não-ordinais (ou desordinais).

Interações ordinais. Quando os efeitos de um tratamento não são iguais em todos os níveis de outro tratamento, mas as diferenças de grupos estão sempre na mesma direção, chamamos isso de **interação ordinal**. Em outras palavras, as médias de grupos para um nível são sempre maiores/menores do que outro nível do mesmo tratamento, não importando como elas são combinadas com o outro tratamento.

> Considere que dois tratamentos (sexo e idade) são usados para examinar satisfação. Uma interação ordinal acontece, por exemplo, quando mulheres estão sempre mais satisfeitas do que homens, mas a diferença entre homens e mulheres difere de acordo com a faixa etária do grupo.

Quando interações significantes são ordinais, o pesquisador deve interpretar o termo de interação para garantir que seus resultados sejam conceitualmente aceitáveis. Aqui o pesquisador deve identificar onde ocorre a variação em diferenças de grupos e como a mesma se relaciona com o modelo conceitual inerente à análise. Se assim for, então os efeitos de cada tratamento devem ser descritos em termos dos outros tratamentos com os quais interage.

> No exemplo anterior, podemos fazer a afirmação geral de que sexo afeta satisfação no sentido de que mulheres estão sempre mais satisfeitas do que homens. No entanto, o pesquisador não pode estabelecer a diferença em termos simples como poderia ser feito com um efeito principal simples. Ao invés disso, as diferenças em sexo devem ser descritas para cada categoria etária, pois as diferenças homem/mulher variam com a idade.

Interações não-ordinais. Quando as diferenças entre níveis trocam, dependendo de como elas são combinadas com níveis de outro tratamento, isso passa a se chamar de **interação desordinal**. Aqui os efeitos de um tratamento são positivos para alguns níveis e negativos para outros do outro tratamento.

> Em nosso exemplo de exame de satisfação por sexo e idade, acontece uma interação desordinal quando mulheres têm maior satisfação do que homens em algumas categorias etárias, mas homens são mais satisfeitos em outras categorias de idade.

Se a interação significante é considerada não-ordinal, então os efeitos principais dos tratamentos envolvidos na interação não podem ser interpretados e o estudo deve ser refeito. Esta sugestão provém do fato de que, com interações não-ordinais, os efeitos principais variam não apenas nos níveis de tratamento, mas também na direção (positiva ou negativa). Logo, os tratamentos não representam um efeito consistente.

Um exemplo de interpretação de interações. Interações representam as diferenças entre médias de grupos quando reunidas por níveis de outra variável de tratamento. Mesmo que pudéssemos interpretar interações vendo uma tabela de valores, representações gráficas são muito efetivas na identificação do tipo de interação entre dois tratamentos. O resultado é um gráfico de múltiplas linhas, com níveis de um tratamento representados sobre o eixo horizontal. Cada linha representa, desse modo, um nível da segunda variável de tratamento.

> A Figura 6-5 retrata cada tipo de interação usando o exemplo de interações entre dois tratamentos: formas e cores de cereal. Formas de cereal têm três níveis (bolas, cubos e estrelas) e cores também (vermelho, azul e verde). O eixo vertical representa as avaliações médias (a variável dependente) de cada grupo de respondentes ao longo das combinações de níveis de tratamento. O eixo X representa as três categorias para cor (vermelho, azul e verde). As linhas conectam as médias de categoria para cada forma nas três cores. Por exemplo, no gráfico superior o valor para bolas vermelhas é de aproximadamente 4,0, o valor para bolas azuis fica em torno de 5,0, e o valor aumenta um pouco para 5,5 no caso de bolas verdes.
>
> Como os gráficos identificam o tipo de interação? Como discutimos adiante, cada uma das três interações tem um padrão específico:
>
> - *Sem interações.* Mostrado pelas retas paralelas representando as diferenças das várias formas ao longo dos níveis de cor (o mesmo efeito seria visto se as diferenças em cor fossem graficamente representadas nos três tipos de forma). No caso de ausência de interação, os efeitos de cada

(Continua)

> (*Continuação*)
> tratamento (as diferenças entre grupos) são constantes em cada nível e as retas são mais ou menos paralelas.
> - *Interação ordinal.* Os efeitos de cada tratamento não são constantes, e assim as retas não são paralelas. As diferenças para vermelho são grandes, mas elas diminuem suavemente para cereal azul e até mais para cereal verde. Logo, as diferenças por cor variam ao longo das formas. A ordem relativa entre níveis de forma é a mesma, porém, com estrelas sempre acima, seguidas por cubos e então por bolas.*
> - *Interação desordinal.* As diferenças em cor variam não apenas em magnitude mas também em direção. Esta interação é exibida pelas retas que não são paralelas e que cruzam entre níveis. Por exemplo, bolas têm uma avaliação maior do que cubos e estrelas quando a cor é vermelha, mas a avaliação é menor para as cores azul e verde.**

Os gráficos complementam os testes de significância estatística permitindo que o pesquisador classifique rapidamente a interação, especialmente determinando se interações significantes recaem nas categorias ordinal ou desordinal.

Identificação de diferenças entre grupos individuais

Apesar de os testes univariados e multivariados de ANOVA e MANOVA nos permitirem rejeitar a hipótese nula de que as médias de grupos são todas iguais, eles não apontam com precisão onde estão as diferenças significantes quando há mais de dois grupos. Múltiplos testes *t* sem qualquer forma de ajuste não são apropriados para avaliar a significância de diferenças entre as médias de pares de grupos porque a probabilidade de um erro Tipo I aumenta com o número de comparações entre grupos realizadas (semelhante ao problema de usar múltiplas ANOVAs univariadas versus MANOVA). Muitos procedimentos estão disponíveis para uma maior investigação de diferenças específicas de médias de grupos que sejam de interesse, usando diferentes abordagens para controlar taxas de erro Tipo I ao longo de múltiplos testes.

Múltiplos testes univariados ajustando a taxa de erro experimental

Muitas vezes o método mais simples é executar uma série de testes univariados com alguma forma de ajuste manual feito pelo pesquisador para explicar a taxa de erro experimental. Pesquisadores podem fazer tais ajustes procurando saber se os tratamentos envolvem dois ou mais níveis (grupos).

Análises de dois grupos. Tratamentos de dois grupos se reduzem a uma série de testes *t* ao longo das medidas dependentes especificadas. No entanto, os pesquisadores devem estar cientes de que, quando o número desses testes aumenta, um dos maiores benefícios da abordagem multivariada para os testes de significância – controle da taxa de erro Tipo I – é negado, a menos que sejam realizados ajustes específicos na estatística T^2 para controlar a inflação do erro Tipo I.

Se desejamos testar as diferenças de grupos individualmente para cada uma das variáveis dependentes, podemos usar a raiz quadrada de T^2_{crit} (ou seja, T_{crit}) como o valor crítico necessário para estabelecer significância. Esse procedimento garantiria que a probabilidade de qualquer erro Tipo I ao longo de todos os testes se manteria em α (onde α é especificado no cálculo de T^2_{crit}) [11].

Análises de *k* grupos. Poderíamos fazer testes semelhantes para situações com *k* grupos ajustando o nível α pela **desigualdade de Bonferroni**, a qual estabelece que o nível alfa deve ser ajustado para o número de testes em execução. O nível alfa ajustado usado em qualquer teste separado é definido como o nível alfa geral dividido pelo número de testes [alfa ajustado α = (α geral)/(número de testes)].

Por exemplo, se a taxa de erro geral (α) é 0,05 e cinco testes estatísticos devem ser feitos, então um ajuste Bonferroni exigiria um nível 0,01 para ser utilizado para cada teste individual.

Testes multigrupos estruturados

Os procedimentos descritos na seção anterior são melhor usados em situações simples com poucos testes sendo considerados. Se o pesquisador deseja examinar sistematicamente diferenças de grupos em pares específicos quanto a uma ou mais medidas dependentes, mais testes estatísticos estruturados devem ser usados. Nesta seção examinamos dois tipos de testes:

- **Testes *post hoc*.** Testes das variáveis dependentes entre todos os possíveis pares de diferenças de grupos que são examinados depois que padrões de dados são estabelecidos.
- **Testes *a priori*.** Testes planejados a partir de um ponto de vista teórico ou prático anterior ao exame dos dados.

A principal diferença entre os dois tipos é que a abordagem *post hoc* testa todas as possíveis combinações, viabilizando uma maneira simples de comparação de grupos mas ao custo de poder menor. Testes *a priori* examinam apenas comparações especificadas, de modo que o pesquisador deve definir explicitamente a comparação a ser feita, mas com um nível maior de poder como resultado. Qualquer método pode ser empregado no exame de uma ou mais diferenças entre grupos, apesar de os testes *a priori* também fornecerem ao pesquisador um controle total sobre os tipos de comparações feitas entre grupos.

Métodos *post hoc*. Métodos *post hoc* são amplamente usados por conta da facilidade com que múltiplas comparações são executadas. Entre os procedimentos

---

* N. de R. T.: A frase correta seria "...com bolas sempre acima, seguidas por cubos e então por estrelas".

** N. de R. T.: A frase correta seria "as bolas têm uma avaliação mais alta do que os cubos e as estrelas para as cores vermelha e azul, mas a avaliação é menor para a cor verde".

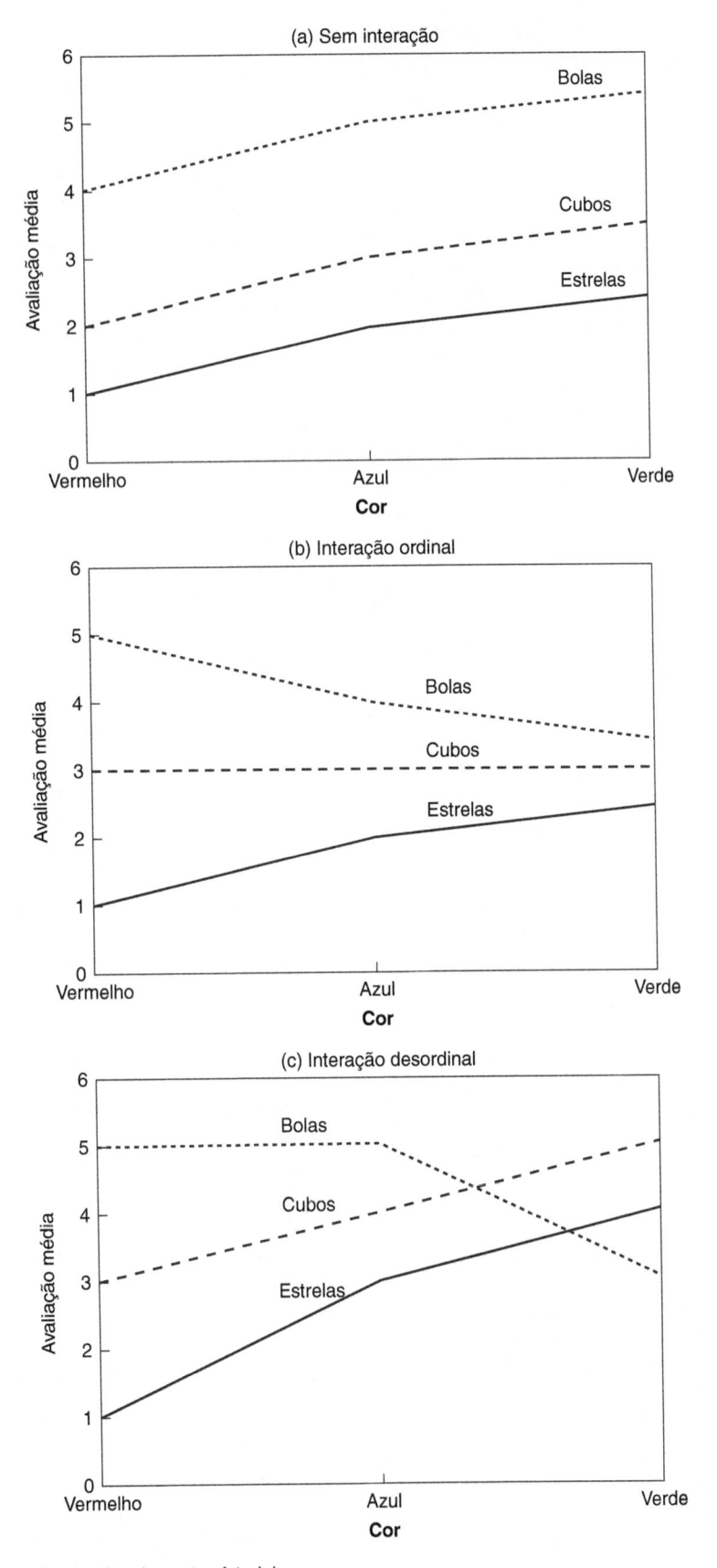

FIGURA 6-5 Efeitos de interação em planejamentos fatoriais.

post hoc mais comuns estão (1) o método Scheffé, (2) o método da diferença honestamente significativa (HSD) de Tukey, (3) a extensão de Tukey para a abordagem da mínima diferença significativa (LSD) de Fisher, (4) o teste da amplitude múltipla de Duncan e (5) o teste de Newman-Keuls.

Cada método identifica quais comparações entre grupos (p.ex., grupo 1 versus grupos 2 e 3) têm diferenças significantes. Apesar de simplificarem a identificação de diferenças de grupos, todos esses métodos compartilham o problema de ter níveis muito baixos de poder para qualquer teste individual, pois eles examinam todas as possíveis combinações. Esses cinco testes de significância *post hoc* ou de comparação múltipla foram comparados quanto a poder [23], e diversas conclusões foram obtidas.

- O método de Scheffé é o mais conservador em relação ao erro Tipo I, e os demais testes são classificados nesta ordem: HSD de Tukey, LSD de Tukey, Newman-Keuls e Duncan.
- Se os tamanhos de efeitos são grandes ou o número de grupos é pequeno, os métodos *post hoc* podem identificar as diferenças de grupos. Mas o pesquisador também deve reconhecer as limitações desses métodos e empregar outras técnicas se for possível identificar comparações mais específicas.

Uma discussão sobre as opções disponíveis com cada método está além do escopo deste capítulo. Excelentes discussões e explicações desses procedimentos podem ser encontradas em outros textos [13, 27].

Comparações *a priori* ou planejadas. O pesquisador também pode fazer comparações específicas entre grupos usando testes *a priori* (também conhecidos como **comparações planejadas**). Esse método é semelhante aos testes *post hoc* nas técnicas estatísticas para realizar comparações de grupos, mas difere em planejamento e controle pelo pesquisador em três aspectos:

- O pesquisador especifica quais comparações de grupos devem ser feitas versus o teste do conjunto inteiro, como feito nos testes *post hoc*.
- As comparações planejadas são mais poderosas porque o número de comparações é menor, mas o maior poder não é muito útil se o pesquisador não testa especificamente comparações corretas de grupos.
- As comparações planejadas são mais apropriadas quando bases conceituais podem apoiar as comparações específicas a serem feitas. No entanto, não devem ser utilizadas de uma maneira exploratória, pois elas não têm controles efetivos contra o aumento de níveis experimentais de erro Tipo I.

O pesquisador especifica os grupos a serem comparados por meio de um **contraste**, o qual é uma combinação de médias de grupos que representa uma comparação planejada específica. Os contrastes geralmente podem ser dados como

$$C = W_1 G_1 + W_2 G_2 + \ldots + W_k G_k$$

onde

C = valor do contraste
W = pesos
G = médias de grupos

O contraste é formulado designando-se pesos positivos e negativos para especificar os grupos a serem comparados, ao mesmo tempo garantindo-se que os pesos somem zero.

> Por exemplo, considere que tenhamos três médias de grupos (G_1, G_2 e G_3). Para testar uma diferença entre G_1 e G_2 (e ignorando G_3 para esta comparação), o contraste seria:
>
> $$C = (1)G_1 + (-1)G_2 + (0)G_3$$
>
> Para testar se a média de G_1 e G_2 difere de G_3, o contraste é:
>
> $$C = (0,5)G_1 + (0,5)G_2 + (-1)G_3$$
>
> Uma estatística F separada é computada para cada contraste.

Desse modo, o pesquisador pode criar quaisquer comparações desejadas e testá-las diretamente, mas a probabilidade de um erro Tipo I para cada comparação *a priori* é igual a α. Assim, diversas comparações planejadas aumentarão o nível geral de erro Tipo I. Todos os pacotes estatísticos podem executar testes *a priori* ou *post hoc* para variáveis dependentes individuais ou para a variável estatística.

Se o pesquisador deseja realizar comparações da variável estatística dependente inteira, extensões desses métodos estão disponíveis. Depois de concluir que os vetores médios de grupos não são equivalentes, o pesquisador pode se interessar em saber se há diferenças de grupos na variável estatística dependente composta. Uma estatística F ANOVA padrão pode ser calculada e comparada com $F_{crit} = (N - k)\text{gcr}_{crit}/(k - 1)$, onde o valor de gcr_{crit} é obtido a partir da distribuição *gcr* com graus de liberdade apropriados. Muitos pacotes computacionais têm a habilidade de realizar comparações planejadas para a variável estatística dependente, bem como para variáveis dependentes individuais.

Avaliação da significância em variáveis dependentes individuais

Até o presente momento examinamos apenas os testes multivariados de significância para o conjunto de variáveis dependentes. E quanto a cada uma delas? Uma diferença significante com um teste multivariado garante que cada variável dependente também é significativamente diferente? Ou um efeito não-significante significa-ca que todas as variáveis dependentes também têm diferenças não-significantes? Em ambos os casos, a resposta é negativa. O resultado de um teste multivariado de diferenças no conjunto de medidas dependentes não se estende necessariamente para cada variável em separado, mas apenas coletivamente. Logo, o pesquisador sempre deve examinar como os resultados multivariados se estendem para medidas dependentes individuais.

Testes de significância univariados. O primeiro passo é avaliar quais das variáveis dependentes contribuem para as diferenças gerais indicadas pelos testes estatísticos. Este passo é essencial porque um subconjunto de variáveis no conjunto das dependentes pode acentuar as diferenças, enquanto outro subconjunto pode ser não-significante ou mascarar os efeitos significantes das demais.

A maioria dos pacotes estatísticos fornece testes de significância univariados para cada medida dependente, além dos testes multivariados, fornecendo uma avaliação individual de cada variável. O pesquisador pode então determinar como cada variável dependente corresponde aos efeitos sobre a variável estatística.

Análise *stepdown*. Um procedimento conhecido como **análise *stepdown*** [16,23] também pode ser usado para avaliar individualmente as diferenças das variáveis dependentes. Esse procedimento envolve a computação de uma estatística F univariada para uma variável dependente depois de eliminar os efeitos de outras variáveis dependentes que a precedem na análise. O procedimento é um pouco semelhante à regressão *stepwise*, mas aqui examinamos se uma variável dependente em particular contribui com informações únicas (não-correlacionadas) para as diferenças de grupos. Os resultados *stepdown* seriam exatamente os mesmos se fizéssemos uma análise covariada, com as outras variáveis dependentes precedentes usadas como as covariáveis.

Uma suposição crítica da análise *stepdown* é que o pesquisador deve conhecer a ordem na qual as variáveis dependentes devem ser introduzidas, pois as interpretações podem variar dramaticamente com diferentes ordens de entrada. Se a ordenação tem apoio teórico, então o teste *stepdown* é válido. Variáveis indicadas como não-significantes são redundantes em relação às variáveis significantes anteriores, e elas não acrescentam informações referentes a diferenças entre grupos. A ordem das variáveis dependentes pode ser mudada para testar se os efeitos de variáveis são redundantes ou particulares, mas o processo fica mais complicado quando o número de variáveis dependentes aumenta.

Essas duas análises são direcionadas para auxiliar o pesquisador a compreender quais variáveis dependentes contribuem para as diferenças na variável estatística dependente ao longo do(s) tratamento(s).

ESTÁGIO 6: VALIDAÇÃO DOS RESULTADOS

Análises de técnicas de variância (ANOVA e MANOVA) foram desenvolvidas na tradição de experimentação, sendo a **repetição** o principal meio de validação. A especificidade de tratamentos experimentais permite um amplo uso do mesmo experimento em múltiplas populações para avaliar a generalidade dos resultados. Apesar de este ser um princípio fundamental do método científico, em pesquisas de ciências sociais e nos negócios, a verdadeira experimentação muitas vezes é substituída por testes estatísticos em situações não-experimentais, como sondagens. A habilidade de validar os resultados nessas situações é baseada na repetitividade dos tratamentos. Em muitos casos, características demográficas como idade, sexo, renda e outras são usadas como tratamentos. Esses tratamentos podem parecer atender à exigência de comparabilidade, mas o pesquisador deve garantir que o elemento adicional de se designar aleatoriamente a uma célula também seja atendido; no entanto, em pesquisas, isso muitas vezes não acontece.

> Por exemplo, ter idade e sexo como as variáveis independentes é um exemplo comum do uso de ANOVA ou MANOVA em pesquisas. Em termos de validação, o pesquisador deve ser cuidadoso ao analisar múltiplas populações e comparar resultados como a única prova de validade. Como os respondentes, em um certo sentido, selecionam a si mesmos, os tratamentos neste caso não podem ser designados pelo pesquisador, e assim a designação aleatória é impossível.

Logo, o pesquisador deve considerar seriamente o uso de covariáveis para controlar outras características que possam ser específicas dos grupos de idade ou sexo e que poderiam afetar as variáveis dependentes, mas não são incluídas na análise.

Outra questão é a alegação de causa quando métodos ou técnicas experimentais são empregados. Os princípios de causalidade são examinados em maiores detalhes no Capítulo 10. Para nossos propósitos aqui, o pesquisador deve lembrar que em todos os ambientes de pesquisa, incluindo experimentos, certos critérios conceituais (p.ex., ordem temporal de efeitos e resultados) devem ser estabelecidos antes que a causalidade possa ser apoiada. Uma única aplicação de uma técnica particular usada em um experimento não garante causalidade.

RESUMO

Discutimos as aplicações apropriadas e considerações importantes de MANOVA ao abordarmos as análises multivariadas com medidas dependentes múltiplas. Apesar de haver benefícios consideráveis em seu uso, MANOVA deve ser cuidadosa e adequadamente aplicada à questão em mãos. Quando isso é feito, os pesquisadores têm à sua disposição uma técnica com flexibilidade e poder estatístico. Agora ilustramos as aplicações de MANOVA (e sua contraparte univariada ANOVA) em uma série de exemplos.

ILUSTRAÇÃO DE UMA ANÁLISE MANOVA

Análise multivariada de variância (MANOVA) proporciona aos pesquisadores a habilidade de avaliar diferenças em uma ou mais variáveis independentes não-métricas para um conjunto de variáveis dependentes métricas. Ela proporciona uma maneira para determinar a extensão em que grupos de respondentes (formados por suas características nas variáveis independentes não-métricas) diferem em termos de medidas dependentes. O exame de tais diferenças pode ser feito separadamente ou em combinação. Nas seções a seguir, detalhamos a análise necessária para examinar duas características (X_1 e X_5) quanto a seu impacto em um conjunto de resultados de compra (X_{19}, X_{20} e X_{21}). Primeiro, analisamos cada característica separadamente, e em seguida ambas em combinação. O leitor deve notar que uma versão expandida de HBAT (HBAT200 com uma amostra de 200) é usada nesta análise para viabilizar o estudo de um planejamento de dois fatores. Este conjunto de dados está disponível na Web em www.bookman.com.br.

Nos últimos anos tem crescido a atenção para a área de sistemas de distribuição. Abastecida pelo amplo uso de sistemas baseados na internet para integração de canais e pelas economias de custo sendo percebidas por sistemas logísticos melhorados, a administração da HBAT está interessada em avaliar o estado atual de transações em seu sistema de distribuição, o qual utiliza canais indiretos (via corretores) e diretos. No canal indireto, produtos são vendidos para clientes por corretores que atuam como equipe de venda externa e, em alguns casos, como atacadistas. A HBAT também emprega uma equipe de venda própria; eles contatam e atendem clientes diretamente a partir de escritórios da corporação, bem como escritórios externos.

Surgiu a preocupação de que mudanças podem ser necessárias no sistema de distribuição, focando-se particularmente o sistema de corretores que é observado como tendo um desempenho insatisfatório, especialmente no estímulo de relações de longo prazo com a

(Continua)

REGRAS PRÁTICAS 6-5

Interpretação e validação de resultados de MANOVA

- Quando covariáveis estão envolvidas em um modelo GLM:
  - Analise o modelo com e sem as covariáveis
  - Se as covariáveis não melhoram o poder estatístico ou não têm qualquer impacto sobre a significância dos efeitos de tratamento, então elas podem ser dispensadas na análise final
- Sempre que duas ou mais variáveis independentes (tratamentos) são incluídas na análise, interações devem ser examinadas antes de se tirarem conclusões sobre efeitos principais para qualquer variável independente
  - Se as interações não são estatisticamente significantes, então efeitos principais podem ser diretamente interpretados, pois a diferença entre tratamentos é considerada constante nas combinações de níveis
  - Se a interação é estatisticamente significante e as diferenças não são constantes ao longo das combinações de níveis, então a interação deve ser determinada como sendo ordinal ou desordinal:
    - Interações ordinais significam que a direção de diferenças não varia por nível (p.ex., homens sempre menos que mulheres), apesar de a diferença entre homens e mulheres variar por nível no outro tratamento; neste caso, o tamanho do efeito principal (p.ex., homens versus mulheres) deve ser descrito apenas separadamente para cada nível do outro tratamento
    - Interações significantes não-ordinais acontecem quando a direção de um efeito principal observado muda com o nível de outro tratamento (p.ex., homens maiores do que mulheres para um nível e menores que mulheres para outro); interações não-ordinais interferem na interpretação de efeitos principais
- Quando a variável independente tem mais de dois grupos, dois tipos de procedimentos podem ser usados para isolar a fonte de diferenças:
  - Testes *post hoc* examinam potenciais diferenças estatísticas entre todas as possíveis combinações de médias de grupos; testes *post hoc* têm poder limitado e, por isso, são mais adequados para identificar grandes efeitos
  - Comparações planejadas são adequadas quando motivos teóricos *a priori* sugerem que certos grupos diferem de um outro ou mesmo dos demais; erro Tipo I aumenta quando o número de comparações planejadas sobe

> (Continuação)
> HBAT. Para tratar dessas preocupações, três questões foram colocadas:
>
> 1. Quais diferenças estão presentes em satisfação de clientela e outros resultados de compra entre os dois canais no sistema de distribuição?
> 2. A HBAT está estabelecendo relações melhores com seus clientes ao longo do tempo, como refletida na satisfação da clientela e outros resultados de compras?
> 3. Qual é o entrosamento entre o sistema de distribuição e essas relações com clientes em termos de resultados de compras?

Com as questões de pesquisa definidas, o pesquisador agora volta sua atenção para definir variáveis dependentes e independentes e as correspondentes exigências sobre tamanho de amostra.

> Para examinar essas questões, pesquisadores decidiram empregar MANOVA para examinar o efeito de X_5 (Sistema de distribuição) e X_1 (Tipo de cliente) sobre três medidas de Resultado de compra (X_{19}, Satisfação; X_{20}, Probabilidade de recomendar HBAT; e X_{21}, Probabilidade de futura compra). Apesar de uma amostra de 100 observações ser suficiente para qualquer das análises sobre as variáveis individuais, ela não seria apropriada para abordá-las em combinação. Um cálculo rápido de tamanhos de grupos para essa análise de dois fatores (ver Tabela 6-4) identificou pelo menos um grupo com menos de 10 observações e outros com menos de 20.
>
> Como tais tamanhos de grupos não viabilizam a habilidade para detectar tamanhos de efeitos médios ou pequenos com um nível desejado de poder estatístico (ver Tabela 6-2*), uma decisão foi tomada para reunir respostas adicionais para complementar as 100 observações já disponíveis. Um segundo esforço de pesquisa acrescentou mais 100 observações para uma amostra que agora tem 200. Este novo conjunto de dados se chama HBAT200 e será usado para a análise MANOVA que segue adiante. Análises preliminares indicaram que o conjunto complementado de dados tinha as mesmas características da HBAT, eliminando assim a necessidade de exame adicional deste novo conjunto de dados para determinar suas propriedades básicas.

EXEMPLO 1: DIFERENÇA ENTRE DOIS GRUPOS INDEPENDENTES

Para introduzir os benefícios práticos de uma análise multivariada de diferenças de grupos, começamos nossa

---
* N. de R. T.: A frase correta seria ver "Tabela 6-3".

discussão com um dos planejamentos mais conhecidos: o planejamento de dois grupos, no qual cada respondente é classificado com base nos níveis (grupos) do tratamento (variável independente). Se essa análise estivesse sendo executada em um ambiente experimental, respondentes seriam aleatoriamente designados a grupos (p.ex., dependendo se eles assistem um anúncio ou qual tipo de cereal que experimentam). Muitas vezes, porém, os grupos são formados não por designação ao acaso, mas com base em alguma característica do respondente (p.ex., idade, sexo, ocupação etc.).

Em muitos contextos de pesquisa, no entanto, não é realista assumir que uma diferença entre dois grupos experimentais quaisquer será manifestada em apenas uma variável dependente. Por exemplo, dois anúncios podem não apenas produzir diferentes níveis de intenção de compra, mas também podem afetar diversos outros (potencialmente correlacionados) aspectos da resposta ao anúncio (p.ex., avaliação geral do produto, credibilidade do anúncio, interesse, atenção).

Muitos pesquisadores lidam com esta situação de múltiplos critérios com repetida aplicação de testes t univariados até que todas as variáveis dependentes tenham sido analisadas. No entanto, esta abordagem têm sérios problemas:

- Inflação na taxa de erro Tipo I sobre testes t múltiplos
- Incapacidade de pares de testes t detectarem diferenças entre combinações das variáveis dependentes invisíveis em testes univariados

Para superar esses problemas, MANOVA pode ser empregada para controlar a taxa de erro geral do Tipo I, ao mesmo tempo que ainda fornece uma maneira de avaliar as diferenças em cada variável dependente tanto coletiva quanto individualmente.

Estágio 1: Objetivos da análise

O primeiro passo envolve a identificação das variáveis dependentes e independentes adequadas. Como anteriormente discutido, a HBAT identificou o sistema de distribuição como um elemento chave em sua estratégia de relação com cliente e precisa primeiramente compreender o impacto do sistema de distribuição sobre os clientes.

> **Questão de pesquisa.** A HBAT está comprometida com o fortalecimento de sua estratégia de relacionamento com clientela, com um aspecto focalizado sobre o sistema de distribuição. Surge a preocupação com as diferenças devido a sistema de canais de distribuição (X_5), que é composto de dois canais (direto através da equipe de venda da HBAT, ou indireto via corretor). Três resultados de compra (X_{19}, Satisfação; X_{20}, Probabilidade de
> (Continua)

TABELA 6-4 Tamanhos de grupos para uma análise de dois fatores usando os dados da HBAT (100 observações)

		X_5 Sistema de distribuição		
		Indireto via corretor	Direto ao cliente	Total
X_1 Cliente Tipo	Menos de 1 ano	23	9	32
	De 1 a 5 anos	16	19	35
	Mais de 5 anos	18	15	33
	Total	57	43	100

(*Continuação*)
recomendação da HBAT; e X_{21}, Probabilidade de futura compra) foram identificados como as questões mais importantes na avaliação dos impactos dos dois sistemas de distribuição. A tarefa é identificar se existem diferenças entre esses dois sistemas ao longo de todos os resultados de compra ou de um subconjunto destes.

Exame de perfis de grupos. A Tabela 6-5 fornece um resumo dos perfis de grupos sobre cada resultado de compra ao longo dos dois grupos (sistema de distribuição direto versus indireto). Uma inspeção visual revela que o canal de distribuição direta apresenta os maiores escores médios para cada resultado de compra. A tarefa de MANOVA é examinar essas diferenças e avaliar a extensão em que as mesmas são significantemente diferentes, tanto coletiva quanto individualmente.

Estágio 2: Projeto de pesquisa em MANOVA

A principal consideração no delineamento da MANOVA de dois grupos é o tamanho amostral em cada célula, o que afeta diretamente o poder estatístico. Como é o caso na maioria das pesquisas, os tamanhos das células são desiguais, tornando os testes estatísticos mais sensíveis a violações das suposições, especialmente o teste para homogeneidade de variância da variável dependente. Ambos os problemas devem ser considerados na avaliação do planejamento de pesquisa usando X_5.

Como anteriormente discutido, a preocupação com tamanhos amostrais adequados em toda a análise MANOVA resultou no acréscimo de 100 casos adicionais aos dados originais de HBAT (ver Tabela 6-4). Com base neste conjunto de dados maior, 108 firmas usaram o sistema indireto de corretores e 92 respondentes utilizaram o sistema direto da HBAT.

Esses tamanhos de grupos oferecem poder estatístico mais do que adequado a uma probabilidade de 80% de detectar tamanhos médios de efeitos, e quase alcançam os níveis necessários para identificação de pequenos tamanhos de efeitos (ver Tabela 6-3). O resultado é um planejamento de pesquisa com tamanhos de grupos relativamente equilibrados e poder estatístico suficiente para identificar diferenças em qualquer nível significativo em termos gerenciais.

Estágio 3: Suposições em MANOVA

As premissas mais críticas relativas a MANOVA são a independência de observações, homocedasticidade nos grupos, e normalidade. Cada uma dessas suposições é abordada em relação a cada um dos resultados de compra. Preocupa também a presença de observações atípicas e sua potencial influência sobre as médias de grupos para as variáveis de resultado de compra.

---
* N. de R. T.: A frase correta seria "ver Tabela 6-5".

TABELA 6-5 Estatísticas descritivas de medidas de resultado de compra (X_{19}, X_{20} e X_{21}) para grupos de X_5 (Sistema de distribuição)

	X_5 Sistema de distribuição	Média	Desvio padrão	N
X_{19} Satisfação	Indireto via corretor	6,325	1,033	108
	Direto ao cliente	7,688	1,049	92
	Total	6,952	1,241	200
X_{20} Probabilidade de recomendar	Indireto via corretor	6,488	0,986	108
	Direto ao cliente	7,498	0,930	92
	Total	6,953	1,083	200
X_{21} Probabilidade de compra	Indireto via corretor	7,336	0,880	108
	Direto ao cliente	8,051	0,745	92
	Total	7,665	0,893	200

Independência de observações. A independência dos respondentes foi garantida tanto quanto possível pelo plano de amostragem aleatória. Se o estudo tivesse sido feito em um ambiente experimental, a designação ao acaso de indivíduos teria garantido a necessária independência de observações.

Homocedasticidade. Uma segunda suposição crítica se refere à homogeneidade das matrizes de variância-covariância entre os dois grupos. A primeira análise avalia a homogeneidade univariada de variância nos dois grupos. Como se vê na Tabela 6-6, testes univariados (teste de Levene) para todas as três variáveis são não-significantes (ou seja, significância maior que 0,05). O próximo passo é avaliar coletivamente as variáveis dependentes testando a igualdade das matrizes de variância-covariância entre os grupos. Novamente, na Tabela 6-6, o teste M de Box para igualdade das matrizes de covariância mostra um valor não-significante (0,607), indicando nenhuma diferença significante entre os dois grupos nas três variáveis dependentes como um todo. Assim, a suposição de homocedasticidade é atendida para cada variável individual separadamente e para as três coletivamente.

Correlação e normalidade de variáveis dependentes. Outro teste deve ser feito para determinar se as medidas dependentes são significativamente correlacionadas. O teste mais empregado para esta finalidade é o teste de esfericidade de Bartlett. Ele examina as correlações entre todas as variáveis dependentes e avalia se, coletivamente, existe inter-correlação significante. Em nosso exemplo, há um grau significante de inter-correlação (significância = 0,000) (ver Tabela 6-6).

A suposição de normalidade para as variáveis dependentes (X_{19}, X_{20} e X_{21}) foi examinada no Capítulo 2 e tida como aceitável. Isso apóia os resultados de teste de igualdade das matrizes de variância-covariância entre grupos.

Observações atípicas. A última questão a ser levantada é a presença de observações atípicas. Um método simples que identifica pontos extremos para cada grupo é o uso de gráficos de caixas (ver Figura 6-6). Examinando-se o gráfico de caixas para cada medida dependente, percebem-se poucos, se existirem, pontos extremos nos grupos. Nenhum ponto extremo para X_{19}, um para X_{20} (observação 38*) e quatro para X_{21} (observações 22, 38, 74 e 187). Quando estudamos tais pontos extremos nas três medidas dependentes, nenhuma observação foi um valor extremo sobre todas as três medidas, e nenhuma observação tem valor tão extremado a ponto de justificar exclusão. Logo, todas as 200 observações serão mantidas para análise posterior.

Estágio 4: Estimação do modelo MANOVA e avaliação do ajuste geral

O próximo passo é avaliar se os dois grupos exibem diferenças estatisticamente significantes para as três variá-

---

* N. de R. T.: A frase correta seria "... uma para X_{20} (observação 86) e dois para X_{21} (observações 86 e 187).

TABELA 6-6 Medidas multivariadas e univariadas para teste de homocedasticidade de X_5

Teste multivariado de homocedasticidade	
Teste de igualdade de matrizes de covariância de Box	
M de Box	4,597
F	0,753
df1	6
df2	265275,824
Sig.	0,607

Testes univariados de homocedasticidade

Teste de igualdade de variâncias de erro de Levene

Variável dependente	F	df1	df2	Sig.
X_{19} Satisfação	0,001	1	198	0,978
X_{20} Probabilidade de recomendar	0,643	1	198	0,424
X_{21} Probabilidade de compra	2,832	1	198	0,094

Teste para correlação entre as variáveis dependentes

Teste de esfericidade de Bartlett

Razão de probabilidade	0,000
Qui-quadrado aproximado	260,055
df	5
Sig.	0,000

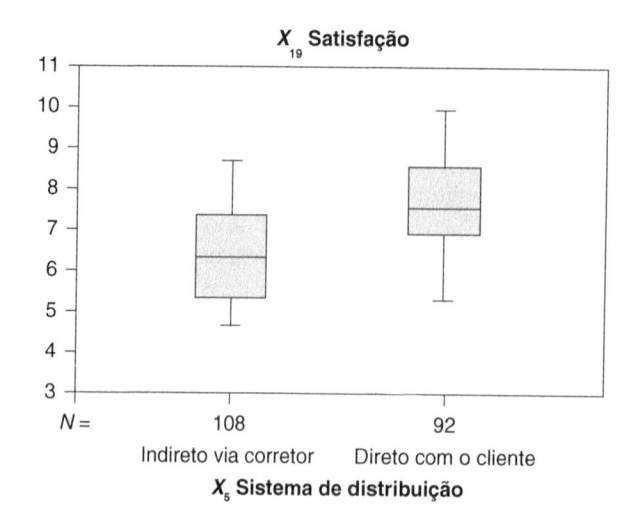

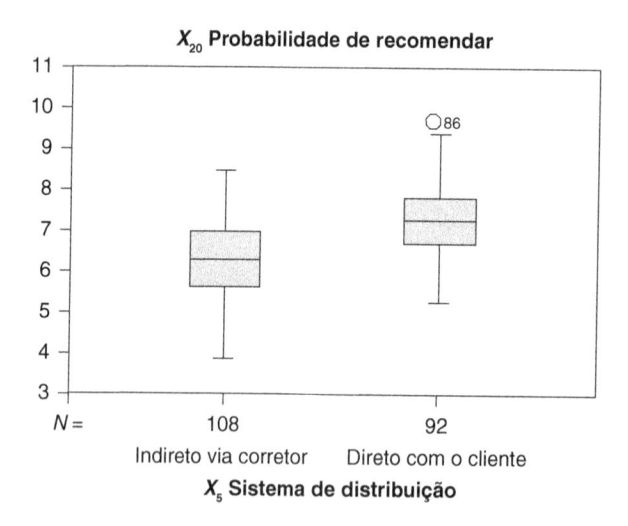

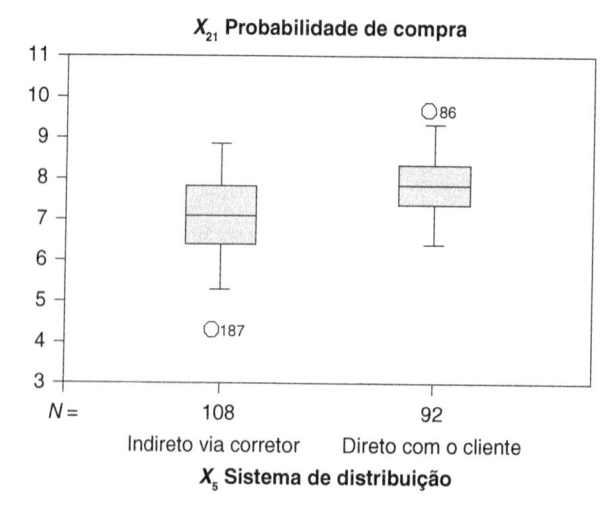

FIGURA 6-6 Gráficos de caixas de medidas de resultados de compra (X_{19}, X_{20} e X_{21}) para grupos de X_5 (Sistema de distribuição).

veis de resultado de compra, primeiro coletivamente e em seguida individualmente. Para conduzir o teste, antes de mais nada especificamos a taxa máxima de erro Tipo I permitida. Fazendo isso, aceitamos que 5 vezes em cada 100 podemos concluir que o tipo de canal de distribuição tem um impacto sobre as variáveis de resultado de compra quando de fato não tem.

Teste estatístico multivariado e análise de poder

Uma vez estabelecida a taxa aceitável de erro Tipo I, primeiramente usamos os testes multivariados para avaliar o conjunto de variáveis dependentes quanto a diferenças entre os dois grupos, e então promovemos testes univariados sobre cada resultado de compra. Por fim, os níveis de poder são avaliados.

> **Testes estatísticos multivariados.** A Tabela 6-7 contém os quatro testes multivariados mais comumente usados (critério de Pillai, lambda de Wilks, traço de Hotelling e maior raiz de Roy). Cada uma das quatro medidas indica que o conjunto de resultados de compra tem uma elevada diferença significativa (0,000) entre os dois tipos de canal de distribuição. Isso confirma as diferenças de grupos percebidas na Tabela 6-5 e o gráfico de caixas da Figura 6-6.
>
> **Testes estatísticos univariados.** Apesar de podermos mostrar que o conjunto de resultados de compra difere nos grupos, precisamos também examinar cada resultado de compra individualmente em busca de diferenças nos dois tipos de canal de distribuição. A Tabela 6-7 contém também os testes univariados para cada resultado de compra. Como podemos ver, todos os testes individuais apresentam igualmente elevada significância (0,000), o que indica que cada variável também segue o mesmo padrão de maiores resultados de compra daqueles servidos pelo sistema de distribuição direta.
>
> **Poder estatístico.** O poder para os testes estatísticos foi 1,0, o que indica que os tamanhos amostrais e o tamanho de efeito foram suficientes para garantir que as diferenças significantes seriam detectadas se eles existissem além das diferenças devido a erro amostral.

Estágio 5: Interpretação dos resultados

A presença de apenas dois grupos elimina a necessidade de qualquer tipo de teste *post hoc*. A significância estatística dos testes multivariados e univariados indicando diferenças de grupos na variável estatística dependente (vetor de médias) e nos resultados individuais de compras conduz o pesquisador a um exame dos resultados para avaliar sua consistência lógica.

> Como anteriormente notado, firmas usando o tipo direto de distribuição marcaram uma pontuação consideravelmente maior do que aquelas atendidas por meio do canal de distribuição indireta baseado em corretores. As médias de grupos mostradas na Tabela 6-5, baseadas em respostas a uma escala de 10 pontos, indicam que os clientes usando o canal de distribuição direta estão mais satisfeitos (+1,36), com maior disposição de recomendar a HBAT (+1,01) e de comprar no futuro (+0,72). Tais diferenças são refletidas também nos gráficos de caixas para os três resultados de compra na Figura 6-6.

Esses resultados confirmam que o tipo de canal de distribuição afeta as percepções de clientes em termos dos três resultados de compra. Tais diferenças estatisticamente significantes, que são de magnitude suficiente para também denotar significância gerencial, mostram que o canal de distribuição direta é mais efetivo na criação de percep-

TABELA 6-7 Testes multivariados e univariados para diferenças de grupos em medidas de resultado de compra (X_{19}, X_{20} e X_{21}) em grupos de X_5 (Sistema de distribuição)

Testes multivariados

	Hipóteses						
Teste estatístico	Valor	F	df	df de erro	Sig.	η^2	Poder observado[a]
Critério de Pillai	0,307	28,923	3	196	0,000	0,307	1,00
Lambda de Wilks	0,693	28,923	3	196	0,000	0,307	1,00
Traço de Hotelling	0,443	28,923	3	196	0,000	0,307	1,00
Maior raiz de Roy	0,443	28,923	3	196	0,000	0,307	1,00

[a]Computado usando alfa = 0,05

Testes univariados (efeitos entre sujeitos)

Variável dependente	Soma de quadrados	df	Quadrado médio	F	Sig.	η^2	Poder observado[a]
X_{19} Satisfação	92,300[b]	1	92,300	85,304	0,000	0,301	1,00
X_{20} Probabilidade de recomendar	50,665[c]	1	50,665	54,910	0,000	0,217	1,00
X_{21} Probabilidade de compra	25,396[d]	1	25,396	37,700	0,000	0,160	1,00

[a]Computado usando alfa = 0,05
[b]R^2 = 0,301 (R^2 ajustado = 0,298)
[c]R^2 = 0,217 (R^2 ajustado = 0,213)
[d]R^2 = 0,160 (R^2 ajustado = 0,156)

ções positivas por parte da clientela em uma grande gama de resultados de compras.

EXEMPLO 2: DIFERENÇA ENTRE K GRUPOS INDEPENDENTES

O planejamento de dois grupos (exemplo 1) é um caso especial do delineamento mais geral de k grupos. No caso mais abrangente, cada respondente é um membro ou é aleatoriamente designado a um dos k níveis (grupos) do tratamento (variável independente). Em um caso univariado, uma única variável dependente métrica é medida, e a hipótese nula é que todas as médias de grupos são iguais (i.e., $\mu_1 = \mu_2 = \mu_3 = \ldots = \mu_k$). No caso multivariado, múltiplas variáveis dependentes métricas são medidas, e a hipótese nula é a de que todos os vetores de escores médios de grupo são iguais (i.e., $v_1 = v_2 = v_3 = \ldots v_k$), onde v se refere a um vetor ou conjunto de escores médios.

Em planejamentos de k grupos nos quais múltiplas variáveis dependentes são medidas, muitos pesquisadores prosseguem com uma série de testes F individuais (ANOVAs) até que todas as variáveis dependentes tenham sido analisadas. Como o leitor deve suspeitar, esta abordagem sofre das mesmas deficiências de uma série de testes t ao longo de múltiplas variáveis dependentes; ou seja, uma série de testes F com ANOVA:

- Resulta em uma taxa inflacionada de erro Tipo I
- Ignora a possibilidade de que alguma composição das variáveis dependentes possa fornecer alguma evidência confiável de diferenças gerais de grupos

Além disso, como testes F individuais ignoram correlações entre as variáveis independentes, eles usam menos do que o total de informação disponível para a avaliação de diferenças gerais de grupos.

MANOVA novamente fornece uma solução para esses problemas. MANOVA resolve o problema da taxa de erro do Tipo I oferecendo um único teste geral de diferenças de grupos em um nível α especificado. Ela resolve o problema da variável composta via formação implícita e teste das combinações lineares das variáveis dependentes que fornecem a mais forte evidência de diferenças gerais de grupos.

Estágio 1: Objetivos de MANOVA

No exemplo anterior, a HBAT avaliou seu desempenho entre clientes com base nos dois canais de sistema de distribuição (X_5) empregados. MANOVA foi utilizada devido à vontade de examinar um conjunto de três variáveis de resultado de compra representando o desempenho da HBAT. Um segundo objetivo de pesquisa foi determinar se as três variáveis de resultado de compra foram afetadas pela extensão de sua relação com a HBAT (X_1). A hipótese nula que a HBAT deseja agora testar é a de que os três vetores amostrais de escores médios (um vetor para cada categoria de relação com cliente) são equivalentes.

Questões de pesquisa. Além de examinar o papel do sistema de distribuição, a HBAT também manifestou um desejo de avaliar se as diferenças nos resultados de compra são atribuíveis apenas ao tipo de canal de distribuição ou se outros fatores não-métricos podem ser identificados como mostrando diferenças significantes também. A HBAT especificamente selecionou X_1 (Tipo de cliente) para determinar se a extensão da relação da HBAT com o cliente tem algum impacto sobre esses resultados de compra.

Exame de perfis de grupos. Como pode ser percebido na Tabela 6-8, os escores médios de todas as três variáveis de resultado de compra aumentam quando a extensão da relação com a clientela cresce. A questão a ser tratada nesta análise é a magnitude em que essas diferenças como um todo podem ser consideradas estatisticamente significantes e se tais diferenças se estendem a cada diferença entre grupos. Em uma segunda análise MANOVA, X_1 (Tipo de cliente) é examinada quanto a diferenças em resultados de compra.

Estágio 2: Projeto de pesquisa em MANOVA

Como foi a situação na análise anterior de dois grupos, tamanho amostral do grupo é uma consideração prioritária em planejamento de pesquisa. Mesmo quando todos os casos de tamanhos de grupos excedem de longe o mínimo necessário, o pesquisador sempre deve estar comprometido em atingir o poder estatístico exigido para a questão de pesquisa em mãos.

A análise do impacto de X_1 agora demanda que analisemos os tamanhos amostrais para os três grupos de extensão de relação com clientela (menos de 1 ano, de 1 a 5 anos, e mais de 5 anos). Na amostra HBAT, os 200 respondentes são quase igualmente divididos nos três grupos com amostras de 68, 64 e 68 (ver Tabela 6-8). Os tamanhos amostrais ainda fornecem poder estatístico suficiente para identificar tamanhos de efeitos médios ou grandes (olhar Tabela 6-3), enquanto ainda estão aquém dos tamanhos necessários para identificação de pequenos tamanhos de efeitos com um poder de 0,80. Assim, quaisquer resultados não-significantes devem ser examinados de perto para se avaliar se o tamanho de efeito tem significância gerencial, pois o baixo poder estatístico impede de designá-los como estatisticamente significantes.

Estágio 3: Suposições em MANOVA

Uma vez que já foram examinadas as questões de normalidade (ver Capítulo 2) e de inter-correlação (teste de esfericidade de Bartlett na Tabela 6-6) das variáveis dependentes no exemplo anterior, a única preocupação

TABELA 6-8 Estatísticas descritivas de medidas de resultado de compra (X_{19}, X_{20} e X_{21}) para grupos de X_1 (Tipo de cliente)

	X_1 Tipo de cliente	Média	Desvio padrão	N
X_{19} Satisfação	Menos de 1 ano	5,729	0,764	68
	De 1 a 5 anos	7,294	0,708	64
	Mais de 5 anos	7,853	1,033	68
	Total	6,952	1,241	200
X_{20} Probabilidade de recomendar	Menos de 1 ano	6,141	0,995	68
	De 1 a 5 anos	7,209	0,714	64
	Mais de 5 anos	7,522	0,976	68
	Total	6,953	1,083	200
X_{21} Probabilidade de comprar	Menos de 1 ano	6,962	0,760	68
	De 1 a 5 anos	7,883	0,643	64
	Mais de 5 anos	8,163	0,777	68
	Total	7,665	0,893	200

remanescente repousa na homocedasticidade dos resultados de compra nos grupos formados por X_1 e na identificação de observações atípicas. Primeiro, examinamos essa homocedasticidade no nível multivariado (todas as três variáveis de resultado de compra coletivamente), e em seguida para cada variável dependente em separado. O teste multivariado para homogeneidade de variância dos três resultados de compra é realizado com o teste M de Box, enquanto o teste de Levene é empregado para avaliar cada variável de resultado de compra individualmente.

Homocedasticidade. A Tabela 6-9 contém os resultados dos testes multivariado e univariado de homocedasticidade. O teste M de Box indica ausência de heteroscedasticidade (significância = 0,069). Nos testes de Levene para igualdade de variâncias de erro, dois dos resultados de compra (X_{20} e X_{21}) mostraram resultados não-significantes e confirmaram homocedasticidade. No caso de X_{19}, o nível de significância foi de 0,001, indicando a possível existência de heteroscedasticidade para esta variável. No entanto, dados os tamanhos amostrais relativamente grandes em cada grupo e a presença de homocedasticidade para os outros dois resultados de compra, ações corretivas não foram necessárias para X_{19}.

Observações atípicas. O exame do gráfico de caixas para cada variável de resultado de compra (ver Figura 6-7) revela um pequeno número de pontos extremos para cada medida dependente (observação 184* para X_{19}; observações 38*, 104, 119 e 149 para X_{20}; e observações 104 e 187 para X_{21}). Como foi o caso do exemplo anterior envolvendo X_5, nenhuma observação demonstrou valores extremos em todas as três medidas dependentes, e também não houve valores tão extremos em qualquer dos casos a ponto de visivelmente afetar os valores de grupo. Assim, nenhuma observação foi classificada como atípica designada para exclusão, e todas as 200 observações foram empregadas na análise.

Estágio 4: Estimação do modelo MANOVA e avaliação do ajuste geral

O uso de MANOVA para examinar uma variável independente com três ou mais níveis revela as diferenças ao longo dos níveis para as medidas dependentes com os testes estatísticos multivariados e univariados ilustrados no exemplo anterior. Em tais situações, os testes estatísticos estão avaliando a significância de um efeito principal, o que significa que as diferenças entre grupos, quando vistas coletivamente, são substanciais o bastante para serem consideradas estatisticamente significantes. Deve ser observado que significância estatística do efeito principal não garante que cada grupo também seja significantemente distinto de cada um dos demais grupos. Em vez disso, testes separados descritos na próxima seção podem examinar quais grupos exibem diferenças significantes.

Todas as três medidas dependentes mostram um padrão definido de aumento quando a extensão da relação com clientela cresce (ver Tabela 6-8 e Figura 6-7). O primeiro passo é utilizar os teste multivariados e avaliar se o conjunto de resultados de compra, no qual cada um de seus elementos parece seguir um padrão semelhante de aumento à medida que o tempo avança, varia de uma maneira estatisticamente significante (isto é, um efeito principal significante). A Tabela 6-10 contém os quatro testes multivariados mais comumente usados, e, como vemos, todos os quatro testes indicam uma diferença es-

(Continua)

---

* N. de R. T.: A frase correta seria "(observação 104 para X_{19}; observações 86, 104, 118 e 149 para X_{20}; ...)".

TABELA 6-9 Medidas multivariadas e univariadas para testar homocedasticidade de X_1

Teste multivariado de homocedasticidade

Teste de Box para igualdade de matrizes de covariância

M de Box	20,363
F	1,659
df1	12
df2	186673,631
Sig.	0,069

Testes univariados de homocedasticidade

Teste de Levene para igualdade de variâncias de erro

Variável dependente	F	df1	df2	Sig.
X_{19} Satisfação	6,871	2	197	0,001
X_{20} Probabilidade de recomendar	2,951	2	197	0,055
X_{21} Probabilidade de compra	0,800	2	197	0,451

(*Continuação*)

tatisticamente significante do conjunto coletivo de medidas dependentes nos três grupos.

Além dos multivariados, testes univariados para cada medida dependente apontam que todas as três medidas dependentes, quando consideradas individualmente, também apresentam efeitos principais significantes. Logo, tanto coletiva quanto individualmente, os três resultados de compra (X_{19}, X_{20} e X_{21}) variam em um nível estatisticamente significante ao longo dos três grupos de X_1.

Estágio 5: Interpretação dos resultados

A interpretação de uma análise MANOVA com uma variável independente de três ou mais níveis exige um processo de dois passos:

- Exame do efeito principal da variável independente (neste caso, X_1) sobre as três medidas dependentes
- Identificação das diferenças entre grupos individuais para cada uma das medidas dependentes com comparações planejadas ou testes *post hoc*

A primeira análise examina as diferenças gerais nos níveis para as medidas dependentes, enquanto a segun-

TABELA 6-10 Testes multivariados e univariados para diferenças de grupos em medidas de resultado de compra (X_{19}, X_{20} e X_{21}) nos grupos de X_1 (Tipo de cliente)

Testes multivariados

Teste estatístico	Valor	F	df de hipótese	df de erro	Sig.	η^2	Poder observado[a]
Critério de Pillai	0,543	24,368	6	392	0,000	0,272	1,000
Lambda de Wilks	0,457	31,103	6	390	0,000	0,324	1,000
Traço de Hotelling	1,184	38,292	6	388	0,000	0,372	1,000
Maior raiz de Roy	1,183	77,280	3	196	0,000	0,542	1,000

[a]Computado usando alfa = 0,05

Testes univariados (efeitos entre sujeitos)

Variável dependente	Soma de quadrados Tipo III	df	Quadrado médio	F	Sig.	η^2	Poder observado[a]
X_{19} Satisfação	164,311[b]	2	82,156	113,794	0,000	0,536	1,00
X_{20} Probabilidade de recomendar	71,043[c]	2	35,521	43,112	0,000	0,304	1,00
X_{21} Probabilidade de compra	53,545[d]	2	26,773	50,121	0,000	0,337	1,00

[a]Computado usando alfa = 0,05
[b]R^2 = 0,536 (R^2 ajustado = 0,531)
[c]R^2 = 0,304 (R^2 ajustado = 0,297)
[d]R^2 = 0,337 (R^2 ajustado = 0,331)

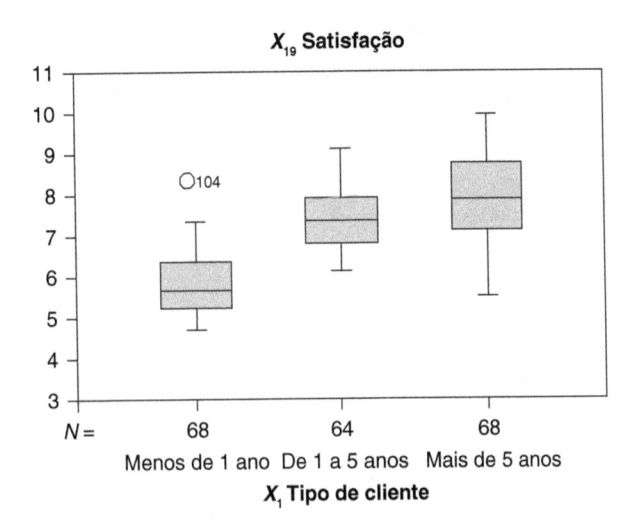

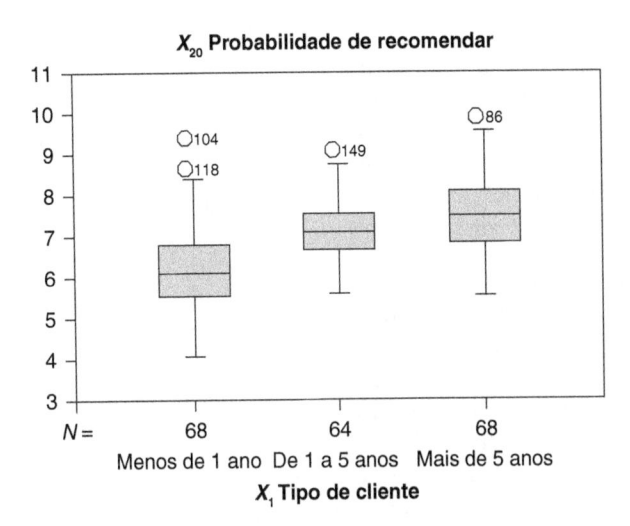

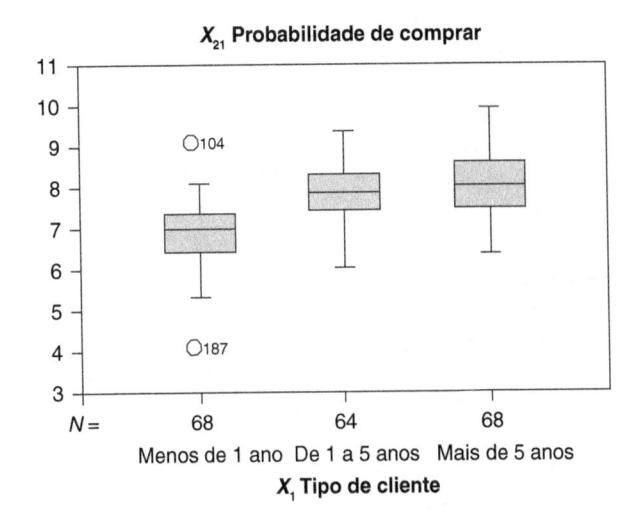

FIGURA 6-7 Gráficos de caixas de medidas de resultados de compras (X_{19}, X_{20} e X_{21}) para grupos de X_1 (Tipo de cliente).

da análise avalia as diferenças entre grupos individuais (p.ex., grupos 1 e 2, grupos 2 e 3, grupos 1 e 3 etc.) para identificar aquelas comparações de grupos com diferenças significantes.

> **Avaliação do efeito principal de X_5.** Todos os testes multivariados e univariados indicaram um efeito principal significante de X_1 (Tipo de cliente) sobre cada variável dependente individual bem como o conjunto das variáveis dependentes quando consideradas coletivamente. O efeito principal significante corresponde a dizer que as variáveis dependentes variam bastante entre os três grupos de clientes com base na extensão da relação com clientela. Como podemos ver na Tabela 6-8 e na Figura 6-7, o padrão de compras aumenta em cada medida dependente quando a relação com clientela amadurece. Por exemplo, satisfação do cliente (X_{19}) é menor (5,729) para aqueles com menos de 1 ano de relação, aumentando (7,294) para aqueles clientes entre 1 e 5 anos, até alcançar o mais alto nível (7,853) para aqueles que se relacionam há mais de 5 anos. Padrões semelhantes são vistos para as outras duas medidas dependentes.

Realização de comparações post hoc

Como já observado, um efeito principal significante indica que o conjunto total de diferenças de grupos (p.ex., grupos 1 e 2 etc.) é de elementos que são grandes o bastante para serem considerados estatisticamente significantes. Também deve ser notado que um efeito principal significante não garante que todas as diferenças de grupos sejam igualmente significantes. Podemos descobrir que um efeito principal significante é na verdade devido a uma única diferença de grupos (p.ex., grupos 1 e 2), enquanto as outras comparações (grupos 1 e 3 e grupos 2 e 3) não são significativamente diferentes.

A questão passa a ser a seguinte: como essas diferenças individuais de grupos são avaliadas enquanto se mantém um nível aceitável de taxa geral de erro do Tipo I? Este mesmo problema é encontrado quando se consideram múltiplas medidas dependentes, mas neste caso fazendo-se comparações para uma única variável dependente ao longo de múltiplos grupos. Esse tipo de questão pode ser testada com um dos procedimentos *a priori*. Se o contraste é usado, uma comparação específica é feita entre dois grupos (ou conjuntos de grupos) para ver se eles são significativamente diferentes. Outra abordagem é usar um dos procedimentos *post hoc* que testa todas as diferenças de grupos e então identifica aquelas que são estatisticamente significantes.

> A Tabela 6-11 contém três métodos de comparação *post hoc* (HSD de Tukey, Scheffé e LSD) aplicados em todos os três resultados de compra nos três grupos de X_1. Quando examinamos X_{19} (Satisfação), primeiro percebemos que apesar de o efeito principal geral ser significante, as diferenças entre grupos adjacentes não são constantes. A diferença entre clientes de menos de 1 ano e aqueles entre 1 e 5 anos é de –1,564 (o sinal negativo indica que os clientes com menos de 1 ano têm o menor valor). Quando examinamos a diferença de grupos entre clientes de 1 a 5 anos e aqueles com mais de 5 anos, porém, a diferença é reduzida para –0,559 (aproximadamente um terço da diferença anterior).
>
> Desse modo, o pesquisador está interessado em saber se ambas as diferenças são significantes, ou se há significância apenas entre os dois primeiros grupos. Quando olhamos para as últimas três colunas da Tabela 6-11, podemos ver que todas as diferenças separadas de grupos para X_{19} são significantes, o que aponta para o fato de que a diferença de –0,559, apesar de ser muito menor do que a outra, ainda é estatisticamente significante.
>
> Quando examinamos as comparações para os outros dois resultados de compra (X_{20} e X_{21}), surge um outro padrão. Novamente, as diferenças entre os dois primeiros grupos (menos de 1 ano e entre 1 e 5 anos) são todas estatisticamente significantes em todos os três testes *post hoc*. No entanto, quando examinamos a próxima comparação (clientes de 1 a 5 anos versus aqueles com mais de 5 anos como clientes), dois dos três testes indicam que os dois grupos não são distintos. Em tais testes, os resultados de compra de X_{20} e X_{21} para clientes de 1 a 5 anos não são significativamente distintos daqueles com mais de 5 anos. Este resultado é contrário àquilo que foi descoberto para satisfação, na qual esta diferença era significante.

Quando a variável independente tem três ou mais níveis, o pesquisador deve se empenhar neste segundo nível de análise além da avaliação de efeitos principais significantes. Aqui o pesquisador não está interessado no efeito coletivo da variável independente, mas nas diferenças entre grupos específicos. As ferramentas de comparações planejadas ou métodos *post hoc* fornecem uma maneira poderosa de se fazerem estes testes de diferenças de grupos enquanto também mantêm a taxa geral de erro Tipo I.

EXEMPLO 3: UM DELINEAMENTO FATORIAL PARA MANOVA COM DUAS VARIÁVEIS INDEPENDENTES

Nos dois exemplos anteriores, as análises MANOVA foram extensões de análises univariadas de dois e três grupos. Neste exemplo, exploramos um experimento fatorial multivariado: duas variáveis independentes usadas como tratamentos para analisar diferenças do conjunto de variáveis dependentes. No curso de nossa discussão, avaliamos os efeitos interativos ou conjuntos entre os dois tratamentos sobre variáveis dependentes separada e coletivamente.

TABELA 6-11 Comparações *post hoc* para diferenças individuais de grupos em medidas de resultado de compra (X_{19}, X_{20} e X_{21}) nos grupos de X_1 (Tipo de cliente)

Variável dependente	Grupos a serem comparados		Diferença média entre grupos (I – J)		Significância estatística de comparação post hoc		
	Grupo I	Grupo J	Diferença média	Erro padrão	HSD de Tukey	Scheffé	LSD
X_{19} Satisfação							
	Menos de 1 ano	De 1 a 5 anos	–1,564	0,148	0,000	0,000	0,000
	Menos de 1 ano	Mais de 5 anos	–2,124	0,146	0,000	0,000	0,000
	De 1 a 5 anos	Mais de 5 anos	–0,559	0,148	0,000	0,001	0,000
X_{20} Probabilidade de recomendar							
	Menos de 1 ano	De 1 a 5 anos	–1,068	0,158	0,000	0,000	0,000
	Menos de 1 ano	Mais de 5 anos	–1,381	0,156	0,000	0,000	0,000
	De 1 a 5 anos	Mais de 5 anos	–0,313	0,158	0,118	0,144	0,049
X_{21} Probabilidade de comprar							
	Menos de 1 ano	De 1 a 5 anos	–0,921	0,127	0,000	0,000	0,000
	Menos de 1 ano	Mais de 5 anos	–1,201	0,125	0,000	0,000	0,000
	De 1 a 5 anos	Mais de 5 anos	–0,280	0,127	0,071	0,091	0,029

Estágio 1: Objetivos de MANOVA

Nas questões de pesquisa multivariadas prévias, a HBAT considerou o efeito de apenas uma variável de tratamento sobre as variáveis dependentes. Aqui, a possibilidade de efeitos conjuntos entre duas ou mais variáveis independentes deve ser igualmente considerada. Deste modo, a interação entre as variáveis independentes pode ser avaliada com seus efeitos principais.

Questões de pesquisa. As duas primeiras questões de pesquisa que examinamos se referem ao impacto de dois fatores – sistema de distribuição e duração da relação com clientes – sobre um conjunto de resultados de compra. Em cada caso, os fatores foram mostrados como tendo impactos significantes (isto é, resultados de compra mais favoráveis para firmas no sistema direto de distribuição ou aquelas com fidelidade mais duradoura como cliente da HBAT).

Há ainda uma terceira questão não resolvida: como esses dois fatores operam quando considerados simultaneamente? Estamos aqui interessados em saber como as diferenças entre sistemas de distribuição se mantêm nos grupos com base na duração da relação com a HBAT. Vimos que clientes no sistema direto de distribuição tinham resultados de compra significativamente maiores (maior satisfação etc.), mas tais diferenças estão sempre presentes para cada grupo de clientes com base em X_1? O que segue adiante é apenas uma amostra dos tipos de questão que podemos levantar quando se consideram as duas variáveis juntas em uma análise:

- O sistema de distribuição direta é mais efetivo para clientes mais novos?
- Os dois sistemas de distribuição mostram diferenças para clientes com 5 anos ou mais?
- O sistema de distribuição direta é sempre preferencial em relação ao indireto nos grupos de clientela de X_1?

Combinando ambas as variáveis independentes (X_1 e X_5) em um planejamento fatorial, criamos seis grupos de clientes: os três grupos baseados em duração de suas relações com a HBAT separados naqueles grupos em cada sistema de distribuição. Conhecidos como um planejamento 3 × 2, os três níveis de X_1 separados para cada nível de X_5 formam um grupo separado para cada tipo de cliente dentro de cada canal de distribuição.

Exames de perfis de grupos. A Tabela 6-12 fornece um perfil de cada grupo para o conjunto de resultados de compra. Muitas vezes, uma perspectiva mais simples é através de uma representação gráfica. Uma opção é formar um gráfico de linhas, e ilustramos isso quando vemos os termos de interação em uma seção adiante. Podemos utilizar também gráficos de caixas para mostrar não apenas as diferenças entre médias de grupos, mas a superposição do domínio de valores em cada grupo. A Figura 6-8 ilustra tal gráfico para X_{19} (Satisfação) nos seis grupos de nosso planejamento fatorial. Como podemos perceber, a satisfação aumenta quando o tempo de relação com a HBAT cresce, mas as diferenças entre os dois sistemas de distribuição não são sempre constantes (p.ex., elas parecem mais próximas para clientes de 1 a 5 anos).

O objetivo da inclusão de múltiplas variáveis independentes em uma MANOVA é avaliar seus efeitos "contingentes" ou "controladores" sobre as demais variáveis. Neste caso, podemos ver como a duração da relação com

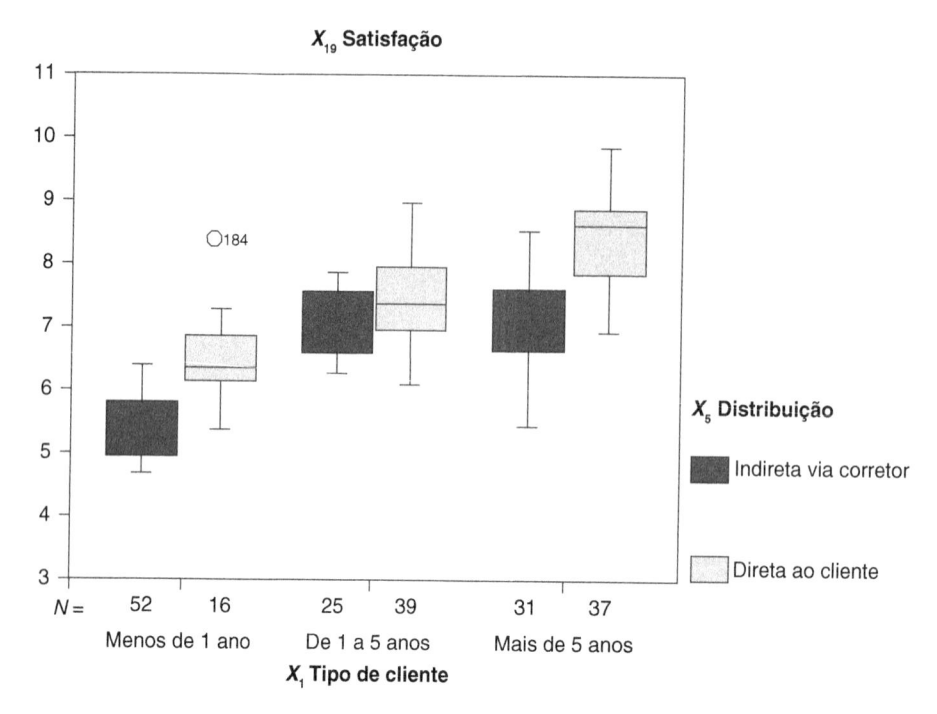

FIGURA 6-8 Gráfico de caixas de medida de resultado de compra (X_{19}) para grupos de X_5 (Sistema de distribuição) por X_1 (Tipo de cliente).

a HBAT muda com mais percepções positivas geralmente vistas para o sistema de distribuição direta.

Estágio 2: Projeto de pesquisa em MANOVA

Qualquer plano fatorial de duas ou mais variáveis independentes levanta a questão de tamanho de amostra adequado nos vários grupos. O pesquisador deve garantir, na criação do planejamento fatorial, que cada grupo tenha tamanho de amostra suficiente para:

1. Atender às exigências mínimas de que os tamanhos de grupos excedam o número de variáveis dependentes
2. Fornecer o poder estatístico para avaliar diferenças consideradas significantes na prática.

Considerações sobre tamanho de amostra. Como observado na seção anterior, esta análise é chamada de planejamento 2 × 3 por incluir dois níveis de X_5 (distribuição direta versus indireta) e três níveis de X_1 (menos de 1 ano, de 1 a 5 anos e mais de 5 anos). O problema de tamanho amostral por grupo foi de tamanha preocupação para os pesquisadores da HBAT que o levantamento original da HBAT de 100 observações foi complementado com 100 respondentes adicionais apenas para esta análise (ver discussão mais detalhada na seção anterior aos exemplos). Mesmo com os respondentes adicionais, a amostra de 200 observações deve ser dividida nos seis grupos, preferencialmente de uma maneira equilibrada.

Os tamanhos amostrais por célula são mostrados na Tabela 6-12 e podem ser vistos da seguinte maneira simplificada:

| | X_5 Sistema de distribuição ||
X_1 Tipo de cliente	Indireto	Direto
Menos de 1 ano	52	16
De 1 a 5 anos	25	39
Mais de 5 anos	31	37

Adequação de poder estatístico. Os tamanhos amostrais em todas as células, exceto uma, fornecem poder estatístico suficiente para identificar pelo menos tamanhos de efeito grandes com uma probabilidade de 80%. Contudo, a amostra menor de 16 para clientes com menos de 1 ano atendidos pelo canal de distribuição direta deve preocupar um pouco. Assim, devemos reconhecer que, a menos que os tamanhos de efeitos sejam substanciais, os limitados tamanhos amostrais em cada grupo, mesmo desta amostra de 200 observações, podem evitar a identificação de diferenças significantes. Esta questão se torna especialmente crítica quando se examina uma diferença não-significante na qual o pesquisador deve determinar se o resultado não-significante é devido a tamanho de efeito insuficiente ou baixo poder estatístico.

Estágio 3: Suposições em MANOVA

Como nas análises MANOVA anteriores, a suposição de maior importância é a homogeneidade das matrizes de variância-covariância nos grupos. Satisfazer tal suposição viabiliza interpretação direta dos resultados sem ter que considerar tamanhos de grupos, nível de covariâncias no grupo e assim por diante. Suposições estatísticas adicio-

TABELA 6-12 Estatísticas descritivas de medidas de resultado de compra (X_{19}, X_{20} e X_{21}) para grupos de X_1 (Tipo de cliente) por X_5 (Sistema de distribuição)

Variável dependente	X_1 Tipo de cliente	X_5 Sistema de distribuição	Média	Desvio padrão	N
X_{19} Satisfação	Menos de 1 ano	Indireto via corretor	5,462	0,499	52
		Direto ao cliente	6,600	0,839	16
		Total	5,729	0,764	68
	De 1 a 5 anos	Indireto via corretor	7,120	0,551	25
		Direto ao cliente	7,405	0,779	39
		Total	7,294	0,708	64
	Mais de 5 anos	Indireto via corretor	7,132	0,803	31
		Direto ao cliente	8,457	0,792	37
		Total	7,853	1,033	68
	Total	Indireto via corretor	6,325	1,033	108
		Direto ao cliente	7,688	1,049	92
		Total	6,952	1,241	200
X_{20} Probabilidade de recomendar	Menos de 1 ano	Indireto via corretor	5,883	0,773	52
		Direto ao cliente	6,981	1,186	16
		Total	6,141	0,995	68
	De 1 a 5 anos	Indireto via corretor	7,144	0,803	25
		Direto ao cliente	7,251	0,659	39
		Total	7,209	0,714	64
	Mais de 5 anos	Indireto via corretor	6,974	0,835	31
		Direto ao cliente	7,981	0,847	37
		Total	7,522	0,976	68
	Total	Indireto via corretor	6,488	0,986	108
		Direto ao cliente	7,498	0,930	92
		Total	6,953	1,083	200
X_{21} Probabilidade de comprar	Menos de 1 ano	Indireto via corretor	6,763	0,702	52
		Direto ao cliente	7,606	0,569	16
		Total	6,962	0,760	68
	De 1 a 5 anos	Indireto via corretor	7,804	0,710	25
		Direto ao cliente	7,933	0,601	39
		Total	7,883	0,643	64
	Mais de 5 anos	Indireto via corretor	7,919	0,648	31
		Direto ao cliente	8,368	0,825	37
		Total	8,163	0,777	68
	Total	Indireto via corretor	7,336	0,880	108
		Direto ao cliente	8,051	0,745	92
		Total	7,665	0,893	200

nais relacionadas às variáveis dependentes (normalidade e correlação) já foram abordadas nos exemplos anteriores. Uma questão final é a presença de observações atípicas e a necessidade de eliminação de quaisquer observações que possam distorcer os valores médios de qualquer grupo.

Homocedasticidade. Para este planejamento fatorial, seis grupos estão envolvidos no teste da suposição de homocedasticidade (ver Tabela 6-13). O teste multivariado (M de Box) tem um valor não-significante (0,153), que nos permite aceitar a hipótese nula de homogeneidade das matrizes de variância-covariância no nível 0,05.

Os testes univariados para as três variáveis de resultado de compra separadamente são também não-significantes. Com os testes multivariados e univariados exibindo não-significância, o pesquisador pode prosseguir sabendo que a suposição de homocedasticidade foi completamente atendida.

Observações atípicas. A segunda questão envolve o exame de observações com valores extremos e a possível designação de observações como atípicas com eliminação da análise. Curiosamente, o exame dos gráficos de caixas para os três resultados de compras identifica um número menor de observações com valores extremos do que os encontrados para a própria X_1. A variável dependente com os valores mais extremos é X_{21}, com somente três, enquanto as outras medidas

(*Continua*)

TABELA 6-13 Medidas multivariadas e univariadas para teste de homocedasticidade nos grupos de X_1 por X_5

Testes multivariados para homocedasticidade

Teste de Box de igualdade de matrizes de covariância

M de Box	39,721
F	1,263
df1	30
df2	33214,450
Sig.	0,153

Testes univariados de homocedasticidade

Teste de Levene de igualdade de variâncias de erro

Variável dependente	F	df1	df2	Sig.
X_{19} Satisfação	2,169	5	194	0,059
X_{20} Probabilidade de recomendar	1,808	5	194	0,113
X_{21} Probabilidade de compra	0,990	5	194	0,425

(*Continuação*)

dependentes apresentam um e dois valores extremos. Além disso, nenhuma observação tem valores extremos em mais de uma medida dependente (X_{19}, observação 184; X_{20}, observações 7, 115 e 149; e X_{21}, observações 67 e 187). Como resultado, todas as observações foram mantidas na análise.

Estágio 4: Estimação do modelo MANOVA e avaliação do ajuste geral

O modelo MANOVA para um planejamento fatorial testa não apenas os efeitos principais de ambas as variáveis independentes, mas também a interação ou efeito conjunto das mesmas sobre as variáveis dependentes. O primeiro passo é examinar o efeito de interação e determinar se ele é estatisticamente significante. Se for, o pesquisador deve confirmar que o efeito de interação é ordinal. Se for desordinal, os testes estatísticos dos efeitos principais não são válidos. Assumindo um efeito de interação significante ordinal ou não-significante, os efeitos principais podem ser interpretados diretamente sem ajuste.

Avaliação do efeito de interação

Efeitos de interação podem ser identificados gráfica e estatisticamente. O meio gráfico mais comum é criar representações com linhas que retratam pares de variáveis independentes. Como ilustrado na Figura 6-5, efeitos de interação significantes são representados por retas não-paralelas (com as paralelas retratando ausência de efeito de interação). Se as retas se afastam de paralelismo mas nunca se cruzam de maneira significante, então a interação é considerada ordinal. Se as retas se cruzam a ponto de que pelo menos em um caso a ordem relativa das retas é invertida, a interação é tida como desordinal.

A Figura 6-9 retrata cada variável dependente nos seis grupos, indicando pelo padrão de ausência de paralelismo que pode existir uma interação. Como podemos ver em cada gráfico, o nível médio de X_1 (de 1 a 5 anos com a HBAT) tem uma diferença substancialmente menor entre as duas retas (representando os dois canais de distribuição) do que os outros dois níveis de X_1. Podemos confirmar esta observação examinando as médias de grupo da Tabela 6-12. Usando X_{19} (Satisfação) como um exemplo, percebemos que a diferença entre canais de distribuição direta e indireta é de 1,138 para clientes com menos de 1 ano, o que é bastante semelhante à diferença entre canais (1,325) para clientes com mais de 5 anos. Não obstante, para aqueles atendidos pela HBAT no período de 1 a 5 anos, a diferença entre clientes dos dois canais é de apenas 0,285. Portanto, as diferenças entre os dois canais de distribuição, apesar de terem sido percebidas como significantes em exemplos anteriores, podem ser evidenciadas como diferenciando (interagindo) com base no tempo que o cliente tem sido atendido pela HBAT. A interação é considerada ordinal porque em todos os casos o canal de distribuição direta tem maiores escores de satisfação.

Teste dos efeitos de interação e dos efeitos principais

Além da solução gráfica, efeitos de interação também podem ser testados da mesma maneira que os efeitos principais. Logo, o pesquisador pode fazer tanto uma avaliação multivariada quanto univariada do efeito de interação com os testes estatísticos descritos em exemplos anteriores.

A Tabela 6-14 contém os resultados de MANOVA para testes de efeito de interação e de efeitos principais. O teste para um efeito de interação significante procede como qualquer outro efeito. Primeiro, os efeitos multi-

(*Continua*)

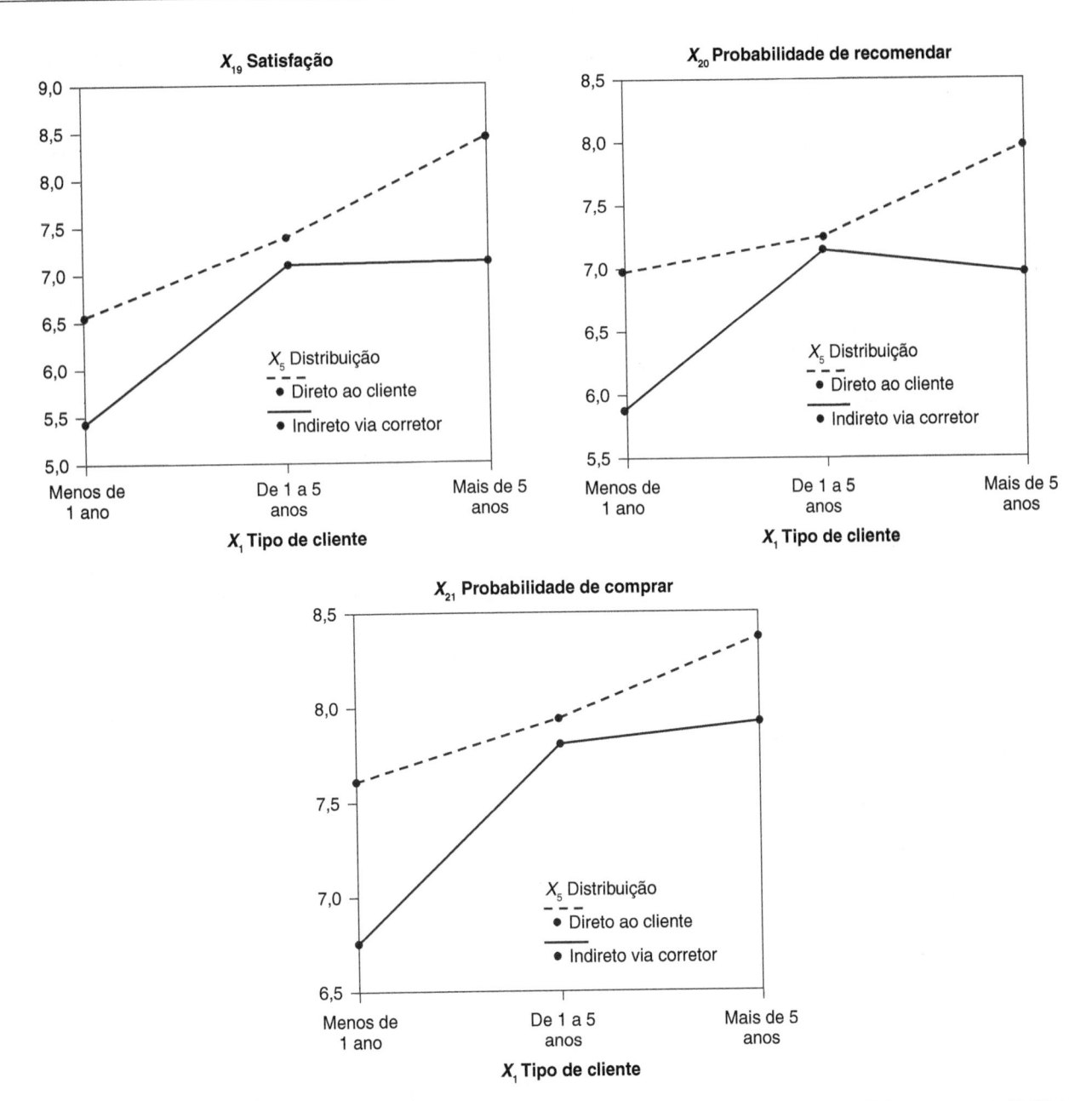

FIGURA 6-9 Representações gráficas de efeitos de interação de medidas de resultado de compras (X_{19}, X_{20} e X_{21}) nos grupos de X_5 (Sistema de distribuição) por X_1 (Tipo de cliente).

(*Continuação*)
variados são examinados, e neste caso os quatro testes apresentam significância estatística. Em seguida, testes univariados para cada variável dependente são executados. Novamente, o efeito de interação é considerado significante para cada uma das três variáveis dependentes. Os testes estatísticos confirmam o que foi indicado nos gráficos: um efeito de interação ordinal significante acontece entre X_5 e X_1.

Estimação de efeitos principais
Se o efeito de interação é considerado não-significante ou mesmo significante e ordinal, então o pesquisador pode proceder para estimar a significância dos efeitos principais para suas diferenças nos grupos. Nos casos em que um efeito de interação desordinal é descoberto, os efeitos principais são perturbados pela interação desordinal e testes para diferenças não devem ser realizados.

Com uma interação ordinal significante, podemos proceder para avaliarmos se ambas as variáveis independentes ainda têm efeitos principais significantes quando consideradas simultaneamente. A Tabela 6-14 também contém os resultados MANOVA para os efeitos principais de X_1 e X_5 além dos testes para o efeito de interação já discutidos. Como descobrimos ao analisá-las separada-

(*Continua*)

TABELA 6-14 Testes multivariados e univariados para diferenças de grupos em medidas de resultado de compra (X_{19}, X_{20} e X_{21}) nos grupos de X_1 por X_5

Testes multivariados

Efeito	Teste estatístico	Valor	F	df de hipótese	df de erro	Sig.	η^2	Poder observado[a]
X_1	Critério de Pillai	0,488	20,770	6	386	0,000	0,244	1,000
	Lambda de Wilks	0,512	25,429	6	384	0,000	0,284	1,000
	Traço de Hotelling	0,952	30,306	6	382	0,000	0,322	1,000
	Maior raiz de Roy	0,951	61,211	3	193	0,000	0,488	1,000
X_5	Critério de Pillai	0,285	25,500	3	192	0,000	0,285	1,000
	Lambda de Wilks	0,715	25,500	3	192	0,000	0,285	1,000
	Traço de Hotelling	0,398	25,500	3	192	0,000	0,285	1,000
	Maior raiz de Roy	0,398	25,500	3	192	0,000	0,285	1,000
$X_1 \times X_5$	Critério de Pillai	0,124	4,256	6	386	0,000	0,062	0,980
	Lambda de Wilks	0,878	4,291	6	384	0,000	0,063	0,981
	Traço de Hotelling	0,136	4,327	6	382	0,000	0,064	0,982
	Maior raiz de Roy	0,112	7,194	3	193	0,000	0,101	0,981

[a] Computado usando alfa = 0,05

Testes univariados (efeitos entre sujeitos)

Efeito	Variável dependente	Soma de quadrados	df	Quadrado médio	F	Sig.	η^2	Poder observado[a]
Geral	X_{19} Satisfação	210,999[b]	5	42,200	85,689	0,000	0,688	1,000
	X_{20} Probabilidade de recomendar	103,085[c]	5	20,617	30,702	0,000	0,442	1,000
	X_{21} Probabilidade de compra	65,879[d]	5	13,176	27,516	0,000	0,415	1,000
X_1	X_{19} Satisfação	89,995	2	44,998	91,370	0,000	0,485	1,000
	X_{20} Probabilidade de recomendar	32,035	2	16,017	23,852	0,000	0,197	1,000
	X_{21} Probabilidade de compra	26,723	2	13,362	27,904	0,000	0,223	1,000
X_5	X_{19} Satisfação	36,544	1	36,544	74,204	0,000	0,277	1,000
	X_{20} Probabilidade de recomendar	23,692	1	23,692	35,282	0,000	0,154	1,000
	X_{21} Probabilidade de compra	9,762	1	9,762	20,386	0,000	0,095	0,994
$X_1 \times X_5$	X_{19} Satisfação	9,484	2	4,742	9,628	0,000	0,090	0,980
	X_{20} Probabilidade de recomendar	8,861	2	4,430	6,597	0,002	0,064	0,908
	X_{21} Probabilidade de compra	3,454	2	1,727	3,607	0,029	0,036	0,662

[a] Computado usando alfa = 0,05
[b] R^2 = 0,688 (R^2 ajustado = 0,680)
[c] R^2 = 0,442 (R^2 ajustado = 0,427)
[d] R^2 = 0,415 (R^2 ajustado = 0,400)

(*Continuação*)
mente, X_1 (Tipo de cliente) e X_5 (Sistema de distribuição) têm um impacto significativo (efeito principal) sobre as três variáveis de resultados de compra, tanto em conjunto quanto separadamente, como demonstrado pelos testes multivariados e univariados.

O impacto de duas variáveis independentes pode ser comparado examinando-se os tamanhos relativos de efeito mostrados por η^2 (eta ao quadrado). Os tamanhos de efeitos para cada variável são relativamente semelhantes, indicando um impacto similar de cada um sobre as variáveis dependentes. Tal comparação dá uma avaliação de significância prática separada dos testes estatísticos de significância. Quando comparado com qualquer variável independente, porém, o tamanho de efeito atribuível ao efeito de interação é muito menor.

Estágio 5: Interpretação dos resultados

A interpretação de um planejamento fatorial em MANOVA é uma combinação de julgamentos obtidos de testes estatísticos e do exame dos dados básicos. A presença de um efeito de interação pode ser avaliada estatisticamente, mas as conclusões resultantes são baseadas principalmente no julgamento do pesquisador. Este deve examinar as diferenças com significância prática, além daquelas de significância estatística. Se comparações específicas entre os grupos puderem ser formuladas, então comparações planejadas podem ser especificadas e diretamente testadas na análise.

Interpretação dos efeitos de interação e dos efeitos principais

Significância estatística pode ser suportada pelos testes multivariados, mas o exame dos testes para cada variável dependente fornece uma visão crítica sobre os efeitos vistos nos testes multivariados. Além disso, o pesquisador pode empregar comparações planejadas ou mesmo testes *post hoc* para determinar a verdadeira natureza de diferenças, particularmente quando termos de interação significantes são descobertos.

> Com os efeitos de interação e os efeitos principais julgados como estatisticamente significantes tanto pelos testes multivariados quanto univariados, a interpretação ainda é fortemente apoiada nos padrões de efeitos mostrados nos valores dos seis grupos (ver Tabela 6-12 e Figura 6-9).
>
> **Interação de X_1 por X_5.** As retas não-paralelas para cada medida dependente retratam notavelmente o estreitamento das diferenças em canais de distribuição para clientes de 1 a 5 anos. Apesar de os efeitos de X_1 e X_5 ainda estarem presentes, vemos algumas diferenças sensíveis nestes impactos dependendo de quais conjuntos específicos de clientes examinamos.
>
> **Efeito principal de X_1.** Seu efeito principal é ilustrado para todos os três resultados de compra inclinando-se para cima as retas através dos três níveis de X_1 sobre o eixo X. Aqui podemos ver que os efeitos são consistentes com descobertas anteriores no sentido de que todos os três resultados de compra aumentam favoravelmente quando o tempo de relacionamento com a HBAT avança.
>
> **Efeito principal de X_5.** A separação das duas retas representando os dois canais de distribuição mostra que o canal direto gera resultados de compra mais favoráveis.

Covariáveis potenciais

O pesquisador dispõe também de uma ferramenta adicional – adição de covariáveis – para melhorar a análise e a interpretação das variáveis independentes. O papel da covariável é controlar os efeitos fora do escopo da análise MANOVA que possam afetar as diferenças de grupos de alguma forma sistemática (ver discussão anterior para mais detalhes). Uma covariável é mais efetiva quando ela tem correlação com as variáveis dependentes, mas é relativamente pouco correlacionada com as independentes em uso. Deste modo, isso pode explicar variância não atribuível às variáveis independentes (devido à pequena correlação com as mesmas), mas ainda assim reduzir a magnitude da variação geral a ser explicada (a correlação com as medidas dependentes).

> Os pesquisadores HBAT tinham opções limitadas na escolha de covariáveis para essas análises MANOVA. O único candidato possível era X_{22}, representando o percentual de compras de clientes vindas da HBAT. O motivo seria controlar a dependência percebida ou real de firmas sobre a HBAT, como representado em X_{22}. Firmas com maior dependência podem reagir de maneira bastante diferente às variáveis sendo consideradas.
>
> Contudo, X_{22} é um candidato pobre para se tornar uma covariável apesar de atender ao critério de ser correlacionada com as variáveis dependentes. Sua falha fatal é o elevado grau de diferenças percebidas sobre X_1 e X_5. Tais diferenças sugerem que os efeitos de X_1 e X_5 seriam severamente perturbados pelo uso de X_{22} como covariável. Logo, nenhuma covariável será empregada nesta análise.

Resumo

Os resultados refletidos nos efeitos principal e de interação apresentam uma convincente evidência de que as reações pós-compras de clientes de HBAT são influenciadas pelo tipo de sistema de distribuição e pelo tempo de relacionamento.

> O sistema de distribuição direta é associado com níveis maiores de satisfação de clientela, bem como probabilidade de novas compras futuras e de recomendação de HBAT para outros. Analogamente, clientes com relacionamentos mais longos também relatam níveis maiores nas três variáveis dependentes. As diferenças entre as variáveis dependentes são menores entre aqueles clientes que têm feito negócios com a HBAT entre 1 e 5 anos.

O uso de MANOVA neste processo permite ao pesquisador controlar em maior extensão a taxa de erro Tipo I do que no caso de comparações individuais serem feitas sobre cada variável dependente. As interpretações permanecem válidas mesmo depois que o impacto de outras variáveis dependentes tenha sido levado em conta. Esses resultados confirmam as diferenças encontradas entre os efeitos das duas variáveis independentes.

UMA VISÃO GERENCIAL DOS RESULTADOS

Os pesquisadores da HBAT fizeram várias ANOVAs e MANOVAs na tentativa de compreender como os três resultados de compra (X_{19}, Satisfação; X_{20}, Probabilidade de recomendar; e X_{21}, Probabilidade de futura compra) variam ao longo das características de firmas envolvidas, como sistema de distribuição (X_5) e tipo de cliente (X_1). Em nossa discussão, concentramo-nos sobre os resultados multivariados, uma vez que eles se sobrepõem aos resultados univariados.

> A primeira análise MANOVA é direta: o tipo de canal de distribuição tem efeito sobre os resultados de compra? Nesse caso, o pesquisador testa se os conjuntos de escores médios (ou seja, as médias dos três resultados de compra) para cada grupo de distribuição são equivalentes. Depois de garantir que todas as suposições são atendidas, percebemos que os resultados revelam uma diferença significante no sentido de que as empresas no sistema direto de distribuição apresentam resultados de compra mais favoráveis quando comparadas com aquelas atendidas via corretores. Nos resultados gerais, a administração também precisava saber se essa diferença existe não apenas para a variável estatística, mas também para as variáveis individuais. Testes univariados revelaram que também havia diferenças univariadas significantes para cada resultado de compra. Os resultados multivariados e univariados significantes indicam à administração que o sistema direto de distribuição atende melhor os clientes, como indicado pelas medidas de resultados mais favoráveis. Logo, os administradores podem se concentrar na extensão dos benefícios do sistema direto enquanto trabalham em melhorias no sistema de distribuição via corretores.
>
> A próxima MANOVA segue a mesma abordagem, mas substitui uma nova variável independente, o tipo de cliente (ou seja, o tempo em que a firma tem sido um cliente), que tem três grupos (menos de 1 ano, de 1 a 5 anos, e mais de 5 anos). Mais uma vez, a administração se concentra nas três medidas de resultado para avaliar se diferenças significantes são encontradas no tempo de relação com a clientela. Ambos os testes univariado e multivariado apontam diferenças nas variáveis de resultado de compra nos três grupos de clientes. No entanto, uma questão permanece: cada grupo é diferente do outro? Perfis de grupos mostram substanciais distinções, e testes *post hoc* indicam que para X_{19} (Satisfação) cada grupo de clientes é diferente dos demais. Para as demais medidas de resultado, os grupos 2 e 3 (clientes de 1 a 5 anos e clientes com mais de 5 anos) não são diferentes entre si, apesar de ambos serem diferentes dos clientes com menos de 1 ano. A implicação disto é que para X_{20} e X_{21} as melhoras em resultados de compra são significantes nos primeiros anos, mas não crescem além daquele período. De um ponto de vista administrativo, a duração do relacionamento com a clientela afeta positivamente as percepções das firmas sobre resultados de compras. Ainda que aumentos na medida básica de satisfação sejam percebidos através da relação, o único aumento significativo nos outros dois resultados é percebido após o primeiro ano.
>
> O terceiro exemplo aborda a questão do impacto combinado dessas duas características de firmas (X_5, sistema de distribuição; e X_1, duração da relação com o cliente) sobre os resultados de compra. As três categorias de X_1 são combinadas com as duas de X_5 para formar seis grupos. A meta é estabelecer se as diferenças significantes vistas para cada uma das duas características, quando analisadas separadamente, são também evidentes quando estudadas simultaneamente. O primeiro passo é rever os resultados para interações significativas: os resultados de compra retratam as mesmas diferenças entre os dois tipos de sistema de distribuição quando vistas por duração do relacionamento? As três interações foram percebidas como significativas, o que significa que as diferenças entre os sistemas direto e via corretor não foram constantes nos três grupos de clientes baseados em duração de relacionamento com clientela. O exame dos resultados revelou que o grupo do meio (clientes de 1 a 5 anos) tem diferenças sensivelmente menores entre os dois sistemas de distribuição do que clientes com relações mais curtas ou mais longas. Embora este padrão seja válido para os três resultados de compra, e sistemas diretos sejam sempre avaliados mais favoravelmente (mantendo interações ordinais), a HBAT deve perceber que as vantagens do sistema de distribuição direta são contingentes em relação à extensão da relação com clientes. Dadas essas interações, descobriu-se ainda que cada característica de firma exibia impactos significativos sobre o resultado, como foi descoberto ao se analisar separadamente. Além disso, quando consideradas simultaneamente, o impacto de cada uma sobre os resultados de compra era relativamente igual.

Esses resultados permitem que os gerentes da HBAT identifiquem os efeitos significantes dessas características de firmas sobre os resultados de compras, não apenas individualmente mas também quando combinadas.

Resumo

Análise multivariada de variância (MANOVA) é uma extensão da análise de variância (ANOVA) para acomodar mais de uma variável dependente. Trata-se de uma técnica de dependência que mede as diferenças para duas ou mais variáveis dependentes métricas, com base em um conjunto de variáveis categóricas (não-métricas) atuando como variáveis independentes. Este capítulo ajuda o leitor a fazer o seguinte:

Explicar a diferença entre a hipótese nula univariada de ANOVA e a correspondente de MANOVA. Assim como ANOVA, MANOVA está preocupada com diferenças entre grupos (ou tratamentos experimentais). ANOVA é chamada de procedimento univariado porque é usada para avaliar diferenças de grupos em uma única variável dependente métrica. A hipótese nula é que as médias de grupos para uma única variável dependente são iguais (não estatisticamente diferentes). Métodos univariados para avaliação de diferenças de grupos são o teste t (dois grupos) e a análise de variância (ANOVA) para dois ou mais grupos. O teste t é muito usado porque funciona com grupos pequenos e é muito fácil de aplicar e interpretar. Mas suas limitações incluem: (1) acomoda apenas dois grupos; e (2) pode avaliar apenas uma variável independente por vez. Apesar de um teste t poder ser realizado com ANOVA, a estatística F tem a habilidade de testar diferenças entre mais de dois grupos, bem como incluir mais de uma variável independente. Além disso, variáveis independentes não são limitadas a apenas dois níveis, mas podem ter tantos níveis (grupos) quanto se queira. MANOVA é considerada um procedimento multivariado por ser utilizado para avaliar diferenças de grupos em múltiplas variáveis dependentes métricas simultaneamente. Em MANOVA, cada grupo de tratamento é observado quanto a duas ou mais variáveis dependentes. Assim, a hipótese nula é que o vetor de médias para múltiplas variáveis dependentes é igual ao longo dos grupos. Os procedimentos multivariados para teste de diferenças de grupos são o T^2 de Hotelling e a análise multivariada de variância, respectivamente.*

Discutir as vantagens de uma abordagem multivariada para teste de significância em comparação com os métodos univariados mais tradicionais. Como procedimentos de inferência estatística, as técnicas univariadas (teste t e ANOVA) e suas extensões multivariadas (T^2 de Hotelling e MANOVA) são empregadas para avaliação da significância estatística de diferenças entre grupos. No caso univariado, uma única medida dependente é testada quanto a igualdade ao longo dos grupos. No caso multivariado, uma variável estatística é testada quanto a igualdade. Em MANOVA, na realidade o pesquisador tem duas variáveis estatísticas, uma para as variáveis dependentes e outra para as independentes. A variável estatística de variáveis dependentes é de maior interesse, pois as medidas métricas dependentes podem ser concatenadas em uma combinação linear, como já vimos em regressão múltipla e análise discriminante. O aspecto ímpar de MANOVA é que a variável estatística combina de maneira otimizada as múltiplas medidas dependentes em um único valor que maximiza as diferenças nos grupos. Para analisar dados sobre múltiplos grupos e variáveis usando métodos univariados, o pesquisador poderia ficar tentado a conduzir testes t separados para as diferenças entre cada par de médias (ou seja, grupo 1 versus 2; grupo 1 versus 3; e grupo 2 versus 3). Mas múltiplos testes t inflacionam a taxa geral de erro Tipo I. ANOVA e MANOVA evitam esta inflação de erro tipo I devido a múltiplas comparações de grupos de tratamento, determinando em um único teste se o conjunto inteiro de médias amostrais sugere que as amostras foram extraídas da mesma população geral. Ou seja, ambas as técnicas são usadas para determinar a probabilidade de que diferenças em médias ao longo de diversos grupos são devidas apenas a erro amostral.

Estabelecer as suposições para o uso de MANOVA. Os procedimentos de teste de ANOVA são válidos em um sentido prático se consideramos que a variável dependente é normalmente distribuída, os grupos são independentes em suas respostas sobre a variável dependente, e que variâncias são iguais para todos os grupos de tratamento. No entanto, há evidência de que testes F em ANOVA são robustos com relação a essas suposições, exceto em casos extremos. Para os procedimentos de teste de MANOVA serem válidos, três suposições devem ser atendidas: (1) as observações devem ser independentes, (2) as matrizes de variância-covariância devem ser iguais para todos os grupos de tratamento e (3) o conjunto de variáveis dependentes deve seguir uma distribuição normal multivariada. Além de tais promissas, o pesquisador deve considerar dois aspectos que influenciam os possíveis efeitos – a linearidade e a multicolinearidade da variável estatística das variáveis dependentes.

Compreender como interpretar resultados MANOVA. Se os tratamentos resultam em diferenças estatisticamente significantes no vetor de médias de variáveis dependentes, o pesquisador então examina os resultados para entender como cada tratamento impacta as medidas dependentes. Três passos estão envolvidos: (1) interpretar os efeitos de covariáveis, se incluídas; (2) avaliar quais variáveis dependentes exibem diferenças nos grupos de cada tratamento; e (3) identificar se os grupos diferem em uma só variável dependente ou na variável estatística dependente inteira. Quando um efeito significante é descoberto, dizemos que existe um efeito principal, o que significa que há diferenças significantes entre as variáveis dependentes dos dois ou mais grupos definidos pelo tratamento. Com dois níveis de tratamento, um efeito principal significante garante que os dois grupos são significativamente distintos. Com três ou mais níveis, porém, um efeito principal significante não garante que todos os três grupos sejam substancialmente distintos, mas apenas que existe pelo menos uma diferença significante em um par de grupos. Se existe mais de um tratamento na análise, o pesquisador deve examinar os termos de interação para ver se eles são significantes, e, assim sendo, se eles permitem ou não uma interpretação dos efeitos principais. Se houver mais de dois níveis para um tratamento, o pesquisador deve executar uma série de testes adicionais entre os grupos para ver quais pares dos mesmos são significantemente diferentes.

Descrever o objetivo de testes *post hoc* em ANOVA e MANOVA. Apesar de os testes univariados e multivariados de ANOVA e MANOVA permitirem rejeitar a hipótese nula de que as médias de grupos são todas iguais, eles não apontam onde estão as diferenças significantes

---

* N. de R. T.: A frase correta seria "Os procedimentos multivariados para teste de diferenças de dois grupos ou mais de dois são o T^2 de Hotelling e a análise multivariada de variância, respectivamente.

se houver mais de dois grupos. Testes *t* múltiplos sem qualquer forma de ajuste não são adequados para testar a significância de diferenças entre as médias de pares de grupos porque a probabilidade de um erro Tipo I aumenta com o número de comparações realizadas entre grupos (semelhante ao problema de se usar múltiplas ANOVAs univariadas no lugar de MANOVA). Se o pesquisador quer sistematicamente examinar diferenças de grupos nos pares específicos dos mesmos quando há uma ou mais medidas dependentes, dois tipos de testes estatísticos devem ser usados: *post hoc* e *a priori*. Testes *post hoc* examinam as variáveis dependentes entre todos os possíveis pares de diferenças de grupos que são testados depois que os padrões de dados foram estabelecidos. Testes *a priori* são planejados de um ponto de vista teórico ou prático (tomadas de decisão) antes de olhar os dados. A principal diferença entre os dois tipos de teste é que a abordagem *post hoc* avalia todas as possíveis combinações, fornecendo uma maneira simples de comparações entre grupos, mas ao custo de menor poder. Testes *a priori* examinam apenas comparações especificadas, de modo que o pesquisador deve definir explicitamente a comparação a ser feita, mas com um nível de poder resultante maior. Qualquer método pode ser usado para examinar uma ou mais diferenças de grupo, apesar de os testes *a priori* também viabilizarem ao pesquisador controle sobre os tipos de comparações feitas entre grupos.

Interpretar resultados de interação quando mais de uma variável independente é empregada em MANOVA. O termo de interação representa o efeito conjunto de dois ou mais tratamentos. Sempre que um planejamento de pesquisa tem dois ou mais tratamentos, o pesquisador deve primeiramente examinar as interações antes que qualquer declaração possa ser feita sobre os efeitos principais. Efeitos de interação são avaliados com os mesmos critérios dos efeitos principais. Se os testes estatísticos indicam que a interação é não-significante, isso denota que os efeitos dos tratamentos são independentes. Independência em planejamentos fatoriais significa que o efeito de um tratamento (diferenças de grupos) é o mesmo para cada nível do(s) outro(s) tratamento(s) e que os efeitos principais podem ser diretamente interpretados. Se as interações são consideradas estatisticamente significantes, é crucial que o pesquisador identifique o tipo de interação (ordinal versus desordinal), pois isso tem impacto direto sobre a conclusão que pode ser extraída dos resultados. Interação ordinal ocorre quando os efeitos de um tratamento não são iguais nos níveis de outro tratamento, mas as diferenças de grupos estão sempre na mesma direção. Interação desordinal acontece quando as diferenças entre níveis "mudam de direção" dependendo da maneira como eles estão combinados com níveis de outro tratamento. Aqui os efeitos de um tratamento são positivos para alguns níveis e negativos para outros do outro tratamento.

Descrever o propósito da análise multivariada de covariância (MANCOVA). Covariáveis podem desempenhar um importante papel ao incluir variáveis métricas em um planejamento MANOVA ou ANOVA. No entanto, uma vez que covariáveis atuam como medidas "de controle" sobre a variável estatística dependente, elas devem ser avaliadas antes que os tratamentos sejam examinados. O papel mais importante das covariáveis é o impacto geral nos testes estatísticos para os tratamentos. O método mais direto para avaliar esses impactos é fazer a análise com e sem as covariáveis. Covariáveis efetivas melhoram o poder estatístico dos testes e reduzem a variância interna de grupos. Se o pesquisador não perceber qualquer melhora substancial, as covariáveis podem ser eliminadas, pois elas reduzem os graus de liberdade disponíveis para os testes de efeitos de tratamento. Esta abordagem pode também identificar aqueles casos nos quais a covariável é "muito poderosa" e reduz a variância a um ponto em que os tratamentos são todos não-significantes. Freqüentemente isso acontece quando é incluída uma covariável que é correlacionada com uma das variáveis independentes e assim "remove" esta variância, reduzindo desse modo o poder explanatório da variável independente. Como MANCOVA e ANCOVA são aplicações de procedimentos de regressão dentro do método de análise de variância, avaliar o impacto das covariáveis sobre as variáveis dependentes é bastante parecido com o exame de equações de regressão. Se o impacto geral é considerado significante, cada covariável pode ser examinada quanto à força da relação preditiva com as medidas dependentes. Se as covariáveis representam efeitos teóricos, então tais resultados fornecem uma base objetiva para aceitar ou rejeitar as relações propostas. Sob uma perspectiva prática, o pesquisador pode examinar o impacto das covariáveis e eliminar aquelas com efeito pequeno ou nulo.

Freqüentemente não é realista considerar que uma diferença entre tratamentos experimentais se manifeste apenas em uma única variável dependente medida. Muitos pesquisadores lidam com situações de múltiplos critérios por meio da aplicação repetida de testes univariados individuais até que todas as variáveis dependentes tenham sido analisadas. Essa abordagem pode aumentar seriamente as taxas de erro Tipo I, e ignora a possibilidade de que alguma composição das variáveis dependentes possa fornecer a evidência mais forte de diferenças de grupos. MANOVA pode resolver os dois problemas.

Questões

1. Quais são as diferenças entre MANOVA e análise discriminante? Quais situações são mais adequadas a cada técnica multivariada?
2. Planeje um experimento MANOVA fatorial com dois fatores. Quais são as diferentes fontes de variância em seu experimento? O que uma interação significante diria a você?

3. Além da significância geral, ou global, há pelo menos três abordagens para fazer testes adicionais: (a) uso de procedimentos de contraste de Scheffé; (b) análise *stepdown*, que é semelhante à regressão *stepwise*, no sentido de que cada estatística F sucessiva é computada depois de se eliminarem os efeitos das variáveis dependentes prévias; e (c) exame das funções discriminantes. Faça uma lista das vantagens e desvantagens práticas de cada abordagem.
4. Como o poder estatístico é afetado por decisões de planejamento estatístico e de pesquisa? Como você planejaria um estudo para garantir um poder adequado?
5. Descreva algumas situações de análise de dados nas quais MANOVA e MANCOVA seriam adequadas em suas áreas de interesse. Quais tipos de variáveis ou covariáveis não controladas poderiam estar operando em cada situação?

Leituras sugeridas

Uma lista de leituras sugeridas que ilustram aspectos e aplicações de técnicas multivariadas em geral está disponível na Web em www.prenhall.com/hair (em inglês).

Referências

1. Anderson, T. W. 2003. *Introduction to Multivariate Statistical Analysis*, 3rd ed. New York: Wiley.
2. Cattell, R. B. (ed.). 1966. *Handbook of Multivariate Experimental Psychology.* Chicago: Rand McNally.
3. Cohen, J. 1988. *Statistical Power Analysis for the Behavioral Sciences*, 2nd ed. Hillsdale, NJ: Lawrence Erlbaum Associates.
4. Cole, D. A., S. E. Maxwell, R. Avery, and E. Salas. 1994. How the Power of MANOVA Can Both Increase and Decrease as a Function of the Intercorrelations Among Dependent Variables. *Psychological Bulletin* 115: 465–74.
5. Cooley, W. W., and P. R. Lohnes. 1971. *Multivariate Data Analysis.* New York: Wiley.
6. Gill, J. 2000. *Generalized Linear Models: A Unified Approach*, Sage University Papers Series on Quantitative Applications in the Social Sciences, #07-134. Thousand Oaks, CA: Sage.
7. Green, P. E. 1978. *Analyzing Multivariate Data.* Hinsdale, IL: Holt, Rinehart and Winston.
8. Green, P. E., and J. Douglas Carroll. 1978. *Mathematical Tools for Applied Multivariate Analysis.* New York: Academic Press.
9. Green, P. E., and D. S. Tull. 1979. *Research for Marketing Decisions*, 3rd ed. Upper Saddle River, NJ:-Prentice Hall.
10. Hand, D. J., and C. C. Taylor. 1987. *Multivariate Analysis of Variance and Repeated Measures.* London: Chapman and Hall.
11. Harris, R. J. 2001. *A Primer of Multivariate Statistics*, 3rd ed. Hillsdale, NJ: Lawrence Erlbaum Associates.
12. Hubert, C. J., and J. D. Morris. 1989. Multivariate Analysis Versus Multiple Univariate Analyses. *Psychological Bulletin* 105: 302–8.
13. Huitema, B. 1980. *The Analysis of Covariance and Alternatives.* New York: Wiley.
14. Hutcheson, G., and N. Sofroniou. 1999. *The Multivariate Social Scientist: Introductory Statistics Using Generalized Linear Models.* Thousand Oaks, CA: Sage.
15. Kirk, R. E. 1994. *Experimental Design: Procedures for the Behavioral Sciences*, 3rd ed. Belmont, CA: Wadsworth Publishing.
16. Koslowsky, M., and T. Caspy. 1991. Stepdown Analysis of Variance: A Refinement. *Journal of Organizational Behavior* 12: 555–59.
17. Läuter, J. 1978. Sample Size Requirements for the T^2 Test of MANOVA (Tables for One-Way Classification). *Biometrical Journal* 20: 389–406.
18. McCullagh, P., and J. A. Nelder. 1989. *Generalized Linear Models*, 2nd ed. New York: Chapman and Hall.
19. Meyers, J. L. 1979. *Fundamentals of Experimental Design.* Boston: Allyn & Bacon.
20. Morrison, D. F. 2002. *Multivariate Statistical Methods*, 4th ed. Belmont, CA: Duxbury Press.
21. Nelder, J. A., and R. W. M. Wedderburn. 1972. Generalized Linear Models. *Journal of the Royal Statistical Society, A*, 135: 370–84.
22. Rao, C. R. 1978. *Linear Statistical Inference and Its Application*, 2nd ed. New York: Wiley.
23. Stevens, J. P. 1972. Four Methods of Analyzing Between Variations for the k-Group MANOVA Problem. *Multivariate Behavioral Research* 7 (October): 442–54.
24. Stevens, J. P. 1980. Power of the Multivariate Analysis of Variance Tests. *Psychological Bulletin* 88: 728–37.
25. Tatsuoka, M. M. 1988. *Multivariate Analysis: Techniques for Education and Psychological Research*, 2nd ed. New York: Macmillan.
26. Wilks, S. S. 1932. Certain Generalizations in the Analysis of Variance. *Biometrika* 24: 471–94.
27. Winer, B. J., D. R. Brown, and K. M. Michels. 1991. *Statistical Principles in Experimental Design*, 3rd ed. New York: McGraw-Hill.

CAPÍTULO 7
Análise Conjunta

Objetivos de aprendizagem

Ao concluir este capítulo, você deverá ser capaz de:

- Explicar os muitos usos administrativos da análise conjunta.
- Conhecer as orientações para a seleção das variáveis a serem examinadas pela análise conjunta
- Formular o plano experimental para uma análise conjunta.
- Entender como criar planejamentos fatoriais.
- Explicar o impacto da escolha de ordenamento versus avaliações como a medida de preferência.
- Avaliar a importância relativa das variáveis preditoras e cada um dos níveis em que elas afetam os julgamentos de consumidores.
- Aplicar um simulador de escolha a resultados da análise conjunta para a previsão de julgamentos de consumidores de novas combinações de atributos.
- Comparar um modelo de efeitos principais e um modelo que envolva termos de interação e mostrar como avaliar a validade de um modelo versus o outro.
- Reconhecer as limitações da análise conjunta tradicional e selecionar a metodologia alternativa adequada (p.ex., análise conjunta adaptativa ou baseada em escolhas) quando necessário.

Apresentação do capítulo

Desde meados da década de 1970, a análise conjunta tem atraído considerável atenção como um método que retrata de forma realista decisões de consumidores, como trocas entre produtos ou serviços de múltiplos atributos [35]. A análise conjunta ganhou ampla aceitação e uso em muitas indústrias, com taxas de uso crescentes em mais de dez vezes na década de 1980 [114]. Durante a década de 1990, a aplicação da análise conjunta aumentou ainda mais, se espalhando por quase todos os campos de estudo. A crescente utilização da análise conjunta em marketing no desenvolvimento de novos produtos para consumidores levou à sua adoção em muitas outras áreas, como segmentação, marketing industrial, preços e anúncios [31, 61]. Essa ascensão de uso nos Estados Unidos também tem ocorrido paralelamente em outras partes do mundo, particularmente na Europa [119].

Coincidiu com esse contínuo crescimento o desenvolvimento de métodos alternativos para construir as tarefas de escolha para consumidores e estimar os modelos conjuntos. A maioria das técnicas multivariadas que discutimos neste texto estabeleceram-se no campo estatístico. A análise conjunta, porém, continuou e continuará a se desenvolver em termos de seu planejamento, estimação e aplicações dentro de muitas áreas de pesquisa [14].

O uso de análise conjunta acelerou com a ampla introdução de programas de computador que integram o processo inteiro, desde a geração de combinações de valores de variáveis independentes a serem avaliados até a criação de simuladores de escolha para prever escolhas de consumidores em muitas formulações alternativas de produtos e serviços. Hoje diversos pacotes de grande uso podem ser acessados por qualquer pesquisador que tenha um computador pessoal [9, 10, 11, 41, 86, 87, 88,

92, 96, 97]. Além disso, a conversão do desenvolvimento de pesquisas em programas disponíveis em computadores pessoais continua [14], e o interesse nesses softwares é crescente [13, 69, 70].

Em termos do modelo de dependência básico discutido no Capítulo 1, a análise conjunta pode ser expressa como

$$Y_1 = X_1 + X_2 + X_3 + \ldots + X_N$$
(não-métrica ou métrica)   (não-métricas)

Com o uso de variáveis independentes não-métricas, análise conjunta faz lembrar da análise de variância (ANOVA), que tem uma fundamentação na análise de experimentos. Como tal, a análise conjunta é fortemente relacionada com a experimentação tradicional. Comparemos um experimento tradicional com uma análise conjunta.

- *Experimento tradicional:* Um químico em uma fábrica de sabão pode querer saber o efeito da temperatura e pressão nos tambores de sabão sobre a densidade do produto final resultante. O químico poderia conduzir múltiplos experimentos laboratoriais para medir essas relações. Uma vez que os experimentos fossem realizados, eles poderiam ser analisados com procedimentos de ANOVA (análise de variância) como os discutidos no Capítulo 6.
- *Análise conjunta:* Em situações que envolvem comportamento humano, freqüentemente precisamos também conduzir "experimentos" com os fatores que controlamos. Por exemplo, a barra de sabão deve ser leve ou fortemente aromatizada? Ela deve ser promovida como cosmética, ou limpante e/ou desodorizadora? Qual entre três preços deveria ser cobrado? Deveríamos usar nossa marca de família ou um nome genérico? A técnica de análise conjunta desenvolveu-se a partir da necessidade de analisar os efeitos dos fatores que controlamos (variáveis independentes) mas que são freqüentemente especificados em termos qualitativos ou medidos aproximadamente [28, 30].

Nas duas situações, o pesquisador tem um número limitado de atributos que podem ser sistematicamente variados em quantia ou caráter (p.ex., temperatura alta ou baixa, quantia de fragrância). Apesar de podermos tentar usar o formato experimental tradicional para compreender preferências de clientes, isso requer grandes quantias de respondentes e só faz comparações entre grupos (rever o Capítulo 6 quanto a considerações de planejamento). Como opção, a análise conjunta oferece ao pesquisador uma técnica que pode ser aplicada a um único indivíduo ou a um grupo de indivíduos e fornecer uma perspectiva não apenas sobre as preferências para cada atributo (p.ex., fragrância), mas também a quantia do mesmo (leve ou alta).

A análise conjunta é na verdade uma família de técnicas e métodos especificamente desenvolvidos para entender preferências individuais que compartilham uma fundamentação teórica com base nos modelos de integração de informação e medição funcional [58]. Ela é mais adequada para compreender reações de consumidores e avaliações de combinações pré-determinadas de atributos que representam produtos ou serviços potenciais. A flexibilidade e a peculiaridade da análise conjunta surgem a partir do que se segue:

- Uma habilidade em acomodar tanto uma variável dependente métrica quanto não-métrica
- O uso de variáveis preditoras categóricas
- Suposições muito gerais sobre as relações de variáveis independentes com a dependente

Como vemos nas seções adiante, a análise conjunta fornece ao pesquisador uma visão substancial da composição de preferências de consumidores ao mesmo tempo que mantém um alto grau de realismo.

Termos-chave

Antes de começar o capítulo, leia os termos-chave para compreender os conceitos e a terminologia empregados. Ao longo do capítulo, os termos-chave aparecem em **negrito**. Outros pontos que merecem destaque no capítulo e referências cruzadas nos termos-chave estão em *itálico*. Exemplos ilustrativos estão em quadros.

Abordagem conjunta baseada em escolha Forma alternativa de *tarefa conjunta* para coleta de respostas e estimação do modelo conjunto. A principal diferença é que os respondentes selecionam um único *estímulo de perfil completo* a partir de um conjunto de estímulos (conhecido como *conjunto de escolhas*), em vez de avaliar ou ordenar cada estímulo separadamente.

Análise Bayesiana Procedimento alternativo de estimação baseado em estimativas de probabilidade a partir de casos individuais e da população de amostra* que são combinadas para estimar o modelo conjunto.

Análise conjunta adaptativa Metodologia para conduzir uma análise conjunta que conta com informações adicionais de respondentes não presentes na *tarefa conjunta* real (p.ex., importância de atributos). Tal informação é então usada para adaptar e simplificar a *tarefa conjunta*. Exemplos são os *modelos auto-explicados* e *adaptativos* ou *híbridos*.

---

* N. de R. T.: A frase correta seria "a partir de observações de dados reais e da ocorrência do conjunto de observações na população".

Análise conjunta tradicional Metodologia que emprega os princípios "clássicos" da análise conjunta na *tarefa conjunta*, usando um *modelo aditivo* da preferência de consumidor e métodos de apresentação de *comparação pareada* ou de *perfil completo*.

Conjunto de escolhas Conjunto de estímulos de perfil completo construído por meio de princípios de delineamento experimental e usado na *abordagem baseada em escolha*.

Correlação ambiental Ver *correlação inter-atributos*.

Correlação inter-atributo Também conhecida como *correlação ambiental*, é a correlação entre atributos que torna as combinações de atributos inacreditáveis ou redundantes. Uma correlação negativa descreve a situação na qual se considera que dois atributos naturalmente operam em diferentes direções, como potência e desempenho em termos de quilômetros percorridos por litro de gasolina de um veículo. Quando um aumenta, o outro naturalmente diminui. Assim, por conta dessa correlação, todas as combinações desses dois atributos (p.ex., alto desempenho e alta potência) são inacreditáveis. Os mesmos efeitos podem ser vistos para correlações positivas, nas quais talvez preço e qualidade são considerados como positivamente correlacionados. Pode ser inacreditável encontrar um produto de elevado preço e baixa qualidade em tal situação. A presença de fortes correlações inter-atributos exige que o pesquisador examine cuidadosamente os estímulos apresentados aos respondentes e evite combinações inacreditáveis que não são úteis na estimação das utilidades parciais.

Efeitos de interação Efeitos de uma combinação de características relacionadas (variáveis independentes), também conhecidas como termos de interação. Ao avaliar o valor, uma pessoa pode designar um único valor a combinações específicas de características que vai contra a *regra de composição aditiva*. Por exemplo, considere que uma pessoa está avaliando produtos bucais descritos pelos dois fatores (atributos) de cor e marca. Considere ainda que essa pessoa tem uma preferência média pelos atributos vermelho e marca X, quando considerados separadamente. Assim, quando essa combinação específica de níveis (vermelho e marca X) é avaliada com a regra de composição aditiva, o produto vermelho de marca X tem uma avaliação de preferência geral esperada em algum lugar no meio de todos os possíveis estímulos. Se, porém, a pessoa realmente prefere o produto bucal vermelho de marca X mais do que qualquer outro estímulo, mesmo algum que esteja acima de outras combinações de atributos (cor e marca) que tenham melhores avaliações das características individuais, então uma interação é percebida. Essa avaliação única de uma combinação que é maior (ou poderia ser menor) do que o esperado com base nos julgamentos separados indica uma interação em dois sentidos. Interações de ordem mais alta (três sentidos ou mais) podem ocorrer entre mais combinações de níveis.

Efeitos principais Efeito direto de cada *fator* (variável independente) sobre a variável dependente. Pode ser complementado por *efeitos de interação* em situações específicas.

Eficiência de planejamento Grau em que um *planejamento* condiz com um planejamento *ortogonal*. Essa medida é usada principalmente para avaliar e comparar planejamentos *quase ortogonais*. Os valores da eficiência de planejamento variam de 0 a 100, o qual denota um *planejamento ótimo*.

Estímulo Conjunto específico de *níveis* (um por *fator*) avaliado por respondentes (também conhecido como um *tratamento*). Os estímulos tomam diferentes formas dependendo do tipo de apresentação (*perfil completo, comparação pareada* ou *troca*). Um método de definir planejamento de estímulos é o *planejamento fatorial*, que cria estímulos separados para cada combinação de todos os níveis. Por exemplo, três fatores com dois níveis cada criariam oito ($2 \times 2 \times 2$) estímulos. No entanto, em muitas análises conjuntas, o número total de combinações é muito grande para um respondente avaliar todas. Nesses casos, alguns subconjuntos de estímulos são criados de acordo com um plano sistemático, geralmente um *planejamento fatorial fracionário*.

Estímulos de validação Conjunto de *estímulos* que não são usados na estimação de utilidades parciais. As utilidades parciais estimadas são então usadas para prever a preferência pelos estímulos de validação para avaliar a validade e a confiabilidade das estimativas originais. É semelhante em conceito à amostra de validação de respondentes em análise discriminante.

Estímulos de validação Conjunto de *estímulos* que não são usados na estimação de *utilidades parciais*. Utilidades parciais estimadas são então usadas para prever preferência a estímulo de validação para avaliar validade e confiabilidade das estimativas originais. Conceitualmente semelhante à amostra de validação de respondentes em análise discriminante.

Estrutura de preferência Representação da importância ou utilidade relativa de cada *fator* e do impacto de *níveis* individuais que afetam a *utilidade*.

Fator Variável independente que o pesquisador manipula e que representa um atributo específico. Na análise conjunta, os fatores são não-métricos. Os fatores devem ser representados por dois ou mais valores (também conhecidos como *níveis*), os quais também são especificados pelo pesquisador.

Heterogeneidade de respondente A variação em utilidades parciais ao longo de indivíduos específicos encontrados em modelos desagregados. Quando modelos agregados são estimados, modificações no processo de estimação podem diminuir esta variação esperada em utilidades parciais.

Inversão Uma violação de uma *relação monotônica*, na qual a *utilidade parcial* estimada para um nível é maior/menor do que deveria ser em relação a outro nível. Por exemplo, em distâncias percorridas a lojas, aquelas mais próximas são imaginadas como tendo maior utilidade do que aquelas mais afastadas. Uma inversão aconteceria quando uma distância maior tiver uma utilidade parcial maior do que uma distância menor.

Método de comparação pareada (ou aos pares) Método de apresentar um par de *estímulos* a um respondente para avaliação em que o respondente seleciona um estímulo como preferido.

Método de perfil completo Método para reunir avaliações de respondentes apresentando *estímulos* que são descritos em termos de todos os *fatores*. Por exemplo, considere que um doce tenha sido descrito por três fatores com dois níveis cada: preço (15 ou 25 centavos), sabor (cítrico ou caramelo) e cor (branco ou vermelho). Um estímulo de perfil completo seria definido por um nível de cada fator. Um exemplo de estímulo de perfil completo seria um doce vermelho de caramelo que custasse 15 centavos.

Método de troca* Método para apresentar estímulos a respondentes no qual *fatores* (atributos) são descritos dois por vez e os respondentes ordenam todas as combinações dos *níveis* em termos de preferência.

Modelo adaptativo Técnica para simplificar a análise conjunta combinando os modelos conjuntos *auto-explicados* e *tradicionais*. O exemplo mais comum é a Análise Conjunta Adaptativa (ACA) da Sawtooth Software.

Modelo aditivo Modelo baseado na *regra de composição* aditiva, que considera que indivíduos simplesmente "adicionam" as *utilidades parciais* para calcular um escore geral ou valor total que indica *utilidade* ou preferência. É também conhecido como um *modelo de efeitos principais* e é o modelo conjunto mais simples em termos do número de avaliações e do procedimento de estimação necessários.

Modelo auto-explicado *Técnica composicional* para executar análise conjunta na qual o respondente fornece as estimativas das *utilidades parciais* diretamente, sem fazer escolhas.

Modelo composicional Classe de modelos multivariados que estima a relação de dependência com base em observações do respondente referentes às variáveis dependente e independentes. Esses modelos calculam ou "compõem" a variável dependente a partir dos valores fornecidos pelo respondente para todas as variáveis independentes. Os principais entre esses métodos são a análise de regressão e a análise discriminante. Esses modelos estão em contraste direto com os *modelos decomposicionais*.

Modelo decomposicional Classe de modelos multivariados que decompõem as respostas individuais para estimar a relação de dependência. Essa classe de modelos apresenta ao respondente um conjunto pré-definido de objetos (p.ex., produtos ou serviços hipotéticos ou reais) e então pede uma avaliação ou preferência geral do objeto. Uma vez dada, a avaliação/preferência é decomposta relacionando-se os atributos conhecidos do objeto (que se tornam as variáveis independentes) com a avaliação (variável dependente). O principal entre esses modelos é a análise conjunta e algumas formas de escalonamento multidimensional (ver Capítulo 9).

Modelo híbrido Ver *modelo adaptativo*.

Nível Valor não-métrico específico que descreve um *fator*. Cada fator deve ser representado por dois ou mais níveis, mas o número de níveis normalmente jamais excede quatro ou cinco. Se o fator é métrico, deve ser reduzido a um pequeno número de níveis não-métricos. Por exemplo, os inúmeros valores possíveis de tamanho e preço podem ser representados por um pequeno número de níveis: tamanho (10, 12 ou 16 quilogramas); ou preço ($1,19, $1,39 ou $1,99). Se o fator é não-métrico, os valores originais podem ser usados como nesses exemplos: cor (vermelho ou azul); marca (X, Y ou Z); ou aditivo amaciante de fábrica (presente ou ausente).

Ortogonalidade Restrição matemática que exige que as estimativas das *utilidades parciais* sejam independentes uma da outra. Na análise conjunta, a ortogonalidade se refere à habilidade de medir o efeito de mudança de cada nível de atributo e de sua separação dos efeitos de mudança de outros níveis de atributo e de erro experimental.

Par proibido Uma combinação específica de *níveis* de dois *fatores* que é proibida de ocorrer na criação de estímulos. A causa mais comum é a *correlação inter-atributos* entre os fatores.

Planejamento Conjunto específico de *estímulos* conjuntos criado para exibir as propriedades estatísticas de *ortogonalidade* e *balanço* (ou equilíbrio).

Planejamento balanceado Planejamento de estímulos no qual cada *nível* dentro de um *fator* aparece um número igual de vezes nos estímulos da *tarefa conjunta*.

Planejamento de ligação Planejamento de estímulos para muitos *fatores* (atributos) no qual os atributos são transformados em vários grupos menores. Cada grupo de atributo tem alguns atributos contidos em outros grupos, de modo que os resultados de cada um podem ser combinados ou ligados.

Planejamento fatorial Método para planejar *estímulos* gerando todas as possíveis combinações de *níveis*. Por exemplo, uma análise conjunta de três fatores com três níveis por fator ($3 \times 3 \times 3$) resultaria em 27 combinações que poderiam atuar como estímulos na tarefa conjunta.

Planejamento fatorial fracionário Método de planejamento de estímulos (ou seja, uma alternativa a um *planejamento fatorial*) que emprega apenas um subconjunto dos possíveis estímulos necessários para estimar os resultados com base na regra de composição assumida. Sua tarefa principal é reduzir o número de avaliações coletadas enquanto ainda mantém *ortogonalidade* entre os *níveis* e as estimativas subseqüentes das *utilidades parciais*. Atinge-se este objetivo pelo delineamento de estímulos que pode estimar só um subconjunto de todos os efeitos possíveis. O planejamento mais simples é um *modelo aditivo*, no qual apenas *efeitos principais* são estimados. Se *termos de interação* selecionados são incluídos, estímulos adicionais são criados. O delineamento pode ser criado consultando fontes publicadas ou usando programas de computador que acompanham a maioria dos pacotes de análise conjunta.

Planejamento ótimo Delineamento de estímulos que é *ortogonal* e *balanceado*.

Quase ortogonal Característica de um *planejamento* de estímulos que não é *ortogonal*, mas no qual os desvios da ortogonalidade são pequenos e cuidadosamente controlados na geração dos estímulos. Esse tipo de delineamento pode ser comparado com outros delineamentos de estímulos com medidas de *eficiência de planejamento*.

Regra de composição Regra usada para representar como respondentes combinam atributos para produzir um julgamento de valor ou *utilidade* relativa para um produto ou serviço. Para fins de ilustração, suponha que uma pessoa seja solicitada a avaliar quatro objetos. Considera-se que a pessoa avalia os atributos dos quatro objetos e cria algum valor relativo geral para cada um. A regra pode ser simples, como a criação de

---

* N. de R. T.: A palavra *trade-off* será traduzida como troca, para simplificação do texto. A troca, no contexto da análise conjunta, consiste no processo de balancear ou comparar situações diferentes, ou mesmo opostas, e optar por uma delas.

um peso mental para cada atributo percebido e a soma de pesos para um escore geral (*modelo aditivo*), ou pode ser um procedimento mais complexo que envolva *efeitos de interação*.

Relação monotônica Suposição do pesquisador de que uma ordem de preferência entre *níveis* deve se aplicar às estimativas de *utilidades parciais*. Exemplos podem incluir fatores objetivos (distância menor para viagem é preferível do que distância maior) ou mais subjetivos (qualidade maior é preferível a qualidade inferior). A implicação é que as utilidades parciais estimadas devem ter alguma ordenação nos valores, e violações (conhecidas como *inversões*) devem ser abordadas.

Simulador de escolha Procedimento que permite ao pesquisador avaliar diversos cenários do tipo "o que aconteceria se". Assim que as *utilidades parciais* conjuntas tenham sido estimadas para cada respondente, o simulador de escolha analisa um conjunto de *estímulos de perfil completo* e prevê escolhas individuais e agregadas para cada estímulo no conjunto. Conjuntos múltiplos de estímulos podem ser analisados para representar qualquer cenário (p.ex., preferências por produto ou configurações de serviços hipotéticos ou por interações competitivas entre estímulos considerados componentes de um mercado).

Tarefa conjunta O procedimento para reunir julgamentos sobre cada estímulo no *planejamento* conjunto usando um dos três tipos de método de apresentação (ou seja, perfil *completo*, *comparação aos pares* ou *trocas*).

Tratamento Ver *estímulo*.

Utilidade parcial Estimativa da análise conjunta da preferência ou *utilidade* geral associada a cada *nível* de cada *fator* usado para definir o produto ou serviço.

Utilidade Um julgamento subjetivo de preferência por indivíduo que representa o valor ou utilidade holística de um objeto específico. Em análise conjunta, utilidade é assumida como sendo formada pela combinação de *estimativas de utilidades parciais* para qualquer conjunto especificado de *níveis* com o uso de um *modelo aditivo*, talvez em conjunção com *efeitos de interação*.

Variável estatística conjunta Combinação de variáveis independentes (conhecidas como *fatores*) especificadas pelo pesquisador que constituem o valor ou a *utilidade* total dos *estímulos*.

O QUE É ANÁLISE CONJUNTA?

Análise conjunta é uma técnica multivariada usada especificamente para entender como os respondentes desenvolvem preferências por quaisquer tipos de objetos (produtos, serviços ou idéias). É baseada na premissa simples de que os consumidores avaliam o valor de um objeto (real ou hipotético) combinando as quantias separadas de valor fornecidas por cada atributo. Além disso, clientes podem fornecer melhor suas estimativas de preferência julgando objetos formados por combinações de atributos.

Utilidade, um julgamento subjetivo de preferência único para cada indivíduo, é o conceito mais fundamental em análise conjunta e a base conceitual para medir valor. O pesquisador que usa análise conjunta para estudar quais coisas determinam utilidade deve considerar diversas questões-chave:

- Utilidade engloba todas as características do objeto, tangíveis ou intangíveis, e como tal é uma medida de preferência geral de um indivíduo.
- Utilidade é considerada baseada no valor colocado em cada um dos níveis dos atributos. Fazendo isso, respondentes reagem a várias combinações de níveis de atributos (p.ex., diferentes preços, características ou marcas) com variados níveis de preferência.
- Utilidade é expressa por uma relação que reflete a maneira como a utilidade é formulada para qualquer combinação de atributos. Por exemplo, poderíamos somar os valores de utilidade associados a cada característica de um produto ou serviço para chegar a uma utilidade geral. Então assumiríamos que produtos ou serviços com maiores valores de utilidade são preferidos e têm uma maior chance de escolha.

Para ser bem-sucedido na definição de utilidade, o pesquisador deve ser capaz de descrever o objeto em termos de seus atributos e todos os valores relevantes para cada atributo. Para fazer isso, o pesquisador deve ser capaz de abordar com precisão três questões:

1. Um **fator** representa um atributo específico ou outra característica do produto ou serviço. Para definir com precisão utilidade, o pesquisador deve identificar todos os atributos importantes que poderiam afetar preferência e, assim, utilidade.
2. Cada fator é definido por seus **níveis**, que são os valores possíveis para aquele fator. Tais valores permitem ao pesquisador descrever um objeto em termos de seus níveis no conjunto de fatores que o caracterizam. Por exemplo, nome de marca e preço poderiam ser dois fatores em uma análise conjunta. O nome de marca poderia ter dois níveis (marca X e marca Y), ao passo que o preço poderia ter quatro níveis (39, 49, 59 e 69 centavos).
3. Quando o pesquisador seleciona os fatores e os níveis para descrever um objeto de acordo com um plano específico, a combinação é conhecida como um **tratamento** ou **estímulo**. Portanto, um estímulo para nosso exemplo simples poderia ser a marca X a 49 centavos.

A análise conjunta é única entre os métodos multivariados, no sentido de que o pesquisador primeiro constrói um conjunto de produtos ou serviços reais ou hipotéticos combinando níveis selecionados de cada atributo. Criar essas combinações resulta em um **planejamento**, que é o conjunto de estímulos apresentados ao respondente. Essas combinações ou estímulos são então apresentados a respondentes, os quais fornecem apenas suas avaliações gerais, em um processo chamado de **tarefa conjunta**. Assim, o pesquisador está pedindo ao respondente para realizar uma tarefa realista – escolher de um conjunto de objetos. Os respondentes nada mais precisam dizer ao pesquisador, como o quão importante é um atributo individual para eles ou o quão bem o objeto funciona em relação a um atributo específico. Como o pesquisador construiu os objetos hipotéticos de uma maneira específica, a influência de cada atributo e de cada valor de cada atributo sobre o julgamento de um respondente quanto a utilidade pode ser determinada a partir das avaliações gerais dos respondentes.

UM EXEMPLO HIPOTÉTICO DE ANÁLISE CONJUNTA

Como uma ilustração, consideramos uma análise conjunta simples para um produto hipotético com três atributos. Primeiro descrevemos o processo de definição de utilidade em termos de atributos (fatores) e os possíveis valores de cada atributo (níveis). Com os fatores especificados, o processo de coleta de dados de preferência através de avaliações de estímulos é discutido, seguido de uma visão geral da estimação de utilidade associada com cada fator e nível.

Especificação de utilidade, fatores, níveis e estímulos

A primeira tarefa é definir os atributos que constituem utilidade para o produto sob estudo. Uma questão-chave envolve a definição dos atributos que verdadeiramente afetam preferências e, a seguir, o estabelecimento dos valores mais apropriados para os níveis.

> Imaginemos que a HBAT* esteja tentando desenvolver um novo produto: um detergente industrial. Após discussão com representantes de vendas e grupos de interesse, o administrador decide que três atributos são importantes: ingredientes de limpeza, forma de uso e nome da marca. Para operacionalizar esses atributos, os pesquisadores criam três fatores com dois níveis cada:
>
> | Fator | Níveis | |
> |---|---|---|
> | Ingredientes | Sem fosfato | Com fosfato |
> | Forma | Líquido | Pó |
> | Nome da marca | HBAT | Marca genérica |
>
> Um detergente hipotético pode ser construído selecionando-se um nível de cada atributo. Para os três atributos (fatores) com dois valores (níveis), oito ($2 \times 2 \times 2$) combinações podem ser formadas. Três exemplos das oito possíveis combinações (estímulos) são:
> - Pó HBAT sem fosfato
> - Líquido genérico com fosfato
> - Líquido genérico sem fosfato

Construindo combinações específicas (estímulos), o pesquisador tenta entender uma **estrutura de preferência** do respondente. A estrutura de preferência explica não apenas quão importante cada fator é na decisão geral, mas também como os níveis distintos dentro de um fator influenciam a formação de uma preferência geral (utilidade).

Obtenção de preferências a partir dos respondentes

Com os estímulos definidos em termos dos atributos que dão origem à utilidade, o próximo passo é reunir avaliações de preferências a partir de respondentes. Este processo mostra por que a análise conjunta também é conhecida como *análise de troca*, pois ao se fazer um julgamento sobre um produto hipotético, os respondentes devem considerar as características "boas" e "ruins" do produto ao formar uma preferência. Assim, os respondentes devem ponderar todos os atributos simultaneamente ao fazer seus julgamentos. Respondentes podem ordenar os estímulos em termos de preferência ou avaliar cada combinação sobre uma escala de preferência (talvez uma escala de 1 a 10).

> Em nosso exemplo, a análise conjunta avalia o impacto relativo de cada nome de marca (HBAT versus nome genérico), cada forma (pó versus líquido) e os diferentes ingredientes de limpeza (sem fosfato versus com fosfato) ao determinar a utilidade de uma pessoa pela avaliação dos oito estímulos. Cada respondente foi colocado diante de oito descrições de produtos de limpeza (estímulos) e foi solicitado a colocá-las em ordem de preferência para compra (1 = mais preferido e 8 = menos preferido). Os oito estímulos são descritos na Tabela 7-1, com as ordens de preferência dadas por dois respondentes.

Essa utilidade, que representa o valor total ou preferência geral de um objeto, pode ser imaginada como a soma daquilo que as partes do produto valem, ou **utilidades parciais**. A forma geral de um modelo de análise conjunta pode ser mostrada como

(Valor total para produto)$_{ij}...n_{ij}$ = Utilidade parcial do nível i para o fator 1
+ Utilidade parcial do nível j para o fator 2 +...
+ Utilidade parcial do nível n para o fator m

onde o produto ou serviço tem m atributos, cada um com n níveis. O produto consiste no nível i do fator 1, nível j do fator 1, e assim por diante até o nível n para o fator m.

> Em nosso exemplo, o modelo mais simples representa a estrutura de preferência para o detergente industrial com base na adição de três fatores (utilidade = efeito da marca + efeito do ingrediente + efeito da forma). Este formato é conhecido como um *modelo aditivo*, a ser abordado posteriormente. A preferência por um produto de limpeza específico pode ser diretamente calculada
>
> *(Continua)*

---

* N. de R. T.: Este mesmo exemplo foi apresentado na 5ª edição deste livro, a qual apresentava a base de dados da HATCO, uma grande fornecedora industrial, diferentemente da HBAT, definida como uma fabricante de produtos de papel.

TABELA 7-1 Descrições de estímulos e ordenações de respondentes para análise conjunta de exemplo de detergente industrial

	DESCRIÇÕES DE ESTÍMULOS			Ordenações de respondentes	
	Níveis de:				
Estímulo #	Forma	Ingredientes	Marca	Respondente 1	Respondente 2
1	Líquido	Sem fosfato	HBAT	1	1
2	Líquido	Sem fosfato	Genérico	2	2
3	Líquido	Com fosfato	HBAT	5	3
4	Líquido	Com fosfato	Genérico	6	4
5	Pó	Sem fosfato	HBAT	3	7
6	Pó	Sem fosfato	Genérico	4	5
7	Pó	Com fosfato	HBAT	7	8
8	Pó	Com fosfato	Genérico	8	6

Note: Os oito estímulos representam todas as combinações dos três atributos, cada um com dois níveis (2 × 2 × 2).

(*Continuação*)
a partir de valores de utilidade parcial. Por exemplo, a preferência pelo HBAT em pó sem fosfato é

Utilidade = Utilidade parcial da marca HBAT
+ Utilidade parcial do ingrediente de limpeza sem fosfato
+ Utilidade parcial do pó

Com as estimativas das utilidades parciais, a preferência de um indivíduo pode ser estimada por qualquer combinação de fatores. Além disso, a estrutura de preferência revelaria os fatores mais importantes na determinação de utilidade geral e escolha de produto. As escolhas de múltiplos respondentes também poderiam ser combinadas para representar o ambiente competitivo percebido no mundo real.

Estimação das utilidades parciais

Como estimamos as utilidades parciais para cada nível quando temos apenas as avaliações ou ordenações dos estímulos? Na discussão adiante examinamos como as avaliações de cada estímulo podem ser usadas para estimar as utilidades parciais para cada nível e, em última instância, para definir a importância de cada atributo também.

Para ilustrar uma análise conjunta simples, podemos examinar as respostas do respondente 1. Se nos concentramos primeiramente na ordenação para cada atributo, percebemos que as ordenações para os estímulos com os ingredientes sem fosfato são as mais altas possíveis (1, 2, 3 e 4), enquanto os ingredientes baseados em fosfato têm as quatro colocações mais baixas (5, 6, 7 e 8). Logo, os ingredientes sem fosfato são claramente preferidos em relação ao detergente com fosfato. Isso pode ser contrastado com as ordenações para cada nível de marca, que mostra uma mistura de postos altos e baixos para cada marca.

Assumindo que o modelo básico (um modelo aditivo) se aplique, podemos calcular o impacto de cada nível como diferenças (desvios) da ordenação média geral. (Os leitores podem observar que isso é análogo à regressão múltipla com variáveis dicotômicas ou ANOVA.)

Por exemplo, as ordenações médias para os dois ingredientes dos detergentes (sem fosfato versus com fosfato) para o respondente 1 são:

Sem fosfato: $(1 + 2 + 3 + 4)/4 = 2{,}5$
Baseado em fosfato: $(5 + 6 + 7 + 8)/4 = 6{,}5$

Com a ordenação média dos oito estímulos de 4,5 [$(1 + 2 + 3 + 4 + 5 + 6 + 7 + 8)/8 = 36/8 = 4{,}5$], o nível sem fosfato teria então um desvio de –2,0 (2,5 – 4,5) da média geral, enquanto o nível com fosfato teria um desvio de +2,0 (6,5 – 4,5). As ordenações médias e os desvios para cada fator em relação à ordenação média geral (4,5) para os respondentes 1 e 2 são dadas na Tabela 7-2.

Neste exemplo, usamos números menores para indicar postos mais elevados e um estímulo preferido (p.ex., 1 = mais preferido). Quando a medida de preferência é inversamente relacionada à preferência, como aqui, invertemos os sinais dos desvios nos cálculos das utilidades parciais, de modo que os desvios positivos serão associados às utilidades parciais que indicam maior preferência.

Podemos aplicar este método básico a todos os fatores e calcular as utilidades parciais de cada nível em quatro passos:

Passo 1: Eleve os desvios ao quadrado e faça sua soma por todos os níveis.
Passo 2: Calcule um valor de padronização que seja igual ao número total de níveis dividido pela soma de desvios ao quadrado.
Passo 3: Padronize cada desvio quadrado multiplicando-o pelo valor de padronização.

TABELA 7-2 Ordenações médias e desvios para respondentes 1 e 2

Nível de fator por atributo	Ordenações nos estímulos	Ordem média de nível	Desvio da ordem média geral[a]
Respondente 1			
Forma			
Líquido	1, 2, 5, 6	3,5	−1,0
Pó	3, 4, 7, 8	5,5	+1,0
Ingredientes			
Sem fosfato	1, 2, 3, 4	2,5	−2,0
Com fosfato	5, 6, 7, 8	6,5	+2,0
Marca			
HBAT	1, 3, 5, 7	4,0	−0,5
Genérico	2, 4, 6, 8	5,0	+0,5
Respondente 2			
Forma			
Líquido	1, 2, 3, 4	2,5	−2,0
Pó	5, 6, 7, 8	6,5	+2,0
Ingredientes			
Sem fosfato	1, 2, 5, 7	3,75	−0,75
Com fosfato	3, 4, 6, 8	5,25	+0,75
Marca			
HBAT	1, 3, 7, 8	4,75	+0,25
Genérico	2, 4, 5, 6	4,25	−0,25

[a]Desvio calculado como desvio = Ordenação média de nível − Ordenação média geral (4,5). Observe que desvios negativos implicam ordenações de maior preferência.

Passo 4: Estime a utilidade parcial calculando a raiz quadrada do desvio quadrado padronizado.

Devemos observar que tais cálculos são feitos para cada respondente separadamente e os resultados de um respondente não afetam aqueles de qualquer outro respondente. Este método difere sensivelmente de técnicas como regressão ou ANOVA, onde lidamos com correlações entre todos os respondentes ou diferenças de grupos.

Vejamos como calcularíamos a utilidade parcial do primeiro nível de ingredientes (sem fosfato) para o respondente 1. Os cálculos para cada passo são os seguintes:

Passo 1: Os desvios de 2,5* são elevados ao quadrado. Os desvios quadrados são somados (10,5).

Passo 2: O número de níveis é 6 (três fatores com dois níveis cada). Logo, o valor de padronização é calculado como 0,571 (6/10,5 = 0,571).

Passo 3: O desvio quadrado para ingrediente sem fosfato (2^2; lembre-se que invertemos os sinais) é então multiplicado por 0,571 para obtermos 2,284 (2^2 × 0,571 = 2,284).

Passo 4: Finalmente, para calcular a utilidade parcial para este nível, determinamos a raiz quadrada de 2,284, o que resulta em 1,1511. Este processo produz utilidades parciais para cada nível para os respondentes 1 e 2, como mostrado na Tabela 7-3.

Determinação de importância de atributo

Como as estimativas de utilidade parcial estão em uma escala comum, podemos computar a importância relativa de cada fator diretamente. A importância de um fator é representada pela amplitude de seus níveis (ou seja, a diferença entre o valor mais alto e o mais baixo) dividida pela soma das amplitudes por todos os fatores. Este cálculo fornece um impacto ou importância relativa de cada atributo com base na amplitude de suas estimativas de utilidade parcial. Fatores com um intervalo maior para suas utilidades parciais têm um impacto maior sobre os valores de utilidade calculados, e assim são considerados de maior importância. A importância relativa pontua em todos os atributos com um total de 100%.

Por exemplo, para o respondente 1, as amplitudes dos três atributos são 1,512 [0,756 − (−0,756)], 3,022 [1,511 − (−1,511)] e 0,756 [0,378 − (−0,378)]. A soma total de amplitudes é 5,290. A partir disso, a importância relativa para os três fatores (forma, ingredientes e marca) é calculada como 1,512/5,290, 3,022/5,290 e 0,756/5,290, ou 28,6%, 57,1% e 14,3%, respectivamente.

Podemos seguir o mesmo procedimento para o segundo respondente e calcular a importância de cada fator, com os resultados de forma (66,7%), ingredientes (25%) e marca (8,3%). Esses cálculos para os respondentes 1 e 2 também são exibidos na Tabela 7-3.

---

* N. de R. T.: O número correto é 4,5.

TABELA 7-3 Utilidades parciais estimadas e importância dos fatores para os respondentes 1 e 2

Nível do fator	Estimação das utilidades parciais				Cálculo da importância do fator	
	Desvio invertido[a]	Desvio ao quadrado	Desvio padronizado[b]	Utilidade parcial estimada[c]	Amplitude de utilidades parciais	Importância do fator[d]
Respondente 1						
Forma						
Líquido	+1,0	1,0	+0,571	+0,756	1,512	28,6%
Pó	−1,0	1,0	−0,571	−0,756		
Ingredientes						
Sem fosfato	+2,0	4,0	+2,284	+1,511	3,022	57,1%
Com fosfato	−2,0	4,0	−2,284	−1,511		
Marca						
HBAT	+0,5	0,25	+0,143	+0,378	0,756	14,3%
Genérico	−0,5	0,25	−0,143	−0,378		
Soma de desvios quadrados		10,5				
Valor de padronização[e]		0,571				
Soma de amplitudes de utilidades parciais					5,290	
Respondente 2						
Forma						
Líquido	+2,0	4,0	+2,60	+1,612	3,224	66,7%
Pó	−2,0	4,0	−2,60	−1,612		
Ingredientes						
Sem fosfato	+0,75	0,5625	+0,365	+0,604	1,208	25,0%
Com fosfato	−0,75	0,5625	−0,365	−0,604		
Marca						
HBAT	−0,25	0,0625	−0,02	−0,20	0,400	8,3%
Genérico	+0,25	0,0625	+0,04	+0,20		
Soma de desvios quadrados		9,25				
Valor de padronização[e]		0,649				
Soma de amplitudes de utilidades parciais					4,832	

[a]Desvios são invertidos para indicar maior preferência para ordens menores. O sinal do desvio é usado para indicar o sinal de utilidade parcial estimada.
[b]Desvio padronizado é igual ao desvio quadrado vezes o valor de padronização.
[c]Utilidade parcial estimada é igual à raiz quadrada do desvio padronizado.
[d]Importância do fator é igual à amplitude de um fator dividida pela soma de amplitudes em todos os fatores, e multiplicada por 100 para se conseguir um percentual.
[e]Valor de padronização é igual ao número de níveis (2 + 2 + 2 = 6) dividido pela soma de desvios quadrados.

Avaliação da precisão preditiva

Para examinar a habilidade desse modelo em prever as escolhas reais dos respondentes, prevemos a ordem de preferência somando as utilidades parciais para as diferentes combinações de níveis de fator, e então ordenamos os escores resultantes. A comparação da ordem de preferência prevista com a ordem de preferência real do respondente indica a precisão preditiva. Observe que os valores totais das utilidades parciais não têm significado real, exceto como um meio de desenvolver a ordem de preferência, e como tal não são comparados entre respondentes.

Os cálculos para os respondentes para os oito estímulos são mostrados na Tabela 7-4, com as ordens de preferência prevista e real. Examinemos os resultados para esses respondentes para compreendermos o quão bem suas preferências foram representadas pelas estimativas de utilidade parcial.

- *Respondente 1:* As utilidades parciais estimadas preveem a ordem de preferência perfeitamente para o respondente 1. Isso indica que a estrutura de preferência foi representada com sucesso nas estimativas de utilidades parciais e que o respondente fez escolhas consistentes com a estrutura de preferência.
- *Respondente 2:* A inconsistência nas ordenações para o respondente 2 proíbe uma representação completa da estrutura de preferência. Por exemplo, a ordenação média para estímulos com a marca genérica é menor que para aqueles com a marca HBAT (ver Tabela 7-2). Este resultado indica que, sendo tudo igual, os estímulos da marca genérica terão maior preferência. Contudo, examinando as ordens de classificação reais, essa resposta nem sempre é vista. Os estímulos 1 e 2 são iguais, exceto para o nome de marca, mesmo que a HBAT tenha maior preferência. Isso também ocorre com os estímulos 3 e 4. No entanto, a ordenação correta (genérica preferida em detrimento de HBAT) é vista para os pares

(*Continua*)

> *(Continuação)*
> de estímulos de 5-6 e 7-8. Logo, a estrutura de preferência das utilidades parciais terá dificuldades em prever esse padrão de escolha. Quando comparamos as ordens de classificação prevista e real (ver Tabela 7-4), vemos que as escolhas do respondente 2 são muitas vezes previstas erroneamente, mas em geral o erro é de apenas uma posição devido àquilo que é conhecido como o efeito de interação (discutido em seção posterior).

O exame da estrutura de preferência para cada indivíduo fornece uma maneira de compreender o papel de cada atributo na avaliação de qualquer estímulo. Quanto mais precisa a estrutura de preferência, melhor a visão sobre o processo de escolha e o papel de fatores importantes.

OS USOS GERENCIAIS DA ANÁLISE CONJUNTA

Antes de discutir a base estatística da análise conjunta, devemos entender a técnica em termos de seu papel na compreensão da tomada de decisões de clientes e na base de desenvolvimento de uma estratégia [98]. O exemplo simples que acabamos de discutir apresenta alguns benefícios básicos da análise conjunta. A sua flexibilidade viabiliza sua aplicação em praticamente qualquer área na qual as decisões são estudadas. A análise conjunta considera que qualquer conjunto de objetos (p.ex., marcas, companhias) ou conceitos (p.ex., posicionamento, benefícios, imagens) é avaliado como uma coleção de atributos. Após determinar a contribuição de cada fator à avaliação geral do consumidor, o pesquisador pode então proceder com o seguinte:

1. Definir o objeto ou conceito com a combinação ótima de características.
2. Mostrar as contribuições relativas de cada atributo e cada nível para a avaliação geral do objeto.
3. Usar as estimativas de julgamentos de comprador ou cliente para prever preferências entre objetos com diferentes conjuntos de características (outros elementos mantidos constantes).
4. Isolar grupos de clientes potenciais que atribuem diferente importância às características para definir segmentos com potenciais altos e baixos.
5. Identificar oportunidades de marketing explorando o potencial de mercado para combinações de características indisponíveis no momento.

O conhecimento da estrutura de preferência para cada indivíduo permite ao pesquisador ter flexibilidade quase ilimitada para examinar reações agregadas e individuais em uma ampla variedade de questões ligadas a produtos ou serviços. Examinaremos algumas das aplicações mais comuns posteriormente neste capítulo.

COMPARAÇÃO ENTRE A ANÁLISE CONJUNTA E OUTROS MÉTODOS MULTIVARIADOS

A análise conjunta difere de outras técnicas multivariadas em quatro áreas distintas: (1) sua natureza decomposicional, (2) especificação de variável estatística, (3) o fato de que as estimativas podem ser feitas no nível individual, e

TABELA 7-4 Totais de utilidades parciais previstas para cada estímulo e uma comparação de ordens de preferência reais e estimadas

	Descrição de estímulo			Estimativas de utilidade parcial				Ordens de preferência	
Estímulo	Forma	Ingredientes	Marca	Forma	Ingredientes	Marca	Total	Estimadas	Reais
Respondente 1									
1	Líquido	Sem fosfato	HBAT	0,756	1,511	0,378	2,645	1	1
2	Líquido	Sem fosfato	Genérico	0,756	1,511	−0,378	1,889	2	2
3	Líquido	Com fosfato	HBAT	0,756	−1,511	0,378	−0,377	5	5
4	Líquido	Com fosfato	Genérico	0,756	−1,511	−0,378	−1,133	6	6
5	Pó	Sem fosfato	HBAT	−0,756	1,511	0,378	1,133	3	3
6	Pó	Sem fosfato	Genérico	−0,756	1,511	−0,378	0,377	4	4
7	Pó	Com fosfato	HBAT	−0,756	−1,511	0,378	−1,889	7	7
8	Pó	Com fosfato	Genérico	−0,756	−1,511	−0,378	−2,645	8	8
Respondente 2									
1	Líquido	Sem fosfato	HBAT	1,612	0,604	−0,200	2,016	2	1
2	Líquido	Sem fosfato	Genérico	1,612	0,604	0,200	2,416	1	2
3	Líquido	Com fosfato	HBAT	1,612	−0,604	−0,200	0,808	4	3
4	Líquido	Com fosfato	Genérico	1,612	−0,604	0,200	1,208	3	4
5	Pó	Sem fosfato	HBAT	−1,612	0,604	−0,200	−1,208	6	7
6	Pó	Sem fosfato	Genérico	−1,612	0,604	0,200	−0,808	5	5
7	Pó	Com fosfato	HBAT	−1,612	−0,604	−0,200	−2,416	8	8
8	Pó	Com fosfato	Genérico	−1,612	−0,604	0,200	−2,016	7	6

(4) sua flexibilidade em termos de relações entre variáveis dependente e independentes.

Técnicas de composição versus de decomposição

Muitas das técnicas multivariadas de dependência que examinamos em capítulos anteriores são chamadas de **modelos de composição** (p.ex., análise discriminante e muitas aplicações de regressão). Com tais técnicas o pesquisador coleta avaliações do respondente sobre muitas características de produto (p.ex., preferência sobre cor, estilo, características específicas) e então relaciona essas avaliações com alguma avaliação de preferência geral para desenvolver um modelo preditivo. O pesquisador não conhece de antemão as avaliações sobre características de produtos, mas coleta-as a partir do respondente. Com as análises de regressão e discriminante, as avaliações e preferências gerais do respondente são analisadas para "compor" a preferência geral a partir das avaliações do respondente sobre o produto em *cada* atributo.

A análise conjunta, conhecida como um **modelo de decomposição**, difere no sentido de que o pesquisador precisa saber apenas uma preferência geral do respondente para um estímulo. Os valores de cada atributo (variável independente) já estavam especificados pelo pesquisador quando o estímulo foi criado. Deste modo a análise conjunta pode determinar (decompor) o valor de cada atributo usando somente a medida de preferência geral.

Especificação da variável estatística conjunta

A análise conjunta emprega uma variável estatística muito parecida em forma com aquela que é usada em outras técnicas multivariadas. A **variável estatística conjunta** é uma combinação linear de efeitos das variáveis independentes (fatores) sobre uma variável dependente. A diferença importante é que na variável estatística conjunta o pesquisador especifica as variáveis independentes (fatores) *e* seus valores (níveis). A única informação fornecida pelo respondente é a medida dependente. Os níveis especificados pelo pesquisador são então usados pela análise conjunta para decompor a resposta do respondente em efeitos para cada nível, muito parecido com o que é feito na análise de regressão para cada variável independente.

Esse aspecto ilustra as características em comum entre a análise conjunta e a experimentação, sendo que delinear o projeto é um passo crítico para o sucesso. Por exemplo, se uma variável ou efeito não foi antecipado no delineamento da pesquisa, então não estará disponível para análise. Por essa razão, um pesquisador pode se sentir tentado a incluir diversas variáveis que *possam* ser relevantes. Contudo, a análise conjunta é limitada no número de variáveis que podem ser incluídas; assim, o pesquisador não pode simplesmente incluir questões adicionais para compensar uma falta de conceituação clara do problema.

Modelos separados para cada indivíduo

A análise conjunta difere de quase todos os outros métodos multivariados no sentido de que ela pode ser levada a cabo no nível individual, o que significa que o pesquisador gera um modelo separado para prever a estrutura de preferência de *cada* respondente. A maioria dos outros métodos multivariados usa cada medida do respondente como uma única observação e então executa a análise usando todos os respondentes simultaneamente. Na verdade, muitos métodos *exigem* que um respondente forneça apenas uma única observação (a suposição de independência) e então desenvolvem um modelo comum para todos os respondentes, ajustando cada respondente com graus de precisão variados (representados pelos erros de previsão para cada observação, como resíduos em regressão).

Em análise conjunta, porém, as estimativas podem ser feitas para o indivíduo (desagregado) ou grupos de indivíduos que representem um segmento de mercado ou o mercado inteiro (agregado). Cada abordagem apresenta benefícios distintos:

- No nível desagregado, cada respondente avalia estímulos suficientes para a análise ser executada separadamente para cada pessoa. A precisão preditiva é calculada para cada pessoa, em vez de ser calculada somente para a amostra total. Os resultados individuais podem então ser agregados para também retratar um modelo geral (agregado).
- Muitas vezes, porém, o pesquisador seleciona um método de análise agregada que executa a estimação de utilidades parciais para o grupo de respondentes como um todo. A análise agregada pode fornecer o seguinte:
  - Um meio de reduzir a tarefa de coleta de dados por meio de delineamentos mais complexos (discutidos em seções posteriores)
  - Métodos para estimar interações (como análise conjunta baseada em escolhas)
  - Maior eficiência estatística, pelo uso de mais observações na estimação.

Ao selecionar entre análises conjuntas agregadas e desagregadas, o pesquisador deve equilibrar os benefícios ganhos com métodos agregados versus a visão fornecida pelos modelos separados para cada respondente obtidos com métodos desagregados.

Flexibilidade em tipos de relações

A análise conjunta não está limitada aos tipos de relações exigidas entre as variáveis dependente e independentes. Como discutido em capítulos anteriores, a maioria dos métodos de dependência considera que uma relação linear existe quando a variável dependente aumenta (ou diminui) em iguais quantias para cada variação unitária na variável independente. Se algum tipo de relação não-linear deve ser representado, a forma do modelo deve ser modificada ou variáveis especializadas devem ser criadas (como polinômios).

A análise conjunta, no entanto, pode realizar previsões separadas para os efeitos de cada nível da variável independente e não considera que os níveis estejam de fato relacionados. A análise conjunta pode facilmente lidar com relações não-lineares – mesmo a complexa relação curvilínea, na qual um valor é positivo, o próximo é negativo e o terceiro é novamente positivo. Além disso, os tipos de relações podem variar entre atributos. No entanto, como discutimos adiante, a simplicidade e flexibilidade da análise conjunta comparada com os outros métodos multivariados é baseada em diversas suposições feitas pelo pesquisador.

Resumo

Como descrito nas seções anteriores, a análise conjunta representa um tipo híbrido de técnica multivariada para estimar relações de dependência. Em um sentido, ela combina métodos tradicionais (ou seja, regressão e ANOVA), fornecendo muito da flexibilidade mostrada na regressão aliada com a tradição da experimentação de ANOVA. No entanto, ela é única no sentido de que é decomposicional por natureza, e resultados podem ser estimados para cada respondente em separado. Como tal, a análise conjunta oferece ao pesquisador uma ferramenta especializada de análise especificamente para compreender decisões de clientes e suas estruturas de preferência. Como vemos nas próximas seções, a análise conjunta, ao mesmo tempo que demanda considerável trabalho de frente no planejamento da análise em si, fornece um poderoso e esclarecedor método para análise de preferências e de tomadas de decisões por parte de clientes.

PLANEJAMENTO DE UM EXPERIMENTO DE ANÁLISE CONJUNTA

O pesquisador que aplica análise conjunta deve tomar várias decisões-chave ao planejar o experimento e analisar seus resultados. A Figura 7-1 (estágios 1-3) e a Figura 7-4 (estágios 4-7) mostram os passos gerais seguidos no delineamento e execução de um experimento de análise conjunta. A discussão segue o paradigma de construção de modelo introduzido no Capítulo 1.

O processo de decisão inicia com uma especificação dos objetivos da análise conjunta. Como a análise conjunta é semelhante a um experimento, a conceituação da pesquisa é crítica para seu sucesso. Depois que os objetivos tenham sido definidos, as questões relacionadas ao verdadeiro plano de pesquisa são abordadas e as suposições são avaliadas. A discussão se foca então em como o processo de decisão considera a estimação real dos resultados conjuntos, a interpretação dos resultados e os métodos usados para validar os resultados. A discussão termina com um exame do uso de resultados de análise conjunta em análises posteriores, como segmentação de mercado e simuladores de escolha.

Cada uma dessas decisões se origina da questão de pesquisa e do uso da análise conjunta como uma ferramenta na compreensão das preferências do respondente e do processo de julgamento. Seguimos essa discussão da abordagem de construção de modelo examinando duas metodologias alternativas de análise conjunta (baseada em escolha e adaptativa), que são em seguida comparadas quanto às questões tratadas aqui para a análise conjunta tradicional.

ESTÁGIO 1: OS OBJETIVOS DA ANÁLISE CONJUNTA

Como ocorre com qualquer análise estatística, o ponto de partida é a questão de pesquisa. Para compreender decisões de clientes, a análise conjunta pode ter dois objetivos:

1. *Determinar as contribuições de variáveis preditoras e seus níveis na determinação de preferências do consumidor.* Por exemplo, quanto o preço contribui para o desejo de se comprar um produto? Qual é o melhor nível de preço? Quanto da variação no desejo de comprar sabão pode ser explicada por diferenças nos níveis de preço?
2. *Estabelecer um modelo válido de julgamentos do consumidor.* Modelos válidos permitem prever a aceitação do consumidor de qualquer combinação de atributos, mesmo aqueles que não foram originalmente avaliados por clientes. Ao se fazer isso, as questões abordadas incluem o seguinte: as escolhas do respondente indicam uma relação linear simples entre as variáveis preditoras e escolhas? É suficiente um modelo simples de "somar" o valor de cada atributo, ou precisamos adicionar avaliações mais complexas de preferências para espelhar o processo de julgamento de forma adequada?

O respondente reage apenas ao que o pesquisador fornece em termos de estímulos (combinações de atributos). Esses são os verdadeiros atributos usados em uma tomada de decisões? Outros atributos são igualmente importantes, particularmente aqueles de natureza mais qualitativa, como reações emocionais? Essas e outras considerações exigem que a questão de pesquisa seja contextualizada em torno de dois aspectos importantes:

- É possível descrever todos os atributos que conferem utilidade ou valor ao produto ou serviço em estudo?
- Quais são os critérios-chave de decisão envolvidos no processo de escolha para esse tipo de produto ou serviço?

Essas questões precisam ser resolvidas antes de se prosseguir para a fase de delineamento de uma análise conjunta, pois elas fornecem uma orientação fundamental para decisões-chave em cada estágio.

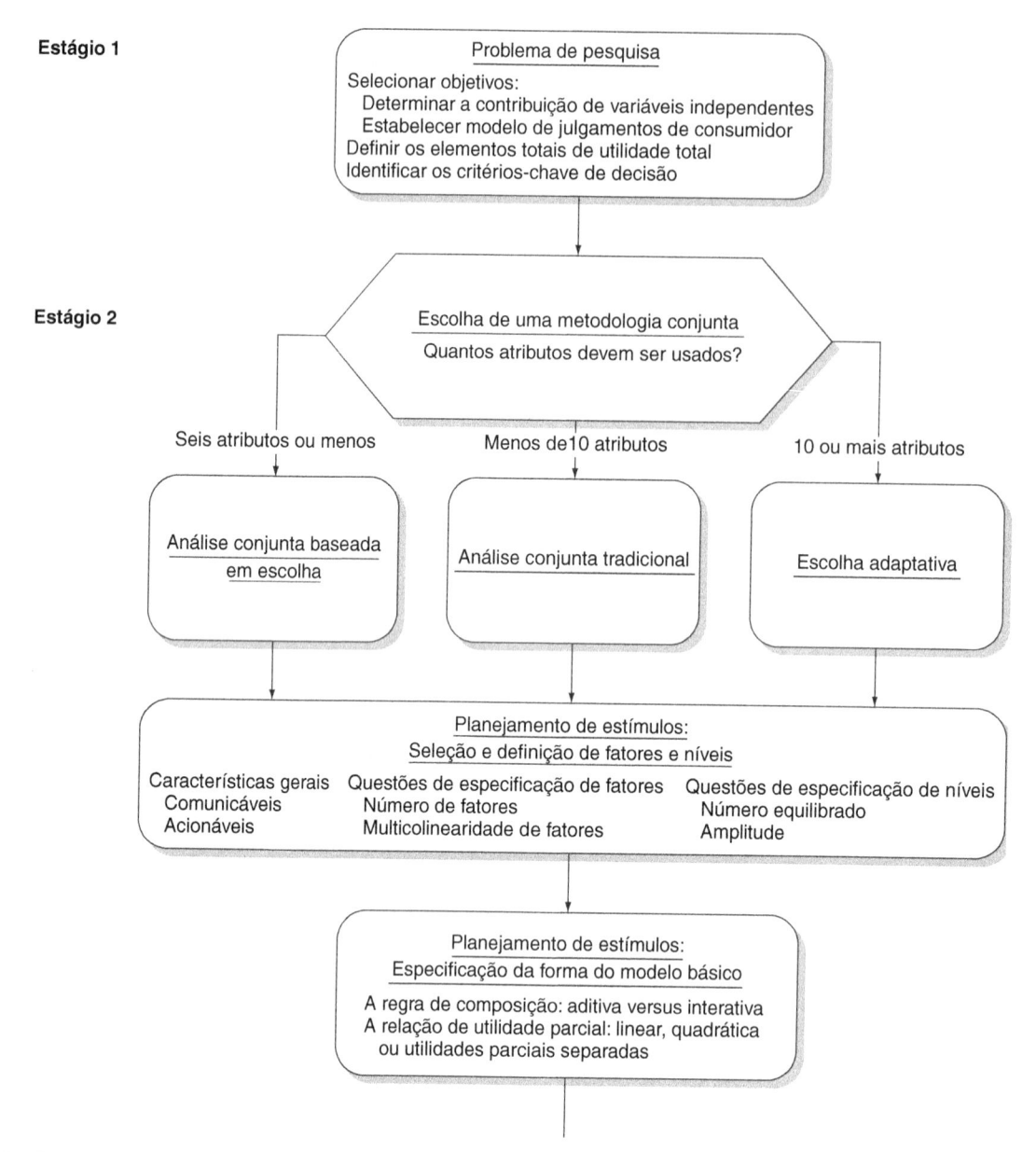

```
Estágio 1                    Problema de pesquisa
                    Selecionar objetivos:
                       Determinar a contribuição de variáveis independentes
                       Estabelecer modelo de julgamentos de consumidor
                    Definir os elementos totais de utilidade total
                    Identificar os critérios-chave de decisão
                                     |
                                     ▼
Estágio 2                Escolha de uma metodologia conjunta
                         Quantos atributos devem ser usados?
           ┌─────────────────────────┼─────────────────────────┐
    Seis atributos ou menos    Menos de 10 atributos      10 ou mais atributos
           ▼                         ▼                         ▼
    Análise conjunta baseada   Análise conjunta          Escolha adaptativa
       em escolha              tradicional
           └─────────────────────────┼─────────────────────────┘
                                     ▼
                         Planejamento de estímulos:
                         Seleção e definição de fatores e níveis

  Características gerais   Questões de especificação de fatores   Questões de especificação de níveis
     Comunicáveis              Número de fatores                     Número equilibrado
     Acionáveis                Multicolinearidade de fatores         Amplitude
                                     |
                                     ▼
                         Planejamento de estímulos:
                         Especificação da forma do modelo básico
                    A regra de composição: aditiva versus interativa
                    A relação de utilidade parcial: linear, quadrática
                              ou utilidades parciais separadas
```

FIGURA 7-1 Estágios 1-3 do diagrama de decisão da análise conjunta. (Continua)

Definição da utilidade total do objeto

O pesquisador deve primeiramente se assegurar de definir a utilidade total do objeto. Para representar o processo de julgamento do respondente com precisão, todos os atributos que potencialmente *criam* ou *diminuem* a utilidade geral do produto ou serviço devem ser incluídos. É essencial que tanto fatores positivos quanto negativos sejam considerados pelos seguintes motivos:

- Concentrar-se apenas em fatores positivos irá distorcer seriamente os julgamentos dos respondentes.
- Os respondentes podem empregar subconscientemente os fatores negativos, mesmo quando não fornecidos, e assim tornar o experimento inválido.

Por exemplo, se grupos exploratórios são empregados para avaliar os tipos de características consideradas quando avaliamos o objeto, o pesquisador deve se assegurar em tratar daquilo que torna o objeto desinteressante, bem como daquilo que o torna atraente. Felizmente, a omissão de um único fator tem apenas um pequeno impacto sobre as estimativas para outros fatores quando se usa um modelo aditivo [84], mas a omissão de um atributo-chave pode ainda assim distorcer seriamente a representação da estrutura de preferência e diminuir a precisão preditiva.

Especificação dos fatores determinantes

Além disso, o pesquisador deve se certificar de incluir todos os fatores determinantes (obtidos do conceito de atributos determinantes [5]). A meta é incluir os fatores que *diferenciam* melhor entre os objetos. Muitos atributos po-

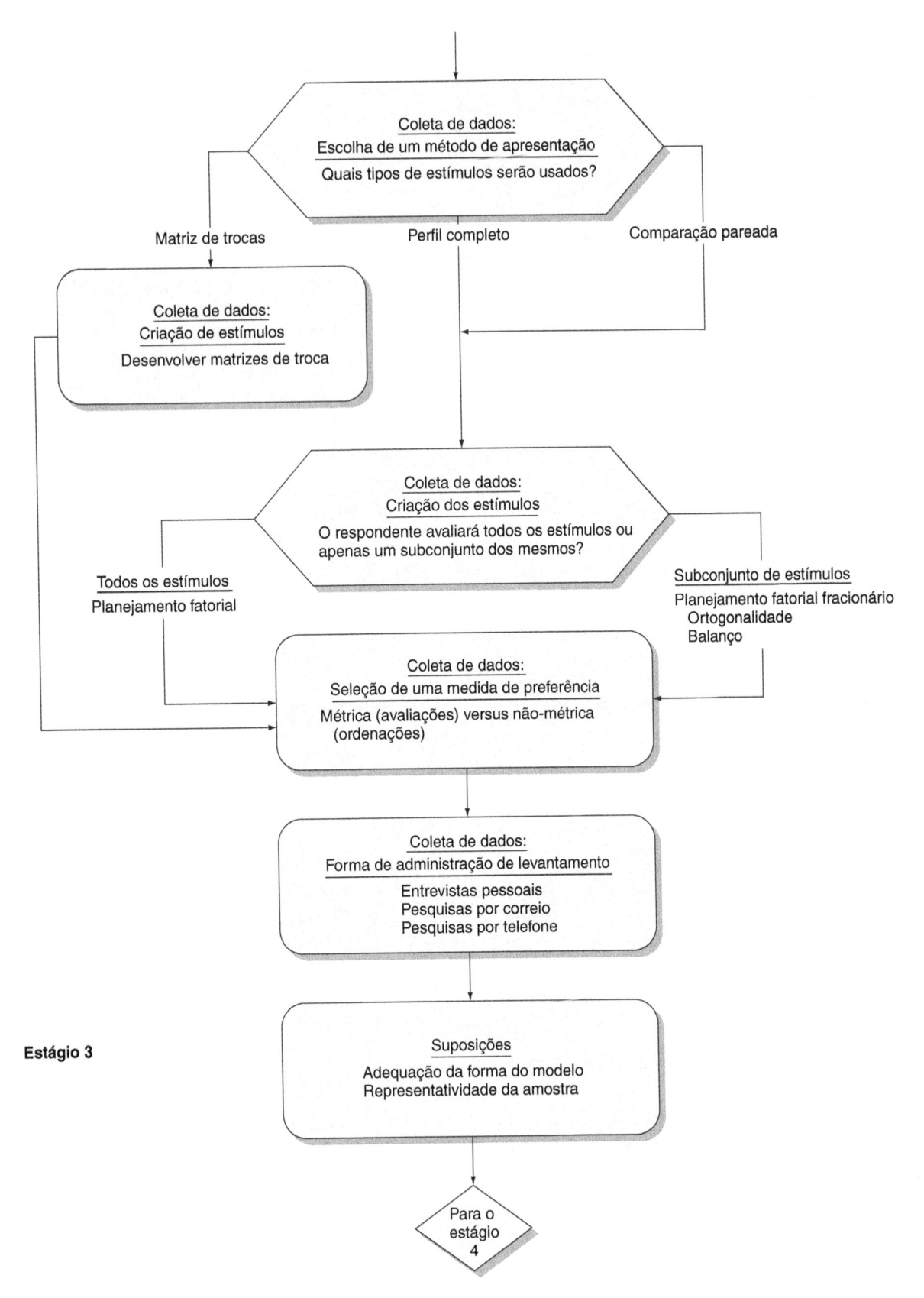

Coleta de dados:
Escolha de um método de apresentação
Quais tipos de estímulos serão usados?

Matriz de trocas — Perfil completo — Comparação pareada

Coleta de dados:
Criação de estímulos
Desenvolver matrizes de troca

Coleta de dados:
Criação dos estímulos
O respondente avaliará todos os estímulos ou apenas um subconjunto dos mesmos?

Todos os estímulos
Planejamento fatorial

Subconjunto de estímulos
Planejamento fatorial fracionário
Ortogonalidade
Balanço

Coleta de dados:
Seleção de uma medida de preferência
Métrica (avaliações) versus não-métrica (ordenações)

Coleta de dados:
Forma de administração de levantamento
Entrevistas pessoais
Pesquisas por correio
Pesquisas por telefone

Estágio 3

Suposições
Adequação da forma do modelo
Representatividade da amostra

Para o estágio 4

FIGURA 7-1 Continuação.

REGRAS PRÁTICAS 7-1

Objetivos da análise conjunta

- A análise conjunta é única em relação a outras técnicas multivariadas, pois:
  - É uma forma de modelo decomposicional que tem muitos elementos de um experimento
  - Clientes fornecem apenas uma avaliação geral de preferências para objetos (estímulos) criados pelo pesquisador
  - Estímulos são criados por combinação de um nível (valor) de cada fator (atributo)
  - Cada respondente avalia estímulos o suficiente de forma que resultados conjuntos são estimados para cada indivíduo
- Uma análise conjunta "bem-sucedida" requer que o pesquisador:
  - Defina precisamente todos os atributos (fatores) que têm impactos positivos e negativos sobre preferência
  - Aplique o modelo apropriado sobre como os clientes combinam os valores de atributos individuais em avaliações gerais de um objeto
- Os resultados de análise conjunta podem ser usados para:
  - Fornecer estimativas da "utilidade" de cada nível dentro de cada atributo
  - Definir a utilidade total de quaisquer estímulos de forma que possam ser comparados com outros estímulos para se prever escolhas de clientes (p.ex., participação de mercado)

---

dem ser considerados importantes, mas também podem não diferenciar as escolhas, pois não variam substancialmente entre os objetos.

Por exemplo, a segurança em automóveis é um atributo importante, mas pode não ser determinante na maioria dos casos porque todos os carros atendem a padrões federais rigorosos e, portanto, são considerados seguros, pelo menos em um nível aceitável. No entanto, outras características, como quilômetros por litro, desempenho ou preço, são importantes *e* muito mais prováveis de serem usadas para se decidir entre diferentes modelos de carros.

O pesquisador sempre deve se empenhar em identificar as variáveis-chave *determinantes*, porque elas são estratégicas na verdadeira decisão de julgamento.

ESTÁGIO 2: O PROJETO DE UMA ANÁLISE CONJUNTA

Tendo resolvido as questões relativas aos objetivos da pesquisa, o pesquisador desvia sua atenção para as questões particulares envolvidas no delineamento e na execução do experimento de análise conjunta. Como descrito na seção introdutória, o pesquisador deve encarar diversas questões sobre planejamento da pesquisa:

- Primeiro, qual dentre os diversos métodos conjuntos alternativos deve ser escolhido? A análise conjunta tem três métodos diferentes para coletar e analisar dados, cada um com vantagens e limitações específicas.
- Com o tipo de modelo selecionado, a próxima questão foca a composição e o delineamento dos estímulos. Quais são os fatores e níveis a serem usados para se definir utilidade? Como eles são combinados nos estímulos? Essas questões são críticas para o sucesso de qualquer análise conjunta.
- Um benefício importante da análise conjunta é sua habilidade para representar muitos tipos de relações na variável estatística conjunta. Uma consideração crucial é o tipo de efeitos que devem ser incluídos, pois eles demandam modificações no planejamento da pesquisa. **Efeitos principais**, representando o impacto direto de cada atributo, podem ser aumentados por **efeitos de interação**, os quais representam o impacto ímpar de várias combinações de atributos.
- A última questão se refere à coleta de dados, especificamente o tipo de medida de preferência a ser empregado e as tarefas reais enfrentadas pelo respondente.

Devemos observar que as questões de delineamento talvez sejam a fase mais importante na análise conjunta. Um estudo mal planejado não pode ser "salvo" depois de aplicado se forem descobertas falhas. Assim, o pesquisador deve prestar atenção especial aos problemas que cercam a construção e administração do experimento conjunto.

Seleção de uma metodologia de análise conjunta

Depois que o pesquisador determina os atributos básicos que constituem a utilidade do produto ou serviço (objeto), uma questão fundamental deve ser resolvida: qual das três metodologias conjuntas básicas (tradicional, adaptativa ou baseada em escolha) deve ser usada [74]?

A escolha de metodologias conjuntas gira em torno das características básicas da pesquisa proposta: número de atributos com os quais se lida, nível de análise, tarefa de escolha, e forma de modelo permitida. A Tabela 7-5 compara as três metodologias com relação a essas considerações.

- A **análise conjunta tradicional**, ilustrada no exemplo anterior, é caracterizada por um modelo aditivo simples que contém até nove fatores estimados para cada indivíduo. Um respondente avalia estímulos construídos com níveis selecionados de cada atributo (conhecidos como *perfis completos*). Apesar de esse formato ter sido a principal base de estudos conjuntos por muitos anos, duas metodologias adicionais foram desenvolvidas na tentativa de lidar com certas questões de delineamento.

- O **método conjunto adaptativo** foi desenvolvido para acomodar um grande número de fatores (muitas vezes acima de 30) que não seriam praticáveis em análise conjunta tradicional. Ele emprega um processo computadorizado que adapta os estímulos mostrados a um respondente à medida que a tarefa de escolha prossegue. Além disso, os estímulos podem ser compostos de subconjuntos de atributos, permitindo assim muitos atributos a mais.
- O método da **abordagem baseada em escolha** emprega uma única forma para apresentar estímulos em conjuntos (escolher um de um conjunto de estímulos) no lugar de um por um. Devido à tarefa mais complicada, o número de fatores incluídos é mais limitado, mas a abordagem permite a inclusão de interações e pode ser estimada no nível agregado ou individual.

Muitas vezes, os objetivos de pesquisa criam situações com as quais a análise conjunta tradicional não lida bem, mas essas metodologias alternativas podem ser usadas. Os problemas de estabelecer o número de atributos e selecionar a forma do modelo são discutidos com mais detalhes na seção a seguir, que se concentra na análise conjunta tradicional. Depois, as únicas características das outras duas metodologias são abordadas em seções subseqüentes. O pesquisador deve notar que os problemas básicos discutidos nesta seção também se aplicam às outras duas metodologias.

Planejamento de estímulos: seleção e definição de fatores e níveis

Os fundamentos experimentais da análise conjunta atribuem grande importância ao delineamento dos estímulos avaliados por respondentes. O delineamento envolve a especificação da variável estatística conjunta, selecionando os fatores e níveis a serem incluídos na construção de estímulos. Outras questões se relacionam com o caráter geral dos fatores, e níveis e considerações são específicos aos mesmos. Esses problemas de delineamento são importantes porque afetam a efetividade dos estímulos na tarefa, a precisão dos resultados e, finalmente, sua relevância administrativa.

Características gerais de fatores e níveis

Antes de discutir as questões específicas sobre fatores ou níveis, as características aplicáveis à especificação de fatores e níveis devem ser abordadas. Quando se operacionalizam fatores ou níveis, o pesquisador deve garantir que as medidas sejam comunicáveis e acionáveis.

Medidas comunicáveis. Primeiro, os fatores e níveis devem ser facilmente comunicados para uma avaliação realista. Métodos tradicionais de administração (lápis e papel ou computador) limitam os tipos de fatores que podem ser incluídos. Por exemplo, é difícil descrever a verdadeira fragrância de um perfume ou a "sensação" de uma loção. Descrições escritas não capturam bem os efeitos sensoriais, a não ser que o respondente pegue o produto, inale a fragrância ou use a loção. Se respondentes estão incertos quanto à natureza dos atributos sendo usados, então os resultados não são um reflexo verdadeiro de sua estrutura de preferência.

Uma tentativa de trazer uma descrição mais realista de características sensoriais que possam ter sido excluídas no passado envolve formas específicas de análise conjunta desenvolvidas para empregar realidade virtual [83] ou ajustar todo o domínio de efeitos sensoriais e de multimídia para descrever o produto ou serviço [43, 57, 94]. Independentemente de essas abordagens serem utilizadas, o pesquisador sempre deve estar comprometido com a comunicabilidade dos atributos e níveis usados.

Medidas acionáveis. Os fatores e níveis também devem ter condições de ser colocados em prática, o que significa que os atributos devem ser distintos e representar um conceito que possa ser implementado precisamente.

- Eles não devem ser atributos que sejam difíceis de especificar, como qualidade geral ou conveniência. Um aspecto fundamental da análise conjunta é que respondentes negociam entre atributos, fazendo comparações entre atributos para avaliar um estímulo. Se eles não têm certeza sobre como um atributo se compara com outro (p.ex., um que seja definido de maneira mais precisa), então a tarefa não pode refletir a estrutura de preferência real.

TABELA 7-5 Uma comparação de metodologias conjuntas alternativas

Característica	Metodologia conjunta		
	Tradicional	Adaptativa/Híbrida	Baseada em escolhas
Número máximo de atributos	9	30	6
Nível de análise	Individual	Individual	Agregado ou individual
Forma do modelo	Aditiva	Aditiva	Aditiva + Interação
Tarefa de escolha	Avaliação de estímulos de perfil completo um por vez	Avaliação de estímulos contendo subconjuntos de atributos	Escolha entre conjuntos de estímulos
Formato da coleta de dados	Qualquer formato	Geralmente computacional	Qualquer formato

- Os níveis não devem ser especificados em termos imprecisos, como baixo, moderado ou alto. Especificações como essas são imprecisas por causa das diferenças de percepção entre indivíduos quanto ao que elas realmente significam (quando comparadas com diferenças reais no que diz respeito ao que os indivíduos sentem com relação a elas).
- Finalmente, conceitos ou atributos hipotéticos muitas vezes não são formalmente especificados, mas dados em termos de benefícios. Apesar de a análise conjunta poder representá-los para o respondente, o pesquisador deve se sentir confiante de que os respondentes compreendam como tais atributos desempenham individualmente e o que o produto final acarretará. Com muita freqüência o estímulo é definido em termos vagos e não-familiares, de modo que nem o pesquisador, nem o respondente estão verdadeiramente seguros sobre o que é o produto ou o serviço final sob avaliação por parte do último.

Se fatores não podem ser definidos mais precisamente, o pesquisador pode usar um processo de dois estágios. Um estudo conjunto preliminar define estímulos em termos de fatores mais globais ou vagos (qualidade ou conveniência). Então, os fatores identificados como importantes no estudo preliminar são incluídos no estudo maior em termos mais precisos.

Questões de especificação relacionadas a fatores

Após ter selecionado os atributos a serem incluídos como fatores e garantido que as medidas serão comunicáveis e acionáveis, o pesquisador ainda deve abordar três questões específicas para definir fatores: o número de fatores a serem incluídos, a multicolinearidade entre os mesmos e o papel único do preço como um fator.

Número de fatores. O número de fatores incluídos na análise afeta diretamente a eficiência estatística e a confiabilidade dos resultados. Dois limites entram em jogo quando se considera o número de fatores a serem incluídos no estudo:

1. Acrescentar fatores a um estudo conjunto sempre aumenta o número mínimo de estímulos no planejamento conjunto. O número mínimo de estímulos que devem ser avaliados por um respondente é

Número mínimo de estímulos = Número total de níveis por todos os fatores − Número de fatores + 1

> Por exemplo, uma análise conjunta com cinco fatores com três níveis cada (um total de 15 níveis) precisaria de um mínimo de onze (15 − 5 + 1) estímulos.

Tal exigência é semelhante àquelas encontradas em regressão quando o número de observações deve exceder o número de coeficientes estimados. Um planejamento conjunto com apenas um par de fatores é relativamente simples, mas o acréscimo de fatores pode rapidamente torná-lo uma tarefa complexa e árdua para o respondente.

Ainda que possa parecer que o aumento no número de fatores reduza o número de estímulos exigido (ou seja, o número de fatores é subtraído na equação anterior), lembre-se que cada fator deve ter pelo menos dois níveis (e muitas vezes mais), de modo que um fator adicional sempre aumenta o número de estímulos. Assim, no exemplo anterior, acrescentar um fator a mais com três níveis demanda pelo menos dois estímulos extras.

Há evidências de que técnicas tradicionais de análise conjunta podem empregar um número maior de atributos (20 ou algo perto disso) do que se pensou originalmente [82]. Como discutimos adiante, algumas técnicas foram desenvolvidas para lidar especificamente com grandes quantias de atributos com delineamentos especializados. Mesmo em tais situações, o pesquisador é advertido a garantir que, não importa quantos atributos sejam incluídos, isso não represente uma tarefa complexa para o respondente.

2. Quando se modela uma relação mais complexa, como no caso de acréscimo de termos de interação, estímulos adicionais são exigidos. Algumas reduções nos estímulos são viáveis por meio de planejamentos conjuntos especializados, mas o número maior de parâmetros a serem estimados demanda um número maior de estímulos ou uma diminuição na confiabilidade dos parâmetros.

É especialmente importante observar que a análise conjunta difere de outras análises multivariadas no sentido de que aumento na complexidade do modelo e as correspondentes exigências de dados não podem ser remediadas acrescentando-se mais respondentes. Em análise conjunta, cada respondente gera o número requerido de observações, e assim o número exigido de estímulos é constante, não importando quantos respondentes são analisados. Formas especializadas de estimação estimam modelos agregados ao longo de indivíduos, exigindo assim menos estímulos por respondente, mas nesses casos o conceito fundamental de se obter estimativas conjuntas para cada respondente é eliminado. Discutimos tais opções com mais detalhes em uma seção adiante.

A especificação de fatores também é uma fase crítica do planejamento da pesquisa: uma vez que um fator é incluído na tarefa de escolha de uma análise conjunta, ele não pode simplesmente ser removido da análise. Respondentes sempre avaliam conjuntos de atributos coletivamente. A remoção de um atributo na estimação das utilidades parciais invalida a análise conjunta.

Multicolinearidade fatorial. Um problema que muitas vezes passa não detectado, a não ser que o pesquisador examine cuidadosamente todos os estímulos na análise conjunta, é a correlação entre fatores (conhecida como **correlação interatributos** ou **ambiental**). Em termos práticos, a presença de fatores correlacionados denota uma falta de independência conceitual entre os fatores. Primeiro examinamos os efeitos de correlação interatributos sobre o planejamento conjunto, e em seguida discutimos várias ações corretivas.

Impactos da correlação interatributos. Quando dois ou mais fatores são correlacionados, dois resultados diretos ocorrem:

1. As estimativas de parâmetros são afetadas como na regressão (o Capítulo 4 contém uma discussão sobre a multicolinearidade e seu impacto). Entre os efeitos mais problemáticos está a incapacidade de se obter estimativas confiáveis devido à falta de unicidade para cada nível.
2. Talvez mais importante seja a criação de combinações inacreditáveis de dois ou mais fatores que podem distorcer o planejamento conjunto. Este problema ocorre tipicamente em duas situações:
   - Primeiro, dois atributos estão negativamente correlacionados, de modo que os clientes esperam que elevados níveis de um fator devam coincidir com baixos níveis de outro. No entanto, quando níveis de cada um são combinados na tarefa conjunta, os estímulos não são realistas.

> Um exemplo simples envolve potência e quilômetros por litro de gasolina. Apesar de os atributos serem válidos quando considerados em separado, muitas combinações de seus níveis carecem de sentido. Qual é o realismo de um automóvel com os mais altos níveis de potência e quilômetros por litro? Além disso, por que alguém consideraria um carro com os mais baixos níveis desses dois atributos?

O problema não está nos níveis propriamente, mas no fato de que eles não podem ser pareados realisticamente em todas as combinações, o que é exigido na estimação de parâmetros.
   - A segunda situação acontece quando um fator aponta para a presença/ausência de uma característica e outro atributo indica quantia. Nesta situação, a tarefa conjunta inclui estímulos denotando que uma característica está disponível/indisponível, com um segundo fator mostrando quanto.

> Um exemplo simples envolve dois fatores, com o primeiro indicando a presença/ausência de um desconto em um preço e o segundo fator apontando para o montante do desconto. O problema surge sempre que os estímulos são construídos para indicar a ausência de um desconto, apesar de o segundo fator especificar uma quantia. Incluir um nível com o valor zero apenas aumenta o problema, pois agora estímulos incluídos podem apontar para um desconto de zero. O resultado em cada situação é um estímulo nada plausível.

Novamente em tal situação, cada fator é plausível quando considerado separadamente, entretanto, quando combinados, criam estímulos que não são possíveis e não podem ser usados na análise.

Ações corretivas para correlação interatributos. Ainda que um pesquisador goste sempre de evitar uma correlação ambiental entre fatores, em alguns casos os atributos são essenciais para a análise conjunta e devem ser incluídos. Quando os fatores correlacionados são retidos, o pesquisador tem três ações corretivas básicas para contornar os estímulos não-realistas incluídos no planejamento conjunto:

1. A ação mais direta é criar *superatributos* que combinem os aspectos de atributos correlacionados. Aqui o pesquisador considera os dois fatores e cria novos níveis que representam quantias realistas de ambos.

> Em nosso exemplo de potência e quilômetros por litro de gasolina, talvez um fator de "desempenho" possa ser usado como substituto. Neste caso, níveis de desempenho podem ser definidos em termos de potência e quilômetros por litro, mas como combinações realistas em um único fator.
>
> Como um exemplo de atributos positivamente correlacionados, fatores de organização de loja, iluminação e decoração podem ser melhor representados por um único conceito, como "atmosfera da loja". Esta designação fatorial evita os estímulos irreais de elevados níveis de organização e iluminação, mas baixos níveis de decoração (juntamente com outras combinações igualmente inacreditáveis).
>
> Quando um fator de ausência/presença é utilizado com outro que aponta quantia, a abordagem mais direta é combiná-los em um só fator, com os níveis incluindo zero para indicar a ausência do atributo.

É importante observar que quando esses superatributos são acrescentados, eles devem ser tão acionáveis e específicos quanto possível. Se não é possível definir os fatores mais amplos com o nível necessário de especificidade, então os pesquisadores podem ser forçados a eliminar um dos fatores originais do planejamento.
2. Uma segunda opção envolve planejamentos experimentais refinados e técnicas de estimação que criam estímulos quase ortogonais, que podem ser usados para eliminar qualquer estímulo inacreditável resultante de correlação interatributos [102]. Aqui o pesquisador pode especificar quais combinações de níveis (conhecidas como **pares proibidos**) ou mesmo estímulos do planejamento ortogonal devem ser eliminados do planejamento conjunto, apresentando assim aos respondentes apenas estímulos críveis. Contudo, o perigo nesta abordagem é que estímulos pobremente delineados resultam em um número tão grande de estímulos inaceitáveis que um ou mais fatores correlacionados são efetivamente eliminados do estudo, o que afeta então as estimativas de utilidades parciais para os mesmos e todos os demais fatores.
3. A terceira ação corretiva é restringir a estimação de utilidades parciais para obedecer a uma relação pré-especificada. Essas restrições podem ser entre fatores, bem como pertencer aos níveis dentro de qualquer fator [100, 106]. Novamente, porém, o pesquisador está colocando restrições sobre o processo de estimação, o que pode produzir estimativas pobres das estruturas de preferência.

A presença de uma correlação interatributos é uma questão que deve ser abordada em qualquer análise conjunta. Dentre as três ações corretivas discutidas, a criação de superatributos é a técnica conceitualmente superior, pois ela preserva a estrutura básica da análise conjunta. As outras duas ações corretivas, que acrescentam significante complexidade ao delineamento e à estimação da análise, devem ser consideradas somente depois que a ação mais direta tenha sido tentada.

O papel único do preço como um fator. O preço é um fator incluído em muitos estudos conjuntos por representar uma componente distinta de valor para muitos produtos ou serviços que são estudados. O preço, porém, não é como outros atributos em suas relações com outros fatores [50]. Primeiro discutimos os aspectos únicos do preço, e então tratamos das abordagens para a inclusão do preço em uma análise conjunta.

Preço é um elemento principal em qualquer avaliação de valor, e assim, um atributo idealmente adequado à natureza de troca da análise conjunta. Porém, é esta natureza básica de ser uma troca inerente que cria diversos problemas com sua inclusão:

- Em muitos casos, se não for na maioria, o preço tem um grau elevado de correlação interatributos com outros fatores. Para muitos atributos, um aumento na quantia do atributo é associado com um aumento de preço, e uma queda no nível de preço pode não ser realista. O resultado é um ou mais estímulos que são inadequados para inclusão na análise conjunta (ver discussão anterior sobre correlação interatributos para possíveis ações corretivas).
- A relação preço-qualidade pode ser operante entre certos fatores, de modo que algumas combinações talvez sejam não-realistas ou tenham as percepções não-pretendidas. Esta forma específica de correlação interatributos é uma consideração-chave em muitas aplicações de análise conjunta.
- Muitos outros fatores positivos (p.ex., qualidade, confiabilidade) podem ser incluídos ao se definir a utilidade do produto ou serviço. No entanto, quando se define do que se abre mão para essa utilidade (ou seja, preço), apenas um fator é incluído, o que pode diminuir inerentemente a importância do preço [77].
- Finalmente, o preço pode interagir com outros fatores, particularmente fatores mais intangíveis, como nome da marca. O impacto de uma interação nessa situação é que um certo nível de preço tem diferentes significados para diferentes marcas [50, 77], um aplicável a uma marca *premium* e outro a uma marca de desconto. Discutimos o conceito de interações posteriormente neste capítulo.

Todas essas características únicas do preço como um fator não devem fazer com que o pesquisador evite o uso deste atributo, mas que, em vez disso, antecipe os impactos e ajuste o delineamento e a interpretação como exigido. Primeiro, formas explícitas de análise conjunta, como análise de valor conjunta (CVA), foram desenvolvidas para ocasiões nas quais o foco é o preço [92]. Além disso, se as interações de preço e outros fatores são consideradas importantes, métodos como as análises conjuntas baseadas em escolha ou as de multiestágio [77, 81, 112] fornecem estimativas quantitativas dessas relações. Mesmo que nenhum ajuste específico seja feito, o pesquisador

---

REGRAS PRÁTICAS 7-2

Delineamento de uma tarefa conjunta

- Pesquisadores devem escolher uma das três metodologias com base no número de atributos, nas exigências da tarefa de escolha e no modelo assumido de escolha do cliente:
  - Métodos tradicionais são mais adequados quando o número de atributos é menor que 10, resultados são desejados para cada indivíduo, e o modelo mais simples de escolha do cliente é aplicável
  - Métodos adaptativos são mais apropriados quando quantias maiores de atributos estão envolvidas (até 30), mas demandam entrevistas computadorizadas.
  - Métodos baseados em escolhas são considerados os mais realistas, podem elaborar modelos mais complexos de escolha por parte de clientes, e têm se tornado mais populares; mas geralmente são limitados a seis ou menos atributos
- O pesquisador encara uma troca fundamental no número de fatores incluídos:
  - Aumentá-los para refletir melhor a "utilidade" do objeto versus
  - Minimizá-los para reduzir a complexidade da tarefa conjunta do respondente e permitir o uso de qualquer um dos três métodos
- A especificação de fatores (atributos) e níveis (valores) de cada fator deve garantir que:
  - Fatores e níveis são influências distintas sobre a preferência, definidos em termos objetivos com ambigüidade mínima, eliminando assim elementos emocionais ou estéticos
  - Fatores geralmente têm o mesmo número de níveis
  - Correlações interatributos (p.ex., aceleração e quilômetros por litro) podem estar presentes a níveis mínimos (0,20 ou menos) para realismo, mas níveis maiores devem ser acomodados pela:
    - Criação de um "superatributo" (como desempenho)
    - Especificação de pares proibidos na análise para eliminar estímulos não-realistas (como aceleração rápida e notável rendimento de litro)
    - Restrição da estimação do modelo para se adequar a relações pré-especificadas
- Preço demanda especial atenção, pois:
  - Geralmente tem correlações interatributos com a maioria dos demais fatores (p.ex., relação preço-qualidade)
  - Em muitas situações representa de forma ímpar o que é negociado em custo para o objeto
  - Interações substanciais com outras variáveis podem exigir métodos conjuntos baseados em escolha ou multiestágios

deve considerar essas questões na definição de níveis de preço e na interpretação dos resultados.

Questões de especificação referentes a níveis

A definição de níveis é um aspecto crítico da análise conjunta, pois os níveis são as verdadeiras medidas usadas para formar os estímulos. Assim, além de serem acionáveis e comunicáveis, a pesquisa tem mostrado que o número de níveis, o equilíbrio de níveis entre fatores e os intervalos dos níveis em um fator têm efeitos diferentes sobre as avaliações dos respondentes.

Número equilibrado de níveis. Os pesquisadores devem tentar equilibrar ou equalizar o melhor possível o número de níveis nos fatores. A importância relativa estimada de uma variável tende a aumentar quando o número de níveis cresce, mesmo quando os pontos extremos permanecem os mesmos [52, 71, 110, 117, 118]. Conhecida como o "número de efeitos de níveis", a categorização refinada chama a atenção para os atributos e faz com que os consumidores se concentrem naquele fator mais do que nos outros. Se a importância relativa de fatores é conhecida *a priori*, então o pesquisador pode querer expandir os níveis dos fatores mais importantes para evitar uma diluição de importância e captar informação adicional sobre os fatores mais importantes [116].

Intervalo dos níveis fatoriais. O intervalo (de pequeno a grande) dos níveis deve ser estabelecido um pouco fora dos valores existentes, mas não em um nível inacreditável. Tal prática ajuda a reduzir a correlação interatributos, mas também pode reduzir a credibilidade; portanto, os níveis não devem ser muito extremos. Nunca extrapole além dos níveis mais externos [77], pois você não pode estar tão certo sobre como o respondente irá responder a estes níveis. Níveis completamente inaceitáveis também podem causar problemas substanciais e devem ser eliminados.

Antes de excluir um nível, porém, o pesquisador deve assegurar-se de que elas seja verdadeiramente inaceitável, pois muitas vezes as pessoas escolhem produtos ou serviços que têm o que elas chamam de níveis inaceitáveis. Se um nível inaceitável é encontrado depois que o experimento foi administrado, as soluções recomendadas são a eliminação de todos os estímulos que têm níveis inaceitáveis ou a redução de estimativas de utilidades parciais do nível transgressor a um ponto em que quaisquer objetos que contenham aquele nível não serão escolhidos.

O pesquisador também deve aplicar os critérios de relevância prática e aplicabilidade ao definir os níveis. Níveis que não são práticos ou jamais seriam usados em situações realistas podem afetar artificialmente os resultados.

> Por exemplo, considere que no curso normal de negócios o intervalo de preços varie cerca de 10% em torno do preço médio de mercado. Se um nível de preço 20% inferior fosse incluído, mas na realidade não fosse oferecido, sua inclusão distorceria os resultados sensivelmente. Os respondentes seriam logicamente mais favoráveis a um nível de preço como esse. Quando as estimativas de utilidades parciais são feitas e a importância do preço é calculada, o preço parecerá artificialmente mais importante do que realmente seria em decisões diárias.

O pesquisador deve usar os critérios de aplicabilidade e relevância prática em todos os níveis de atributo para garantir que não sejam criados estímulos que serão favoravelmente vistos pelo respondente mas que jamais terão uma chance real de ocorrer.

Especificação da forma do modelo básico

Para a análise conjunta explicar a estrutura de preferência de um respondente apenas a partir de avaliações gerais de um conjunto de estímulos, o pesquisador deve tomar duas decisões-chave referentes ao modelo de análise conjunta inerente: especificar a regra de composição a ser empregada e selecionar o tipo de relações entre estimativas de utilidades parciais. Essas decisões afetam tanto o delineamento dos estímulos quanto a análise das avaliações do respondente.

A regra de composição: seleção de um modelo aditivo versus interativo

A decisão mais abrangente do pesquisador envolve a especificação da **regra de composição** do respondente. A regra de composição descreve como o respondente combina as utilidades parciais dos fatores para obter utilidade geral. É uma decisão crítica, pois define a natureza básica da estrutura de preferência que será estimada. Na próxima seção discutimos os elementos básicos da regra de composição mais comum – o modelo aditivo – e então tratamos das questões envolvidas na adição de outras formas de relações de utilidades parciais conhecidas como termos de interação.

O modelo aditivo. A regra de composição mais comum e básica é um **modelo aditivo**. Este considera que o respondente simplesmente soma os valores para cada atributo (as utilidades parciais dos níveis) para obter o valor total para uma combinação de atributos (produtos ou serviços). Fazendo isso, a utilidade total de qualquer estímulo definido pode ser calculada como a soma das partes.

> Por exemplo, considere que um produto tem dois fatores (1 e 2), cada um com dois níveis (A, B e C, D). As utilidades parciais do fator 1 foram estimadas em 2 e 4 (níveis A e B), enquanto o fator 2 apresenta valores de utilidades parciais
> *(Continua)*

(Continuação)
de 3 e 5 (níveis C e D). Podemos então calcular a utilidade total dos quatro possíveis estímulos como se segue:

Estímulo	Níveis definindo estímulo	Utilidades parciais do modelo aditivo	Utilidade total
1	A e C	2 + 3	5
2	A e D	2 + 5	7
3	B e C	4 + 3	7
4	B e D	4 + 5	9

O modelo aditivo tipicamente explica a maior parte (até 80 ou 90%) da variação em preferência na maioria dos casos, e é suficiente para a maioria das aplicações. É também o modelo básico inerente tanto à análise conjunta tradicional quanto à adaptativa (ver Tabela 7-5).

Acréscimo de efeitos de interação. A regra de composição que usa efeitos de interação é parecida com a forma aditiva, no sentido de que o consumidor soma as utilidades parciais para obter um total geral no conjunto de atributos. Ela é um pouco diferente, porque permite que certas combinações de níveis estejam acima ou abaixo de sua soma. A regra de composição interativa corresponde à afirmação: "O todo é maior (ou menor) do que a soma de suas partes". Revisitemos um de nossos primeiros exemplos para ver como efeitos de interação afetam escores de utilidade.

Em nosso exemplo de detergente industrial, examinemos os resultados para o respondente 2 (rever Tabela 7-4). Nas utilidades parciais estimadas, a marca Genérica foi preferida em detrimento da HBAT, sem fosfato foi preferido em relação aos ingredientes baseados em fosfato, e líquido foi preferido no lugar de pó.

Mas os resultados do respondente nem sempre são consistentes como neste caso. Como anteriormente discutido, para os estímulos 5 a 8 o respondente sempre preferiu estímulos com a marca Genérica no lugar de HBAT, com todas as demais coisas mantidas constantes. Mas o inverso é verdadeiro com os estímulos 1 a 4. O que diferencia esses dois conjuntos de estímulos? Olhando a Tabela 7-4, percebemos que os estímulos 1-4 contêm a forma líquida, enquanto os estímulos 5-8 contêm a forma de pó. Assim, parece que as preferências do respondente 2 quanto à marca diferem dependendo se o estímulo contém uma forma líquida ou em pó. Neste caso dizemos que os fatores Marca e Forma interagem, de forma que uma ou mais combinações desses fatores resultam em avaliações muito maiores ou menores do que o esperado. Sem a inclusão deste efeito de interação, as ordenações de preferência real e estimada não coincidirão.

Desvantagens do acréscimo de termos de interação. Com a habilidade dos termos de interação de acrescentar generalidade à regra de composição, por que não usar o modelo interativo em todos os casos? A adição de termos de interação tem algumas desvantagens que devem ser consideradas:

- Cada termo de interação exige uma estimativa extra de utilidade parcial com pelo menos um estímulo adicional para cada respondente avaliar. A menos que o pesquisador saiba exatamente quais termos de interação estimar, o número de estímulos cresce dramaticamente. Além disso, se respondentes não utilizarem um modelo interativo, a estimação dos termos adicionais de interação na variável estatística conjunta reduz a eficiência estatística (mais estimativas de utilidades parciais) do processo de estimação e torna a tarefa conjunta mais difícil.
- Mesmo quando usadas por respondentes, interações prevêem substancialmente menos variância do que os efeitos aditivos, geralmente não excedendo 5-10% de aumento na variância explicada. Logo, em muitos casos, o poder preditivo aumentado será mínimo.
- Termos de interação são geralmente substanciais em casos para os quais atributos são menos tangíveis, particularmente quando reações estéticas ou emocionais desempenham um papel significativo.

O pesquisador deve equilibrar o potencial para explicação aumentada de termos de interação com as conseqüências negativas do acréscimo destes. O termo de interação é mais efetivo quando o pesquisador pode supor que porções "não-explicadas" de utilidade são associadas somente com certos níveis de um atributo. O Documento 7-1 fornece um exame mais detalhado sobre como identificar termos de interações e seus impactos sobre estimativas de utilidades parciais e precisão preditiva.

Documento 7-1 *Um exemplo de efeitos de interação sobre estimativas de utilidades parciais*

Interações são primeiramente identificadas por padrões ímpares dentro dos escores de preferência de um respondente. Se elas não forem incluídas no modelo aditivo, elas podem afetar sensivelmente a estrutura de preferência estimada. Retornamos ao nosso exemplo de um detergente industrial para ilustrar como interações são refletidas nos escores de preferência de um respondente.

Obtenção de avaliações de preferência

Em nosso exemplo anterior de um detergente industrial, podemos postular uma situação onde o respondente faz escolhas nas quais aparecem interações para influenciar as escolhas. Considere que um terceiro respondente deu a seguinte ordem de preferência:

Ordenações de estímulos formados por três fatores
(1 = mais preferido, 8 = menos preferido)

		Forma	
		Líquido	Pó
Marca	Ingredientes		
HBAT	Sem fosfato	1	2
	Com fosfato	3	4
Genérica	Sem fosfato	7	8
	Com fosfato	5	6

Considere que a "verdadeira" estrutura de preferência para este respondente deve refletir uma preferência pela marca HBAT, líquido sobre pó, e detergentes sem fosfato sobre aqueles que têm fosfato. Contudo, uma experiência ruim com um detergente genérico fez o respondente selecionar aquele com fosfato no lugar do outro só se ele fosse de uma marca genérica. Essa escolha vai contra as preferências gerais e é refletida em um efeito de interação entre os fatores de marca e ingredientes.

Estimação do modelo conjunto

Se considerarmos apenas um modelo aditivo, obteremos as seguintes estimativas de utilidades parciais:

Estimativas de utilidades parciais para o respondente 3: modelo aditivo

Forma		Ingredientes		Marca	
Líquido	Pó	Sem fosfato	Com fosfato	HBAT	Genérico
0,42	–0,42	0,0	0,0	1,68	–1,68

Quando examinamos as estimativas de utilidades parciais, percebemos que os valores foram perturbados pela interação.

Mais marcantemente ainda, os dois níveis no fator de ingredientes têm utilidades parciais iguais a 0,0, ainda que saibamos que o respondente preferia na realidade a opção livre de fosfato. As estimativas são enganosas, pois os efeitos principais de marca e ingredientes são perturbados pelas interações mostradas pela inversão de ordem de preferência quando a marca genérica foi envolvida.

O impacto se estende para as estimativas de utilidade parcial, como podemos ver pela maneira como também afeta os escores de utilidade geral e as ordenações previstas para cada estímulo.

A tabela a seguir compara as ordens reais de preferência com as ordens calculadas e previstas usando o modelo aditivo.

	HBAT			
	Sem fosfato		Com fosfato	
	Líquido	Pó	Líquido	Pó
Ordem real	1	2	3	4
Utilidade calculada	2,10	1,26	2,10	1,26
Ordem prevista[a]	1,5	3,5	1,5	3,5
	Genérico			
	Sem fosfato		Com fosfato	
	Líquido	Pó	Líquido	Pó
Ordem real	7	8	5	6
Utilidade calculada	–1,26	–2,10	–1,26	–2,10
Ordem prevista[a]	5,5	7,5	5,5	7,5

[a] Escores de utilidade maiores representam preferência maior e, assim, ordem maior. Além disso, as ordens empatadas são mostradas como ordem média (p.ex., dois estímulos empatados em 1 e 2 recebem a ordem 1,5).

As previsões são obviamente menos precisas, pois sabemos que existem interações. Se prosseguíssemos com apenas um modelo aditivo, estaríamos violando uma das principais suposições e fazendo previsões potencialmente muito imprecisas.

Identificação de interações

Examinar interações de primeira ordem é uma tarefa razoavelmente simples com dois passos. Usando o exemplo anterior com três fatores, ilustramos cada passo:

- Forme três matrizes de 2ª ordem referentes à ordem de preferência. Em cada matriz, some as duas ordens de preferência para o terceiro fator.

Por exemplo, a primeira matriz pode ser as combinações de forma e ingredientes com cada célula contendo a soma das duas preferências por marca. Ilustramos o processo com duas das possíveis matrizes aqui:

(Continua)

(Continuação)

	Matriz 1^a Forma		Matriz 2^b Ingredientes	
Marca	Líquido	Pó	Sem fosfato	Com fosfato
HBAT	1 + 3	2 + 4	1 + 2	3 + 4
Genérico	7 + 5	8 + 6	7 + 8	5 + 6

^{a}Os valores são as duas ordens de preferência para Ingredientes.
^{b}Os valores são as duas ordens de preferência para Forma.

- Para checar as interações, os valores diagonais são então somados e a diferença é calculada. Se o total é zero, não existe interação.

Para a matriz 1, as duas diagonais são iguais a 18 (1 + 3 + 8 + 6 = 7 + 5 + 2 + 4). Mas na matriz 2 o total nas diagonais não é igual (1 + 2 + 5 + 6 ≠ 7 + 8 + 3 + 4). Tal diferença aponta para uma interação entre marca e ingredientes, como anteriormente descrito. O grau de diferença indica a força da interação.

À medida que a diferença se torna maior, o impacto da interação aumenta, e fica a cargo do pesquisador quando as interações causam problemas de previsão o suficiente, a fim de assegurar a maior complexidade da estimação dos coeficientes devido aos termos de interação.∎

Seleção do tipo de modelo. A escolha de uma regra de composição determina os tipos e o número de tratamentos ou estímulos que o respondente deve avaliar, juntamente com a forma do método de estimação utilizado. Como anteriormente discutido, uma ponderação entre as duas abordagens precisa ser considerada. Uma forma aditiva exige menos avaliações do respondente, e é mais fácil obter estimativas para as utilidades parciais. No entanto, a forma interativa é uma representação mais precisa quando os respondentes usam regras mais complexas de decisão na avaliação de um produto ou serviço.

O pesquisador não sabe com certeza a melhor forma de modelo, mas deve, em vez disso, compreender as implicações de qualquer escolha sobre o delineamento de estudo e sobre os resultados obtidos. Se uma forma de modelo aditivo é escolhida, não é possível estimar efeitos interativos. Isso não significa que o pesquisador deva sempre incluir efeitos interativos, uma vez que eles acrescentam complexidade substancial ao processo de estimação e na maioria dos casos fazem com que a análise seja executada no nível agregado e não no individual. Examinamos a necessidade de se fazer essa escolha e as ponderações associadas à escolha de uma das formas em vários pontos de nossa discussão.

Seleção da relação de utilidades parciais: linear, quadrática ou utilidades parciais separadas

A flexibilidade da análise conjunta para lidar com diferentes tipos de variáveis vem das suposições que o pesquisador faz referentes às relações das utilidades parciais dentro de um fator. Ao tomar decisões sobre a regra de composição, o pesquisador decide como os fatores se relacionam uns com os outros na estrutura de preferência do respondente. Ao definir o tipo de relação de utilidades parciais, o pesquisador se concentra em como os níveis de um fator estão relacionados.

Tipos de relações de utilidades parciais. A análise conjunta dá ao pesquisador três alternativas, que variam da mais restrita (uma relação linear) até a menos restrita (utilidades parciais separadas), com o ponto ideal, ou modelo quadrático, entre essas duas. A Figura 7-2 ilustra as diferenças entre os três tipos de relações:

- O modelo linear é o mais simples, ainda que seja a forma mais restrita, porque estimamos apenas uma utilidade parcial (semelhante a um coeficiente de regressão), a qual é multiplicada pelo valor do nível para chegar a utilidades parciais separadas para cada nível.
- Na forma quadrática, também conhecida como o modelo ideal, a suposição de linearidade estrita é relaxada, de modo que temos uma relação curvilínea simples. A curva pode ter concavidade para cima ou para baixo.
- Finalmente, a forma de utilidades parciais separadas (em geral chamada simplesmente de forma de utilidades parciais) é a mais geral, permitindo estimativas separadas para cada nível. Quando usamos utilidades parciais separadas, o número de valores estimados é mais alto e aumenta rapidamente quando acrescentamos fatores e níveis, porque cada novo nível tem uma estimativa de utilidade parcial separada.

A forma de relação de utilidades parciais pode ser especificada para cada fator separadamente, e uma mistura de formas nos fatores é possível, se necessária. Essa escolha não afeta o modo como os tratamentos ou estímulos são criados, e valores das utilidades parciais ainda são calculados para cada nível. No entanto, isso tem impacto sobre como e quais tipos de utilidades parciais são estimados por análise conjunta. Se podemos reduzir o número de parâmetros estimados para qualquer conjunto dado de estímulos usando uma relação de utilidade parcial mais restrita (p.ex., uma forma linear ou quadrática), então os cálculos são mais eficientes e mais confiáveis sob um ponto de vista de estimação estatística. O impacto sobre o número de parâmetros estimados e eficiência estatística se relaciona diretamente ao tipo de relação escolhida:

- Se as formas linear ou quadrática são especificadas, então os valores das utilidades parciais para cada nível são estimados a partir de uma relação. Uma relação linear requer a estimativa de um único coeficiente, enquanto a relação quadrática exige dois parâmetros.
- Se especificarmos estimativas separadas de utilidades parciais, então o número de parâmetros se iguala ao de níveis.

O pesquisador deve considerar o balanço entre os ganhos em eficiência estatística usando as formas linear ou quadrática versus a representação potencialmente mais

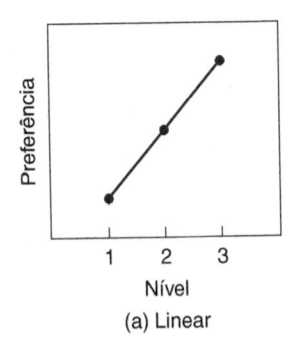

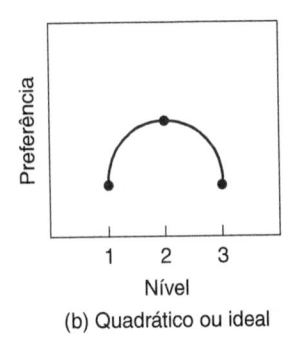

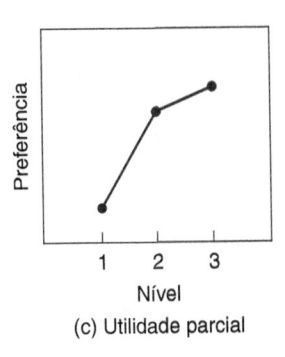

FIGURA 7-2 Três tipos básicos de relação entre níveis fatoriais em análise conjunta.

precisa de como o cliente realmente forma preferência geral se empregamos relações menos restritivas de utilidades parciais.

Seleção de uma relação de utilidade parcial. O pesquisador dispõe de diversas abordagens para decidir o tipo de relação para cada fator.

- Primeiro, o pesquisador pode confiar em pesquisa anterior ou em modelos conceituais para ditar o tipo de relação. Deste modo, um pesquisador pode ser capaz de especificar uma relação linear ou quadrática para conquistar não apenas eficiência estatística, mas também consistência com a questão de pesquisa.
- Se não estiver disponível suporte conceitual para especificar a forma da relação, o pesquisador pode seguir uma abordagem mais empírica. Aqui o modelo conjunto é estimado primeiro como um modelo de utilidade parcial. Em seguida, as diferentes estimativas de utilidade parcial são examinadas visualmente para que se detecte se uma forma linear ou quadrática é adequada. Em muitos casos, a forma geral é clara, e o modelo pode ser reestimado com relações especificadas para cada variável conforme for justificado.
- Finalmente, o pesquisador pode avaliar as mudanças na habilidade preditiva sob diferentes combinações de relações para uma ou mais variáveis, selecionando a relação que melhor representa os dados. No entanto, este método não é recomendado sem pelo menos alguma evidência teórica ou empírica do possível tipo de relação considerada. Sem este suporte, os resultados podem ter elevada habilidade preditiva, mas pouco uso na tomada de decisões.

Análise e interpretação da relação separada de utilidade parcial. A relação separada de utilidade parcial pode parecer uma opção lógica em todos os casos, mas o pesquisador deve perceber que esta flexibilidade na forma da relação pode também criar dificuldades na estimação ou interpretação. Esses problemas acontecem sempre que o pesquisador espera alguma forma de **relação monotônica** entre os níveis (ou seja, alguma forma de preferência ordenada presente entre os níveis) sem especificar a forma real dessa relação (p.ex., linear ou quadrática). Examinemos um exemplo para percebermos onde podem ocorrer tais problemas.

Considere que temos uma análise conjunta simples tratando de freguesia de uma loja com dois fatores (tipo de loja e distância de percurso à mesma). Podemos estimar os conjuntos de utilidades parciais com a relação separada de utilidade parcial. Para o fator de tipo de loja, as estimativas de utilidade parcial representam a utilidade relativa de cada tipo de loja sem qualquer ordem pré-definida sobre qual deve ser preferida sobre outra qualquer. Com distância, a suposição mais provável é que distância menor seja preferível sobre a maior. Na pior das hipóteses, distâncias mais remotas não devem ser preferíveis sobre as menores.

No entanto, quando empregamos uma relação separada de utilidade parcial, o método das utilidades parciais não tem o padrão pré-definido da relação linear ou quadrática. Podemos descobrir que as utilidades parciais estimadas não seguem o padrão prescrito para um ou mais níveis, devido mais provavelmente a inconsistências nas respostas. Três quilômetros de distância, por exemplo, podem ter uma utilidade parcial maior do que um quilômetro, o que parece ilógico.

O pesquisador sempre deve estar ciente da possibilidade dessas violações da relação monotônica (conhecidas como **inversões**) e examinar os resultados para se certificar da seriedade de quaisquer ocorrências. Retornamos a essa questão com mais detalhes quando discutimos estimação (onde ações corretivas são possíveis) e a interpretação das utilidades parciais em si.

Resumo. Ao selecionar a relação de utilidade parcial, o pesquisador deve equilibrar habilidade preditiva com o uso pretendido do estudo, a fundamentação conceitual disponível e o grau de relevância administrativa e de interpretação necessário. Pode ser necessário estimar diversas formas da relação para identificar a mais apropriada para o contexto de escolha e o processo de decisão individual.

Visão geral

O processo de especificação da forma do modelo envolve questões relativas à natureza e ao caráter dos fatores e níveis, bem como o processo de decisão utilizado pelo respondente. Assim, o pesquisador deve estar ciente das suposições inerentes à cada escolha feita quando decidir sobre a regra de composição e o tipo de relação de utilidade parcial para cada fator.

Coleta de dados

Após ter especificado os fatores e níveis, mais a forma do modelo básico, o pesquisador deve tomar três decisões envolvendo coleta de dados: o tipo de método de apresentação dos estímulos (troca, perfil completo ou comparação aos pares), o tipo de variável de resposta e o método de coleta de dados. O objetivo prioritário é transmitir ao respondente as combinações de atributos (estímulos) da maneira mais realista e eficiente possível. Na maioria das vezes, os estímulos são apresentados em descrições escritas, apesar de modelos físicos ou pictóricos poderem ser muito úteis para atributos estéticos ou sensoriais.

Escolha de um método de apresentação

Três métodos de apresentação de estímulos são mais comumente associados com análise conjunta. Apesar de diferirem consideravelmente na forma e na quantia de informações apresentadas ao respondente (ver Figura 7-3), eles são todos aceitáveis dentro do modelo conjunto tradicional. A escolha entre métodos de apresentação se concentra nas suposições sobre a extensão do processo do cliente que é executado durante a tarefa conjunta e o tipo de processo de estimação empregado.

O método de apresentação de trocas. O método de troca compara atributos aos pares, ordenando todas as combinações de níveis (ver Figura 7-3a). Ele tem as vantagens de ser simples para o respondente e fácil de administrar, e evita que informações se sobreponham, apresentando apenas dois atributos por vez. Foi a forma de apresentação mais amplamente usada nos anos iniciais da análise conjunta. No entanto, o uso desse método diminuiu dramaticamente nos últimos anos devido a diversas limitações:

- Um sacrifício em realismo, ao usar somente dois fatores por vez
- O grande número de julgamentos necessários mesmo para um pequeno número de níveis
- Uma tendência de os respondentes ficarem confusos ou seguirem um padrão de resposta rotineiro por fadiga
- Falta de habilidade de empregar estímulos pictóricos ou outros estímulos não-escritos
- O uso de somente respostas não-métricas
- Sua falta de capacidade de usar delineamentos de estímulos fatoriais fracionários para reduzir o número de comparações feitas.

Estudos indicam que a terceira abordagem, comparações aos pares, suplantou os métodos de troca como o segundo método de apresentação mais usado nas aplicações comerciais [118].

REGRAS PRÁTICAS 7-3

Especificação da forma de modelo e das relações de utilidade parcial

- Pesquisadores podem escolher entre duas formas básicas de modelo sobre a regra de composição assumida para indivíduos:
  - Modelo aditivo: Considera o tipo mais simples de regra de composição (utilidade para cada atributo é simplesmente adicionada até atingir utilidade geral) e requer a tarefa de escolha e os procedimentos de estimação mais simples
  - Modelo interativo: Adiciona termos de interação entre atributos para retratar de maneira mais realista a regra de composição, mas exige uma tarefa de escolha mais complexa para o respondente e para o procedimento de estimação.
  - Modelos aditivos geralmente bastam para a maioria das situações e são os mais amplamente usados
- A estimação da utilidade de cada nível (conhecida como utilidade parcial) pode seguir uma de três relações:
  - Linear: Demanda que utilidades parciais sejam linearmente relacionadas, mas pode ser não-realista esperar por tipos específicos de atributos
  - Quadrática: Mais adequada quando se espera um "ponto ideal" nos níveis do atributo
  - Separada: Faz a estimação de cada utilidade parcial independentemente de outros níveis, mas tem mais chances de encontrar inversões (violações da relação teorizada)

O método de apresentação de perfil completo. O método de apresentação mais popular é o de **perfil completo**, principalmente por causa de seu evidente realismo e de sua habilidade em reduzir o número de comparações por meio do uso de delineamentos fatoriais fracionários. Nessa abordagem, cada estímulo é descrito separadamente, em geral em um cartão de perfil (ver Figura 7-3b). Essa técnica demanda menos julgamentos, mas eles são mais complexos e podem ser ordenados ou avaliados. Entre suas vantagens, estão:

- Uma descrição mais realista conseguida com a definição de um estímulo em termos de um nível para cada fator
- Uma descrição mais explícita das trocas entre todos os fatores e as correlações ambientais existentes entre os atributos
- O possível uso de mais tipos de julgamentos de preferência, como intenções de compra, probabilidade de experimentar e chances de troca – todos difíceis de responder com um método de troca.

O método de perfil completo não é infalível e enfrenta duas grandes limitações com base na habilidade e capacidade do respondente para tomar decisões razoáveis:

- Quando o número de fatores aumenta, o mesmo ocorre com a possibilidade de sobrecarga de informação. O responden-

ANÁLISE CONJUNTA

(a) Método de troca

Fator 1: Preço

	Nível 1 $1,19	Nível 2 $1,39	Nível 3 $1,49	Nível 4 $1,69
Nível 1: Genérico				
Nível 2: KX-19				
Nível 3: Limpa-tudo				
Nível 4: Limpeza total				

Fator 2: Nome da marca

(b) Método do perfil completo

Nome da marca: KX-19
Preço: $1,19
Forma: Pó
Realça cores: Sim

(c) Comparação aos pares

Nome da marca: KX-19
Preço: $1,19
Forma: Pó

VERSUS

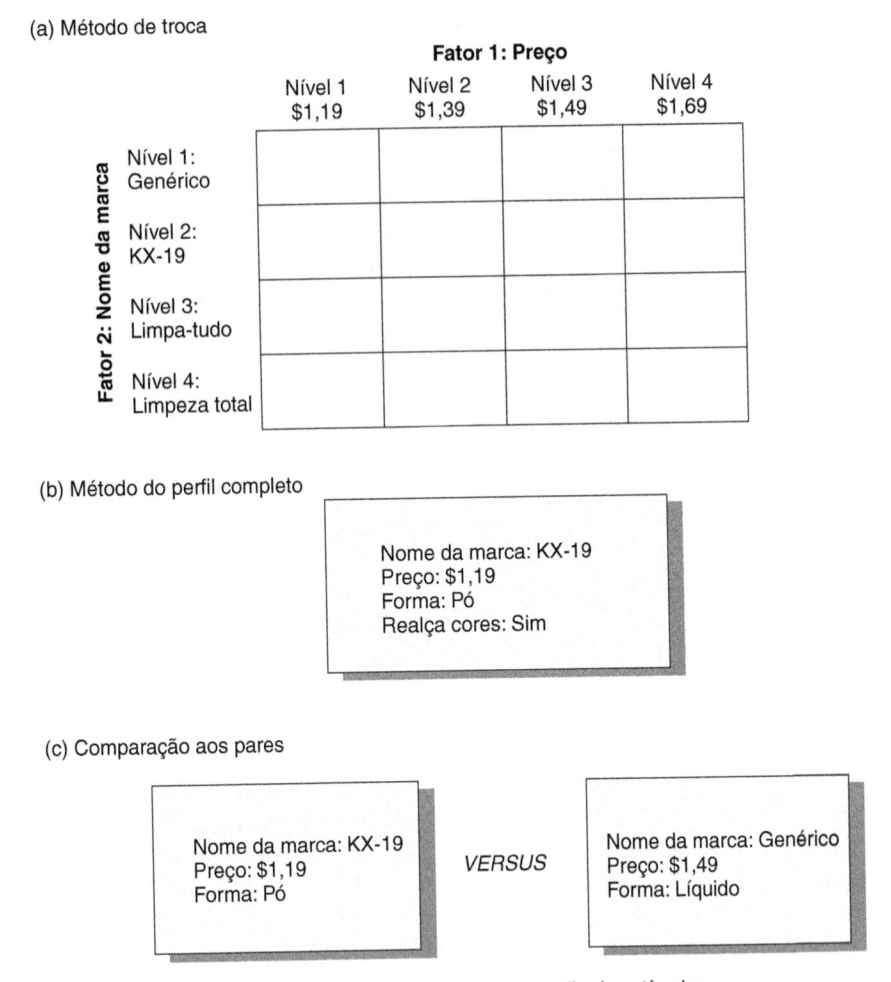

Nome da marca: Genérico
Preço: $1,49
Forma: Líquido

FIGURA 7-3 Exemplos dos métodos de troca e de perfil completo para apresentação de estímulos.

te sente-se tentado a simplificar o processo, concentrando-se em apenas poucos fatores, quando em uma situação real todos os fatores deveriam ser considerados.
- A ordem na qual os fatores são listados no cartão de estímulos pode ter um impacto sobre a avaliação. Logo, o pesquisador precisa revezar os fatores entre os respondentes, quando possível, para minimizar efeitos de ordem.

O método de perfil completo é recomendado quando o número de fatores é 6 ou menos. Quando o número de fatores varia de 7 a 10, o método de troca se torna uma possível opção para o método de perfil completo. Se o número de fatores excede 10, então métodos alternativos (análise conjunta adaptativa) são sugeridos [29].

O método de apresentação de combinação aos pares. O terceiro método de apresentação, a **combinação aos pares**, combina os dois outros métodos. A combinação aos pares é uma comparação de dois perfis (ver Figura 7-3c) em que o respondente geralmente usa uma escala de avaliação para indicar o nível de preferência por um perfil ao invés do outro [46]. A característica notável da comparação aos pares é que o perfil normalmente não contém todos os atributos, como no caso do método de perfil completo, mas, ao invés disso, apenas uns poucos atributos por vez são selecionados na construção de perfis a fim de simplificar a tarefa se o número de atributos é grande. O pesquisador deve ser cuidadoso em não levar esta característica ao extremo e retratar estímulos com pouquíssimos atributos para representar realisticamente os objetos.

É semelhante ao método de troca, no sentido de que os pares são avaliados, mas no caso do método de troca os pares avaliados são atributos, ao passo que no método de comparação aos pares estes são perfis com múltiplos atributos. O método de comparação aos pares também é instrumental em muitos delineamentos conjuntos especializados, como a análise conjunta adaptativa (ACA) [87], que é usada em conjunção com um grande número de atributos (uma discussão mais detalhada sobre grandes quantias de atributos aparece posteriormente neste capítulo).

Criação dos estímulos

Logo que os fatores e níveis tenham sido selecionados e o método de apresentação tenha sido escolhido, o pesquisador se volta para a tarefa de criar os tratamentos ou estímulos para avaliação por parte dos respondentes. Para qualquer método de apresentação, o pesquisador sempre está diante de uma responsabilidade crescente do respondente conforme o número de estímulos aumenta para lidar com mais fatores ou níveis. O pesquisador deve ponderar os benefícios de esforço crescente versus a informação adicional ganha. As seções a seguir detalham as questões envolvidas na criação de estímulos para cada método de apresentação.

O método de apresentação de troca. No caso do método de troca, todas as combinações possíveis de atributos são usadas. O número de matrizes no método de troca é estritamente baseado no número de fatores e pode ser calculado como:

$$\text{Número de matrizes de troca} = \frac{N(N-1)}{2}$$

onde N é o número de fatores. Além disso, o pesquisador deve lembrar que o número de respostas dentro de cada matriz de troca é igual ao produto dos níveis dos fatores.

> Por exemplo, cinco fatores resultariam em 10 matrizes de troca $[(5 \times 4)/2 = 10]$. Se a matriz de troca tivesse fatores de três níveis cada, tal matriz incluiria nove (3×3) avaliações. Se os cinco fatores de nosso exemplo tivessem três níveis cada, então o respondente avaliaria 10 matrizes de troca, cada uma com 9 avaliações, para um total de 90 avaliações.

Como podemos ver, esse método de apresentação pode rapidamente conduzir a responsabilidades pesadas sobre o respondente conforme o número de atributos ou níveis aumenta. Contudo, esse método mantém a tarefa simples, pedindo ao respondente para avaliar somente dois fatores por vez, enquanto os outros métodos de apresentação podem ficar complicados em termos de complexidade de estímulos.

Métodos de apresentação de perfil completo ou de comparação aos pares. Os dois métodos restantes – perfil completo e comparação aos pares – envolvem a avaliação de um estímulo por vez (perfil completo) ou pares de estímulos (comparação aos pares). Em uma análise conjunta simples com um pequeno número de fatores e níveis (como aqueles discutidos anteriormente, para os quais três fatores com dois níveis cada resultaram em oito combinações), o respondente avalia todos os estímulos possíveis. Isso é conhecido como **planejamento fatorial**.

À medida que o número de fatores e níveis aumenta, esse delineamento se torna impraticável, de uma maneira semelhante à mostrada no método de troca. Examinemos algumas situações típicas de pesquisa para vermos como a tarefa conjunta pode rapidamente se tornar impraticável.

> Se o pesquisador está interessado em avaliar o impacto de quatro variáveis com quatro níveis para cada, 256 estímulos (4 níveis × 4 níveis × 4 níveis × 4 níveis) seriam criados em um delineamento fatorial completo para o método de perfil completo. Mesmo que o número de níveis diminua, uma quantia moderada de fatores pode criar uma tarefa difícil. Para uma situação com seis fatores e dois níveis cada, 64 estímulos seriam necessários. Se o número de níveis crescer para somente três nos seis fatores, então a quantia de estímulos subiria para 729.

Tais situações obviamente incluem muitos estímulos para um respondente avaliar e ainda fornecer respostas consistentes e com significado. Um número ainda maior de pares de estímulos seria criado para as combinações de pares de perfis com diferentes números de atributos.

Porém, apesar de o respondente possivelmente não ser capaz de avaliar todos os potenciais estímulos, a quantia destes deve ser grande o bastante para que se derivem estimativas estáveis de utilidades parciais. A quantia mínima de estímulos se iguala ao número de parâmetros a serem estimados, calculado como:

Número de parâmetros estimados = Número total de níveis – Número de atributos + 1

É sugerido que o respondente avalie um conjunto de estímulos igual a um múltiplo (duas ou três vezes) do número de parâmetros. No entanto, quando a quantia de níveis e atributos sobe, o pesquisador deve estar ciente do peso colocado sobre o respondente por quantia tão grande de tarefas. Pesquisas têm mostrado que respondentes podem completar até 30 tarefas de escolha, mas depois deste ponto a qualidade dos dados pode se tornar questionável [92]. O pesquisador então enfrenta um dilema: aumentar a complexidade das tarefas de escolha pelo acréscimo de mais níveis e/ou fatores faz crescer a quantia de parâmetros estimados e o número recomendado de tarefas de escolha. O pesquisador deve ponderar o ganho de realismo contra o limite sobre o número de tarefas de escolha que podem ser completadas por um respondente, o que varia de acordo com o tipo de método de apresentação e a complexidade dos estímulos.

Com o número de tarefas de escolhas especificado, o que se faz necessário a seguir é um método para desenvolver um subconjunto dos estímulos totais que ainda fornecem a informação necessária para se fazer estimativas precisas e confiáveis de utilidades parciais. A seção a seguir descreve duas abordagens para criação de um conjunto de estímulos que atendem tais exigências.

Definição de subconjuntos de estímulos. O processo de seleção de um subconjunto de todos os estímulos possíveis deve ser feito de maneira a preservar a **ortogonalidade** (nenhuma correlação entre níveis de um atributo) e o aspecto de **planejamento balanceado** (cada nível em um fator aparece o mesmo número de vezes). Discutimos duas abordagens para selecionar o subconjunto de estímulos que atendem esses critérios.

1. Um **planejamento fatorial fracionário** é o método mais comum para definir um subconjunto de estímulos para avaliação. Ele seleciona uma amostra de estímulos possíveis, em que o número de estímulos depende do tipo de regra de composição considerada para ser usada por respondentes. Utilizando o modelo aditivo, o qual assume apenas efeitos principais sem interações, o método de perfil completo com quatro fatores a quatro níveis exige apenas 16 estímulos para estimar os efeitos principais. A Tabela 7-6 mostra dois conjuntos possíveis de 16 estímulos. Os 16 estímulos devem ser cuidadosamente construídos para garantir a estimação correta dos efeitos principais. Os dois delineamentos na Tabela 7-6 são **delineamentos ótimos**; eles são ortogonais e balanceados.

   Os demais 240 estímulos possíveis em nosso exemplo que não estão no planejamento fatorial fracionário escolhido são usados para estimar termos de interação se for desejado. Se o pesquisador decide que interações selecionadas são importantes e devem ser incluídas na estimação do modelo, o planejamento fatorial fracionário deve incluir estímulos extras para acomodar as interações. Orientações publicadas para planejamentos fatoriais fracionários ou componentes de programas conjuntos delinearão os subconjuntos de estímulos para manter ortogonalidade, tornando a geração de estímulos de perfil completo bastante fácil [1, 17, 33, 65].

2. Se o número de fatores se tornar muito grande e a metodologia adaptativa não for aceitável, um **planejamento de ligação** pode ser empregado [8]. Nesse delineamento, os fatores são divididos em subconjuntos de tamanho apropriado, com alguns atributos se sobrepondo entre os conjuntos, de forma que cada conjunto tenha (um) fator(es) em comum com outros conjuntos de fatores. Os estímulos são então construídos para cada subconjunto de forma que os respondentes jamais percebam a quantia original de fatores em um único perfil. Quando as utilidades parciais são estimadas, os conjuntos separados de perfis são combinados e um único conjunto de estimativas é fornecido. Programas de computador lidam com a divisão dos atributos, criação de estímulos e sua recombinação para estimação [12]. Quando usamos comparações aos pares, o número pode ser muito grande e complexo, de modo que os programas interativos geralmente são usados para selecionar os conjuntos ótimos de pares à medida que o questionamento prossegue.

Estímulos inaceitáveis. A criação de um delineamento ótimo, com ortogonalidade e equilíbrio, não significa, porém, que todos os estímulos no mesmo serão aceitáveis para avaliação. Diversas razões explicam a ocorrência de estímulos inaceitáveis.

1. A primeira é a criação de estímulos "óbvios" – aqueles cuja avaliação é óbvia por causa de sua combinação de níveis. Os exemplos mais comuns são estímulos com todos os níveis com os valores mais altos ou mais baixos. Nesses casos, os estímulos realmente fornecem pouca informação sobre es-

TABELA 7-6 Dois planejamentos fatoriais fracionários alternativos para um modelo aditivo (apenas efeitos principais) com quatro fatores a quatro níveis cada

	Planejamento 1: Níveis para...[a]				Planejamento 2: Níveis para...[a]			
Estímulo	Fator 1	Fator 2	Fator 3	Fator 4	Fator 1	Fator 2	Fator 3	Fator 4
1	3	2	3	1	2	3	1	4
2	3	1	2	4	4	1	2	4
3	2	2	1	2	3	3	2	1
4	4	2	2	3	2	2	4	1
5	1	1	1	1	1	1	1	1
6	4	3	4	1	1	4	4	4
7	1	3	2	2	4	2	1	3
8	2	1	4	3	2	4	2	3
9	2	4	2	1	3	2	3	4
10	3	3	1	3	3	4	1	2
11	1	4	3	3	4	3	4	2
12	3	4	4	2	1	3	3	3
13	1	2	4	4	2	1	3	2
14	2	3	3	4	3	1	4	3
15	4	4	1	4	1	2	2	2
16	4	1	3	2	4	4	3	1

[a]Os números nas colunas sob os fatores 1 a 4 são os níveis para cada fator. Por exemplo, o primeiro estímulo no planejamento 1 consiste de nível 3 para o fator 1, nível 2 para o fator 2, nível 3 para o fator 3, e nível 1 para o fator 4.

colha e podem criar uma percepção de descrença por parte do respondente.

2. A segunda ocorrência é a criação de estímulos inacreditáveis devido à correlação interatributos, a qual pode criar estímulos com combinações de níveis (alto índice de quilômetros po litro, alta aceleração) que não são realistas.
3. Finalmente, restrições podem ser impostas às combinações de atributos. O projeto de pesquisa pode excluir certas combinações por serem inaceitáveis (ou seja, certos atributos não podem ser combinados) ou inadequadas (p.ex., certos níveis não podem ser combinados). Em qualquer desses casos, os atributos e níveis são importantes para a questão de pesquisa, mas certas combinações devem ser excluídas.

Em qualquer desses casos, os estímulos inaceitáveis apresentam escolhas não-realistas para o respondente e devem ser eliminados para garantir um processo válido de estimação, bem como uma percepção de credibilidade da tarefa de escolha entre os respondentes. Há diversas ações que ajudam a eliminar os estímulos inaceitáveis:

1. Primeiro, o pesquisador pode gerar outro delineamento fatorial fracionário e avaliar a aceitabilidade de seus estímulos. Como muitos planejamentos fatoriais fracionários são possíveis a partir de qualquer conjunto maior de estímulos, pode ser possível identificar um que não contenha qualquer estímulo inaceitável.
2. Se todos os delineamentos contêm estímulos inaceitáveis e um delineamento alternativo melhor não pode ser obtido, então o estímulo inaceitável pode ser eliminado. Apesar de o delineamento não ser totalmente ortogonal (ou seja, será de algum modo correlacionado e é dito **quase ortogonal**), ele não violará quaisquer suposições da análise conjunta. Ele criará problemas semelhantes à multicolinearidade em regressão (ou seja, instabilidade das estimativas quando os níveis são ligeiramente mudados e uma diminuição na habilidade em avaliar o impacto único de cada atributo).
3. Muitos programas conjuntos têm uma opção para excluir certas combinações de níveis (conhecidas como pares proibidos). Em tais casos, o programa tenta criar um conjunto de estímulos que é tão próximo quanto possível de um ótimo, mas deve ser observado que esta opção não pode superar falhas de planejamento na especificação de fatores ou níveis. Em casos nos quais existe um problema sistemático, o pesquisador não deve se acomodar com um programa que pode gerar um conjunto de estímulos, pois o planejamento fatorial fracionário resultante ainda pode ter sérios vieses (baixa ortogonalidade ou equilíbrio) que podem causar impacto na estimação de utilidades parciais.

Todos os delineamentos quase ortogonais devem ser avaliados quanto à **eficiência de planejamento**, que é uma medida da correspondência do delineamento em termos de ortogonalidade e equilíbrio em relação a um delineamento ótimo [55]. Normalmente medidos em uma escala de 100 pontos (delineamentos ótimos = 100), os delineamentos não-ortogonais alternativos podem ser avaliados, e o mais eficiente com todos os estímulos aceitáveis pode ser selecionado. A maioria dos programas de análise conjunta para desenvolver delineamentos quase ortogonais avalia a eficiência dos delineamentos [54].

Estímulos inaceitáveis decorrentes de correlações interatributos podem ocorrer em delineamentos ótimos ou ortogonais, e o pesquisador deve acomodar os mesmos durante o desenvolvimento dos delineamentos em uma base conceitual. Em termos práticos, as correlações interatributos devem ser minimizadas, mas não precisam ser nulas se pequenas correlações (0,20 ou menos) acrescentarem realismo. A maioria dos problemas ocorre no caso de correlações negativas, como no caso de quilômetros por litro e potência. Acrescentar fatores não-correlacionados pode reduzir a correlação média interatributos, de forma que, com um número realista de fatores (p.ex., 6), a correlação média seria próxima de 0,20, o que tem efeitos sem maiores conseqüências. O pesquisador sempre deve avaliar a credibilidade dos estímulos como uma medida de relevância prática.

Seleção de uma medida de preferência do cliente

O pesquisador também deve selecionar a medida de preferência: ordenação versus avaliação (p.ex., uma escala de 1 a 10). Apesar de o método de troca empregar apenas dados de ordenação, os métodos de comparação aos pares e perfil completo podem avaliar a preferência obtendo uma avaliação de preferência de um estímulo sobre o outro ou apenas uma medida binária de qual é preferido.

Uso de uma medida de preferência por ordenação. Cada medida de preferência tem certas vantagens e limitações. Obter uma medida de preferência por ordenação (ou seja, ordenar os estímulos dos mais preferidos até os menos preferidos) tem duas grandes vantagens: (1) é possivelmente mais confiável, pois a ordenação é mais fácil do que avaliação com um número razoavelmente pequeno (20 ou menos) de estímulos, e (2) ela fornece maior flexibilidade para estimar diferentes tipos de regras de composição.

No entanto, há uma desvantagem importante: é difícil de administrar, pois o processo de ordenação é mais comumente executado pela ordenação de cartões de estímulos na ordem de preferência, e essa ordenação pode ser feita apenas com entrevistas pessoais.

Medida de preferência por avaliação. A alternativa é obter uma avaliação de preferência em uma escala métrica. Medidas métricas são facilmente analisadas e administradas, mesmo por correio, e permitem que a estimação conjunta seja realizada por regressão multivariada. No entanto, os respondentes podem ser menos discriminantes em seus julgamentos do que quando estes são ordenados. Além disso, dado o grande número de estímulos avaliados, é útil expandir a quantia de categorias de resposta em relação ao que se vê na maioria das pesquisas com clientes. Uma regra prática é ter 11 categorias (ou seja, avaliar de 0 a 10 ou de 0 a 100 com incrementos de 10) para 16 ou menos estímulos, e expandir para 21 categorias para mais de 16 estímulos [58].

Escolha da medida de preferência. A decisão sobre o tipo de medida de preferência a ser usada deve se basear em questões práticas e conceituais. Muitos pesquisadores preferem a medida por ordenação pelo fato de ela representar o processo de escolha inerente em análise conjunta: escolha entre objetos. De um ponto de vista prático, porém, o esforço de se ordenarem grandes quantias de estímulos se torna exagerado, particularmente quando a coleta de dados é feita em um cenário diferente de entrevista pessoal.

A medida de avaliação tem a vantagem inerente de ser fácil de administrar em qualquer contexto de coleta de dados, apesar de também ter suas desvantagens. Se os respondentes não estão engajados e envolvidos na tarefa de escolha, a medida de avaliação pode fornecer pouca diferenciação entre perfis (p.ex., todos os perfis avaliados mais ou menos igual). Além disso, à medida que a tarefa de escolha se torna mais envolvida com estímulos adicionais, o pesquisador deve se preocupar não somente com a fadiga com a tarefa, mas com a confiabilidade das avaliações ao longo dos estímulos.

Administração de pesquisa

No passado, a complexidade da tarefa de análise conjunta levava ao uso de entrevistas pessoais para obter as respostas conjuntas. As entrevistas pessoais permitem ao entrevistador explicar as tarefas eventualmente mais difíceis associadas à análise conjunta. Desenvolvimentos recentes em métodos de entrevista, porém, têm possibilitado a condução da análise conjunta por correio (com questionários de lápis e papel ou consultas por computador) e por telefone. Se a pesquisa é delineada para garantir que o respondente possa assimilar e processar os estímulos adequadamente, então todos os métodos de entrevista produzem precisão preditiva relativamente parecida [2]. O uso de entrevistas por computador tem simplificado muito as demandas da tarefa conjunta sobre o respondente e tornado viável a administração de planejamentos de perfil completo [79, 113] ao mesmo tempo que tem também acomodado até mesmo a análise conjunta adaptativa [87]. Pesquisas recentes demonstraram a confiabilidade e a validade da análise conjunta de perfil completo quando administrada pela internet [80].

Uma preocupação em qualquer estudo conjunto é a carga colocada sobre o respondente devido ao número de estímulos conjuntos avaliados. Obviamente, o respondente poderia não avaliar todos os 256 estímulos de nosso delineamento fatorial anterior, mas qual é o número adequado de tarefas em uma análise conjunta? Uma pesquisa recente de estudos conjuntos comerciais descobriu que os respondentes podem facilmente completar até 20 ou mesmo 30 avaliações conjuntas [51, 92]. Acima disso, as respostas começam a ficar menos confiáveis e menos representativas da estrutura de referência inerente. O pesquisador sempre deve procurar usar o menor número possível, mantendo eficiência no processo de estimação. Não obstante, ao tentar reduzir o esforço envolvido na tarefa de escolha, o pesquisador não deve torná-la simplista demais ou não-realista. Além disso, não há substituto para o pré-teste de um estudo conjunto para avaliar a carga do respondente, o método de administração e a aceitabilidade dos estímulos.

Resumo

A decisão envolvendo coleta de dados deve ser feita para fornecer a tarefa de escolha mais realista e envolvente possível. O pesquisador deve considerar a experiência total apresentada ao respondente e buscar desenvolver uma tarefa de escolha mais ajustada ao plano de pesquisa. Pesquisadores são encorajados a pré-testar diferentes combinações de métodos de apresentação, abordagens de coleta de dados e medidas de preferência, para identificar o melhor método para cada contexto específico de pesquisa. O desafio é realizar uma tarefa de escolha realista e envolvente para o respondente. O impacto de se manter o envolvimento do respondente foi avaliado em um estudo de tempos de resposta (o tempo necessário para completar a tarefa conjunta). Foi demonstrado que tempos de resposta mais longos eram associados com resultados conceitualmente consistentes [34]. O estudo também sugere que respondentes com tempos de resposta excessivamente curtos comumente usavam regras de escolha heurísticas (p.ex., estratégias simplificadoras) que não refletiam o processo de escolha antecipado. Tal estudo destaca a necessidade crítica de que pesquisadores sejam cientes da experiência total sob a ótica do respondente. O uso de análise conjunta não garante resultados mais válidos se a

---

REGRAS PRÁTICAS 7-4

Coleta de dados

- Coleta de dados por métodos tradicionais de análise conjunta:
  - Geralmente se consegue com alguma forma de método de perfil completo usando um estímulo definido sobre todos os atributos
  - O aumento do número de fatores e/ou níveis acima da tarefa mais simples (dois ou três fatores com apenas dois ou três níveis cada) requer alguma forma de planejamento fatorial fracionário que especifique um conjunto estatisticamente válido de estímulos
- Metodologias alternativas (adaptativas ou baseadas em escolha) discutidas em seções anteriores fornecem opções em termos da complexidade e realismo da tarefa de escolha que pode ser acomodada
- Respondentes devem se limitar a avaliar não mais do que 30 estímulos, independentemente da metodologia utilizada

compararmos com outras técnicas multivariadas. Ao invés disso, o pesquisador deve procurar criar uma tarefa de escolha que não seja focada sobre as necessidades analíticas, mas sobre os respondentes, para verdadeiramente representar sua estrutura de preferência.

ESTÁGIO 3: SUPOSIÇÕES DA ANÁLISE CONJUNTA

A análise conjunta tem o menor conjunto restritivo de suposições associadas com a estimação do modelo. O delineamento experimental estruturado e a natureza generalizada do modelo tornam desnecessários a maioria dos testes realizados em outros métodos de dependência. Portanto, os testes estatísticos de normalidade, homocedasticidade e independência que foram executados para outras técnicas de dependência não são necessários para a análise conjunta. O emprego de delineamentos de estímulos baseados em estatísticas também garante que a estimação não seja confusa e que os resultados sejam interpretáveis sob a regra de composição assumida.

Ainda assim, mesmo com menos suposições estatísticas, as suposições conceituais talvez sejam maiores do que em qualquer outra técnica multivariada. Como já mencionado, o pesquisador deve especificar a forma geral do modelo (efeitos principais versus modelo interativo) antes que a pesquisa seja delineada. O desenvolvimento da tarefa conjunta real sustenta essa decisão e torna impossível testar modelos alternativos logo que a pesquisa é delineada e os dados são coletados. A análise conjunta não é como a regressão, por exemplo, na qual os efeitos adicionais (termos de interação ou não-lineares) podem ser facilmente avaliados depois que os dados foram coletados. Em análise conjunta, o pesquisador deve decidir quanto à forma do modelo e delinear a pesquisa em conformidade com isso. Logo, a análise conjunta, embora tenha poucas suposições estatísticas, é bem orientada teoricamente em seu delineamento, estimação e interpretação.

ESTÁGIO 4: ESTIMAÇÃO DO MODELO CONJUNTO E AVALIAÇÃO DO AJUSTE GERAL

As opções disponíveis ao pesquisador em termos de técnicas de estimação aumentaram dramaticamente nos últimos anos. Além disso, o desenvolvimento de técnicas em conjunção com métodos especializados de apresentação de estímulos (por exemplo, a análise conjunta adaptativa ou a baseada em escolhas) é apenas um melhoramento desse tipo. O pesquisador, ao obter os resultados de um estudo de análise conjunta, tem inúmeras opções disponíveis quando seleciona o método de estimação e avalia os resultados (ver Figura 7-4).

Seleção de uma técnica de estimação

Por muitos anos, o tipo de processo de estimação foi ditado pela escolha de medida de preferência. No entanto, pesquisas recentes se concentram no desenvolvimento de uma abordagem alternativa de estimação apropriada para todos os tipos de medidas de preferência, ao mesmo tempo que também fornece uma metodologia de estimação mais robusta e melhoras em resultados agregados e desagregados.

Abordagens tradicionais de estimação

Medidas de preferência por ordem de classificação foram tipicamente estimadas usando uma forma modificada de análise de variância especificamente planejada para dados ordinais. Entre os programas de computador mais populares e conhecidos estão o MONANOVA (Análise Monotônica de Variância) [46, 53] e o LINMAP [95]. Esses programas fornecem estimativas de utilidades parciais de atributos, de modo que a ordem de classificação de sua soma (utilidade total) para cada tratamento está correlacionada tanto quanto possível com a ordem observada.

Quando uma medida métrica de preferência é usada (p.ex., avaliações, em vez de ordenações), então muitos métodos, até mesmo a regressão múltipla, podem estimar as utilidades parciais para cada nível. A maioria dos programas disponíveis hoje em dia pode acomodar qualquer tipo de classificação (avaliações ou ordenamentos), bem como estimar qualquer um dos três tipos de relações (linear, ponto ideal e utilidade parcial).

Extensões para o processo básico de estimação

Até este ponto, discutimos apenas estimação do modelo conjunto básico com efeitos principais e talvez de interação. Apesar de esta formulação do modelo ser a fundamentação de todas as análises conjuntas, extensões da mesma podem ser garantidas em alguns casos. As seções a seguir discutem extensões aplicáveis a métodos desagregados e agregados.

Uma das principais críticas às estimações de modelo agregado é a falta de estimativas separadas de utilidades parciais para cada indivíduo versus a solução agregada única. Porém, o pesquisador nem sempre é capaz de utilizar uma abordagem desagregada devido a considerações de planejamento (p.ex., tipo de formato de escolha, número de variáveis ou tamanho amostral). Um método para explicar heterogeneidade é a estimação bayesiana discutida na próxima seção [4, 55]. Uma segunda metodologia é a modificação da estimação tradicional para introduzir uma forma de **heterogeneidade de respondentes**, o que representa a variação esperada ao longo de indivíduos se o modelo foi estimado no nível desagregado [111]. Em ambos, foram conseguidas melhorias na precisão preditiva em níveis comparáveis àqueles encontrados em modelos desagregados [76].

Outra extensão no modelo conjunto básico é a incorporação de variáveis adicionais no processo de estimação,

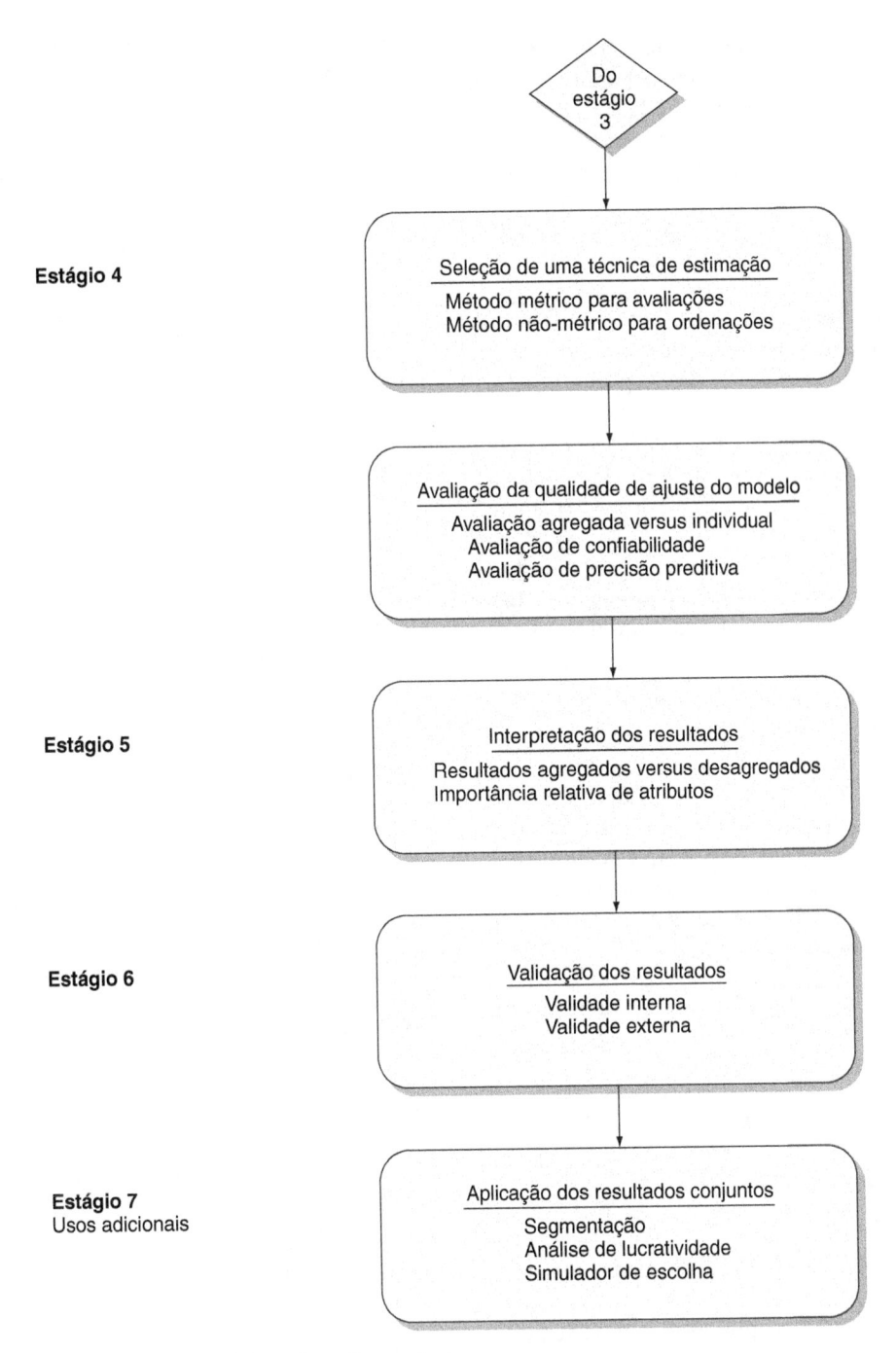

```
                    ┌─────────┐
                    │   Do    │
                    │ estágio │
                    │    3    │
                    └────┬────┘
                         ↓
Estágio 4      ┌─────────────────────────────────────┐
               │  Seleção de uma técnica de estimação │
               │   Método métrico para avaliações     │
               │   Método não-métrico para ordenações │
               └─────────────────┬───────────────────┘
                                 ↓
               ┌─────────────────────────────────────┐
               │ Avaliação da qualidade de ajuste do modelo │
               │  Avaliação agregada versus individual │
               │  Avaliação de confiabilidade         │
               │  Avaliação de precisão preditiva     │
               └─────────────────┬───────────────────┘
                                 ↓
Estágio 5      ┌─────────────────────────────────────┐
               │      Interpretação dos resultados    │
               │ Resultados agregados versus desagregados │
               │   Importância relativa de atributos  │
               └─────────────────┬───────────────────┘
                                 ↓
Estágio 6      ┌─────────────────────────────────────┐
               │       Validação dos resultados       │
               │          Validade interna            │
               │          Validade externa            │
               └─────────────────┬───────────────────┘
                                 ↓
Estágio 7      ┌─────────────────────────────────────┐
Usos adicionais│   Aplicação dos resultados conjuntos │
               │           Segmentação                │
               │       Análise de lucratividade       │
               │         Simulador de escolha         │
               └─────────────────────────────────────┘
```

FIGURA 7-4 Estágios 4-7 do diagrama de decisão da análise conjunta.

particularmente variáveis refletindo características do indivíduo ou de contexto de escolha. Até aqui assumimos que preferências para os estímulos são completamente expressadas nos níveis dos vários atributos. Mas e quanto a outras medidas menos quantificáveis, como atitudes ou mesmo características sócio-econômicas? Ainda que possamos considerar que essas diferenças individuais serão refletidas nas estimativas desagregadas de utilidades parciais, em alguns casos é benéfico estabelecer a relação com esses tipos de variáveis. Pesquisas recentes têm explorado técnicas para inclusão de variáveis sócio-econômicas e ligadas a contexto de escolha, bem como variáveis de atitudes e até mesmo de construtos latentes [142]. Tais técnicas não estão amplamente disponíveis ainda, mas elas representam abordagens potencialmente úteis para quantificar os impactos de variáveis diferentes daquelas usadas na construção dos estímulos.

Estimação bayesiana: uma abordagem radicalmente nova

Os procedimentos de estimação acima descritos se sustentam na teoria estatística clássica que é a fundamentação para todos os métodos multivariados discutidos neste texto. Esses métodos, porém, estão sendo superados por uma nova abordagem, a **análise bayesiana** [22], que é muito diferente em seu método básico de estimação do modelo conjunto. A aplicação de análise bayesiana está acontecendo não somente em análise conjunta [3, 56, 62], mas também em métodos mais tradicionais, como a análise de regressão [4, 93].

Os aspectos básicos da análise bayesiana. A premissa inerente da análise bayesiana é o teorema de Bayes, que é baseado na definição de dois valores de probabilidade: a probabilidade *a priori* e a probabilidade *a posteriori*. Em um sentido geral, a probabilidade *a posteriori* é aquela que obtemos a partir das observações reais de dados. A probabilidade *a priori* é uma estimativa do quão provavelmente este conjunto particular de observações deve ocorrer na população. Combinando essas duas probabilidades, fazemos alguma estimativa da probabilidade real de um evento (conhecida como a probabilidade conjunta).

Examinemos um exemplo simples para ilustrar como este método funciona na estimação de probabilidade de ocorrência de um evento. Considere que uma firma está tentando entender o impacto de seu programa de lealdade em conseguir que indivíduos comprem um programa estendido de garantia. A questão é se deve continuar o suporte ao programa de lealdade como uma maneira de aumentar as compras das extensões. Uma consulta aos clientes chegou aos seguintes resultados:

	Probabilidade a posteriori *de:*	
Tipo de cliente	Comprar uma extensão	Não comprar uma extensão
Membro de programa de lealdade	0,40	0,60
Não-membro de programa de lealdade	0,10	0,90

Se olharmos apenas para esses resultados, perceberemos que membros do programa de lealdade têm quatro vezes mais chances de comprar uma extensão do que os não-membros. Esta figura representa a *probabilidade a posteriori* (ou seja, a probabilidade de comprar uma extensão com base no tipo de cliente) que podemos estimar diretamente a partir dos dados.

A probabilidade *a posteriori* é apenas parte da análise, pois ainda precisamos conhecer mais uma probabilidade: a de que clientes se juntem ao programa de lealdade. Esta *probabilidade a priori* descreve a possibilidade de que um dado cliente se junte ao programa de lealdade.

Se estimamos que 10% de nossos clientes são membros do programa de lealdade, podemos agora estimar as probabilidades de que qualquer tipo de cliente compre uma extensão. Fazemos isso multiplicando a probabilidade *a priori* pela *a posteriori* para obter a probabilidade conjunta. Para nosso exemplo, este cálculo resulta no que se segue:

PROBABILIDADES CONJUNTAS DE COMPRA DE UMA EXTENSÃO

		Probabilidade conjunta		
Tipo de cliente	Probabilidade *a priori*	Compra	Sem compra	Total
Membro do programa de lealdade	10%	0,04	0,06	0,10
Fora do programa de lealdade	90%	0,09	0,81	0,90
Total		0,13	0,87	1,00

Agora podemos ver que mesmo que membros do programa de lealdade comprem extensões em um ritmo muito maior do que não-membros, a proporção relativamente menor de clientes no programa de lealdade (10%) os torna uma minoria de compradores da extensão. Na verdade, membros do programa de lealdade compram apenas algo em torno de 30% (0,04/0,13 = 0,307) das extensões.

Como vimos neste exemplo, podemos perceber que não estamos fazendo uma estimação estatística, mas empírica. Como tal, a estimação bayesiana se sustenta em análise extensiva dos dados para determinar as estimativas de probabilidade precisas a partir dos dados.

Vantagens e desvantagens da estimação bayesiana. Ao se usar análise bayesiana para a estimação de um modelo conjunto, o pesquisador não precisa fazer nada diferente; esses valores de probabilidades são estimados pelo programa a partir do conjunto de observações. A questão a ser colocada, porém, é: quais são as vantagens e desvantagens de se empregar esta técnica? Examinemos com mais detalhes.

Vantagens. Muitos estudos examinaram a estimação bayesiana em comparação com métodos mais tradicionais e em todos os casos foi constatado que a estimação bayesiana é comparável ou até superior tanto para estimação de utilidade parcial quanto na capacidade preditiva [6]. No entanto, as vantagens vão além da mera precisão de estimação. Dada a natureza das estimativas exigidas de probabilidade, a estimação bayesiana permite que os modelos conjuntos sejam estimados individualmente onde antes apenas modelos agregados eram viáveis (ou seja, modelos conjuntos baseados em escolha e mesmo modelos mais complexos com termos de interação). Para este propósito, ela tem sido incorporada em todos os modelos conjuntos básicos [89, 91].

Desvantagens. Estimação bayesiana tem alguns problemas. Primeiro, ela requer uma amostra grande (tipicamente 200 ou mais respondentes), pois ela é dependente da amostra para estimativas de probabilidades *a priori*. Esta exigência difere de modelos conjuntos tradicionais que poderiam ser estimados somente para um indivíduo. Segundo, ela exige consideravelmente mais recursos computacionais por usar uma abordagem iterativa na estimação. Análises que podem ser estimadas em segundos usando meios tradicionais agora demandam várias horas [103]. Mesmo que os rápidos avanços no poder computacional de alguma forma minimizem esse problema, o pesquisador ainda deve estar ciente dos recursos extras exigidos.

Resumo. Como a análise bayesiana está se tornando uma alternativa viável para a estimação de outras técnicas multivariadas, seu emprego em análise conjunta também está aumentando. Algumas questões ainda precisam ser tratadas, mas a estimação bayesiana representa melhoras potencialmente significantes em relação a métodos existentes em termos de habilidade preditiva e explanatória. Pesquisadores são encorajados a examinar opções de estimação bayesiana em análise conjunta sempre que disponíveis e continuar a seguir seu progresso à medida que as questões de implementação são abordadas.

Utilidades parciais estimadas

Uma vez que um método de estimação é escolhido, as respostas a cada estímulo são analisadas para estimar as utilidades parciais para cada. O método mais comum é alguma forma de regressão, dependendo se a medida dependente é métrica ou não. Como tais, as utilidades parciais estimadas são essencialmente coeficientes de regressão estimados com variáveis dicotômicas, e um nível para cada atributo é eliminado para evitar singularidade (ver Capítulo 4 para uma discussão mais detalhada do uso de variáveis dicotômicas em regressão). Assim, as estimativas resultantes de utilidade parcial devem ser interpretadas em um sentido relativo.

> Aqui está um exemplo de utilidades parciais estimadas usando ACA [87] para um planejamento simples de três atributos com cinco e quatro níveis.
>
> | Atributo 1 | | Atributo 2 | | Atributo 3 | |
> |---|---|---|---|---|---|
> | Nível | Utilidade parcial | Nível | Utilidade parcial | Nível | Utilidade parcial |
> | 1 | −0,657 | 1 | −0,751 | 1 | −0,779 |
> | 2 | −0,0257 | 2 | −0,756 | 2 | −0,826 |
> | 3 | −0,378 | 3 | 0,241 | 3 | −0,027 |
> | 4 | 0,098 | 4 | 0,302 | 4 | 0,667 |
> | 5 | −0,0111 | | | | |
>
> Como podemos ver, as utilidades parciais devem ser julgadas umas em relação às outras, pois elas têm valores negativos e positivos. Por exemplo, para o segundo atributo, o segundo nível é na verdade o menos desejado (mais negativo) por uma pequena quantia, com o quarto nível tendo a maior utilidade. Os níveis também podem ser comparados ao longo dos atributos, mas deve-se tomar cuidado para que primeiro se avaliem os níveis dentro do atributo para estabelecer sua posição relativa.

Para ajudar na interpretação, muitos programas convertem as estimativas de utilidade parcial para alguma escala em comum (p.ex., do mínimo de zero até um máximo de 100 pontos) para permitir uma comparação nos atributos para um indivíduo e ao longo de indivíduos.

> Abaixo estão as utilidades parciais escalonadas para o exemplo que acaba de ser discutido. Como podemos ver, elas são muito mais fáceis de interpretar, tanto dentro de atributos quanto ao longo dos mesmos.
>
> | Atributo 1 | | Atributo 2 | | Atributo 3 | |
> |---|---|---|---|---|---|
> | Nível | Utilidade parcial | Nível | Utilidade parcial | Nível | Utilidade parcial |
> | 1 | 0,00 | 1 | 0,23 | 1 | 2,15 |
> | 2 | 18,29 | 2 | 0,00 | 2 | 0,00 |
> | 3 | 12,76 | 3 | 45,59 | 3 | 36,59 |
> | 4 | 34,53 | 4 | 48,38 | 4 | 68,28 |
> | 5 | 29,54 | | | | |
>
> A ordenação relativa nos valores originais de utilidade é preservada, mas agora o menor nível em cada atributo é marcado como zero e todos os demais níveis são valorados relativamente a este valor mínimo.

Como as estimativas de utilidade parcial são sempre interpretadas em uma perspectiva relativa (uma utilidade parcial versus outra) no lugar de um valor absoluto (a quantia real de mudança na medida dependente), o pesquisador deve se concentrar em um método para retratar os resultados que mais facilite a aplicação e a interpretação. O escalonamento das estimativas de utilidade parcial fornece uma maneira simples, ainda que efetiva, de apresentação da posição relativa de cada nível. Este formato é também útil para representação gráfica e oferece um modo de usar mais facilmente as utilidades parciais em outras técnicas multivariadas, como a análise de agrupamentos.

Avaliação da qualidade de ajuste do modelo

Os resultados da análise conjunta são avaliados quanto a precisão em nível individual e agregado. O objetivo em ambas as situações é determinar o quão consistentemente o modelo prevê o conjunto de avaliações de preferência.

Avaliação de modelos conjuntos no nível individual

O papel da medida de qualidade de ajuste é avaliar a qualidade do modelo estimado comparando valores reais das variáveis dependentes com valores previstos pelo modelo estimado. Por exemplo, em regressão múltipla correlacionamos os valores reais e previstos da variável dependente por meio do coeficiente de determinação (R^2) ao longo de todos os respondentes. Em análise discriminante, comparamos as pertinências reais e previstas a grupos para cada membro da amostra na matriz de classificação. O que diferencia análise conjunta de outras técnicas multivariadas é que modelos conjuntos separados são estimados para cada indivíduo, exigindo que a medida de qualidade do ajuste forneça informação sobre as utilidades parciais estimadas para cada respondente. Como vemos nas próximas discussões, este processo requer cuidado especial no tipo de medida de qualidade de ajuste usada e como é interpretada.

Tipos de medidas de qualidade de ajuste. Para um modelo de nível individual, a medida de qualidade do ajuste é calculada para cada indivíduo. Como tal, ela se baseia na quantia e tipos de tarefas de escolha executadas por cada respondente. Quando as tarefas de escolha envolvem dados de ordenação não-métricos, correlações baseadas nas ordens reais e previstas (p.ex., rô de Spearman ou tau de Kendall) são usadas. Quando as tarefas de escolha envolvem uma avaliação (p.ex., preferência em uma escala de 0 a 100), então uma simples correlação de Pearson, como aquela usada em regressão, é adequada. Nos dois casos, as utilidades parciais estimadas são empregadas para gerar valores previstos de preferência (ordenações ou avaliações métricas) para cada estímulo. As preferências reais e previstas são então correlacionadas para cada pessoa e testadas quanto a significância estatística. Indivíduos que têm pouco ajuste preditivo devem ser candidatos para eliminação da análise.

Avaliação da força da medida de qualidade de ajuste. Quão altos devem ser os valores de qualidade de ajuste? Como ocorre com a maioria das medidas de ajuste, valores maiores indicam um ajuste melhor. No entanto, na maioria dos experimentos conjuntos o número de estímulos não excede substancialmente o número de parâmetros, e o potencial para superajustar os dados, e assim superestimar a qualidade de ajuste, está sempre presente. Medidas de qualidade de ajuste não são corrigidas quanto aos graus de liberdade no modelo de estimação.

Logo, à medida que o número de estímulos se aproxima da quantia de parâmetros estimados, o pesquisador deve aplicar uma referência maior para valores aceitáveis de qualidade de ajuste. Por exemplo, regressão múltipla é muitas vezes usada no processo de estimação métrica. Ao avaliar qualidade de ajuste com o coeficiente de determinação (R^2), o pesquisador sempre deve calcular o R^2 ajustado, que compensa para menos graus de liberdade.

Assim, em muitos casos, o que parecem ser valores de qualidade de ajuste aceitáveis em análise conjunta podem, na realidade, refletir valores ajustados consideravelmente menores, pois o número de estímulos avaliado não é substancialmente maior do que o número de utilidades parciais (ver Capítulo 4 para uma discussão mais detalhada sobre o processo de ajuste). Além disso, valores que são excessivamente elevados (muito próximos de 100%) podem não refletir ajuste exageradamente bom, mas indicar respondentes que podem não estar seguindo corretamente as tarefas de escolha e assim também são candidatos à eliminação.

Uso de uma amostra de validação. Os pesquisadores são também encorajados a medir a precisão do modelo não apenas nos estímulos originais, mas também com um conjunto de **estímulos de validação**. Em um procedimento semelhante a uma amostra de validação em análise discriminante, o pesquisador prepara mais cartões de estímulos do que o necessário para a estimação das utilidades parciais, e o respondente avalia todos ao mesmo tempo. Parâmetros do modelo conjunto estimado são então usados para prever a preferência para o novo conjunto de estímulos, os quais são comparados com as respostas reais para se avaliar a confiabilidade do modelo [48]. A amostra de validação também dá ao pesquisador uma oportunidade para uma avaliação direta de estímulos de interesse para o estudo da pesquisa.

Porém, ao medir a qualidade de ajuste de uma amostra de validação, o pesquisador deve ser muito cuidadoso na avaliação dos valores reais da medida. Na maioria dos casos, a amostra de validação pode conter um pequeno número de estímulos adicionais (de quatro a seis), e assim os valores são calculados para um pequeno número de observações. Valores extremamente altos podem ser suspeitos no sentido de que eles não refletem bom ajuste, mas problemas fundamentais na estrutura de preferência estimada do processo de escolha em si.

Avaliação do nível agregado

Se uma técnica de estimação agregada é usada, então os mesmos procedimentos básicos se aplicam, só que agora agregados ao longo de respondentes. Pesquisadores têm também a opção de escolherem uma amostra de validação de respondentes em cada grupo para avaliarem precisão preditiva. Em tais casos, o modelo agregado é aplicado a indivíduos e então avaliado em termos de precisão preditiva de suas escolhas. Este método não é adequado para resultados desagregados, pois nenhum modelo generalizado está disponível para ser aplicado na amostra de validação, e cada respondente na amostra de estimação apresenta estimativas individualizadas de utilidade parcial.

Resumo

A natureza única da estimação de modelos de análise conjunta requer uma perspectiva diferente sobre medidas de qualidade de ajuste tanto no nível individual quanto agregado. Como qualquer medida de qualidade de ajuste pode ser superajustada quando se avalia um único respondente, o pesquisador deve cuidar para complementar qualquer processo empírico com avaliação adicional através do exame da estrutura estimada de preferência, como discutido na próxima seção. Esta avaliação é particularmente importante para valores extremamente altos, que podem na verdade sinalizar mais problemas fundamentais do que ajuste excelente propriamente dito.

ESTÁGIO 5: INTERPRETAÇÃO DOS RESULTADOS

A abordagem corriqueira para interpretar a análise conjunta é desagregada. Ou seja, cada respondente é modelado separadamente e os resultados do modelo (estimativas de utilidade parcial e avaliações de importância de atributo) são examinados para cada respondente. Interpretação, contudo, também pode ocorrer com resultados agregados. Se a estimação do modelo é feita no nível individual e então agregada, ou estimativas agregadas são feitas para um conjunto de respondentes, a análise ajusta um modelo ao agregado das respostas. Como se pode esperar, tal processo geralmente conduz a resultados pobres quando se prevê o que qualquer respondente faria ou quando se interpretam as utilidades parciais para qualquer respondente em particular. A menos que o pesquisador esteja lidando com uma população que definitivamente exiba comportamento homogêneo em relação aos atributos, a análise agregada não deve ser usada como o único método de estudo. Não obstante, muitas vezes a análise agregada prevê mais precisamente comportamento agregado, como participação de mercado. Assim, o pesquisador deve identificar o principal objetivo do estudo e empregar o nível apropriado de análise ou uma combinação dos níveis da mesma.

Exame das utilidades parciais estimadas

O método mais comum de interpretação é um exame das estimativas das utilidades parciais para cada fator, avaliando sua magnitude e padrão. Estimativas de utilidades parciais são tipicamente escalonadas de modo que quanto maior a utilidade parcial (seja positiva ou negativa), maior o impacto sobre a utilidade geral. Como observado anteriormente, muitos programas reescalonam as utilidades parciais para uma escala em comum, como uma de 0 a 100, de modo a viabilizar uma comparação mais fácil entre fatores para um indivíduo e mesmo entre indivíduos.

Garantia de relevância prática

Ao avaliar qualquer conjunto de estimativas de utilidades parciais, o pesquisador deve considerar tanto a relevância prática quanto a correspondência com quaisquer relações teóricas entre níveis. Em termos de relevância prática, a principal consideração é o grau de diferenciação entre utilidades parciais dentro de cada atributo. Por exemplo, valores de utilidade parcial podem ser graficamente representados para identificação de padrões. Padrões relativamente constantes indicam um grau de indiferença entre os níveis, no sentido de que o respondente não viu entre os níveis muita diferença que afetasse a escolha. Desse modo, seja por meios gráficos, seja por comparação empírica entre os níveis, é imperativo que o pesquisador avalie cada conjunto de utilidades parciais para garantir que eles sejam uma representação adequada da estrutura de preferência.

Avaliação de consistência teórica

Muitas vezes um atributo tem uma estrutura teórica para as relações entre níveis. A mais comum é a monotônica, tal que as utilidades parciais do nível C devem ser maiores do que aquelas do nível B, que, por sua vez, devem ser maiores do que as utilidades parciais do nível A. Situações comuns nas quais tal relação é teorizada incluem atributos como preço (preços menores sempre têm valores maiores), qualidade (qualidade maior é sempre melhor), ou conveniência (lojas mais próximas são preferíveis a lojas mais distantes). Com estes e muitos outros atributos, o pesquisador tem uma relação sustentada em teoria à qual os valores de utilidade parcial devem corresponder.

O que acontece quando as utilidades parciais não seguem o padrão teorizado? Introduzimos o conceito de uma **inversão** em nossa discussão anterior de formas de modelo para as situações nas quais os valores de utilidade parcial violam a relação monotônica assumida. Em um sentido simples, estamos nos referindo às situações apa-

---

REGRAS PRÁTICAS 7-5

Estimação de um Modelo Conjunto

- A seleção de um método de estimação é direta:
  - O método mais comum é uma abordagem baseada em regressão, aplicável com todas as medidas métricas de preferência
  - O uso de dados ordenados de preferência exige uma estimação mais especializada (p.ex., MONANOVA)
  - Métodos bayesianos estão surgindo, os quais permitem modelos individuais a serem estimados onde não era possível antes, mas eles demandam amostras maiores, são mais intensivos em termos computacionais e não estão tão disponíveis
- Qualidade de ajuste deve ser avaliada com:
  - Coeficiente de correlação (R^2) entre preferências reais e previstas
  - Medidas baseadas em ordenações das preferências previstas e reais
  - Medidas para as amostras de estimação e de validação de estímulos adicionais não usados no processo de estimação

rentemente sem sentido nas quais respondentes valorizam o pagamento de preços mais altos, tendo menor qualidade ou percorrendo distâncias mais longas. Uma inversão representa distorções potencialmente sérias na representação de uma estrutura de preferência. Isso não apenas afeta a relação entre níveis adjacentes, mas pode afetar as utilidades parciais para o atributo inteiro.

Quando inversões criam uma estrutura de preferência que não pode ser teoricamente suportada, o pesquisador deve então considerar a eliminação do respondente. Está em questão o tamanho e a freqüência de inversões, pois elas representam padrões ilógicos ou inconsistentes na estrutura geral de preferência quando medida pelas utilidades parciais.

Fatores que contribuem para inversões. Dadas as conseqüências potencialmente sérias de uma inversão, um pesquisador deve reconhecer fatores no projeto de pesquisa que criam a possibilidade de inversões. Tais fatores devem ser considerados quando se julga a extensão de inversões e quando se chega a uma conclusão quanto à validade ou não de uma estrutura de preferência:

- *Empenho do respondente:* Um fator crítico no sucesso de qualquer análise conjunta é interesse mantido nas tarefas conjuntas a fim de se avaliar com precisão a estrutura de preferência. Muitos fatores, porém, podem diminuir este empenho, como cansaço do respondente com as tarefas conjuntas ou outras partes da pesquisa, ou desinteresse na tarefa de pesquisa. Uma medida simples de interesse do respondente é o tempo despendido nas tarefas conjuntas. O pesquisador sempre deve pré-testar as tarefas conjuntas e desenvolver um período mínimo de tempo considerado necessário para completar a tarefa de forma confiável. Em seguida, para indivíduos abaixo deste tempo referencial, deve ser dada consideração especial no exame de suas utilidades parciais quanto a inversões.
- *Método de coleta de dados:* O método preferido de administração é através de entrevista pessoal por conta da possível complexidade das tarefas de escolha, mas avanços recentes tornam viáveis meios alternativos de coleta de dados (p.ex., via Web, correio ou telefone). Apesar de estudos fundamentarem a validade preditiva dessas medidas alternativas, o pesquisador deve considerar que tais situações podem exibir um nível maior de inversões devido a fatores como crescente empenho exigido do respondente, perda de interesse, ou mesmo incapacidade de resolver questões ou até confusão com a tarefa de pesquisa.

  O pesquisador sempre deve incluir alguma forma de interrogatório sobre as manifestações do respondente, através de uma série de questões administradas após uma tarefa conjunta ou por meio de uma série de sondagens promovidas pelo entrevistador em uma entrevista pessoal. O objetivo deve ser a avaliação do nível de compreensão do respondente sobre os fatores e níveis envolvidos, bem como do realismo da tarefa de escolha.
- *Contexto de pesquisa:* Uma questão final que contribui para o nível potencial de inversões é o objeto/conceito sob estudo. Produtos ou situações de pouco envolvimento (p.ex., bens, idéias ou conceitos de baixo risco) sempre correm o risco de inconsistências nas escolhas reais e nas utilidades parciais resultantes. O pesquisador sempre deve considerar a habilidade de qualquer conjunto de tarefas de escolha de manter suficiente envolvimento do cliente em um processo de decisão quando na realidade o cliente pode não dar à decisão o nível de idealização modelada pelas tarefas conjuntas. Muitas vezes, pesquisadores identificam muitos atributos para consideração, complicando em demasia um processo simples do ponto de vista do respondente. Quando esta situação acontece, o respondente pode considerar as tarefas de escolha muito complicadas ou não-realistas e fornecer resultados inconsistentes ou ilógicos.

Identificação de inversões. Com as potenciais influências do plano de pesquisa consideradas, o pesquisador ainda se encontra diante de uma questão crítica: o que é realmente uma inversão? Tecnicamente, sempre que uma utilidade parcial é assumida como sendo maior do que um nível adjacente mas não é, ela viola a relação monotônica e pode ser considerada uma inversão. No entanto, qual quantia de aumento é necessária para evitar ser considerada uma inversão? E se os dois níveis adjacentes forem iguais? E se o declínio for minúsculo?

O primeiro passo é identificar possíveis inversões. Um método simples mas efetivo é retratar graficamente os padrões de utilidades parciais para cada atributo. Padrões ilógicos podem ser rapidamente identificados dentro de cada atributo. Contudo, à medida que o número de atributos e respondentes aumenta, a necessidade de alguma medida empírica se torna evidente. É um simples processo de calcular as diferenças entre níveis adjacentes, que podem ser examinadas depois quanto a padrões ilógicos. Um declínio minúsculo pode não constituir uma inversão; então, quão grande deve ser a diferença? No entanto, por uma questão prática, alguma amplitude de diferenças, mesmo quando contrária ao padrão esperado, seria provavelmente considerada aceitável. Para estabelecer esse grau de aceitabilidade, existem diversas opções:

- Um método é examinar as diferenças e ver onde ocorre uma irregularidade natural, denotando aqueles valores verdadeiramente diferentes. Novamente, o pesquisador está buscando valores verdadeiramente distintos que indiquem preferências contrárias à relação presumida.
- Uma segunda abordagem é tentar e estabelecer alguma estimativa de um intervalo de confiança que leve em conta as características estabelecidas de distribuição das diferenças. Uma possibilidade é determinar o erro padrão das diferenças e então usar isso para construir um intervalo de confiança em torno de zero para denotar diferenças verdadeiramente significativas. Devemos observar que, tecnicamente o intervalo de confiança deveria ser construído internamente, mas pouquíssimas observações são fornecidas sobre qualquer fator para se fazer isso. Logo, faz-se necessário o uso do erro padrão calculado ao longo de sujeitos.

Em última instância, para responder esta questão, o pesquisador é encorajado a examinar a distribuição de diferenças e então identificar aquelas consideradas fora de um intervalo razoável. O tamanho deste intervalo deve ser baseado não apenas nas diferenças reais, mas nos fatores discutidos anteriormente (empenho do respondente, método de coleta de dados e contexto da pesquisa), que impactam sobre a possibilidade de inversões.

O objetivo de qualquer análise de inversões é identificar padrões consistentes de inversões que apontem para uma representação inválida de uma estrutura de preferência. Apesar de um pesquisador esperar que nenhuma inversão ocorra, elas podem surgir ocasionalmente e ainda fornecer uma estrutura válida de preferência. É o trabalho do pesquisador considerar todos os fatores discutidos, bem como a extensão das inversões para cada respondente, e identificar aqueles respondentes com uma quantia inadequada de inversões.

Ações corretivas para inversões. A despeito de a presença de inversões não invalidar necessariamente um conjunto de estimativas de utilidades parciais, a pesquisa deve considerar fortemente uma série de ações corretivas para garantir a adequação dos resultados e maximizar a habilidade preditiva das utilidades parciais. Quando diante de um número substancial de inversões, o pesquisador tem várias opções:

- *Não fazer coisa alguma.* Muitas vezes uma pequena quantia de inversões pode ser ignorada, particularmente se o foco for sobre os resultados agregados. Muitos pesquisadores sugerem que se mantenham essas inversões como uma medida de inconsistência do mundo real. A razão é que as inversões serão compensadas durante a agregação.
- *Aplicar restrições.* Restrições podem ser aplicadas no processo de estimação visando à proibição de inversões [3, 109]. A especificidade dessas restrições varia de métodos simples de criação de um "empate" para os níveis envolvidos (ou seja, dar a eles a mesma estimativa de utilidade parcial) até a monotonicidade dentro e ao longo de atributos [107]. Pode-se ver também os modelos lineares ou de ponto ideal de utilidades parciais discutidos anteriormente.

  Ainda que estudos mostrem que a precisão preditiva pode ser melhorada com tais restrições, o pesquisador deve também avaliar o grau em que elas potencialmente distorcem as preferências em relações pré-definidas. Assim, onde quer que restrições possam ser utilizadas para corrigir a inversão ocasional, seria inadequado utilizar restrições para corrigir níveis ou atributos incorretamente especificados mesmo que a precisão preditiva melhore.
- *Eliminar respondentes.* Uma ação corretiva final envolve a eliminação, da análise, de respondentes com substanciais quantias de inversões. O que está em jogo aqui é a ponderação entre reduzir representatividade e diversidade da amostra através da eliminação versus a inclusão de estruturas inválidas de preferência. Novamente, o pesquisador deve ponderar os custos em relação aos benefícios ao tomar tal decisão.

Sempre deve-se tomar cuidado toda vez que o pesquisador afeta diretamente as utilidades parciais estimadas. Apesar de a ausência de inversões atingir um senso de validade pela correspondência com as relações teorizadas, o pesquisador deve se certificar de não impor restrições que possam obscurecer resultados válidos mas contra-intuitivos. Com qualquer ação corretiva para inversões, o pesquisador também deve estar consciente das implicações não apenas sobre estimativas de utilidades parciais individuais, mas sobre descrições gerais de preferência vistas em resultados agregados ou outras aplicações (p.ex., segmentação, simuladores de escolha).

Resumo

Um dos elementos únicos da análise conjunta é a habilidade de representar a estrutura de preferência de indivíduos através de utilidades parciais, ainda que muitos pesquisadores esqueçam de validar essas estruturas de preferência. Como discutido anteriormente, pode se conseguir uma boa visão a partir de tal exame, e ainda o potencial para melhorar os resultados gerais pela correção de padrões inválidos entre as utilidades parciais. É de interesse do próprio pesquisador o exame minucioso dos resultados para cada indivíduo para garantir relevância prática e a validade da estrutura de preferência antes de utilizá-los em análise posterior.

Avaliação da importância relativa de atributos

Além de retratar o impacto de cada nível com as estimativas de utilidades parciais, a análise conjunta pode avaliar a importância relativa de cada fator. Como as estimativas de utilidades parciais geralmente são convertidas em uma escala comum, a maior contribuição para a utilidade geral – e, portanto, o fator mais importante – é o fator com a maior amplitude (do nível baixo ao nível alto) de utilidades parciais. Os valores de importância de cada fator podem ser convertidos em percentuais que somam 100% dividindo-se cada amplitude de fator pela soma de todas as amplitudes.

Usando nosso exemplo anterior de utilidades parciais estimadas com três atributos, o cálculo de importância é como se segue. Primeiro, descubra a amplitude (valor máximo menos valor mínimo) por atributo. Em seguida, divida cada valor de amplitude pelo total para obter o valor de importância.

Atributo	Mínimo	Máximo	Amplitude	Importância
1	−0,657	0,098	0,755	22,8%
2	−0,756	0,302	1,058	32,0%
3	−0,826	0,667	1,493	45,2%
Total			3,306	100,0%

Neste caso, o terceiro atributo explica quase metade da variação (1,493/3,306 = 0,452) nos escores de utilidade, ainda que os outros dois atributos sejam menores (32,0% e 22,8%). Podemos então dizer que para este respondente, o atributo 3 é duas vezes tão importante quanto o atributo 1 na obtenção dos escores de utilidade e de preferências.

Isso viabiliza a comparação entre respondentes usando uma escala comum, bem como dá significado à magnitude do escore de importância. O pesquisador sempre deve considerar o impacto sobre os valores de importância de um nível extremo ou praticamente impossível. Se tal nível é encontrado, ele deve ser eliminado da análise ou os valores de importância devem ser reduzidos para refletir apenas a amplitude de níveis possíveis.

ESTÁGIO 6: VALIDAÇÃO DOS RESULTADOS CONJUNTOS

Resultados conjuntos podem ser validados interna e externamente. A validação interna envolve a confirmação de que a regra de composição selecionada (isto é, aditiva versus interativa) é apropriada [19]. Em geral, o pesquisador é limitado a avaliar empiricamente a validade somente da forma do modelo escolhido em um estudo completo, devido às altas demandas da coleta de dados para testar os dois modelos. Este processo de validação é realizado com mais eficiência comparando-se modelos alternativos (aditivo versus interativo) em um estudo de pré-teste para confirmar qual modelo é adequado. Já discutimos o uso de estímulos de validação para avaliar a precisão preditiva para cada indivíduo ou para a amostra de validação de respondentes se a análise é executada no nível agregado.

A validação externa em geral envolve a habilidade da análise conjunta para prever escolhas reais e, em termos específicos, a questão da representatividade da amostra. Embora a análise conjunta tenha sido empregada em numerosos estudos nos últimos 20 anos, relativamente pouca pesquisa tem se concentrado em sua validade externa. Um estudo confirmou que a análise conjunta aproxima-se muito dos resultados do teste de conceito tradicional, uma metodologia aceita para prever a preferência de clientes [105], enquanto outros estudos demonstraram a precisão preditiva para compras de eletrônicos e artigos de mercearia pelos clientes [37, 76]. Apesar de não haver avaliação de erro amostral nos modelos de nível individual, o pesquisador sempre deve garantir que a amostra seja representativa da população de estudo [72]. Essa representatividade se torna especialmente importante quando os resultados conjuntos são usados para fins de segmentação ou simulação de escolha (ver a próxima seção para uma discussão mais detalhada desses usos de resultados conjuntos).

APLICAÇÕES GERENCIAIS DE ANÁLISE CONJUNTA

Normalmente, os modelos conjuntos estimados no nível individual (modelo separado por indivíduo) são empregados em uma ou mais das seguintes áreas: segmentação, análise de lucratividade e simuladores conjuntos. Além dos resultados individuais, resultados agregados conjuntos podem representar grupos de indivíduos e também fornecer um meio de prever suas decisões para qualquer número de situações. A única vantagem da análise conjunta é a habilidade de representar as preferências para cada indivíduo de uma maneira objetiva (p.ex., utilidades parciais). No sentido mais fundamental, a análise conjunta pode ajudar a identificar necessidades de clientes, a dar prioridade a essas necessidades e então traduzi-las na forma de estratégias reais [67, 90, 98]. As aplicações gerenciais e acadêmicas mais comuns de análise conjunta junto com sua representação da estrutura de preferência do cliente incluem segmentação, análise de lucratividade e simuladores conjuntos.

Segmentação

Um dos usos mais comuns de resultados de análise conjunta individual é agrupar respondentes com utilidades parciais ou valores de importância semelhantes para identificar segmentos. As utilidades parciais conjuntas estimadas podem ser usadas sozinhas ou em combinação com outras variáveis (p.ex., demográficas) para deduzir agrupamentos de respondentes que são mais semelhantes em suas preferências [20, 26].

REGRAS PRÁTICAS 7-6

Interpretação e validação de resultados conjuntos

- Resultados devem ser estimados para cada indivíduo a menos que:
  - O modelo conjunto exija estimativas agregadas (ou seja, algumas formas de análise conjunta baseada em escolha)
  - A população seja conhecida como homogênea com nenhuma variação entre estruturas individuais de preferência
- Estimativas de utilidades parciais são geralmente escalonadas em uma base comum para comparação entre respondentes
- Padrões teoricamente inconsistentes de utilidades parciais, conhecidos como inversões, podem originar eliminação de um respondente a menos que:
  - A ocorrência dos mesmos seja mínima
  - Restrições sejam aplicadas para proibir inversões
- Importância de atributo deve ser obtida com base nas amplitudes relativas de utilidades parciais para cada atributo
- Validação deve acontecer em dois níveis:
  - Validação interna: Testar se foi escolhida a regra adequada de composição (isto é, aditiva ou interativa) e se é feita em um pré-teste de estudo
  - Validação externa: Avaliar a validade preditiva dos resultados em um ambiente real no qual o pesquisador sempre deve garantir que a amostra é representativa da população em estudo

> No exemplo do detergente industrial, poderíamos primeiramente agrupar indivíduos com base em seus escores de importância de atributo, encontrando um grupo para o qual a marca é a característica mais importante, ao passo que um outro grupo poderia valorizar mais o preço. Outra abordagem seria o exame direto dos escores de utilidade parcial, novamente identificando indivíduos com padrões similares de escores ao longo de cada um dos níveis dentro de um ou mais atributos.

Para o pesquisador interessado em conhecer a presença de tais grupos e sua magnitude relativa, várias abordagens para segmentação, que diferem em vantagens e desvantagens, estão disponíveis [66, 109]. Uma abordagem lógica é a aplicação de análise de agrupamentos (ver Capítulo 8) para as estimativas de utilidades parciais ou para os escores de importância para cada atributo a fim de identificar subgrupos homogêneos de respondentes. A análise conjunta tem sido proposta também como um meio de validar análise de segmentação formada com outras variáveis de agrupamento, onde diferenças em estruturas conjuntas de preferência são utilizadas para demonstrar distinção entre os segmentos [18].

Análise de lucratividade

Um complemento à decisão de projeto de produto é uma análise de lucratividade marginal do projeto proposto para o produto. Se o custo de cada característica é conhecido, o custo de cada produto pode ser combinado com a participação de mercado e o volume de vendas esperados para prever sua viabilidade. Esse processo pode identificar combinações de atributos que seriam mais lucrativas mesmo com uma participação menor no mercado, por causa do baixo custo de componentes particulares. Um adjunto da análise de lucratividade é a avaliação de sensibilidade a preço [45], a qual pode ser abordada por meio de projetos de pesquisa específicos [81] ou programas especializados [92]. Tanto resultados individuais quanto agregados podem ser usados nessa análise.

Simuladores conjuntos

Neste ponto, o pesquisador ainda entende apenas a importância relativa dos atributos e o impacto de níveis específicos. Mas como a análise conjunta atinge seu outro objetivo primário de usar análise do tipo "o que aconteceria se" para prever a participação de preferências que um estímulo (real ou hipotético) está apto a capturar em vários cenários competitivos de interesse para a administração? Esse papel é desempenhado pelos **simuladores de escolha**, os quais permitem ao pesquisador simular qualquer número de cenários competitivos e então estimar como os respondentes reagiriam a cada cenário.

Condução de uma simulação

Uma simulação conjunta é uma tentativa de compreender como o conjunto de respondentes escolheria em um conjunto especificado de estímulos. Este processo fornece ao pesquisador a habilidade de usar as utilidades parciais estimadas na avaliação de qualquer número de cenários consistindo de diferentes combinações de estímulos. Para qualquer cenário dado, o pesquisador segue um processo de três passos:

Passo 1: Especificar o(s) cenário(s). Depois que o modelo conjunto é estimado, o pesquisador pode especificar qualquer número de conjuntos de estímulos para simulação de escolhas de clientes. Entre os possíveis cenários que podem ser avaliados estão os seguintes:

- Impactos de se acrescentar um produto a um mercado existente
- Potencial ampliado a partir da estratégia de um multiproduto ou de uma multimarca, incluindo estimativas de canibalismo
- Impactos de se eliminar um produto ou marca do mercado
- Delineamentos ótimos de produtos para um mercado específico

Em cada caso, o pesquisador fornece o conjunto de estímulos que representam os objetos (produtos, serviços etc.) disponíveis no cenário do mercado sob estudo, e as escolhas de respondentes são então simuladas. O valor singular de se usar análise conjunta nas simulações é que múltiplos cenários podem ser avaliados e os resultados podem ser compilados para cada respondente através da sua estrutura de preferência de utilidades parciais.

Passo 2: Simular escolhas. Uma vez que os cenários estão completos, as utilidades parciais para cada indivíduo são usadas para prever as escolhas ao longo dos estímulos em cada cenário. Simuladores de escolha garantem ao pesquisador a habilidade de avaliar qualquer número de cenários, mas o verdadeiro benefício envolve a capacidade do pesquisador de especificar condições ou relações entre os estímulos para representar condições de mercado de forma mais realista. Por exemplo, os objetos competirão igualmente com todos os demais? A similaridade entre os objetos cria diferentes padrões de preferência? As características não-medidas do mercado podem ser incluídas na simulação? Estas questões são apenas algumas entre muitas que devem ser tratadas para se acrescentar o nível necessário de realismo ao simulador de escolhas, para retratar um mercado válido no qual respondentes fazem escolhas.

Apesar de pesquisadores terem trabalhado extensivamente para captar muitos dos efeitos observados anteriormente, pelo menos três tipos básicos [37] devem ser incluídos:

- *Impacto diferencial:* O impacto de qualquer atributo/nível é o mais importante quando o respondente valoriza aquele

objeto entre os dois do topo, indicando seu papel na escolha real entre esses objetos.
- *Substituição diferencial:* A similaridade entre objetos afeta a escolha com objetos parecidos compartilhando preferência geral (p.ex., quando se escolhe entre pegar um ônibus ou dirigir um carro, acrescentar ônibus de cores diferentes não aumenta a chance de se pegar um ônibus; os dois objetos compartilhariam a chance geral de se pegar um ônibus).
- *Melhoramento diferencial:* Dois objetos extremamente parecidos do mesmo tipo básico podem ser distinguidos por pequenas diferenças em um atributo que é relativamente inconseqüente quando se comparam dois objetos de tipos distintos.

> Examinemos um conjunto de cinco produtos hipotéticos para ilustrar tais efeitos. Considere que os cinco produtos estão na categoria de sucos de fruta, com duas subclasses: sem e com gás carbônico. As marcas A, B e C são sem gás carbônico, enquanto as marcas D e E têm gás. Calculamos valores de utilidade para as marcas, com A e B mostrando valores de 30 e 40, respectivamente, enquanto as demais marcas (C, D e E) têm todas o valor 10.
>
> Agora olhemos como cada tipo de efeito impacta um simulador de escolha. Primeiro, o impacto diferencial se refere ao fato de que mudar os níveis de atributo nas marcas A e B tem o maior impacto, pois essas duas marcas apresentam o maior valor, onde uma pequena mudança poderia ser suficiente para fazer a balança pender para alguma delas. A substituição diferencial se refere ao fato de que acrescentar um novo produto gaseificado causará impacto nas marcas D e E de maneira desproporcional, pois elas são mais parecidas com o novo produto do que as marcas não-gaseificadas. Finalmente, o melhoramento diferencial implica que as marcas D e E, por serem mais assemelhadas, serão mais facilmente comparadas em qualquer atributo do que quando se comparar qualquer uma delas (D ou E) com as demais marcas.

Esses efeitos tentam retratar algumas das regras de escolha mais complexas que afetam decisões de clientes. A habilidade de simuladores de escolha de representar essas relações permite que os pesquisadores retratem mais realisticamente as forças atuando no conjunto de objetos sob consideração no cenário. Além disso, precisão preditiva é sensivelmente melhorada com uma melhor compreensão sobre o comportamento de mercado inerente dos respondentes [37, 78].

Passo 3: Calcular a participação de preferência. O último passo em simulação conjunta é prever preferência para cada indivíduo e então calcular participação de preferência para cada estímulo agregando as escolhas individuais. Simuladores de escolha podem usar uma vasta gama de regras de escolha [25] na previsão para qualquer indivíduo:

- *Modelo de utilidade máxima (primeira escolha).* Este modelo assume que o respondente escolhe o estímulo com o maior escore de utilidade previsto. A participação de preferência é determinada pelo cálculo do número de indivíduos preferindo cada estímulo. Esta abordagem é mais adequada para situações com indivíduos de preferências amplamente distintas e em situações envolvendo compras esporádicas, não-rotineiras.
- *Modelo de probabilidade de preferência.* Neste, previsões de probabilidade de escolha somam 100% no conjunto de estímulos testados, com cada pessoa tendo alguma probabilidade de comprar cada estímulo. Participação geral de preferência é medida somando-se as probabilidades de preferência ao longo de todos os respondentes. Esta abordagem, que pode aproximar alguns elementos de similaridade de produtos, é mais apropriada para situações de compras repetitivas, para as quais compras podem ser mais associadas com situações de uso ao longo do tempo. Os dois métodos mais comuns de se fazerem essas previsões são os modelos BTL (Bradford-Terry-Luce) e *logit*, que fazem previsões muito parecidas em quase todas as situações [36].
- *Primeira escolha ao acaso.* Desenvolvido pela Sawtooth Software [73, 78], este método procura combinar o melhor das duas abordagens anteriores. Tira amostras de cada respondente múltiplas vezes, cada vez acrescentando variação aleatória nas estimativas de utilidade para cada estímulo. Para cada iteração, ele aplica a regra da primeira escolha e então totaliza os resultados para cada F individual para conseguir uma participação de preferência por respondente. Ele corrige similaridade de produtos e pode ser refinado pela especificação da quantia e tipo de variação ao acaso que melhor aproxima as participações conhecidas de preferência [37, 75].

Resumo. A participação de preferência, determinada por qualquer um dos três métodos descritos, fornece uma visão sobre muitos fatores inerentes às escolhas reais de respondentes. Múltiplos cenários de produtos podem ser avaliados, dando origem não apenas a uma perspectiva de qualquer cenário em particular, mas da dinâmica na participação de preferência conforme os estímulos variam.

O pesquisador deve acautelar-se em qualquer aplicação do simulador conjunto ao assumir que a participação de preferência em uma simulação conjunta se traduz diretamente em participação de mercado [15]. A simulação conjunta representa apenas o produto e talvez aspectos de preço de administração de marketing, omitindo todos os outros fatores de marketing (p.ex., anúncio e promoção, distribuição, respostas competitivas) que acabariam causando impacto sobre a participação de mercado. Não obstante, a simulação conjunta apresenta uma visão do mercado do produto e da dinâmica de preferências que podem ser vistos na amostra em estudo.

METODOLOGIAS CONJUNTAS ALTERNATIVAS

Até este ponto, lidamos com aplicações de análise conjunta que envolvem a metodologia conjunta tradicional. Mas as aplicações no mundo real muitas vezes envolvem de 20 a 30 atributos ou demandam uma tarefa de escolha mais realista do que a usada em nossas discussões anteriores. Pesquisas recentes, direcionadas para superar esses problemas encontrados em muitos estudos conjuntos, conduziram ao desenvolvimento de duas novas metodologias conjuntas: (1) uma análise conjunta adaptativa/auto-explicada para lidar com um grande número de atributos e (2) uma análise conjunta baseada em escolhas para fornecer tarefas de escolha mais realistas. Essas áreas representam o principal foco de pesquisa recente em análise conjunta [14, 29, 63].

Análise conjunta adaptativa/auto-explicada: conjunta com um grande número de fatores

Os métodos do perfil completo e de trocas começam a se tornar intratáveis quando envolvem mais de 10 atributos, ainda que muitos estudos conjuntos precisem incorporar até 20, 30 ou mesmo mais atributos. Nesses casos, uma forma adaptada ou reduzida de análise conjunta é empregada para simplificar o esforço de coleta de dados e ainda representar uma decisão de escolha realista. As duas opções são os modelos auto-explicados e os modelos adaptativos ou híbridos.

Modelos conjuntos auto-explicados

No **modelo auto-explicado**, o respondente fornece uma avaliação sobre quão desejável é cada nível de um atributo e então avalia a importância relativa do atributo em geral. Utilidades parciais são então calculadas por uma combinação dos dois valores [99]. Nessa abordagem composicional, são feitas avaliações sobre as componentes de utilidade, em vez de apenas preferência geral. Por ser uma variante importante da análise conjunta e mais próxima de modelos multiatributos tradicionais, este modelo gera diversas preocupações:

- Os respondentes podem avaliar a importância relativa de atributos com precisão? Um problema comum com auto-avaliações é o potencial para importância ser subestimado em modelos multiatributos porque os respondentes querem dar respostas socialmente desejáveis. Em tais situações, o modelo conjunto resultante também é tendencioso.
- Correlações interatributos podem ter um papel maior e provocar vieses substanciais nos resultados devido à dupla contagem de fatores correlacionados. Modelos conjuntos tradicionais sofrem deste problema também, mas a abordagem auto-explicada é particularmente afetada porque os respondentes jamais devem considerar explicitamente esses atributos em relação a outros.
- Finalmente, respondentes jamais executam uma tarefa de escolha (avaliando o conjunto de combinações hipotéticas de atributos), e essa falta de realismo é uma limitação crítica, especialmente em aplicações de novos produtos.

Pesquisas recentes têm demonstrado que esse método pode ter habilidade preditiva adequada quando comparado com métodos conjuntos tradicionais [27]. Esta abordagem é melhor usada quando modelos agregados são preferidos, pois idiossincrasias individuais podem ser compensadas nos resultados agregados. Logo, se o número de fatores não pode ser reduzido a um nível aceitável com o qual possa ser tratado por qualquer dos outros métodos conjuntos, então um modelo auto-explicado pode ser um método alternativo viável.

Modelos conjuntos adaptativos ou híbridos

Uma segunda abordagem é o **modelo adaptativo**, ou **híbrido**, assim chamado por combinar o modelo auto-explicado com o modelo conjunto de utilidades parciais [23, 24]. Ele utiliza valores auto-explicados para criar um pequeno subconjunto de estímulos selecionados de um delineamento fatorial fracionário. Os estímulos são então avaliados de uma maneira semelhante à análise conjunta tradicional. Os conjuntos de estímulos diferem entre respondentes, e apesar de cada respondente avaliar apenas uma pequena quantia, todos os estímulos são avaliados coletivamente por uma parte dos respondentes. A abordagem de integrar a informação do respondente para simplificar ou aumentar as tarefas de escolha tem conduzido a diversos esforços de pesquisas recentes que têm por meta diferentes aspectos do delineamento de pesquisa [3, 44, 101, 106].

Uma das mais populares variantes dessa abordagem é ACA, um programa conjunto desenvolvido pela Sawtooth Software [87]. ACA emprega avaliações auto-explicadas para reduzir o tamanho do projeto fatorial e tornar o processo mais maleável. É particularmente útil quando o estudo inclui um grande número de atributos não apropriado para as outras abordagens. Aqui o programa primeiro coleta avaliações auto-explicadas de cada fator. Em seguida essas avaliações são usadas na geração de estímulos tais que os fatores menos importantes são rapidamente eliminados dos estímulos. Além disso, cada estímulo contém apenas um pequeno número de fatores (de três a seis) para manter a tarefa de escolha melhor administrável. Este processo adaptativo só pode ser conseguido através do programa associado, tornando esta abordagem inapropriada para qualquer tipo de projeto não-interativo (p.ex., consultas por escrito). No entanto, sua flexibilidade de acomodar grandes quantias de atributos com tarefas simples de escolha tem tornado o mesmo um dos métodos mais amplamente utilizados. Além disso, sua habilidade preditiva relativa tem se mostrado comparável à análise conjunta tradicional, tornando-o assim uma alternativa apropriada quando o número de atributos é grande [27, 47, 105, 115, 119].

Escolha entre modelos auto-explicado e adaptativo/híbrido

Quando nos deparamos com um número de fatores que não pode ser acomodado nos métodos conjuntos discutidos até o presente momento, os modelos auto-explicado e adaptativo ou híbrido preservam pelo menos uma parte dos princípios inerentes à análise conjunta. Ao comparar essas duas extensões, os métodos auto-explicados têm uma confiabilidade ligeiramente menor, apesar de desenvolvimentos recentes poderem fornecer alguma melhora. Quando os métodos dos modelos híbrido e auto-explicado são comparados com técnicas de perfil completo, os resultados são confundidos, com desempenho um pouco superior do método híbrido ou adaptativo, particularmente ACA [38]. Apesar de mais pesquisa ser necessária para confirmar as comparações entre os métodos, os estudos empíricos indicam que os métodos adaptativos ou híbridos e as mais novas formas de modelos auto-explicados oferecem alternativas viáveis em relação à análise conjunta tradicional quando lidamos com muitos fatores.

Análises conjuntas baseadas em escolhas: acréscimo de outro toque de realismo

Nos últimos anos, muitos pesquisadores na área de análise conjunta têm direcionado seus esforços para uma nova metodologia conjunta que forneça maior realismo na tarefa de escolha. Com o objetivo prioritário de compreender o processo de tomada de decisão do respondente e prever o comportamento no mercado, a análise conjunta tradicional considera que a tarefa de julgamento, baseada em ordenamento ou avaliação, capta as escolhas do respondente. Entretanto, pesquisadores argumentam que essa não é a forma mais realista de descrever um processo de decisão real do respondente, e outros apontam para a falta de teoria formal que conecte esses julgamentos medidos com escolha [59].

O que surgiu é uma metodologia conjunta alternativa, conhecida como conjunta baseada em escolhas, com a validade inerente de pedir ao respondente para escolher um estímulo de perfil completo a partir de um conjunto de estímulos alternativos conhecido como **conjunto escolha**. Isso é muito mais representativo do real processo de selecionar um produto a partir de um conjunto de produtos competitivos. Além disso, a análise conjunta baseada em escolhas fornece uma opção de *não* escolher qualquer um dos estímulos apresentados ao incluir uma opção de não-escolha no conjunto escolha. Enquanto a análise conjunta tradicional considera que as preferências dos respondentes sempre serão alocadas em meio ao conjunto de estímulos, a abordagem baseada em escolhas permite a contração do mercado se todas as alternativas em um conjunto escolha carecem de atrativos.

Uma ilustração simples de perfil completo versus conjunta baseada em escolhas

Antes de discutirmos alguns dos detalhes mais técnicos da análise conjunta baseada em escolhas e de como ela difere das outras metodologias conjuntas, examinemos primeiramente as diferenças na criação de estímulos e então vejamos o processo real de coleta de dados.

Criação de estímulos. A primeira diferença entre perfil completo e conjunta baseada em escolhas é o tipo de estímulos. Ambos usam uma forma de estímulo de perfil completo, mas a tarefa de escolha é bastante diferente. Examinemos um exemplo simples para fins de ilustração.

Uma companhia de telefones celulares deseja estimar o potencial de mercado para três opções de serviço que podem ser acrescentadas na taxa de serviço básico de $14,95 por mês e de $0,50 por minuto de ligação:

- ICA Chamadas listadas com uma taxa de serviço de $2,75 por mês
- CW Espera de chamada com uma taxa de serviço de $3,50 por mês
- TWC Chamada com três linhas com uma taxa de serviço de $3,50 por mês

Estímulos de perfil completo. A análise conjunta tradicional é realizada com estímulos de perfil completo representando as diversas combinações de serviços, variando do serviço básico até o serviço básico com as três opções. O conjunto completo de perfis (planejamento fatorial) é exibido na Tabela 7-7. O estímulo 1 representa o serviço básico sem opções, o estímulo 2 é o serviço básico mais o serviço de chamadas listadas, e assim por diante até o estímulo 8, que corresponde ao serviço básico mais as três opções (chamadas listadas, espera de chamada e chamada com três linhas).

Estímulos baseados em escolhas. Em uma abordagem baseada em escolha, apresenta-se ao respondente uma série de conjuntos escolha. Cada conjunto escolha tem diversos estímulos de perfil completo. Um projeto baseado em escolhas também é mostrado na Tabela 7-7. O primeiro conjunto escolha consiste de cinco dos estímulos de perfil completo (estímulos 1, 2, 4, 5 e 6) e uma opção do tipo "nenhum deles". O respondente então escolhe apenas um dos perfis no conjunto escolha ("mais preferido" ou "mais desejado") ou a opção "nenhuma escolha". Um exemplo de tarefa de conjunto escolha para o conjunto 6 é exibido na Tabela 7-8. A preparação de estímulos e conjuntos escolha é baseada nos princípios de delineamento experimental [44, 59] e é objeto de considerável esforço de pesquisa para refinar e melhorar a tarefa de escolha [3, 14, 40, 44, 81].

Coleta de dados. Dadas as diferentes maneiras como estímulos são formados, as tarefas de escolha diante do respondente são bastante distintas. Como veremos, o pesquisador deve escolher entre uma tarefa de escolha mais simples no método de perfil completo e a tarefa baseada em escolha que é mais realista.

TABELA 7-7 Uma comparação de planejamentos de estímulos usados em análises conjuntas tradicional e baseada em escolhas

ANÁLISE CONJUNTA TRADICIONAL				Conjunta baseada em escolhas	
	Níveis de fatores[a]				
Estímulo	ICA	CW	TWC	Conjunto escolha	Estímulos no conjunto escolha[b]
1	0	0	0	1	1, 2, 4, 5, 6, e nenhuma escolha
2	1	0	0	2	2, 3, 5, 6, 7, e nenhuma escolha
3	0	1	0	3	1, 3, 4, 6, 7, 8, e nenhuma escolha
4	0	0	1	4	2, 4, 5, 7, 8, e nenhuma escolha
5	1	1	0	5	3, 5, 6, 8, e nenhuma escolha
6	1	0	0	6	4, 6, 7, e nenhuma escolha
7	0	1	1	7	1, 5, 7, 8, e nenhuma escolha
8	1	1	1	8	1, 2, 6, 8, e nenhuma escolha
				9	1, 2, 3, 7, e nenhuma escolha
				10	2, 3, 4, 8, e nenhuma escolha
				11	1, 3, 4, 5, e nenhuma escolha

[a]Níveis: 1 = opção de serviço incluída; 0 = opção de serviço não-incluída.
[b]Estímulos usados em conjuntos escolha são aqueles definidos no planejamento para a análise conjunta tradicional.

Método de perfil completo. Para a abordagem de perfil completo, o respondente é solicitado a avaliar ou ordenar cada um dos oito perfis. O respondente avalia cada estímulo separadamente e fornece uma avaliação de preferências. A tarefa é relativamente simples e pode ser realizada muito rapidamente após umas poucas tarefas de aquecimento. Como anteriormente discutido, quando o número de fatores e níveis aumenta (lembre de nosso exemplo anterior de quatro fatores com quatro níveis cada, gerando-se 256 estímulos), a tarefa pode se tornar muito grande e exigir alguma forma de subconjunto de estímulos, que ainda pode ser substancial.

Método baseado em escolha. Para a abordagem baseada em escolhas, o número de perfis pode ou não variar ao longo dos conjuntos escolha [59]. Além disso, a quantia de escolhas feitas (uma para cada um dos 11 conjuntos escolha) é, na verdade, maior neste caso do que o exigido neste exemplo. No entanto, quando o número de fatores e níveis aumenta, o delineamento baseado em escolhas demanda consideravelmente menos avaliações.

Resumo. As vantagens da abordagem baseada em escolhas são o realismo adicional e a habilidade de estimar termos de interação. Depois que cada respondente escolheu um estímulo para cada conjunto escolha, os dados podem ser analisados no nível desagregado (respondentes individuais) ou agregado ao longo dos respondentes (segmentos ou alguns outros agrupamentos homogêneos de respondentes) para estimar as utilidades parciais conjuntas para cada nível e os termos de interação. A partir desses resultados, podemos avaliar as contribuições de cada fator e a interação fator-nível e estimar as possíveis participações de mercado de perfis concorrentes.

Características únicas de análise conjunta baseada em escolhas

A natureza básica da análise conjunta baseada em escolhas e seus antecedentes no campo teórico de integração de informação [58] levou a uma perspectiva um pouco mais técnica do que a encontrada nas outras metodologias conjuntas. Embora as outras metodologias sejam baseadas em experimentos válidos e princípios estatísticos, a complexidade adicional em delineamentos de estímulos e estimação tem causado muitos esforços no desenvolvimento nessas áreas. A partir desses esforços, os pesquisadores agora têm uma compreensão mais clara das questões envolvidas em cada estágio. As seções a seguir detalham algumas das áreas e questões nas quais a análise conjunta baseada em escolhas é única entre as metodologias conjuntas.

Tipo de processo de tomada de decisão retratada. A análise conjunta tradicional sempre foi associada a uma abordagem intensiva de informações para tomada de decisões, pois ela envolve o exame dos estímulos de perfil completo compostos de níveis de cada atributo. Cada atributo é igualmente representado e considerado em um único perfil. Mas na análise conjunta baseada em escolhas, os pesquisadores estão chegando à conclusão de que a tarefa de escolha pode invocar um tipo diferente de processo de tomada de decisão. Ao escolherem entre estímulos, os clientes parecem fazê-lo em meio a um subconjunto menor de fatores em relação ao qual comparações e, afinal, escolhas são feitas [39]. Isso caminha paralelamente com os tipos de decisões associadas a estratégias simplificadoras ou restritas a tempo, cada uma caracterizada por uma menor profundidade de processamento. Logo, cada metodologia conjunta fornece diferentes visões sobre o processo de tomada de decisões. Como os pesquisadores podem não querer selecionar

TABELA 7-8 Exemplo de um conjunto escolha em análise conjunta baseada em escolhas

Qual sistema de chamada você escolheria?			
1	2	3	4
Sistema de base a $14,95/mês e $0,05/minuto mais: • TWC: chamada com três linhas por $3,50/mês	Sistema de base a $14,95/mês e $0,05/minuto mais: • ICA: chamadas listadas a $2,75/mês	Sistema de base a $14,95/mês e $0,05/minuto mais: • CW: espera de chamada a $3,50/mês e • TWC: chamada com três linhas a $3,50/mês	Nenhum destes

apenas uma metodologia, uma estratégia emergente é empregar ambas e extrair perspectivas únicas de cada uma [39, 80].

Delineamento de conjunto escolha. Talvez a maior vantagem da análise conjunta baseada em escolhas seja o processo realista de escolha representado pelo conjunto escolha. Desenvolvimentos recentes melhoraram ainda mais a tarefa de escolha, permitindo relações adicionais dentro do modelo de escolha a ser analisado enquanto se aumenta a efetividade do delineamento do conjunto escolha:

- Um esforço recente mostrou como o conjunto de escolha pode ser criado para garantir equilíbrio não entre níveis de fatores, mas entre as utilidades dos estímulos [40]. A escolha mais realista e informativa ocorre entre alternativas proximamente comparáveis, e não na situação em que um ou mais estímulos são sensivelmente inferiores ou superiores. No entanto, o processo de delineamento de estímulos é tipicamente focado na meta de ortogonalidade e equilíbrio entre os atributos. Isso fornece uma tarefa mais realista, criando estímulos com níveis de utilidade mais comparáveis, aumentando o envolvimento do cliente e fornecendo melhores resultados.
- Uma opção na criação de um conjunto escolha é a alternativa "nenhuma escolha", na qual o respondente tem a oportunidade de escolher nenhuma das opções especificadas [32]. Esta possibilidade dá ao respondente um nível extra de realismo enquanto também fornece ao pesquisador uma maneira de estabelecer efeitos absolutos e relativos.
- Muitas vezes, devem ser acomodados elementos específicos da tarefa de escolha, como pares proibidos, efeitos específicos de níveis, ou efeitos cruzados entre níveis (como marcas), que demandam tarefas de escolha especialmente planejadas que são mais facilmente conseguidas através da análise conjunta baseada em escolhas [16, 85]. Além disso, em um método envolvendo informação adicional dos respondentes, são criados conjuntos escolha que ajustam as preferências únicas de cada indivíduo e atingem uma melhor precisão preditiva em situações de mercado [12].

Cada um desses desenvolvimentos são característicos dos esforços pretendidos ao se melhorar a tarefa de escolha em análise conjunta baseada em escolhas para conferir um método mais realista e eficiente de avaliar preferência de clientes.

Técnica de estimação. A fundamentação conceitual da análise conjunta baseada em escolhas é a psicologia [60, 104], mas foi o desenvolvimento da técnica de estimação *logit* multinomial [64] que forneceu um método operacional para estimar esses tipos de modelos de escolha. Apesar de esforços consideráveis terem refinado a técnica e tornado a mesma amplamente disponível, ela ainda representa uma metodologia mais complexa do que aquelas associadas a outras metodologias conjuntas.

A abordagem baseada em escolha foi originalmente estimada apenas no nível agregado, mas desenvolvimentos têm permitido a formação de modelos no nível de segmentos (conhecidos como modelos de classe latente) e até mesmo modelos individuais através de estimação bayesiana [6, 56, 91, 103]. Este desenvolvimento estimulou uma adoção até mais ampla de métodos baseados em escolhas, viabilizando modelos desagregados mais propícios para emprego em simuladores de escolha e outras aplicações.

Um aspecto particular que ainda não está resolvido em modelos agregados ou no uso de simuladores de escolha é a propriedade de IIA (independência de alternativas irrelevantes), uma suposição que torna problemática a previsão de alternativas semelhantes. Apesar de a exploração de todas as questões inerentes a IIA estar além do escopo dessa discussão, deve-se advertir o pesquisador quando usar modelos de nível agregado estimados pela análise conjunta baseada em escolhas para entender as ramificações dessa suposição.

Algumas vantagens e limitações da análise conjunta baseada em escolhas

A crescente aceitação da análise conjunta baseada em escolhas entre praticantes da pesquisa de marketing deve-se principalmente à crença de que a obtenção de preferências por meio de respondentes que escolhem um único estímulo de um conjunto de estímulos é mais realista – e, portanto, um método melhor – para se aproximar de processos de decisão reais. Entretanto, o realismo acrescentado pela tarefa de escolha é acompanhado de várias negociações que o pesquisador deve considerar antes de selecionar a análise conjunta baseada em escolhas.

A tarefa de escolha. Cada conjunto escolha contém diversos estímulos, e cada estímulo, diversos fatores em diferentes níveis, semelhantes aos estímulos de perfil completo. Portanto, o respondente deve processar uma quantidade consideravelmente maior de informação do que em outras metodologias conjuntas ao fazer uma escolha em cada conjunto escolha. A Sawtooth Software, criadora do sistema de análise conjunta baseada em escolhas (CBC), acredita que as escolhas que envolvem mais que seis atributos provavelmente irão confundir e sobrecarregar o respondente [88]. Apesar de o método baseado em escolha imitar decisões reais com mais fidelidade, a inclusão de muitos atributos cria uma tarefa formidável que termina com menos informação do que teria sido obtida por meio da avaliação de cada estímulo individualmente.

Precisão preditiva. Na prática, as três metodologias conjuntas permitem tipos parecidos de análises, simulações e relatos, ainda que os processos de estimação sejam diferentes. Os modelos baseados em escolhas ainda têm de estar sujeitos a testes empíricos mais completos, apesar de alguns pesquisadores acreditarem que eles têm vantagem para prever o comportamento de escolha, particularmente quando modelos no nível de segmentos ou agregados são desejados [108]. Contudo, testes empíricos indicam pouca diferença entre modelos baseados em avaliações em nível individual ajustados para levar em conta as não-escolhas e os modelos multinomiais generalizados *logit* baseados em escolhas [68].

Na comparação das duas abordagens (baseadas em avaliações ou em escolhas) em termos da habilidade de prever participações de mercado em uma amostra de validação no nível individual [21], ambas prevêem bem escolhas da amostra de validação, com nenhuma técnica dominante e os resultados se misturando em diferentes situações. No fim, a decisão de usar um método no lugar do outro é ditada pelos objetivos e pelo escopo do estudo, pela familiaridade do pesquisador com cada método, e pelo software disponível para analisar adequadamente os dados.

Aplicações administrativas. Modelos baseados em escolha estimados no nível agregado fornecem os valores e a significância estatística de todas as estimativas, facilmente produzem previsões realistas de participações de mercado para novos estímulos [44, 108] e fornecem as garantias extras de que as "escolhas" entre os estímulos foram usadas para calibrar o modelo. No entanto, os modelos conjuntos de escolha agregados impedem a segmentação do mercado. O desenvolvimento de segmentação ou mesmo de modelos de nível individual foi a resposta a tal necessidade [56, 103, 111]. A capacidade deles de representar termos de interação e complexas relações entre atributos fornece uma visão melhor dos processos reais de escolha e das relações agregadas esperadas vistas através de simuladores de escolha. No entanto, para a maioria das situações básicas de escolha, os modelos baseados em avaliação descritos anteriormente são adequados para estudos de segmentação e para a simulação de participações de escolha. Novamente, o pesquisador deve decidir sobre o nível de realismo versus a complexidade desejada em qualquer aplicação de análise conjunta.

Disponibilidade de programas de computador. A boa notícia é que para pesquisadores estão agora disponíveis diversos programas baseados em escolha que auxiliam em todas as fases do projeto da pesquisa, da estimação do modelo e da interpretação [42, 88]. A notícia ruim é que as recentes pesquisas de acadêmicos e de pesquisadores aplicados estão sendo integradas lentamente a esses programas disponíveis comercialmente. Muitos dos avanços em pesquisa ainda são encontrados apenas em um domínio limitado e não estão disponíveis para amplo uso. Esses aperfeiçoamentos e competências melhoradas, após rigorosa validação da comunidade científica, deverão se tornar uma parte padrão de todos os programas baseados em escolhas.

Resumo

A análise conjunta baseada em escolha é uma metodologia emergente que promete aumentar as capacidades interpretativas e preditivas da análise conjunta. O amplo interesse e pesquisa nos melhoramentos em quase todas as áreas da metodologia fornecerão os fundamentos necessários para o crescimento contínuo, a disponibilidade e a aceitação desse método. Isso acrescentará um componente distinto ao kit de ferramentas do pesquisador para compreender as preferências do consumidor.

REGRAS PRÁTICAS 7-7

Modelos conjuntos alternativos

- Quando 10 ou mais atributos são incluídos na variável estatística conjunta, dois modelos alternativos encontram-se disponíveis:
  - Modelos adaptativos podem facilmente acomodar até 30 atributos, mas requerem uma entrevista via computador
  - Modelos auto-explicados podem ser feitos através de qualquer forma de coleta de dados, mas representam um desvio de métodos conjuntos tradicionais
- Modelos conjuntos baseados em escolhas tornaram-se o formato mais popular de todos, ainda que eles não acomodem geralmente mais do que seis atributos, com popularidade baseada em:
  - Uso de uma tarefa realista de escolha para seleção dos estímulos de maior preferência a partir de um conjunto escolha de estímulos, incluindo uma opção do tipo "nenhuma escolha"
  - Habilidade para estimar mais facilmente efeitos de interação
  - Disponibilidade crescente de programas computacionais, particularmente com opções bayesianas de estimação

Visão geral das três metodologias conjuntas

A análise conjunta evoluiu, desde sua origem, a partir do que agora conhecemos como análise conjunta tradicional, para desenvolver duas metodologias adicionais, que abordam duas questões substanciais: lidar com grandes números de atributos e tornar a tarefa de escolha mais realista [74]. Cada metodologia tem características distintas que ajudam a definir as situações nas quais é mais aplicável (veja nossa discussão anterior no estágio 2). Entretanto, em muitas situações, duas ou mais metodologias são adequadas, e o pesquisador tem a opção de selecionar uma ou, mais freqüentemente técnicas combinadas. Somente conhecendo as vantagens e desvantagens de cada método é que o pesquisador pode fazer a escolha mais apropriada. Os pesquisadores interessados em análise conjunta são encorajados a continuar a monitorar os desenvolvimentos dessa técnica multivariada amplamente empregada.

UMA ILUSTRAÇÃO DE ANÁLISE CONJUNTA

Nesta seção examinamos os passos em uma aplicação de análise conjunta para produzir um problema de delineamento. A discussão segue o processo de construção de modelo introduzido no Capítulo 1 e se concentra (1) no delineamento dos estímulos, (2) na estimação e interpretação das utilidades parciais conjuntas, e (3) na aplicação de um simulador conjunto para prever participações de mercado para a formulação de um novo produto. O módulo CONJOINT do SPSS é usado nas fases de delineamento, análise e simulador de escolha desse exemplo [97]. Resultados comparáveis são obtidos com os outros programas conjuntos disponíveis para uso acadêmico e comercial. A base de dados de respostas conjuntas está disponível na Web em www.bookman.com.br.

Estágio 1: Objetivos da análise conjunta

A análise conjunta, como discutido anteriormente, tem sido efetivamente aplicada em situações de desenvolvimento de produtos que exigem (1) uma compreensão de preferências de clientes sobre atributos e (2) um método para simular resposta de clientela a vários planejamentos de produtos. Através da aplicação da análise conjunta, pesquisadores podem desenvolver estimativas agregadas (p.ex., nível de segmentos) de preferências de clientes ou estimativas de modelos desagregados (ou seja, nível individual) a partir das quais podem ser obtidos segmentos.

A HBAT estava seriamente considerando o planejamento de um novo detergente industrial para uso não somente em sua própria indústria, mas em muitas fábricas. Ao desenvolver o conceito do produto, a HBAT queria uma compreensão mais direta das necessidades e preferências de seus clientes industriais. Assim, em um estudo adjunto àquele descrito no Capítulo 1, a HBAT escolheu entre 86 clientes industriais para um experimento de análise conjunta.

Antes que o estudo conjunto real fosse executado, equipes internas de pesquisa de mercado, em consulta com o grupo de desenvolvimento do produto, identificaram cinco fatores como os atributos determinantes no segmento alvo do mercado do detergente industrial. Os cinco atributos são mostrados na Tabela 7-9. A pesquisa com grupos de interesse confirmou que esses cinco atributos representam os principais determinantes de valor em um detergente industrial para este segmento, permitindo assim que a fase de delineamento prossiga com melhor especificação dos atributos e de seus níveis.

Estágio 2: Projeto da análise conjunta

As decisões nesta fase são (1) selecionar a metodologia conjunta a ser empregada, (2) delinear os estímulos a serem avaliados, (3) especificar a forma do modelo básico e (4) selecionar o método de coleta de dados.

Seleção de uma metodologia conjunta

A primeira questão a ser resolvida é a seleção da metodologia conjunta entre as três opções – tradicional, adaptativa/híbrida ou baseada em escolhas. A escolha do método deve se sustentar não apenas em considerações de planejamento (p.ex., número de atributos, tipo de administração de levantamento etc.), mas também na adequação da tarefa de escolha para a decisão de produto sob estudo.

Dado o pequeno número de fatores (cinco), as três metodologias seriam adequadas. Como a ênfase era em uma compreensão direta da estrutura de preferência e a decisão foi prevista como uma de elevado envolvimento do cliente, a metodologia escolhida foi a tradicional, adequada em termos de carga de resposta sobre o respondente e profundidade de informação representada. A análise conjunta baseada em escolhas também foi fortemente considerada, mas a ausência de interações propostas e o desejo de reduzir a complexidade de tarefa levaram à seleção do método conjunto tradicional. A abordagem adaptativa não foi fortemente considerada, dado o pequeno número de atributos e o desejo de utilizar métodos tradicionais de levantamento, como aqueles por escrito.

Delineamento de estímulos

Com o método tradicional de perfil completo selecionado, o próximo passo envolve o delineamento de estímulos. Apesar de os atributos já terem sido escolhidos, o pesqui-

TABELA 7-9 Atributos e níveis para o experimento de análise conjunta HBAT envolvendo planejamento de um detergente industrial

Descrição do atributo	Níveis		
Forma do produto	Líquido pré-misturado	Líquido concentrado	Pó
Número de aplicações por frasco	50	100	200
Adição de desinfetante ao detergente	Sim	Não	
Formulação biodegradável	Não	Sim	
Preço por aplicação típica	35 centavos	49 centavos	79 centavos

sador deve tomar muito cuidado durante este estágio ao especificar os níveis de atributos para operacionalizar os atributos no planejamento dos estímulos. Entre as considerações a serem abordadas estão a natureza dos níveis (garantindo que eles são acionáveis e comunicáveis), a magnitude e o intervalo dos níveis para cada atributo, e o potencial para correlação inter-atributos.

Definição de níveis. A primeira consideração é garantir que cada nível seja acionável e comunicável. A pesquisa de grupo de foco estabeleceu níveis específicos para cada atributo (ver Tabela 7-9). Cada um dos níveis foi planejado para (1) empregar terminologia usada na indústria e (2) representar aspectos do produto rotineiramente especificados em decisões de compra.

Magnitudes e amplitudes dos níveis. Os três atributos de *Forma do Produto*, *Desinfetante* e *Biodegradabilidade* apenas retratam características específicas; dois atributos precisam de um exame complementar quanto à adequação dos intervalos dos níveis. Primeiro, *Número de Aplicações* varia de 50 a 200. Dada a forma escolhida do produto, esses níveis foram escolhidos para resultarem nos casos típicos de embalagens encontradas no ambiente industrial, variando de frascos pequenos para indivíduos a containers maiores normalmente associados com operações centralizadas de manutenção.

A seguir, os três níveis de *Preço por Aplicação* foram determinados a partir do exame de produtos existentes. Desse modo, eles foram considerados realistas e representando os preços mais comuns do mercado corrente. Deve ser observado que os níveis de preço são considerados monotônicos (ou seja, têm uma ordenação), mas não lineares, pois os intervalos (diferenças entre níveis) não são consistentes*.

Correlação inter-atributos. O tipo de produto não sugere fatores intangíveis que contribuiriam com correlação inter-atributos, e os atributos foram especificamente definidos para minimizarem tal correlação. Todas as possíveis combinações de níveis foram examinadas para se identificar qualquer combinação inadequada e nenhuma foi encontrada.

---

*N. de R. T.: A frase correta seria "não são constantes".

> **Pré-teste.** Finalmente, um pré-teste de pequena escala e um estudo de avaliação foram conduzidos para garantir que as medidas foram compreendidas e representaram alternativas razoáveis quando formadas nos estímulos. Os resultados indicaram nenhum problema com os níveis, permitindo assim que o processo continuasse.

Especificação da forma básica do modelo

Com os níveis especificados, o pesquisador deve a seguir especificar o tipo de forma de modelo a ser usada. Fazendo isso, duas questões críticas devem ser abordadas: (1) se interações devem ser representadas entre os atributos, e (2) o tipo de relação entre os níveis (utilidade parcial, linear ou quadrática) para cada atributo.

> **Forma do modelo.** Após cuidadosa consideração, os pesquisadores da HBAT estavam confiantes ao assumir que uma regra de composição aditiva era adequada. Apesar de a pesquisa ter mostrado que freqüentemente o preço tem interações com outros fatores, foi considerado que os outros fatores eram razoavelmente ortogonais e que não eram necessários termos de interação. Essa suposição permitiu o uso de modelos agregados ou desagregados quando necessário.
>
> **Relações de utilidade parcial.** Três dos atributos (*Forma do Produto*, *Aplicações por Frasco* e *Preço por Aplicação*) têm mais de dois níveis, exigindo desse modo uma decisão sobre o tipo de relação de utilidades parciais a ser empregada. O atributo *Forma do Produto* representa distintos tipos de produtos, e assim estimativas separadas de utilidades parciais são apropriadas. O atributo *Aplicação por Frasco* também apresenta três níveis, apesar de não terem intervalos iguais. Logo, estimativas separadas de utilidades parciais também foram usadas aqui. Finalmente, preço também foi especificado com estimativas separadas de utilidades parciais, pois os intervalos não são constantes entre níveis.
>
> Desses três fatores, somente *Preço por Aplicação* foi especificado como monotônico, por conta da relação implicada com preço. *Forma do Produto* representa níveis separados sem ordem pré-concebida. O fator *Aplicações por Frasco* não foi considerado monotônico, apesar de

(*Continua*)

(Continuação)
os níveis serem definidos em termos numéricos (p.ex., 50 aplicações por frasco). Nesta situação, nenhum conhecimento anterior levou os pesquisadores a proporem que as utilidades parciais devessem aumentar ou diminuir consistentemente ao longo desses níveis.

Seleção do método de coleta de dados

O passo final no delineamento da análise conjunta gira em torno da coleta real de preferências dos respondentes. Fazendo-se isso, diversos pontos devem ser tratados, incluindo a seleção do método de apresentação, a criação real dos estímulos e a identificação de quaisquer estímulos inaceitáveis, selecionando-se uma medida de preferência e finalizando o procedimento de administração do levantamento. Cada uma dessas questões é discutida a seguir.

Seleção de método de apresentação. Para garantir realismo e permitir o uso de avaliações no lugar de ordenações, a HBAT decidiu utilizar o método de perfil completo para obtenção de avaliações de respondentes. As abordagens de troca e de pares não foram utilizadas devido à sua falta de realismo ao não se considerarem todos os atributos em cada estímulo. Um método híbrido ou adaptativo não foi necessário devido ao número relativamente pequeno de fatores. Um método com base em escolha teria sido igualmente adequado, dado o número menor de atributos e o realismo da tarefa de escolha, mas o método de perfil completo acabou sendo escolhido por conta da necessidade de resultados aditivos desagregados com o método mais simples de estimação.

Planejamento de estímulos. Escolhendo a regra aditiva, pesquisadores foram capazes também de usar um planejamento fatorial fracionário para evitar a avaliação das 108 combinações possíveis ($3 \times 3 \times 2 \times 2 \times 3$). O componente de planejamento de estímulo do programa computacional gerou um conjunto de 18 descrições de perfil completo (ver Tabela 7-10), permitindo a estimação dos efeitos principais ortogonais para cada fator. Quatro estímulos adicionais foram gerados para servirem como estímulos de validação. Nenhum dos estímulos foi considerado inaceitável depois de serem examinados quanto a realismo e adequação à questão de pesquisa.

(Continua)

TABELA 7-10 Conjunto de 18 estímulos de perfil completo usado no experimento de análise conjunta de HBAT para o planejamento de um detergente industrial

Estímulo nº	Níveis de atributos				
	Forma do produto	Número de aplicações	Qualidade desinfetante	Forma biodegradável	Preço por aplicação
Estímulos usados na estimação de utilidades parciais					
1	Concentrado	200	Sim	Não	35 centavos
2	Pó	200	Sim	Não	35 centavos
3	Pré-misturado	100	Sim	Sim	49 centavos
4	Pó	200	Sim	Sim	49 centavos
5	Pó	50	Sim	Não	79 centavos
6	Concentrado	200	Não	Sim	79 centavos
7	Pré-misturado	100	Sim	Não	79 centavos
8	Pré-misturado	200	Sim	Não	49 centavos
9	Pó	100	Não	Não	49 centavos
10	Concentrado	50	Sim	Não	49 centavos
11	Pó	100	Não	Não	35 centavos
12	Concentrado	100	Sim	Não	79 centavos
13	Pré-misturado	200	Não	Não	79 centavos
14	Pré-misturado	50	Sim	Não	35 centavos
15	Concentrado	100	Sim	Sim	35 centavos
16	Pré-misturado	50	Não	Sim	35 centavos
17	Concentrado	50	Não	Não	49 centavos
18	Pó	50	Sim	Sim	79 centavos
Estímulos de validação					
19	Concentrado	100	Sim	Não	49 centavos
20	Pó	100	Não	Sim	35 centavos
21	Pó	200	Sim	Sim	79 centavos
22	Concentrado	50	Não	Sim	35 centavos

(Continuação)
Coletadas preferências dos respondentes. O experimento de análise conjunta foi aplicado durante uma entrevista pessoal. Após a coleta de alguns dados preliminares, os respondentes receberam um conjunto de 22 cartões, cada um contendo uma das descrições de estímulo de perfil completo. Uma medida de avaliação de preferência foi conseguida apresentando a cada respondente um formulário com sete categorias de resposta, variando de "de forma alguma eu compraria" até "certamente compraria". Os respondentes foram instruídos a colocar cada cartão na categoria de resposta que melhor descrevesse suas intenções de compra. Após inicialmente colocarem os cartões, eles foram solicitados a reverem suas colocações e rearranjarem cartões, se necessário. Os estímulos de validação foram avaliados ao mesmo tempo que os outros estímulos, mas retirados da análise no estágio de estimação. Ao fim, o entrevistador registrou a categoria para cada cartão e prosseguiu com a entrevista. Um total de 86 respondentes completou com sucesso toda a tarefa conjunta.

Estágio 3: Suposições na análise conjunta

A suposição relevante em análise conjunta é a especificação da regra de composição e, assim, a forma de modelo usada para estimar os resultados conjuntos. Essa avaliação deve ser baseada em termos conceituais, bem como questões práticas.

Nessa situação, a natureza do produto, a tangibilidade dos atributos e a falta de apelos intangíveis ou emocionais justificam o emprego de um modelo aditivo. A HBAT se sentiu confiante para usar um modelo aditivo para essa situação de tomada de decisão industrial. Além disso, esse modelo simplificou o delineamento dos estímulos e facilitou os esforços de coleta de dados.

Estágio 4: Estimação do modelo conjunto e avaliação do ajuste geral do modelo

Com as tarefas conjuntas especificadas e as respostas coletadas, o próximo passo é utilizar a abordagem apropriada de estimação para obter as estimativas de utilidade parcial e então avaliar a qualidade geral do ajuste. Fazendo isso, o pesquisador deve considerar não apenas as respostas usadas na estimação, mas também aquelas coletadas para fins de validação.

Estimação do modelo
Sabendo-se que a medida de preferência usada era métrica, pode-se empregar a abordagem tradicional baseada em regressão ou a nova metodologia bayesiana. Como o planejamento fatorial fracionário forneceu estímulos suficientes para estimação de modelos desagregados, a abordagem tradicional foi empregada. No entanto, deve ser notado que a estimação bayesiana teria sido igualmente apropriada, particularmente porque efeitos adicionais de interação eram desejados.

A estimação de utilidades parciais de cada atributo foi primeiramente executada para cada respondente separadamente, e os resultados foram então agregados para se obter um resultado geral. Estimativas separadas de utilidades parciais foram inicialmente feitas para todos os níveis, com exame das estimativas individuais empreendido para se examinar a possibilidade de se colocarem restrições na forma de relação de um fator (ou seja, empregar uma forma de relação linear ou quadrática). A Tabela 7-11 mostra os resultados para a amostra geral, bem como para os primeiros cinco respondentes no conjunto de dados. O exame dos resultados gerais sugere que talvez uma relação linear pudesse ser estimada para a variável preço (ou seja, os valores de utilidade parcial diminuem de 1,13 para 0,08 e para –1,21 à medida que o preço por aplicação sobe de 35 para 49 e para 79 centavos). No entanto, uma revisão dos resultados individuais mostra que apenas três dos cinco respondentes (107, 123 e 135) tinham estimativas de utilidades parciais para fatores de preço que eram de um padrão geralmente linear. Para o respondente 129, o padrão era essencialmente estável e o respondente 110 tinha um padrão um tanto ilógico, no qual utilidades parciais na verdade aumentavam quando se ia de 49 para 79 centavos. Logo, a aplicação de uma forma linear para o fator de preço iria distorcer gravemente a relação entre níveis, e a estimação de valores de utilidades parciais separados para o atributo de *Preço por Aplicação* foi mantida.

Avaliação da qualidade do ajuste
Para resultados desagregados e agregados, três medidas de qualidade do ajuste são fornecidas. Preferência foi medida usando-se avaliações (dados métricos); logo, correlações de Pearson foram calculadas para a amostra de estimação. Os valores de avaliação também foram convertidos para ordenações, e uma medida tau de Kendall foi calculada. A amostra de teste tinha apenas quatro estímulos, e assim a qualidade de ajuste, para fins de validação, usou somente a medida de ordenação do tau de Kendall.

Ao contrário de muitas outras técnicas multivariadas, quando se avaliam resultados desagregados nenhum teste direto de significância estatística avalia as medidas de qualidade de ajuste acima descritas. Podemos usar, porém, níveis de correlação geralmente aceitos para avaliar qualidade de ajuste nas fases de estimação e de validação. Ao se estabelecer qualquer referência para avaliar as medidas de qualidade do ajuste, o pesquisador deve observar

TABELA 7-11 Estimativas de utilidade parcial conjunta para a amostra geral e cinco respondentes selecionados

				ESTIMATIVAS DE UTILIDADE PARCIAL							
	Forma do produto			*Número de aplicações*			*Desinfetante*		*Biodegradável*		
Pré-misturado	Concentrado	Pó		50	100	200	Sim	Não	Não	Sim	

	Forma do produto			Número de aplicações			Desinfetante		Biodegradável			Preço por aplicação		
Pré-misturado	Concentrado	Pó		50	100	200	Sim	Não	Não	Sim		$0,35	$0,49	$0,79
Amostra geral														
−0,2171	0,1667	0,0504		−0,3450	0,0233	0,3217	0,5102	−0,5102	−0,1541	0,1541		1,1318	0,0814	−1,2132
Respondentes selecionados (107, 110, 123, 129 e 135, respectivamente)														
−0,0556	0,6111	−0,5556		0,4444	0,6111	−1,0556	−0,2083	0,2083	0,5417	−0,5417		1,4444	0,9444	−2,3889
0,4444	−0,5556	0,1111		−0,0556	−0,3889	0,4444	0,1667	−0,1667	−0,5833	0,5833		0,6111	−0,8889	0,2778
−0,6111	0,3889	0,2222		−0,4444	0,2222	0,2222	−0,4167	0,4167	−0,5417	0,5417		2,5556	0,0556	−2,6111
−0,0556	0,1111	−0,0556		−0,0556	−0,0556	0,1111	0,4167	−0,4167	−0,0833	0,0833		−0,0556	−0,0556	0,1111
−0,2222	−0,3889	0,6111		−0,2222	−0,3889	0,6111	0,1667	−0,1667	0,1667	−0,1667		2,944	−0,7222	−2,2222

tanto os valores muito baixos quanto os muito altos, pois podem indicar respondentes aos quais a tarefa de escolha não foi aplicável.

Avaliação de baixos valores de qualidade do ajuste. Na avaliação de baixos valores, a referência óbvia é algum valor mínimo de correlação entre os escores reais de preferência e os valores de utilidade previstos. Várias perspectivas podem ser usadas:

- A primeira vê a distribuição de valores para as medidas de qualidade do ajuste. Valores atípicos podem indicar respondentes aos quais a tarefa de escolha não foi aplicável quando se compara com os outros respondentes.
- Segundo, os níveis reais de correlação devem ser considerados. Com o número tipicamente pequeno de observações (estímulos) para cada respondente, uma abordagem seria estabelecer algum nível mínimo de correlação, semelhante à medida ajustada R^2 em regressão multivariada (ver Capítulo 4 para mais detalhes)

> Neste exemplo, o processo de estimação usou 18 estímulos e cinco atributos como variáveis independentes. Em tal situação, um R^2 de aproximadamente 0,300 resulta em um R^2 ajustado de zero. Logo, uma correlação mínima de 0,55 (a raiz quadrada de 0,300) garantiria que o superajuste foi acomodado. O pesquisador também pode querer estabelecer um valor de referência mínimo que corresponde a um nível de ajuste. Por exemplo, se o pesquisador desejasse que o processo de estimação explicasse pelo menos 50% da variação, uma correlação de 0,707 seria necessária.
>
> Assim, para a amostra de estimação, um nível mínimo da qualidade do ajuste de 0,55 foi estabelecido para a correlação Pearson (de base métrica) com um nível desejado de 0,707 (correspondente a um R^2 de 50%). Ao longo dos 86 respondentes, somente três tinham valores menores que 0,707 e todos eles estavam acima do valor de referência mínimo de 0,55 (ver Tabela 7-12).
>
> Os valores tau de Kendall, apesar de geralmente serem mais baixos em valor, dados seus usos de ordenação no lugar de avaliação, demonstram o mesmo padrão geral. Para a amostra de validação, quatro respondentes (110, 229, 266 e 372) têm valores tau de Kendall particularmente baixos (todos na faixa de 0,40 ou menos). Apesar de um desses respondentes (266) também apresentar baixos valores de estimação, os outros três têm valores baixos somente no processo de validação.

Avaliação de valores de qualidade do ajuste muito altos. Medidas extremamente altas de qualidade do ajuste também devem ser examinadas; elas podem indicar que as tarefas de escolha não captaram o processo de decisão, o que é parecido com o caso de valores extremamente baixos. Por exemplo, valores de 1,0 indicam que as utilidades parciais estimadas captaram perfeitamente o processo de escolha, o que pode acontecer quando o respondente utiliza somente um pequeno número de atributos. Pode indicar também um respondente que não seguiu o espírito da tarefa e assim fornece resultados sem representatividade. A despeito de a avaliação de tais valores exigir um certo grau de julgamento por parte do pesquisador, é importante avaliar os resultados para cada valor para garantir que eles sejam verdadeiramente representativos do processo de escolha.

> Três respondentes (225, 396 e 586) foram identificados com base em seus valores muito elevados de qualidade do ajuste para a amostra de estimação. Os valores de qualidade do ajuste para a amostra de estimação são 0,990, 1,000 e 0,974, respectivamente, e os três têm valores de qualidade do ajuste de 1,000 para a amostra de validação. Assim, todos devem ser examinados para ver se as estimativas de utilidade parcial representam estruturas de preferência razoáveis.
>
> Quando se olha para as estimativas de utilidade parcial, emergem estruturas de preferência bastante diferentes (ver Tabela 7-13). Para o respondente 225, todos os atributos são valorados em algum grau, com *Preço por Aplicação* e *Desinfetante* sendo os mais importantes. No entanto, quando examinamos o respondente 396, percebemos um padrão totalmente diferente. Apenas *Preço por Aplicação* tem utilidades parciais estimadas, o que indica que a decisão foi tomada somente sobre este atributo. O respondente 586 colocou alguma importância sobre *Forma do Produto* e *Número de Aplicações*, mas *Preço por Aplicação* ainda desempenhou um papel mais importante.
>
> Como resultado, o pesquisador deve determinar se esses respondentes são mantidos com base na adequação de suas estruturas de preferência. Nesta situação, os três respondentes serão mantidos. Para o respondente 225, a estrutura de preferência parece bastante razoável. Para os outros dois respondentes, mesmo que suas estruturas de preferência estejam altamente concentradas no atributo de *Preço por Aplicação*, elas ainda representam um padrão sensato que refletiria as preferências de clientes específicos.

Avaliação de níveis de qualidade do ajuste de amostra de validação. Além disso, o pesquisador deve também examinar os níveis de qualidade do ajuste para a amostra de validação. Aqui, o foco é sobre baixos valores de ajuste, uma vez que o número relativamente pequeno de estímulos faz com que valores maiores sejam possíveis com a expectativa razoável de que o modelo estimado se ajuste perfeitamente aos estímulos de validação.

TABELA 7-12 Medidas de qualidade do ajuste para resultados da análise conjunta

Respondente	Amostra de estimação		Amostra de validação	Respondente	Amostra de estimação		Amostra de validação
	Pearson	Tau de Kendall	Tau de Kendall		Pearson	Tau de Kendall	Tau de Kendall
107	0,929	0,784	0,707	363	0,947	0,819	0,548
110	0,756	0,636	0,408	364	0,863	0,760	0,707
123	0,851	0,753	0,707	366	0,828	0,751	0,548
129	0,945	0,718	0,816	368	0,928	0,783	0,775
135	0,957	0,876	0,816	370	0,783	0,690	0,913
155	0,946	0,736	0,707	372	0,950	0,813	0,183
161	0,947	0,841	0,913	382	0,705	0,463	0,548
162	0,880	0,828	0,667	396	1,000	1,000	1,000
168	0,990	0,848	0,913	399	0,948	0,766	0,913
170	0,808	0,635	0,667	401	0,985	0,869	0,913
171	0,792	0,648	0,548	416	0,947	0,762	0,816
173	0,920	0,783	0,548	421	0,887	0,732	0,548
174	0,967	0,785	0,913	422	0,897	0,832	1,000
181	0,890	0,771	0,913	425	0,945	0,743	0,707
187	0,963	0,858	0,913	428	0,967	0,834	0,913
193	0,946	0,820	0,816	433	0,864	0,754	0,548
194	0,634	0,470	0,913	440	0,903	0,778	0,816
197	0,869	0,731	0,548	441	0,835	0,666	0,548
211	0,960	0,839	0,707	453	0,926	0,815	0,913
222	0,907	0,761	0,707	454	0,894	0,661	0,816
225	0,990	0,931	1,000	467	0,878	0,798	0,913
229	0,737	0,582	0,236	471	0,955	0,840	0,707
235	0,771	0,639	0,775	472	0,899	0,748	0,707
236	0,927	0,843	0,707	475	0,960	0,875	0,667
240	0,955	0,735	0,816	476	0,722	0,538	0,775
260	0,939	0,738	0,775	492	0,944	0,791	0,816
261	0,965	0,847	0,707	502	0,946	0,832	0,707
266	0,570	0,287	0,236	507	0,857	0,746	0,548
271	0,811	0,654	0,707	514	0,924	0,795	0,707
277	0,843	0,718	0,707	516	0,936	0,850	0,548
287	0,892	0,744	0,913	518	0,902	0,803	1,000
300	0,961	0,885	0,707	520	0,888	0,812	0,913
302	0,962	0,871	0,816	522	0,957	0,903	0,548
303	0,898	0,821	1,000	528	0,917	0,797	0,816
309	0,876	0,821	0,800	535	0,883	0,748	0,816
318	0,896	0,713	0,816	538	0,827	0,665	1,000
323	0,874	0,762	0,816	557	0,948	0,854	0,913
336	0,878	0,780	0,667	559	0,900	0,767	0,913
348	0,949	0,747	0,816	578	0,905	0,726	0,707
350	0,970	0,861	0,816	580	0,714	0,614	0,913
354	0,795	0,516	0,707	586	0,974	0,862	1,000
356	0,893	0,780	0,913	589	0,934	0,679	0,913
357	0,915	0,730	0,913	592	0,931	0,832	0,913
Agregado	0,957	0,876	0,816				

TABELA 7-13 Exame das estimativas de utilidade parcial para respondentes com valores extremamente altos de qualidade do ajuste

ESTIMATIVAS DE UTILIDADE PARCIAL PARA OS RESPONDENTES 225, 396 E 586, RESPECTIVAMENTE

Forma do produto			Número de aplicações			Desinfetante		Biodegradável		Preço por aplicação		
Pré-misturado	Concentrado	Pó	50	100	200	Sim	Não	Não	Sim	$0,35	$0,49	$0,79
−0,4444	0,2222	0,2222	−0,7778	−0,4444	1,2222	1,2083	−1,2083	−0,0417	0,0417	1,0556	0,3889	−1,4444
0,0000	0,0000	0,0000	0,0000	0,0000	0,0000	0,0000	0,0000	0,0000	0,0000	2,6667	0,6667	−3,3333
−0,1667	0,0000	0,1667	0,1667	0,0000	−0,1667	0,0000	0,0000	0,0000	0,0000	2,1667	0,667	−2,8333

Nota: Os valores de qualidade do ajuste para a amostra de estimação são 0,990, 1,000 e 0,974, respectivamente. Os três respondentes têm valores de qualidade do ajuste de 1,000 para a amostra de validação.

> Com todos os respondentes tendo valores de qualidade do ajuste para o processo de estimação acima do valor de referência, o foco se desvia para o processo de validação. Aqui vemos quatro respondentes (110, 229, 266 e 372) com baixos valores de qualidade de ajuste. Assim, para manter a caracterização mais apropriada das estruturas de preferência da amostra, esses quatro respondentes serão candidatos para eliminação. A decisão final será tomada depois que as utilidades parciais forem examinadas quanto a padrões de consistência teórica.

Resumo

O processo de estimação do modelo e avaliação de ajuste do mesmo requer julgamento sensato por parte do pesquisador. Alguns respondentes podem ter valores de qualidade do ajuste tão baixos que eles acabam sendo facilmente excluídos, mas na maioria dos casos o pesquisador deve avaliar aqueles respondentes atípicos e avaliar se eles representam estruturas apropriadas de preferência. Fazendo isso, considerações são feitas não apenas sobre as estimativas individuais de utilidade parcial, mas sobre suas caracterizações coletivas da estrutura de preferência. Essa avaliação deve ser complementada examinando-se a correspondência dos padrões de utilidades parciais estimadas com quaisquer padrões teóricos que possam estar disponíveis. Discutimos este processo com mais detalhes na próxima seção.

Estágio 5: Interpretação dos resultados

A primeira tarefa é examinar as utilidades parciais e avaliar se existem inversões (violação de relações monotônicas) que provocariam a eliminação de algum respondente. Para auxiliar nesta tarefa, as utilidades parciais são reescalonadas para fornecerem uma medida de comparação. Com quaisquer inversões identificadas, o foco se desvia para a interpretação das estimativas das utilidades parciais e o exame do escore de importância de cada respondente para os atributos.

Reescalonamento

Comparar estimativas de utilidades parciais nos atributos e entre respondentes pode às vezes ser difícil dada a natureza dos coeficientes estimados. Eles são centrados em torno de zero, tornando uma comparação direta difícil sem qualquer ponto óbvio de referência. Um método para simplificar o processo de interpretação é o reescalonamento das utilidades parciais para um padrão em comum, o que tipicamente envolve um processo de dois passos. Primeiro, dentro de cada atributo, a utilidade parcial mínima é marcada como zero e as demais são expressas como valores acima de zero (o que facilmente se consegue acrescentando-se a utilidade parcial mínima a todos os níveis dentro de cada atributo). Em seguida, as utilidades parciais são totalizadas e reescalonadas proporcionalmente para igualar a 100 vezes o número de atributos. Este tipo de reescalonamento não afeta a magnitude relativa de qualquer utilidade parcial, mas fornece uma escala em comum ao longo de todos os valores de utilidades parciais para comparação nos atributos e respondentes.

> A Tabela 7-14 apresenta o processo de reescalonamento e os resultados para o respondente 107 no estudo HBAT. O processo descrito é usado com um reescalonamento tal que a soma das utilidades parciais nos cinco atributos é 500. Como mostrado na tabela, o passo 1 restabelece cada utilidade parcial dentro de cada atributo como a diferença em relação ao menor nível no atributo. Depois, as utilidades parciais são totalizadas e reescalonadas para igualar a 500 (100×5). Quando reescalonada, a menor utilidade parcial em cada atributo tem um valor de zero. Outras utilidades parciais agora podem ser comparadas dentro ou entre respondentes, sabendo-se que elas estão todas na mesma escala.

Exame das estimativas de utilidades parciais

Agora que as utilidades parciais estão re-escalonadas, o pesquisador pode examinar as estimativas de utilidades parciais para cada respondente para compreender não somente

TABELA 7-14 Reescalonamento de estimativas de utilidades parciais para o respondente 107

Forma do produto			Número de aplicações			Desinfetante		Biodegradável		Preço por aplicação		
Pré-misturado	Concentrado	Pó	50	100	200	Sim	Não	Não	Sim	$0,35	$0,49	$0,79
Estimativas originais de utilidade parcial												
−0,0556	0,6111	−0,5556	0,4444	0,6111	−1,0556	−0,2083	0,2083	0,5417	−0,5417	1,4444	0,9444	−2,3889
Passo 1. Restabelecimento de utilidades parciais em relação aos níveis mínimos dentro de cada atributo[a]												
0,5000	1,1667	0,00	1,500	1,6667	0,00	0,00	0,4166	1,0834	0,00	3,8333	3,3333	0,00
Passo 2. Reescalonamento de estimativas de utilidade parcial[b]												
18,52	43,21	0,00	55,56	61,73	0,00	0,00	15,43	40,13	0,00	141,96	123,46	0,00

[a]Utilidade parcial mínima sobre cada atributo somada a outras utilidades parciais daquele atributo [p.ex., a utilidade parcial mínima de forma de produto é 0,5556, que, quando somada a um valor pré-misturado (0,5556), se iguala a 0,5000]
[b]O total de utilidades parciais restabelecidas é proporcionalmente reescalonado para um total de 500 [p.ex., total de utilidades parciais restabelecidas é 13,50; assim, utilidade parcial pré-misturada é reescalonada para 18,52 ($0,500/13,50 \times 500$)]

as diferenças entre níveis dentro de um fator ou ao longo deles, mas também entre respondentes. Os perfis criados para cada respondente baseados nas utilidades parciais permitem ao pesquisador que ele rapidamente categorize a estrutura de preferência de um respondente ou mesmo de conjuntos de respondentes. A despeito de técnicas mais sofisticadas poderem ser usadas, como análise de agrupamentos (ver Capítulo 8 para uma discussão mais detalhada), mesmo uma inspeção visual identificará padrões. Se uma relação monotônica é assumida entre os níveis de um atributo, então o pesquisador deve também identificar quaisquer inversões (ou seja, padrões teoricamente inconsistentes de utilidades parciais), como discutido na próxima seção.

> A Figura 7-5 mostra a diversidade de estimativas de utilidades parciais nos cinco atributos para três respondentes selecionados (107, 123 e 135), bem como os resultados agregados compilados para todos os respondentes. Os resultados agregados podem ser imaginados como o respondente médio, em relação ao qual o pesquisador pode ver as estruturas de preferência de cada respondente separadamente, como retratado pelas utilidades parciais, para conquistar visões únicas sobre cada indivíduo.
>
> Por exemplo, para o atributo *Forma do Produto*, os resultados agregados indicam que *Concentrado* (utilidade parcial de 28,8) é a forma preferida, seguida de perto por *Pó* (20,1) e então por *Pré-misturado* (0,0). Quando vemos os três respondentes, podemos perceber que o de número 123 tem um padrão quase idêntico, apesar de apresentar utilidades parciais para *Concentrado* e *Pó* ligeiramente maiores. Para o respondente 107, *Concentrado* (43,2) também é o preferido, mas *Pré-misturado* (18,5) é o segundo preferido, seguido por *Pó* (0,0). O respondente 135 tem um padrão quase invertido em relação aos resultados agregados, com *Pó* (51,7) sendo o mais elevado em todo o conjunto de utilidades parciais exibido aqui, e *Pré-misturado* (8,6) e *Concentrado* (0,0) com valores muito baixos.
>
> Em retrospecto, podemos ver como os resultados agregados retratam o grupo geral, mas também devemos estar cientes das diferenças entre respondentes. Para apenas estes três respondentes, percebemos que dois preferem *Concentrado* no lugar das demais formas, apesar de esta também ser a forma de menor valor para outro respondente que valoriza mais o *Pó*. Podemos dizer também que *Pré-misturado* geralmente recebe um valor pequeno, apesar de não ser o nível de menor valor para todos os respondentes, como poderia ser assumido se somente os resultados agregados fossem vistos.

Inversões
Uma forma específica de exame de utilidades parciais envolve a busca por inversões – aqueles padrões de utilidades parciais que são teoricamente inconsistentes. Como observado anteriormente, alguns atributos podem ter padrões implicados entre as utilidades parciais, relações tipicamente relações monotônicas que definem pelo menos a ordem dos níveis em termos de preferência. Por exemplo, em um contexto de vendas, distância de percurso deveria ser monotônica, de modo que lojas mais afastadas são menos preferidas do que as mais próximas. Essas relações são definidas pelo pesquisador, e devem então ser refletidas nas utilidades parciais estimadas.

Identificação. A primeira tarefa é rever todos os padrões de utilidade parcial e identificar qualquer um que possa refletir inversões. A abordagem mais direta é o exame das diferenças entre níveis adjacentes que devam ser monotonicamente relacionados. Por exemplo, se o nível A é suposto como preferível em relação ao B, então a diferença entre as utilidades parciais dos níveis A e B (ou seja, utilidade parcial do nível A menos a utilidade parcial do nível B) deve ser positiva.

> Em nosso exemplo, *Preço por Aplicação* foi considerado monotônico, de modo que aumento do preço por aplicação deve diminuir a preferência (e portanto as utilidades parciais estimadas). Se novamente olharmos a Figura 7-5, podemos perceber que os padrões de utilidades parciais para respondentes agregados e individuais seguem todos o padrão esperado. Apesar de alguma variabilidade ser encontrada em cada nível, vemos que o padrão monotônico (35 centavos é preferido em relação a 49 centavos, com 79 centavos menos preferido) é mantido.
>
> Quando inspecionamos o conjunto inteiro de respondentes, porém, encontramos padrões que parecem indicar uma inversão da relação monotônica. A Figura 7-6 ilustra tais padrões, bem como um exemplo do comportamento de utilidades parciais que segue a relação monotônica. Primeiro, o respondente 229 tem o padrão esperado, com 39* centavos como o preferido, seguido de 49 centavos e, por último, 79 centavos. O respondente 382 mostra um comportamento inesperado entre os dois primeiros níveis (39* e 49 centavos), onde a utilidade parcial na realidade aumenta para 49 centavos quando comparada com 35 centavos. Um segundo exemplo é a inversão entre os níveis de 49 e 79 centavos para o respondente 110. Aqui encontramos uma diminuição entre 35 e 49 centavos, mas em seguida um aumento entre 49 e 79 centavos.
>
> À medida que olhamos a amostra inteira, diversas possíveis inversões podem ser identificadas. A Tabela 7-15 contém todos os pares de utilidades parciais que exibem padrões contrários à relação monotônica (ou seja, a diferença de utilidades parciais é positiva ao invés de negativa ou nula). Sete respondentes tinham potenciais inversões quando se consideraram os dois primeiros níveis (35 e 49 centavos), ao passo que cinco respondentes tinham potenciais inversões para os dois últimos níveis (49 e 79 centavos).

---

* N. de R. T.: O número correto é 35.

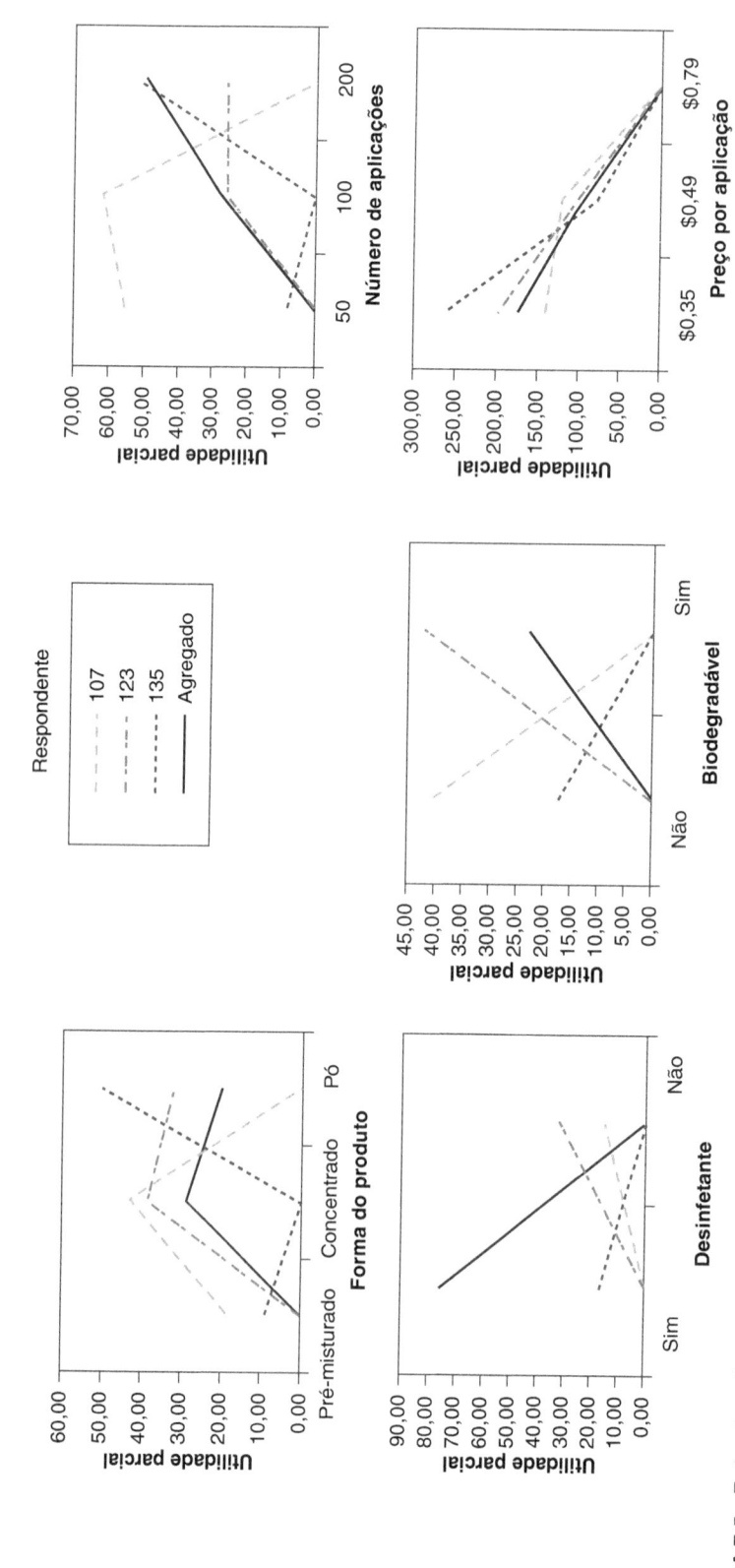

FIGURA 7-5 Estimativas de utilidades parciais para resultados agregados e respondentes selecionados.

Padrão teoricamente consistente de utilidades parciais em todos os níveis	Inversão entre:	
	Níveis 1 (39* centavos) e 2 (49 centavos)	Níveis 2 (49 centavos) e 3 (79 centavos)
Respondente 229	Respondente 382	Respondente 110

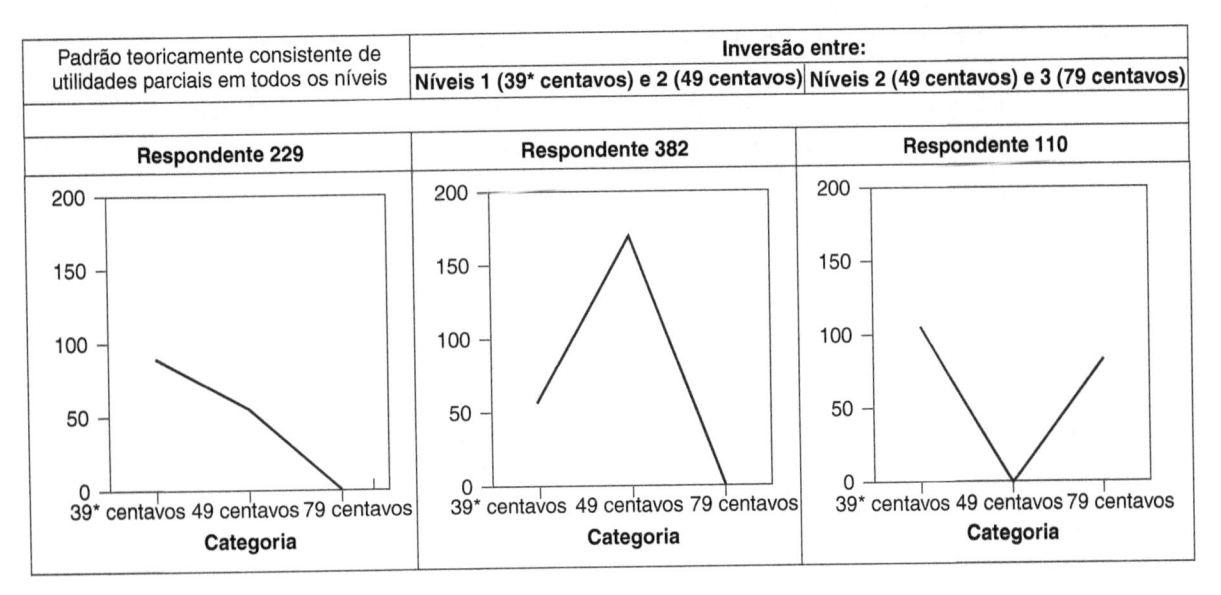

FIGURA 7-6 Identificação de inversões.

Uma questão importante ainda deve ser respondida: quão grande uma diferença deve ser para denotar uma inversão? Qualquer diferença maior que zero constitui teoricamente a relação monotônica. Abordagens subjetivas e empíricas para a identificação de inversões têm sido discutidas. Um pesquisador jamais deve confiar totalmente em abordagens somente subjetivas ou empíricas, pois qualquer uma delas deve atuar apenas como uma orientação para o julgamento do pesquisador na avaliação da adequação das utilidades parciais na representação da estrutura de preferência do respondente.

Revendo as potenciais inversões na Tabela 7-15, podemos ver que em cada caso um ou mais respondentes têm diferenças de utilidades parciais que são consideravelmente mais altas do que as demais. Por exemplo, nas diferenças entre os níveis 1 e 2, o respondente 382 tem uma indiferença de 112,68, enquanto a segunda maior diferença é de 15,87. Analogamente, para as diferenças entre os níveis 2 e 3, os respondentes 110 e 129 têm valores muito maiores (83,33 e 55,56, respectivamente) do que os demais. Se usássemos uma abordagem mais qualitativa para examinarmos a distribuição das diferenças, esses três respondentes pareceriam provavelmente categorizados como apresentando inversões que justificam suas remoções.

Uma técnica mais quantitativa é o exame estatístico das diferenças. Apesar de não existir um teste estatístico disponível, um método é calcular o erro padrão das diferenças entre os níveis 1 e 2 e 2 e 3 (7,49 e 5,33, respectivamente) e usá-los para especificar um intervalo de confiança. Usando um nível de confiança de 99%, os intervalos de confiança seriam de 19,32 (7,49 × 2,58) para as diferenças entre os níveis 1 e 2, e de 13,75 entre os níveis 2 e 3. Aplicando tais resultados em torno de uma diferença de zero, percebemos que os valores atípicos identificados em nossa inspeção visual também ficam fora dos intervalos de confiança.

A combinação desses dois métodos conduz à identificação de três respondentes (382, 110 e 129) com inversões em suas estimativas de utilidades parciais. O pesquisador agora encara o trabalho de identificar a abordagem para lidar com essas inversões.

Ações corretivas para inversões e níveis ruins de qualidade do ajuste. Como anteriormente discutido, as três ações corretivas básicas para inversão são não fazer coisa alguma se as inversões são pequenas o bastante ou se resultados desagregados são o único foco da análise, aplicar restrições no processo de estimação, ou eliminar os respondentes. A questão sobre inversões é distinta, e a escolha final para a ação corretiva deve ser combinada a ações corretivas para respondentes com baixos níveis de ajuste de estimação ou validação.

Dada a ênfase sobre a estrutura de preferência de respondentes, a HBAT sentiu que a única ação corretiva apropriada seria a eliminação de respondentes com inversões substanciais. Além disso, respondentes também deveriam ser eliminados se níveis significativamente baixos de ajuste de estimação ou de validação fossem detectados. Três respondentes tinham inversões (110, 129 e 382), enquanto quatro respondentes tinham baixos níveis de ajuste do modelo (110, 229, 266 e 372). *Apenas um respondente falhou em ambos os critérios, mas os seis foram eliminados, resultando em uma amostra de 80 respondentes.* A eliminação foi feita para garantir o conjunto mais representativo de respondentes para descrever as estruturas de

(Continua)

---

* N. de R. T.: O número correto é 35.

TABELA 7-15 Identificação de inversões da relação monotônica no atributo de preço por aplicação

Possíveis inversões entre nível 1 (35 centavos) e nível 2 (49 centavos)		Possíveis inversões entre nível 2 (49 centavos) e nível 3 (79 centavos)	
Respondente	Diferença de utilidades parciais[a]	Respondente	Diferença de utilidades parciais[a]
382	112,68	110	83,33
194	15,87	129	55,56
580	12,82	194	15,87
260	12,66	538	12,82
370	11,90	440	8,77
336	11,49		
514	9,80		

[a] A diferença esperada de utilidades parciais é negativa (ou seja, uma queda em utilidade quando você passa de 35 para 49 centavos ou de 49 para 79 centavos). Valores positivos indicam uma possível violação da relação monotônica.

(*Continuação*)
preferência, enquanto também se mantém um tamanho adequado de amostra. A amostra reduzida será usada para interpretação adicional ou análise posterior.

Cálculo da importância de atributo

Uma abordagem final para examinar a estrutura de preferência de utilidades parciais é calcular importância de atributos. Esses valores refletem o impacto relativo que cada atributo tem no cálculo de preferência geral (ou seja, escores de utilidade). Como anteriormente descrito, esses valores são calculados para cada respondente e fornecem mais uma base concisa de comparação entre as estruturas de preferência de respondentes.

A Tabela 7-16 compara os valores de importância obtidos de cada atributo para os resultados agregados e desagregados de três respondentes. Apesar de percebermos uma consistência geral nos resultados, cada respondente tem aspectos únicos uns em relação aos outros e em relação aos resultados agregados. As maiores diferenças são vistas para o atributo de *Preço por Aplicação*, apesar de uma variação substancial ser também percebida nos atributos de *Biodegradabilidade* e *Número de Aplicações*. Apenas esses resultados limitados mostram a vasta gama de perfis de utilidade parcial entre os respondentes e destacam a necessidade de uma completa descrição das estruturas de preferência nos níveis desagregado e agregado.

Uma extensão da análise conjunta é definir grupos de respondentes com estimativas similares de utilidade parcial ou de valores de importância dos fatores usando análise de agrupamentos. Esses segmentos podem então ter seus perfis caracterizados e avaliados quanto a suas estruturas únicas de preferência e ao seu potencial de mercado.

Estágio 6: Validação dos resultados

O passo final é avaliar a validade interna e externa da tarefa conjunta. Como anteriormente observado, validade interna envolve confirmação da regra de composição selecionada (ou seja, aditiva ou interativa). Uma abordagem é comparar modelos alternativos (aditivos versus interativos) em um estudo de pré-teste. A segunda abordagem é se certificar de que os níveis de ajuste do modelo são aceitáveis para cada respondente. Validação externa envolve em geral a habilidade da análise conjunta de prever escolhas reais e, em termos específicos, a questão da representatividade da amostra. O processo de validação com os estímulos de validação é o método mais comum para avaliar validade externa, enquanto a garantia de representatividade da amostra exige análise fora do processo de modelagem conjunta.

Os níveis elevados de precisão preditiva para os estímulos de estimação e de validação entre os respondentes confirmam a regra de composição aditiva para esse conjunto de respondentes. Em termos de validade externa, o processo de validação identificou quatro respondentes com baixos níveis de ajuste do modelo, e eles foram excluídos da análise. A questão da representatividade da amostra deve ser abordada com base no planejamento da pesquisa em vez de uma avaliação específica dos resultados conjuntos. Nesta situação, a HBAT deve provavelmente proceder com um projeto de maior escala com maior cobertura de suas bases de clientela para garantir representatividade. Outra consideração é a inclusão de não-clientes, especialmente se a meta é compreender o mercado como um todo, e não apenas os clientes da HBAT.

Uma aplicação gerencial: uso de um simulador de escolha

Além de compreender as estruturas de preferência agregada e individual dos respondentes, as estimativas de utilidade parcial fornecem um método útil para representar a estrutura de preferência de respondentes usando outras técnicas multivariadas (p.ex., o emprego de utilidades parciais ou escores de importância de atributos em regressão múltipla ou análise de agrupamentos) ou aplicações. Uma aplicação

TABELA 7-16 Valores obtidos de importância de atributo para amostra geral e três respondentes selecionados

	Importância derivada de atributo[a]				
	Forma do produto	Número de aplicações	Desinfetante	Biodegradável	Preço por aplicação
Amostra geral[b]					
	15,1	17,6	18,6	9,6	39,1
Respondentes selecionados					
107	14,3	20,4	5,1	13,3	46,9
123	11,4	7,6	9,5	12,4	59,1
135	12,8	12,8	4,2	4,2	66,0

[a]Escores de importância de atributos somam 100 nos cinco atributos para cada respondente.
[b]Baseada nos 80 respondentes remanescentes após a eliminação de 6 respondentes como ação corretiva contra inversões e baixo ajuste de modelo.

específica é o simulador de escolhas, que utiliza as estimativas de utilidade parcial para fazer previsões de escolha entre conjuntos especificados de estímulos. O respondente pode construir um conjunto de estímulos para representar qualquer posição competitiva (ou seja, o mercado competitivo corrente ou a entrada de um novo produto) e então usar o simulador de escolhas para simular o mercado e derivar estimativas de participações de mercado entre os estímulos.

O processo de executar uma simulação de escolhas envolve três etapas: (1) especificar o cenário, (2) simular escolhas e (3) calcular participações de preferências. Cada um desses passos é discutido em termos de nosso exemplo conjunto do detergente industrial.

Passo 1: Especificação dos cenários
A HBAT também usou os resultados conjuntos para simular escolhas entre três possíveis produtos. Os produtos eram formulados para identificar se uma nova linha de produtos poderia ser viável. Desse modo, duas configurações de produto foram também desenvolvidas para representar os produtos existentes.

> Produtos 1 e 2 são os existentes, enquanto o produto 3 é novo.
> - *Produto 1.* Um detergente pré-misturado em um formato de uso manual (50 aplicações por frasco) que seja seguro para o ambiente (biodegradável) e ainda atenda a todos os padrões sanitários (desinfetante) a apenas 79 centavos por aplicação.
> - *Produto 2.* Uma versão industrial do produto 1 com as características ambientais e sanitárias, mas em uma forma concentrada em grandes embalagens (200 aplicações) ao preço baixo de 49 centavos por aplicação.
> - *Produto 3.* Um valor real de detergente em pó em tamanhos econômicos (200 aplicações por frasco) pelo menor preço possível de 35 centavos por aplicação.

Passo 2: Simulação de escolhas
Uma vez que as configurações de produto foram especificadas, elas foram submetidas ao simulador de escolha usando os resultados dos 80 respondentes que restaram. Neste processo, as utilidades parciais para cada respondente foram utilizadas para calcular a utilidade esperada de cada produto.

> Por exemplo, para o respondente 107 (ver Tabela 7-11), a utilidade do produto 1 é calculada tomando-se as estimativas da utilidade parcial daquele respondente para os níveis de pré-misturado (–0,0556), 50 aplicações por frasco (0,4444), biodegradável (–0,5417), desinfetante (–0,2083) e 79 centavos por aplicação (–2,3889), mais a constante (4,111) para um valor total de utilidade de 1,361. Valores de utilidade para os outros dois produtos foram calculados de uma maneira parecida. Deve ser observado que utilidades reescalonadas também podem ser usadas tão facilmente quanto, pois a previsão de preferências de escolha no passo seguinte se concentra no tamanho relativo dos valores de utilidade.

Assim, o processo deriva um conjunto de valores de utilidade para cada produto único para cada indivíduo. Desse modo, a preferência de cada respondente é usada para simular as escolhas esperadas daquele indivíduo quando se defronta com tal escolha de produtos. Os três produtos utilizados no simulador de escolhas são mais representativos do efeito de impacto diferencial entre produtos quando a similaridade entre os mesmos é minimizada.

Passo 3: Cálculo da participação de preferência
O simulador de escolha então calculou as estimativas de preferência para os produtos para cada respondente. Previsões para as participações de mercado esperadas foram feitas com dois modelos de escolha: o modelo de utilidade máxima e um modelo probabilístico. O modelo de utilidade máxima conta o número de vezes que cada um dos três produtos teve a mais alta utilidade no conjunto de respondentes.

Como visto na Tabela 7-17, o produto 1 foi preferido (teve o maior valor de preferência previsto) por apenas 6,88% dos respondentes. O produto 2 foi o próximo, preferido por 21,5%*, e o de maior preferência foi o produto 3, com 71,88%. Os percentuais fracionários são decorrentes de previsões empatadas entre os produtos 2 e 3.

Uma segunda abordagem para prever participações de mercado é um modelo de probabilidade, como o BTL ou o modelo *logit*. Ambos avaliam a preferência relativa de cada produto e estimam a proporção de vezes que um respondente ou o conjunto de respondentes irá comprar um produto.

Como exemplo dos cálculos, os resultados agregados podem ser usados. Os valores agregados de preferência previstos para os produtos são 2,5, 4,9 e 5,9 para os produtos 1, 2 e 3, respectivamente. As participações de mercado previstas dos resultados do modelo agregado usando BTL são então calculadas por

Participação de mercado$_{produto\,1}$ = 2,5/(2,5 + 4,9 + 5,9) = 0,188, ou 18,8%

Participação de mercado$_{produto\,2}$ = 4,9/(2,5 + 4,9 + 5,9) = 0,368, ou 36,8%

Participação de mercado$_{produto\,3}$ = 5,9/(2,5 + 4,9 + 5,9) = 0,444, ou 44,4%

Esses resultados são muito próximos àqueles obtidos a partir do uso das utilidades individuais de respondentes, como mostrado na Tabela 7-17.

Resultados análogos são obtidos usando-se o modelo probabilístico *logit* e também são exibidos na Tabela 7-17. Usando o modelo recomendado em situações que envolvem escolhas repetitivas (modelos de probabilidade), como no caso de um detergente industrial, a HBAT tem estimativas de participações de mercado que indicam uma ordenação do produto 3, produto 2 e, finalmente, produto 1.

Deve ser lembrado que tais resultados representam a amostra inteira, e as participações de mercado podem diferir dentro de segmentos específicos dos respondentes.

* N. de R. T.: O número correto é 21,25%.

Resumo

A análise conjunta enfatiza mais a habilidade do pesquisador ou do administrador em teorizar sobre o comportamento de escolha do que o faz em técnica analítica. Como tal, ela deve ser vista principalmente como exploratória, pois muitos de seus resultados são diretamente atribuíveis a suposições básicas feitas durante o curso do delineamento e da execução do estudo. Este capítulo ajuda você a fazer o seguinte:

Explicar os usos administrativos da análise conjunta. A análise conjunta é uma técnica multivariada desenvolvida especificamente para entender como respondentes desenvolvem preferências por objetos (produtos, serviços ou idéias). A flexibilidade da análise conjunta significa que ela pode ser usada em praticamente qualquer área na qual decisões são estudadas. A análise conjunta assume que qualquer conjunto de objetos (p.ex., marcas, companhias) ou conceitos (posicionamento, benefícios, imagens) é avaliado como uma coleção de atributos. Tendo determinado a contribuição de cada fator para a avaliação geral do consumidor, o pesquisador pode então (1) definir o objeto ou conceito com a combinação ótima de características, (2) mostrar as contribuições relativas de cada atributo e cada nível à avaliação geral do objeto, (3) usar estimativas de comprador ou julgamentos de consumidor para prever preferências entre objetos com diferentes conjuntos de características, (4) isolar grupos de clientes potenciais que colocam importância distinta sobre as características para definir segmentos de alto e baixo potencial, e (5) identificar oportunidades de marketing pela exploração do potencial de mercado para combinações de características que não estão correntemente disponíveis. O conhecimento da estrutura de preferência para cada indivíduo permite uma flexibilidade quase ilimitada para examinar reações individuais e agregadas para uma vasta gama de questões relacionadas a produtos ou serviços.

Conhecer as diretrizes para seleção de variáveis a serem examinadas pela análise conjunta. A análise conjunta emprega uma variável estatística muito parecida em forma com aquela que vimos em outras técnicas multivariadas. A variável estatística conjunta é uma combinação linear de efeitos das variáveis independentes (fatores) sobre uma variável dependente. O pesquisador especifica as variáveis independentes (fatores) e seus níveis, mas

TABELA 7-17 Resultados de simulador de escolhas para as formulações de três produtos

	PREVISÕES DE PARTICIPAÇÃO DE MERCADO		
		Modelos probabilísticos	
Formulação do produto	Modelo de utilidade máxima (%)	BTL (%)	Logit (%)
1	6,88	18,00	7,85
2	21,25	36,58	29,09
3	71,88	45,42	63,06

o respondente apenas fornece informação sobre a medida dependente. O planejamento dos estímulos envolve a especificação da variável estatística conjunta pela seleção dos fatores e níveis a serem incluídos nos estímulos. Quando operacionaliza fatores ou níveis, o pesquisador deve garantir que as medidas são comunicáveis e acionáveis. Tendo selecionado os fatores e garantido que as medidas atendem a tais condições, o pesquisador ainda deve abordar três questões específicas à definição de fatores: o número de fatores a serem incluídos, multicolinearidade entre os fatores, e o papel ímpar do preço como fator.

Formular o plano experimental para uma análise conjunta. Para a análise conjunta explicar a estrutura de preferência de um respondente somente com base em avaliações gerais de um conjunto de estímulos, o pesquisador deve tomar duas decisões-chave com relação ao modelo conjunto inerente: a especificação da regra de composição a ser usada, e a seleção do tipo de relações entre estimativas de utilidades parciais. Tais decisões afetam tanto o planejamento dos estímulos quanto a análise das avaliações do respondente. A regra de composição descreve como o pesquisador postula que o respondente combina as utilidades parciais dos fatores para obter utilidade geral. É uma decisão crítica, pois ela define a natureza básica da estrutura de preferência que será estimada. A regra de composição mais comum é um modelo aditivo. A regra de composição usando efeitos de interação é semelhante à forma aditiva no sentido de assumir que o cliente soma as utilidades parciais para obter um total geral ao longo do conjunto de atributos. Ela se diferencia no sentido de que permite que certas combinações de níveis sejam mais ou menos do que apenas suas somas. A escolha de uma regra de composição determina os tipos e quantia de tratamentos ou estímulos que o respondente deve avaliar, junto com a forma do método de estimação usado. Ponderações acompanham o uso de uma abordagem em vez de outra. Uma forma aditiva requer menos avaliações do respondente e torna mais fácil a obtenção de estimativas para as utilidades parciais. No entanto, a forma interativa é uma representação mais precisa, pois respondentes utilizam regras de decisão mais complexas na avaliação de um produto ou serviço.

Entender como criar planejamentos fatoriais. Tendo especificado os fatores e níveis, mais a forma básica do modelo, o pesquisador deve a seguir tomar três decisões envolvendo coleta de dados: o tipo de método de apresentação para os estímulos (troca, perfil completo ou comparação aos pares), o tipo de variável de resposta e o método de coleta de dados. O objetivo prioritário é apresentar as combinações de atributos (estímulos) aos respondentes da maneira mais realista e eficiente possível. Em uma análise conjunta simples com um pequeno número de fatores e níveis, o respondente avalia todos os possíveis estímulos, naquilo que é conhecido como planejamento fatorial. À medida que a quantia de fatores e níveis aumenta, tal delineamento se torna impraticável. Assim, com o número de tarefas de escolha especificado, o que é necessário é um método para desenvolver um subconjunto dos estímulos totais que ainda fornecem a informação necessária para se fazerem estimativas precisas e realistas de utilidades parciais. O processo de seleção de um subconjunto de todos os possíveis estímulos deve ser feito de uma maneira que se preserve a ortogonalidade (nenhuma correlação entre níveis de um atributo) e equilíbrio (cada nível aparece em um fator o mesmo número de vezes) do planejamento. Um planejamento fatorial fracionário é o método mais comum para definir um subconjunto de estímulos para avaliação. O processo desenvolve uma amostra de possíveis estímulos, com o número de estímulos dependendo do tipo de regra de composição assumida como sendo usada pelos respondentes. Se a quantia de fatores se torna muito grande e a análise conjunta adaptativa não é aceitável, pode ser empregado um planejamento de ligação no qual os fatores são divididos em subconjuntos de tamanho adequado, com alguns atributos se sobrepondo entre os conjuntos, de forma que cada conjunto tem um fator em comum com outros conjuntos de fatores. Os estímulos são então construídos para cada subconjunto de maneira que os respondentes jamais vêem o número original de fatores em um único perfil.

Explicar o impacto da escolha entre ordenação e avaliação como medida de preferência. A medida de preferência – ordenação versus avaliação (p.ex., uma escala de 1 a 10) – também deve ser escolhida. Apesar de o método de troca empregar apenas dados de ordenação, tanto o método de comparação aos pares quanto o de perfil completo podem avaliar preferências via obtenção de uma avaliação de preferência de um estímulo sobre o outro ou apenas uma medida binária. Uma medida de preferência de ordenação é provavelmente mais confiável, pois é mais fácil do que avaliação com um número razoavelmente pequeno (20 ou menos) de estímulos, e fornece maior flexibilidade na estimação de diferentes tipos de regras de composição. Em contraste, escalas de avaliação são facilmente analisadas e administradas, até mesmo pelo correio. No entanto, os respondentes podem ser menos discriminatórios em seus julgamentos do que em processos de ordenação. A decisão sobre o tipo de medida de preferência a ser usada deve ser baseada em aspectos práticos e conceituais. Muitos pesquisadores preferem a medida de ordenação porque ela representa o processo de escolha inerente à análise conjunta – escolher entre objetos. Sob um ponto de vista prático, porém, o esforço de ordenar grandes quantias de estímulos se torna exagerado, particularmente quando a coleta de dados é feita em um ambiente que não entrevista pessoal. A medida de avaliação tem a vantagem intrínseca de ser fácil de administrar em qualquer tipo de contexto de coleta de dados, apesar de ainda ter desvantagens. Se os respondentes não estão engajados e envolvidos na tarefa de escolha, uma medida de avaliação pode fornecer pouca diferenciação entre perfis (p.ex., todos os perfis avaliados como aproximadamente o mesmo). Além disso, à medida que a tarefa de escolha se torna mais complicada com estímulos adicionais, o pesquisador deve se preocupar não apenas com o cansaço, mas também com a confiabilidade das avaliações ao longo dos estímulos.

Avaliar a importância relativa das variáveis preditoras e de cada um de seus níveis nos julgamentos do cliente. O método mais comum de interpretação é um exame das estimativas das utilidades parciais para cada fator a fim de determinar a magnitude e o padrão das mesmas. Estimativas de utilidade parcial são tipicamente escalonadas de forma que quanto maior a utilidade parcial (seja positiva ou negativa), maior o impacto da mesma sobre a utilidade geral. Além de retratar o impacto de cada nível com as estimativas de utilidade parcial, a análise conjunta pode avaliar a importância relativa de cada fator. Como estimativas de utilidade parcial são tipicamente convertidas a uma escala comum, a maior contribuição à utilidade geral – e, portanto, o fator mais importante – é o fator com o maior intervalo (da menor à maior) de utilidades parciais. Os valores de importância de cada fator podem ser convertidos a percentuais que somam 100% dividindo-se o intervalo de cada fator pela soma de todos os valores de amplitudes. Ao avaliar qualquer conjunto de estimativas de utilidades parciais, o pesquisador deve considerar tanto a relevância prática quanto as relações teóricas entre níveis. Em termos de relevância prática, a principal consideração é o grau de diferenciação entre utilidades parciais dentro de cada atributo. Muitas vezes, um atributo tem uma estrutura teórica para as relações entre níveis. A mais comum é a relação monotônica, tal que as utilidades parciais do nível C devem ser maiores do que aquelas do nível B, que, por sua vez, devem ser maiores do que as utilidades parciais do nível A. Surge um problema quando as utilidades parciais não seguem o padrão teorizado e violam a relação monotônica assumida, provocando aquilo que costuma ser chamado de inversão. Inversões podem causar sérias distorções na representação de uma estrutura de preferência.

Aplicar um simulador de escolhas para resultados conjuntos para a previsão de julgamentos do cliente de novas combinações de atributos. Descobertas conjuntas revelam a importância relativa dos atributos e o impacto de níveis específicos sobre estruturas de preferência. Outro objetivo prioritário da análise conjunta é conduzir análises do tipo "e se..." para prever a participação de preferências que um estímulo (real ou hipotético) pode captar em vários cenários competitivos de interesse à administração. Simuladores de escolha permitem ao pesquisador simular qualquer número de cenários competitivos e então estimar como os respondentes reagiriam a cada cenário. O seu real benefício, no entanto, envolve a habilidade do pesquisador em especificar condições ou relações entre os estímulos para representar mais realisticamente condições de mercado. Por exemplo, todos os objetos competirão igualmente com os demais? A similaridade entre os objetos cria diferentes padrões de preferência? Podem ser incluídas na simulação as características não medidas do mercado? Quando se usa um simulador de escolhas, pelo menos três tipos básicos de efeitos devem ser incluídos: (1) impacto diferencial – o impacto de qualquer atributo/nível é mais importante quando o respondente valora aquele objeto entre os dois mais relevantes, indicando seu papel na escolha real entre esses objetos; (2) substituição diferencial – a similaridade entre objetos afeta a escolha, com objetos parecidos compartilhando preferência geral (p.ex., quando se escolhe entre pegar um ônibus ou dirigir um carro, acrescentar ônibus de cores diferentes não aumentará a chance de se pegar um ônibus, mas os dois objetos dividiram a chance geral de pegar um ônibus); e (3) melhoramento diferencial – dois objetos muito parecidos do mesmo tipo básico podem ser distinguidos por pequenas diferenças em um atributo que é relativamente irrelevante quando se comparam dois objetos de tipos diferentes. O passo final na simulação conjunta é prever preferência para cada indivíduo e então calcular a participação de preferências para cada estímulo agregando-se as escolhas individuais.

Comparar um modelo de efeitos principais e um modelo com termos de interação e mostrar como se avalia a validade de um modelo versus o outro. Um benefício chave da análise conjunta é a habilidade de representar muitos tipos de relações na variável estatística conjunta. Uma consideração crucial é o tipo de efeitos (efeitos principais somados com quaisquer termos de interação desejados) que devem ser incluídos, pois eles demandam modificações no planejamento de pesquisa. O emprego de termos de interação adiciona generalidade à regra de composição. A adição de termos de interação apresenta certas desvantagens: (1) cada termo de interação requer uma estimativa adicional de utilidade parcial com pelo menos um estímulo extra para cada respondente avaliar. A menos que o pesquisador saiba exatamente quais termos de interação estimar, o número de estímulos cresce dramaticamente. Além disso, se respondentes não usam um modelo interativo, a estimação de termos de interação adicionais na variável estatística conjunta reduz a eficiência estatística (mais estimativas de utilidades parciais) do processo de estimação e ainda torna a tarefa conjunta mais árdua. (2) Mesmo quando usadas por respondentes, interações prevêem substancialmente menos variância do que efeitos aditivos, geralmente não excedendo um aumento de 5 a 10% na variância explicada. Assim, em muitos casos, o poder preditivo aumentado será mínimo. (3) Termos de interação são freqüentemente substanciais em casos para os quais atributos são menos tangíveis, particularmente quando reações estéticas ou emocionais executam um papel importante. O potencial para explicação ampliada a partir de termos de interação deve ser equilibrado com as conseqüências negativas do acréscimo dos mesmos. O termo de interação é mais efetivo quando o pesquisador pode teorizar que porções não-explicadas de utilidade são associadas com apenas certos níveis de um atributo.

Reconhecer as limitações da análise conjunta tradicional e selecionar a metodologia alternativa adequada (p.ex., análise conjunta baseada em escolhas ou adaptativa) quando necessário. Os métodos de perfil completo ou de troca não são gerenciáveis com mais de 10 atributos, entretanto muitos estudos conjuntos precisam incorporar 20, 30 ou mesmo mais atributos. Nestes casos, alguma forma adaptada ou reduzida de análise conjunta é usada para simplificar o esforço de coleta de dados e ainda representar uma decisão realista de escolha. As duas opções incluem (1) uma análise conjunta adaptativa/auto-explicada para lidar com um grande número de atributos, e (2) uma análise conjunta baseada em escolhas para fornecer tarefas de escolha mais realistas. No modelo auto-explicado, o respondente fornece uma avaliação do quão desejável é cada nível de um atributo e então valora a importância relativa do atributo como um todo. Com o modelo adaptativo (híbrido), os modelos conjuntos auto-explicado e de utilidade parcial são combinados. Os valores auto-explicados são utilizados para criar um pequeno subconjunto de estímulos selecionados a partir de um planejamento fatorial fracionário. Os estímulos são então avaliados de uma maneira semelhante à análise conjunta tradicional. Os conjuntos de estímulos diferem entre respondentes, e, apesar de cada respondente avaliar somente um pequeno número, coletivamente todos os estímulos são avaliados por uma parte dos respondentes. Para tornar a tarefa conjunta mais realista, uma metodologia conjunta alternativa, conhecida como conjunta baseada em escolhas, pode ser usada. Pede-se ao respondente que ele escolha um estímulo de perfil completo a partir de um conjunto de estímulos alternativos conhecido como conjunto escolha. Este processo é muito mais representativo do processo real de seleção de um produto a partir de um conjunto de produtos competitivos. Além disso, a análise conjunta baseada em escolhas oferece uma opção de não escolher qualquer um dos estímulos apresentados pela inclusão de uma opção do tipo "Nenhuma das alternativas" no conjunto escolha. Apesar de análise conjunta tradicional assumir que as preferências dos respondentes sempre serão alocadas no conjunto de estímulos, a abordagem baseada em escolhas permite a contração do mercado se todas as alternativas em um conjunto escolha são não-atraentes.

Para usar análise conjunta, o pesquisador deve avaliar muitas facetas do processo de tomada de decisões. Nosso foco tem sido o fornecimento de uma melhor compreensão dos princípios da análise conjunta e de como eles representam o processo de escolha do consumidor. Esta compreensão deve permitir que pesquisadores evitem a má aplicação desta técnica relativamente nova e poderosa sempre que estiver diante da necessidade de entender julgamentos de escolha e estruturas de preferência.

Questões

1. Peça a três colegas de classe para avaliarem combinações de escolhas com base nessas variáveis e níveis relativos ao seu estilo de livro-texto preferido para uma aula e especifique a regra de composição que você imagina que eles empregarão. Colete informações com os métodos de troca e de perfil completo.

Fator	Nível
Profundidade	Aborda com grande profundidade cada assunto.
	Introduz cada assunto em linhas gerais.
Ilustrações	Cada capítulo inclui imagens engraçadas.
	Tópicos ilustrativos são apresentados.
	Cada capítulo inclui gráficos para ilustrar as questões numéricas.
Referências	Referências gerais são incluídas no final do texto.
	Cada capítulo inclui referências específicas para os tópicos cobertos.

2. Quão difícil foi para os respondentes lidarem com os conceitos prolixos e levemente abstratos que eles foram solicitados a avaliar? Como você melhoraria as descrições dos fatores ou níveis? Qual método de apresentação foi mais fácil para os respondentes?
3. Usando o procedimento numérico simples discutido anteriormente ou um programa de computador, analise os dados do experimento na questão 1.
4. Planeje um experimento de análise conjunta com pelo menos quatro variáveis e dois níveis de cada variável que seja apropriado a uma decisão de marketing. Ao fazer isso, defina a regra de composição que você usará, o planejamento experimental para criar estímulos e o método de análise. Use pelo menos cinco respondentes para apoiar sua lógica.
5. Quais são os limites práticos da análise conjunta em termos de variáveis ou tipos de valores para cada variável? Quais tipos de problemas de escolha são mais adequados ao estudo com a análise conjunta? Quais são os menos servidos pela análise conjunta?
6. Como você orientaria um pesquisador de mercado na escolha entre os três tipos de metodologias conjuntas? Quais são as questões mais importantes a considerar, tendo em vista as vantagens e desvantagens de cada metodologia?

Leituras sugeridas

Uma lista de leituras sugeridas que ilustram problemas e aplicações de técnicas multivariadas em geral está disponível na Web em www.prenhall.com/hair (em inglês).

Referências

1. Addelman, S. 1962. Orthogonal Main-Effects Plans for Asymmetrical Factorial Experiments. *Technometrics* 4: 21–46.
2. Akaah, I. 1991. Predictive Performance of Self-Explicated, Traditional Conjoint, and Hybrid Conjoint Models under Alternative Data Collection Modes. *Journal of the Academy of Marketing Science* 19: 309–14.
3. Allenby, G. M., N. Arora, and J. L. Ginter. 1995. Incorporating Prior Knowledge into the Analysis of Conjoint Studies. *Journal of Marketing Research* 32-(May): 152–62.
4. Allenby, G. M., N. Arora, and G. L. Ginter. 1998. On the Heterogeneity of Demand. *Journal of Marketing Research* 35 (August): 384–89.
5. Alpert, M. 1971. Definition of Determinant Attributes: A Comparison of Methods. *Journal of Marketing Research* 8(2): 184–91.
6. Andrews, Rick L., Asim Ansari, and Imran S. Currim. 2002. Hierarchical Bayes Versus Finite Mixture Conjoint Analysis Models: A Comparison of Fit, Prediction and Partworth Recovery. *Journal of Marketing Research*, 39 (May): 87–98.
7. Ashok, Kalidas, William R. Dollon, and Sophie Yuan. 2002. Extending Discrete Choice Models to Incorporate Attitudinal and Other Latent Variables. *Journal of Marketing Research* 39 (February): 31–46.
8. Baalbaki, I. B., and N. K. Malhotra. 1995. Standardization Versus Customization in International Marketing: An Investigation Using Bridging Conjoint Analysis. *Journal of the Academy of Marketing Science* 23(3): 182–94.
9. Bretton-Clark. 1988. *Conjoint Analyzer.* New York: Bretton-Clark.
10. Bretton-Clark. 1988. *Conjoint Designer.* New York: Bretton-Clark.
11. Bretton-Clark. 1988. *Simgraf.* New York: Bretton-Clark.
12. Bretton-Clark. 1988. *Bridger.* New York: Bretton-Clark.
13. Carmone, F. J., Jr., and C. M. Schaffer. 1995. Review of Conjoint Software. *Journal of Marketing Research* 32 (February): 113–20.
14. Carroll, J. D., and P. E. Green. 1995. Psychometric Methods in Marketing Research: Part 1, Conjoint Analysis. *Journal of Marketing Research* 32-(November): 385–91.
15. Chakraborty, Goutam, Dwayne Ball, Gary J. Graeth, and Sunkyu Jun. 2002. The Ability of Ratings and Choice Conjoint to Predict Market Shares: A Monte Carlo Simulation. *Journal of Business Research* 55:-237–49.
16. Chrzan, Keith, and Bryan Orme. 2000. An Overview and Comparison of Design Strategies for Choice-Based Conjoint Analysis. *Sawtooth Software Research Paper Series.* Sequim, WA: Sawtooth Software, Inc.
17. Conner, W. S., and M. Zelen. 1959. *Fractional Factorial Experimental Designs for Factors at Three Levels, Applied Math Series S4.* Washington, DC: National Bureau of Standards.
18. D'Souza, Giles, and Seungoog Weun. 1997. Assessing the Validity of Market Segments Using Conjoint Analysis. *Journal of Managerial Issues* IX (4): 399–418.
19. Darmon, Rene Y., and Dominique Rouzies. 1999. Internal Validity of Conjoint Analysis Under Alternative Measurement Procedures. *Journal of Business Research* 46: 67–81.
20. DeSarbo, Wayne, Venkat Ramaswamy, and Steve H. Cohen. 1995. Market Segmentation with Choice-Based Conjoint Analysis. *Marketing Letters* 6: 137–48.
21. Elrod, T., J. J. Louviere, and K. S. Davey. 1992. An Empirical Comparison of Ratings-Based and Choice-Based Conjoint Models. *Journal of Marketing Research* 29: 368–77.
22. Gelmen, A., J. B. Carlin, H. S. Stern, and D. B. Rubin. 1998. *Bayesian Data Analysis.* Suffolk: Chapman and-Hall.
23. Green, P. E. 1984. Hybrid Models for Conjoint Analysis: An Exploratory Review. *Journal of Marketing Research* 21 (May): 155–69.
24. Green, P. E., S. M. Goldberg, and M. Montemayor. 1981. A Hybrid Utility Estimation Model for Conjoint Analysis. *Journal of Marketing* 45 (Winter):-33–41.
25. Green, P. E., and A. M. Kreiger. 1988. Choice Rules and Sensitivity Analysis in Conjoint Simulators. *Journal of the Academy of Marketing Science* 16 (Spring): 114–27.
26. Green, P. E., and A. M. Kreiger. 1991. Segmenting Markets with Conjoint Analysis. *Journal of Marketing* 55 (October): 20–31.
27. Green, P. E., A. M. Kreiger, and M. K. Agarwal. 1991. Adaptive Conjoint Analysis: Some Caveats and Suggestions. *Journal of Marketing Research* 28 (May): 215–22.
28. Green, P. E., and V. Srinivasan. 1978. Conjoint Analysis in Consumer Research: Issues and Outlook. *Journal of Consumer Research* 5 (September): 103–23.
29. Green, P. E., and V. Srinivasan. 1990. Conjoint Analysis in Marketing: New Developments with Implications for Research and Practice. *Journal of Marketing* 54(4): 3–19.
30. Green, P. E., and Y. Wind. 1975. New Way to Measure Consumers' Judgments. *Harvard Business Review* 53 (July–August): 107–17.
31. Gustafsson, Anglers, Andreas Herrmann, and Frank Huber (eds.). 2000. *Conjoint Measurement: Methods and Applications.* Berlin: Springer-Verlag.
32. Haaijer, Rinus, Wagner Kamakura, and Michael Widel. 2001. The "No Choice" Alternative in Conjoint Experiments. *International Journal of Market Research* 43(1): 93–106.
33. Hahn, G. J., and S. S. Shapiro. 1966. *A Catalog and Computer Program for the Design and Analysis of Orthogonal Symmetric and Asymmetric Fractional Factorial Experiments, Report No. 66-C-165.* Schenectady, NY: General Electric Research and Development Center.
34. Holmes, Thomas, Keith Alger, Christian Zinkhan, and Evan Mercer. 1998. The Effect of Response Time on Conjoint Analysis Estimates of Rainforest Protection Values. *Journal of Forest Economics* 4(1): 7–28.
35. Huber, J. 1987. Conjoint Analysis: How We Got Here and Where We Are. In *Proceedings of the Sawtooth Conference on Perceptual Mapping, Conjoint Analysis and Computer Interviewing,* M. Metegrano (ed.). Ketchum, ID: Sawtooth Software, pp. 2–6.

36. Huber, J., and W. Moore. 1979. A Comparison of Alternative Ways to Aggregate Individual Conjoint Analyses. In *Proceedings of the AMA Educator's Conference*, L. Landon (ed.). Chicago: American Marketing Association, pp. 64–68.
37. Huber, Joel, Bryan Orme, and Richard Miller. 1999. Dealing with Product Similarity in Conjoint Simulations. In *Sawtooth Software Conference Proceedings*, M. Metegrano (ed.). Ketchum, ID: Sawtooth Software.
38. Huber, J., D. R. Wittink, J. A. Fielder, and R. L. Miller. 1993. The Effectiveness of Alternative Preference Elicitation Procedures in Predicting Choice. *Journal of Marketing Research* 30 (February): 105–14.
39. Huber, J., D. R. Wittink, R. M. Johnson, and R. Miller. 1992. Learning Effects in Preference Tasks: Choice-Based Versus Standard Conjoint. In *Sawtooth Software Conference Proceedings*, M. Metegrano (ed.). Ketchum, ID: Sawtooth Software, pp. 275–82.
40. Huber, J., and K. Zwerina. 1996. The Importance of Utility Balance in Efficient Choice Designs. *Journal of Marketing Research* 33 (August): 307–17.
41. Intelligent Marketing Systems, Inc. 1993. *CONSURV—Conjoint Analysis Software, Version 3.0*. Edmonton, Alberta: Intelligent Marketing Systems.
42. Intelligent Marketing Systems, Inc. 1993. *NTELOGIT, Version 3.0*. Edmonton, Alberta: Intelligent Marketing Systems.
43. Jaeger, Sara R., Duncan Hedderly, and Halliday J. H. MacFie. 2001. Methodological Issues in Conjoint Analysis: A Case Study. *European Journal of Marketing* 35(11/12): 1217–37.
44. Jedidi, K., R. Kohli, and W. S. DeSarbo. 1996. Consideration Sets in Conjoint Analysis. *Journal of Marketing Research* 33 (August): 364–72.
45. Jedidi, Kamel, and Z. John Zhang. 2002. Augmenting Conjoint Analysis to Estimate Consumer Reservation Price. *Management Science* 48(10): 1350–68.
46. Johnson, R. M. 1975. A Simple Method for Pairwise Monotone Regression. *Psychometrika* 40 (June): 163–68.
47. Johnson, R. M. 1991. Comment on Adaptive Conjoint Analysis: Some Caveats and Suggestions. *Journal of Marketing Research* 28 (May): 223–25.
48. Johnson, Richard M. 1997. Including Holdout Choice Tasks in Conjoint Tasks. *Sawtooth Software Research Paper Series*. Sequim, WA: Sawtooth Software, Inc.
49. Johnson, Richard M. 2000. Monotonicity Constraints in Choice-Based Conjoint with Hierarchical Bayes. *Sawtooth Software Research Paper Series*. Sequim, WA: Sawtooth Software, Inc.
50. Johnson, R. M., and K. A. Olberts. 1991. Using Conjoint Analysis in Pricing Studies: Is One Price Variable Enough? In *Advanced Research Techniques Forum Conference Proceedings*. Beaver Creek, CO: American Marketing Association, pp. 12–18.
51. Johnson, R. M., and B. K. Orme. 1996. How Many Questions Should You Ask in Choice-Based Conjoint Studies? In *Advanced Research Techniques Forum Conference Proceedings*. Beaver Creek, CO: American Marketing Association, pp. 42–49.
52. Krieger, Abba M., Paul E. Green, and U. N. Umesh. 1998. Effect of Level Disaggregation on Conjoint Cross Validations: Some Comparative Findings. *Decision Sciences* 29(4): 1047–58.
53. Kruskal, J. B. 1965. Analysis of Factorial Experiments by Estimating Monotone Transformations of the Data. *Journal of the Royal Statistical Society* B27: 251–63.
54. Kuhfield, Warren F. 1997. Efficient Experimental Designs Using Computerized Searches. *Sawtooth Software Research Paper Series*. Sequim, WA: Sawtooth Software, Inc.
55. Kuhfeld, W. F., R. D. Tobias, and M. Garrath. 1994. Efficient Experimental Designs with Marketing Research Applications. *Journal of Marketing Research* 31 (November): 545–57.
56. Lenk, P. J., W. S. DeSarbo, P. E. Green, and M. R. Young. 1996. Hierarchical Bayes Conjoint Analysis: Recovery of Partworth Heterogeneity from Reduced Experimental Designs. *Marketing Science* 15: 173–91.
57. Loosschilder, G. H., E. Rosbergen, M. Vriens, and D. R. Wittink. 1995. Pictorial Stimuli in Conjoint Analysis to Support Product Styling Decisions. *Journal of the Marketing Research Society* 37(1): 17–34.
58. Louviere, J. J. 1988. *Analyzing Decision Making: Metric Conjoint Analysis*. Sage University Paper Series on Quantitative Applications in the Social Sciences, vol. 67. Beverly Hills, CA: Sage.
59. Louviere, J. J., and G. Woodworth. 1983. Design and Analysis of Simulated Consumer Choice or Allocation Experiments: An Approach Based on Aggregate Data. *Journal of Marketing Research* 20: 350–67.
60. Luce, R. D. 1959. *Individual Choice Behavior: A-Theoretical Analysis*. New York: Wiley.
61. Mahajan, V., and J. Wind. 1991. *New Product Models: Practice, Shortcomings and Desired Improvements—Report No. 91–125*. Cambridge, MA: Marketing Science Institute.
62. Marshall, Pablo, and Eric T. Bradlow. 2002. A Unified Approach to Conjoint Analysis Models. *Journal of the American Statistical Association* 97 (September): 674–82.
63. McCullough, Dick. 2002. A User's Guide to Conjoint Analysis. *Marketing Research* 14(2): 19–23.
64. McFadden, D. L. 1974. Conditional Logit Analysis of Qualitative Choice Behavior. In *Frontiers in Econometrics*, P. Zarembka (ed.). New York: Academic Press, pp. 105–42.
65. McLean, R., and V. Anderson. 1984. *Applied Factorial and Fractional Designs*. New York: Marcel Dekker.
66. Molin, Eric J. E., Harmen Oppewal, and Harry J. P. Timmermans. 2001. Analyzing Heterogeneity in-Conjoint Estimates of Residential Preferences. *Journal of Housing and the Built Environment* 16: 267–84.
67. Ofek, Elie, and V. Srinivasan. 2002. How Much Does the Market Value an Improvement in a Product Attribute? *Marketing Science* 21(4): 398–411.
68. Oliphant, K., T. C. Eagle, J. J. Louviere, and D.-Anderson. 1992. Cross-Task Comparison of Ratings-Based and Choice-Based Conjoint. In *Sawtooth Software Conference Proceedings*, M.-Metegrano (ed.). Ketchum, ID: Sawtooth Software, pp. 383–404.

69. Oppewal, H. 1995. A Review of Conjoint Software. *Journal of Retailing and Consumer Services* 2(1): 55–61.
70. Oppewal, H. 1995. A Review of Choice-Based Conjoint Software: CBC and MINT. *Journal of Retailing and Consumer Services* 2(4): 259–64.
71. Orme, Bryan K. 1998. Reducing the Number-of-Attribute-Levels Effect in ACA with Optimal Weighting. *Sawtooth Software Research Paper Series*. Sequim, WA: Sawtooth Software, Inc.
72. Orme, Bryan. 1998. Sample Size Issues for Conjoint Analysis Studies. *Sawtooth Software Research Paper Series*. Sequim, WA: Sawtooth Software, Inc.
73. Orme, Bryan. 1998. Reducing the IIA Problem with a Randomized First Choice Model. *Sawtooth Software Research Paper Series*. Sequim, WA: Sawtooth Software, Inc.
74. Orme, Bryan. 2003. Which Conjoint Method Should I Choose? *Sawtooth Software Research Paper Series*. Sequim, WA: Sawtooth Software, Inc.
75. Orme, Bryan K., and Gary C. Baker. 2000. Comparing Hierarchical Bayes Draws and Randomized First Choice for Conjoint Simulations. *Sawtooth Software Research Paper Series*. Sequim, WA: Sawtooth Software, Inc.
76. Orme, Bryan K., and Michael A. Heft. 1999. Predicting Actual Sales with CBC: How Capturing Heterogeneity Improves Results. *Sawtooth Software Research Paper Series*. Sequim, WA: Sawtooth Software, Inc.
77. Orme, Bryan K., and Richard Johnson. 1996. Staying Out of Trouble with ACA. *Sawtooth Software Research Paper Series*. Sequim, WA: Sawtooth Software, Inc.
78. Orme, Bryan, and Joel Huber. 2000. Improving the Value of Conjoint Simulations. *Marketing Research* (Winter): 12–20.
79. Orme, Bryan K., and W. Christopher King. 1998. Conducting Full-Profile Conjoint Analysis Over the Internet. *Sawtooth Software Research Paper Series*. Sequim, WA: Sawtooth Software, Inc.
80. Orme, Bryan, and W. Christopher King. 1998. Conducting Full-Profile Conjoint Analysis Over the Internet. *Quirk's Marketing Research Review* (July): #0359.
81. Pinnell, J. 1994. Multistage Conjoint Methods to Measure Price Sensitivity. In *Advanced Research Techniques Forum*. Beaver Creek, CO: American Marketing Association, pp. 65–69.
82. Pullman, Madeline, Kimberly J. Dodson, and William L. Moore, 1999. A Comparison of Conjoint Methods When There Are Many Attributes. *Marketing Letters* 10(2): 1–14.
83. Research Triangle Institute. 1996. *Trade-Off VR*. Research Triangle Park, NC: Research Triangle Institute.
84. Reibstein, D., J.E.G. Bateson, and W. Boulding. 1988. Conjoint Analysis Reliability: Empirical Findings. *Marketing Science* 7 (Summer): 271–86.
85. Sandor, Zsolt, and Michael Wedel. 2002. Profile Construction in Experimental Choice Designs for Mixed Logit Models. *Marketing Science* 21(4): 455–75.
86. SAS Institute, Inc. 1992. *SAS Technical Report R-109: Conjoint Analysis Examples*. Cary, NC: SAS-Institute, Inc.
87. Sawtooth Software, Inc. 2002. *ACA 5.0 Technical Paper*. Sequim, WA: Sawtooth Software Inc.
88. Sawtooth Software, Inc. 2001. *Choice-Based Conjoint (CBC) Technical Paper*. Sequim, WA: Sawtooth Software Inc.
89. Sawtooth Software, Inc. 2003. *ACA/Hierarchical Bayes v. 2.0 Technical Paper*. Sequim, WA: Sawtooth Software Inc.
90. Sawtooth Software, Inc. 2003. *Advanced Simulation Module (ASM) for Product Optimization v 1.5 Technical Paper*. Sequim, WA: Sawtooth Software Inc.
91. Sawtooth Software, Inc. 2003. *CBC Hierarchical Bayes Analysis Technical Paper (version 2.0)*. Sequim, WA: Sawtooth Software Inc.
92. Sawtooth Software, Inc. 2003. *Conjoint Value Analysis (CVA)*. Sequim, WA: Sawtooth Software-Inc.
93. Sawtooth Software, Inc. 2003. *HB_Reg v2: Hierarchical Bayes Regression Analysis Technical Paper*. Sequim, WA: Sawtooth Software Inc.
94. Sawtooth Technologies. 1997. *SENSUS, Version 2.0*. Evanston IL: Sawtooth Technologies.
95. Schocker, A. D., and V. Srinivasan. 1977. LINMAP (Version II): A Fortran IV Computer Program for Analyzing Ordinal Preference (Dominance) Judgments Via Linear Programming Techniques for Conjoint Measurement. *Journal of Marketing Research* 14 (February): 101–3.
96. Smith, Scott M. 1989. *PC-MDS: A Multidimensional Statistics Package*. Provo, UT: Brigham Young University Press.
97. SPSS, Inc. 2003. *SPSS Conjoint 12.0*. Chicago: SPSS,-Inc.
98. Simmons, Sid, and Mark Esser. 2000. Developing Business Solutions from Conjoint Analysis. In *Conjoint Measurement: Methods and Applications,* Gustafsson, Anglers, Andreas Herrmann, and Frank Huber (eds.). Berlin: Springer-Verlag, pp. 67–96.
99. Srinivasan, V. 1988. A Conjunctive-Compensatory Approach to the Self-Explication of Multiattitudinal Preference. *Decision Sciences* 19 (Spring): 295–305.
100. Srinivasan, V., A. K. Jain, and N. Malhotra. 1983. Improving Predictive Power of Conjoint Analysis by Constrained Parameter Estimation. *Journal of Marketing Research* 20 (November): 433–38.
101. Srinivasan, V., and C. S. Park. 1997. Surprising Robustness of the Self-Explicated Approach to Customer Preference Structure Measurement. *Journal of Marketing Research* 34 (May): 286–91.
102. Steckel, J., W. S. DeSarbo, and V. Mahajan. 1991. On the Creation of Acceptable Conjoint Analysis Experimental Design. *Decision Sciences* 22(2): 435–42.
103. Ter Hofstede, Fenkel, Youngchan Kim, and Michel Wedel. 2002. Bayesian Prediction in Hybrid Conjoint Models. *Journal of Marketing Research* 39 (May): 253–61.
104. Thurstone, L. L. 1927. A Law of Comparative Judgment. *Psychological Review* 34: 273–86.
105. Tumbush, J. J. 1991. Validating Adaptive Conjoint Analysis (ACA) Versus Standard Concept Testing. In *Sawtooth Software Conference Proceedings*, M.-Metegrano (ed.). Ketchum, ID: Sawtooth Software, pp. 177–84.
106. van der Lans, I. A., and W. Heiser. 1992. Constrained Part-Worth Estimation in Conjoint Analysis Using the Self-Explicated Utility Model. *International Journal of Research in Marketing* 9: 325–44.
107. van der Lans, I. A., Dick R. Wittink, Joel Huber, and Mareo Vriens. 1992. Within- and Across-Attribute Constraints in ACA and Full-Profile Conjoint Analysis.

Sawtooth Software Research Paper Series. Sequim, WA: Sawtooth Software, Inc.

108. Vriens, Marco, Harmen Oppewal, and Michel Wedel. 1998. Ratings-Based Versus Choice-Based Latent Class Conjoint Models: An Empirical Comparison. *Journal of the Marketing Research Society* 40(3): 237–48.

109. Veiens, M., M. Wedel, and T. Wilms. 1996. Metric Conjoint Segmentation Methods: A Monte Carlo Comparison. *Journal of Marketing Research* 33 (February): 73–85.

110. Verlecon, P. W. J., H. N. J. Schifferstein, and Dick R.-Wittink. 2002. Range and Number-of-Levels Effects in Derived and Stated Measures of Attribute Importance. *Marketing Letters* 13(1): 41–52.

111. Wedel, Michel, et al. 2002. Discrete and Continuous Representations of Unobserved Heterogeneity in Choice Modeling. *Marketing Letters* 10(3): 219–32.

112. William, Peter, and Dennis Kilroy. 2000. Calibrating Price in ACA: The ACA Price Effect and How to Manage It. *Sawtooth Software Research Paper Series.* Sequim, WA: Sawtooth Software, Inc.

113. Witt, Karlan J., and Steve Bernstein. 1992. Best Practices in Disk-by-Mail Surveys. In *Sawtooth Software Conference Proceedings,* M. Metegrano (ed.). Ketchum, ID: Sawtooth Software.

114. Wittink, D. R., and P. Cattin. 1989. Commercial Use of Conjoint Analysis: An Update. *Journal of Marketing* 53 (July): 91–96.

115. Wittink, Dick R., Joel Huber, John A. Fiedler, and Richard L. Miller. 1991. Attribute Level Effects in Conjoint Revisted: ACA Versus Full-Profile. In *Advanced Research Techniques Forum: Proceedings of the Second Conference,* Rene Mora (ed.). Chicago: American Marketing Association, pp. 51–61.

116. Wittink, D. R., J. Huber, P. Zandan, and R. M. Johnson. 1992. The Number of Levels Effect in Conjoint: Where Does It Come From, and Can It Be Eliminated? In *Sawtooth Software Conference Proceedings,* M. Metegrano (ed.). Ketchum, ID: Sawtooth Software, pp. 355–64.

117. Wittink, D. R., L. Krishnamurthi, and J. B. Nutter. 1982. Comparing Derived Importance Weights Across Attributes. *Journal of Consumer Research* 8 (March): 471–74.

118. Wittink, D. R., L. Krishnamurthi, and D. J. Reibstein. 1990. The Effect of Differences in the Number of Attribute Levels on Conjoint Results. *Marketing Letters* 1(2): 113–29.

119. Wittink, D. R., M. Vriens, and W. Burhenne. 1994. Commercial Use of Conjoint Analysis in Europe: Results and Critical Reflections. *International Journal of Research in Marketing* 11: 41–52.

SEÇÃO III
Técnicas de Interdependência

VISÃO GERAL

Os métodos de dependência descritos na Seção II fornecem ao pesquisador diversas técnicas para avaliar relações entre uma ou mais variáveis dependentes e um conjunto de variáveis independentes. Foram discutidos muitos métodos que acomodam todos os tipos (métricas e não-métricas) e números potencialmente grandes de variáveis dependentes e independentes que poderiam ser aplicadas a conjuntos de observações. Mas e se as variáveis ou as observações estiverem relacionadas de modos não captados pelas relações de dependência? E se estiver faltando a avaliação de interdependência (isto é, estrutura)? Uma das habilidades mais básicas dos seres humanos é classificar e categorizar objetos e informação em esquemas mais simples, de forma que podemos caracterizar os objetos dentro de grupos em vez de lidar com cada objeto individualmente. O objetivo dos métodos desta seção é identificar a estrutura em um conjunto definido de variáveis, observações ou objetos. A identificação de estrutura oferece não apenas simplicidade, mas também um meio de descrição e até mesmo de descoberta.

As técnicas de interdependência, porém, estão concentradas somente na definição de estrutura, avaliando a interdependência sem quaisquer relações de dependência associadas. Nenhuma das técnicas de interdependência definirá a estrutura para otimizar ou maximizar uma relação de dependência. É tarefa do pesquisador primeiramente utilizar esses métodos na identificação de estrutura e então empregá-la onde for apropriado. Os objetivos de relações de dependência não são "incorporados" nesses métodos de interdependência – eles avaliam a estrutura para seus próprios objetivos e nenhum outro.

CAPÍTULOS NA SEÇÃO III

A Seção III contém apenas dois capítulos, os quais cobrem duas das três técnicas de interdependência. A primeira, análise fatorial (Capítulo 3), foi discutida na Seção I como a preparação para a análise multivariada, pois ela nos fornece uma ferramenta para compreender as relações entre variáveis, um conhecimento fundamental para todas as nossas análises multivariadas. As questões de multicolinearidade e parcimônia de modelo são reflexos da estrutura subjacente das variáveis, e a análise fatorial fornece uma maneira objetiva de avaliar os agrupamentos de variáveis e a habilidade de incorporar variáveis compostas que refletem esses agrupamentos de variáveis em outras técnicas multivariadas.

Mas não são apenas variáveis que têm estrutura. Apesar de assumirmos independência entre as observações e variáveis em nossa estimação de relações, também sabemos que a maioria das populações tem subgrupos que compartilham características gerais. Comerciantes procuram mercados-alvo de grupos diferenciados de consumidores homogêneos, estrategistas procuram grupos de empresas semelhantes para identificar elementos estratégicos comuns, e criadores de modelos financeiros procuram títulos com princípios semelhantes para criar carteiras de ações. Essas e muitas outras situações demandam técnicas que identifiquem esses grupos de objetos semelhantes com base em um conjunto de características.

Este objetivo é atendido pela análise de agrupamentos, o tópico do Capítulo 8. Análise de agrupamentos, em termos ideais, é adequada para definir grupos de objetos com máxima homogeneidade dentro dos grupos, enquanto também têm máxima heterogeneidade entre os grupos – determinando os grupos mais semelhantes que também são os mais distintos uns dos outros. Como mostramos, a análise de agrupamentos tem uma rica tradição de aplicação em quase todas as áreas de investigação. Mas sua habilidade de definir grupos de objetos semelhantes é contrastada por sua natureza bastante subjetiva e pelo papel instrumental desempenhado pelo julgamento do pesquisador em diversas decisões-chave. Este aspecto subjetivo não diminui a utilidade da técnica, mas coloca uma responsabilidade maior sobre o pesquisador para uma completa compreensão do método e do impacto de certas decisões sobre a solução final de agrupamentos.

Mas e se apenas soubermos quão semelhantes são os objetos e não tivermos idéia da origem daquela semelhança ou de como agrupar melhor os objetos? Essa situação é discutida no Capítulo 9, "Escalonamento Multidimensional e Análise de Correspondência". Escalonamento multidimensional é uma técnica que começa com uma análise univariada – uma única medida de similaridade entre objetos – e infere a dimensionalidade das semelhanças entre os objetos. Ela tenta responder esta questão básica: os objetos podem ser agrupados em um espaço de uma, duas, três ou n dimensões, de forma a representar adequadamente as semelhanças entre os objetos por sua proximidade? Como tal, o escalonamento multidimensional é uma forma de análise decomposicional, um pouco parecida com a análise conjunta (ver Capítulo 7), mas nesse caso apenas suas similaridades são conhecidas, não as características dos objetos. Uma forma especial de escalonamento multidimensional é a análise de correspondência, a qual analisa uma forma distinta de dados – variáveis categóricas com tabulação cruzada. A partir desses dados, a análise de correspondência é capaz de retratar as relações entre linhas e colunas (p.ex., produtos e atributos) em uma perspectiva dimensional na qual a proximidade representa semelhança.

Análise de agrupamentos, análise fatorial e escalonamento multidimensional fornecem ao pesquisador métodos que trazem ordem aos dados na forma de estrutura entre as observações ou variáveis. Desse modo, o pesquisador pode compreender melhor as estruturas básicas dos dados, o que não apenas facilita a descrição dos dados, mas também fornece uma fundamentação para uma análise mais refinada das relações de dependência.

CAPÍTULO 8
Análise de Agrupamentos

Objetivos de aprendizagem

Ao concluir este capítulo, você deverá ser capaz de:

- Definir análise de agrupamentos, seu papel e suas limitações.
- Identificar as questões de pesquisa abordadas pela análise de agrupamentos.
- Compreender como a similaridade entre objetos é medida.
- Distinguir entre as várias medidas de distância.
- Diferenciar algoritmos de agrupamentos.
- Entender as diferenças entre técnicas hierárquicas e não-hierárquicas de agrupamentos.
- Descrever como selecionar o número de agrupamentos a serem formados.
- Seguir as orientações para validação de agrupamentos.
- Construir perfis para os agrupamentos obtidos e avaliar a significância administrativa.

Apresentação do capítulo

Acadêmicos e pesquisadores de mercado freqüentemente encontram situações melhor resolvidas pela definição de grupos de objetos homogêneos, sejam eles indivíduos, empresas, produtos ou mesmo comportamentos. Opções de estratégias baseadas na identificação de grupos dentro da população, como segmentação e mercado-alvo, não seriam possíveis sem uma metodologia objetiva. Essa mesma necessidade é encontrada em outras áreas, indo das ciências físicas (p.ex., criar uma taxonomia biológica para a classificação de vários grupos de animais – insetos versus mamíferos versus répteis) às ciências sociais (p.ex., analisar vários perfis psiquiátricos). Em todos os casos, o pesquisador está procurando uma estrutura "natural" entre as observações com base em um perfil multivariado.

A técnica mais comumente usada para essa finalidade é a análise de agrupamentos. A análise de agrupamentos reúne indivíduos ou objetos em grupos tais que os objetos no mesmo grupo são mais parecidos uns com os outros do que com os objetos de outros grupos. A idéia é maximizar a homogeneidade de objetos dentro de grupos, ao mesmo tempo em que se maximiza a heterogeneidade entre os grupos. Este capítulo explica a natureza e o propósito da análise de agrupamentos e guia o pesquisador na seleção e uso de várias abordagens para essa técnica.

Termos-chave

Antes de começar o capítulo, leia os termos-chave para compreender os conceitos e a terminologia empregados. Ao longo do capítulo, os termos-chave aparecem em **negrito**. Outros pontos que merecem destaque, além das referências cruzadas nos termos-chave, estão em *itálico*. Exemplos ilustrativos estão em quadros.

Algoritmo da vizinhança mais distante Ver *método de ligação completa*.

Algoritmo de agrupamento Conjunto de regras ou procedimentos; é semelhante a uma equação.

Centróide Média ou valor médio dos *objetos* contidos no agrupamento em cada variável, seja usado na *variável estatística de agrupamento* ou no processo de validação.

Centróide de agrupamento Valor médio dos objetos contidos no agrupamento em todas as variáveis na *variável estatística de agrupamento*.

Critério de agrupamento cúbico (CCC) Uma medida direta de *heterogeneidade* na qual os maiores valores CCC indicam a *solução de agrupamento* final.

Dendrograma Representação gráfica (gráfico em árvore) dos resultados de um *procedimento hierárquico* no qual cada *objeto* é colocado em um eixo e o outro eixo representa os passos no procedimento hierárquico. Começando com cada objeto representado como um agrupamento separado, o dendrograma mostra graficamente como os agrupamentos são combinados em cada passo do procedimento até que todos estejam contidos em um único agrupamento.

Diagrama de perfil Representação gráfica dos dados que ajuda a projetar observações atípicas ou a interpretar a solução final de agrupamento. Normalmente, as variáveis da *variável estatística de agrupamento* ou aquelas usadas para a validação são listadas ao longo do eixo horizontal e a escala é o eixo vertical. Linhas separadas representam os escores (originais ou padronizados) para *objetos* individuais ou *centróides* de agrupamentos em um plano gráfico.

Diagrama vertical Representação gráfica de agrupamentos. Os *objetos* separados são mostrados horizontalmente ao longo do topo do diagrama, e o processo de *agrupamento hierárquico* é representado verticalmente em combinações de agrupamentos. Esse diagrama é semelhante a um *dendrograma* invertido e auxilia na determinação do número apropriado de agrupamentos na solução.

Distância *city-block* Método de calcular distâncias com base na soma das diferenças absolutas das coordenadas para os *objetos*. Esse método assume que as variáveis na *variável estatística de agrupamento* não são correlacionadas e que as escalas das unidades são compatíveis.

Distância de Chebychev Medida de distância definida como a maior diferença ao longo de todas as variáveis na *variável estatística de agrupamento*. Suscetível a diferenças de escala; logo, essa medida sempre deve ser usada com variáveis padronizadas.

Distância de Mahalanobis (D^2) Forma padronizada de *distância euclidiana*. Resposta de escalonamento em termos de desvios-padrão que padroniza os dados, com ajustes feitos para correlações entre as variáveis.

Distância de Manhattan Ver *distância city-block*.

Distância euclidiana Medida mais comumente usada da *similaridade* entre dois *objetos*. Essencialmente, é uma medida do comprimento de um segmento de reta desenhado entre dois objetos, quando representados graficamente.

Distância euclidiana absoluta Ver *distância euclidiana quadrada*.

Distância euclidiana quadrada Medida de *similaridade* que representa a soma das distâncias quadradas sem calcular a raiz quadrada (como se faz para calcular *distância euclidiana*).

Efeito de estilo resposta Série de respostas sistemáticas de um respondente que refletem um viés ou padrão consistente. Exemplos incluem responder de que um objeto sempre desempenha bem ou mal, ao longo de todos os atributos, com pouca ou nenhuma variação.

Função distância normalizada Processo que computa *medidas de distância* com base em escores de dados originais que foram padronizados com uma média de 0 e um desvio-padrão de 1, para remover o viés introduzido por diferenças em escalas de diversas variáveis.

Grupo de entropia Grupo de *objetos* independentes de qualquer agrupamento (ou seja, eles não se ajustam a agrupamento nenhum) que podem ser considerados atípicos e possivelmente eliminados da análise de agrupamentos.

Heterogeneidade Uma medida de diversidade de todas as observações ao longo dos agrupamentos que é usada como um elemento geral em *regras de parada*. Um grande aumento na heterogeneidade quando dois agrupamentos são combinados indica que existe uma estrutura mais natural quando os dois agrupamentos são separados.

Ligação média Algoritmo de agrupamento hierárquico que representa a *similaridade* como a distância média entre todos os objetos em um agrupamento e todos os objetos de outro. Essa técnica tende a combinar agrupamentos com pequenas variâncias.

Método centróide Algoritmo de agrupamento hierárquico no qual a *similaridade* entre agrupamentos é medida como a distância entre *centróides de agrupamentos*. Quando dois agrupamentos são combinados, um novo centróide é computado. Logo, os centróides de agrupamentos migram, ou se movem, conforme os agrupamentos são combinados.

Método da referência paralela Procedimento de *agrupamento não-hierárquico* que seleciona as *sementes de agrupamentos* simultaneamente no início. Objetos dentro das distâncias de referência são designados para a semente mais próxima. Distâncias de referência podem ser ajustadas para incluir menos ou mais objetos nos agrupamentos. Esse método é o oposto do *método da referência seqüencial*.

Método da referência seqüencial Procedimento de *agrupamento não-hierárquico* que começa pela seleção de uma *semente de agrupamento*. Todos os *objetos* dentro de uma distância pré-especificada são então incluídos no agrupamento. Sementes de agrupamentos subseqüentes são selecionadas até que todos os objetos estejam reunidos em um agrupamento.

Método da vizinhança mais próxima Ver *método da ligação individual*.

Método de ligação completa Algoritmo de *agrupamento hierárquico* no qual *similaridade entre objetos* se baseia na distância máxima entre *objetos* em dois agrupamentos (a distância entre os membros mais distintos de cada agrupamento). Em cada estágio da *aglomeração*, os dois agrupamentos com a menor distância máxima (mais parecidos) são combinados.

Método de ligação individual Algoritmo de *agrupamento hierárquico* no qual a *similaridade* é definida como a distância mínima entre qualquer *objeto* em um agrupamento e qualquer objeto de outro, o que simplesmente significa a distância entre os objetos mais próximos de dois agrupamentos. Esse procedimento tem o potencial de criar agrupamentos menos compactos ou mesmo em cadeia. É diferente do *método de ligação completa*, que usa a distância máxima entre objetos no agrupamento.

Método de Ward Procedimento de *agrupamento hierárquico* no qual a *similaridade* usada para juntar agrupamentos é calculada como a soma de quadrados entre os dois agrupamentos somados sobre todas as variáveis. Esse método tende a resultar em agrupamentos de tamanhos aproximadamente iguais devido à sua minimização de variação interna.

Método divisivo Procedimento de agrupamento *hierárquico* que começa com todos os *objetos* em um único agrupamento, que é então dividido em cada passo em dois agrupamentos adicionais que contêm os objetos mais distintos. O agrupamento único é dividido em dois, e em seguida um desses dois é dividido, formando um total de três agrupamentos. Isso continua até que todas as observações estejam em agrupamentos unitários. Esse método é o oposto do *método aglomerativo*.

Método do diâmetro Ver *método de ligação completa*.

Métodos aglomerativos *Procedimento hierárquico* que começa com cada *objeto* ou observação em um grupo separado. Em cada passo que se segue, os dois agrupamentos mais parecidos são combinados para construir um novo agrupamento agregado. O processo é repetido até que todos os objetos sejam finalmente combinados em um único agrupamento. Este processo é o oposto do *método divisivo*.

Multicolinearidade Grau em que uma variável pode ser explicada pelas outras variáveis na análise. Quando a multicolinearidade aumenta, ela complica a interpretação da *variável estatística de agrupamento* por ser mais difícil de determinar o efeito de qualquer variável individual devido às inter-relações das variáveis.

Objeto Pessoa, produto ou serviço, empresa ou qualquer outra entidade que possa ser avaliada em uma quantia de atributos.

Padronização centrada em linha Ver *padronização dentro de casos*.

Padronização interna Método de padronização no qual as respostas de um respondente não são comparadas com a amostra geral, mas, em vez disso, são comparadas com suas próprias respostas. Neste processo, também conhecido como *ipsitizing*, as respostas médias dos respondentes são usadas para padronizar suas próprias respostas.

Procedimento de otimização Procedimento de *agrupamento não-hierárquico* que permite a re-designação de *objetos* do agrupamento originalmente designado para um outro agrupamento com base em um critério de otimização geral.

Procedimentos hierárquicos Procedimentos de agrupamentos *stepwise* que envolvem uma combinação (ou divisão) dos *objetos* em agrupamentos. Os dois procedimentos alternativos são os *métodos aglomerativo* e *divisivo*. O resultado é a construção de uma hierarquia, ou estrutura em árvore (*dendrograma*), que representa a formação dos agrupamentos. Tal procedimento produz $N - 1$ soluções de agrupamento, onde N é o número de objetos. Por exemplo, se o procedimento aglomerativo começar com cinco objetos em grupos separados, ele mostrará como quatro agrupamentos, e em seguida três, dois e finalmente um agrupamento, são formados.

Procedimentos não-hierárquicos Procedimentos que produzem apenas uma solução de agrupamento para um conjunto de *sementes de agrupamentos*. Em vez de usar o processo de construção em forma de árvore encontrado nos *procedimentos hierárquicos*, as *sementes de agrupamentos* são empregadas para reunir *objetos* dentro de uma distância pré-especificada das sementes. Por exemplo, se quatro sementes de agrupamentos são especificadas, apenas quatro agrupamentos são formados. Os procedimentos não-hierárquicos não produzem resultados para todos os possíveis números de agrupamentos, como é feito com um *procedimento hierárquico*.

Raiz do desvio padrão quadrático médio (RMSSTD) A raiz quadrada da variância do novo agrupamento formado pela união de dois agrupamentos ao longo da *variável estatística de agrupamento*. Grandes aumentos indicam que os dois agrupamentos representam uma estrutura mais natural de dados do que quando unidos.

Regra de parada *Algoritmo* para determinar o número final de agrupamentos a serem formados. Sem qualquer regra de parada inerente à análise de agrupamentos, os pesquisadores desenvolveram diversos critérios e orientações para essa determinação. Existem duas classes de regras que são aplicadas *post hoc* e calculadas pelo pesquisador: (1) medidas de similaridade e (2) medidas estatísticas adaptadas.

Semente de agrupamento *Centróide* inicial ou ponto de partida para um agrupamento. Esses valores são selecionados para iniciar procedimentos de *agrupamento não-hierárquico*, nos quais os agrupamentos são construídos em torno desses pontos pré-especificados.

Similaridade Ver *similaridade entre objetos*.

Similaridade entre objetos A correspondência ou associação de dois *objetos* baseada nas variáveis da *variável estatística de agrupamento*. A similaridade pode ser medida de duas formas. Primeiro, é uma medida de associação, com coeficientes de correlação positivos maiores representando maior similaridade. Segundo, a proximidade entre cada par de objetos pode avaliar a similaridade, onde medidas de distância ou de diferença são empregadas, com as menores distâncias ou diferenças representando maior similaridade.

Solução de agrupamento Um número específico de agrupamentos selecionados como representativos da estrutura de dados da amostra de *objetos*.

Taxonomia Classificação empiricamente obtida de *objetos* reais baseada em uma ou mais características, como tipificada pela aplicação de análise de agrupamentos ou outros procedimentos de agregação. Essa classificação pode ser contrastada com uma *tipologia*.

Tipologia Classificação conceitual de *objetos* baseada em uma ou mais características. Uma tipologia geralmente não tenta agregar observações reais, mas, em vez disso, fornece a fundamentação teórica para a criação de uma *taxonomia*, a qual agrega observações reais.

Validade de critério Habilidade de agrupamentos em mostrar as diferenças esperadas em uma variável não usada para formar os agrupamentos. Por exemplo, se os agrupamentos foram formados sobre avaliações de desempenho, o analista pode antecipar que os agrupamentos com avaliações mais altas de desempenho também teriam maiores escores de satisfação. Se essa relação ocorrer em teste empírico, então a validade de critério está embasada.

Validade preditiva Ver *validade de critério*.

Variável estatística de agrupamento Conjunto de variáveis ou características que representam os *objetos* a serem agrupados. É usado para calcular a *similaridade* entre objetos.

O QUE É ANÁLISE DE AGRUPAMENTOS?

Análise de agrupamentos é um grupo de técnicas multivariadas cuja finalidade principal é agregar objetos com base nas características que eles possuem. Ela tem sido chamada de análise Q, construção de tipologia, análise de classificação e taxonomia numérica. Essa variedade de nomes se deve ao uso de métodos de agrupamento nas mais diversas áreas, como psicologia, biologia, sociologia, economia, engenharia e administração. Apesar de os nomes diferirem nas disciplinas, os métodos têm uma dimensão em comum: classificação de acordo com relações entre os objetos sendo agrupados [1, 2, 4, 10, 22, 27]. Essa dimensão comum representa a essência de todas as abordagens de agrupamento – a classificação de dados, como sugerido pelos agregados naturais dos dados em si. A análise de agrupamentos se assemelha à análise fatorial (ver Capítulo 3) em seu objetivo de avaliar estrutura. Porém, diferem no sentido de que a primeira agrega objetos e a segunda está prioritariamente interessada em agregar variáveis. Além disso, a análise fatorial faz os agrupamentos com base em padrões de variação (correlação) nos dados, enquanto a análise de agrupamentos faz agregados baseados em distância (proximidade).

Análise de agrupamentos como uma técnica multivariada

A análise de agrupamentos classifica **objetos** (p.ex., respondentes, produtos ou outras entidades) de modo que cada objeto é semelhante aos outros no agrupamento com base em um conjunto de características escolhidas. Os agrupamentos resultantes de objetos devem então exibir elevada homogeneidade interna (dentro dos agrupamentos) e elevada heterogeneidade externa (entre agrupamentos). Assim, se a classificação for bem sucedida, os objetos dentro dos agrupamentos estarão próximos quando representados graficamente, e diferentes agrupamentos estarão distantes.

Em análise de agrupamentos, o conceito da variável estatística é novamente uma questão central. A **variável estatística de agrupamento** é o conjunto de variáveis que representam as características usadas para comparar objetos na análise de agrupamentos. Como a variável estatística de agrupamentos inclui apenas as variáveis usadas para comparar objetos, ela determina o caráter dos objetos.

A variável estatística em análise de agrupamentos é determinada de maneira muito diferente do que ocorre em outras técnicas multivariadas. A análise de agrupamentos é a única técnica multivariada que não estima a variável estatística empiricamente, mas, em vez disso, usa a variável estatística como especificada pelo pesquisador. O foco da análise de agrupamentos é a comparação de objetos com base na variável estatística, não na estimação da variável estatística em si. Isso torna a definição da variável estatística feita pelo pesquisador um passo crítico na análise.

Desenvolvimento conceitual com análise de agrupamentos

A análise de agrupamentos tem sido usada em todo tipo de pesquisa imaginável. Variando da obtenção de taxonomias em biologia para agregar todos os organismos vivos, de classificações psicológicas baseadas em traços de personalidade e outros, à análise de segmentação de mercados, a análise de agrupamentos sempre teve uma forte tradição de agrupar indivíduos. Essa tradição foi estendida para classificar objetos, incluindo a estrutura de mercado, a análise das semelhanças e diferenças entre novos produtos, e avaliações de desempenho de empresas para identificar agrupamentos com base nas estratégias ou orientações estratégicas de empresas.

Em muitos casos, porém, o agrupamento de objetos é, na verdade, um meio para um fim em termos de uma meta conceitualmente definida. Os papéis mais comuns que a análise de agrupamentos pode desempenhar em desenvolvimento conceitual incluem os seguintes:

- *Redução de dados:* Um pesquisador que tenha coletado dados por meio de um questionário pode se deparar com um grande número de observações que são sem significado a não ser que sejam classificadas em grupos com os quais se possa lidar. A análise de agrupamentos pode realizar esse procedimento de redução de dados objetivamente pela redução da informação de uma população inteira ou de uma amostra para a informação sobre subgrupos específicos e menores.

> Por exemplo, se podemos entender as atitudes de uma população pela identificação dos principais grupos dentro da população, então reduzimos os dados para a população inteira em perfis de vários grupos. Dessa maneira, o pesquisador tem uma descrição mais concisa e compreensível das observações, com perda mínima de informação.

- *Geração de hipóteses:* A análise de agrupamentos também é útil quando um pesquisador deseja desenvolver hipóteses relativas à natureza dos dados ou examinar hipóteses previamente estabelecidas.

> Por exemplo, um pesquisador pode acreditar que as atitudes em relação ao consumo de refrigerantes diet versus comuns possam ser usadas para separar os consumidores de refrigerantes em segmentos ou grupos lógicos. A análise de agrupamentos pode classificar os consumidores de refrigerantes por suas atitudes em relação a refrigerantes normais versus diet, e os agrupamentos resultantes, se existirem, podem ser caracterizados por similaridades e diferenças demográficas.

A explosão resultante de aplicações da análise de agrupamentos em quase todas as áreas de investigação cria não apenas uma riqueza de conhecimento no seu uso, mas também a necessidade de uma melhor compreensão da técnica para minimizar seu mau emprego.

Necessidade de apoio conceitual em análise de agrupamentos

Junto com os benefícios da análise de agrupamentos vêm algumas advertências que devem ser observadas quando ela é empregada. Em cada caso, críticas potenciais podem ser retrucadas com forte suporte conceitual sobre um conjunto de questões que variam da razão do porquê deve existir estrutura (agrupamentos) até os tipos de medidas que devem ser usadas para caracterizar os objetos. Mesmo quando a análise de agrupamentos está sendo usada em desenvolvimento conceitual, como mencionado, algum suporte conceitual é essencial. As críticas abaixo são as mais comuns que devem ser resolvidas por suporte conceitual e não empírico:

- *A análise de agrupamentos é descritiva, não-teórica e não-inferencial.* Análise de agrupamentos não tem base estatística sobre a qual esboçar inferências de uma amostra para uma população, e muitos clamam que é apenas uma técnica exploratória. Nada garante soluções únicas, já que a pertinência a um agrupamento para qualquer número de soluções depende de muitos elementos do procedimento, e muitas soluções diferentes podem ser obtidas pela variação de um ou mais elementos. Portanto, se possível, a análise de agrupamentos deve ser aplicada a partir de um modo confirmatório, usando-a para identificar grupos que já têm uma fundamentação conceitual estabelecida quanto à existência dos mesmos.
- *A análise de agrupamentos sempre criará agrupamentos, independentemente da existência real de alguma estrutura nos dados.* Quando o pesquisador usa a análise de agrupamentos, ele está fazendo uma suposição sobre alguma estrutura entre os objetos. O pesquisador sempre deve lembrar que apenas achar agrupamentos não valida necessariamente a existência dos mesmos. Somente com forte suporte conceitual seguido de validação os agrupamentos são potencialmente significantes e relevantes.
- *A solução de agrupamentos não é generalizável, pois é totalmente dependente das variáveis usadas como base para a medida de similaridade.* Tal crítica pode ser feita a qualquer técnica estatística, mas a análise de agrupamentos é geralmente considerada mais dependente das medidas usadas para caracterizar os objetos do que outras técnicas multivariadas. Com a variável estatística de agrupamento completamente especificada pelo pesquisador, a adição de variáveis ilegítimas ou a eliminação de relevantes podem ter um substancial impacto sobre a solução resultante. Assim, o pesquisador deve tomar muito cuidado com as variáveis usadas na análise, garantindo que elas têm forte suporte teórico.

Assim, em qualquer uso da análise de agrupamentos o pesquisador deve ter especial cuidado para garantir que forte suporte conceitual anteceda a aplicação da técnica. Apenas com este suporte em mãos o pesquisador deve então tratar cada uma das decisões específicas envolvidas na execução da análise de agrupamentos.

COMO FUNCIONA A ANÁLISE DE AGRUPAMENTOS?

A análise de agrupamentos executa uma tarefa inata a todos os indivíduos – reconhecimento de padrões e agrupamento. A habilidade humana de processar até mesmo pequenas diferenças em inúmeras características é um processo cognitivo inerente aos seres humanos que não é facilmente igualável com todos os nossos avanços tecnológicos. Considere, por exemplo, a tarefa de analisar e agrupar rostos humanos. Mesmo a partir do nascimento, indivíduos podem rapidamente identificar pequenas diferenças em expressões faciais e agrupar diferentes rostos em grupos homogêneos enquanto se consideram centenas de características faciais. No entanto, ainda batalhamos por programas de reconhecimento de rostos para conseguir realizar a mesma tarefa. O processo de identificação de grupos naturais é um que pode se tornar bastante complexo de maneira muito rápida.

Para demonstrar como a análise de agrupamentos opera, examinamos um exemplo simples que ilustra algumas das questões-chave: medir similaridade, formar agrupamentos e decidir sobre o número de agrupamentos que melhor representam uma estrutura. Também discutimos brevemente o equilíbrio de considerações objetivas e subjetivas que devem ser tratadas por qualquer pesquisador.

Um exemplo simples

A natureza da análise de agrupamentos e as decisões básicas por parte do pesquisador são ilustradas por um simples exemplo envolvendo a identificação de segmentos de clientes em um cenário de varejo.

Suponha que um pesquisador de marketing queira determinar segmentos de mercado em uma comunidade com base em padrões de lealdade a marcas e lojas. Uma pequena amostra de sete respondentes é selecionada como um teste piloto de como a análise de agrupamentos é aplicada. Duas medidas de lealdade – V_1 (lealdade à loja) e V_2 (lealdade à marca) – foram feitas para cada respondente em uma escala de 0 a 10. Os valores para cada um dos sete respondentes são mostrados na Figura 8-1, juntamente com um diagrama de dispersão que representa cada observação sobre as duas variáveis.

O objetivo principal da análise de agrupamentos é definir a estrutura dos dados colocando as observações mais parecidas em grupos. Para conseguir isso, devemos tratar de três questões básicas:

1. *Como medimos a similaridade?* Necessitamos de um método de comparação simultânea de observações sobre as duas variáveis de agrupamentos (V_1 e V_2). Diversos métodos são possíveis, incluindo a correlação entre objetos ou talvez uma medida de sua proximidade em um espaço bidimensional tal que a distância entre observações indique similaridade.
2. *Como formamos os agrupamentos?* Não importa como a similaridade é medida, o procedimento deve agregar aquelas observações que são mais similares em um agrupamento. Esse procedimento deve determinar a pertinência a grupo de cada observação para cada conjunto de agrupamentos formados.
3. *Quantos grupos formamos?* A tarefa final é selecionar um conjunto de agrupamentos como a solução final. Fazendo isso, o pesquisador se depara com uma ponderação a ser feita: menos agrupamentos e menos homogeneidade dentro dos agregados versus um grande número de agrupamentos e maior homogeneidade interna. A estrutura simples, com vistas a parcimônia, é refletida internamente com o menor número de agrupamentos possível. No entanto, quando o número de agrupamentos diminui, a heterogeneidade dentro dos grupos necessariamente aumenta. Assim, deve ha-

Valores dos dados

Variável de agrupamento	Respondentes						
	A	B	C	D	E	F	G
V_1	3	4	4	2	6	7	6
V_2	2	5	7	7	6	7	4

Diagrama de dispersão

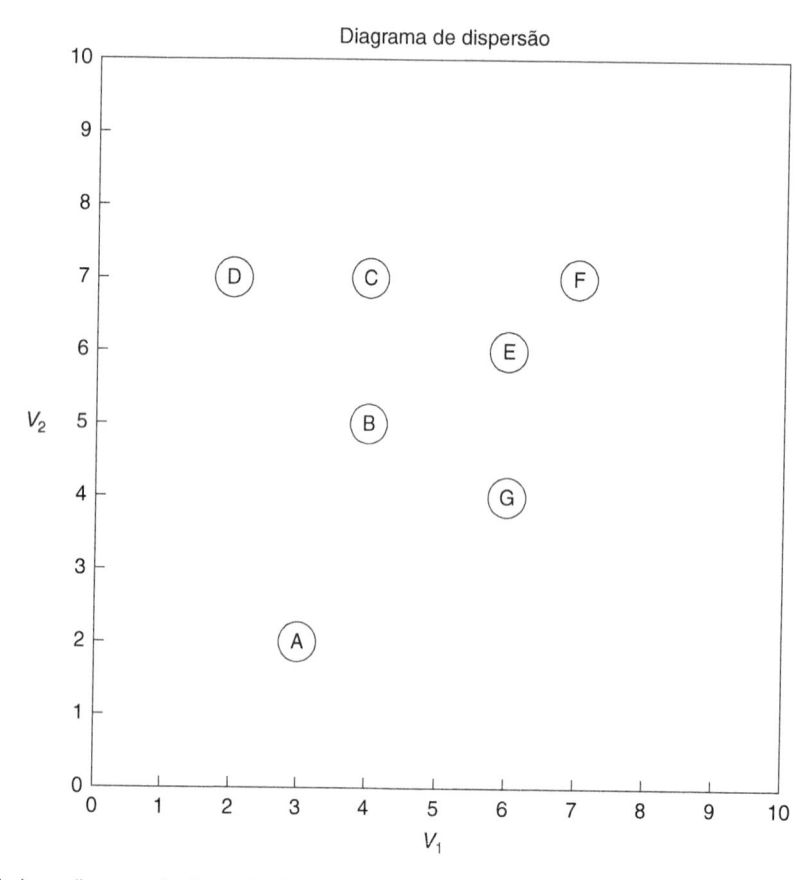

FIGURA 8-1 Valores de dados e diagrama de dispersão das sete observações com base nas duas variáveis de agrupamento (V_1 e V_2).

ver um equilíbrio entre definir a estrutura mais básica (menos agrupamentos) e ainda conseguir o nível necessário de similaridade* dentro dos agrupamentos.

Uma vez que temos os procedimentos para tratar de cada questão, podemos executar a análise. Ilustramos os princípios inerentes a cada uma dessas questões através de nosso exemplo simples.

Medição de similaridade
A primeira tarefa é desenvolver alguma medida de similaridade entre os objetos a serem usados no processo de agrupamento. **Similaridade** representa o grau de correspondência entre objetos ao longo de todas as características usadas na análise.

> Similaridade deve ser determinada entre cada uma das sete observações (respondentes A-G) para permitir que cada observação seja comparada com as demais. Neste exemplo, similaridade será medida de acordo com a distância euclidiana (em linha reta) em cada par de observações (ver Tabela 8-1) com base nas duas características (V_1 e V_2). Neste caso bidimensional (onde cada característica forma um eixo do gráfico) podemos perceber distância como a proximidade de cada ponto em relação aos outros. Ao usar a distância como medida de proximidade, devemos lembrar que distâncias menores indicam maior similaridade, de modo que as observações E e F são as mais parecidas (1,414) e A e F são as mais distintas (6,403).

Formação de agrupamentos
Com medidas de similaridade já calculadas, agora vamos para a formação de agrupamentos com base na medida de similaridade de cada observação**. Geralmente formamos um número de soluções de agrupamentos (uma solução de dois agrupamentos, três etc.). Uma vez que os agrupamentos são formados, escolhemos então a solução final a partir do conjunto de soluções possíveis. Primeiro discutimos como os agrupamentos são formados e, em seguida, examinamos o processo para seleção de uma solução final.

---
* N. de R. T.: A frase correta seria "nível aceitável de heterogeneidade dentro dos agrupamentos".
** N. de R. T.: A frase correta seria "... de cada par de observações".

Tendo calculado a medida de similaridade, devemos desenvolver um procedimento para formação de agrupamentos. Como mostrado adiante neste capítulo, muitos métodos têm sido propostos, mas para nossos propósitos aqui usamos essa regra simples:

> *Identifique as duas observações mais semelhantes (mais próximas) que ainda não estão no mesmo agrupamento e combine seus agrupamentos.*

Aplicamos essa regra repetidamente para gerar várias soluções, começando com cada observação em seu próprio "agrupamento" e então combinando dois agrupamentos por vez até que todas as observações estejam em um único agrupamento. Esse processo é o chamado **procedimento hierárquico**, porque opera no estilo *stepwise* para formar um intervalo inteiro de soluções de agrupamentos. É também um **método aglomerativo**, porque os agrupamentos são formados pela combinação de outros já existentes.

A Tabela 8-2 detalha os passos do processo aglomerativo hierárquico, primeiramente retratando o estado inicial com todas as sete observações em agrupamentos unitários, unindo-os em um processo aglomerativo até que apenas um agrupamento permaneça. O processo de agrupamento em seis passos é descrito aqui:

Passo 1: Identificar as duas observações mais próximas (E e F) e combiná-las em um agrupamento, mudando de sete para seis agrupamentos.

Passo 2: Encontrar os próximos pares de observações mais semelhantes. Neste caso, três pares têm a mesma distância de 2,000 (E-G, C-D e B-C). Para nossos propósitos, começamos com E-G. G é um agrupamento unitário, mas E foi combinado no passo anterior com F. Logo, o agrupamento formado nesse estágio agora tem três membros: G, E e F.

Passo 3: Combinar os agrupamentos unitários C e D de forma que agora temos quatro agrupamentos

Passo 4: Combinar B com o agrupamento de dois membros C-D que foi formado no passo 3. Neste ponto, temos agora três agrupamentos: agrupa-

(Continua)

TABELA 8-1 Matriz de proximidade de distâncias euclidianas entre observações

| Observação | Observação | | | | | | |
	A	B	C	D	E	F	G
A	–						
B	3,162	–					
C	5,099	2,000	–				
D	5,099	2,828	2,000	–			
E	5,000	2,236	2,236	4,123	–		
F	6,403	3,606	3,000	5,000	1,414	–	
G	3,606	2,236	3,606	5,000	2,000	3,162	–

(*Continuação*)
  mento 1 (A), agrupamento 2 (B, C e D) e agrupamento 3 (E, F e G).
Passo 5: Combinar os dois agrupamentos de três membros em um único agrupamento de seis. A menor distância seguinte é 2,236 para três pares de observações (E-B, B-G e C-E). Usamos apenas uma dessas distâncias, contudo, já que cada par de observações contém um membro de cada um dos dois agrupamentos existentes (B, C e D versus E, F e G).
Passo 6: Combinar a observação A com o agrupamento remanescente (seis observações) em um único agrupamento a uma distância de 3,162. Você notará que distâncias menores ou iguais a 3,162 não são usadas por estarem entre membros do mesmo agrupamento.

O processo de agrupamento hierárquico pode ser representado graficamente de diversas maneiras. A Figura 8-2 ilustra dois métodos. Primeiro, como o processo é hierárquico, o processo de agrupamento pode ser mostrado como uma série de agregados aninhados (ver Figura 8-2a). Esse processo, contudo, pode representar a proximidade das observações para apenas duas ou três variáveis de agrupamento no gráfico de dispersão ou no gráfico tridimensional. Uma abordagem mais comum é o dendrograma, que representa o processo de agrupamento em um gráfico tipo árvore. O eixo horizontal retrata o coeficiente de aglomeração, neste caso a distância usada para unir agrupamentos. Essa abordagem é particularmente útil na identificação de observações atípicas, como a observação A. Ela também revela o tamanho relativo dos variados agrupamentos, apesar de ficar intratável quando o número de observações aumenta.

Determinação do número de agrupamentos na solução final

Um método hierárquico resulta em diversas soluções de agrupamentos – nesse caso, começando com uma solução de sete agrupamentos e terminando com um. Qual solução devemos escolher? Sabemos que quando nos afastamos de agrupamentos unitários na solução de sete agrupamentos, a heterogeneidade aumenta. Portanto, por que não ficarmos com sete agrupamentos, a opção mais homogênea possível? O problema é que não definimos nenhuma estrutura com sete agrupamentos. Assim, o pesquisador deve verificar cada solução quanto à sua descrição da estrutura versus a heterogeneidade dos agrupamentos. Primeiro discutimos um método simples para definir heterogeneidade de cada solução de agrupamento e então avaliamos as soluções para chegarmos a uma solução final.

Medição de heterogeneidade. Qualquer medida de **heterogeneidade** de uma solução de agrupamento deve representar a diversidade geral entre observações em todos os agrupamentos. Na solução inicial de uma abordagem aglomerativa onde todas as observações estão em agrupamentos separados, a heterogeneidade é minimizada. À medida que observações são combinadas para formarem agrupamentos, a heterogeneidade aumenta. Assim, a medida de heterogeneidade deve começar com um valor nulo e aumentar para mostrar o nível de heterogeneidade quando agrupamentos são combinados.

Neste exemplo, usamos uma medida simples de heterogeneidade: a média de todas as distâncias entre observações dentro de agrupamentos (ver Tabela 8-2). Como já descrito, a medida deve aumentar quando agrupamentos são combinados:

- Na solução inicial com sete agrupamentos, nossa medida de similaridade geral é 0 – nenhuma observação faz par com outra.
- Seis agrupamentos: A similaridade geral é a distância entre as duas observações (1,414) reunidas no passo 1.
- Cinco agrupamentos: O passo 2 forma um agrupamento de três elementos (E, F e G), de modo que a medida de similaridade geral é a média das distâncias entre E e F (1,414), E e G (2,000) e F e G (3,162), o que nos dá 2,192.
- Quatro agrupamentos: No próximo passo um novo agrupamento de dois membros é formado com uma

(*Continua*)

TABELA 8-2 Processo de agrupamento hierárquico aglomerativo

	PROCESSO DE AGLOMERAÇÃO		SOLUÇÃO DE AGRUPAMENTO		
Passo	Distância mínima entre observações não-agrupadas[a]	Par de observações	Pertinência a agrupamento	Número de agrupamentos	Medida de similaridade geral (distância média dentro do agrupamento)
	Solução inicial		(A) (B) (C) (D) (E) (F) (G)	7	0
1	1,414	E-F	(A) (B) (C) (D) (E-F) (G)	6	1,414
2	2,000	E-G	(A) (B) (C) (D) (E-F-G)	5	2,192
3	2,000	C-D	(A) (B) (C-D) (E-F-G)	4	2,144
4	2,000	B-C	(A) (B-C-D) (E-F-G)	3	2,234
5	2,236	B-E	(A) (B-C-D-E-F-G)	2	2,896
6	3,162	A-B	(A-B-C-D-E-F-G)	1	3,420

[a] Distância euclidiana entre observações.

(Continuação)
distância de 2,000, o que faz com que a média geral caia ligeiramente para 2,144.
- Três, dois e um agrupamento: Os últimos três passos formam novos agrupamentos dessa maneira até que seja formada uma solução com um só agrupamento (passo 6), no qual a média de todas as distâncias na matriz de distâncias é 3,420.

Seleção de uma solução final de agrupamento. Agora, como usamos essa medida geral de similaridade para selecionar uma **solução de agrupamentos**? Lembre-se que estamos tentando obter a estrutura mais simples possível que ainda represente agrupamentos homogêneos. Se monitoramos a medida de heterogeneidade conforme o número de agrupamentos diminui, grandes aumentos na heterogeneidade indicam que dois agrupamentos um tanto dissimilares foram unidos naquele estágio.

A partir da Tabela 8-2 podemos perceber que a medida geral de heterogeneidade aumenta quando combinamos agrupamentos até alcançarmos a solução de um agrupamento. Para escolhermos uma solução final, examinamos as mudanças na medida de homogeneidade* para

(Continua)

---

* N. de R. T.: A frase correta seria "na medida de heterogeneidade".

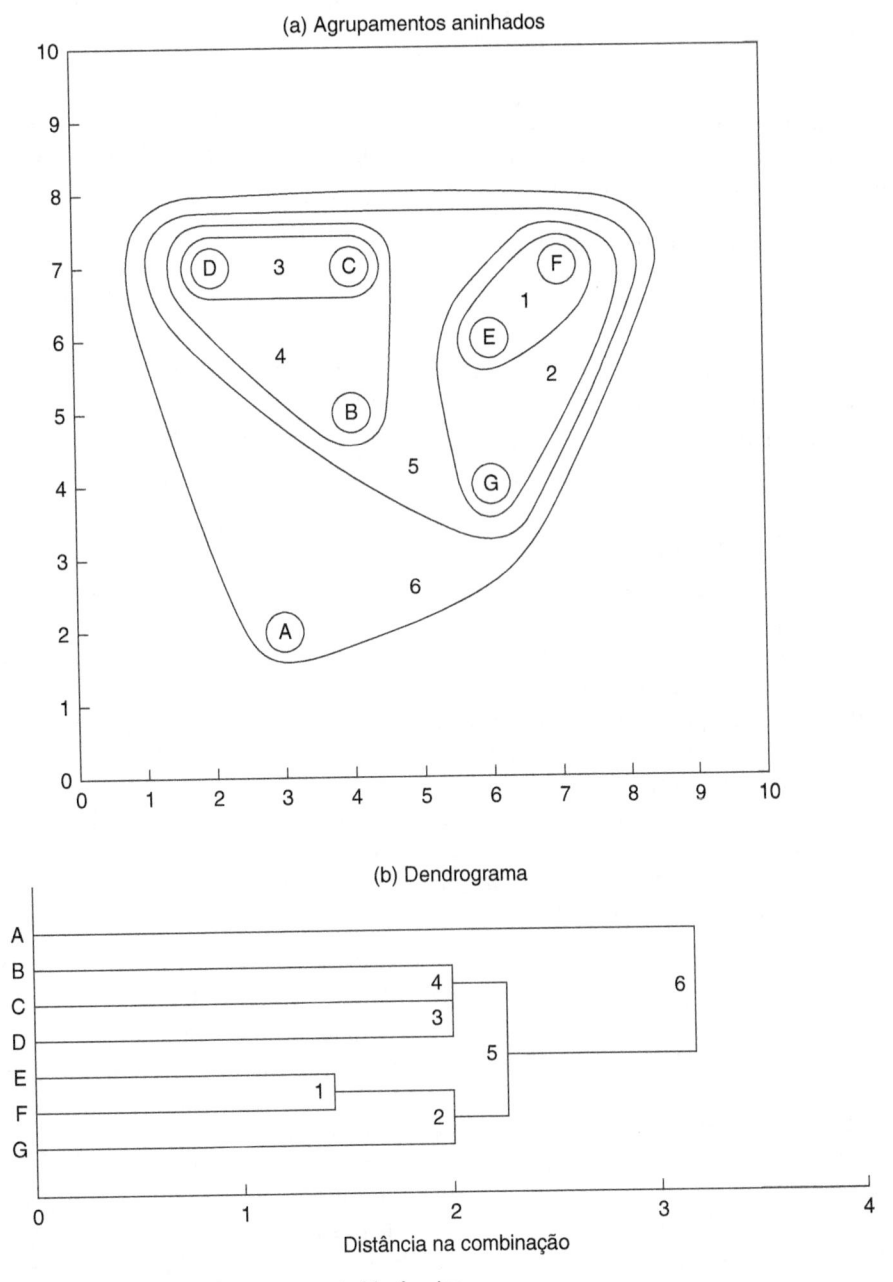

FIGURA 8-2 Descrições gráficas do processo de agrupamento hierárquico.

(*Continuação*)

identificar grandes aumentos indicativos da fusão de agrupamentos distintos:

- Quando juntamos duas observações no início (passo 1) e também quando fazemos nosso primeiro agrupamento de três membros (passo 2), percebemos grandes aumentos.
- Nos dois passos seguintes (3 e 4), a medida geral não muda substancialmente, o que indica que estamos formando outros agrupamentos essencialmente com a mesma heterogeneidade dos agregados já existentes.
- Quando avançamos para o passo 5, o qual combina os dois agrupamentos de três membros, percebemos um grande aumento. Isso é indicativo de que reunir esses dois agrupamentos resultou em um agregado que é bem menos homogêneo. Como resultado, consideraríamos a solução do passo 4 com três agrupamentos muito melhor do que a encontrada no passo 5 com dois agrupamentos.
- Também podemos notar que, no passo 6, a medida geral novamente aumentou bastante, indicando que quando esta observação foi unida no último passo, ela mudou substancialmente a homogeneidade do agrupamento. Dado o perfil peculiar dessa observação (observação A) comparada com as outras, ela poderia ser melhor designada como elemento do **grupo de entropia**, aquelas observações que são atípicas e independentes dos agrupamentos existentes.

Logo, quando revemos o intervalo de soluções, aquela de três agrupamentos do passo 4 parece a mais adequada para uma solução final, com dois agrupamentos de mesmo tamanho e a observação atípica isolada.

Considerações objetivas versus subjetivas

Como já deve estar claro, a seleção da solução final exige muito julgamento do pesquisador e é considerada por muitos como muito subjetiva. Ainda que métodos mais sofisticados tenham sido desenvolvidos para auxiliar na avaliação das soluções de agrupamentos, ainda cabe ao pesquisador tomar a decisão final quanto ao número de agrupamentos a ser aceito como solução final. Além disso, decisões sobre as características a serem usadas, os métodos de combinação de agrupamentos e mesmo a interpretação de soluções de agrupamento repousam no julgamento do pesquisador tanto quanto em qualquer teste empírico.

Mesmo este exemplo simples de apenas duas características e sete observações demonstra a potencial complexidade na execução da análise de agrupamentos. Pesquisadores em ambientes realistas se deparam com análises contendo muito mais características com muito mais observações.

Portanto, é imperativo que pesquisadores empreguem todo suporte objetivo disponível e que sejam guiados por julgamentos sensatos, especialmente nos estágios de planejamento e interpretação.

Resumo

O processo de análise de agrupamentos, apesar de quase natural em indivíduos acostumados a reconhecer padrões e agrupar objetos instintivamente, se torna cada vez mais complexo à medida que tentamos reproduzir o processo através desta técnica multivariada. O pesquisador se defronta com várias decisões, muitas subjetivas por natureza, que afetam a solução final. No restante deste capítulo, discutimos como o pesquisador pode empregar tais procedimentos mais sofisticados para lidar com a crescente complexidade de aplicações no mundo real enquanto ainda atende à objetividade necessária em projetos de pesquisa.

PROCESSO DE DECISÃO EM ANÁLISE DE AGRUPAMENTOS

A análise de agrupamentos, como as outras técnicas multivariadas discutidas anteriormente, pode ser vista a partir da abordagem de construção de modelo em seis estágios introduzida no Capítulo 1 (ver Figura 8-3 para os estágios 1-3 e Figura 8-6 para os estágios 4-6). Começando com os objetivos da pesquisa, que podem ser exploratórios ou confirmatórios, o delineamento de uma análise de agrupamentos lida com o seguinte:

- A partição do conjunto de dados para formar agrupamentos e a seleção de uma solução
- Interpretação dos agrupamentos para compreender as características de cada agrupamento e desenvolver um nome ou rótulo que defina apropriadamente a natureza dos mesmos
- Validação dos resultados da solução final (ou seja, determinação de sua estabilidade e generalização), com a descrição das características de cada agrupamento para explicar como eles podem diferir quanto a dimensões relevantes, como as demográficas

As seções a seguir detalham todas essas questões por meio do processo de construção de modelo em seis estágios.

Estágio 1: Objetivos da análise de agrupamentos

O objetivo principal da análise de agrupamentos é dividir um conjunto de objetos em dois ou mais grupos com base na similaridade dos objetos em relação a um conjunto de características especificadas (variável estatística de agrupamento). No alcance deste objetivo básico, o pesquisador deve tratar de dois aspectos-chave: as questões de pesquisa sob estudo nesta análise e as variáveis usadas para caracterizar objetos no processo de agrupamento. Discutimos cada aspecto na seção a seguir.

Estágio 1

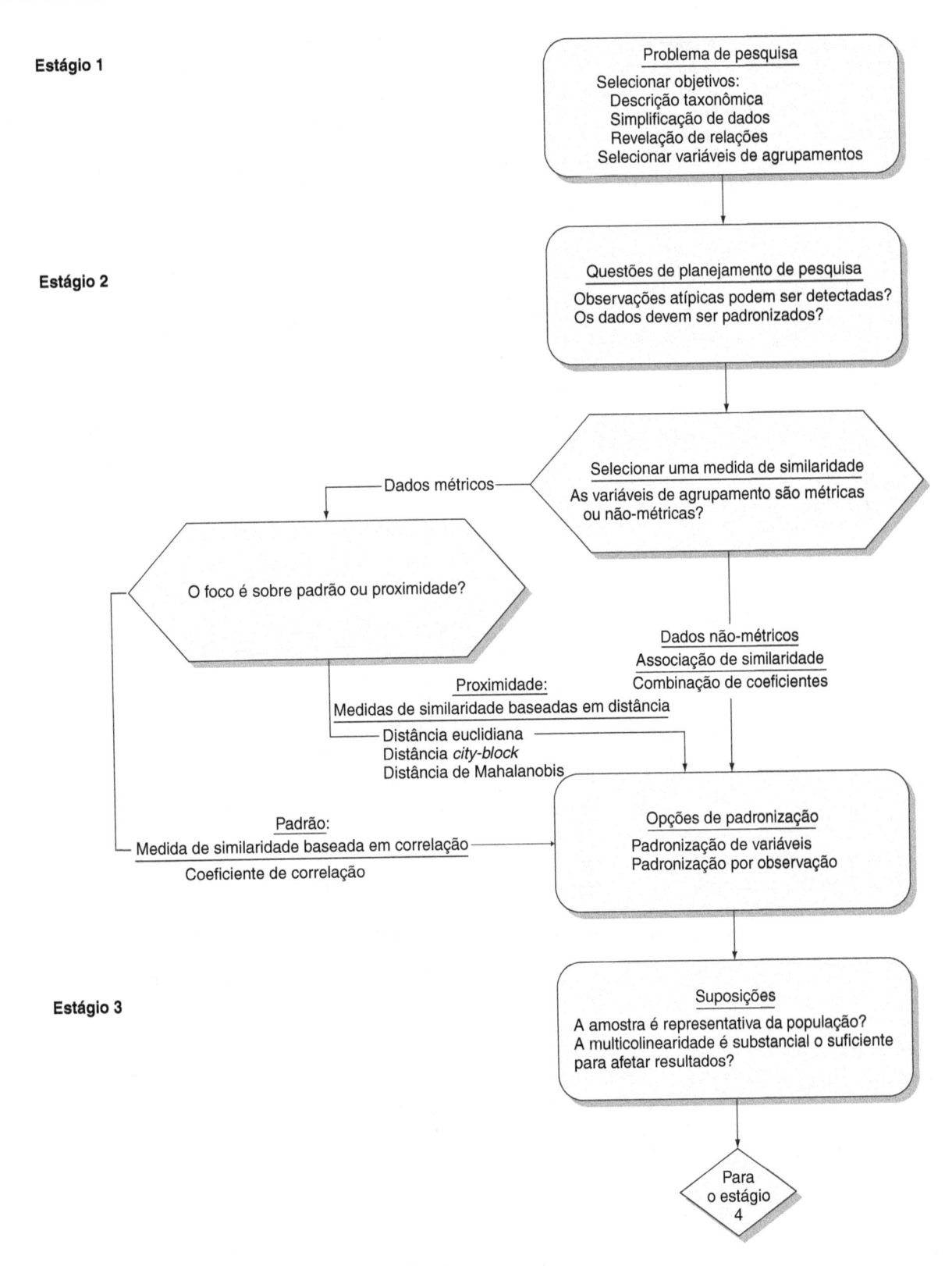

```
Problema de pesquisa
Selecionar objetivos:
  Descrição taxonômica
  Simplificação de dados
  Revelação de relações
  Selecionar variáveis de agrupamentos
```

Estágio 2

```
Questões de planejamento de pesquisa
Observações atípicas podem ser detectadas?
Os dados devem ser padronizados?
```

```
Selecionar uma medida de similaridade
As variáveis de agrupamento são métricas
ou não-métricas?
```

— Dados métricos —

O foco é sobre padrão ou proximidade?

Dados não-métricos
Associação de similaridade
Combinação de coeficientes

Proximidade:
Medidas de similaridade baseadas em distância
— Distância euclidiana
Distância *city-block*
Distância de Mahalanobis

Padrão:
— Medida de similaridade baseada em correlação
Coeficiente de correlação

```
Opções de padronização
Padronização de variáveis
Padronização por observação
```

Estágio 3

```
Suposições
A amostra é representativa da população?
A multicolinearidade é substancial o suficiente
para afetar resultados?
```

Para o estágio 4

FIGURA 8-3 Estágios 1-3 do diagrama de decisão da análise de agrupamentos.

Questões de pesquisa em análise de agrupamentos

Ao formar grupos homogêneos, a análise de agrupamentos pode abordar qualquer combinação de três questões básicas de pesquisa:

1. *Descrição taxonômica*. O uso mais tradicional da análise de agrupamentos tem sido para fins exploratórios e para a formação de uma **taxonomia** – uma classificação de objetos com base empírica. Como descrito anteriormente,

a análise de agrupamentos tem sido usada em uma vasta gama de aplicações devido à sua habilidade para partição. Ela pode também gerar hipóteses relacionadas com a estrutura dos objetos. Finalmente, apesar de vista principalmente como uma técnica exploratória, a análise de agrupamentos pode ser usada para fins confirmatórios. Em tais casos, uma **tipologia** proposta (classificação com base teórica) pode ser comparada com aquela obtida pela análise de agrupamentos.

2. *Simplificação de dados.* Pela definição de estrutura entre as observações, a análise de agrupamentos também desenvolve uma perspectiva simplificada agrupando observações para análise posterior. Ao contrário da análise fatorial, que tenta fornecer dimensões ou estrutura para variáveis (ver Capítulo 3), a análise de agrupamentos executa a mesma tarefa para as observações. Assim, em vez de ver todas as observações como únicas, elas podem ser vistas como membros de agrupamentos e definidas por suas características gerais.

3. *Identificação de relação.* Com os agrupamentos definidos e a estrutura subjacente dos dados representada nos agrupamentos, o pesquisador tem um meio de revelar relações entre as observações que tipicamente não é possível com as observações individuais. Ainda que análises como a discriminante sejam empregadas para identificar relações empiricamente, ou os grupos sejam sujeitos a métodos mais qualitativos, a estrutura simplificada da análise de agrupamentos muitas vezes representa relações ou similaridades e diferenças não reveladas anteriormente.

Seleção de variáveis de agrupamento

Os objetivos da análise de agrupamentos não podem ser separados da seleção de variáveis usadas para caracterizar os objetos a serem agrupados. Seja o objetivo exploratório ou confirmatório, o pesquisador efetivamente restringe os possíveis resultados pelas variáveis selecionadas para uso. Os agrupamentos obtidos refletem a estrutura inerente dos dados e são definidos apenas pelas variáveis. Assim, a seleção das variáveis a serem incluídas na variável estatística de agrupamento deve ser feita em relação a considerações teóricas e conceituais, bem como práticas.

Considerações conceituais. Qualquer aplicação da análise de agrupamentos deve ter um argumento segundo o qual variáveis são selecionadas. Seja o argumento baseado em uma teoria explícita, pesquisa anterior, ou suposição, o pesquisador deve perceber a importância de incluir apenas aquelas variáveis que (1) caracterizam os objetos sendo agregados e (2) se relacionam especificamente aos objetivos da análise de agrupamentos. A técnica de análise de agrupamentos não tem meios de diferenciar variáveis relevantes de irrelevantes, e determina os grupos de objetos mais consistentes, mesmo que distintos, ao longo de *todas* as variáveis. Assim, jamais devem ser incluídas variáveis indiscriminadamente. Em vez disso, deve-se escolher cuidadosamente as variáveis com o objetivo da pesquisa como critério de seleção.

Por exemplo, com o conjunto de dados HBAT, podemos selecionar as 13 variáveis de percepção como as variáveis de agrupamento para a análise. Dessa maneira, os agrupamentos representariam segmentos de clientes com perfis de percepção da HBAT parecidos. Não obstante, não incluiríamos as variáveis de resultado (satisfação, possibilidade de recompra etc.) na mesma análise, pois elas são diferentes das percepções e parecem mais adequadas como variáveis de validação.

Considerações práticas. Em um sentido prático, a análise de agrupamentos pode ser dramaticamente afetada pela inclusão de apenas uma ou duas variáveis inadequadas ou não-diferenciadas [17]. O pesquisador sempre é encorajado a examinar os resultados e eliminar as variáveis que não são distintas (ou seja, que não diferem significativamente) ao longo dos agrupamentos obtidos. Esse procedimento permite que as técnicas de agrupamento definam maximamente agrupamentos com base apenas nas variáveis que exibem diferenças ao longo dos objetos.

Resumo. Talvez mais do que com outra técnica multivariada, percebemos o impacto do julgamento do pesquisador referente à inclusão de variáveis na análise. Com outras técnicas multivariadas, o processo de estimação desenvolve pesos para cada variável refletindo seu papel no processo analítico. A análise de agrupamentos não pondera discriminadamente as variáveis no processo de agrupamento, tornando criticamente importante que o

---

REGRAS PRÁTICAS 8-1

Objetivos da análise de agrupamentos

- A análise de agrupamentos é usada para:
  - Descrição taxonômica: Identificar grupos naturais dentro dos dados
  - Simplificação de dados: A habilidade de analisar grupos de observações semelhantes em vez de todas as observações individuais
  - Identificação de relação: A estrutura simplificada da análise de agrupamentos retrata relações não reveladas de outra forma
- Considerações teóricas, conceituais e práticas devem ser levadas em conta quando se selecionam variáveis de agrupamento para análise:
  - Somente variáveis que se relacionam especificamente com os objetivos da análise de agrupamentos são incluídas; variáveis irrelevantes não podem ser excluídas da análise uma vez que ela comece
  - Variáveis selecionadas caracterizam os indivíduos (objetos) sendo agrupados

pesquisador entenda as implicações conceituais e práticas da inclusão e exclusão de variáveis da análise.

Estágio 2: Projeto de pesquisa em análise de agrupamentos

Com os objetivos definidos e as variáveis selecionadas, o pesquisador deve abordar quatro questões antes de começar o processo de partição:

1. O tamanho da amostra é adequado?
2. As observações atípicas podem ser detectadas e, se for o caso, devem ser eliminadas?
3. Como a similaridade de objetos deve ser medida?
4. Os dados devem ser padronizados?

Muitas abordagens diferentes podem ser empregadas para responder a essas questões. No entanto, nenhuma delas foi avaliada suficientemente para fornecer uma resposta definitiva e, infelizmente, muitos dos métodos fornecem resultados diferentes para o mesmo conjunto de dados. Logo, a análise de agrupamentos, juntamente com a análise fatorial, é tanto uma arte quanto uma ciência. Por essa razão, nossa discussão revê essas questões dando exemplos dos métodos mais comumente usados e avaliando as limitações práticas sempre que possível.

A importância dessas questões e das decisões tomadas em estágios posteriores se torna evidente quando percebemos que, apesar de a análise de agrupamentos buscar estrutura nos dados, ela deve na verdade impor uma estrutura por meio de uma metodologia selecionada. A análise de agrupamentos não pode avaliar todas as partições possíveis porque mesmo o problema relativamente pequeno de dividir 25 objetos em 5 agrupamentos disjuntos envolve $2,431 \times 10^{15}$ partições possíveis [2]. Em vez disso, com base nas decisões do pesquisador, a técnica identifica um pequeno subconjunto das possíveis soluções como "correto". Desse ponto de vista, as questões do projeto da pesquisa e a escolha de metodologias feita pelo pesquisador talvez tenham maior impacto do que com qualquer outra técnica multivariada.

Tamanho da amostra

A questão de tamanho amostral em análise de agrupamentos não se relaciona com quaisquer problemas de inferência estatística (ou seja, poder estatístico). Em vez disso, a amostra deve ser grande o bastante para fornecer suficiente representação de pequenos grupos dentro da população e representar a estrutura inerente. Esta questão de representação se torna crítica na detecção de observações atípicas (ver a próxima seção), com a questão principal sendo: quando uma observação atípica é detectada, ela é representativa de um grupo pequeno mas substantivo? Grupos pequenos irão naturalmente aparecer como pequenas quantias de observações, particularmente quando a amostra é pequena. Por exemplo, com tamanhos amostrais de 100 ou menos, grupos de até 10% da população podem ser representados por apenas uma ou duas observações devido ao processo de amostragem. Em tais casos a distinção entre observações atípicas e representativas de um pequeno grupo é muito mais difícil de fazer. Amostras maiores aumentam a chance de que grupos pequenos sejam representados por casos suficientes para tornar a presença dos mesmos mais facilmente identificada.

Como resultado, o pesquisador deve garantir que a amostra é suficientemente grande para adequadamente representar todos os grupos relevantes da população. Ao determinar o tamanho amostral, o pesquisador deve especificar os tamanhos de grupos necessários para relevância às questões de pesquisa que são feitas. Obviamente, se os objetivos da análise demandam a identificação de pequenos grupos dentro da população, o pesquisador deve buscar amostras maiores. Se o pesquisador porém está interessado somente em grupos maiores (p.ex., segmentos importantes para campanhas promocionais), então a distinção entre uma observação atípica e um representante de um pequeno grupo é menos importante e ambos podem ser tratados de uma maneira semelhante.

Detecção de observações atípicas

Na busca por estrutura, já discutimos como a análise de agrupamentos é sensível à inclusão de variáveis irrelevantes. Mas a análise de agrupamentos é igualmente sensível a observações atípicas (objetos diferentes de todos os outros). As observações atípicas podem representar:

- Observações verdadeiramente aberrantes que não são representativas da população geral
- Observações representativas de segmentos pequenos ou insignificantes na população, ou
- Uma subamostragem de grupos reais na população que provoca uma representação ruim dos grupos na amostra.

No primeiro caso, as observações atípicas distorcem a verdadeira estrutura e tornam os agrupamentos obtidos não-representativos da verdadeira estrutura da população. No segundo caso, a observação atípica é removida, de forma que os agrupamentos resultantes representam com maior precisão os segmentos relevantes na população. No entanto, no terceiro caso as observações atípicas devem ser incluídas nas soluções, mesmo que elas sejam mal representadas na amostra, pois elas representam grupos válidos e relevantes. Por esta razão, um exame preliminar para detectar observações atípicas é sempre necessário.

Abordagens gráficas. Uma das maneiras mais fáceis de conduzir tal exame é preparar um **diagrama de perfil** gráfico, listando as variáveis ao longo do eixo horizontal e os valores das variáveis ao longo do eixo vertical. Cada ponto do gráfico representa o valor da variável correspondente, e os pontos são conectados para facilitar a interpretação visual. Perfis para todos os objetos são então colocados no gráfico, com uma linha para cada objeto. As observações atípicas são os objetos com perfis muito diferentes, geralmente caracterizados por valores extremos em uma ou mais variáveis. Um exemplo de diagrama de perfil gráfico é mostrado na Figura 8-4.

Abordagens empíricas. Apesar de simples, os procedimentos gráficos se tornam inadequados com um grande número de objetos e até mais difíceis quando o número de variáveis aumenta. Além disso, a detecção de observações atípicas deve se estender para além do método univariado, pois elas também podem ser definidas em um sentido multivariado como tendo perfis únicos em um conjunto inteiro de variáveis que as distinguem de todas as outras observações. Como resultado, uma medida empírica se faz necessária para facilitar comparações ao longo de objetos. Para esses casos, os procedimentos para identificar observações atípicas discutidos no Capítulo 2 podem ser aplicados. A combinação de técnicas bivariadas e multivariadas fornece um conjunto abrangente de ferramentas para identificação de observações atípicas sob muitas perspectivas.

Outro método é identificar observações atípicas através de medidas de similaridade. Os exemplos mais óbvios de observações atípicas são observações singulares que são as mais distintas das demais. No entanto, usando esta técnica, o pesquisador está comprometido com a identificação de observações atípicas somente após as soluções de agrupamento serem identificadas, o que requer pelo menos uma iteração (identificando observações atípicas, eliminando-as do conjunto de dados e, em seguida, rodando novamente a análise) na análise. À medida que o número de objetos a serem agregados aumenta, fica mais difícil identificar todas as observações atípicas sem múltiplas iterações. Além disso, algumas das abordagens de agrupamento são bastante sensíveis à remoção de apenas uns poucos casos [14]. Assim, deve-se colocar ênfase na identificação de observações atípicas antes que a análise tenha início.

Resumo. Seja qual for o método usado, observações identificadas como atípicas devem ser avaliadas quanto à sua representatividade da população e eliminadas da análise se forem consideradas não-representativas. Como em outros casos de detecção de observações atípicas, o pesquisador deve demonstrar cautela na eliminação de observações da amostra, pois tal eliminação pode distorcer a estrutura real dos dados.

Medidas de similaridade

O conceito de similaridade é fundamental na análise de agrupamentos. A **similaridade entre objetos** é uma medida empírica de correspondência, ou semelhança, entre objetos a serem agrupados. A comparação das duas técnicas de interdependência (análise fatorial e análise de agrupamentos) demonstrará como funciona a similaridade para definir estrutura em ambos os casos.

- Em nossa discussão de análise fatorial, a matriz de correlação entre todos os pares de variáveis foi usada para agregar variáveis em fatores. O coeficiente de correlação representa a similaridade de cada variável com outra, quando vista ao longo de todas as observações. Assim, a análise fatorial reuniu variáveis que tinham fortes correlações entre si.
- Um processo comparável ocorre em análise de agrupamentos. Aqui, a medida de similaridade é calculada para todos os pares de objetos, com similaridade baseada no perfil de cada observação nas características especificadas pelo pesquisador. Desse modo, qualquer objeto pode ser comparado a qualquer outro por meio da medida de similaridade, exatamente como usamos correlações entre variáveis em análise fatorial. O procedimento de análise de agrupamentos então prossegue agregando objetos semelhantes em agrupamentos.

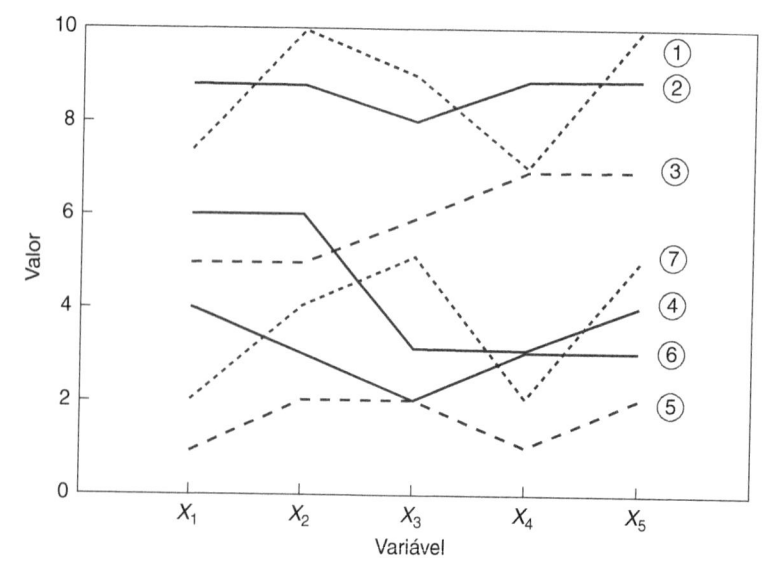

FIGURA 8-4 Diagrama de perfil.

A similaridade entre objetos pode ser medida de diversas maneiras, mas três métodos dominam as aplicações de análise de agrupamentos: medidas correlacionais, medidas de distância e medidas de associação. Cada um desses métodos representa uma perspectiva particular sobre similaridade, dependendo de seus objetivos e do tipo de dados. Tanto as medidas correlacionais quanto as de distância requerem dados métricos, ao passo que as medidas de associação são para dados não-métricos.

Medidas correlacionais. A medida de similaridade entre objetos em que provavelmente se pensa em primeiro lugar é o coeficiente de correlação entre dois objetos medidos sobre diversas variáveis. Com efeito, em vez de correlacionar dois conjuntos de variáveis, invertemos a matriz de dados, de forma que as colunas representam os objetos e as linhas correspondem às variáveis. Logo, o coeficiente de correlação entre as duas colunas de números é a correlação (ou similaridade) entre os perfis dos dois objetos. Altas correlações indicam similaridade (a correspondência de padrões ao longo das características) e baixas correlações denotam uma falta da mesma. Esse procedimento é seguido também na aplicação de análise fatorial do tipo Q (ver Capítulo 3).

> A abordagem correlacional é ilustrada usando o exemplo de sete observações mostrado na Figura 8-4. Uma medida correlacional de similaridade não olha a magnitude, mas sim os padrões dos valores. Na Tabela 8-3, a qual contém as correlações entre essas sete observações, podemos perceber dois grupos distintos. Primeiro, os casos 1, 5 e 7 têm padrões semelhantes e correlações correspondentes elevadas e positivas. Do mesmo modo, os casos 2, 4 e 6 também têm correlações positivas altas entre eles mesmos, mas correlações baixas ou negativas com as outras observações. O caso 3 tem correlações baixas ou negativas com todos os demais casos, de modo que talvez forme um grupo por si mesmo.

Correlações representam padrões ao longo das variáveis, muito mais do que as magnitudes, que são comparáveis a uma análise fatorial do tipo Q (ver Capítulo 3).

TABELA 8-3 Cálculo de medidas de similaridade correlacional e de distância

Dados originais

Caso	X_1	X_2	X_3	X_4	X_5
1	7	10	9	7	10
2	9	9	8	9	9
3	5	5	6	7	7
4	6	6	3	3	4
5	1	2	2	1	2
6	4	3	2	3	3
7	2	4	5	2	5

Medida de similaridade: correlação

	Caso						
Caso	1	2	3	4	5	6	7
1	1,00						
2	–0,147	1,00					
3	0,000	0,000	1,00				
4	0,087	0,516	–0,824	1,00			
5	0,963	–0,408	0,000	–0,060	1,00		
6	–0,466	0,791	–0,354	0,699	–0,645	1,00	
7	0,891	–0,516	0,165	–0,239	0,963	–0,699	1,00

Medida de similaridade: distância euclidiana

	Caso						
Caso	1	2	3	4	5	6	7
1	nc						
2	3,32	nc					
3	6,86	6,63	nc				
4	10,25	10,20	6,00	nc			
5	15,78	16,19	10,10	7,07	nc		
6	13,11	13,00	7,28	3,87	3,87	nc	
7	11,27	12,16	6,32	5,10	4,90	4,36	nc

nc = distâncias não-calculadas

Medidas correlacionais raramente são usadas, porque a ênfase na maioria das aplicações da análise de agrupamentos é nas magnitudes dos objetos, e não nos padrões de valores.

Medidas de distância. Mesmo que as medidas correlacionais tenham um apelo intuitivo e sejam usadas em muitas outras técnicas multivariadas, elas não são a medida de similaridade mais comumente empregada em análise de agrupamentos. Em vez disso, as medidas de similaridade mais usadas são as de distância. Essas medidas de distância representam similaridade como proximidade de observações umas com as outras ao longo de variáveis na variável estatística de agrupamento. As medidas de distância são, na verdade, uma medida de dissimilaridade, com valores maiores denotando menor similaridade. A distância é convertida em uma medida de similaridade pelo uso de uma relação inversa.

Tipos de medida de distância. Uma ilustração simples disso foi mostrada em nosso exemplo hipotético (ver Figura 8-2), no qual agrupamentos de observações foram definidos com base na proximidade de observações entre elas mesmas quando os escores de cada observação sobre duas variáveis foram representados graficamente. Ainda que proximidade possa parecer um conceito simples, diversas medidas de distância estão disponíveis, cada uma com características específicas.

- **Distância euclidiana** é a medida mais comumente reconhecida, muitas vezes chamada de distância em linha reta. Um exemplo de como a distância euclidiana é obtida é mostrado geometricamente na Figura 8-5. Suponha que dois pontos em duas dimensões tenham coordenadas (X_1, Y_1) e (X_2, Y_2), respectivamente. A distância euclidiana entre os pontos é o comprimento da hipotenusa de um triângulo retângulo, conforme se calcula pela fórmula sob a figura. Esse conceito é facilmente generalizado para mais de duas variáveis.
- **Distância euclidiana quadrada (ou absoluta)** é a soma dos quadrados das diferenças sem calcular a raiz quadrada. A distância euclidiana quadrada tem a vantagem de que não é necessário calcular a raiz quadrada, o que acelera sensivelmente o tempo de computação, e é a distância recomendada para os métodos de agrupamento centróide e de Ward.
- **Distância *city-block* (de Manhattan)** não é baseada na distância euclidiana. No lugar disso, ela emprega a soma das diferenças absolutas das variáveis (isto é, os dois lados de um triângulo retângulo em vez da hipotenusa). Este procedimento é o mais simples de calcular, mas pode conduzir a agrupamentos inválidos se as variáveis forem altamente correlacionadas [26].
- **Distância de Chebychev** é outra medida. Com ela, a distância é a maior diferença ao longo de todas as variáveis de agrupamento. Ela é particularmente suscetível a diferenças em escalas ao longo das variáveis (ver discussão adiante sobre padronização).
- **Distância de Mahalanobis (D^2)** é uma medida generalizada de distância que explica as correlações entre variáveis de uma maneira que pondera igualmente cada uma delas. Ela também depende de variáveis padronizadas e é discutida com mais detalhes em uma seção posterior. Apesar de desejável em muitas situações, não está disponível como medida de proximidade em SAS ou SPSS.

Essas e diversas outras variantes (outras formas de diferenças ou de potências de diferenças) estão disponíveis em muitos programas de agrupamento. O pesquisador é encorajado a explorar soluções alternativas de agrupamentos obtidas quando ele usa diferentes medidas de distância em um esforço para melhor representar os padrões inerentes de dados.

Comparação com medidas correlacionais. A diferença entre medidas correlacionais e de distância talvez possa ser melhor percebida novamente olhando a Figura 8-4. As medidas de distância se concentram na magnitude dos valores e representam como casos similares os objetos que estão próximos, mesmo se eles tiverem padrões muito diferentes ao longo das variáveis. Em contraste, medidas de correlação se concentram sobre os padrões nas variáveis e não consideram a magnitude das diferenças entre objetos. Examinemos nossas sete observações para ver como essas abordagens se diferenciam.

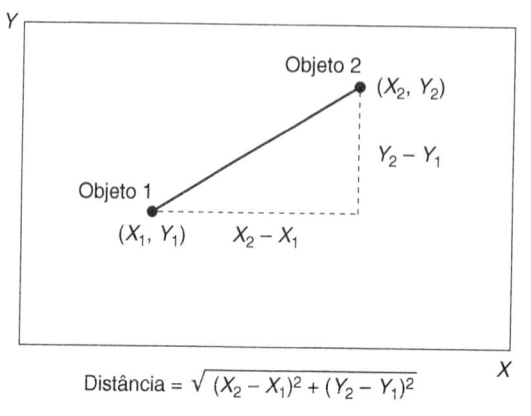

$$\text{Distância} = \sqrt{(X_2 - X_1)^2 + (Y_2 - Y_1)^2}$$

FIGURA 8-5 Um exemplo de distância euclidiana entre dois objetos medidos sobre duas variáveis, X e Y.

> A Tabela 8-3 contém os valores para as sete observações sobre as cinco variáveis (X_1 a X_5), com medidas de similaridade baseadas em distância e correlação. Soluções de agrupamento usando qualquer medida de similaridade parecem indicar três agrupamentos, mas a pertinência em cada agrupamento é bastante diferente.
>
> - Com as distâncias menores representando maior similaridade, percebemos que os casos 1 e 2 formam um grupo (distância de 3,32), e os casos 4, 5, 6 e 7 (distâncias variando de 3,87 a 7,07) formam um outro. A distinção desses dois grupos um em relação ao outro se evidencia no sentido de que a menor distância entre os dois agrupamentos é de 10,20. Esses grupos representam observações com valores maiores versus menores. Um terceiro grupo, que consiste apenas no caso 3, difere dos outros dois grupos porque tem valores que são tanto altos quanto baixos.
> - Usando a correlação como a medida de similaridade, três agrupamentos também surgem. Primeiro, os casos 1, 5 e 7 são altamente correlacionados (0,891 a 0,963), como os casos 2, 4 e 6 (0,516 a 0,791). Além disso, as correlações entre agrupamentos geralmente são próximas de zero ou mesmo negativas. Finalmente, o caso 3 é novamente distinto dos outros dois agrupamentos e forma um agrupamento unitário.

Uma medida correlacional se concentra em padrões e não na medida mais tradicional de distância, e requer uma interpretação diferente dos resultados pelo pesquisador. Em contraste, medidas de distância, as medidas de similaridade preferidas na maioria das aplicações de análise de agrupamentos, apresentam valores mais similares no conjunto de variáveis, mas os padrões podem ser bastante diferentes. Como resultado, perfis de centróides de grupos sobre as variáveis de agrupamento são mais úteis com medidas de distância do que com aquelas de correlação.

Qual é a melhor medida de distância? Ao tentar selecionar uma medida particular de distância, o pesquisador deve lembrar dos seguintes avisos:

- Diferentes medidas de distância ou uma mudança nas escalas das variáveis podem conduzir a diferentes soluções de agrupamentos. Logo, é aconselhável usar diversas medidas e comparar os resultados com padrões teóricos ou conhecidos.
- Quando as variáveis estão correlacionadas (positiva ou negativamente), a medida de distância de Mahalanobis provavelmente é a mais adequada, pois ajusta correlações e pondera todas as variáveis igualmente.
- Se o pesquisador deseja ponderar as variáveis de maneira diferenciada, há outros procedimentos disponíveis [19, 21].

Medidas de associação. Medidas de similaridade por associação são usadas para comparar objetos cujas características são medidas apenas em termos não-métricos (medida nominal ou ordinal). Como exemplo, respondentes podem dizer sim ou não a várias questões. Uma medida de associação poderia avaliar o grau de concordância entre cada par de respondentes. A forma mais simples de medida de associação seria o percentual de vezes em que ocorre concordância (ambos os respondentes dizem sim ou ambos dizem não a uma pergunta) no conjunto de questões.

Extensões desse coeficiente simples de concordância foram desenvolvidas para acomodar variáveis nominais multicategóricas e até mesmo medidas ordinais. Muitos programas de computador, porém, têm suporte limitado para medidas de associação, e o pesquisador é forçado a primeiramente calcular as medidas de similaridade e então entrar com a matriz de similaridade no programa de agrupamento. Textos sobre os vários tipos de medidas por associação podem ser encontrados em diversas fontes [8, 13, 14, 27].

Seleção de uma medida de similaridade. Apesar de três formas distintas de medida de similaridade estarem disponíveis, a forma mais usada e preferida é a de distância, por diversas razões. Primeiro, a medida de distância representa melhor o conceito de proximidade, que é fundamental para a análise de agrupamentos. Medidas correlacionais, apesar de terem ampla aplicabilidade em outras técnicas, representam padrões e não proximidade. Segundo, a análise de agrupamentos é tipicamente associada com características medidas por variáveis métricas. Em algumas aplicações, características não-métricas dominam, mas mais freqüentemente as características são representadas por medidas métricas, tornando novamente a distância a medida preferida. Assim, em qualquer situação, o pesquisador dispõe de medidas de similaridade que podem representar a proximidade de objetos em um conjunto de variáveis métricas ou não-métricas.

Padronização dos dados

Com a medida de similaridade selecionada, o pesquisador deve abordar uma questão a mais: os dados devem ser padronizados antes que as similaridades sejam calculadas? Para responder essa questão, ele deve considerar que a maioria das análises de agrupamento usando medidas de distância é bastante sensível a diferentes escalas ou magnitudes entre as variáveis. Em geral, variáveis com maior dispersão (ou seja, maiores desvios-padrão) têm maior impacto sobre o valor de similaridade final. Consideremos um exemplo para ilustrar o problema encontrado com todas as medidas de distância que usam dados não-padronizados e as inconsistências entre soluções de agrupamentos quando a escala das variáveis é mudada.

> Suponha que três objetos, A, B e C, são medidos quanto a duas variáveis:
>
> 1. Probabilidade de comprar a marca X (em percentuais)
> 2. Tempo despendido assistindo comerciais para a marca X (medido em minutos ou segundos)
>
> *(Continua)*

(*Continuação*)

Os valores para cada observação são exibidos na Tabela 8-4. A partir dessa informação calculamos três medidas de distância para cada par de objetos: euclidia simples, euclidiana ao quadrado e *city-block*. Agora vejamos como essas medidas são afetadas pelas escalas das duas variáveis em três cenários:

- *Cenário 1:* Primeiro, calculamos os valores de distância com base em probabilidade de compra e tempo com comerciais em minutos. Essas distâncias, com valores menores indicando maior proximidade e similaridade, e suas ordenações, são mostradas na Tabela 8-4. Como podemos ver, os objetos mais parecidos (com a menor distância) são B e C, seguidos por A e C, com A e B sendo os menos parecidos (ou menos próximos). Tal ordenação vale para as três medidas de distância, mas a similaridade ou dispersão relativa entre objetos é a mais pronunciada na medida de distância euclidiana ao quadrado.

- *Cenário 2:* A ordem de similaridades varia sensivelmente com a mudança de escalonamento de apenas uma das variáveis. Se medirmos o tempo de comercial em segundos no lugar de minutos (aumentando assim a dispersão dessa variável), então as ordens mudam (ver Tabela 8-4). Os objetos B e C ainda são os mais parecidos, mas agora o par A-B é o segundo mais parecido e é quase idêntico à similaridade de B-C. O que aconteceu agora é que a escala da variável tempo dominou os cálculos, tornando a probabilidade de compra menos significante nos cálculos.

Quando usamos minutos para medir tempo (Cenário 1), o par A-B é o menos parecido com uma margem considerável. O inverso é verdadeiro no cenário 2, porém, quando medimos tempo de comercial em minutos (a medida com menor dispersão do que quando feita em segundos), uma vez que a probabilidade de compra se torna dominante nos cálculos.

TABELA 8-4 Variações em medidas de distância baseadas em escalas alternativas de dados

Dados originais

Objeto	Probabilidade de compra	Tempo assistindo comerciais	
		Minutos	Segundos
A	60	3,0	180
B	65	3,5	210
C	63	4,0	240

Cenário 1: Medidas de distância baseadas em probabilidade de compra e minutos de comercial assistido

Par de objetos	Distância euclidiana simples		Distância euclidiana ao quadrado ou absoluta		Distância city-block	
	Valor	Ordem	Valor	Ordem	Valor	Ordem
A-B	5,025	3	25,25	3	5,5	3
A-C	3,162	2	10,00	2	4,0	2
B-C	2,062	1	4,25	1	2,5	1

Cenário 2: Medidas de distância baseadas em probabilidade de compra e segundos de comercial assistido

Par de objetos	Distância euclidiana simples		Distância euclidiana ao quadrado ou absoluta		Distância city-block	
	Valor	Ordem	Valor	Ordem	Valor	Ordem
A-B	30,41	2	925	2	35	3
A-C	60,07	3	3.609	3	63	2
B-C	30,06	1	904	1	32	1

Cenário 3: Medidas de distância baseadas em valores padronizados de probabilidade de compra e minutos ou segundos de comercial assistido

Par de objetos	Valores padronizados		Distância euclidiana simples		Distância euclidiana ao quadrado ou absoluta		Distância city block	
	Probabilidade de compra	Minutos/segundos de comercial assistido	Valor	Ordem	Valor	Ordem	Valor	Ordem
A-B	−1,06	−1,0	2,22	2	4,95	2	2,99	2
A-C	0,93	0,0	2,33	3	5,42	3	3,19	3
B-C	0,13	1,0	1,28	1	1,63	1	1,79	1

O pesquisador deveria assim notar o impacto substancial que escalonamento de variáveis pode ter sobre a solução final. Variáveis de agrupamento devem ser padronizadas sempre que possível para evitar casos como aquele mostrado em nosso exemplo [3]. Examinamos agora diversas abordagens de padronização disponíveis aos pesquisadores.

Padronização de variáveis. A forma mais comum de padronização é a conversão de cada variável em escores padrão (também conhecidos como escores Z) pela subtração da média e divisão pelo desvio-padrão para cada variável. Essa opção pode ser encontrada em todos os programas de computador e muitas vezes está até mesmo diretamente incluída no procedimento de análise de agrupamentos. Essa é a forma geral de uma **função de distância normalizada**, a qual utiliza uma medida de distância euclidiana tratável para uma transformação de normalização dos dados brutos. O processo converte cada escore de dados iniciais em um valor padronizado com uma média de 0 e um desvio-padrão de 1 e, em troca, elimina o viés introduzido pelas diferenças nas escalas dos vários atributos ou variáveis usados na análise.

Os benefícios de padronização podem ser percebidos no Cenário 3 (ver Tabela 8-4), no qual duas variáveis (probabilidade de compra e tempo despendido em comerciais) foram padronizadas antes de se computarem as três medidas de distância. Primeiro, é muito mais fácil comparar variáveis porque elas estão na mesma escala (uma média de 0 e desvio-padrão de 1). Valores positivos estão acima da média e valores negativos estão abaixo. A magnitude representa o número de desvios-padrão que o valor original está distante da média. Segundo, não há diferença nos valores padronizados quando apenas a escala muda. Por exemplo, quando padronizamos o tempo de exposição a comerciais, os valores são os mesmos medidos em minutos ou segundos.

Assim, o uso de variáveis padronizadas realmente elimina os efeitos devido às diferenças de escala não apenas ao longo das variáveis, mas também para a mesma variável. A necessidade de padronização é minimizada quando todas as variáveis são medidas na mesma escala de resposta (p.ex., uma série de questões de atitude), mas se torna muito importante sempre que variáveis usando diferentes escalas de medida são incluídas na análise.

Uso de uma medida de distância padronizada. Uma medida de distância euclidiana que incorpora diretamente um procedimento de padronização é a distância de Mahalanobis (D^2). A abordagem de Mahalanobis não apenas executa um processo de padronização sobre os dados escalonando em termos dos desvios-padrão, mas também soma a variância-covariância interna de grupos, que ajusta correlações entre as variáveis. Conjuntos altamente correlacionados de variáveis em análise de agrupamentos podem implicitamente superponderar um conjunto de variáveis nos procedimentos de agrupamento (ver discussão sobre multicolinearidade no estágio 3). Resumidamente, o procedimento de distância generalizada de Mahalanobis computa uma medida de distância entre objetos comparável a R^2 em análise de regressão. Apesar de muitas situações serem apropriadas para o uso da distância de Mahalanobis, nem todos os programas a incluem como medida de similaridade. Em tais casos, o pesquisador geralmente seleciona a distância euclidiana ao quadrado.

Padronização por observação. Até agora, discutimos a padronização apenas de variáveis. Por que poderíamos padronizar respondentes ou casos? Consideremos um exemplo simples.

Suponha que coletemos várias avaliações em uma escala de 10 pontos quanto à importância de diversos atributos em decisões de compra de um produto. Poderíamos aplicar a análise de agrupamentos e obter agregados, mas uma possibilidade bem diferenciada é que obteríamos agregados de pessoas que dizem que tudo é importante, outras que dizem que tudo tem pouca importância, e talvez alguns agrupamentos sejam intermediários. O que estamos vendo são padrões de respostas específicos de um indivíduo. Tais padrões podem refletir uma forma específica de resposta a um conjunto de questões, como os que dizem sim (respondem favoravelmente a todas as questões) ou os que dizem não (respondem desfavoravelmente a todas as questões).

Esses padrões dos que dizem sim e dos que dizem não representam aquilo que se chama de **efeitos de estilo de resposta**. Se quisermos identificar grupos de acordo com seu estilo de resposta e até mesmo controlar tais padrões, então a padronização típica através do cálculo de escores Z não é adequada. O que se deseja na maioria dos casos é a importância *relativa* de uma variável em relação a outra para cada indivíduo. Em outras palavras, o atributo 1 é mais importante do que os outros atributos, e agrupamentos de respondentes podem ser encontrados com padrões similares de importância? Nesse caso, a padronização por respondente uniformizaria cada questão não para a média da amostra, mas para o escore médio daquele respondente. Essa **padronização interna** ou **centrada em linha** pode ser muito efetiva para remover efeitos de estilo de resposta e é especialmente adequada para muitas formas de dados de atitude [25]. Devemos notar que isso é semelhante a uma medida correlacional no destaque do padrão nas variáveis, mas a proximidade de casos ainda determina o valor de similaridade.

REGRAS PRÁTICAS 8-2

Planejamento de pesquisa em análise de agrupamentos

- O tamanho exigido da amostra não se baseia em considerações estatísticas para teste de inferência, mas sim nos seguintes aspectos:
  - Tamanho suficiente é necessário para garantir representatividade da população e sua estrutura inerente, particularmente de grupos pequenos na população
  - Tamanhos mínimos de grupos são baseados na relevância de cada grupo para a questão de pesquisa e na confiança necessária para caracterizar aquele grupo
- Medidas de similaridade calculadas no conjunto inteiro de variáveis de agrupamento permitem agregar observações e compará-las umas com as outras
  - Medidas de distância são mais freqüentemente usadas como medidas de similaridade, com valores maiores representando maior distinção (distância entre casos) e não semelhança
  - Medidas de distância incluem:
    - Distância euclidiana (em linha reta), a medida de distância mais comum
    - Distância euclidiana ao quadrado, a soma de distâncias quadradas e a medida recomendada para os métodos de agrupamento centróide e de Ward
    - Distância de Mahalanobis explica correlações de variáveis e pondera igualmente cada variável; mais adequada quando as variáveis são altamente correlacionadas
  - Menos freqüentemente usadas são as medidas correlacionais, quando grandes valores indicam similaridade
- Dada a sensibilidade de alguns procedimentos à medida de similaridade usada, o pesquisador deve empregar diversas medidas de distância e comparar os resultados de cada uma com outros resultados ou padrões teóricos/conhecidos
- Observações atípicas podem distorcer severamente a representatividade dos resultados se elas aparecerem como estrutural (agrupamentos) inconsistente com os objetivos da pesquisa
  - Observações atípicas devem ser removidas se elas representarem:
    - Observações aberrantes não representativas da população
    - Observações de segmentos pequenos ou insignificantes na população e sem interesse para os propósitos da pesquisa
  - Elas devem ser mantidas se forem uma representação subamostral/ruim de grupos relevantes na população; a amostra deve ser aumentada para garantir representação desses grupos
- Observações atípicas podem ser identificadas com base na medida de similaridade via:
  - Descoberta de observações com grandes distâncias das demais observações
  - Diagramas de perfil gráfico que destacam casos atípicos
  - O surgimento delas em soluções de agrupamentos como membros únicos ou agrupamentos pequenos
- Variáveis de agrupamento devem ser padronizadas sempre que possível para evitar problemas resultantes do emprego de diferentes valores de escala entre as mesmas
  - A conversão de padronização mais comum são os escores Z
  - Se grupos são identificados de acordo com o estilo de resposta de um indivíduo, então a padronização interna ou centrada em linha mostra-se adequada

---

Devemos padronizar? A padronização fornece uma ação corretiva para uma questão fundamental em medidas de similaridade, particularmente de distância, e muitos recomendam seu amplo uso [11, 13]. No entanto, o pesquisador não deve aplicar padronização sem considerar suas conseqüências na remoção de alguma relação natural refletida no escalonamento das variáveis, embora outros tenham dito que este procedimento pode ser apropriado [1]. Alguns pesquisadores demonstram que a padronização pode nem mesmo apresentar efeitos observáveis [7, 17]. Assim, não há uma razão única que nos diga para usarmos variáveis padronizadas versus não-padronizadas. A decisão de padronização deve ser baseada em questões empíricas e conceituais que reflitam os objetivos da pesquisa e as qualidades empíricas dos dados.

Estágio 3: Suposições em análise de agrupamentos

A análise de agrupamentos, como o escalonamento multidimensional (ver Capítulo 9), não é uma técnica de inferência estatística na qual os parâmetros a partir de uma amostra são avaliados como possivelmente representativos de uma população. Em vez disso, a análise de agrupamentos é uma metodologia para quantificar as características estruturais de um conjunto de observações. Como tal, ela tem fortes propriedades matemáticas, mas sem fundamentos estatísticos. As exigências de normalidade, linearidade e homocedasticidade, que eram tão importantes em outras técnicas, realmente têm pouco peso na análise de agrupamentos. O pesquisador deve, contudo, se concentrar em duas outras questões críticas: representatividade da amostra e multicolinearidade entre variáveis na variável estatística de agrupamento.

Representatividade da amostra
Raramente o pesquisador tem um censo da população para usar na análise de agrupamentos. Geralmente, uma amostra de casos é obtida e os agrupamentos determinados na esperança de que representem a estrutura da população. O pesquisador deve, portanto, estar confiante de que a amostra obtida é verdadeiramente representativa da população. Como já mencionado, observações atípicas podem realmente ser apenas uma subamostra de grupos divergentes que, quando descartadas, introduzem viés na estimação da estrutura. O pesquisador deve perceber que a análise de agrupamentos é apenas tão boa quanto a representatividade da amostra. Portanto, todos os esforços devem ser feitos para garantir que a amostra seja representativa e que os resultados sejam generalizáveis para a população de interesse.

Impacto de multicolinearidade
A **multicolinearidade** foi uma questão em outras técnicas multivariadas por causa da dificuldade em discernir o verdadeiro impacto de variáveis multicolineares. Em análise de agrupamentos o efeito é diferente, porque multicolinearidade é na realidade uma forma de ponderação implícita. Comecemos com um exemplo que ilustra o efeito da multicolinearidade.

> Suponha que respondentes estejam sendo agrupados quanto a 10 variáveis, todas declarações de atitudes perante um serviço. Quando a multicolinearidade é examinada, percebemos que há dois conjuntos de variáveis, o primeiro composto de oito declarações e o segundo consistindo das duas declarações restantes. Se nosso objetivo é realmente agrupar os respondentes nas dimensões do serviço (neste caso representadas pelos dois grupos de variáveis), então o uso das 10 variáveis originais será bastante enganoso. Como cada variável é ponderada igualmente em análise de agrupamentos, a primeira dimensão terá quatro vezes mais chances (oito itens comparados com dois) de afetar a medida de similaridade. Como resultado, a similaridade será predominantemente afetada pela primeira dimensão com oito itens em vez da segunda dimensão com dois itens.

Multicolinearidade atua como um processo de ponderação não visível para o observador, mas que afeta a análise. Por essa razão, o pesquisador é encorajado a examinar as variáveis usadas em análise de agrupamentos em busca de multicolinearidade substancial, e, se encontrada, reduzir as variáveis a números iguais em cada conjunto ou usar uma das medidas de distância, como a de Mahalanobis, que compensa essa correlação.

Uma última questão é sobre o uso de escores fatoriais em análise de agrupamentos. O debate se centra na pesquisa, mostrando que as variáveis que verdadeiramente discriminam entre os grupos inerentes não são bem representadas na maioria das soluções fatoriais. Assim, quando escores fatoriais são empregados, é bem possível que uma representação ruim da verdadeira estrutura dos dados seja obtida [23]. O pesquisador deve lidar tanto com a multicolinearidade quanto com a discriminação das variáveis para atingir a melhor representação de estrutura.

Estágio 4: Determinação de agrupamentos e avaliação do ajuste geral
Com as variáveis de agrupamento selecionadas e a matriz de similaridade calculada, o processo de partição tem início (ver Figura 8-6). O pesquisador deve:

- Escolher o procedimento de partição usado para formar agregados
- Decidir o número de agrupamentos a serem formados.

Ambas as decisões têm implicações substanciais não apenas nos resultados que serão obtidos, mas também na interpretação que pode ser obtida a partir dos resultados. Primeiro examinamos os procedimentos disponíveis de partição e em seguida discutimos as opções à disposição para decidir sobre uma solução definindo o número de agrupamentos e a pertinência para cada observação.

Procedimentos de partição
A primeira pergunta importante a responder no desenvolvimento de uma solução de agrupamento envolve a escolha do procedimento de partição (ou seja, o conjunto de regras mais apropriadas para colocar objetos semelhantes em grupos ou agregados). Essa não é uma questão simples, pois centenas de programas de computador que usam diferentes algoritmos estão disponíveis, e outros mais estão sempre em desenvolvimento. O critério essencial de todos os algoritmos, porém, é que eles tentam maximizar as diferenças entre agrupamentos relativamente à variação dentro dos mesmos, como se mostra na Figura

---

REGRAS PRÁTICAS 8-3

Suposições em análise de agrupamentos

- Variáveis de entrada devem ser examinadas quanto a substancial multicolinearidade, e se a multicolinearidade se confirmar:
  - Reduzir as variáveis a números iguais em cada conjunto de medidas correlacionadas, ou
  - Usar uma medida de distância que compense a correlação, como a distância de Mahalanobis

8-7. A razão entre a variação entre agrupamentos e variação interna média é então comparável (mas não idêntica) à razão F em análise de variância.

Uma vasta gama de procedimentos de partição tem sido desenvolvida nas disciplinas em que a análise de agrupamentos se aplica. Os algoritmos mais comumente usados podem ser classificados como: (1) hierárquicos e (2) não-hierárquicos. Diversos outros procedimentos (p.ex., agrupamentos *fuzzy*, métodos grafo-teóricos, redes neurais, modelos evolucionários e métodos baseados em busca) estão igualmente disponíveis [13, 15]. Devido à popularidade das abordagens hierárquicas e não-hierárquicas de partição, nossa discussão será limitada às mesmas.

Procedimentos hierárquicos de agrupamento

Procedimentos hierárquicos envolvem uma série de $n - 1$ decisões de agrupamento (sendo n o número de observações) que combinam observações em uma estrutura de

Estágio 4

Do estágio 3

Seleção de um algoritmo de agrupamento
É hierárquico, não-hierárquico ou uma combinação dos dois métodos usados?

Métodos hierárquicos
Métodos de ligação disponíveis:
Ligação simples
Ligação completa
Ligação média
Método de Ward
Método centróide

Métodos não-hierárquicos
Métodos de designação disponíveis:
Referência seqüencial
Referência paralela
Otimização
Seleção de pontos sementes

Combinação
Usar um método hierárquico para especificar pontos sementes de agrupamento para um método não-hierárquico

Quantos agrupamentos são formados?
Examinar aumentos no coeficiente de aglomeração
Examinar dendrograma e o diagrama vertical
Considerações conceituais

Reespecificação da análise de agrupamentos
Alguma observação foi eliminada como:
Atípica?
Membro de um agrupamento pequeno?

— Sim

Não

Estágio 5

Interpretação dos agrupamentos
Examinar centróides de agrupamento
Nomear agrupamentos com base nas variáveis de agrupamento

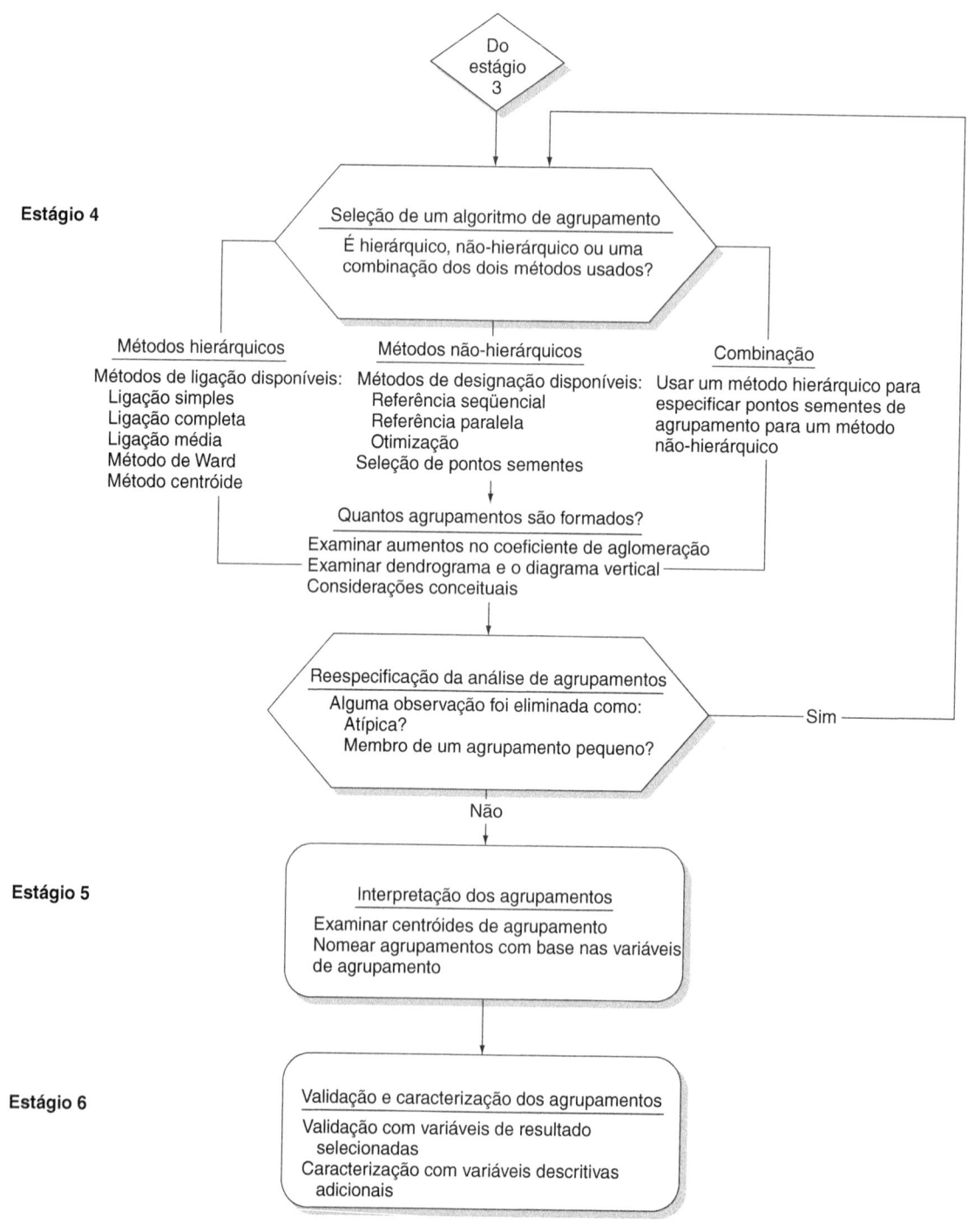

Estágio 6

Validação e caracterização dos agrupamentos
Validação com variáveis de resultado selecionadas
Caracterização com variáveis descritivas adicionais

FIGURA 8-6 Estágios 4-6 do diagrama de decisão da análise de agrupamentos.

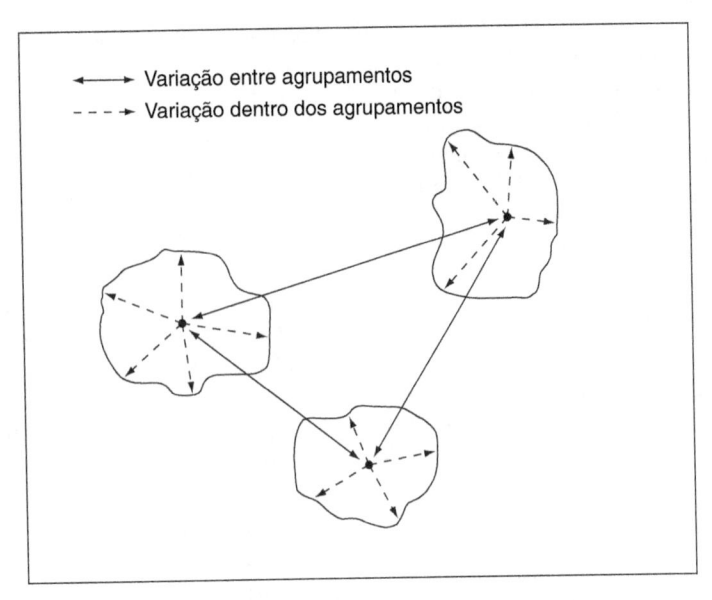

FIGURA 8-7 Diagrama de agrupamento mostrando variação entre e dentro dos agrupamentos.

hierarquia ou do tipo árvore. Os dois tipos básicos de procedimentos hierárquicos de agrupamento são aglomerativos e divisivos. Nos **métodos aglomerativos**, cada objeto ou observação começa como seu próprio agrupamento; nos **métodos divisivos**, todas as observações iniciam com um único agrupamento e são sucessivamente divididas (primeiro em dois agrupamentos, depois em três e assim por diante), até que cada observação seja um agrupamento unitário. Na Figura 8-8, os métodos aglomerativos se movem da esquerda para a direita e os divisivos seguem da direita para a esquerda. Como os pacotes de computador mais comumente usados empregam métodos aglomerativos, e pelo fato de métodos divisivos atuarem quase como métodos aglomerativos ao contrário, concentramo-nos aqui nas técnicas aglomerativas.

Para compreendermos como funciona um procedimento hierárquico, examinamos a forma mais comum – o método aglomerativo – que segue um processo simples e repetitivo:

1. Começar com todas as observações como formando seus próprios agrupamentos (ou seja, cada observação forma um agrupamento unitário), de forma que o número de agrupamentos seja igual ao de observações.
2. Usando a medida de similaridade, combinar os dois agrupamentos mais parecidos em um novo (agora contendo duas observações), reduzindo assim a quantia de agrupamentos em uma unidade.
3. Repetir o processo novamente, usando medida de similaridade para combinar os dois agrupamentos mais parecidos em um novo.
4. Continuar este processo, combinando em cada passo os dois agrupamentos mais semelhantes em um novo. Repetir o processo em um total de $n-1$ vezes até que todas as observações estejam contidas em um só agrupamento.

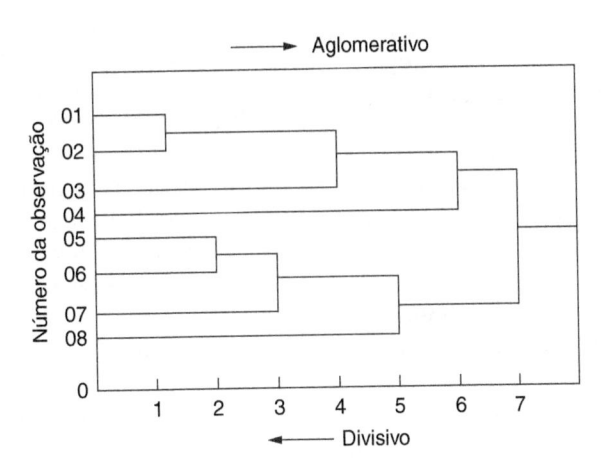

FIGURA 8-8 Dendrograma ilustrando agrupamento hierárquico.

> Considere que temos 100 observações. Começaríamos inicialmente com 100 agrupamentos separados, cada um contendo uma observação. No primeiro passo, os dois agrupamentos mais parecidos seriam combinados, deixando-nos com 99 agrupamentos. No próximo passo, combinamos os dois agrupamentos mais parecidos, de forma que ficamos então com 98. Este processo continua até o último passo, no qual dois agrupamentos remanescentes são combinados em um único.

Uma característica importante dos procedimentos hierárquicos é que os resultados de um estágio anterior são sempre aninhados com os resultados de um estágio posterior, criando algo parecido com uma árvore. Por exemplo, uma solução de seis agrupamentos é obtida pela junção de dois dos agrupamentos encontrados no estágio de sete agregados. Como os agrupamentos são formados apenas pela junção de agrupamentos existentes, qualquer elemento de um agregado pode delinear sua pertinência em um caminho ininterrupto até seu início como uma observação isolada. Esse processo é exibido na Figura 8-8; a representação é chamada de **dendrograma** ou gráfico em árvore. Um outro método gráfico popular é o **diagrama vertical**.

Algoritmos de agrupamento. O **algoritmo de aglomeração** em um procedimento hierárquico determina como similaridade é definida entre agrupamentos de múltiplos membros no processo. Já discutimos os métodos (correlação, distância ou associação) usados para medir similaridade entre observações. Portanto, como medimos similaridade entre agrupamentos quando um deles ou ambos apresentam múltiplos membros? Selecionamos um membro para atuar como elemento típico e medimos similaridade entre esses membros de cada agrupamento, criamos algum membro composto para representar o agrupamento, combinamos similaridades entre todos os membros de cada agrupamento? Poderíamos empregar qualquer uma dessas abordagens, ou até mesmo estabelecer outras maneiras de medir similaridade entre agrupamentos de múltiplos membros. Entre numerosas metodologias, os cinco algoritmos aglomerativos mais populares são (1) ligação individual, (2) ligação completa, (3) ligação média, (4) método centróide e (5) método de Ward. Em nossas discussões, usamos distância como medida de similaridade entre observações, mas outras medidas poderiam ser igualmente utilizadas.

Ligação simples. O **método de ligação simples** (também conhecido como **método do vizinho mais próximo**) define a semelhança entre agrupamentos como a menor distância de qualquer objeto de um agrupamento a qualquer objeto no outro. Tal regra foi aplicada no exemplo do início deste capítulo e permite usar a matriz original de distância entre observações sem calcular novas medidas. Basta encontrar todas as distâncias entre observações nos dois agrupamentos e escolher a menor como medida de similaridade entre agrupamentos.

Tal abordagem é provavelmente o algoritmo aglomerativo mais versátil, pois ele pode definir uma vasta gama de padrões de aglomeração (p.ex., pode representar agrupamentos que são círculos concêntricos, como os anéis de um alvo). Esta flexibilidade também cria problemas, porém, quando os agrupamentos são mal delineados. Em tais casos, procedimentos de ligação simples podem formar longas e sinuosas cadeias [15, 20]. Indivíduos nos extremos opostos de uma cadeia podem ser diferentes, apesar de ainda estarem no mesmo agrupamento. Muitas vezes, a presença de tais cadeias pode contrastar com os objetivos de se obterem os agrupamentos mais compactos. Assim, o pesquisador deve examinar cuidadosamente os padrões de observação dentro dos agrupamentos para averiguar se tais cadeias estão ocorrendo. Isto se torna cada vez mais difícil por meios gráficos quando o número de variáveis de agrupamento aumenta, e requer que o pesquisador caracterize cuidadosamente a homogeneidade interna entre as observações em cada agrupamento.

> Um exemplo dessa situação é mostrado na Figura 8-9. Três agrupamentos (A, B e C) devem ser reunidos. O algoritmo de ligação simples, concentrando-se apenas nos pontos mais próximos de cada agregado, conectaria os agrupamentos A e B por causa de sua pequena distância nos extremos dos agrupamentos. A reunião dos agregados A e B cria um agrupamento que circunda C. Mesmo assim, ao procurar homogeneidade interna, seria muito melhor juntar C com A ou B. Essa figura mostra a principal desvantagem do algoritmo de ligação simples.

Ligação completa. O **método de ligação completa** (também conhecido como o **método do vizinho mais distante** ou o **método do diâmetro**) é comparável ao da ligação simples, exceto que a similaridade de agrupamento se baseia em distância máxima entre observações em cada agrupamento. Similaridade entre agrupamentos é a menor esfera (diâmetro mínimo) que pode incluir todas as observações em ambos os agrupamentos. Esse método é chamado de ligação completa porque todos os objetos em um agrupamento são conectados uns com os outros a alguma distância máxima. Assim, a similaridade interna se iguala ao diâmetro do grupo.

Essa técnica elimina o problema de encadeamento identificado na ligação simples, e descobriu-se que ela gera as soluções mais compactas [3]. Ainda que ela represente apenas um aspecto dos dados (ou seja, a maior distância entre membros), muitos pesquisadores a consideram a mais apropriada para inúmeras aplicações [12].

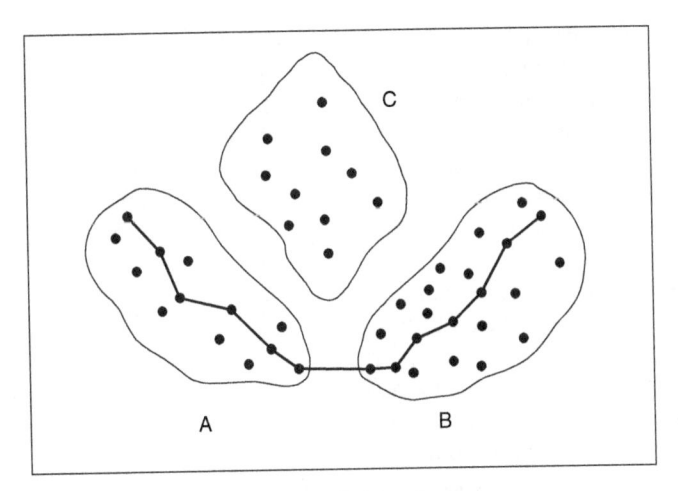

FIGURA 8-9 Exemplo de uma ligação simples unindo agrupamentos distintos A e B.

A Figura 8-10 compara as menores (ligação simples) e as maiores (ligação completa) distâncias que representam similaridade entre agrupamentos. Ambas as medidas refletem apenas um aspecto dos dados. O uso da ligação simples reflete somente um par de objetos mais próximos, e a ligação completa também reflete um único par, desta vez os dois mais extremos.

Ligação média. O método de **ligação média** difere dos procedimentos de ligação simples e completa no sentido de que a similaridade de quaisquer dois agrupamentos é a similaridade média de todos os indivíduos em um agrupamento com todos os indivíduos em outro. Este algoritmo não depende de valores extremos (pares mais próximos ou mais afastados), como ocorre com ligação simples ou completa. Em vez disso, a similaridade é baseada em todos os elementos dos agregados, e não em um único par de membros extremos, e é desse modo menos afetada por observações atípicas. Abordagens de ligação média, como um tipo de meio-termo entre métodos de ligação simples e completa, tendem a gerar agregados com pequena variação interna. Elas também tendem a produzir agregados com aproximadamente a mesma variância interna.

Método centróide. No **método centróide**, a similaridade entre dois agrupamentos é a distância entre seus centróides. **Centróides** são os valores médios das observações sobre as variáveis na variável estatística de agrupamento. Neste método, toda vez que indivíduos são reunidos, um novo centróide é computado. Os centróides migram quando ocorrem fusões de agregados. Em outras palavras, existe uma mudança no centróide do agrupamento toda vez que um novo indivíduo ou grupo de indivíduos é acrescentado a um agregado já existente.

Esses métodos são os mais populares nas ciências físicas (p.ex., biologia) mas podem produzir resultados fre-

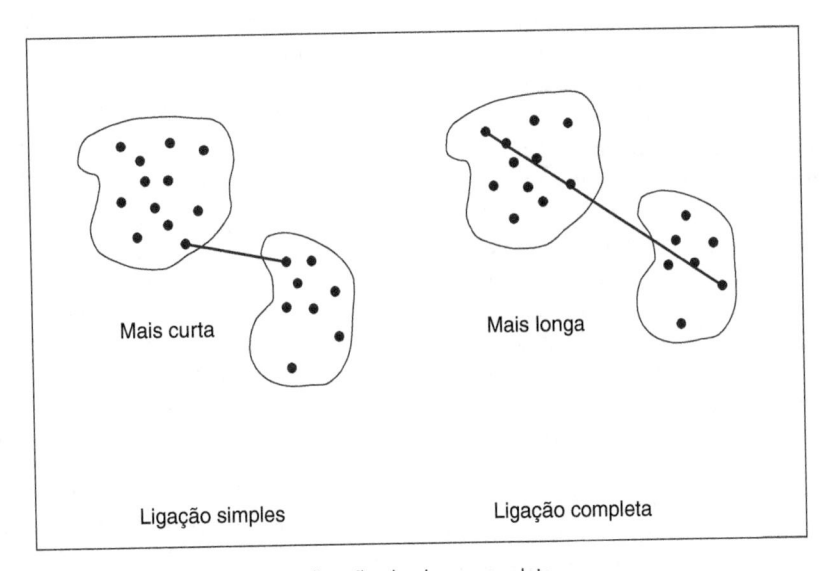

FIGURA 8-10 Comparação de medidas de distância para ligação simples e completa.

qüentemente confusos. A confusão acontece por causa de inversões, ou seja, casos em que a distância entre os centróides de um par pode ser menor do que a distância entre os centróides de outro par fundido em uma combinação anterior. A vantagem desse método, como o método de ligação média, é que ele é menos afetado por observações atípicas do que outros métodos hierárquicos.

Método de Ward. O **método de Ward** difere das técnicas anteriores no sentido de que a similaridade entre dois agrupamentos não é uma única medida de similaridade, mas a soma dos quadrados dentro dos agrupamentos feita sobre todas as variáveis. É muito parecido com a medida de heterogeneidade simples usada no exemplo do início do capítulo para auxiliar na determinação do número de agrupamentos. No procedimento de Ward, a seleção de qual par de agrupamentos a combinar é baseada em qual combinação de agregados minimiza a soma interna de quadrados no conjunto completo de agrupamentos separados ou disjuntos. Em cada passo, os dois agrupamentos combinados são aqueles que minimizam o aumento na soma total de quadrados em todas as variáveis em todos os agrupamentos.

Esse procedimento tende a combinar agrupamentos com um pequeno número de observações, pois a soma de quadrados é diretamente relacionada com o número de observações envolvidas. O uso de uma medida de soma de quadrados torna este método facilmente distorcido por observações atípicas [17]. Além disso, o método de Ward também tende a produzir agregados com aproximadamente o mesmo número de observações. Se o pesquisador espera ou deseja que os padrões de agrupamento reflitam agregados com aproximadamente o mesmo tamanho, então tal técnica é bastante adequada. Contudo, o emprego desta abordagem também torna mais difícil identificar agrupamentos que representem pequenas proporções da amostra.

Visão geral. Procedimentos de agrupamento hierárquico são uma combinação de um processo repetitivo para agregar com um algoritmo de agrupamento, para definir a similaridade entre agregados com múltiplos membros. O processo de criação de agrupamentos gera um diagrama em árvore que representa as combinações/divisões de agrupamentos para formar o intervalo completo de soluções. Deve ser observado que procedimentos hierárquicos geram um conjunto completo de soluções, variando de agregados em que todos são unitários até a solução de um só agrupamento no qual todas as observações estão em um só conjunto. Fazendo isso, o procedimento hierárquico fornece um excelente referencial para se comparar qualquer conjunto de soluções de agrupamentos.

Procedimentos não-hierárquicos de agrupamento
Diferentemente dos métodos hierárquicos, os **procedimentos não-hierárquicos** não envolvem o processo de construção em árvore. Em vez disso, designam objetos a agrupamentos assim que o número de agregados a serem formados tenha sido especificado. Por exemplo, uma solução de seis agrupamentos não é apenas uma combinação de dois agrupamentos a partir da solução de sete agregados, mas é baseada apenas na descoberta da melhor solução com seis agregados. O processo essencialmente tem dois passos:

1. *Especificar sementes de agrupamento:* A primeira tarefa é identificar pontos de partida, conhecidos como **sementes de agrupamento**, para cada agregado. Uma semente de agrupamento pode ser pré-especificada pelo pesquisador ou observações podem ser escolhidas, geralmente em um processo aleatório.
2. *Designação:* Com as sementes de agrupamento definidas, o próximo passo é designar cada observação a uma das sementes de agrupamento com base em similaridade. Muitas abordagens estão disponíveis para fazer tal designação (ver discussão adiante nesta seção), mas o objetivo básico é designar cada observação à semente mais parecida. Em algumas abordagens, observações podem ser redesignadas a agrupamentos que são mais semelhantes do que suas designações originais.

Discutimos na próxima seção diferentes técnicas para escolher sementes de agrupamento e para designar objetos.

Seleção de pontos sementes. Ainda que os algoritmos não-hierárquicos de agrupamento discutidos na próxima seção se diferenciem na maneira como eles designam observações aos pontos sementes, todos eles enfrentam o mesmo problema: como escolhemos as sementes de agrupamento? As diferentes abordagens podem ser classificadas em duas categorias básicas:

1. *Especificada pelo pesquisador.* Nesta técnica, o pesquisador fornece os pontos sementes baseado em dados externos. As duas fontes mais comuns de pontos sementes são pesquisas anteriores ou dados de outra análise multivariada. Muitas vezes o pesquisador tem conhecimento sobre os perfis de agrupamento pesquisados. Por exemplo, uma pesquisa anterior pode ter definido perfis de segmento, e a tarefa da análise de agrupamentos é designar indivíduos ao agrupamento de segmento mais apropriado. É possível também que outras técnicas multivariadas possam ser usadas para gerar os pontos semente. Um exemplo comum é o emprego de um algoritmo hierárquico de agrupamento para estabelecer o número de agregados e então gerar pontos semente a partir desses resultados (uma descrição mais detalhada desta técnica está contida na próxima seção). O elemento em comum é que o pesquisador, ao mesmo tempo que sabe a quantia de agregados a serem formados, tem também informação sobre o caráter básico desses agrupamentos.
2. *Gerada pela amostra.* A segunda técnica é gerar as sementes a partir de observações da amostra, de maneira sistemática ou simplesmente através de seleção ao acaso. Por exemplo, no programa FASTCLUS em SAS, a primeira semente é a primeira observação no conjunto de dados sem valores perdidos. A segunda semente é a próxima observação completa

(sem dados perdidos) que é separada da primeira semente por uma distância mínima especificada. A opção padrão é uma distância mínima nula. Depois que todas as sementes foram selecionadas, o programa designa cada observação ao agrupamento com a semente mais próxima. O pesquisador pode especificar que as sementes sejam revisadas (atualizadas) pelo cálculo das médias de agrupamento de sementes cada vez que uma observação é designada. Em contraste, o programa QUICK CLUSTER em SPSS pode selecionar aleatoriamente os pontos sementes necessários a partir das observações. Em qualquer uma dessas técnicas, o pesquisador confia no processo de seleção para escolher pontos sementes que reflitam agrupamentos naturais como pontos de partida para os algoritmos de agrupamento. Uma limitação é que a repetição dos resultados é difícil se as observações são reordenadas ou se o processo de seleção aleatória é iniciado unicamente cada vez.

Em qualquer uma das abordagem o pesquisador deve estar ciente do impacto do processo de escolha da semente sobre os resultados finais. Todos os algoritmos de agrupamento, incluindo aqueles de natureza de otimização (ver discussão adiante), geram diferentes soluções, dependendo das sementes iniciais. Espera-se que as diferenças entre soluções de agrupamento sejam mínimas ao se usar diferentes sementes, mas elas enfatizam a importância da seleção de sementes e seu impacto na solução final.

Algoritmos de agrupamento não-hierárquico. Com as sementes definidas, o pesquisador deve agora escolher um dos três algoritmos de agrupamento [9]. Todos eles são freqüentemente chamados de agrupamentos de K-médias, e eles são parecidos em seu método básico para designar observações a agrupamentos, mas variam no grau em que cada observação pode ser novamente designada entre agrupamentos após a designação inicial.

Referência seqüencial. O **método da referência seqüencial** começa pela seleção de uma semente de agrupamento e inclui todos os objetos dentro de uma distância pré-especificada. Quando todos os objetos dentro da distância são incluídos, uma segunda semente de agrupamento é selecionada e todos os objetos dentro da distância pré-especificada são incluídos. Em seguida, uma terceira semente é selecionada e o processo continua como anteriormente. A principal desvantagem desta técnica é que quando um objeto é designado a um agrupamento, ele não pode ser novamente designado a outro agrupamento, mesmo que a semente seja mais parecida.

Referência paralela. Em contraste, o **método da referência paralela** considera todas as sementes de agrupamento simultaneamente e designa observações dentro da distância de referência até a semente mais próxima. À medida que o processo evolui, as distâncias de referência podem ser ajustadas para incluir menos ou mais observações nos agrupamentos. Além disso, em algumas variantes desse método, observações permanecem não agrupadas se estiverem fora da distância de referência pré-especificada a partir de qualquer semente de agrupamento.

Otimização. O terceiro método, chamado de **procedimento de otimização**, é semelhante aos outros dois métodos não-hierárquicos, exceto em que ele permite a redesignação de observações. Se, no curso da designação de observações, uma delas se torna mais próxima de um outro agregado que não é o agrupamento no qual ela está associada no momento, então um procedimento de otimização transfere a observação para o agregado mais semelhante (mais próximo).

Métodos hierárquicos ou não-hierárquicos devem ser usados?

Uma resposta definitiva a essa questão não pode ser dada por dois motivos. Primeiro, o problema de pesquisa em mãos pode sugerir um método ou o outro. Segundo, o que aprendemos com aplicação contínua a um contexto em particular pode sugerir um método em vez de outro como mais adequado para aquele contexto. Podemos examinar as vantagens e desvantagens de cada método para determinar qual é mais adequado para um dado ambiente de pesquisa.

Prós e contras de métodos hierárquicos. Técnicas de agrupamento hierárquico são há muito as mais populares, sendo o método de Ward e a ligação média provavelmente os mais facilmente disponíveis [17]. Além do fato de que procedimentos hierárquicos foram os primeiros métodos de agrupamento desenvolvidos, eles ainda oferecem várias vantagens que resultam em seu amplo uso:

1. *Simplicidade:* Técnicas hierárquicas, com seu desenvolvimento de estruturas em árvore retratando o processo de agrupamento, equipam o pesquisador com uma descrição simples, ainda que abrangente, de todo o intervalo de soluções de agrupamento. Fazendo isso, o pesquisador pode avaliar qualquer uma das soluções possíveis a partir de uma análise.
2. *Medidas de similaridade:* O amplo uso dos métodos hierárquicos conduz a um extenso desenvolvimento de medidas de similaridade para praticamente quaisquer tipos de variáveis de agrupamento. Técnicas hierárquicas podem ser aplicadas a quase todo tipo de questão de pesquisa.
3. *Rapidez:* Os procedimentos hierárquicos têm a vantagem de gerarem o conjunto inteiro de soluções de agrupamento (de todos os agrupamentos separados a um só) de uma maneira oportuna. Tal habilidade permite ao pesquisador examinar uma vasta gama de soluções alternativas, variando medidas de similaridade e métodos de ligação de uma maneira eficiente.

Ainda que técnicas hierárquicas tenham sido bastante usadas, elas apresentam diversas desvantagens que afetam todas as suas soluções:

1. Métodos hierárquicos podem ser enganosos, pois combinações iniciais indesejáveis podem persistir na análise e conduzir a resultados artificiais. Uma preocupação específica é o impacto substancial de observações atípicas nos métodos hierárquicos, particularmente com o método de ligação completa.
2. Para reduzir o impacto de observações atípicas, o pesquisador pode querer analisar os dados em grupo diversas vezes, e a cada momento eliminar observações problemáticas ou atípicas. A eliminação de casos, contudo, mesmo dos que não forem tidos como atípicos, muitas vezes pode distorcer a solução. Assim, o pesquisador deve ter extremo cuidado na eliminação de observações por qualquer razão.
3. Apesar de a computação do processo de agrupamentos ser relativamente rápida, os métodos hierárquicos não são tratáveis para analisar amostras muito grandes. Quando o tamanho amostral aumenta, as exigências de armazenamento de dados aumentam dramaticamente. Por exemplo, uma amostra de 400 casos demanda armazenamento de aproximadamente 80.000 similaridades, o que aumenta para quase 125.000 em uma amostra de 500. Mesmo com os avanços tecnológicos dos computadores pessoais de hoje, tais exigências podem limitar a aplicação em muitos casos. O pesquisador pode considerar uma amostra aleatória das observações originais para reduzir o tamanho amostral, mas agora deve questionar a representatividade da amostra tomada a partir da amostra original.

Surgimento de métodos não-hierárquicos. Os métodos não-hierárquicos obtiveram crescente aceitabilidade e uso, mas qualquer aplicação depende da habilidade do pesquisador para selecionar os pontos sementes de acordo com alguma base prática, objetiva ou teórica. Nesses casos, os métodos não-hierárquicos têm diversas vantagens sobre as técnicas hierárquicas.

1. Os resultados são menos suscetíveis a observações atípicas nos dados, à medida de distância usada e à inclusão de variáveis irrelevantes ou inadequadas.
2. Métodos não-hierárquicos podem analisar conjuntos extremamente grandes de dados, pois eles não demandam o cálculo de matrizes de similaridade entre todas as observações, mas somente a similaridade de cada observação com os centróides de agrupamento. Mesmo os algoritmos de otimização que permitem a redesignação de observações entre agrupamentos podem ser prontamente aplicados em todos os tamanhos de conjuntos de dados.

Apesar de métodos não-hierárquicos apresentarem várias vantagens, algumas deficiências podem afetar consideravelmente o emprego dos mesmos em muitos tipos de aplicação.

1. Os benefícios de qualquer método não-hierárquico são percebidos apenas com o emprego de pontos sementes não-aleatórios (ou seja, especificados). Assim, o uso de técnicas não-hierárquicas com pontos sementes aleatórios é geralmente considerado inferior em relação às técnicas hierárquicas.
2. Mesmo uma solução inicial não-aleatória não garante um agrupamento ótimo de observações. Na verdade, em muitos casos, o pesquisador conseguirá uma solução final diferente para cada conjunto de pontos sementes especificados. Como o pesquisador irá selecionar a resposta ótima? Somente com a análise e validação o pesquisador pode selecionar o que é considerado a melhor representação de estrutura, percebendo que muitas alternativas podem ser aceitáveis.
3. Métodos não-hierárquicos também não são tão eficientes quando se examinam grandes quantias de soluções potenciais de agrupamento. Cada solução é uma análise em separado, em contraste com as técnicas hierárquicas que geram todas as soluções possíveis em uma só análise. Logo, técnicas não-hierárquicas não demonstram serem tão adequadas na exploração de um grande intervalo de soluções com base em elementos que variam como medidas de similaridade, observações incluídas e potenciais sementes.

Uma combinação de ambos os métodos. Com cada abordagem tendo distintas vantagens e desvantagens, há quem proponha que se usem ambas (hierárquica e não-hierárquica) para conseguir os benefícios de cada uma [17]. Fazendo isso, as vantagens de cada método são utilizadas para compensar as desvantagens do outro, o que se consegue em dois passos:

1. Primeiro, uma técnica hierárquica é usada para gerar um conjunto completo de soluções, estabelecer as soluções aplicáveis (ver próxima seção para uma discussão sobre este tópico), caracterizar os centros de agrupamentos para atuarem como pontos sementes, e identificar quaisquer observações atípicas óbvias.
2. Depois que os casos atípicos foram eliminados, as demais observações podem então ser agrupadas por um método não-hierárquico com os centros de grupos dos resultados hierárquicos como os pontos sementes iniciais.

Desse modo, as vantagens dos métodos hierárquicos são complementadas pela habilidade dos métodos não-hierárquicos para refinar os resultados, pela possibilidade de alteração de pertinência a grupos.

A análise de agrupamentos deve ser reespecificada?

Mesmo antes de identificar uma solução aceitável de análise de agrupamento (ver próxima seção), o pesquisador deve examinar a estrutura fundamental representada nos grupos definidos. De particular interesse são os tamanhos de agrupamentos amplamente diferentes ou agrupamentos de apenas uma ou duas observações. Geralmente, agrupamentos de um só membro ou muito pequenos não são aceitáveis dados os objetivos da pesquisa e, assim, devem ser eliminados.

Os pesquisadores devem examinar os tamanhos de agrupamentos que sejam muito distintos a partir de uma perspectiva conceitual, comparando os resultados reais com as expectativas formadas nos objetivos da pesquisa. Mais problemáticos são os agrupamentos unitários, os quais podem ser casos atípicos não detectados em análises anteriores. Se um agrupamento unitário (ou com tamanho muito pequeno, comparado com outros grupos) surgir, o pesquisador deve decidir se ele representa uma componente estrutural válida na amostra ou se deve ser eliminado

nado como não-representativo. Se alguma observação for eliminada, especialmente quando soluções hierárquicas são empregadas, o pesquisador deve novamente executar a análise de agrupamentos e recomeçar o processo de definição de grupos.

Quantos agrupamentos devem ser formados?

Talvez a questão mais desconcertante para qualquer pesquisador que executa uma análise de agrupamentos hierárquica ou não-hierárquica seja a determinação do número de agrupamentos mais representativos da estrutura de dados da amostra [6]. Tal decisão é crítica para técnicas hierárquicas, pois ainda que o processo gere um conjunto completo de soluções de agrupamento, o pesquisador deve escolher as soluções que representam a estrutura de dados (também conhecida como a **regra de parada**). Esta decisão também é encarada pelo pesquisador em análises não-hierárquicas quando a melhor solução deve ser selecionada entre duas ou mais soluções.

Infelizmente, não existe um procedimento de seleção padrão e objetivo [5, 11]. Como não há critério estatístico interno usado para inferência, como os testes de significância estatística de outros métodos multivariados, os pesquisadores desenvolveram muitos critérios para tratar do problema. Os principais problemas que surgem diante dessas regras de parada incluem os seguintes:

- Esses procedimentos *ad hoc* devem ser computados pelo pesquisador e muitas vezes envolvem técnicas bastante complexas [1, 18].
- Muitos desses critérios são específicos de um programa particular de computador e não são facilmente calculados se não forem fornecidos pelo programa.
- Um aumento natural na heterogeneidade surge a partir da redução no número de agrupamentos. Assim, o pesquisador

---

REGRAS PRÁTICAS 8-4

Obtenção de agrupamentos

- Métodos hierárquicos de agrupamento diferem na metodologia de representação de similaridade entre agrupamentos, cada um com vantagens e desvantagens:
  - Ligação simples é provavelmente o algoritmo mais versátil, mas estruturas de agrupamento mal planejadas dentro dos dados produzem cadeias sinuosas de agrupamentos inaceitáveis
  - Ligação completa elimina o problema de encadeamento, mas considera apenas as observações mais extremas de um agrupamento, sendo afetada, portanto, por observações atípicas
  - Ligação média é baseada na similaridade média de todos os indivíduos em um agrupamento e tende a gerar agregados com pouca variação interna e é menos afetada por observações atípicas
  - Ligação centróide mede distância entre centróides de agrupamento e, como a ligação média, é menos afetada por observações atípicas
  - Método de Ward se baseia na soma total de quadrados dentro de agrupamentos e é mais apropriado quando o pesquisador espera agrupamentos de algum modo parecidos em tamanho, mas é facilmente distorcido por observações atípicas
- Métodos não-hierárquicos de agrupamento requerem que o número de agrupamentos seja especificado antes de se designar observações:
  - O método da referência seqüencial designa observações ao agrupamento mais próximo, mas uma observação não pode ser redesignada a outro agrupamento seguindo sua designação original
  - Procedimentos de otimização permitem a redesignação de observações com base na proximidade seqüencial de observações com agrupamentos formados durante o processo
- A escolha entre métodos hierárquicos e não-hierárquicos se baseia no que se segue:
  - Soluções hierárquicas são preferidas quando:
    - Muitas ou todas as soluções alternativas devem ser examinadas
    - O tamanho da amostra é moderado (abaixo de 300-400, não excedendo 1.000) ou uma amostra de um conjunto maior de dados é aceitável
  - Métodos não-hierárquicos são preferidos quando:
    - O número de agrupamentos é conhecido e pontos sementes iniciais podem ser especificados de acordo com alguma base prática, objetiva ou teórica
    - Observações atípicas provocam preocupação, pois métodos não-hierárquicos são geralmente menos suscetíveis a observações atípicas
- Uma combinação usando a abordagem hierárquica seguida de um método não-hierárquico é freqüentemente aconselhável
  - Um método não-hierárquico* é utilizado para selecionar o número de agrupamentos e para caracterizar os centros de agrupamento que servem como sementes iniciais no procedimento não-hierárquico
  - Um método não-hierárquico então agrega todas as observações usando os pontos sementes para fornecer alocações mais precisas

---

* N. de R. T.: A frase correta seria "Um método hierárquico".

deve observar as tendências nos valores dessas regras de parada ao longo das soluções para identificar aumentos significativos. Caso contrário, na maioria dos casos a solução de dois agrupamentos sempre seria escolhida, pois o valor de qualquer regra de parada é normalmente mais alto quando passa de dois para um agrupamento.

Mesmo com as similaridades entre as regras de parada, elas exibem diferenças suficientes para colocá-las em uma entre duas classes gerais, como descrito a seguir.

Medidas de mudança de heterogeneidade. Uma classe de regras de parada examina alguma medida de heterogeneidade entre agrupamentos em cada passo sucessivo, com a solução de agrupamento definida quando a medida de heterogeneidade excede um valor especificado ou quando os valores sucessivos entre etapas dão um salto repentino. Um exemplo simples foi usado no início do capítulo, o qual buscou grandes aumentos na distância interna média. Quando um grande aumento acontece, o pesquisador seleciona a solução anterior sob o argumento de que sua combinação provocou um aumento substancial de heterogeneidade. Foi mostrado que esse tipo de regra de parada fornece decisões bastante precisas em estudos empíricos [18], mas não é incomum que várias soluções de agrupamento sejam identificadas por esses grandes aumentos na heterogeneidade. Portanto, é tarefa do pesquisador a escolha de uma solução final a partir dessas soluções selecionadas. Várias regras de parada seguem essa abordagem geral.

Variações percentuais de heterogeneidade. Provavelmente a regra mais simples e mais amplamente usada é uma simples variação percentual de alguma medida de heterogeneidade. Um exemplo típico é o emprego do coeficiente de aglomeração em SPSS, que mede heterogeneidade como a distância na qual agregados são formados (se uma medida de similaridade baseada em distância for usada) ou a soma de quadrados dentro do agrupamento se o método de Ward for empregado. Com esta medida, o aumento percentual no coeficiente de aglomeração pode ser calculado para cada solução. Em seguida o pesquisador seleciona soluções de agrupamento como uma potencial solução final quando o aumento percentual é consideravelmente maior do que o que ocorre em outros passos.

Medidas de variação de variância. A **raiz do desvio padrão quadrático médio (RMSSTD)** é a raiz quadrada da variância do novo agrupamento formado pela união de dois agregados. A variância para o novo agregado é calculada como a variância ao longo de todas as variáveis de agrupamento. Grandes aumentos na RMSSTD sugerem a união de dois agrupamentos bastante distintos, indicando que a solução anterior (na qual os dois agrupamentos eram separados) era uma candidata para escolha como a solução final.

Medidas estatísticas de variação de heterogeneidade. Uma série de testes estatísticos tenta retratar o grau de heterogeneidade para cada solução nova (ou seja, unindo-se dois agregados). Uma das mais usadas é uma estatística pseudo F, que compara a adequação de ajuste de k agrupamentos para $k-1$ agrupamentos. Valores altamente significantes indicam que a $(k-1)$-ésima solução é mais adequada do que a k-ésima solução*. O pesquisador não deve considerar qualquer valor significante, mas deve olhar aqueles valores que são consideravelmente mais significantes do que para outras soluções.

Outra medida comumente utilizada é um valor pseudo T^2, que usa T^2 de Hotelling para comparar as médias dos agrupamentos unidos ao longo de todas as variáveis. Novamente, valores significantes dessa medida, que são consideravelmente maiores do que aqueles para outras soluções, indicam que a união de dois agrupamentos cria elevada heterogeneidade e justifica a solução com os dois agregados separados.

Medidas diretas de heterogeneidade. Uma segunda classe geral de regras de parada tenta medir diretamente a heterogeneidade de cada solução de agrupamento. A medida mais comum nesta classe é o **critério de agrupamento cúbico (CCC)** [18] contido em SAS, uma medida do desvio dos agregados a partir de uma distribuição esperada de pontos formada por uma distribuição uniforme multivariada. Aqui o pesquisador escolhe a solução com o maior valor de CCC (ou seja, a solução na qual CCC atinge seu máximo) [24]. Apesar de sua inclusão em SAS e de sua vantagem na seleção de uma solução única de agrupamento, ele se mostrou responsável pela geração de excessivos agrupamentos como solução final [18] e se baseia na suposição de que as variáveis não são correlacionadas. No entanto, é uma medida amplamente usada e é geralmente tão eficiente quanto qualquer outra regra de parada [18].

Resumo. Dado o número de regras de parada disponíveis e a falta de evidência embasando qualquer regra em especial, sugere-se que o pesquisador empregue diversas regras de parada e procure por uma solução que seja consenso. Não obstante, mesmo com um consenso baseado em medidas empíricas, o pesquisador deve complementar o julgamento empírico com qualquer conceituação de relações teóricas que possa sugerir um número natural de agrupamentos. Pode-se começar esse processo pela especificação de alguns critérios baseados em considerações práticas, como dizer "Minhas descobertas serão mais fáceis de lidar e de comunicar se eu tiver de três a seis grupos", e então escolher entre estes números de agrupamentos e selecionar a melhor alternativa depois de avaliar todas elas. Na análise final, porém, provavelmente será melhor computar várias soluções diferentes (p.ex., duas,

---

* N. de R. T.: Supondo que a intenção dos autores seja denotar k-ésima e (k-1)-ésima soluções com k e k-1 agupamentos, respectivamente, a frase correta seria "...indicam que a k-ésima solução é mais adequada do que a (k-1)-ésima solução".

> **REGRAS PRÁTICAS 8-5**
>
> **Obtenção da solução final de agrupamentos**
>
> - Nenhum procedimento objetivo em especial está disponível para determinar a quantia correta de agrupamentos; o pesquisador deve avaliar soluções alternativas pensando nas seguintes considerações para selecionar a solução ótima:
>   - Agrupamentos de um só membro ou extremamente pequenos são geralmente não aceitáveis e devem ser eliminados
>   - Para métodos hierárquicos, regras de parada *ad hoc*, com base na taxa de variação em uma medida de similaridade total quando o número de agregados aumenta ou diminui, são uma indicação do número de agrupamentos
>   - Todos os agrupamentos devem ser significativamente diferentes no conjunto de variáveis
>   - Soluções, em última instância, devem ter validade teórica avaliada por meio de validação externa

três, quatro) e então decidir entre as soluções alternativas pelo uso de um critério *a priori*, julgamento prático, senso comum ou fundamentação teórica. As soluções de agrupamentos serão melhoradas pela restrição da solução de acordo com aspectos conceituais do problema.

Estágio 5: Interpretação dos agrupamentos

O estágio de interpretação envolve o exame de cada agrupamento em termos da variável estatística de agrupamento para nomear ou designar um rótulo que descreva precisamente a natureza dos agregados. Para esclarecer esse processo, examinemos o exemplo dos refrigerantes diet versus normais.

> Consideremos que foi desenvolvida uma escala de atitudes que consiste em declarações relativas ao consumo de refrigerantes, como "refrigerantes diet têm um sabor mais desagradável", "refrigerantes normais têm um sabor mais forte", "bebidas diet são mais saudáveis" e assim por diante. Além disso, consideremos que dados demográficos e de consumo de refrigerantes também tenham sido coletados.

Quando iniciamos o processo de interpretação, uma medida freqüentemente usada é o centróide de agrupamento. Se o procedimento de agrupamento foi realizado sobre os dados iniciais, essa será uma descrição lógica. Se os dados fossem padronizados ou se a análise de agrupamentos fosse executada usando a análise fatorial (fatores componentes), o pesquisador teria de voltar aos escores iniciais para as variáveis originais e computar os perfis médios usando esses dados.

> Continuando com nosso exemplo de refrigerantes, nesse estágio examinamos os perfis de escores médios sobre as declarações de atitude para cada grupo e atribuímos um rótulo descritivo para cada grupo. Muitas vezes, a análise discriminante é aplicada para gerar perfis de escore, mas devemos lembrar que diferenças estatisticamente significantes não indicariam uma solução ótima, porque diferenças estatísticas são esperadas, dado o objetivo da análise de agrupamentos. O exame dos perfis permite uma rica descrição de cada agrupamento. Por exemplo, dois dos agrupamentos podem ter atitudes favoráveis sobre refrigerantes diet, e o terceiro agregado, atitudes negativas. Além disso, dos dois grupos favoráveis, um pode exibir atitudes favoráveis apenas para refrigerantes diet, ao passo que o outro pode mostrar atitudes favoráveis para refrigerantes diet e normais. A partir desse procedimento analítico, avaliaríamos as atitudes de cada agrupamento e desenvolveríamos interpretações relevantes para facilitar o processo de rotulação de cada um. Por exemplo, um agrupamento poderia ser rotulado como "consciente quanto a saúde e calorias", ao passo que um outro talvez fosse chamado de "um pouco de açúcar vai bem".

O perfil e a interpretação dos agrupamentos, porém, conseguem mais do que apenas a descrição e são elementos essenciais na seleção entre soluções quando as regras de parada indicam mais de uma solução de agrupamentos.

- Eles fornecem um meio de avaliar a correspondência dos agregados obtidos com aqueles propostos por alguma teoria anterior ou por experiência prática. Se usados de um modo confirmatório, os perfis da análise de agrupamentos fornecem um meio direto para avaliar a correspondência.
- Os perfis de agrupamento também fornecem uma rota para fazer avaliações de significância prática. O pesquisador pode requerer que existam diferenças substanciais em um conjunto de variáveis de agrupamento e que a solução seja expandida até surgirem tais diferenças.

Na avaliação de correspondência ou significância prática, o pesquisador compara os agrupamentos obtidos com uma tipologia pré-concebida. Este julgamento mais subjetivo do pesquisador combina com o julgamento empírico das regras de parada para determinar a solução final para representar a estrutura de dados da amostra.

Estágio 6: Validação e perfil dos agrupamentos

Dada a natureza um tanto subjetiva da análise de agrupamentos na seleção de uma solução ótima, o pesquisador deve ter muito cuidado na validação e na garantia de significância prática da solução final. Apesar de não haver qualquer método para garantir validade e significância prática, diversas abordagens foram propostas para fornecer alguma base para a avaliação do pesquisador.

Validação da solução de agrupamentos

A validação inclui tentativas do pesquisador para garantir que a solução de agrupamentos seja representativa da população geral, e assim seja generalizável para outros objetos e estável com o passar do tempo.

Validação cruzada. A abordagem mais direta em relação a isso é a análise de agrupamentos de amostras separadas, que compara as soluções e avalia a correspondência dos resultados. Essa técnica, contudo, geralmente é impraticável por causa de restrições de tempo ou custo, ou indisponibilidade de objetos (particularmente consumidores) para múltiplas análises de agrupamentos. Nesses casos, um método comum é particionar a amostra em dois grupos. Cada um é analisado separadamente e os resultados são então comparados. Outras abordagens incluem (1) uma forma modificada de partição de amostra, onde centros de grupos obtidos a partir de uma solução são empregados para definir agrupamentos de outras observações e os resultados são comparados [16], e (2) uma forma direta de validação cruzada [22].

Estabelecimento de validade de critério. O pesquisador também pode tentar estabelecer alguma forma de **validade de critério** ou **preditiva**. Para isso, ele seleciona variáveis *não usadas para formar agrupamentos* mas que se sabe que têm variação ao longo dos grupos. Em nosso exemplo, podemos saber, de pesquisa anterior, que atitudes relacionadas a refrigerantes diet variam de acordo com a idade. Assim, podemos testar estatisticamente as diferenças em idade entre os agrupamentos favoráveis a refrigerantes diet e os que não o são. A(s) variável(eis) usada(s) para avaliar a validade preditiva devem ter forte apoio teórico ou prático, uma vez que se tornam padrões de referência para seleção de soluções de agrupamentos.

Perfil da solução por agrupamento

O estágio de perfil envolve a descrição das características de cada agrupamento para explicar como eles podem diferir em dimensões relevantes. Este processo geralmente envolve o uso de análise discriminante (ver Capítulo 5). O procedimento tem início depois que os agrupamentos são identificados. O pesquisador utiliza *dados não previamente incluídos* no procedimento de agrupamento para caracterizar cada agregado. Esses dados normalmente são características demográficas, perfis psicográficos, padrões de consumo e assim por diante. Embora possa não haver um fundamento teórico para suas diferenças ao longo dos agregados, tal como se exige para avaliação de validade preditiva, tais diferenças devem pelo menos ter importância prática. Usando a análise discriminante, o pesquisador compara os perfis de escores médios dos agrupamentos. A variável dependente categórica é a identificação prévia dos grupos, e as variáveis independentes são as características demográficas, psicográficas etc.

> A partir dessa análise, assumindo significância estatística, o pesquisador pode concluir, por exemplo, que o grupo "consciente quanto a saúde e calorias" de nosso exemplo anterior sobre refrigerante diet consiste de profissionais com melhor educação e maior renda e que são consumidores moderados de refrigerantes.

Em resumo, a análise de perfil se concentra na descrição não daquilo que diretamente determina os agregados, mas das características dos agrupamentos depois da sua identificação. Além disso, a ênfase está nas características que diferem significativamente ao longo dos agrupamentos e nas que poderiam prever a pertinência a um agregado em particular. Freqüentemente, o perfil é um passo prático importante em procedimentos de agrupamento, pois identificar características como as demográficas permite que segmentos sejam identificados ou localizados com informação facilmente obtida.

RESUMO DO PROCESSO DE DECISÃO

A análise de agrupamentos fornece aos pesquisadores um método empírico e objetivo para realizar uma das tarefas mais naturais para os seres humanos – classificação. Seja para fins de simplificação, exploração ou confirmação, a análise de agrupamentos é uma poderosa ferramenta analítica que conta com uma vasta gama de aplicações. Mas junto com essa técnica vem uma responsabilidade para o pesquisador, no sentido de aplicar os princípios inerentes de forma adequada. Como mencionado na introdução deste capítulo, a análise de agrupamentos tem muitas advertências, que fazem com que mesmo o pesquisador experiente a aplique com cuidado. Mas quando usada apropriadamente, ela tem o potencial de revelar estruturas dentro dos dados que não poderiam ser descobertas por outros meios. Assim, essa técnica potente supre uma necessidade fundamental dos pesquisadores em todas as áreas, mas pode ser aplicada com o conhecimento de que é muito fácil usá-la tanto de maneira equivocada quanto de forma apropriada.

UM EXEMPLO ILUSTRATIVO

Para ilustrar a aplicação de técnicas de análise de agrupamento, retornemos à base de dados da HBAT. As percepções de cliente da HBAT fornecem uma base para ilustrar um dos usos mais comuns da análise de agrupamentos – a formação de segmentos de clientes. Em nosso exemplo, seguimos os estágios do processo de construção de modelos, começando com o estabelecimento de objetivos, em seguida abordando questões de delineamento de pesquisa, e finalmente classificando os respondentes em agregados e

---

REGRAS PRÁTICAS 8-6

Interpretação, caracterização e validação de agrupamentos

- O centróide de agrupamento, um perfil médio do agrupamento sobre cada variável, é particularmente útil no estágio de interpretação:
  - Interpretação envolve o exame de características de diferenciação do perfil de cada agrupamento e a identificação de diferenças substanciais entre agregados
  - Soluções que não conseguem mostrar variação significante indicam que outras soluções devem ser examinadas
  - O centróide de agrupamento também deve ser avaliado quanto à correspondência com as expectativas anteriores do pesquisador com base em teoria ou experiência prática
- Validação é essencial em análise de agrupamentos porque os agregados são descritivos de estrutura e demandam suporte adicional quanto a sua relevância:
  - Validação cruzada valida empiricamente uma solução pela criação de duas subamostras (aleatoriamente dividindo a amostra) e então compara as duas soluções quanto a consistência relativa ao número de agrupamentos e os perfis dos mesmos
  - Validação também é conseguida com o exame de diferenças sobre variáveis não incluídas na análise, mas para as quais uma razão teórica e relevante permite a expectativa de variação ao longo dos agrupamentos

---

interpretando e validando os resultados. As seções a seguir detalham esses procedimentos por meio de cada estágio.

Estágio 1: Objetivos da análise de agrupamentos

Iniciamos pela análise das avaliações feitas por clientes da HBAT quanto ao desempenho da HBAT nos 13 atributos (X_6 a X_{18}). Fazendo isso, o pesquisador deve identificar os objetivos a serem alcançados e as características (variáveis) usadas no processo de agrupamento.

Objetivos de agrupamento

A análise de agrupamentos pode atingir qualquer combinação de três objetivos: desenvolvimento de taxonomia, simplificação de dados e identificação de relações. Nesta situação, a HBAT está principalmente interessada na segmentação de clientes, apesar de serem possíveis usos adicionais dos segmentos derivados.

> O principal objetivo é desenvolver uma taxonomia que particione objetos (clientes) em grupos com percep-

ções similares. Uma vez identificados, a HBAT pode então formular estratégias com diferentes apelos para os grupos separados – a base para segmentação de mercado. A análise de agrupamentos, com seu objetivo de formar grupos homogêneos que sejam tão distintos uns dos outros quanto possível, fornece uma metodologia única para desenvolver taxonomias com relevância administrativa máxima.

Além de formar uma taxonomia que pode ser usada para segmentação, a análise de agrupamentos pode também fornecer simplificação de dados e até mesmo a identificação de relações. Em termos de simplificação de dados, segmentação permite que os clientes da HBAT sejam categorizados em um segmento que define o caráter básico de seus membros. Em uma segmentação efetiva, clientes não precisam ser vistos somente como indivíduos, mas podem também ser vistos como membros de grupos relativamente homogêneos que podem ser retratados através de seus perfis em comum. Segmentos também fornecem uma via para examinar relações previamente não estudadas. Um exemplo típico é a estimação do impacto de percepções de clientes quanto a satisfação para cada segmento, permitindo ao pesquisador a compreensão sobre o que impacta unicamente cada segmento no lugar dos impactos estimados para a amostra como um todo.

Variáveis de agrupamento

Uma preocupação crítica de qualquer análise de agrupamentos é o conjunto de variáveis usadas para caracterizar objetos. A importância dessa decisão é que as variáveis fornecem a base para a definição de similaridade.

> Nesta aplicação, as variáveis potenciais são as 13 percepções de atributos de HBAT. A partir de usos prévios em outras técnicas multivariadas (p.ex., regressão múltipla e análise discriminante), descobrimos que essas variáveis fornecem poder preditivo e explanatório suficientes para justificar o uso das mesmas como a base para segmentação.
>
> No entanto, a aplicação de análise fatorial (ver Capítulo 3) identificou três variáveis (X_{11}, X_{15} e X_{17}) que não se relacionam com qualquer uma das quatro dimensões principais de percepções de HBAT. Assim, essas três variáveis não serão usadas na análise de agrupamentos, com as demais 10 percepções de atributos formando o conjunto de variáveis de agrupamento.

Estágio 2: Projeto de pesquisa na análise de agrupamentos

Ao preparar uma análise de agrupamentos, o pesquisador deve abordar quatro questões no planejamento da pesquisa: detecção de observações atípicas, determinação da medida de similaridade a ser usada, avaliação da adequação do tamanho amostral, e padronização das variáveis e/ou objetos. Cada um desses pontos tem um papel essencial na definição da natureza e do caráter das soluções resultantes.

Detecção de observações atípicas

A primeira questão é identificar quaisquer observações atípicas na amostra antes que a partição se inicie. Procedimentos univariados discutidos no Capítulo 2 não identificaram quaisquer candidatos potenciais para designação como observações atípicas, mas técnicas multivariadas foram consideradas necessárias devido à natureza de análise de agrupamentos no uso de todas as variáveis para definir similaridade. Assim, a medida D^2 de Mahalanobis foi calculada para cada observação.

Uma medida multivariada descrevendo a distância de cada observação em relação à média da amostra em todas as variáveis viabiliza uma comparação de todas as observações e a designação de observações atípicas com base em um perfil multivariado no conjunto completo de variáveis de agrupamento.

> A Tabela 8-5 contém os valores D^2 para cada observação. Como mostrado, duas observações (24 e 84) apresentam valores D^2 substancialmente mais elevados do que as demais. Nenhum valor específico de corte designa uma observação como atípica, mas valores relativos extremamente altos indicam observações que são bastante distintas das demais no conjunto de variáveis de agrupamento. Neste caso, essas duas observações (24 e 84) não serão eliminadas desta vez, mas elas podem se tornar candidatas para eliminação em estágios posteriores quando pequenos agrupamentos são identificados e decisões precisam ser tomadas para avaliar se observações atípicas surgiram durante o processo de agrupamento.

Definição de similaridade

A próxima questão envolve a escolha de uma medida de similaridade. Medidas correlacionais não são empregadas, pois a derivação de segmentos deve considerar a magnitude das percepções (favorável versus não favorável), bem como o padrão. Tal avaliação é melhor obtida com uma medida de similaridade baseada em distância.

> Dado que o conjunto de 10 variáveis é de variáveis métricas, a distância euclidiana quadrada é escolhida como a medida de semelhança. Se a multicolinearidade fosse considerada substancial ou com o efeito de ponderar as variáveis de forma desigual, então a distância de Mahalanobis (D^2) seria apropriada.

Tamanho amostral

A terceira questão é sobre a adequação da amostra de 100 observações. Esta preocupação não se relaciona aos aspectos de natureza estatística, mas sim à habilidade da amostra para identificar segmentos administrativamente úteis.

> Em nosso caso, a HBAT está interessada somente em segmentos que representam pelo menos 10% da população. Segmentos menores são considerados muito pequenos para justificar o desenvolvimento de programas de marketing específicos a segmentos. Assim, em nosso exemplo com uma amostra de 100 observações, podemos esperar que segmentos relevantes sejam compostos de 10 observações, mas aceitamos agregados consistindo de quantias tão pequenas quanto 5 a 6 observações, a fim de explicar variação amostral. Tal número é considerado suficiente porque ele permite que segmentos extremamente pequenos, com até 4 observações, sejam eliminados sem a preocupação de que eles possam realmente ser relevantes para estudos posteriores.

Padronização

O ponto final envolve os tipos de padronização que podem ser usados. Não se considera útil o emprego de padronização interna, pois a magnitude das percepções é um elemento importante dos objetivos de segmentação, e a questão de padronização por variável ainda permanece.

> Como todas as variáveis de agrupamento são medidas na mesma escala (0 a 10), elas não precisam ser padronizadas. As variáveis têm, porém, variados níveis de dispersão (ver desvios padrão na Tabela 8-6) que podem afetar o processo de agrupamento. Além disso, as médias variam muito, o que não afeta o processo real em si, mas complica comparações entre agrupamentos. Logo, para remover qualquer impacto devido a diferentes níveis de dispersão, *as variáveis serão convertidas para escores Z e os valores padronizados serão utilizados na análise de agrupamentos.*

Estágio 3: Suposições na análise de agrupamentos

Ao atender às suposições da análise de agrupamentos, o pesquisador não está interessado nas qualidades estatísticas dos dados (p.ex., normalidade, linearidade etc.), mas está concentrado principalmente em questões sobre o delineamento da pesquisa. As duas questões básicas a serem abordadas são a representatividade da amostra e a multicolinearidade entre as variáveis de agrupamento.

TABELA 8-5 Identificação de potenciais observações atípicas com a medida D^2 de Mahalanobis

Observação	D^2 de Mahalanobis	Observação	D^2 de Mahalanobis	Observação	D^2 de Mahalanobis	Observação	D^2 de Mahalanobis
24	30,7	45	12,1	64	9,1	18	6,7
84	25,3	72	11,9	66	9,0	6	6,6
59	17,9	4	11,8	31	9,0	68	6,5
22	17,2	41	11,7	26	9,0	28	6,5
44	16,7	96	11,7	58	8,9	25	6,3
13	16,7	98	11,6	80	8,9	56	6,2
47	16,1	3	11,4	12	8,8	65	6,2
92	16,0	94	11,4	91	8,6	51	6,1
35	15,9	77	11,3	20	8,5	82	6,0
62	15,8	63	11,2	46	8,4	70	5,8
87	15,5	40	11,2	23	8,1	10	5,6
7	15,5	33	10,8	19	8,1	5	5,4
90	15,3	16	10,8	85	8,0	11	5,3
2	14,6	71	10,8	69	8,0	89	4,9
74	14,3	78	10,7	34	8,0	54	4,9
76	14,0	21	10,3	42	8,0	93	4,8
81	13,6	30	10,2	15	7,9	99	4,7
52	13,0	67	10,0	88	7,8	8	4,7
48	12,8	73	9,9	39	7,5	97	4,5
49	12,6	1	9,8	17	7,5	83	4,5
36	12,5	79	9,7	14	7,4	55	4,4
100	12,4	29	9,5	27	7,3	95	3,8
57	12,3	38	9,2	9	7,2	75	3,1
43	12,3	53	9,2	50	7,1	86	2,8
60	12,2	61	9,1	32	6,9	37	2,0

Nota: D^2 de Mahalanobis baseado nos valores padronizados das 10 variáveis de agrupamento (X_6, X_7, X_8, X_9, X_{10}, X_{12}, X_{13}, X_{14}, X_{16} e X_{18}).

TABELA 8-6 Padronização das variáveis de agrupamento

Variável de agrupamento	Mínimo	Máximo	Média	Desvio padrão
X_6 Qualidade do produto	5,0	10,0	7,810	1,396
X_7 Atividades de comércio eletrônico	2,2	5,7	3,672	0,701
X_8 Suporte técnico	1,3	8,5	5,365	1,530
X_9 Solução de reclamação	2,6	7,8	5,442	1,208
X_{10} Anúncio	1,9	6,5	4,010	1,127
X_{12} Imagem da equipe de venda	2,9	8,2	5,123	1,072
X_{13} Preço competitivo	3,7	9,9	6,974	1,545
X_{14} Garantia e reclamações	4,1	8,1	6,043	0,820
X_{16} Encomenda e cobrança	2,0	6,7	4,278	0,929
X_{18} Velocidade de entrega	1,6	5,5	3,886	0,734

Representatividade amostral

Uma exigência-chave no uso de análise de agrupamentos para atender a qualquer um dos objetivos discutidos no estágio 1 é que a amostra seja representativa da população de interesse. Seja desenvolvendo uma taxonomia, procurando por relações ou simplesmente simplificando dados, os resultados da análise de agrupamentos não são generalizáveis se representatividade não for garantida. O pesquisador não deve ignorar este ponto, pois a análise de agrupamentos não tem meio algum para determinar se o planejamento de pesquisa garante uma amostra representativa.

> A amostra de 100 clientes da HBAT foi obtida por meio de um processo de escolha aleatória a partir de toda a base de clientela. Todas as questões referentes à coleta de dados foram tratadas adequadamente para garantir que a amostra é representativa da base de clientela da HBAT.

Multicolinearidade

Ainda a ser resolvido está o impacto da multicolinearidade sobre a ponderação implícita dos resultados. Se multicolinearidade está presente entre as variáveis (p.ex., como mostrado por uma análise fatorial), a preocupação é no sentido de que o que parece ser um conjunto de variáveis separadas é na realidade de medidas correlacionadas. Essa questão se torna problemática quando o número de variáveis fica desproporcional para um grupo de variáveis (fator) versus outro.

> Na discussão anterior sobre seleção de variáveis de agrupamento, as 10 percepções da HBAT escolhidas foram aquelas que formaram os quatro fatores obtidos da análise fatorial descrita no Capítulo 3. Naquela análise, os fatores eram bastante semelhantes em termos de número de variáveis por fator (dois fatores com três variáveis e dois fatores com duas). Logo, apesar da multicolinearidade demonstrada entre as variáveis de agrupamento, o equilíbrio entre fatores em termos de número de variáveis por fator deve minimizar qualquer ponderação implícita e seu impacto oculto sobre a análise. Além disso, não foi considerada necessária qualquer ação corretiva (p.ex., uso de escalas múltiplas representando fatores) para a multicolinearidade entre variáveis.

Emprego de métodos hierárquicos e não-hierárquicos

Ao aplicarmos análise de agrupamentos à amostra de 100 clientes HBAT, seguimos a abordagem de empregar métodos hierárquicos combinados com não-hierárquicos. O primeiro passo constitui o estágio de partição, usando o procedimento hierárquico para identificar um conjunto preliminar de soluções como base para estabelecer o número apropriado de agrupamentos e gerar os pontos sementes. Em seguida, no passo 2 usamos procedimentos não-hierárquicos para refinar a solução, gerando agregados usando os pontos sementes a partir da análise hierárquica e então caracterizando o perfil e validando as soluções finais. Os procedimentos hierárquico e não-hierárquico de SPSS são usados nessa análise, apesar de resultados comparáveis serem obtidos com qualquer programa de agrupamento.

Passo 1: Análise hierárquica de agrupamentos (Estágio 4)

Neste exemplo usamos a vantagem do procedimento hierárquico de agrupamento de rapidamente examinar uma vasta gama de soluções para identificar um conjunto de soluções preliminares que serão então analisadas por procedimentos não-hierárquicos para determinar a solução final. Deste modo, nossa ênfase na análise hierárquica será no estágio 4 (o processo real de agrupamento), deixando os estágios de perfil e validação (5 e 6) prioritariamente para o processo não-hierárquico. No curso de execução da análise hierárquica, o pesquisador deve executar uma série de tarefas:

1. Escolher o algoritmo de agrupamento.
2. Gerar os resultados de agrupamento e verificar a existência de agregados unitários ou outros que sejam inadequados.

3. Escolher as soluções preliminares pela aplicação das regras de parada.
4. Caracterizar o perfil das variáveis de agrupamento para identificar as soluções mais apropriadas.
5. Definir pontos sementes para a análise não-hierárquica.

Ao fazer isso, o pesquisador deve tratar de questões metodológicas e considerar metas administrativas e de agrupamento para obter a solução mais representativa para a amostra. Nas seções a seguir discutimos ambos os tipos de questões quando abordamos as tarefas listadas.

Seleção de um algoritmo de agrupamento

Antes de realmente aplicarmos o procedimento de análise de agrupamentos, devemos primeiramente perguntar: qual algoritmo de agrupamento devemos usar? Combinado com a medida de similaridade escolhida (distância euclidiana quadrada), o algoritmo de agrupamento fornece os meios para representar a semelhança entre agrupamentos com múltiplos membros.

> O método de ligação média é escolhido neste exemplo como uma concessão aos algoritmos que se sustentam em uma única observação (algoritmos de ligação simples ou completa) enquanto também geram agregados com variação interna pequena. O método de Ward não foi usado por conta de sua tendência de gerar agrupamentos de mesmo tamanho, e determinar a variação de tamanho de agregado na amostra é uma importante consideração nesta questão de pesquisa.

Resultados iniciais de agrupamento

Com a medida de similaridade e o algoritmo de agrupamento definidos, o pesquisador agora pode aplicar o procedimento hierárquico. Ele deve rever os resultados dentro do intervalo de soluções a serem consideradas e identificar quaisquer agregados que possam ser eliminados devido a tamanho pequeno ou outros motivos (observações atípicas, não-representativas etc.). Após a revisão, os dados identificados são eliminados e a análise é rodada novamente com o conjunto reduzido de dados.

Ao escolher o intervalo de soluções a serem consideradas, é útil levar em conta algumas soluções além do que se espera necessário para as soluções finais. Por exemplo, se um pesquisador estava usando análise de agrupamentos para gerar uma solução de cinco ou menos agregados, soluções com até 10 agrupamentos podem ser avaliadas para melhor compreender o processo de combinação de agregados que conduz às soluções de interesse.

> A Tabela 8-7 contém as soluções variando de 2 a 10 agregados para a análise hierárquica inicial. O intervalo de soluções a serem examinadas foi restrito a 10 ou menos porque o processo de segmentação não incluiria em geral mais de seis ou sete segmentos.
>
> Vendo esses resultados, percebemos que diversos dos agrupamentos envolvidos (4, 7, 9 e 10) são pequenos e estão abaixo do tamanho exigido de cinco, anteriormente definido. Logo, esses quatro agrupamentos, que contêm um total de sete observações (7, 24, 44, 84, 87, 90 e 92), serão eliminados. É interessante observar que todas essas observações tinham valores D^2 de Mahalanobis relativamente mais elevados quando observações atípicas estavam sendo avaliadas (ver Tabela 8-5), e as duas observações que foram anteriormente identificadas como possíveis casos atípicos com os maiores valores D^2 (24 e 84) estão neste conjunto de observações a serem eliminadas.

TABELA 8-7 Tamanhos de agregados para a análise hierárquica inicial

	10 agrupamentos iniciais	Soluções[a]								
Identificação	Membros	10	9	8	7	6	5	4	3	2
1	1,6,8,30,33,34,39,40,41,42,49,50, 55,63,68,69,70,75,86,95,97,100	22	51	51	51	60	60	60	78	96
2	2,3,16,23,27,29,45,47,52, 53,58,60,61,79,85,88,94	17	17	17	18	18	18	18		
3	4,5,11,12,14,17,21,25,26,28,31,35, 37,38,51,54,56,62,65,67,74,77,78, 80,82,89,91,93,96	29								
4	7,87,92	3	3	3	3	3	3	4	4	4
5	9,10,15,18,19,46,48,57,66,73	10	10	16	16	16	18	18	18	
6	13,20,22,43,71,99	6	6							
7	24	1	1	1						
8	32,36,59,64,72,76,81,83,98	9	9	9	9					
9	44,90	2	2	2	2	2				
10	84	1	1	1	1	1	1			

[a] Os valores nas células são número de observações em agrupamentos para cada solução (p.ex., na solução de 10 agrupamentos, o agregado 1 tem 22 observações e se une com o agregado 3 na solução de 9 agrupamentos para uma alocação combinada de 51 observações).

Resultados reespecificados

A eliminação de sete observações requer que a análise de agrupamentos seja novamente executada sobre as 93 observações remanescentes. O processo de exame de tamanhos de agregados, identificando potenciais eliminações e então retratando o processo de agrupamento, será discutido na próxima seção.

Avaliação de tamanhos de agrupamentos. O processo prossegue como antes, com os resultados reespecificados também examinados quanto a tamanhos inadequados de agrupamentos. Agregados abaixo dos tamanhos considerados administrativamente significantes são candidatos à eliminação. Espera-se que observações atípicas já sejam identificadas antes da reespecificação, mas o pesquisador pode considerar agregados adicionais de um só elemento ou aqueles extremamente pequenos também como observações atípicas que podem ser omitidas em análise posterior.

Pesquisadores devem cuidar, porém, para não caírem em "looping" com a contínua eliminação de pequenos agregados para então reespecificarem a análise de agrupamentos. Deve ser usado discernimento para aceitar um pequeno agrupamento e mantê-lo na análise em algum ponto; caso contrário, o processo pode começar a eliminar segmentos pequenos mas representativos. Os agregados pequenos mais problemáticos a serem mantidos são aqueles que não se unem a não ser muito adiante no processo. Pequenos agregados surgidos nos maiores intervalos de soluções consideradas podem ser mantidos, pois eles ocorrem somente em soluções que não são fortemente consideradas para possível seleção.

As soluções de 10 a 2 agregados da análise hierárquica reespecificada são mostradas na Tabela 8-8. Reespecificando e eliminando sete observações, o número de agregados pequenos caiu substancialmente, com somente três agrupamentos (2, 4 e 10) tendo quatro observações ou menos.

Ainda que tais agregados sejam muito pequenos para representar segmentos viáveis, eles não foram eliminados neste estágio por diversas razões. Para os agregados 2 e 4, estes agrupamentos combinaram nas primeiras soluções de agrupamento (nove e oito) de forma que eles não afetam as soluções esperadas de seis ou menos. Para o agregado 10, este juntou-se na solução de seis agrupamentos, de maneira que afetaria os resultados se uma solução de sete agrupamentos fosse escolhida. Se a solução de sete agrupamentos é escolhida com este agregado pequeno, ele será considerado um segmento pequeno mas relevante.

Descrição do processo de agrupamento. Com as soluções consideradas como contendo agregados de tamanhos apropriados, prosseguimos examinando o real processo de agrupamento por meio (1) do coeficiente de aglomeração e do esquema de agrupamento e (2) do dendrograma.

Esquema de agrupamento. Examinemos primeiramente o esquema de agrupamento produzido por SPSS (ver Tabela 8-9). Os cinco elementos descrevendo cada estágio de agrupamento são:

- *Estágio:* O passo no processo de agrupamento onde os dois agregados mais parecidos são combinados. Um processo hierárquico sempre envolve $N-1$ estágios, onde N é o número de observações sendo agregadas.
- *Agrupamentos combinados:* Informação detalhando quais são os dois agregados que estão sendo combinados em cada estágio.
- *Coeficiente de aglomeração:* Uma medida do aumento* em heterogeneidade que ocorre quando os dois agrupamentos

---
* N. de R. T.: A frase correta seria "Uma medida de heterogeneidade". A análise de valores consecutivos deste coeficiente permitirá a verificação de aumentos.

TABELA 8-8 Tamanhos de agregados para a análise hierárquica de agrupamento reespecificada

	10 agrupamentos iniciais		Soluções[a]								
Identificação	Membros	10	9	8	7	6	5	4	3	2
1	1,6,8,30,33,34,39,41,42,49,50, 55,63,68,69,70,75,86,95,97,100	21	22	22	22	22	51	51	60	77
2	40	1								
3	2,16,23,27,29,45,47,52, 53,60,61,85,88	13	13	17	17	17	17	17	17	
4	3,58,79,94	4	4							
5	4,12,21,31,35,51,54,62,65,80	10	10	10	29	29				
6	5,11,14,17,25,26,28,37,38,56,67, 74,77,78,82,89,91,93,96	19	19	19						
7	9,10,15,18,19,46,48,57,66,73	10	10	10	10	10	10	16	16	16
8	13,20,22,43,71,99	6	6	6	6	6	6			
9	32,36,64,72,83,98	6	6	6	6	9	9	9		
10	59,76,81	3	3	3	3					

[a]Valores nas células são número de observações em agrupamentos para cada solução (p.ex., na solução de 10 agrupamentos, o agregado 1 tem 21 observações e se une ao agregado 2 na solução de 9 agrupamentos para uma alocação combinada de 22 observações).

são combinados. Para a maioria dos métodos de ligação, o coeficiente de aglomeração é a distância entre os dois casos de agrupamentos sendo combinados.

- *Estágio em que o agrupamento surge pela primeira vez:* Identifica o estágio anterior no qual cada agrupamento sendo combinado foi envolvido. Valores nulos indicam que o agrupamento ainda é de um elemento só, e não combinado antes daquele estágio.
- *Próximo estágio em que novo agrupamento surge:* Denota o próximo estágio no qual o novo agregado é combinado com outro.

Examinemos dois estágios (1 e 84) da Tabela 8-9 para ilustrar o que o esquema de agrupamento retrata no processo aglomerativo:

- Estágio 1: Aqui vemos que os agrupamentos 23 e 29 são os primeiros dois grupos a se unirem, com um coeficiente de aglomeração de 0,719. Sabemos que eles são agrupamentos unitários porque a coluna "Estágio em que o agrupamento surge pela primeira vez" indica estágio 0, o que significa que eles não foram agregados antes. Finalmente, o agrupamento formado neste estágio é combinado novamente no estágio 7.
- Estágio 84: Neste, os agrupamentos 1 e 8 são unidos com um coeficiente de aglomeração de 12,439. Podemos perceber que o agrupamento 1 foi inicialmente formado no estágio 76, enquanto que o agregado 8 é um agrupamento unitário com um valor de zero (ver discussão anterior). Finalmente, podemos ver que este agrupa-

mento combina a seguir no estágio 88, onde é chamado de agregado 1.

A informação do esquema de agrupamento descreve completamente o processo, permitindo ao pesquisador seguir qualquer observação isolada ou agregado por todo o processo. Também fornece informação diagnóstica, como a habilidade de rapidamente identificar agrupamentos unitários (ou seja, um zero na coluna "Estágio em que o agrupamento surge pela primeira vez").

A Tabela 8-9 contém o esquema detalhado de agrupamento para a análise hierárquica reespecificada. Aqui percebemos os estágios iniciais e finais, com os intermediários omitidos para fins de concisão.

Quando examinamos os estágios iniciais, percebemos que a maior parte da atividade está centrada na união de agrupamentos unitários, como é de se esperar. No entanto, vemos em dois casos (estágios 7 e 9) que agrupamentos formados em estágios anteriores já estão sendo unidos com outros agregados. Nos estágios finais vemos o padrão de agrupamento já retratado na Tabela 8-8. Por exemplo, o estágio 84 corresponde à combinação de agregados (agrupamentos 1 e 2 combinando) que ocorre indo da solução de 10 agrupamentos para a de 9 na Tabela 8-8. Vemos a presença do agregado unitário

(Continua)

TABELA 8-9 Coeficiente de aglomeração e esquema de agrupamento para análise hierárquica reespecificada

Estágio	Agrupamentos combinados		Coeficiente de aglomeração	Estágio em que o agrupamento surge pela primeira vez		Próximo estágio no qual novo agrupamento surge
	Agrupamento 1	Agrupamento 2		Agrupamento 1	Agrupamento 2	
1	23	29	0,719	0	0	7
2	72	76	1,023	0	0	28
3	36	39	1,256	0	0	47
4	41	64	1,414	0	0	9
5	16	19	1,484	0	0	33
6	65	67	1,526	0	0	15
7	23	31	1,574	1	0	23
8	3	17	1,746	0	0	17
9	41	42	1,901	4	0	18
10	89	92	2,179	0	0	34
Estágios intermediários de 11 a 83 omitidos						
84	1	8	12,439	76	0	88
85	23	24	13,389	80	47	91
86	40	41	13,759	78	81	88
87	89	91	14,877	83	71	90
88	1	40	15,068	84	86	90
89	72	82	16,451	79	82	92
90	1	89	18,210	88	87	91
91	1	23	19,209	90	85	92
92	1	72	23,098	91	89	0

(*Continuação*)
(2 na Tabela 8-8) representado pelo zero na coluna "Estágio em que o agrupamento surge pela primeira vez". Em todos os demais estágios, os dois agrupamentos sendo combinados já são um resultado de combinações prévias, de forma que nenhum outro agregado unitário existe. Esta condição pode ser confirmada revendo-se a Tabela 8-8.

Dendrograma. O dendrograma fornece um retrato gráfico do processo de agrupamento. A estrutura em árvore do dendrograma retrata cada estágio do processo. Tipicamente o gráfico é escalonado, de maneira que distâncias menores entre combinações indicam maior homogeneidade.

A Figura 8-11 é o dendrograma para a análise hierárquica reespecificada de 93 observações. Como esperado, o agrupamento inicial está entre observações muito similares, mas o processo se torna estendido quando o número de agrupamentos diminui. No topo do dendrograma podemos ver o agregado de 17 observações (agrupamentos 3 e 4 na Tabela 8-8) e na base está o agrupamento de 16 observações (agrupamentos 7 e 8 na Tabela 8-8). O meio do dendrograma, que em última instância forma o agregado de 60 observações na solução de três agrupamentos, retrata a formação dos demais agregados, o que envolve muito mais complexidade e menos distinção.

O processo de agrupamento pode ser examinado começando no nível individual e agregando no sentido de um número menor de agregados, ou indo ao contrário, começando no último estágio (onde os dois últimos agregados são combinados) e compreendendo como cada um daqueles agregados foi formado. Por exemplo, olhando o topo do dendrograma percebemos o agrupamento de 17 observações, que é bastante distinto (o topo do dendrograma). Olhando para trás aqui, podemos ver como essas 17 observações foram combinadas. O dendrograma também permite uma inspeção visual quanto a possíveis observações atípicas, onde uma delas seria um ramo que não se uniu a não ser muito tarde. Um exemplo é o último caso no dendrograma (84), no qual esta informação não é juntada até uma fase avançada no processo aglomerativo.

Determinação das soluções preliminares de agrupamento

Até este ponto, detalhamos os aspectos do processo de agrupamento, ainda que não tenhamos tratado desta questão fundamental: qual é a solução final? Devemos notar que na maioria das situações, uma única solução final não será identificada na análise hierárquica. Em vez disso, um conjunto de soluções preliminares é identificado. Tais soluções formam a base para a análise não-hierárquica, a partir da qual uma solução final é selecionada. Mesmo que uma solução final não seja reconhecida neste estágio, o pesquisador deve executar duas análises-chave para identificar o melhor conjunto de soluções preliminares:

1. Aplicar a regra de parada para reconhecer um pequeno número de soluções para consideração posterior.
2. Examinar os perfis de cada solução sobre as variáveis de agrupamento para estabelecer a relevância de cada agrupamento para a questão de pesquisa.

Essas análises fornecem uma descrição mais detalhada dos agregados em cada solução e como eles se relacionam à questão de pesquisa. Contudo, mesmo com ambas, o julgamento do pesquisador se torna o fator mais importante na escolha da solução final que pode melhor tratar a questão de pesquisa.

Aplicação das regras de parada. Quantos agregados devemos ter? Como os dados envolvem perfis de clientes HBAT e nosso interesse reside na identificação de tipos ou perfis desses clientes que podem formar a base para diferentes estratégias, um número administrável de segmentos, sob uma perspectiva estratégica e tática, seria algo que não seja acima de seis ou sete. Logo, aplicamos a regra da parada com base na avaliação da variação de heterogeneidade entre soluções para identificar um conjunto preliminar de soluções de agrupamento. O foco está nas soluções que variam de 10 a 2 agregados, com o objetivo de escolher uma ou mais soluções no intervalo de 2 a 7 agregados.

Variações percentuais em heterogeneidade. A regra da parada é baseada na avaliação de variações de heterogeneidade entre soluções de agrupamentos. O raciocínio básico é que quando ocorrem grandes aumentos de heterogeneidade, o pesquisador escolhe a solução anterior, pois a combinação une agrupamentos muito diferentes.

O coeficiente de aglomeração é particularmente tratável para uso em uma regra de parada. Pequenos coeficientes indicam que agrupamentos bem homogêneos estão sendo fundidos. Em contrapartida, reunir dois agregados diferentes resulta em um grande coeficiente. Cada combinação de agrupamentos resulta em heterogeneidade crescente, de modo que nos concentramos em grandes variações percentuais no coeficiente, semelhante ao teste *scree* em análise fatorial, para identificar estágios de combinação de agrupamentos que sejam sensivelmente distintos. O único porém é que esta abordagem, a despeito de ser um algoritmo bastante preciso, tende a indicar pouquíssimos agrupamentos.

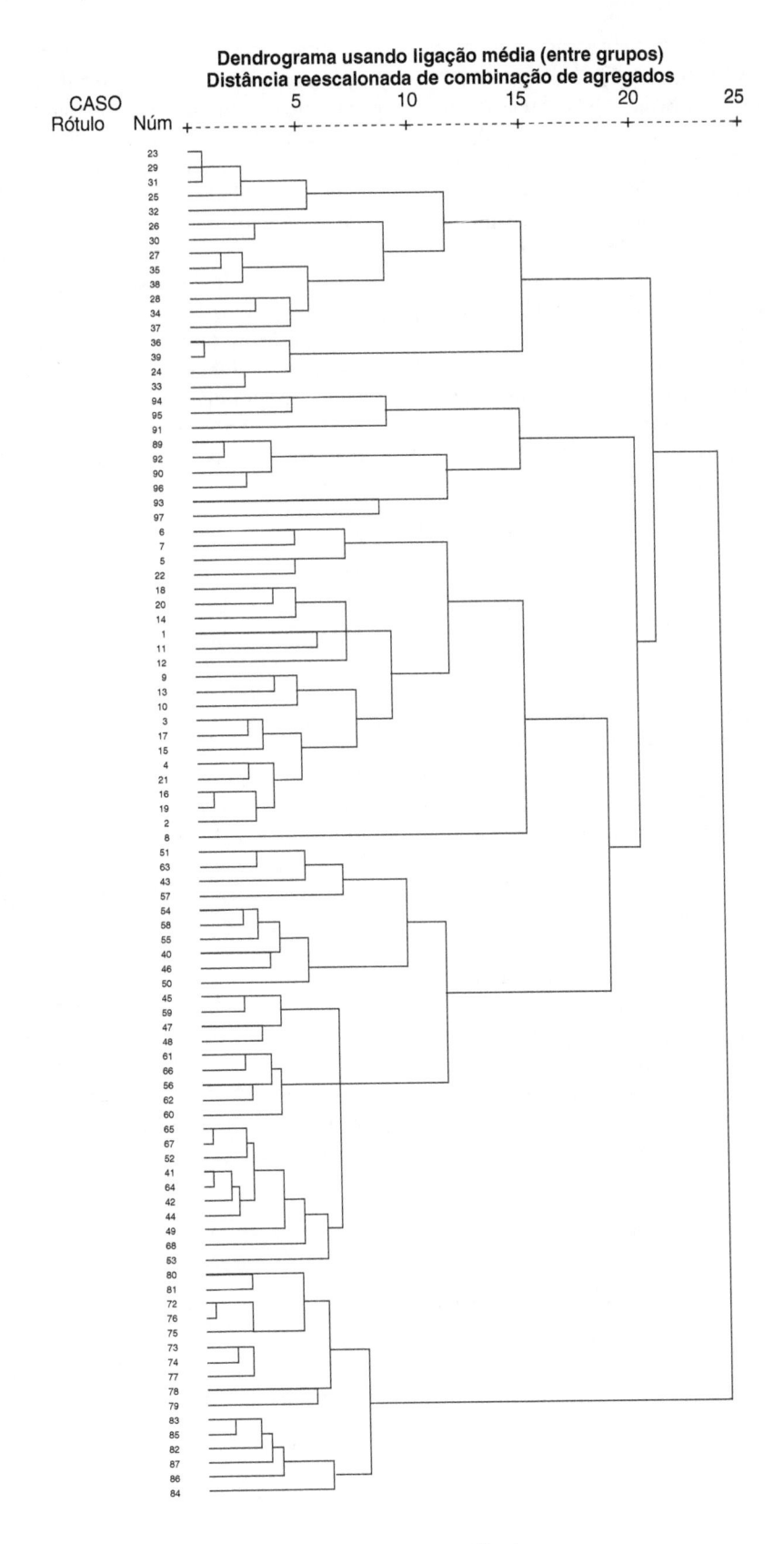

Dendrograma usando ligação média (entre grupos)
Distância reescalonada de combinação de agregados

FIGURA 8-11 Dendrograma de análise hierárquica de agrupamento reespecificada.

O coeficiente de aglomeração mostra grandes aumentos quando se passa dos estágios 88 para 89 (15,068 versus 16,451), 89 para 90 (16,451 versus 18,210) e 91 para 92 (19,209 versus 23,098). Para ajudar a quantificar grandes aumentos relativos na heterogeneidade dos agrupamentos, calculamos a mudança percentual no coeficiente de agrupamento para os estágios incluindo 10 a 1 agrupamentos (ver Tabela 8-10). O maior aumento percentual ocorre na passagem entre os estágios 91 e 92, seguido pelos estágios 89 a 90 e 88 a 89.

No entanto, o que significa a seleção de uma solução de agrupamento? Consideremos o maior aumento (estágios 91 versus 92) como exemplo. O coeficiente de aglomeração para o estágio 92 é de 23,098, que representa a heterogeneidade quando os dois agrupamentos finais são unidos em um só agregado. Como geralmente é encontrado, este é um coeficiente bastante elevado. O estágio 91 representa a passagem de três para dois agrupamentos, com um coeficiente de 19,209. Quando comparamos os coeficientes de aglomeração desses dois estágios, percebemos que o coeficiente aumenta em 20,25% do estágio 91 para o 92. Isso indica que a criação da solução de dois agrupamentos (passando de três para dois agregados) resulta em sensivelmente menos heterogeneidade do que no estágio final para criação de um só agrupamento. Desse modo, consideramos a configuração de dois agrupamentos como uma solução potencial.

Seguindo esta lógica, identificamos as soluções de dois, quatro e cinco agrupamentos como candidatas para o conjunto preliminar de soluções a serem examinadas posteriormente pela análise não-hierárquica. No entanto, deve ser notado que o aumento na heterogeneidade no estágio final (aqui, dois agrupamentos são unidos para formar um) sempre será grande. Ou seja, a solução de dois agrupamentos será, em geral, sempre identificada através desse procedimento, ainda que possa representar valor limitado no atendimento a muitos objetivos de pesquisa. Pesquisadores devem evitar a tentação de dizer que a solução de dois agrupamentos é a melhor por envolver a maior variação em heterogeneidade. Para este fim, selecionamos a solução de três agrupamentos como uma das soluções preliminares, pois ela é parecida com a de dois agrupamentos, mas fornece alguma visão sobre a estrutura básica além dos dois grupos.

Apesar de também podermos examinar as outras soluções, escolhemos somente as de cinco e seis agrupamentos por diversas razões. A solução de cinco agrupamentos representa a maior solução indicada pela regra da parada. Mas também examinamos a de seis agrupamentos para garantir que uma solução maior não fornece uma solução melhor em termos de grupos de clientes.

A regra da parada identificou três soluções (com cinco, quatro e dois agrupamentos) como candidatas para o conjunto preliminar de soluções a serem consideradas na análise não-hierárquica. A solução de cinco agrupamentos foi selecionada e a de três agregados foi a substituta para a de duas, para fornecer o nível mínimo de visão exigida sobre o cliente. A solução de seis agrupamentos também foi incluída para garantir que nenhuma visão adicional é conseguida a partir de mais do que cinco grupos de clientes. Essas três soluções são agora examinadas em termos do grau e tipos de diferenças entre agregados para finalizar as soluções utilizadas nos próximos estágios da análise de agrupamentos.

Perfil das variáveis de agrupamento. Antes de proceder com a análise não-hierárquica, fazemos o perfil de cada solução sobre as variáveis de agrupamento para garantir que cada solução seja distinta e que as diferenças entre agrupamentos sejam significantes sob a ótica da questão de pesquisa.

TABELA 8-10 Regra de parada para a análise hierárquica de agrupamentos reespecificada

	PROCESSO HIERÁRQUICO		REGRA DE PARADA	
			Coeficiente de aglomeração	
	Número de agrupamentos			
Estágio	Antes de unir	Depois de unir	Valor	Aumento percentual para o próximo estágio
84	10	9	12,439	7,64
85	9	8	13,389	2,76
86	8	7	13,759	8,13
87	7	6	14,877	1,23
88	6	5	15,068	9,18
89	5	4	16,451	10,69
90	4	3	18,210	5,49
91	3	2	19,209	20,25
92	2	1	23,098	—

CAPÍTULO 8 Análise de Agrupamentos **469**

A Figura 8-12 fornece uma análise de perfil das três soluções de agrupamento baseadas nas 10 variáveis. Ao se compararem soluções, dois pontos surgem:

1. A solução de três grupos é claramente distinta das de cinco e seis agregados, fornecendo uma solução alternativa viável para comparação no processo não-hierárquico. Cada um dos três agrupamentos é relativamente distinto e varia em magnitude sobre as variáveis. O padrão de um agrupamento sendo elevado em todas as variáveis, outro baixo nas mesmas e um terceiro no meio termo é evitado.
2. Não obstante, as diferenças são muito menos distintas entre as soluções com seis e cinco agrupamentos.

A mudança da solução de seis agregados para a de cinco é conseguida ao se unir os agrupamentos 1 e 3 na solução de seis agregados (porção superior da Figura 8-12). O agrupamento resultante (1 na solução de cinco agregados) difere sobre apenas duas variáveis (X_8 e X_{14}) que constituem o fator de Suporte Técnico formado no Capítulo 3. Ao longo de sete das oito variáveis remanescentes, esses dois agrupamentos são bastante semelhantes, com apenas pequenas diferenças sobre X_7. Assim, a solução de seis agrupamentos difere da de cinco somente no sentido de que dois agregados se diferenciam em termos de Suporte Técnico. Tais diferenças podem não ser considera-

(*Continua*)

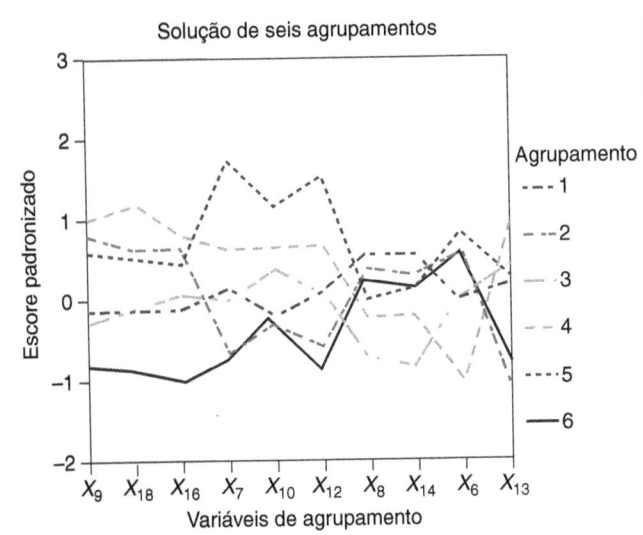

Solução de seis agrupamentos

Variável de agrupamento	Centróides para a solução de seis agrupamentos					
	1	2	3	4	5	6
X_9	–0,238	0,895	–0,380	1,099	0,627	–1,046
X_{18}	–0,210	0,692	–0,291	1,353	0,541	–1,085
X_{16}	–0,015	0,670	–0,221	0,853	0,454	–1,244
X_7	–0,083	–0,817	0,089	0,640	1,967	–0,800
X_{10}	0,374	–0,385	–0,284	0,701	1,322	–3,44
X_{12}	0,004	–0,767	0,033	0,715	1,750	–1,089
X_8	–0,916	0,434	0,575	–0,304	–0,075	0,212
X_{14}	–1,028	0,314	0,600	–0,248	0,131	0,097
X_6	–0,056	0,621	–0,057	–1,210	0,900	0,637
X_{13}	0,429	–1,304	0,198	1,124	0,254	–0,997
Tamanho	22	17	29	10	6	9

Nota: Todas as variáveis são estatisticamente significantes no nível 0,000

Solução de cinco agrupamentos

Variável de agrupamento	Centróides para a solução de cinco agrupamentos				
	1	2	3	4	5
X_9	–0,319	0,895	1,099	0,627	–1,046
X_{18}	–0,256	0,692	1,353	0,541	–1,085
X_{16}	–0,133	0,670	0,853	0,454	–1,244
X_7	0,015	–0,817	0,640	1,967	–0,800
X_{10}	0,000	–0,385	0,701	1,322	–3,44
X_{12}	0,021	–0,767	0,715	1,750	–1,089
X_8	–0,068	0,434	–0,304	–0,075	0,212
X_{14}	–0,103	0,314	–0,248	0,131	0,097
X_6	–0,056	0,621	–1,210	0,900	0,637
X_{13}	0,297	–1,304	1,124	0,254	–0,997
Tamanho	51	17	10	6	9

Nota: Todas as variáveis, exceto X_8 e X_{14}, são estatisticamente significantes no nível 0,000

FIGURA 8-12 Análise de perfil de variáveis padronizadas para as soluções hierárquicas de seis, cinco e três agrupamentos. (Continua)

Solução de três agrupamentos

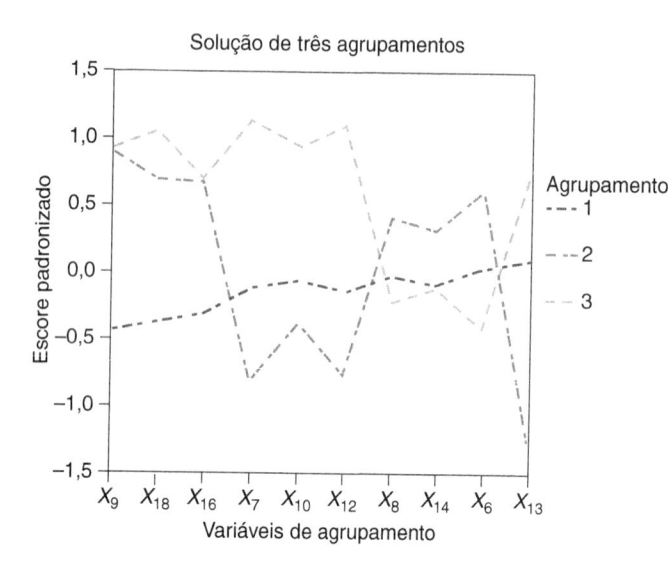

Variável de agrupamento	Centróides para a solução de três agrupamentos		
	1	2	3
X_9	−0,428	0,895	0,922
X_{18}	−0,380	0,692	1,049
X_{16}	−0,299	0,670	0,703
X_7	−0,119	−0,817	1,137
X_{10}	−0,052	−0,385	0,934
X_{12}	−0,146	−0,767	1,103
X_8	−0,026	0,434	−0,218
X_{14}	−0,073	0,314	−0,106
X_6	0,048	0,621	−0,419
X_{13}	0,103	−1,304	0,798
Tamanho	60	17	16

Nota: Todas as variáveis, exceto X_8 e X_{14}, são estatisticamente significantes no nível 0,000

FIGURA 8-12 Continuação.

Nota: Variáveis de agrupamento foram ordenadas nos gráficos e tabelas para corresponderem aos fatores encontrados na solução de quatro agrupamentos* (ver Capítulo 3).

(*Continuação*)
das significantes o suficiente para apoiar a inclusão de ambas as soluções de cinco e de seis agregados no conjunto preliminar de soluções finais.

Seleção das soluções preliminares. Pode parecer ótimo para as regras de parada e para as análises de perfil a identificação de somente uma solução de agrupamentos para análise posterior no processo não-hierárquico, mas pesquisadores são defrontados mais freqüentemente com um pequeno conjunto de soluções que vale a pena para consideração posterior. A meta do pesquisador neste estágio é definir o menor conjunto de soluções que representam diferentes perspectivas sobre a estrutura inerente e segmentação das observações.

Apesar de a regra de parada ser o ponto de partida para a identificação de três soluções de agrupamentos como candidatas à inclusão na análise não-hierárquica, um exame mais próximo por meio do perfil das variáveis revelou somente limitadas diferenças entre as soluções de seis e cinco agrupamentos. Em nossa opinião, as diferenças não eram grandes o bastante e nem variadas no conjunto de variáveis. Para fins de parcimônia, escolhemos a solução de cinco agrupamentos com a de três como o conjunto preliminar de soluções a ser analisado com mais detalhes pelos procedimentos não-hierárquicos.

Resumo do processo hierárquico de agrupamento

O objetivo da análise hierárquica de agrupamentos foi identificar uma solução ou um pequeno número de soluções que pudessem ser analisadas pelos procedimentos hierárquicos** para identificar uma solução final. Neste método, capitalizamos os pontos fortes do processo hierárquico (sua habilidade de avaliar uma grande quantia de soluções e facilidade de comparação entre as mesmas) enquanto deixamos a escolha final da(s) melhor(es) solução(ões) para os procedimentos não-hierárquicos.

Em nosso exemplo de segmentação envolvendo os 100 clientes HBAT, usamos 10 percepções da HBAT como as variáveis de agrupamento no processo hierárquico. Inspeção inicial dos agregados indicou uma eliminação de sete observações representando aquelas que são atípicas ou segmentos muito pequenos para se considerar nesta análise.

A análise reespecificada identificou três soluções (com seis, cinco e três agrupamentos) como candidatas para uso no processo hierárquico***. Em seguida, o perfil das variáveis de agrupamento indicou uma falta de distinção suficiente entre as soluções com seis e cinco agrupamentos, de forma que somente as soluções com três e cinco agrupamentos foram mantidas no conjunto preliminar de soluções a serem usadas na análise não-hierárquica que se segue.

---

* N. de R. T.: A frase correta seria "... para corresponderem aos fatores encontrados na solução de quatro fatores (ver Capítulo 3)."

** N. de R. T.: A frase correta seria "... pelos procedimentos não-hierárquicos".

*** N. de R. T.: O correto é "não-hierárquico".

Passo 2: Análise não-hierárquica de agrupamentos (Estágios 4, 5 e 6)

O método hierárquico de agrupamento facilitou uma avaliação abrangente de uma vasta gama de soluções. Essas soluções são afetadas, porém, por uma característica em comum: uma vez que agrupamentos são unidos, eles jamais são separados no processo. Selecionamos um algoritmo hierárquico que minimiza o impacto dessa característica, mas métodos não-hierárquicos ainda detêm a vantagem de serem capazes de otimizar as soluções pela redesignação de observações até que seja conseguida uma heterogeneidade mínima dentro dos conglomerados.

Este segundo passo no processo de agrupamento utiliza métodos hierárquicos em combinação com os procedimentos não-hierárquicos. Especificamente, o número de agrupamentos e os pontos sementes para cada agrupamento são determinados a partir de resultados hierárquicos. Em seguida empregamos os procedimentos não-hierárquicos para o desenvolvimento de uma solução ótima para cada número de agregados. Tais soluções são então comparadas em termos de validade de critério, bem como de aplicabilidade à questão de pesquisa para se escolher uma solução como a final.

Estágio 4: Determinação de agrupamentos e avaliação do ajuste geral

O principal elemento do segundo passo é o emprego de técnicas não-hierárquicas para melhorar os resultados a partir dos procedimentos hierárquicos. Ao executar uma análise não-hierárquica, um pesquisador deve tomar duas decisões:

1. Como serão gerados os pontos sementes para os agrupamentos?
2. Qual algoritmo de agrupamento será utilizado?

A discussão a seguir trata desses dois pontos em relação ao uso de resultados hierárquicos no procedimento não-hierárquico.

Especificação de pontos sementes de agrupamento. A primeira tarefa em análise de agrupamentos não-hierárquica é a seleção do método para especificação de pontos sementes, o ponto inicial para cada agrupamento. A partir disso, o algoritmo designa observações e forma agregados. Dois métodos para escolha de sementes são geração por amostragem (ou seja, seleção ao acaso) e especificação pelo pesquisador. Os métodos de geração por amostragem, apesar de operacionalmente simples, sofrem de uma falta de teoria inerente na formação de agrupamentos. Além disso, eles são difíceis de replicação ao longo das amostras. Em contrapartida, a abordagem via especificação do pesquisador exige alguma base conceitual ou empírica para as sementes. Apesar de ela demandar análise adicional ou pesquisa anterior para especificação dos pontos sementes, a abordagem via pesquisador é geralmente a opção preferida por conta da estrutura que ela impõe sobre o processo não-hierárquico.

A abordagem mais comum para derivação de centróides especificados pelo pesquisador é usar a solução hierárquica, seja pela seleção de uma observação de cada agrupamento para representar o mesmo, seja, como é mais comum, pelo uso dos centróides como pontos semente. Deve ser observado que tipicamente a obtenção de centróides demanda análise adicional para a seleção de soluções a serem usadas na análise não-hierárquica e para derivar os centróides a partir do perfil de cada solução. Esses perfis não são tipicamente gerados na análise hierárquica; fazer isso iria exigir tremendo esforço, pois a geração de $N-1$ soluções e a obtenção de um perfil para cada uma delas seria ineficiente.

> O processo de agrupamento hierárquico é usado para gerar os pontos sementes. Como discutido na seção anterior, as soluções de três e cinco agrupamentos foram determinadas como soluções que seriam posteriormente analisadas por meio dos procedimentos não-hierárquicos.
>
> Todas as 10 variáveis serão usadas na análise não-hierárquica: assim, os pontos sementes demandam valores iniciais sobre cada variável para cada agrupamento. Os centróides mostrados nas tabelas da Figura 8-12 atuarão como pontos sementes para ambas as soluções. Por exemplo, na solução de cinco agrupamentos, os valores na tabela representam os centróides para cada um dos cinco agrupamentos ao longo das 10 variáveis. Analogamente, centróides para a solução de três agrupamentos são também dados na tabela inferior.

Seleção de um algoritmo de agrupamento. Com as sementes especificadas, o pesquisador deve então escolher o algoritmo a ser usado para formar agrupamentos. Um benefício básico de métodos não-hierárquicos é a habilidade de formar uma solução completamente separada de qualquer outra. Tal procedimento está em contraste com métodos hierárquicos, nos quais qualquer solução é diretamente baseada na combinação de dois agrupamentos da solução anterior. Desse modo, métodos não-hierárquicos são geralmente preferidos quando possível, pois eles tipicamente melhoram uma solução existente desenvolvida durante um processo hierárquico.

> Para nossos propósitos, usamos o algoritmo de otimização em SPSS, o qual permite a designação de observações entre agrupamentos de forma iterativa, até que um nível mínimo de heterogeneidade seja alcançado. Em nosso exemplo, observações são inicialmente agrupadas para a semente mais próxima. Quando todas as observa-
> *(Continua)*

(*Continuação*)

ções são designadas, cada uma delas é avaliada para ver se ainda está no agrupamento mais próximo. Caso contrário, ela é redesignada a um agregado mais próximo. O processo continua até que a heterogeneidade nos agrupamentos não possa diminuir com novas movimentações de observações entre os agregados.

Formação de agrupamentos. Com as sementes de agrupamento e o algoritmo especificados, o processo pode iniciar. Com um algoritmo de otimização, o processo continua a redesignar observações até que uma nova designação não melhore a homogeneidade interna.

Usando os centróides dos resultados hierárquicos de agrupamento, o procedimento não-hierárquico gerou as soluções de três e cinco agregados mostradas na Figura 8-13. Duas diferenças entre as soluções hierárquicas e não-hierárquicas são notáveis:

- *Tamanhos dos agrupamentos.* As soluções não-hierárquicas, talvez por conta da habilidade de redesignar observações entre agrupamentos, têm uma dispersão mais uniforme de observações entre os agrupamentos. Como exemplo, a solução de três agrupamentos da análise hierárquica tem agrupamentos de 60, 17 e 16 observações. Em contrapartida, a análise não-hierárquica resultou em agrupamentos de 39, 28 e 26 observações. A despeito de agrupamentos de tamanhos relativamente parecidos não ser um critério para sucesso, eles são uma indicação de que o processo hierárquico pode ter restringido os resultados pelo impedimento de observações trocarem de agrupamentos, uma vez unidas.
- *Significância de diferença de variáveis.* Outra diferença fundamental entre as duas soluções é a habilidade do processo não-hierárquico de delinear agrupamentos que são mais distintos do que as soluções hierárquicas. Nas soluções de cinco e três agrupamentos, as variáveis X_8 e X_{14} não eram significativamente distintas ao longo dos agregados. Observe que essas duas variáveis eram as diferenças de distinção entre os agrupamentos unidos para formar a solução de cinco agregados. Parece que a falta de capacidade do processo hierárquico para redesignar observações entre agrupamentos resultou em agrupamentos que explicam menos variação do que as contrapartes não-hierárquicas.

Resumo. O processo não-hierárquico de agrupamento gerou soluções de três e cinco agregados baseadas nos pontos semente gerados pela análise de agrupamento hierárquica. Ainda que o número de agrupamentos seja similar, as soluções variam entre os dois métodos. As soluções não-hierárquicas foram mais semelhantes em tamanho e demonstraram diferenças mais significantes entre agrupamentos sobre o conjunto de variáveis. Análise subseqüente em termos de perfil dessas duas soluções e avaliação da validade de critério das mesmas fornecerá os elementos necessários para selecionar uma solução final.

Estágio 5: Interpretação dos agrupamentos

Com o processo não-hierárquico completo, o pesquisador deve agora avaliar as duas soluções competidoras e escolher uma como a solução final de agrupamento a ser usada para fins de segmentação. No entanto, antes de estabelecer o perfil de cada solução ou de avaliar a validade de critério das mesmas, o pesquisador deve definir o caráter de cada agrupamento em termos da variável estatística (variáveis de agrupamento). Fazendo isso, o pesquisador fornece uma fundamentação para compreender a habilidade de cada solução em atender aos objetivos da questão de pesquisa, bem como avalia sua correspondência com quaisquer agrupamentos sugeridos por teoria ou por pesquisa anterior. No estágio 4, examinamos os agrupamentos quanto a distinção, mas aqui consideramos a significância prática dos agrupamentos no atendimento dos objetivos de segmentação de mercado. Qual é a melhor segmentação de mercado – com cinco segmentos ou com três?

Para os propósitos deste exemplo, ênfase será colocada na descrição de cada agrupamento em termos da variável estatística.

Os resultados para as soluções de cinco e de três agrupamentos são mostrados na Figura 8-13. Ao avaliar os perfis sobre as variáveis de agrupamento, devemos lembrar de alguns dos resultados da análise fatorial executada sobre essas 10 variáveis (ver Capítulo 3). Os quatro fatores, definidos como dimensões de variáveis que são altamente correlacionadas, são: Serviço de Pós-Venda ao Consumidor (X_9, X_{18}, e X_{16}) ; Marketing (X_{12}, X_7 e X_{10}); Suporte Técnico (X_8 e X_{14}) e Valor do Produto (X_6 e X_{13}). Assim, agrupamentos devem ter um padrão semelhante nas variáveis em cada fator, mas espera-se que padrões de diferenças apareçam entre fatores.*

Vendo as duas soluções, diversos pontos surgem:

- *Variação substancial na variável estatística inteira.* Nas soluções de três e cinco agrupamentos, os perfis mostram sensíveis diferenças em cada variável de agrupamento. Esses perfis contrastam com os resultados hierárquicos, onde diferenças eram muito pequenas sobre diversas variáveis. Diferenças maiores sobre cada variável fazem de cada uma delas uma contribuidora potencial para diferenças entre agrupamentos.
- *Perfis distintos.* Além de diferenças sobre cada variável, também percebemos que os perfis de cada agrupamento são mais distintos, particularmente na solução de três agrupamentos, onde os três são diferentes uns dos outros no intervalo inteiro da variável estatística. Novamente, essa distinção acrescenta significância prática no sentido de que cada segmento tem um perfil distinto que pode ser tratado em uma estratégia de segmentação.

A questão é: qual solução de agrupamento é melhor? Cada uma tem suas vantagens e desvantagens. A de cinco agrupamentos oferece maior diferenciação entre agru-

(*Continua*)

---

* N. de R. T.: A frase correta seria "... apareçam entre os agrupamentos."

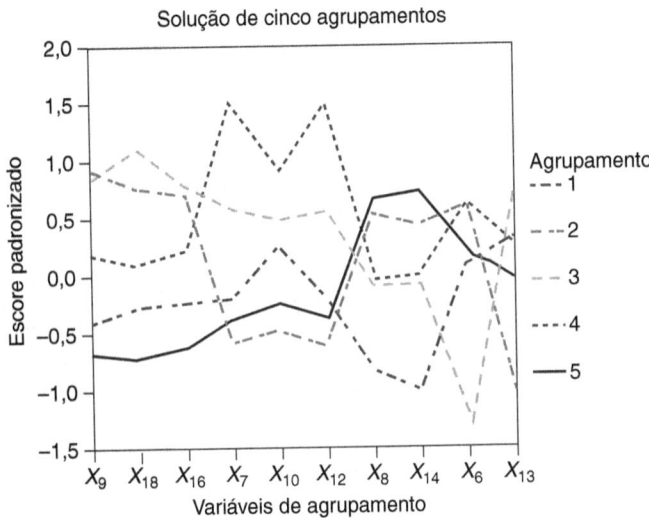

Solução de cinco agrupamentos

Variável de agrupamento	Centróides para a solução de cinco agrupamentos				
	1	2	3	4	5
X_9	−0,416	0,880	0,811	0,151	−0,704
X_{18}	−0,295	0,720	1,079	0,064	−0,741
X_{16}	−0,262	0,670	0,754	0,203	−0,654
X_7	−0,293	−0,624	0,529	1,444	−0,400
X_{10}	0,230	−0,506	0,441	0,849	−0,260
X_{12}	−0,257	−0,651	0,518	1,432	−0,402
X_8	−0,872	0,490	−0,131	−0,081	0,641
X_{14}	−1,039	0,399	−0,113	−0,012	0,705
X_6	0,068	0,566	−1,255	0,584	0,184
X_{13}	0,309	−1,106	0,775	0,216	−0,069
Tamanho	23	20	14	16	24

Nota: Todas as variáveis de agrupamento são significativamente distintas no nível de significância de 0,000

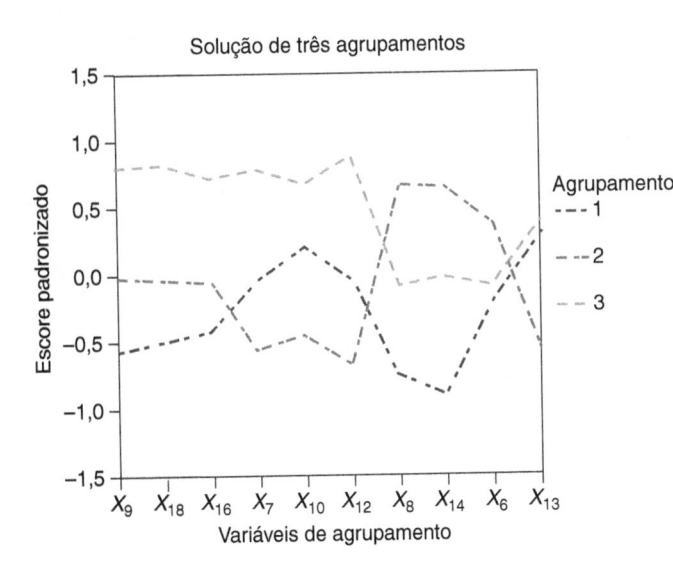

Solução de três agrupamentos

Variável de agrupamento	Solução de três agrupamentos		
	1	2	3
X_9	−0,558	−0,022	0,799
X_{18}	−0,492	−0,037	0,804
X_{16}	−0,418	−0,051	0,707
X_7	−0,031	−0,560	0,765
X_{10}	0,216	−0,466	0,670
X_{12}	−0,041	−0,662	0,879
X_8	−0,757	0,651	−0,073
X_{14}	−0,893	0,642	−0,029
X_6	−0,225	0,382	−0,073
X_{13}	0,315	−0,566	0,385
Tamanho	28	39	26

Nota: Todas as variáveis de agrupamento são significativamente distintas no nível de significância de 0,000

FIGURA 8-13 Soluções não-hierárquicas[a]: com cinco e três agrupamentos com análise de perfis de variáveis de agrupamento padronizadas.

Nota: Variáveis de agrupamento foram ordenadas nos gráficos e nas tabelas para corresponderem aos agregados encontrados na solução de quatro agrupamentos* (ver Capítulo 3).
[a] Pontos sementes iniciais foram fornecidos pelos centróides a partir da análise hierárquica de agrupamentos.

(*Continuação*) pamentos; cada um deles representa um conjunto menor e mais homogêneo de clientes. No entanto, esses perfis verdadeiramente representam diferenças significativas? Ou a solução mais parcimoniosa de três agrupamentos, com maiores diferenças entre menos agrupamentos, é a mais útil?

Tais comparações são apenas descritivas e oferecem uma visão sobre o caráter de cada agrupamento. Apesar de as comparações serem úteis na caracterização de cada agrupamento, a próxima seção tenta distinguir as duas soluções em termos de validade de critério ou de seus perfis associados a fim de designar uma das soluções como a final a ser usada para fins de segmentação.

Estágio 6: Validação e perfil dos agrupamentos

Nesse estágio final, os processos de validação e de perfil são críticos devido ao aspecto exploratório e muitas vezes sem base teórica da análise de agrupamentos. É essencial que o pesquisador realize todos os testes pos-

---

* N. de R. T.: A frase correta seria "... na solução de quatro fatores...".

síveis para confirmar a validade da solução de agrupamentos enquanto também garante que a solução tenha significância prática. Os pesquisadores que minimizam ou pulam esse passo correm o risco de aceitar uma solução que é específica apenas para aquela amostra e que tem generalidade limitada ou até mesmo pouco uso além de sua mera descrição dos dados sobre as variáveis de agrupamento.

Validação das soluções de agrupamento. O processo de validação é atingido em dois passos. Primeiro, os agrupamentos são avaliados quanto a validade preditiva sobre quatro medidas adicionais de resultado (satisfação, nível de compra etc.) que são indicativas do potencial para estratégias diferenciadas entre os agrupamentos. Segundo, a solução de agrupamentos com a maior validade de critério é avaliada aplicando-se métodos alternativos de agrupamento e comparando as soluções.

Avaliação da validade de critério. Para avaliar a validade preditiva, focalizamos as variáveis que têm uma relação teórica com as variáveis de agrupamento mas não foram incluídas na solução de aglomeração. Dada essa relação, deveríamos ver diferenças significativas nessas variáveis ao longo dos agrupamentos. Se existirem diferenças significativas sobre essas variáveis, poderemos chegar à conclusão de que os agrupamentos descrevem agregados que têm validade preditiva.

Para este propósito, consideramos quatro medidas de resultado:

X_{19} Satisfação
X_{20} Probabilidade de recomendar
X_{21} Probabilidade de comprar
X_{22} Nível de compra

Estas variáveis têm uma relação conceitual com a variável estatística de agrupamento, e uma (X_{19}) mostrou ter uma relação precisa com as variáveis de agrupamento através de regressão múltipla. Cada medida de resultado é então examinada quanto a diferenças nos agrupamentos nas soluções de cinco e três agrupamentos (ver Tabela 8-11).

Para a solução de cinco agrupamentos, as razões F univariadas mostram que as médias dos grupos para três das quatro variáveis são significantemente diferentes. Mas X_{21} (Probabilidade de compra) não exibe diferenças significativas ao longo dos cinco agrupamentos. No entanto, a solução de três agrupamentos tem diferenças marcantes em todas as quatro medidas de resultado. Assim, apenas em termos desses testes estatísticos, a solução de três agrupamentos é superior à de cinco.

A solução de três agrupamentos também apóia as relações esperadas com as medidas de resultado? Como notado anteriormente, é esperado que cada

(*Continua*)

TABELA 8-11 Avaliação de validade de critério para as soluções não-hierárquicas de três e cinco agrupamentos

	SOLUÇÃO DE CINCO AGRUPAMENTOS			
	X_{19} *Satisfação*	X_{20} *Probabilidade de recomendar*	X_{21} *Probabilidade de comprar*	X_{22} *Nível de compra*
Agrupamento	Centróides de agrupamento			
1	6,665	6,826	7,683	56,70
2	7,370	7,410	7,900	65,60
3	7,007	6,993	7,643	58,50
4	7,800	7,725	8,042	62,42
5	6,429	6,633	7,550	53,75
	Significância estatística de variáveis de critério			
Valor *F*	4,432	3,630	0,787	7,939
Significância	0,003	0,009	0,537	0,000
	SOLUÇÃO DE TRÊS AGRUPAMENTOS			
	X_{19} *Satisfação*	X_{20} *Probabilidade de recomendar*	X_{21} *Probabilidade de comprar*	X_{22} *Nível de compra*
Agrupamento	Centróides de agrupamento			
1	6,411	6,693	7,446	54,36
2	6,818	6,941	7,695	58,95
3	7,742	7,573	8,108	63,58
	Significância estatística de variáveis de critério			
Valor *F*	11,566	5,998	3,781	9,166
Significância	0,000	0,004	0,027	0,000

(Continuação)
uma das medidas de resultado varie em relação às variáveis de agrupamento. Do exemplo de regressão múltipla no Capítulo 4, sabemos que as variáveis de agrupamento estão positivamente relacionadas a X_{19} (Satisfação). Dada essa relação, espera-se que agrupamentos com percepções melhores da HBAT tenham níveis maiores de satisfação.

Se retornarmos à Figura 8-13, poderemos rever os perfis de cada um dos agrupamentos na solução de três agregados ao longo das variáveis. Nenhum desses três agrupamentos tem os maiores escores de percepção na variável estatística inteira, mas poderíamos caracterizar o agregado 3 como o de percepções mais favoráveis da HBAT no geral, porque são maiores em 6 das 10 variáveis. Assim, esperaríamos que o agrupamento 3 também tivesse a maior satisfação com a HBAT.

O exame de satisfação (X_{19}) para a solução de três agrupamentos na Tabela 8-11 embasa essa relação, e o agrupamento 3 também tem os maiores valores sobre as outras três medidas de resultado (X_{20}, X_{21} e X_{22}), como se esperava dada a relação das mesmas com satisfação. Logo, a solução de três agrupamentos tem o mais alto nível de validade de critério e embasa a relação encontrada com outras técnicas multivariadas.

A avaliação da validade de critério é um passo essencial na validação de qualquer solução de agrupamento. Em nosso caso, a solução de três agrupamentos demonstrou superioridade sobre a de cinco, de forma que será selecionada para análise posterior. Se ela for suportada nos testes adicionais de validação e nas análises de perfil, ela será designada como a solução de agrupamento mais adequada como base de segmentação.

Aplicação de uma segunda análise não-hierárquica. Como uma segunda verificação de validade quanto à estabilidade da solução de agrupamento, uma segunda análise não-hierárquica é executada, desta vez permitindo que o procedimento selecione ao acaso os pontos sementes iniciais para ambas as soluções. O objetivo é determinar o grau de consistência entre as duas soluções, ainda que elas sejam baseadas em conjuntos totalmente diferentes de pontos sementes. Um nível aceitável de consistência permitiria a suposição de uma estrutura natural de mercado entre as observações.

Os resultados na Tabela 8-12 confirmam uma consistência nos resultados para ambas as soluções de três agrupamentos, uma obtida usando-se sementes especificadas (da análise hierárquica) e a outra usando sementes geradas por amostragem (observações aleatoriamente selecionadas). Os perfis de agrupamento mostram uma correspondência geral ao longo da maior parte da variável estatística de agrupamento, e uma tabulação cruzada das soluções de agrupamento mostra que aproximadamente dois terços de cada agrupamento estão em agregados comparáveis em cada solução.

Assim, dada a estabilidade dos resultados entre as sementes especificadas e seleção ao acaso, a administração se sentiria confiante de que existem diferenças verdadeiras entre clientes em termos de suas percepções da HBAT e que a estrutura descrita na análise de agrupamentos é empiricamente embasada.

Perfil da solução final de agrupamento. A tarefa final é caracterizar os agrupamentos em um conjunto de variáveis adicionais não incluídas na variável estatística de agrupamento ou usadas para avaliar validade preditiva. A importância da identificação de perfis únicos sobre esses conjuntos de variáveis adicionais reside na avaliação da significância prática dos mesmos e de sua base teórica. Ao avaliar significância prática, o pesquisador pode exigir que os agrupamentos exibam diferenças em um conjunto de variáveis adicionais.

Nesse exemplo, várias características dos clientes da HBAT estão disponíveis. Essas incluem X_1 (tipo de cliente), X_2 (tipo de indústria), X_3 (tamanho da firma), X_4 (região) e X_5 (sistema de distribuição). A Tabela 8-13 fornece um perfil descritivo da solução de três agrupamentos sobre essas características. Como podemos ver, três dessas variáveis (X_1, X_3 e X_4) mostram diferenças significantes nos três agrupamentos. A partir dessas variáveis, perfis distintos podem ser desenvolvidos para cada agrupamento. Esses perfis embasam a distinção dos agrupamentos sobre variáveis não usadas na análise em qualquer ponto anterior.

Uma análise de segmentação bem-sucedida não apenas exige a identificação dos grupos homogêneos (agrupamentos), mas também que eles sejam identificáveis (descritos de maneira única sobre outras variáveis). Quando a análise de agrupamentos é empregada para verificar uma tipologia ou outros agrupamentos propostos de objetos, variáveis associadas, sejam dados de entrada ou de resultados, podem ser caracterizadas para garantir a correspondência dos grupos dentro de um modelo teórico mais amplo.

Uma visão gerencial do processo de agrupamentos

A análise de agrupamentos foi usada em uma de suas aplicações mais básicas – realização de uma segmentação de mercado. Como descrito acima, foram identificadas diversas classificações possíveis para segmentação que poderiam ser usadas no desenvolvimento de estratégias de marketing.

TABELA 8-12 Comparação de soluções não-hierárquicas de três agrupamentos usando sementes de uma análise de agrupamentos hierárquica versus sementes ao acaso

Solução não-hierárquica de três agrupamentos baseada em sementes ao acaso

	SOLUÇÃO DE TRÊS AGRUPAMENTOS BASEADA EM SEMENTES AO ACASO					
	Centróides iniciais de agrupamento			Centróides finais de agrupamento		
Variáveis de agrupamento	1	2	3	1	2	3
X_6 Qualidade do produto	0,63741	0,63741	−0,93821	0,58011	−0,21708	−0,25165
X_7 Atividades de comércio eletrônico	−0,67379	−0,67379	0,89648	−0,34342	−0,37844	0,69466
X_8 Suporte técnico	1,98307	−1,34927	−1,74131	0,64080	−0,20244	−0,49084
X_9 Solução de reclamação	0,54452	−1,85534	0,95829	0,37192	−0,84803	0,54737
X_{10} Anúncio	−1,07370	−0,80749	2,20952	−0,25226	−0,16493	0,65205
X_{12} Imagem da equipe de venda	−1,23377	−2,07308	0,81785	−0,38381	−0,42663	0,74711
X_{13} Preço competitivo	−1,34235	−0,88929	1,11711	−0,74690	0,17752	0,61272
X_{14} Garantia e reclamações	1,41143	−1,27236	−1,63833	0,62023	−0,32588	−0,44787
X_{16} Encomenda e cobrança	1,20796	−1,26825	0,34667	0,34975	−0,78934	0,52858
X_{18} Velocidade de entrega	0,83601	−1,88716	0,97217	0,36529	−0,88710	0,64351
Número de casos				35	29	29

Tabulação cruzada de soluções não-hierárquicas de três grupos

		Sementes de análise de agrupamentos hierárquica			
	Agrupamento	1	2	3	Total
Sementes ao acaso	1	1	28	6	35
	2	18	11		29
	3	9		20	29
Total		28	39	26	93

Perfis de variável de agrupamento

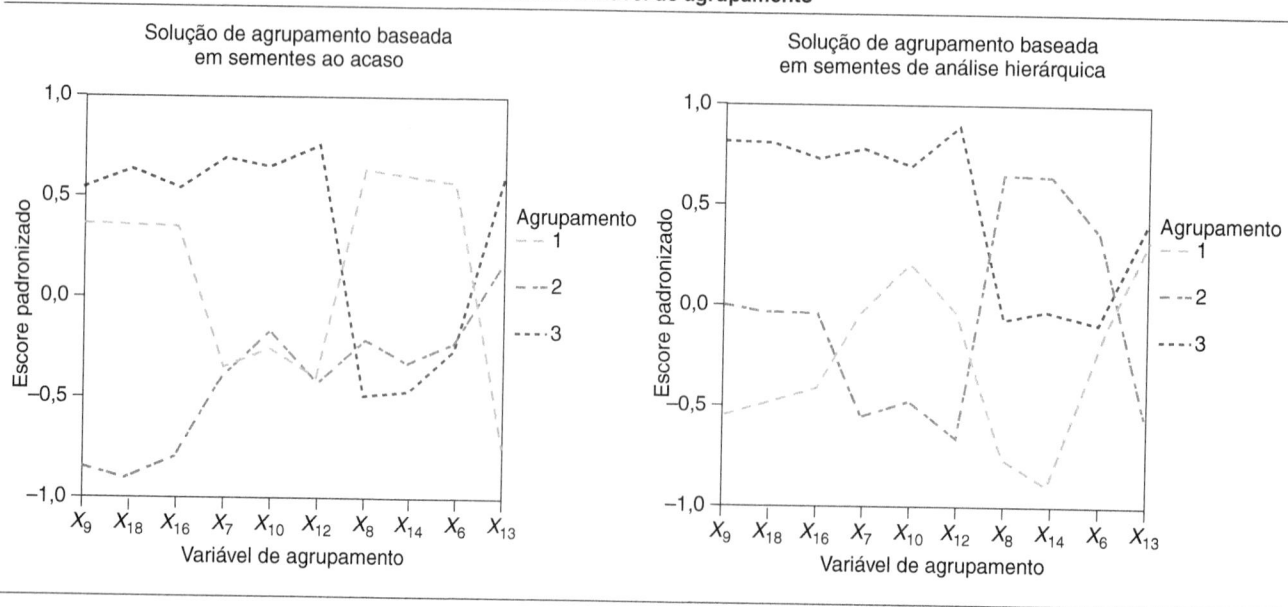

Solução de agrupamento baseada em sementes ao acaso

Solução de agrupamento baseada em sementes de análise hierárquica

TABELA 8-13 Perfil da solução não-hierárquica de três grupos sobre características associadas de firma

X_1 Tipo de cliente[a]		Agrupamento			Total
		1	2	3	
Menos de 1 ano	Número	15	9	4	28
	% dentro do agrupamento	53,6%	23,1%	15,4%	30,1%
De 1 a 5 anos	Número	10	10	13	33
	% dentro do agrupamento	35,7%	25,6%	50,0%	35,5%
Mais de 5 anos	Número	3	20	9	32
	% dentro do agrupamento	10,7%	51,3%	34,6%	34,4%
Total	Número	28	39	26	93
	% dentro do agrupamento	100,0%	100,0%	100,0%	100,0%

[a]Valor do qui-quadrado de 18,03 é significante no nível 0,001.

X_2 Tipo de indústria[b]		Agrupamento			Total
		1	2	3	
Indústria de revistas	Número	12	21	17	50
	% dentro do agrupamento	42,9%	53,8%	65,4%	53,8%
Indústria de jornais	Número	16	18	9	43
	% dentro do agrupamento	57,1%	46,2%	34,6%	46,2%
Total	Número	28	39	26	93
	% dentro do agrupamento	100,0%	100,0%	100,0%	100,0%

[b]Valor do qui-quadrado de 2,752 não é significante.

X_3 Tamanho da firma[c]		Agrupamento			Total
		1	2	3	
Pequena (0-499)	Número	8	30	7	45
	% dentro do agrupamento	28,6%	76,9%	26,9%	48,4%
Grande (500+)	Número	20	9	19	48
	% dentro do agrupamento	71,4%	23,1%	73,1%	51,6%
Total	Número	28	39	26	93
	% dentro do agrupamento	100,0%	100,0%	100,0%	100,0%

[c]Valor do qui-quadrado de 21,915 é significante no nível 0,001.

X_4 Região[d]		Agrupamento			Total
		1	2	3	
EUA/América do Norte	Número	7	28	4	39
	% dentro do agrupamento	25,0%	71,8%	15,4%	41,9%
Fora da América do Norte	Número	21	11	22	54
	% dentro do agrupamento	75,0%	28,2%	84,6%	58,1%
Total	Número	28	39	26	93
	% dentro do agrupamento	100,0%	100,0%	100,0%	100,0%

[d]Valor do qui-quadrado de 25,106 é significante no nível 0,001.

X_5 Sistema de distribuição[e]		Agrupamento			Total
		1	2	3	
Indireto através de corretor	Número	18	22	13	53
	% dentro do agrupamento	64,3%	56,4%	50,0%	57,0%
Direto ao cliente	Número	10	17	13	40
	% dentro do agrupamento	35,7%	43,6%	50,0%	43,0%
Total	Número	28	39	26	93
	% dentro do agrupamento	100,0%	100,0%	100,0%	100,0%

[e]Valor do qui-quadrado de 2,752 não é significante

> O conjunto de análises de agrupamentos (hierárquicas e não-hierárquicas) foi bem sucedido em não apenas criar grupos homogêneos de clientes baseados em suas percepções da HBAT, mas também foi constatado que esses agrupamentos atendem aos testes de validade preditiva e distinção sobre conjuntos adicionais de variáveis, todos necessários para atingir significância prática. Os segmentos representam perspectivas bem diferentes dos clientes sobre a HBAT, variando em ambos os tipos de variáveis que são vistas mais positivamente, bem como na magnitude das percepções.
>
> Neste exemplo, a solução de três agrupamentos foi escolhida por causa de sua distinção e da forte relação com os resultados relevantes. No entanto, argumentos semelhantes podem ser feitos para outras soluções (p.ex., uma solução com dois ou cinco agrupamentos), pois elas também são segmentos viáveis de mercado, com tamanho substancial e diferenças significativas em termos de percepções. Em cada caso, os agrupamentos (segmentos de mercado) representam conjuntos de clientes com percepções homogêneas que podem ser univocamente identificados, sendo assim principais candidatos a programas de marketing diferenciados.

Essa amplitude de possíveis abordagens de segmentação pode ser vista como um espectro de perspectivas alternativas sobre os clientes fornecido ao pesquisador. A solução de dois agrupamentos pode fornecer um delineamento básico de clientes que variam em percepções e comportamentos de compra, ou a solução de cinco agregados pode ser vista com uma estratégia de segmentação mais complexa, que fornece um composto altamente diferenciado de percepções de clientes, bem como opções de segmentos-alvo.

Resumo

A análise de agrupamentos pode ser uma técnica de redução de dados muito útil. Mas sua aplicação é mais uma arte do que uma ciência, e pode facilmente ser usada erroneamente ou com abuso pelos pesquisadores. Diferentes medidas de similaridade e diferentes algoritmos podem afetar os resultados, e de fato o fazem. Se o pesquisador procede com cautela, contudo, a análise de agrupamentos pode ser uma valiosa ferramenta para identificar padrões latentes, pela sugestão de agrupamentos úteis de objetos que não são discerníveis por meio de outras técnicas multivariadas. Este capítulo ajuda você a fazer o seguinte:

Definir análise de agrupamentos, seus papéis e suas limitações. Análise de agrupamentos é um conjunto de técnicas multivariadas cuja principal meta é reunir objetos com base nas características que eles possuem. A análise de agrupamentos classifica objetos (p.ex., respondentes, produtos ou outras coisas) de modo que cada objeto é similar a outros no agrupamento em relação a um conjunto de características selecionadas. Os agrupamentos resultantes de objetos devem exibir elevada homogeneidade interna (dentro do agrupamento) e elevada heterogeneidade externa (entre agrupamentos). Se o processo é bem sucedido, os objetos dentro dos agrupamentos estarão próximos uns dos outros quando representados geometricamente, e diferentes agrupamentos estarão distantes entre si. Entre os papéis mais comuns executados pela análise de agrupamentos estão: (1) redução de dados, na qual um pesquisador coleta dados por meio de um questionário e se depara com uma grande quantia de observações que carecem de sentido a menos que sejam classificadas em grupos administráveis, e (2) geração de hipóteses, na qual a análise de agrupamentos é utilizada para desenvolver hipóteses sobre a natureza dos dados ou para examinar hipóteses anteriormente estabelecidas. As críticas mais comuns e, portanto, as limitações da análise de agrupamentos são: (1) seu caráter descritivo, não-teórico e não-inferencial; (2) sua capacidade de sempre criar agrupamentos, independentemente da existência de qualquer estrutura real nos dados; e (3) a falta de generalidade das soluções devido ao fato de serem totalmente dependentes das variáveis usadas como base da medida de similaridade.

Identificar as questões de pesquisa abordadas na análise de agrupamentos. Ao formar grupos homogêneos, a análise de agrupamentos pode abordar qualquer combinação de três questões básicas de pesquisa:

1. *Descrição taxonômica.* O uso mais tradicional de análise de agrupamentos tem sido para fins exploratórios e para a formação de uma taxonomia – uma classificação empírica de objetos. Como descrita anteriormente, a análise de agrupamentos tem sido utilizada em uma vasta gama de aplicações por sua habilidade de partição. Análise de agrupamentos pode também gerar hipóteses relacionadas à estrutura dos objetos. Finalmente, apesar de vista principalmente como uma técnica exploratória, a análise de agrupamentos pode ser utilizada para fins confirmatórios. Em tais casos, uma tipologia (classificação teórica) proposta pode ser comparada com aquela derivada da análise de agrupamentos.
2. *Simplificação de dados.* Definindo estrutura entre as observações, a análise de agrupamentos também desenvolve uma perspectiva simplificada pela agregação de observações para análise posterior. Enquanto a análise fatorial tenta fornecer dimensões ou estrutura para variáveis, a análise de agrupamentos executa a mesma tarefa para observações. Assim, em vez de todas as observações serem vistas como únicas, elas podem ser vistas como membros de agrupamentos e descritas por meio de suas características gerais.
3. *Identificação de relação.* Com os agrupamentos definidos e a estrutura inerente dos dados representada nos agrupamentos, o pesquisador tem uma maneira de revelar relações entre as observações que tipicamente não é possível com as observações individuais. Se técnicas como a análise discriminante são empregadas para identificar empiricamente relações, ou se os grupos são examinados por métodos mais

qualitativos, a estrutura simplificada da análise de agrupamentos freqüentemente identifica relações ou similaridades e diferenças que não foram previamente reveladas.

Compreender como é medida a similaridade entre objetos. Similaridade entre objetos pode ser medida de diversas maneiras. Três métodos dominam as aplicações da análise de agrupamentos: medidas correlacionais, de distância e por associação. Cada um desses métodos representa uma perspectiva particular sobre similaridade, dependendo de seus objetivos e do tipo de dados. As medidas correlacionais e baseadas em distância requerem dados métricos, enquanto as medidas por associação são para dados não-métricos. Medidas correlacionais são raramente usadas, pois a ênfase na maioria das aplicações da análise de agrupamentos é sobre as magnitudes dos objetos, e não os padrões de valores. Medidas de distância são as medidas mais comuns de similaridade em análise de agrupamentos. As medidas de distância representam similaridade como a proximidade de observações entre si ao longo de variáveis na variável estatística de agrupamento.

Distinguir entre as várias medidas de distância. Diversas medidas de distância estão disponíveis, cada uma com características específicas. Distância euclidiana é a mais comumente reconhecida, muitas vezes chamada de distância em linha reta. A distância euclidiana entre dois pontos é o comprimento da hipotenusa de um triângulo retângulo. Este conceito é facilmente generalizado para mais de duas variáveis. Distância euclidiana quadrada (ou absoluta) é a soma de diferenças quadradas sem se calcular a raiz quadrada. A distância euclidiana quadrada tem a vantagem de não extrair a raiz quadrada, o que acelera consideravelmente a computação e é a medida de distância recomendada para os métodos centróide e de Ward de agrupamento. A distância *city-block* (Manhattan) não se baseia na euclidiana. No lugar disso, ela usa a soma das diferenças absolutas das variáveis (ou seja, os dois catetos de um triângulo retângulo em vez da hipotenusa). Tal procedimento é o mais simples para calcular, mas pode conduzir a agregados inválidos se as variáveis de agrupamento forem altamente correlacionadas. A distância de Chebychev é outra medida. Com ela, distância é a maior diferença ao longo de todas as variáveis. É particularmente suscetível a diferenças em escalas ao longo das variáveis. A distância de Mahalanobis (D^2) é uma medida generalizada que explica as correlações entre variáveis de uma maneira que pondera cada variável igualmente. Também se sustenta em variáveis padronizadas.

Diferenciar entre algoritmos de agrupamento. O algoritmo de agrupamento em um processo hierárquico determina como é definida similaridade entre agregados de múltiplos membros no processo. Os cinco algoritmos hierárquicos mais populares são (1) ligação simples, (2) ligação completa, (3) ligação média, (4) método centróide e (5) método de Ward. Os três algoritmos não-hierárquicos são (1) o método de referência seqüencial que seleciona uma semente e inclui todos os objetos dentro de uma distância especificada, (2) o método de referência paralela que considera todas as sementes simultaneamente e designa observações dentro da distância de referência para a semente mais próxima, e (3) o procedimento de otimização, que é semelhante aos outros dois métodos não-hierárquicos, exceto que ele permite uma nova designação de observações. Técnicas hierárquicas têm sido há muito tempo o método mais popular de agrupamento, com o método de Ward e a ligação média provavelmente os mais disponíveis. Métodos não-hierárquicos têm conquistado crescente aceitabilidade e uso, mas qualquer aplicação depende da habilidade do pesquisador em escolher os pontos sementes de acordo com alguma base teórica, objetiva ou prática.

Compreender as diferenças entre técnicas hierárquicas e não-hierárquicas. Uma vasta gama de procedimentos de partição tem sido proposta para a análise de agrupamentos. Os dois procedimentos mais usados são hierárquicos e não-hierárquicos. Métodos hierárquicos envolvem uma série de $n-1$ decisões (onde n é o número de observações) que combinam observações em uma estrutura hierárquica ou do tipo árvore. Os dois tipos de procedimentos hierárquicos incluem o aglomerativo e o divisivo. Nos métodos aglomerativos, cada objeto ou observação começa como seu próprio agrupamento, enquanto nos métodos divisivos todas as observações iniciam em um único agregado e são sucessivamente divididas (primeiro em dois agrupamentos, em seguida em três e assim por diante) até que cada uma forma um agregado unitário.

Em contraste com métodos hierárquicos, os procedimentos não-hierárquicos não envolvem o processo de construção em árvore. No lugar disso, eles designam objetos em agregados assim que o número de agrupamentos a serem formados seja especificado. Por exemplo, uma solução de seis agrupamentos não é somente uma combinação de dois agregados a partir da solução de sete, mas é baseada somente na descoberta da melhor solução de seis agrupamentos. O processo tem dois passos: (1) identificação de pontos iniciais, conhecidos como sementes de agrupamento, para cada agregado, e (2) designação de cada observação a uma das sementes com base em similaridade.

Descrever como selecionar o número de agrupamentos a serem formados. Talvez a questão que causa mais perplexidade para qualquer pesquisador que executa uma análise hierárquica ou não-hierárquica seja a determinação do número de agrupamentos mais representativos dos dados da amostra. Tal decisão é crítica para técnicas hierárquicas, pois, ainda que o processo gere o conjunto completo de soluções, o pesquisador deve escolher as soluções para representar a estrutura de dados (também conhecida como a regra de parada). Esta decisão também é encarada por pesquisadores em análises não-hierárquicas quando a solução ótima deve ser escolhida a partir de duas ou mais soluções de agrupamento. Infelizmente, não existe qualquer procedimento padrão e objetivo de escolha. Sem um critério estatístico interno de inferência, como os testes de significância estatística de outros métodos multivariados, pesquisadores têm desenvolvido muitos critérios para tratar o problema. As duas principais regras de parada são (1) medidas de variação de heterogeneidade entre agrupamentos em cada passo sucessivo, com a solução definida quando a medida de heterogeneidade excede um valor especificado ou quando os valores sucessivos entre passos saltam repentinamente, e (2) medidas diretas de heterogeneidade de cada solução. Dado o número disponível de regras de parada e a falta de evidência apoiando qualquer regra em especial, o pesquisador deve usar diversas delas e procurar por uma solução que seja consenso. Mesmo com um consenso baseado em medidas empíricas, o pesquisador deve complementar o julgamento empírico com alguma conceituação de relações teóricas que possam sugerir um número natural de agrupamentos.

Seguir as diretrizes para validação de agrupamento. Validação envolve tentativas do pesquisador para garantir que a solução é representativa da população geral e, assim, é generalizável para outros objetos e é estável ao longo do tempo. A abordagem mais direta de validação é a análise de amostras separadas, comparando as soluções de agrupamento e avaliando a correspondência dos resultados. O pesquisador pode também tentar estabelecer alguma forma de validade preditiva ou de critério. Para isso, variáveis não usadas para formar os agrupamentos, mas conhecidas como variando ao longo dos agrupamentos, são escolhidas e comparadas.

Construir perfis para os agrupamentos derivados e avaliar significância administrativa. O estágio de perfil envolve a descrição das características de cada agrupamento para explicar como eles podem diferir sobre dimensões relevantes. O procedimento começa depois que os agregados são identificados, e tipicamente envolve o emprego de análise discriminante ou ANOVA. Dados não previamente incluídos no procedimento de agrupamento são usados para caracterizar cada agregado. Esses dados geralmente são características demográficas, perfis psicográficos, padrões de consumo e assim por diante. Apesar de poder não existir qualquer argumento para diferenças em variáveis ao longo dos agrupamentos, como se exige para avaliação de validade preditiva, elas devem ter pelo menos importância prática. Usando análise discriminante ou ANOVA, o pesquisador compara perfis de escore médio para os agregados. A variável dependente categórica (ou o fator em ANOVA) se refere aos agrupamentos previamente identificados, e as variáveis independentes são as características demográficas, psicográficas etc. A análise de perfil se concentra na descrição não do que diretamente determina os agregados, mas nas características dos agrupamentos depois que os mesmos foram identificados. A ênfase está na identificação de características que diferenciem significativamente ao longo dos agrupamentos e naquelas que podem prever pertinência em um agregado em particular.

A seleção da solução final, na maioria dos casos, é baseada em considerações tanto objetivas quanto subjetivas. O pesquisador prudente considera essas questões e sempre avalia o impacto de todas as decisões. A análise de agrupamentos, juntamente com o escalonamento multidimensional, devido a uma carência de base estatística para inferência à população, são os métodos que mais precisam de replicação sob condições variáveis.

Questões

1. Quais são os estágios básicos na aplicação da análise de agrupamentos?
2. Qual é o propósito da análise de agrupamentos e quando ela deve ser usada no lugar da análise fatorial?
3. O que o pesquisador deve considerar quando seleciona uma medida de similaridade para usar em análise de agrupamentos?
4. Como o pesquisador sabe quando empregar técnicas hierárquicas ou não-hierárquicas de agrupamentos? Sob quais condições cada abordagem deve ser usada?
5. Como um pesquisador decide o número de agrupamentos necessários em sua solução?
6. Qual é a diferença entre o estágio de interpretação e o de perfil e validação?
7. Como os pesquisadores podem usar as representações gráficas do procedimento de aglomeração?

Leituras sugeridas

Uma lista de leituras sugeridas que ilustra problemas e aplicações de técnicas multivariadas em geral está disponível na Web em www.prenhall.com/hair (em inglês).

Referências

1. Aldenderfer, Mark S., and Roger K. Blashfield. 1984. *Cluster Analysis*. Thousand Oaks, CA: Sage.
2. Anderberg, M. 1973. *Cluster Analysis for Applications*. New York: Academic Press.
3. Baeza-Yates, R. A. 1992. Introduction to Data Structures and Algorithms Related to Information-Retrieval. In *Information Retrieval: Data Structures and Algorithms*, W. B. Frakes and-R. Baeza-Yates (eds.). Upper Saddle River, NJ: Prentice Hall, pp. 13–27.
4. Bailey, Kenneth D. 1994. *Typologies and Taxonomies: An Introduction to Classification Techniques*. Thousand Oaks, CA: Sage.
5. Bock, H. H. 1985. On Some Significance Tests in-Cluster Analysis. *Communication in Statistics* 3:-1–27.
6. Dubes, R. C. 1987. How Many Clusters Are Best—An Experiment. *Pattern Recognition* 20 (November): 645–63.

7. Edelbrock, C. 1979. Comparing the Accuracy of Hierarchical Clustering Algorithms: The Problem of-Classifying Everybody. *Multivariate Behavioral Research* 14: 367–84.
8. Everitt, B., S. Landau, and M. Leese. 2001. *Cluster-Analysis*, 4th ed. New York: Arnold Publishers.
9. Green, P. E. 1978. *Analyzing Multivariate Data*. Hinsdale, IL: Holt, Rinehart and Winston.
10. Green, P. E., and J. Douglas Carroll. 1978. *Mathematical Tools for Applied Multivariate Analysis*. New York: Academic Press.
11. Hartigan, J. A. 1985. Statistical Theory in Clustering. *Journal of Classification* 2: 63–76.
12. Jain, A. K., and R. C. Dubes. 1988. *Algorithms for Clustering Data*. Upper Saddle River, NJ: Prentice Hall.
13. Jain, A. K., M. N. Murty, and P. J. Flynn. 1999. Data Clustering: A Review. *ACM Computing Surveys* 31(3): 264–323.
14. Jardine, N., and R. Sibson. 1975. *Mathematical Taxonomy*. New York: Wiley.
15. Ketchen, D. J., and C. L. Shook. 1996. The Application of Cluster Analysis in Strategic Management Research: An Analysis and Critique.-*Strategic Management Journal* 17: 441–58.
16. McIntyre, R. M., and R. K. Blashfield. 1980. A-Nearest-Centroid Technique for Evaluating the-Minimum-Variance Clustering Procedure. *Multivariate Behavioral Research* 15: 225–38.
17. Milligan, G. 1980. An Examination of the Effect of-Six Types of Error Perturbation on Fifteen Clustering Algorithms. *Psychometrika* 45 (September): 325–42.
18. Milligan, Glenn W., and Martha C. Cooper. 1985. An-Examination of Procedures for Determining the-Number of Clusters in a Data Set. *Psychometrika* 50(2): 159–79.
19. Morrison, D. 1967. Measurement Problems in Cluster Analysis. *Management Science* 13 (August):-775–80.
20. Nagy, G. 1968. State of the Art in Pattern Recognition. *Proceedings of the IEEE* 56: 836–62.
21. Overall, J. 1964. Note on Multivariate Methods for-Profile Analysis. *Psychological Bulletin* 61(3): 195–98.
22. Punj, G., and D. Stewart. 1983. Cluster Analysis in Marketing Research: Review and Suggestions for Application. *Journal of Marketing Research* 20 (May): 134–48.
23. Rohlf, F. J. 1970. Adaptive Hierarchical Clustering Schemes. *Systematic Zoology* 19: 58.
24. Sarle, W. S. 1983. *Cubic Clustering Criterion, SAS-Technical Report A-108*. Cary, NC: SAS Institute, Inc.
25. Schaninger, C. M., and W. C. Bass. 1986. Removing Response-Style Effects in Attribute-Determinance Ratings to Identify Market Segments. *Journal of Business Research* 14: 237–52.
26. Shephard, R. 1966. Metric Structures in Ordinal Data. *Journal of Mathematical Psychology* 3: 287–315.
27. Sneath, P. H. A., and R. R. Sokal. 1973. *Numerical Taxonomy*. San Francisco: Freeman Press.

CAPÍTULO 9

Escalonamento Multidimensional e Análise de Correspondência

Objetivos de aprendizagem

Ao concluir este capítulo, você deverá ser capaz de:

- Definir escalonamento multidimensional e descrever como é executado.
- Compreender as diferenças entre dados de similaridade e dados de preferência.
- Escolher entre uma abordagem decomposicional ou composicional.
- Determinar a comparabilidade e número de objetos.
- Entender como criar um mapa perceptual.
- Explicar análise de correspondência como um método de mapeamento perceptual.

Apresentação do capítulo

O escalonamento multidimensional (MDS) se refere a uma série de técnicas que ajudam o pesquisador a identificar dimensões-chave inerentes a avaliações feitas por respondentes quanto a objetos e então posicionar tais objetos neste espaço dimensional. Por exemplo, o escalonamento multidimensional freqüentemente é usado em marketing para identificar dimensões-chave inerentes a avaliações que os consumidores fazem quanto a produtos, serviços ou empresas. Outras aplicações comuns incluem a comparação de qualidades físicas (p.ex., sabores de alimentos ou aromas), percepções sobre candidatos ou questões políticas, e até mesmo a avaliação de diferenças culturais entre grupos distintos. As técnicas de escalonamento multidimensional podem inferir as dimensões subjacentes usando apenas uma série de julgamentos de similaridades ou preferência fornecidos por respondentes quanto a objetos. Com os dados em mãos, o escalonamento multidimensional pode ajudar a determinar o número e a importância relativa das dimensões usadas pelos respondentes quando avaliam objetos, e como os objetos estão relacionados em termos de percepção sobre essas dimensões, geralmente retratadas graficamente.

A análise de correspondência (CA) é uma técnica relacionada com metas parecidas. A CA infere as dimensões inerentes que são avaliadas, bem como o posicionamento de objetos, ainda que siga uma abordagem bastante diferente. Primeiro, em vez de usar avaliações gerais de similaridade ou preferência relativas a objetos, cada um deles é avaliado (em termos não-métricos) sobre uma série de atributos. Em seguida, com esta informação a CA desenvolve as dimensões de comparação entre objetos e coloca cada objeto neste espaço dimensional para permitir comparações entre objetos e atributos simultaneamente.

Termos-chave

Antes de começar o capítulo, leia os termos-chave para compreender os conceitos e a terminologia empregados. Ao longo do capítulo, os termos-chave aparecem em **negrito**. Outros pontos de destaque no capítulo e referências cruzadas estão em *itálico*. Exemplos ilustrativos estão em quadros.

Agrupamento subjetivo Ver *dados de confusão*.

Análise agregada Abordagem à MDS na qual um *mapa perceptual* é gerado para as avaliações de um grupo de respondentes quanto a *objetos*. Esse mapa perceptual composto pode ser criado por um programa de computador ou pelo pesquisador para achar alguns poucos sujeitos "médios" ou representativos.

Análise de correspondência (CA) *Abordagem composicional* para mapeamento perceptual que é baseada em categorias de uma *tabela de contingência*. A maioria das aplicações envolve um conjunto de *objetos* e atributos, em que os resultados retratam objetos e atributos em um *mapa perceptual* comum. Para derivar um mapa multidimensional, você deve ter um mínimo de três atributos e três objetos.

Análise de correspondência múltipla Forma de *análise de correspondência* que envolve três ou mais variáveis categóricas relacionadas em um espaço perceptual comum.

Análise desagregada Abordagem para MDS na qual o pesquisador gera *mapas perceptuais* em uma base de respondente por respondente. Os resultados podem ser difíceis de generalizar para os respondentes. Portanto, o pesquisador pode tentar criar menos mapas por algum processo de *análise agregada*, na qual os resultados de respondentes são combinados.

Avaliação subjetiva Método para determinar quantas *dimensões* são representadas no modelo MDS. O pesquisador faz uma inspeção subjetiva dos mapas espaciais e questiona se a configuração parece razoável. O objetivo é obter o melhor ajuste com o menor número de dimensões.

Dados de confusão Procedimento para obter percepções de respondentes sobre *dados de similaridades*. Os respondentes indicam as similaridades entre pares de estímulos. O par (ou "confusão") de um estímulo com um outro é assumido para indicar similaridades. Também conhecido como *agrupamento subjetivo*.

Dados de preferência Dados usados para determinar a *preferência* entre *objetos*. Podem ser contrastados com *dados de similaridade*, que denota a similaridade entre objetos, mas não tem distinção do tipo "bom-ruim" como visto nos dados de preferência.

Dados de similaridades Dados usados para determinar quais *objetos* são os mais semelhantes entre si e quais são os mais distintos. Implícita nas medidas de similaridades está a habilidade de comparar todos os pares de objetos. Três procedimentos para obter dados de similaridades são comparações aos pares de objetos, *dados de confusão* e *medidas derivadas*.

Dimensão objetiva Características físicas ou tangíveis de um *objeto* que têm uma base objetiva de comparação. Por exemplo, um produto tem tamanho, forma, cor, peso e assim por diante.

Dimensão percebida Uma atribuição subjetiva, por parte do respondente, de aspectos a um *objeto*, a qual representa suas características intangíveis. Exemplos incluem "qualidade", "caro" e "boa aparência". Essas dimensões percebidas são únicas do respondente individual e podem exibir pouca correspondência com *dimensões objetivas* reais.

Dimensão subjetiva Ver *dimensão percebida*.

Dimensionalidade inicial Um ponto de partida para selecionar a melhor configuração espacial para dados. Antes de iniciar um procedimento MDS, o pesquisador deve especificar quantas *dimensões* ou características estão representadas nos dados.

Dimensões Características de um *objeto*. Pode-se imaginar que um objeto específico possui dimensões *percebidas/subjetivas* (p. ex., caro, frágil) e *objetivas* (p. ex., cor, preço, características).

Disparidades Diferenças nas distâncias geradas no computador que representam *similaridades* e as distâncias fornecidas pelo respondente.

Escala de similaridade Escala arbitrária, por exemplo, de –5 a +5, que permite a representação de uma relação ordenada entre objetos que vai do mais semelhante (mais próximo) ao menos similar (mais distante). Esse tipo de escala é adequado apenas para representar uma única dimensão.

Expansão Transformação de uma solução MDS para fazer as *dimensões* ou elementos individuais refletirem o peso relativo de preferência.

Índice de ajuste Índice de correlação quadrada (R^2) que pode ser interpretado como indicativo da proporção de variância das *disparidades* (dados otimamente escalonados) que pode ser explicada pelo procedimento MDS. Ele mede o quão bem os dados iniciais se ajustam ao modelo MDS. Esse índice é uma alternativa para a *medida de desajuste* para determinar o número de dimensões. Semelhante a medidas de covariância em outras técnicas multivariadas, medidas de 0,60 ou mais são consideradas aceitáveis.

Inércia Uma medida relativa de qui-quadrado usada em análise de correspondência. A inércia total de uma tabela de tabulação cruzada é calculada como o qui-quadrado total dividido pela freqüência total (soma de linhas ou colunas). Inércia pode então ser calculada para cada categoria de linha ou coluna para representar sua contribuição ao total da inércia.

Mapa espacial Ver *mapa perceptual*.

Mapa perceptual Representação visual de percepções que um respondente tem sobre *objetos* em duas ou mais *dimensões*. Geralmente esse mapa tem níveis opostos de *dimensões* nos extremos dos eixos *X* e *Y*, como de "doce" a "azedo" nos extremos do eixo *X* e de "caro" a "barato" nos extremos do eixo *Y*. Cada objeto então tem uma posição espacial no mapa perceptual que reflete a *similaridade* ou *preferência* relativa a outros objetos no que se refere às dimensões do mapa perceptual.

Massa Uma medida relativa de freqüência usada em *análise de correspondência* para descrever o tamanho de qualquer célula ou categoria em uma *tabulação cruzada*. É definida como o valor (total da célula ou categoria) dividido pela freqüência total, gerando o percentual da freqüência total representado pelo valor. Como tal, a massa total ao longo de linhas, colunas ou todas as entradas de célula é 1,0.

Matriz de importância-desempenho Abordagem bidimensional para auxiliar o pesquisador na nomeação de dimensões. O eixo vertical é a percepção de importância do respondente (p.ex., medida em uma escala de "extremamente importante" a "nada importante"). O eixo horizontal é desempenho (p.ex., como se mede em uma escala de "excelente" a "péssimo") para cada marca ou produto/serviço sobre vários atributos. Cada objeto é representado por seus valores em importância e desempenho.

Medida de desajuste Proporção da variância das *disparidades* (dados otimamente escalonados) não explicada pelo modelo MDS. Esse tipo de medida varia de acordo com o tipo de programa e de dados em análise. A medida de desajuste ajuda a determinar o número adequado de *dimensões* a serem incluídas no modelo.

Medidas derivadas Procedimento para obter percepções de *dados de similaridades* por parte dos respondentes. Similaridades derivadas geralmente são baseadas em uma série de escores dados aos estímulos pelos respondentes, que são então combinados de alguma maneira. A escala diferencial semântica freqüentemente é usada para deduzir tais escores.

Método composicional Abordagem para mapeamento perceptual que deriva avaliações gerais de *similaridade* ou *preferência* a partir de avaliações de atributos separados por respondente. Com métodos composicionais, avaliações de atributos separados são combinadas (compostas) para uma avaliação geral. Os exemplos mais comuns de métodos composicionais são as técnicas de análise fatorial e análise discriminante.

Método decomposicional Método de mapeamento perceptual associado a técnicas MDS no qual o respondente fornece apenas uma avaliação geral de *similaridade* ou *preferência* entre *objetos*. Esse conjunto de avaliações gerais é então decomposto em um conjunto de dimensões que melhor representam as diferenças de objetos.

Objeto Qualquer estímulo que pode ser comparado e avaliado pelo respondente, incluindo entidades tangíveis (produto ou objeto físico), ações (serviço), percepções sensoriais (cheiro, sabor, impressões visuais), ou mesmo pensamentos (idéias, slogans).

Ponto ideal Ponto em um mapa perceptual que representa a combinação mais preferida de atributos percebidos (de acordo com os respondentes). Uma suposição importante é que a posição do ponto ideal (relativa aos outros objetos no mapa perceptual) definiria a *preferência* relativa, de modo que objetos mais distantes do ponto ideal deveriam ser menos preferidos.

Preferência Implica que *objetos* são julgados pelo respondente em termos de relações de predomínio; ou seja, os estímulos são ordenados em preferência com relação a alguma propriedade. Ordenação direta, comparações aos pares e escalas de preferência freqüentemente são usadas para determinar preferências de respondentes.

Projeções Pontos definidos por retas perpendiculares de um objeto a um *vetor*. As projeções são usadas para determinar a ordem de *preferência* com representações vetoriais.

Revelação Representação das *preferências* de um indivíduo dentro de um espaço comum (agregado) de estímulos obtido para todos os respondentes como um todo. As preferências do indivíduo são "reveladas" e apresentadas como a melhor representação possível dentro da análise agregada.

Similaridade Ver *dados de similaridades*.

Solução degenerada Solução MDS que é inválida por causa de (1) inconsistências nos dados ou (2) muito poucos objetos em comparação ao número de dimensões especificado pelo pesquisador. Mesmo que o programa de computador possa indicar uma solução válida, o pesquisador deve desconsiderar a solução degenerada e examinar os dados em busca da causa. Esse tipo de solução normalmente é representado como um padrão circular de resultados ilógicos.

Tabela de contingência Tabulação cruzada de duas variáveis não-métricas ou categóricas na qual as entradas são as freqüências de respostas que caem em cada "célula" da matriz. Por exemplo, se três marcas foram avaliadas sobre quatro atributos, a tabela de contingência de marca por atributo seria uma tabela com três linhas e quatro colunas. As entradas seriam o número de vezes que uma marca (p.ex., Coca-Cola) foi avaliada como tendo um atributo (p.ex., sabor doce).

Tabela de tabulação cruzada Ver *tabela de contingência*.

Valor qui-quadrado Método para analisar dados em uma *tabela de contingência* que compara as freqüências reais das células da tabela com as freqüências esperadas das mesmas. A freqüência esperada de uma célula é baseada nas probabilidades marginais de sua linha e coluna (probabilidade de uma linha e coluna entre todas as linhas e colunas).

Vetor Método para representar um ponto ideal ou atributo em um mapa perceptual. Envolve o uso de *projeções* para determinar a ordem de um *objeto* no vetor.

O QUE É ESCALONAMENTO MULTIDIMENSIONAL?

Escalonamento multidimensional (MDS), também conhecido como mapeamento perceptual, é um procedimento que permite a um pesquisador determinar a imagem relativa percebida de um conjunto de objetos (empresas, produtos, idéias ou outros itens associados a percepções comumente considerados). O objetivo do MDS é transformar julgamentos de consumidores quanto à similaridade ou **preferência** (p.ex., preferência por lojas ou marcas) em distâncias representadas em espaço multidimensional.

Comparação de objetos

Escalonamento multidimensional é baseado na comparação de **objetos** (p.ex., produto, serviço, pessoa, aroma). O MDS difere de outros métodos multivariados no sentido de usar apenas uma medida geral de similaridade ou preferência. Para executar uma análise de escalonamento multidimensional, o pesquisador realiza três passos básicos:

1. Reunir medidas de similaridade ou de preferência no conjunto inteiro de objetos a serem analisados.
2. Usar técnicas MDS para estimar a posição relativa de cada objeto em espaço multidimensional.

3. Identificar e interpretar os eixos do espaço dimensional em termos de atributos perceptuais e/ou objetivos.

Considere que os objetos A e B sejam julgados por respondentes como os mais parecidos se comparados com todos os outros possíveis pares de objetos (AC, BC, AD e assim por diante). Técnicas MDS posicionam os objetos A e B de modo que a distância entre eles no espaço multidimensional seja menor do que a distância entre quaisquer outros pares de objetos. O **mapa perceptual** resultante, também conhecido como **mapa espacial**, mostra a posição relativa de todos os objetos, como mostra a Figura 9-1.

Dimensões: a base para comparação

Qual é a base para a posição relativa de cada objeto? Por que A e B são mais parecidos do que quaisquer outros pares de objetos (p.ex., A e D)? O que representam os eixos do espaço multidimensional? Antes de tentarmos responder qualquer uma dessas questões, primeiramente devemos reconhecer que qualquer objeto pode ser imaginado como tendo **dimensões** que representam as percepções de um indivíduo quanto a atributos ou combinações dos mesmos. Essas dimensões podem representar um único atributo/percepção ou idéia, ou podem ser uma composição de qualquer número de atributos (p.ex., reputação).

Dimensões objetivas versus subjetivas

Quando se caracteriza um objeto, é importante também lembrar que indivíduos podem usar diferentes tipos de medidas ao se realizar tais julgamentos. Por exemplo, uma medida é uma **dimensão objetiva** que tem atributos quantificáveis (físicos ou observáveis). Outro tipo de medida é uma **dimensão percebida** (também conhecida como **dimensão subjetiva**), na qual indivíduos avaliam os objetos com base em percepções. Neste caso, a dimensão percebida é uma interpretação feita pelo indivíduo que pode ou não ser baseada em dimensões objetivas.

> Por exemplo, uma administração pode perceber seu produto (um cortador de grama) como tendo duas opções de cor (vermelho e verde), um motor de dois cavalos-vapor e uma lâmina de 24 polegadas, que são as dimensões objetivas. Os clientes, contudo, podem (ou não) ver esses atributos. Os clientes podem focar uma dimensão percebida, como o cortador de grama ser caro ou frágil.

Dois objetos podem ter as mesmas características físicas (dimensões objetivas) mas serem percebidos de maneira distinta porque os objetos são vistos com diferenças de qualidade (uma dimensão percebida) por muitos consumidores. Assim, as duas diferenças a seguir entre dimensões objetivas e de percepção são importantes:

- *Diferenças individuais*: As dimensões percebidas por clientes podem não coincidir com (ou mesmo não incluir) as dimensões objetivas assumidas pelo pesquisador. Esperamos que cada indivíduo possa ter diferentes dimensões percebidas, mas o pesquisador também deve aceitar que as dimensões objetivas podem igualmente variar muito. Os indivíduos podem considerar diferentes conjuntos de características objetivas, bem como pode variar a importância que associam a cada dimensão.
- *Interdependência*: As avaliações das dimensões (mesmo quando as dimensões percebidas são as mesmas que as objetivas) podem não ser independentes e não concordarem. Tanto as dimensões percebidas quanto as objetivas podem interagir umas com as outras para criar avaliações inesperadas. Por exemplo, um refrigerante é julgado como mais doce do que outro porque o primeiro tem um aroma mais parecido com fruta, apesar de ambos terem a mesma quantia de açúcar.

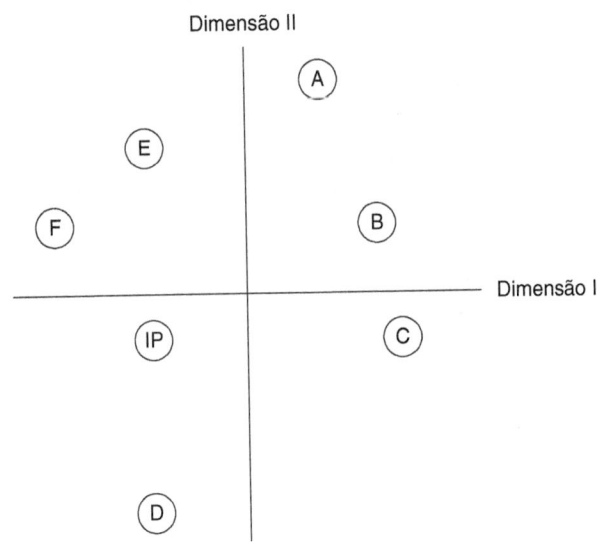

FIGURA 9-1 Ilustração de um mapa multidimensional de percepções de seis fornecedores industriais (A a F) e do ponto ideal (IP).

Relação entre dimensões objetivas e subjetivas

O desafio para o pesquisador é compreender como as dimensões percebidas e objetivas se relacionam com os eixos do espaço multidimensional usados no mapa perceptual, se possível. É semelhante à interpretação da variável estatística em muitas outras técnicas multivariadas (p.ex., o "rótulo" de fatores em análise fatorial), mas difere no sentido de que o pesquisador jamais usa diretamente quaisquer avaliações de atributos (p.ex., de qualidade, apelo etc.) quando obtém as avaliações de similaridade entre objetos. Em vez disso, o pesquisador coleta somente similaridade ou preferência.

O uso de somente medidas gerais (similaridade ou preferência) requer que o pesquisador primeiramente compreenda a correspondência entre dimensões perceptuais e objetivas com os eixos do mapa perceptual. Em seguida, uma análise adicional pode identificar quais atributos prevêem a posição de cada objeto tanto no espaço perceptual quanto no objetivo.

Uma advertência deve ser feita, porém, quanto à interpretação de dimensões. Como esse processo é mais uma arte do que uma ciência, o pesquisador deve resistir à tentação de permitir que a percepção pessoal afete a dimensionalidade qualitativa das dimensões percebidas. Dado o nível de interferência do pesquisador, deve-se tomar cuidado para ser o mais objetivo possível nessa área crítica, ainda que rudimentar.

UMA VISÃO SIMPLIFICADA SOBRE COMO FUNCIONA O MDS

Para facilitar uma melhor compreensão dos procedimentos básicos em escalonamento multidimensional, primeiro apresentamos um exemplo simples para ilustrar os conceitos básicos inerentes ao MDS e o procedimento pelo qual ele transforma julgamentos de similaridades nas posições espaciais correspondentes. Seguimos os três passos básicos descritos anteriormente.

Obtenção de julgamentos de similaridade

O primeiro passo é obter julgamentos de similaridade de um ou mais respondentes. Aqui solicitamos aos respondentes uma medida única de similaridade para cada par de objetos.

Pesquisadores de mercado estão interessados em compreender percepções de consumidores quanto a seis doces que estão atualmente no mercado. Em vez de tentar reunir informações sobre avaliações de consumidores quanto a doces em vários atributos, os pesquisadores reunirão apenas percepções de similaridades ou dissimilaridades gerais. Os dados normalmente são coletados com respondentes que fornecem respostas globais simples a declarações como as seguintes:

- Avalie as similaridades dos produtos A e B em uma escala de 10 pontos.
- O produto A é mais similar a B do que a C.
- Gosto mais do produto A do que do produto B.

Criação de um mapa perceptual

A partir dessas respostas simples, pode ser esboçado um mapa perceptual que melhor represente o padrão geral de **similaridades** entre os doces. Ilustramos o processo de criação de um mapa perceptual com os dados de um único respondente, apesar de que esse processo também poderia ser aplicado a múltiplos respondentes ou às respostas agregadas de um grupo de consumidores.

Os dados são reunidos primeiramente criando-se um conjunto dos únicos 15 pares dos seis doces ($6 \times 5/2 = 15$). Depois de experimentarem os doces, os respondentes devem ordenar os 15 pares de doces, onde um nível 1 é designado ao par de doces mais semelhantes e um nível 15 indica o par menos parecido. Os resultados (ordenações) para todos os pares de doce para um respondente estão na Tabela 9-1. Este respondente considerou que os doces D e E são os mais parecidos, A e B são os próximos doces mais semelhantes e assim por diante, até o momento em que E e F são os menos similares.

TABELA 9-1 Dados de similaridade (ordenações) para pares de doces

Doce	A	B	C	D	E	F
A	–	2	13	4	3	8
B		–	12	6	5	7
C			–	9	10	11
D				–	1	14
E					–	15
F						–

Nota: Valores menores indicam maior similaridade, sendo 1 o par mais semelhante e 15 o menos parecido.

CAPÍTULO 9 Escalonamento Multidimensional e Análise de Correspondência **487**

Se quisermos ilustrar a similaridade entre doces graficamente, uma primeira tentativa será esboçar uma única **escala de similaridades** e ajustar todos os doces a ela. Nesta representação unidimensional de similaridades, distância representa a similaridade. Assim, os objetos mais próximos na escala são mais parecidos, e os mais distantes são menos semelhantes. O objetivo é posicionar os doces na escala de forma que as ordenações sejam mais bem representadas (ordem 1 é a mais próxima, ordem 2 é a segunda mais próxima e assim por diante).

> Tentemos ver como colocaríamos alguns dos objetos. Posicionar dois ou três doces é trivial. O primeiro teste real acontece com quatro objetos. Escolhemos os doces A, B, C e D. A Tabela 9-1 mostra que a ordenação dos pares é como se segue: AB < AD < BD < CD < BC < AC (cada par de letras indica a distância [similaridade] entre os elementos do par). A partir desses valores, devemos colocar os quatro doces em uma única escala, de forma que os mais semelhantes (AB) sejam os mais próximos e os menos similares (AC) sejam os mais distantes entre si. A Figura 9-2a contém um mapa perceptual unidimensional que acomoda as ordens de pares. Se a pessoa que julga a similaridade entre os doces estivesse pensando em uma regra simples de similaridade que envolvesse apenas um atributo (dimensão), como quantia de chocolate, então todos os pares poderiam ser colocados em uma única escala que reproduzisse os valores de similaridades.

Apesar de um mapa unidimensional poder acomodar quatro objetos, a tarefa se torna cada vez mais difícil à medida que o número de objetos aumenta. O leitor interessado é encorajado a tentar essa tarefa com seis objetos. Quando uma única dimensão é empregada com os seis objetos, a ordenação real varia substancialmente em relação à ordenação original do respondente.

Como o escalonamento unidimensional não ajusta bem os dados, uma solução bidimensional deve ser tentada. Isso permite que uma outra escala (dimensão) seja usada para configurar os doces.

> O procedimento é bastante tedioso para se tentar manualmente. A solução bidimensional produzida por um programa MDS é mostrada na Figura 9-2b. Essa configuração combina exatamente com as ordens da Tabela 9-1, apoiando a noção de que o respondente muito provavelmente usou duas dimensões para avaliar os doces. A conjectura de que pelo menos dois atributos (dimen-
>
> *(Continua)*

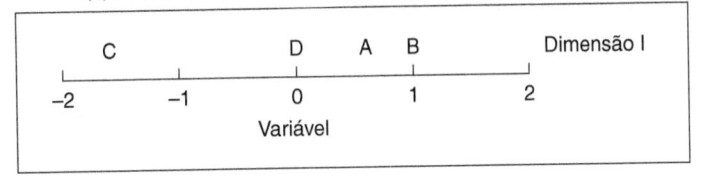

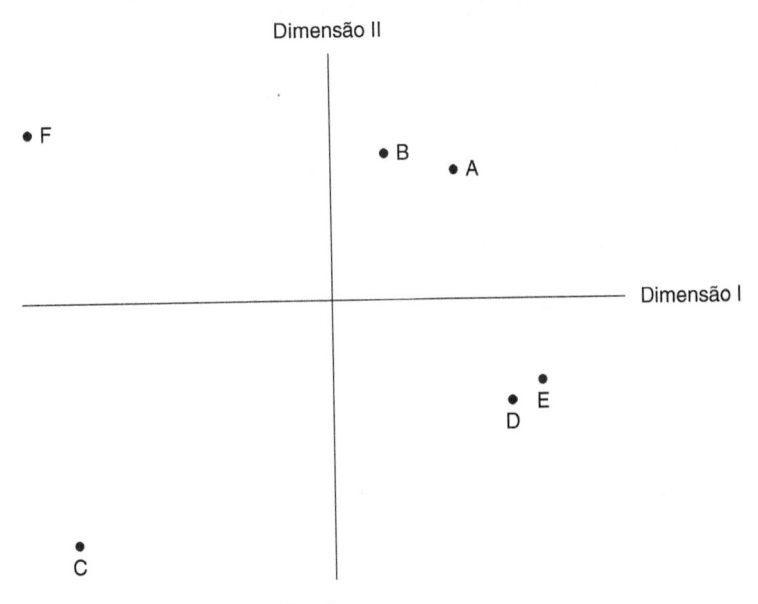

FIGURA 9-2 Mapas perceptuais unidimensional e bidimensional.

> (*Continuação*)
> sões) foram considerados é baseada na incapacidade de representar as percepções do respondente em uma dimensão. No entanto, ainda não estamos cientes de quais atributos o respondente usou em sua avaliação.

Interpretação dos eixos

Apesar de não dispormos de informação a respeito de quais dimensões estamos usando, podemos olhar para as posições relativas dos doces e inferir quais atributos elas representam.

> Por exemplo, suponha que os doces A, B e F são uma forma de combinação (digamos, chocolate e amendoim, chocolate e manteiga de amendoim) e C, D e E são apenas chocolate. Poderíamos inferir então que a dimensão horizontal* representa o tipo de doce (chocolate puro versus combinação). Quando olhamos a posição das barras de doce na dimensão vertical**, outros atributos também podem emergir como os descritores daquela dimensão.

O MDS permite aos pesquisadores a compreensão sobre a similaridade entre objetos (p.ex., doces) por meio da solicitação de somente percepções de similaridade geral. O procedimento também pode ajudar na determinação de quais atributos realmente entram nas percepções de similaridade. Apesar de não incorporarmos diretamente as avaliações de atributo no procedimento MDS, podemos usá-las em análises posteriores para auxiliar na interpretação das dimensões e dos impactos que cada atributo tem sobre as posições relativas dos doces.

COMPARAÇÃO ENTRE MDS E OUTRAS TÉCNICAS DE INTERDEPENDÊNCIA

O escalonamento multidimensional pode ser comparado com as outras técnicas de interdependência como análise fatorial e análise de agrupamentos com base em sua abordagem para definir estrutura:

- *Análise fatorial:* Define estrutura reunindo variáveis em variáveis estatísticas que representam dimensões inerentes no conjunto original de variáveis. Variáveis que se correlacionam fortemente são agrupadas.
- *Análise de agrupamentos:* Define estrutura reunindo objetos de acordo com seus perfis em um conjunto de variáveis (a variável estatística de agrupamento) no qual objetos muito próximos entre si são colocados juntos.

O MDS difere das análises fatorial e de agrupamentos em dois aspectos-chave: (1) uma solução pode ser obtida para cada indivíduo, e (2) não é usada uma variável estatística.

---
* N. de R. T.: O correto seria "dimensão vertical".
** N. de R. T.: O correto seria "dimensão horizontal".

Indivíduo como a unidade de análise

Em MDS, cada respondente fornece avaliações de todos os objetos considerados, de forma que pode ser obtida uma solução para cada indivíduo, o que não é possível em análise de agrupamentos ou análise fatorial. Assim, o foco não está nos objetos em si, mas no modo como o indivíduo percebe os mesmos. A estrutura a ser definida é referente às dimensões perceptuais de comparação para o(s) indivíduo(s). Assim que as dimensões perceptuais são definidas, as comparações relativas entre objetos também podem ser feitas.

Falta de uma variável estatística

O escalonamento multidimensional, diferentemente das outras técnicas multivariadas, não emprega uma variável estatística. No lugar disso, as variáveis que formariam a variável estatística (isto é, as dimensões perceptuais de comparação) são inferidas a partir de medidas globais de similaridade entre os objetos. Em uma analogia simples, isso é como fornecer a variável dependente (similaridade entre objetos) e descobrir quais devem ser as variáveis independentes (dimensões perceptuais). O MDS tem a vantagem de reduzir a influência do pesquisador, uma vez que não requer a especificação das variáveis a serem usadas na comparação de objetos, como se faz em análise de agrupamentos. Mas também tem a desvantagem de que o pesquisador não está realmente certo sobre quais variáveis o respondente está usando para fazer as comparações.

UMA ESTRUTURA DE DECISÃO PARA MAPEAMENTO PERCEPTUAL

O mapeamento perceptual engloba uma vasta gama de possíveis métodos, incluindo MDS, e todas essas técnicas podem ser vistas por meio do processo de construção de modelo introduzido no Capítulo 1. Esses passos correspondem a uma estrutura de decisão, descrita nas Figuras 9-3 (estágios 1-3) e 9-5 (estágios 4-6, ver página 498), dentro da qual todas as técnicas de mapeamento perceptual podem ser aplicadas e os resultados, avaliados.

ESTÁGIO 1: OBJETIVOS DO MDS

O mapeamento perceptual, e o MDS em particular, é muito adequado para atingir dois objetivos:

1. Como técnica exploratória, para identificar dimensões não-reconhecidas que afetam o comportamento
2. Como um meio para obter avaliações comparativas de objetos quando as bases específicas de comparação são desconhecidas ou indefinidas

Em MDS não é necessário especificar os atributos de comparação para o respondente. Tudo o que se exige é especificar os objetos e garantir que eles compartilham uma base comum de comparação. Essa flexibilidade torna o MDS particularmente adequado para estudos de imagem e posicionamento nos quais as dimensões de avaliação podem ser muito globais ou muito emocionais e afetivas para serem medidas por escalas convencionais. Métodos MDS combinam o posicionamento de objetos e indivíduos em um único mapa geral, tornando as posições relativas de objetos e consumidores para uma análise de segmentação muito mais direta.

Estágio 1

Problema de pesquisa
Escolher objetivos:
  Identificar dimensões avaliativas não-reconhecidas
  Avaliação comparativa de objetos

Especificação de pesquisa
Identificar todos os objetos relevantes
Escolher entre dados de similaridade ou de preferência
Selecionar uma análise desagregada ou agregada

Estágio 2

Escolher uma abordagem para mapeamento perceptual
Os atributos avaliativos são especificados pelo pesquisador (composicional) ou são usadas apenas medidas gerais de preferência (decomposicional)?

Métodos composicionais
Métodos gráficos/*post hoc*
Técnicas multivariadas
Análise de correspondência

Métodos decomposicionais
Técnicas tradicionais de escalonamento multidimensional

Questões de planejamento de pesquisa
Número de objetos
Dados de entrada métricos versus não-métricos

Tipo de avaliação feita
O respondente está descrevendo similaridades entre objetos, preferências entre os mesmos, ou uma combinação de ambas?

Similaridades
Comparação de pares de objetos
Dados de confusão
Medidas derivadas

Preferências
Ordenação direta
Comparação aos pares

Ambas as medidas, similaridade e preferência
Combinação de medidas de similaridade e preferência

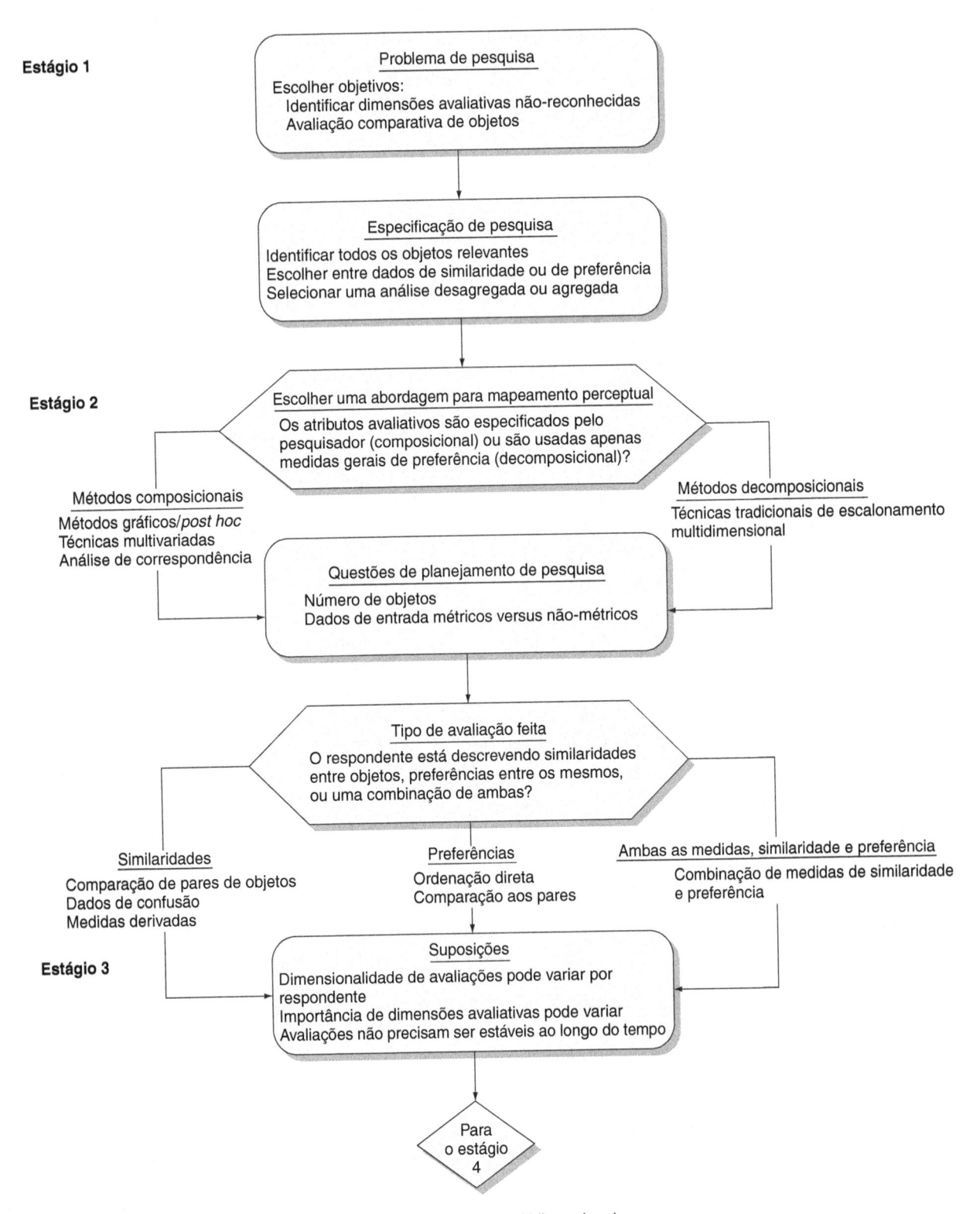

Estágio 3

Suposições
Dimensionalidade de avaliações pode variar por respondente
Importância de dimensões avaliativas pode variar
Avaliações não precisam ser estáveis ao longo do tempo

Para o estágio 4

FIGURA 9-3 Estágios 1-3 no diagrama de decisão do escalonamento multidimensional.

Decisões-chave para estabelecer objetivos

A força do mapeamento perceptual é sua habilidade para inferir dimensões sem a necessidade de atributos definidos. A flexibilidade e a natureza inferencial do MDS atribuem uma maior responsabilidade ao pesquisador para definir corretamente a análise. Considerações conceituais, bem como práticas, essenciais para que o MDS consiga seus melhores resultados, são tratadas através de três decisões-chave:

1. Selecionar os objetos que serão avaliados
2. Decidir se similaridades ou preferências devem ser analisadas
3. Escolher se a análise será realizada no grupo ou individualmente.

Identificação de todos os objetos relevantes a serem avaliados

A questão mais básica, porém importante, no mapeamento perceptual é a definição de objetos a serem avaliados. O pesquisador deve garantir que todas as empresas, produtos, serviços ou outros objetos relevantes sejam incluídos, pois o mapeamento perceptual é uma técnica de posicionamento relativo. A relevância é determinada pelas questões de pesquisa a serem abordadas.

> Por exemplo, um estudo sobre refrigerantes deve incluir bebidas à base de açúcar e aquelas que não têm açúcar, a menos que a questão de pesquisa explicitamente exclua um tipo ou outro. Analogamente, um estudo de refrigerantes não incluiria sucos de fruta.

Os mapas perceptuais resultantes de qualquer um dos métodos podem ser fortemente influenciados tanto pela omissão de objetos quanto pela inclusão de objetos inadequados [7, 20]. Se objetos irrelevantes ou não-comparáveis forem incluídos, o pesquisador estará forçando a técnica não apenas a inferir as dimensões perceptuais que distinguem objetos comparáveis, mas também a inferir as dimensões que diferenciam objetos não-comparáveis. Essa tarefa está além do escopo do MDS e resulta em uma solução que não trata adequadamente de nenhuma questão. Analogamente, a omissão de um objeto relevante pode impedir a verdadeira descrição das dimensões perceptuais.

Dados de similaridade versus dados de preferência

Após ter selecionado os objetos para estudo, o pesquisador deve selecionar a base de avaliação: similaridade versus preferência. Até este ponto, discutimos o mapeamento perceptual e o MDS principalmente em termos de julgamentos de similaridade. Ao fornecer **dados de similaridades**, o respondente não aplica aspecto "bom-ruim" de avaliação na comparação. A avaliação "bom-ruim" é feita, porém, dentro de **dados de preferência**, a qual assume que diferentes combinações de atributos percebidos são melhor avaliadas do que outras combinações.

Ambas as bases de comparação podem ser usadas para desenvolver mapas perceptuais, mas com diferentes interpretações:

- Mapas perceptuais baseados em similaridades representam similaridades de atributos e dimensões perceptuais de comparação, mas não refletem qualquer idéia direta nos determinantes de escolha.
- Mapas perceptuais baseados em preferência refletem escolhas preferidas, mas não podem corresponder de forma alguma às posições baseadas em similaridades, porque os respondentes podem basear suas escolhas em dimensões ou critérios inteiramente diferentes daqueles nos quais eles baseiam as comparações.

Sem qualquer base ótima para avaliação, a decisão entre similaridades e dados de preferência deve ser tomada com a questão de pesquisa definitiva em mente, pois essas opções são fundamentalmente diferentes em relação ao que representam.

Análise agregada versus desagregada

Ao considerar dados de similaridades ou de preferências, estamos coletando percepções de estímulos de respondentes e criando representações (mapas perceptuais) de proximidade de estímulos em espaço t-dimensional (onde o número de dimensões t é menor do que o número de estímulos). Em questão, porém, está o nível de análise (individual ou em grupo) no qual os dados são analisados. Cada abordagem apresenta vantagens e desvantagens.

Análise desagregada. Uma das características distintivas de técnicas MDS é sua habilidade de estimar soluções para cada respondente, um método conhecido como **análise desagregada**. Aqui o pesquisador gera mapas perceptuais em uma base sujeito-por-sujeito (produzindo tantos mapas quanto sujeitos). A vantagem é a representação dos elementos únicos das percepções de cada respondente. A principal desvantagem é que o pesquisador deve identificar as dimensões comuns dos mapas perceptuais entre múltiplos respondentes.

Análise agregada. Técnicas MDS também podem combinar respondentes e criar um único mapa perceptual por meio de uma **análise agregada**. A agregação pode ocorrer antes ou depois de escalonar os dados dos sujeitos. Três abordagens básicas para este tipo de análise são agregação antes da análise MDS, resultados individuais agregados e INDSCAL.

Agregação antes da análise MDS. A abordagem mais simples é o pesquisador encontrar as avaliações médias para todos os respondentes e então obter uma única solução para o grupo de respondentes como um todo. É também o tipo mais comum de análise agregada. Para identificar subgrupos de respondentes semelhantes e seus mapas perceptuais individuais, o pesquisador pode analisar por agrupamento as respostas dos sujeitos para encontrar alguns poucos sujeitos médios ou representativos e então desenvolver mapas para o "respondente médio" do agrupamento.

Resultados individuais agregados. Alternativamente, o pesquisador pode desenvolver mapas para cada indivíduo e agrupar os mapas de acordo com as coordenadas dos estímulos nos mapas. Recomenda-se, porém, que a abordagem prévia de encontrar avaliações médias seja usada em vez de se agruparem os mapas perceptuais individuais, pois pequenas rotações do mapa, que é essencialmente o mesmo, podem causar problemas na criação de agrupamentos razoáveis pela segunda abordagem.

INDSCAL: uma técnica de combinação. Uma forma especializada de análise agregada está disponível com INDSCAL (escalonamento de diferenças individuais) [4] e suas variantes, que têm características de análises desagregada e agregada. Uma análise INDSCAL assume que todos os indivíduos compartilham um espaço comum (uma solução agregada), mas que os respondentes individualmente ponderam as dimensões, incluindo pesos nulos quando ignoram totalmente uma dimensão. A análise prossegue em dois passos:

1. Como primeiro passo, INDSCAL obtém o espaço perceptual compartilhado por todos os indivíduos, como ocorre em outras soluções agregadas.
2. No entanto, os indivíduos também são representados em um mapa especial de grupo, onde a posição do respondente é determinada por seu peso para cada dimensão. Respondentes colocados próximos uns dos outros empregam combinações similares das dimensões do espaço agregado comum. Além disso, a distância do indivíduo à origem é uma medida aproximada da proporção de variância para aquele sujeito explicada pela solução. Assim, uma posição mais distante da origem indica melhor ajuste. Estar na origem significa "sem ajuste", pois todos os pesos são nulos. Se dois ou mais sujeitos ou grupos de sujeitos estão na origem, os espaços agregados separados precisam ser configurados para cada um deles.

> Como exemplo, consideremos que derivamos uma solução agregada bidimensional (ver passo 1). INDSCAL deriva também pesos para cada dimensão, o que permitiria para cada respondente ser retratado em um gráfico bidimensional (ver Figura 9-4). Para o respondente A, quase toda a solução foi orientada em torno da dimensão I, enquanto o contrário foi percebido para o respondente C. Os respondentes B e D têm um equilíbrio entre as duas dimensões.
>
> Também determinamos o ajuste para cada respondente dado pela distância do mesmo à origem. Os respondentes A, B e C são relativamente semelhantes em suas distâncias da origem, indicando ajuste comparável. No entanto, o respondente D tem um nível substancialmente menor de ajuste dado por sua grande proximidade da origem.

Em uma análise INDSCAL, é apresentada ao pesquisador não somente uma representação geral do mapa perceptual, mas também o grau em que cada respondente é representado pelo mapa perceptual geral. Esses resultados para cada respondente podem então ser usados para agrupar respondentes e mesmo identificar diferentes mapas perceptuais em análises subseqüentes.

Escolha entre uma análise desagregada e uma agregada. A escolha entre análise agregada e desagregada é baseada nos objetivos do estudo. Se o foco é uma compreensão das avaliações gerais de objetos e das dimensões empregadas em tais avaliações, uma análise agregada é mais adequada. Mas se o objetivo é entender a variação entre indivíduos,

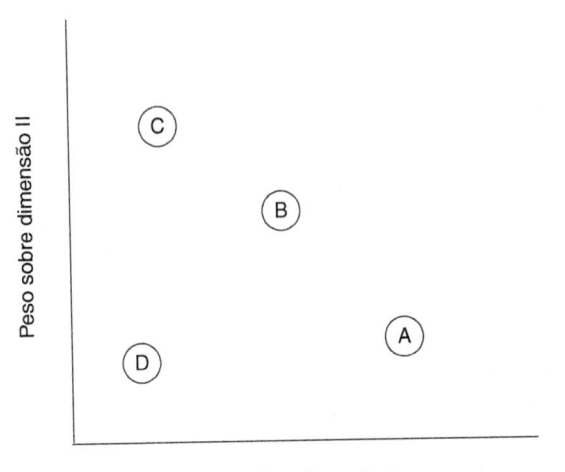

FIGURA 9-4 Pesos de respondentes em uma análise desagregada INDSCAL.

> ### REGRAS PRÁTICAS 9-1
>
> ### Objetivos do MDS
>
> - MDS é uma técnica exploratória adequada para:
>   - Identificar dimensões não-reconhecidas usadas por respondentes para fazer comparações entre objetos (marcas, produtos, lojas etc.)
>   - Fornecer uma base objetiva para comparação entre objetos com base nessas dimensões
>   - Identificar atributos específicos que possam corresponder a essas dimensões
> - Uma solução MDS requer identificação de todos os objetos relevantes (p.ex., todas as marcas competidoras dentro de uma categoria de produto) que estabeleçam os limites para a questão de pesquisa
> - Os respondentes fornecem um ou ambos os tipos de percepção:
>   - Distâncias perceptuais que indiquem o quão semelhantes/distintos os objetos são entre si, ou
>   - Avaliações do tipo "bom-ruim" de objetos competidores (comparações de *preferência*) que auxiliam na identificação de combinações de atributos que são bem cotados
> - MDS pode ser executado no nível individual ou em grupo:
>   - Análise desagregada (individual):
>   - Permite construção de mapas perceptuais em uma base respondente-por-respondente
>   - Avalia variação entre indivíduos
>   - Fornece uma base para análise de segmentação
>   - Análise agregada (em grupo)
>   - Cria mapas perceptuais de um ou mais grupos
>   - Ajuda a entender avaliações gerais de objetos e/ou dimensões empregadas nas mesmas
>   - Deve ser encontrada usando-se as avaliações médias de todos os respondentes em um grupo

particularmente como prelúdio para a análise de segmentação, então uma abordagem desagregada é mais útil.

ESTÁGIO 2: PROJETO DE PESQUISA DO MDS

Apesar de o MDS parecer muito simples em termos computacionais, os resultados, assim como em outras técnicas multivariadas, são fortemente influenciados por diversas questões-chave que devem ser resolvidas antes que a pesquisa possa prosseguir. Cobrimos quatro das principais questões, que variam de discussões sobre delineamento de pesquisa (seleção da abordagem e de objetos ou estímulos para estudo) até aspectos metodológicos específicos (métodos métricos versus não-métricos) e métodos de coleta de dados.

Seleção entre uma abordagem decomposicional (livre de atributos) ou composicional (baseada em atributos)

As técnicas de mapeamento perceptual podem ser classificadas em um entre dois tipos conforme a natureza das respostas obtidas a partir do indivíduo relativas ao objeto:

- O **método decomposicional** mede apenas a impressão ou avaliação geral de um objeto e então tenta derivar posições espaciais em um espaço multidimensional que reflitam tais percepções. Essa técnica normalmente é associada ao MDS.
- O **método composicional** é uma abordagem alternativa que emprega diversas das técnicas multivariadas já discutidas que são usadas para formar uma impressão ou avaliação baseada em uma combinação de atributos específicos.

Cada abordagem tem vantagens e desvantagens que abordamos nas seções a seguir. Nossa discussão aqui se concentra nas diferenças entre as duas abordagens, e em seguida focalizamos principalmente as técnicas decomposicionais no restante do capítulo.

Abordagem decomposicional ou sem atributos

Comumente associados às técnicas de MDS, os métodos decomposicionais se sustentam em medidas globais ou gerais de similaridade, a partir das quais os mapas perceptuais e os posicionamentos relativos de objetos são formados. Por conta da tarefa relativamente simples apresentada ao respondente, métodos decomposicionais têm duas vantagens distintas:

1. Exigem apenas que os respondentes forneçam suas percepções gerais dos objetos. Os respondentes não têm que detalhar os atributos ou a importância de cada atributo usado na avaliação.
2. Como cada respondente fornece uma avaliação completa de similaridades entre todos os objetos, os mapas perceptuais podem ser desenvolvidos para respondentes individuais ou agregados para formar um mapa composto.

Os métodos decomposicionais também apresentam desvantagens, principalmente relacionadas com as inferências exigidas do pesquisador para avaliação dos mapas perceptuais:

1. O pesquisador não dispõe de base objetiva fornecida pelo respondente para identificar as dimensões básicas de avaliação dos objetos (isto é, a correspondência de dimensões perceptuais e objetivas). Em muitos casos, a utilidade de estudos livres de atributos para administradores é restrita, pois tais estudos fornecem pouca orientação para ação específica. Por exemplo, a falta de habilidade para desenvolver uma ligação direta entre ações da empresa (a dimensão objetiva) e posições de mercado de seus produtos (a dimensão perceptual) muitas vezes diminui o valor do mapeamento perceptual.
2. Pouca orientação, além de orientações generalizadas ou crenças *a priori*, está disponível para determinar a dimen-

sionalidade do mapa perceptual e a representatividade da solução. Apesar de algumas medidas gerais de ajuste estarem disponíveis, elas são não-estatísticas, e, assim, decisões sobre a solução final envolvem um substancial julgamento do pesquisador.

Caracterizada pela categoria generalizada de técnicas MDS, uma vasta gama de possíveis técnicas decomposicionais está disponível. A seleção de um método específico requer decisões relativas à natureza dos dados do respondente (avaliação versus ordenação), se similaridades ou preferências são obtidas e se mapas perceptuais individuais ou compostos são derivados. Entre os programas de escalonamento multidimensional mais comuns estão KYST, MDSCAL, PREFMAP, MDPREF, INDSCAL, ALSCAL, MINISSA, POLYCON e MULTISCALE. Descrições detalhadas dos programas e fontes para obtê-los estão disponíveis [23, 24].

Abordagem composicional ou baseada em atributos

Os métodos composicionais incluem algumas das técnicas multivariadas mais tradicionais (p.ex., a análise discriminante ou a análise fatorial), bem como métodos especificamente elaborados para mapeamento perceptual, como a análise de correspondência. Um princípio comum a todos esses métodos, porém, é a avaliação de similaridade, na qual um conjunto definido de atributos é considerado no desenvolvimento da similaridade entre objetos. As várias técnicas incluídas no conjunto de métodos composicionais podem ser agrupadas em uma de três categorias básicas:

1. *Abordagens gráficas ou post hoc*. Incluídas nesta classe estão análises como gráficos diferenciais semânticos ou **matrizes de importância-desempenho**, que se sustentam no julgamento do pesquisador e em representações univariadas ou bivariadas dos objetos.
2. *Técnicas estatísticas multivariadas convencionais*. Estas técnicas, especialmente a *análise fatorial* e a *análise discriminante*, são particularmente úteis no desenvolvimento de uma estrutura dimensional entre numerosos atributos e na posterior representação de objetos quanto a essas dimensões.
3. *Métodos de mapeamento perceptual especializados*. Notável nessa classe é a análise de correspondência, desenvolvida especificamente para fornecer mapeamento perceptual apenas com dados em escala qualitativa ou nominal.

Métodos composicionais em geral têm duas vantagens distintas oriundas de seus atributos definidos usados em comparação:

- Primeiro, a descrição explícita das dimensões do espaço perceptual. Como o respondente fornece avaliações detalhadas em numerosos atributos para cada objeto, os critérios de avaliação representados pelas dimensões da solução são muito mais fáceis de se averiguar.
- Além disso, essas técnicas fornecem um método direto para representar atributos e objetos em um só mapa, em que diversas abordagens fornecem o posicionamento adicional de grupos de respondentes. Essa informação nos dá uma visão administrativa única do ambiente competitivo de mercado.

No entanto, a descrição explícita das dimensões de comparação também apresenta desvantagens:

- A similaridade entre objetos é limitada somente aos atributos avaliados pelos respondentes. Omitir atributos salientes elimina a oportunidade para o respondente de incorporá-los, como ocorreria se uma medida geral fosse usada.
- O pesquisador deve assumir algum método de combinação desses atributos para representar a similaridade geral, e o método escolhido pode não representar o pensamento dos respondentes.
- O esforço de coleta de dados é considerável, especialmente à medida que o número de objetos de escolha aumenta.
- Os resultados raramente estão disponíveis para o respondente individual.

Ainda que modelos composicionais sigam o conceito de uma variável estatística descrita em muitas das outras técnicas multivariadas que discutimos em outras seções do texto, eles representam uma técnica bastante diferente, com vantagens e desvantagens quando comparados aos métodos decomposicionais. É uma escolha que o pesquisador deve fazer com base nas metas de pesquisa de cada estudo em particular.

Seleção entre técnicas composicionais e decomposicionais

O mapeamento perceptual pode ser executado com técnicas composicionais ou decomposicionais, mas cada uma tem vantagens e desvantagens específicas que devem ser consideradas do ponto de vista dos objetivos da pesquisa:

- Se o mapeamento perceptual é empreendido no espírito de um dos dois objetivos básicos discutidos anteriormente (ver estágio 1), as abordagens decomposicionais ou livres de atributos são as mais apropriadas.
- Se, contudo, os objetivos de pesquisa mudam para a retratação de objetos em um conjunto definido de atributos, então as técnicas composicionais se tornam a alternativa preferida.

Nossa discussão sobre os métodos composicionais em capítulos anteriores ilustrou seus usos e aplicações, juntamente com suas forças e fraquezas. O pesquisador deve sempre se lembrar das alternativas disponíveis no caso de os objetivos da pesquisa se alterarem. Assim, concentramo-nos aqui nas abordagens decomposicionais, seguidas por uma discussão sobre a análise de correspondência, uma técnica composicional amplamente usada e particularmente adequada ao mapeamento perceptual. Como tal, também consideramos sinônimos os termos *mapeamento perceptual* e *escalonamento multidimensional*, a menos que distinções necessárias sejam feitas.

Objetos: seu número e seleção

Antes de iniciar qualquer estudo de mapeamento perceptual, o pesquisador deve tratar de duas questões sobre os objetos em avaliação. Tais questões lidam com aspectos relativos à tarefa básica (ou seja, a garantia de comparabilidade dos objetos), bem como a complexidade da análise (isto é, o número de objetos sob avaliação).

Seleção de objetos

A questão-chave na seleção de objetos é: os objetos são realmente comparáveis? Uma suposição implícita em mapeamento perceptual é que existem características em comum, sejam objetivas ou percebidas, que o respondente pode usar para avaliações. Portanto, é essencial que os objetos sob comparação tenham algum conjunto de atributos inerentes que caracterizem cada um deles e que formem a base para comparação por parte do respondente. Não é possível para o pesquisador forçar o respondente a fazer comparações pela criação de pares de objetos não-comparáveis. Ainda que as respostas sejam dadas em tal situação forçada, sua utilidade é questionável.

O número de objetos

Uma segunda questão lida com a quantia de objetos a serem avaliados. Ao decidir quantos objetos serão incluídos, o pesquisador deve equilibrar dois desejos: um menor número de objetos para facilitar o esforço por parte do respondente versus o número exigido de objetos para obter uma solução multidimensional estável. Essas considerações opostas impõem limites sobre a análise:

- Uma orientação sugerida para soluções estáveis é ter mais do que quatro vezes a quantia de objetos em relação ao número de dimensões desejadas [9]. Assim, pelo menos cinco objetos são exigidos para um mapa perceptual unidimensional, nove objetos são exigidos para uma solução bidimensional, e assim por diante.
- Quando usamos o método para avaliação de pares em termos de similaridade, o respondente deve fazer 36 comparações dos nove objetos – uma tarefa considerável. Uma solução tridimensional demanda pelo menos 13 objetos a serem avaliados e necessita da avaliação de 78 pares de objetos.

Portanto, uma comparação deve ser feita, ponderando-se a dimensionalidade acomodada pelos objetos (e o conseqüente número de dimensões inerentes que podem ser identificadas) e o esforço exigido por parte do respondente.

O número de objetos também afeta a determinação de um nível aceitável de ajuste. Muitas vezes, ter menos do que a quantia de objetos sugerida para uma dada dimensionalidade provoca uma estimativa exagerada de ajuste. Semelhante ao problema de superajuste que encontramos em regressão, ficar abaixo da orientação recomendada de pelo menos quatro objetos por dimensão aumenta muito as chances de uma solução enganosa.

> Por exemplo, um estudo empírico demonstrou que quando sete objetos são ajustados a três dimensões com valores de *similaridade aleatórios*, níveis de desajuste aceitáveis e mapas perceptuais aparentemente válidos são gerados em mais de 50% das vezes. Se os sete objetos com similaridades aleatórias são ajustados a quatro dimensões, os valores de desajuste decaem para zero, indicando ajuste perfeito, em metade dos casos [18]. Mesmo assim, nas duas situações, não havia qualquer padrão real de similaridade entre os objetos.

Portanto, devemos estar cientes dos riscos associados com a violação das orientações para o número de objetos por dimensão e do impacto que isso tem sobre as medidas de ajuste e a validade dos mapas perceptuais resultantes.

Métodos não-métricos versus métricos

Os programas MDS originais eram verdadeiramente não-métricos, o que significa que exigiam apenas dados não-métricos, mas também forneciam apenas resultados não-métricos (ordenação). O resultado não-métrico, porém, limitava a interpretabilidade do mapa perceptual. Portanto, todos os programas MDS usados hoje em dia produzem saídas métricas. As posições multidimensionais métricas podem ser rotacionadas em torno da origem, a origem pode ser transladada pelo acréscimo de uma constante, os eixos podem ser trocados (reflexão) ou a solução inteira pode ser uniformemente expandida ou comprimida, tudo isso sem alterar as posições relativas dos objetos.

Como todos os programas atuais produzem saídas métricas, as distinções nas abordagens são baseadas nas medidas de similaridade.

- Métodos não-métricos, diferenciados pelos dados não-métricos normalmente gerados pela ordenação de pares de objetos, são mais flexíveis, no sentido de que não assumem qualquer tipo específico de relação entre a distância calculada e a medida de similaridade. No entanto, como os métodos não-métricos contêm menos informação para criar o mapa perceptual, têm maior probabilidade de resultar em soluções degeneradas ou subótimas. Esse problema surge quando existem grandes variações nos mapas perceptuais entre respondentes ou quando as percepções entre objetos não são distintas ou bem definidas.
- Os métodos métricos consideram que tanto dados quanto saídas são métricas. Essa suposição permite fortalecer a relação entre a dimensionalidade final resultante e os dados de entrada. Melhor do que assumir que apenas relações ordenadas são preservadas nos dados de entrada, podemos assumir que o resultado preserva as qualidades de intervalo e de proporção desses dados. Mesmo que as suposições inerentes aos programas métricos sejam mais difíceis de apoiar conceitualmente em muitos casos, os resultados de procedimentos não-métricos e métricos aplicados aos mesmos dados freqüentemente são semelhantes.

Logo, a seleção do tipo de dados de entrada deve considerar tanto a situação de pesquisa (variações de percepções entre respondentes e distinção entre objetos) quanto o modo preferido de coleta de dados.

Coleta de dados de similaridade ou de preferência

Como já observado, a distinção fundamental entre os programas MDS é o tipo de dado (métrico versus não-métrico) e se os dados representam similaridades ou preferências. Aqui abordamos questões associadas a julgamentos baseados em similaridades e em preferência. Para muitos dos métodos de coleta de dados, tanto dados métricos (avaliações) quanto não-métricos (ordenações) podem ser coletados. Em alguns casos, porém, as respostas são limitadas a apenas um tipo de dados.

Dados de similaridades

Quando coleta dados de similaridades, o pesquisador está tentando determinar quais itens são os mais parecidos uns com os outros e quais são os mais diferentes. Os termos de dissimilaridade e similaridade muitas vezes são empregados alternadamente para representar medidas das diferenças entre objetos. Implícita na medida de similaridade está a habilidade de comparar todos os pares de objetos.

> Se, por exemplo, todos os pares de objetos do conjunto A, B, C (ou seja, AB, AC, BC) são ordenados, então todos os pares de objetos também podem ser comparados. Considere que os pares foram ordenados AB = 1, AC = 2 e BC = 3 (onde 1 denota maior similaridade). Evidentemente, o par AB é mais similar do que AC, o par AB é mais similar do que BC, e o par AC é mais similar do que BC.

Diversos procedimentos são comumente empregados para obter percepções de respondentes quanto a similaridades entre estímulos. Cada procedimento é baseado na noção de que as diferenças relativas entre qualquer par de estímulos devem ser medidas de forma que o pesquisador possa determinar se o par é mais ou menos similar do que qualquer outro par. Discutimos três procedimentos normalmente usados para obter percepções de respondentes quanto a similaridades: comparações de pares de objetos, dados de confusão e medidas derivadas.

Comparação de pares de objetos. Com larga vantagem, o método mais usado para obter julgamentos de similaridades é o de pares de objetos, no qual o respondente é solicitado a simplesmente ordenar ou avaliar a similaridade de todos os pares de objetos. Se temos estímulos A, B, C, D e E, podemos ordenar os pares AB, AC, AD, AE, BC, BD, BE, CD, CE e DE do mais ao menos similar.

> Se, por exemplo, o par AB é ordenado como 1, consideraríamos que o respondente vê aquele par como contendo os dois estímulos que são os mais similares, em comparação com todos os demais pares (ver exemplo na seção anterior).

Esse procedimento forneceria uma medida não-métrica de similaridade. Medidas métricas de similaridade envolveriam uma avaliação de similaridade (p.ex., de 1 "muito similar" a 10 "nada semelhante"). Qualquer forma (métrica ou não-métrica) pode ser usada na maioria dos programas MDS.

Dados de confusão A medida de similaridade por pareamento (ou confusão) do estímulo *I* com o estímulo *J* é conhecida como **dados de confusão**. Também conhecido como **agrupamento subjetivo**, um procedimento típico para reunir esses dados quando o número de objetos é grande segue abaixo:

- Colocar os objetos cuja similaridade deve ser medida em pequenos cartões, de maneira descritiva ou com imagens.
- O respondente é solicitado a ordenar os cartões em pilhas, de forma que todos os cartões de uma pilha representem doces semelhantes. Alguns pesquisadores dizem aos respondentes para ordenar em um número fixo de pilhas; outros dizem para ordenar em quantas pilhas o respondente quiser.
- Os dados de cada respondente são então agregados em uma matriz de similaridades parecida com uma **tabela de tabulação cruzada**. Cada célula contém o número de vezes que cada par de objetos foi incluído na mesma pilha. Esses dados indicam quais produtos apareceram juntos com maior freqüência e, por isso, são considerados os mais similares.

A coleta de dados dessa maneira permite apenas o cálculo de similaridades agregadas, pois as respostas de todos os indivíduos são combinadas para obter a matriz de similaridades.

Medidas derivadas. Similaridades baseadas em escores dados a estímulos por respondentes são conhecidas como **medidas derivadas**. O pesquisador define as dimensões (atributos) e o respondente avalia cada objeto em cada dimensão. A partir dessas avaliações a similaridade de cada objeto é calculada por métodos como a correlação entre objetos ou alguma forma de índice de concordância.

> Por exemplo, sujeitos são solicitados a avaliar três estímulos (refrigerante de cereja, morango e lima-limão) quanto a alguns atributos (diet versus normal, doce versus azedo, sabor leve versus sabor forte), usando escalas diferenciais semânticas. As respostas são avaliadas para cada respondente (p.ex., correlação ou índice de concordância) para criar medidas de similaridade entre os objetos.

Três suposições importantes estão presentes nesta abordagem:

1. O pesquisador seleciona as dimensões adequadas à medida.
2. As escalas podem ser ponderadas (por igual ou não) para conseguir os dados de similaridades para um sujeito ou grupo de sujeitos.
3. Todos os indivíduos têm os mesmos pesos.

Dentre os três procedimentos que discutimos, a medida derivada é a menos desejável para atender ao espírito de MDS – de que a avaliação de objetos seja feita com a mínima influência por parte do pesquisador.

Dados de preferência

A preferência implica que os estímulos devem ser julgados em termos de relações de predomínio; ou seja, os estímulos são ordenados em termos da preferência por alguma propriedade. Ela permite ao pesquisador fazer afirmações diretas sobre qual o objeto preferido (p.ex., a marca A é preferida em relação à C). Os dois procedimentos mais comuns para obter dados de preferência são a ordenação direta e a comparação aos pares.

Ordenação direta. Cada respondente ordena os objetos do mais preferido ao menos preferido. Esse é um método muito popular para reunir dados de similaridades nãométricos, pois é fácil administrar para um número pequeno ou moderado de objetos. É conceitualmente muito parecido com a técnica de agrupamento subjetivo discutida anteriormente, só que nesse caso a cada objeto deve ser dada uma ordem única (sem empates).

Comparações aos pares. Um respondente é defrontado com todos os possíveis pares e solicitado a indicar qual membro de cada par é preferido. Assim, preferência geral é baseada no número total de vezes que cada objeto foi o membro preferido da comparação pareada. Desse modo, o pesquisador reúne dados explícitos para cada comparação. Esta abordagem cobre todas as possíveis combinações e é muito mais detalhada do que apenas as ordenações diretas. A principal desvantagem desse método é o grande número de tarefas envolvidas, mesmo com uma quantia relativamente pequena de objetos. Por exemplo, 10 objetos resultam em 45 comparações aos pares, o que representa muitas tarefas para a maioria das situações de pesquisa. Note que as comparações aos pares também são usadas na coleta de dados de similaridades, como observado no exemplo do início do capítulo, mas lá os pares de objetos são ordenados ou avaliados quanto ao grau de similaridade entre os dois objetos no par.

Dados de preferência versus dados de similaridade

Tanto os dados de similaridade quanto os de preferência fornecem uma base para a construção de um mapa perceptual que pode retratar as posições relativas dos objetos através de dimensões percebidas (inferidas). A escolha entre as duas técnicas depende dos objetivos a serem alcançados:

REGRAS PRÁTICAS 9-2

Planejamento de pesquisa de MDS

- Mapas perceptuais podem ser gerados através de abordagens decomposicionais ou composicionais:
  - Abordagens decomposicionais são o método MDS mais tradicional e comum, exigindo apenas comparações gerais de similaridade entre objetos
  - Abordagens composicionais são usadas quando os objetivos de pesquisa envolvem a comparação de objetos em um conjunto definido de atributos
- O número de objetos a ser avaliado é uma decisão ponderada entre:
  - Um pequeno número de objetos para facilitar a tarefa do respondente
  - Um número de objetos quatro vezes maior do que o de dimensões desejadas (ou seja, cinco objetos por uma dimensão, 9 objetos por duas dimensões, e assim por diante) para obter uma solução estável

---

- Mapas perceptuais baseados em similaridade são mais adequados para compreender os atributos/dimensões que descrevem os objetos. Nesta técnica, o foco está na caracterização da natureza de cada objeto e da sua composição em relação aos demais.
- Dados de preferência permitem ao pesquisador ver a localização de objetos em um mapa perceptual no qual a distância implica diferenças de preferência. Esse procedimento é útil porque a percepção de um indivíduo quanto a objetos em um contexto de preferência pode ser diferente daquela em um contexto de similaridade. Isto é, uma dimensão em particular pode ser útil na descrição das semelhanças entre dois objetos, mas pode não ser identificada como resultado na determinação de preferência.

As diferentes bases para comparação nas duas técnicas muitas vezes resultam em mapas perceptuais muito distintos. Dois objetos podem ser percebidos como diferentes em um mapa baseado em similaridades, mas serem semelhantes em um mapa baseado em preferências, resultando em dois mapas bem diferentes. Por exemplo, duas marcas distintas de doce poderiam estar bem distantes em um mapa de similaridades, mas, por terem preferência equivalente, ficarem próximas uma da outra em um mapa de preferência. O pesquisador deve escolher o mapa que melhor atende às metas da análise.

Resumo

Os procedimentos de coleta para dados de similaridades e de preferência têm o propósito em comum de obter uma série de respostas unidimensionais que representem os julgamentos dos respondentes. Esses julgamentos então servem como dados de entrada para os muitos procedimentos MDS que definem o padrão multidimensional inerente que leva a tais julgamentos.

ESTÁGIO 3: SUPOSIÇÕES DA ANÁLISE DE MDS

O escalonamento multidimensional não tem suposições restritivas sobre a metodologia, tipo de dados ou forma das relações entre as variáveis, mas o MDS exige que o pesquisador aceite três princípios fundamentais sobre percepção:

1. *Variação em dimensionalidade.* Os respondentes podem variar na dimensionalidade que eles usam para formar suas percepções sobre um objeto (apesar de se imaginar que a maioria das pessoas julga em termos de um número limitado de características ou dimensões). Por exemplo, alguns poderiam avaliar um carro em termos de sua potência e aparência, ao passo que outros não considerariam esses fatores de forma alguma, mas o avaliariam em termos de custo e conforto interior.
2. *Variação em importância.* Os respondentes não precisam associar o mesmo nível de importância a uma dimensão, mesmo que todos os respondentes percebam essa dimensão. Por exemplo, dois respondentes percebem um refrigerante em termos de seu nível de gás, mas um pode considerar essa dimensão sem importância enquanto outro pode considerá-la muito relevante.
3. *Variação no tempo.* Os julgamentos de um estímulo em termos de dimensões ou níveis de importância não precisam permanecer estáveis com o tempo. Em outras palavras, não se pode esperar que os respondentes mantenham as mesmas percepções durante longos períodos.

Apesar das diferenças que podemos esperar entre indivíduos, os métodos MDS podem representar as percepções espacialmente, de modo que todas essas diferenças sejam acomodadas. Tal capacidade permite que técnicas MDS não apenas ajudem o pesquisador a entender cada indivíduo em separado, mas também a identificar percepções compartilhadas e avaliar dimensões dentro da amostra de respondentes.

ESTÁGIO 4: DETERMINAÇÃO DA SOLUÇÃO MDS E AVALIAÇÃO DO AJUSTE GERAL

Hoje em dia, os programas MDS básicos disponíveis em todos os principais programas estatísticos podem acomodar os diferentes tipos de dados de entrada e de representações espaciais, bem como as variadas alternativas de interpretação. Nossa meta aqui é fornecer uma visão geral do MDS para viabilizar uma rápida compreensão das diferenças entre esses programas. No entanto, como acontece com outras técnicas multivariadas, existe um desenvolvimento contínuo em aplicações e teoria. Assim, indicamos para o usuário interessado em aplicações específicas outros textos dedicados somente ao escalonamento multidimensional [9, 10, 16, 18, 23].

Determinação da posição de um objeto no mapa perceptual

A primeira tarefa do estágio 4 envolve o posicionamento de objetos para melhor refletir as avaliações de similaridades fornecidas pelos respondentes (ver Figura 9-5). Aqui as técnicas MDS determinam as localizações ótimas para cada objeto em uma dimensionalidade especificada. As soluções para cada dimensionalidade (duas dimensões, três etc.) são então comparadas para a escolha de uma solução final que define o número de dimensões e a posição relativa de cada objeto em tais dimensões.

Criação do mapa perceptual

Os programas MDS seguem um processo em comum de três passos para determinar as posições ótimas em uma dimensionalidade escolhida:

1. Selecione uma configuração inicial de estímulos (S_k) em uma **dimensionalidade inicial** desejada (t). Há várias opções disponíveis para se obter a configuração inicial. As duas mais usadas são configurações aplicadas pelo pesquisador com base em dados prévios ou aquelas geradas pela seleção de pontos pseudo-aleatórios de uma distribuição multivariada aproximadamente normal.
2. Compute as distâncias entre os pontos de estímulos e compare as relações (observadas versus obtidas) com uma medida de ajuste. Logo que uma configuração é encontrada, as distâncias entre estímulos (d_{ij}) nas configurações iniciais são comparadas com medidas de distância ($\hat{d}_{ij}$) obtidas a partir de julgamentos de similaridades (s_{ij}). As duas medidas de distância são então comparadas por uma medida de ajuste, normalmente uma medida de desajuste. (As medidas de ajuste são discutidas em uma seção posterior.)
3. Se a medida de desajuste não atender a um valor de parada pré-definido, encontre uma nova configuração para a qual a medida de desajuste seja ainda mais minimizada. O programa determina as direções nas quais o maior melhoramento pode ser conseguido e então desloca os pontos na configuração naquelas direções com pequenos incrementos.

A necessidade de um programa de computador em vez de cálculos manuais se torna evidente quando o número de objetos e dimensões aumenta. Examinemos uma típica análise MDS e vejamos o que realmente está envolvido.

Com 10 produtos a serem avaliados, cada respondente deve ordenar os 45 pares de objetos possíveis do mais similar (1) ao menos semelhante (45). Com essas ordenações, prosseguimos com a tentativa de definir a dimensionalidade e as posições de cada objeto.

1. Primeiro, considere que estamos começando com uma solução bidimensional. Apesar de podermos definir qualquer número de dimensões, é mais fácil

(Continua)

Estágio 4

```
                    ┌─────────────┐
                    │     Do      │
                    │  estágio 3  │
                    └──────┬──────┘
                           ↓
         ┌─────────────────────────────────────┐
         │  Seleção da base para o mapa perceptual │
         │     O mapa representa percepções    │
         │    de similaridade ou de preferência?   │
         └─────────────────────────────────────┘
```

Similaridade ← → Preferência

Mapas perceptuais baseados em preferência
Preferência refletida pela posição de objetos diante de com pontos ideais

Mapas perceptuais baseados em similaridade
Posições relativas de objetos refletem similaridade sobre dimensões percebidas

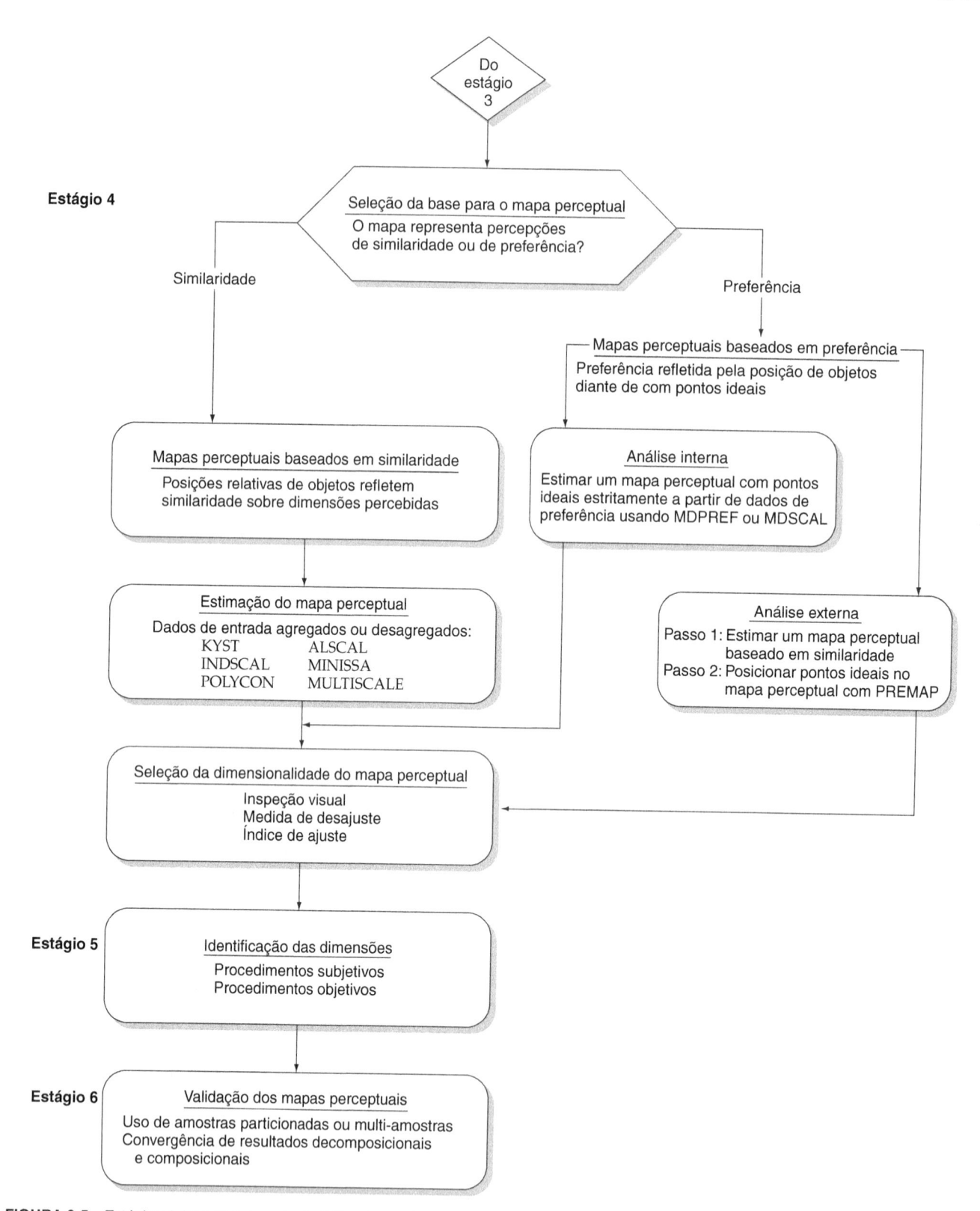

Análise interna
Estimar um mapa perceptual com pontos ideais estritamente a partir de dados de preferência usando MDPREF ou MDSCAL

Estimação do mapa perceptual
Dados de entrada agregados ou desagregados:
KYST   ALSCAL
INDSCAL   MINISSA
POLYCON   MULTISCALE

Análise externa
Passo 1: Estimar um mapa perceptual baseado em similaridade
Passo 2: Posicionar pontos ideais no mapa perceptual com PREMAP

Seleção da dimensionalidade do mapa perceptual
Inspeção visual
Medida de desajuste
Índice de ajuste

Estágio 5

Identificação das dimensões
Procedimentos subjetivos
Procedimentos objetivos

Estágio 6

Validação dos mapas perceptuais
Uso de amostras particionadas ou multi-amostras
Convergência de resultados decomposicionais e composicionais

FIGURA 9-5 Estágios 4-6 no diagrama de decisões do escalonamento multidimensional.

> *(Continuação)*
> visualizar o processo em uma situação simples de duas dimensões.
> 2. Coloque os 10 pontos (que representam os 10 produtos) aleatoriamente em um gráfico impresso (representando as duas dimensões) e então meça as distâncias entre cada par de pontos (45 distâncias).
> 3. Calcule a qualidade de ajuste da solução medindo a concordância de ordenação entre as distâncias euclidianas (comprimento de segmentos de reta) dos objetos colocados no gráfico e as 45 ordenações originais.
> 4. Se as distâncias em segmentos retos não concordam com as ordenações originais, mova os 10 pontos e tente novamente. Continue a mover os objetos até você conseguir um ajuste satisfatório entre as distâncias entre todos os objetos e as ordenações indicativas de similaridade.
> 5. Você pode então posicionar os 10 objetos em um espaço tridimensional e seguir o mesmo processo. Se o ajuste de distâncias reais com os postos de similaridade for melhor, então a solução tridimensional pode ser mais adequada.

Como o leitor pode perceber, o processo rapidamente se torna intratável quando o número de objetos e de dimensões aumenta. Computadores executam os cálculos e viabilizam uma solução mais precisa e detalhada. O programa calcula a melhor solução sobre qualquer número de dimensões, fornecendo assim uma base de comparação entre várias soluções.

O principal critério em todos os casos para encontrar a melhor representação dos dados é a preservação da relação ordenada entre os dados de postos originais e as distâncias obtidas entre pontos. Qualquer medida de ajuste (p.ex., desajuste) é simplesmente uma medida do quanto os postos baseados nas distâncias no mapa concordam (ou não) com as ordenações dadas pelos respondentes.

Prevenção contra soluções degeneradas

Ao avaliar um mapa perceptual, o pesquisador sempre deve estar ciente das **soluções degeneradas**. Soluções degeneradas são mapas perceptuais obtidos que não são representações precisas das respostas de similaridade. Quase sempre são provocadas por inconsistências nos dados ou por uma falta de habilidade do programa MDS em alcançar uma solução estável. Geralmente são caracterizadas por um padrão circular no qual todos os objetos são mostrados como igualmente semelhantes, ou por uma solução agrupada na qual os objetos são agregados em dois extremos de uma só dimensão. Em ambos os casos, o MDS é incapaz de diferenciar os objetos por algum motivo. O pesquisador deve então reexaminar o delineamento da pesquisa para ver onde as inconsistências ocorrem.

Seleção da dimensionalidade do mapa perceptual

Como visto na seção anterior, o MDS define o mapa perceptual ótimo em várias soluções de diversas dimensionalidades. Com estas soluções em mãos, o objetivo do próximo passo é a seleção de uma configuração espacial (mapa perceptual) em um número especificado de dimensões. A determinação de quantas dimensões estão realmente representadas nos dados geralmente é conseguida por meio de uma entre três abordagens: avaliação subjetiva, gráficos *scree* das medidas de desajuste, ou índice geral de ajuste.

Avaliação subjetiva

O mapa espacial é um bom ponto de partida para a avaliação. O número de mapas necessário à interpretação depende do número de dimensões. Um mapa é produzido para cada combinação de dimensões. Um objetivo do pesquisador deve ser o de obter o melhor ajuste com o menor número possível de dimensões. A interpretação de soluções obtidas em mais de três dimensões é extremamente difícil e geralmente não compensa a melhoria no ajuste. O pesquisador normalmente faz uma **avaliação subjetiva** dos mapas perceptuais e determina se a configuração parece razoável. Essa avaliação é importante porque, em um estágio posterior, as dimensões precisarão ser interpretadas e explicadas.

Medidas de desajuste

Uma segunda abordagem é usar uma **medida de desajuste**, a qual indica a proporção da variância das **disparidades** (diferenças em distâncias entre objetos no mapa perceptual e os julgamentos de semelhança dos respondentes) não explicadas pelo modelo MDS. Essa medida varia de acordo com o tipo de programa e os dados analisados. O desajuste de Kruskal [17] é a medida mais comumente usada para determinar uma adequação de ajuste do modelo. Ele é definido por:

$$\text{Desajuste} = \sqrt{\frac{\left(d_{ij} - \hat{d}_{ij}\right)^2}{\left(d_{ij} - \overline{d}_{ij}\right)^2}}$$

onde

$\bar{d}$ = distância média $\left(\sum d_{ij}/n\right)$ no mapa
$\hat{d}_{ij}$ = distância obtida do mapa perceptual
d_{ij} = distância original baseada em julgamentos de similaridade

O valor de desajuste se torna menor à medida que as $\hat{d}_{ij}$ estimadas se aproximam das d_{ij} originais. O desajuste é minimizado quando os objetos são colocados em uma configuração, de modo que as distâncias entre os objetos combinem melhor com as distâncias originais.

No entanto, um problema encontrado ao usar o desajuste é análogo ao de R^2 em regressão múltipla, no sentido de que o desajuste sempre melhora quando aumentam as dimensões. (Lembre-se que R^2 sempre aumenta com variáveis adicionais.) Assim, um equilíbrio deve ser feito entre o ajuste da solução e o número de dimensões. Como foi feito para a extração de fatores em análise fatorial, podemos representar graficamente o valor de desajuste versus o número de dimensões para determinar o melhor número de dimensões a ser utilizado na análise [18].

> Por exemplo, no gráfico *scree* na Figura 9-6, a quebra indica que há uma melhora substancial na qualidade de ajuste quando o número de dimensões aumenta de 1 para 2. Portanto, o melhor ajuste é conseguido com uma quantia relativamente pequena (2) de dimensões.

Índice de ajuste
Um índice de correlação quadrada às vezes é usado como **índice de ajuste**. Ele pode ser interpretado como indicativo da proporção de variância das disparidades explicada pelo procedimento MDS. Em outras palavras, é uma medida do quanto os dados originais se ajustam ao modelo MDS.

A medida R^2 em escalonamento multidimensional representa essencialmente a mesma medida de variância que ocorre com outras técnicas multivariadas. Logo, é possível usar critérios de medida semelhantes. Ou seja, medidas de 0,60 ou melhores que isso são consideradas aceitáveis. Naturalmente, quanto maior o R^2, melhor o ajuste.

Incorporação de preferências ao MDS
Até este ponto, nos concentramos em desenvolver mapas perceptuais baseados em julgamentos de similaridade. No entanto, mapas perceptuais também podem ser obtidos a partir de preferências. A meta é determinar a combinação preferida de características para um conjunto de estímulos que preveja preferência, dada uma configuração de objetos [8, 9]. Ao se fazer isso, cria-se um espaço conjunto que representa tanto os objetos (estímulos) quanto os sujeitos (pontos ideais). Uma suposição crítica é a homogeneidade de percepção ao longo dos indivíduos para o conjunto de objetos. Essa homogeneidade permite que todas as diferenças sejam atribuídas a preferências, e não a diferenças perceptuais.

Pontos ideais
O termo **ponto ideal** tem sido mal compreendido ou enganoso algumas vezes. Podemos considerar que se localizamos (no mapa perceptual obtido) o ponto que representa a combinação preferida de atributos percebidos, identificamos a posição de um objeto ideal. Igualmente, podemos considerar que a posição desse ponto ideal (relativa aos outros produtos no mapa perceptual derivado) define preferências relativas de forma que produtos mais distantes do ideal devem ser menos preferidos. Assim, um ponto ideal é posicionado de maneira que a distância do ideal transmita mudanças em preferência.

> Considere, por exemplo, a Figura 9-7. Quando os dados de preferência sobre os seis doces (A a F) foram obtidos de um respondente, o ponto ideal deles (indicado pelo ponto) foi posicionado de maneira que o aumento da distância do mesmo indicava preferência em declínio.
> (*Continua*)

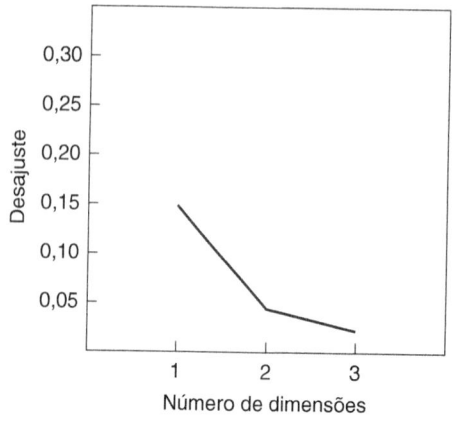

FIGURA 9-6 Uso de um gráfico *scree* para determinar a dimensionalidade adequada.

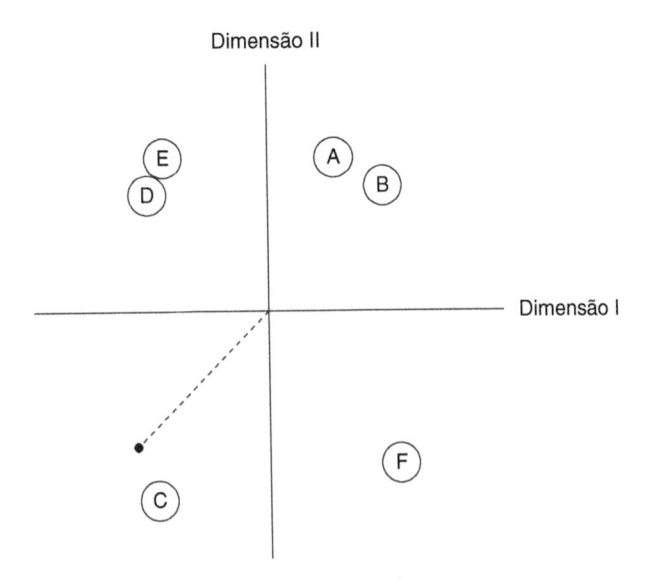

FIGURA 9-7 Ponto ideal de um respondente dentro do mapa perceptual.

(*Continuação*)
Com base neste mapa perceptual, a ordem de preferência desse respondente é C, F, D, E, A, B. Deduzir que o doce ideal está exatamente naquele ponto ou mesmo além dele (na direção mostrada pela linha tracejada a partir da origem) pode ser enganoso. O ponto ideal simplesmente define a relação de preferência ordenada (do mais preferido ao menos) no conjunto de seis doces para aquele respondente.

Apesar de os pontos ideais não poderem oferecer muita perspectiva individualmente, agrupamentos deles podem ser úteis para definir segmentos. Muitos respondentes com pontos ideais na mesma área geral representam segmentos de mercado potenciais de pessoas com preferências semelhantes, como indicado na Figura 9-8.

Determinação de pontos ideais

Duas abordagens geralmente funcionam para determinar pontos ideais: estimação explícita e implícita. A principal diferença entre as duas técnicas é o tipo de resposta avaliativa requisitada ao respondente. Discutimos cada abordagem nas seções a seguir.

Estimação explícita. A estimação explícita provém de respostas diretas de sujeitos, tipicamente pedindo-se ao

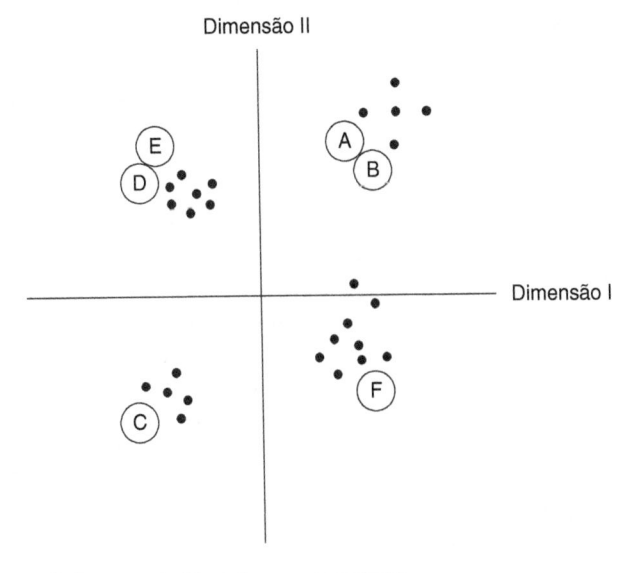

FIGURA 9-8 Incorporação de múltiplos pontos ideais no mapa perceptual.

sujeito que avalie um ideal hipotético sobre os mesmos atributos nos quais os outros estímulos são avaliados. Alternativamente, o respondente é solicitado a incluir, entre os estímulos usados para reunir dados de similaridade, um estímulo ideal hipotético (p.ex., marca, imagem).

Quando pedimos para respondentes conceituarem um ideal de algo, geralmente enfrentamos problemas. Freqüentemente o respondente conceitua o ideal nos extremos das avaliações explícitas usadas ou como similares ao produto preferido entre aqueles com os quais o respondente tem experiência. Além disso, o respondente deve pensar em termos não de similaridades, mas de preferências, o que costuma ser difícil com objetos relativamente desconhecidos. Muitas vezes, esses problemas perceptuais levam o pesquisador a usar a estimação implícita de ponto ideal.

Estimação implícita. Diversos procedimentos para posicionar pontos ideais implicitamente são descritos na próxima seção. A suposição básica inerente à maioria dos procedimentos é que as medidas obtidas de posições espaciais de pontos ideais são maximamente consistentes com as preferências de respondentes individuais. Srinivasan e Schocker [25] consideram que o ponto ideal para todos os pares de estímulos é determinado de forma a violar com o menor prejuízo possível a restrição de que o mesmo deve ser mais próximo do mais preferido de cada par do que do menos preferido.

Resumo. Em resumo, existem muitos modos de tratar a estimação de pontos ideais, e nenhum método em particular demonstrou ser o melhor em todos os casos. A escolha depende das habilidades do pesquisador e do procedimento MDS selecionado.

Posicionamento implícito do ponto ideal

O posicionamento implícito do ponto ideal a partir de dados de preferência pode ser conseguido por meio de uma análise interna ou externa.

- A análise interna de dados de preferência refere-se ao desenvolvimento de um mapa compartilhado por pontos (ou vetores) de estímulos e sujeitos somente a partir de dados de preferência.
- A análise externa de preferência usa uma configuração pré-especificada de objetos e então tenta colocar os pontos ideais dentro desse mapa perceptual.

Cada abordagem tem vantagens e desvantagens, que são discutidas nas próximas seções.

Análise interna. A análise interna deve considerar certas suposições para obter o mapa perceptual tanto de estímulos quanto de pontos ideais. As posições dos objetos são calculadas com base nos dados de preferência **revelados** para cada indivíduo. Os resultados refletem dimensões perceptuais que são **expandidas** e ponderadas para prever preferência. Uma característica dos métodos de estimação interna é que eles normalmente empregam uma representação vetorial do ponto ideal (ver a próxima seção para uma discussão sobre representações vetoriais versus pontuais), ao passo que modelos externos podem estimar tanto representações vetoriais quanto pontuais.

Como um exemplo dessa abordagem, MDPREF [5] ou MDSCAL [17], dois dos programas mais usados, permitem ao usuário encontrar configurações de estímulos e pontos ideais. Ao fazer isso, o pesquisador deve assumir o seguinte:

1. Nenhuma diferença entre respondentes
2. Configurações separadas para cada respondente
3. Uma única configuração com pontos ideais individuais.

Reunindo os dados de preferência, o pesquisador pode representar os estímulos e respondentes em um só mapa perceptual.

Análise externa. A análise externa de dados de preferência se refere ao ajuste de pontos ideais (baseados em dados de preferência) a espaço de estímulos desenvolvido a partir de dados de similaridades conseguidos com os mesmos sujeitos. Por exemplo, poderíamos escalonar dados de similaridade individualmente, examinar os mapas individuais em busca de percepções em comum, e então escalonar os dados de preferência para qualquer grupo identificado dessa forma. Se essa metodologia for seguida, o pesquisador deverá reunir dados de preferência e de similaridade para conseguir uma análise externa.

O PREFMAP [6] foi desenvolvido exclusivamente para executar a análise externa de dados de preferência. Como a matriz de similaridades define os objetos no mapa perceptual, o pesquisador agora pode definir descritores de atributos (assumindo que o espaço perceptual é o mesmo que as dimensões de avaliação) e pontos ideais para indivíduos. O PREFMAP fornece estimativas para vários tipos de pontos ideais, cada um baseado em diferentes suposições quanto à natureza de preferências (p.ex., representações vetoriais versus pontuais, ou pesos dimensionais iguais versus diferentes).

Escolha entre análise interna e externa. Geralmente aceita-se [9, 10, 23] que a análise externa é claramente preferível à análise interna. Essa conclusão se baseia nas dificuldades computacionais com procedimentos de análise interna e na confusão de diferenças em preferência com diferenças em percepção. Além disso, as saliências de dimensões percebidas podem se alterar quando mudamos de espaço perceptual (os estímulos são similares ou dissimilares?) para espaço avaliativo (qual estímulo é preferido?).

Ilustramos o procedimento de estimação externa em nosso exemplo de mapeamento perceptual com o MDS no final deste capítulo.

Representações vetoriais versus pontuais

A discussão sobre mapeamento perceptual de dados de preferência enfatizou um ponto ideal que retrata a relação de ordem de preferência de um indivíduo para um conjunto de estímulos. A seção anterior discutiu as questões relativas ao tipo dos dados e análise usada na estimação e posicionamento do ponto ideal. O restante da discussão se concentra na maneira em que os outros objetos no mapa perceptual se relacionam com o ponto ideal para refletir preferência. As duas abordagens (representação pontual versus vetorial) são discutidas a seguir.

Representação pontual. O método mais facilmente entendido de representação gráfica do ponto ideal é o uso da distância em linha reta (euclidiana) de ordem de preferência a partir do ponto ideal até todos os pontos que representam os objetos. Estamos considerando que a direção da distância a partir do ponto ideal não é algo crítico, mas apenas a distância relativa.

> Um exemplo é mostrado na Figura 9-9. Aqui, o ponto ideal, como está posicionado, indica que o objeto preferido é E, seguido por C, B, D e, finalmente, A. A ordem de preferência é diretamente relacionada à distância do ponto ideal.

Representação vetorial. O ponto ideal também pode ser exibido como um **vetor**. Para calcular as preferências nessa abordagem, retas perpendiculares (também conhecidas como **projeções**) são esboçadas a partir dos objetos até o vetor. A preferência aumenta na direção em que o vetor está apontando. As preferências podem ser lidas diretamente da ordem das projeções.

> A Figura 9-10 ilustra a abordagem vetorial para dois sujeitos com o mesmo conjunto de posições de estímulos. Para o sujeito 1, o vetor tem a direção de menor preferência, no canto esquerdo inferior, para maior preferência, no canto direito superior. Quando a projeção para cada objeto é feita, a ordem de preferência (de maior para menor) é A, B, C, E e D. No entanto, os mesmos objetos têm uma ordem de preferência muito diferente para o sujeito 2. Para o segundo sujeito, a ordem varia do mais preferido, E, para o menos preferido, C. Desse modo, um vetor em separado pode representar cada sujeito.

A abordagem vetorial não fornece um único ponto ideal, mas considera-se que o ponto ideal está a uma distância infinita exteriormente ao vetor.

Apesar de tanto as representações pontuais quanto vetoriais poderem indicar quais combinações de atributos são preferidas, essas observações geralmente não são confirmadas por experimentação complementar. Por exemplo, Raymond [22] cita um exemplo no qual a conclusão foi de que as pessoas iriam preferir bolachas com base em sua umidade e na quantia de chocolate. Quando os técnicos em alimentação aplicaram esse resultado no laboratório, descobriram que suas bolachas fabricadas com tais especificidades experimentais eram simplesmente leite com chocolate. Não se pode considerar sempre que as relações encontradas são independentes ou lineares, ou que elas continuam válidas com o passar do tempo, como já obser-

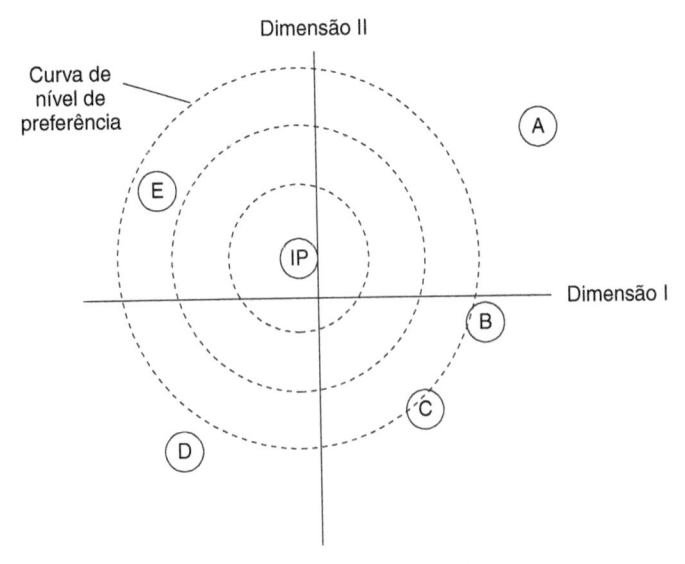

FIGURA 9-9 Representação pontual de um ponto ideal.

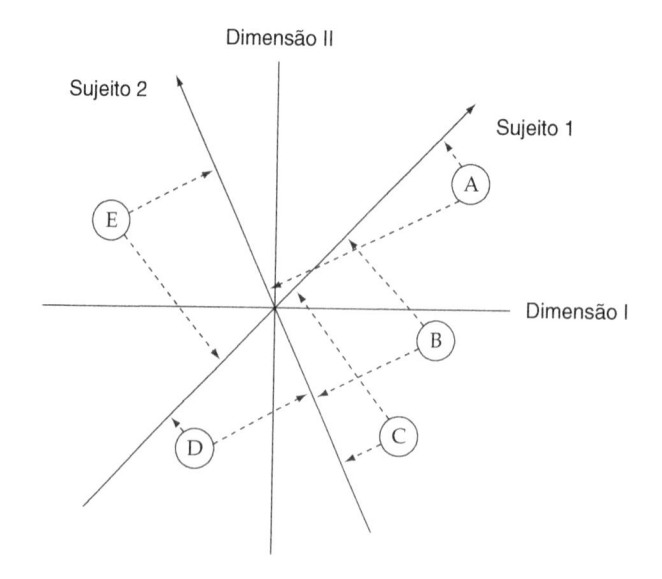

Ordem de preferência (da maior para a menor): Sujeito 1: A > B > C > E > D
Sujeito 2: E > A > D > B > C

FIGURA 9-10 Representações vetoriais de dois pontos ideais: sujeitos 1 e 2.

vamos. Contudo, o MDS é um começo para a compreensão de percepções e de escolha que irá se expandir consideravelmente conforme as aplicações ampliarem nosso conhecimento acerca de metodologia e percepção humana.

Resumo

Os dados de preferência são melhor examinados usando-se a análise externa como um meio para compreender melhor as diferenças perceptuais entre objetos baseadas em julgamentos de similaridades e as escolhas de preferência feitas dentro desse mapa perceptual de objetos. Dessa maneira, o pesquisador pode distinguir entre ambos os tipos de avaliações perceptuais e, mais precisamente, entender as percepções de indivíduos no verdadeiro espírito do escalonamento multidimensional.

ESTÁGIO 5: INTERPRETAÇÃO DOS RESULTADOS DO MDS

Uma vez que o mapa perceptual é obtido, as duas abordagens – composicional e decomposicional – novamente divergem na sua interpretação dos resultados. As diferenças de interpretação são sustentadas na quantia de informação diretamente fornecida na análise (p.ex., os atributos incorporados na análise composicional versus sua ausência na análise decomposicional) e a generalidade dos resultados para o real processo de tomada de decisões.

- Para *métodos composicionais*, o mapa perceptual pode ser diretamente interpretado com os atributos incorporados na análise. A solução, porém, deve ser validada contra outras medidas de percepção, pois as posições são totalmente definidas pelos atributos especificados pelo pesquisador. Por exemplo, os resultados de análise discriminante podem ser aplicados a um novo conjunto de objetos ou respondentes, avaliando a habilidade de diferenciar com essas novas observações.

- Para *métodos decomposicionais*, a questão mais importante é a descrição das dimensões perceptuais e sua correspondência a atributos. Avaliações de semelhança ou preferência são feitas sem preocupação com atributos, evitando-se assim uma questão de erro de especificação. O risco, porém, é que as dimensões perceptuais não sejam corretamente traduzidas, no sentido de que as dimensões usadas nas avaliações não são refletidas pelos atributos escolhidos para sua interpretação. Técnicas descritivas para rotular as dimensões, bem como integrar preferências (para objetos e atributos) com os julgamentos de similaridades, são discutidas adiante. Novamente, de acordo com seus objetivos, os métodos decomposicionais fornecem uma visão inicial de percepções a partir das quais perspectivas mais formalizadas podem emergir.

Como outros capítulos deste texto lidam com muitas das técnicas composicionais, o restante deste capítulo se concentra em métodos decomposicionais, principalmente nas técnicas utilizadas em escalonamento multidimensional. Uma exceção notável é a discussão de uma abordagem composicional – análise de correspondência – que, até certo ponto, preenche a lacuna entre as duas abordagens em sua flexibilidade e métodos de interpretação.

Identificação das dimensões

Como discutido no Capítulo 3, sobre a interpretação de fatores em análise fatorial, a identificação de dimensões inerentes geralmente é uma tarefa difícil. As técnicas de escalonamento multidimensional não têm procedimentos internos para rotular as dimensões. O pesquisador, após ter desenvolvido os mapas com uma dimensionalidade selecionada, pode adotar diversos procedimentos, sejam subjetivos ou objetivos.

Procedimentos subjetivos

A interpretação sempre deve incluir algum elemento de julgamento do pesquisador ou do respondente, e em muitos casos isso demonstra ser adequado às questões em mãos. Um método muito simples, mas efetivo, é a rotulação (por inspeção visual) das dimensões do mapa perceptual pelo respondente. Os respondentes podem ser solicitados a interpretar a dimensionalidade subjetivamente por inspeção dos mapas, ou um conjunto de especialistas pode avaliar e identificar as dimensões. Apesar de não haver tentativa de conectar quantitativamente as dimensões com atributos, essa abordagem pode ser a melhor possível se as dimensões são consideradas altamente intangíveis, ou afetivas ou emocionais em conteúdo, de forma que descritores adequados não possam ser delineados.

De maneira semelhante, o pesquisador pode descrever as dimensões em termos de características conhecidas (objetivas). Dessa maneira, a correspondência é feita entre dimensões objetivas e perceptuais diretamente, apesar de essas relações não serem um resultado de opinião do respondente, mas do julgamento do pesquisador.

Procedimentos objetivos

Como complemento dos procedimentos subjetivos, diversos métodos mais formalizados foram desenvolvidos. O método mais amplamente usado, PROFIT (PROperty FITting) [3], coleta avaliações de atributos para cada objeto e então encontra a melhor correspondência de cada atributo com o espaço perceptual obtido. O objetivo é identificar os atributos determinantes nos julgamentos de similaridade feitos por indivíduos. Medidas de ajuste são dadas para cada atributo, bem como sua correspondência com as dimensões. O pesquisador pode então determinar quais atributos melhor descrevem as posições perceptuais e são ilustrativos das dimensões. A necessidade de correspondência entre os atributos e as dimensões definidas diminui com o uso de resultados métricos, já que as dimensões podem ser rotacionadas livremente sem quaisquer mudanças de interpretação.

Escolha entre procedimentos subjetivos e objetivos

Tanto para procedimentos subjetivos quanto objetivos, o pesquisador deve lembrar que, apesar de uma dimensão poder representar um único atributo, ela geralmente não o faz. Um procedimento mais comum é coletar dados sobre vários atributos, associá-los subjetiva ou empiricamente às dimensões quando isso for aplicável, e determinar rótulos para cada dimensão usando múltiplos atributos, semelhante à análise fatorial. Muitos pesquisadores sugerem que o uso de dados de atributos para ajudar a nomear as dimensões é a melhor alternativa. O problema, porém, é que o pesquisador pode não incluir todos os atributos importantes no estudo. Logo, ele nunca pode estar totalmente seguro de que os rótulos representam todos os atributos relevantes.

Os procedimentos subjetivos e objetivos ilustram a dificuldade de rotular os eixos. Essa tarefa é essencial, já que os rótulos dimensionais são exigidos para posterior interpretação e uso dos resultados. O pesquisador deve selecionar o tipo de procedimento que melhor se ajuste aos objetivos da pesquisa e à informação disponível. Assim, ele deve planejar a derivação dos rótulos dimensionais, bem como a estimação do mapa perceptual.

ESTÁGIO 6: VALIDAÇÃO DOS RESULTADOS DO MDS

A validação em MDS é tão importante quanto em outra técnica multivariada. Devido à natureza altamente inferencial do MDS, esse esforço deve ser direcionado à garantia de generalidade dos resultados entre objetos e para a população. Como se vê na próxima discussão, o MDS apresenta questões particularmente problemáticas na validação, tanto de um ponto de vista substancial quanto metodológico.

Questões da validação

Qualquer solução MDS deve lidar com duas questões específicas que complicam os esforços para validação dos resultados:

- O único resultado de MDS que pode ser usado para fins comparativos envolve as posições relativas dos objetos. Logo, apesar de as posições poderem ser comparadas, as dimensões inerentes não têm qualquer base para comparação. Se as posições variam, o pesquisador não pode determinar se os objetos são vistos diferentemente, se as dimensões perceptuais variam, ou se ambos acontecem.
- Métodos sistemáticos de comparação não foram desenvolvidos e integrados nos programas estatísticos. O pesquisador deve improvisar com procedimentos que abordem questões gerais mas que não sejam específicos para resultados MDS.

Como resultado, pesquisadores devem insistir em seus esforços de validação, para manter comparabilidade entre soluções enquanto se provê uma base empírica para comparação.

Abordagens para validação

Qualquer abordagem de validação tenta avaliar generalidade (p.ex., similaridade em diferentes amostras), enquanto mantém comparabilidade. Os problemas discutidos na seção anterior, porém, tornam essas exigências difíceis para qualquer solução MDS. Diversas técnicas de validação que atendem cada exigência em algum grau são discutidas a seguir.

Análise de amostras particionadas

A abordagem de validação mais direta é uma comparação entre amostras particionadas ou multi-amostras, na qual a amostra original é dividida ou uma nova amostra é coletada. Em qualquer caso, o pesquisador deve então encontrar um meio para comparar os resultados. Muitas vezes, a comparação entre resultados é feita visualmente ou com uma simples correlação de coordenadas. Alguns programas de comparação estão disponíveis, como FMATCH [24], mas o pesquisador ainda deve determinar quantas das disparidades decorrem das diferenças em percepções de objetos, em dimensões ou ambas.

Comparação de soluções decomposicionais versus composicionais

Um outro método é obter uma convergência de resultados MDS pela aplicação de técnicas composicionais e decomposicionais na mesma amostra. Os métodos decomposicionais poderiam ser aplicados em primeiro lugar, juntamente com a interpretação das dimensões para identificar atributos-chave. Então, um ou mais métodos composicionais, particularmente a análise de correspondência, poderiam ser aplicados para confirmar os resultados. O pesquisador deve perceber que isso não é uma verdadeira validação dos resultados em termos de generalidade, mas confirma a interpretação da dimensão. Deste ponto de vista, esforços de validação com outras amostras e outros objetos poderiam ser empreendidos para demonstrar a generalidade para outras amostras.

Resumo

A falta de métodos internos para comparação direta entre soluções, juntamente com a difícil tarefa de se comparar soluções perceptuais, resulta em vários métodos *ad hoc* para validação, sendo que nenhum deles é completamente satisfatório. Pesquisadores são encorajados a aplicarem ambas as técnicas de validação sempre que possível, para obterem o máximo de suporte para a generalidade de qualquer solução MDS.

> **REGRAS PRÁTICAS 9-3**
>
> **Obtenção e validação de uma solução MDS**
>
> - Medidas de desajuste (valores menores são melhores) representam um ajuste de solução MDS
> - Pesquisadores podem identificar uma solução MDS degenerada que é geralmente problemática procurando por:
>   - Um padrão circular de objetos que sugere que todos eles são igualmente semelhantes, ou
>   - Uma solução multiagregada na qual objetos são reunidos em dois extremos de um único contínuo
> - O número apropriado de dimensões para um mapa perceptual é baseado em:
>   - Um julgamento subjetivo se a solução com uma dada dimensionalidade é razoável
>   - Uso de um gráfico *scree* para identificar onde acontece uma substancial melhora de ajuste
>   - Uso de R^2 como um índice de ajuste; medidas de 0,6 ou mais são consideradas aceitáveis
> - Análise externa, como a executada por PREFMAP, é considerada preferível na geração de pontos ideais, em comparação com análise interna
> - O método de validação mais direto é uma abordagem via amostras particionadas
>   - Múltiplas soluções são geradas particionando a amostra original ou coletando novos dados
>   - Validade é indicada quando as múltiplas soluções conferem

VISÃO GERAL DO ESCALONAMENTO MULTIDIMENSIONAL

Escalonamento multidimensional representa um método distinto para a análise multivariada quando comparado com outros métodos neste texto. Enquanto outras técnicas estão focadas na especificação precisa de atributos abrangendo variáveis independentes e/ou dependentes, o escalonamento multidimensional segue um tratamento totalmente diferente. Ele reúne apenas medidas globais ou holísticas de similaridade ou preferência e, em seguida, infere empiricamente as dimensões (caráter e número) que refletem a melhor explicação das respostas de um indivíduo, seja em separado ou coletivamente. Nesta técnica, a variável estatística usada em muitos outros métodos se transforma nas dimensões perceptuais inferidas a partir da análise. Como tal, o pesquisador não tem que se preocupar com questões como erro de especificação, multicolinearidade ou características estatísticas das variáveis. O desafio para o pesquisador, porém, é a interpretação da variável estatística; sem uma interpretação válida, os objetivos principais de MDS ficam comprometidos.

A aplicação de MDS é adequada quando o objetivo é mais orientado para a compreensão das preferências ou percepções gerais, em vez de perspectivas detalhadas que envolvam atributos individuais. No entanto, uma técnica combina a especificidade da análise de atributos dentro de soluções do tipo MDS. Tal método, análise de correspondência, é discutido na seção a seguir, onde as semelhanças e diferenças em relação a técnicas tradicionais de MDS são destacadas.

ANÁLISE DE CORRESPONDÊNCIA

Até este ponto, discutimos as abordagens decomposicionais tradicionais para MDS; mas e quanto às técnicas composicionais? No passado, as abordagens composicionais basearam-se em técnicas multivariadas tradicionais, como as análises discriminante e fatorial. Mas desenvolvimentos recentes combinam aspectos de ambos os métodos e o MDS para formar novas e poderosas ferramentas para mapeamento perceptual.

Características diferenciadas

Análise de correspondência (CA) é uma técnica de interdependência que tem se tornado cada vez mais popular para redução dimensional e mapeamento perceptual [1, 2, 11, 13, 19]. Também é conhecida como escalonamento ou escore ótimo, média recíproca ou análise de homogeneidade. Quando comparada com as técnicas MDS descritas na parte anterior deste capítulo, a análise de correspondência apresenta três características que a distinguem:

1. É uma técnica composicional, e não decomposicional, porque o mapa perceptual é baseado na associação entre objetos e um conjunto de características descritivas ou atributos especificados pelo pesquisador.
2. Sua aplicação mais direta é na retratação da correspondência de categorias de variáveis, particularmente aquelas medidas em escalas nominais. Tal correspondência é, desse modo, a base para o desenvolvimento de mapas perceptuais.
3. Os únicos benefícios de CA residem em sua habilidade para representar linhas e colunas, por exemplo, marcas e atributos, em um espaço conjunto.

Diferenças de outras técnicas multivariadas

Entre as técnicas composicionais, a análise fatorial é a mais semelhante pela definição de dimensões compostas (fatores) das variáveis (p.ex., atributos) e pela representação gráfica de objetos (p. ex., produtos) em seus escores sobre cada dimensão. Na análise discriminante, produtos podem ser distinguidos por seus perfis em um conjunto de variáveis e graficamente representados em um espaço dimensional. A análise de correspondência se estende além dessas duas técnicas composicionais:

- CA pode ser usada com dados nominais (p.ex., contagens de freqüência de preferência para objetos em um conjunto de atributos) em vez de avaliações métricas de cada objeto sobre cada objeto*. Tal capacidade permite que CA seja usada em muitas situações nas quais as técnicas multivariadas mais tradicionais são inadequadas.

---
* N. de R. T.: A frase correta seria "de cada objeto sobre cada atributo".

- CA cria mapas perceptuais em um único passo, onde variáveis e objetos são simultaneamente representados no mapa perceptual com base diretamente na associação de variáveis e objetos. As relações entre objetos e variáveis são a meta explícita da CA.

Primeiro examinamos um exemplo simples da CA para ter uma noção de seus princípios básicos. Em seguida, discutimos cada um dos seis estágios do processo de tomada de decisões introduzido no Capítulo 1. A ênfase está nos elementos únicos da CA quando comparada com os métodos decomposicionais de MDS discutidos anteriormente.

Um exemplo simples de CA

Examinemos uma situação simples como uma introdução à CA. Em sua forma mais básica, a CA examina as relações entre categorias de dados nominais em uma **tabela de contingência**, a tabulação cruzada de duas variáveis categóricas (não-métricas). Talvez a forma mais comum de tabela de contingência seja a tabulação cruzada de objetos e atributos (p. ex., os atributos mais distintos para cada produto ou vendas por categoria demográfica). A CA pode ser aplicada a qualquer tabela de contingência e retratar um mapa perceptual relacionando as categorias de cada variável não-métrica em um único mapa.

> Usemos um exemplo simples de vendas de produtos ao longo de uma única variável demográfica (idade). Os dados em tabulação cruzada (ver Tabela 9-2) retratam as vendas para os produtos A, B e C distribuídas em três categorias de idade (jovens adultos, que estão entre 18 e 35 anos; meia-idade, entre 36 e 55 anos; e idosos, a partir de 56).

Utilização de dados de tabulação cruzada

O que podemos aprender a partir dos dados de tabulação cruzada? Primeiro, podemos olhar os totais das colunas e linhas para identificar a ordenação das categorias (de maiores para menores). Mas mais importante, podemos ver os tamanhos relativos de cada célula da tabela de contingência refletindo a quantia de cada variável para cada objeto. A comparação de células pode identificar padrões que refletem associações entre certos objetos e atributos.

TABELA 9-2 Dados de tabulação cruzada detalhando vendas de produtos por categoria etária

Categoria etária	Vendas			
	A	B	C	Total
Jovens adultos (18-35 anos)	20	20	20	60
Meia-idade (36-55 anos)	40	10	40	90
Indivíduos idosos (56 anos ou mais)	20	10	40	70
Total	80	40	100	220

> Vendo a Tabela 9-2, percebemos que as vendas variam bastante com os produtos (o produto C tem as mais altas vendas totais, e o produto B, as mais baixas) e com os grupos etários (meia-idade compra mais unidades, e jovens adultos compram menos). Mas queremos identificar algum padrão para as vendas, de modo que possamos estabelecer que os jovens compram mais do produto X ou os idosos compram mais do produto Z.

Para identificarmos padrões distintos, precisamos de mais dois elementos que ajudem a refletir a distinção de cada célula (freqüência) relativa a outras células.

Padronização de contagens de freqüência. O primeiro é uma medida padronizada das contagens de células que considera simultaneamente as diferenças em totais de linhas e colunas. Podemos diretamente comparar as células quando todos os totais de linhas e colunas são iguais, o que raramente é o caso. Em vez disso, os totais de linhas e colunas são geralmente desiguais. Neste caso, precisamos de uma medida que compare o valor de cada célula com um valor esperado que reflita os totais específicos de linha e coluna daquela célula.

> Em nosso exemplo de vendas, esperamos que cada grupo etário do produto C tenha os maiores totais se todas as demais coisas forem iguais, pois o produto C tem as maiores vendas gerais. Analogamente, como os dados incluem mais adultos de meia-idade do que de qualquer outra categoria, esperamos assim que a célula para vendas do produto C entre adultos de meia idade seja a maior. Ainda que o valor de 40 seja o maior, diversas outras células também apresentam o mesmo valor. Tais valores significam que aquela célula é tão alta quanto o esperado, e se não, qual entre as demais células é realmente a maior? Assim, precisamos de uma medida que mostre o quão acima ou abaixo uma célula específica está quando comparada com algumas medidas esperadas de vendas.

Representação de cada célula. Mesmo com uma medida padronizada, ainda precisamos de um método para retratar cada célula em um mapa perceptual. Aqui, células com valores padronizados maiores que o esperado devem fazer com que combinações de objetos/variáveis fiquem localizadas mais próximas, ao passo que valores padronizados muito menores que o esperado podem fazer com que tais combinações fiquem mais separadas. A tarefa é desenvolver um mapa perceptual que melhor retrate todas as associações representadas pelas células da tabela de contingência.

> Em nosso exemplo de produto, examinemos as três células com valores de 40. Como descrevemos, a célula de Meia-idade/Produto C deve ter um valor alto por ser uma combinação das maiores categorias de linha e coluna. Mas e quanto às vendas de 40 unidades da categoria do Produto A na categoria Meia-idade? O Produto A tem vendas gerais menores que o Produto C, e assim esse resultado provavelmente mostra uma associação de algum modo maior entre essas duas categorias. Então temos as vendas de 40 unidades entre indivíduos idosos e o Produto C. Aqui, podemos dizer que esta célula tem associação maior do que nossa primeira célula (Produto C/Meia-idade), pois ambas são para o Produto C. Como esses resultados se comparam com vendas do Produto A no grupo de Meia-idade? Não importa quais sejam os valores padronizados, queremos ter as categorias de Indivíduos Idosos/Produto C e Meia-idade/Produto A representadas mais proximamente entre si em um mapa perceptual do que Meia-idade/Produto C.
>
> Em uma representação gráfica, grupos etários estariam localizados mais próximos a produtos com os quais são altamente associados e mais afastados daqueles com menores associações. Analogamente, queremos ser capazes de ver qualquer produto e perceber suas associações com vários grupos etários.

Para este fim, discutimos nas próximas seções como CA calcula uma medida padronizada de associação com base nas contagens de células da contingência, e então o processo pelo qual essas associações são convertidas em um mapa perceptual.

Cálculo de uma medida de associação ou similaridade

A análise de correspondência usa um dos conceitos estatísticos mais básicos, o qui-quadrado, para padronizar os valores de freqüência da tabela de contingência e formar a base para associação ou similaridade. Qui-quadrado é uma medida padronizada de freqüências reais de células comparadas com freqüências esperadas de células. Em nossos dados tabulados, cada célula contém os valores para uma combinação específica de linha/coluna. O procedimento qui-quadrado prossegue então em quatro passos para calcular um valor qui-quadrado para cada célula e então transformá-lo em uma medida de associação:

Passo 1: Cálculo das vendas esperadas. O primeiro passo é calcular o valor esperado para uma célula como se não existisse qualquer associação. As vendas esperadas são definidas como a probabilidade conjunta da combinação da coluna com a linha. Isso é calculado como a probabilidade marginal para a coluna (total da coluna / total geral) vezes a probabilidade marginal para a linha (total da linha / total geral). Esse valor é então multiplicado pelo total geral. Para qualquer célula, o valor esperado pode ser simplificado pela seguinte equação:

$$\text{Contagem esperada da célula} = \frac{\text{Total da coluna da célula} \times \text{Total da linha da célula}}{\text{Total geral}}$$

Este cálculo representa a freqüência esperada da célula dadas as proporções para os totais de linha e coluna.

As freqüências esperadas fornecem uma base para comparação com as freqüências reais e viabilizam o cálculo de uma medida padronizada de associação usada na construção do mapa perceptual.

Em nosso exemplo simples, as vendas esperadas para os Jovens adultos que compram o Produto A são de 21,82 unidades, como mostrado no seguinte cálculo:

$$\text{Vendas esperadas}_{\text{Jovens adultos, Produto A}} = \frac{60 \times 80}{220} = 21,82$$

Esse cálculo é feito para cada célula, com os resultados exibidos na Tabela 9-3.

Passo 2: Diferença entre freqüências de células esperadas e reais. O próximo passo é calcular a diferença entre as freqüências esperadas e as reais da seguinte maneira:

Diferença = Freqüência esperada − Freqüência real.

A magnitude de diferença denota a força de associação e o sinal (positivo para associação menor que o esperado, e negativo para uma associação maior que o

TABELA 9-3 Cálculo de valores qui-quadrado de similaridade para dados de tabulação cruzada

Categoria etária	Vendas de produto			
	A	B	C	Total
Jovens				
Vendas	20	20	20	60
Percentual da coluna	25%	50%	20%	27%
Percentual da linha	33%	33%	33%	100%
Vendas esperadas[a]	21,82	10,91	27,27	60
Diferença[b]	1,82	−9,09	7,27	−
Valor qui-quadrado[c]	0,15	7,58	1,94	9,67
Meia-idade				
Vendas	40	10	40	90
Percentual da coluna	50%	25%	40%	41%
Percentual da linha	44%	11%	44%	100%
Vendas esperadas	32,73	16,36	40,91	90
Diferença	−7,27	6,36	0,91	−
Valor qui-quadrado	1,62	2,47	0,02	4,11
Idosos				
Vendas	20	10	40	70
Percentual da coluna	25%	25%	40%	32%
Percentual da linha	29%	14%	57%	100%
Vendas esperadas	25,45	12,73	31,82	70
Diferença	5,45	2,73	−8,18	−
Valor qui-quadrado	1,17	0,58	2,10	3,85
Total				
Vendas	80	40	100	220
Percentual da coluna	100%	100%	100%	100%
Percentual da linha	36%	18%	46%	100%
Vendas esperadas	80	40	100	220
Diferença	−	−	−	−
Valor qui-quadrado	2,94	10,63	4,06	17,63

[a] Vendas esperadas = (Total da linha × Total da coluna)/Total geral
Exemplo: Célula$_{\text{Jovens adultos, Produto A}}$ = (60 × 80) / 220 = 21,82

[b] Diferença = Vendas esperadas − Vendas reais
Exemplo: Célula$_{\text{Jovens adultos, Produto A}}$ = 21,82 − 20,00 = 1,82

[c] Valor qui-quadrado = $\dfrac{\text{Diferença}^2}{\text{Vendas esperadas}}$

Exemplo: Célula$_{\text{Jovens adultos, Produto A}}$ = $1,82^2$ / 21,82 = 0,15 esperado) representado neste valor. É importante observar que o sinal, na verdade, é invertido quanto ao tipo de associação – um sinal negativo significa uma associação positiva (freqüências reais excederam as esperadas) e vice-versa.

> Novamente, em nosso exemplo da célula para Jovens que compram o Produto A, a diferença é 1,82 (21,82 – 20,00). A diferença positiva indica que as vendas reais são menores do que o esperado para esta combinação de grupo etário com produto, o que significa menos vendas do que o esperado (uma associação negativa). Células nas quais acontecem diferenças negativas indicam associações positivas (a célula realmente comprou mais do que o esperado). As diferenças para cada célula também são exibidas na Tabela 9-3.

Passo 3: Cálculo do valor qui-quadrado. O próximo passo é padronizar as diferenças ao longo das células de forma que comparações possam ser facilmente realizadas. A padronização é exigida porque seria muito mais fácil as diferenças ocorrerem se a freqüência da célula fosse muito alta comparada com uma célula com apenas poucas vendas. Portanto, padronizamos as diferenças para formar um **valor qui-quadrado** dividindo cada diferença ao quadrado pelo valor de vendas esperado. Assim, o valor qui-quadrado para uma célula é calculado como:

$$\frac{\text{Valor qui-quadrado}}{(\chi^2)\text{ de uma célula}} = \frac{\text{Diferença}^2}{\text{Frequência esperada da célula}}$$

> Para a célula de nosso exemplo, o valor qui-quadrado seria:
>
> $$\text{Valor qui-quadrado }(\chi^2)_{\text{Jovens adultos, Produto A}} = \frac{(1,82)^2}{21,82} = 0,15$$
>
> Os valores calculados para as outras células também são mostrados na Tabela 9-3.

Passo 4: Criação de uma medida de associação. O passo final é converter o valor do qui-quadrado para uma medida de similaridade. O qui-quadrado denota o grau ou quantia de similaridade ou associação, mas o processo de calcular o qui-quadrado (elevando a diferença ao quadrado) remove a direção da similaridade. Para restaurar tal direção, usamos o sinal da diferença original. Para tornar a medida de similaridade mais intuitiva (ou seja, valores positivos são associação maior e valores negativos são associação menor) também invertemos o sinal da diferença original. O resultado é uma medida que atua simplesmente como as medidas de similaridade usadas em exemplos anteriores. Valores negativos indicam menor associação (similaridade) e valores positivos apontam para maior associação.

> Em nosso exemplo, o valor qui-quadrado para Jovens adultos que compram o Produto A de 0,15 seria declarado como um valor de similaridade de –0,15, pois a diferença (1,82) foi positiva. Este sinal negativo é necessário porque o cálculo de qui-quadrado eleva as diferenças ao quadrado, o que elimina sinais negativos. Os valores qui-quadrado para cada célula são também exibidos na Tabela 9-3.
>
> As células com grandes valores positivos de similaridade (indicativos de uma associação positiva) são Jovens adultos/Produto B (17,58)*, Meia-idade/Produto A (11,62)** e Idosos/Produto C (12,10)***. Cada um desses pares de categorias deve estar próximo um do outro em um mapa perceptual. Células com grandes valores negativos de similaridade (o que significa que as vendas esperadas superaram as vendas reais, ou seja, uma associação negativa) foram Jovens adultos/Produto C (–1,94), Meia-idade/Produto B (–2,47) e Idosos/Produto A (–1,17). Se possível, essas categorias devem estar bem distantes no mapa.

Criação do mapa perceptual

Os valores de similaridades (qui-quadrados com sinal) fornecem uma medida padronizada de associação, muito parecida com os julgamentos de similaridades usados anteriormente nos métodos MDS. Com essas medidas de associação/similaridade, a CA cria um mapa perceptual usando a medida padronizada para estimar dimensões ortogonais sobre as quais as categorias podem ser colocadas para explicar melhor a intensidade de associação representada pelas distâncias qui-quadrado.

Como fizemos no exemplo do MDS, consideramos primeiro uma solução unidimensional, e então expandimos para duas dimensões e continuamos até que alcancemos o número máximo de dimensões. O máximo é um a menos do que o menor dentre os números de linhas ou colunas.

> Em nosso exemplo, podemos ter apenas duas dimensões (menor dos números de linhas ou colunas menos um, ou 3 – 1 = 2). O mapa perceptual bidimensional é mostrado na Figura 9-11. Correspondendo ao nosso exame das medidas de similaridade, o grupo etário de Jovens Adultos está mais próximo do Produto B, a Meia-idade está mais próxima do Produto A, e os Idosos estão mais próximos do Produto C. De modo semelhante, as associações negativas também estão representadas nas posições de produtos e grupos etários. O pesquisador pode examinar o mapa perceptual para entender as preferências por produtos entre grupos etários com base em seus padrões de vendas. Entretanto, assim como em MDS, não sabemos por que os padrões de vendas existem, porém apenas como identificá-los.

---

* N. de R. T.: O número correto é 7,58.
** N. de R. T.: O número correto é 1,62.
*** N. de R. T.: O número correto é 2,10.

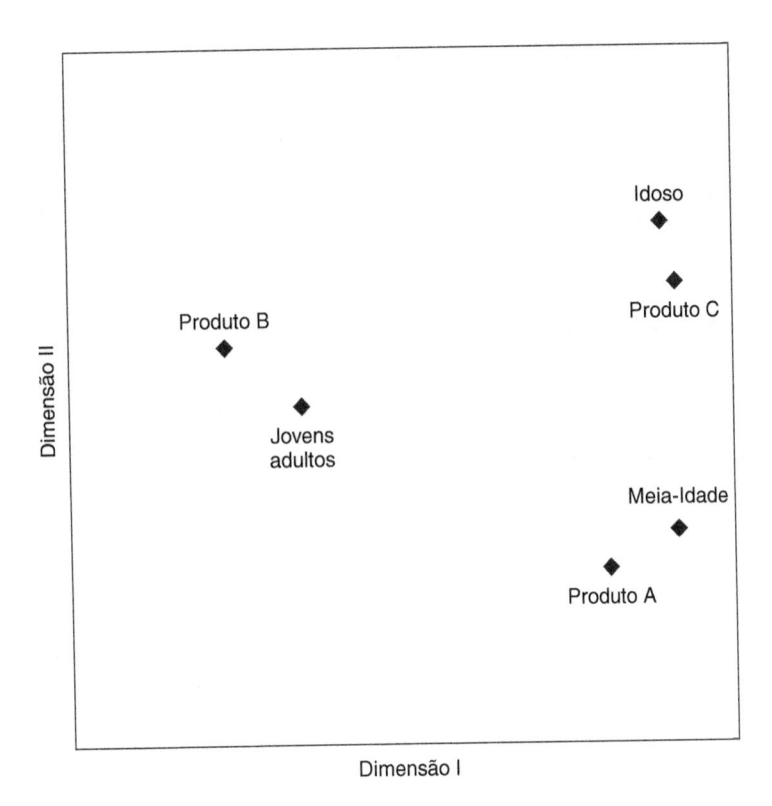

FIGURA 9-11 Mapa perceptual da análise de correspondência.

Resumo

Análise de correspondência é um método híbrido de escalonamento multidimensional no sentido de que utiliza dados não-métricos cruzados para criar mapas perceptuais que podem posicionar as categorias de todas as variáveis em um único mapa. Fazendo isso, ela estende a análise MDS para todo um domínio de questões de pesquisa previamente não tratáveis pelos métodos MDS tradicionais.

Uma estrutura de decisão para análise de correspondência

A análise de correspondência e as questões associadas com uma análise bem sucedida podem ser vistas po meio do processo de construção de modelo introduzido no Capítulo 1. Nas seções a seguir, examinamos as questões únicas associadas com análise de correspondência em comparação com métodos MDS ao longo de seis estágios do processo decisório.

Estágio 1: Objetivos da CA

Os pesquisadores são constantemente confrontados com a necessidade de quantificar os dados qualitativos encontrados em variáveis nominais. A CA difere de outras técnicas MDS em sua habilidade de acomodar tanto dados não-métricos quanto relações não-lineares. Ela faz redução dimensional semelhante a escalonamento multidimensional e um tipo de mapeamento perceptual no qual as categorias são representadas no espaço multidimensional. A proximidade indica o nível de associação entre as categorias linha ou coluna. A CA pode satisfazer qualquer um dos dois objetivos básicos:

1. *Associação entre somente categorias de linha ou de coluna.* A CA pode ser usada para examinar a associação entre as categorias de apenas uma linha ou coluna. Um uso comum é o exame das categorias de uma escala, como a escala Likert (cinco categorias que variam de "concordo plenamente" a "discordo plenamente") ou outras escalas qualitativas (p.ex., excelente, bom, regular, ruim). As categorias podem ser comparadas para ver se duas podem ser combinadas (isto é, elas estão muito próximas no mapa) ou se fornecem discriminação (ou seja, estão localizadas separadamente no espaço perceptual).

2. *Associação entre categorias de linha e coluna.* Nesta aplicação, o interesse repousa na representação da associação entre categorias das linhas e colunas, como nosso exemplo de vendas de produto por faixa etária. Esse uso é mais semelhante ao exemplo anterior de MDS e tem impelido a CA a um uso mais amplo em diversas áreas de pesquisa.

O pesquisador deve determinar os objetivos específicos da análise, porque certas decisões são baseadas em qual tipo de objetivo é escolhido. A CA fornece uma representação multivariada de interdependência para dados não-métricos que não é possível com outros métodos. Com uma técnica composicional, o pesquisador deve garantir que todas as variáveis relevantes adequadas à questão de pesquisa tenham sido incluídas. Isso está em contraste com os procedimentos decomposicionais MDS descritos anteriormente, os quais exigem apenas a medida geral de similaridade.

Estágio 2: Projeto de pesquisa de CA

A análise de correspondência exige apenas uma matriz retangular* de dados (tabulação cruzada) de entradas não-negativas. O tipo mais comum de matriz de entrada é uma tabela de contingência com categorias específicas definindo as linhas e colunas. Ao se criar a tabela, surgem diversas questões, relativas à natureza das variáveis e categorias compreendendo linhas e colunas:

1. As linhas e colunas não têm significados pré-definidos (ou seja, os atributos não têm que ser sempre linhas e assim por diante), mas, em vez disso, representam as respostas a uma ou mais variáveis categóricas. As categorias nas linhas e colunas, porém, devem ter um significado específico para fins de interpretação.
2. As categorias para uma linha ou coluna não precisam ser uma só variável, mas podem representar qualquer conjunto de relações. Um primeiro exemplo é o método "escolha qualquer um" [14, 15], no qual é dado aos respondentes um conjunto de objetos e características. Os respondentes então indicam quais objetos, se houver algum, são descritos pelas características. O respondente pode escolher qualquer número de objetos para cada característica, e a tabela de tabulação cruzada é o número total de vezes em que cada objeto foi descrito por cada característica.
3. A tabulação cruzada pode ocorrer para mais de duas variáveis em uma forma matricial multivariada. Em tais casos, a **análise de correspondência múltipla** é empregada. Em um procedimento muito semelhante à análise bivariada, as variáveis adicionais são ajustadas de forma que todas as categorias são colocadas no mesmo espaço multidimensional.

A natureza generalizada dos tipos de relações que podem ser retratadas na tabela de contingência torna a CA uma técnica amplamente aplicável. Seu uso crescente nos últimos anos é um resultado direto do contínuo desenvolvimento de abordagens que usam este formato para analisar novos tipos de relações.

Estágio 3: Suposições em CA

A análise de correspondência compartilha com as técnicas mais tradicionais de MDS uma relativa liberdade de pressupostos. O uso de dados estritamente não-métricos em sua forma mais simples (dados tabulados cruzados) representa as relações lineares e não-lineares igualmente bem. A falta de suposições, porém, não deve fazer com que o pesquisador negligencie os esforços para garantir a comparabilidade de objetos e, como essa é uma técnica composicional, a completude dos atributos usados.

---

* N. de R. T.: Seria mais adequada a expressão "de dupla entrada", tendo em vista que tal matriz pode também ser quadrada, quando linhas e colunas apresentam o mesmo número de categorias.

Estágio 4: Determinação dos resultados da CA e avaliação do ajuste geral

Com uma tabela de dados cruzados, as freqüências para qualquer combinação de categorias de linhas-colunas são relacionadas com outras combinações com base nas freqüências marginais. Como descrito em nosso exemplo anterior, a análise de correspondência usa essa relação básica em três passos para criar um mapa perceptual:

1. Calcula uma expectativa condicional (a freqüência esperada de célula) que representa a similaridade ou associação entre categorias de linha e coluna.
2. Uma vez obtidas, computam-se as diferenças entre as freqüências reais e esperadas e converte-se as mesmas a uma medida padronizada (qui-quadrado). Usando-se esses resultados como uma métrica de distâncias, torna-se os mesmos comparáveis com as matrizes de entrada usadas nas abordagens MDS já discutidas.
3. Através de um processo muito parecido com o escalonamento multidimensional, cria-se uma série de soluções dimensionais (unidimensional, bidimensional etc.) sempre que possível. As dimensões relacionam simultaneamente as linhas e colunas em um único gráfico conjunto. O resultado é uma representação de categorias de linhas e/ou colunas (p.ex., marcas e atributos) no mesmo gráfico.

Determinação do impacto de células individuais

Deve ser observado que os dois termos específicos, desenvolvidos em análise de correspondência, descrevem as propriedades dos valores de freqüência e sua contribuição relativa à análise.

- O primeiro termo é **massa**, que é primeiramente definido para qualquer entrada individual na tabulação cruzada como o percentual do total representado por aquela entrada. É calculado como o valor de qualquer entrada dividido por N (o total para a tabela, que é a soma das linhas ou colunas). Assim, a soma de todas as entradas da tabela (células) é igual a 1,0. Também podemos calcular a massa de qualquer categoria de linha ou coluna, somando ao longo de todas as entradas. Tal resultado representa a contribuição de qualquer categoria de linha ou coluna para a massa total.
- A segunda medida é **inércia**, que é definida como o qui-quadrado total dividido por N (o total das contagens de freqüência). Deste modo temos uma medida relativa de qui-quadrado que pode ser relacionada com qualquer contagem de freqüência.

Com essas semelhanças com MDS surge um conjunto parecido de problemas, centrados em duas questões fundamentais na avaliação de ajuste geral: avaliação da importância relativa das dimensões, e então a identificação do número apropriado de dimensões. Cada um desses aspectos é discutido na próxima seção.

Avaliação do número de dimensões

Autovalores, também conhecidos como valores singulares, são obtidos para cada dimensão e indicam a contribuição relativa de cada dimensão na explicação da variância nas categorias. Semelhante à análise fatorial, podemos determinar a quantia de variância explicada tanto para dimensões individuais quanto para a solução como um todo. Alguns programas, como os de SPSS, introduzem uma medida chamada de *inércia*, que também mede variação explicada e está diretamente relacionada com o autovalor.

Determinação do número de dimensões

O número máximo de dimensões que pode ser estimado é um a menos do que o menor número entre a quantia de linhas ou de colunas. Por exemplo, com seis colunas e oito linhas, o número máximo de dimensões seria cinco, o que corresponde a seis (o número de colunas) menos um.

O pesquisador seleciona o número de dimensões com base no nível geral de variância explicada desejada e na explicação extra ganha pelo acréscimo de uma outra dimensão. Ao avaliar dimensionalidade, o pesquisador está diante de negociações muito parecidas com outras soluções MDS ou mesmo de análise fatorial (Capítulo 3):

- Cada dimensão adicionada à solução aumenta a variância explicada da solução, mas em uma quantia decrescente (ou seja, a primeira dimensão explica a maior parte da variância, a segunda explica a segunda maior parte, e assim por diante).
- Adicionar dimensões aumenta a complexidade do processo de interpretação; mapas perceptuais com mais de três dimensões se tornam cada vez mais complexos para análise.

O pesquisador deve equilibrar o desejo por variância explicada maior versus a solução mais complexa que possa afetar a interpretação. Uma dica prática é que dimensões com inércia (autovalores) maiores que 0,2 devem ser incluídas na análise.

Estimação do modelo

Vários programas de computador estão à disposição para realizar a análise de correspondência. Entre os programas mais populares, estão ANACOR e HOMALS, disponíveis no SPSS; CA de BMDP; CORRAN e CORRESP de PC-MDS [24]; e MAPWISE [21]. Um grande número de aplicações especializadas tem surgido em disciplinas específicas como ecologia, geologia e muitas das ciências sociais.

Estágio 5: Interpretação dos resultados

Logo que a dimensionalidade tiver sido estabelecida, o pesquisador se defronta com duas tarefas: interpretar as dimensões para compreender a base para a associação entre categorias e avaliar o grau de associação entre categorias, dentro de uma linha/coluna ou entre linhas e colunas. Fazendo isso, o pesquisador ganha uma compreensão a respeito das dimensões inerentes sobre as quais o mapa perceptual se baseia, juntamente com a associação derivada de qualquer conjunto específico de categorias.

Definição do caráter das dimensões

Se o pesquisador está interessado em definir o caráter de uma ou mais dimensões em termos das categorias de linha ou coluna, medidas descritivas em cada programa de computador indicam a associação de cada categoria a uma dimensão específica. Por exemplo, em SPSS a medida de inércia (usada para avaliar o grau de variância explicada) é decomposta ao longo das dimensões. Semelhantes, em caráter, a cargas fatoriais, esses valores representam a extensão da associação para cada categoria individualmente com cada dimensão. O pesquisador pode então nomear cada dimensão em termos das categorias mais associadas com ela.

Além de representar a associação de cada categoria com cada dimensão, os valores de inércia podem ser totalizados ao longo de dimensões em uma medida coletiva. Fazendo isso, ganhamos uma medida empírica do grau em que cada categoria está representada ao longo de todas as dimensões. Conceitualmente, esta medida é similar à medida de comunalidade de análise fatorial (ver Capítulo 3).

Avaliação da associação entre categorias

A segunda tarefa na interpretação é identificar a associação de uma categoria com outras, o que pode ser feito visualmente ou por meio de medidas empíricas. Qualquer que seja a técnica empregada, o pesquisador deve primeiramente escolher os tipos de comparação a serem feitas e então a normalização adequada para a comparação selecionada. Os dois tipos de comparação são:

1. *Entre categorias da mesma linha ou coluna.* Aqui o foco é apenas sobre linhas ou colunas, como quando se examinam as categorias de uma escala para ver se elas podem ser combinadas. Esses tipos de comparações podem ser feitos diretamente a partir de qualquer análise de correspondência.
2. *Entre linhas e colunas.* Uma tentativa de relacionar a associação entre uma categoria de linha e uma de coluna. Este tipo mais comum de comparação relaciona categorias ao longo de dimensões (como em nosso exemplo anterior, vendas de produtos associadas com categorias etárias). Contudo, desta vez há algum debate na adequação da comparação entre categorias de linha e de coluna. Em um sentido estrito, distâncias entre pontos representando categorias só podem ser feitas dentro de uma linha ou coluna. É considerada inadequada a comparação direta de uma categoria de linha e uma de coluna. É apropriado fazer generalizações referentes às dimensões e à posição de cada categoria sobre tais dimensões. Assim, a posição relativa de categorias de linha e coluna pode ser definida dentro dessas dimensões, mas não deve haver comparação direta.

Alguns programas de computador fornecem um procedimento de normalização para viabilizar essa comparação direta. Se apenas um procedimento de normalização de linha ou coluna está disponível, técnicas alternativas são propostas para tornar todas as categorias comparáveis [2, 21], mas ainda há discordâncias quanto ao seu sucesso [12]. Nos casos em que as comparações diretas não são possíveis, a correspondência geral ainda vale e padrões específicos podem ser distinguidos.

Os objetivos da pesquisa podem se concentrar na avaliação das dimensões ou na comparação de categorias, e o pesquisador é encorajado a fazer ambas as interpretações já que elas reforçam uma a outra. Por exemplo, a comparação de categorias de linha versus de coluna sempre pode ser complementada com a compreensão da natureza das dimensões para fornecer uma perspectiva mais abrangente do posicionamento das categorias em vez de simplesmente comparações específicas. Analogamente, a avaliação da comparação específica de categorias pode dar especificidade à interpretação das dimensões.

Estágio 6: Validação dos resultados

A natureza composicional da análise de correspondência fornece maior especificidade para o pesquisador validar os resultados. Fazendo isso, o pesquisador deve buscar avaliar duas questões-chave relativas à generalidade de dois elementos:

- *Amostra.* Como ocorre com todas as técnicas MDS, deve-se enfatizar a garantia da generalidade por meio de análises de subamostras ou múltiplas amostras.
- *Objetos.* A generalidade dos objetos (representada individualmente e como um conjunto pelas categorias) também deve ser estabelecida. A sensibilidade dos resultados à adição ou eliminação de uma categoria pode ser avaliada. A meta é avaliar se a análise depende de apenas poucos objetos e/ou atributos.

Em qualquer caso, o pesquisador deve entender o verdadeiro significado dos resultados em termos das categorias sendo analisadas. A natureza inferencial da análise de correspondência, como outros métodos MDS, requer estrita confiança na representatividade e generalidade da amostra de respondentes e objetos (categorias) sob análise.

Visão geral da análise de correspondência

A análise de correspondência apresenta ao pesquisador diversas vantagens, variando da natureza generalizada dos dados de entrada ao desenvolvimento de mapas perceptuais únicos:

- A simples tabulação cruzada de múltiplas variáveis categóricas, como atributos de produtos versus marcas, pode ser representada em um espaço perceptual. Essa abordagem permite ao pesquisador analisar as respostas existentes ou reunir respostas no tipo menos restritivo de medida, o nível categórico ou nominal. Por exemplo, o respondente precisa avaliar somente com respostas do tipo sim ou não um conjunto de objetos quanto a alguns atributos. Essas respostas podem então ser agregadas em uma tabela cruzada e analisadas. Outras técnicas, como a análise fatorial, exigem avaliações na escala intervalar de cada atributo para cada objeto.

- A CA retrata não somente as relações entre as linhas e colunas, mas também as relações entre as categorias de linhas ou colunas. Por exemplo, se as colunas fossem atributos, múltiplos atributos próximos teriam perfis similares ao longo de produtos, formando um grupo de atributos muito semelhante a um fator de análise de componentes principais.
- A CA pode fornecer uma visão conjunta de categorias das linhas e colunas na mesma dimensionalidade. Certas modificações de programas permitem comparações entre pontos nos quais a proximidade relativa está diretamente relacionada com a maior associação entre pontos separados [1, 21]. Quando essas comparações são possíveis, permitem que categorias das linhas e colunas sejam examinadas simultaneamente. Uma análise desse tipo capacitaria o pesquisador a identificar grupos de produtos caracterizados por atributos em grande proximidade.

Junto com as vantagens da CA, porém, surgem algumas desvantagens ou limitações.

- A técnica é descritiva e nada adequada ao teste de hipóteses. Se a relação quantitativa de categorias é desejada, métodos como modelos log-lineares são sugeridos. A CA é mais adequada à análise exploratória de dados.
- A CA, como acontece com muitos métodos de redução de dimensionalidade, não dispõe de procedimento para determinar conclusivamente o número apropriado de dimensões. Como ocorre com métodos similares, o pesquisador deve equilibrar interpretabilidade com parcimônia da representação dos dados.

REGRAS PRÁTICAS 9-4

Análise de correspondência

- A análise de correspondência (CA) é mais adequada para pesquisa exploratória e não é adequada para teste de hipóteses
- A CA é uma forma de técnica composicional que demanda especificação de objetos e atributos a serem comparados
- A análise de correspondência é sensível a observações atípicas, as quais devem ser eliminadas antes de se usar tal técnica
- O número de dimensões a serem mantidas na solução se baseia em:
  - Dimensões com inércia (autovalores) maiores que 0,2
  - Dimensões suficientes para atender os objetivos da pesquisa (geralmente duas ou três)
- Dimensões podem ser "nomeadas" com base na decomposição de medidas de inércia ao longo de uma dimensão:
  - Esses valores mostram a extensão de associação para cada categoria individualmente com cada dimensão
  - Elas podem ser usadas para descrição como as cargas em análise fatorial

- A técnica é bastante sensível a dados atípicos, em termos de linhas ou colunas (p.ex., atributos ou marcas). Além disso, para fins de generalização, o problema de objetos ou atributos omitidos é crítico.

No geral, a análise de correspondência provê uma valiosa ferramenta analítica para um tipo de dado (não-métrico) que normalmente não é o ponto focal de técnicas multivariadas. A análise de correspondência também fornece ao pesquisador uma técnica composicional complementar ao MDS, para tratar de questões nas quais a comparação direta de objetos e atributos é preferível.

ILUSTRAÇÃO DO MDS E DA ANÁLISE DE CORRESPONDÊNCIA

Para demonstrar o uso de técnicas MDS, examinamos dados reunidos em diversas entrevistas com representantes de companhias a partir de uma amostra representativa de clientes em potencial. No decorrer da análise do mapeamento perceptual, aplicamos métodos decomposicionais (MDS) e composicionais (análise de correspondência). A discussão prossegue em quatro seções:

1. Exame dos três estágios iniciais do processo de construção do modelo (objetivos da pesquisa, planejamento da pesquisa e suposições) que são comuns aos dois métodos
2. Discussão dos próximos dois estágios (estimação de modelo e interpretação) para métodos decomposicionais de MDS
3. Discussão dos mesmos dois estágios para o método composicional (análise de correspondência) aplicado à mesma amostra de respondentes
4. Uma olhada no sexto estágio do processo de construção de modelo (validação) por meio de comparação dos resultados dos dois tipos de métodos.

A aplicação de técnicas composicionais e decomposicionais permite ao pesquisador conquistar visões exclusivas de cada técnica enquanto também estabelece uma base de comparação entre cada método.

Estágio 1: Objetivos do mapeamento perceptual

Um propósito comum da pesquisa que lida com mapeamento perceptual é explorar a imagem e competitividade de uma firma. Essa exploração inclui a abordagem de percepções de um conjunto de firmas no mercado, bem como uma investigação de preferências entre clientes em potencial.

> Neste exemplo, a HBAT emprega técnicas de mapeamento perceptual em um plano de duas fases:
>
> 1. Identificação da posição de HBAT em um mapa perceptual de grandes competidores no mercado com uma compreensão das comparações de dimensões usadas por clientes em potencial
> 2. Avaliação das preferências por HBAT relativamente a competidores importantes
>
> Concentra-se interesse particular no exame das dimensões de avaliação que possam ser mais subjetivas ou afetivas na composição a ser medida por escalas convencionais. Além disso, a intenção é criar um único mapa perceptual geral pela combinação de posições de objetos e sujeitos, tornando muito mais diretas as posições relativas de objetos e clientes para análise de segmentação

Na busca desses objetivos, o pesquisador deve abordar três questões fundamentais que ditam o caráter básico dos resultados: objetos a serem considerados para comparação, o uso de dados de preferência ou de similaridade, e o emprego de análise desagregada ou agregada. Cada uma dessas questões será tratada na discussão a seguir.

Identificação de objetos para inclusão

Uma decisão crítica para qualquer análise de mapa perceptual é a seleção dos objetos a serem comparados. Uma vez que julgamentos são feitos baseados na similaridade de um objeto com outro, a inclusão ou exclusão de objetos pode ter um grande impacto. Por exemplo, a exclusão de uma firma com características ímpares em relação a outras pode ajudar a revelar comparações entre empresas ou até de dimensões não detectadas de outra forma. Analogamente, a exclusão de firmas de destaque ou relevantes sob outra perspectiva pode afetar os resultados de maneira semelhante.

> Em nosso exemplo, os objetos de estudo são a HBAT e seus nove principais concorrentes. Para entender as percepções dessas companhias concorrentes, executivos de nível médio que representam potenciais clientes são pesquisados quanto às suas percepções da HBAT e de concorrentes. Espera-se que os mapas perceptuais resultantes retratem o posicionamento da HBAT no mercado.

Análise baseada em dados de similaridade ou de preferência

A escolha de dados de similaridade ou de preferência depende dos objetivos básicos da análise. Dados de similaridade fornecem a comparação mais direta de objetos com base em seus atributos, enquanto dados de preferência permitem uma avaliação direta do sentimento do respondente em relação a um objeto. É possível, através do uso de múltiplas técnicas, combinar os dois tipos de dados se ambos são coletados.

> Para esta análise, reunir tanto dados de similaridade quanto de preferência viabiliza aos pesquisadores tratar de cada um dos objetivos de pesquisa já mencionados. Dados de similaridade são o tipo básico de informação usada na análise, com dados de preferência usados em análises suplementares para avaliação de ordem de preferência entre objetos.

Uso de uma análise desagregada ou agregada

A decisão final é sobre o uso de análise agregada ou desagregada individualmente ou em comum. Análise agregada fornece uma perspectiva geral sobre a amostra como um todo em uma só análise, com mapas perceptuais representando as percepções compostas de todos os respondentes. Análise desagregada permite uma análise individualizada, na qual todos os respondentes podem ser retratados com seus próprios mapas perceptuais. Também é possível combinar esses dois tipos de análise de forma que resultados individuais são retratados em conjunto com os resultados agregados.

> Neste exemplo da HBAT, a maior parte da análise será conduzida no nível agregado sempre que possível, apesar de que em certos casos os resultados desagregados também serão apresentados. Os resultados agregados se aproximam mais dos objetivos da pesquisa, os quais são um retrato geral da HBAT em relação aos maiores concorrentes. Se a pesquisa subseqüente fosse mais concentrada em segmentação ou questões que diretamente envolvessem indivíduos, então a análise desagregada seria mais adequada.

Tendo tratado desses três problemas, podemos prosseguir com questões relativas ao planejamento específico de pesquisa e administração da análise de mapeamento perceptual.

Estágio 2: Projeto de pesquisa do estudo do mapeamento perceptual

Com os objetivos definidos para a análise de mapeamento perceptual, os pesquisadores da HBAT devem, a seguir, tratar de um conjunto de decisões focando aspectos de planejamento de pesquisa que definem os métodos usados e as firmas específicas a serem estudadas. Fazendo isso, eles também definem os tipos de dados que precisam ser coletados para executar a análise desejada. Cada uma dessas questões é discutida na próxima seção.

Seleção de métodos decomposicionais ou composicionais

A escolha entre métodos decomposicionais (livres de atributos) ou composicionais (baseados em atributos) gira em torno da especificidade que o pesquisador deseja.

Na abordagem decomposicional, o respondente fornece apenas percepções ou avaliações gerais a fim de prover a medida de similaridade mais direta. Contudo, o pesquisador fica com pouca evidência objetiva de como essas percepções são formadas ou da base em que elas são formadas. Em contrapartida, a abordagem composicional fornece alguns pontos de referência (p. ex., atributos) quando avalia similaridades, mas aí devemos estar cientes dos problemas em potencial quando atributos relevantes são omitidos.

> Neste exemplo, uma combinação de técnicas decomposicionais e composicionais é empregada. Primeiro, técnicas MDS tradicionais usando medidas gerais de similaridade fornecem mapas perceptuais que podem então ser interpretados usando dados adicionais de atributos e de preferência. Além disso, um método composicional (análise de correspondência) é utilizado como abordagem complementar no mapeamento perceptual, contribuindo para sua habilidade de simultaneamente retratar firmas e atributos em um só mapa.

Seleção de firmas para análise

Ao selecionar empresas para análise, o pesquisador deve resolver duas questões. Primeiro, será que todas as firmas são comparáveis e relevantes para os propósitos deste estudo? Segundo, o número de firmas incluídas é suficiente para retratar a dimensionalidade desejada? O planejamento da pesquisa para tratar de cada questão é discutido aqui.

> Este estudo inclui nove concorrentes, mais a HBAT, representando todas as principais firmas nesta indústria e tendo coletivamente mais de 85% de todas as vendas. Além disso, elas são consideradas representativas de todos os potenciais segmentos existentes no mercado. Todas as demais firmas não incluídas na análise são tidas como concorrentes secundários em relação a uma ou mais das empresas já incluídas.
>
> Incluindo 10 empresas, os pesquisadores podem estar razoavelmente certos de que mapas perceptuais de duas dimensões podem ser identificados e retratados. Apesar de isso envolver uma tarefa de avaliação um pouco extensa por parte dos respondentes, foi considerado necessário incluir este conjunto de firmas para permitir aos pesquisadores uma estrutura multidimensional dentro da qual eles descrevam informações de atributos e preferência.

Métodos não-métricos versus métricos

A escolha entre métodos não-métricos e métricos se baseia no tipo de análise a ser executada (p.ex., composicional ou decomposicional) e nos programas a serem utilizados. Em alguns casos, as exigências por programas específicos (p. ex., a análise de correspondência) ditam a abordagem, mas na maioria das vezes ambas as opções estão disponíveis.

> No estudo HBAT, ambos os métodos, métricos e não-métricos, são usados. As análises de escalonamento multidimensional são executadas exclusivamente com dados métricos (avaliações de similaridades, preferências e de atributos). A análise de correspondência executa uma análise não-métrica usando dados na forma de escores cruzados de freqüência.

Coleta de dados de similaridade e de preferência

Uma consideração importante na decisão sobre o uso de similaridades ou preferências tem a ver com os objetivos da pesquisa: a análise se concentra na compreensão sobre como os objetos se comparam conforme os antecedentes de escolha (ou seja, similaridades baseadas em atributos de objetos) ou segundo os resultados da escolha (ou seja, preferências)? Ao escolher uma abordagem, o analista deve então inferir sobre a outra por meio de análise adicional. Por exemplo, se similaridades são escolhidas como os dados de entrada, o pesquisador ainda está incerto sobre quais escolhas seriam feitas em qualquer tipo de decisão. Analogamente, se preferências são analisadas, o pesquisador não tem base direta para entender os determinantes de escolha a menos que alguma análise adicional seja realizada.

> O estudo da imagem da HBAT é constituído de entrevistas em profundidade com 18 administradores de nível médio de diferentes empresas. A partir dos objetivos da pesquisa, a principal meta é compreender as semelhanças de firmas com base em seus atributos. Logo, atenção é dada a dados de similaridade para uso em análise de escalonamento multidimensional e em avaliações não-métricas de atributos para a análise de correspondência. No decorrer das entrevistas, entretanto, tipos adicionais de dados foram coletados para uso na análise MDS, incluindo avaliações de atributos de empresas e preferências por empresas em diferentes situações de compra.

Dados de similaridades

O ponto de partida para a coleta de dados para a análise MDS foi obter as percepções dos respondentes quanto à similaridade ou dissimilaridade entre a HBAT e nove empresas concorrentes no mercado.

> Julgamentos de similaridades foram feitos com a abordagem de comparação de pares de objetos. Os 45 pares de empresas $[(10 \times 9)/2]$ foram apresentados aos respondentes, os quais indicaram o quanto umas são parecidas com as outras em uma escala de 9 pontos, sendo 1 "nada similares" e 9 "muito similares". Note que os valores têm de ser transformados porque valores crescentes para avaliações de similaridades indicam maior semelhança, o oposto de uma medida de similaridade baseada em distância.

Avaliações de atributos

Além dos julgamentos de similaridades, as avaliações de cada empresa em uma série de atributos foram obtidas para fornecer algum meio objetivo de descrição das dimensões identificadas nos mapas perceptuais. Essas avaliações, conseguidas com dois métodos, seriam usadas em ambas as análises, MDS e de correspondência.

> Oito dos 10 atributos identificados como componentes dos quatro fatores do Capítulo 3 foram escolhidos para este estudo. Os 8 atributos incluídos foram X_6 Qualidade do Produto; X_8 Suporte Técnico; X_{10} Anúncio; X_{12} Imagem da Equipe de venda; X_{13} Preço Competitivo; X_{14} Garantia e Reclamações; X_{16} Encomenda e Cobrança; e X_{18} Velocidade de Entrega.
>
> Dois dos atributos do conjunto original de 10 foram eliminados nesta análise. Primeiro, X_7, referente a Comércio Eletrônico, não foi usado porque cerca de metade das firmas não tinha uma presença de comércio em forma eletrônica. Além disso, X_9, Solução de Reclamação, que é fortemente baseado em experiência, também foi omitido porque a avaliação feita por aqueles que não são clientes seria difícil para os respondentes.
>
> Para as avaliações métricas usadas em MDS, cada firma foi avaliada em uma escala de 6 pontos quanto a cada atributo. Para a análise de correspondência, avaliações não-métricas foram coletadas solicitando-se que cada respondente escolhesse as firmas melhor caracterizadas por conta de cada atributo. Como no método "escolha qualquer um" [14, 15], o respondente poderia selecionar qualquer número de firmas para cada atributo.

Avaliações de preferência

O tipo final de dados avaliou as preferências de cada respondente em um contexto específico de escolha. Esses dados devem ser usados em conjunto com os mapas perceptuais derivados no escalonamento multidimensional para fornecer uma visão sobre a correspondência de semelhança e julgamentos de preferência.

> Três diferentes tipos de situação de compra – uma recompra simples, uma recompra modificada e uma situação de nova compra – foram avaliados pelos respondentes. Em cada situação, os respondentes classi-

> ficaram as empresas em ordem de preferência para aquele contexto particular de compra. Por exemplo, na situação de recompra simples, o respondente indicou a empresa preferida para a simples recompra de produtos (posto de ordenação = 1), a próxima preferida (posto de ordenação = 2) e assim por diante. Preferências semelhantes foram reunidas para as duas situações de compra restantes.

Estágio 3: Suposições no mapeamento perceptual

As suposições de MDS e CA lidam principalmente com a comparabilidade e representatividade dos objetos avaliados e dos respondentes. As técnicas em si impõem poucas limitações aos dados, mas o sucesso delas se baseia em diversas características dos dados.

Com relação à amostra, o plano amostral enfatizou a obtenção de uma amostra representativa de clientes da HBAT. Além disso, tomou-se cuidado para obter respondentes de posição e conhecimento de mercado comparáveis. Como a HBAT e as outras empresas atendem um mercado bastante distinto, todas as firmas avaliadas no mapeamento perceptual devem ser conhecidas, garantindo-se que discrepâncias de posicionamento possam ser atribuídas a diferenças perceptuais entre respondentes.

Escalonamento multidimensional: Estágios 4 e 5

Após ter especificado as 10 empresas a serem incluídas no estudo de imagem, a administração da HBAT especificou que as duas abordagens, decomposicional (MDS) e composicional (CA), deveriam ser empregadas para construir os mapas perceptuais. Primeiro discutimos diversas técnicas decomposicionais, e então examinamos uma abordagem composicional para mapeamento perceptual.

Estágio 4: Obtenção de resultados MDS e avaliação do ajuste geral

O processo de desenvolvimento de um mapa perceptual é fundamental para uma solução MDS, mas pode variar bastante em termos dos tipos de dados de entrada e análises associadas executadas. Nesta seção discutimos primeiramente o processo de desenvolvimento de um mapa perceptual com base em julgamentos de similaridade. Em seguida, com o mapa perceptual estabelecido, examinamos o processo para incorporação de julgamentos de preferência no mapa perceptual já existente.

Desenvolvimento e análise do mapa perceptual. O INDSCAL [4] foi usado para desenvolver um mapa perceptual, composto ou agregado, e as medidas das diferenças entre respondentes em suas percepções. Os 45 julgamentos de similaridades dos 18 respondentes foram incluídos como matrizes separadas, mas uma matriz de escores médios foi calculada para ilustrar o padrão geral de similaridades (ver Tabela 9-4). A tabela também especifica as altas similaridades (maiores que 6,0), bem como a menor similaridade para cada empresa. Com essas relações, os padrões básicos podem ser identificados e estão disponíveis para comparação com o mapa resultante.

Estabelecimento da dimensionalidade apropriada. A primeira análise dos resultados do MDS é determinar a dimensionalidade apropriada e retratar os resultados em um mapa perceptual. Para fazer isso, o pesquisador deve

TABELA 9-4 Médias das avaliações de similaridade para HBAT e nove firmas concorrentes

Firma	Firma									
	HBAT	A	B	C	D	E	F	G	H	I
HBAT	0,00									
A	6,61	0,00								
B	5,94	5,39	0,00							
C	2,33	2,61	3,44	0,00						
D	2,56	2,56	4,11	6,94	0,00					
E	4,06	2,39	2,17	4,06	2,39	0,00				
F	2,50	3,50	4,00	2,22	2,17	4,06	0,00			
G	2,33	2,39	3,72	2,67	2,61	3,67	2,28	0,00		
H	2,44	4,94	6,61	2,50	7,06	5,61	2,83	2,56	0,00	
I	6,17	6,94	2,83	2,50	2,50	3,50	6,94	2,44	2,39	0,00

Avaliações de similaridade máxima e mínima

	HBAT	A	B	C	D	E	F	G	H	I
Similaridade maior que 6,0	A, I	HBAT, I	H	D	C, H	Nenhum	I	Nenhum	B, D	HBAT, A, F
Menor similaridade	C, G	E, G	E	F	F	B	C	F	I	H

Nota: Avaliações de similaridade estão em uma escala de 9 pontos (1 = nada semelhantes, 9 = muito semelhantes).

considerar os índices de ajuste em cada dimensionalidade e a própria habilidade em interpretar a solução.

A Tabela 9-5 mostra os índices de ajuste para soluções de duas a cinco dimensões (uma solução unidimensional não foi considerada uma alternativa viável para 10 empresas). Como mostra a tabela, existe uma melhora substancial na mudança de duas para três dimensões, sendo que depois disso a melhora diminui e permanece consistente quando aumentamos o número de dimensões. Equilibrando essa melhora no ajuste com a crescente dificuldade de interpretação, as soluções bidimensional ou tridimensional parecem ser as mais adequadas. Para fins de ilustração, a solução bidimensional é escolhida para posterior análise, mas os métodos que aqui discutimos poderiam ser aplicados à solução tridimensional com a mesma facilidade. O pesquisador é encorajado a explorar outras soluções para avaliar se alguma conclusão substancialmente diferente seria alcançada com base na dimensionalidade escolhida.

Criação do mapa perceptual. Com a dimensionalidade estabelecida em duas dimensões, o próximo passo é posicionar cada objeto (firma) no mapa perceptual. Lembre que a base para o mapa (neste caso, similaridade) define como os objetos podem ser comparados.

O mapa perceptual agregado bidimensional é exibido na Figura 9-12. A HBAT é mais proximamente associada à empresa A, com respondentes considerando-as quase idênticas. Outros pares de empresas consideradas altamente similares com base em sua proximidade são E e G, D e H, e F e I. Comparações também podem ser feitas entre essas empresas e a HBAT. A HBAT difere de C,
(Continua)

TABELA 9-5 Avaliação do ajuste geral do modelo e determinação da dimensionalidade adequada

	Medidas médias de ajuste[a]			
Dimensionalidade da solução	Desajuste[b]	Variação percentual	R^{2c}	Variação percentual
5	0,20068	–	0,6303	–
4	0,21363	6,4	0,5557	11,8
3	0,23655	10,7	0,5007	9,9
2	0,30043	27,0	0,3932	21,5

[a] Média ao longo de 18 soluções individuais
[b] Fórmula de desajuste de Kruskal
[c] Proporção de avaliações de similaridade original explicadas por dados (distâncias) escalonados do mapa perceptual

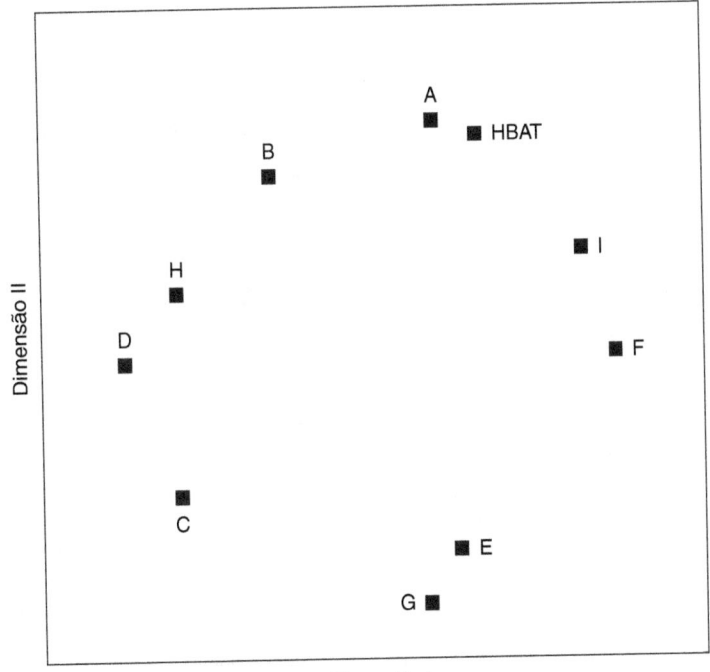

FIGURA 9-12 Mapa perceptual de HBAT e principais concorrentes.

(Continuação)
E e G principalmente na dimensão II, ao passo que a dimensão I diferencia a HBAT mais claramente das empresas B, C, D e H em uma direção, e das empresas F e I em uma outra direção. Todas essas diferenças são refletidas em suas posições relativas no mapa perceptual. Comparações parecidas podem ser feitas entre todos os conjuntos de empresas. Para entender as fontes dessas diferenças, porém, o pesquisador deve interpretar as dimensões.

Antes de prosseguir com a adição de dados de preferência à análise, o pesquisador deve examinar os resultados para identificar quaisquer observações atípicas em potencial e verificar a suposição de homogeneidade de respondentes. Cada uma dessas questões é tratada antes que o processo de interpretação comece.

Avaliação de potenciais observações atípicas. No processo de seleção da dimensionalidade adequada, uma medida geral de ajuste (desajuste) foi examinada. No entanto, tal medida não retrata de forma alguma o ajuste da solução para comparações individuais. Tal análise pode ser feita visualmente por meio de um diagrama de dispersão de distâncias reais (valores escalonados de similaridade) versus distâncias ajustadas do mapa perceptual. Cada ponto representa um único julgamento de similaridade entre dois objetos, com ajuste pobre espelhando pontos atípicos no gráfico. Dados atípicos são um conjunto de julgamentos de similaridade que refletem consistentemente ajuste ruim para um objeto ou respondente individual. Se um conjunto consistente de objetos ou indivíduos é identificado como atípico, ele pode ser considerado para eliminação.

A Figura 9-13 representa o diagrama de dispersão de valores de similaridade versus as distâncias derivadas do programa MDS. Neste caso, não surge qualquer padrão consistente de pontos atípicos para uma firma ou respondente em especial para torná-lo candidato à eliminação da análise.

Teste da suposição de homogeneidade para respondentes. Além de desenvolver o mapa perceptual composto, o INDSCAL também fornece os meios para avaliar uma das suposições de MDS, a homogeneidade das percepções dos respondentes. Para cada respondente, calculam-se pesos indicativos da correspondência de seu próprio espaço perceptual com o mapa perceptual agregado. Esses pesos fornecem uma medida de comparação entre os respondentes, pois os respondentes com pesos similares têm mapas perceptuais individuais similares. O INDSCAL também fornece uma medida de ajuste para cada sujeito, correlacionando os escores computados com as avaliações de similaridades originais do respondente.

A Tabela 9-6 contém os pesos e medidas de ajuste para cada respondente, e a Figura 9-14 é uma representação gráfica dos respondentes individuais baseada em seus pesos. O exame dos pesos (Tabela 9-6) e da Figura 9-14 revela que os respondentes são bem homogêneos em suas percepções,
(Continua)

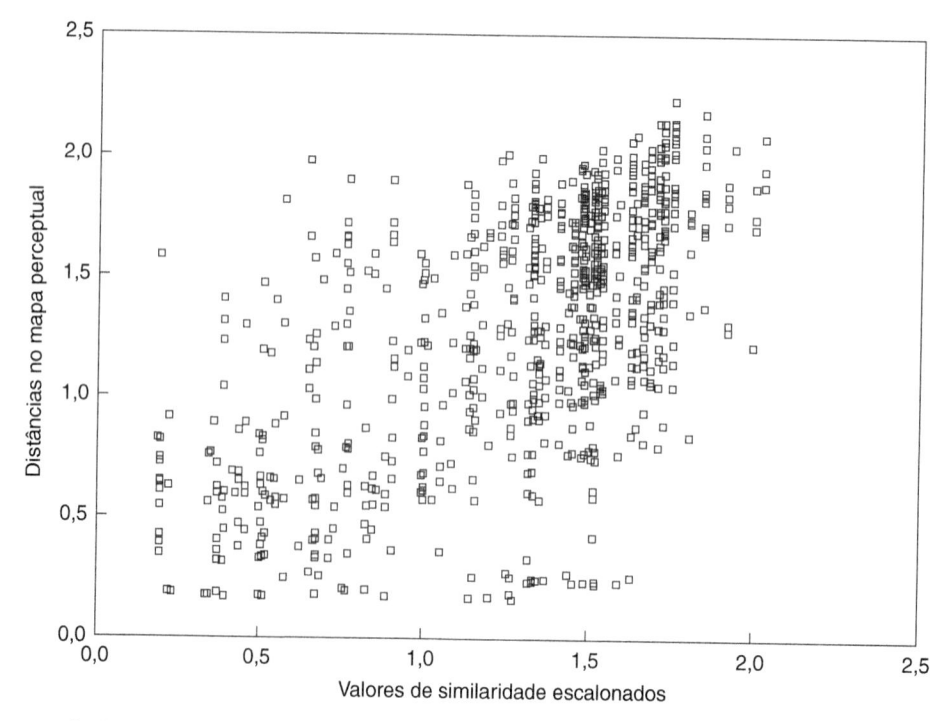

FIGURA 9-13 Diagrama de dispersão de ajuste linear.

TABELA 9-6 Medidas de diferenças individuais em mapeamento perceptual: medidas de ajuste e pesos dimensionais para respondentes específicos

	Medidas de ajuste		Pesos dimensionais	
Sujeito	Desajuste[b]	R^{2c}	Dimensão I	Dimensão II
1	0,358	0,274	0,386	0,353
2	0,297	0,353	0,432	0,408
3	0,302	0,378	0,395	0,472
4	0,237	0,588	0,572	0,510
5	0,308	0,308	0,409	0,375
6	0,282	0,450	0,488	0,461
7	0,247	0,547	0,546	0,499
8	0,302	0,332	0,444	0,367
9	0,320	0,271	0,354	0,382
10	0,280	0,535	0,523	0,511
11	0,299	0,341	0,397	0,429
12	0,301	0,343	0,448	0,378
13	0,292	0,455	0,497	0,456
14	0,302	0,328	0,427	0,381
15	0,290	0,371	0,435	0,426
16	0,311	0,327	0,418	0,390
17	0,281	0,433	0,472	0,458
18	0,370	0,443	0,525	0,409
Média[a]	0,300	0,393		

[a]Média ao longo de 18 soluções individuais
[b]Fórmula de desajuste de Kruskal
[c]Proporção de avaliações de similaridade original explicadas por dados escalonados (distâncias) do mapa perceptual

FIGURA 9-14 Pesos individuais de sujeitos.

(Continuação)
pois os pesos mostram poucas diferenças relevantes em cada dimensão, e nenhum agrupamento distinto de indivíduos emerge. Na Figura 9-14 todos os pesos individuais recaem sobre uma reta, indicando um peso consistente entre as dimensões I e II.

A distância de cada peso individual em relação à origem indica seu nível de ajuste com a solução. Os melhores ajustes são mostrados pelas maiores distâncias da origem. Logo, os respondentes 4, 7 e 10 têm o mais alto ajuste, e os respondentes 1 e 9, o mais baixo ajuste. Os valores de ajuste exibem consistência relativa tanto em desajuste quanto em R^2, com valores médios de 0,300 (desajuste) e 0,393 (R^2). Além disso, todos os respondentes são bem representados pelo mapa perceptual composto, sendo a menor medida de ajuste 0,27. Assim, nenhum indivíduo deve ser eliminado devido a pouco ajuste na solução bidimensional.

Incorporação de preferências no mapa perceptual. Até agora, lidamos apenas com julgamentos de empresas baseados em similaridades, mas muitas vezes podemos querer estender a análise para o processo de tomada de decisões e entender as preferências do respondente pelos objetos (no caso, empresas). Para tanto, podemos empregar técnicas MDS adicionais que permitem a estimação de pontos ideais, a partir dos quais as preferências por objetos podem ser determinadas.

Nesse exemplo, usamos um método externo de formação de preferência (PREFMAP [6]) que utiliza os mapas perceptuais agregados obtidos na seção anterior e os combina com os julgamentos de preferência fornecidos pelos respondentes. O resultado é a identificação de pontos ideais para indivíduos e para o respondente médio no mapa perceptual.

Geração de avaliações de preferência. Preferências diferem de comparações de similaridade no sentido de que os respondentes abordam a questão de preferência entre objetos em um contexto específico de decisão. Tais avaliações podem diferir sensivelmente de julgamentos de similaridade ou entre contextos de decisão (ou seja, comprar um produto como presente para alguém versus para uso pessoal). É essencial que o contexto apropriado de decisão seja analisado para atender aos objetivos da pesquisa.

Como descrito anteriormente, os respondentes foram solicitados a detalharem suas preferência quanto a firmas em três situações de compra. Aqui examinamos as preferências para firmas na nova situação de compra. Para fins de ilustração, examinamos as preferências de cinco respondentes. As ordenações de preferência para esses cinco respondentes são dadas na Tabela 9-7.

Cálculo de pontos ideais. Usando o mapa perceptual anteriormente obtido e as avaliações de preferência, o programa pode estimar pontos ideais tanto do ponto de vista vetorial quanto pontual. A principal diferença entre essas duas abordagens é seu método de interpretação, com os pontos ideais pontualmente representados sendo avaliados diretamente por sua proximidade com posições individuais de firmas, enquanto uma abordagem vetorial representa preferência com base em projeções para o vetor (ver discussão anterior sobre esses dois métodos).

Nessa situação, a administração da HBAT decidiu-se pelas representações pontuais, o que resultou na derivação de pontos ideais para os cinco respondentes, mais um ponto

(Continua)

TABELA 9-7 Dados de preferência da nova situação de compra para respondentes selecionados

Sujeito	Firma										Ajuste[a]
	HBAT	A	B	C	D	E	F	G	H	I	
1	2	3	5	6	7	4	10	8	1	9	
	−0,867	−0,972	−0,920	−1,096	−1,095	−0,636	−0,264	−1,054	−0,854	−0,371	0,787
2	5	2	7	6	9	3	4	1	10	8	
	−1,049	−1,056	−0,622	−0,906	−0,642	−1,111	−0,879	−1,596	−0,413	−0,825	0,961
3	4	1	8	7	6	9	3	5	10	2	
	−0,894	−0,868	−0,448	−0,133	−0,106	−0,449	−0,726	−0,576	−0,132	−0,779	0,855
4	4	3	10	2	7	8	6	1	9	5	
	−1,098	−1,128	−0,736	−1,060	−0,813	−1,136	−0,822	−1,672	−0,544	−0,790	0,884
5	4	1	8	7	9	3	5	2	10	6	
	−0,905	−0,868	−0,401	−0,362	−0,188	−0,769	−0,870	−1,019	−0,126	−0,838	0,977
	NA	NA	NA	NA	NA	NA	NA	NA	NA	NA	
Média	−0,916	−0,931	−0,580	−0,668	−0,525	−0,776	−0,666	−1,140	−0,370	−0,674	0,990

Nota: Valores no topo de cada célula são ordenações originais de preferência, enquanto a parte de baixo é a distância quadrada (com sinal) da firma até o ponto ideal. NA indica ordenações médias não disponíveis.
[a] Ajuste é a correlação quadrada entre preferências e distâncias com sinal.

(Continuação)
ideal para o sujeito médio. Os resultados são mostrados na Figura 9-15. As distâncias de cada empresa até os pontos ideais são fornecidas na Tabela 9-7. Valores menores indicam uma maior proximidade do ponto ideal.

Interpretação da solução baseada em preferência.
A inclusão de julgamentos de preferência é uma tentativa de estender o mapa perceptual com base em julgamentos de similaridade em um contexto de decisão. Deve ser observado que uma técnica alternativa é utilizar julgamentos de preferência como a base para o mapa perceptual, caso em que resultados diferentes podem ocorrer. Tal método, contudo, confina a interpretação a apenas um contexto específico de decisão, enquanto a abordagem descrita aqui usa o mapa perceptual mais generalizado radicado em similaridade em um contexto decisório específico.

A Figura 9-15 retrata todos os respondentes que formam um grupo geral de certa forma agregado em torno da média, o que indica uma uniformidade geral em preferências. No entanto, ainda podemos detectar diferenças de proximidade para o grupo como um todo tanto quanto para empresas individuais.

- Primeiro, o grupo como um todo está mais próximo das empresas C, D, F e H, ao passo que a HBAT, A, B, E e G estão de alguma forma mais afastadas. Note que, nes-

se caso, tanto a proximidade quanto a dimensionalidade são importantes. A suposição de uma análise externa é que quando você muda sua posição no mapa perceptual quanto às dimensões, pode mudar sua proximidade dos pontos ideais e sua ordem de preferência.
- Em termos dos respondentes individuais, algumas associações próximas indicam maiores preferências. O respondente 1 tem uma associação relativamente próxima com a empresa F, como refletido em uma avaliação de preferência de 10 (ver Tabela 9-7). Para os respondentes 3 e 5, a grande proximidade com as empresas C, D e H corresponde a um padrão consistente de preferências mais elevadas, como se mostra na Tabela 9-7. Embora esse grupo de respondentes seja relativamente homogêneo em suas preferências, como indicado por seu agrupamento, a Figura 9-15 ainda retrata a posição relativa de cada empresa não apenas em percepção, mas agora também em preferência.

Estágio 5: Interpretação dos resultados
Logo que o mapa perceptual é estabelecido, podemos começar o processo de interpretação. Como o procedimento INDSCAL usa apenas os julgamentos de similaridade geral, a HBAT também reuniu avaliações de cada empresa em uma série de oito atributos descritivos de estratégias típicas seguidas nesta indústria. As avaliações para cada firma tiveram médias calculadas ao longo de respondentes para uma única avaliação geral usada na descrição de cada firma.

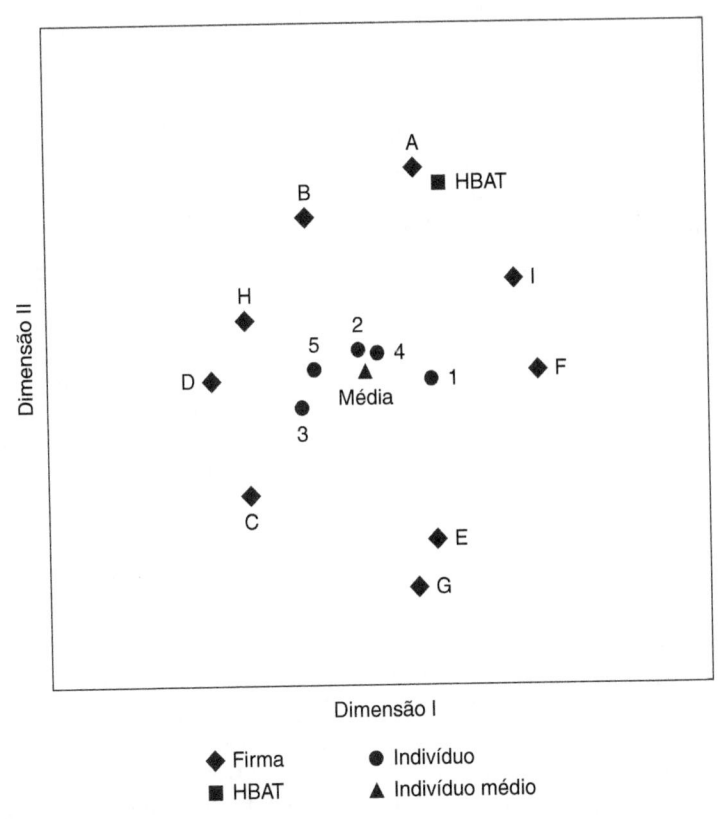

FIGURA 9-15 Mapa de pontos ideais para respondentes selecionados e médios: situação de nova compra.

Como descrito no estágio 2, os oito atributos incluídos são X_6 Qualidade de Produto; X_8 Suporte Técnico; X_{10} Anúncio; X_{12} Imagem da Equipe de Venda; X_{13} Preço Competitivo; X_{14} Garantia e Reclamações; X_{16} Encomenda e Cobrança; e X_{18} Velocidade de Entrega. Esses atributos representam as variáveis individuais que compõem os quatro fatores desenvolvidos no Capítulo 3, excluindo X_7, Comércio eletrônico, e X_9, Solução de Reclamação. Os escores médios para cada firma são mostrados na Tabela 9-8.

Uma abordagem subjetiva para interpretação. O pesquisador pode levar a cabo diversas técnicas subjetivas para interpretação. Primeiro, as firmas podem ser caracterizadas em termos de suas avaliações de atributos com atributos distintos identificados para cada empresa. Dessa maneira, cada firma é caracterizada sobre um conjunto de atributos, com o pesquisador relacionando os mesmos com a associação entre empresas, se possível. Interpretar as dimensões é mais complicado, no sentido de que o pesquisador deve relacionar as posições das firmas com as dimensões em termos de suas características. Em ambas as abordagens, porém, o pesquisador confia em julgamento pessoal para identificar as características distintas e então relacioná-las com as posições das firmas e a interpretação resultante das dimensões.

Essas técnicas são mais apropriadas para uso em situações nas quais os objetos e as características básicas são bem estabelecidos. Então o pesquisador usa conhecimento geral de relações existentes entre atributos e objetos para auxiliar na interpretação. Em situações nas quais o pesquisador deve desenvolver tais relações e associações a partir da análise em si, as abordagens objetivas descritas na próxima seção são recomendadas, pois elas fornecem um método sistemático para identificar as questões básicas envolvidas na interpretação de objetos e dimensões.

A administração da HBAT teve acesso aos perfis de cada firma com base nos oito atributos (ver Tabela 9-8). No entanto, devido a uma vontade de evitar a introdução de qualquer viés na análise por conta de julgamento ou percepção pessoal, as abordagens subjetivas não foram usadas. Em vez disso, métodos objetivos seriam usados exclusivamente na fase de interpretação.

Abordagens objetivas para interpretação. Para fornecer uma maneira objetiva de interpretação, PROFIT [3], um modelo vetorial foi usado para combinar as avaliações para as posições da firma no mapa perceptual com as avaliações de atributo para cada objeto. A meta é identificar os atributos determinantes nos julgamentos de similaridade feitos por indivíduos para determinar quais atributos melhor descrevem as posições perceptuais das firmas e as dimensões.

Os resultados da aplicação dos dados de avaliação ao mapa perceptual composto são mostrados na Figura 9-16 como três grupos ou dimensões distintas de atributos. O primeiro envolve X_{18} (Velocidade de Entrega), X_{16} (Encomenda e Cobrança) e X_6 (Qualidade do Produto), os quais estão todos apontados na mesma direção, e X_{13} (Preço Competitivo), que está na direção oposta à das demais três variáveis. Essa diferença na direção indica uma correspondência negativa de Competitividade de Preço em relação às outras três variáveis, o que é secundado pelas relações encontradas no Capítulo 3, onde X_6 e X_{13} formam um fator, mas com X_6 tendo uma carga negativa que indica uma relação negativa com X_{13}. Deve ser observado que X_{16} e X_{18} também são membros de um mesmo fator, o que apóia a proximidade dos mesmos nesta análise também.

O segundo conjunto de variáveis reflete duas outras variáveis descobertas como representantes de uma dimensão de suporte técnico (fator): X_8 (Suporte Técnico) e X_{14} (Garantia e Reclamações), junto com X_{10} (Anúncio). Finalmente, X_{12} (Imagem da Equipe de Venda) anda quase perpendicularmente a todas as demais variáveis, indicando em algum grau uma dimensão separada e distinta de avaliação.

Interpretação das dimensões. Para interpretar as dimensões, o pesquisador procura atributos proximamente alinhados em relação ao eixo. Como o mapa perceptual é uma representação pontual, os eixos podem ser rotacionados sem qualquer impacto sobre as posições relativas.

Nesse caso, os dois grupos de atributos estão levemente inclinados em relação ao eixo original. No entanto, a leve rotação dos eixos (muito parecido com o que se faz em análise fatorial no Capítulo 3) resulta em um perfil consistente da dimensão I (horizontal), que consiste de serviço ao cliente (X_{16} e X_{18}) e valor do produto (X_6 e X_{13}) versus a dimensão II (vertical) de marketing (X_{10} e X_{12}) e suporte técnico (X_8 e X_{14}). Uma característica de destaque da segunda dimensão é a maneira na qual X_{12} (Imagem da Equipe de Venda) opera quase em contraste com X_{10} (Anúncio), ainda que ambas sejam altamente relacionadas. Este resultado ocorre porque firmas são distintas nessas variáveis em separado ao invés de juntamente, em contraste com as outras variáveis que pareciam seguir as relações entre variáveis anteriormente observadas.

Apesar de não ser realmente necessário realizar a rotação porque empresas podem ser comparadas diretamente quanto aos vetores de atributos, muitas vezes a rotação pode contribuir para uma compreensão mais fundamental da dimensão percebida. A rotação é especialmente útil em soluções que envolvem mais de duas dimensões.

TABELA 9-8 Interpretação do mapa perceptual com PROFIT

AVALIAÇÕES ORIGINAIS DE ATRIBUTOS E PROJEÇÕES SOBRE VETORES AJUSTADOS

Variáveis	Firmas									Ajuste[a]
	HBAT	A	B	C	D	E	F	G	H	I	
X_6 Qualidade do produto	5,33	3,72	6,33	5,56	6,39	4,72	5,28	5,22	7,33	5,11	0,651
	-0,5138	-0,2509	0,7045	1,0956	1,4812	-0,6007	-1,4646	-0,4450	1,2060	-1,2122	
X_8 Suporte técnico	4,17	1,56	6,06	8,22	7,72	4,28	3,89	6,33	7,72	5,06	0,829
	-1,0905	-0,8962	0,1333	1,4956	1,4201	0,1443	-1,2587	0,4553	0,9531	-1,3563	
X_{10} Anúncio	4,00	1,83	6,33	7,67	6,00	5,78	5,50	6,11	7,50	4,17	0,785
	-1,2912	-1,1645	-0,2293	1,5350	1,1914	0,5743	-0,9644	0,9370	0,6718	-1,2600	
X_{12} Imagem da Equipe de Venda	6,94	7,17	7,67	3,22	4,78	5,11	6,56	1,61	8,78	3,17	0,710
	1,0038	1,1529	1,1057	-0,6284	0,2474	-1,4128	-0,5099	-1,6815	0,5717	0,1511	
X_{13} Preço competitivo	6,94	5,67	3,39	3,67	3,67	6,94	6,44	7,22	4,94	6,11	0,842
	0,1994	-0,0704	-0,9018	-0,8079	-1,3700	0,8879	1,4219	0,8185	-1,2092	1,0317	
X_{14} Garantia e reclamações	5,11	1,22	5,78	7,89	6,56	3,83	4,28	6,94	8,67	4,72	0,720
	-1,1133	-0,9244	0,1007	1,5053	1,4050	0,1842	-1,2369	0,5012	0,9313	-1,3530	
X_{16} Encomenda e cobrança	5,16	3,47	6,41	5,88	6,06	4,94	5,29	4,82	8,35	4,65	0,653
	-0,5571	-0,2965	0,6725	1,1322	1,4903	-0,5561	-1,4639	-0,3885	1,1998	-1,2328	
X_{18} Velocidade de entrega	4,00	3,39	7,33	6,11	7,50	4,22	7,17	4,33	8,22	5,56	0,510
	-0,4202	-0,1535	0,7696	1,0137	1,4560	-0,6928	-1,4604	-0,5627	1,2144	-1,1641	

Nota: Valores no topo de cada célula são avaliações originais de atributo; os números na parte de baixo são projeções para os vetores ajustados.
[a]Ajuste é a correlação entre as avaliações originais de atributos e as projeções vetoriais.

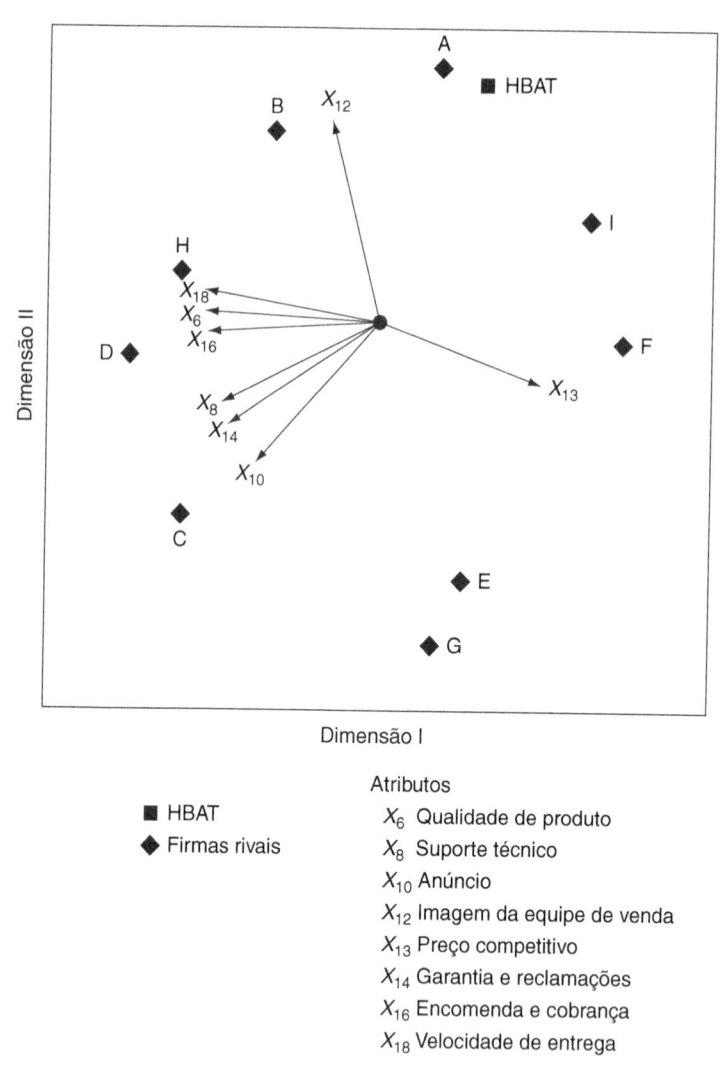

FIGURA 9-16 Mapa perceptual com representação vetorial de atributos.

Atributos:
- ■ HBAT
- ◆ Firmas rivais
- X_6 Qualidade de produto
- X_8 Suporte técnico
- X_{10} Anúncio
- X_{12} Imagem da equipe de venda
- X_{13} Preço competitivo
- X_{14} Garantia e reclamações
- X_{16} Encomenda e cobrança
- X_{18} Velocidade de entrega

Caracterização das firmas. Para determinar os valores para qualquer empresa em um vetor de atributo, precisamos calcular as projeções da empresa sobre o vetor. Para ajudar na interpretação, o programa PROFIT fornece valores de projeção para cada atributo. Esses valores fornecem uma posição relativa para cada objeto sobre o vetor de atributo. No entanto, os valores em si não são apresentados em termos da escala original do attributo. Para fornecer alguma base para comparação, médias do objeto para o atributo também são em geral consideradas.

Os valores de projeção de atributos estão listados na segunda linha de valores para cada variável na Tabela 9-8. Também estão incluídas as avaliações originais (valores na primeira linha) para ver se o vetor representa bem as percepções reais dos respondentes.

Em nosso exemplo, podemos examinar a correspondência das projeções com as avaliações de atributos para quaisquer atributos. Selecionemos as avaliações em X_8 (Suporte Técnico). Se ordenarmos os objetos do maior para o menor, a ordem será C, D, H, G, B, I, E, HBAT, F e A. Usando as projeções vetoriais, percebemos que a ordem de empresas é C, D, H, G, E, B, A, HBAT, F e I. Esta comparação demonstra uma correspondência relativamente próxima entre os valores originais e os calculados, particularmente entre as primeiras quatro firmas. Essa ordem é confirmada pela medida estatística de ajuste para cada atributo, que é a correlação entre as avaliações originais e as projeções vetoriais. No caso de Suporte Técnico, a correlação é de 0,829.

O pesquisador não deve esperar um ajuste perfeito por várias razões. Primeiro, o mapa perceptual é baseado na avaliação geral, a qual pode não ser diretamente comparável com as avaliações. Segundo, as avaliações são submetidas ao cálculo da média ao longo dos respondentes, de modo que seus valores são determinados por diferenças entre indivíduos, bem como diferenças entre empresas. Dados esses fatores, o nível de ajuste para os atributos é aceitável individual e coletivamente.

Visão geral dos resultados decomposicionais

Os métodos decomposicionais empregados neste estudo de imagem ilustram a inerente negociação e as vantagens e desvantagens resultantes de técnicas de escalonamento multidimensional livre de atributos.

- *Vantagem:* O uso de julgamentos de similaridades gerais fornece um mapa perceptual baseado apenas nos critérios relevantes escolhidos por parte de cada respondente. O respondente pode fazer tais julgamentos com base em qualquer conjunto de critérios considerados relevantes em uma única medida de similaridade geral.

versus

- *Desvantagem:* O emprego de uma técnica livre de atributos dá origem, porém, à notável dificuldade de interpretação do mapa perceptual em termos de atributos específicos. O pesquisador é solicitado a inferir as bases para comparação entre objetos sem confirmação direta do respondente.

O pesquisador usando tais métodos deve examinar os objetivos de pesquisa e decidir se os benefícios resultantes dos mapas perceptuais desenvolvidos através de abordagens livres de atributos são mais importantes do que as limitações impostas na interpretação. Podemos examinar os resultados da análise da HBAT para avaliarmos as negociações, os benefícios e os custos.

> A HBAT pode obter muitas novas idéias sobre as percepções relativas da HBAT e das demais nove firmas. Em termos de percepções, a HBAT é a mais associada com a firma A e, um pouco, com as firmas B e I. Alguns agrupamentos competitivos (p.ex., F e I, E e G) também devem ser considerados. Nenhuma empresa é consideravelmente distinta, de forma a ser considerada atípica. A HBAT pode ser considerada a média em diversos atributos (X_6, X_{16} e X_{18}), mas tem escores menores em diversos atributos (X_8, X_{10} e X_{14}) em contraste com um elevado escore para o atributo X_{12}. Finalmente, a HBAT não tem vantagem real em termos de proximidade a pontos ideais de respondente, com outras empresas, como D, H e F, estando localizadas muito mais próximas aos pontos ideais para diversos respondentes.

Esses resultados dão à HBAT uma visão não apenas de suas percepções, mas também das percepções dos outros concorrentes importantes no mercado. A habilidade de PROFIT neste exemplo para adequadamente descrever os objetos em termos do conjunto de atributos reduz as desvantagens da abordagem livre de atributos. Lembre-se, porém, que o pesquisador não está garantido em termos de compreensão sobre quais atributos foram realmente usados no julgamento, estando certo apenas que esses atributos podem ser descritivos dos objetos.

Análise de correspondência: Estágios 4 e 5

Uma alternativa ao mapeamento perceptual livre de atributos é a análise de correspondência (CA), um método composicional baseado em medidas não-métricas (contagens de freqüência) entre objetos e/ou atributos. Neste método baseado em atributos, o mapa perceptual é um espaço conjunto, que mostra tanto atributos quanto empresas em uma mesma representação. Além disso, as posições de empresas são relativas não apenas às outras empresas incluídas na análise, mas também aos atributos selecionados.

Estágio 4: Estimação de uma análise de correspondência

A preparação de dados e o procedimento de estimação para a análise de correspondência são semelhantes, em alguns aspectos, ao processo de escalonamento multidimensional discutido anteriormente, com algumas exceções notáveis. Nas próximas seções, discutimos o método de coleta de dados usado no estudo de HBAT e, em seguida, as questões envolvidas no cálculo de similaridade e na determinação da dimensionalidade da solução.

Coleta e preparação de dados. Uma característica única da análise de correspondência é o emprego de dados não-métricos para retratar relações entre categorias (objetos ou atributos). Uma abordagem comum para apresentação de dados é o emprego de uma matriz de tabulação cruzada que relaciona os atributos (representados como linhas) com as avaliações de objetos/firmas (as colunas). Os valores representam o número de vezes que cada empresa é avaliada como sendo caracterizada por aquele atributo. Assim, freqüências maiores indicam uma associação mais forte entre aquele objeto e o atributo em questão.

> No estudo HBAT, avaliações binárias de empresas foram reunidas para cada firma em cada um dos oito atributos (ou seja, uma avaliação do tipo sim-não de cada firma sobre cada atributo). As entradas individuais na matriz de tabulação cruzada são o número de vezes que uma firma é avaliada como possuindo um atributo específico. Respondentes podem escolher qualquer número de atributos como caracterizando cada empresa. As freqüências simples são fornecidas para cada firma ao longo de todo o conjunto de atributos na Tabela 9-9.

Cálculo da medida de similaridade. A análise de correspondência é baseada em uma transformação do valor qui-quadrado em uma medida métrica de distância, que atua como uma medida de similaridade. O valor qui-quadrado

TABELA 9-9 Dados cruzados de freqüência de descritores de atributos para HBAT e as nove firmas concorrentes

Variáveis		Firma								
		HBAT	A	B	C	D	E	F	G	H	I
X_6	Qualidade do produto	6	6	14	10	22	8	7	4	14	4
X_8	Suporte Técnico	15	18	9	2	3	15	16	7	8	8
X_{10}	Anúncio	15	16	15	11	11	14	16	12	14	14
X_{12}	Imagem da equipe de venda	4	3	1	13	9	6	3	18	2	10
X_{13}	Preço competitivo	15	14	6	4	4	15	14	13	7	13
X_{14}	Garantia e reclamações	7	18	13	4	9	16	14	5	4	16
X_{16}	Encomenda e cobrança	14	14	10	11	11	14	12	13	10	14
X_{18}	Velocidade de entrega	16	13	8	13	9	17	15	16	6	12

é calculado como a freqüência real de ocorrência menos a freqüência esperada. Assim, um valor negativo indica, nesse caso, que uma empresa foi avaliada menos freqüentemente do que o esperado. O valor esperado para uma célula (qualquer combinação de empresa-atributo na tabulação cruzada) é baseado na freqüência com que a empresa foi avaliada em outros atributos e a freqüência com que outras empresas foram avaliadas naquele atributo. (Em termos estatísticos, o valor esperado é baseado nas probabilidades marginais de linha [atributo] e coluna [empresa].)

A Tabela 9-10 contém as distâncias qui-quadrados transformadas (métricas) para cada célula da tabulação cruzada da Tabela 9-9. Valores positivos elevados indicam um alto grau de correspondência entre o atributo e a empresa, e valores negativos têm uma interpretação oposta. Por exemplo, os valores elevados para a HBAT e as empresas A e F com o atributo de suporte técnico (X_8) indicam que elas devem ficar próximas no mapa perceptual, se possível. Do mesmo modo, os valores negativos elevados para as empresas C e D na mesma variável indicariam que suas posições devem ficar afastadas da localização do atributo.

Determinação da dimensionalidade da solução. A análise de correspondência tenta satisfazer todas essas relações simultaneamente produzindo dimensões que representam as distâncias qui-quadrado. Para determinar a dimensionalidade da solução, o pesquisador examina o percentual cumulativo de variação explicada, de maneira parecida com o que se faz em análise fatorial, e determina a dimensionalidade adequada. O pesquisador equilibra o desejo por explicação aumentada ao adicionar dimensões extras versus interpretabilidade, pela criação de maior complexidade com cada dimensão somada.

A Tabela 9-11 contém os autovalores e percentuais de variação cumulativa e explicada para cada dimensão até o máximo de sete. Uma solução bidimensional nessa situação explica 86% da variação, ao passo que aumentar para uma solução tridimensional acrescenta apenas 10% à explicação. Ao comparar a variância adicional explicada em relação à complexidade crescente na interpretação dos resultados, uma solução bidimensional é considerada adequada para análise posterior.

Estágio 5: Interpretação dos resultados da CA

Com o número de dimensões definido, o pesquisador deve prosseguir com uma interpretação do mapa perceptual obtido. Fazendo isso, pelo menos três questões devem ser tratadas: posicionamento de categorias linha e/ou coluna, caracterização das dimensões, e avaliação da adequação de ajuste de categorias individuais. Cada uma delas é discutida nas próximas seções.

TABELA 9-10 Medidas de similaridade em análise de correspondência: distâncias qui-quadrado

Variáveis		Firma								
		HBAT	A	B	C	D	E	F	G	H	I
X_6	Qualidade do produto	−1,02	−1,28	2,37	1,27	1,71	−0,73	−0,83	−1,59	2,99	−1,66
X_8	Suporte Técnico	1,24	1,69	−0,01	−2,14	−1,76	0,72	1,32	−1,07	0,10	−0,85
X_{10}	Anúncio	0,02	−0,13	0,76	−0,01	0,04	−0,73	0,07	−0,60	1,07	−0,20
X_{12}	Imagem da equipe de venda	−1,27	−1,83	−2,08	3,19	1,53	−0,86	−1,73	4,07	−1,42	0,97
X_{13}	Preço competitivo	1,08	0,40	−1,10	−1,52	−1,48	0,57	0,59	0,65	−0,36	0,53
X_{14}	Garantia e reclamações	−1,32	−1,49	1,15	−1,54	0,23	0,81	0,55	−1,80	−1,44	1,39
X_{16}	Encomenda e cobrança	0,19	−0,19	−0,30	0,37	0,42	−0,30	−0,54	0,08	0,20	0,23
X_{18}	Velocidade de entrega	0,68	−0,51	−0,95	0,95	−0,27	0,40	0,20	0,86	−1,15	−0,37

TABELA 9-11 Determinação da dimensionalidade adequada em análise de correspondência

Dimensão	Autovalor (Valor singular)	Inércia (Qui-quadrado normalizado)	Percentual explicado	Percentual cumulativo
1	0,27666	0,07654	53,1	53,1
2	0,21866	0,04781	33,2	86,3
3	0,12366	0,01529	10,6	96,9
4	0,05155	0,00266	1,8	98,8
5	0,02838	0,00081	0,6	99,3
6	0,02400	0,00058	0,4	99,7
7	0,01951	0,00038	0,3	100,0

Posicionamento relativo de categorias. A primeira tarefa é avaliar as posições relativas das categorias para as linhas e colunas. Fazendo isso, o pesquisador pode avaliar a associação entre categorias em termos de suas proximidades no mapa perceptual. Note que a comparação deve ser apenas entre categorias na mesma linha ou coluna.

O mapa perceptual mostra as proximidades relativas de empresas e atributos (ver Figura 9-17). Se nos concentrarmos primeiramente nas empresas, perceberemos que o padrão de agrupamentos de firmas é semelhante ao encontrado nos resultados MDS. As empresas A, E, F e I, mais a HBAT, formam um grupo; as empresas C e D e as firmas H e B formam dois outros grupos parecidos. No entanto, as proximidades relativas dos membros em cada grupo diferem um pouco da solução MDS. Além disso, a empresa G é mais isolada e distinta, e as empresas F e E agora são vistas como mais parecidas com a HBAT.

Em termos de atributos, surgem diversos padrões. Primeiro, X_6 e X_{13}, as duas variáveis negativamente relacionadas, aparecem em extremos opostos do mapa perceptual. Além disso, variáveis exibindo elevada associação (p.ex., formando fatores) também recaem em grande proximidade (X_{16} e X_{18}, X_8 e X_{14}). Talvez uma perspectiva mais apropriada seja uma contribuição de atributo a cada dimensão, como se discute a seguir.

Interpretação das dimensões. Pode ser útil interpretar as dimensões se normalizações de linhas ou colunas são usadas. Para esses fins, a inércia (variação explicada) de cada dimensão pode ser atribuída entre categorias para linhas e colunas.

A Tabela 9-12 fornece as contribuições de ambos os conjuntos de categorias para cada dimensão. Para os atributos, podemos ver que X_{12} (Imagem da Equipe de venda) é o principal contribuinte da dimensão I, e X_8 (Suporte Técnico) é um contribuinte secundário. Note que esses dois atributos são extremos em termos de suas localizações na dimensão I (ou seja, valores mais altos ou mais baixos na dimensão I). Entre esses dois atributos, 86% da dimensão I é explicada. Um padrão semelhante se dá para a dimensão II, para a qual X_6 (Qualidade do Produto) é o principal contribuinte, seguido por X_{13} (Preço Competitivo), que, quando combinados, explicam 83% da inércia da dimensão II.

Se desviamos nossa atenção para as 10 firmas, percebemos uma situação um pouco mais equilibrada, em que três firmas (A, C e G) contribuem acima da média de 10%. Para a segunda dimensão, quatro firmas (B, D, G e H) têm contribuições acima da média.

Apesar de as comparações neste exemplo estarem entre ambos os conjuntos de categorias e não restritas a um só conjunto de categorias (linha ou coluna), essas medidas de contribuição demonstram a habilidade para interpretar a dimensão quando assim desejado.

Avaliação de ajuste para categorias. Uma medida final fornece uma avaliação de ajuste para cada categoria. Comparáveis com as cargas fatoriais quadradas em análise fatorial (ver Capítulo 3 para uma discussão mais detalhada), esses valores representam a quantia de variação na categoria explicada pela dimensão. Um valor total representa a quantia total de variação ao longo de todas as dimensões, com o máximo possível sendo 100%.

A Tabela 9-12 contém valores de ajuste para cada categoria em cada dimensão. Como podemos ver, os valores de ajuste variam de um valor alto de 99,1 para X_6 (Qualidade do Produto) e X_{12} (Imagem da Equipe de venda) a um baixo de 0,372 para X_{14} (Garantia e Reclamações). Entre os atributos, apenas X_{14} tem um valor abaixo de 50%, e somente duas empresas (HBAT e I) ficam abaixo desse valor. Ainda que esses sejam valores um pouco baixos, eles ainda representam uma explicação suficiente para retê-los na análise e se considerar a mesma com significância prática suficiente.

Revisão de CA

Essas e outras comparações destacam as diferenças entre os métodos MDS e CA e seus resultados. Os resultados

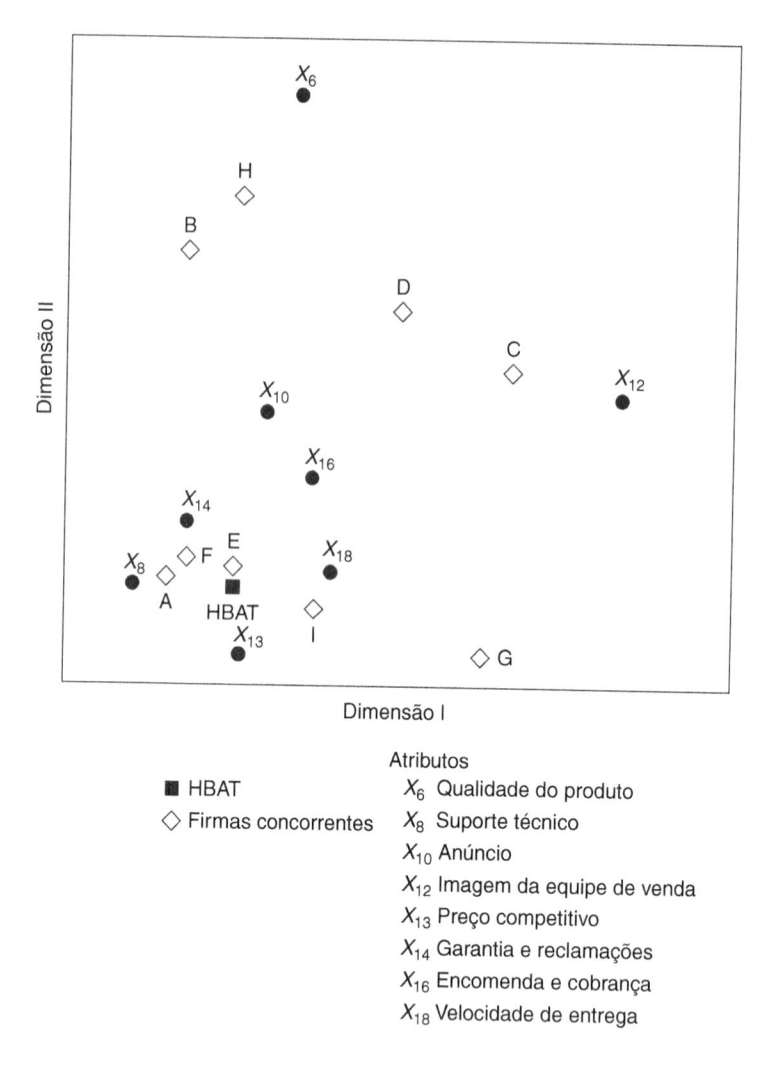

FIGURA 9-17 Mapeamento perceptual com métodos composicionais: análise de correspondência.

da CA fornecem um meio para comparar diretamente a similaridade ou dissimilaridade de empresas e os atributos associados, ao passo que o MDS permite apenas a comparação de empresas. Mas a solução CA é condicionada ao conjunto de atributos incluídos. Ela assume que todos os atributos são apropriados para todas as empresas e que a mesma dimensionalidade se aplica a cada empresa. Logo, o mapa perceptual resultante sempre deve ser visto apenas no contexto das empresas e atributos incluídos na análise.

A análise de correspondência é uma técnica bastante flexível aplicável a uma vasta gama de questões e situações. As vantagens do gráfico conjunto de atributos e objetos devem sempre ser ponderadas em relação às interdependências inerentes que existem e aos efeitos potencialmente viesados de um atributo ou empresa inadequados, ou talvez mais importante, do atributo omitido de uma empresa. Não obstante, a CA ainda fornece uma ferramenta poderosa para adquirir visão administrativa sobre a posição relativa de empresas e dos atributos associados com tais posições.

Estágio 6: Validação dos resultados

Talvez a mais forte validação interna dessa análise seja avaliar a convergência entre os resultados de técnicas decomposicionais e composicionais separadas. Cada técnica emprega diferentes tipos de respostas do consumidor, mas os mapas perceptuais resultantes são representações do mesmo espaço perceptual e devem se corresponder. Se a correspondência é alta, o pesquisador pode estar seguro de que os resultados refletem o problema como descrito. O pesquisador deve observar que esse tipo de convergência não trata da generalidade dos resultados para outros objetos ou amostras da população.

A comparação dos métodos decomposicional e composicional, mostrados nas Figuras 9-12 e 9-17, pode considerar duas abordagens: examinar o posicionamento relativo de objetos e interpretar os eixos. Comecemos pelo exame do posicionamento das empresas. Quando as Figuras 9-12 e 9-17 são rotacionadas para obter-se a mes-

(*Continua*)

TABELA 9-12 Interpretação das dimensões e sua correspondência com firmas e atributos

Objeto	Coordenadas		Contribuição para inércia[a]		Explicação por dimensão[b]		
	I	II	I	II	I	II	Total
Atributo							
X_6 Qualidade do produto	0,044	1,235	0,001	0,689	0,002	0,989	0,991
X_8 Suporte Técnico	−0,676	−0,285	0,196	0,044	0,789	0,111	0,901
X_{10} Anúncio	−0,081	0,245	0,004	0,045	0,093	0,678	0,772
X_{12} Imagem da equipe de venda	1,506	0,298	0,665	0,033	0,961	0,030	0,991
X_{13} Preço competitivo	−0,202	−0,502	0,018	0,142	0,138	0,677	0,816
X_{14} Garantia e reclamações	−0,440	−0,099	0,087	0,006	0,358	0,014	0,372
X_{16} Encomenda e cobrança	0,115	0,046	0,007	0,001	0,469	0,058	0,527
X_{18} Velocidade de entrega	0,204	−0,245	0,022	0,040	0,289	0,330	0,619
Firma							
HBAT	−0,247	−0,293	0,024	0,042	0,206	0,228	0,433
A	−0,537	−0,271	0,125	0,040	0,772	0,156	0,928
B	−0,444	0,740	0,063	0,224	0,294	0,648	0,942
C	1,017	0,371	0,299	0,050	0,882	0,093	0,975
D	0,510	0,556	0,074	0,111	0,445	0,418	0,863
E	−0,237	−0,235	0,025	0,031	0,456	0,356	0,812
F	−0,441	−0,209	0,080	0,023	0,810	0,144	0,954
G	0,884	−0,511	0,292	0,123	0,762	0,201	0,963
H	−0,206	0,909	0,012	0,289	0,049	0,748	0,797
I	0,123	−0,367	0,006	0,066	0,055	0,390	0,446

[a]Proporção da inércia da dimensão atribuível a cada categoria
[b]Proporção de variação de categoria explicada por dimensão

(*Continuação*)

ma perspectiva, elas exibem padrões bem similares de empresas que refletem dois grupos: empresas B, H, D e C versus E, F, G e I. Embora as distâncias relativas entre empresas variem entre os dois mapas perceptuais, ainda vemos a HBAT fortemente associada às empresas A e I em cada mapa perceptual. A CA produz maior distinção entre as empresas, mas seu objetivo é definir posições de empresas como um resultado de diferenças; logo, ela irá gerar maior distinção em seus mapas perceptuais.

A interpretação de eixos e características de distinção também exibe padrões semelhantes nos dois mapas perceptuais. Para o método decomposicional exibido na Figura 9-12, notamos na discussão anterior que, pela rotação dos eixos, obteríamos uma interpretação mais clara. Se rotacionamos os eixos, a dimensão I se torna associada com serviço ao cliente e valor do produto (X_6, X_{13}, X_{16} e X_{18}), ao passo que a dimensão II reflete marketing e suporte técnico (X_8, X_{10} e X_{12}). Os demais atributos não são fortemente associados a qualquer eixo.

Para fazer uma comparação com análise de correspondência (Figura 9-17), devemos primeiramente reorientar os eixos. Como podemos ver, as dimensões mudam entre as duas análises. Os agrupamentos de firmas permanecem essencialmente os mesmos, mas estão em posições diferentes no mapa perceptual. Em CA, as dimensões refletem aproximadamente os mesmos elementos, com as cargas maiores sendo X_{18} (Velocidade de Entrega) na dimensão I e X_{12} (Imagem da Equipe de venda) na dimensão II. Isso se compara muito favoravelmente com os resultados decomposicionais, exceto pelo fato de que os outros atributos estão um pouco mais difusos nas dimensões.

No geral, apesar de algumas diferenças de fato existirem devido às características de cada abordagem, a convergência dos dois resultados realmente fornece alguma validade interna aos mapas perceptuais. Diferenças perceptuais podem existir para uns poucos atributos, mas os padrões gerais de posições de empresas e dimensões avaliativas são apoiados por ambas as abordagens. A disparidade do atributo de flexibilidade de preço ilustra as diferenças dos dois métodos.

O pesquisador dispõe de duas ferramentas complementares na compreensão de percepções de clientes. O método decomposicional determina a posição baseado em julgamentos gerais, com os atributos aplicados somente como uma tentativa para explicar as posições. O método composicional posiciona empresas de acordo com o conjunto selecionado de atributos, criando assim posições baseadas nos atributos. Além disso, cada atributo é igualmente ponderado, de modo que há potenciais distorções do mapa com atributos irrelevantes. Essas diferenças não tornam qualquer técnica melhor ou ótima, mas, em vez disso, devem ser compreendidas pelo pesquisador para garantir a seleção do método mais adequado aos objetivos de pesquisa.

Uma visão gerencial dos resultados do MDS

O mapeamento perceptual é uma técnica ímpar que fornece comparações gerais que não são prontamente possíveis com qualquer outro método multivariado. Como tal, seus resultados oferecem várias perspectivas para uso administrativo. A aplicação mais comum dos mapas perceptuais é para a avaliação de imagem para qualquer empresa ou grupo de empresas. Enquanto variável estratégica, a imagem pode ser importante como um indicador geral de presença ou posição no mercado.

> Neste estudo, descobrimos que a HBAT está mais proximamente associada às empresas A e I e mais distante das empresas C, E e G. Assim, quando servem os mesmos mercados, a HBAT pode identificar as empresas consideradas semelhantes ou distintas de sua imagem. Com os resultados baseados não em qualquer conjunto de atributos específicos, mas em julgamentos gerais de respondentes, as imagens apresentam o benefício de não estarem sujeitas a julgamentos subjetivos de um pesquisador, como atributos a serem incluídos ou a forma de ponderar os atributos individuais, mantendo o verdadeiro espírito de avaliação de imagem. No entanto, as tecnologias MDS são menos úteis para guiar estratégias por serem menos úteis para prescrever como mudar a imagem. As respostas globais que são vantajosas para a comparação agora funcionam contra nós na explicação.

Apesar de as técnicas MDS poderem aumentar a explicação dos mapas perceptuais, elas devem ser vistas como suplementares e provavelmente com maiores inconsistências do que se fossem integradas ao processo. Logo, uma pesquisa adicional pode ajudar a explicar as posições relativas.

Para este fim, os resultados da CA são uma abordagem conciliadora, na tentativa de retratar mapas perceptuais sob uma perspectiva composicional. A comparação de resultados da CA com os da solução MDS clássica revela diversas consistências, mas também algumas discrepâncias.

> A comparação das duas soluções identifica alguns padrões gerais de associações entre firmas (como A HBAT e as firmas A e I) e entre grupos de atributos. A administração da HBAT pode usar tais resultados não apenas como um guia para a política geral, mas também como referencial para futura investigação com outras técnicas multivariadas sobre questões de pesquisa mais específicas.

O pesquisador deve observar que nenhuma técnica tem a resposta absoluta, mas que cada uma pode ser usada para capitalizar sobre seus benefícios relativos. Quando empregadas dessa maneira, as diferenças esperadas nas duas técnicas podem, realmente, fornecer visões únicas e complementares sobre a questão de pesquisa.

Resumo

Escalonamento multidimensional é um conjunto de procedimentos que pode ser usado para representar graficamente as relações descobertas por dados que representam similaridade ou preferência. Essa técnica tem sido usada com sucesso (1) para ilustrar segmentos de mercado com base em julgamentos de preferência, (2) para determinar quais produtos são mais competitivos entre si (isto é, são mais similares), e (3) para deduzir quais critérios as pessoas usam quando julgam objetos (p.ex., produtos, companhias, anúncios). Este capítulo ajuda você a fazer o seguinte:

Definir escalonamento multidimensional e descrever como ele é executado. Escalonamento multidimensional (MDS), também conhecido como mapeamento perceptual, é um procedimento que permite que um pesquisador determine a imagem relativa percebida de um conjunto de objetos (firmas, produtos, idéias ou outros itens associados com percepções comumente mantidas). O propósito do MDS é transformar julgamentos de clientes, quanto a similaridade ou preferência geral (p.ex., preferência por lojas ou marcas), em distâncias representadas em um espaço multidimensional. Para executar uma análise de escalonamento multidimensional, o pesquisador realiza três passos básicos: (1) reúne medidas de similaridade ou de preferência no conjunto inteiro de objetos a serem analisados, (2) usa técnicas MDS para estimar a posição relativa de cada objeto no espaço multidimensional, e (3) identifica e interpreta os eixos do espaço dimensional em termos de atributos perceptuais e/ou objetivos. O mapa perceptual, também chamado de mapa espacial, exibe o posicionamento relativo de todos os objetos.

Entender as diferenças entre dados de similaridade e de preferência. Depois de escolher objetos para o estudo, o pesquisador deve a seguir escolher a base de avaliação: similaridade ou preferência. Ao fornecerem dados de similaridade, os respondentes não aplicam quaisquer aspectos do tipo "bom-ruim" de avaliação na comparação, mas com dados de preferência avaliações desse tipo são feitas. Em resumo, dados de preferência assumem que diferentes combinações de atributos percebidos são melhor valoradas do que outras. Ambas as bases de comparação podem ser usadas para desenvolver mapas perceptuais, mas com diferentes interpretações: (1) mapas perceptuais baseados em similaridade representam semelhanças de atributos e dimensões perceptuais de comparação, mas não refletem qualquer visão direta sobre os determinantes de escolha; e (2) mapas perceptuais baseados em preferências refletem escolhas preferidas, mas podem não corresponder de forma alguma às posições baseadas em semelhança, pois respondentes podem sustentar suas escolhas sobre dimensões ou critérios inteiramente diferentes daqueles nos quais eles baseiam comparações. Sem qualquer base ótima para avaliação, a decisão entre dados de similaridades e de preferência deve ser feita com a mais importante questão de pesquisa em mente, pois eles são fundamentalmente distintos em termos do que representam.

Selecionar entre uma abordagem decomposicional e uma composicional. Técnicas de mapeamento perceptual podem ser classificadas em um entre dois tipos, com base na natureza das respostas obtidas a partir de indivíduos, referentes a objetos: (1) o método decomposicional, que mede somente a impressão ou avaliação geral de um objeto e então tenta derivar posições espaciais em espaço multidimensional que reflitam essas percepções (ele emprega dados de similaridade ou de preferência e é a abordagem tipicamente associada ao MDS), e (2) o método composicional, que emprega diversas técnicas multivariadas já discutidas que são usadas para formar uma impressão ou avaliação com base em uma combinação de atributos específicos. Mapeamentos perceptuais podem ser realizados com técnicas tanto decomposicionais quanto composicionais, mas cada técnica apresenta vantagens e desvantagens específicas que devem ser consideradas do ponto de vista dos objetivos da pesquisa. Se o mapeamento perceptual é levado a cabo como técnica exploratória para identificar dimensões não-reconhecidas ou como meio de se obter avaliações comparativas de objetos quando as bases específicas de comparação são desconhecidas ou não-definidas, as abordagens decomposicionais (livres de atributos) são as mais adequadas. Em contrapartida, se as metas da pesquisa incluem a representação gráfica entre objetos em um conjunto definido de atributos, então as técnicas composicionais são a alternativa preferível.

Determinar a comparabilidade e o número de objetos. Antes de se executar qualquer estudo de mapeamento perceptual, o pesquisador deve tratar de duas questões-chave em relação aos objetos sendo avaliados. Essas questões lidam com a garantia de comparabilidade dos objetos e com a seleção do número de objetos a serem avaliados. A primeira questão ao se selecionar objetos é: eles são realmente comparáveis? Uma suposição implícita em mapeamento perceptual é aquela sobre características em comum, sejam objetivas ou percebidas, usadas pelo respondente no processo de avaliação. Logo, é essencial que os objetos sob comparação tenham um conjunto de atributos inerentes que caracterizam cada um deles e formam a base de comparação feita pelo respondente. Não é possível que o pesquisador force o respondente a fazer comparações criando pares de objetos não comparáveis. Uma segunda questão se refere ao número de objetos a serem avaliados. Ao se decidir quantos objetos devem ser incluídos, o pesquisador deve equilibrar dois desejos: por um número menor de objetos para facilitar o esforço por parte do respondente, e por uma quantia exigida de objetos para se obter uma solução multidimensional estável. Geralmente deve ser feita uma negociação entre o número de dimensões inerentes que podem ser identificadas e o esforço exigido por parte do respondente para avaliá-las.

Entender como criar um mapa perceptual. Três passos estão envolvidos na criação de um mapa perceptual com base nas posições ótimas dos objetos. O primeiro é escolher uma configuração inicial de estímulos em uma dimensionalidade inicial desejada. As duas abordagens mais amplamente utilizadas para obter a configuração inicial são aquela que se sustenta em dados prévios e aquela que gera uma através da seleção de pontos pseudo-aleatórios a partir de uma distribuição multivariada aproximadamente normal. O segundo passo é computar as distâncias entre os pontos de estímulos e comparar as relações (observadas versus derivadas) com uma medida de ajuste. Uma vez que a configuração é encontrada, as distâncias entre estímulos nas configurações iniciais são comparadas com as medidas de distância obtidas a partir de julgamentos de similaridade. As duas medidas de distância são então comparadas por uma medida de ajuste, geralmente sendo uma medida de desajuste. O terceiro passo é necessário se a medida de ajuste não alcançar um valor de parada previamente escolhido. Em tais casos, você encontra uma nova configuração para a qual a medida de ajuste é minimizada. O programa de computador determina as direções nas quais o melhor ajuste pode ser obtido e então move os pontos na configuração naquelas direções em pequenos incrementos.

Explicar análise de correspondência como um método de mapeamento perceptual. Análise de correspondência (CA) é uma técnica de interdependência que tem se tornado cada vez mais popular para redução dimensional e mapeamento perceptual. A análise de correspondência tem três características marcantes: (1) é uma técnica composicional, e não decomposicional, porque o mapa perceptual se baseia na associação entre objetos e um conjunto de características ou atributos descritivos especificados pelo pesquisador; (2) é a aplicação mais direta na representação gráfica da correspondência de categorias de variáveis, particularmente aquelas medidas em escalas nominais, que é então usada como a base para o desenvolvimento de mapas perceptuais; e (3) os benefícios exclusivos da CA repousam em suas habilidades para representar linhas e colunas, por exemplo, marcas e atributos, em um espaço conjunto. Resumidamente, a análise de correspondência oferece uma valiosa ferramenta analítica para um tipo de dado (não-métrico) que freqüentemente não é o ponto focal de técnicas multivariadas. A análise de correspondência também oferece ao pesquisador uma técnica composicional complementar a MDS para tratar de questões nas quais a comparação direta de objetos e atributos é preferível.

O MDS pode revelar relações que parecem estar obscuras quando se examinam somente os números resultantes de um estudo. Um mapa perceptual com apelo visual enfatiza as relações entre os estímulos sob estudo. Devemos tomar muito cuidado quando utilizamos essa técnica. O seu uso de forma incorreta é comum. O pesquisador deve se familiarizar com o método antes de usá-lo e ver os resultados apenas como o primeiro passo para a determinação de informações perceptuais.

Questões

1. Como o MDS difere de outras técnicas de interdependência (análise de agrupamentos e análise fatorial)?
2. Qual é a diferença entre dados de preferência e dados de similaridade, e que impacto eles têm sobre os resultados de procedimentos MDS?
3. Como os pontos ideais são empregados em procedimentos MDS?
4. Quais são as diferenças entre procedimentos MDS métricos e não-métricos?
5. Como o pesquisador pode determinar quando a solução MDS ótima foi obtida?
6. Como o pesquisador identifica as dimensões em MDS? Compare esse método com o procedimento para a análise fatorial.
7. Compare e contraste as técnicas CA e MDS.
8. Descreva como é obtida correspondência ou associação a partir de uma tabela de contingência.
9. Descreva os métodos para interpretação de categorias (linha ou coluna) em CA. As categorias sempre podem ser diretamente comparadas com base em proximidade no mapa perceptual?

Leituras sugeridas

Uma lista de leituras sugeridas que ilustram problemas e aplicações de técnicas multivariadas em geral está disponível na Web em www.prenhall.com/hair (em inglês).

Referências

1. Carroll, J. Douglas, Paul E. Green, and Catherine M.-Schaffer. 1986. Interpoint Distance Comparisons in Correspondence Analysis. *Journal of Marketing Research* 23 (August): 271–80.
2. Carroll, J. Douglas, Paul E. Green, and Catherine M.-Schaffer. 1987. Comparing Interpoint Distances in Correspondence Analysis: A Clarification. *Journal of Marketing Research* 24 (November): 445–50.
3. Chang, J. J., and J. Douglas Carroll. 1968. How to Use PROFIT, a Computer Program for Property Fitting-by Optimizing Nonlinear and Linear Correlation. Unpublished paper, Bell Laboratories, Murray Hill, NJ.
4. Chang, J. J., and J. Douglas Carroll. 1969. How to Use INDSCAL, a Computer Program for Canonical Decomposition of n-Way Tables and Individual Differences in Multidimensional Scaling. Unpublished paper, Bell Laboratories, Murray Hill, NJ.
5. Chang, J. J., and J. Douglas Carroll. 1969. How to Use MDPREF, a Computer Program for Multidimensional Analysis of Preference Data. Unpublished paper, Bell Laboratories, Murray Hill, NJ.
6. Chang, J. J., and J. Douglas Carroll. 1972. How to Use PREFMAP and PREFMAP2—Programs Which Relate Preference Data to Multidimensional Scaling Solution. Unpublished paper, Bell Laboratories, Murray Hill, NJ.
7. Green, P. E. 1975. On the Robustness of Multidimensional Scaling Techniques. *Journal of Marketing Research* 12 (February): 73–81.
8. Green, P. E., and F. Carmone. 1969. Multidimensional Scaling: An Introduction and Comparison of Nonmetric Unfolding Techniques. *Journal of Marketing Research* 7 (August): 33–41.
9. Green, P. E., F. Carmone, and Scott M. Smith. 1989. *Multidimensional Scaling: Concept and Applications*. Boston: Allyn & Bacon.
10. Green, P. E., and Vithala Rao. 1972. *Applied Multidimensional Scaling*. New York: Holt, Rinehart and Winston.
11. Greenacre, Michael J. 1984. *Theory and Applications of Correspondence Analyses*. London: Academic Press.
12. Greenacre, Michael J. 1989. The Carroll-Green-Schaffer Scaling in Correspondence Analysis: A-Theoretical and Empirical Appraisal. *Journal of Marketing Research* 26 (August): 358–65.
13. Hoffman, Donna L., and George R. Franke. 1986. Correspondence Analysis: Graphical Representation of Categorical Data in Marketing Research. *Journal of Marketing Research* 23 (August): 213–27.
14. Holbrook, Morris B., William L. Moore, and Russell S. Winer. 1982. Constructing Joint Spaces from Pick-Any Data: A New Tool for Consumer Analysis. *Journal of Consumer Research* 9 (June): 99–105.
15. Levine, Joel H. 1979. Joint-Space Analysis of "Pick-Any" Data: Analysis of Choices from an Unconstrained Set of Alternatives. *Psychometrika* 44 (March): 85–92.
16. Lingoes, James C. 1972. *Geometric Representations of Relational Data*. Ann Arbor, MI: Mathesis Press.
17. Kruskal, Joseph B., and Frank J. Carmone. 1967. How to Use MDSCAL. Version 5-M, and Other Useful Information. Unpublished paper, Bell Laboratories, Murray Hill, NJ.
18. Kruskal, Joseph B., and Myron Wish. 1978. *Multidimensional Scaling*. Sage University Paper Series on Quantitative Applications in the Social Sciences, 07–011, Beverly Hills, CA: Sage.
19. Lebart, Ludovic, Alain Morineau, and Kenneth M.-Warwick. 1984. *Multivariate Descriptive Statistical-Analysis: Correspondence Analysis and-Related Techniques for Large Matrices*. New York:-Wiley.

20. Maholtra, Naresh. 1987. Validity and Structural Reliability of Multidimensional Scaling. *Journal of Marketing Research* 24 (May): 164–73.
21. Market ACTION Research Software, Inc. 1989. *MAPWISE: Perceptual Mapping Software*. Peoria,-IL: Business Technology Center, Bradley-University.
22. Raymond, Charles. 1974. *The Art of Using Science in Marketing*. New York: Harper & Row.
23. Schiffman, Susan S., M. Lance Reynolds, and Forrest W. Young. 1981. *Introduction to Multidimensional Scaling*. New York: Academic Press.
24. Smith, Scott M. 1989. *PC–MDS: A Multidimensional Statistics Package*. Provo, UT: Brigham Young University.
25. Srinivasan, V., and A. D. Schocker. 1973. Linear Programming Techniques for Multidimensional Analysis of Preferences. *Psychometrika* 38 (September): 337–69.

SEÇÃO IV
Para Além das Técnicas Básicas

VISÃO GERAL

Esta seção oferece uma introdução simples e concisa a algumas das técnicas de vanguarda que estão agora emergindo na análise multivariada. Muito freqüentemente a adoção de uma nova técnica é retardada pela mistificação de especialistas que não passam ou não podem passar seu conhecimento para outros. Além disso, os pesquisadores de hoje estão diante de diversas técnicas novas e animadoras que se proliferam mais do que nunca e que podem estender suas capacidades para lidar com problemas que eram difíceis ou até impossíveis de resolver antes. Assim, esta seção oferece uma introdução estendida de algumas dessas técnicas para fornecer ao leitor uma compreensão geral dos procedimentos, o conhecimento de quando elas podem ser aplicadas, e um conhecimento de seu funcionamento que deve viabilizar ao usuário a aplicação dessas técnicas em problemas básicos. De forma alguma seremos capazes de cobrir tudo o que há de novo em análise multivariada. Selecionamos, então, um importante avanço para se lidar com múltiplas relações de dependência (modelagem de equações estruturais). Ela representa a técnica multivariada que mais tem crescido em popularidade nos últimos 20 anos.

CAPÍTULOS NA SEÇÃO IV

A Seção IV contém três capítulos. O Capítulo 10 fornece uma visão geral da modelagem de equações estruturais (SEM), um procedimento para acomodar erro de mensuração (ou erro de medida) diretamente na estimação de uma série de relações de dependência. É o melhor procedimento multivariado para testar a validade de construto e as relações teóricas entre conceitos representados por múltiplas variáveis medidas. Antes da introdução da SEM, este processo iria requerer a aplicação de diversas ferramentas estatísticas e o resultado seria um exame menos satisfatório. A modelagem de equações estruturais tem sido amplamente aceita na comunidade acadêmica, mas tem conquistado pouco uso em outras áreas devido, em parte, à curva de aprendizagem percebida associada com tal método. Não queremos subestimar os esforços envolvidos, mas nenhum pesquisador deveria evitar a SEM apenas por esse motivo, pois os princípios da análise fatorial e da regressão múltipla formam a fundamentação para a compreensão da SEM.

Seguindo a visão geral básica, o Capítulo 11 é devotado à análise fatorial confirmatória, a qual estende as idéias anteriormente apresentadas quando discutimos a análise fatorial exploratória. Agora, porém, o pesquisador deve desempenhar um papel mais ativo ao desenvolver e especificar uma teoria que determinará quantos fatores devem existir em um conjunto de variáveis e como elas se relacionam ou se apresentam em termos de cargas sobre um número menor de fatores. É fornecido um teste sobre o quão bem esta teoria se ajusta aos dados que permite ao leitor examinar diretamente a validade de construto neste conjunto de medidas.

O Capítulo 12 é dedicado ao teste de relações teóricas entre os fatores representados por múltiplas variáveis. O objetivo aqui é testar a estrutura de relações entre os fatores. Portanto, é conceitualmente semelhante à condução de análise de regressão usando-se um conjunto de escalas múltiplas de avaliação, sendo que cada uma delas representa um fator que pode ser recuperado com análise fatorial. Usando SEM, o pesquisador pode avaliar a força de relações entre dois fatores quaisquer com maior precisão, pois a SEM corrige a relação quanto a erro de medida. Além disso, um teste geral de ajuste é fornecido para viabilizar ao pesquisador uma avaliação da validade de um conjunto pré-especificado de hipóteses, com cada uma delas representando uma relação de regressão entre fatores. Uma vez que o Capítulo 11 permite um exame direto da validade de uma teoria de mensuração, o Capítulo 12 descreve técnicas que culminam em um exame detalhado da teoria estrutural que descreve como fatores-chave de resultados são afetados por outros fatores-chave de entrada.

CAPÍTULO 10
Modelagem de Equações Estruturais: Uma Introdução

Objetivos de aprendizagem

Ao concluir este capítulo, você deverá ser capaz de:

- Entender as características distintivas da SEM.
- Diferenciar variáveis de construtos.
- Entender a modelagem de equações estruturais e como ela pode ser vista como uma combinação de técnicas multivariadas conhecidas.
- Conhecer as condições básicas para causalidade e como SEM pode ajudar a estabelecer uma relação de causa e efeito.
- Explicar os tipos de relações envolvidas na SEM.
- Entender que o objetivo da SEM é explicar covariância e como isso se traduz no ajuste de um modelo.
- Saber como representar visualmente um modelo SEM com um diagrama de caminhos.
- Listar os seis estágios de modelagem de equações estruturais e compreender o papel da teoria no processo.

Apresentação do capítulo

Um dos principais objetivos de técnicas multivariadas é expandir a habilidade explanatória do pesquisador e a eficiência estatística. Regressão múltipla, análise fatorial, análise multivariada de variância, análise discriminante e as outras técnicas discutidas em capítulos anteriores fornecem ao pesquisador ferramentas poderosas para resolver uma vasta gama de questões administrativas e teóricas. Todas elas também compartilham de uma limitação em comum: cada técnica pode examinar somente uma relação por vez. Mesmo as técnicas que permitem múltiplas variáveis dependentes, como a análise multivariada de variância e a análise canônica, ainda representam apenas uma relação entre as variáveis dependentes e independentes.

Muito comumente, porém, o pesquisador se defronta com um conjunto de questões inter-relacionadas. Por exemplo, quais variáveis determinam a imagem de uma loja? Como essa imagem se combina com outras variáveis para afetar decisões de compra e satisfação com a loja? Como satisfação com a loja resulta em lealdade a longo prazo com a mesma? Essa série de questões tem importância administrativa e teórica. No entanto, nenhuma das técnicas multivariadas que examinamos nos permite tratar de todas essas questões com um só método abrangente. Em outras palavras, esses métodos não nos permitem testar a teoria inteira do pesquisador com uma técnica que considere toda a informação possível. Por essa razão, examinamos agora a técnica de **modelagem de equações estruturais (SEM)**, uma extensão de diversas técnicas multivariadas que já estudamos, mais precisamente da regressão múltipla e da análise fatorial.

Como brevemente descrito no Capítulo 1, a modelagem de equações estruturais pode examinar uma série de relações de dependência simultaneamente. Ela é particularmente útil para testar teorias que contêm múltiplas equações envolvendo relações de dependência. Em outras palavras, se acreditamos que uma imagem cria satisfação, e satisfação cria lealdade, então satisfação é uma variável dependente e independente na mesma teoria. Assim, uma variável presumivelmente dependente se torna independente em uma relação subseqüente de dependência. Nenhuma dessas técnicas anteriores nos permite avaliar ambas as propriedades de medida e testar as relações teóricas importantes em uma só abordagem. A SEM ajuda a tratar desses tipos de questões.

Termos-chave

Antes de começar o capítulo, leia os termos-chave para compreender os conceitos e a terminologia empregados. Ao longo do capítulo, os termos-chave aparecem em **negrito**. Outros pontos que merecem destaque, além das referências cruzadas nos termos-chave, estão em *itálico*. Exemplos ilustrativos estão em quadros.

Abordagem baseada em modelos Método de substituição para dados perdidos no qual valores são estimados para dados perdidos com base em todos os dados não-perdidos para um dado respondente. Os métodos mais usados são a estimação de máxima verossimilhança (ML) de valores perdidos e EM, que envolve estimação de máxima verossimilhança das médias e covariâncias, tendo-se os dados perdidos.

Abordagem de caso completo Método para lidar com dados perdidos que computa valores com base em dados de somente casos completos, ou seja, casos sem dados perdidos. Também conhecido como eliminação *listwise*.

Abordagem de disponibilidade Método para lidar com dados perdidos que computa valores com base em todas as observações válidas disponíveis. Também conhecido como eliminação aos pares.

Ajuste Ver *qualidade de ajuste*.

Análise confirmatória Uso de uma técnica multivariada para testar (confirmar) uma relação pré-especificada. Por exemplo, suponha que teorizemos que apenas duas variáveis deveriam ser preditoras de uma variável dependente. Se testarmos empiricamente a significância desses dois preditores e a não significância de todos os outros, esse teste será uma análise confirmatória. É o oposto de *análise exploratória*.

Análise de caminhos Termo geral para um método que emprega correlações bivariadas simples para estimar as relações em um *modelo* SEM. A análise de caminhos busca determinar os pontos fortes dos caminhos mostrados em *diagramas de caminhos*.

Análise exploratória Análise que define possíveis relações apenas na forma mais geral e então permite que a técnica multivariada estime relações. O oposto da *análise confirmatória*, o pesquisador não busca confirmar quaisquer relações especificadas anteriormente à análise, mas, ao invés disso, deixa o método e os dados definirem a natureza das relações. Um exemplo é a regressão múltipla *stepwise*, na qual o método acrescenta variáveis preditoras até que algum critério seja satisfeito.

Atribuição Processo de estimação dos dados perdidos de uma observação baseado em valores válidos das outras variáveis. O objetivo é empregar relações conhecidas que possam ser identificadas nos valores válidos da amostra para auxiliar na representação ou mesmo na estimação das substituições para valores perdidos. Ver também *abordagem totalmente disponível*, de *caso completo*, e *baseada em modelo* para dados perdidos.

Causalidade Princípio pelo qual causa e efeito são estabelecidos entre duas variáveis. Ele requer que exista um grau suficiente de associação (covariância) entre as duas variáveis, que uma variável ocorra antes da outra (que uma variável seja claramente o resultado da outra), e que não existam outras causas razoáveis para o resultado. Apesar de causalidade ser raramente encontrada em seu sentido estrito, na prática, forte apoio teórico pode tornar possível a estimação empírica de causalidade.

Completamente perdidos ao acaso (MCAR) Classificação de *dados perdidos* aplicável quando valores perdidos de Y não dependem de X. Quando os dados perdidos são MCAR, os valores observados de Y são uma amostra verdadeiramente aleatória de todos os valores de Y, sem um processo inerente que acrescente viés aos dados observados.

Comunalidade Quantia total de variância que uma *variável medida* tem em comum com os *construtos* sobre os quais ela tem carga. A prática da boa medição sugere que cada variável medida deve carregar sobre apenas um construto. Logo, ela pode ser imaginada como a variância explicada em uma variável medida pelo construto. Em CFA, ela é chamada de correlação múltipla quadrada para uma variável medida. Ver também *variância extraída* no próximo capítulo.

Confiabilidade Medida do grau em que um conjunto de *indicadores* de um *construto latente* é internamente consistente em suas mensurações. Os indicadores de *construtos* altamente confiáveis são altamente intercorrelacionados, indicando que eles todos parecem medir a mesma coisa. A confiabilidade de item individual pode ser computada como 1,0 menos o *erro de mensuração*. Note que elevada confiabilidade não garante que um construto está representando aquilo que deveria. É uma condição necessária, porém não suficiente para validade.

Construto Conceito inobservável ou *latente* que o pesquisador pode definir em termos teóricos mas que não pode ser diretamente medido (p.ex., o respondente não pode articular uma única resposta que fornecerá total e perfeitamente uma medida do conceito) ou medido sem erro (ver *erro de mensuração*). Um construto pode ser definido em diversos graus de especificidade, variando de conceitos muito limitados até aqueles mais complexos ou abstratos, como inteligência ou emoções. Não importa qual o seu nível de especificidade, porém, um construto não pode ser medido direta e perfeitamente, mas deve ser medido aproximadamente por *indicadores* múltiplos.

Construto latente *Operacionalização de um construto em modelagem de equações estruturais*. Um construto latente não pode ser diretamente medido, mas pode ser representado ou medido por uma ou mais variáveis (*indicadores*). Por exemplo, a atitude de uma pessoa em relação a um produto jamais pode ser medida precisamente a ponto de não haver incerteza, mas fazendo-se várias perguntas podemos avaliar muitos aspectos da atitude dessa pessoa. Em combinação, as respostas a tais questões fornecem uma medida razoavelmente precisa do construto latente (atitude) para um indivíduo.

Construtos endógenos *Latente*, equivalente multi-item a variáveis dependentes. Um construto endógeno é representado por uma *variável* estatística de variáveis dependentes. Em termos de um *diagrama de caminhos*, uma ou mais setas (indicações) conduzem até o construto endógeno.

Construtos exógenos *Latente*, equivalente multi-item de variáveis independentes. Eles são *construtos* determinados por fatores fora do modelo.

Diagrama de caminhos Representação visual de um *modelo* e do conjunto completo de relações entre os *construtos* do modelo. *Relações de dependência* são representadas por setas retilíneas, apontando da variável preditora para a variável ou construto dependente. Setas curvas correspondem a correlações entre construtos ou *indicadores*, mas nenhuma *causalidade* é implicada.

Erro de mensuração Grau em que as variáveis que podemos medir não descrevem perfeitamente o(s) *construto(s) latente(s)* de interesse. Fontes de erro de mensuração podem variar de simples erros de entrada de dados a definição de *construtos* (p.ex., conceitos abstratos como patriotismo ou lealdade, que significam muitas coisas para diferentes pessoas) que não são perfeitamente caracterizados por um conjunto de *variáveis medidas*. Para fins práticos, todos os construtos têm algum erro de mensuração, mesmo com as melhores *variáveis indicadoras*. No entanto, o objetivo do pesquisador é minimizar a quantia de erro de mensuração. SEM pode levar em conta erro de mensuração a fim de fornecer estimativas mais precisas das relações entre construtos.

Estatística de diferença ($\Delta\chi^2$) de qui-quadrado (χ^2) *Modelos SEM concorrentes* aninhados podem ser comparados usando-se esta estatística, que é a diferença simples entre as estatísticas (χ^2) de cada modelo e tem número de *graus de liberdade* igual à diferença nos graus de liberdade dos modelos.

Estimação de máxima verossimilhança (MLE) Método de estimação comumente empregado em modelos de equações estruturais. Uma alternativa aos usuais mínimos quadrados usados em regressão múltipla, MLE é um procedimento que melhora por iterações as estimativas de parâmetros para minimizar uma função de ajuste especificada.

Estratégia de desenvolvimento de modelo Estratégia de modelagem estrutural que incorpora *reespecificação de modelo* como um método teoricamente orientado de melhoria de um *modelo* especificado empiricamente. Isso permite exploração de formulações alternativas de modelos que podem ser apoiadas por teoria. Uma estrutura básica de modelo é proposta, e a meta do esforço de modelagem é melhorar esta estrutura através de modificações dos *modelos estrutural* e/ou de *mensuração*. O modelo modificado seria validado com novos dados. Não corresponde a uma *abordagem exploratória* na qual *reespecificações* de modelo são feitas sem base teórica.

Estratégia de modelagem confirmatória Estratégia que avalia estatisticamente um único modelo quanto ao seu ajuste aos dados observados. Essa abordagem é realmente menos rigorosa do que a *estratégia de modelos concorrentes*, pois ela não considera modelos alternativos que possam se ajustar melhor ou tão bem como o modelo proposto.

Estratégia de modelos concorrentes Estratégia de modelagem que compara o modelo proposto com vários modelos alternativos em uma tentativa de demonstrar que não existe modelo de melhor ajuste. Isso é particularmente relevante em *modelagem de equações* estruturais porque um modelo pode ter ajuste apenas aceitável, mas ajuste somente aceitável não garante que um outro modelo não se ajustará de melhor forma ou tão bem quanto.

Fator latente Ver *construto latente*.

Graus de liberdade (*df*) O número de bits de informação disponível para estimar a distribuição amostral dos dados depois que todos os parâmetros do modelo tenham sido estimados. Em modelos SEM, graus de liberdade são o número de correlações ou covariâncias não redundantes na matriz de entrada menos o número de coeficientes estimados. O pesquisador tenta maximizar os graus de liberdade disponíveis enquanto ainda obtém o modelo de melhor ajuste. Cada coeficiente estimado "consome completamente" um grau de liberdade. Um modelo jamais pode estimar mais coeficientes do que o número de correlações ou covariâncias não redundantes, o que significa que zero é o limite inferior para os graus de liberdade de qualquer modelo.

Indicador Valor observado (também chamado de *variável medida* ou *manifesta*) usado como uma medida de um *construto latente* que não pode ser medido diretamente. O pesquisador deve especificar quais indicadores são associados com cada construto latente.

Índices de ajuste de parcimônia Medidas de *qualidade de ajuste* geral representando o grau de ajuste de *modelo* por coeficiente estimado. Esta medida tenta corrigir qualquer superajuste do *modelo* e avalia a *proporção de parcimônia* do modelo em comparação com a qualidade de ajuste. Essas medidas complementam os outros dois tipos de medidas de qualidade de ajuste, o *ajuste absoluto* e o *ajuste incremental*.

Índices de ajuste incremental Grupo de índices de *qualidade do ajuste* que avaliam o quão bem um modelo especificado se ajusta relativamente a algum modelo de referência alternativo. Mais comumente, o modelo de referência é um *modelo nulo* especificando que todas as *variáveis medidas* são não relacionadas entre si. Complementa os outros dois tipos de medidas de qualidade de ajuste, as de *ajuste absoluto* e de *ajuste parcimonioso*.

Inferência causal *Relação de dependência* de duas ou mais variáveis na qual o pesquisador claramente especifica que uma ou mais variáveis causam ou criam um resultado representado por pelo menos uma outra variável. Deve atender às exigências de *causalidade*.

LISREL O programa SEM mais amplamente usado. O nome é derivado de LInear Structural RELations (relações estruturais lineares).

Matriz de covariância amostral observada Matriz típica de entrada para estimação de SEM composta das variâncias e covariâncias observadas para cada *variável medida*. É normalmente abreviada com uma letra S maiúscula em negrito (**S**)

Matriz de covariância estimada Matriz de covariância composta das covariâncias previstas entre todas as *variáveis indicadoras* envolvidas em uma SEM baseada nas equações que representam o modelo teorizado. Tipicamente abreviada como Σ_k.

Medida de ajuste absoluto Medida de *qualidade de ajuste* geral para os *modelos estrutural* e de *mensuração* coletivamente. Esse tipo de medida não faz qualquer comparação com um *modelo nulo* especificado (*medida de ajuste incremental*) ou ajuste para o número de parâmetros no modelo estimado (*medida de ajuste parcimonioso*).

Modelagem de equações estruturais (SEM) Técnica multivariada que combina aspectos de análise fatorial e de regressão múltipla que permite ao pesquisador examinar simultaneamente uma série de *relações de dependência* inter-relacionadas entre as *variáveis medidas* e *construtos latentes* (*variáveis estatísticas*), bem como entre diversos construtos latentes.

Modelo Representação e operacionalização de uma teoria. Um modelo convencional em terminologia SEM consiste de duas partes. A primeira parte é o *modelo de mensuração*. Ele representa a teoria que mostra como *variáveis medidas* se juntam para representar *construtos*. A segunda parte é o *modelo estrutural*, que mostra como os construtos são associados uns com os outros, geralmente com múltiplas *relações de dependência*. O modelo pode ser formalizado em um *diagrama de caminhos*.

Modelo aninhado Um *modelo* é aninhado dentro de outro se tem o mesmo número de *construtos* e pode ser formado a partir de outro modelo alterando-se as relações. A forma mais comum de modelo aninhado ocorre quando uma única relação é acrescentada ou eliminada de um outro modelo. Logo, o modelo com menos relações estimadas está aninhado dentro do modelo mais geral.

Modelo de mensuração Uma SEM que (1) especifica os *indicadores* para cada *construto*, e (2) viabiliza a avaliação de *validade de construto*. É o primeiro de dois passos importantes em uma análise completa de *modelo estrutural*, e é discutido com mais detalhes no Capítulo 11.

Modelo estrutural Conjunto de uma ou mais *relações de dependência* conectando os *construtos* hipoteticamente previstos do modelo. O modelo estrutural é mais útil para representar as inter-relações de variáveis entre *construtos*.

Modelo nulo Ponto de referência ou padrão de comparação usado em *índices de ajuste incremental*. O modelo nulo é considerado, por hipótese, como o mais simples que pode ser teoricamente justificado.

Modelos equivalentes Modelos SEM envolvendo a mesma matriz de covariância observada com o mesmo ajuste e com o mesmo número de *graus de liberdade* (*modelos aninhados*), mas que *diferem* em um ou mais caminhos. O número de modelos equivalentes se expande rapidamente conforme a complexidade do modelo aumenta, e demonstra explicações alternativas que se ajustam tão bem quanto o modelo proposto.

Multicolinearidade Extensão em que um *construto* pode ser explicado pelos demais na análise. Quando a multicolinearidade aumenta, ela complica a interpretação de relações, pois é mais difícil averiguar o efeito de qualquer construto em especial devido a suas inter-relações.

Operacionalização de um construto Processo-chave no *modelo de mensuração* que envolve a determinação das *variáveis medidas* que representarão um *construto* e a maneira na qual elas serão medidas.

Parâmetro fixo Parâmetro que tem um valor especificado pelo pesquisador. Geralmente o valor é especificado como zero, indicando ausência de relação, apesar de que em alguns casos um valor não nulo (como 1,0 ou algo assim) pode ser especificado.

Parâmetro livre Parâmetro estimado pelo programa de equação estrutural para representar a força de uma relação especificada. Esses parâmetros podem ocorrer no *modelo de mensuração* (mais freqüentemente denotando cargas de *indicadores* para *construtos*) bem como no *modelo estrutural* (relações entre construtos).

Perdidos ao acaso (MAR) Classificação de dados perdidos aplicável quando valores perdidos de Y dependem de X, mas não de Y. Quando dados perdidos são MAR, dados observados para Y são uma amostra verdadeiramente aleatória para os valores de X na amostra, mas não uma amostra aleatória de todos os valores de Y devido a valores perdidos de X.

Proporção de parcimônia Comparação dos *graus de liberdade* (*df*) entre um *modelo* especificado e o número total de graus de liberdade disponíveis. Representa a extensão em que o modelo utiliza o número total de graus de liberdade disponível. Permite a avaliação do superajuste do modelo com relações adicionais que conquistam apenas pequenos ganhos no ajuste do modelo.

Qualidade de ajuste (GOF) Medida indicando o quão bem um modelo especificado reproduz a matriz de covariância entre as *variáveis* indicadoras.

Qualidade de desajuste Uma perspectiva alternativa de *qualidade de ajuste* na qual valores maiores representam ajuste pior. Exemplos incluem a raiz do erro quadrático médio de aproximação ou a raiz padronizada do resíduo quadrático médio.

Qui-quadrado (χ^2) Medida estatística de diferença usada para comparar as *matrizes de covariância observada e estimada*. É a única medida que tem um teste estatístico direto quanto à sua significância, e forma a base para muitas outras medidas de *qualidade de ajuste*.

Reespecificação de modelo Modificação de um *modelo* existente com parâmetros estimados para corrigir parâmetros inadequados encontrados no processo de estimação ou para criar um *modelo concorrente* para comparação.

Relação de dependência Uma relação do tipo regressão representada por uma seta de um só sentido que aponta de uma variável independente ou *construto** para uma variável dependente ou construto. Relações típicas de dependência em SEM conectam construtos a variáveis medidas e construtos preditores a construtos resultantes.

Relação estrutural *Relação de dependência* (do tipo regressão) especificada entre dois *construtos latentes* quaisquer. Relações estruturais são representadas com uma seta em um só sentido e sugerem que um *construto* é dependente do outro. *Construtos exógenos* não podem ser dependentes de outro construto. *Construtos endógenos* podem ser dependentes de construtos exógenos ou endógenos (ver Capítulo 12 para mais detalhes).

Relação ilegítima Uma relação que é falsa ou enganosa. Uma ocorrência comum na qual uma relação pode ser espúria é quando uma variável construto omitida explica causa e efeito (ou seja, a relação entre *construtos* originais se torna não-significante diante do acréscimo do construto omitido).

Resíduo A diferença entre o valor real e o estimado para qualquer relação. Em análises SEM, resíduos são as diferenças entre as *matrizes de covariância observadas* e *estimadas por ajuste*.

Teoria Um conjunto sistemático de *relações* que fornece uma explicação consistente e abrangente de fenômenos. Na prática, uma teoria é a tentativa de um pesquisador em especificar o conjunto inteiro de *relações de dependência* que explicam um conjunto particular de resultados. Uma teoria pode ser baseada em idéias geradas a partir de uma ou mais de três fontes principais: (1) pesquisa empírica prévia; (2) experiências passadas e observações de comportamento real, atitudes, ou outros fenômenos; e (3) outras teorias que fornecem uma perspectiva para análise.

Validade de construto Extensão em que um conjunto de *variáveis medidas* realmente representa o *construto latente* teórico que elas são projetadas para medir. Detalhes são discutidos no Capítulo 11.

Variável estatística Uma combinação linear de *variáveis medidas* que representa um *construto latente*.

Variável latente Ver *construto latente*.

Variável manifesta Ver *variável medida*.

Variável medida Valor observado (medido) de um item ou questão específica, obtido de respondentes em resposta a questões (como em um questionário) ou a partir de algum tipo de observação. Variáveis medidas são usadas como *indicadores* de *construtos latentes*. O mesmo que *variável manifesta*.

---

* N. de R. T.: A relação de dependência pode ocorrer entre construtos (em um sentido estrutural) ou entre construtos e variáveis (em um sentido de mensuração).

O QUE É MODELAGEM DE EQUAÇÕES ESTRUTURAIS?

Modelagem de equações estruturais (SEM) é uma família de modelos estatísticos que buscam explicar as relações entre múltiplas variáveis. Fazendo isso, ela examina a *estrutura* de inter-relações expressas em uma série de equações, semelhante a uma série de equações de regressão múltipla. Tais equações descrevem todas as relações entre **construtos** (as variáveis dependentes e independentes) envolvidos na análise. Construtos são inobserváveis ou **fatores latentes** representados por múltiplas variáveis (como variáveis representando um fator em análise fatorial). Até aqui, cada técnica multivariada foi classificada como uma técnica de dependência ou interdependência. A SEM pode ser vista como uma combinação única de ambos os tipos de técnicas, pois a fundamentação da SEM encontrada em dois métodos multivariados conhecidos: análise fatorial e análise de regressão múltipla.

A SEM é conhecida por muitos nomes: análise estrutural de covariância, análise de variável latente, e, às vezes, simplesmente pelo nome do pacote computacional especializado usado (p.ex., um modelo LISREL ou AMOS). Apesar de diferentes caminhos poderem ser usados para testar modelos SEM, todos os modelos de equações estruturais são distinguidos por três características:

1. Estimação de relações de dependência múltiplas e inter-relacionadas
2. Uma habilidade para representar conceitos não observados nessas relações e corrigir erro de mensuração no processo de estimação.
3. Definição de um modelo para explicar o conjunto inteiro de relações

Estimação de múltiplas relações de dependência inter-relacionadas

A diferença mais óbvia entre SEM e outras técnicas multivariadas é o uso de relações separadas para cada conjunto de variáveis dependentes. Em termos simples, SEM estima uma série de equações de regressão múltipla separadas, mas interdependentes, simultaneamente, pela especificação do **modelo estrutural** usado pelo programa estatístico. Primeiro, o pesquisador baseia-se em teoria, experiência prévia e nos objetivos da pesquisa para distinguir quais variáveis independentes prevêem cada variável dependente. Em nosso exemplo anterior, primeiro queríamos prever imagem da loja. Em seguida queríamos usar imagem da loja para prever satisfação, sendo que ambas foram usadas para prever lealdade à loja. Assim, algumas variáveis dependentes se tornam independentes em relações subseqüentes, dando origem à natureza interdependente do modelo estrutural. Além disso, muitas das mesmas variáveis afetam cada uma das variáveis dependentes, mas com diferentes efeitos. O modelo estrutural expressa essas relações entre variáveis independentes e dependentes, mesmo quando uma variável dependente se torna independente em outras relações.

As relações propostas são então traduzidas em uma série de equações estruturais (semelhantes a equações de regressão) para cada variável dependente. Essa característica coloca SEM como um caso à parte das técnicas discutidas anteriormente que acomodam múltiplas variáveis dependentes – análise multivariada de variância e correlação canônica – no sentido de que elas permitem apenas *uma* relação entre variáveis dependentes e independentes.

Incorporação de variáveis latentes que não medimos diretamente

A SEM também tem a habilidade de incorporar **variáveis latentes** na análise. Um construto latente (também chamado de **variável latente**) é um conceito teorizado e não observado que pode ser representado por variáveis observáveis ou mensuráveis. Ele é medido indiretamente pelo exame de consistência entre múltiplas **variáveis medidas**, algumas vezes chamadas de **variáveis manifestas**, ou **indicadores**, os quais são reunidos através de vários métodos de coleta de dados (como levantamentos, testes e métodos observacionais).

Os benefícios do emprego de construtos latentes

Porém, por que iríamos querer usar uma variável latente que não podemos medir diretamente, em vez de medidas exatas que os respondentes forneceram? Apesar de isso poder soar como uma abordagem absurda ou de "caixa-preta", esse procedimento tem justificativa prática e teórica. Ou seja, ele melhora a estimação estatística, representa melhor conceitos teóricos e explica diretamente o erro de mensuração.

Melhoramento da estimação estatística A teoria estatística nos diz que um coeficiente de regressão é na realidade composto de dois elementos: o coeficiente estrutural *verdadeiro* entre a variável dependente e a independente, e a confiabilidade da variável preditora. **Confiabilidade** é um indicador do grau em que um conjunto de *indicadores* de um *construto latente* é internamente consistente com base em quão altamente inter-relacionados são os indicadores. Em outras palavras, ela representa a extensão em que todos eles medem a mesma coisa. Erro resulta no grau em que eles não medem a mesma coisa. É importante observar, porém, que mesmo elevada confiabilidade não garante que algum construto é medido com precisão. Esta conclusão envolve uma avaliação de validade, que será discutida no próximo capítulo. Confiabilidade é uma condição necessária, porém não suficiente para validade.

Em todas as técnicas multivariadas até aqui abordadas, consideramos que não tínhamos erro em nossas variáveis. Sabemos de perspectivas práticas e teóricas que não podemos medir com perfeição um conceito e que sempre existe algum grau de **erro de mensuração**. Por exemplo, quando questionadas sobre algo tão direto quanto renda familiar, sabemos que algumas pessoas responderão incorretamente, seja para exagerar ou para reduzir a quantia, ou simplesmente por não saberem o valor precisamente. As respostas dadas têm algum erro de mensuração, afetando desse modo a estimação do verdadeiro coeficiente estrutural.

O impacto do erro de mensuração (e a correspondente confiabilidade diminuída) pode ser mostrado a partir de uma expressão do coeficiente de regressão como sendo

$$\beta_{y \bullet x} = \beta_s * \rho_x$$

onde $\beta_{y \bullet x}$ é o coeficiente de regressão observado, β_s é o verdadeiro coeficiente estrutural, e ρ_x é a confiabilidade da variável preditora. A menos que a confiabilidade seja de 100%, a correlação observada (e o coeficiente de regressão resultante) sempre subestimará a verdadeira relação. Esperamos fortalecer os coeficientes em nossos modelos de dependência e torná-los estimativas mais precisas dos coeficientes estruturais, de modo que a diminuição das correlações observadas seja atribuível a qualquer número de problemas de mensuração.

Representação de conceitos teóricos. Erro de mensuração não é causado apenas por respostas imprecisas. Acontece também quando usamos conceitos mais abstratos ou teóricos, como motivações para comportamento ou crenças em geral (p. ex., patriotismo). Com conceitos como esses, o pesquisador tenta delinear as melhores questões para medir o conceito, sabendo que os indivíduos podem interpretar qualquer questão de maneira diferente, mas que o coletivo representará melhor o conceito do que qualquer item em especial [11]. Os respondentes também podem estar de algum modo inseguros sobre como responder, ou podem interpretar as questões de um modo diferente daquele que o pesquisador pretendia transmitir. Ambas as situações podem originar erros de mensuração. Se conhecemos a magnitude do problema, podemos incorporar a confiabilidade à estimação estatística e melhorar nosso modelo de dependência.

Especificação de erro de mensuração. Como explicamos erro de mensuração? A SEM fornece o **modelo de mensuração**, o qual especifica as regras de correspondência entre variáveis medidas e latentes. O modelo de mensuração permite ao pesquisador utilizar qualquer quantia de variáveis para um só conceito independente ou dependente e então estimar (ou especificar) a confiabilidade.

> Em nosso exemplo de imagem de loja, satisfação e lealdade, cada um desses itens poderia ser definido como um construto latente que seria representado por um conjunto de questões (como a escala múltipla introduzida no Capítulo 3). No modelo de mensuração, o pesquisador determina as questões específicas que são associadas com cada construto (p.ex., questões sobre qualidade estética são associadas com imagem, mas não com satisfação ou lealdade). Em seguida, a SEM pode avaliar a contribuição de cada item na representação de seu construto associado, medir quão bem um conjunto de medidas representa o conceito (sua confiabilidade), e então incorporar tal informação à estimação das relações entre os construtos.

Esse procedimento é semelhante a executar uma análise fatorial dos itens de escala e usar os escores fatoriais na regressão. Essas semelhanças são discutidas em uma seção adiante deste capítulo.

Distinção entre construtos latentes exógenos e endógenos

Lembre-se que em regressão múltipla, análise discriminante múltipla (MDA) e MANOVA era importante diferenciar variáveis independentes de dependentes. Analogamente, em SEM deve ser feita uma distinção assemelhada. Contudo, como agora estamos geralmente prevendo construtos latentes com outros construtos latentes, uma terminologia diferente é empregada.

Construtos exógenos são os equivalentes latentes, multi-itens de variáveis independentes. Como tais, eles usam uma **variável estatística** de medidas para representar o construto, o qual atua como uma variável independente no modelo. Eles são determinados por fatores externos ao modelo (ou seja, não são explicados por qualquer outro construto ou variável no modelo), o que explica o termo *independente*. Modelos SEM são freqüentemente descritos por um diagrama visual, tornando útil saber como descrever um construto exógeno. Uma vez que ele é independente de qualquer outro construto no modelo, visualmente um construto exógeno não apresenta caminhos (setas em um só sentido) que cheguem ao mesmo a partir de outro construto ou variável. Discutimos as questões sobre construção de diagrama visual na próxima seção.

Construtos endógenos são os equivalentes latentes, multi-itens de variáveis dependentes (ou seja, uma variável estatística de variáveis dependentes individuais). Tais construtos são teoricamente determinados por fatores dentro do modelo. Assim, eles são dependentes de outros construtos, e esta dependência é visualmente representada por um caminho que chega em um construto endógeno a partir de um exógeno (ou a partir de outro construto endógeno, como vemos adiante).

Definição de um modelo

Um **modelo** é uma representação de uma teoria. Uma **teoria** pode ser imaginada como um conjunto sistemático de relações que fornecem uma explicação consistente e abrangente de fenômenos. A partir dessa definição, percebemos que teoria não é domínio exclusivo da vida acadêmica, mas pode ser radicada na experiência e prática, pela observação do comportamento do mundo real.

Um modelo convencional em terminologia SEM consiste, na verdade, de dois modelos, o de mensuração (representando como variáveis medidas se unem para representar construtos) e o modelo estrutural (que mostra como construtos são associados entre si). O Capítulo 11 é dedicado à primeira parte da SEM, ou o modelo de mensuração, enquanto o Capítulo 12 trata de questões da segunda parte da SEM, que é o modelo estrutural.

Importância da teoria

Um modelo não deve ser desenvolvido sem alguma teoria inerente. Teoria, com freqüência, é um objetivo básico da pesquisa acadêmica, mas praticantes podem desenvolver ou propor um conjunto de relações que são complexas e inter-relacionadas como qualquer teoria de origem acadêmica. Logo, pesquisadores de universidades e da indústria podem se beneficiar das ferramentas analíticas exclusivas fornecidas pela SEM. Discutimos em uma seção posterior questões específicas para o estabelecimento de uma base teórica para seu modelo SEM, particularmente no que se refere à definição de causalidade. Em todos os casos, a análise SEM deve ser ditada por uma forte base teórica.

Um retrato visual do modelo

Um modelo SEM completo que consiste de modelos de mensuração e estrutural pode ser bastante complexo. Existem muitas maneiras para especificar todas as relações em uma notação matemática (ver Apêndice 10A para mais detalhes), mas muitos pesquisadores acham mais conveniente retratar um modelo de uma forma visual conhecida como **diagrama de caminhos**. Este retrato visual das relações emprega convenções específicas tanto para construtos quanto para variáveis medidas e as relações entre elas.

Descrição dos construtos envolvidos em um modelo de equações estruturais. Construtos latentes podem ser relacionados com variáveis medidas via uma **relação de dependência**. Não se trata de uma relação de dependência entre construtos. Ao invés disso, variáveis medidas são consideradas como dependentes dos construtos. Assim, em uma SEM típica, a seta é desenhada dos construtos latentes para as variáveis que são indicadoras de construtos. Essas variáveis são chamadas de indicadores porque nenhuma variável isolada pode representar completamente um construto, mas pode ser usada como indicadora do mesmo. O pesquisador deve justificar a base teórica dos indicadores, pois a SEM examina apenas as características empíricas das variáveis. O Capítulo 11 discute como avaliar a qualidade das mensurações resolvendo uma SEM. Aqui nos concentramos em como são descritas as relações de medidas.

Os princípios básicos na construção de um diagrama de caminhos de um modelo de mensuração são os seguintes:

- Auxiliar a distinguir os indicadores para construtos endógenos versus exógenos; variáveis medidas (indicadores) para construtos exógenos são geralmente chamadas de variáveis X, enquanto indicadores de construtos endógenos são denotados por variáveis Y.
- Comumente, construtos são representados por elipses ou círculos, enquanto variáveis medidas são representadas por quadrados.
- As variáveis medidas X e/ou Y são associadas com seus respectivos construtos por uma seta que parte dos construtos para a variável medida.

A Figura 10-1a ilustra a maneira de descrever a relação entre um construto e uma de suas variáveis medidas. Observe que possivelmente o construto será indicado por múltiplas variáveis medidas, e, assim, a descrição mais comum é aquela apresentada na Figura 10-1b.

Descrição de relações estruturais. Um modelo estrutural envolve a especificação de **relações estruturais** entre construtos latentes. A especificação de uma relação geralmente significa que especificamos a existência ou não de uma relação. Se existe, uma seta é esboçada; se nenhuma relação é esperada, então nenhuma seta é desenhada. Em algumas ocasiões, a especificação também pode significar que um certo valor é especificado para uma relação. Dois tipos de relações são possíveis entre construtos: de dependência e correlacionais (covariância).

Relações de dependência. Setas retas descrevem uma **relação de dependência** – o impacto de um construto sobre outro ou sobre uma variável. Em um sentido de mensuração, relações de dependência ocorrem de construtos para variáveis. Em um sentido estrutural, relações de dependência ocorrem entre construtos. As setas apontam do efeito antecedente (variável independente) para o subseqüente ou resultado (variável dependente). Esta relação é descrita na Figura 10-1b. Em uma seção posterior, discutimos questões envolvidas na especificação de causalidade, que é uma forma especial de relação de dependência.

A especificação de relações de dependência também determina se um construto é considerado exógeno ou endógeno. Lembre-se de que um construto endógeno atua como uma variável dependente, e qualquer construto com um caminho de dependência (seta) apontando para o mesmo é considerado endógeno. Um construto exóge-

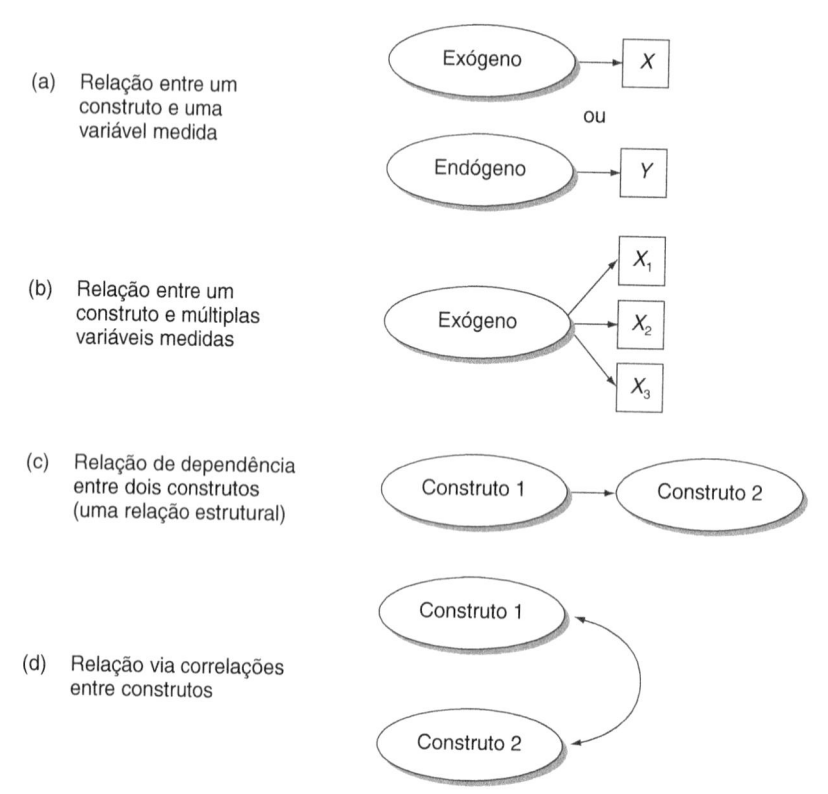

FIGURA 10-1 Tipos comuns de relações teóricas em um modelo SEM.

no tem apenas relações correlacionais com outros construtos (ou seja, nenhum caminho de dependência chegando ao construto).

> A Figura 10-2a ilustra visualmente um modelo SEM simples via descrição de um único construto exógeno e um único endógeno. Primeiro, cada construto tem quatro indicadores denotados por X_1 a X_4 para os exógenos e Y_1 a Y_4 para os endógenos. Segundo, a relação de dependência entre os construtos exógeno e endógeno é descrita pela seta retilínea entre eles.

Relações correlacionais (covariância). Em alguns casos, o pesquisador deseja especificar uma correlação simples entre construtos exógenos. O pesquisador acredita que os construtos são correlacionados, mas não assume que um é dependente do outro. Tal relação é descrita por uma conexão via seta de dois sentidos, como se mostra na Figura 10-1d. Um construto exógeno não pode compartilhar este tipo de relação com um endógeno. Apenas uma relação de dependência pode existir entre construtos exógenos e endógenos.

> A Figura 10-2b mostra uma relação via correlação. Os dois construtos retêm os mesmos indicadores, mas duas mudanças a diferenciam da parte (a). Primeiro, os dois construtos podem agora ser exógenos, pois nenhuma relação de dependência aponta de um para o outro. Segundo, os quatro indicadores para o segundo construto (à direita no modelo) podem agora ser rotulados como variáveis X, pois eles correspondem a um construto exógeno. Assim, as mesmas variáveis rotuladas Y_1 a Y_4 no primeiro modelo são agora X_5 a X_8. As variáveis medidas em si não mudaram nada, apenas suas designações no modelo. Finalmente, a seta reta é substituída por uma seta curva representando a relação por correlação.

O pesquisador determina se construtos são exógenos ou endógenos com base na teoria sob teste. Cada construto retém os mesmos indicadores. A única distinção é que o papel deles no modelo mudou. Um único modelo SEM pode conter relações tanto de dependência quanto correlacionais.

Combinção de relações de dependência e correlacionais. A descrição de um conjunto de relações em um diagrama de caminhos tipicamente envolve uma combinação de relações de dependência e correlacionais entre construtos exógenos e endógenos. O pesquisador pode especificar qualquer combinação de relações que têm suporte teórico para as questões de pesquisa em mãos. Os exemplos a seguir ilustram como relações podem envolver elementos de dependência e correlacionais e ainda acomodar relações inter-relacionadas.

> A Figura 10-3 mostra três exemplos de relações representadas por diagramas de caminhos, com as equações correspondentes. A Figura 10-3a exibe um modelo simples de três construtos. X_1 e X_2 são construtos exógenos relacionados com o endógeno Y_1, e a seta curvilínea entre X_1 e X_2 mostra os efeitos de intercorrelação (multicolinearidade) sobre a previsão. Podemos mostrar esta re-
> *(Continua)*

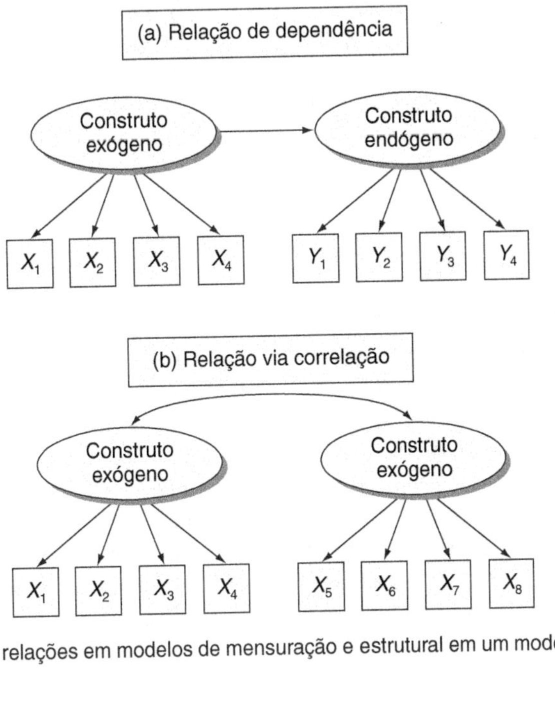

FIGURA 10-2 Representação visual de relações em modelos de mensuração e estrutural em um modelo SEM simples.

Relações causais

Variáveis independentes → Variáveis dependentes

X_1 X_2 ⟶ Y_1

(a)

X_1 X_2 ⟶ Y_1
X_2 Y_1 ⟶ Y_2

(b)

X_1 X_2 ⟶ Y_1
X_2 X_3 Y_1 Y_3 ⟶ Y_2
Y_1 Y_2 ⟶ Y_3

(c)

Diagrama de caminhos

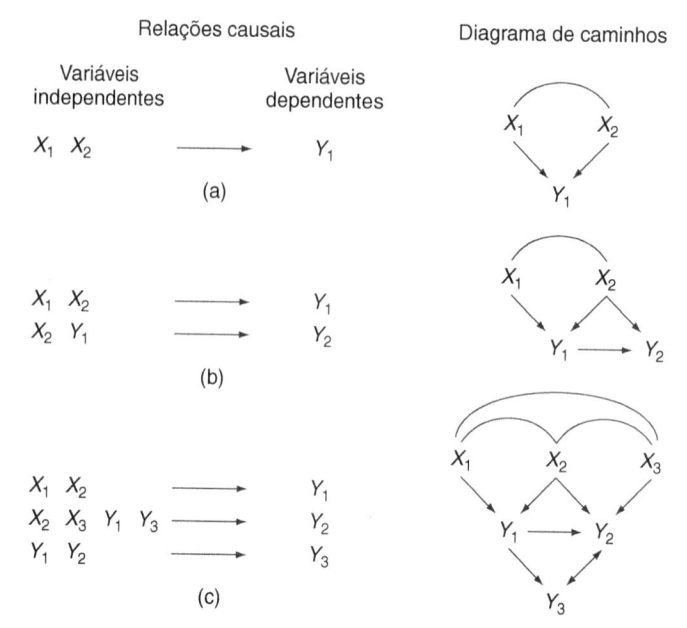

FIGURA 10-3 Representação de relações de dependência e correlacionais por meio de diagramas de caminhos.

(Continuação)

lação com uma só equação, de forma parecida com o que fizemos em nossa discussão sobre regressão múltipla.

Na Figura 10-3b, acrescentamos um segundo construto endógeno, Y_2. Agora, além do modelo e da equação mostrada na Figura 10-3b, acrescentamos uma segunda equação que mostra a relação entre X_2 e Y_1 com Y_2. Aqui podemos perceber pela primeira vez o papel único desempenhado pela SEM quando mais de uma relação compartilha construtos. Queremos saber os efeitos de X_1 sobre Y_1, os efeitos de X_2 sobre Y_1, e simultaneamente os efeitos de X_2 e Y_1 sobre Y_2. Se não os estimássemos de uma forma consistente, não estaríamos seguros para representar seus efeitos separados e verdadeiros. Por exemplo, tal técnica é necessária para mostrar os efeitos de X_2 sobre Y_1 e Y_2.

As relações se tornam ainda mais entrelaçadas na Figura 10-3c, com três construtos dependentes, cada um relacionado aos demais, bem como com os independentes. Uma relação recíproca (seta retilínea de dois sentidos) ocorre até mesmo entre Y_2 e Y_3. Esta relação é exibida nas equações a partir do momento em que Y_2 aparece como preditor de Y_3, e Y_3 como preditor de Y_2. Não é possível expressar todas as relações nas Figuras 10-3b ou 10-3c em uma única equação. Equações separadas são exigidas para cada construto dependente. A necessidade de um método que possa estimar todas as equações simultaneamente é atendida pela SEM.

Estes exemplos são apenas uma prévia quanto aos tipos de relações que podem ser retratadas e então empiricamente examinadas através da SEM. Dada a habilidade dos modelos de se tornarem complexos muito facilmente, é até mais importante usar teoria como um fator guia para especificação dos modelos de mensuração e estrutural. Posteriormente, neste capítulo e nos Capítulos 11 e 12, discutimos os critérios pelos quais o pesquisador pode especificar modelos SEM com mais detalhes.

Quão bem o modelo se ajusta?

É importante também lembrar que em contraste à análise de regressão ou outras técnicas de dependência, as quais buscam explicar relações em uma só equação, o objetivo estatístico da SEM é testar um conjunto de relações que representam múltiplas equações. Portanto, medidas de ajuste ou de precisão preditiva para outras técnicas (ou seja, R^2 para regressão múltipla, precisão de classificação em análise discriminante, ou significância estatística em MANOVA) não são adequadas para SEM. O que se faz necessário é uma medida de ajuste ou precisão preditiva que reflita o modelo geral e não qualquer relação em especial. Além disso, a maioria das demais técnicas multivariadas decompõe a variância estatisticamente. A SEM analisa covariância, no lugar disso. Tal distinção é uma diferença importante em termos da teoria analítica e estatística inerente à SEM.

A SEM usa uma série de medidas que descrevem quão bem a teoria de um pesquisador explica a matriz de covariância observada entre variáveis medidas. Se o modelo proposto estima propriamente todas as relações substantivas entre construtos, e o modelo de mensuração define adequadamente os construtos, então deveria ser possível a estimação de uma matriz de covariância entre variáveis medidas que se aproxime bastante da matriz de covariância observada. Discutimos com mais detalhes o processo de estimação de uma matriz de covariância a partir do modelo proposto, juntamente com várias medidas de ajuste, em seções que se seguem neste capítulo, bem como nos Capítulos 11 e 12.

Resumo

A modelagem de equações estruturais examina uma série de relações de dependência simultaneamente. Ela é particularmente útil quando uma variável dependente se torna independente em relações subseqüentes de dependência. Este conjunto de relações, cada uma com variáveis dependentes e independentes, é a base da SEM. Como vimos, uma fundamentação teórica válida para delinear uma análise SEM é uma necessidade, pois a definição de modelos de mensuração e estruturais é completamente controlada pelo pesquisador. Distinções como aquela entre relações de dependência e as correlacionais ou as medidas associadas com cada construto têm um profundo impacto sobre o modelo resultante. No entanto, com suporte teórico adequado, a SEM se torna uma poderosa ferramenta analítica para acadêmicos e profissionais que estudam relações complexas em muitas áreas.

SEM E OUTRAS TÉCNICAS MULTIVARIADAS

Todo construto de múltiplos itens em um modelo SEM pode ser imaginado como uma variável estatística. Logo, é claro que a SEM é uma técnica multivariada. A SEM é mais apropriada quando o pesquisador tem múltiplos construtos, cada um representado por diversas variáveis medidas, e estes construtos são distinguidos com base na informação de serem exógenos ou endógenos. Construtos exógenos são usados para prever e explicar os endógenos. Neste sentido, a SEM mostra semelhança com outras técnicas multivariadas de dependência, como MANOVA e análise de regressão múltipla. Além disso, o modelo de mensuração parece similar em forma e função com a análise fatorial. Discutimos as semelhanças de SEM com técnicas de dependência e de interdependência nas próximas seções.

Similaridade com técnicas de dependência

Uma semelhança óbvia da SEM é com regressão múltipla, uma das técnicas de dependência mais utilizadas. Relações para cada construto endógeno podem ser escritas em uma forma semelhante a uma equação de regressão. O construto endógeno é a variável dependente, e as independentes são os construtos com setas apontando para o construto endógeno. Uma diferença importante em SEM é que um construto que atua como variável independente em uma relação pode ser a variável dependente em outra. Assim, SEM permite que todas as relações/equações sejam simultaneamente estimadas.

A SEM também pode ser usada para representar outras técnicas de dependência. Ainda que as variáveis medidas em SEM sejam pelo menos ordinais e freqüentemente contínuas, variações dos modelos padrão SEM podem ser usadas para representarem variáveis categóricas não-métricas, e um modelo MANOVA pode, dessa maneira, ser examinado usando-se SEM. Isso permite ao pesquisador tirar proveito da habilidade de SEM para acomodar erro de mensuração, por exemplo, em um contexto de MANOVA.

Similaridade com técnicas de interdependência

À primeira vista, o modelo de mensuração, associando variáveis medidas com construtos, parece idêntico à análise fatorial, onde variáveis têm cargas sobre fatores (ver Capítulo 3 para uma discussão mais detalhada). Apesar dessa grande semelhança, como a interpretação da força da relação de cada variável com o construto (conhecida como uma carga em análise fatorial), uma diferença é crítica. A análise fatorial deste tipo é basicamente uma técnica de **análise exploratória** que busca por estrutura entre variáveis definindo fatores em termos de conjuntos de variáveis. Como tal, cada variável tem uma carga sobre cada fator.

A SEM é o oposto de uma técnica exploratória. Ela requer que o pesquisador especifique quais variáveis são associadas com cada construto, e então cargas são estimadas somente onde variáveis são associadas com construtos. A distinção não é tanto de interpretação quanto de modo de implementação. Análise fatorial exploratória não exige qualquer especificação por parte do pesquisador. Em contrapartida, a SEM demanda especificação completa do modelo de mensuração.

As vantagens do uso de medidas múltiplas para um construto, discutidas anteriormente e no Capítulo 3, são percebidas por meio do modelo de mensuração em SEM. Desse modo, os procedimentos de estimação para o modelo estrutural incluem uma correção direta para erro de medição. Fazendo isso, as relações entre construtos são estimadas com maior precisão.

Resumo

A SEM é a única técnica multivariada que permite a estimação simultânea de múltiplas equações. Essas equações representam a maneira como construtos se relacionam com itens de indicadores medidos, bem como o modo como construtos se relacionam entre si. Logo, quando técnicas SEM são empregadas para testar uma teoria estrutural, elas são equivalentes à execução de análise fatorial e análise de regressão em um passo. A SEM tem se tornado um método extremamente popular nas ciências sociais por conta dessas vantagens estratégicas.

O PAPEL DA TEORIA EM MODELAGEM DE EQUAÇÕES ESTRUTURAIS

A SEM jamais deve ser tentada sem uma forte base teórica para especificação dos modelos de mensuração e estrutural. As seções a seguir tratam de alguns papéis fundamentais desempenhados pela teoria em SEM: especificação de relações que definem o modelo e estabelecimento de causalidade, particularmente quando se usam dados de *cross-section**.

Especificação de relações

Apesar de teoria poder ser importante em todos os procedimentos multivariados, ela é particularmente importante para a SEM, pois esta é considerada uma **análise confirmatória**; ou seja, ela é útil para testar e potencialmente confirmar uma teoria. Teoria é necessária para especificar relações em modelos estrutural e de mensuração, modificações nas relações propostas, e muitos outros aspectos da estimação de um modelo.

De um ponto de vista prático, uma abordagem teórica para SEM é necessária porque todas as relações devem ser especificadas pelo pesquisador antes que o modelo SEM possa ser estimado. Com outras técnicas multivariadas, o pesquisador pode ser capaz de especificar um modelo básico e permitir valores pré-definidos (referenciais) nos programas estatísticos para "preencher" os demais aspectos de estimação. Esta opção de usar valores referenciais não é possível com SEM. Além disso, quaisquer modificações do modelo devem ser feitas mediante ações específicas do pesquisador. Assim, quando enfatizamos a necessidade de justificação teórica, salientamos que a SEM é um método confirmatório guiado mais por teoria do que por resultados empíricos.

Estabelecimento de causalidade

Talvez o tipo mais forte de inferência teórica que um pesquisador pode esboçar é uma de natureza causal, a qual envolve a proposta de que uma relação de dependência é, na verdade, baseada em **causalidade**. Uma **inferência causal** envolve uma relação presumida de causa e efeito. Se compreendemos a seqüência causal entre variáveis, então podemos explicar como alguma causa determina um dado efeito. Em termos práticos, o efeito pode ser pelo menos parcialmente administrado com algum grau de certeza. Logo, relações de dependência podem, às vezes, ser teoricamente assumidas como causais. Contudo, simplesmente imaginar que uma relação de dependência é causal não a torna de fato causal. Por isso usamos o termo *causa* com grande cuidado em SEM.

---

* N. de R. T.: A expressão "cross-section" refere-se à seleção de um grupo de observações que é representativo da população ou universo do qual foi extraído, em um período de tempo específico.

> Por exemplo, se o gasto em compras do cliente pode ser demonstrado como causa do compromisso dele, então sabemos que compromisso pode ser estabelecido pelo aumento do gasto do cliente. Assim, políticas de marketing podem se focar no aumento do número de locações para um varejista, como um esforço para aumentar a freqüência relativa com a qual clientes as visitam, criando, portanto, os gastos dos mesmos. Se gastos e compromisso estão causalmente relacionados como teorizado, esta mudança aumentará o compromisso da clientela.

Planejamentos de pesquisa causal tradicionalmente envolvem um experimento com alguma manipulação controlada, o que significa uma variável independente categórica como encontrada em MANOVA ou ANOVA. Porém, modelos SEM são geralmente usados em situações não-experimentais nas quais os construtos exógenos são representados por variáveis indicadoras, e não variáveis experimentalmente controladas, o que limita a habilidade do pesquisador para esboçar inferências causais. Em última instância, a SEM por si só não pode estabelecer causalidade, mas pode fornecer alguma evidência necessária para embasar uma inferência causal. Nas seções a seguir, é feita uma breve discussão dos quatro tipos de evidência (covariação, seqüência, covariação legítima e suporte teórico) necessários para se estabelecer causalidade através de SEM [20, 37].

Covariação

Como causalidade significa que uma variação em uma causa provoca uma variação correspondente em um efeito, covariância sistemática (correlação) entre causa e efeito é necessária, mas não suficiente, para estabelecer causalidade. Como se faz em regressão múltipla estimando-se a significância estatística de coeficientes de variáveis independentes que afetem a dependente, a SEM pode determinar covariação sistemática e estatisticamente significante entre construtos. Assim, caminhos estatisticamente significantes estimados no modelo estrutural (ou seja, relações entre construtos) fornecem evidência de que covariação está presente. Relações de dependência entre construtos são tipicamente os caminhos para os quais inferências causais são mais freqüentemente teorizadas.

Seqüência

Uma segunda exigência para causalidade é a seqüência temporal de eventos. Usemos nosso exemplo anterior como ilustração.

> Se uma variação em gastos de cliente conduz a uma variação no compromisso do mesmo, então a mudança no gasto do cliente não pode acontecer após a mudança em
> *(Continua)*

(Continuação)

seu compromisso. Se imaginamos muitas peças de dominó enfileiradas e a primeira é derrubada por uma pequena bola, isso pode provocar a queda de todas as demais peças. Em outras palavras, a batida da bola na primeira peça de dominó é a causa da queda das outras. Se a bola é a causa deste efeito, ela deve atingir o primeiro dominó antes que os outros caiam. Se as demais peças de dominó caírem antes de a bola acertar a primeira, então a bola não pode ser a causa da queda delas.

A SEM não pode fornecer este tipo de evidência sem um delineamento de pesquisa que envolva um experimento ou dados longitudinais. Um experimento pode fornecer este tipo de evidência a partir do momento que o pesquisador mantenha controle da variável causal por meio de manipulações. Assim, a pesquisa primeiramente manipula uma variável e então observa o efeito. Dados longitudinais podem fornecer tal evidência porque eles nos permitem explicar o período de tempo em que eventos acontecem. Grande parte da pesquisa em ciências sociais depende de levantamentos em *cross-section*. Medir todas as variáveis no mesmo instante não fornece uma maneira para explicar a seqüência temporal. Logo, teoria deve ser usada para argumentar que a seqüência de efeitos é de um construto para outro. Em nosso exemplo, teoria deveria estabelecer que se é descoberta covariância entre os dois construtos, a mudança no gasto de clientes ocorre antes da mudança na compromisso.

Covariância legítima

Uma **relação ilegítima** é aquela que é falsa ou enganosa. Uma forma comum em que uma relação pode ser ilegítima é quando outro evento não incluído na análise explica, na realidade, tanto causa quanto efeito. Muitas anedotas descrevem o que acontece com correlação ilegítima.

Por exemplo, uma correlação significante entre consumo de sorvete e a possibilidade de afogamento pode ser empiricamente verificada. No entanto, é seguro dizer que tomar sorvete provoca afogamento? Se procurássemos por outra causa em potencial (p.ex., temperatura é associada com aumento no consumo de sorvete e mais atividades de natação), não encontraríamos qualquer relação real entre consumo de sorvete e afogamentos.

Em nosso exemplo anterior, pode-se argumentar que gastos de clientela não provocam, na verdade, compromisso. Uma explicação alternativa, por exemplo, é a crença de que preços baixos causam tanto gastos quanto compromisso. Se o construto de preço baixo é medido com os outros construtos e uma relação é especificada entre preço e gastos e compromisso de clientela, então um modelo SEM pode determinar se uma relação observada é ilegítima.

Condições sem colinearidade. Uma inferência causal se torna mais forte na medida em que podemos mostrar que um terceiro construto não afeta a relação entre causa e efeito. Covariância legítima tem recebido considerável atenção filosófica e analítica. Evidência apoiando a existência de uma relação de dependência causal legítima entre dois construtos (ou variáveis) quaisquer deve ser flexível quando outros construtos são levados em conta. Em termos simples, o tamanho e a natureza da relação entre uma causa e o efeito relevante não devem ser afetados pela inclusão de outros construtos (ou variáveis) em um modelo. Portanto, evidência causal é mais facilmente apresentada quando o conjunto de preditores para algum efeito é não relacionado com outro (ver Capítulo 4 sobre multicolinearidade). Quando colinearidade não está presente, o pesquisador fica mais próximo de reproduzir as condições que estão presentes em um delineamento experimental. Essas condições incluem variáveis preditoras experimentais ortogonais ou não-correlacionadas.

Condições com multicolinearidade. Infelizmente, a maioria dos modelos estruturais envolve múltiplos construtos preditores. Freqüentemente, os construtos preditores exibem alguma relação (**multicolinearidade**) com os outros preditores e o construto efeito, tornando uma inferência causal menos evidente. Pode ser argumentado também que o erro observado de previsão deve ser não-relacionado com o construto causal, a fim de que evidência causal esteja presente. Logo, nos modelos SEM envolvendo pesquisa *cross-section*, evidência causal é suportada em um âmbito maior quando a relação entre uma causa e um efeito permanece constante, mesmo quando outros construtos preditores são incluídos no modelo, e quando o erro do construto efeito é independente do construto causal [37, 42].

Teste de relações ilegítimas. A Figura 10-4 mostra um exemplo de teste para uma relação legítima. Um modelo SEM pode ser usado para testar se a verdadeira causa está relacionada com o efeito por meio de um teste de dois modelos SEM. Um deles especifica uma relação simples, e o segundo inclui outras causas potenciais como variáveis preditoras também. Se a relação estimada entre construtos permanece inalterada quando os preditores extras são adicionados, então a relação é considerada legítima. No entanto, se a relação se torna não-significante com o acréscimo dos demais preditores, então a relação deve ser considerada ilegítima.

Neste exemplo, assuma que a SEM estima uma relação de 0,50 entre os construtos (Figura 10-4a). Para testar a legitimidade de uma relação, é proposto um modelo alternativo que sugere duas causas alternativas (Causa Alternativa I e Causa Alternativa II) que podem tornar ilegítima a relação entre a verdadeira causa e o efeito. O

(Continua)

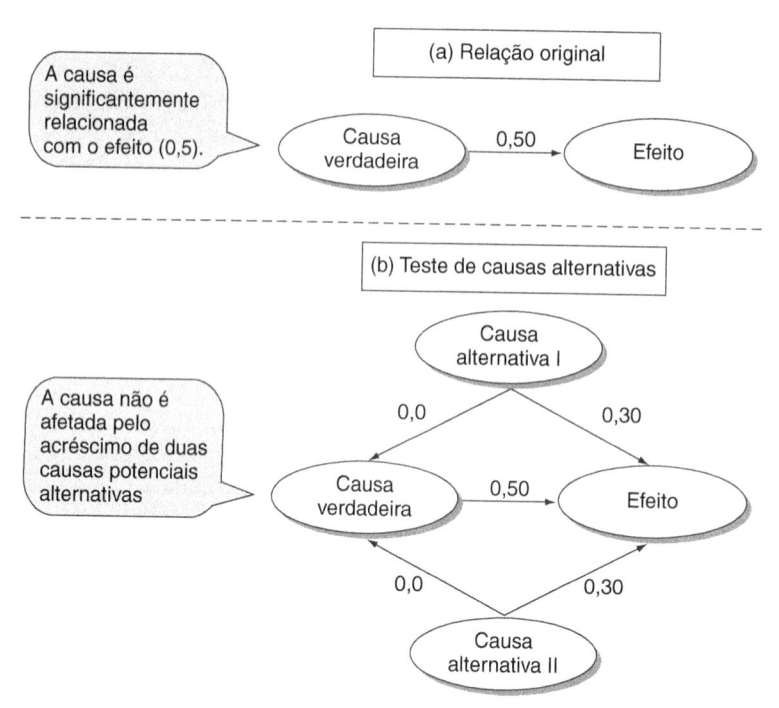

FIGURA 10-4 Teste de legitimidade para uma relação entre construtos.

(a) Relação original
- A causa é significantemente relacionada com o efeito (0,5).
- Causa verdadeira → 0,50 → Efeito

(b) Teste de causas alternativas
- A causa não é afetada pelo acréscimo de duas causas potenciais alternativas
- Causa alternativa I: 0,0 (para Causa verdadeira), 0,30 (para Efeito)
- Causa verdadeira → 0,50 → Efeito
- Causa alternativa II: 0,0 (para Causa verdadeira), 0,30 (para Efeito)

(*Continuação*)
modelo na Figura 10-4b descreve o modelo SEM alternativo que é estimado, incluindo os construtos originais, bem como duas causas alternativas como preditores adicionais tanto de causa quanto de efeito. Se os resultados são como os indicados na Figura 10-4b (ou seja, o coeficiente estimado de causa e efeito permanece inalterado), então a inferência causal é fortalecida. As causas alternativas não modificaram o resultado original, e assim esta análise comprova a legitimidade da relação original de causa e efeito.

Suporte teórico

A condição final para causalidade é suporte teórico, ou uma argumentação convincente para apoiar uma relação de causa-e-efeito. Tal condição enfatiza o fato de que simplesmente testar um modelo SEM e analisar seus resultados não pode estabelecer causalidade. Suporte teórico se torna especialmente importante com dados *cross-section*. Um modelo SEM pode demonstrar relações entre quaisquer construtos que são correlacionados com outro (p.ex., consumo de sorvete e estatísticas de afogamento).

O gasto do cliente é causa de compromisso? Uma argumentação teórica pode existir no fato de que quando clientes gastam mais recursos com uma firma (elevado gasto), eles se tornam mais familiarizados com a mesma, o que aumenta a satisfação e sua habilidade para identificação com a loja ou a marca, e eles se tornam mais resistentes a mudanças. Logo, pode-se defender a idéia de que gastos maiores provocam maior compromisso.

A menos que teoria possa ser usada para estabelecer uma ordem causal e uma argumentação para a covariância observada, as relações permanecem como simples associação e não devem ser atribuídas a qualquer poder causal adicional.

Resumo

Apesar de SEM ser freqüentemente referida como uma modelagem causal, inferências causais somente são possíveis quando evidência é consistente com as quatro condições para causalidade já mencionadas. A SEM pode fornecer evidência de covariação sistemática e pode ajudar na demonstração de que uma relação não é ilegítima. Se os dados são longitudinais, a SEM também pode ajudar a estabelecer a seqüência de relações. Contudo, depende do pesquisador o estabelecimento de suporte teórico. Assim, a SEM é útil para definir uma inferência causal, mas ela não pode fazer isso sozinha.

A HISTÓRIA DA SEM

A SEM é uma ferramenta analítica relativamente nova, mas suas raízes se remontam à primeira metade do século XX. O desenvolvimento da SEM se originou com a vontade de geneticistas e economistas de conseguir estabelecer relações causais entre variáveis [6, 15, 47]. Não obstante, a complexidade matemática da SEM limitou sua aplicação até que computadores e programas se tornaram amplamente disponíveis.

Como discutido, a SEM combina os princípios de análise fatorial e regressão múltipla em um só procedimento. O trabalho de pesquisa e desenvolvimento inerente a essas duas técnicas revela a linhagem da SEM. Os avanços importantes vieram com o desenvolvimento de procedimentos estatísticos e de pacotes computacionais que viabilizaram a combinação desses dois procedimentos multivariados em um só. Durante o final da década de 1960 e início da de 1970, o trabalho de Jöreskog e Sörbom conduziu à estimação simultânea de máxima verossimilhança das relações entre construtos e variáveis indicadoras medidas, bem como entre construtos latentes. Este trabalho culminou no programa SEM chamado **LISREL** [22, 23, 24, 25]. Não foi o primeiro programa a executar SEM ou análise de caminhos, mas foi o primeiro a conquistar amplo uso.

O crescimento de SEM se manteve relativamente lento durante os anos 1970 e 1980, em grande parte devido à sua complexidade percebida. No entanto, em 1994, mais de 150 artigos sobre SEM foram publicados na literatura acadêmica de ciências sociais. Este número subiu para mais de 300 em 2000, e hoje em dia, a SEM é a "técnica multivariada dominante", seguida por análise de agrupamentos e MANOVA [17].

UM EXEMPLO SIMPLES DE SEM

O exemplo a seguir ilustra como a SEM funciona com múltiplas relações, estimando muitas equações de uma só vez, mesmo quando elas estão inter-relacionadas e a variável dependente de uma equação é independente em outra(s). Tal capacidade permite ao pesquisador modelar relações complexas de uma maneira que não é viável com qualquer uma das outras técnicas multivariadas discutidas neste texto.

Devemos observar, porém, que o nosso exemplo não ilustrará uma das outras vantagens da SEM, a habilidade de empregar múltiplas medidas (o modelo de mensuração) para representar um construto de uma maneira semelhante à análise fatorial. Para fins de simplicidade, cada construto no exemplo a seguir é tratado como uma só variável. O Capítulo 11 discute teoria da mensuração e análise fatorial confirmatória e ilustra detalhadamente a mensuração de múltiplos itens. Por enquanto, nos concentramos somente nos princípios básicos de construção de modelo e na estimação de múltiplas relações.

A questão de pesquisa

Teoria deve ser a fundamentação mesmo dos modelos mais simples, pois variáveis sempre podem ser conectadas entre si de várias maneiras. A maioria dessas conexões não faz sentido. A teoria deve fazer do modelo algo plausível. A ênfase na representação de relações de dependência demanda que o pesquisador detalhe cuidadosamente não apenas o número de construtos envolvidos, mas as relações esperadas entre eles. Com esses construtos em mãos, modelos e a estimação de relações podem ter prosseguimento.

Administradores do varejo estão interessados em como indivíduos se tornam clientes leais, comprometidos. Assim, a questão-chave de pesquisa é: como percepções de clientela sobre três elementos estratégicos – preço, serviço e atmosfera – determinam a aceitação da loja, medida por gastos e compromisso? Mais especificamente, os varejistas acreditam que percepções favoráveis de preço, serviço e atmosfera encorajam um cliente a retornar e gastar mais dinheiro (aumentando gastos), e que através deste processo, clientes se tornam cada vez mais leais.

A partir de suas experiências, eles desenvolveram uma série de relações que julgam explicar o processo:

- Melhores percepções de preços aumentam os gastos de clientes.
- Melhores percepções de serviços aumentam os gastos de clientes.
- Melhores percepções de atmosfera da loja aumentam os gastos de clientes.
- Maior gasto da clientela aumenta o compromisso dela.

Essas quatro relações formam a base de como os administradores sentem que as componentes importantes de sua estratégia de venda (preço, serviço e atmosfera da loja) influenciam gastos e compromisso de clientela. Eles agora desejam compreender se suas estratégias são efetivas e, quem sabe, sua importância relativa. No entanto, a natureza inter-relacionada de suas relações (ou seja, gastos e compromisso de clientes) torna vantajosa uma técnica com capacidades além da regressão múltipla.

Preparação do modelo de equações estruturais para análise de caminhos

Uma vez que uma série de relações é especificada, o pesquisador é capaz de identificar o modelo de uma forma adequada para análise. Construtos são identificados como sendo exógenos ou endógenos. Em seguida, para facilmente demonstrar as relações, elas são visualmente retratadas em um diagrama de caminhos, onde setas retas descrevem o impacto de um construto sobre outro. Se hipóteses causais são inferidas, as setas representando relações de dependência apontam da causa para o efeito subseqüente.

As relações identificadas pelos administradores de varejo incluem cinco construtos: percepções de preço, serviço e atmosfera da loja, bem como gastos e compromisso de clientela. O primeiro passo é identificar quais construtos podem ser considerados exógenos ou endógenos. A partir de nossas relações podemos identificar três construtos exógenos e dois endógenos:

Construtos exógenos	Construtos endógenos
Preço	Gastos de clientes
Serviço	Compromisso de clientes
Atmosfera	

Com os construtos especificados, as relações podem ser representadas em um diagrama de caminhos. A Figura 10-5 retrata as quatro relações sugeridas pelos administradores de varejo.

Note que um tipo de relação também apresentada na Figura 10-5 não foi expresso pelos administradores: as correlações entre os construtos exógenos. Essas relações são tipicamente adicionadas em SEM quando o pesquisador sente que os construtos exógenos têm algum grau de associação que faz surgir suas inter-relações. No caso de variáveis exógenas, isso é diretamente comparável à representação de multicolinearidade discutida em regressão múltipla (ver Capítulo 4 para mais detalhes). Discutimos as várias razões para se adicionar este tipo de relação nos capítulos seguintes.

Espera-se que os elementos separados da estratégia de vendas sejam coordenados e sigam planejamento e execução consistentes, de forma que se permita correlação entre os três elementos estratégicos. Permitir relações entre construtos pode tornar as estimativas das relações de dependência mais confiáveis.

Os pesquisadores agora podem reunir dados sobre percepções de clientes, seus gastos e lealdade, como a base para avaliação do modelo proposto.

O básico da estimação e avaliação SEM

Uma vez especificados relações e diagrama de caminhos, os pesquisadores podem agora reunir dados, colocá-los em um formato adequado para análise em SEM, estimar a força das relações, e avaliar o quão bem os dados se ajustam ao modelo. No exemplo, ilustramos os procedimentos básicos em cada um desses passos à medida que investigamos as questões levantadas por administradores que afetam compromisso de clientes.

Matriz de covariância observada

A SEM difere de outras técnicas multivariadas porque é um método de análise de estrutura de covariância e não uma técnica de análise de variância. Como resultado, a SEM foca a covariação entre as variáveis medidas, ou a **matriz de covariância da amostra observada**. Apesar de nem sempre parecer óbvio para o usuário, programas SEM podem usar como entrada a matriz de covariância ou uma matriz de correlação de variáveis observadas.

O leitor pode indagar se faz alguma diferença se usarmos uma matriz de covariância no lugar de uma matriz de correlações, como se faz em regressão múltipla. Discutimos as vantagens de uma matriz de covariância posteriormente neste capítulo (estágio 3 do processo de decisão), mas devemos lembrar que correlação é apenas um caso especial de covariância. Uma matriz de correlação é simplesmente a matriz de covariância quando variáveis padronizadas são empregadas (ou seja, a matriz de covariância padronizada). Somente valores abaixo da diagonal são únicos e de interesse particular quando o foco é sobre correlações. O ponto-chave até este momento é perceber que a matriz de covariância observada pode simplesmente ser computada a partir de observa-

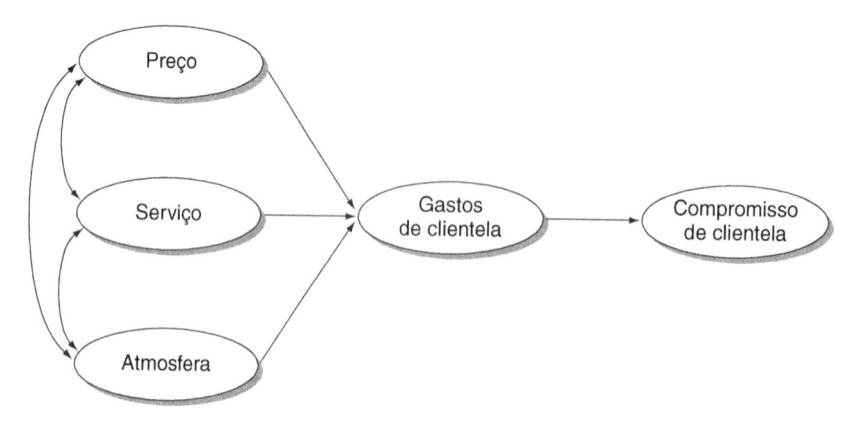

FIGURA 10-5 Diagrama de caminhos de um modelo estrutural simples.

ções amostrais, como fizemos na computação de uma matriz de correlação. Ela não é estimada e nem depende de modelo imposto por um pesquisador.

Examinemos novamente nosso exemplo com estratégia de vendas e vejamos como os pesquisadores prosseguiriam depois que o modelo é definido.

Para entender como dados entram em SEM, pense na matriz de covariância entre as cinco variáveis. Assim, a matriz de covariância observada conteria 25 valores. Os cinco valores da diagonal representam a variância de cada variável, resultando em 10 termos de covariância únicos. Pelo fato de a matriz de covariância ser simétrica, os 10 termos únicos são repetidos acima e abaixo da diagonal.

Por exemplo, suponha que a amostra envolve clientes entrevistados usando uma técnica de abordagem em ponto de fluxo. Assim, a matriz de covariância resultante é composta dos seguintes valores, com cada construto simplesmente abreviado como P para Preço, S para Serviço, A para Atmosfera, CS para Gastos de Cliente e CC para Compromisso de Cliente (como na Figura 10-5):

$$\text{Covariância observada} = \begin{vmatrix} \mathbf{var(P)} & \text{cov(P,S)} & \text{cov(P,A)} & \text{cov(P,CS)} & \text{cov(P,CC)} \\ \text{cov(P,S)} & \mathbf{var(S)} & \text{cov(S,A)} & \text{cov(S,CS)} & \text{cov(S,CC)} \\ \text{cov(P,A)} & \text{cov(S,A)} & \mathbf{var(A)} & \text{cov(A,CS)} & \text{cov(A,CC)} \\ \text{cov(PCS)} & \text{cov(S,CS)} & \text{cov(A,CS)} & \mathbf{var(CS)} & \text{cov(CS,CC)} \\ \text{cov(P,CC)} & \text{cov(S,CC)} & \text{cov(A,CC)} & \text{cov(CS,CC)} & \mathbf{var(CC)} \end{vmatrix}$$

Os valores que não estão em negrito acima da diagonal representam os 10 termos únicos que são os mesmos que estão abaixo da diagonal. Dada essa duplicação, matrizes de covariância ou de correlação são geralmente expressas como uma matriz simétrica, com os termos únicos mostrados somente abaixo da diagonal.

A matriz completa de covariância para os cinco construtos é expressa como se segue em uma matriz simétrica:

$$\text{Covariância observada (S)} = \begin{vmatrix} \mathbf{var(P)} & & & & \\ \text{cov(P,S)} & \mathbf{var(S)} & & & \\ \text{cov(P,A)} & \text{cov(S,A)} & \mathbf{var(A)} & & \\ \text{cov(PCS)} & \text{cov(S,CS)} & \text{cov(A,CS)} & \mathbf{var(CS)} & \\ \text{cov(P,CC)} & \text{cov(S,CC)} & \text{cov(A,CC)} & \text{cov(CS,CC)} & \mathbf{var(CC)} \end{vmatrix}$$

Suponha em nosso exemplo que os termos de covariância únicos para Preço, Serviço, Atmosfera, Gastos e Compromisso foram registrados como indicado aqui:

	Preço	Serviço	Atmosfera	Gastos de Clientes	Compromisso de Clientes
Covariância observada (S)	**var (P)**	–	–	–	–
	0,20	**var (S)**	–	–	–
	0,20	0,15	**var (A)**	–	–
	0,20	0,30	0,50	**var (CS)**	–
	– 0,05	0,25	0,40	0,50	**var (CC)**

Valores para os itens de variância não são mostrados, mas esta é uma simples questão de se computar tais valores e incluí-los na matriz de covariância. Se os dados são padronizados, resultaria uma matriz de correlação e cada termo de variância se tornaria igual a um. Valores acima da diagonal também não são repetidos para manter a matriz de covariância tão simples quanto possível para fins de ilustração.

Estimação e interpretação de relações

Antes do amplo emprego de programas SEM, pesquisadores achavam soluções para modelos de múltiplas equações usando um processo conhecido como **análise de caminhos**. Análise de caminhos utiliza correlações bivariadas simples para estimar as relações em um sistema de equações estruturais. Este processo estima a força de cada relação retratada como uma seta reta ou curvilínea em um diagrama de caminhos. O procedimento matemático real é brevemente descrito no Apêndice 10A.

> Procedimentos de análise de caminhos (Apêndice 10A) podem fornecer estimativas para cada relação (seta) no modelo mostrado na Figura 10-6. Essas estimativas são comparáveis com coeficientes de regressão, onde duas equações separadas seriam usadas (uma para prever Gastos de Cliente, e a segunda para prever Compromisso de Clientes), e portanto uma equação não contém a informação representada pela outra equação. Com técnicas SEM, contudo, todas as estimativas podem ser computadas usando-se toda a informação de todas as equações que compõem um modelo.
>
> Além disso, a SEM fornece estimativas diretas das relações entre os construtos exógenos, o que pode ter implicações em nossa interpretação dos resultados e também influenciar diretamente nossa avaliação da validade dos construtos exógenos.

Com estimativas para cada caminho, uma interpretação pode ser feita de cada relação representada no modelo. Quando testes de inferência estatística são aplicados, o pesquisador pode avaliar a probabilidade de que as estimativas sejam significantes (ou seja, não iguais a zero). Além disso, as estimativas podem ser usadas como coeficientes de regressão para fazer estimativas dos valores de qualquer construto no modelo.

> Caminhos no modelo mostrados na Figura 10-6 representam as questões de pesquisa colocadas pelo pesquisador. Quando olhamos as primeiras três relações (ou seja, impacto de Preço, Serviço e Atmosfera sobre Gastos de Clientes) podemos perceber que os coeficientes estimados são 0,065, 0,219 e 0,454, respectivamente. Sem fazer um julgamento estatístico, podemos averiguar que Atmosfera tem o maior impacto, enquanto Serviço tem um pouco menos e Preço tem o menor impacto. Além disso, podemos ver que Gastos de Cliente tem um impacto substancial sobre Compromisso de Clientes (0,50) e fornece evidência daquela relação também.

Agora lembre do Capítulo 4 que coeficientes de regressão podem ser usados para computar valores previstos para variáveis dependentes. Tais valores foram chamados de $\hat{y}$. Logo, para quaisquer valores particulares das variáveis preditoras, um valor estimado para o resultado poderia ser obtido. Neste caso no qual tratamos construtos como variáveis, eles representariam valores previstos para construtos endógenos, que é o resultado. A diferença entre o valor observado real para o resultado e $\hat{y}$ é erro. A SEM pode também fornecer valores estimados para construtos exógenos quando múltiplas variáveis são usadas para indicar o construto. Tal processo fica mais claro nos próximos capítulos. Perceba que diversas relações potenciais entre construtos não têm caminhos desenhados, o que significa que o pesquisador não espera uma relação direta entre esses construtos. Por exemplo, nenhuma seta é esboçada

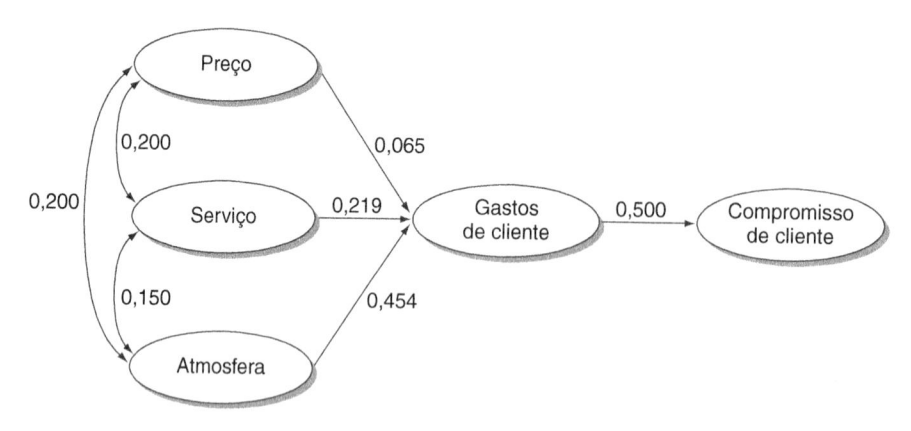

FIGURA 10-6 Modelo estimado de equações estruturais para compromisso de cliente.

entre Preço e Compromisso de Cliente, Serviço e Compromisso de Cliente, ou Atmosfera e Compromisso de Cliente, o que afeta as equações para os valores previstos.

> Em nosso modelo, se tomamos quaisquer valores para Preço, Serviço e Atmosfera, podemos *estimar* um valor para Gastos de Cliente usando esta equação:
>
> $$\hat{y}_{CS} = 0{,}065(\text{Preço}) + 0{,}219(\text{Serviço}) + 0{,}454(\text{Atmosfera})$$
>
> Analogamente, valores previstos para Compromisso de Cliente podem ser obtidos:
>
> $$\hat{y}_{CC} = 0{,}50(CS)$$
>
> Isso representaria uma previsão de equação múltipla, pois CS é também endógeno. Substituindo a equação para CS na equação para CC, obtemos:
>
> $$\hat{y}_{CC} = 0{,}50[0{,}065(\text{Preço}) + 0{,}219(\text{Serviço}) + 0{,}454(\text{Atmosfera})]$$
>
> Portanto, é fácil perceber como estimativas de caminhos na Figura 10-6 podem ser usadas para calcular valores estimados para Gastos de Cliente e Compromisso de Cliente.

Avaliação do ajuste de modelo com a matriz de covariância estimada

O último passo em uma análise SEM envolve o cálculo de uma **matriz de covariância estimada** e então a avaliação do grau de ajuste do modelo de covariância observada. A matriz de covariância estimada é obtida a partir das estimativas de caminhos do modelo. Com essas estimativas, podemos calcular todas as covariâncias que estavam na matriz de covariância observada usando os princípios de análise de caminhos no sentido "contrário". Em seguida, comparando as duas matrizes, a SEM pode testar um modelo. Modelos que produzem uma matriz de covariância estimada que está dentro da variação amostral da matriz de covariância observada são geralmente considerados como bons modelos e que se ajustam bem.

O processo de calcular uma covariância estimada primeiramente identifica todos os caminhos diretos e indiretos que se relacionam com uma covariância ou correlação específica. Então, os coeficientes são usados para calcular o valor de cada caminho, os quais são em seguida totalizados para se conseguir o valor estimado para cada covariância/correlação.

> Examinemos uma relação (Serviço e Gastos de Cliente) para ilustrarmos o que acontece. Eles envolvem caminhos diretos e indiretos:
>
> Caminho direto:
>   Serviço –> Gastos de Cliente = 0,219
> Caminhos indiretos:
>   Serviço –> Preço –> Gastos de Cliente = 0,200 $\times$ 0,065 = 0,013
>   Serviço –> Atmosfera –> Gastos de Cliente = 0,150 $\times$ 0,454 = 0,068
>
> Total: Direto + Indireto = 0,219 + 0,013 + 0,068 = 0,300
>
> Assim, a covariância estimada entre Serviço e Gastos de Cliente é 0,300, a soma de caminhos diretos e indiretos.
>
> Analogamente, podemos imaginar a matriz de covariância estimada como as covariâncias obtidas das estimativas de todas as variáveis $\hat{y}$. A matriz completa de covariância estimada é dada por:
>
> | | Preço | Serviço | Atmosfera | Gastos de Clientes | Compromisso de Clientes |
> |---|---|---|---|---|---|
> | **Covariância Estimada (Σ_k)** | – | | | | |
> | | 0,20 | – | | | |
> | | 0,20 | 0,15 | – | | |
> | | 0,20 | 0,30 | 0,50 | – | |
> | | 0,10 | 0,15 | 0,25 | 0,50 | – |

A diferença entre as matrizes de covariância observada e estimada, $|S - \Sigma_k|$, se torna o guia principal na avaliação do ajuste de um modelo SEM. Se a matriz de covariância estimada é suficientemente próxima da matriz de covariância observada (a diferença é pequena), então o modelo e suas relações são corroborados. Se o leitor está familiarizado com tabulação cruzada, não deve ser surpresa que uma estatística χ^2 possa ser computada com base na diferença entre as duas matrizes. Posteriormente, usaremos esta estatística como o indicador básico da qualidade do ajuste de um modelo teórico.

A última questão na avaliação de ajuste é o conceito de **resíduo** em SEM. Aqui, um resíduo é a diferença entre qualquer covariância observada e estimada. Assim, quando comparamos as matrizes de covariância observada e reais*, quaisquer diferenças que detectamos são os resíduos. A distinção em relação a outras técnicas multivariadas, especialmente regressão múltipla, é importante. Em tais técnicas, resíduos refletem os erros na previsão de observações individuais. Em SEM, observações individuais não são o foco da análise, a despeito de valores previstos para observações individuais poderem ser computados. Quando um programa SEM se refere a resíduos, isso significa o quão distante um termo de covariância estimada está da covariância observada para as mesmas duas variáveis.

> Ao se comparar nossas matrizes de covariância observada e estimada, algumas covariâncias são previstas com precisão e algumas diferenças são descobertas. Por exemplo, a relação entre Serviço e Gastos de Cliente é prevista com precisão. Em outros casos, como o da relação Atmosfera → Compromisso de Cliente, a covariância estimada (0,25) é claramente distinta da observada (0,40). Quando examinamos os resultados, percebemos resíduos para cada relação de construto exógeno com Compromisso de Cliente (-0,15, 0,10 e 0,15). Portanto, o modelo descrito não explica com perfeição a covariância entre esses itens e pode sugerir que a teoria do pesquisador é inadequada.

Com essas regras simples, o modelo como um todo pode agora ser construído simultaneamente. Observe que variáveis dependentes em uma relação podem facilmente ser independentes em outra (como ocorre com Gastos de Cliente). Não importa quão grande o diagrama de caminhos fique ou quantas relações sejam incluídas, a análise de caminhos fornece uma maneira de analisar o conjunto de relações.

---

* N. de R. T.: A frase correta seria "quando comparamos as matrizes de covariância observada e estimada".

Devemos observar que o pesquisador não tem que fazer todos os cálculos na análise de caminhos, pois eles podem ser realizados pelo programa computacional. O pesquisador precisa compreender os princípios inerentes a SEM, de forma que as implicações do acréscimo ou eliminação de caminhos ou outras modificações do modelo sejam entendidas. Os próximos dois capítulos explicam como tais procedimentos são implementados no teste de teorias de mensuração e estrutural, respectivamente.

Resumo

A SEM provê um referencial abrangente para estimar conjuntos complexos de relações e incorporar propriedades específicas de mensuração de construtos latentes também. Neste exemplo, ilustramos os processos básicos de especificação de um modelo, entrando com dados em um formato para SEM, estimando relações e avaliando ajuste de modelo. Mesmo neste modelo simples, fica evidente a importância da teoria na orientação da especificação do modelo. As seções a seguir e os Capítulos 11 e 12 tratam de questões que surgem quando modelos ficam mais complexos, envolvendo múltiplas medidas. Não obstante, os procedimentos básicos ainda são comparáveis com aqueles descritos neste exemplo.

DESENVOLVIMENTO DE UMA ESTRATÉGIA DE MODELAGEM

Um dos conceitos mais importantes que um pesquisador deve aprender no tocante a técnicas multivariadas é que não existe um só caminho correto para aplicá-las. Ao invés disso, o pesquisador deve formular os objetivos da pesquisa e aplicar técnicas apropriadas da maneira mais adequada para atingir os objetivos desejados. Em alguns casos, as relações são estritamente especificadas e o objetivo é uma confirmação da relação. Em outras vezes, as relações são vagamente reconhecidas e a meta é a descoberta das relações. Em cada caso extremo e em pontos intermediários, o pesquisador deve formular o uso da técnica de acordo com os objetivos da pesquisa.

A aplicação da SEM segue essa mesma doutrina. Sua flexibilidade fornece ao pesquisador uma poderosa ferramenta analítica adequada para muitos objetivos de pesquisa. Pesquisadores devem definir esses objetivos como orientações em uma estratégia de modelagem. O emprego do termo *estratégia* é projetado para denotar um plano de ação para um resultado específico. No caso da SEM, o resultado fundamental é sempre a avaliação de uma série de relações. No entanto, isso pode ser conseguido por muitos caminhos. Para nossos propósitos, definimos três estratégias distintas na aplicação de SEM: estratégia de modelagem confirmatória, modelos concorrentes, e desenvolvimento de modelos.

Estratégia de modelagem confirmatória

A aplicação mais direta de modelagem de equações estruturais é uma **estratégia de modelagem confirmatória**. O pesquisador especifica um só modelo (conjunto de relações), e a SEM é usada para avaliar quão bem o modelo se ajusta aos dados. Aqui o pesquisador está dizendo "Isto ou funciona, ou não funciona". Se o modelo proposto tem ajuste aceitável por quaisquer critérios aplicados, o pesquisador não demonstrou o modelo proposto, mas apenas confirmou que ele é um entre diversos possíveis modelos aceitáveis. Trata-se do oposto de técnicas exploratórias como a regressão *stepwise*. Diversos modelos diferentes podem ter ajustes igualmente aceitáveis. Talvez um teste mais esclarecedor seja conseguido pela comparação de modelos alternativos.

Estratégia de modelos concorrentes

Como um meio de comparar o modelo estimado com alternativos, comparações gerais podem ser feitas em uma **estratégia de modelos concorrentes**. O teste mais forte de um modelo proposto é identificar e testar modelos concorrentes que representam relações estruturais hipotéticas verdadeiramente diferentes. Quando compara esses modelos, o pesquisador se aproxima muito mais de um teste de teorias que competem, o que é muito mais forte do que apenas uma pequena modificação de uma só teoria.

> Como o pesquisador gera esse conjunto de modelos concorrentes? Uma possível fonte de modelos concorrentes consiste em formulações alternativas da teoria subjacente. Por exemplo, em nosso modelo original, Compromisso de Cliente foi determinado diretamente apenas por Gastos de Cliente (Figura 10-5). No entanto, um modelo alternativo poderia propor que Compromisso de Cliente poderia também ser diretamente determinado por Atmosfera (adicionando uma seta retilínea de Atmosfera para Compromisso de Cliente). Este seria, então, o modelo concorrente em relação ao original.

Modelos equivalentes fornecem uma segunda perspectiva no desenvolvimento de um conjunto de modelos concorrentes. Foi mostrado que para qualquer modelo de equações estruturais, existe pelo menos um outro modelo com o mesmo número de parâmetros e o mesmo nível de ajuste que varia nas relações retratadas. Como uma norma prática geral, quanto mais complexo o modelo, mais modelos equivalentes existem.

Um terceiro exemplo de estratégia de modelos concorrentes é o processo de avaliar invariância fatorial, a igualdade de modelos fatoriais ao longo de grupos. Este processo é ilustrado nos capítulos subseqüentes.

Estratégia de desenvolvimento de modelos

A **estratégia de desenvolvimento de modelos** difere das duas anteriores no sentido de que, apesar de uma estrutura de modelo básico ser proposta, o propósito do esforço de modelagem é melhorar esta estrutura por meio de modificações dos modelos estrutural ou de mensuração. Em muitas aplicações, a teoria pode fornecer apenas um ponto de partida para o desenvolvimento de um modelo teoricamente justificado que pode ser empiricamente apoiado. Assim, o pesquisador deve empregar SEM não apenas para testar o modelo empiricamente, mas também para fornecer idéias sobre sua reespecificação.

Uma nota de cuidado deve ser feita. O pesquisador deve ser cuidadoso para não empregar essa estratégia ao ponto em que o modelo final tenha ajuste aceitável mas que não possa ser generalizado para outras amostras ou populações. Além disso, a **reespecificação de modelo** sempre deve ser feita com suporte teórico e não apenas com justificativa empírica. Modelos desenvolvidos dessa maneira devem ser verificados com uma amostra independente. Discutimos isso nos próximos capítulos.

REGRAS PRÁTICAS 10-1

Introdução à modelagem de equações estruturais

- Nenhum modelo deve ser desenvolvido para uso com SEM se não houver alguma teoria subjacente, a qual é necessária para desenvolver:
  - Especificação de modelo de mensuração
  - Especificação de modelo estrutural
- Modelos podem ser visualmente representados com um diagrama de caminhos
  - Relações de dependência são retratadas por setas em um só sentido
  - Relações correlacionais (covariância) são representadas por setas em dois sentidos
- Relações de dependência são, às vezes, mas nem sempre, teorizadas como sendo causais por natureza; relações causais são o mais forte tipo de inferência feita na aplicação de estatísticas multivariadas; logo, elas só podem ser embasadas quando existirem condições precisas para causalidade:
  - Covariância entre causa e efeito
  - A causa deve ocorrer antes do efeito
  - Deve existir associação legítima entre causa e efeito
  - Há suporte teórico para a relação entre causa e efeito
- Modelos desenvolvidos com uma estratégia de desenvolvimento devem passar por validação cruzada com uma amostra independente

SEIS ESTÁGIOS NA MODELAGEM DE EQUAÇÕES ESTRUTURAIS

A SEM se tornou uma abordagem multivariada popular em um intervalo de tempo relativamente curto. Pesquisadores são atraídos para a SEM porque ela provê uma maneira conceitualmente atraente de testar uma teoria. Se um pesquisador pode expressar uma teoria em termos de relações entre variáveis medidas e construtos latentes (variáveis estatísticas), então a SEM avaliará quão bem a teoria se *ajusta* à realidade quando esta é representada por dados.

Esta seção continua a discussão sobre a SEM descrevendo um processo de decisão em seis estágios. Este processo varia um pouco em relação àquele introduzido no Capítulo 1 a fim de refletir a terminologia e os procedimentos únicos da SEM. Os seis estágios são como se segue:

1. Definir construtos individuais
2. Desenvolver o modelo de mensuração geral
3. Planejar um estudo para produzir resultados empíricos
4. Avaliar a validade do modelo de mensuração
5. Especificar o modelo estrutural
6. Avaliar a validade do modelo estrutural

O restante deste capítulo fornece uma breve visão geral introdutória desses seis estágios, que serão discutidos também com mais detalhes nos próximos dois capítulos. No lugar de incluir um exemplo HBAT como ilustração da técnica neste capítulo, o mesmo será apresentado no próximo. Os dois capítulos que se seguem são devotados ao teste dos modelos de mensuração e estrutural, respectivamente. Muitas análises SEM envolvem o teste da teoria de mensuração (como os construtos são representados) e da teoria estrutural (como os construtos se relacionam entre si). A ilustração da HBAT é coberta em ambos os capítulos. O Capítulo 11 cobre os primeiros quatro estágios da SEM, enquanto o Capítulo 12 trata dos dois estágios restantes.

Estágio 1: Definição de construtos individuais

Uma boa teoria de mensuração é uma condição necessária para se obter resultados úteis a partir da SEM. Testes de hipóteses envolvendo as relações estruturais entre construtos não serão mais confiáveis ou válidos do que o modelo de mensuração que explica como esses construtos são construídos. O pesquisador deve investir significativo tempo e esforço no início do processo de pesquisa para garantir que a qualidade de medição permita a obtenção de conclusões válidas.

Operacionalização do construto

O processo começa com uma boa definição dos construtos envolvidos. Esta definição deve, então, fornecer a base para a seleção ou planejamento de itens indicadores individuais. Um pesquisador **operacionaliza um construto** selecionando seus itens de escala de mensuração e tipo de escala. Em pesquisas de levantamentos, a operacionalização de um construto freqüentemente envolve uma série de itens de escala em um formato comum, como a escala Likert ou uma escala diferencial semântica. As definições e itens são derivados a partir de duas abordagens comuns.

Escalas de pesquisa anterior. Em muitos casos, construtos podem ser definidos e operacionalizados da mesma maneira como foram em estudos prévios. Pesquisadores podem fazer uma busca na literatura sobre os construtos individuais e identificar escalas que tiveram bom desempenho anterior. Muita pesquisa atualmente utiliza escalas que foram publicadas em periódicos especializados ou que estão disponíveis mediante solicitação direta ao autor.

Por exemplo, se um pesquisador precisa medir *apoio do supervisor*, muitos estudos fornecem definições úteis e os correspondentes itens de escala. Como exemplo, um estudo define apoio do supervisor como a transferência de recursos emocionais ou instrumentais para um colega a partir de seu superior no ambiente de trabalho. Três itens Likert são fornecidos como indicadores deste construto. Os itens avaliam em que medida o empregado percebe seu supervisor como alguém que ouve quando ocorrem problemas, como uma pessoa confiável em situações difíceis e como um colaborador na tarefa de realizar um trabalho [21].

Desenvolvimento de nova escala. Medidas de construtos podem ser desenvolvidas. Tal desenvolvimento é apropriado quando um pesquisador está estudando algo que não tem uma história rica de pesquisas anteriores. O processo geral de desenvolvimento de itens de escala pode ser longo e detalhado. O essencial deste processo é destacado no próximo capítulo, mas o leitor deve consultar outras fontes para uma discussão mais completa [11].

Pré-teste

Geralmente, quando medidas são desenvolvidas para um estudo ou quando elas são obtidas de várias fontes, algum tipo de pré-teste deve ser feito. O pré-teste deve usar respondentes semelhantes àqueles da população a ser estudada, de modo a se resguardar quanto a adequação. Pré-testes são particularmente importantes quando escalas são aplicadas em contextos específicos (p.ex., situações de compras, indústrias ou outros casos nos quais especificidade é imperativa) ou contextos fora de seus usos normais. Testes empíricos dos resultados de pré-teste são feitos de uma maneira idêntica à análise de modelo final (ver discussão no estágio 4, adiante neste capítulo). Itens que estatisticamente não se comportam como o esperado podem precisar de refinamento ou eliminação, para evitar esses problemas quando o modelo final é analisado.

Resumo

Um dos passos mais importantes, ainda que por vezes seja subjetivo, é a operacionalização de construtos. Na tentativa de garantir precisão teórica, muitas vezes os pesquisadores têm diversas escalas estabelecidas a serem escolhidas, cada uma sendo uma pequena variação das demais. Porém, mesmo com o amplo uso de escalas, o pesquisador freqüentemente se encontra diante da falta de uma escala estabelecida e deve desenvolver uma nova ou modificar consideravelmente uma existente para o novo contexto. Em todas essas situações, o modo como o pesquisador seleciona os itens para medir cada construto determina a fundamentação de todo o restante da análise SEM.

Estágio 2: Desenvolvimento e especificação do modelo de medida

Com os itens de escala especificados, a pesquisa agora deve especificar o modelo de medição. Neste estágio, cada construto latente a ser incluído no modelo é identificado e as variáveis indicadoras medidas (itens) são designadas para construtos latentes. Apesar de essa identificação e designação poderem ser representadas por equações, é mais simples representar este processo com um diagrama. O Documento 10-2b representa um modelo simples de mensuração de dois construtos, com quatro indicadores associados a cada construto e uma relação correlacional entre eles.

Estimação do modelo completo de mensuração envolve especificação de termos adicionais (ou seja, termos de erro para cada indicador). Uma especificação básica pode ser ilustrada como se segue:

> O modelo de mensuração simples na Figura 10-7 tem um total de 17 parâmetros estimados (isto é, oito cargas estimadas, oito erros estimados e uma estimativa de correlação entre construtos). A carga estimada para cada seta ligando um construto a uma variável medida é uma estimativa da carga de uma variável – o grau em que aquele item está relacionado com o construto. Este estágio de SEM pode ser imaginado como uma designação de variáveis individuais a construtos. Visualmente, isso responde a seguinte questão: onde as setas devem ser esboçadas para ligar construtos a variáveis?
>
> Diversos caminhos possíveis não foram especificados (p.ex., correlações entre variáveis indicadoras, cargas de indicadores em mais de um construto etc.). No processo de estimação, essas cargas não-especificadas (um total de 19) são consideradas nulas, o que significa que elas não serão estimadas.

A especificação do modelo de mensuração pode ser um processo direto, mas diversas questões ainda devem ser tratadas. O Capítulo 11 oferece uma discussão mais detalhada de cada uma delas. Os tipos de questões são listados abaixo:

1. Podemos empiricamente sustentar a validade e a unidimensionalidade dos construtos? Pontos essenciais devem ser acionados para se estabelecer a base teórica dos construtos e mensurações.
2. Quantos indicadores devem ser usados para cada construto? Qual é o número mínimo de indicadores? Há um máximo? Quais são as ponderações nas decisões sobre aumento ou diminuição no número de indicadores?
3. As medições devem ser consideradas retratos dos construtos (o que significa que elas descrevem o construto) ou devem ser vistas como explicação do construto (tal como combinamos indicadores em um índice)? Cada abordagem traz consigo diferentes interpretações sobre o que representa o construto.

O pesquisador, mesmo com escalas bem definidas, ainda deve confirmar a validade e a unidimensionalidade neste contexto específico. Em qualquer esforço de desenvolvimento de escala, questões como o número de indicadores e o tipo de especificação de construto devem ser abordadas. Pesquisadores sempre devem garantir que tais questões são completamente examinadas, pois quaisquer problemas não-resolvidos neste estágio podem afetar a análise inteira, geralmente de maneiras não percebidas.

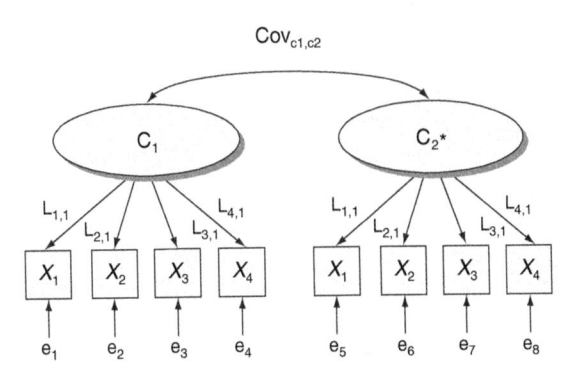

FIGURA 10-7 Representação visual (diagrama de caminhos) de um modelo de mensuração.

*N. de R. T.: A notação correta das quatro cargas correspondentes ao segundo construto (C2) é: $L_{1,2}$, $L_{2,2}$, $L_{3,2}$ e $L_{4,2}$.

Estágio 3: Planejamento de um estudo para produzir resultados empíricos

Com o modelo básico especificado em termos de construtos e variáveis/indicadores medidos, o pesquisador deve voltar a atenção para problemas envolvendo planejamento de pesquisa e estimação. Os seis problemas abordados nesta seção são os seguintes:

Planejamento de pesquisa

1. Tipo de dados analisados: covariâncias ou correlações
2. Dados perdidos
3. Tamanho amostral

Estimação de modelo

4. Estrutura do modelo
5. Técnicas de estimação
6. Programa computacional usado

A SEM tem muitas similaridades com outras técnicas multivariadas quanto a essas questões, mas também apresenta algumas considerações únicas.

Questões de delineamento de pesquisa

Como acontece com qualquer outra técnica multivariada, a SEM requer consideração cuidadosa de fatores que afetam o planejamento de pesquisa e que são necessários para uma análise SEM bem sucedida. Apesar de os aspectos estatísticos da estimação SEM serem discutidos na próxima seção, aqui é importante observar que tamanho da amostra e dados perdidos podem ter profundo efeito sobre os resultados, não importando qual o método empregado. Além disso, a SEM pode ser estimada com covariâncias ou correlações. Assim, o pesquisador deve escolher o tipo apropriado de matriz de dados para a questão de pesquisa que é tratada. Essas três questões são discutidas na próxima seção.

Covariância versus correlação. Pesquisadores usuários de análises SEM no passado debateram sobre o uso de matriz de covariância versus correlação como entrada. A SEM foi originalmente desenvolvida usando-se matrizes de covariância (por isso é conhecida pelo nome comum de *análise de estruturas de covariância*). Muitos pesquisadores defenderam o emprego de correlações como uma forma mais simples de análise que era mais fácil de interpretar. A questão era também mais central para o planejamento da pesquisa quando as matrizes de entrada eram geralmente computadas usando-se alguma outra rotina estatística fora do programa SEM. Era necessária uma escolha para calcular e dar entrada à matriz apropriada. Hoje em dia, a maioria dos programas SEM pode computar uma solução para o modelo a partir dos dados originais sem que o pesquisador calcule uma matriz de correlação ou de covariância em separado. Agora os pesquisadores devem considerar a escolha de correlações ou covariâncias baseados principalmente em aspectos interpretativos e estatísticos.

Interpretação. A grande vantagem da entrada de correlações para a SEM decorre do fato de que as estimativas paramétricas resultantes são por definição prévia padronizadas, o que significa que não são dependentes de escala. Todos os valores estimados devem estar no intervalo de –1,0 a +1,0, tornando a identificação de estimativas inadequadas mais fácil do que com covariâncias, as quais não apresentam um intervalo definido. Contudo, é simples produzir esses resultados a partir de uma entrada de covariâncias, requisitando-se uma solução completamente padronizada. Dessa maneira, correlações não têm qualquer vantagem real sobre os resultados padronizados obtidos com o uso de covariâncias.

Impacto estatístico. As principais vantagens no emprego de covariâncias surgem de considerações de caráter estatístico. Primeiro, o uso de correlações como entrada pode às vezes conduzir a erros nos cálculos do erro padrão [9]. Além disso, toda vez que hipóteses se referem a questões relacionadas com a escala ou a magnitude de valores (p.ex., comparação de médias), então covariâncias devem ser usadas porque esta informação não é retida usando-se correlações. Finalmente, qualquer comparação entre amostras exige que covariâncias sejam usadas como dados de entrada. Assim, covariâncias têm vantagens distintas em termos de suas propriedades estatísticas versus correlações.

Resumo. Ao se comparar o emprego de correlações com o de covariâncias, recomendamos o de covariâncias sempre que possível. Programas de computador, hoje em dia, tornam a seleção de uma opção em vez de outra apenas uma questão de escolha do tipo de dados a serem computados a partir do menu apropriado [25]. Matrizes de covariância oferecem ao pesquisador uma flexibilidade muito maior, devido ao conteúdo de informação relativamente maior que elas contêm.

Dados perdidos. Exatamente como em outros procedimentos multivariados, o pesquisador deve tomar diversas decisões importantes referentes a dados perdidos. Duas questões devem ser respondidas no que diz respeito a dados perdidos, para que se trate adequadamente de qualquer problema que isso possa criar:

1. Os dados perdidos são suficientes e não-aleatórios a ponto de provocarem problemas de estimação ou interpretação?
2. Se dados perdidos devem ser corrigidos, qual é a melhor abordagem?

Discutiremos os aspectos que se relacionam especificamente com SEM e dados perdidos na próxima seção. O leitor deve também rever o Capítulo 2, no qual é dada uma discussão mais completa sobre cada técnica e os métodos de avaliação da extensão e do padrão de dados perdidos.

Extensão e padrão de dados perdidos. Notavelmente, dados perdidos sempre devem ser corrigidos se seguirem um padrão não-aleatório ou se mais de 10% dos itens de dados estão faltando. Dados perdidos são considerados como **completamente perdidos ao acaso (MCAR)** se o padrão de dados perdidos para uma variável não depender de qualquer outra variável no conjunto de dados ou dos valores da variável em si [40]. Se o padrão de dados perdidos para uma variável se relaciona com outras variáveis, mas não com seus próprios valores, então ele é considerado como sendo **perdido ao acaso (MAR)**. Novamente, o Capítulo 2 oferece uma discussão muito mais detalhada sobre os procedimentos empregados na avaliação da extensão e do padrão de dados perdidos.

Ações corretivas em dados perdidos. Três métodos básicos estão disponíveis para resolver o problema de dados perdidos: a **abordagem de caso completo** (conhecida como eliminação por lista), a **abordagem totalmente disponível** (conhecida como eliminação aos pares) e as técnicas de **atribuição** baseadas em modelos. Tradicionalmente, eliminação por lista era considerada mais apropriada para SEM. Mais recentemente, a eliminação aos pares, que permite o uso de mais dados, tem sido aplicada. Ambos os procedimentos podem gerar problemas [1].

Como resultado, programas SEM introduziram uma forma de atribuição geralmente conhecida como **abordagens baseadas em modelos**. Elas estendem a técnica mais comum de substituição pela média no sentido de que dados perdidos são atribuídos (substituídos) com base em todos os dados disponíveis para um dado respondente. As duas abordagens mais comuns são (1) a estimação de máxima verossimilhança dos valores perdidos (ML) e (2) o método EM, que estima os valores de cada média e covariância como se não houvesse qualquer dado perdido. Esta abordagem difere no sentido de usar a informação não-perdida disponível para um respondente a fim de fornecer uma estimativa de máxima verossimilhança das médias e covariâncias amostrais (no lugar dos dados reais). Uma discussão detalhada desses métodos de atribuição está além de nosso escopo, mas está à disposição em várias fontes [13].

Escolha de uma abordagem de dados perdidos. Qual é o melhor método para se lidar com dados perdidos para SEM em geral? Quando os dados perdidos são aleatórios, são menos que 10% das observações, e as cargas fatoriais são relativamente elevadas (0,7 ou mais), bons resultados podem ser esperados usando-se qualquer uma dessas abordagens de dados perdidos [12]. Contudo, em outros casos, a seleção apropriada de um tratamento para dados perdidos pode resultar em maior confiança de que os resultados são válidos e livres de vieses. O impacto da técnica selecionada sobre convergência de modelo, precisão de estimativa de parâmetro e precisão de qualidade de ajuste depende não somente de quanto existe de dados perdidos, mas também do verdadeiro tamanho das cargas fatoriais e do tamanho da amostra geral [12].

A Tabela 10-1 resume as vantagens e desvantagens de cada técnica. A abordagem de caso completo (eliminação por lista) se torna particularmente problemática quando amostras e cargas fatoriais são pequenas. Reciprocamente, as vantagens das técnicas baseadas em modelos se tornam evidentes quando tamanhos amostrais e cargas fatoriais são geralmente menores. A abordagem totalmente disponível (eliminação aos pares) tem muitas boas propriedades, mas o usuário deve estar ciente da inflação po-

TABELA 10-1 Algumas vantagens e desvantagens de diferentes métodos de dados perdidos

Método	Vantagens	Desvantagens
Caso completo (lista)	• χ^2 mostra pouco viés sob a maioria das condições • Tamanho efetivo de amostra é conhecido • Fácil de implementar usando qualquer programa	• Aumenta a probabilidade de não-convergência (programa SEM não consegue encontrar uma solução) a menos que cargas fatoriais sejam altas (> 0,6) e tamanhos amostrais sejam grandes (> 250) • Probabilidade aumentada de vieses nas cargas fatoriais • Probabilidade aumentada de vieses em estimativas de relações entre fatores
Totalmente disponível (aos pares)	• Menos problemas com convergência • Estimativas de cargas fatoriais relativamente livres de vieses • Fácil de implementar usando qualquer programa	• χ^2 sofre viés para cima quando os dados perdidos excedem 10%, cargas fatoriais são altas e tamanhos amostrais são grandes • Tamanho amostral efetivo é incerto • Não tão bem conhecido
Baseado em modelos (ML/EM)	• Menos problemas com convergência • χ^2 mostra pouco viés sob a maioria das condições • Viés mínimo sob condições de dados perdidos aleatórios	• Indisponível em programas SEM mais antigos • Tamanho amostral efetivo é incerto para EM

Nota: Ver Enders e Bandalos (2001) e Enders e Peugh (2004) para mais detalhes. ML/EM foram combinados com base nas diferenças negligenciáveis entre os resultados para os dois (Enders e Peugh, 2004).

tencial de estatísticas de ajuste quando uma quantia modesta ou grande de dados está faltando e cargas fatoriais são grandes.

Uma consideração final na seleção de uma técnica é a especificação do tamanho da amostra. As técnicas de abordagem totalmente disponível (aos pares) e baseada em modelos complicam a especificação do tamanho amostral, uma vez que elas potencialmente utilizam diferentes tamanhos de amostra para cada termo de covariância. No entanto, o pesquisador pode apenas especificar um tamanho geral (N) usado nos cálculos de ajuste geral e de erros padrão de parâmetros. Usando PD para ilustrar, o pesquisador não pode mais identificar um só tamanho amostral, pois o N para a covariância entre duas variáveis quaisquer é possivelmente diferente do N para a covariância entre duas variáveis distintas. Pesquisadores SEM investigaram os variados efeitos de se estabelecer N como o tamanho da amostra completa (o maior número de observações), o tamanho médio da amostra e o tamanho mínimo da mesma (o menor N associado com qualquer covariância amostral). Esses resultados geralmente sugerem que a inserção do tamanho mínimo conduz aos menores problemas com convergência, viés de ajuste e viés de estimativas paramétricas [8, 13].

Resumindo, quando o tamanho amostral excede 250 e a quantia total de dados perdidos envolvidos entre as variáveis medidas está abaixo de 10%, então a abordagem totalmente disponível (aos pares) é uma boa solução para o problema de perda de dados. Com este método, o tamanho da amostra (N) deve ser estabelecido como o tamanho mínimo (o menor) disponível para quaisquer duas covariâncias. Com amostras pequenas e quando a quantia de dados perdidos se torna grande, então as abordagens baseadas em modelos (EM/ML) se tornam uma opção superior. No entanto, deve-se ter cuidado ao se extrair conclusões a partir de qualquer amostra que contenha grandes quantidades de dados perdidos.

Tamanho amostral. Em geral, a SEM requer uma amostra maior em comparação com outras técnicas multivariadas. Alguns dos algoritmos estatísticos usados por programas SEM não são confiáveis com amostras pequenas. Tamanho amostral, como em qualquer outro método estatístico, fornece uma base para a estimação de erro de amostragem. Como ponto de partida para a discussão de tamanho amostral em SEM, o leitor pode rever as discussões sobre tamanhos exigidos para análise fatorial exploratória (Capítulo 3). Sabendo-se que amostras maiores geralmente demandam mais tempo e são mais caras de se obter, a questão crítica em SEM envolve o quão grande uma amostra deve ser para produzir resultados confiáveis.

Opiniões referentes a tamanhos mínimos de amostras têm variado [28, 29]. Diretrizes propostas variam com procedimentos de análises e características de modelos. Cinco considerações que afetam o tamanho exigido para amostra em SEM incluem as seguintes:

1. Distribuição multivariada de dados
2. Técnica de estimação
3. Complexidade do modelo
4. Quantia de dados perdidos
5. Quantia de variância média de erro entre os indicadores reflexivos

Cada uma dessas considerações é tratada nos próximos parágrafos.

Distribuição multivariada. À medida que os dados se desviam mais da suposição de normalidade multivariada, a proporção de respondentes em relação a parâmetros precisa ser maior. Uma proporção geralmente aceita para minimizar problemas com os desvios da normalidade é de 15 respondentes para cada parâmetro estimado no modelo. Apesar de alguns procedimentos de estimação serem especificamente projetados para lidar com dados não normais, o pesquisador sempre é encorajado a fornecer tamanho amostral suficiente para permitir que o impacto do erro amostral seja minimizado, especialmente para dados não-normais [46].

Técnica de estimação. O procedimento de estimação SEM mais comum é a **estimação de máxima verossimilhança (MLE)**. É sabido que ela fornece resultados válidos com tamanhos amostrais tão pequenos quanto 50, mas os tamanhos mínimos recomendados para garantir soluções MLE estáveis são de 100 a 150. MLE é uma abordagem iterativa que torna mais provável que amostras pequenas produzam resultados inválidos. Um tamanho amostral recomendado é 200, o que fornece uma base sólida para estimação. Deve ser observado que à medida que o tamanho amostral se torna grande (>400), o método fica mais sensível e praticamente qualquer diferença é detectada, fazendo com que as medidas de qualidade de ajuste sugiram ajuste ruim [43]. Como resultado, tamanhos amostrais entre 150 e 400 são sugeridos, sujeitos às outras considerações discutidas a seguir.

Complexidade do modelo. Modelos mais simples podem ser testados com amostras menores. De forma mais simples, mais variáveis medidas ou indicadoras exigem amostras maiores. Não obstante, modelos podem ser complexos em outras situações a ponto de todas exigirem tamanhos amostrais maiores:

- Modelos com mais construtos que exigem mais parâmetros a serem estimados
- Modelos SEM com construtos que têm menos de três variáveis medidas/indicadoras
- Análises multigrupo que demandam uma amostra adequada para cada grupo

O papel do tamanho da amostra é produzir mais informação e maior estabilidade, o que auxilia o pesquisador na execução da SEM. Uma vez que um pesquisador tenha excedido o tamanho absoluto mínimo (uma observação a mais do que o número de covariâncias observadas), amostras maiores significam menor variabilidade e maior estabilidade nas soluções. Assim, a complexidade do modelo em SEM conduz à necessidade por amostras maiores.

Dados perdidos. Dados perdidos complicam o teste de modelos SEM e o uso de SEM em geral, porque na maioria das abordagens para se corrigir dados perdidos o tamanho da amostra é reduzido em algum grau a partir do número original de casos. Dependendo da técnica de dados perdidos considerada e da extensão antecipada dos mesmos e até dos tipos de questões sendo tratadas, o que pode incluir maiores níveis de dados perdidos, o pesquisador deve planejar um aumento no tamanho amostral para compensar quaisquer problemas de dados perdidos.

Variância média de erro de indicadores. Pesquisas recentes indicam que o conceito de **comunalidade** (ver Capítulo 3 para mais detalhes) é uma forma mais relevante de abordar a questão do tamanho amostral. Comunalidades representam a quantia média de variação entre as variáveis medidas/indicadoras explicada pelo modelo de medição. Comunalidades podem ser diretamente calculadas a partir de cargas de construtos (ver Capítulo 11). Estudos mostram que amostras maiores são exigidas quando comunalidades ficam menores (ou seja, os construtos não-observados não estão explicando tanta variância nos itens medidos). Modelos contendo múltiplos construtos com comunalidades menores que 0,5 (ou seja, estimativas de cargas padronizadas menores que 0,7) também requerem tamanhos maiores para convergência e estabilidade de modelo [12]. O problema é exagerado quando modelos têm um ou dois fatores.

Resumo sobre tamanho amostral. À medida que a SEM amadurece e pesquisa adicional sobre questões relevantes a respeito de delineamento de pesquisa é realizada, diretrizes prévias como "sempre maximize seu tamanho amostral" e "amostras de 300 são exigidas" não são mais apropriadas. Ainda é verdade que amostras maiores geralmente produzem soluções mais estáveis que são mais prováveis de serem replicadas, mas foi mostrado que decisões referentes a tamanho amostral devem ser tomadas com base em um conjunto de fatores.

Baseadas na discussão sobre tamanho de amostra, as sugestões a seguir são oferecidas com base na complexidade do modelo e nas características fundamentais do modelo de mensuração:

- Modelos SEM contendo cinco construtos ou menos, cada um com mais de três itens (variáveis observadas) e com comunalidades elevadas (0,6 ou mais), podem ser adequadamente estimados com amostras tão pequenas quanto as de 100-150.
- Se alguma comunalidade for modesta (0,45-0,55), ou se o modelo contém construtos com menos de três itens, então o tamanho exigido para a amostra é da ordem de 200.
- Se as comunalidades forem inferiores ou se o modelo incluir múltiplos construtos subidentificados (menos que 3 itens), então tamanhos amostrais mínimos de 300 ou mais são necessários para que sejamos capazes de recuperar parâmetros da população.
- Quando o número de fatores for maior que seis, sendo que alguns deles usam menos de três itens medidos como indicadores e múltiplas comunalidades baixas estão presentes, as exigências referentes a tamanho de amostra podem exceder 500.

Além dessas características do modelo a ser estimado, o tamanho amostral deve ser aumentado nas seguintes circunstâncias:

- Dados exibem características não-normais
- Certos procedimentos alternativos de estimação são usados
- Espera-se mais de 10% de dados perdidos

Para garantir uma solução precisa, o pesquisador agora deve considerar vários fatores potenciais que podem influenciar aumentos no tamanho amostral em diretrizes mais gerais.

Resumo das questões sobre delineamento de pesquisa. Ao se planejar uma análise SEM, o pesquisador deve abordar questões enfrentadas por todas as técnicas multivariadas: tipos de dados a serem analisados, o impacto de dados perdidos, e o tamanho de amostra exigido para se atender as metas de pesquisa. A característica ímpar da análise SEM concentradas sobre a matriz de covariância, no lugar das observações individuais, demanda alguns ajustes em nossas orientações anteriores sobre tais questões. No entanto, independentemente dos ajustes, o impacto potencial de tais fatores é tão crítico em SEM quanto em qualquer outra técnica multivariada.

Questões sobre estimação de modelo

Além dos aspectos mais gerais sobre planejamento de pesquisa discutidos na seção anterior, a análise SEM tem também diversas características únicas. Essas características se relacionam com a estrutura do modelo, a técnica de estimação empregada e o programa de computador selecionado para a análise.

Estrutura do modelo. O passo mais importante para se estabelecer uma análise SEM é a determinação e a comunicação da estrutura do modelo teórico para o programa. Diagramas de caminhos como aqueles utilizados em exemplos anteriores podem ser úteis para este fim. Conhecendo a estrutura do modelo teórico, o pesquisador pode então especificar os parâmetros a serem estimados. Esses modelos freqüentemente incluem abreviações SEM comuns que denotam o tipo de relação ou variável referida. O Apêndice 10B inclui um guia para essas abreviações comuns.

Apesar de a especificação de fatores livres e fixos ser relativamente simples, tal tarefa é uma diferença crítica entre a SEM e muitas outras técnicas multivariadas. Um **parâmetro livre** é um que deve ser estimado pela análise SEM. Um **parâmetro fixo** é aquele cujo valor é especificado pelo pesquisador. Geralmente um parâmetro fixo recebe o valor zero, indicando que nenhuma relação é estimada. A SEM requer que cada possível parâmetro seja especificado como estimado ou não. Hoje em dia, programas com interfaces gráficas (discutidos em uma seção adiante) permitem que o pesquisador facilmente especifique os parâmetros a serem estimados, muitas vezes diretamente em um diagrama de caminhos. No entanto, não importando qual programa é usado, o pesquisador deve ser capaz de especificar o modelo SEM completo em termos de cada parâmetro a ser estimado.

Técnica de estimação. Logo que o modelo é especificado, pesquisadores devem escolher como o modelo será estimado. Em outras palavras, qual algoritmo matemático será utilizado para identificar estimativas para cada parâmetro livre? Diversas opções estão disponíveis para se obter uma solução SEM.

As primeiras tentativas de estimação de modelo de equações estruturais foram realizadas com regressão de mínimos quadrados ordinários (OLS). Esses esforços foram rapidamente superados pela estimação de máxima verossimilhança (MLE), que é mais eficiente e sem vieses quando a suposição de normalidade multivariada é atendida. MLE foi usada nas primeiras versões de LISREL e se tornou a técnica mais amplamente empregada na maioria dos programas SEM. A sensibilidade potencial da MLE para não-normalidade, porém, criou uma necessidade por técnicas alternativas de estimação. Métodos como os mínimos quadrados ponderados (WLS), mínimos quadrados generalizados (GLS), e estimação assintoticamente livre de distribuição (ADF) se tornaram disponíveis [16]. A técnica ADF recebeu particular atenção devido a sua insensibilidade à não-normalidade dos dados. Sua principal desvantagem é o tamanho amostral maior exigido.

Todas as técnicas alternativas de estimação se popularizaram à medida que os computadores pessoais tornaram-se mais potentes, tornando-as úteis para problemas típicos. A MLE continua sendo a técnica mais empregada e é a opção padrão na maioria dos programas SEM. Na verdade, ela tem se mostrado bastante robusta diante de violações da suposição de normalidade. Pesquisadores compararam a MLE com outras técnicas e ela produziu resultados confiáveis sob muitas circunstâncias [35, 36].

Programas de computador. Diversos programas estatísticos prontamente disponíveis são convenientes para executar SEM. Tradicionalmente, o programa mais usado é LISREL (LInear Structural RELations) [7, 25], um programa flexível que pode ser aplicado em muitas situações (ou seja, estudos *cross-section*, experimentais, quase-experimentais e longitudinais). Pesquisadores de muitas áreas de estudo têm aplicado SEM usando LISREL, e isso se tornou quase sinônimo de modelagem de equações estruturais. EQS (uma abreviação para *equações*) é outro programa amplamente usado que também pode executar regressão, análise fatorial e testar modelos estruturais [4]. AMOS (Análise de Estruturas de Momento) é um terceiro programa que tem conquistado popularidade por ser amigável e disponível como uma adição ao SPSS. AMOS também esteve entre os primeiros programas SEM a simplificar a interface de modo que um pesquisador poderia executar uma análise sem ter que escrever qualquer código computacional. Finalmente, CALIS é um programa SEM disponível com SAS.

Em última instância, a escolha de um programa SEM é baseada na preferência do pesquisador e na disponibilidade. Os programas estão, na verdade, se tornando mais parecidos à medida que evoluem. AMOS, EQS e LISREL estão disponíveis com interfaces do tipo "aponte-e-clique". Cada um deles tem também uma interface gráfica que permite ao pesquisador modificar o programa com um diagrama de caminhos interativo. O que muda de programa para programa é a notação. LISREL usa letras gregas para representar fatores latentes, termos de erro e estimativas de parâmetros, e letras latinas (x e y) para representar variáveis observadas. Esta notação fornece uma abreviação conveniente para a descrição de modelos e a comunicação com o programa. Esta tem se tornado a abreviação mais comum para SEM, a qual simplifica consideravelmente discussões uma vez que o usuário se familiariza com ela.

Os outros programas apóiam-se menos em abreviações gregas e usam mais outras notações, como distinções entre letras latinas maiúsculas e minúsculas ou diferentes cores para descrever diferentes tipos de variável e relação. Apesar de o poder computacional ter sido uma questão, hoje em dia todos esses programas estão disponíveis em versões que são processadas facilmente praticamente em qualquer computador pessoal. Para a maioria das aplicações padrão, esses programas devem produzir resultados substantivos semelhantes. Um apêndice no final do Capítulo 11 ilustra essa aplicação com mais detalhes.

Resumo das questões sobre estimação. Os aspectos ímpares encontrados na análise SEM já foram problemáticos para o pesquisador iniciante, mas os avanços em algoritmos estatísticos e programas de computador oferecem não apenas uma gama maior de opções de estimação para se lidar com várias condições nos dados de entrada, mas também melhoram a interface entre pesquisador e programa. O pesquisador atual dispõe de uma miríade de opções de análise em qualquer um dos pacotes computacionais que podem tratar de qualquer questão de pesquisa apropriada para uma análise SEM. Assim, pesquisadores devem ser vigilantes em não permitir que as facilidades de uso dos softwares substituam o julgamento teórico e o controle do pesquisador, os quais são essenciais em SEM.

REGRAS PRÁTICAS 10-2

Estágios 1-3 de SEM

- Quando um modelo tem escalas inspiradas em várias fontes relativas a outras pesquisas, recomenda-se um pré-teste usando respondentes semelhantes àqueles da população a ser estudada, para examinar itens quanto a adequação
- Eliminação aos pares de casos perdidos (abordagem totalmente disponível) é uma boa alternativa para se lidar com dados perdidos quando a quantia destes é inferior a 10% e o tamanho amostral gira em torno de 250 ou mais
    - Quando os tamanhos amostrais se tornam pequenos ou quando os dados perdidos excedem 10%, um dos métodos de atribuição para dados perdidos passa a ser uma boa alternativa para se lidar com dados perdidos
    - Quando a quantia de dados perdidos fica muito elevada (15% ou mais), a SEM pode não ser adequada
- A matriz de covariância observada da amostra (**S**) pode ser representada por uma matriz de covariância ou de correlação
- Matrizes de covariância fornecem ao pesquisador uma maior flexibilidade decorrente do conteúdo informativo relativamente maior que elas contêm e são a forma recomendada de entrada para modelos SEM
- O tamanho mínimo de amostra para um modelo SEM em particular depende de vários fatores, incluindo a complexidade do modelo e as comunalidades (variância média extraída entre itens) em cada fator:
    - Modelos SEM contendo cinco ou menos construtos, cada um com mais de três itens (variáveis observadas) e com elevadas comunalidades (0,6 ou mais), podem ser adequadamente estimados com amostras tão pequenas quanto 100-150
    - Quando o número de fatores é maior que seis, sendo que alguns deles têm menos que três itens medidos como indicadores, e múltiplas comunalidades baixas estão presentes, as exigências de tamanho amostral podem exceder 500

Estágio 4: Avaliação da validade do modelo de medida

Com o modelo de mensuração especificado, dados suficientes coletados e decisões importantes já tomadas, como a técnica de estimação, o pesquisador chega ao evento mais fundamental do teste de SEM: "O modelo de mensuração é válido?". Validade de modelo de mensuração depende da qualidade de ajuste para o mesmo e evidência específica de **validade de construto**.

Qualidade de ajuste (GOF) indica o quão bem o modelo especificado reproduz a matriz de covariância entre os itens indicadores (ou seja, a similaridade entre as matrizes de covariância estimada e observada). Desde a primeira vez que a medida GOF foi desenvolvida, pesquisadores têm procurado refinar e desenvolver novas medidas que reflitam várias facetas da habilidade do modelo para representar os dados. Dessa forma, diversas medidas alternativas de GOF estão à disposição do pesquisador. Cada medida GOF é única, mas as medições são classificadas em três grupos gerais: medidas absolutas, medidas incrementais e medidas de ajuste de parcimônia. Nas seções a seguir, primeiramente revemos alguns elementos básicos para o cálculo da medida GOF, seguindo para discussões de cada classe de medidas GOF. Leitores interessados em discussões mais detalhadas e de caráter estatístico devem consultar o Apêndice 10C, que dá uma cobertura mais aprofundada sobre muitas das medidas de GOF.

O básico sobre qualidade de ajuste

Sempre que a teoria de um pesquisador é usada para especificar um modelo a partir do qual os parâmetros são estimados, o ajuste do modelo compara a teoria com a realidade representada pelos dados. Se a teoria de um pesquisador fosse perfeita, a matriz de covariância estimada (Σ_k) e a matriz de covariância observada (**S**) seriam iguais. Assim, a matriz de covariância estimada é matematicamente comparada com a matriz de covariância observada para se fornecer uma estimativa do ajuste do modelo. Quanto mais próximos os valores dessas duas matrizes uns em relação aos outros, melhor é o **ajuste** do modelo.

Discutimos a medida fundamental de ajuste, **qui-quadrado** (χ^2), e como a mesma quantifica as diferenças entre ambas as matrizes. Em seguida, a discussão se concentra no cálculo dos graus de liberdade, e finalmente em como inferência estatística é afetada pelo tamanho da amostra e pelo o ímpeto que disponibiliza medidas alternativas de GOF.

GOF de qui-quadrado (χ^2). A diferença nas matrizes de covariância (**S** − Σ_k) é o valor-chave na avaliação de GOF de qualquer modelo SEM. Procedimentos de estimação SEM, como o de máxima verossimilhança, produzem estimativas paramétricas que matematicamente minimizam esta diferença para um modelo especificado. Um teste qui-quadrado (χ^2) fornece um teste estatístico da diferença resultante. Ele é formalmente representado pela equação a seguir:

$\chi^2 = (N-1)$(Matriz de covariância amostral observada − Matriz de covariância estimada SEM)

ou

$$\chi^2 = (N-1)(S - \Sigma_k)$$

N é o tamanho da amostra geral. Deve ser observado que mesmo quando as diferenças nas matrizes de covariância se mantêm constantes, o valor χ^2 aumenta quando a amostra também aumenta. Analogamente, a matriz de covariância estimada SEM é influenciada pelo número de parâmetros livres para serem estimados (o k em Σ_k), e assim os graus de liberdade do modelo também influenciam o teste GOF de χ^2.

Graus de liberdade (*df*). Como em outros procedimentos estatísticos, **graus de liberdade** representam a quantia de informação matemática disponível para estimar parâmetros do modelo. Comecemos com uma revisão de como isso é calculado e, em seguida, coloquemos isso em palavras. O número de graus de liberdade para uma análise de um modelo de estrutura de covariância (SEM) é determinado por

$$df = \frac{1}{2}[(p)(p+1)] - k$$

onde *p* é o número total de variáveis observadas e *k* é o número de parâmetros estimados (livres). A diferença em comparação com os cálculos de graus de liberdade discutidos em capítulos anteriores é que eles são baseados no número de observações para as variáveis envolvidas (p.ex., em regressão, *df* é o tamanho da amostra menos o número de coeficientes estimados), enquanto que o cálculo SEM se baseia no número de covariâncias únicas e variâncias na matriz de covariância observada. Na equação anterior, $1/2[(p)(p+1)]$ representa o número de termos de covariância abaixo da diagonal somado às variâncias sobre a diagonal. Uma implicação importante é que tamanho amostral não afeta os graus de liberdade, e veremos adiante como isso influencia o emprego de qui-quadrado como medida de GOF.

Significância estatística de χ^2. A hipótese nula implicada de SEM é que as matrizes de covariância observadas na amostra e estimada por SEM são iguais, o que significa que o modelo se ajusta perfeitamente. Sabendo-se que o ajuste perfeito não é o caso, o valor χ^2 aumenta. Como os valores críticos da distribuição χ^2 são conhecidos, pode ser determinada a probabilidade de que qualquer matriz de covariância observada na amostra e a estimada por SEM sejam realmente iguais em uma dada população. Tal probabilidade é o tradicional valor-*p* associado com testes estatísticos paramétricos. Programas SEM fornecem tanto o valor χ^2 computado quanto o valor-*p*, de forma que o usuário não tem que realizar este cálculo.

Em capítulos precedentes queríamos tipicamente valores-*p* menores (abaixo de 0,05) para mostrar que uma relação existia. Com o teste GOF de χ^2 em SEM, quanto menor o valor-*p*, maior a chance de que as matrizes de covariância observada na amostra e estimada por SEM não sejam iguais. Logo, com SEM não queremos que o valor-*p* para o teste χ^2 seja pequeno (estatisticamente significante). Ao invés disso, se nossa teoria for sustentada por este teste, queremos um valor pequeno para χ^2 (e um correspondente valor-*p* grande) que indica nenhuma diferença estatisticamente significante entre as matrizes.

Resumo. Qui-quadrado (χ^2) é a medida fundamental usada em SEM para quantificar diferenças entre as matrizes de covariância observada e estimada. No entanto, a real avaliação de GOF com um só valor χ^2 é complicada por diversos fatores discutidos na próxima seção. Para oferecer perspectivas alternativas de ajuste do modelo, pesquisadores desenvolveram diversas novas medidas de qualidade de ajuste. As discussões a seguir apresentam o papel do qui-quadrado, bem como das medidas alternativas.

Medidas de ajuste absoluto

Índices de ajuste absoluto são uma medida direta de quão bem o modelo especificado pelo pesquisador reproduz os dados observados [26]. Como tais, eles fornecem a avaliação mais básica de quão bem a teoria de um pesquisador se ajusta aos dados da amostra. Eles não comparam explicitamente a GOF de um modelo especificado com a de qualquer outro modelo. Em vez disso, cada modelo é avaliado independentemente de outros possíveis modelos.

Estatística χ^2. O índice de ajuste absoluto mais fundamental é a estatística χ^2. Ela é também a única medida de ajuste SEM com caráter estatístico [7]. Fundamentalmente, ela é a mesma estatística χ^2 usada em classificação cruzada para examinar se existe uma relação entre duas medidas não-métricas. A diferença crucial, porém, é que em SEM o pesquisador está procurando por semelhanças entre matrizes (ou seja, valores baixos de χ^2) para sustentar o modelo como representativo dos dados. No entanto, em muitas outras aplicações (como classificação cruzada) que usam uma estatística χ^2, o pesquisador procura por diferenças (ou seja, valores grandes de χ^2) para sustentar uma relação entre as medidas não-métricas.

A estatística GOF de χ^2 apresenta duas propriedades matemáticas que são problemáticas em seu emprego como medida GOF. Primeiro, lembre-se que a estatística χ^2 é uma função matemática que depende do tamanho da amostra (*N*) e da diferença entre as matrizes de covariância observada e estimada. À medida que *N* aumenta, o mesmo acontece com o valor χ^2, mesmo quando as diferenças entre as matrizes são idênticas. Em segundo lugar, apesar de isso talvez não parecer tão óbvio, a estatística χ^2 pode ficar maior quando o número de variáveis observadas aumenta. Desse modo, ainda que se mantenha tudo igual, o simples acréscimo de indicadores a um modelo faz com que os valores χ^2 fiquem maiores.

Apesar de o teste χ^2 ser intuitivamente satisfatório e poder fornecer um teste de significância estatística, essas propriedades matemáticas apresentam, às vezes, problemas desagradáveis. Alguém poderia argumentar que o tamanho da amostra não deveria influenciar no ajuste de um modelo SEM. Na verdade, recomendamos anteriormente amostras maiores. Poder-se-ia argumentar também que se mais variáveis são necessárias para representar a realidade, então elas deveriam corresponder a um ajuste melhor, e não pior, desde que elas produzissem medidas válidas. Assim, de algum modo as propriedades matemáticas do teste GOF de χ^2 reduzem o ajuste de um modelo por motivos que podem não ser verdadeiramente prejudiciais à sua validade geral.

Por esta razão, o teste GOF de χ^2 é difícil de usar como o único indicador de ajuste de SEM. Pesquisadores desenvolveram muitas medidas alternativas de ajuste para corrigir o viés devido a grandes amostras e crescente complexidade do modelo. Diversos desses índices GOF são apresentados a seguir. Contudo, o problema afeta muitos desses índices, particularmente alguns dos índices de ajuste absoluto. Dito isso, o valor χ^2 para um modelo resume bem o ajuste de um modelo, e, com experiência, o pesquisador pode fazer julgamentos ponderados sobre modelos com base neste resultado. Em suma, o teste estatístico ou o valor-p resultante é menos significativo quando o tamanho amostral fica grande ou quando o número de variáveis observadas se torna maior.

Índice de qualidade de ajuste (GFI). O GFI foi uma primeira tentativa de produzir uma estatística de ajuste que fosse menos sensível a tamanho amostral. Ainda que N não seja incluído na fórmula, esta estatística continua indiretamente sensível ao tamanho da amostra por conta do efeito de N sobre distribuições amostrais [30]. O intervalo possível de valores GFI é de 0 a 1, com valores maiores indicando melhor ajuste. No passado, valores GFI maiores que 0,9 eram geralmente considerados bons. Outros argumentam que 0,95 deveria ser usado [18]. Retornamos adiante com mais detalhes sobre valores bons e ruins de ajuste. O Apêndice 10C contém um pouco mais de detalhes sobre o GFI e outros índices de ajuste.

Um índice ajustado de qualidade de ajuste (AGFI) tenta levar em conta diferentes graus de complexidade do modelo. Ele faz isso ajustando GFI por uma proporção entre os graus de liberdade usados em um modelo e o número total de graus de liberdade disponíveis. O AGFI penaliza modelos mais complexos e favorece aqueles com um número mínimo de caminhos livres. Valores AGFI são tipicamente menores do que valores GFI em proporção à complexidade do modelo. Nenhum teste estatístico é associado com GFI ou AGFI, apenas orientações de ajuste [44].

Raiz do resíduo quadrático médio (RMSR) e raiz padronizada do resíduo médio (SRMR). Se pensamos em cada termo de covariância ou variância como um valor individual que será previsto, então podemos imaginar o ajuste como o quão precisamente cada termo é previsto. O erro de previsão para cada termo de covariância cria um resíduo. A raiz do resíduo quadrático médio (RMSR) é a raiz quadrada da média dos resíduos quadrados: uma média dos resíduos entre termos individuais observados e estimados de covariância e variância. Quando covariâncias são empregadas como entrada, RMSR é a covariância residual média e ainda é expressa em termos do domínio de escala das medições. É difícil, portanto, comparar resultados RMSR de um modelo com o próximo, a menos que os resultados sejam padronizados.

Uma estatística alternativa sustentada em resíduos é a raiz padronizada do resíduo médio (SRMR). Trata-se de um valor padronizado de RMSR e, assim, é mais útil para comparar ajuste ao longo de modelos. A despeito de nenhum valor estatístico de referência poder ser estabelecido, o pesquisador pode avaliar a significância prática da magnitude do SRMR sob a ótica dos objetivos de pesquisa e das covariâncias ou correlações observadas ou reais [2]. Valores menores de RMSR e SRMR representam melhor ajuste, e valorações mais altas correspondem a ajustes piores, o que coloca RMSR e SRMR em uma categoria de índices que, às vezes, são conhecidos como medidas de **má qualidade de ajuste**, nas quais altos valores são indicativos de ajuste ruim.

Resíduos padronizados (SMRSs) são calculados para toda covariância possível. SMRSs individuais permitem que um pesquisador localize problemas potenciais com um modelo de mensuração. O valor SRMR médio é 0, o que significa que tanto resíduos positivos quanto negativos podem ocorrer. Assim, uma covariância prevista menor que o valor observado resulta em um resíduo positivo, enquanto uma covariância prevista maior que a observada resulta em um resíduo negativo. É difícil estabelecer uma regra rígida e rápida que indique quando um resíduo é muito grande, mas o pesquisador deve analisar cuidadosamente qualquer resíduo padronizado que exceda |4,0| (abaixo de –4,0 ou acima de 4,0).

Raiz do erro quadrático médio de aproximação (RMSEA). Outra medida que tenta corrigir a tendência da estatística GOF de χ^2 a rejeitar modelos com amostras grandes ou grande número de variáveis observadas é a raiz do erro quadrático médio de aproximação (RMSEA). Ela difere de RMSR no sentido de que tem uma distribuição conhecida [19]. Assim, ela representa melhor o quão bem um modelo se ajusta a uma população e não apenas a uma amostra usada para estimação. Ela explicitamente tenta corrigir complexidade do modelo e tamanho amostral incluindo cada um desses dados em sua computação. Valores RMSEA menores indicam melhor ajuste. Logo, assim como SRMR e RMSR, ela é um índice de má qualidade de ajuste, em contraste com índices nos quais valores maiores produzem ajuste melhor.

A questão sobre qual é um "bom" valor RMSEA é polêmica, mas valores típicos estão abaixo de 0,10 para a maioria dos modelos aceitáveis. Um exame empírico de diversas medidas determinou que RMSEA é mais adequada para uso em estratégias de modelos confirmatórios ou concorrentes à medida que amostras se tornam maiores [39]. Amostras grandes podem ser consideradas como consistindo de mais de 500 respondentes. Uma vantagem-chave de RMSEA é que um intervalo de confiança pode ser construído, fornece o domínio de valores RMSEA para um dado nível de confiança. Assim, isso nos permite reportar que a RMSEA está entre 0,03 e 0,08, por exemplo, com 95% de confiança.

Outros índices absolutos. A maioria dos programas SEM, hoje em dia, fornece ao usuário muitos índices diferentes de ajuste. Na discussão precedente, nos concentramos mais naqueles que são mais comumente usados. Nesta seção, tocamos rapidamente em uns poucos outros que por vezes são mencionados:

- χ^2 normado: Esta medida GOF é uma proporção simples de χ^2 com o grau de liberdade para um modelo. Geralmente proporções χ^2:df da ordem de 3:1 ou menos são associadas com modelos melhor ajustados, exceto em circunstâncias envolvendo amostras extremamente grandes (maiores que 750) ou outras circunstâncias atenuantes, como um elevado grau de complexidade do modelo.
- O índice de validação cruzada esperada (ECVI) é uma aproximação da qualidade de ajuste que o modelo estimado atingiria em outra amostra do mesmo tamanho. Baseado na matriz de covariância de amostra, ele leva em conta o tamanho amostral real e a diferença que poderia ser esperada em outra amostra. O ECVI também leva em consideração o número de parâmetros estimados para um dado modelo. É mais útil na comparação do desempenho de um modelo com outro.
- O índice de validação cruzada real (CVI) pode ser executado usando-se a matriz de covariância computada obtida de um modelo em uma amostra para prever a matriz de covariância observada conseguida de uma amostra de validação. Dada uma amostra suficientemente grande (ou seja, $N > 500$ para a maioria das aplicações), o pesquisador pode criar uma amostra de validação dividindo aleatoriamente as observações originais em dois grupos.
- Gama chapéu também tenta corrigir o tamanho amostral e a complexidade do modelo pela inclusão de cada uma dessas informações em seu cálculo. Valores típicos de gama chapéu variam entre 0,9 e 1,0. Sua principal vantagem é que ele tem uma distribuição conhecida [10].

Estes quatro últimos índices são apenas uma amostra dos demais índices de ajuste absoluto, e de forma alguma correspondem a uma lista exaustiva. Para mais informações, o leitor pode consultar a documentação associada com o programa SEM específico em uso.

Índices de ajuste incremental

Índices de ajuste incremental diferem dos absolutos no sentido de que eles avaliam o quão bem um modelo especificado se ajusta relativamente a algum modelo alternativo de referência. O modelo de referência mais comum é chamado de **modelo nulo**, um que assume que todas as variáveis observadas são não-correlacionadas. Isso implica que nenhuma redução de dados poderia possivelmente melhorar o modelo, pois ele não contém fatores multi-itens (ver Capítulo 3), o que tornaria impossível quaisquer construtos multi-itens ou relações entre eles. Esta classe de índices de ajuste representa a melhora em ajuste pela especificação de construtos multi-itens relacionados.

A maioria dos programas SEM oferece múltiplos índices de ajuste incremental como saída padrão. Programas diferentes oferecem diferentes estatísticas de ajuste, de modo que você pode não encontrar todos eles em uma saída SEM em particular. Além disso, à vezes eles são chamados de índices de ajuste comparativo, por motivos óbvios.

Índice de ajuste normado (NFI). O NFI é um dos índices de ajuste incremental. Ele é uma proporção da diferença no valor χ^2 para o modelo ajustado e um modelo nulo dividida pelo valor χ^2 para o modelo nulo. Varia entre 0 e 1, e um modelo com ajuste perfeito corresponde a um NFI de 1. O CFI foi obtido deste índice como um esforço para incluir complexidade do modelo em uma medida de ajuste [3].

Índice de ajuste comparativo (CFI). O CFI é um índice de ajuste incremental que é uma versão melhorada do índice de ajuste normado (NFI) [5, 19]. O CFI é normado, de forma que seus valores variam entre 0 e 1, com valores mais altos indicando melhor ajuste. Pelo fato do CFI ter muitas propriedades desejáveis, incluindo sua insensibilidade relativa, mas não completa, em relação à complexidade do modelo, ele está entre os índices mais usados. Valores CFI abaixo de 0,90 não são *geralmente* associados com um modelo que se ajusta bem.

Índice de Tucker Lewis (TLI). O TLI antecede o CFI e é conceitualmente semelhante, no sentido de que também envolve uma comparação matemática de um modelo teórico de mensuração especificado com um modelo nulo de referência [45]. O TLI não é normado, e, assim, seu valor pode ficar abaixo de 0 ou acima de 1. No entanto, tipicamente, modelos com bom ajuste têm valores que se aproximam de 1, e um modelo com um valor maior sugere um ajuste melhor do que o modelo com menor valor. Na prática, o TLI e o CFI geralmente fornecem valores muito parecidos.

Índice de não-centralidade relativa (RNI). O RNI também compara o ajuste observado resultante do teste de um modelo especificado com aquele de um modelo nulo. Como os demais índices de ajuste incremental, valores maiores representam melhor ajuste, e os valores possíveis geralmente variam entre 0 e 1. RNIs menores que 0,90 *geralmente* não são associados com bom ajuste.

Resumo. Cada estatística de teste incremental apresenta suas vantagens e desvantagens. O leitor pode facilmente encontrar outros índices de ajuste incremental em diferentes programas SEM e deve consultar as referências desta seção para informações mais detalhadas. Existem outros índices de ajuste incremental, mas os que foram apresentados aqui correspondem às estatísticas mais aplicadas [19]. Entre eles, o TLI e o CFI parecem ser os mais usados.

Índices de ajuste de parcimônia

O terceiro grupo de índices é especificamente planejado para fornecer informação sobre qual modelo, em um conjunto de modelos concorrentes, é melhor, considerando seu ajuste relativo à sua complexidade. Uma medida de **ajuste de parcimônia** é melhorada por um melhor ajuste ou por um modelo mais simples. Neste caso, um modelo mais simples é aquele com menos caminhos de parâmetros estimados.

Índices de ajuste de parcimônia são conceitualmente parecidos com a noção de um R^2 ajustado (discutido no Capítulo 4), no sentido de que eles relacionam ajuste do modelo com a complexidade do mesmo. Modelos mais complexos devem se ajustar melhor aos dados, de forma que medidas de ajuste devem ser relativas à complexidade antes que comparações entre modelos possam ser executadas. Os índices não são úteis na avaliação do ajuste de um só modelo, mas são muito úteis na comparação do ajuste de dois modelos, sendo um mais complexo que o outro.

A **razão de parcimônia (PR)** de qualquer modelo forma a base para essas medidas e é calculada como a razão entre graus de liberdade usados por um modelo e o total disponível de graus de liberdade [31]. Discutimos como a razão de parcimônia é usada em cada um dos índices a seguir.

Índice de qualidade de ajuste de parcimônia (PGFI). O PGFI ajusta o GFI usando o PR. Teoricamente, os valores variam entre 0 e 1. Assim, dois modelos podem ser comparados e aquele com um PGFI maior é preferível, com base na combinação de ajuste e parcimônia representada por este índice. Um PGFI tomado sozinho não é um indicador útil do ajuste de um modelo. Como outros índices de ajuste de parcimônia, um valor de PGFI deve ser usado somente na comparação com o PGFI de outro modelo.

Índice de ajuste normado de parcimônia (PNFI). O PNFI ajusta o índice de ajuste normado (NFI) multiplicando-o por PR [34]. Como o PGFI, valores relativamente elevados representam ajuste relativamente melhor, de maneira que ele pode ser usado do mesmo modo que o NFI. O PNFI assume algumas das características adicionais de índices de ajuste incremental relativamente aos índices de ajuste absoluto, além de favorecer modelos menos complexos. Novamente, os valores do PNFI devem ser usados na comparação de um modelo com outro, sendo que os valores mais altos de PNFI são melhor sustentados quanto aos critérios capturados por este índice.

Resumo. O emprego de índices de ajuste de parcimônia permanece de algum modo controverso. Alguns pesquisadores argumentam que uma comparação de índices de ajuste incremental de modelos concorrentes fornece evidência similar, e que podemos posteriormente levar parcimônia em conta de alguma outra maneira. É óbvio dizer que um índice de parcimônia pode fornecer informação útil na avaliação de modelos concorrentes, mas isso não é o suficiente para se confiar. Quando empregado, o PNFI é o índice de ajuste de parcimônia mais amplamente aplicado.

Uso de índices de ajuste

Em última instância, índices de ajuste são utilizados para estabelecer a aceitabilidade de um modelo SEM. Provavelmente nenhum outro tópico de SEM é mais discutido do que o que constitui um ajuste adequado ou bom. Talvez a melhor evidência de sua controvérsia seja o número sempre crescente de índices de ajuste disponíveis para avaliar a qualidade ou má qualidade de ajuste. Os índices já discutidos são apenas uma amostra daqueles comumente citados em saídas padrão de SEM.

Problemas associados com o uso de índices de ajuste. A crescente coleta de índices de ajuste e a falta de diretrizes consistentes podem ser uma tentação para o pesquisador simplesmente escolher um índice que forneça a melhor evidência de ajuste em uma análise específica e um índice diferente em outra análise. Obviamente, esta metodologia deve ser evitada. Fazer isso requer respostas simples e concisas para duas questões importantes:

1. Qual é a melhor estatística (ou estatísticas) de ajuste para objetivamente refletir o ajuste de um modelo?
2. Quais são os valores objetivos de corte que sugerem bom ajuste de modelo para uma dada estatística?

Infelizmente, as respostas para essas perguntas não são simples e nem imediatas. Alguns pesquisadores comparam a busca por respostas a tais questões com o "mítico Tosão de Ouro, a conquista da fonte da juventude e a busca pela verdade e beleza absolutas" [32]. De fato, muitos problemas são associados com a procura pelo bom ajuste. Segue adiante um breve resumo dos principais aspectos sobre ajuste de modelos, bem como orientações práticas para a interpretação de índices de ajuste.

Problemas com o teste χ^2. Talvez a evidência mais clara e convincente de que um ajuste de modelo é adequado seja um valor χ^2 com um valor-p indicando ausência de diferença significante entre as matrizes de covariância observada da amostra e a estimada por SEM. Por exemplo, se um pesquisador está satisfeito com a tradicional taxa de erro Tipo I de 5%, então um valor-p maior que 0,05 sugere que o modelo dele reproduziu de maneira eficaz a matriz de covariância das variáveis observadas – um "bom" ajuste do modelo.

Assim, será que este resultado significa que um valor não-significante de χ^2 sempre permite que o pesquisador diga "caso encerrado"? Não é bem assim. Lembre-se que o valor χ^2 é influenciado não somente pela diferença entre as matrizes de covariância, mas também pelo tamanho da amostra. Além disso, aumentar o tamanho da matriz de covariância (isto é, usar mais variáveis indicadoras) aumenta as chances de que as diferenças nas matrizes sejam grandes. Como resultado, o que parece ser um teste estatístico simples e poderoso tem penalidades inerentes para modelos envolvendo amostras maiores e mais variáveis indicadoras [3]. Esses fatores também funcionam no sentido contrário, de modo que um modelo simples, particularmente um com uma amostra pequena, pode produzir um χ^2 não-significante (indicando bom ajuste) mas fracassar na exibição de qualquer outra evidência de validade ou adequação. Assim, o pesquisador não deve confiar em apenas uma medida de GOF.

Valores de corte para índices de ajuste: o mágico 0,90. O principal objetivo de qualquer um desses índices de ajuste é auxiliar o pesquisador na discriminação entre modelos especificados aceitáveis e inaceitáveis. A questão crucial ainda permanece: o que indica bom ajuste para esses índices? Periódicos especializados estão repletos com resultados SEM que citam um valor de 0,90 para índices importantes, como TFI, CFI, NFI ou GFI, como indicando um modelo aceitável. Alguns podem citar precedentes de um artigo previamente publicado. Outras vezes, a regra do 0,90 é simplesmente citada como uma regra *ad hoc* razoável sem suporte de teoria prévia. Em geral, de alguma forma o 0,90 se tornou o número mágico para modelos bem ajustados.

No entanto, pesquisas têm contestado o uso de um só valor de corte para esses índices. Os estudos identificaram uma série de fatores adicionais que afetam os valores dos índices associados com ajuste aceitável:

- Uma pesquisa que usa dados simulados (para os quais o ajuste real é conhecido) oferece contra-argumentos sobre esses valores de corte e não apóia o 0,90 como uma regra prática geralmente aceitável [19]. Isso demonstra que, por vezes, mesmo um índice de qualidade de ajuste incremental acima de 0,90 ainda estaria associado a um modelo gravemente mal-especificado.
- Mais recentemente, outros pesquisadores questionaram o emprego de apenas um valor de corte, até mesmo para medidas de ajuste absoluto. Como anteriormente discutido, a maioria dos índices GOF compartilha do problema de punições injustas de modelos com mais variáveis observadas por construto latente [26]. Em contraste, a RMSEA e a SRMR realmente fornecem uma vantagem (elas diminuem) quando um modelo contém mais variáveis.
- Finalmente, a verdadeira distribuição inerente de dados pode influenciar índices de ajuste [14]. Particularmente, à medida que os dados se tornam menos apropriados para a técnica de estimação selecionada em particular, a habilidade de índices de ajuste refletirem má especificação com precisão pode variar. Essa questão parece afetar índices de ajuste incremental mais do que os absolutos.

No final, nenhum valor "mágico" sozinho diferencia bons modelos dos ruins para qualquer um desses índices. É interessante comparar esses problemas em SEM com a falta geral de preocupação para estabelecer um número R^2 mágico em regressão múltipla. Se um valor mágico mínimo de R^2 de 0,5 tivesse algum dia sido imposto, seria apenas um limite arbitrário que excluiria pesquisa potencialmente significativa. Logo, devemos ser cuidadosos na adoção de tais padrões; não é prático usar um conjunto único de regras de corte que se aplique para todos os modelos SEM de qualquer tipo.

Especificação inaceitável de modelo para atingir ajuste. É também criticamente importante perceber a distinção entre teste de teoria e a busca por um bom ajuste. A SEM não é usada para se conseguir um bom ajuste; é empregada para testar teoria. É muito fácil ficar tão obcecado com ajuste, que um teste válido de teoria jamais ocorre. Na verdade, a busca para se conseguir um valor mágico para um índice de ajuste pode levar a diversas práticas desaconselháveis na especificação do modelo [26, 27, 33]. Em cada um dos seguintes casos, um pesquisador pode ser capaz de aumentar ajuste, mas apenas de uma maneira que compromete o teste da teoria em questão. Essas ações devem ser evitadas sempre que possível, pois cada uma delas tem o potencial de limitar indevidamente a habilidade da SEM de fornecer um verdadeiro teste do modelo:

1. Usar apenas dois ou três itens para representar cada construto.
2. Usar um único item para representar um construto e arbitrariamente especificar o erro de mensuração.
3. Examinar o ajuste de um modelo de mensuração conduzindo análises SEM separadas para cada construto ao invés de uma análise para o modelo inteiro. O resultado é um conjunto de índices de ajuste para cada construto e um modelo geral de mensuração que jamais é testado. Esta abordagem conduz a múltiplos conjuntos de índices de ajuste, cada um tendo uma chance maior de atingir um corte desejado em TLI, GFI, CFI, RFI e outros índices do que o modelo como um todo.
4. Usar uma amostra menor.
5. Testar um modelo de mensuração usando parcelas de itens, o que significa que o conjunto completo de variáveis indicadoras (p.ex., 15 indicadores para um construto) é parcelado em um pequeno número de indicadores compostos (como 3 compostos de 5 itens cada). Um composto é essencialmente um escore fatorial múltiplo.

Cada um desses passos pode ser associado com várias conseqüências indesejáveis:

- Maiores chances de encontrar problemas estatísticos com convergência de modelo, estimativas paramétricas menos precisas, confiabilidade reduzida de construto, menor poder estatístico e uma incapacidade de detectar variáveis observadas que são verdadeiramente problemáticas.
- Uma melhora artificial de ajuste pela alteração das circunstâncias de um modelo e não-manutenção da fidelidade ao verdadeiro significado de um construto ou hipótese.

- Problemas que obscureçam validade no conjunto de construtos e medidas. Um exemplo comum é a possibilidade de ocultar problemas potenciais de validade discriminante que ocorrem em casos de elevadas correlações entre construtos ou substanciais cargas cruzadas de variáveis indicadoras. A execução de análises SEM sobre construtos individuais, subconjuntos de construtos, ou mesmo o parcelamento *ad hoc* de itens podem ocultar problemas dessa natureza que podem ser encontrados quando o modelo completo é testado.

Ciência dos problemas com esses passos não significa que um deles não possa ser necessário na abordagem de uma especificação particular de modelo, ou ser diagnosticamente útil na construção de um modelo. Além disso, melhora de ajuste não é uma justificativa apropriada para qualquer um desses passos. Sempre se lembre que esses procedimentos podem interferir no teste geral de um modelo de mensuração, e, assim, a teoria de medição continua não testada até que todas as variáveis medidas sejam incluídas em um só teste.

Diretrizes para estabelecer ajuste aceitável e inaceitável. Uma regra simples para valores de índice que diferencia modelos bons de modelos ruins em todas as situações não pode ser oferecida. No entanto, diversas diretrizes gerais podem auxiliar na determinação da aceitabilidade de ajuste para um dado modelo:

- *Usar múltiplos índices de diferentes tipos:* Geralmente, o emprego de três ou quatro índices de ajuste fornece evidência adequada de ajuste de modelo. Pesquisas recentes sugerem um conjunto razoavelmente comum de índices que funcionam adequadamente em uma vasta gama de situações: CFI, TLI, RNI, Gama chapéu, SRMR e RMSEA. Um pesquisador não precisa apelar para todos esses índices por conta da redundância entre eles (ver Apêndice 10C, o qual descreve esses índices em mais detalhes). Contudo, o pesquisador deve usar pelo menos um índice incremental e um índice absoluto, além do valor χ^2 e dos graus de liberdade associados. Pelo menos um dos índices deve ser de má qualidade de ajuste. Um modelo que relata o valor χ^2 e graus de liberdade, CFI e RMSEA freqüentemente disporá de suficiente informação para sua avaliação. Quando comparar modelos de complexidade variada, o pesquisador pode também desejar o acréscimo do PNFI. Outra evidência sugere que a aplicação de uma única regra de qualidade de ajuste que exija um índice de 0,95 ou mais não é melhor do que simplesmente usar apenas o teste GOF de χ^2 [32].
- *Ajustar os valores de corte de índice com base em características do modelo*: A Tabela 10-2 oferece algumas orientações para o emprego de índices de ajuste em diferentes situações. As orientações são baseadas principalmente em pesquisa de simulação que considera diferentes tamanhos amostrais, complexidades e graus de erro na especificação de modelos para examinar o quão precisamente vários índices de ajuste funcionam [19, 32]. Um ponto-chave ao longo dos resultados é que *modelos mais simples* e *amostras menores* devem ser sujeitos a *avaliação mais estrita* do que os *modelos mais complexos* com *amostras maiores*. Analogamente, *modelos mais complexos* com *amostras menores* podem demandar critérios de algum modo *menos estritos* para avaliação com os múltiplos índices de ajuste [41].

> Por exemplo, com base em uma amostra de 100 respondentes e um modelo de quatro construtos com um total de somente 12 variáveis indicadoras, evidência de bom ajuste incluiria um valor (χ^2) insignificante, um CFI de pelo menos 0,97 e uma RMSEA de 0,08 ou menos. No
> *(Continua)*

TABELA 10-2 Características de diferentes índices de ajuste demonstrando qualidade de ajuste ao longo de situações distintas de modelagem

Estatística	Número de variáveis (*m*)	N < 250*			N > 250		
		m ≤ 12	12 < *m* < 30	*m* ≥ 30	*m* < 12**	12 < *m* < 30	*m* ≥ 30
χ^2		Valores-*p* insignificantes esperados	Valores-*p* significantes podem resultar mesmo com bom ajuste	Valores-*p* significantes podem ser esperados	Valores-*p* insignificantes podem resultar com bom ajuste	Valores-*p* significantes podem ser esperados	Valores-*p* significantes podem ser esperados
CFI ou TLI		0,97 ou melhor	0,95 ou melhor	Acima de 0,92	0,95 ou melhor	Acima de 0,92	Acima de 0,90
RNI		Não pode diagnosticar má especificação tão bem	0,95 ou melhor	Acima de 0,92	0,95 ou melhor, mas não use com N > 1000	Acima de 0,92, mas não use com N > 1000	Acima de 0,90, mas não use com N > 1000
SRMR		Pode ter viés para cima; use outros índices	0,08 ou menos (com CFI de 0,95 ou maior)	Menos que 0,09 (com CFI acima de 0,92)	Pode ter viés para cima; use outros índices	0,08 ou menos (com CFI acima de 0,92)	0,08 ou menos (com CFI acima de 0,92)
RMSEA		Valores < 0,08 com CFI = 0,97 ou maior	Valores < 0,08 com CFI de 0,95 ou maior	Valores < 0,08 com CFI acima de 0,92	Valores < 0,07 com CFI de 0,97 ou maior	Valores < 0,07 com CFI de 0,92 ou maior	Valores < 0,07 com CFI de 0,90 ou maior

Nota: *m* = número de variáveis observadas; *N* se aplica ao número de observações por grupo quando se usa CFA para múltiplos grupos ao mesmo tempo.

* N. de R. T.: Aparentemente os autores ignoraram a possibilidade de *N* ser igual a 250, não esclarecendo onde incluir este valor.
** N. de R. T.: A expressão correta seria "*m* ≤ 12".

> (*Continuação*)
> entanto, é extremamente não-realista aplicar os mesmos critérios para um modelo de oito construtos com 50 variáveis indicadoras testadas com uma amostra de 2000 respondentes.

Vale a pena repetir que a Tabela 10-2 é dada mais com o intuito de oferecer uma idéia ao pesquisador de como índices de ajuste podem ser usados do que propriamente para sugerir regras absolutas para padrões que separem ajuste bom do ruim. Além disso, vale repetir que mesmo um modelo com bom ajuste ainda deve atender aos outros critérios para validade discutidos em cada um dos capítulos subseqüentes.

- *Usar índices para comparar modelos.* A despeito de ser difícil determinar absolutamente quando um modelo é bom ou ruim, é muito mais fácil determinar que um modelo é melhor do que outro. Os índices da Tabela 10-2 funcionam bem na diferenciação da superioridade relativa de modelos. Um CFI de 0,95, por exemplo, indica um modelo com melhor ajuste do que outro de mesma complexidade mas com um CFI de 0,85, particularmente no caso com **modelos aninhados**. Um modelo é aninhado com outro se ele contém o mesmo número de variáveis e pode ser formado a partir do outro modelo via alteração das relações, como acréscimo ou eliminação de caminhos.
- *A busca de melhor ajuste à custa do teste de um verdadeiro modelo não é um bom negócio.* Muitas especificações podem influenciar o ajuste do modelo, e assim o pesquisador deve se certificar de que todas as especificações devam ser feitas para melhor aproximar a teoria a ser testada, ao invés de se esperar que se aumente o ajuste.

Revisão. Não é exagero enfatizar que essas são *diretrizes de uso e não regras que garantem um modelo correto*. Assim, nenhum valor específico em qualquer índice pode separar modelos em ajustes aceitáveis e inaceitáveis. Quando usamos vários modelos juntos, eles oferecem evidência que permite uma avaliação de um modelo teórico. Assim como nenhum critério absoluto estabelece uma taxa de erro Tipo I "aceitável" em estatística alguma, nenhum critério absoluto define aceitabilidade de GOF também. Pesquisadores sempre devem dar espaço para circunstâncias atenuantes não-antecipadas que possam afetar a interpretação de resultados do modelo. Questões relacionadas ao modelo em si, à amostra e ao contexto da pesquisa sempre podem influenciar aquilo que é aceitável ou não. Assim, a situação afeta e deve afetar a aceitabilidade de modelos.

Resumo

O estágio 4 introduz procedimentos usados para estabelecer a validade de um modelo de mensuração. Ajuste é um critério útil na avaliação da validade de um modelo, mas avaliar ajuste geralmente não é uma tarefa simples. Apesar de o teste GOF de χ^2 ser conceitualmente simples, problemas computacionais impedem que ele seja empregado como o único teste estatístico (como o teste F geral em regressão ou ANOVA). Assim, muitos outros índices foram desenvolvidos. Não existe qualquer valor absoluto de corte que possa distinguir bons modelos de ruins para qualquer um desses índices. É claro, porém, que modelos mais simples demandam padrões mais estritos do que modelos mais complexos. Além disso, é importante evitar várias práticas ruins que possam resultar unicamente da busca de um bom ajuste. O leitor aprenderá mais sobre como ajuste pode ser avaliado por meio das ilustrações nos próximos capítulos.

Estágio 5: Especificação do modelo estrutural

A especificação do modelo de mensuração (isto é, a designação de variáveis indicadoras para os construtos que elas devem representar) é um passo crítico no desenvolvimento de um modelo SEM. Esta atividade é realizada no estágio 2. O estágio 5 envolve a especificação do modelo estrutural pela designação de relações de um construto com outro, com base no modelo teórico proposto. A especificação de modelo estrutural foca o emprego do tipo de relação da Figura 10-1c para representar hipóteses estruturais do modelo do pesquisador. Em outras palavras, quais relações de dependência existem entre construtos? Cada hipótese representa uma relação específica que deve ser qualificada.

> Retornamos ao modelo de compromisso de cliente do início do capítulo. O modelo de mensuração mostrado na Figura 10-7 não inclui quaisquer relações estruturais entre os construtos. Todos os construtos foram considerados exógenos e correlacionados.
>
> Ao especificar um modelo estrutural, o pesquisador agora seleciona cuidadosamente o que se acredita serem os fatores-chave que influenciam gastos de clientela. Este serviço em particular dá uma forte razão para se suspeitar que percepções de preço (neste caso, se os preços são percebidos como sendo justos), de serviço (avaliação da qualidade do serviço) e de atmosfera (quão agradáveis são as instalações) afetam gastos da clientela (a quantia relativa de recursos que um cliente gasta com este provedor de serviços), que, por sua vez, afeta o compromisso dos clientes. Com base em suficiente teoria, que é apenas referida aqui, o pesquisador propõe as seguintes relações estruturais:
>
> H_1: Percepções de preço por parte do consumidor são positivamente relacionadas com gastos de clientela.
>
> H_2: Percepções de serviço por parte do consumidor são positivamente relacionadas com gastos de clientela.
>
> H_3: Percepções de atmosfera por parte do consumidor são positivamente relacionadas com gastos de clientela.
>
> (*Continua*)

H_4: Gasto de clientela é positivamente relacionado com compromisso dos clientes.

Essas relações são mostradas na Figura 10-8. H_1 é especificada com a seta conectando Preço e Gastos de Clientes e é designada com H_1. Analogamente, H_2, H_3 e H_4 são especificadas. A parte interna deste diagrama envolvendo as relações de dependência entre construtos representa a parte estrutural do modelo. A parte externa também retrata a estrutura especificada de mensuração que já teria sido testada no estágio anterior. Qualquer correlação entre construtos exógenos é explicada com relações correlacionais (como na Figura 10-1d). Portanto, as três relações entre construtos exógenos são especificadas exatamente como foram no modelo de mensuração.

Sob outro ponto de vista, o modelo estrutural pode ser especificado adicionando-se restrições ao modelo de mensuração. Caminhos estruturais específicos substituem as correlações entre construtos para cada relação hipotetizada. Com a exceção de relações correlacionais entre construtos exógenos, nenhum caminho é esboçado entre dois construtos para os quais nenhuma relação direta de dependência é assumida. Assim, aquelas relações são restringidas para serem iguais a zero.

Apesar de a atenção neste estágio estar sobre o modelo estrutural, a estimação do modelo SEM requer que as especificações de mensuração sejam incluídas também. Deste modo, o diagrama de caminhos representa tanto a parte estrutural quanto de mensuração de SEM em um modelo geral. Logo, o diagrama de caminhos na Figura 10-8 mostra não apenas o conjunto completo de construtos e indicadores no modelo de mensuração, mas também impõe as relações estruturais entre construtos. O modelo agora está pronto para estimação. Em outros termos, a teoria geral está para ser testada, incluindo as relações teorizadas de dependência entre construtos.

Estágio 6: Avaliação da validade do modelo estrutural

O último estágio envolve esforços para testar validade do modelo estrutural e suas correspondentes relações teóricas presumidas ($H_1 - H_4$). Perceba que se o modelo de mensuração não sobreviveu a seu teste de validade no estágio 4, os estágios 5 e 6 não podem ser realizados. Teríamos chegado a um sinal vermelho. Se o estágio 4 propicia um sinal verde, significando que o modelo de mensuração foi validado, então podemos executar um teste válido das relações estruturais.

Duas diferenças importantes surgem no teste do ajuste de um modelo estrutural relativamente a um modelo de mensuração. Primeiro, ainda que o ajuste aceitável do modelo geral deva ser estabelecido, modelos alternativos

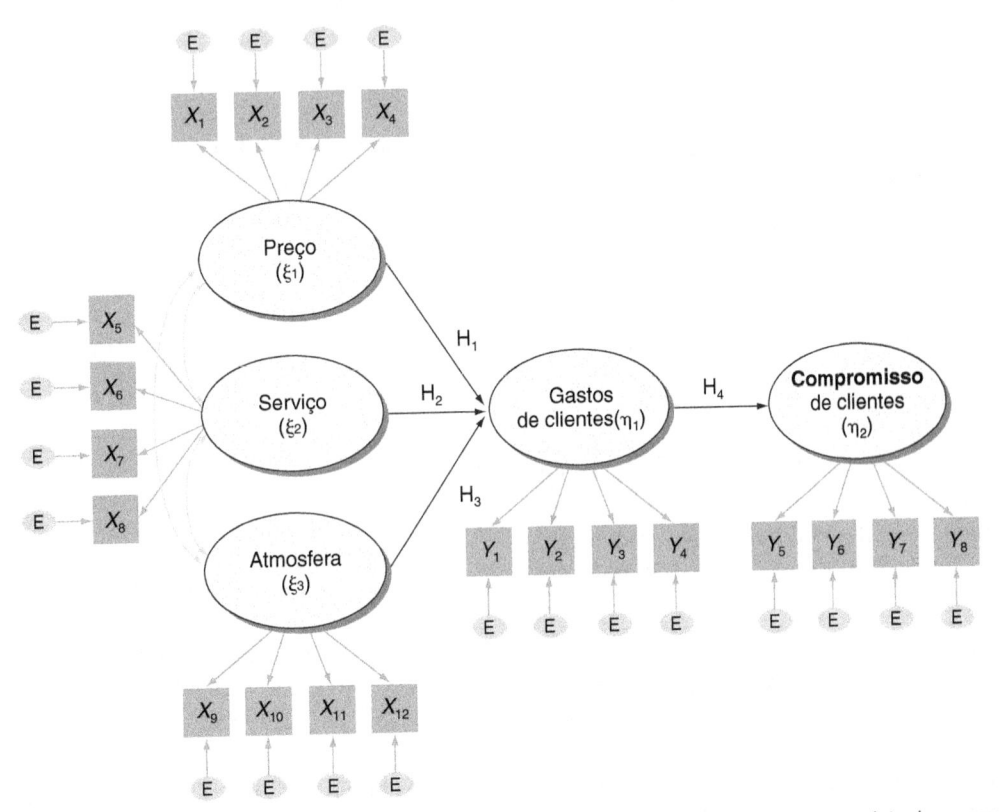

FIGURA 10-8 Diagrama completo de caminhos exibindo relações estruturais teorizadas e a especificação completa de mensuração.

Nota: As especificações do modelo de mensuração são mostradas em cinza. Já as especificações do modelo estrutural são mostradas em preto.

ou concorrentes podem ser comparados se uma abordagem apropriada é adotada. Segundo, uma ênfase particular é dada sobre os parâmetros estimados para as relações estruturais, pois elas oferecem evidência empírica direta sobre as relações hipotéticas descritas no modelo estrutural.

GOF do modelo estrutural. O processo de se estabelecer a validade do modelo estrutural segue as diretrizes gerais esboçadas no estágio 4. Os dados observados ainda são representados pela matriz de covariância observada. Isso não muda, e nem deve mudar. Não obstante, uma nova matriz SEM de covariância estimada é calculada, e é diferente daquela do modelo de mensuração. Tal diferença é um resultado das relações estruturais no modelo estrutural. Lembre-se que o modelo de mensuração assume que todos os construtos são correlacionados entre si (relações via correlações). No entanto, em um modelo estrutural, as relações entre alguns construtos são assumidas como sendo 0. Portanto, para quase todos os modelos SEM, a GOF de χ^2 para o modelo de mensuração será menor do que a GOF de χ^2 para o modelo estrutural. Quando os valores GOF diferem, o ajuste do modelo estrutural também deve ser avaliado.

O ajuste geral pode ser avaliado usando os mesmos critérios do modelo de mensuração: usando o valor χ^2 para o modelo estrutural, um outro índice absoluto, um índice incremental, um indicador de qualidade de ajuste e um de má qualidade de ajuste. Essas medidas estabelecem a validade do modelo estrutural, mas comparações entre os ajustes gerais também devem ser feitas com o modelo de mensuração. Geralmente, quanto mais próxima a GOF do modelo estrutural estiver do modelo de mensuração, melhor o ajuste do modelo estrutural, uma vez que o ajuste do modelo de mensuração fornece um limite superior para a GOF de um modelo estrutural convencional.

Ajuste competitivo

Anteriormente, uma avaliação de modelos concorrentes foi discutida como uma abordagem para SEM. O principal objetivo é garantir que o modelo proposto não apenas tenha ajuste aceitável, mas que desempenhe melhor do que algum modelo alternativo. Caso contrário, o modelo alternativo é sustentado. A comparação de modelos pode ser realizada pela avaliação de diferenças em índices de ajuste incremental ou de parcimônia, juntamente com diferenças entre valores de GOF de χ^2 para cada modelo.

Comparação de modelos aninhados. Geralmente, modelos aninhados concorrentes SEM são comparados com base em uma **estatística de diferença de qui-quadrados ($\Delta\chi^2$)**. O valor χ^2 de algum modelo de referência (B) é subtraído do valor χ^2 de um modelo aninhado alternativo (A) menos restrito. Analogamente, a diferença em graus de liberdade é encontrada, com um grau de liberdade a menos para cada caminho adicional que é estimado. A equação a seguir é usada para computação:

$$\Delta\chi^2_{\Delta df} = \chi^2_{df(B)} - \chi^2_{df(A)}$$
$$\Delta df = df(B) - df(A)$$

Como a diferença de dois valores distribuídos χ^2 é ela própria distribuída χ^2, podemos testar quanto a significância estatística, dada uma diferença $\Delta\chi^2$ e a diferença em graus de liberdade (Δdf). Por exemplo, para um modelo com uma diferença de um grau de liberdade ($\Delta df = 1$, o que significa um caminho extra no modelo A), um $\Delta\chi^2$ de 3,84 ou mais seria significante no nível 0,05. O pesquisador concluiria que o modelo com um caminho a mais fornece um ajuste melhor, com base na redução significativa na GOF de χ^2. Modelos aninhados também podem ser formados pela eliminação de caminhos, com o mesmo processo seguido no cálculo de diferenças em χ^2 e graus de liberdade.

> Um exemplo de um modelo aninhado na Figura 10-8 pode ser o acréscimo de um caminho estrutural a partir do construto Preços diretamente para o construto Compromisso do Cliente. Este caminho extra reduziria os graus de liberdade em um a menos. O novo modelo seria reestimado, e o $\Delta\chi^2$, calculado. Se for maior que 3,84, então o pesquisador concluiria que o modelo alternativo tem um ajuste significativamente melhor. Antes que o caminho seja acrescentado, porém, é necessário suporte teórico para a nova relação.

Comparação com outros modelos concorrentes. O usuário deve saber como executar este cálculo, pois ele normalmente é realizada manualmente, e não por um programa SEM. Tal procedimento também pode ser utilizado para comparar o ajuste de um modelo estrutural com o ajuste de um modelo de mensuração. Como o modelo estrutural é uma versão mais restrita do de mensuração, é aninhado com ele.

> Portanto, a GOF de χ^2 para os resultados do modelo de mensuração no exemplo de compromisso de cliente pode ser comparado com a GOF de χ^2 para os resultados do modelo estrutural correspondentes à Figura 10-8 usando-se um teste $\Delta\chi^2$. O teste resulta em $\Delta df = 3$, pois as três relações entre construtos são assumidas como sendo 0 (cada construto exógeno para Compromisso de Cliente). Se o teste $\Delta\chi^2$ for insignificante, ele oferecerá suporte para o modelo estrutural.

Modelos equivalentes. É importante saber que boas estatísticas de ajuste não provam que uma teoria é a melhor maneira de explicar a matriz de covariância observada. Como anteriormente descrito, modelos equivalentes podem potencialmente produzir a mesma matriz de covariância estimada. Logo, qualquer modelo dado, mesmo com bom ajuste, é apenas uma explicação potencial; outros arranjos empíricos podem se ajustar igualmente bem. Em outras palavras, bom ajuste empírico não demonstra que um dado modelo é a única estrutura verdadeira. Estatísticas favoráveis de ajuste são altamente desejáveis, mas é importante perceber que mesmo que elas sejam encontradas, outros modelos talvez expliquem os dados igualmente bem ou até melhor. De fato, muitos modelos alternativos podem fornecer um ajuste equivalente [38].

Esta questão reforça ainda mais a necessidade de se construir modelos de mensuração sustentados em teoria sólida. Modelos mais complexos podem ter uma quantia muito grande de modelos equivalentes. No entanto, é bem possível que muitos, ou todos, façam pouco sentido, dada a natureza conceitual dos construtos envolvidos. Assim, no final, resultados empíricos oferecem alguma evidência de validade, mas o pesquisador deve fornecer evidência teórica que seja igualmente importante na validação de um modelo.

Teste das relações estruturais

O bom ajuste de modelo por si só é insuficiente para sustentar uma teoria estrutural proposta. O pesquisador também deve examinar as estimativas paramétricas individuais que representam cada hipótese específica. Um modelo teórico é considerado válido na medida em que as estimativas de parâmetros sejam:

1. *Estatisticamente significantes e na direção prevista.* Ou seja, elas são maiores que zero para uma relação positiva e menores que zero para uma relação negativa.
2. *Não-triviais.* Esta característica deve ser verificada usando-se estimativas de cargas completamente padronizadas. A orientação aqui é a mesma de qualquer outra técnica multivariada.

Logo, o modelo estrutural mostrado na Figura 10-8 é considerado aceitável apenas quando ele demonstra ajuste aceitável *e* quando as estimativas de caminhos representando cada uma das quatro hipóteses são significantes e na direção prevista. O pesquisador também pode examinar as estimativas de variância explicada para os construtos endógenos de maneira análoga à análise de R^2 feita em regressão múltipla.

Resumo

O estágio final de SEM fornece um teste de quão bem a teoria de um pesquisador sobre a maneira como construtos se relacionam entre si realmente adere à realidade. Realidade em SEM é representada por uma matriz de covariância observada. O modelo de mensuração pode sustentar a teoria proposta, mas o pesquisador deve especificar as relações estruturais e reavaliar o mode-

---

REGRAS PRÁTICAS 10-3

Estágios SEM 4-6

- Quando modelos ficam mais complexos, aumenta a possibilidade de modelos alternativos com ajuste equivalente
- Múltiplos índices de ajuste devem ser usados para avaliar qualidade de ajuste de um modelo e devem incluir:
  - O valor χ^2 e o *df* associado
  - Um índice de ajuste absoluto (ou seja, GFI, RMSEA ou SRMR)
  - Um índice de ajuste incremental (ou seja, CFI ou TLI)
  - Um índice de qualidade de ajuste (GFI, CFI, TLI etc.)
  - Um índice de má qualidade de ajuste (RMSEA, SRMR etc.)
- Nenhum valor único "mágico" para os índices de ajuste separa modelos bons de ruins, e não é prático aplicar um único conjunto de regras de corte para todos os modelos de mensuração, e nem para todos os modelos SEM de qualquer tipo
- A qualidade do ajuste depende consideravelmente das características do modelo, incluindo tamanho amostral e complexidade do modelo:
  - Modelos simples com amostras pequenas devem ser mantidos sob estritos padrões de ajuste; até mesmo um valor-*p* insignificante para um modelo simples pode não ser significativo
  - Modelos mais complexos com amostras maiores não devem ser mantidos para os mesmos padrões estritos, e, assim, quando amostras são grandes e o modelo contém um grande número de variáveis medidas e estimativas paramétricas, valores de corte de 0,95 sobre medidas de GOF são não-realistas

---

lo. Esta segunda avaliação de ajuste é conduzida para fornecer informação na forma do ajuste geral e de estimativas individuais dos parâmetros para os caminhos estruturais. Mais detalhes são fornecidos sobre procedimentos usados neste estágio nos Capítulos 11 e 12, incluindo discussões sobre medidas diagnósticas para os modelos estrutural e de mensuração. A Figura 10-9 fornece uma visão esquemática dos estágios e algumas das atividades envolvidas no teste de um modelo SEM. Observe que ela assume que o pesquisador está interessado em testar um modelo estrutural completo. Como veremos no Capítulo 11, por vezes um teste de um modelo de mensuração pode sozinho tratar de questões de pesquisa importantes.

Resumo

Vários objetivos importantes de aprendizado foram fornecidos para este capítulo. Tais objetivos reunidos ofe-

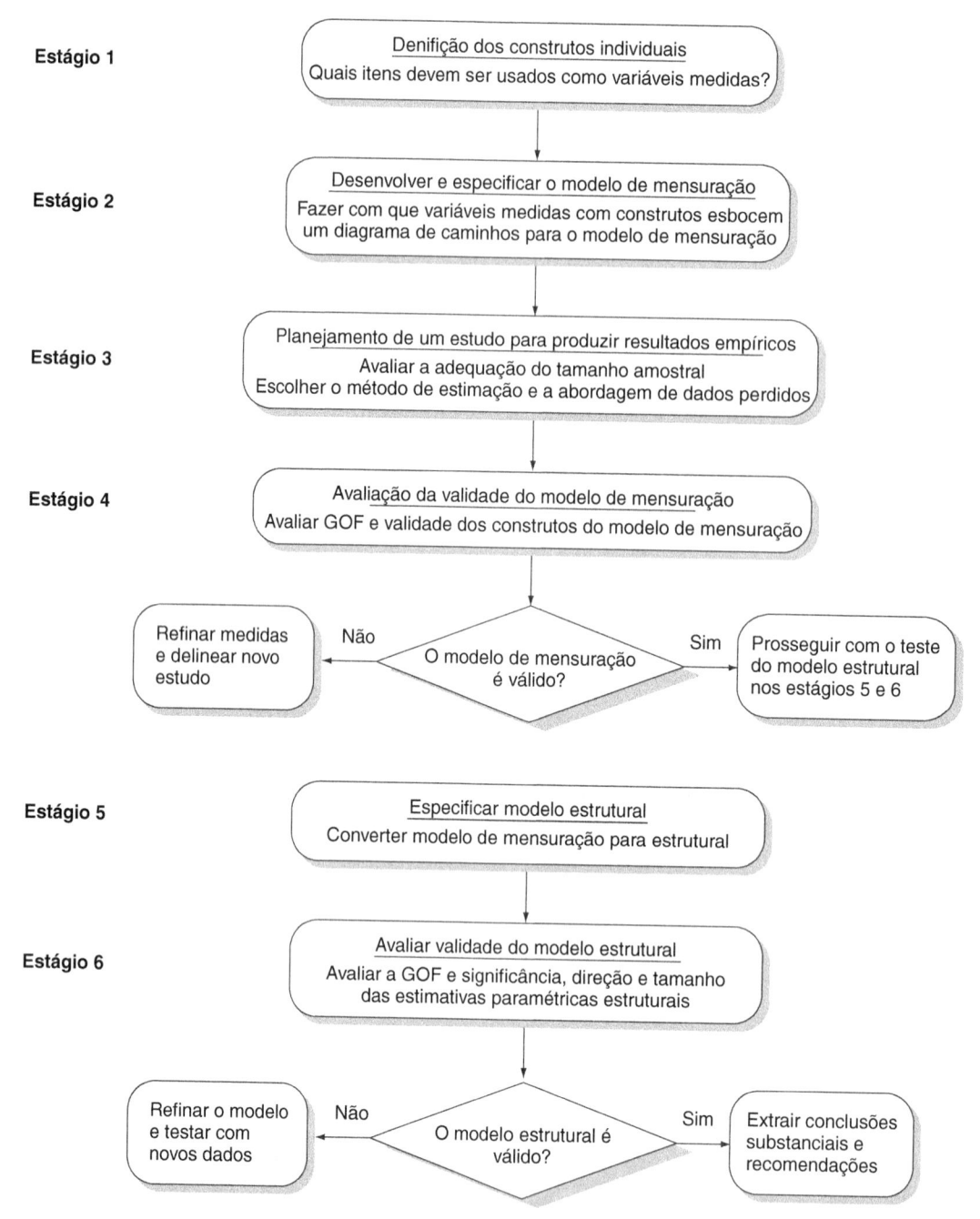

```
                    ┌─────────────────────────────────────────┐
Estágio 1           │  Definição dos construtos individuais   │
                    │ Quais itens devem ser usados como        │
                    │ variáveis medidas?                       │
                    └─────────────────────────────────────────┘
                                       │
                                       ▼
                    ┌─────────────────────────────────────────┐
Estágio 2           │ Desenvolver e especificar o modelo de    │
                    │ mensuração                               │
                    │ Fazer com que variáveis medidas com      │
                    │ construtos esbocem um diagrama de        │
                    │ caminhos para o modelo de mensuração     │
                    └─────────────────────────────────────────┘
                                       │
                                       ▼
                    ┌─────────────────────────────────────────┐
Estágio 3           │ Planejamento de um estudo para produzir  │
                    │ resultados empíricos                     │
                    │ Avaliar a adequação do tamanho amostral  │
                    │ Escolher o método de estimação e a       │
                    │ abordagem de dados perdidos              │
                    └─────────────────────────────────────────┘
                                       │
                                       ▼
                    ┌─────────────────────────────────────────┐
Estágio 4           │  Avaliação da validade do modelo de      │
                    │  mensuração                              │
                    │ Avaliar GOF e validade dos construtos    │
                    │ do modelo de mensuração                  │
                    └─────────────────────────────────────────┘
```

FIGURA 10-9 Processo de seis estágios para modelagem de equações estruturais.

recem uma visão básica de SEM. Esta visão básica deve viabilizar uma melhor compreensão das ilustrações mais específicas que seguem nos próximos capítulos.

Compreender as características distintas de SEM. A SEM é uma abordagem flexível para examinar como as coisas se relacionam entre si. Assim, as aplicações da SEM podem parecer bastante distintas. No entanto, três características fundamentais da SEM são (1) a estimação de múltiplas relações de dependência inter-relacionadas, (2) uma habilidade para representar conceitos não-observados em tais relações e corrigir erros de mensuração no processo de estimação, e (3) um foco na explicação da covariância entre os itens medidos.

Diferenciar variáveis de construtos. Os modelos tipicamente testados usando SEM envolvem um modelo de mensuração e um estrutural. A maioria das técnicas multivariadas discutidas nos capítulos anteriores se concentram na análise direta de variáveis. Variáveis são os itens reais que são medidos por meio de um levantamento, de observações ou algum outro instrumento de medição. Variáveis são consideradas observáveis na medida em que podemos obter uma medida direta delas. Construtos são fatores inobserváveis ou latentes que são representados por uma variável estatística que consiste de múltiplas variáveis. Em termos simples, múltiplas variáveis são matematicamente reunidas para representar um construto. Construtos podem ser exógenos ou endógenos. Construtos exógenos são o equivalente latente multi-itens de variáveis independentes. Eles são construtos que são determinados por fatores fora do modelo. Construtos endógenos são o equivalente latente multi-itens de variáveis dependentes.

Entender modelagem de equações estruturais e como ela pode ser imaginada como uma combinação de técnicas multivariadas familiares. A SEM pode ser pensada como uma combinação de análise fatorial e análise de regressão múltipla. A parte do modelo de mensuração é semelhante à análise fatorial no sentido de que ela também demonstra como variáveis medidas têm cargas sobre um número menor de fatores (construtos). Diversas analogias com regressão se aplicam, mas o relevante entre elas é o fato de que resultados importantes ou construtos endógenos são previstos usando-se outros múltiplos construtos da mesma maneira que variáveis independentes prevêem variáveis dependentes em regressão múltipla.

Conhecer as condições básicas para causalidade e como SEM pode ajudar a estabelecer uma relação de causa e efeito. Teoria pode ser definida como um conjunto sistemático de relações que fornecem uma explicação consistente e abrangente de um fenômeno. A SEM se tornou a ferramenta multivariada mais proeminente para testes da teoria de comportamentos. A história da SEM se desenvolve a partir da ânsia de se testar modelos causais. Teoricamente, quatro condições devem estar presentes para estabelecer causalidade: (1) covariação, (2) seqüência temporal, (3) associação legítima e (4) suporte teórico. a SEM pode estabelecer evidências de covariação por meio de testes de relações representadas por um modelo. A SEM não pode, usualmente, demonstrar que a causa ocorreu antes do efeito, pois dados *cross-section* são, na maioria das vezes, usados em SEM. Modelos SEM que usam dados longitudinais podem ajudar a demonstrar seqüência temporal. A evidência de associação legítima entre causa e efeito pode ser dada, pelo menos em parte, pela SEM. Se a adição de outras causas alternativas não elimina a relação entre causa e efeito, então a inferência causal se torna mais forte. Por fim, suporte teórico somente pode ser fornecido com discernimento. Descobertas empíricas por si mesmas não podem tornar sensata uma relação. Assim, a SEM pode ser útil para se estabelecer causalidade, mas o simples emprego da SEM em qualquer conjunto de dados não significa que inferências causais podem ser estabelecidas.

Explicar os tipos básicos de relações envolvidas em SEM. Os quatro tipos de relações teóricas fundamentais em um modelo SEM são descritos na Figura 10-1, a qual também mostra a representação gráfica convencional de cada tipo. O primeiro exibe relações entre construtos latentes e variáveis medidas. Construtos latentes são representados por curvas ovais, e variáveis medidas, por retângulos. O segundo mostra covariação ou correlação simples entre construtos. Isso não implica qualquer seqüência causal e não distingue construtos exógenos de endógenos. Esses dois primeiros tipos de relações são fundamentais na formação de um modelo de mensuração. O terceiro tipo de relação mostra como um construto exógeno se relaciona com um endógeno e pode representar uma inferência causal na qual o construto exógeno é uma causa, e o endógeno, um efeito. A quarta relação descreve como um construto endógeno se relaciona com outro. Também pode representar uma seqüência causal de um construto endógeno para outro.

Entender que o objetivo de SEM é explicar covariância e como ela se traduz no ajuste de um modelo. Às vezes, SEM é chamada de análise de estrutura de covariância. Os algoritmos que executam a estimação da SEM têm a meta de explicar a matriz de covariância observada das variáveis, S, usando uma matriz de covariância estimada, Σ_k, calculada usando as equações de regressão que representam o modelo do pesquisador. Em outras palavras, a SEM busca por um conjunto de estimativas de parâmetros produzindo valores de covariância estimada que se aproximam muito dos valores de covariância observada. Quanto mais próximos ficam tais valores, melhor se ajusta o modelo. Ajuste indica o quão bem um modelo especificado reproduz a matriz de covariância entre os itens medidos. A estatística básica de ajuste da SEM é o χ^2. Contudo, sua sensibilidade a tamanho da amostra e complexidade do modelo acarretou o desenvolvimento de muitos outros índices de ajuste. O ajuste é melhor avaliado usando-se múltiplos índices de ajuste. É importante também perceber que nenhum valor mágico determina quando um modelo tcm o melhor ajuste. Ao invés disso, o contexto do modelo deve ser levado em consideração na avaliação do ajuste. Modelos simples com pequenas amostras devem ser tratados com padrões diferentes dos usados em modelos mais complexos testados com amostras maiores.

Saber como representar visualmente um modelo usando um diagrama de caminhos. O conjunto inteiro de relações que constitui um modelo SEM pode ser visualmente descrito por meio de um diagrama de caminhos. Cada tipo de relação é convencionalmente representado com um tipo diferente de seta e abreviado com um símbolo distinto. A Figura 10-8 retrata um diagrama de caminhos que mostra um modelo de mensuração e um estrutural. A parte interna representa o modelo estrutural. A externa, o modelo de mensuração.

Listar os seis estágios da modelagem de equações estruturais e compreender o papel da teoria no processo. A

Figura 10-9 lista os seis estágios no processo SEM. Ele começa com a escolha das variáveis que serão medidas. Conclui com a avaliação do ajuste do modelo estrutural geral. Deve ser enfatizado também que a teoria desempenha um papel fundamental em cada passo do processo. A meta de uma SEM é fornecer um teste da teoria. Assim, sem teoria, um verdadeiro teste de SEM não pode ser concluído.

Como anteriormente mencionado, este capítulo não inclui um exemplo estendido de HBAT. No lugar disso, um novo exemplo HBAT será introduzido no próximo capítulo. Ao longo dos próximos dois capítulos, será ilustrado o uso completo da SEM para testar relações-chave que ajudarão a HBAT a tomar decisões administrativas estratégicas.

Questões

1. Qual é a diferença entre um construto latente e uma variável medida?
2. Quais são as características marcantes da SEM?
3. Descreva como pode ser computada a matriz de covariância estimada em uma análise SEM (Σ_k). Por que a comparamos com **S**?
4. Qual é a semelhança entre a modelagem de equações estruturais e as outras técnicas multivariadas discutidas em capítulos anteriores?
5. O que é uma teoria? Como uma teoria é representada em uma estrutura SEM?
6. O que é uma correlação ilegítima? Como ela pode ser revelada usando-se SEM?
7. O que é ajuste?
8. Qual é a diferença entre um índice de ajuste absoluto e um relativo?
9. De que forma o tamanho amostral afeta a modelagem de equações estruturais?
10. Por que não estão disponíveis valores mágicos para distinguir ajuste bom de ajuste ruim em situações em geral?
11. Faça um diagrama de caminhos com dois construtos exógenos e um endógeno. Cada construto exógeno é medido por cinco itens, e o endógeno, por quatro itens. Os dois construtos exógenos devem estar negativamente relacionados com o endógeno.

Leituras sugeridas

Uma lista de leituras sugeridas que ilustra problemas e aplicações de técnicas multivariadas em geral está disponível na Web em www.prenhall.com/hair (em inglês).

Apêndice 10A

Estimação de relações usando análise de caminhos

Qual era o objetivo de se desenvolver o diagrama de caminhos? Ele é a base para a análise de caminhos, o procedimento para estimação empírica da força de cada relação (caminho) descrita no diagrama. A análise de caminhos calcula a força das relações usando somente uma matriz de correlação ou covariância como entrada. Descrevemos o processo básico na próxima seção, usando um exemplo simples para ilustrar como as estimativas são realmente computadas.

Identificação de caminhos

O primeiro passo é identificar todas as relações que conectam dois construtos quaisquer. A análise de caminhos permite decompor a correlação simples (bivariada) entre duas variáveis quaisquer na soma dos componentes que conectam tais pontos. O número e tipos de caminhos componentes entre duas variáveis quaisquer são estritamente uma função do modelo proposto pelo pesquisador.

Um caminho composto é um caminho ao longo das setas de um diagrama que segue três regras:

1. Após seguir adiante em uma seta, o caminho não pode retroceder; mas o caminho pode ir para trás quantas vezes forem necessárias antes de ir para frente.
2. O caminho não pode seguir por meio da mesma variável mais do que uma vez.
3. O caminho pode incluir apenas uma seta curva (par de variáveis correlacionadas).

Quando se aplicam essas regras, cada seta representa um caminho. Se apenas uma seta conecta dois construtos (a análise de caminhos também pode ser conduzida com variáveis), então a relação entre os mesmos é igual à estimativa de parâmetro entre os dois construtos. Por enquanto, essa relação pode ser chamada de relação direta. Cobrimos detalhadamente relações estruturais diretas e indiretas no Capítulo 12. Se houver múltiplas setas ligando um construto a outro, como em X → Y → Z, então o efeito de X sobre Z é igual ao produto das estimativas paramétricas para cada seta. Este conceito pode parecer bastante complicado, mas um exemplo o torna fácil de se acompanhar:

A Figura 10A-1 retrata um modelo simples com dois construtos exógenos (X_1 e X_2) causalmente relacionados com o construto endógeno (Y_1). O caminho por correlação A é X_1 correlacionado com X_2, o caminho B é o efeito de X_1 prevendo Y_1, e C mostra o efeito de X_2 prevendo Y_1. O valor para Y_1 pode ser dado simplesmente com uma equação de regressão:

$$Y_1 = b_1 X_1 + b_2 X_2$$

Podemos agora identificar os caminhos direto e indireto em nosso modelo. Para facilitar a referência aos caminhos, os causais são chamados de A, B e C.

Caminhos diretos   *Caminhos indiretos*
A = X_1 a X_2
B = X_1 a Y_1 AC = X_1 a Y_1
C = X_2 a Y_1 AB = X_2 a Y_1

Estimação da relação

Com os caminhos diretos e indiretos agora definidos, podemos representar a correlação entre cada construto como a soma dos caminhos diretos e indiretos.

As três correlações únicas entre os construtos podem ser mostradas como compostas de caminhos diretos e indiretos como se segue:

$$\text{Corr}_{X1X2} = A$$
$$\text{Corr}_{X1Y1} = B + AC$$
$$\text{Corr}_{X2Y1} = C + AB$$

Primeiro, de X_1 e X_2 é simplesmente igual a A. A correlação de X_1 e Y_1 ($\text{Corr}_{X1,Y1}$) pode ser representada como dois caminhos: B e AC. O símbolo B representa o caminho direto de X_1 a Y_1, e o outro caminho (composto) segue a seta curvilínea de X_1 para X_2 e então para Y_1. Analogamente, a correlação de X_2 e Y_1 pode ser mostrada como composta de dois caminhos causais: C e AB.

Uma vez que as correlações são definidas em termos de caminhos, os valores das correlações observadas podem ser substituídos e as equações podem ser resolvidas para cada caminho separadamente. Os caminhos então representam as relações causais entre construtos (semelhantemente a um coeficiente de regressão) ou estimativas correlacionais.

Diagrama de caminhos

Correlações bivariadas

	X_1	X_2	Y_1
X_1	1,0		
X_2	0,50	1,0	
Y_1	0,60	0,70	1,0

Correlações como caminhos compostos

$Corr_{X_1,X_2} = A$
$Corr_{X_1,Y_1} = B + AC$
$Corr_{X_2,Y_1} = C + AB$

Resolução dos coeficientes estruturais

$0,50 = A$
$0,60 = B + AC$
$0,70 = C + AB$

Substituindo $A = 0,50$
$0,60 = B + 0,50C$
$0,70 = C + 0,50B$

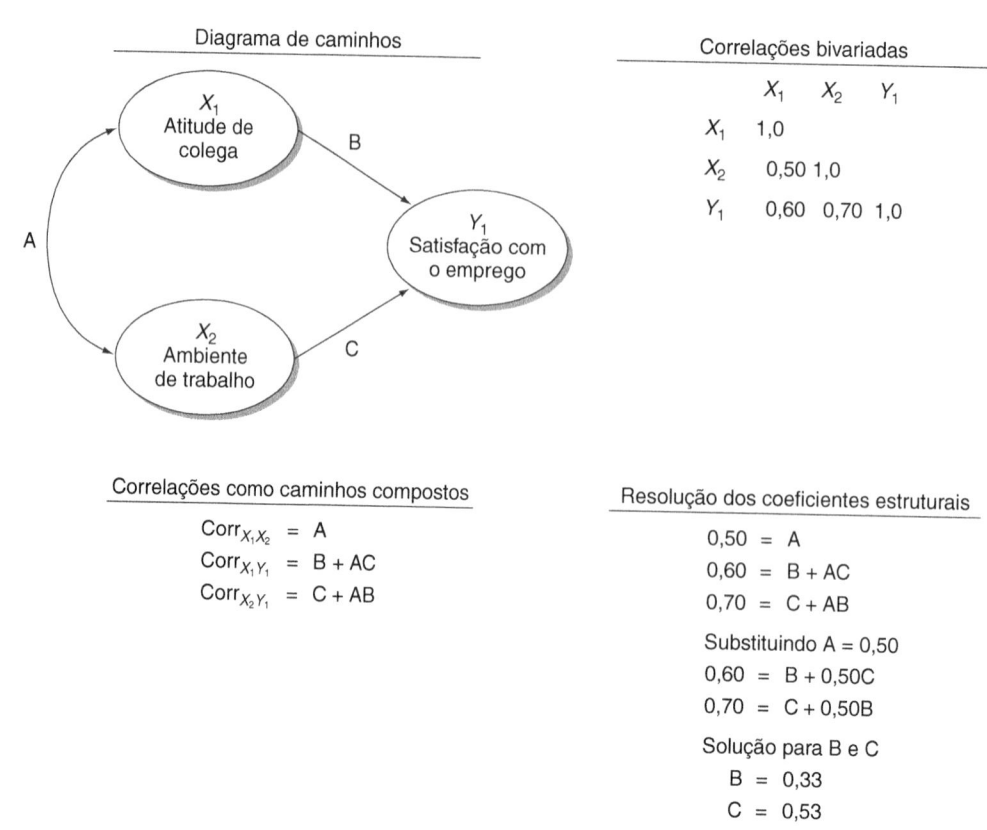

Solução para B e C
$B = 0,33$
$C = 0,53$

FIGURA 10A-1 Cálculo dos coeficientes estruturais com análise de caminhos.

Usando as correlações como mostradas na Figura 10A-1, podemos resolver as equações para cada correlação (ver Figura 10A-1) e estimar as relações causais representadas pelos coeficientes b_1 e b_2.

Sabemos que A é igual a 0,50, e assim podemos substituir este valor nas demais equações. Resolvendo essas duas equações, conseguimos valores de B (b_1) = 0,33 e C(b_2) = 0,53. Os cálculos são exibidos na Figura 10A-1. Esta abordagem permite que a análise de caminhos resolva qualquer relação causal com base apenas nas correlações entre os construtos e o modelo causal especificado.

Como você pode perceber a partir deste exemplo simples, se mudarmos o modelo de caminhos de alguma forma, as relações causais também mudarão. Tal mudança fornece a base para a modificação do modelo para atingir um ajuste melhor, se isso for teoricamente justificado.

Com essas regras simples, o modelo maior agora pode ser delineado simultaneamente, usando correlações ou covariâncias como os dados de entrada. Devemos observar que, quando usados em um modelo maior, podemos resolver qualquer número de equações inter-relacionadas. Assim, variáveis dependentes em uma relação podem facilmente ser independentes em outra. Não importa quão grande o diagrama de caminhos fique ou quantas relações sejam incluídas, a análise de caminhos fornece uma maneira de analisar o conjunto de relações.

Apêndice 10B

Abreviações SEM

O guia a seguir ajuda na pronúncia e na compreensão de abreviações comuns de SEM. A terminologia SEM freqüentemente é abreviada com uma combinação de caracteres gregos e romanos, para ajudar a distinguir diferentes partes de um modelo SEM.

Símbolo	Pronúncia	Significado
ξ	ksi	Um construto associado com variáveis medidas X
λ_x	lâmbda "x"	Um caminho representando a carga fatorial entre um construto latente e uma variável medida x
λ_y	lâmbda "y"	Um caminho representando a carga fatorial entre um construto latente e uma variável medida y.
Λ	lâmbda maiúsculo	Uma maneira de se referir a um conjunto de estimativas de cargas representadas em uma matriz na qual linhas correspondem a variáveis medidas e colunas se associam a construtos latentes
η	êta	Um construto associado com variáveis medidas Y
φ	fi	Um caminho representado por uma seta curvada de dois sentidos que representa a covariação entre um ξ e outro ξ
Φ	fi maiúsculo	Uma maneira de se referir à matriz de covariância ou de correlação entre um conjunto de construtos ξ
γ	gama	Um caminho representando uma relação causal (coeficiente de regressão) de um ξ para um η
Γ	gama maiúsculo	Uma maneira de se referir ao conjunto inteiro de relações γ para um dado modelo
β	beta	Um caminho representando uma relação causal (coeficiente de regressão) de um construto η para outro construto η
B	beta maiúsculo	Uma maneira de se referir ao conjunto inteiro de relações β para um dado modelo
δ	delta	O termo de erro associado com uma variável x entre os valores medidos e estimados
θ_δ	téta delta	Um modo de se referir às variâncias e covariâncias residuais associadas com as estimativas de x; os itens de variância de erro estão na diagonal
ε	épsilon	O termo de erro associado com uma variável y entre os valores medidos e estimados
θ_ε	téta épsilon	Uma maneira de se referir às variâncias e covariâncias residuais associadas com as estimativas de y; os itens da variância de erro estão na diagonal
ζ	zéta	Uma maneira de se capturar a covariação entre erros de construto η
τ	tau	Os termos de intercepto para estimação de uma variável medida
κ	capa	Os termos de intercepto para estimação de um construto latente
χ^2	qui-quadrado	A razão de verossimilhança

Apêndice 10C

Detalhe sobre índices GOF selecionados

O capítulo descreve como pesquisadores desenvolveram muitos índices de ajuste diferentes que representam a GOF de um modelo SEM de diferentes maneiras. Aqui, um pouco mais de detalhe é fornecido sobre alguns dos índices críticos, como um esforço para oferecer uma melhor compreensão sobre qual informação está contida em cada um deles.

Índice de qualidade de ajuste (GFI)

Se imaginarmos F_k como a função de ajuste mínimo depois que um modelo SEM tenha sido estimado, usando k graus de liberdade ($\mathbf{S} - \mathbf{\Sigma}_k$), e se pensarmos em F_0 como a função de ajuste que resultaria se todos os parâmetros fossem nulos (nada se relaciona com nada; não há relações teóricas), então podemos definir o GFI simplesmente como:

$$\text{GFI} = 1 - \frac{F_k}{F_0}$$

Um modelo que se ajusta bem produz uma proporção F_k/F_0 que é muito pequena. Reciprocamente, um modelo que não se ajusta bem produz uma F_k/F_0 que é relativamente grande, pois F_k não difere muito de F_0. Esta proporção funciona de maneira parecida com a proporção SSE/SST discutida no Capítulo 4. No caso extremo, se um modelo falha para explicar qualquer covariância verdadeira entre variáveis medidas, F_k/F_0 é 1, o que significa que o GFI é nulo.

Raiz do erro quadrático médio de aproximação (RMSEA)

O cálculo de RMSEA é bastante direto e é fornecido aqui para demonstrar como os estatísticos procuram corrigir os problemas usando apenas a estatística χ^2.

$$\text{RMSEA} = \sqrt{\frac{\left(\chi^2 - df_k\right)}{(N-1)}}$$

Note que os df são subtraídos do numerador como um esforço para capturar a complexidade do modelo. O tamanho da amostra é usado no denominador para levar isso em conta. Para evitar valores negativos de RMSEA, o numerador é considerado zero se df_k exceder χ^2.

Índice de ajuste comparativo (CFI)

A forma geral de computação do CFI é:

$$\text{CFI} = 1 - \frac{(\chi_k^2 - df_k)}{(\chi_N^2 - df_N)}$$

Aqui, k representa valores associados com o modelo ou teoria especificados pelo pesquisador, ou seja, o ajuste resultante com k graus de liberdade. N denota valores associados com o modelo estatístico nulo. Além disso, a equação é normada para valores entre 0 e 1 – com valores mais altos indicando ajuste melhor – com substituição por um valor adequado (isto é, zero) se um valor χ^2 for menor que os correspondentes graus de liberdade.

Índice de Tucker-Lewis (TLI)

A equação para o TLI é dada aqui para fins de comparação:

$$\text{TLI} = \frac{\left[\left(\frac{\chi_N^2}{df_N}\right) - \left(\frac{\chi_k^2}{df_k}\right)\right]}{\left[\left(\frac{\chi_N^2}{df_N}\right) - 1\right]}$$

Novamente, N e k se referem aos modelos nulo e especificado, respectivamente. O TLI não é normado, e, assim, seus valores podem ficar abaixo de 0 ou acima de 1. Ele produz valores semelhantes ao CFI na maioria das situações.

Proporção de parcimônia (PR)

A proporção de parcimônia (PR) forma a base para medidas GOF de parcimônia [31]:

$$\text{PR} = \frac{df_k}{df_t}$$

Como pode ser visto pela fórmula, ela é a razão de graus de liberdade usados por um modelo pelo total de graus de liberdade disponíveis. Assim, outros índices são ajustados por PR para formar índices de ajuste de parcimônia. Apesar de esses índices poderem ser úteis, eles tendem a favorecer fortemente as medidas mais parcimoniosas. Essas medidas existem há bastante tempo, mas ainda não são muito aplicadas.

Referências

1. Allison, P. D. 2003. Missing Data Techniques for Structural Equations Models. *Journal of Abnormal Psychology* 112 (November): 545–56.
2. Bagozzi, R. P., and Y. Yi. 1988. On the Use of Structural Equation Models in Experimental Designs. *Journal of Marketing Research* 26 (August): 271–84.
3. Bentler, P. M. 1990. Comparative Fit Indexes in Structural Models. *Psychological Bulletin* 107: 238–46.
4. Bentler, P. M. 1992. *EQS: Structural Equations Program Manual*. Los Angeles: BMDP Statistical Software.
5. Bentler, P. M., and D. G. Bonnett. 1980. Significance Tests and Goodness of Fit in the Analysis of Covariance Structures. *Psychological Bulletin* 88: 588–606.
6. Blalock, H. M. 1962. Four-Variable Causal Models and Partial Correlations. *American Journal of Sociology* 68: 182–94.
7. Byrne, B. 1998. *Structural Equation Modeling with LISREL, PRELIS and SIMPLIS: Basic Concepts, Applications and Programming*. Mahwah, NJ: Lawrence Erlbaum Associates.
8. Collins, L. M., J. L. Schafer, and C. M. Kam. 2001. A Comparison of Inclusive and Restrictive Strategies in Modern Missing-Data Procedures. *Psychological Methods* 6: 352–70.
9. Cudeck, R. 1989. Analysis of Correlation Matrices Using Covariance Structure Models. *Psychological Bulletin* 105: 317–27.
10. Cudek, R., and M. W. Browne. 1983. Cross-Validation of Covariance Structures. *Multivariate Behavioral Research* 18: 147–67.
11. DeVellis, Robert. 1991. *Scale Development: Theories and Applications*. Thousand Oaks, CA: Sage.
12. Enders, C. K., and D. L. Bandalos. 2001. The Relative Performance of Full Information Maximum Likelihood Estimation for Missing Data in Structural Equation Models. *Structural Equation Modeling* 8(3): 430–59.
13. Enders, C. K., and J. L. Peugh. 2004. Using an EM Covariance Matrix to Estimate Structural Equation Models with Missing Data: Choosing an Adjusted Sample Size to Improve the Accuracy of Inferences. *Structural Equations Modeling* 11(1): 1–19.
14. Fan, X., B. Thompson, and L. Wang. 1999. Effects of Sample Size, Estimation Methods, and Model Specification on Structural Equation Modeling Fit Indexes. *Structural Equation Modeling* 6: 56–83.
15. Habelmo, T. 1943. The Statistical Implications of a System of Simultaneous Equations. *Econometrica* 11: 1–12.
16. Hayduk, L. A. 1996. *LISREL Issues, Debates and Strategies*. Baltimore: Johns Hopkins University Press.
17. Hershberger, S. L. 2003. The Growth of Structural Equation Modeling: 1994–2001. *Structural Equation Modeling* 10(1): 35–46.
18. Hoelter, J. W. 1983. The Analysis of Covariance Structures: Goodness-of-Fit Indices. *Sociological Methods and Research* 11: 324–44.
19. Hu, L., and P. M. Bentler. 1999. Covariance Structure Analysis: Conventional Criteria Versus New Alternatives. *Structural Equations Modeling* 6(1): 1–55.
20. Hunt, S. D. 2002. *Foundations of Marketing Theory: Toward a General Theory of Marketing*. Armonk, NY: M.E. Sharpe.
21. Jeongkoo, Yoon, and Shane Thye. 2000. Supervisor Support in the Work Place: Legitimacy and Positive Affectivity. *Journal of Social Psychology* 140 (June): 295–317.
22. Jöreskog, K. G. 1970. A General Method for Analysis of Covariance Structures. *Biometrika* 57: 239–51.
23. Jöreskog, K. G. 1981. Basic Issues in the Application of LISREL. *Data* 1: 1–6.
24. Joreskog, K. G., and D. Sörbom. 1976. *LISREL III: Estimation of Linear Structural Equation Systems by Maximum Likelihood Methods*. Chicago: National Educational Resources, Inc.
25. Jöreskog, K. G., and D. Sorbom. 1993. *LISREL 8: Structural Equation Modeling with the SIMPLIS Command Language*. Mooresville, IL: Scientific Software.
26. Kenny, D. A., and D. B. McCoach. 2003. Effect of the Number of Variables on Measures of Fit in Structural Equations Modeling. *Structural Equations Modeling* 10(3): 333–51.
27. Little, T. D., W. A. Cunningham, G. Shahar, and K. F. Widaman. 2002. To Parcel or Not to Parcel: Exploring the Question, Weighing the Merits. *Structural Equation Modeling* 9: 151–73.
28. MacCallum, R. C. 2003. Working with Imperfect Models. *Multivariate Behavioral Research* 38(1): 113–39.
29. MacCallum, R. C., K. F. Widaman, K. J. Preacher, and S. Hong. 2001. Sample Size in Factor Analysis: The Role of Model Error. *Multivariate Behavioral Research* 36(4): 611–37.
30. Maiti, S. S., and B. N. Mukherjee. 1991. Two New Goodness-of-Fit Indices for Covariance Matrices with Linear Structure. *British Journal of Mathematical and Statistical Psychology* 44: 153–80.
31. Marsh, H. W., and J. Balla. 1994. Goodness-of-Fit in CFA: The Effects of Sample Size and Model Parsimony. *Quality & Quantity* 28 (May): 185–217.
32. Marsh, H. W., K. T. Hau, and Z. Wen. 2004. In Search of Golden Rules: Comment on Hypothesis Testing Approaches to Setting Cutoff Values for Fit Indexes and Dangers in Overgeneralizing Hu and Bentler's (1999) Findings. *Structural Equation Modeling* 11(3): 320–41.
33. Marsh, H. W., K. T. Hau, J. R. Balla, and D. Grayson. 1988. Is More Ever Too Much? The Number of Indicators per Factors in Confirmatory Factor Analysis. *Multivariate Behavioral Research* 33: 181–222.
34. Mulaik, S. A., L. R. James, J. Val Alstine, N. Bennett, S. Lind, and C. D. Stilwell. 1989. Evaluation of Goodness-of-Fit Indices for Structural Equations Models. *Psychological Bulletin* 105 (March): 430–45.
35. Olsson, U. H., T. Foss, and E. Breivik. 2004. Two Equivalent Discrepancy Functions for Maximum Likelihood Estimation: Do Their Test Statistics Follow a Noncentral CM-square Distribution Under Model Misspecification? *Sociological Methods & Research* 32 (May): 453–510.

36. Olsson, U. H., T. Foss, S. V. Troye, and R. D. Howell. 2000. The Performance of ML, GLS and WLS Estimation in Structural Equation Modeling Under Conditions of Misspecification and Nonnormality. *Structural Equations Modeling* 7: 557–95.
37. Pearl, J. 1998.Graphs, Causality and Structural Equation Models. *Sociological Methods & Research* 27 (November): 226–84.
38. Raykov, T., and G. A. Marcoulides. 2001. Can There Be Infinitely Many Models Equivalent to a Given Covariance Structure Model? *Structural Equation Modeling* 8(1); 142–49.
39. Rigdon, E. E. 1996. CFI Versus RMSEA: A Comparison of Two Fit Indices for Structural Equation Modeling. *Structural Equation Modeling* 3(4): 369–79.
40. Rubin, D. B. 1976. Inference and Missing Data. *Psychometrica* 63: 581–92.
41. Sharma, S., S. S. Mukherjee, A. Kumar, and W. R. Dillon. 2005. A Simulation Study to Investigate the Use of Cutoff Values for Assessing Model Fit in Covariance Structure Models. *Journal of Business Research* 58 (July): 935–43.
42. Sobel, M. E. 1998. Causal Inferences in Statistical Models of the Process of Socioeconomic Achievement. *Sociological Methods & Research* 27-(November): 318–48.
43. Tanaka, J. 1993. Multifaceted Conceptions of Fit in Structural Equation Models. In K. A. Bollen and J. S. Long (eds.), *Testing Structural Equation Models.* Newbury Park, CA: Sage.
44. Tanaka, J. S., and G. J. Huba. 1985. A Fit-Index for Covariance Structure Models Under Arbitrary GLS Estimation. *British Journal of Mathematics and Statistics* 42: 233–39.
45. Tucker, L. R., and C. Lewis. 1973. A Reliability Coefficient for Maximum Likelihood Factor Analysis. *Psychometrica* 38: 1–10.
46. Wang, L. L., X. Fan, and V. L. Wilson. 1996. Effects of Nonnormal Data on Parameter Estimates for a Model with Latent and Manifest Variables: An Empirical Study. *Structural Equation Modeling* 3(3): 228–47.
47. Wright, S. 1921. Correlation and Causation. *Journal of Agricultural Research* 20: 557–85.

CAPÍTULO 11
SEM: Análise Fatorial Confirmatória

Objetivos de aprendizagem

Ao concluir este capítulo, você deverá ser capaz de:
- Diferenciar entre análise fatorial exploratória e análise fatorial confirmatória.
- Avaliar a validade de construto de um modelo de mensuração.
- Saber como representar um modelo de mensuração usando um diagrama de caminhos.
- Entender os princípios básicos de identificação estatística e conhecer algumas das principais causas dos problemas de identificação de SEM.
- Compreender o conceito de ajuste da forma como se aplica em modelos de mensuração e ser capaz de avaliar o ajuste de um modelo de análise fatorial confirmatória.
- Saber como a SEM pode ser usada para comparar resultados entre grupos, incluindo validação cruzada de um modelo de mensuração ao longo de amostras distintas.

Apresentação do capítulo

O capítulo anterior introduziu os fundamentos de modelagem de equações estruturais. Ele descreveu as duas partes básicas para um modelo de equações estruturais convencional. Este capítulo aborda a primeira parte, demonstrando como processos confirmatórios podem testar uma teoria proposta de mensuração. A teoria de mensuração pode ser representada com um modelo que mostra como variáveis medidas se unem para representar construtos. A análise fatorial confirmatória (CFA) nos permite testar o quão bem as variáveis medidas representam os construtos. A principal vantagem é que o pesquisador pode testar analiticamente uma teoria conceitualmente fundamentada, explicando como diferentes itens medidos descrevem importantes medidas psicológicas, sociológicas ou de negócios. Quando resultados de CFA são combinados com testes de validade de construto, os pesquisadores podem obter um melhor entendimento da qualidade de suas medições.

A importância de se avaliar a qualidade de medidas em um modelo comportamental não pode ser superestimada. Não existem conclusões válidas sem medidas válidas. Os procedimentos descritos neste capítulo demonstram como a validade de um modelo de mensuração pode ser testada usando-se CFA e SEM.

Termos-chave

Antes de começar este capítulo, leia os termos-chave para compreender os conceitos e a terminologia empregados. Ao longo do capítulo, os termos-chave aparecem em **negrito**. Outros pontos que merecem destaque no capítulo e referências cruzadas nos termos-chave, estão em *itálico*. Exemplos ilustrativos estão em quadros.

Busca de especificação Abordagem empírica de tentativa e erro que pode conduzir a mudanças seqüenciais no modelo baseadas em diagnósticos-chave do modelo.

Caso Heywood Solução fatorial que produz uma estimativa de variância de erro menor que 0 (uma variância negativa de erro). Programas SEM comumente geram uma solução imprópria quando um caso Heywood está presente.

Condição de ordem Exigência de que os graus de liberdade para um modelo sejam maiores que zero; ou seja, o número de termos únicos de covariância e variância menos o número de estimativas de parâmetros livres deve ser positivo.

Condição de ordenação Exigência de que cada parâmetro individual estimado seja única e algebricamente definido. Se você imagina um conjunto de equações que poderia definir qualquer variável dependente, a condição de ordenação é violada se duas equações quaisquer são duplicatas matemáticas.

Confiabilidade de construto (CR) Medida de confiabilidade e consistência interna das variáveis medidas representando um construto latente. Deve ser estabelecida antes que a *validade do construto* possa ser avaliada.

Correlações quadráticas múltiplas Valores representando a extensão em que a variância de uma variável medida é explicada por um fator latente. É semelhante à idéia de comunalidade em EFA.

Covariância de erro entre construtos Covariância entre dois termos de erro de variáveis medidas indicando diferentes construtos.

Covariância interna de erro de construto Covariância entre dois termos de erro de variáveis medidas que são indicadores de diferentes construtos.

Equivalência de estrutura fatorial Às vezes conhecida como *invariância de configuração*, ela existe quando um bom ajuste é obtido de um modelo CFA multi-grupo que simultaneamente estima uma solução fatorial para todos os grupos, com cada grupo configurado com a mesma estrutura (mesmo padrão de parâmetros livres e fixados). Ver também *modelo totalmente livre de múltiplos grupos*.

Equivalência escalar Condição de *teoria da mensuração* na qual as quantias de construtos podem ser comparadas entre grupos. Na prática, isso significa que uma comparação válida das médias entre grupos pode ser feita.

Equivalência-tau Suposição de que um *modelo de mensuração* é *congênere* e que todas as cargas fatoriais são iguais.

Exatamente identificado Modelo SEM que contém exatamente o número suficiente de graus de liberdade para estimar todos os parâmetros livres. Modelos exatamente identificados têm ajuste perfeito, por definição, o que significa que uma avaliação de ajuste não tem sentido.

Identificação Se existe informação suficiente para identificar uma solução para um conjunto de equações estruturais. Um problema de identificação conduz a uma incapacidade de o modelo proposto gerar estimativas únicas e pode impedir que o programa SEM gere resultados. As três possíveis condições de identificação são *super-identificado*, *exatamente identificado* e *sub-identificado*.

Índice de modificação Quantia em que o valor χ^2 do modelo geral seria reduzido ao se livrar qualquer caminho em particular que não seja correntemente estimado.

Invariância de configuração Ver *equivalência de estrutura fatorial*.

Invariância de mensuração Condição de teoria de mensuração na qual as medidas que formam um *modelo de mensuração* têm o mesmo significado e são usadas da mesma maneira por diferentes grupos de respondentes.

Invariância métrica Evidência de que respondentes usam as escalas de avaliação de maneira análoga ao longo de grupos e assim as diferenças entre valores podem ser diretamente comparadas.

Medidas unidimensionais Conjunto de variáveis medidas (indicadores) com apenas um construto latente inerente. Isto é, as variáveis indicadoras carregam sobre apenas um construto.

Modelo de mensuração Especificação da *teoria de mensuração* que mostra como construtos são *operacionalizados* por conjuntos de variáveis medidas. A especificação é semelhante a uma EFA por análise fatorial, mas difere no sentido de que o número de fatores e itens que carregam sobre cada fator devem ser conhecidos e especificados antes que a análise possa ser conduzida.

Modelo de mensuração congênere *Modelo de mensuração* consistindo de diversos construtos unidimensionais com todas as cargas cruzadas sendo consideradas nulas. Isso é representado em CFA com todas as *covariâncias de erro interno* e *entre construtos* sendo fixadas como zero.

Modelo fatorial de primeira ordem Covariâncias entre variáveis medidas explicadas com uma única camada fatorial latente. Ver também *modelo fatorial de segunda ordem*, que tem duas camadas de fatores latentes.

Modelo fatorial de segunda ordem *Teoria de mensuração* que envolve duas "camadas" de construtos latentes. Esses modelos introduzem fatores latentes de segunda ordem que são a causa de múltiplos *fatores latentes de primeira ordem*, que, por sua vez, são a causa de variáveis medidas (x).

Modelo não-identificado Ver *modelo sub-identificado*.

Modelo sub-identificado Modelo com mais parâmetros a serem estimados do que variâncias ou covariâncias de itens. O termo *não-identificado* é usado como sinônimo de sub-identificado.

Modelo super-identificado Modelo que tem mais termos únicos de covariância e variância do que parâmetros a serem estimados. Ele tem uma quantia positiva de graus de liberdade. Este é o tipo preferido de identificação para um modelo SEM.

Modelo totalmente livre de múltiplos grupos (TF) Modelo que usa a mesma estrutura (padrão de parâmetros fixos e livres) em todos os grupos.

Operacionalização Maneira pela qual um construto pode ser representado. Com CFA, um conjunto de variáveis medidas é utilizado para representar um construto.

Parâmetro Representação numérica de alguma característica de uma população. Em SEM, relações são a característica de interesse para as quais os procedimentos de modelagem geram estimativas. Parâmetros são características numéricas das relações SEM, comparáveis com coeficientes de regressão em regressão múltipla.

Parcelamento de item Combinação de variáveis medidas em conjuntos de variáveis pela soma ou média de vários itens. Essas parcelas podem então ser usadas como indicadores quando o número total de indicadores não é gerenciável.

Regra dos três indicadores Assume *modelos de mensuração congêneres* nos quais todos os construtos têm pelo menos três indicadores *identificados*.

Resíduos padronizados *Resíduos* divididos pelo erro padrão dos mesmos. Usados como uma medida diagnóstica do ajuste do modelo.

Resíduos Diferenças individuais entre termos de covariância observada e termos de covariância estimada.

Restrições Fixar uma relação potencial em um modelo SEM para algum valor especificado (mesmo que seja zero) ao invés de permitir que o valor seja estimado (livre).

Teoria de mensuração Série de relações que sugerem como variáveis medidas representam um construto não medido diretamente (latente). Uma teoria de mensuração pode ser representada por uma série de equações do tipo regressão e que matematicamente relacionam um fator (construto) com as variáveis medidas.

Teoria de mensuração formativa Teoria baseada nas suposições de que (1) as variáveis medidas são a causa do construto e (2) o erro na medição é uma falta de habilidade para explicar completamente o construto. O construto não é latente neste caso. Ver também *teoria de mensuração reflexiva*.

Teoria de mensuração reflexiva Teoria baseada nas suposições de que (1) construtos latentes são a causa de variáveis medidas e (2) o erro de medição resulta da incapacidade de explicar completamente tais medidas. É a representação típica para um construto latente. Ver também *teoria de mensuração formativa*.

TF Ver *modelo totalmente livre de múltiplos grupos*.

Validação cruzada Tentativa de reproduzir os resultados encontrados em alguma amostra usando dados de uma amostra diferente, geralmente obtidos da mesma população.

Validação cruzada apertada Obtida quando as cargas fatoriais, correlações de construtos e termos de variância de erro são os mesmos na amostra original como são nas amostras de *validação cruzada*.

Validação cruzada solta Obtida quando um modelo TF composto de uma amostra original e de uma amostra de *validação cruzada* fornece bom ajuste.

Validade convergente O quanto indicadores de um construto específico convergem ou compartilham uma elevada proporção de variância em comum.

Validade de construto O quanto um conjunto de variáveis medidas realmente representa o construto latente teórico que aquelas variáveis são planejadas para medir.

Validade de expressão O quanto o conteúdo dos itens é consistente com a definição do construto, com base apenas no julgamento do pesquisador.

Validade discriminante O quanto um construto é verdadeiramente distinto de outros. A matriz fi (Φ) de correlações de construtos pode ser útil nesta avaliação.

Validade nomológica Teste de validade que examina se as correlações entre os construtos na *teoria de mensuração* fazem sentido. A matriz fi (Φ) de correlações de construtos pode ser útil nesta avaliação.

Variância extraída (VE) Uma medida resumida de convergência em um conjunto de itens que representa um construto latente. É o percentual médio de variação explicada entre os itens.

Viés de métodos constantes Covariância entre variáveis medidas é influenciada pelo método de coleta de dados (p.ex., o mesmo método de coleta, formato do questionário, ou mesmo tipo de escala).

O QUE É ANÁLISE FATORIAL CONFIRMATÓRIA?

Este capítulo começa fornecendo uma descrição de análise fatorial confirmatória (CFA). CFA é uma maneira de testar o quão bem variáveis medidas representam um número menor de construtos. O capítulo ilustra este processo mostrando como a CFA é parecida com outras técnicas multivariadas. Em seguida, um exemplo simples é dado. Uns poucos aspectos importantes da CFA são discutidos antes de se descrever os estágios da CFA com mais detalhes e demonstrar tal técnica com uma ilustração estendida.

CFA e análise fatorial exploratória

O Capítulo 3 descreveu procedimentos para conduzir análise fatorial exploratória (EFA). A EFA *explora* os dados e fornece ao pesquisador informação sobre quantos fatores são necessários para melhor representar os dados. Com EFA, todas as variáveis medidas são relacionadas com *cada* fator por uma estimativa de carga fatorial. Uma estrutura simples resulta quando cada variável medida carrega muito sobre apenas um fator e tem cargas menores sobre outros fatores (isto é, cargas $< 0,4$).

> No Capítulo 3, EFA foi conduzida sobre 13 variáveis do banco de dados da HBAT. Com base nos auto-valores e no padrão das cargas, uma solução de quatro fatores foi considerada a mais adequada. Os quatro fatores foram nomeados com base nas variáveis que carregam bastante sobre cada fator. Usando este processo, os fatores foram chamados de (1) serviço ao cliente, (2) marketing, (3) suporte técnico e (4) valor do produto (ver Capítulo 3 para mais detalhes).

A característica notável de EFA é que os fatores foram derivados de resultados estatísticos e não de teoria, e assim eles somente podem ser nomeados depois que a análise fatorial é executada. A EFA pode ser conduzida sem que se saiba quantos fatores realmente existem ou quais variáveis pertencem a quais construtos. Neste contexto, CFA e EFA não são a mesma técnica. Observe que neste capítulo os termos *fator* e *construto* são usados como sinônimos.

A análise fatorial confirmatória (CFA) é semelhante à EFA em alguns aspectos, mas filosoficamente é muito diferente. Com a CFA, o pesquisador deve especificar o número de fatores que existem dentro de um conjunto de variáveis e sobre qual fator cada variável irá carregar elevadamente antes que resultados possam ser computados. A técnica não designa variáveis a fatores. Ao invés disso, o pesquisador deve ser capaz de fazer essa designação antes que quaisquer resultados possam ser obtidos. SEM é então aplicada para testar o grau em que o padrão *a priori* de cargas fatoriais do pesquisador representa os dados reais. Assim, ao invés de permitir que o método estatístico determine o número de fatores e cargas, como em EFA, a estatística de CFA nos diz o quão bem nossa especificação dos fatores combina com a realidade (os dados verdadeiros). Em um certo sentido, CFA é uma ferramenta que nos permite confirmar ou rejeitar nossa teoria préconcebida.

CFA é usada para fornecer um teste confirmatório de nossa teoria de mensuração. Modelos SEM freqüentemente envolvem uma teoria de mensuração e uma teoria estrutural. Uma **teoria de mensuração** especifica como variáveis medidas representam lógica e sistematicamente construtos envolvidos em um modelo teórico. Em outras palavras, a teoria de mensuração especifica uma série de relações que sugerem como variáveis medidas representam um construto latente que não é diretamente medido.

A teoria de mensuração demanda que um construto seja primeiramente definido. Portanto, diferentemente da EFA, com a CFA um pesquisador usa teoria de mensuração para especificar *a priori* o número de fatores, bem como quais variáveis carregam sobre tais fatores. Esta especificação é freqüentemente referida como a maneira que os construtos conceituais em um **modelo de mensuração** são **operacionalizados**. CFA não pode ser conduzida sem uma teoria de mensuração. Em EFA, não é necessária tal teoria e nem a habilidade de se definir construtos antecipadamente.

Um exemplo simples de CFA e SEM

Agora vamos ilustrar uma CFA simples, utilizando dois construtos do exemplo primeiramente introduzido no Capítulo 10. Discutiremos agora como a teoria de mensuração é representada em um diagrama de caminhos e na notação mais formal com letras gregas empregadas em SEM.

Considere uma situação na qual um pesquisador está interessado em estudar lealdade de clientes. Após rever a teoria relevante, o pesquisador conclui que lealdade de clientela é formada por dois fatores: gastos de clientes e envolvimento de clientes. O construto gastos de Clientes pode ser definido como a quantia relativa de recursos que um cliente gasta com uma marca, entre diversas alternativas concorrentes. Ele pode ser representado pelos seguintes quatro itens:

- De cada R$ 100,00 que você gasta com _____, quanto você investe na marca X?
- Quando você pensa em _____, com qual freqüência você pensa na marca X?
- De cada dez vezes que você usa um _____, com que freqüência você usa a marca X?
- Quanto você espera gastar na marca X no próximo ano?

O construto Compromisso de Cliente pode ser definido como o grau em que um cliente fica emocionalmente envolvido e disposto a se sacrificar por uma marca. Assim, o construto Compromisso de Cliente pode ser representado por quatro variáveis medidas avaliadas usando-se uma escala de Likert de sete pontos do tipo concordo-discordo:

- Estou disposto a fazer um esforço para obter a marca X.
- Eu me sentiria desconfortável usando uma marca que compete com a X.
- Sinto orgulho de dizer aos meus amigos que compro a marca X.
- Eu continuaria a comprar a marca X mesmo que ela custasse mais do que todas as suas concorrentes.

Um diagrama visual

Teorias de mensuração com freqüência são representadas usando-se diagramas visuais. Os diagramas representam visualmente os modelos teóricos testados usando técnicas de SEM como LISREL, AMOS, EQS ou CALIS. Os caminhos do construto latente para os itens medidos são mostrados com as setas. Cada caminho representa uma relação ou carga que deve existir com base na teoria de mensuração. Usando CFA, apenas as cargas que teoricamente conectam um item medido ao seu correspondente fator latente são calculadas. Todas as demais são assumidas como nulas, uma diferença fundamental entre EFA e CFA. Lembre-se que técnicas EFA produzem uma carga para cada variável sobre cada fator.

A teoria de mensuração que descreve o construto Compromisso de Cliente pode ser representada como se mostra na Figura 11-1. Observe que a teoria de mensuração representada neste diagrama sugere que os itens que correspondem aos gastos de clientes não carregam sobre o fator de Compromisso de clientes e vice-versa.

Em notação SEM comum, construtos são representados por letras gregas e variáveis medidas por letras romanas. O Apêndice 10B inclui uma breve lista e um guia de pronúncia para caracteres gregos freqüentemente empregados como abreviações de SEM. Em CFA, as designações mais comuns são construtos latentes (ξ), variáveis medidas (x), relações entre os construtos latentes e as respectivas variáveis medidas (isto é, cargas fatoriais) (λ_x), e erro (δ), que é o grau em que fator latente não explica a variável medida (semelhante ao conceito de 1 – a comunalidade de item discutida no Capítulo 3). Com CFA, não distinguimos, e nem precisamos distinguir, construtos exógenos de endógenos. No programa SEM, todos os construtos são tratados como sendo do mesmo tipo (ou todos exógenos [mais comuns], ou todos endógenos).

> Na Figura 11-1, ξ_1 representa o construto latente Gastos de Cliente, ξ_2 corresponde ao construto latente Compromisso de Cliente, x_1-x_8 se referem às variáveis medidas, $\lambda_{x1,1}-\lambda_{x8,2}$ representam as relações entre os construtos latentes e os respectivos itens medidos (ou seja, cargas fatoriais), e $\delta_1-\delta_8$ é o erro.

Programas SEM, incluindo AMOS e LISREL, se referem a essas representações visuais como diagramas de caminhos. A convenção é que setas apontam de uma causa para um resultado. Construtos são considerados como a causa de variáveis medidas. Setas de dois sentidos representam covariância não-causal por natureza.

Expressão com equações

Em forma matemática, a teoria de mensuração pode ser representada por uma série de equações da forma:

$$x_1 = \lambda_{x1,1}\xi_1 + \delta_1$$

Esta equação é semelhante a uma equação de regressão típica. Lembre do Capítulo 4, no qual apresentamos a equação de regressão como:

$$Y_1 = b_o + b_1 V_1 + e_1$$

Os símbolos a seguir substituem aqueles que se tornaram familiares no Capítulo 4. O símbolo $\lambda_{x1,1}$ (como b_1) representa a relação entre o fator latente ξ_1 (como V_1) e a variável medida que ele explica (x_1). Como ele não a representa perfeitamente, δ_1 representa o erro resultante (ou seja, e_1). Como ocorre em análise de regressão, as técnicas SEM fornecem estimativas de **parâmetros**. Um parâmetro é uma representação numérica de alguma característica de uma população. Em SEM, essas características são relações. Uma estimativa de parâmetro para a relação entre um construto e uma variável medida (λ) é de particular interesse. Em CFA, λ estima uma carga fatorial. Diferentemente de regressão, esta equação SEM em particular é apenas uma de várias necessárias para estimar um modelo SEM completo. É a equação fundamental em CFA.

Resumo

Em CFA, não é necessário distinguir construtos exógenos de endógenos ou variáveis independentes de dependentes. Nesse sentido, ela é uma técnica de interdependência. Portanto, a equação explica as variáveis x com um fator latente (ξ_1). Poderíamos expressar cada variável medida com um y, e os fatores latentes, com um η. No entanto, é mais comum representar um modelo de mensuração usando x para abreviar as variáveis medidas, e ξ para representar os construtos.

CFA e validade de construto

Lembre que, no Capítulo 3, validade foi definida como o grau em que a pesquisa é precisa, e a discussão se concentrou na validação de escalas múltiplas. Freqüentemente, a CFA elimina a necessidade de escalas múltiplas, pois os programas SEM computam escores fatoriais para cada respondente. Este processo permite que relações entre construtos sejam automaticamente corrigidas quanto à quantia de variância de erro que existe nas medidas de construto.

Uma das maiores vantagens de CFA/SEM é sua habilidade para avaliar a validade de construto de uma teoria de mensuração proposta. **Validade de construto** é o grau em que um conjunto de itens medidos realmente reflete o construto latente teórico que aqueles itens devem medir. Assim, ela lida com a precisão de mensuração. Evidência de validade de construto oferece segurança de que medidas tiradas de uma amostra representam o verdadeiro escore que existe na população.

Validade de construto é formada por quatro componentes importantes. Tais componentes foram introduzidos no Capítulo 3 juntamente com escalas múltiplas. Aqui, expandimos essas idéias e as discutimos em termos mais adequados para CFA.

Validade convergente

Os itens que são indicadores de um construto específico devem convergir ou compartilhar uma elevada proporção de variância em comum, conhecida como **validade convergente**. Há diversas maneiras de estimar a quantia relativa de validade convergente entre medidas de itens.

Cargas fatoriais. O tamanho da carga fatorial é uma consideração importante. No caso de elevada validade convergente, cargas altas sobre um fator indicariam que

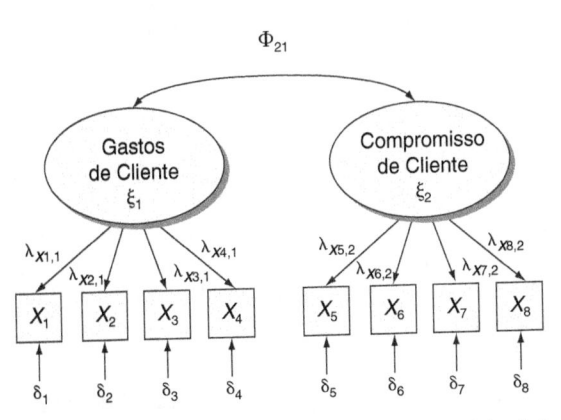

FIGURA 11-1 Representação visual (diagrama de caminhos) de uma teoria de mensuração.

elas convergem para algum ponto em comum. No mínimo, todas as cargas fatoriais devem ser estatisticamente significantes [1]. Como uma carga significante poderia ainda ser relativamente fraca, uma boa regra prática é que estimativas de cargas padronizadas devem ser de 0,5 ou mais, e idealmente de 0,7 para cima.

O argumento por trás dessa regra pode ser compreendido no contexto da comunalidade de um item (ver Capítulo 3). O quadrado de uma carga fatorial padronizada representa o tanto de variação em um item que é explicado por um fator latente. Assim, uma carga de 0,71 ao quadrado é igual a 0,5. Resumidamente, o fator está explicando metade da variação no item, com a outra metade correspondendo à variância de erro. Quando cargas ficam abaixo de 0,7, elas ainda podem ser consideradas significantes, mas há mais variância de erro do que variância explicada na variância da medida.

Variância extraída. Com CFA, o percentual médio de **variância extraída (VE)** em um conjunto de itens de construtos é um indicador resumido de convergência [23]. Este valor pode ser calculado simplesmente usando-se cargas padronizadas:

$$VE = \frac{\sum_{i=1}^{n} \lambda_i^2}{n}$$

O λ representa a carga fatorial padronizada e i é o número de itens. Assim, para n itens, VE é calculada como o total de todas as cargas fatoriais padronizadas ao quadrado (correlações múltiplas quadradas) dividido pelo número de itens[1]. Em outras palavras, é a carga fatorial quadrática média. Usando essa mesma lógica, uma VE de 0,5 ou mais é uma boa regra sugerindo convergência adequada. Uma VE inferior a 0,5 indica que, em média, mais erro permanece nos itens do que variância explicada pela estrutura fatorial latente imposta sobre a medida. Uma medida de VE deve ser computada para cada construto latente em um modelo de mensuração. Na Figura 11-1, uma estimativa de VE é necessária tanto para o construto Gastos de Cliente quanto para Compromisso de Cliente.

Na maioria dos casos, os pesquisadores devem interpretar estimativas padronizadas de parâmetros. Programas SEM geralmente fornecem essas estimativas, apesar de esta ser usualmente uma opção que deva ser solicitada.

Confiabilidade. Confiabilidade também é um indicador de validade convergente. Há um considerável debate sobre qual seria a melhor alternativa de estimativa de confiabilidade de [5]. O coeficiente alfa ainda é uma estimativa freqüentemente aplicada, apesar de ele poder subestimar confiabilidade. Diferentes coeficientes de confiabilidade não produzem resultados dramaticamente distintos, mas um valor de **confiabilidade de construto (CR)** ligeiramente diferente é usado com freqüência em parceria com modelos SEM. Ele é facilmente computado a partir do quadrado da soma de cargas fatoriais (λ_i) para cada construto e a partir da soma dos termos de variância de erro para um construto (δ_i):

$$CR = \frac{\left(\sum_{i=1}^{n} \lambda_i\right)^2}{\left(\sum_{i=1}^{n} \lambda_i\right)^2 + \left(\sum_{i=1}^{n} \delta_i\right)}$$

A regra para qualquer estimativa de confiabilidade é que 0,7 ou mais sugere um bom valor. Confiabilidade entre 0,6 e 0,7 pode ser aceitável desde que outros indicadores de validade de construto de um modelo sejam bons. Elevada confiabilidade de construto indica a existência de consistência interna, o que significa que todas as medidas consistentemente representam o mesmo construto latente.

Validade discriminante

Validade discriminante é o grau em que um construto é verdadeiramente diferentes dos demais. Logo, validade discriminante elevada oferece evidência de que um construto é único e captura alguns fenômenos que outras medidas não conseguem. A CFA fornece duas maneiras usuais de avaliar validade discriminante.

- Primeiro, a correlação entre dois construtos quaisquer pode ser especificada (fixada) como sendo 1. Essencialmente, isto é o mesmo que especificar que os itens que compõem dois construtos poderiam perfeitamente compor apenas um. Se o ajuste do modelo de dois construtos não for significativamente melhor do que o de um construto, então a validade discriminante é insuficiente [1, 6]. Na prática, porém, este teste nem sempre oferece forte evidência de validade discriminante, pois elevadas correlações, às vezes na faixa de 0,9, ainda podem produzir diferenças significantes no ajuste.

Como mostrado na Figura 11-1, o pesquisador poderia examinar um modelo que exibisse todos os itens medidos como indicadores de apenas um construto latente. O pesquisador poderia testar um modelo com esta especificação e comparar seu ajuste com o do modelo original, sugerindo que os itens correspondem a dois construtos separados.

- Um teste melhor é comparar os percentuais de variância extraída para dois construtos quaisquer com o quadrado da estimativa de correlação entre tais construtos [23]. As es-

---

[1] Programas SEM oferecem diferentes tipos de padronização. Quando usamos o termo *padronizado*, estamos nos referindo a estimativas completamente padronizadas, a menos que digamos o contrário.

timativas da variância extraída devem ser maiores do que a estimativa quadrática de correlação. O argumento aqui é baseado na idéia de que um construto latente deve explicar suas medidas de itens melhor do que outro construto. O êxito neste teste fornece boa evidência de validade discriminante.

Além da diferenciação entre construtos, validade discriminante também significa que itens individuais medidos devem representar somente um construto latente. A presença de cargas cruzadas indica um problema de validade discriminante. Se elevadas cargas cruzadas de fato existem, e elas não são representadas pelo modelo de mensuração, o ajuste CFA não deve ser bom.

Validade nomológica e validade de expressão

Construtos devem também ter validade de expressão e validade nomológica. Os processos para testar tais propriedades são os mesmos em CFA ou EFA, portanto o leitor deve consultar o Capítulo 3 para um esclarecimento mais detalhado. **Validade nomológica** é testada examinando-se se fazem sentido as correlações entre os construtos em uma teoria de mensuração. A matriz de correlações de construtos pode ser útil nesta avaliação. Além disso, acrescenta-se o fato de que **validade de expressão** deve ser estabelecida *antes* de qualquer teste teórico, quando se usa CFA. Sem uma compreensão sobre o conteúdo ou significado de cada item, fica impossível expressar e especificar corretamente uma teoria de mensuração. Assim, sob um ponto de vista realista, validade de expressão é o mais importante teste de validade.

Pesquisadores freqüentemente testam uma teoria de mensuração usando construtos medidos por múltiplas escalas desenvolvidas em pesquisa prévia. Por exemplo, se a HBAT desejasse medir satisfação de cliente com seus serviços, ela poderia fazer isso avaliando e selecionando uma entre diversas escalas de satisfação de clientela na literatura de marketing. Existem manuais em muitas disciplinas de ciências sociais que catalogam escalas de múltiplos itens [8, 47]. Analogamente, se a HBAT quisesse examinar a relação entre dissonância cognitiva e satisfação de clientes, poderia ser usada uma escala de dissonância cognitiva anteriormente aplicada.

Sempre que escalas previamente utilizadas estiverem no mesmo modelo, mesmo que elas tenham sido aplicadas com sucesso com adequada confiabilidade e validade em outra pesquisa, o pesquisador deve prestar muita atenção para que o conteúdo do item das escalas não se sobreponha. Em outras palavras, quando se usam escalas emprestadas, o pesquisador ainda deve verificar validade de expressão. É muito provável que, quando duas escalas emprestadas são usadas juntas em um único modelo de mensuração, as questões de validade de expressão se tornam evidentes – coisa que não era percebida quando as escalas eram usadas individualmente.

Resumo

A análise fatorial confirmatória é um tipo especial de análise fatorial e é a primeira parte de um teste completo de um modelo estrutural. Diferentemente da EFA, o pesquisador deve ser capaz de dizer ao programa SEM quais variáveis pertencem a quais fatores antes que a análise possa ser conduzida. A CFA não apenas deve fornecer ajuste aceitável, mas também deve mostrar evidência de validade de construto. Quando um modelo CFA se ajusta e demonstra validade de construto, a teoria de mensuração é sustentada.

ESTÁGIOS SEM PARA TESTAR VALIDAÇÃO DA TEORIA DE MEDIDA COM CFA

Uma teoria de medida é usada para especificar como conjuntos de itens medidos representam um conjunto de construtos. As relações fundamentais conectam construtos com variáveis (através de estimativas de cargas ou λ) e construtos entre si (correlação de construtos ou Φ). A CFA então estima essas relações. Um processo SEM de seis estágios foi apresentado no último capítulo. Os estágios 1-4 serão discutidos com mais detalhes aqui porque eles envolvem o exame da teoria de mensuração. Os estágios 5-6, que tratam da teoria estrutural que liga teoricamente os construtos entre si, serão discutidos no próximo capítulo.

Estágio 1: Definição de construtos individuais

O processo começa listando os construtos que compreenderão o modelo de mensuração. Se o pesquisador tem experiência com a medição de um desses construtos, então talvez alguma escala anteriormente usada possa ser novamente empregada. A literatura contém muitas escalas que mostram como um conjunto de itens pode representar um construto [8, 47]. Quando uma escala previamente utilizada não está disponível, o pesquisador pode ter que de-

---

REGRAS PRÁTICAS 11-1

Validade de construto

- Estimativas de cargas padronizadas devem ser de 0,5 ou mais, e, idealmente, maiores ou iguais a 0,7
- VE deve ser maior ou igual a 0,5 para sugerir validade convergente adequada
- Estimativas de VE para dois fatores também devem ser maiores do que o quadrado da correlação entre os dois fatores, para fornecer evidência de validade discriminante
- Confiabilidade de construto deve ser de 0,7 ou mais, para indicar convergência adequada ou consistência interna

senvolver uma escala como descrito no Capítulo 10. Uma breve descrição dos passos no desenvolvimento de uma escala de múltiplos itens é dada aqui:

1. Definir teoricamente o construto. Para fazer isso, o pesquisador deve ser capaz de escrever uma sentença clara e concisa que defina o que será medido.
2. Desenvolver uma lista de potenciais itens de escala que correspondam à definição no passo 1. Os itens devem ser suficientes em quantia para capturar completamente o domínio do construto. Pesquisa qualitativa freqüentemente é usada para desenvolver itens de escala para representarem o domínio do construto. O pesquisador deve também determinar qual tipo de escala será usado para medir os itens. Será em um formato Likert, diferencial semântico, alguma combinação, ou um formato alternativo?
3. Julgar os itens quanto a conteúdo. Este processo envolve solicitar a vários juízes (peritos) para avaliar o quão bem a definição e os itens correspondem ao construto. Algumas maneiras de abordar este passo incluem as seguintes:
    - Uma escala de avaliação pode ser usada para solicitar aos peritos que classifiquem se cada item de escala (a) não corresponde ao construto, (b) corresponde de alguma forma ao construto, ou (c) corresponde muito bem ao construto. Alternativamente, se diversos construtos estão sendo julgados ao mesmo tempo, peritos podem ser solicitados a ordenar um conjunto de itens, relacionando-os com as definições apropriadas. Em termos gerais, itens que obtêm concordância de cada um dos três ou mais peritos correspondem o suficiente para serem mantidos. Independentemente do número de juízes usados, itens que recebem menos do que 50% de concordância são candidatos para exclusão da análise.
    - Peritos também podem examinar itens quanto à redundância. Se dois itens são tão semelhantes a ponto de dizerem a mesma coisa, um item deve ser eliminado. Tal eliminação ajudará a evitar problemas posteriores com os resultados empíricos.
4. Conduzir um pré-teste para avaliar os itens. O pré-teste deve ser administrado para uma amostra que deve responder analogamente às amostras sobre as quais a escala eventualmente será aplicada.
    - Depois de coletar os dados, estatísticas descritivas devem ser analisadas quanto à curtose ou à assimetria significantes. Escalas com médias próximas de seus valores mínimo ou máximo podem estar sofrendo efeitos de "piso" ou "teto", e são candidatas para modificação ou eliminação.
    - Escalas múltiplas podem ser criadas, e as correlações entre itens e total e entre item e item podem ser analisadas. Itens com correlações entre itens e total e entre itens e itens inferiores a 0,5 e 0,3, respectivamente, são candidatos à eliminação.
    - Análise fatorial exploratória pode ser executada para fornecer uma verificação preliminar sobre o número de fatores e o padrão de cargas. Se é esperado que os itens de carga indiquem uma só dimensão, evidências suportando uma solução de um fator devem ser examinadas, por exemplo, por meio de um critério de raiz latente (autovalor > 1) ou uma abordagem semelhante. Se mais fatores são esperados, então a análise fatorial deve exibir alguma evidência de que este número de fatores pode ser sustentado. Cargas fatoriais individuais também devem ser examinadas. Itens com cargas baixas são candidatos à eliminação.
5. Modificações de escala são feitas com base nesses resultados. Antes de prosseguir, o pesquisador deve considerar se existe um número adequado de itens para cada fator. Uma regra prática é que um construto deve ser refletido por um mínimo de três itens, preferencialmente quatro. Reciprocamente, nenhum máximo teórico põe limite no número de itens por fator. Contudo, escalas contendo mais de uma dúzia de itens tornam a análise mais complexa e freqüentemente conduzem a problemas no fornecimento de evidência de unidimensionalidade.
6. Prosseguir com um teste confirmatório da teoria de mensuração (ver estágio 2 na próxima seção).

O processo de planejamento de medida de um novo construto envolve vários passos por meio dos quais o pesquisador traduz a definição teórica do construto em um conjunto de variáveis medidas específicas. Como tal, é essencial que o pesquisador considere não apenas as exigências operacionais (como número de itens e dimensionalidade), mas também estabeleça a validade de construto da escala recentemente delineada.

Estágio 2: Desenvolvimento do modelo de medida geral

Neste passo o pesquisador deve cuidadosamente considerar como todos os construtos individuais se reúnem para formar um modelo de mensuração geral. Várias questões importantes devem ser destacadas neste ponto.

REGRAS PRÁTICAS 11-2

Definição de construtos individuais

- Todos os construtos devem exibir validade adequada, sejam novas escalas ou escalas obtidas de pesquisa prévia; mesmo escalas previamente estabelecidas devem ser cuidadosamente verificadas quanto a validade de conteúdo
- Peritos devem julgar o conteúdo de itens quanto a validade nos estágios iniciais de desenvolvimento de escala
    - Quando dois itens têm conteúdo virtualmente idêntico, um deles deve ser eliminado
    - Itens sobre os quais os peritos não conseguem concordar devem ser eliminados
- Um pré-teste deve ser usado para purificar medidas antes do teste confirmatório

Unidimensionalidade

Unidimensionalidade foi primeiramente apresentada no Capítulo 3. **Medidas unidimensionais** significam que um conjunto de variáveis medidas (indicadores) tem apenas um construto subjacente. Unidimensionalidade se torna criticamente importante quando mais de dois construtos estão envolvidos. Em tal situação, cada variável medida se relaciona com apenas um único construto. Todas as cargas cruzadas são consideradas como sendo 0 quando existem construtos unidimensionais.

> A Figura 11-1 presume dois construtos unidimensionais, pois nenhum item medido é determinado por mais de um construto (tem mais do que uma seta de um construto latente para ele). Em outras palavras, todas as cargas cruzadas são fixadas em 0.

Um tipo de relação entre variáveis que impacta unidimensionalidade é quando pesquisadores permitem que uma única variável medida seja causada por mais de um construto. Esta situação é representada no modelo de caminhos por setas que partem de um construto para variáveis indicadoras associadas com construtos separados. Lembre-se que o pesquisador está procurando por um modelo que produza um bom ajuste. Quando se liberta outro caminho em um modelo a ser estimado, o valor do caminho estimado só pode tornar o modelo mais preciso. Ou seja, a diferença entre as matrizes de covariância estimada e observada ($\Sigma_k - S$) é reduzida, a menos que as duas variáveis sejam completamente não-correlacionadas. Portanto, a estatística χ^2 será quase sempre reduzida pela liberação de caminhos adicionais.

> A Figura 11-2 é semelhante ao modelo original, com a exceção de que diversas relações adicionais são assumidas. Em contraste com o modelo original de mensuração, este *não* é considerado unidimensional. Relações adicionais são assumidas entre x_3, uma variável medida, e o construto latente Compromisso de Cliente (ξ_2), e entre x_5 e o construto latente Gastos de Cliente (ξ_1). Essas relações são representadas por $\lambda_{x3,2}$ e $\lambda_{x5,1}$, respectivamente. Logo, a variável indicadora x_3 de gastos de cliente e a variável indicadora x_5 de compromisso de cliente são consideradas com cargas sobre ambos os construtos latentes.

Como regra, mesmo que a adição desses caminhos leve a um ajuste significativamente melhor, o pesquisador não deve liberar (teorizar) cargas cruzadas. Por quê? Porque a existência de cargas cruzadas significantes é evidência de uma falta de validade de construto. Quando uma carga cruzada significante é descoberta, a validade menor é evidenciada em melhor ajuste. Quando cargas cruzadas são estimadas, qualquer melhora potencial de ajuste é artificial, no sentido de que é obtida com a admissão de uma correspondente falta de validade de construto.

Outra forma de relações entre variáveis é a covariância entre termos de erro de duas variáveis medidas. Dois tipos de covariância entre termos de erro incluem a covariância entre termos de erro de itens que indicam o mesmo construto, conhecida como **covariância interna de erro de construto**. O segundo tipo é covariância entre dois termos de erro de itens indicando diferentes construtos, conhecida como **covariância de erro entre construtos.**

> A Figura 11-2 mostra também covariância entre alguns dos termos de erro. $\theta_{\delta 2,1}$ é a covariância entre as variáveis medidas x_1 e x_2 (ou seja, covariância interna de erro de construto). Podemos também perceber covariância entre dois termos de erro de itens que indicam construtos distintos. Aqui, $\theta_{\delta 7,4}$ é um exemplo de covariância de erro entre construtos envolvendo as variáveis medidas x_4 e x_7.

Liberar esses caminhos pode apenas reduzir o χ^2 ou deixá-lo igual. Quanto maiores ficam essas estimativas de relação, mais os resultados sugerem problemas com validade de construto, particularmente no caso de correlações entre construtos. Covariâncias significantes de erro entre construtos sugerem que os dois itens associados com esses termos de erro são mais altamente relacionados entre si do que o modelo de mensuração original prevê. Esta é outra maneira de sugerir que existe uma carga cruzada significante, o que também denuncia uma falta de validade discriminante. Assim, novamente, apesar de esses caminhos poderem ser liberados e melhorarem o ajuste do modelo, fazer isso viola as suposições de boa mensuração.

Logo, não recomendamos a liberação de qualquer tipo de caminho na maioria das aplicações de CFA. Em situações relativamente raras e específicas, os pesquisa-

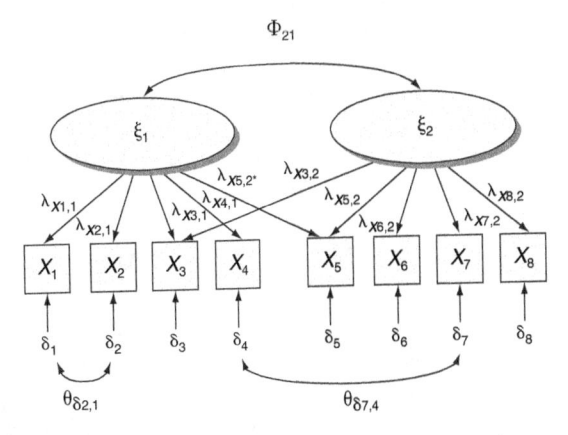

FIGURA 11-2 Modelo de mensuração com cargas cruzadas teorizadas e variância de erro correlacionado.

* N. de R. T.: A notação correta seria $\lambda_{x5,1}$.

dores podem liberar esses caminhos como uma maneira de capturar algum aspecto específico de mensuração não representado por cargas fatoriais padrão. Para mais informações sobre este tópico, o leitor deve consultar outras fontes [3].

Modelo de mensuração congênere

A terminologia de SEM freqüentemente estabelece que um modelo de mensuração é *restrito* pelas hipóteses do modelo. As **restrições** se referem especificamente ao conjunto de estimativas paramétricas fixadas. Um tipo de restrição comum é um modelo de mensuração suposta consistir em diversos construtos unidimensionais com todas as cargas cruzadas restritas a zero. Além disso, quando um modelo de mensuração também considera que não há covariância entre ou dentro de variâncias internas de erro de construtos, significando que elas são todas fixadas em zero, o modelo de mensuração é dito *congênere*. **Modelos de mensuração congêneres** são considerados suficientemente restritos para representarem boas propriedades de medição [16]. Um modelo de mensuração congênere que atende essas exigências é considerado com validade de construto e é consistente com a boa prática de medição.

Itens por construto

Pesquisadores têm encarado uma espécie de dilema na decisão sobre quantos indicadores são necessários por construto. Por um lado, pesquisadores preferem muitos indicadores como uma tentativa de representar completamente um construto e maximizar confiabilidade. Por outro lado, parcimônia encoraja pesquisadores a usar o menor número de indicadores para adequadamente representar um construto.

Mais itens (variáveis medidas ou indicadores) não são necessariamente melhores. Ainda que mais itens produzam estimativas de maior confiabilidade e generalidade [5], mais itens também demandam amostras maiores e podem tornar difícil a tarefa de produzir fatores verdadeiramente unidimensionais. Por exemplo, mais indicadores aumentam a possibilidade de que fatores artificiais sejam produzidos. Quando pesquisadores aumentam o número de itens de escala (indicadores) representando um só construto (fator), eles podem incluir um subconjunto de itens que inadvertidamente se concentra em algum aspecto específico de um problema e cria um sub-fator. Este problema se torna particularmente presente quando o conteúdo dos itens não foi cuidadosamente analisado com antecedência.

> Por exemplo, pesquisadores de marketing podem querer estudar atitudes de clientela perante uma loja em especial. Assim, itens como "Sou favorável em relação a esta loja" mostrariam elevada validade de conteúdo.

> Em um esforço de aumentar o número de itens, dois ou três que se concentrem em uma linha específica de produtos vendidos nesta loja podem ser utilizados. Tais itens podem empiricamente induzir um subfator distinto mas relacionado.

Na prática, você pode encontrar CFA conduzida com apenas um item representando alguns fatores. Contudo, a boa prática dita um mínimo de três itens por fator, sendo que quatro é preferível.

Itens por construto e identificação. Uma breve introdução ao conceito de identificação estatística é dada aqui para esclarecer por que pelo menos três ou quatro itens são recomendados. Discutimos mais detalhadamente a questão da identificação em SEM posteriormente. O problema da **identificação** é se existe informação suficiente para *identificar* uma solução para um conjunto de equações estruturais. Informação é fornecida pela matriz de covariância da amostra. Um parâmetro pode ser estimado para cada variância e covariância únicas entre p itens medidos, o que se calcula como $1/2[p(p+1)]$. Desse modo, um grau de liberdade é perdido ou usado para cada parâmetro estimado (k). Como discutido na próxima seção, isso indica o nível de identificação.

Modelos podem ser caracterizados por seu grau de identificação, que é definido pelos graus de liberdade de um modelo depois que todos os parâmetros a serem estimados são especificados. Há três níveis de identificação:

Sub-identificado. Um **modelo sub-identificado** (também chamado de **não-identificado**) é aquele que tem mais parâmetros a serem estimados do que variâncias e covariâncias de itens (ou seja, há um número negativo de graus de liberdade).

> Por exemplo, um modelo de mensuração com apenas dois itens medidos e um único construto está sub-identificado. A matriz de covariância é 2×2 e consiste de uma única covariância e duas variâncias de erro. Assim, ela inclui três valores únicos. Um modelo de mensuração deste construto requer, no entanto, que duas cargas fatoriais e duas variâncias de erro sejam estimadas (quatro parâmetros). Assim, uma solução única não pode ser determinada, uma vez que existem mais parâmetros a serem estimados do que valores únicos na matriz de covariância.

Exatamente-identificado. Usando a mesma lógica, um modelo de três itens é **exatamente identificado**, o que significa que ele inclui apenas o número suficiente de graus de liberdade para estimar todos os parâmetros livres. Toda a informação é usada, o que significa que a CFA reproduzirá a matriz de covariância de amostra univocamente. Por esta razão, modelos exatamente identificados apresentam ajuste perfeito. Para ajudar a entender este conceito, você pode usar a equação para graus de liberdade dada no Capítulo 10 e então perceberá que o número de graus de liberdade resultante para um fator de três itens também seria nulo:

$$[3(3+1)/2] - 6 = 0$$

Em terminologia de SEM, um modelo com zero graus de liberdade é chamado de *saturado*. A estatística resultante de qualidade de ajuste de χ^2 também é 0. Modelos exatamente identificados não testam uma teoria; o ajuste deles é determinado pelas circunstâncias. Como resultado, eles não são especialmente interessantes.

A Figura 11-3 ilustra modelos sub e exatamente identificados. Como observado na figura, o número de variâncias/covariâncias únicas é excedido pelo número de parâmetros estimados (modelo sub-identificado) ou é igual a ele (exatamente identificado).

Super-identificado. Esses modelos têm mais termos únicos de covariância e variância do que parâmetros a serem estimados. Assim, para qualquer modelo de mensuração dado pode ser encontrada uma solução com um número positivo de graus de liberdade e um correspondente valor de qualidade de ajuste 2. Um modelo de mensuração unidimensional de quatro itens produz um modelo super-identificado para o qual um valor de ajuste pode ser computado [27]. O aumento do número de itens medidos apenas reforça este resultado.

A Figura 11-4 ilustra uma situação de super-identificação. Ela mostra resultados de CFA testando um fator de sentimento positivo unidimensional indicado por quatro itens de escala auto-declarados (Animado, Estimulado, Alegre e Radiante). Os itens medem quanto de cada uma das quatro emoções ($x_1 - x_4$) foi experimentado por um cliente. A amostra inclui mais de 800 respondentes. Contando o número de itens na matriz de covariância, podemos perceber um total de 10 valores únicos da matriz de covariância. Podemos também contar o número de parâmetros de medição que são livres para serem estimados. Quatro estimativas de cargas ($\lambda_{x1,1}, \lambda_{x2,1}, \lambda_{x3,1}, \lambda_{x4,1}$) e quatro variâncias de erro ($\theta_{\delta1,1}, \theta_{\delta2,2}, \theta_{\delta3,3}, \theta_{\delta4,4}$) formam um total de oito. Logo, o modelo resultante tem dois graus de liberdade (10 - 8). O modelo super-identificado produz $\chi^2 = 14,9$, com 2 graus de liberdade, o que foi determinado usando-se um programa de SEM.

Considere o que aconteceria se somente os primeiros três itens fossem usados para indicar sentimento. A matriz de covariância consistiria de apenas seis itens para exatamente seis parâmetros a serem estimados (3 cargas e 3 variâncias de erro). O modelo seria exatamente identificado. Finalmente, se somente dois itens – Animado e Estimulado – fossem usados, quatro estimativas paramétricas de itens (duas cargas e duas variâncias de erro) seriam necessárias, mas a matriz de covariância conteria apenas três itens. Portanto, o construto seria sub-identificado.

Deve ser observado que mesmo que um construto unidimensional de dois itens de CFA seja sub-identificado por si só, um modelo de CFA super-identificado pode

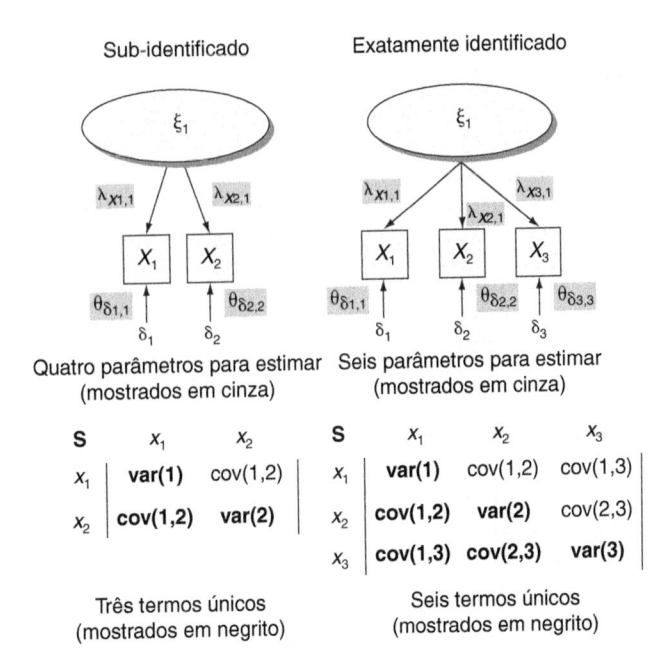

FIGURA 11-3 Modelos de CFA sub-identificado e exatamente identificado.

Figura 11-4

Matriz de covariância simétrica

	x_1	x_2	x_3	x_4
x_1	2,01			
x_2	1,43	2,01		
x_3	1,31	1,56	2,24	
x_4	1,36	1,54	1,57	2,00

10 termos de variância/covariância única

Ajuste do modelo

$\chi^2 = 14,9$
$df = 2$
$p = 0,001$
CFI = 0,99

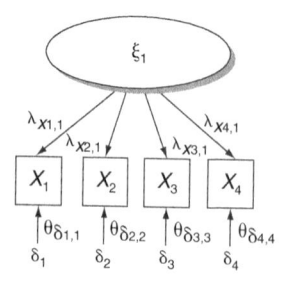

Oito caminhos para estimar

Itens medidos	Estimativas de carga	Estimativas de variância de erro
X_1 = Animado	$\lambda_{x1,1} = 0,78$	$\theta_{\delta 1,1} = 0,39$
X_2 = Estimulado	$\lambda_{x2,1} = 0,89$	$\theta_{\delta 2,2} = 0,21$
X_3 = Alegre	$\lambda_{x3,1} = 0,83$	$\theta_{\delta 3,3} = 0,31$
X_4 = Radiante	$\lambda_{x4,1} = 0,87$	$\theta_{\delta 4,4} = 0,24$

FIGURA 11-4 Modelo de um fator e quatro itens é super-identificado.

---

resultar quando este construto é integrado ao modelo de mensuração geral. As mesmas regras de identificação ainda se aplicam como anteriormente descrito. Mas os graus de liberdade extras de alguns dos outros construtos podem fornecer os graus de liberdade necessários para identificar o modelo geral. Isso não significa que os problemas inerentes com medidas de um ou dois itens desapareçam completamente quando os integramos a um modelo maior. Estritamente falando, unidimensionalidade de construtos com menos de quatro indicadores de itens não pode ser determinada separadamente [1]. A dimensionalidade de qualquer construto com apenas um ou dois itens só pode ser estabelecida relativamente a outros construtos. Construtos com um ou dois itens também aumentam a possibilidade de problemas com confusão de interpretação [14]. Sob o enfoque da experiência dos autores, medidas de um e dois itens são associadas com uma maior possibilidade de problemas de estimação encontrados em estágios posteriores do processo SEM, incluindo problemas com convergência (a identificação de uma solução matemática apropriada).

Resumidamente, quando se especifica o número de indicadores por construto, o que se segue é recomendado:

- Use quatro indicadores sempre que possível.
- Ter três indicadores por construto é aceitável, particularmente quando outros construtos têm mais do que três.
- Construtos com menos do que três indicadores deveriam ser evitados.

Modelos fatoriais reflexivos versus formativos

A questão de causalidade afeta a teoria de mensuração. Pesquisadores da ciência do comportamento geralmente estudam fatores latentes que são considerados causadores das variáveis medidas. Às vezes, porém, a causalidade pode ser revertida. A direção contrastante de causalidade conduz a abordagens contrastantes de mensuração – modelos de mensuração reflexivos versus formativos.

Fatores indicadores reflexivos. Até agora nossa discussão sobre CFA assumiu uma teoria de mensuração reflexiva. Uma **teoria reflexiva de mensuração** é baseada na idéia de que construtos latentes são a causa das variáveis medidas e que o erro resulta de uma incapacidade de explicar por completo essas medidas. Logo, as setas são esboçadas de construtos latentes para variáveis medidas. Assim, medidas reflexivas são consistentes com a teoria clássica de teste [42].

> Em nosso exemplo anterior, acredita-se que o construto Compromisso de Cliente cause indicadores medidos específicos, como a disposição de obter a marca X, de dizer aos amigos para comprarem a marca X, e de continuar a comprar a marca X, mesmo que ela custe mais.

Em contrapartida, uma **teoria formativa de mensuração** é modelada com base na suposição de que as variáveis medidas são a causa do construto. O erro em modelos formativos de mensuração é uma incapacidade de explicar por completo o construto. Uma suposição importante é que construtos formativos não são considerados latentes. Ao invés disso, eles são vistos como índices nos quais cada indicador é uma causa do construto.

> Um exemplo típico seria um índice de classe social [21]. Classe social freqüentemente é vista como uma composição do nível educacional de alguém com prestígio ocupacional e renda (ou, às vezes, patrimônio). Classe social não causa esses indicadores, como no caso reflexivo. No lugar disso, qualquer indicador formativo é considerado como uma causa do índice.

Diversas diferenças importantes separam os construtos reflexivos dos formativos. Muitas dessas diferenças são particularmente importantes em um referencial

SEM. Por exemplo, quando se empregam indicadores múltiplos tradicionais para representar construtos, geralmente não podemos diferenciar entre construtos formativos e reflexivos, pois ambos os fatores são tratados da mesma maneira. No entanto, a SEM nos permite diferenciar modelos indicadores formativos de reflexivos mudando a direção da relação entre variáveis medidas e construtos, o que muda as equações que representam o modelo.

Todos os elementos de validade de construto são importantes com indicadores reflexivos. Portanto, para qualquer construto reflexivo, a suposição é que todos os itens indicadores são causados pelo mesmo construto latente e são altamente correlacionados entre si. Teoricamente, então, os termos individuais são permutáveis e qualquer item pode ser deixado de lado sem mudar o construto, desde que duas condições sejam atendidas: (1) o construto deve ter confiabilidade suficiente; e (2) pelo menos três itens devem ser especificados para evitar problemas com identificação [21]. Indicadores reflexivos podem ser vistos como uma amostra de todos os itens possíveis disponíveis dentro do domínio conceitual do construto [20]. Como conseqüência, indicadores reflexivos de um dado construto devem se mover juntos, o que significa que mudanças em um são associadas com mudanças proporcionais nos demais indicadores.

Modelos indicadores reflexivos são mais comuns nas ciências sociais. Construtos típicos de ciências sociais, como atitudes, personalidade e intenções comportamentais, se ajustam bem ao modelo de mensuração reflexivo [12]. Analogamente, um estudo de sintomas médicos tipicamente seria reflexivo. Por exemplo, sintomas como pouco fôlego, baixa resistência física, dificuldade respiratória e funcionamento reduzido dos pulmões seriam considerados indicadores que refletiriam o fator latente de enfisema. Os sintomas *não são a causa* da doença. Ao invés disso, a doença provoca os sintomas.

Fatores indicadores formativos. Em um modelo de mensuração formativo, os indicadores são a *causa* do fator (construto) [11]. Por exemplo, em negócios, investidores freqüentemente demonstram interesse em um fator (índice) de falência. Em outras palavras, quão perto uma pessoa ou empresa está da falência? Diversas medidas financeiras podem ser consideradas, incluindo o total de vendas, patrimônio, dívidas, gastos, ganhos líquidos e juros, entre outras. Esses fatores podem ser considerados como a causa da falência e, assim, eles seriam apropriados como indicadores formativos. Usando o exemplo sobre saúde já mencionado, um fator formativo enfisema poderia especificar indicadores como fumo, exposição a toxinas, bronquite crônica e outros. Esses indicadores *formariam*, ao invés de refletirem, a probabilidade de um indivíduo ter enfisema.

> A Figura 11-5 ilustra um modelo indicador formativo. Cada indicador (x) é um item de índice que causa o construto composto (η_1). Cada φ representa uma correlação entre esses itens de índice, e e_1 é um parâmetro indicando a variância de erro no índice. Observe que o erro está agora no fator e não nos itens medidos. Analogamente, como a causalidade é dos itens para o fator (construto), e não o contrário, o fator não explica as correlações entre itens. Essas diferenças levam a algumas mudanças no teste e uso de escala.

Modelos de mensuração formativos demandam um processo diferente de validação. Como indicadores formativos não têm que ser altamente correlacionados, consistência interna não é um critério útil de validação para eles. De fato, itens formativos podem até mesmo ser mutuamente excludentes [28]. Como o erro está no fator, os critérios de validação mais importantes se referem à validade preditiva. Assim, os itens formativos individuais reunidos deveriam explicar a maior parte da variância no fator composto (construto), e o fator deveria se relacionar com as outras medidas de uma maneira teoricamente consistente. Além disso, cada um dos itens formativos individuais pode estar correlacionado com alguma variável externa com a qual o fator deveria estar fortemente relacionado. No caso de classe social, todos os itens de índice deveriam se relacionar com o valor da casa de alguém, por exemplo. Orientações para validar fatores formativos não são tão facilmente determinadas quanto para modelos reflexivos [21]. No entanto, itens deveriam se correlacionar com um padrão externo de uma forma razoavelmente elevada – um mínimo de 0,5 ou mais.

Note que um modelo de mensuração formativo é não-identificado. Logo, um só modelo de mensuração formativo não pode ser testado quanto a ajuste usando-se SEM sem algum tipo de alteração. As alterações requerem que variáveis medidas adicionais sejam incluídas. Uma abordagem comum seria a inclusão de pelo menos duas variáveis extras que sejam resultados do fator formativo. Por exemplo, um construto latente reflexivo pode ser adicionado ao modelo. Deveria ser um construto que seja teoricamente relacionado com o fator formativo. Desse modo, o fator reflexivo não apenas identifica o modelo,

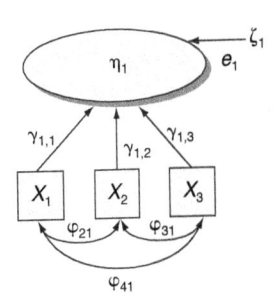

FIGURA 11-5 Ilustração de um modelo indicador formativo.

mas pode ajudar a estabelecer validade nomológica. Por conta dessas questões, modelos indicadores formativos apresentam maiores dificuldades com identificação estatística [33].

> A Figura 11-6 ilustra uma abordagem para identificar um modelo com um fator formativo. O construto η_1 representa um fator formativo, exatamente como na Figura 11-5. O construto η_2 é um fator reflexivo, como se mostra na Figura 11-4, apesar de as notações serem ligeiramente diferentes por motivos que ficam claros no próximo capítulo. O mais notável é que y é usada no lugar de x para indicar os itens indicadores medidos, e e agora é empregado para representar variância de erro no item medido. O fator formativo poderia representar o grau de alguma doença que um indivíduo contraiu, com base nas causas $(x_1 - x_3)$, e o fator reflexivo poderia corresponder à evidenciada da doença como evidenciada ou refletida pelos sintomas $(y_1 - y_4)$. $\beta_{2,1}$ representa uma relação causal entre os dois construtos.

As implicações de se dispensar itens indicadores são diferentes em modelos reflexivos e formativos. Itens reflexivos são considerados representativos do mesmo domínio conceitual; logo, descartar itens não muda o significado do construto latente. Itens com baixas cargas fatoriais podem ser dispensados de modelos reflexivos sem sérias conseqüências, desde que um construto retenha um número suficiente de indicadores. A validade de uma escala formativa repousa mais sobre a suposição de que todas as variáveis formam o índice composto. Conceitualmente, um fator formativo deveria ser representado pela população inteira de indicadores que o formam [28]. Portanto, itens indicadores não deveriam ser dispensados por causa das baixas correlações entre itens e total.

Além disso, elevada colinearidade entre indicadores, o que não é uma questão com indicadores reflexivos, pode apresentar problemas significantes em um modelo formativo, pois os parâmetros que conectam indicadores formativos com o construto podem se tornar não-confiáveis (ver discussão sobre multicolinearidade no Capítulo 4). Se tais parâmetros não são confiáveis, então fica impossível validar o item. Assim, o pesquisador pode se deparar com um dilema. Por um lado, descartar um item pode tornar o índice incompleto, mas mantê-lo pode tornar uma estimativa não-confiável. Essas questões que são associadas com modelos indicadores formativos ainda estão por ser resolvidas de maneira completa [21].

Diferença entre modelos reflexivos e formativos

Diferenças significativas podem separar modelos de mensuração reflexivos dos formativos, mas distingui-los nem sempre é fácil. Modelos reflexivos são geralmente mais fáceis de se trabalhar, têm sido tradicionalmente mais usados em ciências sociais, e parecem representar melhor muitas características de diferenças individuais e medidas perceptuais. No entanto, modelar incorretamente um fator pode provocar má interpretação e conduzir a conclusões questionáveis. A decisão final sobre o tipo de modelo de mensuração deve ser sustentada na verdadeira natureza do construto sob estudo. A lista de questões a seguir pode ser útil para resolver tal problema [28].

1. Qual é a direção de causalidade entre os indicadores múltiplos e o fator (construto)?
   - Itens reflexivos são causados pelo fator.
   - Itens formativos causam o fator.

2. Qual é a natureza da covariância entre os itens indicadores?
   - Se é esperado que os itens tenham covariância entre si, então o modelo reflexivo é mais adequado. Se um indicador não deve ser muito relacionado com os demais, você provavelmente deve eliminá-lo. Assim, um ponto-chave é que, com modelos reflexivos, todos os indicadores tendem a se mover juntos, o que significa que mudanças em um serão associadas com mudanças nos outros. Elevada covariância entre itens fornece evidência consistente com indicadores reflexivos.
   - Indicadores formativos de um fator não devem exibir covariância elevada. Assim, um índice pode ser composto de diversas medidas que não compartilham uma base comum. Como resultado, itens indicadores formativos não devem se mover juntos.

3. Há elevada duplicidade no conteúdo dos itens?
   - Se todos os itens indicadores compartilham uma base conceitual em comum, o que significa que todos indicam a mesma coisa, então é melhor considerar o modelo de mensuração como reflexivo. Quando todos os itens re-

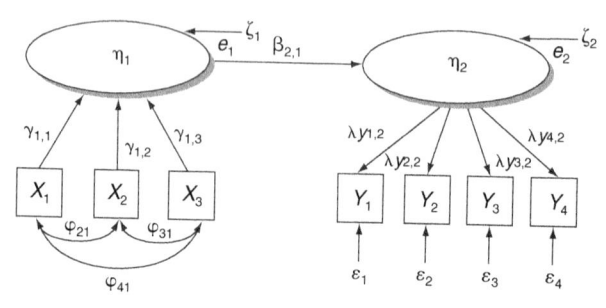

FIGURA 11-6 Fator formativo com um fator latente adicionado que identifica o modelo.

presentam o mesmo conceito, eliminar um deles não muda substancialmente o significado de um construto.
- Itens formativos não precisam compartilhar uma base conceitual. Logo, parece que os indicadores causam o construto formativo, mas eles nada têm em comum do ponto de vista conceitual, então eles ainda são aceitáveis como indicadores formativos.
- Com modelos indicadores formativos, descartar um item produz uma mudança importante no construto.

4. Como os indicadores se relacionam com outras variáveis?
   - Todos os indicadores de um só construto se relacionam com outras variáveis de uma maneira semelhante com um modelo de mensuração reflexivo.
   - Os indicadores de um construto formativo não precisam se relacionar com outras variáveis de uma maneira semelhante. Para modelos de mensuração formativos, o pesquisador espera que um indicador produza um padrão diferente de relações com uma variável externa do que aconteceria com outro indicador.

Responder essas questões pode ajudar a resolver o problema de distinguir indicadores reflexivos e formativos. No entanto, deve ser tomado cuidado, pois a primeira questão é a mais importante. Se você sabe a direção causal dos caminhos de mensuração, mas as outras condições são inconsistentes com o modelo correspondente, você pode precisar reavaliar a natureza conceitual do construto ou os passos necessários para formar uma medida válida de seu construto.

Estágio 3: Planejamento de um estudo para produzir resultados empíricos

O terceiro estágio envolve o delineamento de um estudo que produzirá resultados confirmatórios. Em outras palavras, a teoria de mensuração do pesquisador será testada. Aqui, todas as regras e procedimentos padrões que produzem pesquisa descritiva válida se aplicam [25]. Se tudo vai bem com o modelo de mensuração (CFA), a mesma amostra será usada para testar o modelo estrutural (SEM). Devemos observar que os procedimentos iniciais de análise de dados descritos no Capítulo 2 devem ser primeiramente executados para identificar quaisquer problemas com os dados, incluindo questões como erros na entrada de informações. Após conduzir essas análises preliminares, o pesquisador deve tomar algumas decisões cruciais sobre o planejamento do modelo de CFA.

Escalas de mensuração em CFA

Modelos de CFA geralmente contêm indicadores reflexivos medidos com uma escala ordinal ou melhor. Escalas que contêm mais de quatro categorias de resposta podem ser tratadas como intervalares, ou pelo menos como se as variáveis fossem contínuas. Todos os itens indicando um fator não precisam ser do mesmo tipo de escala, e valores de diferentes escalas também não precisam ser padronizados (matematicamente transformados para uma amplitude comum de escala) antes da SEM ser usada. Não obstante, às vezes a combinação de escalas com diferentes amplitudes pode exigir um tempo de processamento significativamente maior. Padronização pode tornar mais fácil a interpretação de coeficientes e de valores de resposta, de modo que isso é feito em certas ocasiões, antes de se estimar o modelo. Logo, um levantamento típico pode fornecer dados adequados para testar um modelo CFA usando SEM.

REGRAS PRÁTICAS 11-3

Desenvolvimento do modelo de mensuração geral

- Em aplicações padrão de CFA que testam uma teoria de mensuração, termos de covariância de erro (interna e entre itens) devem ser fixados em zero e não devem ser estimados
- Em aplicações padrão de CFA que testam uma teoria de mensuração, todas as variáveis medidas devem ser livres para carregarem apenas sobre um construto
- Construtos latentes devem ser indicados por, pelo menos, três variáveis medidas, sendo preferível que sejam quatro ou mais; em outras palavras, fatores latentes devem ser estatisticamente identificados
- Fatores formativos não são latentes e não são validados como os fatores reflexivos convencionais (consistência interna e confiabilidade não são importantes)
- As variáveis que constituem um fator formativo devem explicar a maior porção de variação no construto formativo em si e devem se relacionar fortemente com outros construtos que são conceitualmente relacionados entre si (correlação mínima de 0,5)
  - Fatores formativos apresentam maiores dificuldades com identificação estatística
  - Variáveis ou construtos adicionais devem ser incluídos juntamente com um construto formativo, a fim de se alcançar um modelo super-identificado
  - Um fator formativo deve ser representado por toda a população de itens que o formam; logo, itens não devem ser descartados por conta de uma carga baixa
  - Com modelos reflexivos, qualquer item que não se espera estar altamente correlacionado com os demais indicadores de um fator deve ser eliminado

---

Por exemplo, a medida Gastos de Clientes, introduzida no começo deste capítulo, consiste de quatro itens, sendo que cada um tem um número diferente de potenciais valores de escala (10 pontos, 100 pontos etc.). Se o pesquisador quiser, todos eles podem ser transformados para uma escala em comum (p.ex., de 100 pontos) antes de se estimar o modelo, para facilitar a interpretação; mas este é um procedimento desnecessário.

SEM e amostragem

Questões relativas a tamanho amostral e SEM em geral foram tratadas no Capítulo 10. Mas, muitas vezes, CFA requer o emprego de múltiplas amostras. Testar teoria de mensuração geralmente demanda múltiplos estudos e/ou amostras. Uma amostra inicial pode ser examinada com EFA, e os resultados podem ser usados para purificação posterior. Mesmo depois que os resultados de CFA foram obtidos, porém, resultados ao longo de múltiplas amostras e contextos podem fornecer evidência de estabilidade e generalidade do modelo.

Especificação do modelo

CFA é usada para testar o modelo de mensuração. Como anteriormente observado, uma distinção crítica entre CFA e EFA é a habilidade de o pesquisador executar um teste exato da teoria de mensuração pela especificação da correspondência entre indicadores e construtos. A especificação usando CFA é diferente de EFA. EFA não testa uma teoria e, portanto, este passo não é exigido para validar uma teoria de mensuração. Como será ilustrado nas discussões a seguir, o pesquisador especifica (libera para estimação) os indicadores associados com cada construto, bem como as correlações entre construtos.

Uma característica ímpar na especificação dos indicadores para cada construto é o processo de "estabelecer uma escala" de um fator latente. Por ser não-observado, um fator latente não tem qualquer escala métrica, o que significa que não tem intervalo de valores. Assim, uma escala deve ser fornecida conforme uma das duas maneiras dadas a seguir:

1. Uma escala pode ser estabelecida fixando-se uma das cargas fatoriais e atribuindo-lhe um valor (1 é um bom valor).
2. A variância do construto pode ser fixada com um valor. Novamente, 1 é uma boa opção. Usar o valor 1, por exemplo, resulta em uma matriz de correlação das relações entre construtos.

Com CFA, se você usar o programa AMOS, ele fixará automaticamente uma das estimativas de cargas fatoriais como sendo 1. Se você usar LISREL, pode especificar esta carga fatorial com comandos do programa. Em certos momentos, um pesquisador pode querer impor restrições adicionais sobre um modelo CFA. Por exemplo, às vezes é útil colocar dois ou mais parâmetros como sendo iguais, ou considerar um parâmetro específico com um valor específico. Informações sobre a imposição de restrições adicionais podem ser encontradas na documentação para o programa SEM de escolha.

Questões sobre identificação

Uma vez que o modelo de mensuração seja especificado, o pesquisador deve rever as questões relativas à falta de um modelo identificado, ou seja, deve reconhecer problemas de identificação e potenciais ações corretivas. Anteriormente sugerimos que super-identificação é o estado desejado para CFA e modelos SEM em geral. Ainda que a comparação dos graus de liberdade com o número de parâmetros a serem estimados pareça simples, na prática, estabelecer a identificação de um modelo pode ser complicado e frustrante. Esta complexidade se deve, em parte, ao fato de que uma vasta gama de problemas e idiossincrasias de dados podem se manifestar em mensagens de erros, sugerindo uma falta de convergência ou de identificação.

Durante o processo de estimação, o motivo mais provável da pane no programa ou da produção de resultados sem sentido é um problema com identificação estatística. No entanto, à medida que modelos SEM se tornam mais complexos, garantir que um modelo seja identificado pode ser problemático [13]. Uma vez que o problema seja diagnosticado, ações corretivas devem ainda ser aplicadas.

Prevenção contra problemas de identificação. Diversas orientações podem ajudar a determinar o status de identificação de um modelo SEM [44] e ajudar o pesquisador a evitar problemas com identificação. As condições de ordem e classificação para identificação são as duas regras mais básicas [11], mas elas podem ser suplementadas por regras básicas na especificação do construto.

- As condições de ordem e classificação representam condições necessárias e suficientes para identificação. A **condição de ordem** se refere à exigência discutida anteriormente de que os graus de liberdade resultantes para um modelo sejam maiores que zero. Ou seja, o número de termos únicos de covariância e variância menos o número de estimativas de parâmetros livres deve ser positivo. Esta condição pode ser verificada calculando-se os graus de liberdade para o modelo proposto.

  Em contrapartida, a **condição de classificação** pode ser difícil de verificar, e uma discussão detalhada demandaria um conhecimento razoável de álgebra linear.* O leitor pode consultar qualquer livro de álgebra linear para uma descrição matemática detalhada. Apesar de ser difícil de apresentar em termos simples, a condição de classificação requer que cada parâmetro estimado seja unívoca e algebricamente definido. Se você pensar em um conjunto de equações que possa definir qualquer variável dependente, a condição de classificação é violada se duas equações são duplicatas matemáticas. A condição de classificação pode ser muito mais difícil de estabelecer do que a condição de ordem. Uma mensagem de um programa SEM referente à dependência linear pode ser associada com uma violação da condição de classificação.

- As condições de classificação e de ordem podem ser necessárias e suficientes para identificação, mas, dada a dificuldade de estabelecer a condição de classificação, pesquisadores se voltam para diretrizes mais gerais. Tais diretrizes incluem a **regra de três indicadores**. Ela é satisfeita quando todos os fatores em um modelo congênere têm pelo menos três indicadores significantes. Uma regra de dois indicadores tam-

---

* N. de T.: O autor está se referindo, na verdade, a sistemas de equações lineares, assunto que normalmente é estudado em álgebra linear. No entanto, o leitor não precisa se aprofundar significativamente em álgebra linear para compreender este assunto.

bém estabelece que um modelo fatorial congênere com dois itens significantes por fator será identificado desde que cada fator tenha também uma relação significante com algum outro. Fatores de um item causam a maioria dos problemas com identificação.

Reconhecimento de problemas de identificação. Apesar de questões de identificação serem a fonte de muitos problemas de estimação encontrados em SEM, há poucos indicadores da existência e origem de tais questões. Desse modo, o pesquisador deve considerar uma vasta gama de sintomas que devem ajudar a reconhecer o problema de identificação. Deve ser observado que ocasionalmente avisos ou mensagens de erro sugerem que apenas um parâmetro não é identificado, o que é possivelmente associado com violação da condição de classificação. A despeito de o pesquisador poder tentar resolver o problema eliminando a variável transgressora, muitas vezes isso não contorna a causa inerente e o problema acaba persistindo. Infelizmente, os programas SEM fornecem medidas diagnósticas mínimas para problemas de identificação. Assim, o pesquisador deve geralmente confiar em outras maneiras para reconhecer problemas de identificação a partir dos sintomas descritos na lista a seguir.

- Erros padrão muito grandes para um ou mais coeficientes.
- Incapacidade de o programa inverter a matriz de informação (nenhuma solução pode ser encontrada).
- Estimativas evidentemente sem sentido ou impossíveis, como variâncias negativas de erro ou estimativas paramétricas muito grandes, incluindo cargas fatoriais e correlações entre os construtos de |1,0|* (valor absoluto de 1,0).
- Modelos que resultam em diferentes estimativas de parâmetros com base no uso de diferentes valores iniciais. Em programas SEM, o pesquisador pode especificar um valor inicial para qualquer parâmetro estimado como um ponto inicial para o processo de estimação. No entanto, estimativas de modelo devem ser comparáveis, dado qualquer conjunto de valores iniciais razoáveis. Quando ocorrem questões sobre identificação de qualquer parâmetro, um segundo teste pode ser executado. Você primeiramente estima um modelo CFA e obtém a estimativa paramétrica. Em seguida, fixa o coeficiente em seu valor estimado e processa novamente o modelo. Se o ajuste geral do modelo variar consideravelmente, problemas de identificação são apontados.

Como podemos ver, problemas de identificação podem ser manifestados em resultados SEM de muitas maneiras diferentes. O pesquisador jamais deve confiar apenas no programa computacional para reconhecer problemas de identificação, mas deve também diligentemente examinar os resultados para garantir que não existe qualquer problema.

Origens e ações corretivas para problemas de identificação. Como vimos, problemas de identificação podem ter muitos efeitos distintos sobre resultados SEM. Mas quais são as causas inerentes? Às vezes, os problemas são realmente causados por um erro na especificação feita pelo pesquisador. Mas problemas de identificação surgem de muitas outras fontes também. Na discussão que se segue, não apenas discutimos os tipos comuns de fontes para problemas de identificação, mas também oferecemos sugestões para lidar com os problemas, sempre que possível. Alguns dos comentários se referem a questões sobre a maneira de escrever comandos de programa, como normalmente se faz em LISREL ou EQS. Algumas das questões mais comuns que levam a problemas com identificação incluem as seguintes:

1. O pesquisador indicou para o modelo um número diferente de variáveis em relação ao número selecionado para compor a matriz de covariância. Por exemplo, o pesquisador pode escolher as variáveis y_1 até y_{12} para análise, mas erroneamente especificar o número de variáveis y como 11. Quando a saída fornece uma mensagem indicando que a matriz de covariância não é identificada, então este é um ponto importante para se verificar.
2. Eventualmente, por engano, pesquisadores incluem a mesma variável duas vezes, o que pode facilmente acontecer com qualquer programa SEM. Por exemplo, um comando *Select* (Escolha) é usado em alguns programas SEM para indicar quais variáveis de um banco de dados maior serão incluídas em uma análise específica. Um comando *Select* de LISREL pode receber equivocadamente a seguinte entrada:

    SE

    Y1 Y2 Y3 Y4 Y5 Y5 Y7 Y8 Y9 Y10 Y11 Y12 /

    Com y_5 entrando duas vezes, a matriz de covariância resultante será não-positiva definida e nenhuma solução única pode ser encontrada. Se tal mensagem for recebida, é importante procurar por esta forma de erro. Este problema não é exclusivo de LISREL. Uma variação dele com a interface gráfica de AMOS acontece quando uma variável (ou uma duplicata) é erroneamente designada a um construto mais de uma vez.
3. A matriz de covariância é pequena comparada com o número de parâmetros estimados. Este problema é provavelmente acompanhado de uma violação da regra de três indicadores. Amostras pequenas (menos de 200) aumentam a possibilidade de problemas nesta situação. A solução mais simples é evitar esta situação, incluindo medidas o suficiente para evitar a violação dessas regras. Caso não seja possível, o pesquisador pode tentar acrescentar algumas restrições que liberarão graus de liberdade [26]. Uma restrição potencial que pode ajudar a obter uma solução CFA é impor suposições de **equivalência-tau**, as quais demandam que as cargas fatoriais para cada fator sejam iguais. Equivalência-tau pode ser feita para um ou mais fatores. Uma segunda possibilidade é fixar as variâncias de erro em um valor conhecido ou especificado. Terceiro, as correlações entre construtos podem ser fixadas se algum valor teórico pode ser designado. Em alguns casos, porém, dois construtos podem ser sabidos como independentes.

---

* N. de R. T.: Na realidade, a expressão correta seria |± 1,0|, significando que correlações muito altas, em módulo, seriam um dos sintomas.

A emergência de um problema de identificação deve ser resolvida antes que os resultados possam ser aceitos. Apesar de uma cuidadosa especificação do modelo usando as orientações discutidas anteriormente poder ajudar o pesquisador a evitar muitos desses problemas, ele sempre deve estar alerta para analisar os resultados com o objetivo de reconhecer problemas de identificação onde quer que eles ocorram.

Problemas com estimação

Outro tipo de problema encontrado em modelos SEM envolve a estimação de parâmetros que são logicamente impossíveis. Com isto queremos dizer que os valores estimados carecem de sentido. Ao invés de não fornecerem resultados, a maioria dos programas SEM completará o processo de estimação apesar desses problemas. Passa então a ser responsabilidade do pesquisador a identificação dos resultados ilógicos e a correção do modelo para obter resultados aceitáveis. Discutimos os dois tipos mais comuns de problemas de estimação, bem como potenciais causas e soluções.

Casos Heywood. Uma solução fatorial que produz uma estimativa de variância de erro inferior a zero (negativa) é chamada de **caso Heywood**. Tal resultado é logicamente impossível porque implica um erro menor que 0% em um item e, por inferência, significa que mais de 100% da variância em um item é explicada. Casos Heywood são particularmente problemáticos em modelos CFA com pequenas amostras ou quando a regra de três indicadores não é seguida [41]. Modelos com amostras com mais de 300 que atendem à regra de três indicadores dificilmente produzem casos Heywood. Programas SEM podem gerar uma solução imprópria quando um caso Heywood está presente. Uma solução imprópria é aquela para a qual o programa SEM não converge completamente, geralmente acompanhada por um aviso ou mensagem de erro que indica que uma estimativa de variância de erro não é identificada, advertindo que a solução pode não ser confiável.

Diversas opções são possíveis quando surgem casos Heywood. Uma solução é fixar a estimativa transgressora em um valor muito pequeno, como 0,005 [22]. Apesar de este valor poder identificar o parâmetro, ele pode levar a um ajuste menor, pois o valor dificilmente será o verdadeiro valor da amostra. Outra solução é eliminar a variável transgressora. Esta alternativa pode não ser atraente, caso a eliminação de um item reduza o número de itens por construto para algo menor que três. Outras restrições também podem ser adicionadas aos indicadores fatoriais. Por exemplo, poderia ser acrescentada a suposição de que todas as cargas fatoriais são iguais. Esta opção pode ser teoricamente mais interessante do que fixar as cargas ou variâncias de erro em um valor específico. Também pode diminuir o ajuste na medida em que a igualdade não vale. No entanto, esta é uma abordagem que tem demonstrado ser útil para os autores.

Parâmetros padronizados ilógicos. Outro problema de estimação com resultados de SEM é que eles podem produzir estimativas de correlação entre construtos que excedam |1,0| ou mesmo coeficientes padronizados de caminhos que sejam maiores que |1,0|. Novamente, essas estimativas são teoricamente impossíveis e provavelmente indicam algum outro problema nos dados. Muitas vezes, problemas de identificação são a causa, apesar de outras questões sobre dados (como indicadores altamente correlacionados ou violações das suposições estatísticas inerentes) também serem causas em potencial. Muitas vezes, um dos métodos já discutidos corrigirá problemas de identificação que se relacionam com esta situação.

Resumo

Como ocorre com outras técnicas multivariadas discutidas neste texto, conseguir uma solução é apenas o passo inicial para uma solução final. Modelos CFA devem ser examinados quanto a quaisquer sintomas que sejam indicadores de problemas inerentes de identificação ou de qualidade dos dados. Somente quando o pesquisador está convencido que o processo de estimação evitou tais complicações é que o processo pode prosseguir para o próximo estágio.

Estágio 4: Avaliação da validade do modelo de medida

Uma vez que o modelo de mensuração seja corretamente especificado, um modelo SEM é estimado para fornecer uma medida empírica das relações entre variáveis e construtos representados pela teoria de mensuração. Os resultados nos permitem comparar a teoria com a reali-

---

REGRAS PRÁTICAS 11-4

Planejamento de um estudo para fornecer resultados empíricos

- A escala de um construto latente pode ser determinada da seguinte maneira:
  - Fixando uma carga e atribuindo seu valor como 1, ou
  - Fixando a variância do construto e atribuindo seu valor como 1
- Modelos de mensuração reflexivos congêneres nos quais todos os construtos têm pelo menos três indicadores de item devem ser estatisticamente identificados
- O pesquisador deve verificar erros na especificação do modelo de mensuração quando problemas de identificação são indicados
- Modelos com amostras grandes (mais de 300) que atendem à regra de três indicadores geralmente não produzem casos Heywood

dade representada pelos dados da amostra. Em outras palavras, percebemos o quão bem a teoria se ajusta aos dados.

Avaliação de ajuste
Ajuste foi discutido detalhadamente no Capítulo 10. Lembre-se que os dados da amostra são representados por uma matriz de covariância de itens medidos, enquanto a teoria corresponde ao modelo de mensuração proposto. Equações são implicadas por este modelo, como discutido no início deste capítulo e no Capítulo 10. Essas equações nos permitem estimar a realidade computando uma matriz de covariância estimada com base em nossa teoria. O ajuste compara as duas matrizes de covariância.

Orientações para qualidade de ajuste dadas no Capítulo 10 se aplicam. Aqui o pesquisador tenta examinar todos os aspectos de validade de construto por meio de várias medidas empíricas. O resultado é que a CFA viabiliza um teste ou confirmação sobre a validade do modelo teórico de mensuração. É muito diferente da EFA, a qual explora dados para identificar potenciais construtos. Muitos pesquisadores conduzem EFA sobre uma ou mais amostras separadas antes de atingirem o ponto de tentarem confirmar um modelo. A EFA é a ferramenta apropriada para identificar fatores entre múltiplas variáveis. Como tal, os resultado de EFA podem ser úteis no desenvolvimento de teoria que conduzirá a um modelo proposto de mensuração. É aqui que a CFA entra em jogo. Ela pode confirmar a mensuração desenvolvida usando-se EFA.

Diagnóstico de problemas
Ainda que a meta principal de CFA seja responder se um dado modelo de mensuração é válido, o processo de teste usando CFA fornece informação diagnóstica adicional que pode sugerir modificações para se tratar de problemas não resolvidos ou mesmo melhorar o teste da teoria de mensuração do modelo.

Reespecificação de modelo, por qualquer motivo, sempre causa impacto na teoria subjacente sobre a qual o modelo foi formulado. Se as modificações forem pequenas, então a integridade teórica de um modelo de mensuração pode não ser severamente danificada e a pesquisa pode prosseguir usando o modelo e os dados prescritos depois de fazer as mudanças sugeridas. Se as modificações forem mais significativas, o pesquisador deve estar disposto a modificar a teoria de mensuração, o que resultará em um novo modelo de mensuração e a princípio exigirá uma nova amostra de dados. Dada a forte base teórica para CFA, o pesquisador deve evitar mudanças baseadas somente em critérios empíricos, como os diagnósticos fornecidos por CFA. Outras preocupações devem ser levadas em conta antes de se fazer qualquer alteração, incluindo a integridade teórica dos construtos individuais, do modelo de mensuração geral, e das suposições e orientações que acompanham a boa prática, assuntos já discutidos.

Quais sinais diagnósticos são conseguidos quando se usa CFA? Eles incluem índices de ajuste, como aqueles já discutidos, e análises de resíduos, bem como alguma informação diagnóstica específica fornecida na maioria dos resultados de CFA. Muitos sinais diagnósticos são fornecidos, e nos concentramos aqui naqueles que são úteis e fáceis de aplicar. Algumas áreas que podem ser usadas para identificar problemas com medidas são:

1. Estimativas de caminhos
2. Resíduos padronizados
3. Índices de modificação
4. Busca de especificação

Estimativas de caminhos. Um dos jeitos mais fáceis para identificar um problema potencial com uma teoria de mensuração é a comparação das cargas estimadas – as *estimativas de caminhos* conectando construtos com variáveis indicadoras. Anteriormente, fornecemos regras práticas que sugerem que cargas devem ser de pelo menos 0,5 e, idealmente, de 0,7 ou mais. Quando testa um modelo de mensuração, o pesquisador deve esperar encontrar cargas relativamente elevadas. Afinal de contas, uma vez que CFA é usada, deve existir uma boa compreensão conceitual dos construtos e seus itens. Este conhecimento, com resultados empíricos preliminares de estudos exploratórios, deve fornecer essas expectativas.

Diretrizes se fazem necessárias para ajudar na interpretação das estimativas de cargas fornecidas por programas SEM. Primeiro, as regras práticas se aplicam a estimativas completamente padronizadas de cargas. Tais estimativas removem efeitos decorrentes da escala das medidas, como as diferenças entre correlações e covariâncias. Assim, o pesquisador deve se certificar de que elas estão incluídas no resultado final. A saída padrão geralmente mostra as estimativas de máxima verossimilhança não-padronizadas, as quais são mais difíceis de interpretar com relação a essas orientações.

Testes paramétricos da significância de cada coeficiente estimado (livre) também são dados. Estimativas insignificantes sugerem que um item deveria ser eliminado. Reciprocamente, uma carga significante por si só não indica que um item está desempenhando adequadamente; uma carga pode ser significante a níveis marcantes de significância (ou seja, $p < 0,01$), mas ainda estar consideravelmente abaixo de |0,5|. Cargas baixas sugerem que uma variável é candidata para eliminação do modelo.

Cargas também devem ser examinadas quanto a indicações de problemas gerais. Uma estimativa transgressora pode se desenvolver de diversas maneiras. Uma estimativa transgressora sugere que algum problema sério pode residir nos dados. Por exemplo, cargas completamente padronizadas acima de 1,0 ou abaixo de –1,0 estão fora do intervalo possível e são um importante indicador de um problema com os dados. O leitor pode consultar a discussão sobre problemas em estimação de parâmetros para examinar o que esta situação pode significar para o modelo geral. É importante mostrar que o problema pode não estar somente na variável com a carga fora do intervalo. Assim, simplesmente eliminar este item pode não ser a melhor solução. Analogamente, o pesquisador deve examinar se as cargas fazem sentido. Por exemplo, itens com a mesma valência (p.ex., textos positivos ou negativos) devem produzir o mesmo sinal. Se uma escala de atitude consiste de respostas a quatro itens – bom, favorável, não-favorável, ruim – então dois itens devem ter cargas positivas e dois devem ter cargas negativas (a menos que eles tenham sido previamente recodificados). Se os sinais das cargas não forem opostos, o pesquisador não deve ter confiança nos resultados.

Uma saída típica também mostra as **correlações quadradas múltiplas** para cada variável medida. Em um modelo CFA, este valor representa o grau em que a variância da variável medida é explicada por um fator latente. Sob uma perspectiva de medição, isso representa o quão bem um item mede um construto. Correlações quadradas múltiplas são, às vezes, referidas como confiabilidade de item. Não fornecemos regras específicas para interpretar esses valores aqui porque em um modelo de mensuração congênere elas são uma função das estimativas de carga. Lembre-se que um modelo congênere é aquele no qual nenhuma variável medida carrega sobre mais de um construto. As regras dadas para as estimativas de cargas fatoriais tendem a produzir o mesmo diagnóstico.

Para resumir, as estimativas de cargas podem sugerir que se descarte um item particular ou que alguma estimativa transgressora indica um problema geral maior.

Resíduos padronizados. A saída padrão produzida pela maioria dos programas SEM inclui resíduos. **Resíduos** se referem às diferenças individuais entre termos de covariância observada e os termos de covariância ajustada. Anteriormente, computamos os resíduos individuais para a CFA mostrada na Figura 11-4. Quanto melhor o ajuste, menores os resíduos. Assim, um termo residual exclusivo é associado com cada item exclusivo da matriz de covariância observada usada como entrada. Resíduos padronizados também são dados pela maioria dos programas SEM. Os **resíduos padronizados** são simplesmente os resíduos originais divididos pelo erro padrão do resíduo. Assim, eles não são dependentes do real intervalo da escala de medição, o que os torna úteis no diagnóstico de problemas com um modelo de mensuração.

Resíduos podem ser positivos ou negativos, dependendo se a covariância estimada está abaixo ou acima da correspondente covariância observada. Pesquisadores podem usar esses valores para identificar pares de itens para os quais o modelo especificado de mensuração não recria com precisão a covariância observada entre aqueles dois itens. Tipicamente, resíduos padronizados menores que |2,5| não sugerem um problema. Reciprocamente, resíduos maiores que |4,0| sinalizam um alerta vermelho e sugerem um grau de erro potencialmente inaceitável. A resposta mais provável, mas não automática, é eliminar um dos itens associados com um resíduo maior que |4,0|. Resíduos padronizados entre |2,5| e |4,0| merecem certa atenção, mas podem não sugerir quaisquer mudanças no modelo se nenhum outro problema for associado com aqueles dois itens.

Índices de modificação. Uma típica saída SEM também lista índices de modificação. Um **índice de modificação** é calculado para cada relação possível que não é livre para ser estimada. Ele mostra quanto que o valor χ^2 do modelo geral seria reduzido pela liberação daquele caminho em especial. Índices de modificação de aproximadamente 4 ou mais sugerem que o ajuste poderia ser melhorado significativamente pela liberação do caminho correspondente.

Promover mudanças de modelo com base somente em índices de modificação não é recomendado, pois quando múltiplas modificações se fazem necessárias, algumas combinações de mudanças entre itens podem levar a um modelo melhor do que mudanças que resultariam com base no maior índice de modificação. Além disso, mudanças jamais devem ser feitas baseadas apenas no índice de modificação. Fazer isso seria inconsistente com a base teórica de CFA e SEM em geral. Pesquisadores devem consultar outros diagnósticos de resíduos para uma mudança sugerida por um índice de modificação e então tomar uma ação adequada, se justificada pela teoria.

Buscas de especificação. Uma **busca de especificação** é uma abordagem empírica de tentativa e erro que usa diagnóstico de modelo para sugerir mudanças no modelo. Na realidade, quando realizamos mudanças com base em qualquer indicador diagnóstico, estamos executando uma busca de especificação [46]. Programas SEM como AMOS e LISREL podem executar automaticamente buscas de especificação. Essas buscas podem encontrar o conjunto de relações que melhor ajusta uma matriz de covariância com base em um processo de ajuste iterativo. Este processo é conduzido por mudanças seqüenciais que se apóiam na liberação de elementos fixados com o maior índice de modificação. Buscas de especificação são razoavelmente fáceis de implementar.

Apesar de poder ser tentador confiar amplamente em buscas de especificação como uma maneira de encontrar um modelo com um bom ajuste, esta abordagem não é recomendada [32, 34]. Numerosos problemas podem surgir se resultados puramente empíricos são empregados para obter melhor ajuste. O maior problema é sua inconsistência com o propósito pretendido e com o uso de procedimentos como CFA. Em primeiro lugar, CFA testa a teoria e é menos aplicável como ferramenta exploratória. Segundo, os resultados para um parâmetro dependem dos resultados da estimativa de outros parâmetros, o que torna difícil se certificar de que o verdadeiro problema com um modelo é isolado nas variáveis sugeridas por um índice de modificação. Em terceiro lugar, a busca empírica que usa dados simulados tem mostrado que buscas mecânicas de especificação não são confiáveis na identificação de um verdadeiro modelo e, assim, podem conduzir a resultados enganosos. Portanto, buscas de especificação de CFA envolvem a identificação apenas de um pequeno número de problemas importantes. Um pesquisador no modo exploratório pode usar buscas de especificação em maior escala na ajuda da identificação de uma teoria de mensuração plausível. Novas estruturas de construtos que são sugeridas com base em buscas de especificação devem ser confirmadas usando-se um novo conjunto de dados.

Advertências na reespecificação do modelo. Que tipos de modificação são mais relevantes? A resposta a esta questão não é simples ou clara. Se diagnósticos de um modelo indicam a existência de algum fator novo não sugerido pela teoria original de mensuração, verificar tal mudança requer um novo conjunto de dados. Quando mais de duas de cada 15 variáveis medidas são eliminadas ou modificadas em relação ao fator que elas indicam, um novo conjunto de dados deve ser utilizado para mais investigações. Em contrapartida, eliminar um ou dois itens de uma grande bateria de itens é menos conseqüente e o teste confirmatório pode não ser ameaçado.

Como CFA testa uma teoria de mensuração, mudanças no modelo devem ser feitas somente após cuidadosa consideração. A modificação mais comum seria a eliminação de um item que não desempenhe bem em relação à integridade do modelo, ao ajuste dele ou à validade de construto. Às vezes, porém, um item pode ser mantido mesmo que a informação diagnóstica sugira que ele é problemático. Por exemplo, considere um item com elevada validade de conteúdo (como "Eu estava muito satisfeito" em uma escala de satisfação) dentro de um modelo geral CFA com bom ajuste geral e forte evidência de validade de construto. Eliminá-lo não parece ser um bom negócio. Pode-se ganhar um pouco de ajuste com sacrifício de certa consistência conceitual. Além disso, um item de desempenho ruim pode ser mantido, às vezes, para satisfazer exigências de identificação estatística ou para atender à consideração do número mínimo de itens por fator. No final, porém, a teoria sempre deveria ser proeminentemente levada em conta ao se fazer modificações no modelo.

Ilustração resumo. Usamos agora uma ilustração simples não apenas para avaliar ajuste geral de um modelo de CFA, mas também para mostrar o uso de diversas medidas diagnósticas, incluindo resíduos, resíduos padronizados e índices de modificação. A Figura 11-7 exibe saídas selecionadas do teste de um modelo CFA que estende aquele mostrado na Figura 11-4. Um novo construto, chamado de VALOR (HV), foi acrescentado. Ele representa o quanto de valor de prazer o consumidor recebeu de sua experiência no setor de compra. O ajuste do modelo, como indicado pelo CFI e pela RMSEA, parece bom. O χ^2 do modelo é significante, o que é de se esperar, dado o grande tamanho da amostra ($N = 800$).

Diversas observações complementares são possíveis baseadas na avaliação de medidas diagnósticas. Começamos olhando as cargas completamente padronizadas. Três das estimativas para HV ficam abaixo do corte de 0,7, apesar de apenas uma ficar abaixo do corte menos conservador de 0,5 (HV5). Assim, HV5 se torna um principal candidato à eliminação. HV4 é suspeita, mas a menos que alguma outra evidência sugira que ela é problemática, provavelmente ela será mantida. Para todos os fins práticos, a carga de HV3 é adequada, dado que ela é de apenas 0,01 a menos de 0,70.

A seguir, examinamos os resíduos padronizados. Neste caso, todos os resíduos padronizados maiores do que |2,5| são mostrados. Dois resíduos se aproximam, mas não excedem, 4,0. O maior, entre RADIANTE e ALEGRE (3,90), sugere que a estimativa de covariância entre os itens "radiante" e "alegre" poderia ser mais precisa. Neste caso, nenhuma mudança será feita com base neste resíduo, pois o ajuste se mantém bom a despeito do elevado resíduo. Eliminar radiante ou alegre deixaria menos do que quatro itens neste construto. Além disso, liberar o parâmetro correspondente à covariância de erro entre esses dois seria inconsistente com as propriedades congêneres do modelo de mensuração. Desse modo, parece que por enquanto podemos viver com este resíduo de alguma forma elevado.

O segundo resíduo alto está entre HV1 e HV5 (-3,76). Ele oferece mais evidência (além de sua baixa carga padronizada) de que HV5 pode precisar ser descartado.

O terceiro diagnóstico que examinamos é o índice de modificação associado com cada caminho restrito. Aqui a informação é consistente com aquela obtida a partir dos resíduos certamente conduzindo à mesma conclusão. O índice de modificação para o termo de erro de radiante-alegre é 15,17. No entanto, dadas as elevadas estimativas de carga para cada, nenhuma modificação é feita. Além disso, não apenas há um elevado resíduo padronizado associado com HV5 (-3,76), mas um alto índice de modificação também é encontrado entre HV5 e H1* (14,15), e sua carga está abaixo de 0,5. Com base nesses resultados, a única mudança que seria feita é a eliminação de HV5.

Às vezes, diagnósticos sugerem substanciais mudanças em um modelo de mensuração. Quando as mudanças são marcantes, novos dados são necessários para validar tal modelo. Modificações significativas realmente produzem um novo modelo de mensuração.

---

* N. de R. T.: A expressão correta seria HV1.

λx (Cargas completamente padronizadas)

	SENTIMENTO	VALOR
ANIMADO	0,78	- -
ESTIMULADO	0,89	- -
ALEGRE	0,83	- -
RADIANTE	0,87	- -
HV1	- -	0,58
HV2	- -	0,71
HV3	- -	0,69
HV4	- -	0,52
HV5	- -	0,46

Novo construto HV tem cinco variáveis indicadoras

χ^2 = 68,0 com 24 graus de liberdade (p = 0,000013)
CFI = 0,99
RMSEA = 0,04

Índices de ajuste

MAIORES RESÍDUOS PADRONIZADOS NEGATIVOS

RESÍDUO PARA	ALEGRE E	ANIMADO	-3,12
RESÍDUO PARA	RADIANTE E	ESTIMULADO	-3,04
RESÍDUO PARA	HV2 E	RADIANTE	-2,70
RESÍDUO PARA	HV5 E	HV1	-3,76

MAIORES RESÍDUOS PADRONIZADOS POSITIVOS

RESÍDUO PARA	ESTIMULADO E	ANIMADO	3,05
RESÍDUO PARA	RADIANTE E	ALEGRE	3,90
RESÍDUO PARA	HV1 E	ANIMADO	3,08
RESÍDUO PARA	HV1 E	ESTIMULADO	2,72

Maiores resíduos padronizados negativos e positivos

Índices de modificação para estimativas de cargas cruzadas

	SENTIMENTO	VALOR
ANIMADO	- -	0,00
ESTIMULADO	- -	5,04
ALEGRE	- -	0,01
RADIANTE	- -	5,29
HV1	4,09	- -
HV2	2,72	- -
HV3	0,04	- -
HV4	2,30	- -
HV5	2,06	- -

Índices de modificação

Índices de modificação para estimativas de termos de erro

	ANIMADO	ESTIMULADO	ALEGRE	RADIANTE	HV1	HV2
ANIMADO	- -					
ESTIMULADO	9,30	- -				
ALEGRE	9,72	0,90	- -			
RADIANTE	0,01	9,26	15,17	- -		
HV1	10,04	2,40	2,62	1,86	- -	
HV2	0,28	0,00	1,40	2,73	0,86	- -
HV3	2,04	0,09	0,17	0,28	0,16	0,07
HV4	0,00	0,84	3,82	0,06	6,62	0,26
HV5	0,78	0,08	2,14	0,00	14,15	4,98

FIGURA 11-7 Cargas, resíduos padronizados e índices de modificação em CFA.

> **REGRAS PRÁTICAS 11-5**
>
> **Avaliação da validade do modelo de mensuração**
>
> - Estimativas de carga podem ser estatisticamente significantes, mas ainda serem muito pequenas para se qualificarem como bons itens (cargas padronizadas abaixo de |0,5|); em CFA, itens com cargas pequenas se tornam candidatos à eliminação.
> - Cargas completamente padronizadas acima de 1,0 ou abaixo de –1,0 estão fora do intervalo viável e podem ser um importante indicador de algum problema com os dados
> - Tipicamente, resíduos padronizados menores do que |2,5| não sugerem um problema:
>   - Resíduos padronizados maiores do que |4,0| sugerem um grau de erro potencialmente inaceitável que pode pedir a eliminação de um item transgressor
>   - Resíduos padronizados entre |2,5| e |4,0| merecem alguma atenção, mas podem não sugerir qualquer mudança no modelo se nenhum outro problema estiver associado com os dois itens
> - O pesquisador deve usar os índices de modificação somente como orientação para melhoramentos no modelo daquelas relações que podem ser teoricamente justificadas
> - Buscas de especificação sustentadas somente em bases empíricas são desencorajadas, pois elas são inconsistentes com a base teórica de CFA e SEM
> - Resultados CFA que sugerem modificações relevantes devem ser reavaliados com um novo conjunto de dados (p.ex., se mais de duas entre 15 variáveis medidas são descartadas, as modificações não podem ser consideradas irrelevantes)

ILUSTRAÇÃO DA CFA

Agora, ilustramos a CFA. Nesta seção, aplicamos o procedimento de seis estágios em um problema defrontado pela administração de HBAT. Em uma seção posterior, cobrimos alguns dos tópicos avançados estendendo a análise desses mesmos dados. Começamos introduzindo brevemente o contexto para este novo estudo da HBAT.

> A HBAT emprega milhares de pessoas em diferentes operações ao redor do mundo. Como em muitas firmas, um de seus maiores problemas administrativos é atrair e manter empregados produtivos. O custo para substituir e treinar empregados é alto. No entanto, a pessoa recém contratada trabalha para a HBAT menos de três anos em média. Na maioria dos empregos, o primeiro ano não é produtivo, o que significa que o empregado não está contribuindo tanto quanto os custos associados com sua contratação. Depois do primeiro ano, a maioria dos empregados se torna produtiva. A administração da HBAT gostaria de entender os fatores que contribuem para a manutenção de empregados. Uma melhor compreensão pode ser conseguida aprendendo como medir os construtos fundamentais. Assim, a HBAT está interessada em desenvolver e testar um modelo de mensuração formado por construtos que afetam as atitudes e os comportamentos dos empregados sobre a permanência na HBAT.

Estágio 1: Definição de construtos individuais

Com a questão geral de pesquisa definida, o pesquisador volta sua atenção para a seleção dos construtos específicos que representam a estrutura teórica a ser testada e que devem ser incluídos na análise. Os indicadores específicos usados para operacionalizar tais construtos podem vir de pesquisa prévia ou podem ser desenvolvidos especificamente para a análise em mãos.

> A HBAT iniciou um projeto de pesquisa para estudar o problema de rotatividade de empregados. Pesquisas preliminares descobriram que muitos empregados estão somando opções de trabalho com a intenção de sair da HBAT assim que uma oferta aceitável seja conseguida com outra empresa. Para conduzir o estudo, a HBAT contratou consultores que têm um conhecimento profissional da teoria de comportamento organizacional referente à retenção de empregados. Com base em literatura publicada e algumas entrevistas preliminares com empregados, um estudo foi planejado, focalizando cinco construtos fundamentais. A equipe de consultores e a administração da HBAT também concordaram com as definições de construtos com base em como eles foram usados no passado. Os cinco construtos, com uma definição operacional, são os seguintes:
>
> - *Satisfação com o emprego (JS)*. Reações resultantes de uma avaliação da situação empregatícia de alguém.
> - *Compromisso organizacional (OC)*. O grau em que um empregado se identifica e se sente parte da HBAT.
> - *Intenções de ficar (SI)*. O grau em que um empregado pretende continuar trabalhando para a HBAT e não está participando de atividades que tornam o pedido de demissão algo provável.
> - *Percepções ambientais (EP)*. Crenças que um empregado tem sobre o dia-a-dia, sobre as condições físicas de trabalho.
> - *Atitudes em relação a colegas (AC)*. Atitudes que um empregado tem em relação aos colegas com os quais ele normalmente interage.
>
> Os consultores propuseram um conjunto de escalas reflexivas de múltiplos itens para medir cada construto. A validade de expressão parece evidente, e as definições conceituais correspondem bem com a descrição dos itens. Além disso, um pré-teste simples foi executado, no qual três especialistas independentes ligaram itens com
>
> *(Continua)*

(*Continuação*)

os nomes dos construtos. Nenhum perito teve dificuldade para ligar itens com construtos, fornecendo grande confiança de que as escalas contêm validade de expressão. Tendo estabelecido validade de expressão, a HBAT prosseguiu para finalizar as escalas. A purificação de escalas baseada em correlações entre itens e total e resultados de EFA (como no Capítulo 3) de um pré-teste envolvendo 100 empregados da HBAT resultaram nas medidas mostradas na Tabela 11-1. A escala de satisfação com emprego contém múltiplas medidas, com cada uma avaliando o grau de satisfação sentido pelos respondentes com um tipo diferente de escala. Um apêndice no final do capítulo mostra o questionário para este estudo.

Estágio 2: Desenvolvimento do modelo de medida geral

Com os construtos especificados, o pesquisador deve a seguir especificar o modelo de mensuração a ser testado. Fazendo isso, não apenas relações entre construtos são definidas, mas também a natureza de cada construto (reflexiva versus formativa) é especificada.

Um diagrama visual descrevendo o modelo de mensuração é exibido na Figura 11-8. O modelo retrata 21 variáveis indicadoras medidas e cinco construtos latentes. Sem motivo para pensar que os construtos são independentes, todos eles são considerados como correlacionados entre si. Todos os itens medidos podem ter cargas sobre apenas um construto cada; logo, os termos de erro (não mostrados na ilustração) não devem se relacionar com qualquer outra variável medida, e o modelo de mensuração é congênere. Quatro construtos são indicados por quatro itens medidos, e um (JS) é indicado por cinco itens medidos. Cada construto individual é identificado. O modelo geral tem mais graus de liberdade do que caminhos a serem estimados. Portanto, de uma maneira consistente com a regra prática que recomenda um mínimo de três indicadores por construto mas que enco-

(*Continua*)

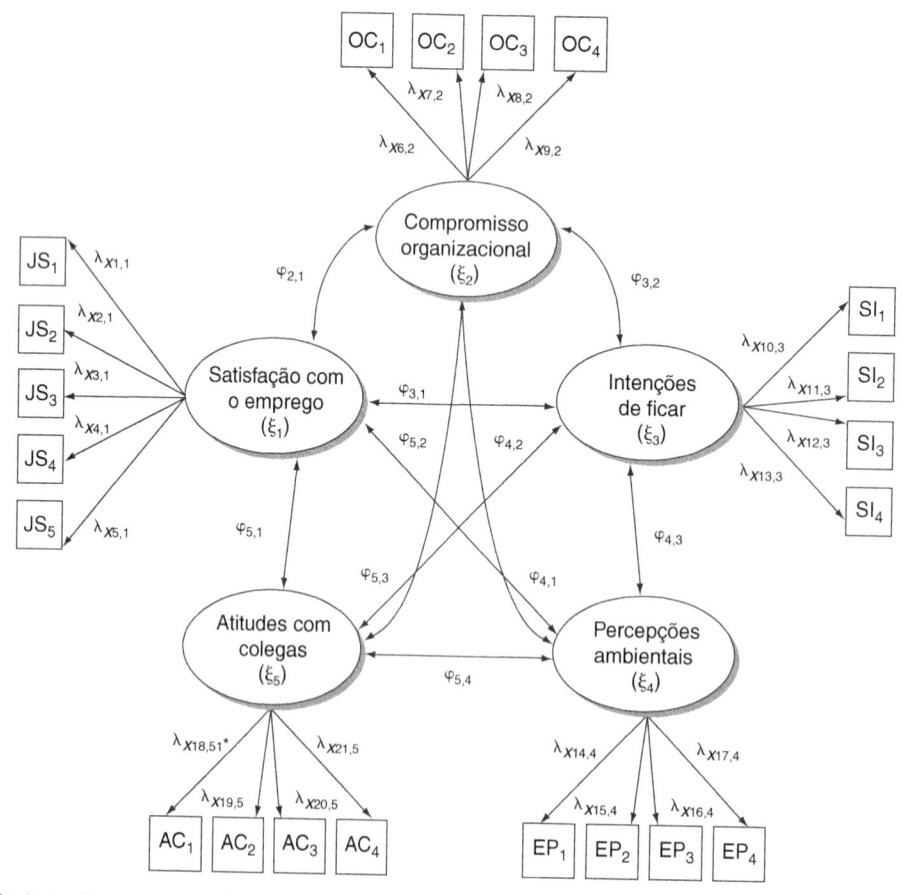

FIGURA 11-8 Modelo de teoria de mensuração para empregados da HBAT.

Nota: Variáveis medidas são mostradas com uma caixa por rótulos correspondentes àqueles exibidos no questionário. Construtos latentes são mostrados com um oval. Cada variável medida tem um termo de erro (δ) associado com ela. Esses termos de erro não são exibidos na figura para fins de simplificação. Conexões em dois sentidos indicam covariância entre construtos (Φ). Conectores de um só sentido indicam um caminho causal de um construto para um indicador.

* N. de R. T.: A notação correta seria $\lambda_{X18,5}$.

TABELA 11-1 Indicadores observados usados em CFA de comportamento de empregados da HBAT

Item	Tipo de escala	Descrição	Construto
JS1	Likert de 0-10 Discorda-concorda	Levando tudo em conta, sinto-me muito satisfeito quando penso em meu emprego.	JS
OC1	Likert de 0-10 Discorda-concorda	Meu trabalho na HBAT me dá uma sensação de realização.	OC
OC2	Likert de 0-10 Discorda-concorda	Estou disposto a fazer um esforço maior, além do normalmente esperado, para ajudar a HBAT a ter sucesso.	OC
EP1	Likert de 0-10 Discorda-concorda	Estou confortável com meu ambiente físico de trabalho na HBAT	EP
OC3	Likert de 0-10 Discorda-concorda	Sinto lealdade para com a HBAT.	OC
OC4	Likert de 0-10 Discorda-concorda	Sinto orgulho de dizer aos outros que trabalho para a HBAT.	OC
EP2	Likert de 0-10 Discorda-concorda	O local onde trabalho é planejado para me ajudar a fazer meu trabalho melhor.	EP
EP3	Likert de 0-10 Discorda-concorda	Há poucos obstáculos que podem me tornar menos produtivo em meu local de trabalho	EP
AC1	Likert de 5 pontos	O quão feliz você está com o trabalho de seus colegas? Nada feliz ___ Um pouco feliz ___ Feliz ___ Muito feliz ___ Extremamente feliz	AC
EP4	Diferencial semântico de 7 pontos	Qual termo melhor descreve seu ambiente de trabalho na HBAT? Muito frenético ___ muito calmo	EP
JS2	Diferencial semântico de 7 pontos	Quando você pensa em seu trabalho, quão satisfeito você fica? Nada satisfeito ___ Muito satisfeito	JS
JS3	Diferencial semântico de 7 pontos	O quão satisfeito você está com seu atual trabalho na HBAT? Muito insatisfeito ___ Muito satisfeito	JS
AC2	Diferencial semântico de 7 pontos	Como você se sente em relação aos seus colegas? Nada favorável ___ muito favorável	AC
SI1	Likert de 5 pontos Discordo – concordo	Atualmente não estou procurando outro emprego. Discordo fortemente ___ Concordo fortemente	SI
JS4	Likert de 5 pontos	Como empregado, o quão satisfeito você está com a HBAT? Nem um pouco ___ um pouco ___ médio ___ bastante ___ muitíssimo	JS
SI2	Likert de 5 pontos Discordo – concordo	Raramente olho lista de empregos na internet Discordo fortemente ___ concordo fortemente	SI
JS5	Percentual de satisfação	Indique sua satisfação com seu emprego atual na HBAT preenchendo a lacuna com um percentual, sendo que 0% = Nada satisfeito e 100% = muitíssimo satisfeito	JS
AC3	Likert de 5 pontos	Com que freqüência você faz coisas com seus colegas em dias de folga? Nunca ___ Raramente ___ Ocasionalmente ___ Freqüentemente ___ Quase sempre	AC
SI3	Likert de 5 pontos Discordo – concordo	Não tenho interesse em procurar por um emprego no próximo ano. Discordo fortemente ___ Concordo fortemente	SI
AC4	Diferencial semântico de 6 pontos	Geralmente, o quanto seus colegas se parecem com você? Muito diferentes ___ Muito parecidos	AC
SI4	Likert de 5 pontos	Qual a possibilidade de que você estará trabalhando na HBAT pelos próximos 12 meses? Muito improvável ___ Improvável ___ É possível ___ Provável ___ Altamente provável	SI

(Continuação)
raja pelo menos quatro, a condição de ordem é satisfeita. Em outras palavras, o modelo é super-identificado. Dado o número de indicadores e um tamanho suficiente da amostra, nenhum problema com a condição de classificação é esperado também. Quaisquer problemas dessa natureza deveriam surgir durante a análise.

No modelo proposto, todas as medidas são reflexivas. Ou seja, a direção de causalidade é do construto latente para os itens medidos. Por exemplo, o desejo de um empregado em pedir demissão tenderia a causar baixos escores em cada um dos quatro indicadores que carregam sobre o construto de Intenções de Ficar (SI). Cada construto também apresenta uma série de indicadores que compartilham uma base conceitual semelhante, e empiricamente eles tenderiam a caminhar juntos. Isto é, esperaríamos que quando um mudar, uma mudança sistemática ocorrerá no outro. Logo, o modelo de mensuração é teoricamente considerado como reflexivo.

Estágio 3: Planejamento de um estudo para produzir resultados empíricos

O próximo passo demanda que o estudo seja planejado e executado para coletar dados para testar o modelo de mensuração. O pesquisador deve considerar questões como tamanho amostral e especificação do modelo, particularmente na hora de estabelecer a identificação do modelo.

A seguir, a HBAT planejou um estudo para testar o modelo de mensuração. O interesse da HBAT estava em seus empregados horistas, e não na sua equipe administrativa. Logo, o departamento de pessoal da HBAT forneceu uma amostra aleatória de 500 empregados. Os 500 representam empregados de cada uma das divisões da HBAT, incluindo suas operações nos Estados Unidos, Europa, Ásia e Austrália. Quatrocentas respostas completas foram obtidas.

Se o modelo é super identificado, então, com base em pré-testes, espera-se que as comunalidades excedam 0,5, e podem exceder 0,6, e o tamanho da amostra deve ser adequado. Se o modelo tivesse alguns fatores sub-identificados, ou se algumas comunalidades ficassem abaixo de 0,5, então uma amostra maior seria necessária. O tamanho da amostra é também suficiente para viabilizar estimação de máxima verossimilhança. Diversas variáveis de classificação também foram coletadas com o questionário. Foi permitido aos empregados responderem os questionários no horário do expediente e devolverem os mesmos em anonimato. O exame inicial não mostrou quaisquer problemas com dados perdidos. Apenas duas respostas incluíram dados perdidos. Em um caso, uma resposta fora do intervalo foi dada, a qual é tratada como uma resposta perdida. Usando nossa regra prática do capítulo anterior, o tamanho amostral efetivo usando PD (eliminação aos pares, também conhecida como tratamento totalmente disponível) é de 399, pois este é o número mínimo de observações para qualquer covariância observada.

Especificação do modelo

Dependendo do programa computacional que você usa, diferentes abordagens são necessárias neste ponto. Dois dos pacotes computacionais mais populares serão discutidos, apesar de muitos outros poderem ser utilizados para obter resultados idênticos.

Se você escolher o AMOS, então você começa usando a interface gráfica para desenhar o modelo descrito na Figura 11-8. Uma vez que o modelo é esboçado, você pode transportar as variáveis medidas para o modelo e processar o programa. Em contrapartida, se você optar por LISREL, pode então usar os menus *drop-down* para gerar a sintaxe que corresponde ao modelo de mensuração, ou esboçar tal modelo usando um diagrama de caminhos, ou escrever o código apropriado em uma janela de sintaxe. Se uma das duas primeiras alternativas é escolhida, LISREL pode gerar a sintaxe do programa automaticamente.

Identificação

Uma vez que o modelo de mensuração é especificado, o pesquisador está pronto para estimar o modelo. O programa SEM fornecerá uma solução para o modelo especificado se tudo estiver adequadamente especificado. O procedimento de estimação padrão é máxima verossimilhança, a qual será usada neste caso porque uma análise preliminar dos dados leva a HBAT a acreditar que as propriedades de distribuição dos dados são aceitáveis para esta abordagem. O pesquisador agora deve escolher as demais opções que são necessárias para analisar adequadamente os resultados. Exemplos de algumas opções disponíveis para os programas LISREL e AMOS são apresentados nos apêndices no final deste capítulo.

A Tabela 11-2 mostra uma parte inicial de uma saída dos resultados CFA para este modelo. Ela fornece uma maneira fácil para rapidamente examinar quantos graus de liberdade serão usados pelo modelo. Neste caso, 52 parâmetros são livres para serem estimados. Dos 52 parâmetros livres, 16 são cargas fatoriais, 15 representam termos de variância e covariância fatorial, e 21 correspondem a termos de variância de erro. O número total de termos de variância e covariância únicos é:

$$(21 \times 22)/2 = 231$$

Como 231 é maior que 52, o modelo é identificado com respeito à condição de ordem. Ele inclui mais graus de liberdade do que parâmetros livres. Nenhum problema surge com a condição de classificação para identificação, pois temos pelo menos quatro indicadores para cada construto. Além disso, nosso tamanho amostral é suficiente, e assim acreditamos que o modelo convergirá e produzirá resultados confiáveis. Esta é uma maneira importante de verificar a especificação para evitar ou detectar potenciais problemas de identificação.

Estágio 4: Avaliação da validade do modelo de medida

Examinamos agora os resultados do teste dessa teoria de mensuração pela comparação do modelo de mensuração teórico com a realidade, como representada por esta amostra. Tanto o ajuste do modelo geral quanto os critérios para validade de construto devem ser examinados.

TABELA 11-2 Parâmetros livres no modelo CFA da HBAT

Especificações de parâmetros

(λ_x LAMBDA-X

	ξ_1 JS	ξ_2 OC	ξ_3 SI	ξ_4 EP	ξ_5 AC
JS1	0	0	0	0	0
JS2	1	0	0	0	0
JS3	2	0	0	0	0
JS4	3	0	0	0	0
JS5	4	0	0	0	0
OC1	0	0	0	0	0
OC2	0	5	0	0	0
OC3	0	6	0	0	0
OC4	0	7	0	0	0
SI1	0	0	0	0	0
SI2	0	0	8	0	0
SI3	0	0	9	0	0
SI4	0	0	10	0	0
EP1	0	0	0	0	0
EP2	0	0	0	11	0
EP3	0	0	0	12	0
EP4	0	0	0	13	0
AC1	0	0	0	0	0
AC2	0	0	0	0	14
AC3	0	0	0	0	15
AC4	0	0	0	0	16

> 16 cargas fatoriais a serem estimadas, como mostrado pela contagem (números) 1-16.

ϕ PHI

	JS	OC	SI	EP	AC
JS	17				
OC	18	19			
SI	20	21	22		
EP	23	24	25	26	
AC	27	28	29	30	31

> 15 termos de covariância fatorial a serem estimados, como mostrado pelos números 17-31.

Θ_Δ THETA-DELTA (Diagonal)

X12	X1	X17	X15	X11	X3
32	33	34	35	36	37

THETA-DELTA

X6	X5	X2	X14	X19	X16
38	39	40	41	42	43

> 21 termos de variância de erro serão estimados, como mostrado pelos números 32-52.

THETA-DELTA

X21	X7	X8	X10	X4	X9
44	45	46	47	48	49

THETA-DELTA

X18	X13	X20
50	51	52

> Número total de parâmetros livres

Logo, revemos aqui estatísticas importantes de ajuste e as estimativas paramétricas.

Ajuste geral

A saída de CFA inclui muitos índices de ajuste. Não pedimos todos os possíveis índices de ajuste. Ao invés disso, nos concentramos nos valores GOF estratégicos usando nossas regras práticas para fornecer alguma avaliação de ajuste. Cada programa SEM (AMOS, LISREL, EQS etc.) inclui um conjunto ligeiramente diferente, mas todos eles contêm os valores importantes como a estatística χ^2, o CFI e a RMSEA. Eles podem aparecer em uma ordem diferente ou talvez em um formato tabular, mas você pode achar informação suficiente para avaliar o ajuste de seu modelo em qualquer programa SEM.

A Figura 11-9 mostra o resumo do ajuste geral fornecido na saída de CFA. Números de linhas foram acrescentados para fins de referência. O χ^2 do modelo geral é 229,95 com 179 graus de liberdade. O valor-p associado com este resultado é 0,0061. Este valor-p é significante usando uma taxa de erro Tipo I de 0,05. Assim, a estatística de qualidade de ajuste χ^2 não indica que a matriz de covariância observada combina com a matriz de covariância estimada dentro da variância amostral. No entanto, dados os problemas associados com o emprego deste teste sozinho e o tamanho efetivo da amostra de 399, examinamos detalhadamente outras estatísticas de ajuste também.

Nossa regra prática sugere que confiemos em pelo menos um índice de ajuste absoluto e um incremental, além do resultado de χ^2. O valor para RMSEA, um índice de ajuste absoluto, é de 0,027. Este valor parece bastante pequeno e está abaixo da orientação de 0,08 para um modelo de 21 variáveis medidas e uma amostra de 399. Usando o intervalo de confiança de 90% para esta RMSEA, concluímos que o verdadeiro valor de RMSEA está entre 0,015 e 0,036. Assim, até mesmo o limite superior de RMSEA é baixo neste caso.

O CFI é um índice de ajuste incremental. Ele é de 0,99, o que, assim como a RMSEA, excede as diretrizes de CFI para um modelo dessa complexidade e com esse tamanho amostral. Assim, este resultado sustenta o modelo também.

Os resultados CFA sugerem que o modelo de mensuração da HBAT fornece um ajuste razoavelmente bom. Além disso, o uso de RMSEA e CFI satisfaz nossa regra prática de que um índice de má qualidade de ajuste e um índice de qualidade de ajuste sejam avaliados. Soma-se a isso o fato de que os outros valores de índices anteriormente discutidos também sustentam o modelo. Por exemplo, a SRMR é 0,035, o GFI é 0,95, e o AGFI é 0,93.

```
Estatística de qualidade de ajuste

Graus de liberdade = 179
Função qui-quadrado de ajuste mínimo = 229,95 (P = 0,0061)
Parâmetro de não-centralidade estimado (NCP) = 50,95
Intervalo de confiança de 90% para NCP = (15,98; 94,04)

Raiz do erro quadrático médio de aproximação (RMSEA) = 0,027
Intervalo de confiança de 90% para RMSEA = (0,015; 0,036)
Valor-p para teste de ajuste próximo (RMSEA < 0,05) = 1,00

Índice de validação cruzada esperado (ECVI) = 0,84
Intervalo de confiança de 90% para ECVI = (0,75; 0,95)
ECVI para modelo saturado = 1,16
ECVI para modelo de independência = 20,28

Qui-quadrado para modelo de independência com 210 graus de liberdade = 8030,24
AIC de independência = 8072,24
AIC do modelo = 333,95
AIC saturado = 462,00

Índice de ajuste normado (NFI) = 0,97
Índice de ajuste não-normado (NNFI) = 0,99
Índice de ajuste normado de parcimônia (PNFI) = 0,83
Índice de ajuste comparativo (CFI) = 0,99
Índice de ajuste incremental (IFI) = 0,99
Índice de ajuste relativo (RFI) = 0,97
N crítico (CN) = 381,03
Raiz do resíduo quadrático médio (RMR*) = 0,086
Raiz padronizada do resíduo médio (SRMR) = 0,035
Índice de qualidade de ajuste (GFI) = 0,95
Índice ajustado de qualidade de ajuste (AGFI) = 0,93
```

FIGURA 11-9 Resumo do ajuste geral do CFA da HBAT.

---

* N. de R. T.: A notação correta seria RMSR.

Validade de construto

Para avaliar validade de construto, examinamos validade convergente, discriminante e nomológica. Validade de expressão, como anteriormente observado, foi estabelecida com base no conteúdo dos itens correspondentes.

Validade convergente. A CFA provê um domínio de informação usado na avaliação de validade convergente. Ainda que estimativas de carga fatorial de máxima verossimilhança não sejam associadas com um intervalo especificado de valores aceitáveis ou inaceitáveis, suas magnitudes, direções e significância estatística devem ser avaliadas.

> Começamos examinando as estimativas de cargas fatoriais. A Tabela 11-3 retrata as estimativas originais de carga de máxima verossimilhança e seus valores-*t* associados. Observe que alguns programas (AMOS) podem se referir a cargas fatoriais como pesos de regressão, e depende do usuário o reconhecimento de seus status como cargas fatoriais. Estimativas de cargas que são significantes fornecem um começo útil na avaliação da validade convergente do modelo de mensuração. Todas as cargas são altamente significantes, como foi exigido para validade convergente.

Estimativas de máxima verossimilhança são a opção padrão para a maioria dos programas SEM, incluindo AMOS e LISREL. Sugere-se que cargas padronizadas também sejam requisitadas. Usando esta informação, podemos avaliar as cargas fatoriais individuais com relação aos critérios para validade de construto. Nossas orientações são que todas as cargas devem ser de pelo menos 0,5, e preferencialmente 0,7, e que as medidas de variância extraída devam igualar ou exceder 50%, enquanto 70% é considerado como referência para confiabilidade de um construto.

> A Tabela 11-4 retrata cargas completamente padronizadas (pesos de regressão padronizados, usando terminologia AMOS). Quando nos referimos a estimativas de cargas nesses capítulos, nos referimos aos valores completamente padronizados, exceto quando dissermos o contrário. A menor carga obtida é 0,58, conectando compromisso organizacional (OC) com o item OC1. Duas outras estimativas de carga ficam abaixo do padrão 0,7. As estimativas de variância extraída e as confiabilidades de construtos são mostradas na parte de baixo da Tabela 11-4. As estimativas de variância extraída oscilam de 51,9% para JS a 68,1% para AC. Todas excedem a regra prática de 50%. Confiabilidades de construto variam de 0,83 para OC a 0,89 para SI e AC. Novamente, elas excedem 0,7, sugerindo confiabilidade adequada. Esses valores foram computados usando-se as fórmulas mostradas anteriormente no capítulo quando validade convergente foi discutida. Até o presente momento, programas SEM não fornecem rotineiramente tais valores.
>
> Deste modo, a evidência sustenta a validade convergente do modelo de mensuração. Apesar de essas três estimativas de cargas estarem abaixo de 0,7, duas delas estão pouco abaixo de 0,7, e a outra não parece ser significativamente danosa para o ajuste do modelo ou para a consistência interna. Todas as estimativas de variância extraída excedem 0,5* e todas as estimativas de confiabilidade excedem 0,7. Além disso, o modelo se ajusta relativamente bem. Logo, todos os itens são mantidos neste ponto e uma evidência adequada de validade convergente é fornecida.

Validade discriminante. Agora nos voltamos para a validade discriminante. Primeiro, examinamos a covariância entre construtos. Após a padronização, as covariâncias são expressas como correlações. A abordagem conservadora para estabelecer validade discriminante compara as estimativas de variância extraída para cada fator com as correlações quadradas entre construtos associadas com aquele fator.

> Todas as estimativas de variância extraída da Tabela 11-4 são maiores do que as estimativas correspondentes de correlação quadrada entre construtos na Tabela 11-5 (acima da diagonal). Portanto, este teste não sugere problemas com validade discriminante.

Todos os programas SEM fornecem as correlações de construtos, sempre que resultados padronizados são exigidos. Alguns (LISREL) terão um texto de saída padrão que as imprime como uma matriz de correlação real. Outros (como AMOS) podem simplesmente listá-las no texto de saída. A informação é a mesma.

> O modelo de mensuração congênere também sustenta validade discriminante, pois ele não contém quaisquer cargas cruzadas entre as variáveis medidas ou entre os termos de erro. Este modelo congênere de mensuração oferece um bom ajuste e mostra pouca evidência de cargas cruzadas substanciais. Tomados juntos, esses resultados sustentam a validade discriminante do modelo de mensuração da HBAT.

Validade nomológica. A avaliação de validade nomológica é baseada na abordagem delineada no Capítulo 3 sobre EFA. A matriz de correlação fornece um começo útil neste esforço no sentido de que se espera que construtos se relacionem entre si. Pesquisas anteriores sobre

---

* N. de R. T.: A expressão correta seria 50%.

TABELA 11-3 Estimativas de cargas fatoriais de CFA da HBAT e valores-*t*

LAMBDA-X
Estimativas de máxima verossimilhança

	JS	OC	SI	EP	AC
JS1	1,00	--	--	--	--
JS2	1,03	--	--	--	--
	(0,08)				
	13,65				
JS3	0,90	--	--	--	--
	(0,07)				
	12,49				
JS4	0,91	--	--	--	--
	(0,07)				
	12,93				
JS5	1,14	--	--	--	--
	(0,09)				
	13,38				
OC1	--	1,00	--	--	--
OC2	--	1,31	--	--	--
		(0,11)			
		12,17			
OC3	--	0,78	--	--	--
		(0,08)			
		10,30			
OC4	--	1,17	--	--	--
		(0,10)			
		11,94			
SI1	--	--	1,00	--	--
SI2	--	--	1,07	--	--
			(0,07)		
			16,01		
SI3	--	--	1,06	--	--
			(0,07)		
			16,01		
SI4	--	--	1,17	--	--
			(0,06)		
			19,18		
EP1	--	--	--	1,00	--
EP2	--	--	--	1,03	--
				(0,07)	
				14,31	
EP3	--	--	--	0,80	--
				(0,06)	
				13,68	
EP4	--	--	--	0,90	--
				(0,06)	
				14,48	
AC1	--	--	--	--	1,00
AC2	--	--	--	--	1,24
					(0,06)
					18,36
AC3	--	--	--	--	1,04
					(0,06)
					18,82
AC4	--	--	--	--	1,15
					(0,06)
					18,23

> Para cada parâmetro livre, uma estimativa da relação é dada. A primeira linha é a estimativa, a segunda é o erro padrão, e a terceira é o valor-*t* para a estimativa.

TABELA 11-4 Cargas fatoriais completamente padronizadas da HBAT e estimativas de variância extraída, e de confiabilidade

	JS	OC	SI	EP	AC
JS1	0,74				
JS2	0,75				
JS3	0,68				
JS4	0,70				
JS5	0,73				
OC1		0,58			
OC2		0,88			
OC3		0,66			
OC4		0,84			
SI1			0,81		
SI2			0,86		
SI3			0,74		
SI4			0,85		
EP1				0,70	
EP2				0,81	
EP3				0,77	
EP4				0,82	
AC1					0,82
AC2					0,82
AC3					0,84
AC4					0,82
Variância extraída	51,9%	56,3%	66,7%	60,3%	68,1%
Confiabilidade de construto	0,84	0,83	0,89	0,86	0,89

Computada usando a fórmula anterior como a carga fatorial quadrática média (correlação múltipla quadrada).

Computada usando a fórmula anterior com a soma quadrática das cargas fatoriais.

TABELA 11-5 Matriz de correlações de construtos da HBAT (padronizada)

	JS	OC	SI	EP	AC
JS	1,00	0,04	0,05	0,06	0,00
	8,02				
OC	0,21	1,00	0,30	0,25	0,09
	3,38	6,04			
SI	0,23	0,55	1,00	0,31	0,10
	3,82	7,17	9,50		
EP	0,24	0,50	0,56	1,00	0,06
	3,88	6,47	7,75	7,54	
AC	0,05	0,30	0,31	0,25	1,00
	0,87	4,83	5,15	4,20	9,64

Nota: Valores abaixo da diagonal são estimativas de correlação com valores-*t* mostrados em itálico na linha abaixo. Os valores-*t* para os elementos da diagonal são aqueles para os termos de variância de construto. Valores acima da diagonal são correlações quadradas.

comportamento organizacional sugerem que geralmente espera-se que avaliações mais favoráveis de todos os construtos produzam resultados positivos de empregados. Por exemplo, espera-se que esses construtos sejam positivamente relacionados se um empregado deseja ficar na HBAT. Além disso, é mais provável que empregados satisfeitos continuem a trabalhar para a mesma companhia. Mais importante, essa relação simplesmente faz sentido.

Correlações entre os escores fatoriais para cada construto são mostrados na Tabela 11-5. Os resultados sustentam a previsão de que esses construtos são positivamente relacionados entre si. Especificamente, satisfação, compromisso organizacional, percepções ambientais e atitudes para com colegas apresentam correlações positivas significantes com intenções de permanência. Na verdade, apenas uma correlação é inconsistente com

(Continua)

> (*Continuação*)
> esta previsão. A estimativa de correlação entre AC e JS é positiva, mas não significante ($t = 0{,}87$). Como as demais correlações são consistentes, esta única exceção não é uma preocupação importante.

A validade nomológica também pode ser sustentada pela demonstração de que os construtos são relacionados com outros construtos não incluídos no modelo de uma maneira que sustenta a estrutura teórica. Aqui o pesquisador deve escolher construtos adicionais que descrevam relações fundamentais na estrutura teórica em estudo.

> Além das variáveis medidas usadas como indicadores para os construtos, diversas variáveis de classificação foram coletadas, como idade do empregado, sexo e anos de experiência. Além disso, o desempenho de cada empregado foi avaliado pela administração em uma escala de 5 pontos que varia de 1 = "Desempenho Fraquíssimo" a 5 = "Desempenho Excelente". A administração forneceu esta informação aos consultores que, em seguida, as inseriram no banco de dados.
>
> As demais medidas são úteis para estabelecer validade nomológica. Pesquisa anterior sugere que desempenho no emprego é determinado pelas condições de trabalho de um empregado [2, 43]. A relação entre desempenho e satisfação com o trabalho é geralmente positiva, mas usualmente não é uma relação forte. Uma relação positiva entre compromisso e desempenho também é esperada. Em contrapartida, a relação entre desempenho e permanência na empresa não é tão clara. Empregados com melhor desempenho tendem a ter mais oportunidades de trabalho que podem cancelar os efeitos de "empregados com melhor desempenho estão mais confortáveis com o trabalho". Uma relação positiva entre percepção ambiental e desempenho no trabalho é esperada, pois as condições de trabalho de alguém contribuem diretamente em como este alguém desempenha uma função. Também esperamos que experiência seja associada com intenções de permanência. Assim, quando intenções de permanência são maiores, um empregado está mais propenso a ficar em uma organização. Idade e intenções de permanência provavelmente não se relacionam fortemente. Empregados que se aproximam da aposentadoria são relativamente mais velhos e poderiam possivelmente relatar intenções menores de permanecer. Este resultado interfere com uma relação positiva entre idade e intenções de permanência que poderia, porventura, existir.
>
> Correlações entre esses três itens e os escores fatoriais para cada construto do modelo de mensuração foram computadas usando-se SPSS. A Tabela 11-6 mostra os resultados. Correlações correspondendo às previsões feitas no parágrafo anterior podem ser comparadas com os resultados. Esta comparação mostra que as correlações são consistentes com as expectativas teóricas descritas. Logo, tanto a análise das correlações entre os construtos do modelo de mensuração quanto a análise de correlações entre esses construtos e demais variáveis sustentam a validade nomológica do modelo.

Modificação do modelo de medida

Além de avaliar estatísticas de qualidade de ajuste, o pesquisador deve verificar também diversos diagnósticos de modelo. Eles podem sugerir alguma forma de melhorar o modelo ou, talvez, alguma área específica de problema não revelada até então. As seguintes medidas diagnósticas de CFA devem ser verificadas.

1. Estimativas de caminho
2. Resíduos padronizados
3. Índices de modificação

Estimativas de caminho

A SEM fornece estimativas de cada caminho especificado. Neste caso, a ênfase é dada nas cargas de cada indicador sobre um construto.

> Resultados são positivos neste ponto. No entanto, mesmo com boas estatísticas de ajuste, a análise da HBAT é bem orientada para verificar os diagnósticos de modelo. As estimativas de caminho já foram examinadas. Uma estimativa de carga – o 0,58 associado com OC1 – foi notada porque ela ficou abaixo do corte de carga de 0,7. Não parece causar problemas, porém, pois o ajuste se
>
> (*Continua*)

TABELA 11-6 Correlações entre construtos e idade, experiência e desempenho no trabalho

	JS	OC	SI	EP	AC
Desempenho no trabalho (JP)	0,15	0,27	0,10	0,29	0,06
	(0,003)	(0,000)	(0,041)	(0,000)	(0,216)
Idade	0,14	0,12	0,06	−0,01	0,15
	(0,005)	(0,021)	(0,233)	(0,861)	(0,003)
Experiência (EXP)	0,08	0,07	0,15	0,01	0,12
	(0,110)	(0,159)	(0,004)	(0,843)	(0,018)

Nota: Valores-*p* mostrados entre parênteses.

(Continuação)
manteve elevado. Se outra informação diagnóstica sugerir um problema com esta variável, alguma ação pode ser necessária.

Resíduos padronizados
O resultado de SEM pode produzir uma lista de todos os resíduos e resíduos padronizados. No entanto, esta opção deve geralmente ser requisitada na maioria dos programas de SEM. O resultado padrão mostra apenas os maiores resíduos, ainda que um termo de resíduo seja computado para cada termo de covariância e variância na matriz de covariância observada.

Este exemplo inclui 231 resíduos. Resíduos padronizados são produzidos para cada termo de covariância, resultando em 210 resíduos deste tipo. Não mostramos todos eles aqui. A saída padrão convenientemente exibe na tela os resíduos e fornece uma lista em separado dos maiores resíduos padronizados. No exemplo da HBAT, os resíduos padronizados a seguir foram identificados:

```
Maiores resíduos padronizados negativos:
    Resíduos para    SI3 e    OC1    -2,68
    Resíduos para    SI4 e    OC1    -2,74
    Resíduos para    EP3 e    OC1    -2,59
Maiores resíduos padronizados positivos:
    Resíduos para    SI2 e    SI1     3,80
    Resíduos para    SI4 e    SI3     3,07
    Resíduos para    EP2 e    OC3     2,98
    Resíduos para    EP4 e    OC3     2,88
    Resíduos para    EP4 e    EP3     3,28
```

A lista inclui todos os resíduos padronizados cujos valores absolutos excedem |2,5|. Nenhum resíduo padronizado tem seu valor absoluto excedendo |4,0|, o valor de referência que pode indicar um problema com uma das medidas. Aqueles cujos valores absolutos estiverem entre |2,5| e |4,0| também podem merecer atenção se os outros diagnósticos igualmente apontarem um problema. O maior resíduo é de 3,80 para a covariância entre SI2 e SI1. Ambas as variáveis têm uma estimativa de carga maior do que 0,8 sobre o SI. Este resíduo pode ser explicado pelo conteúdo dos itens. Neste caso, SI2 e SI1 podem ter um pouco mais em comum entre si em termos de conteúdo do que cada uma em relação a SI3 e SI4, os outros dois itens que representam SI.

O analista da HBAT decide não agir neste caso, dada a alta confiabilidade e elevada variância extraída para o construto. Além disso, o ajuste do modelo não sugere uma grande necessidade de melhora. Três dos mais altos resíduos negativos são associados com a variável OC1, a qual também é a variável com a menor estimativa de carga (0,58). Novamente, nenhuma ação é assumida até este ponto, dados os resultados positivos gerais. No entanto, se o valor absoluto de um resíduo associado com

OC1 excedesse 4,0, ou se o ajuste do modelo fosse marginal, OC1 seria um forte candidato para ser descartado do modelo. Neste caso, a representação congênere, que atende aos padrões da prática da boa medição, parece ajustar-se bem.

Índices de modificação
Se a opção de índice de modificação (MI) é solicitada, a saída incluirá uma lista de índices de modificação, com um índice para cada parâmetro fixado. Assim, índices de modificação são dados para cada carga fatorial possível para a qual nenhuma estimativa foi obtida. Analogamente, um índice de modificação é fornecido para cada elemento de variância-covariância de erro fora da diagonal, com todos fixados em zero, como é padrão na condução da CFA. A saída inclui também uma "mudança esperada" para cada índice de modificação, mostrando quanto da estimativa do parâmetro mudaria se ele fosse liberado. Você pode perceber que muito da saída é produzido de forma rápida. Não obstante, convenientemente, a maioria dos programas SEM lista o maior índice de modificação.

Em nosso exemplo, a informação a seguir é dada:

```
Máximo índice de modificação é 14,44 para
    elemento (12 10) de THETA-DELTA
```

Isso é associado com uma covariância de erro específica (SI1 e SI2). Aqui, a fonte da melhora potencial é identificada como associada com THETA-DELTA, a covariância entre termos de erro. LISREL identifica a fonte de cada MI dessa maneira. AMOS simplesmente lista todos os MIs associados com qualquer covariância em uma só lista. Novamente, MIs são fornecidos para cada parâmetro fixado. Isso pode então ajudar a localizar este valor específico na lista de MIs, sendo que uma pequena parte disso é mostrada aqui:

Índices de modificação para THETA-DELTA

	OC2	OC3	OC4	SI1	SI2	SI3
OC2	- -					
OC3	6,10	- -				
OC4	0,28	1,41	- -			
SI1	0,28	2,56	0,30	- -		
SI2	3,57	0,08	1,72	**14,44**	- -	
SI3	0,00	0,29	0,44	1,97	1,82	- -
SI4	0,01	0,91	1,69	5,77	3,08	9,42

Um índice de modificação grande assim sugere que o ajuste pode ser melhorado liberando-se o parâmetro de covariância de erro correspondente entre os termos de erro para as variáveis medidas SI1 e SI2. O tamanho da estimativa de parâmetro que resultaria se este elemento

(Continua)

(*Continuação*)

fosse liberado é mostrado nas listas de mudanças esperadas. Uma pequena parte é dada aqui:

```
Mudança esperada completamente padronizada
para THETA-DELTA
        OC2    OC3    OC4    SI1    SI2    SI3
OC2     - -
OC3    -0,31   - -
OC4    -0,11   0,14   - -
SI1     0,02  -0,06   0,02   - -
SI2     0,07   0,01  -0,05   0,08   - -
SI3     0,00  -0,03  -0,03  -0,03  -0,03   - -
SI4     0,00  -0,04   0,05  -0,05  -0,04   0,08
```

A mudança esperada mostra que liberar o parâmetro entre SI1 e SI2 produziria uma mudança na estimativa completamente padronizada de 0,08. Como é fixada em zero em nosso modelo CFA, a mudança esperada também significa que a estimativa do parâmetro seria de 0,08. Logo, é muito pequena relativamente às estimativas de carga para SI1 e SI2. Além disso, não recomendamos a liberação de termos de covariância de erro, pois isso viola os princípios da boa medição. O fato de que o ajuste é bom, junto com a evidência de validade de construto, sugere que nenhuma mudança se faz necessária.

Uma busca de especificação posterior também é desnecessária. Além disso, uma busca de especificação automática não é necessária porque o modelo tem uma sólida fundamentação teórica, e porque a CFA está testando, e não desenvolvendo um modelo. Se o ajuste fosse ruim, porém, uma busca de especificação poderia ser feita, como anteriormente descrito neste capítulo. Tal esforço se valeria consideravelmente dos diagnósticos combinados fornecidos pelas estimativas de cargas fatoriais, pelos resíduos padronizados e pelos índices de modificação. Entre esses, os resíduos padronizados freqüentemente se mostram muito úteis. Neste ponto, a HBAT pode prosseguir com a confiança de que o questionário mede bem esses construtos fundamentais.

Resumo

Quatro estágios de SEM estão completos. Os resultados de CFA, em geral, sustentam o modelo de mensuração. A estatística χ^2 é significante acima do nível de 0,01, o que não é incomum, dada uma amostra total de 400 (com um tamanho amostral efetivo de 399 usando a abordagem totalmente disponível). Tanto CFI quanto RMSEA parecem bastante bons. No geral, as estatísticas de ajuste sugerem que o modelo estimado reproduz a matriz de covariância amostral razoavelmente bem. Além disso, há evidência de validade de construto em termos de validade convergente, discriminante e nomológica. Assim, a HBAT pode estar razoavelmente confiante, neste ponto, de que as medidas se comportam como deveriam em termos de unidimensionalidade das cinco medidas e na maneira como os construtos se relacionam com outras medidas. Lembre-se, porém, que mesmo um bom ajuste não é garantia de que alguma outra combinação das 21 variáveis medidas não forneceria um ajuste igual ou melhor. O fato de que os resultados são conceitualmente consistentes é até mesmo de maior importância do que os resultados de ajuste em si.

TÓPICOS AVANÇADOS EM CFA

Esta seção cobre alguns tópicos importantes que estão além do teste de um modelo convencional de mensuração. Os assuntos incluem modelos fatoriais de ordem superior, testes de diferenças ao longo de múltiplos grupos, viés de mensuração, e parcelamento de itens. Essas discussões são então seguidas de várias ilustrações empíricas dos tópicos, utilizando a base de dados HBAT_SEM.

Análise fatorial de ordem superior

O modelo CFA descrito na Figura 11-4 é um **modelo fatorial de primeira ordem**. Temos um modelo fatorial de primeira ordem quando as covariâncias entre itens medidos são explicadas com uma única camada de fatores latentes. Por enquanto, pense em uma camada como um nível de construtos latentes.

Pesquisadores cada vez mais empregam análises fatoriais de ordem superior, apesar de este aspecto da teoria de mensuração não ser novo [29]. CFAs de ordem superior freqüentemente testam uma estrutura **fatorial de segunda ordem** que contém duas camadas de construtos latentes. Elas introduzem um fator latente de segunda ordem que é a causa de múltiplos fatores latentes de primeira ordem, os quais, por sua vez, são a causa das variáveis medidas (x). Teoricamente, este processo pode ser estendido para qualquer quantia de camadas. Daí o termo *análise fatorial de ordem superior*. Pesquisadores raramente investigam teorias além de um modelo de segunda ordem. A Figura 11-10 contrasta os diagramas de caminhos de um modelo fatorial convencional de primeira ordem com uma camada na parte (a) e com um modelo fatorial de segunda ordem com duas camadas na parte (b) [4].

Preocupações de ordem empírica

Tanto considerações teóricas quanto empíricas estão associadas com CFA de ordem superior. Todos os modelos CFA devem explicar relações entre construtos. Empiricamente, fatores de ordem superior podem ser pensados como uma maneira de explicar covariância entre construtos da mesma forma que fatores de primeira ordem explicam covariação entre variáveis observadas [4]. A Figura 11-10a mostra um modelo fatorial convencional com seis

(a) Modelo de primeira ordem

[Diagrama: quatro fatores latentes R&T, PB, EN, SP com covariâncias $\Phi_{2,1}$, $\Phi_{3,1}$, $\Phi_{3,2}$, $\Phi_{4,1}$, $\Phi_{4,2}$, $\Phi_{4,3}$; indicadores X_1–X_4 para R&T, X_5–X_8 para PB, X_9–X_{12} para EN, X_{13}–X_{16} para SP]

(b) Modelo de segunda ordem

Camada 2 → EC

Camada 1 — $Y_{1,1}$, $Y_{2,1}$, $Y_{3,1}$, $Y_{4,1}$ → R&T, PB, EN, SP com indicadores X_1–X_{16}.

Legenda:
Fatores de primeira ordem:
η_1 = R&T (Percepções de responsabilidade e confiança)
η_2 = PB (Percepções comportamentais de colegas)
η_3 = EN (Percepções de normas éticas)
η_4 = SP (Percepções de práticas de vendas)

Fatores de segunda ordem:
ξ_1 = EC (Clima ético)

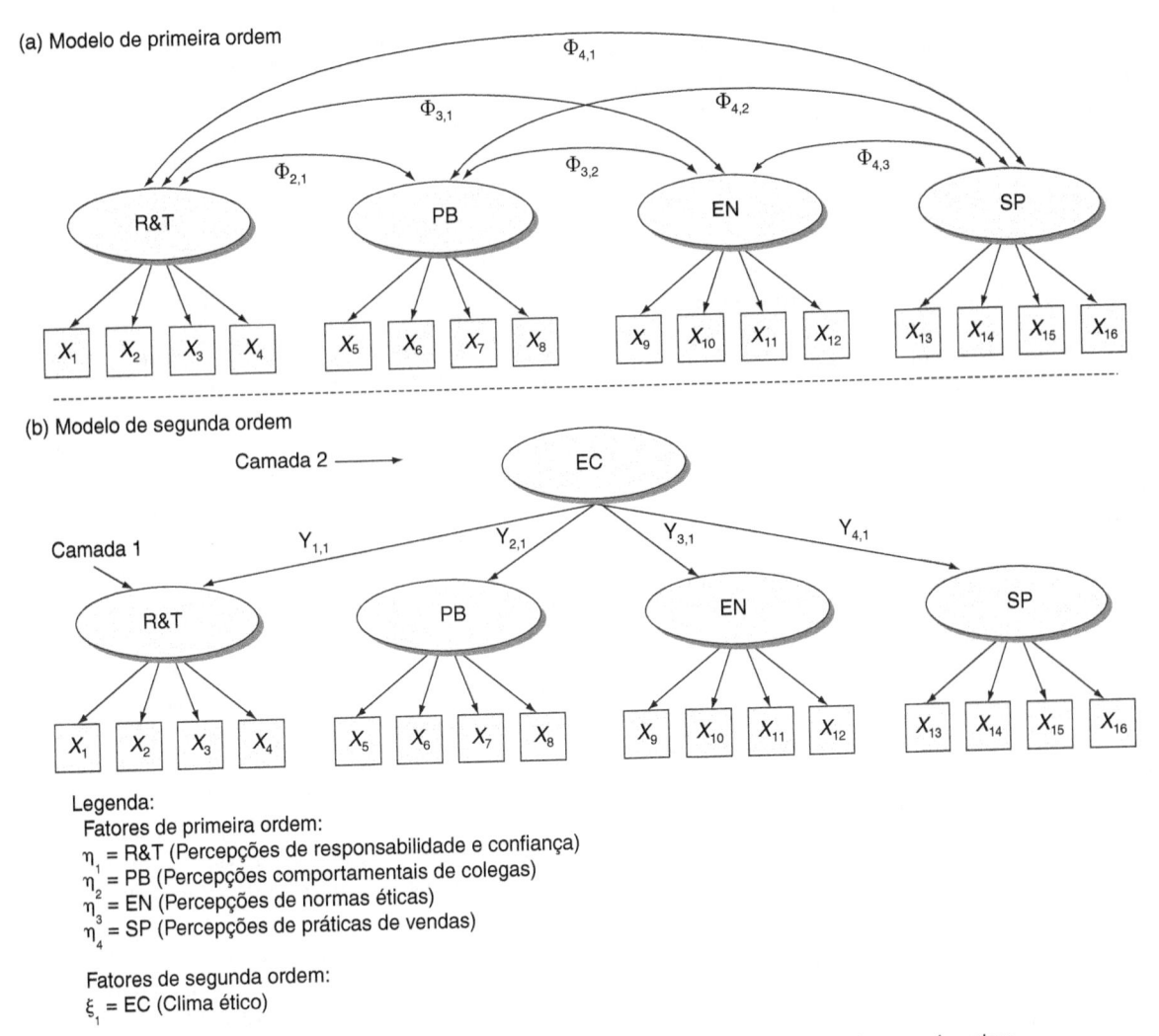

FIGURA 11-10 Contraste de diagramas de caminhos para uma teoria de mensuração de primeira e de segunda ordem.

Nota: Termos de erro não são mostrados para fins de simplificação. Cada caminho de um fator de primeira ordem para um item medido também tem uma estimativa correspondente de carga (λ), que não é exibida.

covariâncias entre quatro fatores latentes ($\Phi_{2,1} \ldots \Phi_{4,3}$). Em um modelo CFA de primeira ordem, esses termos de covariância deveriam ser livres (estimados), a não ser que o pesquisador tenha uma forte razão para teorizar dimensões independentes. O pressuposto básico é de relações entre construtos. Essas relações se tornam o principal interesse quando passamos de CFA para SEM no Capítulo 12. Um modelo de mensuração de primeira ordem explica essas relações simplesmente estimando cada uma diretamente via elementos livres em uma matriz de covariância/correlação de construtos (setas em dois sentidos).

Em contrapartida, um modelo fatorial de segunda ordem explica covariação entre construtos especificando outro fator de ordem superior ou fatores que causam fatores de primeira ordem. Em outras palavras, os fatores de primeira ordem agora atuam como indicadores do fator de segunda ordem. A Figura 11-10b descreve um fator de segunda ordem (EC) que explica quatro fatores de primeira ordem (R&T, PB, EN e SP), cada um indicado por quatro itens reflexivos. Todas as considerações e regras práticas (itens por fator, identificação, escala etc.) se aplicam a fatores de segunda ordem, assim como se faz com os de primeira ordem; só que agora o pesquisador deve considerar os construtos de primeira ordem como indicadores do de segunda ordem.

Preocupações de caráter teórico

Teoricamente, às vezes construtos podem ser operacionalizados em diferentes níveis de abstração. Cada camada na Figura 11-10b se refere a um nível diferente de abstração. Discutimos dois exemplos que ilustram o papel de fatores de segunda ordem.

Muitos construtos psicológicos podem ser representados em diferentes níveis de abstração. Personalidade pode ser representada por numerosos fatores de primeira ordem relacionados entre si. Cada um pode ser medido usando-se dúzias de escalas de múltiplos itens que fazem uso de uma dimensão específica de personalidade. Construtos psicológicos incluem escalas para ansiedade, pessimismo, criatividade, imaginação e auto-estima, entre muitas outras. Alternativamente, os fatores de primeira ordem podem ser vistos como indicadores de um conjunto menor de fatores de ordem superior mais abstratos que refletem orientações de personalidade mais abstratas e amplas, como extroversão, neurose, consciência, concordância e intelecto [10, 45]. Estes construtos mais abstratos de personalidade são, às vezes, conhecidos como os "cinco grandes" fatores de personalidade.

Analogamente, pode-se imaginar que muitos fatores distintos podem indicar o desempenho de alguém em um curso de pós-graduação. Múltiplos indicadores de um teste padronizado poderiam ser usados para representar desempenhos verbal e quantitativo, entre outras características de exames. Múltiplos itens também poderiam ser utilizados para avaliar o desempenho de um candidato na escola, incluindo GPAs no ensino superior, GPAs no ensino médio, e talvez outros instrumentos de avaliação que fazem uso de notas. Poderíamos usar também escalas de múltiplos itens para avaliarmos a motivação de uma pessoa para ser bem sucedida na pós-graduação. Uma vez que concluímos isso, podemos finalizar com umas poucas dúzias de variáveis indicadoras para diversos fatores como compreensão de leituras, habilidade quantitativa, resolução de problemas, desempenho escolar e desejo. Cada um desses aspectos é por si só um fator. Contudo, todos eles podem ser conduzidos por um fator de ordem superior que poderíamos rotular como "Possibilidade de sucesso". Pode ser difícil olhar as credenciais de alguém e avaliar diretamente a possibilidade de sucesso. No entanto, isso pode ser muito bem indicado por fatores mais tangíveis, como a habilidade de resolver problemas. No final, decisões importantes podem ser tomadas com base no fator de sucesso mais abstrato, e, espera-se, tais decisões serão melhores do que confiar nos fatores individuais mais específicos. Assim, os fatores individuais são de primeira ordem, e Possibilidade de Sucesso poderia ser considerado como um fator de segunda ordem. Este tipo de situação requer o teste de um modelo CFA de segunda ordem.

Jamais é exagerado afirmar que o critério final para decidir formar um modelo de mensuração de segunda ordem é teoria. Isso faz sentido teórico? Quais são as razões lógicas que nos levam a esperar por camadas de construtos? O crescente número de modelos fatoriais de segunda ordem percebidos na literatura é parcialmente o resultado de mais pesquisadores aprendendo a usar SEM para representar e testar uma estrutura fatorial de ordem superior. A habilidade de conduzir um teste de segunda ordem não é justificativa para fazê-lo. A necessidade de teoria é particularmente verdadeira quando se tenta decidir entre uma configuração fatorial de primeira e de segunda ordem para uma dada teoria de mensuração.

Uso de teorias de mensuração de segunda ordem

A especificação de um modelo CFA de segunda ordem é, na verdade, bastante parecida com a de um modelo de primeira ordem, se olharmos os construtos de primeira ordem como indicadores. Modelos fatoriais de primeira ordem explicam covariância entre construtos latentes melhor do que uma representação de ordem superior dos mesmos dados. Considerando a Figura 11-10a, o modelo de primeira ordem estima uma relação (um caminho de dois sentidos, neste caso) para cada covariância potencial. O modelo de ordem superior na Figura 11-10b explica essas seis relações com quatro cargas fatoriais. A despeito de a comparação entre um modelo de mensuração de primeira ordem e um de segunda ser geralmente por acoplamento, a comparação empírica usando uma estatística $\Delta\chi^2$ não é tão útil quanto a comparação entre modelos de mensuração concorrentes de mesma ordem [36]. O modelo de primeira ordem sempre se ajustará melhor em termos absolutos, pois ele usa mais caminhos para capturar o mesmo tanto de covariância.

Em compensação, o modelo de ordem superior é mais parcimonioso (ele consume menos graus de liberdade). Logo, ele deve desempenhar melhor em índices que refletem parcimônia (PNFI, RMSEA etc.). Note, porém, que ainda que um modelo de ordem superior seja mais parcimonioso do ponto de vista de graus de liberdade, ele não é "mais simples", pois envolve múltiplos níveis de abstração. Isso complica comparações empíricas e, assim, coloca maior peso sobre preocupações teóricas e pragmáticas.

Exatamente como foi exigido na especificação de cada construto de primeira ordem, a escala deve ser definida para o construto de segunda ordem também. A modelagem das covariâncias com caminhos de quatro cargas fatoriais poderia tomar três ou quatro graus de liberdade, dependendo de como a escala fatorial foi definida. Uma estimativa de carga (como $\gamma_{1,1}$, o caminho de EC para R&T) pode ser fixada em 1, para definir a escala. Alternativamente, todas as quatro estimativas de cargas fatoriais podem ser livres se a variância do fator de segunda ordem for fixada em 1.

Modelos de mensuração de ordem superior também ainda são sujeitos a padrões de validade de construto. Em particular, fatores de segunda ordem devem ser rigorosamente examinados quanto a validade nomológica, pois é possível que várias explicações confusas possam existir para um fator de ordem superior. Por exemplo, se todas as medidas de itens usam o mesmo tipo de escala de avaliação, poderia haver um fator comum entre métodos influenciando todos os construtos de primeira ordem. O fator de segunda ordem poderia ser interpretado como um viés comum de medição, neste caso. Se o fator de segunda ordem reage a outros construtos teóricos como o esperado, a chance de ele ser deste tipo é menor. Mais especificamente, se o fator de ordem superior explica resultados teoricamente relacionados, como comprometimento organizacional e satisfação com emprego, de forma tão eficaz, ou até melhor, do que faz o conjunto combinado de fatores de primeira ordem, então há evidência em favor da representação de ordem superior [36]. Assim, um critério fundamental de validação se torna uma medida do quão bem um fator de ordem superior explica teoricamente construtos relacionados. Quando se comparam modelos de mensuração de ordens distintas, um modelo de segunda ordem é sustentado na medida em que ele mostra maior validade nomológica do que um modelo de primeira ordem.

Quando usar análise fatorial de ordem superior

Apesar de modelos de mensuração de ordem superior poderem parecer que têm muitas vantagens, devemos também considerar as desvantagens. Com freqüência, eles são conceitualmente mais complicados. Um construto pode se tornar tão abstrato que é difícil descrever adequadamente seu significado. A complexidade adicionada pode também diminuir o valor diagnóstico de um construto à medida que ele fica mais afastado dos itens medidos tangíveis. Modelos CFA de ordem superior criam também mais soluções potenciais CFA impróprias ou não-identificadas. Por exemplo, pesquisadores podem ter um ou mais fatores de ordem superior com menos de três indicadores.

Com um modelo fatorial reflexivo de segunda ordem ou de ordem maior, todos os fatores de primeira ordem, que agora são indicadores do fator de segunda ordem, devem se mover juntos, assim como acontece com os itens medidos que indicam fatores de primeira ordem. Quando múltiplos fatores de primeira ordem são usados como indicadores de um fator de segunda ordem, o pesquisador abre mão da habilidade de testar relações entre esses fatores de primeira ordem e outros construtos importantes. Assim, uma desvantagem do modelo de mensuração mostrado na Figura 11-10b é que não podemos investigar, por exemplo, relações entre comportamentos de colegas e outros resultados importantes de trabalho, como rotatividade. Além disso, o pressuposto é de que todos os quatro indicadores de primeira ordem influenciariam na rotatividade da mesma maneira. Se um caso conceitual pudesse ser enunciado de maneira que um desses fatores de primeira ordem afetaria outro construto importante diferentemente, então talvez uma teoria de mensuração de segunda ordem não devesse ser usada. Este caso é tipicado quando se esperasse que um conjunto de construtos relacionados afetasse positivamente algum outro construto enquanto outros o afetariam negativamente.

Algumas questões que podem ajudar a determinar se um modelo de mensuração de ordem superior é adequado são listadas aqui:

1. Existe um motivo teórico para esperar que existem camadas conceituais de um construto?

2. Espera-se que todos os fatores de primeira ordem influenciem outros construtos nomologicamente relacionados da mesma maneira?
3. Os fatores de ordem superior serão usados para prever outros construtos do mesmo nível geral de abstração (ou seja, personalidade global – atitudes globais)?
4. As condições mínimas para identificação e prática da boa mensuração estão presentes em camadas de primeira ordem e de ordem superior da teoria de mensuração?

Se a resposta a cada uma dessas questões for positiva, então um modelo de mensuração de ordem superior se torna aplicável. Depois de testar empiricamente modelos de ordem superior, as perguntas a seguir devem ser respondidas.

1. O modelo fatorial de ordem superior apresenta ajuste adequado?
2. Os fatores de ordem superior prevêem adequadamente outros construtos conceitualmente relacionados e de forma esperada?
3. Quando se compara com um modelo de ordem menor, o de ordem superior exibe validade preditiva igual ou melhor?

Novamente, se as respostas a tais questões forem todas positivas, então uma teoria de ordem superior será suportada.

Grupos múltiplos em CFA

Numerosas aplicações de CFA envolvem a análise de grupos de respondentes. Grupos são, por vezes, formados a partir de uma amostra geral dividindo-a de acordo com uma característica lógica significativa como, digamos, uma importante diferença individual, como sexo. Por exemplo, podemos esperar que homens e mulheres possam não responder semelhantemente a uma vasta gama de questões de caráter social. Alternativamente, uma grande amostra pode ser dividida ao acaso em duas sub-amostras, de forma que uma validação cruzada possa ocorrer. Mas grupos não são sempre separados após o fato. Muitas vezes, diferentes populações têm amostras coletadas com a meta final de testar similaridades e diferenças entre tais populações. Por exemplo, as populações podem envolver pessoas de culturas distintas.

Modelos de grupos múltiplos podem ser acomodados em uma estrutura CFA e testados usando-se SEM. Diversas preocupações extras afetam a validade de modelos de múltiplos grupos e os resultados de quaisquer conclusões subseqüentes referentes aos grupos. Discutimos essas questões primeiramente no contexto de validação cruzada e então as estendemos para cobrir outras situações.

Validação cruzada

Validação cruzada é uma tentativa de reproduzir os resultados encontrados em uma amostra usando dados de uma amostra diferente. Em termos gerais, a validação cruzada usa duas amostras obtidas da mesma população. Em outras palavras, as unidades de amostragem em cada grupo teriam as mesmas características. Validação cruzada tem muitos usos em CFA. Talvez a aplicação mais básica seja fornecer uma segunda confirmação de uma teoria de mensuração que sobreviveu a um teste inicial. Uma maneira de atingir tal objetivo é dividir uma grande amostra aleatoriamente em dois grupos de forma que cada amostra atenda às exigências de tamanho mínimo discutidas anteriormente. Uma abordagem CFA de múltiplos grupos nos permite entender completamente a extensão em que os resultados são os mesmos em ambos os grupos.

A Figura 11-11 ajuda a ilustrar testes CFA de dois grupos ou duas amostras. Ela descreve um modelo de mensuração de três construtos que se imagina existirem em duas amostras ou grupos. Para fins de validação cruzada, o grupo 1 pode ser pensado como uma amostra inicial usada para testar o modelo CFA de três construtos. Talvez o teste inicial envolvesse até mesmo um refinamento menor, como a eliminação de uma ou duas variáveis não mostradas aqui. O grupo 2 pode ser imaginado como uma amostra subseqüente utilizada para fazer validação cruzada com o modelo original. Os parâmetros envolvidos na validação cruzada serão as estimativas de carga (λ_x), as correlações entre construtos (Φ) e a variância associada com os termos de erro (chamada de θ_δ).

O modelo de mensuração proposto é um arranjo congênere padrão. Como anteriormente observado, uma estimativa de carga para cada fator, ou as variâncias fatoriais, seriam fixadas em 1 na estimação do modelo. Todos os demais parâmetros exibidos seriam estimados. O modelo resultante teria 51 graus de liberdade. A fórmula mostrada anteriormente pode ser usada para verificar este número.

Comparação de grupos

Agora voltamos nossa atenção para vários testes que indicam o grau em que uma amostra produz os mesmos resultados que outra amostra. É importante observar que validação cruzada não fornece uma resposta do tipo "sim ou não" sobre o quão bem resultados são reproduzidos em uma amostra independente. Validação cruzada é mais uma questão de grau que pode ser determinado pela aplicação de uma série de testes progressivamente mais rigorosos ao longo de amostras [9, 35]. A lista a seguir inclui testes típicos que vão dos menos para os mais rigorosos.

1. *Validação cruzada solta.* Com validação cruzada solta, o mesmo modelo CFA usado com a amostra original é imposto sobre a amostra de validação. Uma CFA é então conduzida usando somente a amostra de validação. Assim, o modelo de CFA mostrado para o grupo 2 na Figura 11-11 é testado como se mostra. Se a CFA se ajusta bem aos dados do grupo 2, tem-se evidência de validação cruzada. Vale notar que ambos os modelos terão o mesmo número de graus de liberdade, pois a mesma estrutura fatorial é empregada.

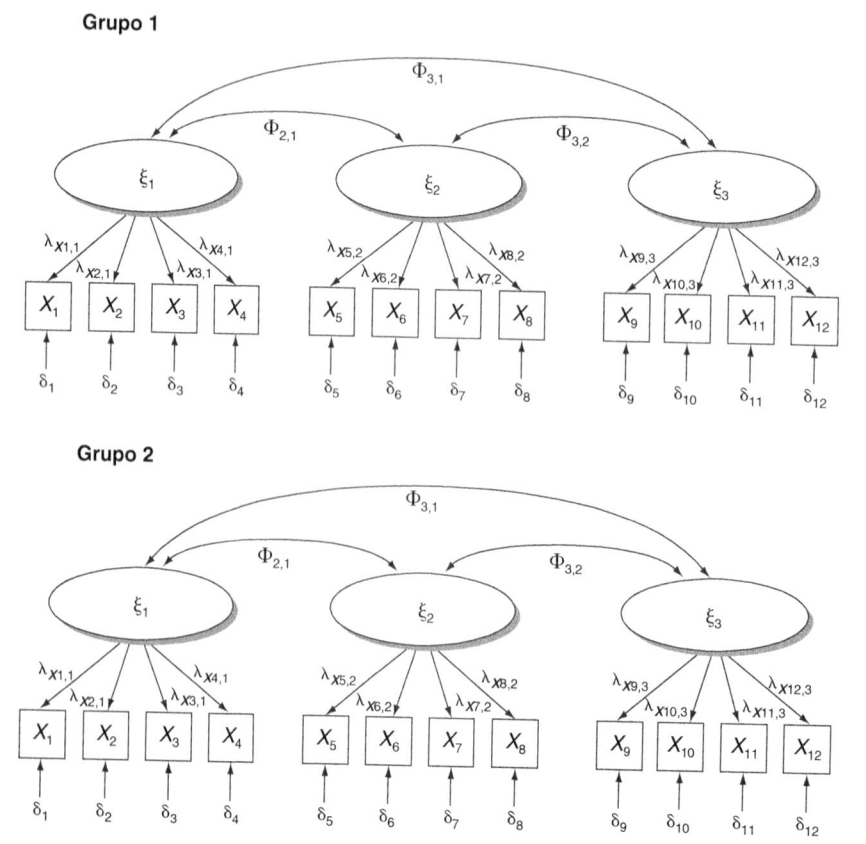

FIGURA 11-11 Um modelo fatorial de dois grupos padrão.

Nenhuma comparação de ajuste é feita entre os grupos 1 e 2. Ao invés disso, o ajuste deve ser aceitável em ambos os grupos separadamente, para se prosseguir com confiança.

2. *Matrizes equivalentes de covariância.* Às vezes, os pesquisadores conduzem um teste de equivalência para determinar se os dois grupos apresentam matrizes de covariância equivalentes. Teoricamente, este teste é redundante relativamente aos testes abaixo, no sentido de que se as duas matrizes de covariância forem idênticas, então os resultados de CFA também devem ser idênticos. A utilidade e o valor diagnóstico deste teste têm sido questionados [37]. Pesquisadores geralmente prosseguem para os próximos testes, não importando o resultado deste. Logo, vamos para os testes mais específicos.

3. *Equivalência de estrutura fatorial.* Os testes a seguir envolvem a estimação simultânea de modelos de CFA usando dados de ambos os grupos. Em terminologia SEM, o número de grupos (NG) agora é dois. Logo, matrizes separadas de covariância, uma para cada grupo, são computadas como um ponto de partida para os próximos testes. Agora, testamos o mesmo modelo CFA quanto aos dois grupos simultaneamente. Em outras palavras, apenas a estrutura fatorial é restrita entre grupos. Este modelo é, às vezes, chamado de **modelo totalmente livre de múltiplos grupos (TF)**, pois todas as estimativas mostradas (λ, Φ, θ_d) são livremente estimadas em cada amostra. Os valores, portanto, podem ser diferentes entre grupos. O importante valor χ^2 e as correspondentes estatísticas de ajuste agora se referem a quão bem o modelo ajusta ambas as matrizes de covariância. Um resultado é que os graus de liberdade associados com este modelo são o dobro do que ocorre na correspondente CFA de um grupo. A Figura 11-11 descreve uma CFA de dois grupos que teria 102 graus de liberdade. De fato, poder-se-ia juntar ambos os valores χ^2 e graus de liberdade dos resultados individuais de CFA de um grupo, e isso corresponderia ao resultado de dois grupos. Esta abordagem, algumas vezes, é uma maneira útil de verificar erros na especificação do modelo de dois grupos. Se os índices resultantes de ajuste para a CFA de dois grupos são adequados, então há pelo menos mínima evidência de validação cruzada. Este teste é, às vezes, conhecido como **invariância de configuração**.

4. *Equivalência de carga fatorial.* Este teste restringe as estimativas de carga a serem iguais em cada grupo. Pense nisso como uma restrição em termos de igualdade que força cada estimativa de carga no grupo 2 a ser igual à estimativa no grupo 1. Assim, esta restrição poupa tantos graus de liberdade quanto há estimativas de cargas livres no modelo original. Outra maneira é pensar na matriz de cargas como invariante, o que significa a mesma em cada grupo. Pode-se agora examinar a estatística de ajuste do novo modelo para avaliar a validade dele. Além disso, pode-se computar uma $\Delta\chi^2$ (variação no qui-quadrado) entre este modelo e o modelo TF (a referência). Se $\Delta\chi^2$ for significativo, então as restrições acrescentadas significativamente pioraram o ajuste. Se não for significativo, restringir as estimativas de cargas não piora o ajuste, e assim se tem uma maior evidência de validação cruzada.

5. *Equivalência de carga fatorial e de covariância entre fatores.* Este teste adiciona a restrição de que os termos de covariância entre fatores descritos nos caminhos curvos de dois sentidos ($\Phi_{2,1}$, $\Phi_{3,1}$, $\Phi_{3,2}$) são iguais entre as amostras. Com três elementos da matriz de covariância entre fatores agora restritos a serem iguais àqueles no outro grupo (como mostrado na Figura 11-11), o modelo usa três graus de liberdade a menos. Como antes, os índices de ajuste geral podem ser examinados e uma $\Delta\chi^2$ pode ser calculada entre este e o teste anterior. Se o teste não for significativo, então as restrições acrescentadas não pioraram o ajuste e temos maior evidência de validação cruzada.

6. *Equivalência de carga fatorial, covariância entre fatores e variância de erro.* Este último teste representa aquilo que às vezes é chamado de **validação cruzada apertada** [35]. Ela acrescenta a restrição de que a variância de erro associada com cada resíduo é igual entre grupos. Matematicamente, as variâncias e covariâncias de erro são representadas em forma matricial. As variâncias de erro são encontradas na diagonal desta matriz. Tipicamente, os demais elementos não são estimados e são fixados em zero. O número de elementos de variância de erro se iguala aos itens medidos, pois a equação para cada variável medida contém erro. Neste caso, o teste deste modelo usaria até 12 graus de liberdade a menos, pois os 12 termos de erro no grupo 2 são restritos a serem iguais àqueles no grupo 1. Novamente, estatísticas de ajuste de modelo e uma $\Delta\chi^2$ podem ser examinadas. Uma $\Delta\chi^2$ insignificante sugere que as restrições acrescentadas não pioraram o ajuste e que existe validação cruzada completa ou apertada.

Quanta evidência é necessária para validar um modelo CFA com uma amostra separada? A validação cruzada apertada é considerada ideal, mas talvez mais forte do que o necessário [35]. Validação cruzada parcial, como representada por um teste de equivalência de carga fatorial, deve fornecer evidência adequada de validação cruzada. Além disso, as questões de tamanho de amostra sobre a χ^2 do modelo se aplicam à estatística $\Delta\chi^2$. No entanto, o teste de significância é mais útil com os valores de $\Delta\chi^2$, e, assim, essas comparações são muito úteis no estabelecimento do grau de validação cruzada. Sob condições com amostras muito pequenas ou muito grandes em particular, o pesquisador pode querer confiar mais em mudanças em índices importantes de ajuste relativo, como o CFI ou o PNFI.

Ilustração de validação cruzada. Ilustraremos testes de validação cruzada baseados em resultados que empregam duas amostras obtidas de uma população semelhante para fazer validação cruzada de um modelo bidimensional de mensuração de Auto-Apresentação em Exercício (SPE) [19]. A SPE é uma medida psicológica associada com o quanto que alguém acredita que exercício contribui para a imagem de uma pessoa. As duas dimensões representam motivação de impressão (IM) e construção de impressão (IC). IM corresponde ao quanto que alguém deseja ser percebido como uma pessoa que se exercita, e IC está mais preocupada com os benefícios sociais do exercício físico. A validação cruzada foi mais apropriada porque modificações foram feitas com base nos diagnósticos de resíduos padronizados produzidos a partir da CFA inicial. Este processo trunca o modelo de 14 para 9 itens medidos.

(Continua)

(*Continuação*)
A Tabela 11-7 resume os resultados de validação cruzada. Cada teste progressivo sustenta validação cruzada. O teste de validação cruzada solta (#1) produz estatísticas adequadas de ajuste. O primeiro teste de amostra múltipla (#3) também fornece ajuste adequado. Além disso, cada teste progressivo produz uma mudança insignificante de ajuste sobre o teste subseqüente. Assim, esses resultados ilustram um caso ideal no qual os resultados de uma amostra são validados completamente por uma amostra subseqüente.

Aplicações de CFA de multi-grupos: um exemplo cultural

Muitas pesquisas em negócios e ciências sociais são hoje internacionais. Estudos envolvendo amostras obtidas de diferentes países são comuns. Pesquisadores estão reconhecendo cada vez mais as complicações metodológicas e conceituais associadas com estudos que envolvem respondentes de diferentes culturas. Por exemplo, uma simples comparação de respostas médias a uma escala de múltiplos itens entre culturas pode não ser válida. Três importantes questões devem ser tratadas:

1. O pesquisador precisa examinar se o significado lingüístico da escala é mantido de uma cultura para outra. Este processo envolve equivalência de tradução.
2. O pesquisador deve examinar se as escalas de avaliação em si são usadas de forma análoga em diferentes culturas. Tal questão envolve invariância métrica.
3. O pesquisador precisa saber se os significados quantificáveis da escala são os mesmos ao longo de culturas, o que envolve invariância escalar.

Equivalência de tradução pode ser estabelecida por meio de procedimentos tradicionais de tradução e retradução e não envolve qualquer procedimento estatístico. Este processo resolveria a primeira questão. Procedimentos de CFA amparam a segunda e a terceira questão, pois eles permitem que pesquisadores testem invariância ou equivalência *métrica* e *escalar*. (Invariância significa variação nula entre grupos; e equivalência é outra forma de expressar a mesma idéia. Os dois termos podem ser usados alternadamente.) Cada uma dessas características é descrita nas próximas seções.

Equivalência métrica. Uma condição de teoria de mensuração na qual as medidas que formam um modelo de mensuração têm o mesmo significado e são usadas do mesmo modo por diferentes grupos de respondentes é chamada de **invariância métrica** [18]. Como uma medida de **invariância de medida**, ela fornece ao pesquisador uma indicação se pessoas de diferentes culturas interpretam e usam as escalas da mesma maneira. Invariância métrica fornece evidência de que respondentes usam escalas de avaliação de maneira semelhante ao longo de grupos, no sentido de que as diferenças entre valores podem ser comparadas. Em outras palavras, respondentes usam os intervalos entre valores de construtos da mesma maneira em cada grupo. Ainda que esta idéia possa ser difícil de assimilar conceitualmente, o resultado simples é que invariância métrica permite comparações com significado sobre a força de relações entre construtos de um grupo com o outro. Invariância métrica não pode existir sem invariância de configuração (condição n° 3 na lista da seção sobre comparação de grupos). Invariância métrica completa também demanda que as cargas fatoriais sejam invariantes entre os grupos que serão comparados. Assim, ela requer equivalência de cargas fatoriais (condição n° 4 na lista de comparação de grupos) [18].

Um novo exame da Figura 11-11 mostra que haveria invariância métrica completa quando restrições ao modelo para ter estimativas iguais de carga não diminuíssem significativamente o ajuste. Logo, poderíamos significativamente comparar relações entre os construtos em um grupo com a relação entre os construtos no segundo grupo. Analogamente, teríamos comparações válidas sobre todas as relações entre construtos. Invariância métrica completa é um teste rigoroso na maioria dos contextos.

Na prática, invariância métrica parcial é considerada suficiente para viabilizar comparações de relações entre grupos. O nível de invariância parcial necessário requer que pelo menos duas estimativas de carga para cada construto sejam iguais entre grupos. CFA pode fornecer um teste de invariância parcial pela comparação do modelo de referência TF (totalmente livre) com um modelo restringindo uma estimativa de carga para ser igual entre grupos. Assim, por exemplo, poderia ser acrescentada uma restrição que demandasse que a estimativa de carga $\lambda_{x1,1}$ fosse a mesma em ambos os grupos, 1 e 2. Uma $\Delta\chi^2$ pode ser usada para

TABELA 11-7 Estatísticas de validação cruzada para a escala de SPE

Descrição do modelo	df	χ^2	CFI	RMSEA	Comentários
1. Validação cruzada solta	26	81,3	0,96	0,08	Ajuste razoavelmente bom
3. Equivalência de estrutura fatorial	52	176,6	0,95	0,08	Ajuste razoavelmente bom
4. Equivalência de carga fatorial	59	184,5	0,95	0,08	$\Delta\chi^2_7 = 7,9$, insignificante
5. Equivalência de covariância entre fatores	62	185,6	0,95	0,08	$\Delta\chi^2_3 = 1,1$, insignificante
6. Equivalência de variância de erro	71	197,5	0,95	0,07	$\Delta\chi^2_9 = 11,9$, insignificante

Fonte: Adaptada de Conroy e Motl, 2003. "Modification, Cross-Validation, Invariance, and Latent Mean Structure of the Self-Presentation in Exercise Questionnaire," *Measurement in Physical Education and Exercise Science* 7 (1): 1-18.

ver se a restrição adicionada diminui significativamente o ajuste. Este processo pode ser repetido em um esforço para determinar se dois itens invariantes por fator podem ser encontrados. Com três construtos, um mínimo de seis estimativas de cargas (duas em cada um dos três construtos) seria necessário para ser invariante entre os grupos 1 e 2. Se seis pudessem ser encontradas por este processo, uma CFA final seria conduzida acrescentando-se todas as seis restrições de igualdade ao modelo TF. Os ajustes são comparados como antes com uma estatística $\Delta\chi^2$ insignificante e/ou melhores valores de PNFI para o modelo mais restrito sustentando invariância métrica parcial [24, 48].

Invariância escalar. Estudos de cruzamentos culturais freqüentemente envolvem a comparação de construtos entre culturas. Especificamente, comparamos as médias entre duas populações. Na Figura 11-11, os dois grupos poderiam ser dois países diferentes, talvez Rússia e Estados Unidos, e gostaríamos de perceber se os construtos são maiores na Rússia do que nos Estados Unidos. Se este exemplo é apropriado para a HBAT, a administração da HBAT pode querer examinar uma questão de pesquisa na qual se indaga se três medidas latentes – qualidade, satisfação e lealdade – exibem médias mais elevadas nos Estados Unidos ou na Rússia. Outros pesquisadores podem querer comparar satisfação com emprego, auto-estima ou até mesmo inteligência entre populações.

À primeira vista, esta comparação parece uma questão simples. MANOVA poderia ser usada para testar diferenças de médias. Isso seria apropriado quando as variáveis dependentes ou os construtos fossem relacionados entre si e a variável independente chave fosse não-métrica. Neste caso, ela seria uma variável dicotômica representando o país de um respondente. Técnicas de ANOVA poderiam ser empregadas sobre variáveis ou construtos dependentes que não são relacionados entre si. Seriam aplicadas separadamente para cada variável ou construto dependente. MANOVA e ANOVA tradicionais continuam sendo as ferramentas estatísticas mais comumente aplicadas para teste de diferenças entre culturas de grupos. Resultados a partir dessas abordagens são precisos somente quando as três questões sobre invariância de medição cruzada de culturas são confirmadas.

Aparecem diferenças nas médias entre dados de duas populações diferentes (países, neste caso)? Esta questão aparentemente simples se torna complexa sempre que nos preocupamos com problemas como saber se quantias de um construto (neste caso, médias) sob consideração têm o mesmo significado em ambas as populações. Um teste de **equivalência escalar** pode fornecer esta evidência. Equivalência escalar significa que quantias têm o mesmo significado entre os dois grupos considerados. Em outros termos, um escore de satisfação com emprego de 15 em uma cultura seria expresso como um 15 em outra. Mais especificamente, equivalência escalar é estabelecida examinando-se se os pontos-zero (o valor das variáveis observadas quando um construto é igual a zero) são os mesmos entre grupos. Quando as equivalências métrica e escalar são ambas estabelecidas, diz-se existir *forte invariância fatorial* juntamente com a correspondente habilidade de comparar relações e médias entre eles [18].

Você pode lembrar que em nossa discussão sobre análise de regressão (Capítulo 4), o termo de intercepto na equação de regressão (b_0) freqüentemente não era de interesse na interpretação de relações entre variáveis. Analogamente, nossa discussão de SEM evitou qualquer menção sobre um intercepto ou um termo de intercepto-zero, pois isso não é importante para entender como itens medidos são relacionados com construtos dentro de um só grupo. Mas não podemos evitar isso agora. Na verdade, o intercepto deve ser examinado quando se testa equivalência escalar. Existe equivalência escalar quando os termos de intercepto para cada variável medida são invariantes entre os grupos sob estudo.

Invariância escalar completa existe quando o vetor de termos de intercepto-zero em um grupo não é significativamente diferente dos vetores nos demais grupos em estudo. Em outras palavras, isso resulta quando todos os termos intercepto são invariantes entre grupos. Invariância escalar parcial pode ser suficiente para permitir comparações médias entre grupos. Se dois termos de intercepto de item sobre cada construto são iguais entre grupos, então comparações de média são consideradas válidas [48].

A CFA testa invariância escalar completa ou parcial. O procedimento também envolve a comparação de ajuste de um modelo com as restrições adicionadas associadas com invariância escalar a um modelo de referência menos restrito. O modelo de referência neste caso é aquele associado com invariância métrica (completa ou parcial, conforme o caso). Note que ambas as invariâncias, métrica e escalar, são necessárias para fazer comparações válidas. No caso de invariância escalar completa, o ajuste CFA de um modelo, adicionando a restrição de que o vetor é o mesmo em cada grupo, não é significativamente pior do que o ajuste do modelo de referência. Se invariância escalar completa não pode ser estabelecida, então o teste para invariância escalar parcial envolveria restrições que igualam dois termos de intercepto por construto entre grupos. Novamente, se este modelo se ajusta tão bem quanto o modelo de referência, então variância* escalar parcial é estabelecida.

Visão geral de teste de invariância. A crescente presença de pesquisa sobre cruzamento de nações tem gerado considerável interesse em procedimentos que avaliam invariância métrica. Mais notavelmente, surgem questões sobre o quão bem índices tradicionais de ajuste, incluindo a estatística $\Delta\chi^2$, se aplicam para estabelecer invariância de medida. Estudos de simulação demonstram que testes convencionais envolvendo vários níveis de restrições fazem um bom trabalho de diagnóstico de invariância ou de sua falta na maioria das condições. Ou seja,

---

* N. de R. T.: O termo correto seria "invariância".

os testes funcionam bem desde que as amostras sejam grandes o bastante e cada construto inclua um número suficiente de itens [37]. A Tabela 11-8 resume os níveis de invariância de medida associados com comparações entre populações.

Teste de diferenças em médias de construtos

Um último tipo de comparação multi-grupos é o teste para diferenças em médias de construtos. Se há pelo menos invariância escalar parcial, podemos operacionalizar um valor para as médias dos construtos latentes. Deste modo, dizemos ao programa SEM que estamos interessados na análise de médias. O Apêndice 11B mostra a equação que é introduzida para representar médias de construtos latentes. Porém, de uma maneira ou de outra, o programa SEM deve ser avisado que estamos interessados nas médias de tais construtos.

Programas SEM comparam médias apenas em um sentido relativo. Em outros termos, eles podem dizer a você se a média é maior ou menor relativamente a outro grupo [39]. Uma razão para tal limitação tem a ver com identificação, uma vez que os termos de intercepto estão agora sendo estimados. Um resultado é que o vetor de médias de construtos latentes (contido na matriz kapa) tem que ser fixado em zero em um grupo, para identificar o modelo. Chamamos este grupo de grupo 1. Ele pode ser livremente estimado nos demais grupos e os valores resultantes podem ser interpretados como quão acima ou abaixo as médias de construtos latentes estão nestes grupos, relativamente ao grupo 1.

Usando o exemplo ilustrativo da Figura 11-11, a saída SEM incluirá agora estimativas para o vetor no grupo 2. Tipicamente, esta saída incluiria um valor estimado, um erro padrão e um valor-t associado com cada valor. Por exemplo, pode se parecer com isto:

	KAPA (κ)	
Construto 1	Construto 2	Construto 3
2,6	0,09	−3,50
(0,45)	(0,60)	(1,55)
5,78	0,10	−2,25

Esses valores sugerem que a média para o construto 1 é 2,6 maior no grupo 2 do que no grupo 1. Esta diferença é significante, como se evidencia pelo valor-t de 5,78 ($p < 0,001$). A média para o construto 2, diferindo por 0,09, não é significativamente distinta ($t = 0,10$). A média para o construto 3, por outro lado, é significativamente menor no grupo 2 relativamente ao grupo 1 ($t = -2,25$; $p < 0,05$). Esses tipos de comparação de valores médios de construtos podem ser úteis na pesquisa de culturas [24, 48].

Parcelamento de item em CFA e SEM

Parcelamento de item se refere à combinação de variáveis medidas em conjuntos de diversas variáveis por soma ou cálculo de média de itens. O parcelamento oferece uma maneira de lidar com um número não-gerenciável de variáveis reflexivas medidas por construto [17]. Por exemplo, algumas escalas psicológicas podem conter mais de 100 itens para capturar apenas duas ou três dimensões básicas de personalidade. Assim, mesmo com uns poucos construtos pode-se terminar com muito mais do que 100 itens medidos. Aplicações de SEM são difíceis de gerenciar com tantas variáveis medidas.

Usando-se parcelamento de itens, um único construto latente com 40 itens medidos ($x_1 - x_{40}$) poderia ser representado por oito parcelas, cada uma consistindo de 5 dos 40 itens medidos. Uma *parcela* é uma combinação matemática que resume múltiplas variáveis em uma. No caso extremo, todos os itens medidos para um construto podem

TABELA 11-8 Resultados de testes de invariância de medidas em comparações de populações

Tipo de invariância	Restrição	Compara ajuste com:	Resultado para comparações de grupos
Invariância métrica completa	Todas as estimativas de cargas iguais ao longo de todos os grupos.	Modelo CFA multi-grupo TF	Comparações de relações entre construtos são válidas.
Invariância métrica parcial	Ao menos duas estimativas de carga fatorial iguais em todos os grupos.	Modelo CFA multi-grupo TF	Comparações de relações entre construtos são válidas.
Invariância escalar completa	Todas as estimativas de intercepto zero de item medido são iguais em todos os grupos.	Modelo de invariância métrica	Comparações de relações entre construtos e comparações entre médias de construtos são válidas.
Invariância escalar parcial	Pelo menos dois termos de intercepto zero de item são iguais ao longo de todos os grupos.	Modelo de invariância métrica	Comparações de relações entre construtos e comparações entre médias de construtos são válidas.
Invariância fatorial forte	Exigências de invariância escalar completa e invariância métrica completa.	Modelo CFA multi-grupo TF	Comparações de relações entre construtos e comparações entre médias de construtos são válidas.

ser combinados em uma média ou uma soma daquelas variáveis. No Capítulo 3, discutimos como criar um construto somado dessa maneira. O termo *indicador composto* é geralmente usado para se referir a parcelamento que resulta em apenas uma parcela de todos os itens medidos para um construto.

Numerosas questões estão associadas com parcelamento de itens. Essas questões incluem a adequação do parcelamento, quais itens devem ser combinados em uma parcela, e quais são os efeitos do parcelamento sobre a avaliação de modelos. Parcelamento tem o potencial para melhorar o ajuste do modelo simplesmente por reduzir a complexidade do modelo, e modelos com menos variáveis têm potencial para melhor ajuste [31]. No entanto, melhora somente no ajuste não é argumento o suficiente para se combinar múltiplos itens em um, pois o principal objetivo é a criação de um modelo que melhor represente os dados reais. Além disso, parcelas de item podem freqüentemente mascarar problemas com medidas de itens e sugerir um ajuste melhor do que realmente existe [7]. Parcelamento pode também ocultar outros construtos latentes que existem nos dados. Assim, uma matriz de covariância que realmente contenha cinco construtos latentes pode ser adequada, mas falsamente representada por três construtos latentes usando-se parcelamento.

Quando é apropriado o parcelamento?
Parcelamento de itens deve ser considerado somente quando um construto tem um grande número de indicadores de variáveis medidas. Por exemplo, aplicações envolvendo menos de 15 itens não requerem parcelamento. Analogamente, parcelamento não é empregado com modelos formativos, pois é importante que todas as causas de um fator formativo sejam incluídas. Parcelamento é adequado quando todos os itens para um construto são unidimensionais. Ou seja, mesmo com um grande número de itens medidos, todos eles deveriam carregar altamente sobre apenas um construto e deveriam mostrar alta confiabilidade (0,9 ou mais). Mais importante, parcelamento é apropriado quando não se perde informação no uso de parcelas no lugar de itens individuais [30]. Assim, algumas verificações simples anteriores ao parcelamento envolvem a execução de uma CFA sobre o fator individual, para verificar unidimensionalidade e para ver se o construto refletido por todos os itens individuais se relaciona com outros construtos da mesma maneira que um construto refletido por um número menor de parcelas.

Como itens devem ser combinados em parcelas?
Tradicionalmente, pouco se tem pensado na maneira como itens devem ser combinados. Contudo, a estratégia de combinação pode afetar a possibilidade de que uma CFA esteja na verdade sustentando uma falsa teoria de mensuração. Apesar de muitas complicações serem associadas com as estratégias de combinação, duas considerações simples levam ao melhor desempenho quando um pesquisador deve usar parcelamento. Uma consideração é empírica e a outra, teórica. Sabendo-se que os itens individuais sugerem unidimensionalidade, as melhores parcelas são formadas por itens que retratam aproximadamente a mesma covariância, o que deve levá-los a terem aproximadamente as mesmas estimativas de cargas fatoriais. Além disso, as parcelas devem conter grupos de itens com a maior similaridade conceitual. Isto é, itens com a validade de conteúdo mais próxima. Portanto, parcelas com itens que mostram aproximadamente a mesma covariância e que compartilham uma base conceitual tendem a ter um bom desempenho e a representar os dados com melhor precisão [30].

ILUSTRAÇÕES DE CFA AVANÇADA

Esta seção fornece ilustrações de CFA avançada. Estão incluídas aplicações do conjunto de dados de HBAT_SEM para análises de grupos múltiplos e viés de medidas.

Análises de grupos múltiplos
Durante as entrevistas entre a administração da HBAT e os consultores, surgiram numerosas questões sugerindo uma necessidade de comparar empregados homens com mulheres.

Da mesma maneira que invariância seria testada se duas amostras internacionais fossem usadas, ou se os dados fossem divididos em amostras de validação e de validação cruzada, testes de invariância são necessários para comparar os resultados de CFA obtidos a partir de empregados do sexo masculino e feminino.

Muito semelhante com a divisão de amostra usando SPSS em outros procedimentos multivariados, os dados gerais podem ser separados em dois grupos: um para respondentes homens e outro para respondentes mulheres. Neste estudo, 200 empregados do sexo masculino e 200 empregados do sexo feminino responderam o questionário. O usuário deve informar ao programa SEM que uma análise de múltiplos grupos está sendo conduzida. Consulte a documentação de seu programa para ver como esta informação é transmitida com seu software SEM preferido. Essencialmente, o modelo é reproduzido em todas as amostras consideradas e o ajuste é determinado agora pela qualidade do modo como o modelo reproduz todas as matrizes de covariância de amostra observada. Assim, somente um valor χ^2 é fornecido.

Passos em invariância de medida
Nesta seção, demonstramos os testes necessários associados com validação cruzada e invariância de medida. Esses procedimentos se sobrepõem, mas podem ser separados

em cinco passos, com cada passo ficando mais restrito. Os procedimentos usados aqui são os mesmos utilizados em qualquer validação cruzada de CFA. Analogamente, os procedimentos se estendem a testes de invariância entre amostras obtidas de diferentes países.

> A meta é examinar se os resultados da amostra de empregados homens podem passar por validação cruzada usando a amostra de empregados do sexo feminino. De um ponto de vista de medição, freqüentemente estaríamos validando usando uma amostra com o mesmo perfil demográfico obtido da mesma população, o que corresponderia ao exemplo SPE ilustrado na Tabela 11-7.

Validação cruzada solta. O primeiro passo é **validação cruzada solta** estabelecida pela aplicação separada de CFA ao mesmo modelo de mensuração em cada amostra. Assim, dois modelos CFA são testados neste exemplo de dois grupos. Se mais de dois grupos estão envolvidos, então mais CFAs são exigidas. Aqui, examinamos o grau em que resultados da amostra de homens pode passar por validação cruzada com os resultados da amostra de mulheres.

> As CFAs são realizadas mediante a mesma estrutura de medição usada com a amostra geral (Figura 11-8). Processando o programa SEM duas vezes, uma vez com os dados de homens e uma vez com os dados de mulheres, obtemos resultados CFA para homens e mulheres, respectivamente. As estatísticas resultantes de ajuste da HBAT a partir de cada teste são as seguintes:
>
> | | Homens | Mulheres |
> |---|---|---|
> | χ^2 | 206,7 | 222,1 |
> | df | 179 | 179 |
> | p | 0,076 | 0,016 |
> | **RMSEA** | 0,021 | 0,028 |
> | **CFI** | 0,99 | 0,99 |
>
> Os valores de RMSEA e CFI são muito parecidos para cada grupo e sugerem um bom ajuste para as amostras de homens e mulheres. Usando uma taxa de erro Tipo I de 0,01, os homens têm um teste χ^2 praticamente insignificante ($p = 0,076$), e o mesmo ocorre com a amostra de mulheres ($p = 0,016$). Nenhum problema significativo foi observado com validade de construto em qualquer amostra. Portanto, os critérios de validação cruzada solta são atendidos, pois o modelo de mensuração parece válido em ambas as amostras tomadas separadamente.

Equivalência de estrutura fatorial. Análises de múltiplos grupos começam com este passo. O teste de **equivalência de estrutura fatorial** examina o modelo de mensuração original em ambas as amostras, como na validação cruzada solta, mas agora o modelo será estimado em cada grupo simultaneamente, e não em separado. Esses índices de ajuste agora se referem à precisão com que o modelo de mensuração reproduz a matriz de covariância observada para homens e mulheres.

> No lugar de estatísticas separadas de ajuste para as amostras de homens e mulheres, um conjunto-chave de estatísticas de ajuste é fornecido. Como resultado, olhamos um conjunto de índices de ajuste ao invés de dois. Lembre-se que os parâmetros livres associados com o modelo de mensuração da HBAT não estão restritos entre grupos; logo, este modelo é dito TF (totalmente livre). As correspondentes estimativas de parâmetros freqüentemente assumem diferentes valores em cada amostra, como brevemente veremos.
>
> Como esperado, o χ^2 do modelo para a CFA de dois grupos (homens versus mulheres) se iguala ao valor obtido pela adição dos dois valores χ^2 do processo de validação solta. Tal valor é 428,8 com 358 graus de liberdade ($p = 0,006$). A RMSEA para o modelo de dois grupos é 0,025, com um intervalo de confiança de 90% de 0,000 a 0,037. O CFI é de 0,99. Esses resultados suportam o modelo de mensuração. Assim, a mesma estrutura fatorial é apropriada em qualquer amostra. Equivalência de estrutura fatorial é sustentada.
>
> A Figura 11-12 exibe as estimativas resultantes de parâmetros em cada grupo usando um diagrama visual. Um propósito de apresentar este diagrama é demonstrar como se parece o resultado quando se baseia em um diagrama de caminhos. Esse método de apresentação padrão para estimativas de parâmetros está disponível em AMOS ou LISREL, quando um diagrama de caminhos é requisitado. Alguns usuários preferem a saída visual, e outros podem preferir em forma de texto. No entanto, à medida que os modelos aumentam em complexidade, os diagramas ficam cada vez mais difíceis de ler.
>
> As estimativas de parâmetros no diagrama geralmente sustentam o modelo TF. Não as discutimos em detalhes porque elas seguem de maneira muito próxima aquelas apresentadas para a amostra geral em termos da adequação de cargas fatoriais, variância extraída e estimativas de confiabilidade. Portanto, a HBAT conclui que o modelo de mensuração proposto tem suficiente validade em ambos os grupos. Ele também satisfaz os critérios para validação estrutural fatorial.

Equivalência de carga fatorial. O próximo teste restringe o modelo de CFA de uma maneira que requer que as estimativas de cargas fatoriais nos dois grupos sejam iguais. Equivalência de carga fatorial é testada examinando-se os efeitos do acréscimo dessa restrição sobre o ajuste do modelo TF.

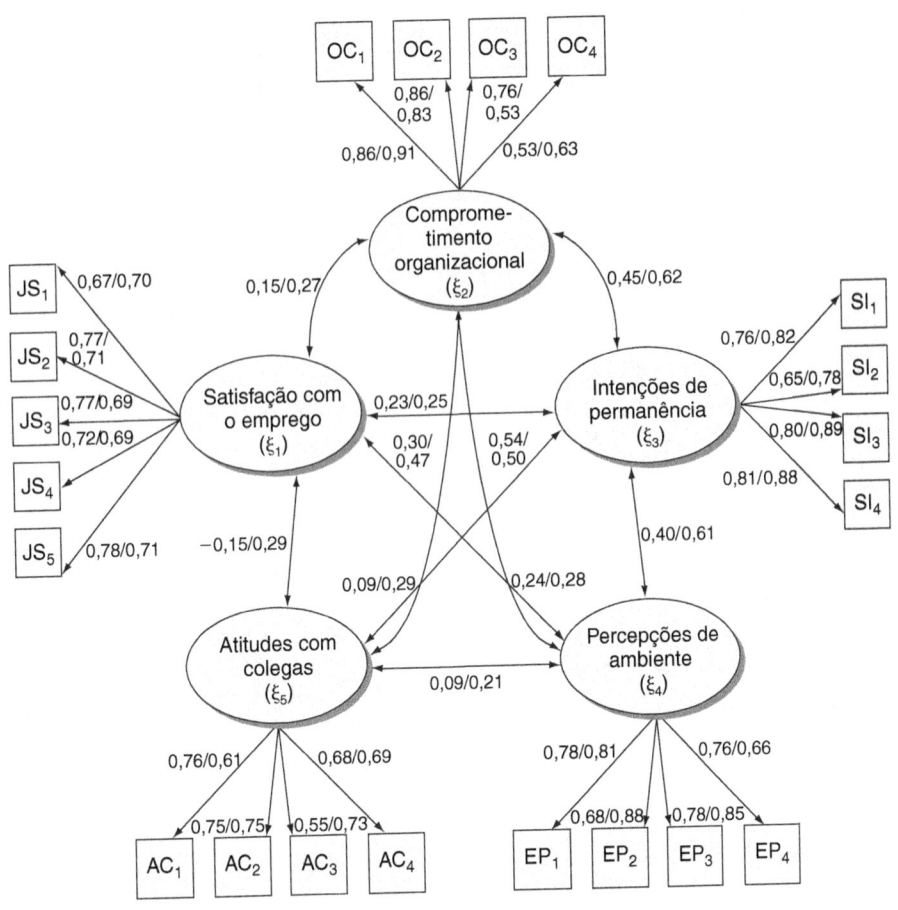

FIGURA 11-12 Resultados de CFA de dois grupos de empregados da HBAT.

Nota: A primeira estimativa mostrada é o resultado para o grupo de homens, e a segunda é o resultado para o grupo feminino (homens/mulheres). Números exibidos são estimativas completamente padronizadas.

A Tabela 11-9 retrata as estatísticas de ajuste associadas com ambos os modelos, obrigando as estimativas de cargas fatoriais na amostra de homens a serem iguais àquelas da amostra feminina. Ela contém também resultados para outros modelos que testam demais graus de equivalência. A estatística de ajuste de χ^2 para o modelo de equivalência de carga fatorial é de 486,0 com 374 graus de liberdade. Subtraindo os resultados de TF a partir disso, obtemos o valor $\Delta\chi^2$ de 57,2 com 16 graus de liberdade. Com base em 16 estimativas de carga fatorial, o valor crítico da distribuição χ^2 com 16 graus de liberdade é de 32,0 com um risco de erro do Tipo I de 0,01. Portanto, as restrições adicionadas pioram significativamente a estatística χ^2. A RMSEA aumenta para 0,032, enquanto a CFI cai para 0,98. A PNFI aumenta ligeiramente para 0,83, refletindo a maneira como recompensa modelos com complexidade menor – o que significa menos parâmetros livres. Apesar de poder ser argumentado que o PNFI aumentado sustenta equivalência, a HBAT assume uma abordagem mais conservadora com base na magnitude relativa do valor $\Delta\chi^2$. Não é incomum que o PNFI entre em conflito com outros indicadores. Dado o debate sobre o uso do PNFI

e o fato de que a melhora é pequena (0,03), maior confiança vem de se basear nos demais resultados. Assim, a conclusão é que o modelo carece de equivalência de carga fatorial e que validação cruzada das amostras se estende somente para estruturas fatoriais equivalentes.

Equivalência de covariância entre fatores. Se equivalência de carga fatorial é sustentada, então o próximo passo é o exame de equivalência de covariância entre fatores. Como descrito anteriormente, este processo exige a adição de outra restrição para o processo de estimação.

Como nossos resultados não sustentam equivalência de carga fatorial, este passo não seria necessário para examinar validação cruzada simples. No entanto, pode ser necessário por alguma outra razão, trazendo atenção especial às correlações entre fatores. Também o apresentamos aqui para ilustrar como ele é executado e sua interpretação.

O modelo pode ser estimado adicionando-se a restrição de que a matriz de covariância entre fatores de um grupo é equivalente à matriz de covariância do outro

(*Continua*)

(Continuação)

grupo. Se elas não são verdadeiramente iguais, o ajuste deve piorar por conta desta restrição. Neste caso, a restrição adicionada piora significativamente o ajuste ($\Delta\chi^2 = 53,9$, $df = 15$, $p < 0,001$). Novamente, um pequeno aumento (0,03) no PNFI é observado em comparação com o modelo anterior. No entanto, o significante $\Delta\chi^2$ e o aumento em RMSEA sugerem uma falta de equivalência de covariância entre fatores.

Equivalência de variância de erro. A seguir, ilustramos como examinar a equivalência de variância de erro entre amostras. Como o outro teste, precisamos adicionar uma restrição ao modelo. Neste caso, as estimativas de variância de erro devem ser restritas para serem iguais em cada amostra.

Como ocorre com a restrição de covariância entre fatores já discutida, este vínculo também piora significativamente o ajuste ($\Delta\chi^2 = 134,2$, $df = 21$, $p < 0,001$). O CFI cai para 0,96 e a RMSEA sobe para 0,051*. Assim, a conclusão é que os termos de variância de erro não são equivalentes nas amostras de homens e mulheres.

Invariância métrica

Invariância métrica completa não pode ser sustentada, a menos que equivalência de carga fatorial também seja sustentada, pois ela sugere que as cargas variam significativamente de um grupo para o seguinte. Contudo, pesquisadores podem estar interessados na comparação de relações, que pode ser executada se invariância métrica parcial puder ser estabelecida. Lembre-se que invariância métrica parcial existe quando pelo menos dois itens que carregam sobre cada fator são equivalentes de um grupo para o próximo. Portanto, uma série de modelos de CFA que restringem sucessivamente apenas duas estimativas de cargas sobre um fator pode ser usada para testar invariância métrica parcial.

Ainda que invariância métrica completa não possa ser sustentada por conta da falta de equivalência de carga fatorial, a HBAT está interessada na comparação de relações. Como resultado, testes posteriores foram conduzidos para ver se invariância métrica parcial poderia ser estabelecida. Se começamos a partir do modelo TF, podemos acrescentar uma restrição de que qualquer parâmetro individual seja o mesmo entre grupos, selecionando qualquer estimativa de carga livre do grupo 1 e restringindo-a a ser igual ao mesmo valor no grupo 2.

Por exemplo, as estimativas para $\lambda_{x2,1}$ e $\lambda_{x5,1}$ serão restritas a serem iguais em cada grupo. Podemos então examinar o quanto de mudança este vínculo provoca no ajuste. Os resultados sugerem que o ajuste não se modifica significativamente. O χ^2 do modelo é igual a 431,35 com 360 graus de liberdade. A RMSEA é 0,024, o CFI é 0,99, e o PNFI é de 0,81. Subtraindo os resultados de TF, descobrimos que $\Delta\chi^2 = 2,55$ com 2 df. O valor χ^2 crítico para 2 df é 9,21 (erro Tipo I = 0,01). Logo, essas duas estimativas de caminhos mostram equivalência ao longo dos grupos.

Este processo pode ser continuado para cada um dos demais fatores. Depois de fazer isso, o consultor da HBAT descobre que as seguintes estimativas de cargas dos parâmetros (valores lambda) são equivalentes entre amostras:

Parâmetro	Construto	Variável medida
$\lambda_{x2,1}$	JS	x_1
$\lambda_{x5,1}$	JS	x_{11}
$\lambda_{x7,2}$	OC	x_6
$\lambda_{x9,2}$	OC	x_2
$\lambda_{x11,3}$	SI	x_{14}
$\lambda_{x13,3}$	SI	x_{21}
$\lambda_{x15,4}$	EP	x_7
$\lambda_{x17,4}$	EP	x_{10}
$\lambda_{x19,5}$	AC	x_{18}
$\lambda_{x21,5}$	AC	x_{20}

Se pelo menos dois itens por fator podem ser restringidos a serem iguais sem significativamente piorar o ajuste, invariância métrica parcial é sustentada. Como resultado, podem ser feitas comparações válidas das relações entre construtos envolvendo as amostras de homens e de mulheres. Retornamos a este ponto com mais detalhes no Capítulo 12.

---

* N. de R. T.: Este número (0,051) é ligeiramente diferente na Tabela 11-9 (0,05).

TABELA 11-9 Resultados de testes de invariância de mensuração para homens e mulheres

	χ^2	df	p	RMSEA	CFI	PNFI	$\Delta\chi^2$	Δdf	p
Grupos individuais:									
Homens	206,7	179	0,078	0,021	0,99	0,81			
Mulheres	222,1	179	0,016	0,028	0,99	0,8			
TF (Equivalência de estrutura fatorial)	428,8	358	0,006	0,021	0,99	0,81			
Equivalência de carga fatorial	486,0	374	0,0002	0,032	0,98	0,83	57,2	16	$p < 0,001$
Equivalência de covariância fatorial	539,9	389	0,0000	0,038	0,98	0,86	53,9	15	$p < 0,001$
Equivalência de variância de erro	674,1	410	0,0000	0,05	0,96	0,89	134,2	21	$p < 0,001$

Equivalência escalar

Descrevemos anteriormente neste capítulo como invariância escalar é sustentada quando termos de intercepto correspondentes para as variáveis observadas são os mesmos em cada grupo. Este teste complica as coisas, no sentido de que os interceptos zero da variável medida têm que ser parametrizados (isto é, explicados em computações e/ou estimados) dentro da CFA. Além disso, as médias da variável latente também são parametrizadas via kapa. O leitor pode consultar a documentação do respectivo programa SEM quanto a detalhes sobre as maneiras como esses passos podem ser levados a cabo.

A HBAT está interessada em diferenças entre empregados homens e mulheres. Antes que comparações válidas em médias possam ser feitas, temos que saber que as duas populações interpretam os significados e valores da escala do mesmo modo. Portanto, a HBAT aplicará um teste de invariância escalar. Eles estão particularmente interessados em comparar compromisso organizacional e percepções de ambiente para ambos os grupos. Assim, neste momento eles escolhem a simplificação da CFA para incluir somente esses dois construtos.

Neste caso, devemos estabelecer invariância escalar antes que as médias de grupos para comprometimento organizacional e percepção de ambiente possam ser comparadas. Depois de parametrizar os interceptos zero da variável medida (TX) e restringir para que os termos intercepto de um grupo sejam iguais (TX = IN) aos correspondentes termos intercepto do outro grupo, as seguintes estatísticas de ajuste foram produzidas:

	Grupo 2 TX = FR	Restrição: TX = IN
χ^2	165,6	174,4
df	44	52

Neste caso estamos preocupados com a diferença de ajuste e não com o ajuste geral, uma vez que a validade de construto já foi estabelecida na CFA sem os interceptos zero ou médias de construto latente. Assim, $\Delta\chi^2$ se torna especialmente importante. Neste caso, $\Delta\chi^2 =$ 8,9* com 8 graus de liberdade, o que não é significante. Portanto, a restrição acrescentada de que os termos intercepto da variável medida são iguais ao longo dos grupos não prejudica significativamente o ajuste. Desse modo, invariância escalar completa é estabelecida e a HBAT pode promover comparações válidas de médias de construto latente. Se não fosse o caso, o analista da HBAT poderia ter testado equivalência individual de interceptos de variável medida, dois por vez, como um esforço para estabelecer invariância escalar parcial. Esta abordagem seria consistente com o método usado previamente para estabelecer invariância métrica parcial.

Porém, estamos mais interessados nos valores para as médias de construto latente (rotulados aqui por KAPA). Os valores a seguir estão dispostos na primeira seção de saída associada com os resultados para homens:

```
        KAPA (κ)
   OC            EP
   0,29         0,55
  (0,44)       (0,22)
   0,66         2,48
```

Somente um conjunto de médias é fornecido, pois elas representam a diferença entre médias de grupos. SEM não produzirá médias para cada grupo. A média padronizada para comprometimento organizacional na amostra de homens é estimada em 0,29, com um erro padrão de 0,44 e um valor-t de 0,66. Este valor deve ser interpretado como uma comparação de médias padronizadas. Em outras palavras, é uma interpretação relativa que indica que comprometimento organizacional é 0,29 maior entre empregados homens do que entre as mulheres. Esta diferença não é significante. A percepção ambiental média padronizada na amostra de homens é estimada em 0,55, com um erro padrão de 0,22 e um valor-t de 2,48. Este resultado é significante ($p < 0,05$). Assim, percepção do ambiente é 0,55 mais favorável entre empregados do sexo masculino do que entre empregados do sexo feminino. A HBAT conclui, portanto, que homens gostam mais do ambiente de trabalho do que mulheres, apesar de ambos os grupos serem igualmente comprometidos.

Resumo

Esta seção introduziu vários testes de equivalência conduzidos no âmbito de CFA básica de grupos múltiplos. A despeito de o modelo CFA de dois grupos TF ser uma extensão razoavelmente direta da abordagem padrão de um grupo, os testes de invariância métrica e invariância escalar podem se tornar complicados. Isso fica particularmente complexo quando se tenta estabelecer invariância métrica parcial ou invariância escalar parcial. Testes de equivalência são úteis quando o pesquisador precisa fazer validação cruzada de resultados prévios ou comparar construtos entre grupos que podem não ser obtidos da mesma população. A segunda condição é particularmente verdadeira em pesquisas que ultrapassam as fronteiras de uma nação.

Viés de medida

Às vezes, pesquisadores ficam preocupados que respostas de entrevistas sejam viesadas, dependendo da maneira como as questões são formuladas. Por exemplo, poderia ser argumentado que a ordem na qual as questões são realizadas pode ser responsável pela covariância entre

---

*N. do R. T. O valor correto seria 8,8.

itens que são agrupados proximamente. Se for o caso, um fator de incômodo baseado na proximidade física de itens de escala pode estar explicando um tanto da covariância entre itens.

Analogamente, pesquisadores muitas vezes estão diante da solução da questão do viés dos métodos constantes. **Viés dos métodos constantes** implica que a covariância entre itens medidos é direcionada pelo fato de que algumas das respostas, ou todas, são coletadas com o mesmo tipo de escala. Um questionário que usa somente escalas diferenciais semânticas, por exemplo, pode sofrer viés porque a forma de resposta com termos opostos se torna responsável pela covariância entre os itens. Assim, a covariância poderia ser explicada pela maneira como respondentes usam um certo tipo de escala juntamente com o conteúdo dos itens de escala, ou no lugar deste conteúdo. Aqui, uma ilustração simples é dada usando o exemplo da HBAT. Ela mostra como um modelo de CFA pode ser empregado para examinar a possibilidade de vieses de medida na forma de um fator de incômodo.

O questionário dos empregados da HBAT consiste de diversos tipos diferentes de escalas de avaliação. Apesar de poder ser argumentado que respondentes preferem um único formato em qualquer questionário, diversas vantagens surgem ao se usar um pequeno número de formatos distintos. Uma vantagem é que a extensão do viés sobre os resultados em qualquer tipo de escala em particular pode ser avaliada usando-se CFA.

> Neste caso, a HBAT está com receio de que os itens diferenciais semânticos estejam causando viés de medida. O analista argumenta que os respondentes têm padrões consistentes de respostas para escalas diferenciais semânticas, não importando qual seja o assunto do item. Logo, um fator diferencial semântico pode ajudar a explicar resultados. Um modelo CFA pode ser usado para testar esta proposição. Uma maneira de fazer isso é criando um construto adicional que também seja postulado como a causa dos itens diferenciais semânticos. Neste caso, os itens EP4, JS2, JS3, AC2 e SI4 são medidos com escalas diferenciais semânticas. Assim, o modelo precisa estimar caminhos entre este novo construto e esses itens medidos. A adição de um fator de incômodo deste tipo viola os princípios da boa medição, e assim o novo modelo não terá propriedades de medição congênere.
>
> Modificaremos o modelo CFA original da HBAT mostrado na Figura 11-8. Um sexto construto é introduzido (ξ_6). A seguir, caminhos de dependência (causais, neste caso) seriam estimados (esboçados, caso se empregue um diagrama de caminhos) de ξ_6 para EP4, JS2, JS3, AC2 e SI4. Logo, o padrão fatorial não exibe mais estrutura simples, pois cada uma dessas variáveis medidas é agora determinada por seu fator conceitual e pelo novo construto ξ_6.
>
> O analista testa este modelo e observa as estatística de ajuste a seguir. O $\chi^2 = 232,6$ com 174 graus de liberdade, e a RMSEA, o PNFI e o CFI são 0,028, 0,80 e 0,99, respectivamente. Os caminhos adicionados não fornecem um ajuste geral ruim, apesar da RMSEA ter crescido um pouco e o PNFI ter diminuído. Não obstante, $\Delta\chi^2 = 4,0$ (236,6 − 232,6), com 5 (179 − 174) graus de liberdade, é insignificante. Além disso, nenhuma das estimativas associadas com o fator de viés (ξ_6) é significante. As estimativas completamente padronizadas de lambda (cargas fatoriais) e os valores-t correspondentes são mostrados aqui:
>
> | Parâmetro | Estimativa | Valor-t |
> |---|---|---|
> | $\lambda_{x2,6}$ | 0,14 | 1,19 |
> | $\lambda_{x3,6}$ | −0,01 | −0,08 |
> | $\lambda_{x17,6}$ | 0,16 | 1,32 |
> | $\lambda_{x19,6}$ | 0,07 | 0,84 |
> | $\lambda_{x21,6}$ | 0,20 | 1,48 |
>
> Ainda, os valores para as estimativas paramétricas originais se mantêm virtualmente inalterados também. Assim, com base nas comparações de ajuste do modelo, nas estimativas insignificantes de parâmetros e na estabilidade paramétrica, nenhuma evidência sustenta a proposição de que respostas para itens diferenciais semânticos estejam provocando vieses nos resultados. O analista da HBAT conclui, portanto, que este caso não está sujeito a viés de medida. Outro fator poderia ser adicionado para atuar como potencial causa perturbadora para os itens representando outro tipo de escala, como todos os itens Likert. O teste prosseguiria de maneira muito parecida.
>
> O resultado final de todos esses testes é que o pesquisador pode prosseguir testando hipóteses mais específicas sobre retenção de empregados e construtos relacionados – o tópico do próximo capítulo.

Resumo

O amplo uso de análise fatorial confirmatória tem melhorado muito a medição quantitativa nas ciências sociais. Pesquisadores agora dispõem de uma ferramenta que fornece um forte teste para a teoria de mensuração de alguém. A principal vantagem é que o pesquisador pode testar analiticamente uma teoria conceitualmente fundamentada, explicando como que diferentes itens medidos representam importantes medidas psicológicas, sociológicas ou de negócios. Quando resultados de CFA são combinados com testes de validade de construto, pesquisadores podem obter uma compreensão completa da qualidade de suas medidas. Portanto, quando passamos de procedimentos multivariados exploratórios para testes empíricos mais específicos de idéias conceituais, CFA se torna uma ferramenta multivariada essencial.

É difícil destacar em um parágrafo ou dois os pontos importantes sobre CFA. No entanto, alguns pontos estratégicos que ajudam a entender e usar CFA incluem aqueles correspondentes aos objetivos do capítulo:

Distinguir entre análise fatorial exploratória e análise fatorial confirmatória. CFA não pode ser conduzida adequadamente, sem que o pesquisador possa especificar o número de construtos que existem dentro dos dados a serem analisados e quais medidas específicas devem ser designadas para cada um desses construtos. Em contrapartida, EFA é conduzida sem conhecimento de qualquer uma dessas coisas. A EFA não fornece uma avaliação de ajuste. A CFA faz isso.

Avaliar a validade de construto de um modelo de mensuração. Validade de construto é essencial para confirmar um modelo de mensuração. Múltiplos componentes de validade de construto incluem validade convergente, validade discriminante, validade de expressão e validade nomológica. Confiabilidades de construto e estimativas de variância extraída são úteis para estabelecer validade convergente. Validade discriminante é sustentada quando a variância média extraída para um construto é maior do que a variância compartilhada entre construtos. Validade de expressão é estabelecida quando os itens medidos são conceitualmente consistentes com a definição de um construto. Validade nomológica é sustentada na medida em que um construto se relaciona com outros de uma maneira teoricamente consistente.

Saber como representar um modelo de mensuração usando um diagrama de caminhos. Diagramas visuais ou de caminhos são ferramentas úteis para ajudar a traduzir uma teoria de mensuração em algo que possa ser testado usando-se procedimentos CFA padrão. Programas SEM fazem uso desses diagramas de caminhos para mostrar como construtos são relacionados com variáveis medidas. A boa prática da medição sugere que um modelo de mensuração deve ser congênere, o que significa que cada variável medida deve carregar sobre apenas um construto. Exceto no caso em que fortes motivos teóricos indiquem o contrário, todos os construtos devem ser conectados com uma seta curvilínea de dois sentidos no diagrama de caminhos, mostrando que a correlação entre construtos será estimada.

Entender os princípios básicos de identificação estatística e conhecer algumas das principais causas dos problemas de identificação da SEM. Identificação estatística é extremamente importante para obter resultados de CFA úteis. Modelos sub-identificados não podem produzir resultados confiáveis. Modelos super-identificados com um número excessivo de graus de liberdade são exigidos para identificação estatística. Além disso, cada parâmetro estimado deve ser identificado estatisticamente.

Muitos problemas associados com CFA e SEM em geral, incluindo aqueles de identificação e convergência, resultam de duas fontes: tamanho amostral insuficiente e número insuficiente de variáveis indicadoras por construto. O pesquisador é fortemente encorajado a fornecer uma amostra adequada com base nas condições do modelo e a planejar pelo menos três ou quatro itens medidos para cada construto.

Compreender o conceito de ajuste na forma como se aplica a modelos de mensuração e ser capaz de avaliar o ajuste de um modelo de análise fatorial confirmatória. CFA é uma ferramenta multivariada que computa uma matriz de covariância prevista usando as equações que representam a teoria testada. A matriz de covariância prevista é então comparada com a matriz de covariância real computada a partir dos dados originais. Em termos gerais, modelos se ajustam bem à medida que tais matrizes se tornam mais parecidas. Estatísticas de ajuste múltiplo devem ser relatadas para ajudar a entender o quão bem um modelo verdadeiramente se ajusta. Elas incluem a estatística de qualidade de ajuste χ^2 e graus de liberdade, um índice de ajuste absoluto (como o GFI ou a SRMR) e um índice de ajuste incremental (como o TLI ou o CFI). Um desses índices deve ser também um indicador de má qualidade de ajuste, como a SRMR ou a RMSEA. Nenhum valor absoluto para os vários índices de ajuste sugere bom ajuste; apenas orientações estão disponíveis para esta tarefa. Os valores associados com modelos aceitáveis variam de uma situação para outra e dependem consideravelmente do tamanho da amostra, do número de variáveis medidas e das comunalidades dos fatores.

Saber como SEM pode ser usada para comparar resultados entre grupos, o que inclui a avaliação da validação cruzada de um modelo de mensuração. Comparações de múltiplos grupos podem ser úteis. Elas demandam que o pesquisador teste vários graus de invariância ou igualdade entre os grupos a serem comparados. A CFA fornece uma maneira para executar tais testes. $\Delta\chi^2$ é uma estatística útil para testar invariância e para extrair conclusões sobre as diferenças entre grupos.

Questões

1. Como CFA difere de EFA?
2. Liste e defina os componentes de validade de construto.
3. Quais são os passos no desenvolvimento de uma nova medida de construto?
4. Quais são as propriedades de um modelo de mensuração congênere? Por que elas correspondem às propriedades da boa mensuração?
5. Quais são as considerações para determinar se indicadores devem ser modelados como formativos ou reflexivos?
6. O que é um caso Heywood e como ele é tratado usando-se SEM?

7. Qual é a diferença entre um índice de qualidade de ajuste e um de má qualidade de ajuste?
8. É possível estabelecer cortes precisos para índices de ajuste de CFA? Justifique sua resposta.
9. Descreva os passos de uma busca de especificação.
10. Quais condições tornam apropriado um modelo fatorial de segunda ordem?
11. Quais condições devem ser satisfeitas a fim de se obter conclusões válidas sobre diferenças em relações e diferenças em médias entre três grupos distintos de respondentes – um do Canadá, um da Itália e outro do Japão? Justifique sua resposta.
12. Um entrevistador coleta dados sobre satisfação com automóveis. Dez questões são coletadas por meio de uma entrevista pessoal. Em seguida, o respondente responde outros 20 itens, marcando-os com um lápis. Como CFA pode ser usada para testar se o formato da questão provoca algum viés sobre os resultados?

Leituras sugeridas

Uma lista de leituras sugeridas que ilustra problemas e aplicações de técnicas multivariadas em geral está disponível na Web em www.prenhall.com/hair (em inglês).

Apêndice 11A

Questões de especificação em programas SEM

Neste apêndice fornecemos uma visão geral de questões de especificação em SEM para dois pacotes computacionais. Primeiro examinamos tais questões para LISREL e em seguida para AMOS.

Problemas de especificação com LISREL

Especificação é bastante diferente usando-se CFA em comparação com EFA. A Figura 11A-1 ilustra como o modelo de mensuração da HBAT é comunicado usando os comandos do programa LISREL. O usuário pode utilizar os menus iconográficos para gerar a sintaxe que corresponde ao modelo de mensuração, esboçar o modelo usando um diagrama de caminhos, ou escrever o código apropriado em uma janela de sintaxe. Se alguma das duas primeiras alternativas for seguida corretamente, LISREL pode gerar a sintaxe do programa automaticamente. A HBAT decidiu escrever os comandos do programa. Números de linhas foram adicionados à Figura 11A-1 para fins de referência. Os números das linhas não são necessários como entrada em LISREL.

A linha 01 é simplesmente uma declaração do título. O usuário pode escrever o que quiser nesta linha, que ajuda a identificar a análise. A linha 02 é uma declaração dos dados. Deve começar com DA e diz ao programa SEM que 28 variáveis são incluídas no conjunto de dados de 399 observações. Apesar de o conjunto original de dados ter 400 observações, um ponto de uma resposta foi descartado por estar fora do intervalo, e outro por estar simplesmente faltando. Usando eliminação aos pares e a regra prática anterior, o número de observações foi fixado no número mínimo de observações para qualquer computação de covariância. Neste caso, pelo menos 399 observações estão envolvidas em alguma computação de covariância. Este número pode ser verificado examinando-se a saída estatística para as computações de covariância. Se a eliminação *listwise* tivesse sido usada, então NO seria fixado em 398, uma vez que ambos os casos com uma resposta perdida seriam eliminados de quaisquer cálculos. MA = CM significa que a matriz de entrada é de covariância. A linha 03 indica que uma matriz de covariância (CM) é armazenada em um arquivo (FI) chamado HBAT.COV. A linha 04 é uma declaração de rótulo e deve começar com LA. Os rótulos são listados na linha abaixo. As linhas 05 e 06 mostram os rótulos para as 28 variáveis. Usuários podem escolher quaisquer rótulos que o programa respectivo permita. Neste caso, a HBAT rotulou as variáveis com iniciais (em inglês) dos nomes dos construtos, como JS1, JS2, ..., SI4. Poderia ter sido usado X1-X28 ou V1-V28 ou qualquer outra abreviação parecida. Um rótulo é necessário para cada variável no conjunto de dados.

A linha 07 é uma declaração de escolha e deve ser denotada por SE (de SElect). Ela indica que as variáveis listadas nas próximas linhas são aquelas a serem usadas na análise. Uma / indica o final da lista de variáveis escolhidas. A ordem é particularmente importante. O que quer que seja listado em primeiro lugar se torna a primeira variável observada. Por exemplo, a primeira variável medida no programa CFA, designada como x_1 (o x minúsculo com índice aqui representando a primeira variável observada selecionada e correspondendo à estimativa de carga $\lambda_{x1,1}$), será representada pela variável introduzida rotulada "JS1". "SI4", a vigésima primeira variável na linha SE, se torna a vigésima primeira variável medida ou x_{21}, e as estimativas de carga associadas com esta variável serão encontradas na vigésima primeira linha da matriz de cargas fatoriais ($\lambda_{x21,5}$ de Λ_x, neste caso).

Somente em raras circunstâncias as variáveis serão armazenadas no arquivo original de dados, na ordem exata que combinaria a configuração correspondente com a teoria sendo testada. Além disso, o usuário raramente inclui todas as variáveis na CFA, pois a maior parte dos dados também contém algumas variáveis de classificação ou de identificação, bem como variáveis potenciais que foram medidas mas não incluídas na CFA. O processo de seleção, seja por comandos ou pelo menu de ícones, é a maneira com que as variáveis envolvidas na CFA são escolhidas.

A linha 09 é uma declaração de modelo e deve começar com MO. Declarações de modelo indicam os números respectivos de variáveis medidas e latentes e podem incluir descrições das matrizes fundamentais de parâmetros. As abreviações mostradas aqui são relativamente fáceis de se seguir. NX se refere ao número de variáveis x que, neste caso, é 21. NK é o número de ξ construtos, que aqui é 5. PH indica que a matriz de covariâncias entre os 5 construtos (Φ) será simétrica (SY) e livre (FR). Em outras palavras, as variâncias de construtos (a diagonal de Φ) e as covariâncias entre cada par de construtos serão estimadas. TD é a matriz de variâncias e covariâncias de erro. Ela é diagonal (DI) e livre (FR), de modo que apenas variâncias de erro são estimadas. Qualquer matriz de parâmetros não listada na linha MO é fixada no valor padrão do programa. O leitor pode consultar a documentação do programa quanto a outras possíveis abreviações e defaults.

```
01      EXEMPLO DE CFA DE HBAT
02      DA NI=28 NO=399 MA=CM
03      CM FI=HBAT.COV
04      LA
05      ID JS1 OC1 OC2 EP1 OC3 OC4 EP2 EP3 AC1 EP4 JS2 JS3 AC2 SI1 JS4 SI2 JS5
06      AC3 SI3 AC4 SI4 C1 C2 C3 AGE EXP JP
07      SE
08      JS1 JS2 JS3 JS4 JS5 OC1 OC2 OC3 OC4 SI1 SI2 SI3 SI4 EP1 EP2 EP3 EP4 AC1 AC2 AC3 AC4/
09      MO NX=21 NK=5 PH=SY,FR TD=DI,FR
10      VA 1.0 LX 1 1 LX 6 2 LX 10 3 LX 14 4 LX 18 5
11      FR LX 2 1 LX 3 1 LX 4 1 LX 5 1 LX 7 2 LX 8 2 LX 9 2
12      FR LX 11 3 LX 12 3 LX 13 3 LX 15 4 LX 16 4 LX 17 4 LX 19 5 LX 20 5 LX 21 5
13      LK
14      'JS' 'OC' 'SI' 'EP' 'CA'
15      PD
16      OU SC RS ND=2
```

FIGURA 11A-1 A sintaxe LISREL para o modelo CFA da HBAT.

A linha 10 é uma declaração de valor (VA). Declarações deste tipo designam um valor a um parâmetro fixado. Neste caso, cada um dos parâmetros listados nesta linha é fixado em 1,0. Tal comando marca a escala para os construtos de forma que um item é fixado em 1,0 sobre cada construto. LX 1,1 representa o parâmetro para a primeira carga sobre o primeiro construto ($\lambda_{x1,1}$). O L se refere a lambda, o X é uma variável x, e 1 e 1 correspondem aos números da variável medida e do construto, respectivamente. Assim, LX 2,1 se refere ao parâmetro representando a carga fatorial da segunda variável medida (x_2) sobre o primeiro construto latente (ξ_1), ou seja, $\lambda_{x2,1}$. Cargas fatoriais em um modelo fatorial reflexivo podem ser igualmente expressadas como caminhos causais. Usando esta terminologia, LX 21,5 corresponde ao caminho do construto ξ_5 para x_{21} ($\lambda_{x21,5}$).

As linhas 11 e 12 começam com FR e designam as estimativas de cargas livres. As 16 cargas que aparecem nessas linhas serão estimadas e mostradas como resultados fatoriais na saída (em Λ_x). Com as cinco estimativas fixadas em 1 na linha 10 e 16 cargas estimadas, 84 elementos permanecem no padrão fatorial fixados em zero (21 variáveis × 5 construtos = 105 cargas potenciais; 105 − 16 − 5 = 84). Lembre-se que EFA produziria uma estimativa para todas as 105 cargas. O padrão de cargas livres e fixadas corresponde à estrutura teórica proposta no modelo de mensuração. Consistentemente com o modelo congênere proposto, apenas uma estimativa de carga é livre para cada variável indicadora medida. Em outras palavras, cada variável indicadora medida carrega somente sobre um construto.

A linha 13 é outra declaração de rótulo. É onde os rótulos para os construtos latentes podem ser listados. LK se refere a rótulos para ksi (ξ). Os rótulos reais aparecem na próxima ou nas próximas linhas, se necessário. Neste caso, os rótulos correspondem às abreviações de construtos dadas (JS, OC, SI, EP e AC). A linha 15, com a abreviação PD, pede que um diagrama de caminho seja esboçado pelo programa, descrevendo o modelo especificado e as estimativas de caminhos. A linha OU (16) é exigida e é onde qualquer uma, dentre as numerosas opções, pode ser requisitada. Por exemplo, a SC está requisitando que estimativas completamente padronizadas sejam incluídas na saída. RS requer que todos os resíduos resultantes da estimativa do modelo sejam mostrados, incluindo resíduos tanto padronizados quanto não-padronizados. ND = 2 significa que resultados serão mostrados com dois dígitos significativos.

Por vezes, um pesquisador pode querer colocar restrições adicionais sobre um modelo CFA. Por exemplo, às vezes é útil fixar dois ou mais parâmetros como sendo iguais. Isso produziria uma solução que exigiria que os valores para esses parâmetros fossem os mesmos. Se, por exemplo, equivalência-tau é assumida, esta restrição é necessária. Com LISREL, esta tarefa pode ser realizada usando a linha de comando EQ. Analogamente, pesquisadores de vez em quando querem fixar um parâmetro específico em um valor dado usando a linha de comando VA. Informação adicional sobre restrições pode ser conseguida na documentação do programa SEM de escolha.

Especificação com AMOS

Comandos de programa podem também ser escritos para AMOS de modo muito parecido com LISREL. Contudo, a suposição com AMOS é a de que o usuário trabalhará com um diagrama de caminhos. Essencialmente, as instruções para desenhar o diagrama de caminhos, mostrado na Figura 11-8, fornecem a estrutura a partir da qual se constrói o modelo. No entanto, o usuário deve designar variáveis para cada retângulo, que representa uma variável medida, e nomes de construtos para cada oval. Analogamente, o usuário deve especificar nomes para cada termo de erro de variável medida. Em seguida, as setas apropriadas devem ser esboçadas para formar o modelo. O usuário deve ser cuidadoso, para que variáveis sejam designadas corretamente. Ícones podem ser usados para adicionar restrições no modelo e para executar aplicações avançadas como análise de múltiplos grupos.

Resultados usando diferentes programas SEM

Apesar de variarem as entradas para diferentes programas SEM, os resultados deveriam ser essencialmente os mesmos. Os algoritmos podem variar um pouco, mas um modelo que retrata bom ajuste usando um programa SEM deve também mostrar bom ajuste em outro. Cada um tem suas próprias idiossincrasias que podem impedir que a mesma especificação de modelo seja estimada. Por exemplo, alguns tornam mais ou menos difícil usar cada uma das opções de variáveis perdidas já mencionadas. Cada abordagem pode ser facilmente especificada com LISREL, mas AMOS usa apenas EM. Eliminação *listwise*, por exemplo, pode ser executada com AMOS examinando-se observações com dados perdidos antes de se começar a rotina AMOS (p.ex., com SPSS).

As estatísticas de ajuste geral do modelo, incluindo o χ^2 e todos os índices de ajuste, não deveriam variar de forma significativa entre os programas. Analogamente, as estimativas de parâmetros também não deveriam variar de forma a gerar conseqüências. Diferenças podem ser esperadas em duas áreas.

Uma área na qual diferenças nas estimativas numéricas podem variar está nos resíduos. Em particular, algumas diferenças podem ser encontradas entre AMOS e os demais programas. Sem entrar nos detalhes, AMOS usa um método diferente para escalonar os termos de erro de variáveis medidas, em comparação com outros programas. Este formato tem a ver com o estabelecimento da escala de termos de erro, parecido com a maneira como estabelecemos a escala para os construtos latentes em um modelo SEM. Este método pode provocar diferenças relativamente pequenas nos valores para resíduos e resíduos padronizados computados com AMOS. No entanto, as diferenças não afetam as regras práticas dadas neste capítulo.

Outra área na qual estimativas numéricas podem variar é nos índices de modificação. Novamente, AMOS assume uma abordagem computacional diferente dos outros programas SEM. A diferença reside em se a mudança no ajuste é isolada em um ou diversos parâmetros. Uma vez mais, apesar de o usuário poder encontrar diferenças em MI na comparação entre AMOS e outros programas, tais diferenças não devem ser tão grandes a ponto de afetarem as conclusões na maioria das situações. Assim, novamente, as regras práticas para o MI valem para qualquer programa SEM.

Apêndice 11B

Variável medida e termos de intercepto no construto

Freqüentemente se torna necessário usar as médias de variável medida e variável latente para tirar conclusões sobre similaridades e diferenças entre grupos. Até agora, nenhuma equação de SEM mostrou um valor médio. Agora, no entanto, as médias devem ser consideradas.

Uma maneira de perceber o valor médio de qualquer variável medida é pensar nela como a soma de seu termo de intercepto-zero com a carga fatorial, vezes o valor médio do construto latente. Em forma matemática, isso se parece com o que se segue, expresso em termos de x_1 [15]:

$$\mu_{X1} = \tau_{x1} + \lambda_{x1}\kappa_{\xi 1}$$

O $\kappa_{\xi 1}$ representa o valor médio para o primeiro construto latente ξ_1, o μ_{X1} corresponde à média da variável medida x_1, e o τ_{X1} é o intercepto-zero para x_1. Em termos mais gerais, κ representa a média para qualquer construto latente. Matematicamente, é também o termo de intercepto-zero quando se isola ξ. Ainda que a matemática neste cálculo possa ser difícil de se acompanhar, é importante saber que a menos que instruções específicas sejam dadas ao programa SEM, ele *não* considerará e nem estimará médias de construtos de tipo algum.

Esta equação pode ser reescrita para isolar τ_{X1} ou κ. Se alguma hipótese se refere a diferenças entre médias de construtos, tais diferenças podem ser encontradas nos valores relatados para κ.

Referências

1. Anderson, J. C., and D. W. Gerbing. 1988. Structural Equation Modeling in Practice: A Review and Recommended Two-Step Approach. *Psychological Bulletin* 103: 411–23.
2. Babin, B. J., and J. B. Boles. 1998. Employee Behavior in a Service Environment: A Model and Test of Potential Differences Between Men and Women. *Journal of Marketing* 62 (April): 77–91.
3. Babin, Barry J., and Mitch Griffin. 1998. The Nature of Satisfaction: An Updated Examination and Analysis. *Journal of Business Research* 41 (February): 127–36.
4. Babin, B. J., J. B. Boles, and D. P. Robin. 2000. Representing the Perceived Ethical Work Climate Among Marketing Employees. *Journal of the Academy of Marketing Science* 28 (Summer): 345–59.
5. Bacon, D. R., P. L. Sauer, and M. Young. 1995. Composite Reliability in Structural Equations Modeling. *Educational and Psychological Measurement* 55 (June): 394–406.
6. Bagozzi, R. P., and L. W. Phillips. 1982. Representing and Testing Organizational Theories: A Holistic Construal. *Administrative Science Quarterly*, 27(3): 459–89.
7. Bandalos, D. L. 1999. The Effects of Item Parceling in Structural Equation Modeling: A Monte-Carlo Study. Paper presented at the *Annual Meeting of the American Educational Research Association*, Montreal, Canada, April.
8. Bearden, W. O., R. G. Netemeyer, and M. Mobley. 1993. *Handbook of Marketing Scales: Multi-Item Measures for Marketing and Consumer Behavior*. Newbury Park, CA: Sage.
9. Bentler, P. M. 1980. Multivariate Analysis with Latent Variables: Causal Modeling. *Annual Review of Psychology* 31: 419–56.
10. Blaha, John, S. P. Merydith, F. H. Wallbrown, and T. E. Dowd. 2001. Bringing Another Perspective to Bear on the Factor Structure of the Minnesota Multiphasic Personality Inventory-2. *Measurement & Evaluation in Counseling & Development* 33 (January): 234–43.
11. Blalock, H. M. 1964. *Causal Inferences in Nonexperimental Research*. Chapel Hill: University of North Carolina Press.
12. Bollen, K., and R. Lennox. 1991. Conventional Wisdom on Measurement: A Structural Equation Perspective. *Psychological Bulletin* 110: 305–14.
13. Bollen, K. A., and K. G. Jöreskog. 1985. Uniqueness Does Not Imply Identification. *Sociological Methods and Research* 14: 155–63.
14. Burt, R. S. 1976. Interpretational Confounding of Unobserved Variables in Structural Equations Models. *Sociological Methods Research* 5: 3–52.
15. Byrne, B. M. 1998. *Structural Equation Modeling with LISREL, PRELIS and SIMPLIS: Basic Concepts, Applications and Programming*. Mahwah, NJ: Lawrance Erlbaum Associates.
16. Carmines, E. G., and J. P. McIver. 1981. Analyzing Models with Unobserved Variables: Analysis of Covariance Structures. In G. W. Bohrnstedt and E. F. Borgotta (eds.), *Social Measurement: Current Issues*. Beverley Hills, CA: Sage, pp. 65–115.
17. Cattell, R. B. 1956. Validation and Intensification of the Sixteen Personality Factor Questionnaire. *Journal of Clinical Psychology* 12: 205–14.
18. Cheung, G. W., and R. B. Rensvold. 2002. Evaluating Goodness-of-Fit Indexes for Testing Measurement Invariance. *Structural Equation Modeling* 9(2): 233–55.
19. Conroy, D. E., and R. W. Motl. 2003. Modification, Cross-Validation, Invariance, and Latent Mean Structure of the Self-Presentation in Exercise Questionnaire. *Measurement in Physical Education and Exercise Science* 7(1): 1–18.
20. DeVellis, R. F. 1991 *Scale Development: Theory and Applications*. Newbury Park, CA: Sage.
21. Diamantopoulos, Adamantios, and Heidi M. Winklhofer. 2001. Index Construction with Formative Indicators: An Alternative to Scale Development. *Journal of Marketing Research* 38 (May): 269–77.
22. Dillon, W., A. Kumar, and N. Mulani. 1987. Offending Estimates in Covariance Structure Analysis—Comments on the Causes and Solutions to Heywood Cases. *Psychological Bulletin* 101: 126–35.
23. Fornell, C., and D. F. Larcker. 1981. Evaluating Structural Equations Models with Unobservable Variables and Measurement Error. *Journal of Marketing Research* 18 (February): 39–50.
24. Griffin, M., B. J. Babin, and D. Modianos. 2000. Shopping Values of Russian Consumers: The Impact of Habituation in a Developing Economy. *Journal of Retailing* 76 (Spring): 33–52.
25. Hair, J. F., B. J. Babin, A. Money, and P. Samouel. 2003. *Essentials of Business Research*. Indianapolis, IN: Wiley.
26. Hayduk, L. A. 1987. *Structural Equation Modeling with LISREL*. Baltimore, MD: Johns Hopkins University Press.
27. Herting, J. R., and H. L. Costner. 1985. Respecification in Multiple Response Indicator Models. In *Causal Models in the Social Sciences*, 2nd ed. New York: Aldine, pp. 321–93.
28. Jarvis, C. B., S. B. Mackenzie, and P. M. Padsakoff. 2003. A Critical View of Construct Indicators and Measurement Model Misspecification in Marketing and Consumer Research. *Journal of Consumer Research* 30 (September): 199–218.
29. Kerlinger, F. N. 1980. Analysis of Covariance Structure Tests of a Criteria Referents Theory of Attitudes. *Multivariate Behavioral Research* 15: 408–22.
30. Kim, S., and K. A. Hagtvet. 2003. The Impact of Misspecified Item Parceling on Representing Latent Variables in Covariance Structure Modeling: A Simulation Study. *Structural Equation Modeling* 10(1): 101–27.
31. Landis, R. S., D. J. Beal, and P. E. Tesluk. 2000. A Comparison of Approaches to Forming Composite Measures in Structural Equation Models. *Organizational Research Methods* 3: 186–207.
32. MacCallum, R. C. 2003. Working with Imperfect Models. *Multivariate Behavioral Research* 38(1): 113–39.
33. MacCallum, R. C., and M. W. Browne. 1993. The Use of Causal Indicators in Covariance Structure Models: Some Practical Issues. *Psychological Bulletin* 114(3): 533–41.
34. MacCallum, R. C., M. Roznowski, and L. B. Necowitz. 1992. Model Modification in Covariance Structure Analysis: The Problem of Capitalization on Chance. *Psychological Bulletin* 111: 490–504.

35. MacCallum, R., M. Rosnowski, C. Mar, and J. Reith. 1994. Alternative Strategies for Cross-Validation of Covariance Structure Models. *Multivariate Behavioral Research* 29: 1–32.
36. Marsh, H. W., and S. Jackson. 1999. Flow Experience in Sport: Construct Validation of Multidimensional, Hierarchical State and Trait Responses. *Structural Equations Modeling* 6(4): 343–71.
37. Meade, A. W., and G. J. Lautenschlager. 2004. A Monte-Carlo Study of Confirmatory Factor Analytic Tests of Measurement Equivalence/Invariance. *Structural Equation Modeling* 11(1): 60–72.
38. Merideth, William. 1995. Measurement Invariance, Factor Analysis and Factorial Invariance. *Psychometrica* 58 (December): 525–43.
39. Millsap, R. E., and H. Everson. 1991. Confirmatory Measurement Model Using Latent Means. *Multivariate Behavioral Research* 26: 479–97.
40. Mullen, M. 1995. Diagnosing Measurement Invariance in Cross-National Research. *Journal of International Business Studies* 3: 573–96.
41. Nasser, F., and J. Wisenbaker. 2003. A Monte-Carlo Study Investigating the Impact of Item Parceling on Measures of Fit in Confirmatory Factor Analysis. *Educational and Psychological Measurement* 63 (October): 729–57.
42. Nunnally, J. C. 1978. *Psychometric Theory*. New York: McGraw-Hill.
43. Quinones, Miguel A., and Kevin J. Ford. 1995. The Relationship Between Work Experience and Job Performance: A Conceptual and Meta-Analytic Review. *Personnel Psychology* 48 (Winter): 887–910.
44. Rigdon, E. E. 1995. A Necessary and Sufficient Identification Rule for Structural Models Estimated in Practice. *Multivariate Behavior Research*, 30(3): 359–83.
45. Shafer, A. B. 1999. Relation of the Big Five and Factor V Subcomponents to Social Intelligence. *European Journal of Personality* 13 (May/June): 225–40.
46. Silvia, E., M. Suyapa, and R.C. MacCallum. 1988. Some Factors Affecting the Success of Specification Searches in Covariance Structure Modeling. *Multivariate Behavioral Research* 23 (July): 297–326.
47. Smitherman, H. O., and S. L. Brodsky. 1983. *Handbook of Scales for Research in Crime and Delinquency*. New York: Plenum Press.
48. Steenkamp, J., and H. Baumgartner. 1998. Assessing Measurement Invariance in Cross-Cultural Research. *Journal of Consumer Research* 25 (June): 78–79.

CAPÍTULO 12
SEM: Teste de um Modelo Estrutural

OBJETIVOS DE APRENDIZAGEM

Ao completar este capítulo, você deverá ser capaz de fazer o seguinte:

- Distinguir um modelo de mensuração de um modelo estrutural.
- Descrever as similaridades entre SEM e outras técnicas multivariadas.
- Descrever um modelo com relações de dependência usando um diagrama de caminhos.
- Testar um modelo estrutural usando SEM.
- Diagnosticar problemas com resultados de SEM.
- Compreender os conceitos de mediação e moderação estatística.

APRESENTAÇÃO DO CAPÍTULO

O processo de testar um modelo de equações estruturais (SEM) foi introduzido no Capítulo 10 como algo que envolve dois modelos identificáveis. O Capítulo 11 descreveu o primeiro modelo em SEM com uma visão geral do desenvolvimento de um modelo de mensuração com base em teoria e, em seguida, seu teste com análise fatorial confirmatória (CFA). CFA foi comparada e contrastada com análise fatorial exploratória (EFA) para ilustrar os conceitos que elas têm em comum como cargas fatoriais, covariância e correlação. CFA testa teoria de mensuração baseada na covariância entre todos os itens medidos. Como tal, o modelo CFA fornece a fundamentação para todo o restante do teste da teoria.

Este capítulo se concentra no segundo modelo: testar o modelo teórico ou estrutural, onde o principal foco se desvia para as relações entre construtos latentes. Com SEM, examinamos relações entre construtos latentes de forma parecida como examinamos as relações entre variáveis independentes e dependentes em análise de regressão múltipla (Capítulo 4). Ainda que tenhamos visto que fatores múltiplos representando construtos teóricos poderiam entrar como variáveis em modelos de regressão, estes modelos tratavam variáveis e construtos exatamente da mesma forma. Ou seja, regressão múltipla não leva em conta qualquer uma das propriedades de mensuração que acompanham a formação de um construto de múltiplos itens quando se estima a relação. SEM fornece uma maneira melhor de empiricamente examinar um modelo teórico por meio do envolvimento do modelo de mensuração e do modelo estrutural em uma análise. Em outras palavras, ela leva em conta informações sobre mensuração no teste do modelo estrutural.

O capítulo começa descrevendo um pouco da terminologia associada com o teste do modelo estrutural com SEM. Além disso, discutimos as similaridades e diferenças entre SEM e outras técnicas multivariadas. Descrevemos então os dois últimos estágios (5 e 6) no processo de seis passos para testar modelos teóricos e fornecer uma ilustração usando o banco de dados de HBAT_SEM. O capítulo finaliza com uma visão geral de diversos tópicos avançados. Diversos apêndices tratam dos detalhes das equações estruturais em si, bem como de alguns detalhes associados com o uso de programas SEM.

Termos-chave

Antes de começar este capítulo, reveja os termos-chave para desenvolver uma compreensão dos conceitos e da terminologia usada. Ao longo do capítulo os termos-chave aparecem em **negrito**. Outros pontos de ênfase no capítulo e referências cruzadas de termos estão em *itálico*. Exemplos ilustrativos estão em quadros.

Análise *post hoc* Testes após-o-fato de relações para as quais nenhuma hipótese foi teorizada. Em outras palavras, um caminho é testado onde a teoria original não indicou um caminho.

Confusão de interpretação Estimativas de medida para um construto são significativamente afetadas por relações que não são aquelas entre as medidas específicas. É indicada quando estimativas de cargas variam substancialmente de um modelo SEM para outro que é o mesmo exceto pela mudança de especificação de uma ou mais relações. Diferenças em estimativas de cargas indicam dificuldade para separar qual item indicador mede um construto latente em particular.

Efeito direto Relação que conecta dois construtos com uma seta entre eles.

Efeito indireto Seqüência de relações com pelo menos um construto mediador envolvido. Ou seja, uma seqüência de dois ou mais *efeitos diretos* visualmente representados por múltiplas setas entre construtos.

Efeito mediador Efeito de uma terceira variável/construto intermediando entre dois outros construtos relacionados.

Efeito moderador Efeito de uma terceira variável ou construto que muda a relação entre duas variáveis/construtos relacionadas. Ou seja, um moderador significa que a relação entre duas variáveis muda com base na quantia que uma outra variável acrescentou ao modelo.

Estimativa paramétrica estrutural O equivalente SEM de um coeficiente de regressão que mede a relação linear entre um preditor e um resultado.

Mediação completa Relação entre uma variável preditora e uma variável resultado se torna insignificante depois que um mediador entra como preditor adicional.

Mediação parcial Efeito quando uma relação entre um preditor e um resultado é reduzida, mas permanece significante quando um mediador também entra como um preditor adicional.

Mínimos quadrados parciais (PLS) Abordagem alternativa de estimação para SEM tradicional. Os construtos são representados como compostos, com base em resultados de análise fatorial, sem tentativa de recriar covariâncias entre itens medidos.

Modelo causal *Modelo estrutural* que infere que relações têm uma ordem seqüencial na qual uma mudança de um lado traz uma mudança no outro.

Modelo estrutural *Teoria estrutural* correspondente com um conjunto de equações estruturais que pode ser descrito por meio de um diagrama visual.

Modelo estrutural saturado *Modelo* SEM *recursivo* que especifica o mesmo número de relações estruturais diretas em comparação com o número de possíveis correlações de construtos na CFA. As estatísticas de ajuste para um modelo teórico saturado devem ser as mesmas obtidas para o modelo CFA.

Modelo não-recursivo Modelo estrutural contendo *retornos de resposta*.

Modelos recursivos Modelos estruturais nos quais todos os caminhos entre construtos prosseguem somente do construto antecedente para as conseqüências (construto resultado). Um modelo recursivo não contém *retornos de resposta* com setas operando em um sentido oposto daquelas que originaram o modelo.

Processo SEM de dois passos Abordagem para SEM na qual o ajuste do modelo de mensuração e a validade de construto são avaliados primeiramente usando-se CFA e, em seguida, o *modelo estrutural* é testado, incluindo uma avaliação da significância de relações. O modelo estrutural é testado somente depois que mensuração adequada e validade de construto tenham sido estabelecidas.

Retorno de resposta Relação quando um construto é visto como preditor e resultado de outro construto. Retornos de resposta podem envolver relações diretas ou indiretas. Também conhecido como um *modelo não-recursivo*.

Teoria estrutural Representação conceitual das relações entre construtos.

Unidade de análise Unidade ou nível para os quais resultados se aplicam. Em pesquisas sobre negócios, ela freqüentemente lida com a escolha de testes de relações entre percepções individuais (de pessoas) ou testes de relações entre organizações.

O QUE É UM MODELO ESTRUTURAL?

No capítulo anterior, aprendemos que a meta da teoria de mensuração é produzir maneiras de medir conceitos de uma forma confiável e válida. Teorias de mensuração são testadas pela qualidade com que as variáveis indicadoras de construtos teóricos se relacionam entre si. As relações entre os indicadores são capturadas em uma matriz de covariância. CFA testa uma teoria de mensuração pelo fornecimento de evidência sobre a validade de medidas individuais com base no ajuste geral do modelo e outras evidências de validade de construto. CFA por si só é limitada em sua habilidade para examinar a natureza de relações entre construtos além de simples correlações. Uma teoria de mensuração é então freqüentemente um meio para a meta de examinar relações entre construtos, e não propriamente a meta em si.

Uma **teoria estrutural** é uma representação conceitual das relações entre construtos. Ela pode ser expressa em termos de um **modelo estrutural** que representa a teoria com um conjunto de equações estruturais e é geralmente descrita com um diagrama visual. Modelos estruturais são conhecidos por diversos nomes, incluindo um modelo teórico ou, ocasionalmente, um **modelo causal**. Um modelo causal infere que as relações atendem às condições necessárias para causalidade. As condições para causalidade foram discutidas no Capítulo 10 e o pesquisador deve ser muito cuidadoso para não descrever que o modelo tem inferências causais, a menos que todas as condições sejam atendidas.

UM EXEMPLO SIMPLES DE UM MODELO ESTRUTURAL

A transição de um modelo de mensuração para um estrutural é estritamente a aplicação da teoria estrutural em termos de relações entre construtos. Como você deve lembrar do Capítulo 11, um modelo de mensuração contém tipicamente todos os construtos com relações não-causais ou correlacionais entre eles. O modelo estrutural aplica a teoria estrutural pela especificação de quais construtos são relacionados entre si e da natureza de cada relação. Revemos nosso exemplo simples de modelo de mensuração do Capítulo 11 para ilustrarmos este ponto.

> A Figura 12-1 ilustra um modelo estrutural simples. Se prosseguirmos a partir da figura correspondente do capítulo anterior (Figura 11-1), a suposição agora é que o primeiro construto, Gastos de Cliente, está relacionado com o Comprometimento de Cliente de uma maneira que a relação pode ser capturada por um coeficiente de regressão. Em uma teoria causal, o modelo implicaria que Gastos de cliente causa, ou ajuda a produzir, Comprometimento de Cliente.

Quando passamos de modelos de mensuração para estruturais, algumas mudanças ocorrem também com abreviações, terminologias e notações. O diagrama visual na Figura 12-1 é semelhante ao modelo CFA na Figura 11-1. Não foram feitas modificações no lado esquerdo do diagrama que representa o construto Gastos de cliente (ξ_1). Mudanças em outras áreas incluem o seguinte:

> - A relação entre os construtos Gastos de Clientes e Comprometimento de Cliente na Figura 11-1, que foi representada por um arco de dois sentidos, agora é representada na Figura 12-1 por uma seta em um sentido. Esta seta pode ser pensada como uma relação representada por um coeficiente de regressão. Este caminho mostra a direção da relação dentro de um modelo estrutural e representa a relação estrutural que será estimada. Não é fundamentalmente diferente do coeficiente que seria estimado para esta relação se regressão múltipla fosse empregada. Contudo, ele raramente teria o mesmo valor usando SEM, pois mais informação é usada para derivar seu valor, incluindo informação que permite uma correção para erro de mensuração.

> - O construto Comprometimento de Cliente é agora representado pela notação η_1. Esta notação é importante porque agora devemos distinguir entre construtos tanto quanto distinguimos entre variáveis em análise de regressão. A teoria é testada pelo exame do efeito de construtos exógenos (preditores) sobre construtos endógenos (resultados). Além disso, se existem dois ou mais construtos endógenos, o modelo SEM pode examinar o efeito de um construto endógeno sobre outro.
> - As variáveis indicadoras medidas não são mais todas representadas pela letra x. Ao invés disso, as variáveis indicadoras para o construto exógeno são representadas pela letra x. Em contrapartida, as variáveis indicadoras para o construto endógeno são representadas pela letra y. Esta abordagem é típica em SEM e é consistente com a técnica usada em outros procedimentos multivariados (x associada com preditores e y correspondente a resultados). O Apêndice 12A trata de equações para x e y.
> - Os termos de variância de erro agora têm uma notação que combina com a distinção entre construtos exógenos e endógenos. Termos de erro para as variáveis x não foram alterados e têm um símbolo δ. Termos de erro para as variáveis y são representados por ε.
> - As estimativas de cargas também são modificadas para indicar construtos exógenos e endógenos. Estimativas de cargas das variáveis para construtos exógenos são denotadas por λ_x, enquanto que estimativas de cargas das variáveis para construtos endógenos são denotadas por λ_y.

Com tais distinções teóricas representadas no modelo estrutural e no diagrama de caminhos, agora passamos para a estimação do modelo estrutural usando procedimentos SEM.

Resumo

Modelos estruturais diferem de modelos de mensuração no sentido de que a ênfase passa da relação entre construtos latentes e variáveis medidas para a natureza e magnitude das relações entre construtos. Modelos de mensuração são testados usando-se apenas CFA. O modelo CFA é então alterado com base na natureza de relações entre construtos. O resultado é a especificação de um modelo estrutural que é usado para testar o modelo teórico suposto. Sempre que um modelo é modificado, a matriz de covariância estimada muda, com base no conjunto de relações estimadas sob uso (ver Apêndice 12A). A matriz de covariância observada não muda. Na maioria dos casos, o ajuste do modelo estrutural não será o mesmo que o ajuste do modelo de CFA. O exemplo que acabamos de rever (Figura 12-1) é uma situação especial na qual as qualidades de ajuste dos modelos de CFA e estrutural são idênticas, pois o pesquisador estima uma única relação direta entre cada par de construtos. É incomum entre as situações nas quais modelos mais realistas e complexos são representados.

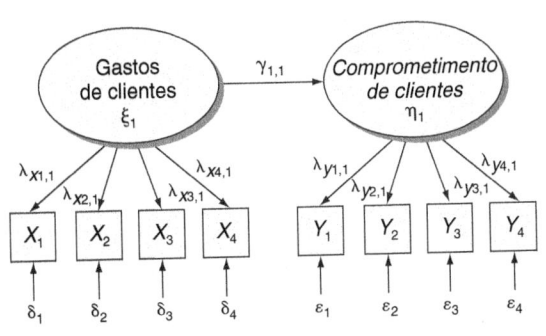

FIGURA 12-1 Representação visual (diagrama de caminhos) de uma teoria estrutural simples.

UMA VISÃO GERAL DE TESTE DE TEORIA COM SEM

O teste de modelos teóricos usando SEM se concentra em duas questões:

- O ajuste geral e relativo do modelo
- O tamanho, a direção e a significância das **estimativas paramétricas estruturais**, descritas com setas em um sentido em um diagrama de caminhos

O modelo teórico descrito na Figura 12-2 é avaliado com base na qualidade com que ele reproduz a matriz de covariância observada e na significância e direção dos caminhos supostos. Se o modelo mostra bom ajuste e se os caminhos supostos são significantes e na direção prevista (todos positivos, neste caso), então o modelo é sustentado. No entanto, bom ajuste não significa que algum modelo alternativo não possa se ajustar melhor ou ser mais preciso. Assim, mais verificações se fazem necessárias, incluindo um teste de plausibilidade teórica. Um teste de plausibilidade teórica verifica se as relações fazem sentido. Se não for o caso, elas não são confiáveis.

O Apêndice 12A descreve derivação das estimativas de caminhos, bem como a maneira como SEM é parecida com as equações multivariadas introduzidas em capítulos anteriores. Isso explica a relação entre variáveis medidas e os construtos latentes, bem como as relações entre construtos latentes. O leitor pode achar esta informação útil para aprender como comunicar conceitos de SEM.

ESTÁGIOS NO TESTE DE TEORIA ESTRUTURAL

Teste de teoria com SEM segue de modo muito próximo a maneira como teoria de mensuração é testada usando CFA. O processo é conceitualmente parecido, no sentido de que uma teoria é proposta e então testada com base no quão bem ela se ajusta aos dados. Agora, quando lidamos com as relações teóricas entre construtos, maior atenção é focada nos tipos diferentes de relações que podem existir.

Abordagens de um passo versus dois passos

Ainda que SEM tenha a vantagem de simultaneamente estimar os modelos de mensuração e estrutural, nosso processo geral de seis estágios é consistente com um **processo SEM de dois passos** [2]. Por dois passos queremos dizer que no primeiro testamos o ajuste e a validade de construto do modelo proposto de mensuração. Uma vez que um modelo satisfatório de mensuração é obtido, o segundo passo é testar a teoria estrutural. Assim, dois testes fundamentais – um de medição e outro estrutural – avaliam totalmente ajuste e validade. No Capítulo 10, nos referimos a isso como teste de SEM em duas partes. O ajuste do modelo de mensuração fornece então uma base para avaliação da validade da teoria estrutural [3].

Alguns argumentam a superioridade de uma abordagem de um passo, na qual o ajuste geral de um modelo é testado sem se preocupar com uma separação entre modelo de mensuração e estrutural [9]. Porém, um modelo de um passo oferece somente um teste-chave de ajuste e validade. Não diferencia a avaliação do modelo de mensuração da avaliação do modelo estrutural.

O teste em separado do modelo de mensuração por meio de uma abordagem de dois passos é visto como essencial, uma vez que testes de teoria estrutural válida não podem ser conduzidos com medidas ruins. Em outras palavras, com medidas ruins não saberíamos o que os construtos realmente significam. Portanto, se um modelo de mensuração não pode ser validado, pesquisadores devem primeiramente refinar suas medidas e coletar novos dados. Se o modelo de mensuração revisado pode ser validado, então, e somente então, aconselhamos prosseguir com um teste do modelo estrutural completo. Uma discussão mais

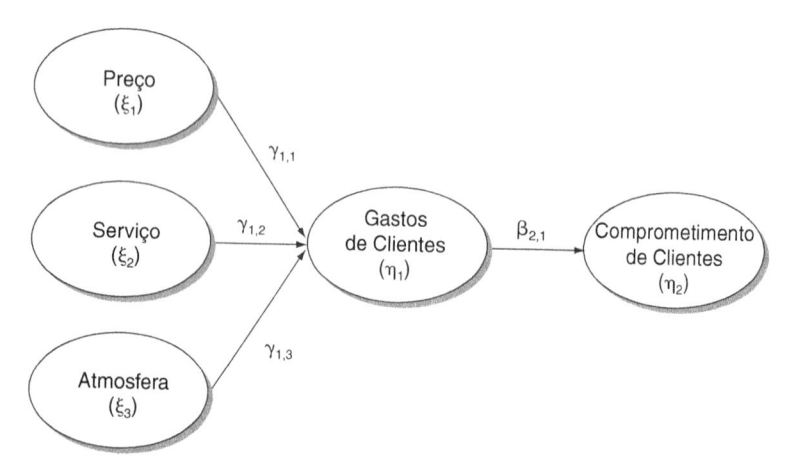

FIGURA 12-2 Um modelo teórico expandido de comprometimento de clientes.

Nota: Correlações entre construtos exógenos foram omitidas da figura para fins de simplificação. Elas não são de interesse teórico prioritário. Somente as relações de dependência tratam de hipóteses.

detalhada desta questão é apresentada adiante neste capítulo na seção sobre confusão de interpretação. Referências nesta seção identificam fontes para uma discussão mais aprofundada.

Os seis estágios de SEM agora continuam. Os estágios 1-4 cobriram o processo CFA desde a identificação de construtos do modelo até a avaliação da validade do modelo de mensuração. Se a medição é considerada suficientemente válida, o pesquisador pode testar um modelo estrutural composto dessas medições, conduzindo-nos aos estágios 5 e 6 do processo SEM. O estágio 5 envolve a especificação do modelo estrutural, e no estágio 6 avalia-se sua validade.

Estágio 5: Especificação do modelo estrutural

Agora nos voltamos para a tarefa de especificar o modelo estrutural. Este processo envolve a determinação da unidade apropriada de análise, a representação visual da teoria usando um diagrama de caminhos, esclarecer quais construtos são exógenos e endógenos, bem como diversas questões relacionadas, como tamanho da amostra e identificação.

Unidade de análise

Uma questão não visível em um modelo é a **unidade de análise**. O pesquisador deve garantir que as medidas do modelo capturem a unidade adequada de análise. Por exemplo, pesquisadores organizacionais freqüentemente se defrontam com a escolha de testes de relações entre percepções individuais versus a organização como um todo. Percepções individuais representam a opinião ou sentimentos de uma pessoa. Fatores organizacionais representam características que descrevem uma organização. Um construto como *esprit de corps* de empregados pode bem existir tanto no nível individual quanto organizacional. *Esprit de corps* pode ser pensado como o grau de entusiasmo que um empregado tem pelo trabalho e pela firma. Desse modo, um empregado pode ser comparado com outro. Mas também pode ser imaginado como uma característica da firma em geral. Dessa maneira, uma firma pode ser comparada com outra. A escolha de unidade de análise determina como uma escala é tratada.

> Uma escala de múltiplos itens poderia ser usada para avaliar o construto *esprit de corps*. Se a unidade de análise desejada está no nível individual e se queremos entender relações que existem entre indivíduos, a pesquisa pode prosseguir com respostas individuais. No entanto, se a unidade de análise é a organização, ou qualquer outro grupo, respostas devem ser agregadas para todos os indivíduos respondendo por aquele grupo em particular. Assim, os estudos de nível organizacional requerem consideravelmente mais dados, pois múltiplas respostas devem ser agregadas em um grupo.

Uma vez que a unidade de análise é decidida e os dados são coletados, o pesquisador deve agregar os dados se respostas em nível de grupos são usadas para preparar a SEM apropriada. Se a unidade de análise for a individual, o pesquisador pode prosseguir como antes.

Especificação de modelo usando um diagrama de caminhos

Agora consideramos como uma teoria é representada por diagramas visuais. Caminhos indicam relações. Parâmetros fixados correspondem a uma relação que não será estimada pela rotina SEM, tipicamente assumidos como 0 e não exibidos em um diagrama visual. Parâmetros livres se referem a uma relação que será estimada pelo programa de SEM. Geralmente eles são descritos por uma seta em um diagrama visual.

> A Figura 12-2 retrata parâmetros livres e fixados. Por exemplo, nenhuma relação é especificada entre preço e comprometimento de Cliente. Logo, nenhuma seta é mostrada aqui e a teoria assume que este caminho é igual a zero. Mas um caminho entre Gastos de Cliente e Comprometimento de Cliente representa a relação entre esses dois construtos, para a qual um parâmetro será estimado.

Os parâmetros que representam relações estruturais entre construtos são agora nosso foco. Eles são, em muitos sentidos, o equivalente a coeficientes de regressão, e podem ser interpretados de maneira parecida. Com SEM, tais parâmetros são divididos em dois tipos:

- *De construtos exógenos (ξ) para construtos endógenos (η)*. Representa-se pelo símbolo γ (gama). A matriz gama (Γ) contém todas as relações a serem estimadas entre construtos exógenos e endógenos (ver Apêndice 10B para definições de símbolos gregos).
- *De construto endógeno para construtos endógenos*. Referido pelo símbolo β. O conjunto de coeficientes β para um dado modelo são capturados em uma matriz chamada de beta (**B**).

Essas duas matrizes contêm as estimativas paramétricas correspondentes aos caminhos básicos teorizados para um dado modelo estrutural.

Início com um modelo de mensuração. Uma vez que uma teoria é proposta, o modelo SEM é desenvolvido. Primeiro, a teoria de mensuração é especificada e validada com CFA. Em seguida, a teoria estrutural é representada pela especificação do conjunto de relações entre construtos. Algumas serão estimadas, o que significa que a teoria estabelece que dois construtos estão relacionados entre si. Algumas serão fixadas, o que significa que a teoria estabelece que os dois construtos não estão relacionados entre si.

(a) Modelo CFA

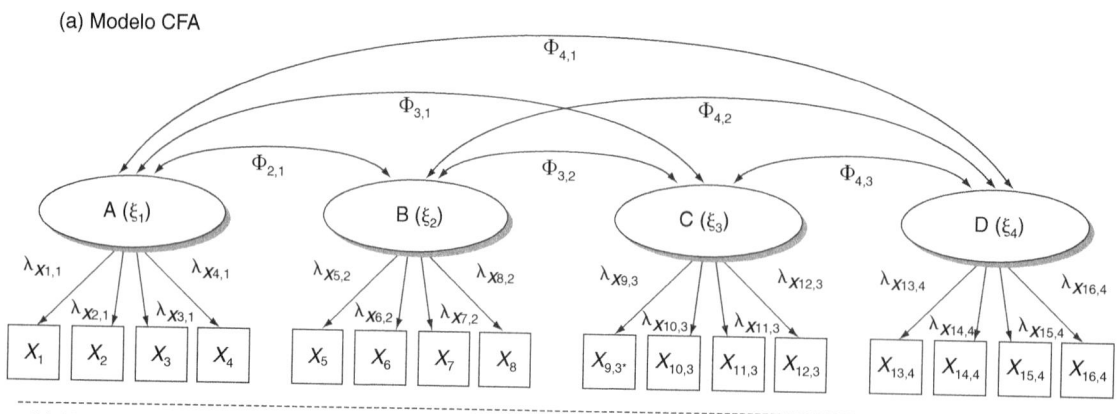

(b) Modelo estrutural

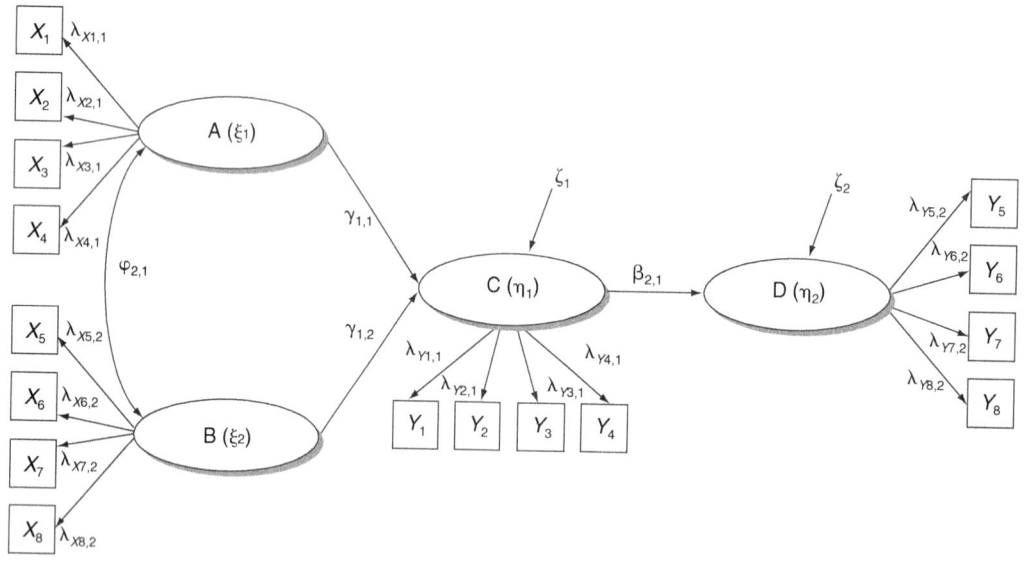

FIGURA 12-3 Modificação de um modelo CFA para um modelo estrutural.

Nota: Os termos de variância de erro são omitidos do diagrama para fins de simplicidade. No entanto, em diagramas de caminhos SEM – particularmente aqueles usados em AMOS – cada termo de erro deve ser incluído como se mostra no capítulo anterior (Figura 11-1).

* N. de R. T.: As notações corretas seriam "$X_9, X_{10}, X_{11}, X_{12}, X_{13}, X_{14}, X_{15}$ e X_{16}".

A Figura 12-3 mostra um modelo CFA e um subseqüente modelo estrutural. Os construtos são designados pelas letras A, B, C e D, no lugar de nomes. As notações SEM apropriadas também são incluídas para ajudar na discussão e diferenciar entre os tipos de variáveis e construtos. A Figura 12-3a mostra uma CFA que testa o modelo de mensuração especificado. Cada construto é indicado por quatro itens indicadores. Assim, quatro construtos latentes ($\xi_1 - \xi_4$) são mensurados por 16 variáveis medidas ($x_1 - x_{16}$). Os termos de variância de erro não são exibidos na figura, mas cada um dos 16 itens indicadores também tem um termo correspondente de variância de erro que é estimado no modelo CFA. Relações entre construtos são estimadas pelos coeficientes de correlação/covariância (Φ). Neste caso, existem seis termos de covariância/correlação entre construtos.

A computação dos graus de liberdade será útil para comparação com o modelo estrutural. Uma matriz 16 × 16 de covariância existe porque 16 variáveis medidas são empregadas. Assim, o número total disponível de graus de liberdade é igual a 136 [(16 × 17)/2 = 136]. Um total de 38 parâmetros será estimado:*

16 estimativas de carga (λ)
16 termos de variância de erro (θ_δ)
+ 6 termos de covariância de construto (φ)
———————————————————————
38 parâmetros

* Esta computação se aplica se a escala de construto está definida com os termos de variância para os construtos. Se a escala estivesse marcada estabelecendo uma estimativa de carga igual a 1 para cada construto, então a computação equivalente envolveria 12 estimativas de cargas (λ), 16 termos de variância de erro (θ_δ) e 10 termos de variância-covariância de construtos (φ).

Assim, a teoria de mensuração é testada por uma CFA com 136 − 38 = 98 graus de liberdade (*df*). O valor (χ^2) resultante terá, portanto, 98 *df*.

Finalização do modelo estrutural. No modelo estrutural, setas de dois sentidos são substituídas por um número menor de setas em um só sentido. A teoria estrutural é criada pela restrição da matriz de covariância usando o conjunto de parâmetros livres e fixados que representam relações teorizadas.

> Suponha que a teoria estabeleça que os construtos A e B são relacionados com o construto C. Esta teoria implica uma única relação estrutural com C como uma função de A e B. Quando o construto D é incluído, ele é visto como um resultado de C. Os construtos A e B não são tidos como diretamente relacionados com D.

A Figura 12-3b corresponde à teoria estrutural. Diversas mudanças podem ser percebidas na transformação do modelo de mensuração no modelo estrutural:

1. A teoria proposta envolve dois construtos exógenos e dois endógenos. Os construtos A e B são exógenos porque nenhuma outra seta aponta para eles a não ser a seta de correlação de dois sentidos. O construto C é uma função de A e B e é, portanto, endógeno (com setas apontando para ele). O construto D é uma função de C e, pelo mesmo motivo, também é endógeno. Logo, a representação de construtos A e B não é mudada. A é representado por ξ_1. B é representado por ξ_2. Contudo, C e D são endógenos e agora são representados por η_1 e η_2, respectivamente.
2. Outra modificação segue da nova representação de construtos como exógenos ou endógenos. Observe que itens medidos para construtos endógenos são agora representados por $y_1 - y_4$ e $y_5 - y_8$ para os construtos C e D, respectivamente.
3. Os coeficientes paramétricos que representam os caminhos com cargas para construtos endógenos assumem as novas abreviações como $\lambda_{y1,1}$ a $\lambda_{y4,1}$ e $\lambda_{y5,2}$ a $\lambda_{y8,2}$, refletindo a mudança, conforme observado.
4. O único coeficiente de covariância ($\varphi_{2,1}$) é representado pela seta de dois sentidos entre os construtos exógenos A e B. Ele representa a covariância entre A e B. Os coeficientes φ que representavam covariância entre outros construtos não existem mais, pois a matriz de covariância inclui somente relações entre construtos exógenos.
5. As relações teorizadas entre A e C e B e C são representadas por $\gamma_{1,1}$ e $\gamma_{1,2}$, respectivamente.
6. A relação teorizada entre C e D é agora representada por $\beta_{2,1}$.

> 7. Não são mostradas relações entre A e D ou B e D, pois elas são fixadas em 0, com base em nossa teoria. Ou seja, a teoria não supõe uma relação direta entre A e D ou B e D.
> 8. Dois novos termos surgem: ζ_1 e ζ_2. Eles representam a variância de erro de previsão para os dois construtos endógenos. Eles podem ser considerados como o oposto de um R^2, uma vez que são completamente padronizados. Ou seja, são semelhantes ao resíduo em análise de regressão.

Uma vez que essas mudanças sejam implementadas, o modelo estrutural pode ser estimado. Como ocorre com o modelo CFA, há 136 graus de liberdade disponíveis a partir dos 16 indicadores. Como mostrado abaixo, o modelo SEM agora estima 36 coeficientes paramétricos (usando 36 graus de liberdade):

16 estimativas de cargas (8 λ_X e 8 λ_Y)
16 termos de variância de erro (8 θ_δ e 8 θ_ε)
2 termos estruturais exógeno-endógeno (γ)
1 termo estrutural endógeno-endógeno (β)
+ 1 termo de covariância de construto (φ)

36 parâmetros livres

O modelo estrutural será testado por um valor χ^2 com 100 (136 − 36) graus de liberdade, dois a mais do que no modelo CFA. Os dois graus de liberdade surgem da restrição dos construtos A e B de serem diretamente relacionados com D. Ao invés disso, ambos são relacionados com C, que, por sua vez, prevê D.

O Apêndice 12C descreve mudanças necessárias na sintaxe de LISREL para converter declarações CFA no modelo de mensuração no topo da Figura 12-3 para o modelo SEM exibido na parte de baixo da mesma figura. Usando essas modificações, um modelo SEM pode ser executado. Com AMOS, o usuário precisaria mudar as setas, usando a interface gráfica, para mostrar como as relações correlacionadas de CFA se transformam em relações de dependência de SEM e acrescentam termos de erro às variáveis endógenas.

Modelos recursivos e não-recursivos. Uma distinção final pode ser feita para determinar se o modelo estrutural é recursivo ou não-recursivo. Um modelo é considerado **recursivo** se todos os caminhos entre construtos procedem apenas do construto preditor (antecedente) para o construto dependente ou de saída (conseqüências). Em outras palavras, um modelo recursivo não contém construtos que sejam determinados por algum antecedente e ajudem a determinar aquele antecedente (isto é, nenhum par de construtos tem setas seguindo em ambos os caminhos entre eles). Modelos recursivos SEM jamais têm menos graus de liberdade do que um modelo CFA que envolve os mesmos construtos e variáveis.

Em contrapartida, um **modelo não-recursivo** contém retornos de resposta. Um **retorno de resposta** existe quando um construto é visto como preditor e resposta de outro construto. O retorno de resposta pode envolver relações diretas ou até mesmo indiretas. Na relação indireta, a resposta ocorre por meio de uma série de caminhos ou mesmo mediante termos de erro correlacionados.

> A Figura 12-4 ilustra um modelo estrutural que é não-recursivo. Note que o construto D (η_2) é determinado por C (η_1) e também o determina. Os parâmetros para o modelo incluem os coeficientes de caminhos correspondentes a ambos os caminhos ($\beta_{2,1}$ e $\beta_{1,2}$).
>
> Se o modelo incluísse um caminho do construto D de volta ao B, o modelo também seria não-recursivo, pois o construto D seria indiretamente determinado por B, o qual também seria diretamente determinado por D com este novo caminho.

Uma interpretação teórica de uma relação não-recursiva entre dois construtos é que um é tanto causa como efeito do outro. Apesar de essa situação ser improvável com dados *cross-section*, torna-se mais plausível com dados longitudinais. É difícil produzir um conjunto de condições que sustentem uma relação recíproca com dados *cross-section*. Retornaremos brevemente para modelos SEM com dados longitudinais quando cobrirmos tópicos avançados neste capítulo.

> Por exemplo, tanto inteligência quanto sucesso na escola podem ser pensados como construtos latentes medidos por múltiplos itens. Inteligência é causa de sucesso na escola ou o sucesso provoca inteligência? Será que ambas são causas uma da outra? Dados longitudinais podem ajudar a lidar com tal questão, pois a seqüência temporal de eventos pode ser levada em conta.

Modelos não-recursivos também apresentam problemas com identificação estatística. Incluindo construtos adicionais e/ou variáveis medidas, podemos ajudar a garantir que a condição de ordem seja atendida. A condição de classificação para identificação poderia permanecer problemática, porém, porque uma única estimativa para um só parâmetro pode não mais existir (ver Capítulo 11). Logo, recomendamos que se evitem modelos não-recursivos, particularmente com dados *cross-section*.

Resumo. Depois de seguir os procedimentos nesta seção, a teoria do pesquisador deveria ser representada de uma maneira que possa ser testada. Se o pesquisador começa com um modelo de mensuração, é relativamente fácil fazer os ajustes necessários para transformar a representação da teoria de mensuração em uma representação da teoria estrutural. Agora estamos prontos para aplicar este teste usando dados de um estudo planejado para testar a SEM.

Delineamento do estudo

Sempre que SEM é usada, tamanho da amostra e identificação são pontos importantes. O Capítulo 11 cobriu condições para identificação com um tamanho amostral adequado ao longo de várias situações. Se essas condições são atendidas para o modelo CFA, elas são provavelmente satisfeitas para o modelo estrutural também, especialmente para modelos estruturais recursivos. Um modelo estrutural é aninhado dentro de um modelo CFA e é mais parcimonioso porque contém menos caminhos estimados. Portanto, se o modelo CFA é identificado, o estrutural também deve ser identificado – desde que o modelo seja recursivo, nenhum termo de interação seja incluído, o tamanho da amostra seja apropriado, e um mínimo de três itens medidos por construto seja usado. Agora nos voltamos a mudanças de especificação necessárias para a transição de um modelo de mensuração para um estrutural.

Modelagem das cargas de construto quando se testa a teoria estrutural. O modelo CFA na Figura 12-3a é modificado para testar o modelo estrutural mostrado na parte de baixo. A parte de medida do modelo estrutural consiste das estimativas de cargas para os itens medidos e das esti-

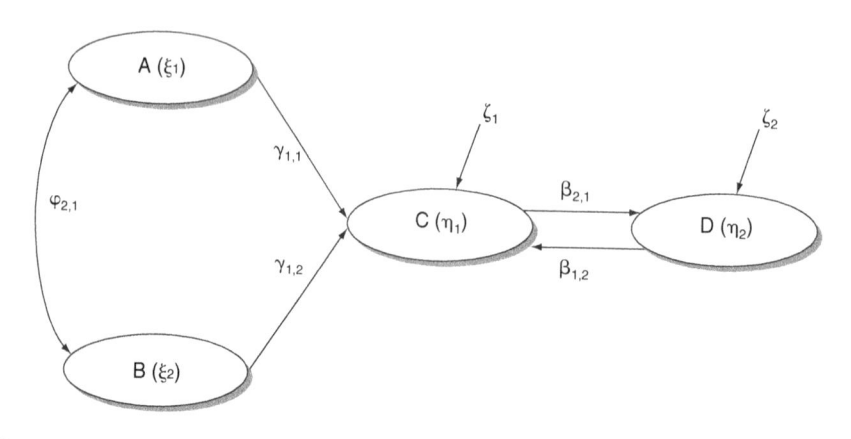

FIGURA 12-4 Modelo SEM não-recursivo.

mativas de correlação entre construtos exógenos. As estimativas de carga fatorial podem ser tratadas de diferentes maneiras no modelo estrutural.

Um argumento sugere que, com o modelo CFA já estimado neste ponto, as estimativas de carga fatorial são conhecidas. Portanto, seus valores devem ser fixados e especificados para as estimativas de cargas obtidas a partir do modelo CFA. Em outras palavras, eles não devem mais ser estimativas de parâmetros livres. Analogamente, como os termos de variância de erro são fornecidos a partir da CFA, seus valores também podem ser fixados, ao invés de estimados.

> A Figura 12-5 reproduz a CFA anterior e a correspondência com o modelo estrutural. Ela agora retrata as estimativas de carga fatorial completamente padronizadas. Usando esta abordagem, as cargas seriam fixadas para os valores de CFA. Assim, as estimativas seriam transportadas para o modelo estrutural e os valores fixados (não estimados) quando o modelo estrutural é testado.

> O Apêndice 12B mostra um procedimento para fixação de cargas fatoriais para algum valor usando um programa SEM. Este método é útil também se uma variável de um só item é incluída em um modelo SEM.

É lógico fixar esses valores, uma vez que eles são conhecidos. No entanto, na medida em que qualquer um desses parâmetros são afetados pelas mudanças impostas ao se transformar o modelo CFA em um modelo estrutural, o ajuste é diminuído. Esta situação seria um exemplo de **confusão de interpretação**, que significa que as estimativas de medição para um construto estão sendo significativamente afetadas por relações diferentes daquelas entre essas medidas específicas. Colocando de outra forma, as cargas para qualquer construto dado não deveriam mudar apenas porque uma é feita mudança no modelo estrutural. Os parâmetros de medição deveriam ser estáveis. Uma vantagem deste método é que o modelo estrutural é mais fácil de se estimar porque muito mais parâmetros têm valores que são fixados. Uma desvantagem é que a mudança no ajuste entre

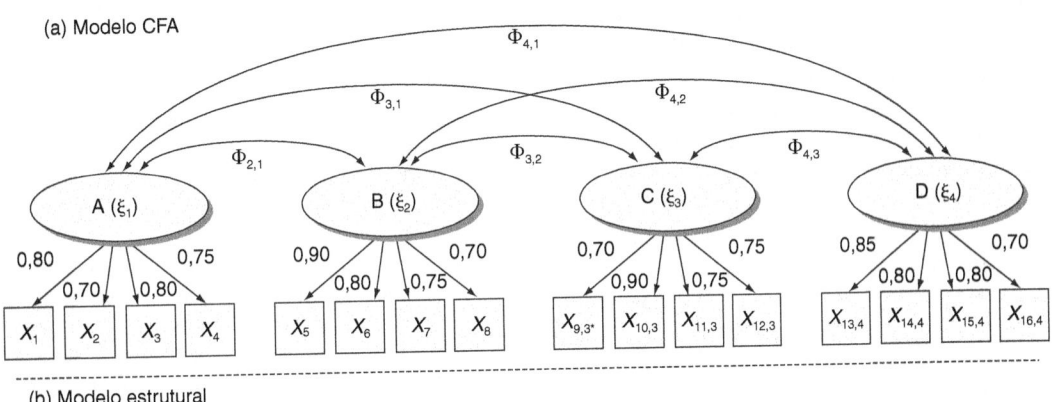

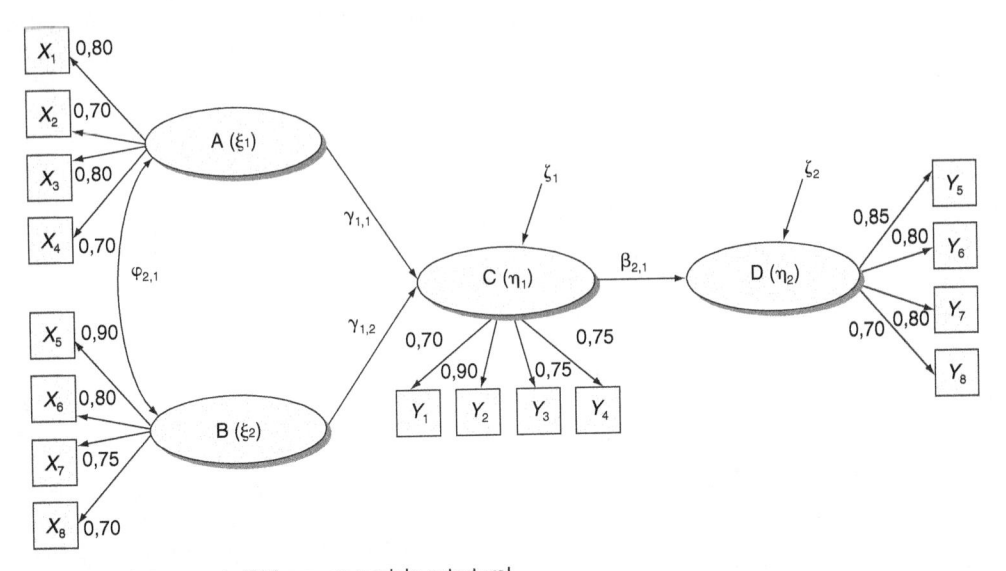

FIGURA 12-5 Estimativas de cargas de CFA em um modelo estrutural.

* N. de R. T.: As notações corretas seriam "$X_9, X_{10}, X_{11}, X_{12}, X_{13}, X_{14}, X_{15}$ e X_{16}".

a CFA e o modelo estrutural pode ser decorrente de problemas com as medidas, e não da teoria estrutural.

Outra abordagem é usar o padrão fatorial de CFA e permitir que os coeficientes para as cargas e os termos de variância de erro sejam estimados juntamente com os coeficientes do modelo estrutural. Isso simplifica a transição de CFA para o estágio de teste estrutural pela eliminação da necessidade de experimentar o difícil processo de fixar todas as estimativas de cargas de construtos e de termos de variância de erro com os valores de CFA. O processo pode também revelar qualquer confusão de interpretação pela comparação das estimativas de cargas de CFA com aquelas obtidas do modelo estrutural. Se as estimativas de cargas completamente padronizadas variam substancialmente, então existe evidência de confusão de interpretação. Pequenas flutuações são esperadas (0,05 ou menos). Contudo, quando as inconsistências aumentam em tamanho e número, o pesquisador deve examinar as medidas mais atentamente. Outra vantagem desta abordagem é que o ajuste do modelo CFA original se torna uma base conveniente de comparação na avaliação do ajuste do modelo estrutural. Esta técnica é usada mais freqüentemente na prática e é a recomendada aqui.

Medidas de um só item. Ocasionalmente um modelo estrutural envolve uma medida de um único item. Ou seja, relações estruturais são teorizadas entre uma só variável e construtos latentes. A confiabilidade e a validade da medida de um só item não podem ser testadas usando-se CFA como medidas de múltiplos itens. Além disso, o coeficiente alfa (estimativa de confiabilidade) de uma medida de um só item não pode ser computado. A questão então passa a ser: "Como pode uma medida de um só item ser representada dentro de uma estrutura CFA/SEM? Como isso é especificado?". Como suas características de mensuração são desconhecidas, passa a ser exigido o melhor julgamento do pesquisador para fixar o parâmetro de mensuração associado com o dado item.

Um exemplo pode ajudar a esclarecer este processo. Freqüentemente, pesquisadores de negócios estão interessados em estudar um resultado não-latente, como vendas. Por exemplo, uma companhia pode estar interessada na investigação de numerosos fatores relativos à promoção e como eles estão induzindo vendas entre suas unidades comerciais. Assim, um modelo estrutural pode incluir construtos latentes como atitudes de clientes em relação à marca, percepções da clientela sobre preço e envolvimento de clientes. Esses construtos são usados para tentar modelar vendas com base em informação de cada uma das unidades da empresa. Como registros de vendas são mantidos eletronicamente, eles são relativamente livres de erros, mas não completamente. Formar um construto de item latente para vendas não é necessário, pois podemos medir esta variável diretamente com este único item.

A variável de vendas seria então especificada como se fosse um construto endógeno com um único indicador. Assim, um caminho de mensuração os conecta. Este caminho de mensuração também inclui um termo de erro. O construto pode ser pensado como o verdadeiro escore de vendas, e a variável, como o escore de vendas observado. Usando-se SEM, o verdadeiro escore resultará da correção da variável para qualquer erro de medição. Caminhos de mensuração e termos de variância de erro para construtos de um só item devem ser fixados com base no melhor conhecimento disponível. O pesquisador acredita que os registros de vendas são, em sua maioria, livres de erro. Assim, o pesquisador escolhe algum melhor valor estimado para confiabilidade. A relação entre a variável de vendas reais e o construto latente é então fixada na raiz

---

REGRAS PRÁTICAS 12-1

Especificação do modelo estrutural

- CFA é limitada em sua habilidade de examinar a natureza de relações entre construtos além de correlações simples
- Um modelo estrutural deve ser testado depois que a CFA validou o modelo de mensuração
- As relações estruturais entre construtos podem ser criadas por:
  - Substituição de setas de dois sentidos de CFA por setas em um só sentido representando uma relação do tipo causa-e-efeito
  - Remoção das setas curvadas de dois sentidos que conectam construtos que não são teorizados como diretamente relacionados
- Modelos recursivos SEM não podem ser associados com menos graus de liberdade do que um modelo CFA que envolve os mesmos construtos e variáveis
- Modelos não-recursivos que envolvem dados *cross-section* devem ser evitados na maioria dos casos:
  - É difícil produzir um conjunto de condições que possa sustentar um teste de uma relação recíproca com dados *cross-section*
  - Modelos não-recursivos têm mais problemas com identificação estatística
- Quando um modelo estrutural está sendo especificado, ele deve usar o padrão de fator de CFA correspondente à teoria de mensuração e permitir que os coeficientes para as cargas e os termos de variância de erro sejam estimados juntamente com os coeficientes do modelo estrutural
- Caminhos de medição e termos de variância de erro para construtos de um só item devem ser fixados baseados no melhor conhecimento disponível
  - A estimativa de carga (relação λ) entre a variável (y) e o construto latente (η) é fixada como sendo a raiz quadrada da melhor estimativa de sua confiabilidade
  - O correspondente termo de erro é fixado em 1 menos a estimativa de confiabilidade

quadrada da confiabilidade estimada. O correspondente termo de erro é fixado em 1 menos a estimativa de confiabilidade. Esta é uma técnica usada para lidar com medidas de um só item em SEM.

Resumo

Esta seção descreveu como mudar relações correlacionais entre construtos de CFA em relações de dependência que correspondem a hipóteses de pesquisa em SEM. É como a teoria do pesquisador é representada. Tendo completado o estágio 5, agora avaliamos a validade desta teoria.

Estágio 6: Avaliação da validade do modelo estrutural

Compreensão do ajuste do modelo estrutural a partir de ajuste de CFA

Este estágio avalia a validade do modelo estrutural. Os dados observados ainda são representados pela matriz de covariância da amostra observada. Uma matriz de covariância estimada também é computada. Em CFA, a matriz de covariância estimada é computada com base nas restrições (padrão de estimativas paramétricas livres e fixadas) correspondendo à teoria de mensuração. Enquanto a teoria estrutural for recursiva, ela não poderá incluir mais relações entre construtos do que o modelo CFA a partir do qual ela é desenvolvida. Portanto, a matriz de covariância estimada incluirá mais restrições, pois caminhos são fixados em 0 para todos aqueles entre construtos para os quais não existe qualquer motivo teórico para se esperar uma relação. Assim, um modelo estrutural recursivo não pode ter um valor χ^2 menor do que aquele obtido em CFA.

Modelos teóricos saturados. Se o modelo SEM especifica um número de relações estruturais igual ao número de possíveis correlações de construtos em CFA, então ele é considerado um **modelo estrutural saturado**. Modelos teóricos saturados não são geralmente interessantes, pois eles usualmente não podem revelar mais do que o modelo CFA. As estatísticas de ajuste para um modelo teórico saturado devem ser as mesmas obtidas para o modelo CFA, o que é algo útil de se saber. Uma maneira para pesquisadores poderem verificar se a transição de um modelo CFA para um modelo estrutural está correta é por meio do teste de um modelo estrutural saturado. Se seu ajuste não for igual ao do modelo CFA, algum erro foi cometido.

Avaliação do ajuste geral do modelo estrutural. O ajuste do modelo estrutural é avaliado como foi com o modelo CFA. Logo, a boa prática dita que mais de uma estatística de ajuste seja empregada. Relembrando do Capítulo 10, recomendamos que sejam usados, no mínimo, um índice de ajuste absoluto, um índice incremental e o χ^2 do modelo. Além disso, um dos índices deve ser de má qualidade de ajuste. Como antes, nenhum conjunto mágico de números sugere bom ajuste em todas as situações. Mesmo um CFI igual a 1,0 e um χ^2 insignificante podem não ter grande significado prático em um modelo simples. Portanto, são dadas apenas orientações gerais para diferentes situações. Aquelas orientações permanecem as mesmas para a avaliação de ajuste de um modelo estrutural.

Comparação do ajuste de CFA com o ajuste do modelo estrutural. O ajuste de CFA fornece uma base útil para avaliar o ajuste estrutural ou teórico. Um modelo estrutural recursivo não pode se ajustar melhor (ter um χ^2 menor) do que a CFA geral; assim, pode-se concluir que a teoria estrutural carece de validade se o ajuste do modelo estrutural for substancialmente pior do que o ajuste do modelo CFA [3]. Uma teoria estrutural procura explicar todas as relações entre construtos de maneira tão simples quanto possível. O modelo CFA padrão assume que existe uma relação em cada par de construtos. Apenas um modelo estrutural saturado faria esta suposição. Assim, modelos SEM tentam explicar relações entre construtos de modo mais simples e preciso do que CFA. Quando eles não conseguem fazer isso, esta falha é refletida em estatísticas de ajuste relativamente ruins. Reciprocamente, um modelo estrutural que demonstra um valor $\Delta\chi^2$ insignificante com seu modelo CFA é fortemente sugestivo de ajuste estrutural adequado.

Exame das relações de dependência teorizadas. Lembre que a avaliação de validade de modelo CFA não estava completa com base apenas em ajuste. Validade de construto exige evidência adicional. Analogamente, bom ajuste, por si só, é insuficiente para sustentar uma teoria estrutural proposta. O pesquisador deve também examinar as estimativas individuais de parâmetros versus as previsões ou caminhos correspondentes, sendo que cada uma representa uma hipótese específica. Assim, as estimativas de relações de dependência devem ser avaliadas. Validade de teoria aumenta na medida em que as estimativas de parâmetros são:

- *Estatisticamente significantes e no sentido previsto.* Ou seja, elas são maiores do que zero para uma relação positiva e menores do que zero para uma relação negativa.
- *Não-triviais.* Este aspecto pode ser verificado usando-se as estimativas de cargas completamente padronizadas. A orientação aqui é a mesma usada em outras técnicas multivariadas.

O pesquisador pode também examinar as estimativas de variância explicada para os construtos endógenos, as quais são essencialmente uma análise do R^2. As mesmas diretrizes gerais se aplicam para tais valores, como se aplicaram com regressão múltipla.

Bom ajuste não garante que o modelo SEM é a melhor representação dos dados. Como acontece com modelos

CFA, opções alternativas podem freqüentemente produzir os mesmos resultados empíricos. Novamente, a teoria se torna essencial na avaliação da validade de um modelo estrutural.

Exame do diagnóstico do modelo

Os mesmos diagnósticos para modelos CFA são fornecidos para SEM. Por exemplo, o padrão e o tamanho de resíduos padronizados podem ser usados para identificar problemas de ajuste. Podemos assumir que o modelo CFA tem validade suficiente se atingimos este estágio, e, assim, o foco é sobre a informação diagnóstica a respeito de relações entre construtos. Logo, o pesquisador prossegue como em modelos CFA. Mas atenção especial é dada para estimativas de caminhos, resíduos padronizados e índices de modificação associados com as possíveis relações entre construtos em qualquer uma das três formas (exógenos → endógenos, endógenos → endógenos, e covariância de erro entre construtos endógenos encontrados). Por exemplo, se um problema com ajuste de modelo é devido a uma relação atualmente fixada entre um construto exógeno e um endógeno, ele provavelmente será revelado através de um resíduo padronizado ou de um elevado índice de modificação.

> Considere o modelo estrutural na Figura 12-5. O modelo não inclui um caminho conectando os construtos A e D. Se o modelo fosse testado e se realmente existisse uma relação entre esses dois construtos, um elevado resíduo padronizado ou um padrão de resíduos provavelmente seriam encontrados entre itens que compõem esses dois construtos (x_1-x_4 e y_5-y_8, neste caso). Isto estaria nos dizendo que a covariância entre esses conjuntos de itens não foi reproduzida com precisão por nossa teoria. Além disso, um elevado índice de modificação poderia existir para o caminho que seria rotulado como $\gamma_{2,1}$ (a relação de dependência de A para com D). Os índices de modificação para caminhos que não são estimados são mostrados na saída padrão de SEM. Pode-se pedir também que eles sejam exibidos em um diagrama de caminhos, usando-se os menus *drop-down* apropriados. Falando em termos gerais, diagnósticos de modelos são examinados da mesma maneira que se faz com modelos CFA.

Um modelo deveria ser modificado com base nesta informação diagnóstica? É uma prática bastante comum conduzir **análises *post hoc*** que são posteriores ao teste da teoria. Análises *post hoc* são testes após-o-fato de relações para as quais nenhuma hipótese foi feita. Em outros termos, um caminho é testado onde a teoria original não continha um caminho. Lembre que SEM fornece uma ferramenta excelente para *teste* de teoria. Portanto, qualquer relação revelada em uma análise *post hoc* fornece somente evidência empírica, e não suporte teórico. Por esta razão, não se deve confiar em relações identificadas *post hoc* da mesma maneira que em relações teóricas originais. Análises estruturais *post hoc* são úteis apenas na especificação de potenciais melhoras no modelo que *devem* fazer sentido teórico e em termos de validação cruzada, testando-se o modelo com novos dados obtidos da mesma população. Assim, análises *post hoc* não são úteis para teste de teoria, e qualquer tentativa neste sentido deve ser desencorajada.

ILUSTRAÇÃO DE SEM

As ilustrações de CFA no capítulo anterior começaram pelo teste de uma teoria de mensuração. O resultado final foi a validação de um conjunto de indicadores de construtos que permitem que a HBAT estude relações entre cinco importantes construtos. A HBAT gostaria de entender por que alguns empregados permanecem no emprego por mais tempo do que outros. Eles sabem que podem melhorar a qualidade dos serviços e a lucratividade quando empregados permanecem na empresa por mais tempo. O processo SEM de seis estágios começa com este objetivo em mente. Para esta ilustração, usamos o banco de dados HBAT_SEM, disponível na Web em www.bookman.com.br.

> O modelo de mensuração completo foi testado no capítulo sobre CFA, mostrou-se que ele tem ajuste adequado e validade de construto. Lembre-se que as estatísticas de ajuste de CFA para este modelo foram:
>
> - χ^2 é 229,95 com 179 graus de liberdade (0,05)
> - CFI = 0,99
> - RMSEA = 0,027
>
> Para refrescar sua memória, os cinco construtos são definidos aqui:
>
> - *Satisfação com o trabalho (JS)*. Reações resultantes da apreciação da situação de emprego de alguém.
> - *Compromisso organizacional (OC)*. O grau em que um empregado se identifica com a HBAT, sentindo-se parte da empresa.
> - *Intenções de permanência (SI)*. O grau em que um empregado pretende continuar trabalhando para a HBAT e não está participando de atividades que tornam o pedido de demissão algo mais provável.
> - *Percepções ambientais (EP)*. Crenças que um empregado tem sobre as condições físicas de trabalho no dia-a-dia.
> - *Atitudes com colegas (AC)*. Atitudes que um empregado tem com relação a colegas com os quais ele/ela interage regularmente.
>
> A análise será conduzida no nível individual. A HBAT está agora pronta para testar o modelo estrutural usando SEM.

Estágio 5 de SEM: Especificação do modelo estrutural

Com as medidas de construtos em mãos, os pesquisadores agora devem estabelecer as relações estruturais entre os construtos e traduzi-las para uma forma adequada para a análise SEM. As seções a seguir detalham a teoria estrutural inerente à análise e ao diagrama de caminhos usado para a estimação das relações.

Definição de uma teoria estrutural

A equipe de pesquisa da HBAT propõe uma teoria baseada na literatura organizacional e na experiência coletiva dos principais funcionários da administração da HBAT. Eles concordam que é impossível incluir todos os construtos que podem potencialmente se relacionar com a retenção de empregados (intenções de permanência). Isto seria muito dispendioso e trabalhoso para os respondentes, com base no grande número de itens de pesquisa a serem completados. Assim, o estudo é conduzido com os cinco construtos previamente listados.

A teoria leva a HBAT a esperar que EP, AC, JS e OC sejam todos relacionados com SI, mas de diferentes maneiras. Por exemplo, um elevado escore de EP significa que os empregados acreditam que seu ambiente de trabalho é confortável e lhes permite conduzir livremente suas tarefas. Este ambiente é propício para criar elevada satisfação no emprego, o que, por sua vez, facilita uma ligação entre EP e SI. Como isso requer uma apresentação razoavelmente extensa de conceitos e descobertas organizacionais importantes, não desenvolveremos detalhadamente a teoria aqui.

A administração da HBAT quer testar as seguintes hipóteses:

H_1: Percepções ambientais são positivamente relacionadas com satisfação no trabalho.

H_2: Percepções ambientais são positivamente relacionadas com envolvimento organizacional.

H_3: Atitudes para com colegas são positivamente relacionadas com satisfação no emprego.

H_4: Atitudes para com colegas são positivamente relacionadas com envolvimento organizacional.

H_5: Satisfação no trabalho é positivamente relacionada com envolvimento organizacional.

H_6: Satisfação no trabalho é positivamente relacionada com intenções de permanência.

H_7: Envolvimento organizacional é positivamente relacionado com intenções de permanência.

Diagrama visual

A teoria pode ser expressa visualmente. A Figura 12-6 mostra o diagrama correspondente a esta teoria. Para fins de simplificação, as variáveis indicadoras medidas e seus caminhos e erros correspondentes foram deixados de fora do diagrama. Se fossem usada uma interface gráfica com um programa SEM, então todas as variáveis medidas e os termos de variância de erro teriam que ser mostrados no diagrama de caminhos.

Construtos exógenos. EP e AC são construtos exógenos neste modelo. Considera-se que eles são determinados por coisas fora deste modelo. Em termos práticos, isso significa que nenhuma hipótese prevê qualquer um

(Continua)

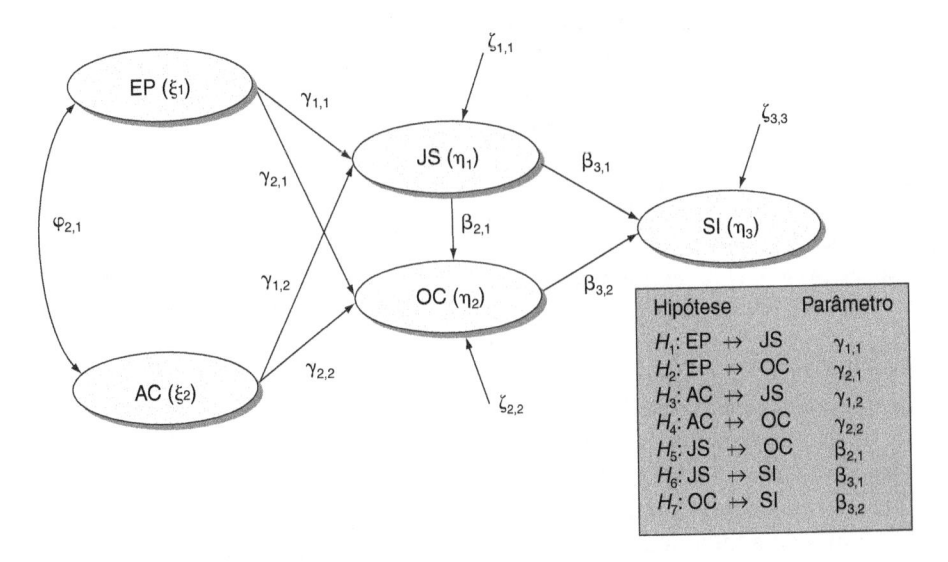

FIGURA 12-6 Modelo de retenção da empregados de HBAT.

(Continuação)
desses construtos. Como ocorre com variáveis independentes em regressão, eles são usados apenas para prever outros construtos.

Os dois construtos exógenos – EP e AC – são representados no extremo esquerdo. Nenhuma seta de um sentido aponta para os construtos exógenos. Uma seta curva de dois sentidos é incluída para capturar qualquer covariância entre esses dois construtos ($\varphi_{2,1}$). Apesar de nenhuma hipótese conectá-los, eles podem não ser construtos independentes. Assim, se o modelo de mensuração estima um coeficiente de caminho entre construtos não envolvidos em qualquer hipótese, então tal parâmetro também deve ser estimado no modelo SEM.

Construtos endógenos. JS, OC e SI são endógenos neste modelo. Cada um é determinado por construtos incluídos no modelo e, assim, cada um também é visto como um resultado baseado nas hipóteses listadas. Observe que JS e OC são usados como resultados em algumas hipóteses e como preditores em outras. Este papel dual é perfeitamente aceitável em SEM, e um teste para todas as hipóteses pode ser fornecido com um teste de modelo estrutural. Este tipo de teste de hipótese não seria possível com um único modelo de regressão, pois estaríamos limitados a uma só variável dependente.

O modelo de caminhos estruturais começa a se desenvolver a partir dos construtos exógenos. Um caminho deveria conectar quaisquer dois construtos teoricamente ligados por uma hipótese. Portanto, depois de esboçar os três construtos endógenos (JS, OC e SI), setas de um só sentido são colocadas conectando os construtos preditores (exógenos) com seus respectivos resultados, com base nas hipóteses. A legenda no canto inferior direito da Figura 12-6 lista cada hipótese e o caminho ao qual pertence. Cada seta de um sentido representa um caminho direto e é rotulada com a estimativa paramétrica apropriada. Por exemplo, H_2 se refere a uma relação positiva EP-OC. Uma estimativa paramétrica conectando um construto exógeno a um endógeno é designada pelo símbolo (γ). A convenção é que o primeiro subscrito lista o número do construto para o qual o caminho aponta, e o segundo subscrito se refere ao construto no qual o caminho começa. Assim, H_1 é representada por $\gamma_{2,1}$. Analogamente então, H_7, que conecta SI com OC, é representada por $\beta_{3,2}$.

Os caminhos supostos devem ser comunicados a um programa SEM a fim de se obter resultados. O Apêndice 12D fornece a sintaxe do programa SEM (LISREL) que produz resultados para este modelo. Com AMOS você deve esboçar o modelo usando a interface gráfica, identificar os dados adequados para uso, e então processar o modelo.

Estágio 6: Avaliação da validade do modelo estrutural

O modelo estrutural mostrado no diagrama de caminhos pode agora ser estimado. O ajuste do modelo SEM e a consistência das relações com expectativas teóricas podem ser avaliados. Agora nos voltamos a um resumo do resultado do modelo exibido na Figura 12-7.

> Primeiramente examinamos as estimativas de cargas para garantir que elas não mudaram substancialmente em relação ao modelo CFA. Neste caso, as estimativas de cargas são virtualmente inalteradas em relação aos resultados de CFA. Somente três cargas estimadas completamente padronizadas mudam, e a mudança máxima é de 0,01. Assim, se já não tivesse sido testada no estágio CFA, a evidência agora indica estabilidade paramétrica entre os itens medidos. Em termos técnicos, nenhum problema decorre de confusão de interpretação, o que sustenta ainda mais a validade do modelo de mensuração.
>
> A seguir, o ajuste geral do modelo é examinado. A saída de SEM na Figura 12-7 mostra as estatísticas de ajuste geral resultantes do teste do modelo. O χ^2 é 275,1 com 181 graus de liberdade ($p < 0,05$). O CFI do modelo é o mesmo de CFA em 0,99. A RMSEA é 0,036, que é 0,009 maior do que em CFA. O intervalo de confiança de 90% para RMSEA é de 0,027 a 0,045. A RMSEA ainda está dentro de um intervalo que pode ser associado com bom ajuste. Esses diagnósticos sugerem que o modelo fornece um bom ajuste geral (ver Capítulo 10 para uma revisão sobre diretrizes de ajuste).

A validação do modelo não está completa sem o exame das estimativas paramétricas individuais. Elas são estatisticamente significantes, estão na direção prevista, são não-triviais? Todas essas respostas devem ser dadas paralelamente à avaliação do ajuste do modelo.

> A Figura 12-8 mostra o diagrama de caminhos com as estimativas paramétricas estruturais resultantes completamente *padronizadas* incluídas nos caminhos. Além disso, a seguinte saída padrão é gerada pelo programa SEM e contém as estimativas estruturais de máxima verossimilhança (ML), erros padrão e valores-*t*. Observe que essas são estimativas de máxima verossimilhança em uma primeira aproximação e, assim, elas diferem daquelas mostradas na Figura 12-8.

Estatística de qualidade de ajuste

```
Graus de liberdade = 181
Função qui-quadrado de ajuste mínimo = 275,1 (P = 0,00)
Parâmetro estimado de não-centralidade (NCP) = 94,09
Intervalo de 90% de confiança para NCP = (53,33; 142,81)

Raiz do erro quadrático médio de aproximação (RMSEA) = 0,036
Intervalo de 90% de confiança para RMSEA = (0,027; 0,045)
Valor-p para teste de ajuste próximo (RMSEA < 0,05) = 1,00

Índice de validação cruzada esperado (ECVI) = 0,94
Intervalo de 90% de confiança para ECVI = (0,84; 1,06)
ECVI para modelo saturado = 1,16
ECVI para modelo de independência = 20,28

Qui-quadrado para modelo de independência com 210 graus de liberdade = 8030,24
AIC de independência = 8072,24
AIC do modelo = 375,09
AIC saturado = 462,00

Índice de ajuste normado (NFI) = 0,96
Índice de ajuste não-normado (NNFI) = 0,98
Índice de ajuste normado de parcimônia (PNFI) = 0,83
Índice de ajuste comparativo (CFI) = 0,99
Índice de ajuste incremental (IFI) = 0,99
Índice de ajuste relativo (RFI) = 0,96
N crítico (CN) = 321,42
Raiz do resíduo quadrático médio (RMR) = 0,11
RMR padronizado = 0,060
Índice de qualidade de ajuste (GFI) = 0,94
Índice de qualidade de ajuste ajustado (AGFI) = 0,92
```

FIGURA 12-7 Ajuste do modelo geral de retenção de empregados da HBAT.

ESTIMATIVAS DE MÁXIMA VEROSSIMILHANÇA
PARA BETA (β)
(Não-padronizadas)

	JS	OC	SI
JS ($\beta_{2,1}$)	- -		
OC	0,13 (0,08) 1,60	- -	
SI ($\beta_{3,1}$)	0,09 (0,04) 2,38	0,27 (0,03) 8,26 ($\beta_{3,1}$)	- -

GAMA (γ)

	EP	AC
JS ($\gamma_{1,1}$)	0,20 (0,05) 4,02	-0,01 (0,05) -0,17 ($\gamma_{1,2}$)
OC ($\gamma_{2,1}$)	0,52 (0,08) 6,65	0,26 (0,07) 3,76 ($\gamma_{2,2}$)
SI	- -	- -

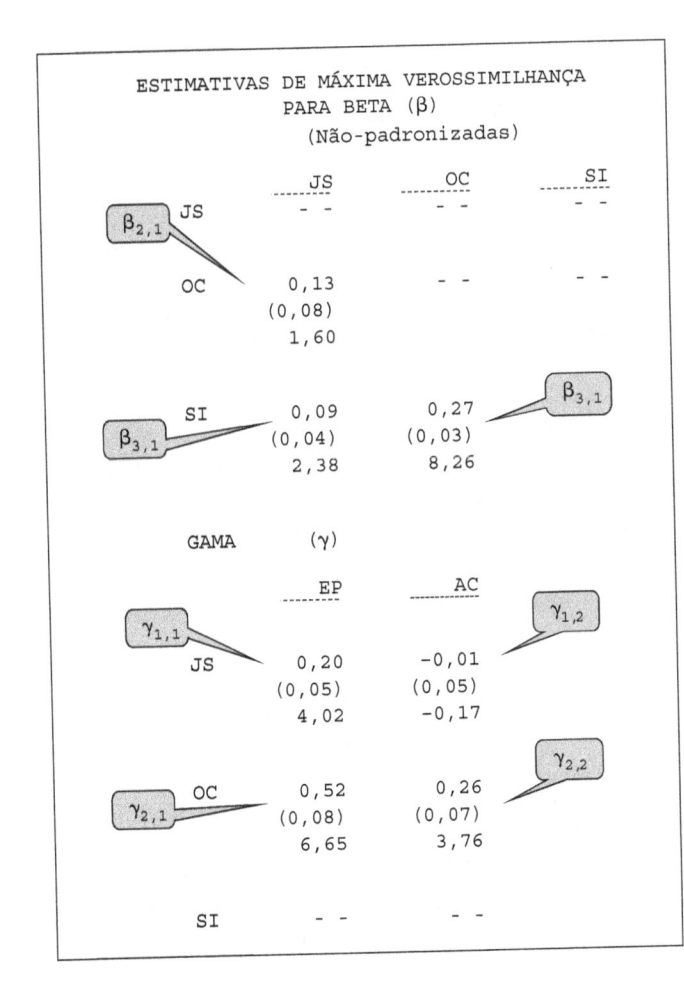

Aqui os resultados são separados em grupos com base no tipo de relação que eles representam. Novamente, LISREL faz esse agrupamento por modo padrão. AMOS não agrupa relações por tipo desta maneira. Tanto AMOS quanto LISREL mostram os resultados de máxima verossimilhança como padrão.

Todas as estimativas de caminhos estruturais são significantes e na direção esperada, exceto duas. As exceções são as estimativas entre AC e JS ($\gamma_{1,2}$) e entre JS e OC ($\beta_{2,1}$). $\gamma_{1,2}$ tem uma estimativa de ML de –0,01 e um valor-t de –0,17. $\beta_{2,1}$ tem uma estimativa de ML de 0,13 com um valor-t de 1,60, o que fica abaixo do valor-t crítico para um erro Tipo I de 0,05. Logo, apesar de a estimativa estar na direção suposta, ela não é sustentada. No geral, porém, uma vez que cinco das sete estimativas são consistentes com as hipóteses, esses resultados sustentam o modelo teórico com uma advertência para os dois caminhos que não são sustentados.

Exame do diagnóstico de modelo

Como discutido anteriormente, diversas medidas diagnósticas estão disponíveis para o pesquisador, variando de índices de ajuste a resíduos padronizados e índices de modificação. Cada uma delas é examinada na discussão a seguir para nos certificarmos se vale a pena considerar reespecificação do modelo.

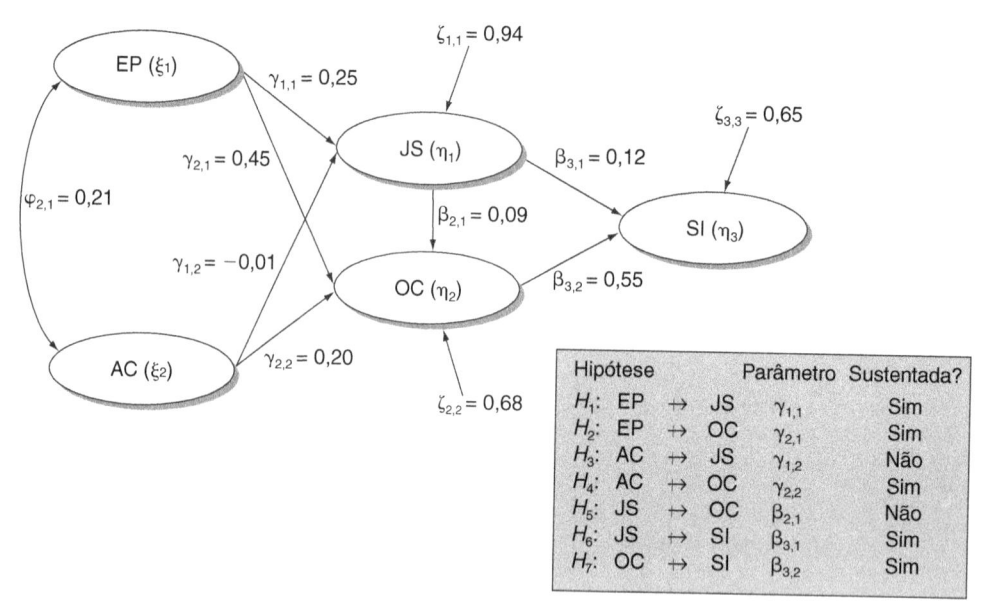

FIGURA 12-8 Estimativas de caminhos completamente padronizadas para o modelo estrutural da HBAT.

Diagrama do modelo estrutural:
- EP (ξ_1) → JS (η_1): $\gamma_{1,1} = 0,25$
- AC (ξ_2) → JS (η_1): $\gamma_{2,1} = 0,45$ (nota: leitura do diagrama)
- $\varphi_{2,1} = 0,21$
- $\gamma_{1,2} = -0,01$
- $\gamma_{2,2} = 0,20$
- JS (η_1) → OC (η_2): $\beta_{2,1} = 0,09$
- JS (η_1) → SI (η_3): $\beta_{3,1} = 0,12$
- OC (η_2) → SI (η_3): $\beta_{3,2} = 0,55$
- $\zeta_{1,1} = 0,94$; $\zeta_{2,2} = 0,68$; $\zeta_{3,3} = 0,65$

Hipótese			Parâmetro	Sustentada?
H_1:	EP	→ JS	$\gamma_{1,1}$	Sim
H_2:	EP	→ OC	$\gamma_{2,1}$	Sim
H_3:	AC	→ JS	$\gamma_{1,2}$	Não
H_4:	AC	→ OC	$\gamma_{2,2}$	Sim
H_5:	JS	→ OC	$\beta_{2,1}$	Não
H_6:	JS	→ SI	$\beta_{3,1}$	Sim
H_7:	OC	→ SI	$\beta_{3,2}$	Sim

As outras estatísticas de ajuste, em geral, também sustentam o modelo. Por exemplo, a SRMR aumentou de 0,035 para 0,060, mas ainda é um valor associado com bom ajuste. Como teste complementar, a HBAT examina a diferença de ajuste entre o modelo estrutural e o de CFA. O $\Delta\chi^2$ resultante é de 45,2 com dois graus de liberdade ($p < 0,001$). Ele pode ser determinado pelo cálculo da diferença entre os valores de χ^2 de SEM e de CFA. A diferença em graus de liberdade é 2, o que é devido ao fato de que todos os caminhos estruturais possíveis são estimados, exceto dois. Essa diferença altamente significante sugere que o ajuste pode ser melhorado estimando-se outro caminho estrutural. A possibilidade de outro caminho estrutural significativo deve ser considerada, particularmente se outra informação diagnóstica aponta especificamente para uma relação em particular.

O programa SEM oferece um resumo dos resíduos padronizados em uma matriz que mostra o resíduo padronizado para cada variável medida. Esta última é fornecida porque a pedimos como uma opção. Uma parte do resumo é listada a seguir, na qual este resíduo em particular é apresentado:

```
Menor resíduo padronizado = -2,99
Resíduo padronizado mediano = 0,00
Maior resíduo padronizado = 5,84

Maiores resíduos padronizados negativos
Resíduo para      SI2 e    OC1    -2,90
Resíduo para      SI3 e    OC1    -2,88
Resíduo para      SI4 e    OC1    -2,99
Resíduo para      EP3 e    OC1    -2,90
```

```
Maiores resíduos padronizados positivos
Resíduo para      SI2 e    SI1    3,45
Resíduo para      SI4 e    SI3    3,47
Maior resíduo padronizado
Resíduo para      EP1 e    SI1    3,78
Resíduo para      EP2 e    SI4    5,84
```
(Maior resíduo padronizado)

Uma análise dos resíduos padronizados para o modelo sugere que o resíduo máximo é para a covariância entre as variáveis medidas EP2 e SI4. Seu valor é 5,84, o que indica um problema em potencial, pois excede 4. A relação estrutural correspondente a este resíduo seria um caminho direto de EP a SI. No momento, a relação entre esses dois construtos é explicada somente pelas relações seqüenciais EP → JS → SI e EP → JS → OC → SI. Nenhuma seta liga EP (um construto exógeno, ξ_1) e SI (um construto endógeno, η_3) diretamente. Como resultado, o pesquisador verifica os índices de modificação. Aqui, os índices de modificação são agrupados pelo tipo de parâmetro que eles indicam. LISREL fornece saída neste formato. AMOS simplesmente lista os índices de modificação para parâmetros estruturais sem fazer esta distinção.

```
Índices de modificação para GAMA (γ)
              EP        AC
JS            --        --
OC            --        --
SI          40,12      8,98    γ_{3,1}
```

O maior índice de modificação é para EP → SI ($\gamma_{3,1}$), o que corresponde a uma seta de EP a SI (ver Figura 12-9). Esta relação não foi anteriormente incluída no modelo estrutural da Figura 12-8 porque não é parte da teoria da HBAT. Seu valor, 40,12, levanta dúvida sobre a premissa de que JS media a relação entre EP e SI.

Reespecificação de modelo

Muitas vezes, as medidas diagnósticas disponíveis em SEM indicam uma potencial reespecificação do modelo. Apesar de já termos discutido sobre o fato de que qualquer reespecificação tem necessidade crítica de suporte tanto teórico quanto empírico, a reespecificação de modelo pode melhorar o ajuste do modelo. A discussão a seguir detalha uma reespecificação em nosso exemplo da HBAT.

Como resultado, a HBAT reestima o modelo usando uma análise *post hoc* adicionando o caminho sugerido. A Figura 12-9 descreve o modelo, incluindo um caminho livre correspondente a esta relação direta. O programa SEM é instruído a liberar EP → SI ($\gamma_{3,1}$). A estimativa paramétrica completamente padronizada resultante para $\gamma_{3,1}$ é de 0,37 com um valor-*t* de 6,12 ($p < 0,001$). Além disso, o ajuste geral revela um valor χ^2 de 238,85 com 180 graus de liberdade. O CFI continua em 0,99 e a RMSEA é 0,029, o que é praticamente o mesmo valor do modelo CFA. Este ajuste é melhor do que no modelo estrutural original, pois $\Delta\chi^2 = 36,2$ e com 1 grau de liberdade, o que é significante ($p < 0,001$). Diversas estimativas de caminhos do modelo original mudaram um pouco, como esperado. Mais notavelmente, a relação JS → SI ($\beta_{3,1} = 0,06$) não é mais significante, e a relação SI → OC* ($\beta_{3,2} = 0,36$) continua significante, apesar de ser substancialmente menor do que antes.

O valor de $\Delta\chi^2$ entre os modelos SEM revisado e CFA é 8,90 com 1 grau de liberdade. A correlação múltipla quadrática (ou seja, R^2) para SI também melhora de 0,35 para 0,45 com o acréscimo desta relação. Tais descobertas têm implicações para os tipos de relações que conectam esses construtos, como percebemos na próxima seção.

Resumo

Até este momento, a HBAT testou seu modelo estrutural original. Os resultados mostraram ajuste geral razoavelmente bom e as relações teorizadas foram, em geral, sustentadas. Contudo, a grande diferença de ajuste entre o modelo estrutural e o CFA, bem como diversos diagnósticos estratégicos, incluindo os resíduos padronizados, sugeriram um melhoramento no modelo. Esta mudança melhorou o ajuste do modelo. Agora, a HBAT deve considerar o teste deste modelo com novos dados para avaliar sua generalidade.

TÓPICOS AVANÇADOS

O processo SEM de seis estágios foi discutido neste capítulo e no anterior. Agora, diversos tópicos avançados são discutidos, os quais descrevem diferentes tipos de relações estruturais, bem como análises multigrupos para modelos estruturais.

Tipos de relação

Relações podem ser caracterizadas de muitas maneiras. No Capítulo 10, descrevemos relações em modelos SEM. Agora explicamos os tipos de relações que compõem o modelo estrutural.

Uma relação de regressão tipicamente implica uma associação simples ou uma relação causal. SEM permite que pesquisadores examinem relações entre variáveis de uma maneira que muitas outras técnicas não fazem. Mediação e moderação são dois dos tipos mais comuns de relações.

Mediação

Um **efeito mediador** é criado quando uma terceira variável/construto intervém entre dois outros construtos rela-

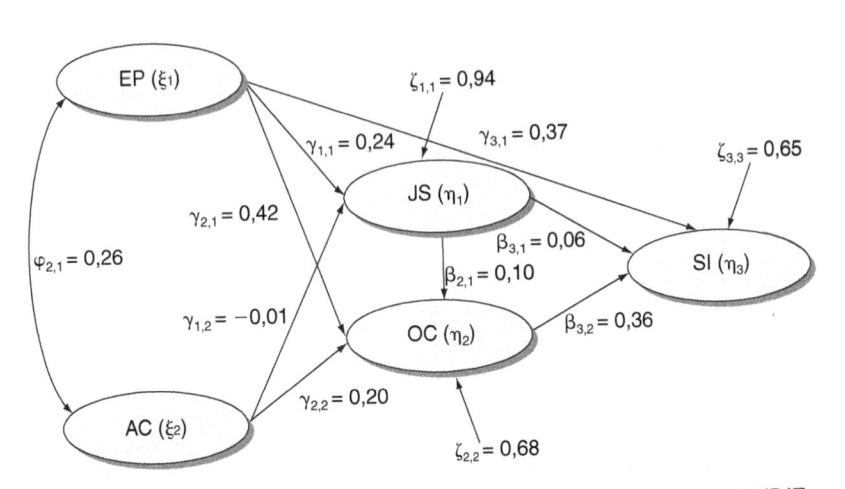

FIGURA 12-9 Estimativas de caminhos completamente padronizadas para o modelo estrutural revisado da HBAT.

---

* N. de R. T.: A notação correta seria "OC → SI".

cionados entre si. O diagrama a seguir ilustra um efeito mediador:

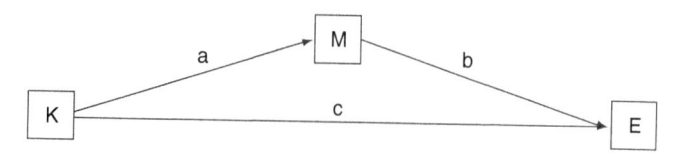

```
        M
   a  ↗   ↘  b
  K ——————————→ E
         c
```

O construto M media a relação entre K e E. Mediação requer correlações significantes entre todos os três construtos. Teoricamente, um construto mediador facilita a relação entre os outros dois construtos envolvidos. O exemplo a seguir ilustra esses pontos:

> K pode ser a inteligência de um estudante, E, o desempenho da turma, e M, a efetividade do estudo. Logo, um estudante pode ser inteligente, mas nem sempre ter bom desempenho. Se um estudante é inteligente, esta qualidade pode encorajá-lo a estudar mais e melhor, o que pode resultar em um melhor desempenho da turma. Em tal caso, a correlação significante entre K e E seria explicada pela seqüência K-M-E de relações. O coeficiente paramétrico resultante para c seria 0 no caso de mediação completa.

Um pesquisador pode examinar mediação de várias maneiras. Primeiro, se é esperado que o caminho rotulado por c seja 0 devido à mediação, um modelo SEM pode representar essa relação. Este modelo incluiria apenas os caminhos rotulados por a e b, com mostrado no diagrama a seguir:

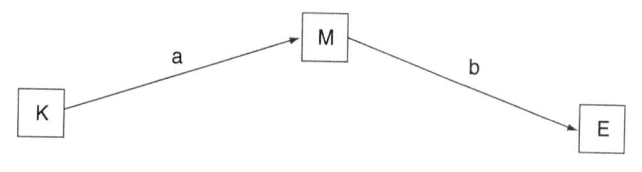

```
        M
   a  ↗   ↘  b
  K           E
```

Ele não incluiria um caminho diretamente de K a E. Se o modelo sugere que a seqüência K-M-E fornece um bom ajuste, ele sustenta um papel mediador para M. Além disso, o ajuste deste modelo pode ser comparado com os resultados SEM de um modelo incluindo o caminho K-E (c). Se a adição do caminho c melhora significativamente o ajuste como indicado por $\Delta\chi^2$, então mediação não é sustentada. Se os dois modelos produzem ajustes semelhantes, então mediação é sustentada.

Como relações nem sempre são claras, uma série de passos pode ser seguida para avaliar mediação. Esses passos se explicam usando-se tanto SEM quanto qualquer outra abordagem de modelo linear geral (GLM), incluindo análise de regressão múltipla. Usando-se o diagrama da mediação anterior, os passos são [7]:

1. Verificar para saber que:
   a. K se relaciona com E (correlação significante).
   b. K se relaciona com M (correlação significante).
   c. M se relaciona com E (correlação significante).
2. Se c, a relação entre K e E, continua significante e inalterada quando M é incluído no modelo como preditor adicional (K e M agora prevêem E), então mediação não é sustentada.
3. Se c é reduzida mas se mantém significante quando M é incluído como preditor adicional, então **mediação parcial** é sustentada.
4. Se c é reduzida a um ponto no qual não é significantemente diferente de zero depois que M é incluído como construto mediador, então **mediação completa** é sustentada.

Retornamos a um de nossos exemplos anteriores para verificarmos como este processo pode ser aplicado.

> No diagrama da Figura 12-3b, o construto C é tido como mediador da relação entre os construtos A e D. Analogamente, o construto C é suposto como mediador na relação entre os construtos B e D. Se o ajuste deste modelo for aceitável, ele sustenta o papel de C como mediador. No entanto, o pesquisador pode testar para ver se A ou B se relacionam diretamente com D. Quaisquer relações diretas entre A e D ou B e D indicam que mediação completa não é sustentada. Quando as estimativas de caminhos para A-D e B-D não são significativas, e os outros caminhos são significativos, então os papéis mediadores teorizados do construto C encontram sustentação.

Efeitos indiretos. Um modelo estrutural com um efeito mediador suposto pode produzir efeitos diretos e indiretos. **Efeitos diretos** são as relações que conectam dois construtos com uma só seta. **Efeitos indiretos** são aquelas relações que envolvem uma seqüência de relações com pelo menos um construto intermediário. Assim, um efeito indireto é uma seqüência de dois ou mais efeitos diretos e é visualmente representado por múltiplas setas. Efeitos indiretos são consistentes com mediação. O diagrama a seguir mostra um efeito indireto de K sobre E na forma de uma seqüência K → M → E.

```
  K ——a——→ M ——b——→ E
```

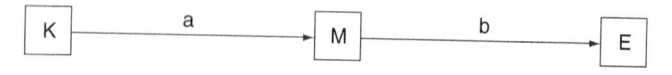

Um efeito direto de K e E incluiria uma única seta.

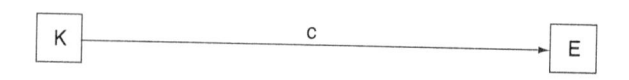

```
  K ————c————→ E
```

> A Figura 12-10 reproduz o modelo estrutural mostrado na Figura 12-3 com duas modificações. Primeiro, ela agora inclui uma relação teorizada entre os construtos
>
> *(Continua)*

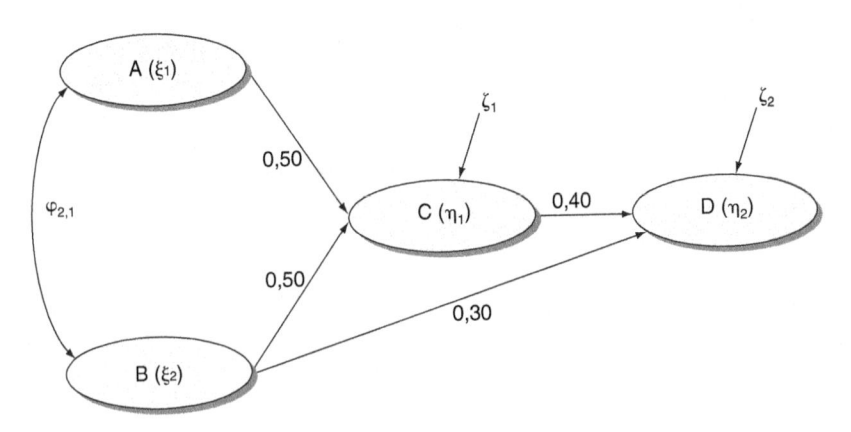

FIGURA 12-10 Um modelo SEM com efeitos indiretos.

(Continuação)
B e D. Segundo, suponha que o modelo foi estimado usando SEM e as estimativas de caminhos estruturais são mostradas. O modelo inclui efeitos diretos para os seguintes caminhos:

$$A \rightarrow C = 0{,}50$$
$$B \rightarrow C = 0{,}50$$
$$B \rightarrow D = 0{,}30$$
$$C \rightarrow D = 0{,}40$$

O tamanho de um efeito indireto é uma função dos efeitos diretos que o formam. O programa SEM tipicamente produz uma tabela que mostra o tamanho dos efeitos diretos implicados por um modelo. Eles podem ser computados também multiplicando-se os efeitos diretos entre si.

Por exemplo, supõe-se que A afeta D indiretamente por meio de C. O tamanho deste efeito indireto pode ser calculado multiplicando-se 0,50, a relação estimada de A a C, por 0,40, a relação estimada de C a D. O resultado é 0,20. Os efeitos indiretos para o modelo na Figura 12-10 são:

$$A \rightarrow C \rightarrow D \quad 0{,}50 \times 0{,}40 = 0{,}20$$
$$B \rightarrow C \rightarrow D \quad 0{,}50 \times 0{,}40 = 0{,}20$$

O efeito total de um construto sobre outro é a soma das relações indiretas e diretas entre eles.

Por exemplo, o efeito total de B sobre D é:
$$0{,}30 \text{ (direto)} + 0{,}20 \text{ (indireto)} = 0{,}50$$

Apesar de seqüências de três variáveis serem exibidas aqui, duas ou mais variáveis podem intermediar na relação entre um construto e o resultado subseqüente. A ilustração da HBAT oferece um exemplo de um modelo que resulta em diversas relações mediadas.

Ilustração HBAT de mediação. O modelo HBAT mostrado na Figura 12-8 teoriza diversos efeitos mediadores. Assim, os resultados do modelo original podem ser comparados com um modelo revisado, para que se examine a extensão da mediação.

O diagnóstico para o modelo original HBAT_SEM sugere um caminho direto de EP para SI ($\gamma_{3,1}$). O modelo revisado mostrado na Figura 12-9 inclui tal relação direta. Quando esta relação direta foi incluída, várias outras estimativas de caminhos mudaram. O modelo original supôs que qualquer efeito de EP sobre SI seria mediado por JS e/ou OC por meio da seqüência de relações que conectam EP com SI. Assim, o diagnóstico que levou ao teste de um modelo revisado acabou levantando a questão sobre a natureza teorizada de mediação completa da conexão entre EP e SI. Em outras palavras, o tipo de relação é questionado.

Os resultados sugerem um caminho direto entre EP e SI, pois a estimativa do caminho é significante e o acréscimo do caminho melhora o ajuste do modelo. Com um caminho direto significante, a relação JS-SI se torna insignificante; JS não media a relação entre EP e SI, como originalmente suposto. Logo, é provável que o tipo de relação seja direto, e não indireto. Em retrospecto, a relação direta pode fazer sentido, pois além de fazer as pessoas se sentirem satisfeitas, os empregados ficam mais familiarizados com seus ambientes de trabalho e podem achar desagradável a idéia de trabalhar em um ambiente com o qual não tenham familiaridade. O conforto relativo com o ambiente familiar de trabalho pode fazer com que seja mais provável que os empregados fiquem. Dada esta análise teórica *post hoc*, a HBAT precisa promover a validação cruzada deste resultado com novos dados antes de considerá-la confiável. Contudo, implicações administrativas para cada uma das hipóteses sustentadas podem ser desenvolvidas com base nos resultados positivos gerais.

Para fins de ilustração, um resumo das relações diretas e indiretas (mediadas) é mostrado aqui:

(Continua)

> *(Continuação)*
> **Direta:** = EP → SI   0,37
> **Indireta** EP → JS → SI   0,24 × 0,06 = 0,014
> **Indireta** EP → JS → OC → SI   0,24 × 0,10 × 0,36 = 0,0086
> **Total**   0,37 + 0,014 + 0,0086 = 0,39
>
> Este resultado ilustra que EP e SI são conectados diretamente, e não indiretamente. O tamanho de cada efeito indireto é irrelevante relativamente à força do efeito direto. Adicioná-los ao efeito direto deixa-o virtualmente inalterado. Neste caso, cada efeito indireto inclui também pelo menos uma relação insignificante. Efeitos indiretos pequenos (ou seja, menores do que 0,08) raramente são de interesse e dificilmente acrescentam algo às conclusões substanciais. Nesta ilustração da HBAT, a relação indireta EP-SI não seria interpretada.

Moderação

Um **efeito moderador** ocorre quando uma terceira variável ou construto muda a relação entre duas variáveis/construtos relacionadas. Um moderador significa que a relação entre duas variáveis muda com o nível de outra variável/construto. A interpretação de moderadores é mais difícil, pois um moderador fica mais fortemente relacionado com alguma das demais variáveis/construtos envolvidas na análise. Logo, a análise de moderadores é mais fácil quando o moderador não apresenta relação linear significante com o preditor ou a variável de critério (construto resultante) [5, 7, 10]. A falta de uma relação entre o moderador e as variáveis preditoras e de critério ajuda a distinguir moderadores de mediadores. Isso facilita também na interpretação, uma vez que multicolinearidade elevada, como o caso em que o moderador é altamente relacionado com o preditor ou o critério, torna difícil uma interpretação válida.

Moderadores não-métricos. Uma variável moderadora pode ser métrica ou não-métrica. Variáveis categóricas não-métricas freqüentemente são teorizadas como moderadoras. Elas tipicamente são variáveis de classificação de algum tipo. Por exemplo, com freqüência sexo é usado como moderador. Analogamente, cultura pode se mostrar um importante moderador. Se um pesquisador está examinando o efeito de um anúncio em inglês em uma comunidade bilíngüe (como francês e inglês), espera-se que a força de uma relação entre exposição ao anúncio e efetividade do mesmo seja maior entre os respondentes de origem inglesa do que entre os de origem francesa.

Teoria é importante na avaliação de um moderador, pois um pesquisador deveria ter alguma razão para esperar que o moderador mudasse uma relação. No exemplo precedente é razoável esperar que maior exposição ao anúncio terá maior efeito sobre consumidores que o compreendem melhor. Em suma, indivíduos com maior proficiência no idioma compreendem melhor a mensagem e provavelmente responderão a ela. Caso contrário, é um anúncio ruim!

Uso de SEM de múltiplos grupos para testar moderação.
SEM de multigrupos é freqüentemente usada para testar efeitos moderadores. Por exemplo, considere que o construto C na Figura 12-3b é quantia de anúncio e o construto D é efetividade do anúncio. Um modelo SEM multigrupo é conduzido como descrito no capítulo anterior para CFA de múltiplos grupos. Os procedimentos que são utilizados para testar moderação desta maneira seguem de modo muito próximo os testes de invariância executados em CFA. Ou seja, a mesma estrutura de modelo SEM é usada com ambos os grupos. Os dois grupos representam duas culturas diferentes: os que falam inglês e os que falam francês.

> Inicialmente, o modelo de dois grupos seria testado permitindo que todas as relações teorizadas, incluindo $\beta_{2,1}$ (relação entre C e D), fossem livremente estimadas em ambos os grupos. Este modelo seria o equivalente estrutural do modelo CFA TF. A seguir, um segundo modelo é testado adicionando-se uma restrição que fixa a relação entre C e D como sendo igual entre os dois grupos. O resultado é que a relação entre C e D assumiria o mesmo valor nas amostras de inglês e francês.
>
> Esta restrição afeta negativamente o ajuste do modelo? O efeito sobre ajuste pode ser estimado via $\Delta\chi^2$. Se for significante, então a restrição de igualar a relação nos dois grupos prejudicou o ajuste do modelo. Portanto, moderação seria sustentada. Em outras palavras, o modelo tem melhor ajuste quando se permite que a relação seja diferente com base na variável moderadora (cultura, neste caso).
>
> Se a relação entre C e D for maior nos dados de inglês do que nos dados de francês, então o teste de moderação está completo e ela é suportada. Se a restrição de igualdade não prejudicar o ajuste ($\Delta\chi^2$ insignificante), então moderação não encontra apoio e a conclusão lógica é que a relação exposição ao anúncio → efetividade do anúncio é a mesma entre consumidores que falam inglês e aqueles que falam francês.

Moderadores métricos. Um moderador pode também ser métrico e ser avaliado usando-se SEM. Se a variável contínua puder ser categorizada de uma maneira que faça sentido, então grupos podem ser criados e os mesmos procedimentos anteriormente descritos podem ser usados para testar moderação, mas somente se grupos lógicos puderem ser justificados. Por exemplo, se a variável contínua mostra bimodalidade (isto é, a distribuição de freqüência mostra claramente dois picos no lugar de um), então grupos lógicos podem ser criados em torno de cada moda. Análise de agrupamentos ou MDA também podem ser úteis para formar grupos. Por outro lado, se a variável moderadora retrata uma distribuição unimodal (um pico), agrupamento não se justifica. É possível que alguma fração (como 1/3) das observações em torno do valor mediano possam ser eliminadas e as restantes (que agora provavelmente são bimodais) sejam usadas para criar grupos. Uma desvantagem óbvia desta abordagem é o aumento de custo, tempo e esforço associado com a necessidade se juntar uma amostra maior. A vantagem é que a análise multigrupo representa uma maneira intuitiva de mostrar moderação.

O pesquisador pode também modelar uma interação contínua criando termos de interação, como se faz quando se usa uma técnica de regressão. Usando terminologia de regressão, a variável independente pode ser multiplicada pelo moderador para criar um termo de interação. Não obstante, seguir esta abordagem com construtos de múltiplos itens é complicado por numerosos fatores. Logo, consideramos este tópico bastante avançado. Segue uma breve introdução, mas encorajamos todos os usuários, exceto os experientes, a aplicarem a abordagem de múltiplos grupos, a menos que isso não possa ser justificado.

Interações de variáveis contínuas. Outra técnica para lidar com um moderador contínuo é criar uma interação entre o moderador e o preditor. Interações entre variáveis individuais foram tratadas em capítulos anteriores e, assim, nos concentramos aqui em um construto moderador que seria medido por múltiplos indicadores. A Figura 12-11 ilustra uma maneira para lidar com interações de variáveis contínuas. Considere um modelo SEM com dois construtos exógenos prevendo um único construto endógeno. Cada construto é indicado por quatro itens medidos. Se o primeiro construto (ξ_1) é teorizado como preditor e o segundo (ξ_2) é assumido como sendo um moderador, então um construto de interação pode ser criado para representar o efeito moderador pela multiplicação dos indicadores dos construtos preditor e moderador juntos. Usando-se esta linha de raciocínio, os indicadores para o terceiro construto de interação (ξ_3) podem ser computados como se segue:

$$x_9 = x_1 \times x_5$$
$$x_{10} = x_2 \times x_6$$
$$x_{11} = x_3 \times x_7$$
$$x_{12} = x_4 \times x_8$$

Essas variáveis computadas podem então ser acrescentadas aos dados reais que contêm 12 variáveis medidas e os termos de covariância entre essas variáveis calculadas e as demais que podem ser computadas. Agora, a matriz de covariância para este modelo mudaria de 12×12 para 16×16.

A estimação deste modelo é complicada por diversos fatores [15]. Tais fatores incluem o fato de que a suposição de não-correlação entre termos de erro não é mais plausível, pois as cargas para o terceiro construto (ξ_3) são uma função matemática daquelas para os construtos 1 e 2 (ξ_1 e ξ_2). Este fato leva a uma configuração muito complexa do modelo SEM que é recomendada somente para usuários avançados. Assim, aqui descrevemos apenas tal técnica brevemente. Esta configuração requer que os termos de intercepto para os itens medidos (τ_x) sejam estimados como descrito no Capítulo 11. O padrão de cargas fatoriais exógenas não pode mais exibir uma estrutura simples. Ainda que as estimativas de cargas para o terceiro construto possam ser computadas pela multiplicação das estimativas de cargas correspondentes às variáveis que criaram cada indicador de interação, cargas cruzadas entre construtos também existem para o termo de interação. Elas são calculadas cruzando-se os termos τ_x com as respectivas estimativas de cargas. Novamente, este processo é muito complicado de se seguir, mas, como exemplo, a 12ª linha de Λ_x ficaria da seguinte maneira:

$$|\tau_4 \lambda_4 \quad \tau_8 \lambda_8 \quad \lambda_4 \lambda_8|$$

Além disso, a matriz de variância-covariância de erro para as variáveis x (θ_δ) devem agora incluir termos para os itens apropriados de covariância de erro, que existem devido à natureza computacional do construto intercepto. Esses itens não precisam ser estimados, pois eles são matematicamente determinados como o termo intercepto para o item medido utilizado para computar o indicador de interação vezes a variância de erro para um construto. Este conceito é mais facilmente ilustrado por um exemplo. O parâmetro δ_9 é o termo de variância de erro para x_9, o primeiro indicador para o construto moderador. Uma vez que ele é computado como x_1 vezes x_5, um termo de covariância de erro faz-se necessário para ambos $\theta_{\delta 9,1}$ e $\theta_{\delta 9,5}$. Os valores seriam fixados como τ_1 vezes $\theta_{\delta 1,1}$ e τ_5 vezes $\theta_{\delta 5,5}$, respectivamente.

Depois de se terminar uma configuração seguindo essas orientações, o modelo pode ser estimado especificando-se apenas o caminho estrutural entre o construto de interação e o resultado. Se moderação for sustentada, a estimativa correspondente, $\gamma_{3,1}$, neste caso, seria significante. Note que os efeitos de ξ_1 e ξ_2 sobre η_1 são de validade questionável na presença de uma interação significante. Portanto, eles devem ser estimados e interpretados somente no caso de o termo de interação estrutural ($\gamma_{3,1}$) ser insignificante [15].

Por vezes, termos de interação causam problemas com convergência do modelo e distorção dos erros padrão [1]. Assim, amostras maiores são freqüentemente exigidas para minimizar a distorção. Um tamanho amostral mínimo absoluto seria de 300 para este tipo de análise, sendo amostras de 500 ou mais recomendadas.

Ilustração HBAT de moderação. A ilustração HBAT pode ser empregada para exemplificar um teste de moderação com SEM. Aqui, uma variável categórica é teorizada como moderador.

> A HBAT suspeita também que homens e mulheres podem não exibir as mesmas relações em cada caso. Es-
> *(Continua)*

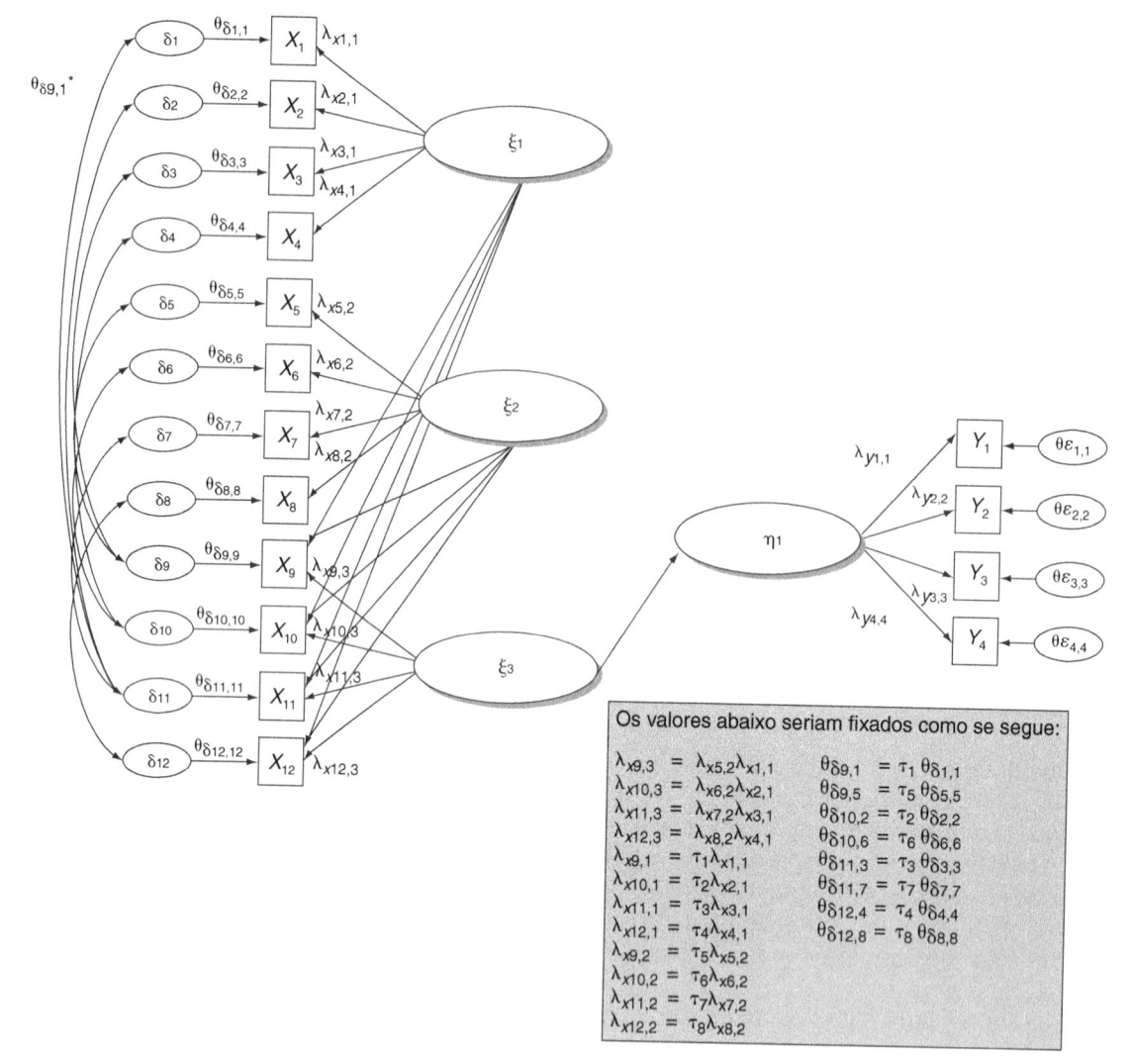

FIGURA 12-11 Modelo usando um construto moderador de variável contínua.

*Os rótulos restantes para as covariantes de erros foram omitidos do diagrama por simplificação. As cargas cruzadas ao longo dos construtos e as covariâncias de erros associadas com a natureza computacional do construto de interação são mostradas.

Os valores abaixo seriam fixados como se segue:

$$\lambda_{x9,3} = \lambda_{x5,2}\lambda_{x1,1}$$
$$\lambda_{x10,3} = \lambda_{x6,2}\lambda_{x2,1}$$
$$\lambda_{x11,3} = \lambda_{x7,2}\lambda_{x3,1}$$
$$\lambda_{x12,3} = \lambda_{x8,2}\lambda_{x4,1}$$
$$\lambda_{x9,1} = \tau_1\lambda_{x1,1}$$
$$\lambda_{x10,1} = \tau_2\lambda_{x2,1}$$
$$\lambda_{x11,1} = \tau_3\lambda_{x3,1}$$
$$\lambda_{x12,1} = \tau_4\lambda_{x4,1}$$
$$\lambda_{x9,2} = \tau_5\lambda_{x5,2}$$
$$\lambda_{x10,2} = \tau_6\lambda_{x6,2}$$
$$\lambda_{x11,2} = \tau_7\lambda_{x7,2}$$
$$\lambda_{x12,2} = \tau_8\lambda_{x8,2}$$

$$\theta_{\delta9,1} = \tau_1\theta_{\delta1,1}$$
$$\theta_{\delta9,5} = \tau_5\theta_{\delta5,5}$$
$$\theta_{\delta10,2} = \tau_2\theta_{\delta2,2}$$
$$\theta_{\delta10,6} = \tau_6\theta_{\delta6,6}$$
$$\theta_{\delta11,3} = \tau_3\theta_{\delta3,3}$$
$$\theta_{\delta11,7} = \tau_7\theta_{\delta7,7}$$
$$\theta_{\delta12,4} = \tau_4\theta_{\delta4,4}$$
$$\theta_{\delta12,8} = \tau_8\theta_{\delta8,8}$$

(*Continuação*)

pecificamente, eles estão interessados no papel teórico que atitudes com colegas podem desempenhar na criação de satisfação com o trabalho. Com base em teoria, eles supuseram uma diferença nesta relação, sugerindo que a relação AC-JS seria maior entre mulheres, se comparada com os homens. Assim, decidiram conduzir uma análise de múltiplos grupos usando a variável de classificação de sexo.

Muito do trabalho no exame desta hipótese é descrito no Capítulo 10. Lembre-se que comparações válidas de relações entre amostras requerem evidência de invariância métrica entre amostras. A CFA de múltiplos grupos estabeleceu invariância métrica parcial. Ou seja, pelo menos duas cargas fatoriais por construto eram invariantes entre amostras (ver Capítulo 11). Invariância métrica parcial é suficiente para viabilizar comparações entre construtos.

Seguindo os mesmos passos que foram usados para converter o modelo CFA de um grupo em um de dois grupos, um modelo estrutural de dois grupos foi configurado. O modelo estrutural TF estima o modelo estrutural idêntico em ambos os grupos simultaneamente. Em seguida, um modelo é testado, o qual restringe a relação AC-JS ($\gamma_{1,2}$) a ser igual em cada amostra.

Os resultados de ajuste para cada modelo são mostrados na tabela a seguir:

	AC → JS		
	TF	É igual	$\Delta\chi^2$
χ^2	401,1	412,2	11,1
df	360	361	1
CFI	0,99	0,99	
RMSEA	0,024	0,027	

(*Continua*)

(Continuação)

O CFI não muda até duas casas decimais. A RMSEA é um pouco maior no modelo em que AC → JS ($\gamma_{1,2}$) é igual nos grupos de homens e mulheres. $\Delta\chi^2 = 11{,}2^*$ com um grau de liberdade e é significante ($p < 0{,}001$). Dado o valor significante $\Delta\chi^2$, a conclusão adequada é que restringir o parâmetro para ser igual entre os grupos produz ajuste pior. Logo, o modelo TF, no qual a relação AC → JS é livremente estimada em ambos os grupos, encontra respaldo. Este resultado sugere que sexo modera a relação entre AC e JS.

Olhando as estimativas paramétricas padronizadas para os resultados TF, o pesquisador da HBAT descobre que a relação AC → JS é significante em ambos os grupos. Como previsto, a relação é maior para mulheres, com uma estimativa completamente padronizada de 0,24, enquanto a mesma estimativa é de –0,17 para homens. Assim, parece que atitude com colegas de trabalho é positivamente relacionada com satisfação no emprego entre mulheres, mas negativamente relacionada entre homens. O resultado é um caso claro de moderação, no qual a natureza de uma relação (AC → JS, neste caso) muda conforme uma terceira variável (sexo).

Assim, este exemplo demonstra como SEM pode ser usada para evidenciar moderação. Uma variável categórica, como sexo, muda os parâmetros entre construtos.

Análises multigrupo

Análises multigrupo para modelos estruturais são uma extensão do caso CFA de múltiplos grupos. O interesse agora se foca nas similaridades e diferenças entre parâmetros estruturais que indicam distinções em relações entre os grupos. Freqüentemente, pesquisadores desenvolvem uma teoria que prevê que uma ou mais relações estruturais variam entre grupos. Esta teoria tipicamente envolve um teste de moderação, como anteriormente descrito com o exemplo de moderação envolvendo grupos de homens e mulheres. SEM multigrupo é adequada nessas situações. Discutimos um exemplo envolvendo cruzamento de culturas nesta seção.

A Figura 12-12 é uma ilustração de um modelo estrutural de múltiplos grupos. Considere que ele é testado usando dados obtidos de duas populações, cada uma de um país diferente. Motivos teóricos levam a expectativas de que algumas relações podem diferir entre países. O pesquisador pode acreditar que relações em um país não são tão fortes como em outro, por exemplo. Esta crença sugere um teste de moderação. Suponha que o pesquisador tivesse expectativas teóricas que levavam à previsão de que ambos os construtos A e B são mais fortemente relacionados com C no país 1 do que no país 2. Um modelo SEM de dois grupos poderia ser utilizado para testar esta expectativa.

---

* N. de R. T.: O valor representado na Tabela é 11,7. Na realidade, ambos os valores 11,2 (no texto) e 11,7 (na tabela) estão incorretos. O valor seria, de fato, 11,1 (= 412,2 – 401,1).

Lembre-se do Capítulo 11 que, antes que comparações válidas entre relações possam ser feitas, equivalência métrica deve ser estabelecida. Assumindo que um modelo CFA é testado, restringindo as cargas de mensuração a serem iguais em cada grupo, e que este modelo não apresenta ajuste significativamente pior do que o modelo TF CFA, invariância métrica é sustentada. Assim como um modelo estrutural pode ser construído a partir de um modelo CFA na situação de um grupo, um modelo estrutural pode ser testado ao longo de ambos os grupos simultaneamente. Primeiro, a mesma teoria pode ser avaliada para cada grupo, especificando padrões correspondentes de parâmetros estruturais livres e fixados em cada grupo. Segundo, pode ser testado um modelo que restringe essas relações específicas para serem iguais em cada grupo.

Os ajustes do modelo podem ser comparados assim que ele seja estimado. Se o modelo que restringe as relações para serem iguais se ajustar tão bem quanto aquele original que permite que cada γ seja livremente estimado em cada grupo, então o resultado é consistente com estimativas paramétricas estruturais invariantes e, assim, inconsistente com a previsão. Se, contudo, o modelo com restrições de igualdade tiver ajuste significativamente pior (usando os critérios descritos no Capítulo 11), então permitir que os parâmetros tenham diferentes valores em cada grupo parece ser mais válido. Dada esta abordagem, se as estimativas de parâmetros forem maiores no grupo associado com o país 1, então a hipótese do pesquisador será sustentada. Perceba que pode também ser o caso de que apenas uma das estimativas paramétricas seria consistente com a previsão.

Técnicas similares podem ser úteis na validação cruzada de parâmetros estruturais ao longo de diferentes grupos ou no exame de diferenças baseadas em outras variáveis importantes de classificação cruzada. Além disso, moderação é testada por meio desta ferramenta.

No exemplo anterior, a variável dicotômica de país é usada para separar os dados em grupos. As hipóteses implicam que ela modera as relações entre A e C e B e C. Na prática, este tipo de análise é útil e freqüentemente aplicado. Pesquisa organizacional freqüentemente se concentra na maneira como diferentes fenômenos no ambiente de trabalho afetam homens e mulheres de forma distinta. Em algumas ocasiões, particularmente com variáveis relacionadas com stress, homens e mulheres reagem de forma muito diferente. Por exemplo, um modelo SEM de múltiplos grupos foi utilizado para demonstrar como a relação entre conflito e desempenho é maior entre homens do que entre mulheres [4].

Dados longitudinais

SEM tem sido cada vez mais aplicada em dados longitudinais. Dada a visão resultante de acompanhar mudanças

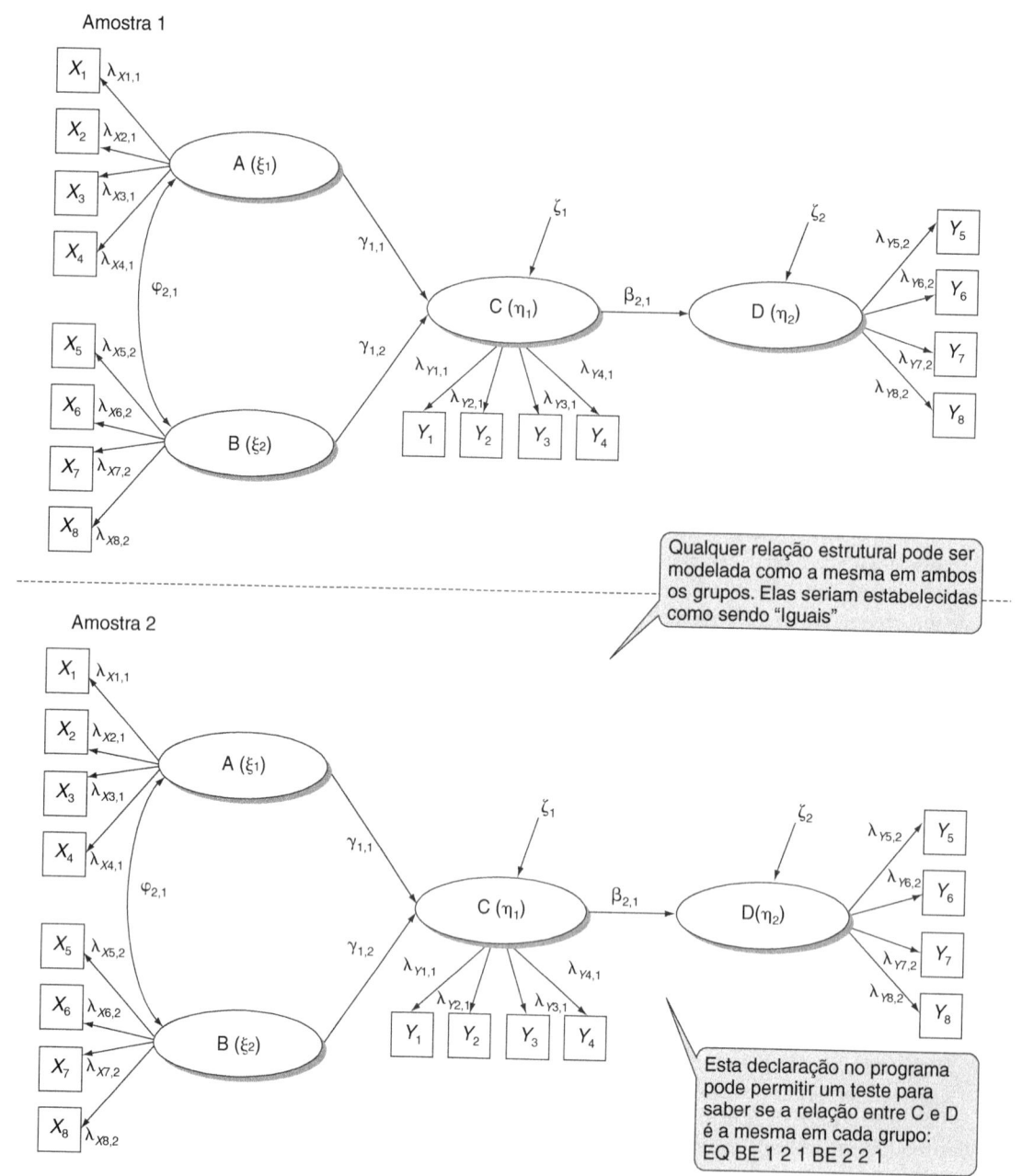

FIGURA 12-12 Ilustração de modelo estrutural de dois grupos.

em construtos e relações ao longo do tempo, o crescente emprego de dados longitudinais pode ser benéfico em muitas áreas. Como muitos tipos diferentes de planejamentos de estudos longitudinais conduzem a muitas aplicações distintas de SEM, esta seção oferece apenas uma breve introdução a algumas das diferenças fundamentais ao se lidar com dados longitudinais. O leitor interessado deve consultar outras fontes para uma discussão mais detalhada [8].

Fontes adicionais de covariância: tempo

Uma das questões importantes na modelagem de dados longitudinais com SEM envolve fontes adicionadas de covariância associadas com tomadas de medidas sobre as mesmas unidades ao longo do tempo. Por exemplo, considere um modelo que suponha que habilidade de leitura provoca habilidade matemática. O argumento teórico pode se basear no fato de que é necessário saber ler para estudar matemática adequadamente [14]. Suponha que dados longitudinais estejam disponíveis e que habilidades em matemática e leitura sejam tratadas cada uma como construtos latentes medidos por indicadores múltiplos. Habilidade matemática em qualquer dado instante (t) pode ser modelada como uma função de habilidade de leitura no instante (t), habilidade de leitura no instante anterior (t-1) e habilidade matemática no instante anterior (t-1). A relação de uma habilidade significativa de leitura no instante (t-1) → habilidade matemática no instante (t) ajudaria a fornecer evidência de causalidade, no sentido de que seria consistente com uma seqüência temporal causal e estabeleceria covariância. É fácil perceber como o modelo poderia ser estendido para mais períodos de tempo.

Uma questão estratégica é se é razoável esperar que as medidas indicadoras correspondentes em diferentes períodos de tempo sejam não-relacionadas. Em outras palavras, se velocidade de leitura é um indicador do construto de habilidade de leitura em cada período de tempo, deveria ser modelada a correlação entre o teste indicador de velocidade de leitura no instante t-1 e o teste indicador de velocidade de leitura no instante t? Falando em termos gerais, a resposta é positiva.

Uso de covariâncias de erro para representar covariância adicionada

Incluir um termo de covariância de erro de medição ou um construto adicional que é visto como uma outra causa dos indicadores correspondentes representará a covariância adicionada. A Figura 12-13 fornece um diagrama de caminhos do tipo AMOS para o uso de parâmetros de covariância de erro com o propósito de capturar a fonte extra de comunalidade. Cada caminho que deve ser estimado é indicado com uma seta. Note que setas curvadas de dois sentidos são agora mostradas a partir de cada termo de erro de variável medida (θ_δ ou θ_ε) para testes de correspondência. Colocando de outra forma, o primeiro teste de leitura (teste 1) é o mesmo aplicado em ambos os instantes t e t-1, de forma que o escore de um estudante em cada um deve ser correlacionado. O mesmo pode ser dito para cada um dos quatro testes em separado de matemática. Dessa maneira, pode ser feita uma tentativa de controlar as fontes adicionais de covariância que acompanham os dados longitudinais. Ainda que essas tentativas de controle se tornem complicadas rapidamente à medida que o número de construtos e de variáveis aumenta e ao longo de diferentes tipos de situações envolvendo dados longitudinais, tais modelos viabilizam um exame mais próximo de efeitos de tendências e podem ajudar a estabelecer a condição de seqüência temporal para causalidade. Uma advertência final é que o número aumentado de parâmetros estimados pode, às vezes, levar a problemas com identificação estatística.

Legenda da variável medida:

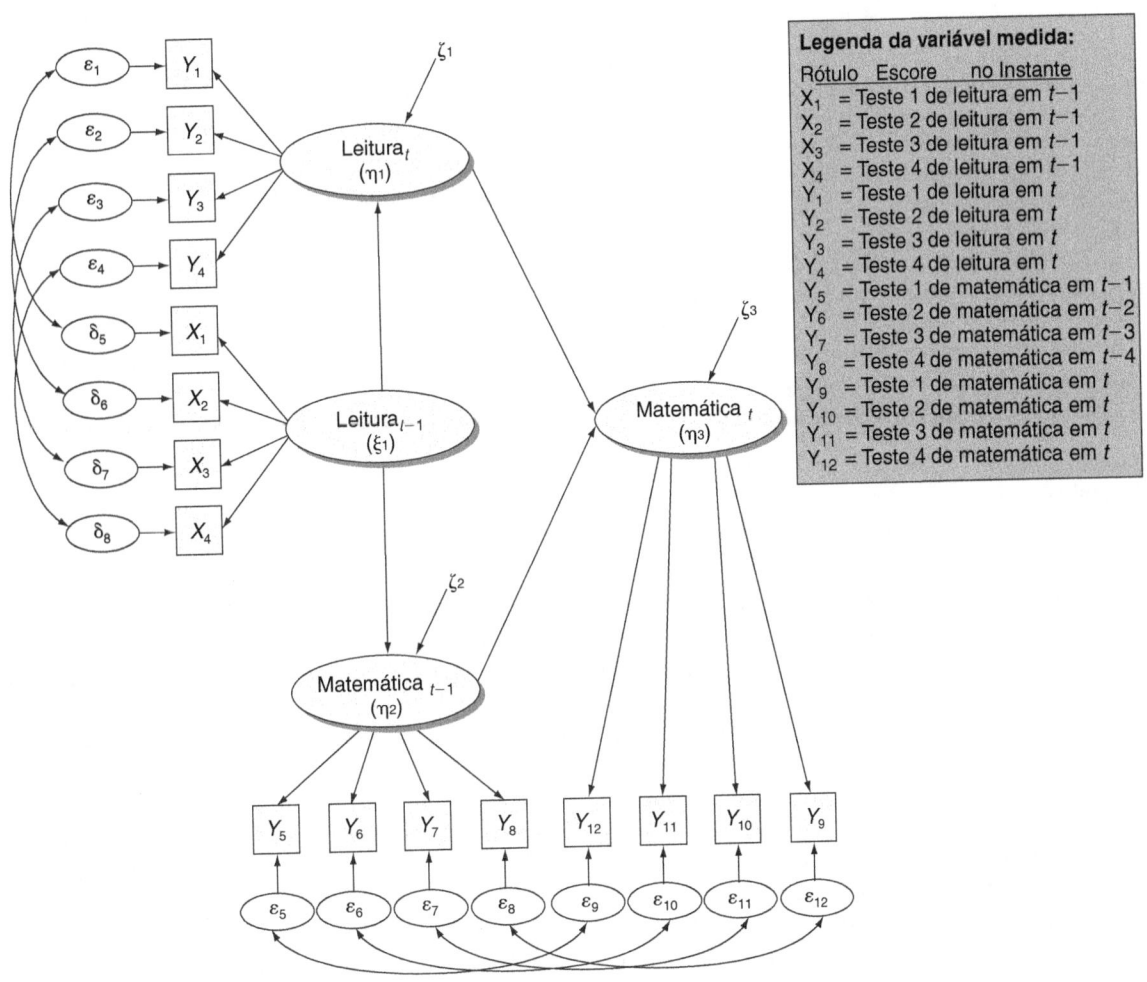

Rótulo	Escore no Instante
X_1	= Teste 1 de leitura em t-1
X_2	= Teste 2 de leitura em t-1
X_3	= Teste 3 de leitura em t-1
X_4	= Teste 4 de leitura em t-1
Y_1	= Teste 1 de leitura em t
Y_2	= Teste 2 de leitura em t
Y_3	= Teste 3 de leitura em t
Y_4	= Teste 4 de leitura em t
Y_5	= Teste 1 de matemática em t-1
Y_6	= Teste 2 de matemática em t-2
Y_7	= Teste 3 de matemática em t-3
Y_8	= Teste 4 de matemática em t-4
Y_9	= Teste 1 de matemática em t
Y_{10}	= Teste 2 de matemática em t
Y_{11}	= Teste 3 de matemática em t
Y_{12}	= Teste 4 de matemática em t

FIGURA 12-13 Modelo SEM usando termos de covariância fora da diagonal para modelar correlação de medidas correspondentes ao longo de diferentes períodos de tempo.

Outra forma na qual análises longitudinais são conduzidas com modelos SEM é mediante o acompanhamento de mudanças em correlações ao longo de diferentes períodos de tempo. Imagine que um modelo SEM foi coletado para três diferentes períodos de tempo. Uma análise multigrupo pode ser conduzida sobre os três grupos para rastrear potenciais mudanças em médias ou relações de construtos. O processo evolui de maneira muito parecida com o procedimento multigrupo para moderação anteriormente descrito. Por exemplo, um modelo que fixa uma relação em especial para que ela seja igual ao longo dos três períodos de tempo pode ser testado em comparação com um modelo que permita que a relação seja estimada nesses três períodos. Os ajustes para os dois modelos podem ser comparados para ver se a relação é estável ao longo do tempo.

Mínimos quadrados parciais

Mínimos quadrados parciais (PLS) têm sido oferecidos como uma alternativa a SEM. PLS podem fornecer estimativas paramétricas para um sistema de equações lineares, como a SEM faz. Mas eles se diferenciam em diversos aspectos importantes. Essas diferenças incluem as seguintes:

- PLS tratam os fatores como escores compostos individuais. Em outros termos, eles não tentam recriar a covariância entre escores de itens medidos.
- Graus de liberdade não desempenham um papel significativo em PLS, como acontece em SEM.
- Em geral, PLS não se baseiam em procedimentos de otimização, como ocorre com SEM.
- Modelos de PLS apresentam menos problemas com identificação estatística e com erros fatais que impedem soluções.
- PLS encontram soluções baseadas na minimização da variância em construtos endógenos. SEM tenta reproduzir covariância observada entre itens medidos.
- PLS não podem distinguir indicadores formativos de reflexivos.
- PLS não exigem as características da boa medição para produzir resultados.
- PLS são menos sensíveis a considerações sobre tamanho amostral.

Claramente, PLS apresentam vantagens e desvantagens em relação a SEM. As vantagens repousam principalmente em sua robustez, o que significa que eles oferecem uma solução mesmo quando existem problemas que podem impedir uma solução em SEM. Os primeiros problemas são as dificuldades de medição. Por exemplo, quando um pesquisador se depara com um modelo estrutural com medidas de um só item ou uma mistura de diversas medidas de um ou dois itens, PLS podem ser um método alternativo que mais provavelmente fornecerá estimativas confiáveis das relações entre construtos do que acontece em SEM. Quando a validação de medidas de um e dois itens no contexto de uma teoria de mensuração tiver pouco significado, PLS podem ser uma abordagem útil.

O que um pesquisador deveria fazer se uma teoria de mensuração não consegue manter a investigação de uma CFA e o subseqüente teste de validade convergente? PLS ainda oferecem estimativas de relações entre os construtos do modelo. Cabe ao pesquisador, em tais situações, qualificar os resultados com base na adequação das medidas. Conforme aumenta a preocupação com qualidade de boa medida e as medidas de múltiplos itens se tornam disponíveis para construtos latentes, PLS não são recomendados como alternativa a SEM.

As características de PLS os tornam muito diferentes da SEM em termos de metas. PLS estatisticamente produzem estimativas paramétricas que maximizam variância explicada de maneira muito parecida com regressão múltipla OLS. Logo, o foco é muito mais sobre previsão. SEM, por outro lado, tenta reproduzir a covariação observada entre medidas, e esta tentativa permite uma avaliação de ajuste com base no quão bem elas são reproduzidas. Assim, podemos fazer uma asserção sobre o quão bem uma dada teoria, como representada por um modelo SEM, explica essas observações. Portanto, a SEM está mais preocupada com explicação [12] e é uma ferramenta mais adequada para teste de teoria. PLS também podem ser uma maneira útil de rapidamente explorar um grande número de variáveis para identificar conjuntos de variáveis (componentes principais) que podem prever alguma variável de resultado. Neste sentido, PLS têm algo em comum com análise canônica, mas alguns usuários podem achá-los mais fáceis de usar.

Diversas versões de algoritmos PLS podem ser conduzidas dentro de programas SEM, como LISREL [12]. Uma variação de PLS está também disponível no pacote estatístico SAS. Ela é fácil de utilizar, e tudo o que o pesquisador precisa especificar é a variável pretendida de resultado, o conjunto de variáveis medidas que podem prevê-la, e o número de fatores que existem dentro daquele conjunto de itens. O pesquisador não tem que especificar um padrão fatorial como em SEM.

A Figura 12-14 mostra uma saída PLS comentada. Este modelo em particular está tentando prever o custo de todos os itens comprados por um consumidor, com base nas emoções sentidas durante as compras. A variável dependente é um único item (custo). Os itens que compõem os fatores são rotulados de emot1 a emot10. Neste caso, as perspectivas para explicar a variável dependente não são tão boas. Os dois componentes extraídos explicam menos do que 5% da variância na medida dependente. As cargas podem ser interpretadas exatamente como na discussão do Capítulo 3. A componente 1 tem sua carga mais alta para a variável emot5. A componente 2 apresenta sua carga mais elevada para emot9. Isso deve ser útil para verificar o significado da componente. A parte final da saída mostra os coeficientes não-padronizados

(Continua)

(Continuação) de regressão. Neste caso, ambas as componentes produzem estimativas paramétricas parecidas (0,10 e 0,08, respectivamente). Diferentes opções de saída podem ser especificadas para produzir outras estatísticas comuns de modelos.

Conceitualmente e na prática, PLS são similares ao emprego de análise de regressão múltipla no exame de possíveis relações entre fatores compostos obtidos através de EFA. Em certos casos, particularmente quando as medidas são problemáticas, eles podem ser uma alternativa a SEM. Não obstante, PLS não oferecem um teste tão completo quanto SEM.

Confusão de interpretação

Quando um modelo CFA é alterado para representar um modelo estrutural, por vezes as estimativas paramétricas que correspondem ao modelo de mensuração (especialmente Λx e Λy) mudam. Quando isso acontece, elas indicam um problema com as medidas. Confusão de interpretação ocorre quando estimativas de cargas variam substancialmente de um modelo SEM para outro que é o mesmo, exceto pela mudança de especificação de uma ou poucas relações. Essa mudança significa dificuldade na classificação de qual item indicador mede um construto latente em particular [6]. Freqüentemente, a confusão de interpretação resulta da instabilidade associada com fatores sub-identificados. Ou seja, fatores com menos de três itens são tipicamente associados a este problema.

Confusão de interpretação pode ser eliminada quando a validade do modelo de mensuração é avaliada separadamente da validade do modelo estrutural. Se o pesquisador observa mudanças substanciais em estimativas de cargas quando compara os resultados de mensuração com os estruturais, então confusão de interpretação é um problema provável e as medidas podem precisar de mais desenvolvimento ou refinamento. Além disso, o método de dois passos oferece uma avaliação única de validade de construto, testando a teoria de mensuração que especifica como itens medidos estão relacionados a construtos.

CFA é o primeiro estágio no processo SEM de dois passos. O segundo passo é o teste do modelo teórico ou causal. No entanto, os dois passos não são independentes, pois os caminhos estimados que conectam os itens medidos aos construtos estão envolvidos no cálculo das estimativas dos caminhos estruturais. Ajuste é avaliado duas vezes, sendo que uma vez para o modelo de mensuração e outra para o estrutural. Um método alternativo é a execução de uma só análise, resultando em uma avaliação de ajuste. No entanto, faltas de ajuste não podem ser atribuídas ao modelo de mensuração ou o estrutural. Além disso, se o modelo de mensuração é ruim, então os resultados estruturais não são confiáveis. Por essas razões, a abordagem de dois passos é preferível.

```
                    O sistema SAS
                    O procedimento PLS

Leitura de declarações:
proc pls nfactors = 2 details;
model cost = emot1-emot10;
```

> O nfactors = 2 é uma especificação de usuário que diz ao programa PLS para formar dois fatores a partir do conjunto de variáveis listadas. O modelo especifica custo (cost) como uma variável dependente e as variáveis emot1-emot10 como o conjunto de preditores potenciais.

Variação percentual explicada por fatores de mínimos quadrados parciais

Número de fatores extraídos	Efeitos de modelo Corrente	Total	Variáveis dependentes Corrente	Total
1	34,6523	34,6523	3,4163	3,4163
2	13,7581	48,4105	0,9778	4,3941

> A saída básica. Os Efeitos de Modelo mostram o grau de variação explicada nas variáveis preditoras usando duas componentes (48,4%). As colunas de variáveis dependentes mostram variância explicada na variável dependente usando essas componentes (4,39%).

Cargas de efeito de modelo

Número de fatores extraídos	emot1	emot2	emot3	emot4	emot5	emot6	emot7	emot8	emot9	emot10
1	0,4100	−0,3284	0,3704	−0,2447	0,4273	−0,2661	0,4156	0,2854	0,0292	0,1352
2	0,3166	0,1006	0,0136	0.5063	0,0664	0,4332	−0,1102	−0,2822	0,5391	0,2414

> Mostra cargas de componente principal para cada variável sobre cada componente.

Pesos de efeito de modelo

Número de fatores extraídos	Coeficientes dentro de regressão
1	0,099291
2	0,084303

> Mostra as estimativas de regressão para cada componente.

FIGURA 12-14 Análise PLS de SAS anotada.

> **REGRAS PRÁTICAS 12-2**
>
> **Tópicos avançados**
>
> - Efeitos indiretos que são pequenos (menores do que 0,08) geralmente não despertam interesse, pois eles são provavelmente irrelevantes relativamente a efeitos diretos
> - Moderação por uma variável de classificação pode ser testada com SEM de múltiplos grupos:
>   - Uma SEM de múltiplos grupos primeiramente permite que todos os parâmetros teorizados sejam livremente estimados
>   - Em seguida, é estimado um segundo modelo, no qual as relações que são consideradas moderadas são restritas a serem iguais em todos os grupos
>   - Se o segundo modelo se ajusta tão bem quanto o primeiro, moderação não encontra sustentação
>   - Se seu ajuste for significativamente pior, então a moderação fica evidente
> - O modelo de múltiplos grupos é conveniente para testar moderação:
>   - Se uma variável moderadora contínua pode ser alterada em grupos de um modo que faça sentido, então grupos podem ser criados e os procedimentos anteriormente descritos podem ser empregados para testar moderação
>   - Este procedimento pode demandar a eliminação de um terço das respostas mais próximas da mediana, a fim de se criar dados bimodais (dois grupos lógicos)
>   - Análise de agrupamentos pode ser utilizada para a identificação de grupos para fins de comparação entre eles
>   - Dados unimodais não devem ser divididos em grupos com base em uma simples partição pela mediana
> - Quando se usa uma variável contínua moderadora formada como uma interação de construto:
>   - As relações diretas entre o construto preditor e o construto resultado e entre o construto moderador e o construto resultado devem ser estimadas somente se a relação entre a interação de construto e o resultado for insignificante
>   - Amostras maiores são necessárias para acomodar interações de variáveis contínuas (ou seja, $N > 500$)
> - Equivalência métrica (pelo menos parcial) deve ser estabelecida antes que possam ser feitas comparações válidas de relações entre grupos

Resumo

Uma análise SEM completa envolve tanto o teste da teoria de mensuração quanto da teoria estrutural que conecta construtos entre si de uma maneira logicamente significativa. Neste capítulo, aprendemos como completar a análise estendendo nosso modelo CFA de um modo que permitiu um teste do modelo estrutural como um todo, o que inclui o conjunto de relações que mostram como os construtos se relacionam. SEM não é apenas mais uma técnica estatística multivariada: é uma maneira de testar teorias. Ferramentas estatísticas muito mais fáceis e mais apropriadas estão disponíveis para a exploração de relações. Mas quando um pesquisador conhece o suficiente sobre um assunto para especificar um conjunto de relações entre construtos, além da maneira como tais construtos são medidos, a SEM passa a ser um poderoso e adequado recurso. Este capítulo destaca diversos pontos estratégicos associados a SEM, incluindo os seguintes:

Distinguir um modelo de mensuração de um estrutural. A principal diferença entre um modelo de mensuração e um estrutural é o modo como relações entre construtos são tratadas. Em CFA, um modelo de mensuração é testado, o qual geralmente assume que cada construto se relaciona com outro. Nenhuma distinção é feita entre construtos exógenos e endógenos, e as relações são representadas como correlações simples com uma seta curva de dois sentidos. No modelo estrutural, construtos endógenos são diferenciados dos exógenos. Os exógenos não têm setas chegando neles. Construtos endógenos são determinados por outros construtos no modelo, como visualmente indicado pelo padrão de setas de um só sentido que apontam para construtos endógenos.

Descrever as similaridades entre SEM e outras técnicas multivariadas. Apesar de CFA ter muito em comum com EFA, a parte estrutural da SEM é parecida com regressão múltipla. As diferenças importantes residem no fato de que o foco é geralmente em como os construtos se relacionam entre si, e não em como as variáveis fazem isso. É bastante provável também que um construto endógeno seja usado como preditor de outro endógeno dentro do modelo SEM.

Descrever um modelo teórico com relações de dependência usando um diagrama de caminhos. O capítulo descreveu procedimentos para converter um diagrama de caminhos de CFA em um diagrama estrutural de caminhos. Em um diagrama como este último, as relações entre construtos são representadas por setas de um só sentido. As abreviações comuns também mudam. Itens indicadores medidos para construtos endógenos são geralmente chamados de y, enquanto os indicadores de construtos exógenos são denotados por x.

Testar um modelo estrutural usando SEM. A configuração de CFA pode ser modificada e o modelo estrutural testado usando o mesmo programa SEM. Modelos são sustentados em um sentido mais amplo quando as estatísticas de ajuste sugerem que as covariâncias observadas são adequadamente reproduzidas pelo modelo. As mesmas diretrizes que se aplicam a modelos CFA funcionam para o ajuste do modelo estrutural. Além disso, quanto mais próximo o ajuste do modelo estrutural estiver do ajuste do modelo CFA, maior confiança o pesquisador pode ter no modelo. Finalmente, o pesquisador deve também examinar a significância estatística e a direção das relações. O modelo é sustentado na medida em que as estimativas paramétricas são consistentes com as hipóteses que as representaram antes do teste.

Diagnosticar problemas com os resultados de SEM. A mesma informação diagnóstica pode ser utilizada tanto para ajuste do modelo estrutural quanto para ajuste do modelo CFA. A significância estatística de relações-chave (ou a falta dela), os resíduos padronizados e os índices de modificação podem todos ser usados na identificação de problemas com um modelo SEM.

Entender o conceito de mediação e moderação estatística. Diversos tipos diferentes de relações são discutidos. Em particular, as noções de mediação e moderação são explicadas. Mediação envolve uma seqüência de relações tal que algum construto intervém em uma seqüência entre dois outros. Moderação envolve mudanças em relações baseadas na influência de uma terceira variável ou construto. Moderação foi discutida no contexto de modelos SEM de múltiplos grupos e interações de variáveis contínuas. Sempre que possível, a abordagem multigrupo é recomendada.

Questões

1. De que maneira uma teoria de mensuração é diferente de uma estrutural? Quais implicações essas diferenças têm sobre a maneira como um modelo SEM é testado? Como o diagrama visual de um modelo de mensuração se distingue daquele de um modelo SEM?
2. Como uma variável medida representada com um único item pode ser incorporada em um modelo SEM?
3. Qual é a característica marcante de um modelo SEM não-recursivo?
4. Como é estimada a validade de um modelo SEM?
5. Qual é a maior preocupação quando se usam técnicas SEM com dados longitudinais?
6. O que são PLS e como se diferenciam de SEM?
7. Esboce um modelo estrutural supondo que três construtos exógenos, X, Y e Z, afetam, cada um, o construto mediador M, que, por sua vez, determina outros dois resultados P e R.
8. Como SEM pode testar um efeito moderador?
9. Por que é importante examinar os resultados de um modelo de mensuração antes de se prosseguir com o teste do modelo estrutural?

Leituras sugeridas

Uma lista de leituras sugeridas que ilustra problemas e aplicações de técnicas multivariadas em geral está disponível na Web em www.prenhall.com/hair (em inglês).

Apêndice 12A

As relações multivariadas em SEM

Diversos grupos de equações multivariadas estão envolvidos na estimativa de um modelo estrutural. Não se diz modelagem de "equações" estruturais por acaso! Ainda que seja possível aprender como executar um modelo SEM sem uma compreensão completa sobre suas equações, conhecer o básico pode ser útil no entendimento da distinção entre variáveis medidas e construtos e entre construtos exógenos e endógenos. Além disso, as equações ajudam também a mostrar como a SEM é parecida com outras técnicas.

A principal equação estrutural

As equações que explicam as variáveis medidas (x e y) do Capítulo 11 são necessárias em SEM. Elas são essenciais porque são, em última instância, as equações que fornecem os valores previstos das variáveis medidas. Em regressão, nossa meta era construir um modelo que previsse uma única variável dependente. Aqui, estamos tentando prever e explicar um conjunto de construtos endógenos. Portanto, precisamos de equações que expliquem construtos endógenos (η) além daquelas que explicam os itens medidos. Sem surpresa, percebemos que essas equações são semelhantes à equação de regressão múltipla que explica a variável dependente (y) com múltiplas variáveis independentes (ou seja, x_1 e x_2*). Esta equação estrutural chave pode ser expressa como (consulte o guia de abreviações no Apêndice 10B para qualquer ajuda necessária com pronúncias ou definições):

$$\eta = B\eta + \Gamma\xi + \zeta$$

O η representa os construtos endógenos em um modelo. A Figura 12-2 mostra dois construtos endógenos: Gastos e Comprometimento de cliente. Esses valores serão previstos pelo modelo. O η aparece em ambos os lados da equação porque construtos endógenos podem ser dependentes uns dos outros*. Na figura, comprometimento de clientes (η_2) é dependente de gastos de clientes (η_1); logo, resultará uma estimativa paramétrica que sugere como eles se relacionam. O **B** representa os coeficientes paramétricos que conectam construtos endógenos com outros construtos endógenos. O **B** é uma matriz que consiste de tantas linhas e colunas quanto o número de construtos endógenos. Assim, para o modelo da Figura 12-2, **B** seria uma matriz 2×2, com duas linhas e duas colunas. Os elementos individuais de **B** são designados por um β, como mostrado na figura. O Γ é a matriz correspondente de coeficientes paramétricos que conectam os construtos exógenos (η) com os endógenos (η). É igualmente uma matriz que apresenta tantas linhas quanto o número de construtos exógenos e tantas colunas quanto a quantia de construtos endógenos. O modelo da Figura 12-2 produz uma matriz (Γ) 3×2. Seus elementos individuais são designados por γ, como mostrado na figura. Finalmente, ζ representa o erro na previsão de η. Ele pode ser considerado como o recíproco do conceito de R^2 em regressão (ou seja, $1 - R^2$).

Outra maneira de pensar na equação estrutural é como uma equação de regressão múltipla que prevê η (um construto) ao invés de y, com os outros valores η e ξ como preditores. **B** ($\beta_{1,1},\ldots$) e Γ ($\gamma_{1,1},\ldots$) fornecem estimativas de parâmetros estruturais. Na equação de regressão, os valores preditores foram representados por x, e as estimativas paramétricas padronizadas, por β. Em ambos os casos, a estimativa paramétrica descreve a relação linear entre um preditor e um resultado final. Assim, existem claras semelhanças entre SEM e análise de regressão.

Uso de estimativas paramétricas para explicar construtos

Podemos mostrar como qualquer construto em particular seria representado pela substituição de valores em tal equação. Você pode recordar nossa discussão sobre como valores para $\hat{y}$ podem ser obtidos a partir de resultados de regressão (Capítulo 4). Seguindo esses mesmos procedimentos, pode ser obtida uma equação para gastos de cliente (η_1) na Figura 12-2:

$$\eta_1 = \gamma_{1,1}\xi_1 + \gamma_{1,2}\xi_2 + \gamma_{1,3}\xi_3 + \zeta_1$$

Analogamente, uma previsão de comprometimento de cliente (η_2) pode ser representada como uma função de gastos de clientes (η_1), a qual é uma função dos três construtos exógenos mostrados (Preço, ξ_1; Serviço, ξ_2; Atmosfera, ξ_3), exibida a seguir, com base na Figura 12-2:

$$\eta_2 = \beta_{2,1}\eta_1 + \zeta_2$$

---

* Este cálculo é possível graças à álgebra linear envolvida na computação. O resultado final é que um η pode ser uma função de outros. Por exemplo, uma representação escalar da equação de regressão para η_2 pode aparecer como:

$$\eta_2 = \beta_{2,1}\eta_1 + \varepsilon$$

* N. de R. T.: Na realidade, múltiplas variáveis independentes seriam denotadas mais adequadamente por $x_1, x_2, \ldots, x_n$.

A suposição é de que o valor esperado dos termos de erro (ζ_1 e ζ_2) é 0, podendo assim ser descartados no cálculo de valores previstos.

Uso de construtos para explicar variáveis medidas

Uma vez que são conhecidos valores para η, podemos também prever as variáveis y usando uma equação da forma:

$$y_1 = \lambda_{1,1}\eta_1 + \varepsilon_1$$

Novamente, o valor esperado de ε_1 é 0. Valores previstos para cada y ($y_1 - y_8$) podem ser computados de maneira análoga. Valores previstos para cada x também podem ser computados da mesma maneira usando-se a seguinte equação:

$$x_1 = \lambda_{1,1}\xi_1 + \delta_1$$

Os valores previstos para cada variável observada (seja um x previsto ou um y) podem ser usados para calcular estimativas de covariância que podem ser comparadas com os termos reais de covariância observada na avaliação do ajuste do modelo. Em outras palavras, podemos usar as estimativas paramétricas para modelar as verdadeiras variáveis observadas. A matriz de covariância obtida pela computação de covariação entre valores previstos para os itens medidos é Σ_k. Lembre-se que a diferença entre a matriz real de covariância para itens observados (**S**) e a matriz de covariância estimada é uma parte importante da análise de validade de qualquer modelo SEM.

Na maioria das aplicações, raramente é necessário listar valores previstos com base nos valores de outras variáveis ou construtos. A despeito de ser útil compreender como valores previstos podem ser obtidos, pelo fato de que isso ajuda a demonstrar o modo como SEM funciona, o foco em ciências sociais geralmente é sobre a explicação de relações.

Apêndice 12B

Como fixar cargas fatoriais para um valor específico em LISREL

Se um pesquisador desejasse fixar as cargas fatoriais de um modelo SEM para os valores identificados na CFA, procedimentos como os que aqui estão descritos poderiam ser usados. Voltando à Figura 12-5, o pesquisador seguiria os seguintes passos, no caso de estar utilizando o programa LISREL.

As estimativas de cargas a seguir seriam fixadas e seus valores seriam atribuídos da seguinte maneira:

```
FI LX 1 1 LX 2 1 LX 3 1 LX 4 1 LX 5 2 LX 6 2 LX 7 2 LX 8 2
FI LY 1 1 LY 2 1 LY 3 1 LY 4 1 LY 5 2 LY 6 2 LY 7 2 LY 8 2
VA 0,80 LX 1 1
VA 0,70 LX 2 1
VA 0,80 LX 3 1
VA 0,75 LX 4 1
VA 0,90 LX 5 2
VA 0,80 LX 6 2
VA 0,75 LX 7 2
VA 0,70 LX 8 2
VA 0,70 LY 1 1
VA 0,90 LY 2 1
VA 0,75 LY 3 1
VA 0,75 LY 4 1
VA 0,85 LY 5 2
VA 0,80 LY 6 2
VA 0,80 LY 7 2
VA 0,70 LY 8 2
```

Os termos de variância de erro também podem ser fixados em suas estimativas CFA como se mostra a seguir:

```
FI TD 1 1 TD 2 2 TD 3 3 TD 4 4 TD 5 5 TD 6 6 TD 7 7 TD 8 8
FI TE 1 1 TE 2 2 TE 3 3 TE 4 4 TE 5 5 TE 6 6 TE 7 7 TE 8 8
VA 0,36 TD 1 1
VA 0,51 TD 2 2
VA 0,36 TD 3 3
VA 0,44 TD 4 4
VA 0,19 TD 5 5
VA 0,36 TD 6 6
VA 0,44 TD 7 7
VA 0,36 TD 8 8
VA 0,51 TE 1 1
VA 0,81 TE 2 2
VA 0,44 TE 3 3
VA 0,44 TE 4 4
VA 0,28 TE 5 5
VA 0,36 TE 6 6
VA 0,36 TE 7 7
VA 0,51 TE 8 8
```

O pesquisador poderia então prosseguir para especificar os elementos livres da teoria estrutural.

Apêndice 12C

Mudança de uma configuração CFA em LISREL para um teste de modelo estrutural

Um modelo estrutural deve ser comunicado ao programa SEM antes que os resultados possam ser obtidos. Diferentes programas oferecem diferentes opções para este processo. Listam-se aqui exemplos de mudanças na sintaxe de LISREL que correspondem à Figura 12-3. As linhas que não são exibidas aqui (DA, SE, OU etc.) não têm que ser modificadas.

Comandos de modelo de mensuração:

```
MO NX = 16 NK = 4 PH = SY,FR
VA 1.0 LX 1 1 LX 5 2 LX 9 3 LX 13 4
FR LX 2 1 LX 3 1 LX 4 1 LX 6 2 LX 7 2 LX 8 2
FR LX 10 3 LX 11 3 LX 12 3 LX 14 4 LX 15 4 LX 16 4
```

> Isto especifica quatro construtos com 16 variáveis medidas. Não são separados em construtos endógenos e exógenos.

Comandos de modelo estrutural:

```
MO NY = 8 NE = 2 NX = 8 NK = 2 PH = SY,FR PS = DI,FR GA = FU,FI BE = FU,FI
VA 1.0 LX 1 1 LX 5 2 LY 1 1 LY 5 2
FR LX 2 1 LX 3 1 LX 4 1 LX 6 2 LX 7 2 LX 8 2
FR LY 2 1 LY 3 1 LY 4 1 LY 6 2 LY 7 2 LY 8 2
FR GA 1 1 GA 1 2
FR BE 2 1
```

> Esta linha especifica dois construtos endógenos e dois exógenos. As variáveis medidas são agora distinguidas como *x* ou *y*, respectivamente.

Essas linhas ilustram as mudanças necessárias para o comando do modelo e para os padrões de matriz de parâmetros para converter o modelo CFA em um modelo estrutural. Os comandos CFA são familiares, dadas as configurações descritas no capítulo anterior. A configuração do modelo estrutural mostrada na metade de baixo da Figura 12-3 tem diversas modificações:

1. O comando MO agora fornece valores para:
   a. O número de indicadores de construtos endógenos (NY = 8)
   b. O número de construtos endógenos (NE = 2)
   c. O novo número de indicadores de construtos exógenos (NX = 8)
   d. O novo número de construtos exógenos (NK = 2)
2. O comando MO agora fornece as matrizes paramétricas para as estimativas de parâmetros estruturais:
   a. GA se refere às relações entre construtos exógenos e endógenos (Γ, ou gama do Capítulo 10). É especificada como completa (FU) e fixada (FI). A convenção é especificar elementos livres individuais embaixo.
   b. BE se refere às relações entre construtos endógenos (β, beta do Capítulo 10). Também é especificada como FU e FI. Os elementos livres serão especificados com um comando FR abaixo da linha MO.
3. As escalas são fixadas para os construtos exógenos e endógenos fazendo uma carga igual a 1,0, como se segue:

   VA 1.0 LX 1 1 LX 5 2 LY 1 1 LY 5 2

4. O padrão fatorial para Λ_x e Λ_y (as respectivas matrizes de cargas) é especificado de maneira muito parecida como se faz no modelo CFA. A única diferença é que os indicadores de itens para os construtos C e D são agora chamados de LY, ao invés de LX.
5. O padrão de hipóteses entre construtos latentes é representado liberando-se os elementos apropriados de Γ e $\mathbf{B}$, respectivamente.
   a. FR GA 1 1 GA 1 2
   b. FR BE 2 1

O restante da sintaxe do modelo pode ser especificado como na configuração do modelo CFA, com a exceção dos comandos opcionais de rótulo (LA). Comandos separados de rótulos são necessários para construtos exógenos e endógenos. Tais linhas começam com LK e LE, respectivamente.

Apêndice 12D

Sintaxe do programa SEM do exemplo HBAT para LISREL

A sintaxe do programa LISREL pode ser desenvolvida a partir da CFA da HBAT. Uma configuração que representa a SEM da HBAT é mostrada aqui. Foram acrescentados números à esquerda das linhas para ajudar a descrever a sintaxe.

```
01 TI MODELO DE RETENÇÃO DE EMPREGADOS DA HBAT
02 DA NI = 28 NO = 399 NG = 1 MA = CM
03 CM FI = HBAT.COV
04 LA
05 ID JS1 OC1 OC2 EP1 OC3 OC4 EP2 EP3 AC1 EP4 JS2 JS3 AC2 SI1 JS4 SI2 JS5 AC3 SI3 AC4 SI4
06 C1 C2 C3 AGE EXP JP
07 SE
08 JS1 JS2 JS3 JS4 JS5 OC1 OC2 OC3 OC4 SI1 SI2 SI3 SI4 EP1 EP2 EP3 EP4 AC1 AC2 AC3 AC4/
09 MO NY = 13 NE = 3 NX = 8 NK = 2 PH = SY,FR PS = DI,FR BE = FU,FI GA = FU,FI TD = DI,FR TE = DI,FR
10 VA 1.00 LX 1 1 LX 5 2 LY 1 1 LY 6 2 LY 10 3
11 FR LX 2 1 LX 3 1 LX 4 1 LX 6 2 LX 7 2 LX 8 2
12 FR LY 2 1 LY 3 1 LY 4 1 LY 5 1 LY 7 2 LY 8 2 LY 9 2 LY 11 3 LY 12 3 LY 13 3
13 FR GA 1 1 GA 2 1 GA 1 2 GA 2 2
14 FR BE 2 1 BE 3 1 BE 3 2
15 LK
16 EP AC
17 LE
18 JS OC SI
19 PD
20 OU RS SC MI EF ND = 2
```

As mudanças aqui correspondem àquelas descritas anteriormente no capítulo. A primeira mudança na configuração CFA é observada na linha 09. O comando do modelo deve agora especificar um número de variáveis e construtos para o caso de construtos exógenos e endógenos. Assim, a linha MO especifica NY = 13 (5 itens para JS, 4 itens para OC, 4 itens para SI). Ainda que esses sejam os mesmos itens representados por tais construtos no modelo CFA, eles agora se tornam variáveis y, pois eles são associados com um construto endógeno. Seus parâmetros de carga são agora modificados para λ_y (LY) para serem consistentes com isso. A seguir, a linha MO especifica NE = 3, indicando três construtos endógenos. Este processo é repetido para os construtos exógenos (NX = 8 e NK = 2). PH e TD permanecem os mesmos.

Diversas novas matrizes são especificadas. BE = FU,FI significa que **B**, que lista todos os parâmetros que conectam construtos endógenos com outro (β), é marcado como completa e fixada. Isso significa que liberamos os elementos correspondentes às hipóteses seguintes. GA representando Γ, que lista todos os parâmetros que conectam construtos exógenos com endógenos (γ), é tratada da mesma maneira. Como temos agora construtos endógenos, os termos de variância de erro associados com as 13 variáveis y são agora mostrados em θ_ε, que é abreviado por TE = DI,FR, o que corresponde a dizer que se trata de uma matriz diagonal e que os elementos da diagonal serão estimados.

A linha 10 fixa a escala para fatores, assim como no modelo CFA, com a exceção de que três dos valores fixados são para variáveis y (valores λ_y: LY 1, 1; LY 6, 2; LY 10, 3). As linhas 11 e 12 especificam os valores livres para os itens medidos, como na CFA. Estamos seguindo a regra prática de que os parâmetros de carga fatorial livres devem ser estimados ao invés de fixados, mesmo que tenhamos alguma idéia sobre seus valores com base nos resultados de CFA. As linhas 13 e 14 especificam o padrão de parâmetros estruturais livres. A linha 13 especifica os elementos livres de Γ. Estes correspondem a $H_1 - H_4$ na Figura 12-6 ($\gamma_{1,1}$ se lista como GA 1, 1). Analogamente, a linha 14 especifica os elementos livres de **B**. As linhas 15 e 16 listam os rótulos para os construtos ξ (LK). As linhas 17 e 18 fazem o mesmo para os construtos η (LE). A linha 19 contém um PD que diz ao programa para gerar um diagrama de caminhos a partir da entrada. A linha 20 é a de saída e é a mesma do exemplo CFA, exceto pela adição de EF, o que fornece uma lista separada de todos os efeitos diretos e indiretos.

Se o usuário está empregando uma interface gráfica (p. ex., AMOS ou LISREL), ele precisará fazer as modificações correspondentes no diagrama de caminhos. Essas modificações incluem a garantia de que os construtos estão apropriadamente designados como exógenos ou endógenos e que cada variável observada apresenta um respectivo termo de variância de erro. Em seguida, cada uma das setas curvas de dois sentidos que designa covariância entre construtos na CFA deverá ser substituída por uma seta de um sentido para representar relações teorizadas. Setas entre construtos para os quais nenhuma relação é teorizada são desnecessárias. Logo, os caminhos de dois sentidos entre tais construtos na CFA podem ser eliminados. Uma vez que essas mudanças são promovidas, o usuário pode reestimar o modelo, e os resultados agora devem refletir o produto do modelo estrutural. Se a sintaxe do programa mudar como indicado, o software produzirá automaticamente o diagrama de caminhos adequado.

Um diagrama visual correspondente à SEM pode ser obtido selecionando-se *Structural Model* (Modelo Estrutural) a partir das opções de visualização e solicitando-se que as estimativas completamente padronizadas sejam mostradas pelo programa SEM. Em LISREL, por exemplo, os valores no diagrama de caminhos podem ser requisitados de forma que as estimativas são exibidas sobre o diagrama, ou os valores-t para cada estimativa, ou outras estimativas importantes, como os índices de modificação.

Referências

1. Algina, J., and B.C. Moulder. 2001. A Note on Estimating the Joreskog-Yang Model for Latent Variable Interation Using LISREL 8.3. *Structural Equation Modeling* 8: 40–52.
2. Anderson, J. C., and D. W. Gerbing. 1988. Structural Equation Modeling in Practice: A Review and Recommended Two-Step Approach. *Psychological Bulletin* 103: 411–23.
3. Anderson, J. C., and D. W. Gerbing. 1992. Assumptions and Comparative Strengths of the Two-Step Approach. *Sociological Methods and Research* 20 (February): 321–33.
4. Babin, B. J., and J. B. Boles. 1998. Employee Behavior in a Service Environment: A Model and Test of Potential Differences Between Men and Women, *Journal of Marketing* 62 (April): 77–91.
5. Baron, R. M., and D. A. Kenny. 1986. The Moderator-Mediator Variable Distinction in Social Psychological Research: Conceptual, Strategic and Statistical Considerations. *Journal of Personality and Social Psychology* 51: 1173–82.
6. Burt, R. S. 1973. Confirmatory Factor-Analytic Structures and the Theory Construction Process. *Sociological Methods and Research* 2: 131–87.
7. Cohen, J., and P. Cohen. 1983. *Applied Multiple Regression/Correlation Analysis for the Behavioral Sciences*, 2nd ed. Mahwah, NJ: Lawrence Erlbaum Associates.
8. Ferrer, E., F. Hamagami, and J. J. McArdle. 2004. Modeling Latent Growth Curves with Incomplete Data Using Different Types of SEM and Multi-Level Software. *Structural Equation Modeling* 11(3): 452–83.
9. Fornell, C., and Y. Yi. 1992. Assumptions of the Two-Step Approach to Latent Variable Modeling. *Sociological Methods and Research* 20 (February): 291–320.
10. Gogineni, A., R. Alsup, and D. F. Gillespie. 1995. Mediation and Moderation in Social Work Research. *Social Work Research* 19 (March): 57–63.
11. Lohmoller, J. B. 1989. *Latent Variable Path Modeling with Partial Least Squares*. Heidelberg: Physica-Verlag.
12. McDonald, R. P. 1996. Path Analysis with Composite Variables. *Multivariate Behavioral Research* 31(2): 239–70.
13. Motl, R.W., and C. DiStefano. 2002. Longitudinal Invariance of Self-Esteem and Method Effects Associated with Negatively Worded Items. *Structural Equation Modeling* 9(4): 562–78.
14. Plewis, Ian. 2001. Explanatory Models for Relating Growth Processes. *Multivariate Behavioral Research* 36(2): 207–25.
15. Schumaker, R. E. 2002. Latent Variable Interaction Modeling. *Structural Equation Modeling* 9(1): 40–54.

Índice

χ^2 normado, 539–543, 570–571

A

Abordagem baseada em atributo (método composicional), 482–484, 492–494, 504, 516. *Ver também* Análise de correspondência (CA)
Abordagem combinatorial, 180–181
Abordagem conjunta baseada em escolhas, 357–360, 371–372, 397–402, 419
Abordagem da mínima diferença significante (LSD), 330, 332, 344
Abordagem da mínima diferença significante de Tukey (LSD), 330, 332, 344
Abordagem de caso completo, 49–51, 65, 68, 539–543, 562–564
Abordagem de disponibilidade total, 49–51, 65–66, 68, 539–543, 562–564
Abordagem de extremos polares, 222–224, 235–236
Abordagem EM, 64–65, 73, 75, 563–564
Abordagens baseadas em modelos, modelagem de equações estruturais, 539–543, 563–564
ACA, 397
Adição *forward*, 149–150, 152, 154, 179–180
Administração de consulta de, 384–386
AGFI (índice de qualidade de ajuste ajustado), 568–569
Agrupamento subjetivo (dados de confusão), 482–484, 495
Ajuste do modelo. *Ver* Qualidade de ajuste
Ajuste. *Ver* Qualidade de ajuste
Aleatoriedade, de processo de perda de dados, 62–64, 70, 72–73, 75
Alfa (α), 303–304, 306 *Ver também* Nível de significância (alfa); Erro Tipo I
Alfa de Cronbach, 100–102, 126
Algoritmo de agrupamento, 427–430, 450, 463–464, 471–473, 479
Algoritmo de vizinhança mais distante (método de ligação completa), 427–430, 450–451
ALSCAL, 493

AMOS, 566, 601–604, 606–607, 615, 638–639
Amostra de análise, 221–224, 236
Amostra de validação, 222–224, 241–242, 244–246, 281–282
Amostra de validação, 76, 236, 250–251, 264–265
Amostras
   adicionais em análise de regressão múltipla, 195–196
   representatividade em análise de agrupamentos, 445–447, 460, 462
ANACOR, 512–513
Análise agregada, 482–484, 490–492, 515–591
Análise bayesiana, 357–360, 386–389
Análise bivariada, 23–24
Análise confirmatória, 539–543, 550, 628–629
Análise conjunta, 356–419
   administração de consulta, 384–386
   ajuste de modelo, 389–391, 405, 407–410
   avaliações de preferência, 361–362, 364–365, 384–386, 405
   coleta de dados, 379–386, 403–405
   definição de, 357–361
   exemplos de, 360–365, 401–416
   flexibilidade de, 366–367
   forma de modelo, 375–376, 378, 380, 403–404, 416–417
   importância de atributo, 393–394, 413–415
   interpretação de resultados, 391–387, 410–415
   medida de preferência, 384–385, 417–418
   métodos de apresentação, 379–382, 404
   métodos de estimação, 366–367, 389, 391, 405, 407
   objetivos da, 367–370, 402–403
   planejamento de, 370–386, 402–405
   planejamento de estímulos, 371–375, 381–384, 402–404
   planejamento fatorial, 304–306, 317–319, 344–351, 357–360, 382–383, 416–418
   precisão preditiva, 364–365

   processo de decisão, 366–369
   regra de composição, 357–360, 375
   seleção de metodologia, 370–372, 396–403, 419
   simuladores de escolha, 357–360, 395–397, 414–416, 418
   suposições de, 386, 405
   termos-chave, 357–360
   uso de, 35
   usos administrativos, 364–366, 394–397, 416–417
   utilidade, 360–361, 367–368
   utilidades parciais, 357–363, 376–380, 389–393
   validação de, 393–394, 414–415
   variável estatística, 357–360, 366, 416–417
   versus outros métodos, 32–33, 365–367
   visão geral de, 356–357
Análise conjunta tradicional, 357–360, 370–371
Análise de agrupamentos, 427–480
   como técnica multivariada, 427–430
   críticas à, 430–432, 478–479
   definições de, 100–102, 427–430
   exemplos de, 431–436, 458–475, 478
   formação de agrupamentos em, 433–434, 447–457, 462–473, 479–480
   interpretação de, 456–458, 472–474
   medida de similaridade, 433, 440–444, 460, 478–479
   número de agrupamentos, 433–436, 454–457, 479–480
   objetivos, 436–439, 458–460
   padronização de dados, 443–447, 460, 462
   papel da, 475, 478–479
   perfil de solução de agrupamentos, 458–459, 475–477, 479–480
   planejamento de, 439–447, 459–460, 462
   processo de decisão, 436–438, 458–459
   questões de pesquisa tratadas por, 427–431, 478–479
   suposições de, 445–448, 460, 462–463
   tamanho de amostra, 439–460
   técnicas hierárquicas versus não-hierárquicas, 449–456, 479

termos-chave, 427–430
uso de, 35–36
validação da, 457–459, 472–475, 479–480
variável estatística, 427–430, 436–438, 459–460, 468–469
versus análise fatorial Q, 107–108
versus escalonamento multidimensional, 487–488
visão geral, 427

Análise de caminhos, 539–543, 553–557, 581–582

Análise de classificação. *Ver* Análise de agrupamentos

Análise de componentes, 32–34, 100–102, 110, 112–114, 138–140

Análise de correlação canônica, 32–35

Análise de correspondência (CA), 506–515
características da, 506–507
coleta de dados, 527–528
definição de, 482–484
dimensionalidade, 512–514, 528–529
estimação, 512–513, 527–529
estrutura de decisão, 510–511
exemplos de, 506–511, 514–532
interpretação da, 513–514, 528–529, 531
mapa perceptual para, 524, 512
medida de similaridade, 527–528
medidas de associação, 508–511, 513–514
objetivos da, 511–512, 514–516
planejamento da, 512, 516–518
suposições da, 512, 517–518
uso da, 35–37
validação da, 514–515, 530–532
vantagens/desvantagens da, 514–515
versus escalonamento multidimensional, 529–532
versus outras técnicas multivariadas, 506–507
visão geral da, 482, 514–515, 533–534

Análise de correspondência múltipla, 482–484, 512. *Ver também* Análise de correspondência (CA)

Análise de covariância (ANCOVA), 319, 328, 354

Análise de estrutura de covariância. *Ver* Modelagem de equações estruturais (SEM)

Análise de fatores comuns, 100–102, 110, 112–114, 138–140

Análise de homogeneidade. *Ver* Análise de correspondência (CA)

Análise de K grupos, 330, 332, 339–345

Análise de lucratividade, 395

Análise de poder estatístico, 28–29. *Ver também* Poder

Análise de regressão simples, 150–160

Análise de regressão múltipla, 149–220
acrescentando variáveis adicionais, 161–163, 168–173, 203–205, 207
aplicações da, 33–34, 163–165
com previsão versus com explicação, 163–165
como método de atribuição, 66–68
definição de, 150–153

equação, 160–162
estágios, resumo de, 162–163
estimação e ajuste de modelo, 177, 179–181, 197–212
exemplo de, 196–215
generalidade de resultados, 168–169
interpretação de variável estatística de regressão, 188–195, 212–215
modelo confirmatório, 213–216
modelo *stepwise*, 151–153, 177, 179–180, 197–198, 203–208
multicolinearidade, 160–161, 189–193, 212–215
objetivos da, 151, 153–154, 162–167, 196–197
observações influentes, 185–187, 210–212
planejamento de, 166–174, 197
preditores de efeitos fixos versus aleatórios, 173–174
relações estatísticas, 164–165
seleção de variável, 165–167
significância estatística, 181–187
suposições na, 173–177, 197, 206–211
tamanho amostral, 166–169
termos-chave, 149–151, 153–154
uso da, 33–34
validação da, 195–197, 213–215
variância única e compartilhada, 193–195
variáveis dicotômicas para dados não-métricos, 169–171, 215–217
versus análise discriminante, 226
versus modelagem de equações estruturais, 549
versus outros métodos, 32–33
versus regressão logística, 34–35, 288–289
visão geral de, 149–151

Análise de valor conjunta (CVA), 374–375

Análise de variância (ANOVA)
contrapartes de planejamento multivariado, 319–320
definições de, 22–23, 303–304, 306
hipótese nula, 309, 352–353
MANOVA como extensão de, 35
método de estimação, 322–324
planejamento de, 307–309
poder, 326
suposições de, 320–323
teste estatístico, 308–309
testes *post hoc*, 353–354
validação, 333–334
versus outros métodos, 32–33

Análise de variável latente. *Ver* Modelagem de equações estruturais (SEM)

Análise desagregada, 482–484, 490–492, 515–516

Análise discriminante múltipla (MDA), 222–283
analogia com regressão e MANOVA, 226
avaliação de ajuste do modelo, 240–247, 255–260, 262–263, 266–277, 300
divisão de amostra, 236–237, 251–253
estágios, resumo, 233

estimação simultânea, 222–224, 238–240, 300
estimação *stepwise*, 238–240, 253–257, 267–274, 300
exemplos, dois grupos, 226–229, 251–265
exemplos, três grupos, 228–232, 265–283
interpretação de resultados, 247–250, 260, 262–265, 275–282
matrizes de classificação, 240–246
métodos de estimação, 238–239, 252–257, 300
objetivos da, 233–234, 251–252, 265–266
planejamento da, 233–238, 251–253, 265–267
precisão preditiva, 247–248, 271–275, 300
representações gráficas, 228–229, 232, 249–250, 280–282
seleção de variável, 233–236, 251–252, 265–266
significância estatística, 239–240, 253–257
suposições da, 236–238, 252–253, 266–267
tamanho amostral, 235–237, 251–252, 265–266
termos-chave, 221–224
uso da, 33–34
validação de resultados, 250–251, 264–265, 281–283, 300–301
versus análise discriminante, 226
versus MANOVA, 311–314
versus outros métodos, 32–33
versus regressão logística, 225–226, 292

Análise exploratória, 539–543, 549

Análise externa, em MDS, 502–503

Análise fatorial, 100–145
análise de fatores comuns versus análise de componentes, 110, 112–114, 138–140
aplicações da, 33–34
com outras análises, 106–107, 123–128, 136–140
descrição de, 32–33
estágios da, 103–106
exemplos de, 102–104, 128–142, 144
fator R versus fator Q, 103–108
interpretação de fatores, 115–124, 132–137, 140, 142–144
limitações da, 145
nomeação de fatores, 121–122, 136–137
número de fatores
objetivos da, 103–107, 123–125, 128–129
planejamento de, 107–109, 128–129
propósito da, 102–103
rotação de fatores, 100–102, 116–120
seleção de método de extração de fatores, 110, 112–114, 129, 132–133, 138–142
suposições da, 108–110, 128–129, 132
tamanho da amostra em, 108–109
termos-chave, 100–102
uso com outras técnicas multivariadas, 106–107
validação da, 123–124, 136–137
versus escalonamento multidimensional, 487–488

versus modelagem de equações estruturais, 549
versus técnicas de dependência, 106
visão geral da, 100–101
Análise fatorial confirmatória (CFA), 587–635
   ajuste de modelo, 612, 614, 635, 653–654
   análise fatorial de ordem superior, 620–624
   definição de, 587–589
   definições de construtos, 593–595, 609–610
   desenvolvimento de modelo de mensuração, 594–602, 610–611
   diagramas de caminhos, 590–591, 635
   e análise fatorial exploratória, 587–590, 634–635
   e validade de construto, 591–593, 635
   exemplos de, 589–591, 609–621, 629–634
   múltiplos grupos em, 623–634
   para validação de análise fatorial, 123–124
   planejamento de, 601–604, 612, 614
   questões de estimação, 603–604
   questões de identificação, 601–604, 635
   tamanho amostral, 601–602
   termos-chave, 587–589
   validade de modelo de mensuração, 604–609, 612, 614–621, 635
   viés de mensuração, 633–635
   visão geral de, 587
Análise fatorial de ordem superior, 620–624
Análise fatorial exploratória (EFA), 587–590, 601–602, 604–605, 634–635. Ver também Análise fatorial
Análise fatorial Q, 100–108
Análise fatorial R, 100–102, 103–108
Análise gráfica, de normalidade, 83
Análise interna, em MDS, 501–503
Análise logit. Ver Regressão logística
Análise monotônica de variância (MONANOVA), 386
Análise multivariada
   aplicação de, 22–24
   conceitos básicos de, 23–29, 32
   definições de, 21–24
   e erro de mensuração, 25–27
   e escala de mensuração, 25–26
   orientações para, 37–39
   processo de construção de modelo, 38–41
   seleção de técnica, 28–29, 32–33
   técnicas, 32–37
   versus métodos univariados, 304–307
Análise multivariada de covariância (MANCOVA), 35, 318–320, 328, 354
Análise multivariada de variância (MANOVA), 303–355
   covariáveis, 318–320, 327–328, 351, 354
   diferenças entre grupos, 329–333
   efeitos de interação, 318–319, 328–330, 348–351, 354
   exemplo, dois grupos, 335–340
   exemplo, k-grupos, 339–345

exemplo, planejamento fatorial, 344–351
exemplos, simples, 312–314, 334–336
hipótese nula, 304–306, 308–310, 352–353
interpretação de resultados, 327–334, 339–340, 342, 344–345, 350–351, 353–354
medidas repetidas, 319–321
método de estimação, 322–324
objetivos da, 314–316, 335–336, 340–341, 344–346
planejamento de, 316–321, 335–337, 340–341, 345–346
planejamento fatorial, 317–319
poder, 324–327, 339, 346
processo de decisão, 313–315
seleção de, 32–33
suposições da, 320–323, 336–342, 346–348, 353–354
tamanho amostral, 316–317, 325–326
termos-chave, 303–304, 306
teste da significância, 323–325, 352–354
testes estatísticos, 309–312, 337–339, 341–342, 344
testes $post\ hoc$, 304–306, 330, 332, 344, 353–354
uso da, 35, 314–315
validação, 333–334
variáveis dependentes, 328–330, 332–334
variáveis estatísticas, 309–310, 312–314, 328–330
versus análise discriminante, 311–314
versus modelagem de equações estruturais, 549
versus outros métodos, 28–29, 32
visão geral da, 303–304, 306
Análise $post\ hoc$, modelos estruturais, 643–644, 653–655
Análise Q. Ver Análise de agrupamentos
Análise $stepdown$, 304–306, 332–334
Análise univariada, 304–308. Ver também Análise de variância (ANOVA)
ANCOVA (análise de covariância), 319, 328, 354
ANOVA. Ver Análise de variância (ANOVA)
Assimetria, 50–51, 82–83
Atribuição
   definições de, 50–51, 539–543
   em modelagem de equações estruturais, 539–543, 562–563
   métodos de, 63–69, 73, 75, 77
Atribuição por carta marcada, 65–68
Autovalor, 100–102, 114
Avaliação subjetiva, 482–485, 499–500
Avaliações de atributos, 517–518

B

Bases de dados, para exemplos, 40–43
Beta (Erro Tipo II), 22–23, 27, 304–306, 324–325
BMDP, 512–513
$Bootstrapping$, 21–22, 38–39
Busca de especificação, 587–589, 606–607

C

CA. Ver Análise de correspondência (CA)
CALIS, 566
Carga cruzada, 100–102, 27
Cargas discriminantes
   análise de três grupos, 276–277
   características de, 248
   definição de, 222–224
   instabilidade, 248
   interpretação de função discriminante com base em, 264
   representações gráficas, 249–250, 280–282
   versus pesos discriminantes, 260, 262–263
Cargas fatoriais, 100–102, 116, 119–121, 591–592
Caso Heywood, 587–589, 603–604
Categoria de referência, 50–51, 92, 96, 150–154, 169–170
Causalidade, 539–543, 550–553, 578–579
CCC (critério de agrupamento cúbico), 427–430, 456
Centróides, 221–225, 427–430
Centróides de agrupamento, 427–430
CFA. Ver Análise fatorial confirmatória (CFA)
CFI (índice de ajuste comparativo), 570–571, 573–574, 584
Codificação de efeitos, 50–51, 96–97, 149–150, 152, 154, 170–171
Codificação de indicador, 50–51, 92, 96–97, 150–152, 154, 169–170
Coeficiente ajustado de determinação (R^2 ajustado), 149–151, 182–183
Coeficiente beta, 149–151, 189–190
Coeficiente de correlação (r), 149–150, 152, 154, 156–157, 197–198, 440–443
Coeficiente de determinação (R^2), 149–151, 160, 181–183
Coeficiente de regressão (b_n), 150–154, 156–159, 182–185, 198, 200, 212
Coeficiente discriminante (peso), 222–224, 247–248, 260, 262–264
Coeficiente logístico exponencial, 222–224, 289–290
Coeficiente padronizado (beta), 198, 200, 202–203
Coeficientes de correlação parcial, 150–153, 179, 193–194, 201–202
Coeficientes de correlação semiparcial (parcial), 150–153, 179, 193–194, 201–202
Coeficientes logísticos, 222–224, 286
Cohen, Jacob, 64–65
Colinearidade, 149–151, 160–161. Ver também Multicolinearidade
Comparação planejada ($a\ priori$), 304–306, 330, 332–333
Completamente perdidos ao acaso (MCAR), 50–51, 62–66, 539–543, 562–563
Comunalidade, 100–102, 110, 112, 121–122, 133–134, 539–543, 564–565
Condição de classificação, 587–589, 602–603
Condição de ordem, 587–589, 602–603

Confiabilidade
  análise fatorial confirmatória, 591–593
  definições de, 22–23, 25–26, 100–102, 539–543
  medidas de, 126
  modelagem de equações estruturais, 539–544
Confiabilidade de construto (CR), 587–589, 591–593
Confusão de interpretação, 643–644, 650–652, 669–670
Conjunto escolha, 357–360, 397–400
Construção de tipologia. *Ver* Análise de agrupamentos
Construto, fator ou variável latente, 539–545
Construtos, 539–544, 560–561, 593–595
Construtos endógenos, 539–545, 647, 655–656
Construtos exógenos, 539–545, 647, 655–656
Contraste, 303–304, 306, 332
CORRAN, 512–513
Correlação, em relações de regressão, 193–194
Correlação ambiental (inter-atributos), 357–360, 372–374, 402–404
Correlação de ordem zero, 201
Correlação entre atributos, 357–360, 372–374, 402–404
Correlação parcial, 150–153, 193–194, 201
Correlação parcial bivariada, 21, 35
Correlações estruturais. *Ver* Cargas discriminantes
Correlações múltiplas quadráticas, 587–589, 605–606
Correlações Pearson, 405, 407
CORRESP, 512–513
Covariância de erro entre construtos, 587–589, 595–596
Covariância interna de erro de construto, 587–589, 595–596
Covariáveis ou análise de covariáveis, 304–306, 318–320, 327–328, 351, 561–563
CR (confiabilidade de construto), 587–589, 591–593
Critério *a priori*, 114
Critério de agrupamento cúbico (CCC), 427–430, 456
Critério de percentagem de variância, 114
Critério de Pillai, 324–325
Critério do teste *scree*, 114–115
Critérios de chance, 222–245
Curtose, 50–51, 82–83
Curva logística, 222–224, 283–284
CVA (análise de valor conjunta), 374–375
CVI (índice de validação cruzada), 569–570

D

Dados censurados, 49–51, 60–62
Dados de confusão, 482–484, 495
Dados de preferência, 482–485, 495–497
Dados de similaridades, 482–485, 495–497, 516–518
Dados longitudinais, 665–668
Dados métricos, 21–22, 25
Dados não-métricos, 21–22, 24, 92, 96
Dados perdidos
  aleatoriedade de processo, 62–64, 70, 72–73, 75
  definições de. 50–51, 56–58
  eliminações de casos/variáveis individuais, 62–63
  em modelagem de equações estruturais, 562–564l
  exemplo de, 58–59
  extensão de, 60–62, 69–70, 72
  impacto de, 56–59
  métodos de atribuição, 63–69, 73, 75, 77
  processo de quatro passos para diagnóstico de, 59–67, 69–77
  tipos ignoráveis versus não-ignoráveis, 59–62
Dados perdidos ignoráveis, 50–51, 59–62
Definição conceitual, 100–102, 125–126
Dendrograma, 427–430, 449–450, 465–467
Descrições gráficas bivariadas, 53–56
Desigualdade de Bonferroni, 303–304, 306, 330, 332
Detecção de observações atípicas, 77–78, 80
Diagnóstico por casos, análise discriminante, 246–247
Diagrama de perfil, 427–430, 439–440
Diagrama de ramo e folhas, 50–51, 53
Diagrama vertical, 427–430, 449–450
Diagramas de caminhos
  definição de, 539–543
  em análise fatorial confirmatória, 590–591, 635
  em modelagem de equações estruturais, 545–549, 574–575, 579–580
  modelos estruturais, 645, 647, 655–656, 669–671
  processo para criação de, 581–582
Diagramas de dispersão, 50–51, 53–54, 81, 86
Diferença estatística qui-quadrado (χ^2), 539–543, 575–577
Dimensão objetiva, 482–486
Dimensão percebida, 482–486
Dimensão subjetiva (percebida), 482–486
Dimensionalidade inicial, 482–484, 497
Dimensões
  em análise de correspondência, 512–514, 528–529
  em análise fatorial, 125–126
  em escalonamento multidimensional, 482–484
Disparidades, 482–484, 499–500
Distância *city-block*, 427–430, 442
Distância de Chebychev, 427–430, 442
Distância euclidiana, 427–430, 442
Distância Manhattan (*city-block*), 427–430, 442
Distribuição normal, 50–51, 80, 82
Distribuição normal multivariada, 304–306, 321–322

E

ECVI (índice de validação cruzada esperada), 569–570
EFA (análise fatorial exploratória), 587–590, 601–602, 604–605, 634–635. *Ver também* Análise fatorial
Efeitos curvilíneos, 170–172
Efeitos de interação
  definições de, 304–306, 357–360
  em análise conjunta, 357–360, 370–371, 376–378, 418–419
  em MANOVA, 304–306, 318–319, 328–330, 348–351, 354
Efeitos de supressão, 151–153, 192
Efeitos diretos, 643–644, 660–661
Efeitos estilo-resposta, 427–430, 445–447
Efeitos indiretos, 643–644, 660–661
Efeitos mediadores, 643–644, 659–661
Efeitos moderadores, 150–152, 154, 171–173
Efeitos moderadores, modelos estruturais, 643–644, 661–665
Efeitos principais
  definições de, 304–306, 357–360
  em análise conjunta, 357–360, 370–371, 418–419
  em MANOVA, 304–306, 328–329, 342, 344, 348–351
Eficiência de planejamento, 357–360, 383–384
Eliminação *backward*, 149–151, 179–180
EQS, 566
EQUIMAX, 100–102, 117–119
Equivalência de carga fatorial, 630–632
Equivalência de covariância entre fatores, 631–632
Equivalência de estrutura fatorial, 587–589, 625–626, 630–631
Equivalência de variância de erro, 631–632
Equivalência escalar, 587–589, 627–628, 632–633
Equivalência-tau, 587–589, 603–604
Erro de medição
  ações corretivas para, 125–126, 166
  definição de, 21–22, 25–26, 100–102, 150–152, 154, 539–543
  fontes de, 25–26
  impacto de, 26–27
  modelagem de equações estruturais, 539–545
Erro padrão, 151–153, 183–184, 198, 200, 304–307
Erro padrão da estimativa (SEE), 151–153, 158–160, 197–198, 200
Erro Tipo I
  definições de, 22–23, 27, 304–306
  MANOVA, 309–311
  teste *t*, 307–308
Erro Tipo II, 22–23, 27, 304–306, 324–325
Erro. *Ver também* Erro de mensuração
  ausência de erros correlacionados, 86–87
  de amostragem, 150–154, 182–184
  de especificação, 22–23, 38, 151–153, 166–167

de previsão, 38–39, 150–156, 174–175
de procedimento, 77
erro padrão, 151–153, 198, 200, 304–307
erro Tipo I, 22–23, 304–311
erro Tipo II, 22–23, 27, 304–306, 324–325
taxa de erro experimental 304–306, 314–315
Escala de similaridade, 482–487
Escalas, de pesquisa anterior, 560–561
Escalas de mensuração, 24–26, 601
Escalas de razão, 25–26
Escalas intervalares, 25
Escalas múltiplas
  criação de, 124–128, 140–142
  definições de, 22–23, 26–27, 100–102
  vantagens/desvantagens de, 125–126, 128
Escalas nominais, 24–25
Escalas ordinais, 24–25
Escalonamento multidimensional (MDS), 482–506
  análise agregada versus desagregada, 490–492
  comparação de objetos, 482–486
  dados de similaridades versus dados de preferência, 490, 494–497, 532–533
  definição de, 482–485
  derivação de solução, 497–504
  exemplo de, 504–505
  interpretação de resultados,
  métodos composicionais, 492–494, 504
  métodos decomposicionais, 492–494, 504
  métodos métricos versus não-métricos, 494–495
  número de objeto, 493–495
  objetivos do, 488–492
  planejamento de, 492–497
  seleção de objeto, 488–490, 493–494
  suposições do, 496–497
  termos-chave, 482–485
  validação do, 505–506
  versus análise de correspondência, 529–532
  versus outras técnicas de interdependência, 487–490
  visão geral de, 482, 506
Escalonamento ótimo. Ver Análise de correspondência (CA)
Escore de corte, 221–224, 241–243
Escore de corte ótimo, 222–224, 241–243
Escore reverso, 100–102, 126–127
Escores fatoriais, 100–102, 127–128, 137–140
Escores Z, 222–224, 238
Escores Z discriminantes, 222–224, 238, 240–241
Especificação confirmatória, 177, 179
Estatística F, 308–309, 456
Estatística PRESS, 150–154, 195–196
Estatística Q de Press, 222–224, 245–246
Estatística qui-quadrado (χ^2), 568–569, 571–574
Estatística T, 304–308
Estatística U (lambda de Wilks), 260, 262–264, 304–306, 323–325
Estatística Wald, 222–224, 288–289

Estimação ADF (assintoticamente livre de distribuição), 566
Estimação de máxima verossimilhança (MLE), 539–543, 564–566
Estimação de máxima verossimilhança de valores perdidos (ML), 563
Estimação simultânea, 222–224, 238–240, 300
Estimação *stepwise*
  análise discriminante, 222–224, 238–240, 253–257, 267–274, 300
  definições de, 151–153, 222–224
  em análise de regressão múltipla, 151–153, 177, 179–180, 197–198, 203–208
  regressão logística, 293, 295
Estimativas de caminhos, 604–606, 618–619
Estimativas de parâmetros estruturais, 643–646, 672–673
Estímulo, 357–360, 381–384
Estímulos de validação, 357–360, 390–391
Estratégia de desenvolvimento de modelo, modelagem de equações estruturais, 539–543, 559
Estratégia de modelagem confirmatória, 539–543, 558–559
Estratégia de modelos concorrentes, 539–543, 559
Estrutura de preferência, em análise conjunta, 357–361, 364–365
Eventos extraordinários, 77
Exame de dados. *Ver também* Suposições; Dados perdidos
  importância do, 52
  observações atípicas, 77–80, 82
  representações gráficas, 52–58
  termos-chave, 49–51
Exames gráficos, de dados, 52–58
Exatamente identificado, 587–589, 596–597
Expansão, 482–485, 501–502

F

F univariado, 260, 262–264
Faces de Chernoff, 56–57
Fator de blocagem, 303–304, 306, 317–318
Fator de inflação de variância (VIF), 151, 153–154, 190–193, 201
Fator(es)
  definições de, 100–102, 304–306, 357–360
  em análise conjunta, 357–361, 363, 371–375, 179–180
  em análise fatorial, 102
  em análise univariada, 306–307
  em ANOVA, 308–309
FMATCH, 505–506
Fourier, Andrew, 56–57
Função de classificação, 221–224, 240
Função de ligação, 304–306
Função discriminante (de classificação) linear de Fisher, 221–224, 240
Função distância normalizada, 427–430, 445
Funções discriminantes
  cálculo de, 227–229
  definições de, 222–224, 304–306

em MANOVA, 304–306, 311–312
equação, 224–225
estimação de, 253–257, 283–274
interpretação baseada em cargas discriminantes, 264
interpretação de duas ou mais, 248–249
rotação de, 248–249, 276–278
significância estatística, 239–240
uso para classificação, 240

G

Gama chapéu, 569–570
Geração de hipótese, 430–431
Grades de importância-desempenho, 482–484, 493
Gráfico nulo, 151–152, 174
Gráficos de caixas, 49–51, 54–56, 85–86
Gráficos de probabilidade normal, 50–51, 83, 150–153, 176–177, 209–210
Gráficos de regressão parcial, 150–154, 175–176
Graus de liberdade (*df*), 152, 154, 168–169, 539–543, 567–568
Grupo de comparação (categoria de referência), 50–51, 92, 96, 150–154, 169–170
Grupo de entropia, 427–430, 436

H

Heterocedasticidade, 84–88, 175–176. *Ver também* Homocedasticidade
Heterogeneidade, 427–430, 434–435, 455–456, 466, 468
Heterogeneidade de respondente, 357–360, 386–388
Hipótese nula, 150–153, 174–175
Histogramas, 50–53
HOMALS, 512–513
Homocedasticidade
  ações corretivas para heterocedasticidade, 86
  definições de, 50–51, 84–85, 149–150, 152, 154–150–152, 154
  em análise de regressão múltipla, 149–150, 152, 154
  fontes de, 84–86
  MANOVA, 336–337, 340–341, 346–348
  testes estatísticos, 85–86, 89, 91–95
  testes gráficos, 85–86
  transformações de dados para atingir, 87–88
  variáveis métricas versus não-métricas, 84–85

I

Identificação, em análise fatorial confirmatória, 587–589, 596–599, 601–604
IIA (independência de alternativas irrelevantes), 399–400
Inclusão em avanço, 133–134
Independência, 304–306, 321

Indeterminação fatorial, 100–102, 112–113
Indicador, 21–22, 26–27, 100–102, 125–126, 539–543
Índice ajustado de qualidade de ajuste (AGFI), 568–569
Índice de ajuste, 482–484, 499–501
Índice de ajuste comparativo (CFI), 570–571, 573–574, 584
Índice de ajuste normado (NFI), 304–306, 308–310, 352–353
Índice de ajuste normado de parcimônia (PNFI), 571
Índice de modificação, 587–589, 606–607, 619–620
Índice de não-centralidade relativa (RNI), 570–571, 573–574
Índice de potência, 222–224, 248–249, 277–278, 280
Índice de qualidade de ajuste (GFI), 568–569, 571–572, 584
Índice de qualidade de ajuste de parcimônia (PGFI), 571
Índice de Tucker Lewis (TLI), 570–571, 573–574, 584
Índice de validação cruzada (CVI), 569–570
Índice de validação cruzada esperada (ECVI), 569–570
Índices de ajuste absoluto, 539–543, 568–573
Índices de ajuste de parcimônia, 539–543, 570–571
Índices de ajuste incremental, 539–543, 570–573
INDSCAL, 490–493, 518–520
Inércia, 482–484, 512–513
Inferência causal, 539–543, 550, 552–553
Interação ordinal, 304–306, 328–329
Interações desordinais, 304–306, 329
Intercepto (b_0), 150–152, 154, 156–158
Intercorrelação, medidas de, 109–110
Invariância de configuração (equivalência de estrutura fatorial), 587–589, 625–626, 630–631
Invariância de medição, 587–589, 626–627
Invariância métrica, 587–589, 626–627, 631–633
Inversões, 357–360, 379–380, 391–393, 410–411, 413–414

K

KYST, 493

L

Lambda de Wilks, 260, 262–264, 304–306, 323–325
Lemeshow, S., 288–289, 295
Ligação média, 427–430, 451–452
Linearidade
  ações corretivas para não-linearidade, 86
  definições de, 50–51, 150–152, 154
  em análise de regressão múltipla, 150–152, 154, 174–176, 207–208

em MANOVA, 321–322
exemplo de, 92
identificação de, 86
transformações de dados para atingir, 87–88
LINMAP, 58–59
LISREL. *Ver também* Modelagem de equações estruturais (SEM)
  com análise fatorial confirmatória, 601–604, 606–607, 615
  com modelagem de equações estruturais, 539–544, 552–553, 566
  definição de, 539–543
  fixando cargas fatoriais com, 675
  mudando a configuração CFA para teste de modelo estrutural, 676
  questões de especificação, 637–638
  sintaxe do programa SEM da HBAT para, 676–678

M

M de Box, 221–224, 236–237, 303–304, 306, 321, 336–337, 340–341
Má qualidade de ajuste, 539–543, 569–570, 572–573
Maior raiz característica (gcr), 304–306, 311–312, 324–325
MANCOVA (análise multivariada de covariância), 35, 318–320, 328, 354
MANOVA. Ver Análise multivariada de variância (MANOVA)
Mapas perceptuais. *Ver também* Escalonamento multidimensional (MDS)
  criação de, 486–488, 497, 499, 533–534
  definição de, 482–484
  dimensionalidade de, 497, 499–501
  em análise de correspondência, 510–511
  exemplo de, 485
  objetivos dos, 488–490
Mapas territoriais, 222–224, 246–247, 249–250
MAPWISE, 512–513
MAR (perdido ao acaso), 50–51, 62–65, 68, 539–543, 562–563
Massa, 482–484, 512–513
Matriz de classificação
  análise discriminante, 240–246
  definição de, 221–224
  regressão logística, 288–289, 295, 297
Matriz de confusão. *Ver* Matriz de classificação
Matriz de correlação, 100–108
Matriz de correlação de anti-imagem, 100–101, 109–110
Matriz de covariância de amostra observada, 539–543, 554–555, 567–568
Matriz de covariância estimada, 539–543, 557–558, 567–568
Matriz de designação. *Ver* Matriz de classificação
Matriz de estrutura fatorial, 100–102, 121
Matriz de padrão fatorial, 100–102, 121

Matriz de previsão. *Ver* Matriz de classificação
Matriz fatorial, 100–102, 116, 120–124
MCAR (completamente perdido ao acaso), 50–51, 62–66, 539–543, 562–563
MDA. *Ver* Análise discriminante múltipla (MDA)
MDPREF, 493, 501–502
MDS. *Ver* Escalonamento multidimensional (MDS)
MDSCAL, 493, 501–502
Média recíproca. *Ver* Análise de correspondência (CA)
Mediação completa, 643–644, 660
Mediação parcial, 643–644, 660
Medição multivariada, 21–22, 26–27
Medida composta. *Ver* Escalas múltiplas
Medida D^2 de Mahalanobis
  definição de, 427–430
  em análise de agrupamentos, 427–430, 442, 445, 459–460
  em análise discriminante múltipla, 240, 267
  em detecção de observações atípicas, 78–79
Medida de adequação de amostra (MSA), 100–102, 109–110
Medida de desajuste, 482–485, 499–500
Medida R^2 de Cox e Snell, 288
Medidas de associação, 442–444, 508–511, 513–514
Medidas de distância, 442–443, 478–479
Medidas de preferência, 384–385, 417–418
Medidas obtidas, 482–484, 495–496
Medidas repetidas, 304–306, 319–321
Medidas unidimensionais, 587–589, 594–596
Método adaptativo conjunto, 357–360, 370–372
Método centróide, 427–430, 451–452
Método da diferença honestamente significante (HSD), 330, 332, 344
Método da diferença honestamente significante de Tukey (HSD), 330, 332, 344
Método da referência paralela, 427–430, 453
Método de comparação aos pares, 357–360, 381–383
Método de ligação completa, 427–430, 450–451
Método de ligação simples, 427–430, 450
Método de perfil completo, 357–360, 380–383, 397–400, 419
Método de referência seqüencial, 427–430, 453
Método de Scheffé, 330, 332, 344
Método de troca, 357–360, 380–383, 419
Método de vizinhança mais próxima (ligação simples), 427–430, 450
Método de Ward, 427–430, 451–452
Método do diâmetro (ligação completa), 427–430, 450–451
Método LISTWISE, 65
Métodos aglomerativos, 427–430, 433–434, 449–450

Métodos composicionais, 482–484, 492–494, 504, 516. *Ver também* Análise fatorial; Análise discriminante múltipla (MDA)
Métodos de atribuição baseados em modelo, 68
Métodos de busca seqüencial, 177, 179–181
Métodos de ligação, em análise de agrupamentos
   completa, 427–430, 450–451
   ligação média, 427–430, 451–452
   simples, 427–430, 450
Métodos decomposicionais, 482–484, 492–494, 504, 516. *Ver também* Escalonamento multidimensional (MDS)
Métodos divisivos, 427–430, 447–450
Métodos livres de atributos (decomposicional), 482–484, 492–494, 504, 516. *Ver também* Escalonamento multidimensional (MDS)
Mínimos quadrados, 150–152, 154, 156–157
Mínimos quadrados parciais (PLS), 643–644, 667–670
MINISSA, 493
ML (estimação de máxima verossimilhança de valores perdidos), 563
MLE (estimação de máxima verossimilhança), 539–543, 564–566
Modelagem de equações estruturais (SEM), 539–580. *Ver também* Análise fatorial confirmatória (CFA); Modelos estruturais
   abordagens de um passo versus dois passos, 646–647
   abreviações, 583
   ajuste, 548–549, 557–559, 567–577
   características de, 539–544, 577–579
   cargas fatoriais, fixando com LISREL, 675
   confusão de interpretação, 669–670
   dados longitudinais, 665–668
   definição de construto, 560–561
   definições de, 539–543, 539–544
   diagrama de caminhos, 545–549
   estágios da, 559–560, 579–580
   estimação de, 554–557, 564–567
   estratégia de modelagem, 558–560, 564–566
   exemplo de, 552–559
   história da, 552–553
   intercepto de construto, 640
   modelo de mensuração, 539–545, 561–562, 567–574
   objetivo da, 579–580
   papel da teoria em, 550–553
   parcelamento de item, 628–629
   planejamento de, 561–566
   relações causais, 550–553, 578–579
   relações multivariadas em, 672–674
   relações teóricas em, 550, 578–580
   tamanho de amostra, 563–566
   termos-chave, 539–544, 643–645
   teste da teoria com, 645–646
   uso da, 36–37
   variáveis medidas, 640

versus mínimos quadrados parciais, 667–669
versus outros métodos, 32–33, 539–544, 548–549
visão geral da, 539–543
Modelo, modelagem de equações estruturais, 539–546
Modelo adaptativo, 357–360, 397–398, 419
Modelo aditivo, 357–360, 375–376, 378
Modelo causal, 643–645. *Ver também* Modelos estruturais
Modelo de mensuração congênere, 587–589, 596
Modelo de múltiplos grupos totalmente livre (TF), 587–589, 625–626
Modelo fatorial de primeira ordem, 587–589, 620–621
Modelo fatorial de segunda ordem, 587–589, 620–624
Modelo híbrido (adaptativo), 357–360, 397–398, 419
Modelo linear geral (GLM), 304–306, 322–324
Modelo não-identificado (sub-identificado), 587–589, 596–597
Modelo nulo, 542, 570
Modelo sub-identificado, 587–589, 596–597
Modelo super-identificado, 587–589, 597–599
Modelos aninhados, 539–543, 573–577
Modelos auto-explicados, 357–360, 397–398, 419
Modelos composicionais, em análise conjunta, 357–360, 365–366
Modelos de efeitos ao acaso, 173–174
Modelos de efeitos fixados, 173–174
Modelos de grupos múltiplos, em análise fatorial confirmatória, 623–628
Modelos de mensuração
   definições de, 539–543, 587–589
   em análise fatorial confirmatória, 587–590, 594–601, 604–609
   em modelagem de equações estruturais, 539–545, 561–562, 567–574
   validação de, 567–574, 604–609
   versus modelos estruturais, 643–649, 669–670
Modelos de regressão confirmatória, 213–216
Modelos decomposicionais, em análise conjunta, 357–360, 366
Modelos equivalentes, 539–543, 559
Modelos estruturais
   ajuste de, 653–654
   análise de múltiplos grupos, 664–667
   definições de, 539–543, 643–645
   efeitos indiretos, 660–661
   efeitos mediadores, 659–661
   efeitos moderadores, 661–665
   especificação de, 539–544, 574–576, 646–656
   exemplo de, 643–645
   modelos recursivos versus não-recursivos, 649–650

reespecificação de, 658–660
validade de, 575–577, 653–660, 670–671
versus modelos de mensuração, 643–649, 669–670
Modelos estruturais saturados, 643–644, 653
Modelos não-recursivos, 643–644, 649–650
Modelos recursivos, 643–644, 649–650
Modelos teóricos. *Ver* Modelos estruturais
MONANOVA (Análise monotônica de variância), 386
MSA (medida de adequação de amostra), 100–102, 109–110
Multicolinearidade
   ações corretivas para, 194–195
   definições de, 21–22, 38, 100–102, 427–430, 539–543
   efeitos de, 191–192, 195
   em análise conjunta, 372–373
   em análise de agrupamentos, 427–430, 447, 462–463
   em análise de regressão múltipla, 160–161, 189–193, 212–215
   em análise discriminante, 236–238
   em análise fatorial, 109–110
   em MANOVA 321–322, 326–327
   em modelagem de equações estruturais, 539–543, 551
   medida de, 190–191
MULTISCALE, 493

N

NFI (índice de ajuste normado), 570–571
Níveis, em análise conjunta, 357–361, 371–372, 374–375, 402–403
Nível de significância (alfa), 150–154, 182–183, 185, 324–326
Normalidade
   ações corretivas para não-normalidade, 84–85
   análise gráfica, 83
   definições de, 50–51, 80, 82
   em MANOVA, 321–322
   impacto da violação de, 669–670
   testes estatísticos para, 83–84, 88–90
   transformações de dados para atingir, 87–88
Normalidade multivariada, 82–83
Normalidade univariada, 82–83

O

Objetos, em análise de agrupamentos, 427–430, 482–485
Observações atípicas
   classificação de, 77–78
   como observação influente, 185–186
   definições de, 50–51, 77, 150–153
   descrição e perfil, 79–80
   designação de, 78–80
   detecção de, 77–80
   em análise de agrupamentos, 439–441, 459–460

em análise de regressão múltipla, 150–153
em MANOVA, 321–322, 337–342, 346–348
exemplo de, 79–80, 82
retenção ou eliminação de, 79–80
Observações extraordinárias, 77–78
Observações influentes
ações corretivas para, 186–187
definição de, 150–152, 154
exemplo de, 210–212
identificação de, 185–187
tipos de, 185–186
Operacionalização, 587–590
Operacionalização de um construto, 539–543, 560–561
Ortogonal
definições de, 100–102, 304–306, 357–360
em análise conjunta, 357–360, 383–384
em análise fatorial, 100–102, 113–114
em MANOVA, 311–312

P

Padronização, 151–153, 189
Padronização centrada em linha (interna), 427–430, 445–447
Parâmetro fixado, 539–543, 565–566
Parâmetro livre, 539–543, 565–566
Parâmetros, 150–153, 168, 587–589, 591
Parcelamento de item, 587–589, 628–629
Parcimônia, em análise fatorial, 115–116
Pares proibidos, 357–360, 373–374
PC-MDS, 512–513
Percentual corretamente classificado (razão de sucesso), 222–224, 241–242, 244–246, 281–282
Perdidos ao acaso (MAR), 50–51, 62–65, 68, 539–543, 562–563
Pesos discriminantes, 222–224, 247–248, 260, 262–264
Pesquisador, definição de, 23–24
Peters, Tom, 22–23
PGFI (índice de qualidade de ajuste de parcimônia), 571
Planejamento, em análise conjunta, 357–361
Planejamento balanceado, 357–360, 383
Planejamento de ligação, 357–360, 383–384
Planejamento experimental, 304–307
Planejamento fatorial
definições de, 304–306, 357–360
em análise conjunta, 357–360, 382–383, 416–418
em MANOVA, 304–306, 317–319, 344–351
Planejamento fatorial fracionário, 357–360, 383
Planejamentos ótimos, 357–360, 383
PLS (mínimos quadrados parciais), 643–644, 667–670
PNFI (índice de ajuste normado de parcimônia), 571

Poder
com técnicas multivariadas, 21–29
definições de, 21–22, 27, 150–154, 304–306
e erros Tipo I/Tipo II, 26–27
em análise de regressão múltipla, 167–168
em MANOVA, 304–306, 324–327, 339, 346
impactos sobre, 27–29
versus significância estatística, 26–29
Polinômios, 87–88, 150–154, 170–173
POLYCON, 493
Ponto ideal, 482–484, 500–501
Pontos de alavanca, 150–152, 154, 185–186
Preço, 373–375
Preferências
definição de, 482–484
em análise conjunta, 361–362, 364–365, 384–386
em análise de correspondência, 517–518
em escalonamento multidimensional, 482–485, 500–504
PREFMAP, 493, 502–503
Pré-teste
análise fatorial confirmatória, 594
modelagem de equações estruturais, 560–561
Procedimento de otimização, 427–430, 453
Procedimentos hierárquicos
definição de, 427–430
exemplo de, 462–471
prós e contras dos, 453–456
representação gráfica, 433–434
tipos de, 447–452
versus procedimentos não-hierárquicos, 479
Procedimentos não-hierárquicos,
definição de, 427–430
exemplo de, 470–471, 475–476
prós e contras de, 453–456
tipos de, 452–453
versus procedimentos hierárquicos, 479
Processo de construção de modelo, 38–41
Processo de perda de dados, 50–51, 56–58, 62–64
Processo SEM de dois passos, 643–647
PROFIT, 504–505
Projeções, 288, 502–503
Proporção de parcimônia, 539–543, 571, 584
Pseudo R^2, 222–224, 288, 295, 297

Q

Qualidade de ajuste
definição de, 539–543
em análise conjunta, 389–391, 405, 407–410
em análise discriminante múltipla, 240–247, 255–260, 262–263, 266–277, 300
em análise fatorial confirmatória, 612, 614, 635, 653–654
em modelagem de equações estruturais, 548–549, 557–559, 567–577

em regressão logística, 287–289, 295–298
índices de ajuste absoluto, 539–543, 568–573
índices de ajuste de parcimônia, 539–543, 570–571
índices de ajuste incremental, 539–543, 570–573
medida de, 389–391
modelos estruturais, 653–654
QUARTIMAX, 100–102, 117–119
Quase ortogonal, 357–360, 383–384

R

R múltiplo, 197–198
R quadrado (R^2), 197–198
Raiz do desvio padrão quadrático médio (RMSSTD), 427–430, 456
Raiz do erro quadrático médio de aproximação (RMSEA), 569–574, 584
Raiz do resíduo médio padronizado (SRMR), 568–574
Raiz do resíduo quadrático médio (RMSR), 568–570
Raiz latente (autovalor), 100–102, 114
Razão de desigualdade, 222–224, 286, 290
Razão de sucesso, 222–224, 241–242, 244–246, 281–282
Razão F, 198, 200
Redução de dados, 106–107, 138–140, 430–431
Reespecificação de modelo, modelagem de equações estruturais, 539–543, 559, 604–608
Regra de composição, 357–360, 375
Regra de parada, 427–430, 454–456, 466
Regra dos três indicadores, 587–589, 602–603
Regressão através da origem, 158
Regressão de mínimos quadrados ordinários (OLS), 566
Regressão de todos os possíveis sub-conjuntos, 149–151, 180–181
Regressão logística, 283–300
ajuste do modelo, 287–289, 295–298
definição de, 222–224
estimação de, 284–288, 292–295
exemplo de, 292–300
formas de, 224–225
interpretação de coeficientes, 288–292, 297–299
significância de coeficientes, 288–289, 297–298
uso da, 34–35, 222–224, 283
validação da, 298–299
vantagens e desvantagens de, 300–301
variáveis dependentes binárias, 283–285
variáveis dicotômicas, 291–292
versus análise discriminante, 225–226, 292
versus regressão múltipla, 34–35, 288–289
Regressão simples, 150–160
Relação ilegítima, 539–543, 550–551
Relação monotônica, 357–360, 378–380

Relações correlacionais, em modelagem de equações estruturais, 547–549, 561–563
Relações de dependência, 539–543, 545–549
Relações estatísticas, 151–153, 164–165
Relações estruturais, 539–543, 545–546
Relações funcionais, 164–165
Relações legítimas, 551–552
Replicação, 304–306, 333–334
Representação gráfica multivariada, 50–51, 55–58
Representações gráficas univariadas, 52–53
Resíduo estudantizado, 151–153, 174–175
Resíduos
  definições de, 50–51, 539–543, 587–589
  em análise de regressão múltipla, 150–154, 174–177, 207–210
  em análise de regressão simples, 156–157
  em análise fatorial confirmatória, 587–589, 605–607, 618–619
  em modelagem de equações estruturais, 539–543, 557–558
  exame de, 86
Resíduos padronizados, 587–589, 605–607, 618–619
Restrições, 587–589, 633–634
Resumo de dados, 103–106
Retornos de resposta, 643–644, 649–660
Revelação, 482–485, 501–502
RMSEA (raiz do erro quadrático médio de aproximação), 569–574, 584
RMSR (raiz do resíduo quadrático médio), 568–570
RMSSTD (raiz do desvio padrão quadrático médio), 427–430, 456
RNI (índice de não-centralidade relativa), 570–571, 573–574
Robustez, 50–51
Rotação de fator, 100–102, 116–120
Rotação oblíqua de fator, 100–102, 117–120, 136–137, 139
Rotação ortogonal de fator, 100–102, 117–119, 133–136

S

SAS, critério de agrupamento cúbico, 456
Schocker, A. D., 501–502
SEE (erro padrão da estimativa), 151–153, 158–160, 197–198, 200
Segmentação, 394–395
SEM. *Ver* Modelagem de equações estruturais (SEM)
Sementes de agrupamento, 427–430, 452–453, 470–471
Significância estatística
  em análise de regressão múltipla, 181–187
  em análise discriminante, 239–240, 253–257
  em análise fatorial, 119–121
  em MANOVA, 323–325, 328–329, 332–334
  versus poder estatístico, 26–29

Significância prática, 21–23, 37, 119–120
Similaridade, 433, 440–444, 460, 478–479, 485–487
Similaridade entre objetos, 427–430, 433, 440–442, 478–479
Simuladores de escolha, 357–360, 395–397, 414–416, 418
Singularidade, 150–154, 191–192
Solução de agrupamento, 427–430, 434–436, 447–449, 466, 468–469, 475–477
Soluções degeneradas, 482–484, 497, 499
Soma de erros quadráticos (SSE), 151–153, 155–156
Soma de quadrados da regressão (SSR), 151–153, 159–160
Soma total de quadrados (TSS), 151, 153–154, 159–160
SPSS
  análise de correspondência, 512–513
  esquema de agrupamento, 464–466
Srinivasan, V., 501–502
SRMR (raiz do resíduo médio padronizado), 568–574
Substituição de caso, 66–68
Substituição média, 66–68
Suposições
  ausência de erros correlacionados, 86–87
  avaliação sobre quando construir modelo, 39–40
  de análise conjunta, 386, 405
  de análise de agrupamentos, 445–448, 460, 462–463
  de análise de correspondência, 512, 517–518
  de análise de regressão múltipla, 173–177, 197, 206–211
  de análise discriminante múltipla, 236–238, 252–253, 266–267
  de análise fatorial, 108–110, 128–129, 132
  de ANOVA, 320–323
  de escalonamento multidimensional, 496–497
  de MANOVA, 320–323, 336–342, 346–348, 353–354
  homocedasticidade, 84–86
  linearidade, 86
  não-atendimento, 87–89
  normalidade, 80, 82–85
  testes de, 80, 82, 86–95
  testes individuais versus de variável estatística, 80, 82

T

T^2 de Hotelling, 304–306, 309–311, 456
Tabela de contingência, 482–484, 495, 506–507, 512
Tabela de tabulação cruzada (contingência), 482–484, 495, 506–507, 512
Tamanho amostral
  análise de agrupamentos, 439, 460
  análise fatorial confirmatória, 601–602
  e não-normalidade, 82–83
  e poder, 27–29

em análise de regressão múltipla, 166–169
em análise discriminante, 235–237, 251–252, 265–266
em análise fatorial, 108–109
em MANOVA, 316–317, 325–326
em modelagem de equações estruturais, 563–566
significância do, 37–38
Tamanho de efeito, 21–22, 27, 304–306, 325–326
Tarefa conjunta, 357–361
Tau de Kendall, 405, 407
Taxa de erro experimental, 304–306, 314–315
Taxonomia, 427–430, 436–438, 478–479
Taxonomia numérica. *Ver* Análise de agrupamentos
Técnicas de dependência, 21–22, 28–30, 32–33, 147, 549. *Ver também técnicas específicas*
Técnicas de interdependência, 21–22, 31–33, 425, 549
Teoria, 539–546, 550–554
Teoria de mensuração, 587–590
Teoria de mensuração formativa, 587–589, 598–601
Teoria de mensuração reflexiva, 587–589, 598–601
Teoria estrutural, 643–645
Teste Bartlett de esfericidade, 100–102, 109–110, 336–337
Teste da amplitude múltipla de Duncan, 330, 332
Teste de Hosmer e Lemeshow, 288–289, 295
Teste de invariância, 626–628
Teste de Kolmogorov-Smirnov, 83–84
Teste de Levene de igualdade de variâncias de erro, 336–337, 340–341
Teste de Newman-Keuls, 330, 332
Teste de Shapiro-Wilks, 83–84
Teste ou valor qui-quadrado (χ^2)
  análise de correspondência, 482–484, 508–511
  modelagem de equações estruturais, 539–543, 567–568
  regressão logística, 288–289
Teste *T*, 304–308
Testes *a priori* (comparação planejada), 304–306, 330, 332–333
Testes *post hoc*, em MANOVA, 304–306, 330, 332, 344, 353–354
TF (modelo de múltiplos grupos totalmente livre), 587–589, 625–626
Tipologia, 427–430, 436–438
TLI (índice de Tucker Lewis), 570–571, 573–574, 584
Tolerância, 151, 153–154, 190–191, 259–260, 201, 222–224
Traço, 100–102, 133–134
Transformação logit, 222–224, 284–285
Transformações, em análise de regressão múltipla, 151, 153–154, 168–170

Transformações de dados, 49–51, 87–89
Tratamentos
   análise conjunta (estímulo), 357–361
   definições de, 22–23, 304–306
   em MANOVA, 35, 304–306, 317–318
TSS (soma total de quadrados), 151, 153–154, 159–160

U

Unidade de análise
   em análise fatorial, 103–106
   em modelos estruturais, 643–647
Utilidade, 357–361, 367–368
Utilidades parciais
   definição de, 357–360
   e efeitos de interação, 376–380
   estimação de, 361–363, 380, 389–390, 405–406
   exemplo, 403–406, 410–415
   interpretação de, 391–393, 410–411, 417–426
   inversões, 357–360, 379–380, 391–393, 410–411, 413–414
   reescalonamento de, 410–411

V

Validação cruzada
   definições de, 221–224
   em análise de agrupamentos, 457–458
   em análise discriminante, 236, 250–251, 300–301
   em análise fatorial confirmatória, 587–589, 623–626
   em escalonamento multidimensional, 505–506
Validação cruzada apertada, 587–589, 625–626
Validação cruzada solta, 587–589, 629–630
Validação de amostra dividida. *Ver* Validação cruzada
Validade
   convergente, 126, 587–589, 591, 614–615
   de construto, 539–543, 567–568, 587–589, 591–593, 614–615, 617–618
   de conteúdo (de expressão), 100–102, 125–126, 587–589, 592–593
   de critério, 427–430, 458–459, 472–475
   definições de, 22–23, 25–26, 102, 126
   discriminante, 126–127, 587–589, 592–593, 615–616
   formas de, 126–127
   nomológica, 126–127, 587–589, 592–593, 615, 617–619
Valor crítico, 304–308
Valor de verossimilhança, 222–224, 287–288
Valor logit, 286–287
Valores de substituição, atribuição por, 65–69
Valores F (ou t) parciais
   análise discriminante, 248, 300–301
   definição de, 150–153
   em análise de regressão múltipla, 150–153, 179, 200–203
Variância compartilhada, 193–195
Variância comum, 100–102, 110, 112
Variância de erro, 100–102, 110, 112
Variância específica, 100–102, 110, 112
Variância extraída (VE), 587–589, 591–592
Variância única (específica), 100–102, 110, 112
Variáveis
   eliminações baseadas em dados perdidos, 62–63
   em análise discriminante, 226–233, 246–247, 251–252, 264–266
   em análise fatorial, 106–108
   variância de, 110, 112
Variáveis categóricas (não-métricas), 108, 222–224
Variáveis dependentes
   definições de, 21–22, 149–150, 152, 154
   em análise de regressão múltipla, 149–154, 165–166
   em análise discriminante/regressão logística, 222–224, 233–236
   em MANOVA, 328–330, 332–334
   em regressão logística, 283–285
   previsão com, 154–156
Variáveis dicotômicas
   codificação de efeitos, 50–51, 96–97, 100–102, 170–171
   codificação indicadora, 50–51, 92, 96–97, 150–152, 154, 169–170
   construção de, 92, 96–97
   definições de, 21–22, 50–51, 100–102, 149–150, 152, 154
   em análise de regressão múltipla, 149–150, 152, 154, 169–171, 215–217
   em análise fatorial, 100–102, 108
   em regressão logística, 291–292
Variáveis independentes
   cálculo de variância única e compartilhada, 193–195
   definições de, 21–22, 150–152, 154
   em análise de regressão múltipla, 150–154, 165–167
   em análise de regressão simples, 155–160
   em análise discriminante/regressão logística, 222–224, 235–236
   previsão sem, 154–156
Variáveis independentes métricas, 84–85
Variáveis independentes não-métricas, 84–85. *Ver também* Variáveis dicotômicas
Variáveis manifestas (medidas), 539–544
Variáveis medidas, 539–544
Variáveis métricas, 108, 222–224, 234–236
Variáveis não-métricas, 108, 222–224
Variáveis substitutas, 100–102, 124–125, 128, 137, 139–140
Variável critério (Y). *Ver* Variáveis dependentes
Variável estatística
   ausência em escalonamento multidimensional, 488–490
   definições de, 22–24, 50–51, 102, 222–224, 304–306, 539–544
   em análise conjunta, 357–360, 366, 416–417
   em análise de agrupamentos, 427–430, 436–438, 459–460, 468–469
   em análise de regressão múltipla, 173–175, 206–211
   em análise discriminante, 224–225
   em análise fatorial, 106
   em modelagem de equações estruturais, 539–545
Variável estatística conjunta, 357–360, 366
Variável estatística de agrupamento, 427–430, 436–438
Variável estatística de regressão, 150–154, 188–195
Variável preditora (X_n). *Ver* Variáveis independentes
VARIMAX, 102, 117–120, 133–136
VE (Variância extraída), 587–589, 591–592
Vetor, 222–224, 249–250, 482–485, 502–503
Vetor expandido, 222–224, 249–250
Viés de método constante, 587–589, 633–634
VIF (fator de inflação de variância), 151, 153–154, 190–193, 201